DEM ANDENKEN

AN

JACOB STEINER

GEWIDMET.

DIE GEBILDE ERSTEN UND ZWEITEN GRADES DER LINIENGEOMETRIE IN SYNTHETISCHER BEHANDLUNG

VON

Dr. RUDOLF STURM,
PROFESSOR AN DER UNIVERSITÄT ZU BRESLAU.

III. THEIL.

DIE STRAHLENCOMPLEXE ZWEITEN GRADES.

LEIPZIG,
DRUCK UND VERLAG VON B. G. TEUBNER.
1896.

Vorrede.

Aeussere Umstände haben mich veranlasst, die beiden ersten Theile meines Werks über die Liniengeometrie zu veröffentlichen, ehe ich an die Bearbeitung des dritten Theils ging; das hat natürlich zur Folge gehabt, dass in diesem mancherlei nachzuholen war. Insbesondere bringt er ziemlich ausgedehnte Untersuchungen über die Congruenz 2. Grades; vielleicht ist er aber doch für den grösseren Theil derselben der richtigere Ort, indem sie sich in ihm den analogen Untersuchungen über den Complex 2. Grades anschliessen.

Die spätere Veröffentlichung des dritten Theils hat mir die Möglichkeit verschafft, einige Mängel der beiden ersten Bände zu verbessern.

Es ist mir ein Bedürfniss, in der Vorrede diejenigen Schriften hervorzuheben, welche hauptsächlich für meine Arbeit werthvoll und anregend gewesen sind. Es sind dies die beiden zusammenhängenden grossen Abhandlungen von Segre: Studio sulle quadriche in uno spazio lineare ad un numero qualunque di dimensioni und Sulla geometria delle retta e delle sue serie quadratiche, welche in den Memorie der Turiner Akademie (Ser. II Bd. 36) erschienen sind, Reye's Abhandlungen im Journal für Mathematik Bd. 95, 97, 98, vornehmlich die dritte über die Gattungen des allgemeinen Complexes 2. Grades, und Montesano's Dissertation: Su i complessi di rette di secondo grado generati da due fasci projettivi di complessi lineari (Neapel, 1886).

Auch dieser Band beruht grösstentheils auf eigenen Untersuchungen; ich bin vielfach, auch wo synthetische Arbeiten vorlagen, eigene Wege gegangen; andererseits aber galt es, analytische Darstellungen synthetisch umzuarbeiten. So basirt z. B. Reye's Eintheilung in Gattungen auf der analytischen Gleichung. Mit dieser Eintheilung hängt der analytisch sich fast unmittelbar ergebende Satz, dass durch jeden Complex 2. Grades ein Büschel quadratischer Systeme 4. Stufe von Gewinden geht, eng zusammen; ich lege deshalb Werth auf die beiden synthetischen Beweise dieses Satzes, die ich seit dem Frühjahr 1894 besitze.

F. Klein hat es zuerst ausgesprochen, dass die Liniengeometrie die Geometrie auf einer (vierdimensionalen) Fläche 2. Grades in einem Raume von 5 Dimensionen ist. Von diesem Gesichtspunkte ist Segre ausgegangen; deshalb untersucht er in der ersten der beiden genannten Abhandlungen die Flächen 2. Grades in einem linearen Raume von beliebig vielen Dimensionen. In den Besprechungen, welche Loria und Schönflies den beiden ersten Theilen meines Buches haben zu theil werden lassen, weisen sie mich auf diesen Weg und erwähnen, dass durch Benutzung der einfachsten Sätze aus der Geometrie der mehrdimensionalen Räume die Kapitel des ersten Theils über die fünffach unendliche Mannigfaltigkeit der Gewinde und die in ihr enthaltenen Büschel, Netze, Gebüsche, Gewebe sich wesentlich kürzer hätten gestalten lassen.

Ich glaube nicht, dass ich meine Darstellung ändern würde. Zunächst werden doch, wie auch anerkannt wird, auf meinem längeren Wege eine ziemliche Anzahl von einzelnen Eigenschaften, Beziehungen und Constructionen zum Ausdruck gebracht, die sonst versteckt geblieben wären und die auch später vielfach von Nutzen sind. Vor allem aber halte ich den Weg durch die mehrdimensionale Geometrie zur Liniengeometrie nicht für pädagogisch richtig, nicht für geeignet in einem Buch, das in die Liniengeometrie einführen soll: man wolle doch nicht das Anschauliche, die Liniengeometrie, durch das Nichtanschauliche, die mehrdimensionale Geometrie, beweisen; ich denke in dieser Beziehung wie mein Freund Reye und schliesse mich seinen Aeusserungen im Journal f. Mathematik Bd. 107 S. 162 an, will aber keineswegs das Verdienstliche der Segre'schen Monographie verkennen.

Umgekehrt hingegen glaube ich, durch jene längeren Kapitel, sowie auch durch dasjenige, in dem die Abbildung des Strahlenraums in eine vierfach unendliche lineare Mannigfaltigkeit von Flächen 2. Grades und in den linearen Punktraum von 4 Dimensionen besprochen wird, dem Studium der mehrdimensionalen Geometrie zu dienen. Und so hoffe ich auch, im dritten Bande dem Wunsche von Schönflies entsprochen und die Beziehung der Liniengeometrie zu den mehrdimensionalen Speculationen eingehend berücksichtigt zu haben durch die ausführliche Behandlung der vierfach unendlichen quadratischen Systeme von Gewinden. Aber ich bleibe bei diesen Systemen von Gewinden, realen Gebilden, und verwandle sie nicht in vierdimensionale Punktflächen 2. Grades eines fünfdimensionalen Raums.

Hätte ich nicht auch, den Weg durch die mehrdimensionale Geometrie einschlagend, das Studium meines Buchs erschwert? Das muss ich um so mehr annehmen, nachdem ich die Besprechung von Schotten gelesen, welcher der Ansicht ist, dass wenige Studirende am Schlusse ihrer Universitätszeit hinreichende Kenntniss zum Verständniss desselben haben werden. Und so wie die Verhältnisse heute bei uns in Deutschland liegen, wo Analysis und Algebra den mathematischen Universitäts-Unterricht beherrschen und die Geometrie stark in den Hintergrund drängen, hat er vielleicht nicht Unrecht. In Italien, das die dortigen Mathematiker schon als aquilifera della geometria pura bezeichnen, ist es anders; italienische Schriften habe ich am meisten benutzt und habe auch umgekehrt den Eindruck erhalten, dass mein Buch in Italien am meisten gelesen wird.

Wenn die Studirenden durch geometrische Vorlesungen ordentlich vorbereitet werden, dann sind sie nicht erst am Schlusse ihrer Studienzeit allenfalls reif, mein Buch zu lesen; ich habe hier vor Studenten des 4. und 5. Semesters eine Vorlesung über Liniengeometrie gehalten, in die ich auch schon Abschnitte aus dem dritten Bande aufgenommen.

Herr Schotten wünscht, ich möchte die nothwendige Literatur angeben; ich bleibe bei dem, was ich in der Vorrede des ersten Bandes gesagt, dass ich im allgemeinen das Studium der Schröter'schen und Reye'schen Bücher und die Bekanntschaft mit den allgemeinsten Sätzen über die höheren Curven (einschliesslich der mit dem Geschlechte zusammenhängenden) für eine hinreichende Vorbereitung halte; das von Schotten angegebene Buch ist freilich ungeeignet.

Dieser dritte Band sei dem Andenken an Steiner (geb. 18. März 1796) gewidmet, dessen hundertjähriger Geburtstag in das Jahr fällt, in welchem er erscheint.

Breslau, im September 1896.

R. Sturm.

Inhalt.

Der allgemeine Complex zweiten Grades.

Die Correspondenzen, die Gerade, das Strahlennetz, die Gewinde und die Fläche, welche durch ihn einer Geraden zugeordnet werden.

Die singuläre Fläche und die singulären Strahlen eines Complexes 2. Grades

Das System der Complexcurven und die stationären Elemente des Complexes.

Die consingulären Complexe und die Fundamental-Gewinde.

Ausgezeichnete singuläre Strahlen und Haupttangenten-Curven der singulären Fläche.

Einige Nachträge.

Weitere specielle Fälle der Complexfläche und Doppeltangenten-Congruenzen der verschiedenen Complexflächen.

Strahlen mit cyklischen Correspondenzen.

Die Polare einer Geraden, die Polarebene eines Punktes, der Polarpunkt einer Ebene in Bezug auf einen Complex 2. Grades.

---

*) Drei andere Specialfälle der Complexfläche werden in Nr. 778 behandelt.

Die Durchmesser und Cylinderaxen eines Complexes 2. Grades.

Die Polarität in Bezug auf eine Congruenz 2. Grades.

Die Regelfläche 4. Grades mit zwei doppelten Leitgeraden (I. Art).

Die Regelschaaren eines Complexes 2. Grades, seine Erzeugung durch correlative Netze von Gewinden. Nachweis des Büschels quadratischer Systeme 4. Stufe von Gewinden durch den Complex.

Die Schnittcongruenz eines Complexes 2. Grades mit einem Gewinde.

Die Tangentialgewinde, ihre Schnittcongruenzen und die Hauptflächen.

Die confocalen Congruenzen und die Brennflächen der in einem Complexe 2. Grades enthaltenen Congruenzen 2. Grades. Consinguläre Congruenzen 2. Grades.

Die Strahlendupel eines Complexes 2. Grades, seine Erzeugung durch correlative Gebüsche von Gewinden; Erzeugungen einer Congruenz 2. Grades, einer Regelfläche 4. Grades.

Die linearen Systeme niedrigerer Stufe in einem quadratischen Systeme 4. Stufe von Gewinden.

Weitere Betrachtung des Büschels quadratischer Systeme 3. und 2. Stufe von Gewinden durch eine Congruenz 2. Grades, eine Regelfläche 4. Grades.

III.

IV.

Complexe 2. Grades mit unendlich vielen Doppelstrahlen.

I.

II.

III.

Der allgemeine Complex zweiten Grades.

Die Correspondenzen, die Gerade, das Strahlennetz, die Gewinde und die Fläche, welche durch ihn einer Geraden zugeordnet werden.

Es sei Γ^2 der betrachtete allgemeine Complex; *der Kegel 2. Ordnung, der von einem Punkte X an ihn kommt, sei mit (X) und die Complexcurve 2. Klasse in einer Ebene ξ mit (ξ) bezeichnet.* 511

Auf einer beliebigen Geraden l ruft Γ^2 drei ähnliche Correspondenzen hervor, wie es eine Congruenz 2. Grades thut (II, Nr. 377); wir wollen sie in derselben Weise bezeichnen. *Die beiden ersten sind involutorisch.*

In der einen, $[2]_P$, entsprechen sich zwei Punkte von l, welche Schnitte dieser Geraden mit der Complexcurve in irgend einer Ebene durch sie sind; in der andern, $[2]_E$, entsprechen sich zwei Ebenen durch l, welche den Complexkegel aus irgend einem Punkte von l berühren.

Zwischen den Complexcurven in den Ebenen ξ durch l und den Complexkegeln aus den Punkten X von l besteht — bei jedem Grade des Complexes — *die Beziehung, dass, wenn eine solche Curve (ξ) die l in X schneidet*, ihre beiden in X sich schneidenden unendlich nahen Tangenten Kanten von (X) sind, ξ *also den Kegel (X) berührt; und umgekehrt, wenn ξ den (X) berührt, geht (ξ) durch X. Somit gehen bei Γ^2 2 Curven (ξ) durch jeden Punkt X von l und zwei Kegel (X) berühren jede Ebene ξ durch l; dem X entsprechen in $[2]_P$ die beiden zweiten Schnitte jener Curven mit l, der ξ in $[2]_E$ die beiden zweiten Berührungsebenen dieser Kegel aus l.*

In der dritten Correspondenz, $[2, 2]_l$, entsprechen jedem Punkte X von l die Berührungsebenen ξ aus l an den Kegel (X), jeder Ebene ξ durch l die Schnitte der Curve (ξ) mit l.

In jedem Strahlenbüschel (X, ξ), zu welchem l gehört, wollen wir zu l in Bezug auf die beiden dem Complexe Γ^2 angehörigen Strahlen den vierten harmonischen Strahl construiren; da die genannten Strahlen sowohl die in ξ gelegenen Kanten von (X), als die von X kommenden Tangenten von (ξ) sind, so liegt der vierte harmonische 512

Strahl ebenso in der Polarebene von l nach (X), wie er durch den Pol von l nach (ξ) geht. Folglich befinden sich alle diese Pole in allen jenen Polarebenen und können daher nur in einer Geraden liegen, durch welche diese Ebenen gehen.

Durch den Complex Γ^2 wird jeder Geraden l eine andere l' zugeordnet, die wir ihre Polare in Bezug auf Γ^2 nennen. Sie ist sowohl der Ort der Pole von l in Bezug auf die Complexcurven in den Ebenen ξ durch l, als auch der Ort der Polarebenen von l in Bezug auf die Complexkegel aus den Punkten X von l.

Die Beziehung zwischen l und l' ist nicht reciprok.

Die vierten harmonischen Strahlen, welche der Geraden l zugeordnet sind in Bezug auf die beiden Strahlen von Γ^2 in den durch l gehenden Strahlenbüscheln (X, ξ), erzeugen das Strahlennetz $[l, l']$, welches die Polarcongruenz oder das Polar-Strahlennetz von l in Bezug auf Γ^2 heisst.

Die durch dieses Netz gehenden Gewinde heissen die Polarcomplexe oder die Polargewinde von l in Bezug auf Γ^2.

Der Schnitt des Polar-Strahlennetzes mit Γ^2, eine Regelfläche 4. Grades (I, Nr. 35), wird durch die Tangenten der Complexcurven der Ebenen ξ durch l in ihren Schnitten mit l oder, was dasselbe ist, durch die Kanten der Kegel aus den Punkten l, in denen sie von Ebenen durch l berührt werden, gebildet.

Wenn p zum Polar-Strahlennetze von l gehört, so gehört l auch zu dem von p; oder wenn p die Gerade l und ihre Polare l' trifft, so trifft l auch die Polare p' von p.

513 Auch auf einer zweiten Graden m rufen die Complexkegel aus den Punkten von l eine involutorische Correspondenz [2] hervor, weil durch jeden Punkt von m diejenigen beiden von diesen Kegeln gehen, welche ihre Spitzen in den Schnitten von l mit dem Complexkegel aus jenem Punkte haben. Nun giebt es (I, Nr. 23) in einer involutorischen Correspondenz [2] stets 2 Paare entsprechender Elemente, die zu 2 gegebenen Elementen des Trägers harmonisch sind. Also:

Der Ort der Spitzen derjenigen Complexkegel, in Bezug auf welche zwei gegebene Punkte U, V conjugirt sind, ist eine Fläche 2. Grades (U, V), welche durch U, V selbst geht; wie Battaglini gefunden hat.

Die involutorische Correspondenz [2], welche durch die Complexkegel, die ihre Spitzen X' auf der Polare l' haben, auf l entsteht, ist die $[2]_P$ auf l selbst.

Denn die Kanten eines solchen Kegels in der Ebene $\xi \equiv X'l$ sind die Tangenten von X' an die Complexcurve (ξ) und schneiden l in denselben Punkten wie diese Curve, da sie dieselbe auf l berühren.

Betrachten wir *die Fläche, welche durch die Complexcurven in den Ebenen ξ durch l gebildet wird. Sie ist identisch mit der Fläche, welche von den Complexkegeln der Punkte X auf l umhüllt wird.*

Denn jeder Punkt einer Curve (ξ) gehört als Schnitt zweier unendlich naher Tangenten derselben zur Schnittcurve der beiden Complexkegel, welche den Schnitten dieser Tangenten mit l zugehören.

Wir nennen diese Fläche die Complexfläche von l in Bezug auf Γ^2*) *und bezeichnen sie mit* (l); l mag ihr *Träger* genannt werden.

Wegen ihrer dualen Entstehungsweisen *ist diese Fläche* (l) *gleicher Ordnung und Klasse und zwar vierter;* man ersieht sofort, dass l *auf ihr sowohl Doppelgerade, als Axe eines Büschels doppelter* (in zwei Punkten berührender) *Tangentialebenen ist;* in jeder Ebene ξ durch l haben wir noch die Curve (ξ) als weiteren Schnitt, und ebenso aus jedem Punkte X von l noch den Kegel (X).

Allgemeiner aber ergiebt sich die Ordnung von (l) (und dual die Klasse) vermittelst der Charakteristikenformeln (I, Nr. 19) für die Kegelschnitte (ξ), welche die Fläche (l) erzeugen. Weil sie in den Ebenen eines Büschels liegen, in jeder Ebene ein Kegelschnitt, so ist $\mu = 1$; der Grad von Γ^2 lehrt, dass zwei von ihnen eine gegebene Ebene berühren: die Tangenten sind die, welche an die Complexcurve dieser Ebene vom Spurpunkte von l kommen; also $\varrho = 2$. Durch die Entstehung dieser Kegelschnitte ist im allgemeinen ein Geradenpaar ausgeschlossen: $\delta = 0$; daher liefern die genannten Formeln:

$$\nu = 4, \qquad \eta = 4.$$

Ersteres bedeutet, dass 4 von diesen Kegelschnitten eine Gerade treffen.

Dass es unter ihnen 4 Punktepaare giebt, wie das zweite Ergebniss aussagt, und, dual, unter den Complexkegeln aus den Punkten von l 4 Ebenenpaare, wird uns bald von Werth sein.

Wenn Y ein Punkt einer von den Curven (ξ) ist, so sind die beiden in ihm sich schneidenden Tangenten Kanten des Kegels (Y); folglich ist ξ Berührungsebene dieses Kegels und l Tangente desselben. *Daher ist die Complexfläche* (l) *auch Ort der Punkte, deren Complexkegel die Gerade l berühren, und wird* (*dual*) *von den Ebenen eingehüllt, deren Complexcurven die Gerade l treffen.*

Die Complexkegel, welche ihre Spitzen auf einer Geraden m haben, erzeugen auf l eine involutorische Correspondenz [2]; die 4 Coinci-

*) Plücker nennt sie in der Neuen Geometrie des Raumes, je nachdem l endlich oder unendlich fern ist, die Meridian-, bezw. Aequatorialfläche von l. Und die Polare l' nennt er nicht Polare in Bezug auf Γ^2, sondern in Bezug auf diese Fläche (l).

denzen derselben beweisen, dass es auf m 4 Punkte giebt, deren Kegel l berühren, also die Ordnung 4 der Complexfläche (l).

Suchen wir ferner bei der dualen Erzeugung den Berührungspunkt einer von den einhüllenden Ebenen. Die Curve (η) in ihr treffe l in X; die Tangente x in X an (η) ist die Berührungskante von η mit (X); die in der Ebene xl befindliche der x unendlich nahe Kante des Kegels aus dem Nachbarpunkte des X auf l schneidet x in einem Punkte der Berührungscurve von (X) mit (l), also in dem von η; dieser Schnitt ist der Berührungspunkt von x mit der Complexcurve in der Ebene xl.

Also Berührungspunkt einer der einhüllenden Ebenen η ist der Berührungspunkt der Geraden, welche (η) in ihrem Schnitte mit l tangirt, mit der Complexcurve in der diese Gerade mit l verbindenden Ebene.

514 Betrachten wir die Correspondenz $[2, 2]_l$ zwischen der Punktreihe l und dem Ebenenbüschel l.

Jene hat 4 Verzweigungspunkte A_1, A_2, A_3, A_4, denen je zwei zusammenfallende Ebenen entsprechen: die Doppelebenen im Ebenenbüschel. Die beiden Ebenen aber, die einem Punkte X von l entsprechen, sind im allgemeinen die Tangentialebenen aus l an den Kegel (X). Nun gehört l nicht zum Complexe und also auch zu keinem der Kegel (X); wenn daher die A_1 entsprechenden Ebenen zusammenfallen, so kann dies nur dadurch geschehen, dass der Kegel (A_1) ein Ebenenpaar ist; die beiden „Berührungsebenen“ aus l vereinigen sich dann in der Ebene nach der Doppellinie a_1; dass es auf l 4 Punkte giebt, deren Complexkegel Ebenenpaare sind, haben wir ja eben auch auf andere Weise gefunden.

Wir erkennen weiter, dass die beiden Punkte, welche dem A_1 in der Correspondenz $[2]_P$ entsprechen, sich in dem zweiten Schnitte der l mit der Complexcurve in der Ebene la_1 vereinigen: der erste Schnitt ist der Punkt A_1; denn da der Kegel (A_1) von dieser Ebene in der Doppellinie a_1 geschnitten wird, so repräsentirt dieselbe die beiden im Punkte A_1 sich schneidenden unendlich nahen Tangenten der genannten Complexcurve.

Daher ist A_1 auch Verzweigungspunkt der Correspondenz $[2]_P$ und der erwähnte zweite Schnitt zugehöriger Doppelpunkt.

Endlich für $[2]_E$ ist die Ebene la_1 sich selbst entsprechende Ebene. Also:

Auf jeder Geraden l giebt es 4 Punkte A_1, A_2, A_3, A_4, deren Complexkegel Ebenenpaare sind:

$$\alpha_1', \alpha_1''; \alpha_2', \alpha_2''; \alpha_3', \alpha_3''; \alpha_4', \alpha_4''$$

mit den Doppellinien a_1, a_2, a_3, a_4.

Die 4 Punkte A_i sind Verzweigungspunkte sowohl von $[2, 2]_l$, als von $[2]_P$; die 4 Ebenen la_i sind die Doppelebenen von $[2, 2]_l$ und die Coincidenzebenen von $[2]_E$.

Ebenso dual:

Durch jede Gerade l giebt es 4 Ebenen β_1, β_2, β_3, β_4, deren Complexcurven in Punktepaare ausarten:

$$B_1', B_1''; B_2', B_2''; B_3', B_3''; B_4', B_4''$$

mit den Doppellinien b_1, b_2, b_3, b_4.

Die 4 Ebenen β_i sind Verzweigungsebenen sowohl von $[2, 2]_l$, als von $[2]_E$; die 4 Punkte lb_i sind die zugehörigen Doppelpunkte von $[2, 2]_l$ und die Coincidenzpunkte von $[2]_P$.

Für jedes der beiden Geradenquadrupel a_i und b_i ist die Polare l' von l die zweite Treffgerade. Denn die Polarebene von l nach dem Ebenenpaare (A_i) geht durch a_i, und der Pol von l nach dem Punktepaare (β_i) liegt auf b_i.

Die Schnittpunkte eines jeden der die Fläche (l) erzeugenden Kegelschnitte (ξ) mit l sind die Berührungspunkte seiner Ebene ξ mit der Fläche, und dual die Tangentialebenen von l an den Complexkegel (X) eines Punktes X von l sind die Berührungsebenen der Fläche in X.

Also sind die 4 Punkte A_1, A_2, A_3, A_4 die Cuspidalpunkte von (l) auf ihrer Doppelgeraden l, d. h. die Punkte mit einer einzigen durch l gehenden Berührungsebene la_i; *und die Ebenen β_1, β_2, β_3, β_4 sind die 4 Ebenen durch l, deren beide auf l gelegenen Berührungspunkte,* in lb_i, *zusammengerückt sind.* Nennen wir solche Ebenen *Cuspidalebenen.*

Aber jede Ebene β_i berührt nicht blos in diesem Punkte, sondern längs der ganzen (torsalen) Geraden b_i, da diese doppelt gerechnet die Schnittcurve (β_i) darstellt.

Und ebenso ist dual im Punkte A_i nicht blos la_i, sondern jede Ebene des Büschels a_i Berührungsebene; so dass a_i die ausgezeichnete Gerade des Cuspidalpunktes A_i ist (II, Nr. 405).

Eine solche Gerade — dual zu einer torsalen — mag eine *Cuspidalaxe* genannt werden.

Die Punkte A_i und die Ebenen β_i, als die einen und andern Verzweigungselemente einer Correspondenz [2, 2], *haben dasselbe Doppelverhältniss* (I, Nr. 15). 515

Nehmen wir an, dass die Bezeichnung so eingerichtet sei, dass:

$$(A_1 A_2 A_3 A_4) = (\beta_1 \beta_2 \beta_3 \beta_4).$$

Die beiden Tangenten aus einem Punkte X von l an die Curve in einer Ebene ξ durch l sind die Schnittkanten von ξ mit dem Kegel (X), ihre Berührungspunkte mit (ξ) zugleich die Berührungspunkte der Ebenen, welche längs der Kanten den (X) tangiren, mit der Fläche (l). In der Ebene β_1 sind dieselben in die Punkte B_1', B_1'' gefallen, und weil die Kanten XB_1', XB_1'' verschieden sind, sind auch ihre Berührungsebenen von einander und von β_1 verschieden. So erhalten für jeden der beiden Punkte B_1 ausser β_1 noch eine Berührungsebene, und die übrigen Punkte X von l bringen noch weitere.

Die 8 Punkte der 4 Punktepaare, die sich unter den erzeugenden Kegelschnitten der Complexfläche (l) befinden, sind Doppelpunkte derselben.

Sie erniedrigen die Klasse 20, die einer Fläche 4. Ordnung mit Doppelgeraden zukommt, um 2.8 auf 4 (II, Nr. 420, 421). Die Geraden b_i sind die a. a. O. besprochenen torsalen Geraden, welche je zwei Knotenpunkte verbinden und die Doppelgerade treffen.

Ingleichen sind die 8 Ebenen der 4 Ebenenpaare (A_i), die sich unter den einhüllenden Kegeln befinden, Doppel-Berührungsebenen der Fläche (l).

Die Berührungscurven aller Complexkegel aus den Punkten von l mit (l) gehen durch die 8 Punkte B.

Demnach sind, weil diese Curven als Schnittcurven zweier Kegel 2. Grades Raumcurven 4. Ordnung 1. Art sind, diese 8 Punkte associirte Punkte (vergl. auch II Nr. 490).

Die Complexkegel aus den Punkten einer Geraden befinden sich in demselben Flächennetze 2. Ordnung.

Es seien U, V irgend 2 Punkte auf l; der Complexkegel (B_1') zerfällt offenbar in den Strahlenbüschel (B_1', β_1) und einen zweiten; da die Ebene des ersten durch l und U, V geht, so sind ersichtlich U, V in Bezug auf dieses Ebenenpaar conjugirt; folglich liegt B_1' und ebenso jeder der 8 Punkte B auf der Fläche (U, V).

Mithin wird das Netz durch die 8 Punkte B durch die Flächen (U, V) gebildet, welche zu den ∞^2 auf l möglichen Punktepaaren gehören: jede Fläche des Netzes schneidet in l die beiden Punkte U, V ein, zu denen sie gehört.

Die Polarebenen von l in Bezug auf die Kegel (X) und (Y) von zwei Punkten X und Y auf l schneiden sich auf l'; also enthält diese Gerade die beiden andern Kegelspitzen des Büschels $[(X)(Y)]$.

So zeigt sich nun, dass *die Kegelspitzen-Curve unseres Netzes sich zusammensetzt aus l, l' und den 4 Ebenenpaar-Doppellinien a_i*, und dass die Punkte X' der Polare l' die Eigenschaft haben, dass die 8 Strahlen $X'(B_1', \ldots, B_4'')$ auf einem Kegel 2. Grades liegen. Die diesen Kegeln zugehörigen U, V sind die Paare entsprechender Punkte von $[2]_P$ auf l.

Wir fanden, dass *die Curve, längs deren ein Kegel (X) aus einem*

Punkte X von l die Complexfläche (l) berührt, eine Raumcurve 4. Ordnung 1. Art ist. Der Berührungspunkt einer Kante x eines solchen Kegels ist der, in welchem sie die Complexcurve in der Ebene lx tangirt, und so haben wir in jeder Ebene $\mathfrak{x}$ durch l zwei solche Punkte, deren Verbindungslinie als Polare von X durch den Spurpunkt $l'\mathfrak{x}$ geht; die Kegelspitze X ergiebt sich als Doppelpunkt der Raumcurve. In den beiden Ebenen durch l, welche (X) tangiren, sind diese beiden Punkte nach X gerückt; diese Ebenen sind die beiden Schmiegungsebenen der Raumcurve und die Kanten, längs deren sie (X) tangiren, die Tangenten des Doppelpunktes. Kommt X in einen der Punkte A_i, so zerlegt sich die Raumcurve in die beiden Kegelschnitte, längs deren die Doppel-Berührungsebenen α_i', α_i'' die Fläche (l) tangiren. Von einer Ebene β_i wird der Kegel (X) geschnitten in den Strahlen aus X nach B_i' und B_i''. Kommt aber die Spitze in den Punkt $\mathfrak{B}_i \equiv b_i l$, so fallen diese Strahlen in b_i zusammen: der Kegel aus diesem Punkte berührt also β_i längs b_i und die Complexfläche ausserdem noch längs *einer cubischen Raumcurve* R_i^3, welche in $\mathfrak{B}_i$ einen einfachen Punkt hat mit der zweiten Berührungsebene aus l an $(\mathfrak{B}_i)$ und ihrer Berührungskante als Schmiegungsebene τ_i und Tangente t_i. Weil die Verbindungsebene der beiden Kanten b_i, t_i Polarebene von l nach $(\mathfrak{B}_i)$ ist, so trifft auch t_i die Polare l'.

Die beiden Tangenten aus $\mathfrak{B}_i$ an die Complexcurve $(\mathfrak{x})$ in einer Ebene $\mathfrak{x}$ durch l berühren in den weiteren Schnitten der R_i^3 mit $\mathfrak{x}$; ihre Verbindungslinie, die Polare von $\mathfrak{B}_i$, geht durch $\mathfrak{x}l'$, den Pol von l; also treffen alle diese Sehnen der R_i^3 die l und l', folglich bilden sie eine Regelschaar, zu deren Leitschaar l und l' gehören. In der Ebene β_i fallen jene Tangenten in b_i zusammen; daher wird die Sehne Tangente der R_i^3 mit dem Berührungspunkte auf b_i; auch sie trifft l' und zwar, da Punkt $\beta_i l' \equiv b_i l'$ ist, in diesem Punkte, der dadurch sich als zweiter Punkt $\mathfrak{B}_i'$ von R_i^3 auf der Sehne b_i herausstellt, mit in β_i liegender Tangente t_i'; die Ebene $t_i'l'$ ist Berührungsebene des Hyperboloids der beiden Regelschaaren, also Schmiegungsebene τ_i' der R_i^3 in $\mathfrak{B}_i'$. Nennt man nun noch $\mathfrak{D}_i$ den Schnitt von t_i mit l' oder τ_i' und $\mathfrak{D}_i'$ den von t_i' mit l oder τ_i, so ist $\mathfrak{B}_i\mathfrak{B}_i'\mathfrak{D}_i\mathfrak{D}_i'$ ein Schmiegungstetraeder von R_i^3.

Die Curve R_i^3 geht durch die 6 nicht auf b_i gelegenen Doppelpunkte B; die drei andern Geraden b_k sind Polaren des $\mathfrak{B}_i$ in Bezug auf die (β_k). Also gehören sie zur Sehnen-Regelschaar der R_i^3 und bestimmen sie.*)

*) Vergl. Kleiber, Zeitschr. f. Mathem. Jahrg. 33 S. 349.

516 Untersuchen wir nunmehr *die gegenseitige Lage der 8 Doppelpunkte* $B_1', \ldots, B_4''$ *und der 8 Doppel-Berührungsebenen* $\alpha_1', \ldots, \alpha_4''$.

Der Berührungs-Kegelschnitt $[\alpha_1']$ von α_1', der den vollen Schnitt mit (l) bildet, muss die Ebene β_1, deren voller Schnitt aus der Doppelgeraden l und der torsalen Geraden b_1 besteht, auf diesen Geraden treffen, also in zwei getrennten Punkten, so dass der Begegnungspunkt mit b_1 einer der beiden Doppelpunkte B_1', B_2' auf b_1 ist, weil sonst Berührung von $[\alpha_1']$ mit β_1 auf b_1 stattfände. *Daher enthält die eine von zwei zusammengehörigen Ebenen* α_i *und ihr Berührungs-Kegelschnitt 4 Punkte* B_i *und zwar aus jedem Paare einen, die andere die 4 andern.*

Wenn also die auf $[\alpha_1']$ gelegenen B_1'', B_2', B_3', B_4' sind, so liegen B_1', B_2'', B_3'', B_4'' auf $[\alpha_1'']$; $[\alpha_2']$ muss durch 2 Punkte einer jeden dieser beiden Gruppen gehen, weil andernfalls $[\alpha_2'']$ durch 3 gehen müsste. Nehmen wir nun an, dass B_1', ausser auf $[\alpha_1'']$, noch auf $[\alpha_2']$, $[\alpha_3']$, $[\alpha_4']$ liege — so weit ist es blosse Sache der Bezeichnung —, so müssen die 3 andern Punkte, welche mit B_1' auf $[\alpha_1'']$ sich befinden, sich auf die 3 weiteren B_1' enthaltenden Kegelschnitte so vertheilen, dass B_2'' auf $[\alpha_2']$, B_3'' auf $[\alpha_3']$, B_4'' auf $[\alpha_4']$ liegt; weil diese Vertheilung allein zu der vorausgesetzten Projectivität:

$$A_1 A_2 A_3 A_4 \barwedge \beta_1 \beta_2 \beta_3 \beta_4$$

führt.

Wir wollen, um dies zu erkennen, die dann vollständig bestimmte Vertheilung der Punkte B auf den Ebenen α und ihren Kegelschnitten $[\alpha]$ in einer Tabelle hinschreiben; *es liegen in:*

$$[\alpha, B] \quad \begin{array}{llll} \alpha_1': & B_1'', B_2', B_3', B_4'; & \alpha_1'': & B_1', B_2'', B_3'', B_4''; \\ \alpha_2': & B_1', B_2'', B_3', B_4'; & \alpha_2'': & B_1'', B_2', B_3'', B_4''; \\ \alpha_3': & B_1', B_2', B_3'', B_4'; & \alpha_3'': & B_1'', B_2'', B_3', B_4''; \\ \alpha_4': & B_1', B_2', B_3', B_4''; & \alpha_4'': & B_1'', B_2'', B_3'', B_4'. \end{array}$$

Aus dieser Tabelle ist umgekehrt zu entnehmen, welche von den Ebenen α durch jeden Punkt B gehen und dessen Anschmiegungskegel berühren. So wird z. B. der Anschmiegungskegel $[B_1']$ berührt von α_1'', α_2', α_3', α_4'; die Tangente b_1' in B_1' an $[\alpha_1'']$ ist offenbar eine Kante desselben und zwar die, längs deren α_1'' berührt. Ferner tangirt ihn auch β_1; schneiden wir daher jene 4 Berührungsebenen mit β_1 und α_1'', so erhalten wir, da z. B. $B_1'A_1$ der Schnitt von α_1'' mit β_1, b_1' und $B_1'B_2''$ die von α_1'', α_2' mit α_1'' sind:

$$B_1'(A_1, A_2, A_3, A_4) \barwedge B_1'(b_1', B_2'', B_3'', B_4'').$$

Aber auf $[\alpha_1'']$, auf dem auch A_1 liegt, haben wir:

$$B_1'(b_1', B_2'', B_3'', B_4'') \barwedge A_1(B_1', B_2'', B_3'', B_4'');$$

also:

$$B_1'(A_1, A_2, A_3, A_4) \barwedge A_1(B_1', B_2'', B_3'', B_4'')$$

oder:

$$A_1 A_2 A_3 A_4 \barwedge \beta_1 \beta_2 \beta_3 \beta_4;$$

denn $A_1 B_1'$, ... sind die Schnitte von α_1'' mit β_1, ... Würden wir aber beispielsweise B_2'', B_3'', B_4'' auf α_3', α_2', α_4' vertheilt haben, so ergäbe sich:

$$A_1 A_2 A_3 A_4 \barwedge B_1'(A_1, A_2, A_3, A_4) \barwedge B_1'(b_1', B_3'', B_2'', B_4'') \barwedge A_1(B_1', B_3'', B_2'', B_4'') \barwedge \beta_1 \beta_3 \beta_2 \beta_4.$$

Diese gegenseitige Lage der B und α entspricht natürlich dem in II Nr. 419 und 421 Gesagten; hier handelte es sich darum, sie aus den Eigenschaften des Complexes abzuleiten.

Jeder von den (l) erzeugenden Kegelschnitten berührt die 8 Doppel- 517
Berührungsebenen, wie dual jeder von den einhüllenden Kegeln durch die 8 Doppelpunkte geht.

Projicirt man also die Complexcurven in den Ebenen durch l aus einem der Punkte B auf eine beliebige Ebene π, so ergiebt sich eine Kegelschnitt-Schaar mit den Spuren der 4 durch den B gehenden Ebenen α in π als Grundtangenten; man erkennt leicht, warum eins der 4 Punktepaare verloren geht.

Die Strahlen von Γ^2, welche l treffen, berühren alle die Complexfläche (l), als Tangenten der erzeugenden Curven oder als Kanten der einhüllenden Kegel.

Daher ist die Congruenz 2. Grades, welche aus Γ^2 durch ein Strahlengebüsche $[l]$ ausgeschieden wird, diejenige mit der singulären Geraden l, die wir in Bd. II Nr. 490 als Congruenz der Geraden erhielten, welche eine Fläche 4. Ordnung mit einer Doppelgeraden und 8 weiteren Knotenpunkten berühren und die Doppelgerade treffen.

Nehmen wir unter den 8 Doppel-Berührungsebenen 5 heraus, so befinden sich darunter entweder 2 Paare, deren Schnittlinien die l treffen, oder nur eins. Wir wollen jenen Fall bevorzugen und erhalten folgende Herstellungsweise der Fläche (l):

Eine Gerade l und 5 Ebenen α_1', α_1'', α_2', α_2'', α_3' sind gegeben in der Lage, dass die Schnittlinien $\alpha_1'\alpha_1''$, $\alpha_2'\alpha_2''$ die l schneiden; durch die Kegelschnitte in den Ebenen von l, welche die 5 gegebenen Ebenen oder ihre Spuren tangiren, entsteht unsere Fläche (l).

Da l stets durch den Schnitt der Spuren von α_1' und α_1'' und den der Spuren von α_2', α_2'' geht, so würde ein erzeugender Kegelschnitt, welcher l berührt, in diese beiden Punkte zerfallen; aber α_3' geht durch keinen von beiden. Daher berührt kein erzeugender Kegelschnitt die Gerade l. Daraus folgt dann wiederum, dass die Tangenten dieser Curven so angeordnet sind, dass von jedem Punkte X von l ein Kegel 2. Grades kommt; die beiden Berührungsebenen von l an denselben lehren, dass durch X zwei von den erzeugenden Curven gehen. Die Fläche ist daher 4. Ordnung mit l als Doppelgerade.

In den Ebenen von l nach den Punkten $\alpha_3'(\alpha_1'\alpha_2', \alpha_1'\alpha_2'', \alpha_1''\alpha_2', \alpha_1''\alpha_2'')$ zerfallen die Kegelschnitte in Punktepaare. Diese 8 Punkte ergeben sich, wie schon Nr. 515, als conische Doppelpunkte der Fläche; woraus dann wieder (II, Nr. 421) folgt, dass sie, ausser den 5 gegebenen Ebenen, noch 3 andere conische Doppel-Berührungsebenen hat.

Diese Erzeugung beweist, dass *der Fläche die Mannigfaltigkeit 17 zukommt;* denn l ist in ∞^4 Weisen, $\alpha_1', \alpha_2', \alpha_3'$ sind je in ∞^3 Weisen, α_1'', α_2'' aber, welche durch $l\alpha_1', l\alpha_2'$ gehen müssen, nur in je ∞^2 Weisen zu wählen; $4 + 3.3 + 2.2 = 17$. Diese ausgezeichneten Elemente besitzt aber die Fläche nur in endlicher Zahl.

Die Fläche 4. Ordnung mit einer doppelten Geraden ohne Knotenpunkte hat die Mannigfaltigkeit 25*), welche durch 8 Knotenpunkte auf 17 herabgebracht wird.

518 *Mit der Complexfläche* (l) *sind vier Gewinde verbunden.*

Wir bestimmen zunächst ein Gewinde Γ durch die 5 Strahlen l, die Polare l', ferner $B_2'B_3''$, $B_3'B_4''$, $B_4'B_2''$. Die beiden Punkte, in denen b_i die beiden Geraden l, l' trifft, sind zu den beiden Punkten B_i, B_i'' auf b_i harmonisch; denn der auf l' ist ja Pol von l in Bezug auf dieses Complex-Punktepaar (B_i', B_i''); daraus folgt, dass zu der Regelschaar, welche durch b_2, b_3 aus Γ ausgeschieden wird und l, l', $B_2'B_3''$ enthält, auch $B_2''B_3'$ gehört. Folglich sind $B_2''B_3'$ und $B_3''B_4'$, $B_4''B_2'$ auch in Γ enthalten. Die Nullebene von B_2' ist daher α_2'', weil in sie $B_2'B_3''$, $B_2'B_4''$ fallen, und $B_2'', B_3', B_3'', B_4', B_4''$ haben $\alpha_2', \alpha_3'', \alpha_3', \alpha_4'', \alpha_4'$ zu Nullebenen. In α_2'' liegt B_1''; somit werden $B_1''B_2'$ und $B_1''(B_3', B_4')$, $B_1'(B_2'', B_3'', B_4'')$ Strahlen von Γ; und folglich sind α_1', α_1'' die Nullebenen der Punkte B_1'', B_2'. *In unserem Gewinde Γ sind daher den Punkten:*

$$B_1',\ B_1'',\ B_2',\ B_2'',\ B_3',\ B_3'',\ B_4',\ B_4''$$

die Ebenen:

$$\alpha_1'',\ \alpha_1',\ \alpha_2'',\ \alpha_2',\ \alpha_3'',\ \alpha_3',\ \alpha_4'',\ \alpha_4'$$

polar.

Dem Punkte $A_1 \equiv l\alpha_1'$ entspricht die Ebene $lB_1'' \equiv \beta_1$, dem Strahle $b_1 \equiv B_1'B_1''$ der Strahl $\alpha_1''\alpha_1' \equiv a_1$; mithin sind in Bezug auf

*) Mathem. Annalen Bd. 21 S. 514.

Γ den Punkten A_1, A_2, A_3, A_4 die Ebenen β_1, β_2, β_3, β_4 und den Strahlen b_1, b_2, b_3, b_4 die Strahlen a_1, a_2, a_3, a_4 polar.

Die singulären Elemente von (l) *gehen durch Polarisirung in Bezug auf* Γ *in einander über.*

Der Berührungs-Kegelschnitt $[\alpha_1']$ enthält die Punkte A_1, B_1'', B_2', B_3', B_4'; folglich geht er über in den Anschmiegungskegel $[B_2'']$, welcher von β_1, α_1', α_2'', α_3'', α_4'' tangirt wird.

Jeder Punkt X von l transformiert sich in eine Ebene ξ durch l, der Complexkegel (X) aus jenem, der, wie wir wissen, durch die 8 Punkte B geht, in einen in ξ gelegenen Kegelschnitt, welcher die 8 Ebenen α berührt, also in die Complexcurve (ξ) und demnach auch die Berührungsebenen von jenem in die Punkte von dieser. Wir sehen, *die Complexfläche* (l) *geht durch Polarisirung in Bezug auf* Γ *in sich selber über.*

In den drei andern Gewinden sind den Punkten B in der obigen Reihenfolge polar die Ebenen:

$$\alpha_2',\ \alpha_2'',\ \alpha_1',\ \alpha_1'',\ \alpha_4',\ \alpha_4'',\ \alpha_3',\ \alpha_3'';$$
$$\alpha_3',\ \alpha_3'',\ \alpha_4',\ \alpha_4'',\ \alpha_1',\ \alpha_1'',\ \alpha_2',\ \alpha_2'';$$
$$\alpha_4',\ \alpha_4'',\ \alpha_3',\ \alpha_3'',\ \alpha_2',\ \alpha_2'',\ \alpha_1',\ \alpha_1''.$$

Wir können diese drei Gewinde, ausser durch l, l', durch:

$$B_2'B_3',\ B_3''B_4',\ B_4''B_2';\ B_2'B_3',\ B_3''B_4'',\ B_4'B_2'';\ B_2'B_3'',\ B_3'B_4',\ B_4''B_2''$$

bestimmt denken. Die A_1, A_2, A_3, A_4 führen sie über in β_2, β_1, β_4, β_3; β_3, β_4, β_1, β_2; β_4, β_3, β_2, β_1, entsprechend den drei andern Formen, in denen die Projectivität der Würfe der A_i und β_i auch geschrieben werden kann.

In Bezug auf das erste Gewinde sind b_1 und a_1, sowie b_2 und a_2 polar; das zweite führt jene in diese über, mithin sind beide in Involution. *So haben wir in unsern Gewinden eine Gruppe von 4 Gewinden, welche gegenseitig in Involution sind.**)

Wir setzen jetzt voraus, dass *die Gerade l ein Strahl g des Complexes selber sei.* Sie ist dann Kante des Complexkegels eines jeden ihrer Punkte und Tangente der Complexcurve einer jeden ihrer Ebenen. 519

Die drei Correspondenzen arten in besonderer Weise aus. Bei $[2]_P$ und $[2]_E$ vereinigt sich jedes Element mit den beiden entsprechenden; $[2, 2]_g$ *ist die doppelte Projectivität zwischen der Punktreihe auf g und dem Ebenenbüschel von g geworden, in der jedem Punkte X von g die Ebene* ξ *entspricht, welche den Kegel* (X) *längs g tangirt, jeder Ebene* ξ *durch g der Punkt, in dem die Curve* (ξ) *von g berührt wird.*

*) Vergl. F. Klein, Math. Annalen Bd. 7 S. 208.

Genau in derselben Weise ergiebt sich übrigens bei jedem Complexe, welches auch sein Grad sei, eine Projectivität zwischen der Punktreihe und dem Ebenenbüschel eines seiner Strahlen.*)

Von jedem der 4 Punktepaare muss der eine Punkt auf g fallen, weil g es „berührt"; nehmen wir an, dass das die 4 Punkte B_i'' seien. Diese sind dann die auf g gelegenen Punkte, deren Kegel zerfallen, also die A_i. Behalten wir diesen Namen bei, so können wir die B_i' kürzer B_i nennen. *Ebenso geht von jedem Ebenenpaare α_i', α_i'' die eine Ebene durch g;* da nach der Tabelle $[\alpha, B]$ in Nr. 516 jede α_i' nur einen B_k'', jede α_i'' deren drei enthält, so werden es die Ebenen α_i'' sein, welche demnach mit den β_i identisch werden; die α_i' können nun mit α_i bezeichnet werden.

B_i'' fällt in A_i, da beide der Schnitt von $\alpha_i (\equiv \alpha_i')$ mit g sind; *ebenso α_i'' in β_i.*

Wie im allgemeinen Falle geht a_i durch A_i und liegt b_i in β_i; aber jetzt liegt auch a_i in β_i (als α_i'') und geht b_i durch A_i (als B_i''); folglich berührt β_i in A_i die Fläche (g). *Die Cuspidalebenen gehören den Cuspidalpunkten als Berührungsebenen zu.*

Die 4 nicht durch g gehenden Ebenen α_i sind, wie im allgemeinen Falle, *doppelte Berührungsebenen und die 4 nicht auf g gelegenen Punkte B_i Doppelpunkte der Complexfläche (g). Jene als Ebenen, diese als Ecken bilden ein und dasselbe Tetraeder;* denn z. B. α_1 enthält noch B_2, B_3, B_4, ausserdem $A_1 \equiv B_1''$, und ebenso gehen durch B_1 die Ebenen α_2, α_3, α_4 und $\beta_1 \equiv \alpha_1''$.

In der obigen Projectivität entsprechen den Punkten A_1, A_2, A_3, A_4 die Ebenen β_1, β_2, β_3, β_4; denn der Kegel (A_1) zerfällt in β_1, α_1, erstere enthält g und ist also die Berührungsebene längs g. Die Projectivität $A_1 A_2 A_3 A_4 \barwedge \beta_1 \beta_2 \beta_3 \beta_4$ ergiebt sich also hier noch einfacher.

Wir erhalten den wichtigen Satz:

Jeder Strahl g von Γ^2 gehört zu 4 Strahlenbüscheln des Complexes; die Scheitel und Ebenen derselben bilden zwei projective Würfe.

Aber auch das Tetraeder der B_i und α_i lehrt diese Projectivität; denn die A_i sind die Schnitte von g mit den α_i, die β_i projiciren die B_i aus g.

Berührungsebenen der Fläche (l) des allgemeinen Falls in einem Punkte X der Doppelgeraden l sind die beiden Ebenen durch l, welche den Kegel (X) berühren. Jetzt sind diese durchweg zusammengefallen. *Daher ist g für die Fläche (g) eine Cuspidalgerade.* Und dual: *alle Ebenen durch g berühren in zwei benachbarten Punkten von g.*

*) Pasch, Zur Theorie der Complexe und Congruenzen von Geraden. Habilitationsschrift. Giessen 1870. — Vergl. auch II Nr. 290.

Aber unter den Punkten von g zeichnen sich doch immer noch die Punkte A_i aus, da in ihnen je ∞^1 durch die Cuspidalaxe a_i gehende Ebenen berühren, *und ebenso unter den Ebenen durch g die Ebenen β_i*, welche je längs der torsalen Geraden b_i berühren.

Der Berührungs-Kegelschnitt $[\alpha_1]$ geht durch B_2, B_3, B_4, A_1 und berührt im letzten Punkte die Tangentialebene β_i; er ist dadurch eindeutig bestimmt.

Alle erzeugenden Kegelschnitte (ξ) berühren die 4 Ebenen α_1, α_2, 520
α_3, α_4 und die Gerade g und sind so eindeutig durch 5 Tangenten festgelegt.*)

Wir erhalten auf diese Weise eine überaus einfache Herstellung dieser Fläche 4. Ordnung 4. Klasse mit einer Cuspidalgeraden, 4 Doppelpunkten und 4 — diese verbindenden — Doppel-Berührungsebenen.

*Ein Tetraeder $\alpha_1\alpha_2\alpha_3\alpha_4 \equiv B_1B_2B_3B_4$ und eine Gerade g sind gegeben; in jeder Ebene durch g construire man den Kegelschnitt, welcher g und die vier Ebenen des Tetraeders berührt, oder aus jedem Punkte von g den Kegel 2. Grades, welcher g und die Ecken desselben enthält. Jene Kegelschnitte erzeugen, diese Kegel umhüllen die Fläche.***)

Da das Tetraeder in ∞^{12} und die Gerade in ∞^4 Weisen gewählt werden kann, so *ist die Mannigfaltigkeit der Fläche 16.*

Wenn im vorigen Falle die Tangentialkegel der (l) aus den Punkten von l — deren Complexkegel — zu einem Netze gehören, dessen Grundpunkte die 8 Doppelpunkte B sind; so hat jetzt, wo alle diese Kegel durch g gehen, das Netz eine Grundgerade und nur noch 4 ausserhalb derselben gelegene Grundpunkte. Es genügt, einen der 8 Grundpunkte auf g liegend anzunehmen, wodurch noch 3 weitere auf diese Gerade gezogen werden.

Die Berührungscurve eines jeden der Complexfläche (g) umgeschriebenen Complexkegels ist nur noch eine cubische Raumcurve, welche durch g zur vollständigen Raumcurve 4. Ordnung ergänzt wird. Für diese ist der Scheitel des Kegels Doppelpunkt, und seine Tangenten sind die Kanten des Kegels, längs deren er von den durch l gehenden Berührungsebenen tangirt wird. Nun fallen diese zusammen: die cubische Raumcurve berührt g im Scheitel. Sie geht durch die 4 Doppelpunkte B. Und so zeigt sich, dass *unsere Fläche auch durch die*

---

*) Plücker bestimmte sie durch g und die zweiten Schnitte der Ebene ξ mit den $[\alpha_i]$ und kam so, nicht bemerkend, dass auch die Tangenten dieser Punkte bekannt sind, zu einer zweideutigen Bestimmung (Neue Geometrie, Nr. 230).

**) In Bd. II Nr. 480 ist diese Fläche schon erwähnt; die Congruenz der Strahlen von Γ^2, welche g treffen, ist die dort besprochene.

cubischen Raumcurven entsteht, welche durch die 4 Punkte B_i *gehen und die Gerade* g *in ihren verschiedenen Punkten berühren.*

521 Das Polar-Strahlennetz von g — das wir besser *Tangential-Strahlennetz von* g nennen — hat zwei in g vereinigte Leitgeraden; *es besteht aus den Strahlenbüscheln um die Punkte von* g *je in den ihnen durch die obige Projectivität zugeordneten Ebenen* (I, Nr. 58). Im allgemeinen hat ein solcher Büschel mit Γ^2 nur zwei in g zusammengefallene Strahlen gemein, der vierte harmonische Strahl wird also unbestimmt, und so kommt der ganze Büschel in das Strahlennetz.

Er berührt Γ^2 in g; 4 Büschel aber gehören ganz zu Γ^2, die (A_i, β_i), und bilden die Regelfläche 4. Grades, welche dem Polar-Strahlennetze mit Γ^2 gemeinsam ist.

Die ∞^1 Gewinde durch dieses Tangential-Strahlennetz von g nennen wir *die Tangentialgewinde von* g.*)

Die singuläre Fläche und die singulären Strahlen eines Complexes 2. Grades.

522 Wir haben gefunden, dass es *auf jeder Geraden 4 Punkte giebt, deren Complexkegel in zwei Strahlenbüschel (Ebenen) zerfällt.* Solche Punkte nennt Plücker *singuläre Punkte des Complexes; ihr Ort ist also eine Fläche 4. Ordnung.*

Ebenso heissen die Ebenen, deren Complexcurve aus zwei Strahlenbüscheln (Punkten) besteht, singuläre Ebenen des Complexes; da durch jede Gerade 4 gehen, so *umhüllen sie eine Fläche 4. Klasse.*

Wir wissen schon (Nr. 515), *dass der Wurf der 4 singulären Punkte* A_i *auf einer Geraden zu dem Wurfe der 4 singulären Ebenen* β_i *durch sie projectiv ist.*

Daraus folgt, dass wenn zwei von jenen zusammenrücken, auch zwei von diesen sich vereinigen müssen, und umgekehrt; d. h. jede Tangente der einen Fläche ist zugleich Tangente der andern.

Demnach ist die eine Fläche mit der andern identisch.**)

---

*) Jedem Complexe, welches auch sein Grad sei, ordnet jeder ihm angehörige Strahl in derselben Weise ein Tangential-Strahlennetz und einen Büschel von Tangentialgewinden zu.

**) F. Klein, Math. Annalen Bd. 7 S. 209. Von Voss rührt der kürzere Name: „singuläre Fläche" her (Göttinger Nachrichten 1873 S. 546). In Bezug auf einen Complex beliebigen Grades vergl. man die in Nr. 519 erwähnte Habilitationsschrift von Pasch.

Die singulären Punkte und die singulären Ebenen eines quadratischen Complexes erzeugen und umhüllen eine und dieselbe in sich duale Fläche 4. Ordnung und 4. Klasse, die singuläre Fläche oder Singularitätenfläche Φ des Complexes.

Wenn B der eine Punkt des Complex-Punktepaares in der singulären Ebene β ist, so sind alle Strahlen von (B, β) Complexstrahlen, also zerfällt der Kegel (B) in 2 Ebenen, von denen β die eine ist. Ebenso gehört jeder singuläre Punkt zu 2 Complex-Punktepaaren.

Die singuläre Fläche Φ ist auch Ort der Punkte der Complex-Punktepaare, und jeder von ihren Punkten ist mit zwei andern gepaart. Ebenso ist sie Ort der Ebenen der Complex-Ebenenpaare, und jede von ihren Berührungsebenen ist mit zwei andern gepaart.

Die obige Projectivität können wir nun in anderer Form aussprechen:

Der Wurf der Schnittpunkte einer Geraden mit der singulären Fläche ist zu dem Wurfe der Berührungsebenen, welche von derselben Geraden an sie kommen, projectiv.

Wir haben denselben Satz (II, Nr. 377) für die Brennfläche (4. Ordnung, 4. Klasse) einer Congruenz 2. Grades gefunden, also (wegen II, Nr. 392) für die Kummer'sche Fläche.

Auch unsere Fläche Φ wird sich als Kummer'sche Fläche herausstellen.

Zu jedem singulären Punkt A gehört eine Gerade a, die Doppellinie seines Complex-Ebenenpaars α', α''; zu jeder singulären Ebene β ebenfalls eine Gerade b, die Doppellinie ihres Complex-Punktepaars B', B''. Jede 523
durch a gelegte Ebene schneidet (A) in zwei in a vereinigten Strahlen, „berührt" (A) längs a; also berührt ihre Complexcurve die a in A; denn allgemein, wenn eine Ebene ξ den Kegel (X) längs x berührt, so tangirt (ξ) die x in X.

Es sei nun X ein von A verschiedener Punkt auf a, sein Kegel (X) geht durch a und in jeder beliebigen Ebene durch a ist die zweite Kante von (X) die zweite Tangente aus X an die Complexcurve; in der Ebene, welche (X) längs a berührt, kommen also sowohl von A, als von X zwei in a vereinigte Tangenten an die Complexcurve; folglich ist diese ein auf a gelegenes Punktepaar. Und die Kegel aller Punkte von a berühren dieselbe Ebene längs a. Unsere Gerade a ist demnach zugleich eine b.

Jede Doppellinie eines Complex-Ebenenpaars ist zugleich Doppellinie eines Complex-Punktepaars, und umgekehrt.

Diese in zweifacher Unendlichkeit vorhandenen Linien heissen, nach

Plücker, die singulären Strahlen des Complexes; wir bezeichnen sie nun besser mit dem neutralen Namen s.

Jedem singulären Strahle s ist daher sowohl ein singulärer Punkt zugeordnet, den wir nun lieber mit S bezeichnen wollen, derjenige nämlich, für dessen Ebenenpaar α', α'' *er Doppellinie ist, als auch eine singuläre Ebene* σ, *für deren Punktepaar* B', B'' *er Doppellinie ist.**)

Die Ebene σ *ist Berührungsebene längs s für die Complexkegel aller Punkte von s*, während die übrigen Ebenen durch s als „Berührungsebenen" zu dem Ebenenpaare (S) gehören.

Der Punkt S ist Berührungspunkt, mit s, der Complexcurven in allen Ebenen durch s, während in den übrigen Punkten von s das Punktepaar (σ) „berührt".

Die bei einem beliebigen Complexstrahle g gefundene Projectivität zwischen Punktreihe und Ebenenbüschel ist hier ausgeartet: sie hat die singulären Elemente S, σ *zu ihren ausgezeichneten (singulären), denen im andern Gebilde je alle entsprechen.*

In jenem allgemeinen Falle sind die 4 Punkte A_1, A_2, A_3, A_4, die Schnitte mit Φ, die Scheitel der 4 Complex-Strahlenbüschel, zu denen g gehört; bei einem singulären Strahle s ist der Punkt S Scheitel zweier solcher Büschel; und ebenso ist die Ebene σ Ebene zweier; die 4 Büschel sind aber im allgemeinen verschieden; erst wenn der singuläre Strahl Haupttangente von Φ wird, tritt Vereinigung zweier ein (Nr. 547).

Jeder singuläre Strahl s berührt die singuläre Fläche Φ *und zwar im zugehörigen singulären Punkte S und schneidet sie in den beiden Punkten* B', B'' *des Punktepaars in der zugehörigen singulären Ebene* σ.

Die Ebene σ *ist zu s und zu S gehörige Berührungsebene; die beiden weiteren Berührungsebenen aus s sind die Ebenen* α', α'' *des Ebenenpaars* (S).

Die singulären Strahlen s von Γ^2 bilden eine Congruenz **S**. Sei Γ' irgend ein anderer Complex, der durch sie geht, — wir werden später sehen, dass dies für ∞^1 quadratische Complexe gilt —; derselbe ruft (Nr. 519) auf einem Strahle s von **S** eine zweite Projectivität hervor. In dieser entspreche dem Punkte S die Ebene σ_1, der Ebene σ der Punkt S_1. Folglich entspricht σ_1 dem S in beiden Projectivitäten und ebenso S_1 der σ.

Daher sind S und S_1 (II, Nr. 290) die Brennpunkte von s als Strahl von **S** und σ_1, σ die associirten Brennebenen, oder σ und σ_1

---

*) Die Punkte und Berührungsebenen von Φ erhalten so, je nach der Auffassung, verschiedene Bezeichnung: A und S, β und σ.

sind die Berührungsebenen von S und S_1 an die Brennfläche dieser Congruenz **S**. Nun entstehen S, σ anders als S_1, σ_1 und bilden eine selbständige Schaale dieser Brennfläche.

Die singuläre Fläche eines quadratischen Complexes ist der eine Theil der Brennfläche der Congruenz seiner singulären Strahlen.

Auch damit ist erkannt, dass die singulären Punkte und die singulären Ebenen eine und dieselbe Fläche erzeugen und die singulären Strahlen sie berühren.

Aber von den ∞^3 Tangenten dieser Fläche sind nur ∞^2 singuläre Strahlen, in jedem Tangentenbüschel einer. Das ist überhaupt der einzige Strahl von Γ^2 in einem Tangentialbüschel (S, σ), weil der Kegel (S) mit σ nur die Doppellinie gemein hat.

Enthält also ein Tangentenbüschel noch einen weitern Strahl von Γ^2, so gehören, wie wir noch auf andere Weise erkennen werden, *alle seine Strahlen zu Γ^2.*

Die Klasse (oder Ordnung) von Φ kann man auch folgendermassen ermitteln:

Die Complexkegel aus drei Punkten einer Geraden l haben 8 Punkte gemein. In der Ebene von l nach einem derselben hat die Complexcurve 3 in einen Punkt zusammenlaufende Tangenten; also zerfällt sie in 2 Punkte, und der zweite Punkt ist ein weiterer von den 8 Punkten. Somit gehen durch l 4 singuläre Ebenen.

Eine Ebene π schneidet aus Φ eine Curve 4. Ordnung; sei A 524
ein Punkt, welcher derselben mit der Curve (π) gemeinsam ist; sein Kegel (A) zerfällt; die Schnittlinien der beiden Ebenen mit π sind die Tangenten aus A an (π): sie fallen zusammen; also liegt der zu A gehörige singuläre Strahl s in π und berührt (π) in A. Er berührt aber, wie wir wissen, auch Φ und daher die Curve $\Phi\pi$ in A. *Also jeder gemeinsame Punkt von (π) und $\Phi\pi$ ist Berührungspunkt dieser beiden Curven, und die gemeinsame Tangente sein singulärer Strahl.*

Umgekehrt, *jeder in π fallende singuläre Strahl ist gemeinsame Tangente, welche die beiden Curven in dem nämlichen Punkte tangirt.*

Die Congruenz der singulären Strahlen ist 4. Klasse; in den singulären Punkten, die zu den in eine Ebene fallenden singulären Strahlen gehören, berührt die Complexcurve der Ebene die singuläre Fläche.

Diese — in sich duale — Congruenz ist auch 4. Ordnung; der Complexkegel aus einem Punkte berührt die singuläre Fläche viermal auf den 4 vom Punkte kommenden singulären Strahlen mit den zugehörigen Ebenen als Berührungsebenen.

Die 4 Berührungspunkte einer jeden Complexcurve mit Φ beweisen, dass *alle Complexflächen die Φ längs einer Curve 8. Ordnung berühren; und der zugehörige Torsus der Berührungsebenen ist 8. Klasse.*

Insofern die Complexfläche (l) einer Geraden Ort der Punkte ist, deren Complexkegel die Gerade l berühren, *ist die eben gefundene Curve 8. Ordnung der Ort der Punkte und der Torsus 8. Klasse der Ort der Berührungsebenen von Φ, deren zugehörige singulären Strahlen die Gerade l treffen;* denn dann „berührt“ l das Ebenen- bezw. Punktepaar.

Von jedem Punkte S der Φ, als des einen Theils der Brennfläche von **S**, *kommen 2 vereinigte singuläre Strahlen: der singuläre Strahl, zu dem S gehört und der in S berührt, die Doppellinie von $(S) \equiv (\alpha', \alpha'')$; die beiden andern sind die Doppellinien der Punktepaare in α', α'', zu denen beiden S gehört.* Ebenso: *in jeder Ebene σ repräsentirt der zugehörige singuläre Strahl, die Doppellinie des Punktepaars $(\sigma) \equiv (B', B'')$, zwei von den 4 singulären Strahlen, die beiden andern sind die Doppellinien der Ebenenpaare aus B' und B'', zu denen beiden σ gehört.*

Betrachten wir nun, statt der allgemeinen Ebene π, eine singuläre σ. Die Curve $\Phi\sigma$ hat im Berührungspunkte S einen Doppelpunkt; (σ) ist ein Punktepaar B', B'', dessen Doppellinie s durch S geht, während B', B'' auf jener Curve liegen. Dies sind 2 Berührungspunkte, die beiden andern concentriren sich im Doppelpunkte S und zugehöriger Strahl ist s. So sehen wir auch auf diese Weise, dass σ zwei vereinigte Strahlen von **S** enthält und Φ ein Theil der Brennfläche dieser Congruenz ist. Uebrigens folgt dies auch schon daraus, dass alle singulären Strahlen die Φ berühren (II, Nr. 291).

525 Es ist nicht schwer, den einer Φ berührenden Brennebene σ von **S** associirten Brennpunkt, der auf der andern Schaale der Brennfläche liegt, anzugeben. Es sei eine von σ unendlich wenig verschiedene Ebene Σ betrachtet; die Complexcurve (Σ) ist ein unendlich schmaler Kegelschnitt, der die Curve $\Phi\Sigma$ ausser in den beiden Punkten, welche, wenn Σ in σ übergeht, die Punkte des Paars (σ) werden, uns aber hier weniger interessiren, noch in zwei andern Punkten tangirt, die beim genannten Uebergange in dem Doppelpunkte S von $\Phi\sigma$ sich vereinigen. Der Schnittpunkt der diesen beiden Punkten zugehörigen singulären Strahlen ist der Pol ihrer Verbindungslinie in Bezug auf (Σ); auf der Grenze geht diese Verbindungslinie durch den Doppelpunkt S; Pol jeder durch S in σ gezogenen Geraden in Bezug auf das Paar (σ) ist aber der vierte harmonische Punkt von S in Bezug auf die beiden Punkte von (σ). Also:

Der einer Φ tangirenden Brennebene σ von **S** *associirte Brennpunkt ist der vierte harmonische Punkt, welcher dem Berührungspunkte S von σ*

mit Φ zugeordnet ist in Bezug auf die beiden Punkte von (σ). *Dieser Punkt erzeugt den zweiten Theil der Brennfläche von* **S**.*)

Wir werden später seine Ordnung und Klasse bestimmen.

Pol eines singulären Strahls s in Bezug auf die Complexcurve in 526
einer beliebigen Ebene durch ihn ist der zugehörige singuläre Punkt S, als unveränderlicher Berührungspunkt; in Bezug aber auf das Punktepaar in der singulären Ebene σ ist er unbestimmt: jeder Punkt von σ. Ebenso ist Polarebene von s in Bezug auf den Complexkegel aus einem beliebigen Punkte von s immer die σ, diejenige in Bezug auf das Ebenenpaar aus S ist jede beliebige Ebene durch S.

Es erhellt daraus, dass als Polare von s jeder beliebige Strahl des Büschels (S, σ) angesehen werden muss; denn mit allen diesen Strahlen und nur mit ihnen incidirt jeder Punkt von σ, jede Ebene von S.

Die Polare eines singulären Strahls s ist jeder beliebige Strahl durch den zugehörigen Punkt S in der zugehörigen singulären Ebene σ, oder jede beliebige Tangente des Tangentenbüschels (S, σ) von Φ.

Das Polar- oder Tangential-Strahlennetz von s zerfällt in den Bündel S und das Feld σ; und in der That sind deren Schnitte mit Γ^2 die 4 Büschel des Complexes, zu denen s gehört, die beiden Büschel aus S und die beiden in σ.

Die durch die Netze gehenden Gewinde, die Polar- oder Tangentialgewinde des singulären Strahls, sind sämmtlich Gebüsche mit den Strahlen von (S, σ) als Axen.

Wir müssen nun auch *die zu einem singulären Strahle s gehörige* 527
Complexfläche (s) untersuchen.

Da s im zugehörigen singulären Punkte S die Fläche Φ berührt, so haben sich in diesem Punkte zwei von den Punkten A vereinigt: A_1, A_2; beide Strahlenbüschel aus S gehen durch s; d. h. α_1, α_2 fallen bezw. mit β_2, β_1 zusammen und zwar so, weil im vorigen allgemeineren Falle $\alpha_1\beta_1$, $\alpha_2\beta_2$ Ebenenpaare des Complexes sind, die sich jetzt in das Ebenenpaar (S) vereinigt haben, während die Ebenen dieses Paars noch getrennt bleiben. Ebenso fallen β_3 und β_4 in der zu s gehörigen singulären Ebene σ zusammen, beide Büschel in σ gehen durch s, d. h. B_3, B_4 vereinigen sich bezw. mit A_4, A_3.

---

*) Diese Fläche nennt Voss accessorische Fläche: Math. Annalen Bd. 9 S. 89. Er bestimmt ihre Ordnung und Klasse für beliebigen Grad des Grundcomplexes; wie überhaupt dieser Aufsatz eine grosse Fülle von solchen allgemeinen (analytischen) Bestimmungen enthält.

Also $(\alpha_1, \alpha_2) \equiv (\beta_2, \beta_1)$ *ist das Ebenenpaar* (S) *und* $(B_3, B_4) \equiv (A_4, A_3)$ *das Punktepaar* (σ). *Folglich sind auch* b_3, b_4, a_1, a_2 *in* s *gefallen. Hingegen* b_1, b_2 *gehen von* S *nach den zweiten Büschelscheiteln* B_1, B_2 *von* β_1, β_2, *und* a_3, a_4 *sind die Schnitte von* σ *mit den zweiten Büschelebenen* α_3, α_4 *aus* A_3, A_4.

Jene Punkte B_1, B_2 *sind die einzigen conischen Knotenpunkte, welche die Fläche* (s) *hat, die Ebenen* α_3, α_4 *die einzigen conischen Doppel-Berührungsebenen.*

Nach der Tabelle $[\alpha, B]$ gehen α_3, α_4 (nach früherer Bezeichnung α_3', α_4') durch B_1, B_2 (oder B_1', B_2').

Die Kegel aus den verschiedenen Punkten von s berühren sich längs dieser Geraden mit σ als gemeinsamer Tangentialebene. Wenn aber die Flächen eines Netzes zwei sich schneidende — hier unendlich nahe — Geraden gemein haben, so hat das Netz nur noch 2 Grundpunkte.

Wir wissen, alle die Complexfläche (s) erzeugenden Kegelschnitte berühren s in S; unter ihnen befindet sich das Punktepaar (A_3, A_4), der Ebene σ zugehörig. Die beiden Nachbarcurven müssen daher unendlich schmale Kegelschnitte sein, welche sich unendlich wenig von derjenigen der beiden durch A_3, A_4 auf s gebildeten Strecken unterscheiden, in welcher sich S befindet.

Denken wir alle diese Kegelschnitte etwa aus B_1 auf eine beliebige durch s gehende Ebene π projicirt, so ergiebt sich eine Kegelschnitt-Schaar; alle Kegelschnitte derselben berühren s in S und die beiden Spuren $\pi\alpha_3$, $\pi\alpha_4$, welche durch A_3, A_4 gehen. Hieraus ergiebt sich, dass jene beiden unendlich schmalen Curven vollständig auf einer Seite von s liegen und zwar die eine auf der einen, die andere auf der andern.*) Daraus folgt, dass für die Schnittcurve einer beliebigen Ebene ξ mit (s) der Punkt ξs ein solcher Punkt ist, dass die Gerade $\xi\sigma$ vier in ihm vereinigte Schnitte mit der Curve hat, von den beiderseitigen Nachbarstrahlen aber der eine noch zwei unendlich nahe Schnitte auf der einen Seite, der andere auf der andern Seite hat. D. h. die Curve hat im Punkte ξs eine Selbstberührung, Tangente ist die Gerade $\xi\sigma$ und die Zweige liegen, wenn sie reell sind, auf derselben Seite dieser Tangente.**)

In der Ebene σ stellt s vierfach gerechnet den ganzen Schnitt

*) Wenn A_3, A_4 reell sind, so sind es Ellipsen; sind jene Punkte aber imaginär, so dass die erwähnte Strecke sich in die ganze Gerade erweitert, so sind es Hyperbeln, deren beide Aeste sich der Nebenaxe unendlich genähert haben, welche selbst unendlich wenig von s verschieden ist.

**) Sie sind immer reell, wenn A_3, A_4 imaginär sind; im andern Falle nur dann, wenn ξs in derselben Strecke $A_3 A_4$ liegt, wie S.

dar, denn Kegelschnitt ist die Doppelgerade s; jede Gerade von σ berührt also auf s vierpunktig.

Also wesentliches Ergebniss ist:

Jeder ebene Schnitt der Complexfläche (s) *hat in dem Spurpunkt von* s *einen Selbst-Berührungspunkt, derartig, dass die Tangente immer in der zugehörigen singulären Ebene* σ *liegt.*

Der Punkt S *ist dreifacher Punkt,* da jeder durch ihn gehende Strahl m die Complexcurve in der Ebene ms nur noch einmal trifft; *ebenso ist* σ *dreifache Berührungsebene. Der Anschmiegungskegel 3. Ordnung für* S *zerfällt in die 3 Ebenen* σ, β_1, β_2; denn die Strahlen durch S in diesen Ebenen haben ihre 4 Schnitte mit der Fläche in S vereinigt. *Und ebenso zerlegt sich die Berührungscurve 3. Klasse der Ebene* σ *in die 3 Büschel von* S, A_3, A_4.

Die Schnitte in den Ebenen durch $B_1 B_2$ haben zwei Doppelpunkte und einen Selbst-Berührungspunkt, zerfallen daher in zwei Kegelschnitte, die sich in B_1, B_2 schneiden und auf s berühren, so dass die gemeinsame Tangente in σ liegt. In α_3, α_4 vereinigen sich diese beiden Kegelschnitte.

Diese durch B_1, B_2 gehenden Kegelschnitte sind die Berührungscurven der Tangential- oder Complexkegel aus den verschiedenen Punkten von s, welche ja alle σ und die Fläche (s) längs s berühren. Ebenso zerfällt der Berührungskegel aus einem Punkte von $\alpha_3 \alpha_4$ in 2 Kegel 2. Grades. Diese Kegel sind der Fläche längs der Complexcurven in den Ebenen von s umgeschrieben.

Durch die Berührung mit α_3 und α_4 und mit s in S sind die erzeugenden Kegelschnitte von (s) nicht vollständig bestimmt. Aber die Kegelschnitt-Schaar, welche durch die Projectionen aus B_1 auf die durch s gehende Ebene π sich ergiebt, und der Ebenenbüschel s sind projectiv. Dies führt uns zu *einer Construction von* (s) und zur Bestimmung ihrer Mannigfaltigkeit.

Wir geben s und, incident mit ihr, S, σ, dann B_1, B_2 beliebig, womit β_1, β_2 bestimmt sind, ferner durch die Gerade $B_1 B_2$ beliebig die Ebenen α_3, α_4, welche auf s wiederum A_3, A_4 bestimmen. In diesen Stücken liegt die Mannigfaltigkeit $4 + 2.1 + 2.3 + 2.1 = 14$. Wir haben die 3 Punktepaare (S, B_1), (S, B_2), (A_3, A_4) in β_1, β_2, σ; wird aber aus B_1 auf π projicirt, so geht eins verloren. In einer beliebigen Ebene ξ_0 durch s wird nun ein Kegelschnitt construirt, der s in S und die Ebenen α_3, α_4 tangirt; da es deren ∞^1 giebt, so wächst die Mannigfaltigkeit damit auf 15. Seine Projection aus B_1 auf π sei K' und die von B_2 sei B'; die Projectivität zwischen der Kegelschnitt-Schaar in π und dem Ebenenbüschel s ist nun dadurch festgelegt, dass den Curven (S, B'), (A_3, A_4), K' die Ebenen β_2, σ, ξ_0 correspondiren. Jeden Kegelschnitt der Schaar projiciren wir aus B_1 auf die entsprechende Ebene und haben so alle erzeugenden Kegelschnitte der Fläche erhalten und ihre Mannigfaltigkeit 15 erkannt.

So sind die Mannigfaltigkeiten der drei bis jetzt betrachteten Complexflächen (l), (g), (s) *bezw. 17, 16, 15.*

528 Gehen wir noch einen Schritt weiter: *der singuläre Strahl s berühre* Φ *dreipunktig;* wir kommen später auf diese ausgezeichneten singulären Strahlen zurück, um ihren eigenen Ort und den ihrer Berührungspunkte zu bestimmen. Hier wollen wir nur einige Bemerkungen über die Complexfläche machen. Wir sehen sofort, dass mit S sich noch A_3, mit σ sich noch β_2 vereinigt, und in s fallen noch b_2, a_3. *Es bleiben blos noch ein conischer Knotenpunkt* B_1 *und eine conische Doppel-Berührungsebene* α_4.

Das System der Complexcurven und die stationären Elemente des Complexes.

529 Wir wollen *das System der Complexcurven von* Γ^2 nach seinen *Charakteristiken* untersuchen und werden dadurch auch zu den 16 Doppelpunkten und den 16 doppelten Berührungsebenen der singulären Fläche gelangen und diese als Kummer'sche Fläche erkennen.

Wir bezeichnen, wie in I Nr. 19, die Elementarbedingungen für einen Kegelschnitt, dass seine Ebene durch einen gegebenen Punkt gehe, dass er eine gegebene Gerade treffe oder eine gegebene Ebene berühre, mit

$$\mu, \nu, \varrho$$

und haben dann für unser dreifach unendliches System die Charakteristiken:

$$\mu^3, \mu^2\nu, \mu^2\varrho, \mu\nu^2, \mu\nu\varrho, \mu\varrho^2, \nu^3, \nu^2\varrho, \nu\varrho^2, \varrho^3.$$

Unmittelbar klar ist, dass:

$$\mu^3 = 1.$$

Dass:

$$\mu^2\nu = 4,$$

folgt aus der Ordnung der Complexfläche einer Geraden.

Durch die Verbindungslinie der beiden Punkte von μ^2 gehen an die Complexcurve der Ebene von ϱ 2 berührende Ebenen, deren Complexcurven dann diese Ebene berühren, also ist:

$$\mu^2\varrho = 2.$$

Die Ebenen durch einen gegebenen Punkt, deren Complexcurven eine gegebene Gerade treffen, bezw. eine gegebene Ebene berühren, umhüllen einen Kegel 4. Klasse, den Tangentialkegel aus dem Punkte an die Complexfläche der Geraden, bezw. einen Kegel 2. Klasse, den, welcher aus dem Punkte die Complexcurve der gegebenen Ebene projicirt.

Die gemeinsamen Berührungsebenen zweier solchen Kegel mit demselben Scheitel liefern weiter:

$$\mu\nu^2 = 16, \quad \mu\nu\varrho = 8, \quad \mu\varrho^2 = 4;$$

also: *Die Ebenen, deren Complexcurven 2 Gerade treffen, eine Gerade treffen und eine Ebene berühren, 2 Ebenen berühren, umhüllen einen Torsus 16., 8., 4. Klasse.* Die gemeinsamen Berührungsebenen eines jeden dieser Torsen mit der Complexcurve in einer neuen Ebene geben:

$$\nu^2\varrho = 32, \quad \nu\varrho^2 = 16, \quad \varrho^3 = 8.$$

Es fehlt noch die Charakteristik ν^3, für welche man durch einen analogen Schluss den Werth 64 zu erhalten scheint; aber es findet eine Erniedrigung statt.

Zunächst aber mögen *die Charakteristiken des zweifach unendlichen Systems der Complex-Punktepaare* ermittelt werden; bei dieser Ausartung, 530
die wir nach Schubert mit η bezeichnen, haben ν, ϱ die Bedeutung, dass die Doppellinie des Paars eine gegebene Gerade treffen, bezw. einer der beiden Punkte in eine gegebene Ebene fallen soll.

Die Klasse der singulären Fläche giebt:

$$\eta\mu^2 = 4.$$

Ein Strahlennetz hat mit der Congruenz (4,4) der singulären Strahlen, der Doppellinien unserer Punktepaare, 8 Strahlen gemeinsam; also:

$$\eta\nu^2 = 8.$$

Die Regelfläche der singulären Strahlen, welche eine Gerade l treffen, ist 8. Grades; in jede Ebene durch l fallen 4; die 8 Punkte der Paare auf ihnen, so wie die 4 Schnitte $l\Phi$, von denen jeder zu 2 Punktepaaren gehört, lehren, dass *die Curve der Punkte der Punktepaare, deren Doppellinie die l trifft, 16. Ordnung ist,* oder:

$$\eta\nu\varrho = 16.$$

Die Regelfläche 8. Grades berührt Φ in der Curve der singulären Punkte, die zu ihren Erzeugenden gehören; diese ist von der Ordnung $\frac{1}{2}(4.8-16) = 8$; womit wir das Nr. 524 gefundene Resultat, dass die

Punkte von Φ, deren singuläre Strahlen eine gegebene Gerade treffen, eine Curve 8. Ordnung erzeugen, bestätigen.

Der Bedingung ϱ^2 kann auf zwei Weisen genügt werden, dadurch, dass ein Punkt eines Paars auf die Schnittlinie der Ebenen von ϱ^2 fällt, also in einen der Schnitte derselben mit Φ, oder dadurch, dass der eine in die eine, der andere in die andere Ebene fällt. Ersteres führt zu 2.4 Paaren.

Es sei f' ein ebener Schnitt von Φ; wenn B' sich auf f' bewegt, so beschreiben die beiden singulären Strahlen $B'B''$, $B'B_1''$ eine Fläche (b), auf welcher f' doppelt ist und von deren Erzeugenden 4 doppelte in die Ebene von f' fallen; also ist sie vom Grade 16. Ihr weiterer Schnitt mit Φ besteht aus dem Orte (B'') der Punkte B'', B_1'' und der Curve $\overline{S}$ der singulären Punkte S, welche zu den erzeugenden singulären Strahlen gehören; längs dieser Curve berühren sich beide Flächen.

Lassen wir S auf einem andern ebenen Schnitte f_1 von Φ sich bewegen, so erzeugt der singuläre Strahl eine Fläche $\overline{s}$, auf der sowohl f_1, als auch die vier in die Ebene von f_1 fallenden singulären Strahlen einfach sind, die also 8. Grades ist; da sie Φ längs f_1 berührt, so ist der weitere Schnitt, der Ort der Punkte der Paare auf diesen singulären Strahlen, 24. Ordnung; er trifft folglich f' 24 mal; wenn demnach B' die f' durchläuft, fällt S 24 mal auf f_1; daher ist die Berührungscurve $\overline{S}$ der obigen Fläche (b) mit Φ 24. Ordnung und die Curve (B'') von der Ordnung $4.16 - 2.4 - 2.24 = 8$. Folglich führt der zweite Fall zu 8 Lösungen, und wir haben:

$$\eta\varrho^2 = 16.$$

$\eta\mu\nu$ ist die Zahl der Punktepaare, deren Ebene durch einen gegebenen Punkt geht und deren Doppellinie eine gegebene Gerade trifft, also dual und gleich der Zahl der Ebenenpaare, deren Punkt in eine gegebene Ebene fällt und deren Doppellinie eine gegebene Gerade trifft, d. h. gleich dem Grade der Regelfläche der singulären Strahlen, deren zugehörige singulären Punkte in gegebener Ebene liegen, mithin der Regelfläche $\overline{s}$; also:

$$\eta\mu\nu = 8.$$

Endlich, wenn die Ebene eines Punktepaars durch O gehen und der eine Punkt B in die Ebene ω fallen soll, so liegt B auf $\omega\Phi$, die eine Ebene des Ebenenpaars (B) geht durch O, BO gehört zum Kegel (O) und B ist einer der Schnitte desselben mit $\omega\Phi$, demnach:

$$\eta\mu\varrho = 8.$$

Wir betrachten alle Complex-Punktepaare, deren Doppellinien eine 531
gegebene Gerade l treffen; die Punktepaare erzeugen eine Curve 16. Ordnung ($\eta\nu\varrho = 16$). Die Ebenen, welche von einer andern Geraden u je nach den beiden Punkten gehen, rufen in dem Ebenenbüschel u eine involutorische Correspondenz [16] hervor, denn jede Ebene durch u trifft die genannte Curve in 16 Punkten, und nach deren gepaarten Punkten gehen die entsprechenden Ebenen. Wir haben 8 Punktepaare, deren Doppellinien l und u treffen: $\eta\nu^2 = 8$; diese führen zu zweifachen Coincidenzen unserer Correspondenz, denn die Ebene von u nach einer dieser Doppellinien trifft die Curve 16. Ordnung in beiden Punkten des Paars und die je nach dem andern, als dem gepaarten, gehende fällt mit ihr zusammen (I, Nr. 18). Es bleiben daher 16 andere Coincidenzen, welche von Punktepaaren mit l treffenden Doppellinien herkommen, deren beide Punkte sich vereinigt haben.

Damit ist noch nicht klar gestellt, dass es nicht ∞^1 solche Punktepaare mit zusammenfallenden Punkten giebt.

Betrachten wir nun die Complex-Punktepaare, von denen ein Punkt in eine gegebene Ebene π fällt; projiciren wir sie wiederum aus u, so ergiebt sich eine (nicht involutorische) Correspondenz. Jede Ebene ξ durch u schneidet $\pi\Phi$ in 4 Punkten, deren jedem 2 Punkte gepaart sind, so dass es 8 entsprechende Ebenen ξ' giebt. Ferner haben wir gefunden, dass es 8 Complex-Punktepaare giebt, deren beide Punkte in zwei verschiedene Ebenen beziehentlich fallen, hier eine Ebene ξ' durch u und die Ebene π; also entsprechen auch jeder ξ' 8 Ebenen ξ.

Alle 16 Coincidenzen dieser Correspondenz [8,8] entstehen durch die 16 Complex-Punktepaare, von denen ein Punkt auf π liegt, während die Doppellinie u trifft ($\eta\nu\varrho = 16$).

Demnach kommt nicht in jede Ebene ein Punkt zu liegen, in den sich beide Punkte eines Complex-Punktepaars vereinigt haben. *Punktepaare mit vereinigten Punkten sind folglich nur in endlicher Zahl vorhanden.*

Ist also E der Punkt eines solchen Paars, so sei π durch ihn gelegt. Zweifellos ist die Ebene uE eine der 16 Coincidenzen der Correspondenz [8,8]. Die Curve 16. Ordnung der Punkte der Paare, deren Doppellinie u trifft, begegnet daher sonst der π in weniger als 16 Punkten und muss also durch E gehen. Diese Complex-Punktepaare (E, E) mit vereinigten Punkten müssen unbestimmte Doppellinien haben, so dass je solche Doppellinien, welche eine beliebige Gerade treffen, vorhanden sind. Weil nun jedes einer bestimmten Ebene δ zugehört, so erfüllen diese Doppellinien den Büschel (E, δ), und je eine trifft die beliebige Gerade.

Somit ergeben sich die oben gefundenen 16 Punktepaare mit vereinigten Punkten, deren Doppellinien die dort benutzte Gerade l trafen, bei jeder andern Geraden ebenso.

Und wir haben:

Es giebt 16 Complex-Punktepaare (E, E) *mit vereinigten Punkten; ihre Doppellinien sind je unbestimmt und erfüllen den ganzen Büschel um* E *in der zugehörigen Ebene* δ.

Die Curven 16. Ordnung der Punkte der Complex-Punktepaare, deren Doppellinien eine gegebene Gerade l treffen, gehen durch die 16 Punkte E.

532 Oder wir benutzen die Charakteristiken-Formeln für ein einfach unendliches System von Kegelschnitten im Raume (I, Nr. 19):

$$2\nu = \varrho + 2\mu + \eta, \quad 2\varrho = \nu + \eta',$$

wo η' (statt δ a. a. O.) die Anzahl der Ausartungen im Systeme ist, die gewöhnlich Geradenpaare genannt werden. Die als Enveloppen definirten Complexcurven scheinen nicht in Geradenpaare ausarten zu können, und das ist auch im allgemeinen, aber nicht immer richtig, wie wir bald sehen werden.

In unsern Formeln ist die Zahl der Punktepaare, welche i-mal die Bedingung ν erfüllen, stets mit 2^i zu multipliciren*); weil die Doppellinie eines Punktepaars, als Punktcurve des ausgearteten Kegelschnitts, mit der zu treffenden Geraden sofort zwei (vereinigte) Punkte gemeinsam hat; daher haben wir umzuändern:

$$\eta\mu\nu = 2.8, \quad \eta\nu^2 = 2^2.8, \quad \eta\nu\varrho = 2.16.$$

Wir wenden nun unsere Formeln an auf die einfach unendlichen Systeme von Complex-Kegelschnitten, welche die Bedingungen μ^2, $\mu\nu$, $\mu\varrho$, ϱ^2, $\nu\varrho$, ν^2 erfüllen. Im ersten Falle also haben wir (durch symbolische Multiplication mit μ^2):

$$2\mu^2\nu = \mu^2\varrho + 2\mu^3 + \eta\mu^2, \quad 2\mu^2\varrho = \mu^2\nu + \eta'\mu^2;$$

die erste dieser Formeln wird durch die oben angegebenen Zahlenwerthe befriedigt, die zweite giebt: $\eta'\mu^2 = 0$, die eben ausgesprochene Vermuthung bestätigend. Dasselbe ergiebt sich in den vier nächsten Fällen; im letzten aber haben wir:

$$2\nu^3 = \nu^2\varrho + 2\mu\nu^2 + \eta\nu^2, \quad 2\nu^2\varrho = \nu^3 + \eta'\nu^2.$$

Sie liefern für die einzigen Unbekannten:

$$\nu^3 = 48,$$

*) Vergl. Schubert, Kalkül der abzählenden Geometrie S. 93.

womit wir nun alle 10 Charakteristiken unseres Kegelschnitt-Systems haben (vergl. Nr. 529), und

$$\eta'\nu^2 = 16.$$

Dies letzte der obigen Vermuthung widersprechende Ergebniss ist nunmehr aufzuklären.

Es giebt ausgezeichnete singuläre Ebenen δ, in denen die beiden Punkte des Punktepaars in einen einzigen Punkt E so zusammengerückt sind, dass jeder Strahl des Büschels (E, δ) Doppellinie des Punktepaars und also singulärer Strahl ist. Zunächst repräsentirt, wegen der Unbestimmtheit der Doppellinie, ein solches Punktepaar ∞^1 Mitglieder des doppelt unendlichen Systems von Punktepaaren und kommt deshalb nur in endlicher Zahl vor.

Sodann spielen bei der Ableitung der zweiten unserer Charakteristiken-Formeln die beiden Geraden eines „Geradenpaars" η' keine Rolle, sondern allein der Umstand ist wichtig, dass die „Tangenten" dieser Ausartung einen doppelten Strahlenbüschel um den Doppelpunkt des Geradenpaars bilden. Diese Eigenschaft aber kommt auch unserm Punktepaare mit vereinigten Punkten zu; als Tangentencurve ist es eindeutig, als Punktcurve jedoch ∞^1-deutig: jeder Punkt von δ gehört einem der ∞^1 Punktepaare an, die es repräsentirt.

Den 5 Doppelbedingungen μ^2, $\mu\nu$, $\mu\varrho$, ϱ^2, $\nu\varrho$ wird im allgemeinen keins der Gebilde $[E, \delta]$, die wie gesagt nur in endlicher Zahl vorhanden sind, genügen; denn von dieser endlichen Zahl von Punkten E oder Ebenen δ kann keine Bedingung ϱ oder μ erfüllt werden, also kommen die $[E, \delta]$ in den betreffenden ∞^1-Systemen von Complex-Kegelschnitten nicht vor. Und umgekehrt, weil da die Zahl $\eta'\mu^2$, $\eta'\mu\nu$, ... $\eta'\nu\varrho$ die einzige Unbekannte war und sich gleich 0 ergab, lehrt uns dies, dass die $[E, \delta]$ nur in endlicher Zahl vorhanden sind.

Aber der Bedingung ν^2 wird jedes von den $[E, \delta]$ genügen, mit einer von seinen ∞^1 Doppellinien der einen von den beiden Geraden dieser Bedingung, mit einer andern der andern begegnend; und so ist $\eta'\nu^2$ nicht 0, sondern 16.*)

Wir haben also 16 Ebenen δ, deren Curven (δ) Punktepaare mit vereinigten Punkten und unbestimmter Doppellinie sind.

Die Ebenen δ berühren ersichtlich auch jede Complexfläche (l); denn eine von den ∞^1 Doppellinien trifft die Gerade l. Folglich haben 3 solche Flächen (l), (l'), (l'') ausser ihnen noch 48 Ebenen gemeinsam, deren Complexcurven, im allgemeinen nicht ausartende Kegelschnitte, die Geraden l, l', l'' treffen: $\nu^3 = 48$.

---

*) Wir haben es hier mit einer dégénérescence von Halphen zu thun (Math. Annalen Bd. 15 S. 19).

Schubert hat für die Charakteristiken eines ∞^3-Systemes von Kegelschnitten die Identität:

$$2\nu^3 - 2\nu^2\varrho + 3\nu\varrho^2 - 2\varrho^3 - 6\mu\nu^2 + 4\mu\varrho\nu + 12\mu^2\nu - 8\mu^2\varrho = 0$$

nachgewiesen*); unsere Zahlen erfüllen sie.

Die Werthe $\varrho^2\nu = 16$, $\varrho\nu^2 = 32$, $\nu^3 = 48$ geben folgende Sätze: *Die Complexcurven, welche 2 Ebenen berühren, eine Ebene berühren und eine Gerade treffen, 2 Gerade treffen, erzeugen eine Fläche bezw. von der Ordnung 16, 32, 48.* Da in eine zu berührende Ebene kein erzeugender Kegelschnitt fällt, so *ist die Curve der Berührungen mit jeder der Ebenen des ersten, mit der Ebene des zweiten Falls 8., bezw. 16. Ordnung.*

533 *Alle Strahlen eines Büschels* (E, δ) *sind*, wie bemerkt, *singuläre Strahlen und die Ebene* δ *ist für jeden von ihnen die zugehörige singuläre Ebene;* in E vereinigen sich die beiden Punkte B', B'' des Paars, so dass *der Strahl die Fläche* Φ *in* E *berührt.* Ausserdem tangirt er sie noch im jeweiligen zugehörigen singulären Punkte, der sich von einem Strahle zum andern ändert. Weil alle Strahlen von (E, δ) zum Complexe gehören, *so ist* E *selbst singulärer Punkt und der zugehörige singuläre Strahl der Schnitt von* δ *mit der zweiten Ebene des Ebenenpaars* (E).

Danach erzeugen die singulären Punkte der Strahlen von (E, δ) *einen Kegelschnitt* $[\delta]$, *der durch* E *geht, dort den eben erwähnten Strahl tangirt und längs dessen die Ebene* δ *die singuläre Fläche berührt. Sie ist also eine Doppel-Tangentialebene von* Φ, *und* Φ *hat deren 16.*

Ingleichen und dual haben wir 16 Punkte D, *deren Complexkegel aus zwei in eine Ebene* ε *zusammengefallenen Ebenen besteht mit jedem Strahle des Büschels* (D, ε) *als Doppellinie. Diese Punkte* D *sind Doppelpunkte von* Φ, *und ihr Anschmiegungskegel* $[D]$ *wird von den singulären Ebenen umhüllt, welche zu den Strahlen von* (D, ε) *gehören und unter denen sich* ε *befindet.*

Für den Complex sind diese Punkte D und Ebenen δ als *seine stationären Punkte und Ebenen* zu bezeichnen.

Wir haben somit zwei verschiedene Arten von je 16 Strahlenbüscheln, die aus lauter singulären Strahlen bestehen; bei einem Büschel der einen Art (E, δ) *gehört zu allen Strahlen die nämliche singuläre Ebene* δ, *während der zugehörige singuläre Punkt einen durch den Scheitel* E *gehenden Kegelschnitt durchläuft; bei einem der andern Art* (D, ε) *ist der*

---

*) Math. Annalen Bd. 10 S. 357.

singuläre Punkt D fest, und die singuläre Ebene umhüllt einen die Ebene ε berührenden Kegel 2. Grades.

Diese Doppelelemente reduciren die Klasse und Ordnung von Φ auf 4.

Die singuläre Fläche eines quadratischen Complexes ist eine Kummer'sche Fläche.

Der Complexkegel eines jeden Punktes einer Ebene δ berührt sie längs des Strahls nach E.

Die Complexcurve einer Ebene durch einen Punkt D geht durch ihn und berührt die Ebene ε.

Die Punkte D liegen auf allen Complexflächen; denn die Complexfläche (l) ist der Ort der Punkte, deren Complexkegel die Gerade l berühren; weil der Büschel (D, ε) einen l treffenden Strahl enthält, so berührt das Ebenenpaar $(\varepsilon, \varepsilon)$ mit diesem Strahle als Doppellinie die l, d. h. trifft sie mit der Doppellinie.

Die Ebenen δ berühren alle Complexflächen; wie schon bemerkt wurde.

Die gegenseitige Lage der D und δ, bezw. der $[D]$ und $[\delta]$, wie 534
sie die allgemeine Theorie der Kummer'schen Fläche lehrt (II, Nr. 389), wie wir sie aber auch bei der Brennfläche einer Congruenz 2. Grades kennen gelernt haben (II, Nr. 357), haben wir auch aus ihrer nunmehrigen Entstehungsweise abzuleiten.

Während der singuläre Punkt S einen der Kegelschnitte $[\delta]$ durchwandert, geht der zugehörige singuläre Strahl s ständig durch E; *die Ebenen des Ebenenpaars (S) umhüllen einen Kegel mit der Spitze E.* Weil der Complexkegel eines beliebigen Punktes O den $[\delta]$ viermal trifft, so senden 4 Punkte von $[\delta]$ einen Complexstrahl und also eine Ebene des Paars nach O; *jener Kegel hat daher die Klasse 4 und ist ersichtlich der Tangentialkegel aus E an Φ.* Liegt O auf δ, so vereinigen sich die beiden in δ gelegenen Kanten von (O) in OE wegen des Punktepaars (δ) mit in E vereinigten Punkten; mithin gehen durch O, ausser der Ebene δ des Ebenenpaars (E), nur die beiden Ebenen des Complex-Ebenenpaars aus dem zweiten Schnitte von OE mit $[\delta]$. Folglich ist δ doppelte Tangentialebene des Kegels 4. Klasse, wie zu erwarten. Liegt endlich O auf der Tangente von $[\delta]$ in E, so geht durch ihn ausser δ nur noch die zweite Ebene von (E); *δ stellt sich als Wende-Berührungsebene des Kegels heraus.* Im allgemeinen ist ja auch für den Tangentialkegel einer Fläche aus einem Punkte derselben dessen Berührungsebene doppelte Tangentialebene. Berührungskanten sind die beiden dreipunktigen oder Haupttangenten; rücken also diese zusammen, so wird die Ebene Wendeberührungsebene längs der einzigen Haupttangente. Dies gilt für die Ebene δ und einen jeden Punkt von $[\delta]$, da in ihm die Tangente von $[\delta]$ die einzige Haupttangente ist.

Unser Kegel 4. Klasse aus E ist daher 9. Ordnung und hat mit δ noch 6 einfache Schnittkanten.

Die beiden von einem beliebigen Strahle von (E, δ) an den Kegel (und Φ) kommenden von δ verschiedenen Berührungsebenen sind immer die Ebenen des Ebenenpaars aus dem zweiten Schnitte mit $[\delta]$; bei jeder der 6 Schnittkanten vereinigen sie sich und die 6 zweiten Schnitte sind Punkte D.

Auf jedem Kegelschnitte $[\delta]$ haben wir demzufolge 6 Punkte D, und jeder Kegel $[D]$ wird von 6 Ebenen δ berührt.

Dass ein Schnittpunkt zweier $[\delta]$ ein D ist, folgt auch daraus, dass sein Complex-Ebenenpaar eine Doppellinie in jeder von beiden Ebenen δ hat, also ∞^1 Doppellinien besitzt.

Wenn nicht beide Schnittpunkte zweier δ Punkte D wären und jede Schnittlinie zweier δ zwei D enthielte, so wäre es nicht möglich, höchstens 15 Punkte in die Ebenen δ, die durch einen D gehen, so zu vertheilen, dass jede Ebene 5 enthält.

Daher sind die 15 Verbindungslinien der 6 Punkte D in einer Ebene δ die Spuren der 15 übrigen Ebenen δ, die 15 Schnittlinien der 6 Ebenen δ, die durch einen D gehen, die Geraden, welche ihn mit den 15 übrigen D verbinden.

Indem wir oben erkannten, dass in jeder Ebene δ 6 Punkte D liegen, haben wir zugleich gefunden, dass die 6 Ebenen ε, die zu diesen Punkten D gehören, durch den Punkt E gehen, der zur Ebene δ gehört.

Also gehen durch jeden der 16 Punkte E 6 Ebenen ε und in jeder Ebene ε liegen 6 Punkte E. Die Punkte E und die Ebenen ε bilden eine Kummer'sche Configuration, wie die D und die δ; dies wird sich gleich noch genauer zeigen.

Wie eine δ für den Kegel $E\Phi$ aus dem zugehörigen E Wende-Berührungsebene ist und die 6 durch E gehenden Ebenen ε diesen Kegel in seinen weiteren Schnittkanten mit δ tangiren; so sind die 6 Punkte E in einer Ebene ε die Berührungspunkte der 6 Tangenten, die an die Schnittcurve $\varepsilon\Phi$ von deren Rückkehrpunkte D kommen, also die zweiten Berührungspunkte der 6 Doppeltangenten von Φ im Tangentenbüschel (D, ε), oder die Nullpunkte von ε in Bezug auf die 6 Gewinde, welche durch die Congruenzen 2. Grades gehen, deren gemeinsame Brennfläche Φ ist; da diese gegenseitig in Involution sind, so liegen jene 6 Punkte auf einem Kegelschnitte (I, Nr. 188), und ebenso tangiren die 6 Ebenen ε, die durch einen E gehen, einen

Kegel 2. Grades; wie das bei einer Kummer'schen Configuration erforderlich ist.

Wir wollen jetzt den zweiten Bestandtheil der Brennfläche der 535
Congruenz **S** der singulären Strahlen genauer untersuchen; der erste ist die singuläre Fläche Φ.

Wir fanden schon (Nr. 525): der zweite Brennpunkt eines singulären Strahls s ist der Punkt, welcher dem ersten Brennpunkte S in Bezug auf die beiden Punkte B', B'' des Punktepaars mit der Doppellinie s harmonisch zugeordnet ist.

Das in Nr. 530 erhaltene Ergebniss, dass die singulären Strahlen s, deren zugehörige singuläre Punkte S einen ebenen Schnitt von Φ erfüllen, eine Regelfläche $\bar{s}$ 8. Grades erzeugen, welche Φ längs des Schnitts tangirt, kann noch dahin ausgesprochen werden, dass die singulären Strahlen, welche sich auf eine Gerade l stützen und daher eine Regelfläche 8. Grades erzeugen, die Fläche Φ längs einer Curve 8. Ordnung berühren, die von den zugehörigen singulären Punkten S gebildet wird; der fernere Schnitt, der Ort der Punkte B', B'', ist 16. Ordnung, wie das auch der Werth $\eta\nu\varrho = 16$ von Nr. 530 lehrt. Wir betrachten nun die Curve der Punkte auf diesen Strahlen, welche den Stützpunkten auf l in Bezug auf B', B'' harmonisch zugeordnet sind. In jeder Ebene durch l haben wir zunächst ausserhalb l die 4 Punkte auf den 4 singulären Strahlen, sodann sind die 4 Punkte $l\Phi$ Doppelpunkte unserer Curve, weil in jeden von ihnen von zwei Punktepaaren der eine Punkt fällt. Die Curve ist 12. Ordnung, und ihre 48 Begegnungspunkte mit Φ vertheilen sich auf die Curven 16. und 8. Ordnung in folgender Weise. Jeder von den 4 Punkten $l\Phi$ ist auch Doppelpunkt der Curve 16. Ordnung; ferner trifft aus jedem der 16 Strahlenbüschel (E, δ) ein Strahl die l, und weil auf ihm die Punkte B', B'' sich in E vereinigen, so ist jeder von den E Begegnungspunkt der Curven 12. und 16. Ordnung. Wir haben so $2.4 + 16$ Begegnungspunkte der ersteren mit Φ, die auf der letzteren liegen. Diejenigen, die auf der Curve 8. Ordnung sich befinden, zählen wegen der Berührung der Regelfläche 8. Ordnung mit Φ längs dieser Curve doppelt, also ist ihre Zahl $\frac{1}{2}(48-24) = 12$. Sie sind auf den zugehörigen die l treffenden singulären Strahlen die Punkte S, und der Schnitt mit l, als vierter harmonischer zu einem solchen S in Bezug auf B', B'', ist ein Punkt des gesuchten Ortes.

Der zweite Bestandtheil der Brennfläche der Congruenz **S** *der singulären Strahlen ist 12. Ordnung und 12. Klasse.*

Die volle Brennfläche ist daher von der Ordnung und Klasse 16.

Wir werden **S** als Schnitt zweier Complexe 2. Grades erkennen, und dann wird dies Ergebniss durch die Formel von II Nr. 300 bestätigt.

Der Rang von **S** *ist infolge dessen 4;* d. h. mit jeder Geraden gehören 4mal zwei singuläre Strahlen zu dem nämlichen Büschel.

Die consingulären Complexe und die Fundamental-Gewinde.

536 *In jedem Tangentenbüschel* (S, σ) *der singulären Fläche* Φ *haben wir einen Strahl* s, *welcher für den Complex* Γ^2 *singulär ist; die Büschel in* σ *um die beiden weiteren Schnitte von* s *mit* Φ *(oder die Büschel aus* S *in den beiden weiteren Berührungsebenen durch* s *an* Φ*) gehören ganz dem Complexe an, und diese* ∞^2 *Büschel (die in der Klammer erwähnten sind dieselben) erfüllen ihn.* Es lässt sich nun vermuthen, dass es möglich ist, die sämmtlichen Tangentenbüschel projectiv zu durchlaufen, und dass je alle entsprechenden Strahlen immer zu einem quadratischen Complexe führen. Dies sollen die folgenden Betrachtungen bestätigen.

Jede Kummer'sche Fläche (II, Nr. 392) ist gemeinsame Brennfläche für 6 Congruenzen 2. Grades $C_1^2, C_2^2, \ldots C_6^2$.*) Jede von ihnen ruft zwischen der Punktreihe auf einer Geraden l und dem Ebenenbüschel um sie eine Correspondenz $[2, 2]_l$ hervor (II, Nr. 377). In der Punktreihe sind die Schnitte A', A'', A''', A^{IV} mit Φ die Verzweigungspunkte, und die Schnitte B', B'', B''', B^{IV} mit den einzigen Congruenzstrahlen b', b'', b''', b^{IV}, welche sich in den durch l gehenden Berührungsebenen $\beta', \beta'', \beta''', \beta^{IV}$ von Φ befinden, die Doppelpunkte. Die Projectivität der A und β sei:

$$A'A''A'''A^{IV} \barwedge \beta'\beta''\beta'''\beta^{IV}.$$

Wir führen unsere Correspondenz auf zwei sich schneidende Geraden u, v über, so dass die Punktreihe l in die Punktreihe u, der Ebenenbüschel l in die Punktreihe v übergeht, und richten die Ueberführung so ein, dass im Schnitte uv sich entsprechende Punkte vereinigen (vergl. I, Nr. 15). Die Verbindungslinien entsprechender Punkte umhüllen dann eine Curve 3. Klasse, die auch u und v tangirt. Die Verzweigungspunkte A — die Namen brauchen wir nicht zu ändern — sind die weiteren Schnitte der u mit dieser Curve, während die Doppelpunkte B die Schnitte der u mit den Geraden sind, welche die Curve

---

*) Ich halte es nun für besser, die Bezeichnung des Grades 2 hinzuzufügen, was ich im Bd. II nicht gethan, der grösseren Gleichmässigkeit der Bezeichnung halber.

in den weiteren Schnitten mit v berühren. Die mit gleichen Accenten versehenen Punkte sind solche Schnitte von u, bezw. gehören zu solchen Schnitten von v, welche, wenn v in u übergeführt wird, continuirlich in einander übergehen; denn in dieser Weise sind ja auch die Würfe der einen und der andern Schnitte projectiv.

Die 8 Punkte A und B geben dann 3 Involutionen*):

$$A'A'',\quad A'''A^{IV},\quad B'B'',\quad B'''B^{IV};$$
$$A'A''',\quad A''A^{IV},\quad B'B''',\quad B''B^{IV};$$
$$A'A^{IV},\quad A''A''',\quad B'B^{IV},\quad B''B'''.$$

Unterscheiden wir nun, zu der Punktreihe und dem Ebenenbüschel l zurückkehrend, die B, welche zu den verschiedenen Congruenzen gehören, durch die betreffenden Zeiger, — die A sind allen gemeinsam —, so erhalten wir für jede von diesen schon durch ihre beiden ersten Paare bestimmten Involutionen im Ganzen $2 + 6.2$ Paare. Die erste liefert, in zwei projective Punktreihen aufgelöst:

$$B_1'B_2'B_3'B_4'B_5'B_6' \barwedge B_1''B_2''B_3''B_4''B_5''B_6''.$$

Nach diesen Punkten gehen aber die je einzigen Strahlen der 6 Congruenzen in den Ebenen β', β'', oder, was dasselbe ist, die 6 Doppeltangenten der beiden Tangentenbüschel in diesen Ebenen. Da dies zwei beliebige Berührungsebenen von Φ sind, so haben wir folgenden wichtigen Satz:

Die ∞^2 Tangentenbüschel der Kummer'schen Fläche sind so projectiv, dass diejenigen Doppeltangenten, die zu der nämlichen Congruenz 2. Grades, für die sie Brennfläche ist, gehören, einander entsprechen.

Vermöge aller drei Involutionen aber haben wir:

$$A'B_1'B_2'B_3' \barwedge A''B_1''B_2''B_3'' \barwedge A'''B_1'''B_2'''B_3''' \barwedge A^{IV}B_1^{IV}B_2^{IV}B_3^{IV}.$$

Folglich entsprechen in den vier Tangentenbüscheln der Ebenen β', β'', β''', β^{IV} auch die beziehentlich nach A', A'', A''', A^{IV} gehenden Strahlen einander.

Zieht man in irgend einem Tangentenbüschel von Φ eine beliebige Tangente und darauf in allen andern je die in der Projectivität entsprechende, so hat jede von ihnen mit Φ noch 2 Schnitte. Der Inbegriff der Paare von Strahlenbüscheln in den Berührungsebenen je um diese beiden Punkte giebt einen Complex 2. Grades, für den die Fläche Φ singuläre Fläche ist, und wir erhalten, wenn wir so die Tangentenbüschel

---

*) Schröter, Theorie der ebenen Curven dritter Ordnung (Leipzig, 1888), wo am Schlusse von § 13 der duale Satz bewiesen ist. Einen andern Beweis werden wir in Nr. 601 geben.

projectiv durchlaufen, die ∞^1 *Complexe 2. Grades, welche* Φ *zur singulären Fläche haben, oder, wenn wir sie als singuläre Fläche eines gegebenen Complexes* Γ^2 *voraussetzen, die consingulären Complexe von* Γ^2.*)

Die je benutzten Tangenten sind die singulären Strahlen des entstehenden Complexes.

Es ist nur noch zu beweisen, dass ein so sich ergebender Complex vom 2. Grade ist; und dazu genügt es, darzuthun, dass in jeder Tangentialebene β von Φ keine andern Strahlen von ihm liegen, als die der beiden erzeugenden Büschel. A' sei einer von den beiden Schnitten der im Tangentenbüschel von β' gezogenen Tangente, g ein Strahl von (A', β'), also ein Strahl des Complexes, zu dem diese Tangente und die entsprechenden führen, β'' eine zweite Berührungsebene von Φ durch ihn. Die Projectivität der Schnittpunkte von g mit Φ und der Berührungsebenen aus g an Φ hat vier Formen, und in einer derselben sind A' und β' entsprechend. Sei A'' der Schnitt, der in ihr der β'' entspricht; dann correspondirt, wie wir eben fanden, in der Projectivität der Tangentenbüschel in β', β'' der nach A' gehenden Tangente des ersten die nach A'' gehende des zweiten; d. h. g ergiebt sich auch bei dem Büschel (A'', β'').

Jeder Strahl des erzeugten Complexes ergiebt sich bei 4 von den erzeugenden Büscheln: in jeder der durchgehenden Tangentialebenen von Φ.

537 *Und andrerseits jede beliebige Gerade* l *gehört zu 4 von den consingulären Complexen.*

Nimmt man nämlich eine von den 4 durch sie gehenden Berührungsebenen als Ebene des „Ausgangs-Strahlenbüschels“, so bestimmen die 4 Tangenten dieses Büschels, welche nach den 4 Schnitten der Geraden mit Φ gehen, die 4 Complexe.

Wir können 4 den Grad der Reihe der consingulären Complexe nennen.

Wenn die Gerade ein singulärer Strahl s von Γ^2 ist — und jede Tangente von Φ ist für einen der consingulären Complexe singulärer Strahl —, so wollen wir als Ausgangsebene β' eine von den beiden nicht in S tangirenden Berührungsebenen nehmen**); von den 4 Schnitten des Strahls mit Φ fallen 2 zusammen in S, also auch 2 Strahlen

*) Wir können natürlich auch dual verfahren. — Eine einheitliche Bezeichnung besteht wohl noch nicht. Klein und Lie nennen diese Complexe zu Γ^2 confocal, Segre homofocal, Schur in Involution zu Γ^2; die obige Bezeichnung „consingulär“ scheint mir die geeignetste.

**) Die Ebene, welche in S selbst berührt, ist eben deshalb nicht geeignet, weil die Strahlen aus dem Berührungspunkte nach den Schnitten von s in σ fallen oder unbestimmt werden.

des Tangentenbüschels von β'. Dieser Strahl, welcher den einen Punkt S des Punktepaars (β') mit dem Berührungspunkte von β' verbindet, ist singulärer Strahl von Γ^2. *Von den 4 consingulären Complexen durch s fallen daher zwei in Γ^2 zusammen.*

Die Congruenz **S** *der singulären Strahlen von Γ^2 ist also der Schnitt dieses Complexes mit dem unendlich nahen in der Reihe der consingulären Complexe.*

Schon damit ist erkannt, *dass sie Schnitt mit einem andern Complexe 2. Grades ist.* Wir werden später den vollen Büschel von quadratischen Complexen durch sie ermitteln.

Nennen wir die Reihe der consingulären Complexe $\mathfrak{F}$ (Γ^2), weil sie zu Φ gehört.

Indem die Complexe dieser Reihe eindeutig auf die Strahlen eines 538 Tangentenbüschels von Φ bezogen sind, wobei jeder demjenigen Strahle entspricht, der für ihn singulärer Strahl ist, *wird die Reihe* $\mathfrak{F}$ (Γ^2) *projectiv beziehbar;* wir können von einer (gemeinen) Involution in dieser Reihe, ferner von *dem Doppelverhältniss von 4 Complexen der Reihe* sprechen, welches das Doppelverhältniss ihrer 4 demselben Tangentenbüschel von Φ angehörigen singulären Strahlen ist.

Erinnern wir uns, dass die vier singulären Strahlen in dem Tangentenbüschel einer durch eine gegebene Gerade gehenden Berührungsebene von Φ, welche zu den durch dieselbe gehenden Complexen der Reihe $\mathfrak{F}$ (Γ^2) gehören, nach den Schnitten von l mit Φ laufen, so haben wir:

Das Doppelverhältniss der vier Punkte, in denen eine Gerade l die Fläche Φ schneidet, oder der 4 Berührungsebenen von l an Φ, oder der 4 Scheitel oder der 4 Ebenen der durch l gehenden Strahlenbüschel eines jeden der 4 Complexe von $\mathfrak{F}$ (Γ^2), welche den Strahl l enthalten, ist zugleich das Doppelverhältniss dieser 4 Complexe.

Die 6 Doppeltangenten in irgend einem Tangentenbüschel von Φ bilden 3 unabhängige Doppelverhältnisse, welche man die absoluten Invarianten der Reihe $\mathfrak{F}$ (Γ^2) consingulärer Complexe nennt. Nimmt man für einen bestimmten Complex Γ^2 der Reihe noch seinen singulären Strahl im Tangentenbüschel, so heissen die 4 unabhängigen Doppelverhältnisse dieser 7 Strahlen die absoluten Invarianten von Γ^2.

Jeder Complex (von beliebigem Grade) ruft, wie wir wissen 539 (Nr. 519), bei jedem von seinen Strahlen eine Projectivität zwischen der Punktreihe und dem Ebenenbüschel hervor, in welcher jedem Punkte der Reihe die Berührungsebene seines Complexkegels längs des Strahls, jeder Ebene des Büschels der Berührungspunkt ihrer Complexcurve mit dem Strahle correspondirt. Insbesondere entsprechen bei einem Γ^2 den Scheiteln der 4 Strahlenbüschel durch die Gerade die Ebenen derselben. Bei zwei Complexen ergiebt sich daher eine Projectivität der Punktreihe auf einem gemeinsamen Strahle (oder des Ebenenbüschels durch ihn), bei der zwei Punkte homolog sind, welche in den von beiden Complexen hervorgerufenen Projectivitäten der nämlichen Ebene entsprechen, und deren sich selbst entsprechende Punkte die Brennpunkte sind, die dem Strahle in der Schnittcongruenz zukommen (II, Nr. 290). Ist diese Projectivität eine Involution, so nennt man, nach F. Klein, *die beiden Complexe involutorisch in Bezug auf den Strahl.* Wir haben es, wenn beide Complexe linear sind, mit zwei Gewinden in Involution zu thun, denn zwei entsprechende Punkte unserer jetzigen Projectivität sind in der Collineation mit Axen, die den Gewinden zugeordnet ist, homolog: diese ist dann eine windschiefe Involution (I, Nr. 102); der Zusatz „in Bezug auf den Strahl“ wird überflüssig, weil die Involution auf einem Strahle des Schnitt-Strahlennetzes die auf allen (und um alle) nach sich zieht.

Die Projectivität, welche ein Γ^2 auf einem seiner Strahlen hervorruft, ist identisch mit der, welche dem Strahle durch irgend eins seiner Tangentialgewinde oder durch das Tangential-Strahlennetz ertheilt wird; denn die Ebene, welche längs des Strahls den Complexkegel eines seiner Punkte tangirt, enthält den von diesem Punkte kommenden Büschel des Netzes (Nr. 521).

Sind also zwei Complexe 2. Grades involutorisch in Bezug auf einen gemeinsamen Strahl, so sind die Tangentialgewinde dieses Strahls für den einen Complex zu denen für den andern in Involution.

*Die 4 consingulären Complexe 2. Grades, die durch einen Strahl g gehen, sind zu je zweien in Bezug auf denselben in Involution.**)

In der That, es sei wiederum die Projectivität der Würfe der Schnitte von g mit Φ und der Berührungsebenen durch g an Φ:

$$A'A''A'''A^{IV} \barwedge \beta'\beta''\beta'''\beta^{IV}.$$

Dann gehen die singulären Strahlen im Tangentenbüschel von β', welche zu den 4 durch g gehenden consingulären Complexen Γ^2, Γ_1^2, Γ_2^2, Γ_3^2 gehören, durch A', A'', A''', A^{IV}, die in β'' durch A'', A', A^{IV}, A''', die in β''' durch A''', A^{IV}, A', A'' und in β^{IV} durch A^{IV}, A''', A'', A'; daher sind die durch g gehenden Strahlenbüschel von

*) Damit ist die Schur'sche Benennung für consinguläre Complexe begründet.

$$\begin{array}{lllll}
\Gamma^2: & (A', \beta'), & (A'', \beta''), & (A''', \beta'''), & (A^{IV}, \beta^{IV}), \\
\Gamma_1^2: & (A'', \beta'), & (A', \beta''), & (A^{IV}, \beta'''), & (A''', \beta^{IV}), \\
\Gamma_2^2: & (A''', \beta'), & (A^{IV}, \beta''), & (A', \beta'''), & (A'', \beta^{IV}), \\
\Gamma_3^2: & (A^{IV}, \beta'), & (A''', \beta''), & (A'', \beta'''), & (A', \beta^{IV}),
\end{array}$$

Die durch Γ^2 und Γ_1^2 veranlasste Projectivität der Punktreihe hat demnach sowohl A', A'' (und A''', A^{IV}), als auch A'', A' (und A^{IV}, A''') zu entsprechenden Punkten und ist deshalb Involution.

Klein nennt wegen dieser Eigenschaft das System der consingulären Complexe ein *Involutionssystem.**)

Man erkennt sofort, dass *zwei von den 4 Complexen durch einen Strahl dieselbe Involution hervorrufen, wie die beiden andern.*

Denn zu den von Γ^2, Γ_1^2 und von Γ_2^2, Γ_3^2 hervorgerufenen gehören $A'A''$, $A'''A^{IV}$ als Paare.

Die Doppelpunkte dieser Involution sind sowohl die Brennpunkte für die Schnittcongruenz der ersteren, wie für die der letzteren.

Wir bezeichnen diese Doppelpunkte mit

$$F_{01,23},\ F'_{01,23};\ F_{02,13},\ F'_{02,13};\ F_{03,12},\ F'_{03,12}.$$

Weil *die 3 Punktepaare,* die man so erhält, als Doppelpunkte zu den 3 Involutionen gehören, welche aus dem Punktwurfe $A', \ldots A^{IV}$ je zwei Paare nehmen, *so sind sie zu je zweien harmonisch.* Diese 4 Punkte, die in den 4 Complexen der β' (oder in den 3 andern projectiven Anordnungen der β'', β''', β^{IV}) correspondiren, kann man durch die Berührungspunkte, mit g, der Complexcurven irgend einer Ebene durch g ersetzen.

Die 4 Complexe haben zu je dreien eine Regelfläche 16. Grades gemeinsam; betrachten wir die $\mathfrak{R}^{16}_{012} \equiv \Gamma^2\Gamma_1^2\Gamma_2^2$; sie geht durch g, und g_1 sei die Nachbar-Erzeugende. Ferner seien Γ_g, $\Gamma_{g,1}$, $\Gamma_{g,2}$, $\Gamma_{g,3}$ die 4 Tangentialgewinde von g, welche durch g_1 gehen; die den drei ersten gemeinsame Regelschaar ϱ_{012} geht ebenfalls durch g und g_1, also berührt sie sich mit $\mathfrak{R}^{16}_{012}$ längs g, beide Flächen haben in allen Punkten von g die nämliche Tangentialebene. Die gegenseitige Involution der $\Gamma^2, \ldots$ in Bezug auf g macht die 4 Tangentialgewinde zu einander involutorisch; folglich geht $\Gamma_{g,3}$ durch die Leitschaar von ϱ_{012} (I, Nr. 131); in einem beliebigen Punkte von g sind also g und die Gerade der Leitschaar Strahlen von $\Gamma_{g,3}$. Die Berührungsebene von ϱ_{012} in dem Punkte ist identisch mit seiner Nullebene in Bezug auf $\Gamma_{g,3}$. Jene aber fällt mit der Berührungsebene an $\mathfrak{R}^{16}_{012}$, diese mit der Tangential-

*) Math. Annalen Bd. 5 S. 272.

ebene zusammen, welche längs g den Complexkegel von Γ_3^2 aus dem Punkte berührt. Also:

Die Durchschnitts-Regelfläche 16. Grades von drei der 4 consingulären Complexe 2. Grades, welche eine gegebene Gerade g gemeinsam haben, wird in jedem Punkte derselben von der Ebene berührt, welche längs g den aus dem Punkte kommenden Kegel des vierten Complexes tangirt, oder, was dasselbe ist, deren zum vierten Complexe gehörige Curve die g in dem Punkte berührt.

Wir haben 4 solche Regelflächen, in jedem der Complexe 3.*)

540 Wird in einem Tangentenbüschel von Φ etwa die zu $\mathfrak{C}_1^2$ gehörige Doppeltangente gezogen, so entsprechen ihr in den übrigen Tangentenbüscheln die ebenfalls zu $\mathfrak{C}_1^2$ gehörigen Doppeltangenten. In jeder Berührungsebene rücken also die beiden complex-erzeugenden Strahlenbüschel zusammen in den Büschel um den associirten Brennpunkt, in dem die Ebene nicht berührt und die beiden in ihr gelegenen unendlich nahen Strahlen von $\mathfrak{C}_1^2$ sich schneiden, oder um den Nullpunkt der Ebene in Bezug auf das durch $\mathfrak{C}_1^2$ gehende Gewinde Γ_1; der Doppelbüschel ist also der Büschel von Γ_1 in dieser Ebene.

Die 6 Strahlengewinde $\Gamma_1, \ldots, \Gamma_6$, welche bezw. durch die Congruenzen 2. Grades $\mathfrak{C}_1^2, \ldots, \mathfrak{C}_6^2$ gehen, zu denen Φ als Brennfläche gehört, befinden sich, doppelt gerechnet, unter den consingulären Complexen 2. Grades, welche Φ zur gemeinsamen singulären Fläche haben.

Jede von den $\mathfrak{C}_h^2$ bildet, doppelt gerechnet, da jeder von ihren Strahlen bei dem einen wie dem andern seiner Berührungspunkte als singulärer Strahl sich ergiebt, *die zugehörige Congruenz 4. Grades der singulären Strahlen.*

Diese 6 Gewinde $\Gamma_1, \ldots, \Gamma_6$, deren Wichtigkeit im Folgenden immer mehr hervortreten wird, nennt man *die Fundamental-Gewinde eines jeden von den consingulären Complexen oder auch der Fläche Φ.*

Als die Gewinde durch 6 confocale Congruenzen 2. Grades *bilden sie eine Gruppe von 6 Gewinden in Involution;* das ergiebt sich nun aber auch aus dem obigen Satze.

Die Congruenzen $\mathfrak{C}_1^2, \ldots$ haben natürlich ihre 16 singulären Punkte und 16 singulären Ebenen in den 16 Doppelpunkten D und den 16 Doppel-Berührungsebenen δ von Φ.

Kommt ein Punkt S von Φ auf einen der Berührungs-Kegelschnitte [δ] zu liegen, so dass (S, δ) der Tangentenbüschel ist, *so stellen die Strahlen von S nach den 6 auf [δ] befindlichen Punkten D die 6 Doppeltangenten dar* und gehören je zu derjenigen $\mathfrak{C}_h^2$, in Bezug auf welche

*) Klein, a. a. O.

der betreffende D der Ebene δ zugehört oder in der der Büschel um ihn in δ sich befindet.

Daher ist die Punktreihe der 6 Punkte D projectiv zu den Büscheln der 6 Doppeltangenten, und ebenso der Büschel der 6 Ebenen δ, die durch einen D gehen (vergl. II, Nr. 384).

In dem Büschel (S, δ) entspricht weiter einer beliebigen Tangente eines Tangentenbüschels von Φ, die ja zu einem bestimmten unter den consingulären Complexen führt, der Strahl nach dem Punkte E, der diesem Complexe zugehört; durchläuft man die Reihe der consingulären Complexe und also projectiv die verschiedenen Tangentenbüschel von Φ, so durchwandert E projectiv den Kegelschnitt $[\delta]$; er fällt in einen der Punkte D, wenn wir durch eins der Doppelgewinde $\Gamma_1, \ldots$ oder durch eine der Doppeltangenten gehen, und ebenso bewegt sich die einem Punkte D zugehörige Ebene ε projectiv um den Anschmiegungskegel $[D]$.

Die 3 Doppelverhältnisse, gebildet aus 3 Fundamental-Gewinden als Mitgliedern der Reihe $\mathfrak{F}$ (Γ^2) und je dem vierten, fünften, sechsten, sind die absoluten Invarianten der Reihe, und nimmt man einen siebenten Complex aus der Reihe, der dann ein viertes Doppelverhältniss giebt, so hat man die 4 absoluten Invarianten dieses Complexes (Nr. 538).

Diese Invarianten sind auch die 3 Doppelverhältnisse der 6 Punkte D in einer Ebene δ, bezw. die 4 Doppelverhältnisse dieser 6 Punkte und des Punktes E, der einem bestimmten Complexe aus der Reihe zugehört, oder die dual definirten.

Es sei t_1 eine Doppeltangente von Φ, die zu $\mathfrak{C}_1^2$ gehört, F', F'' 541
ihre Berührungspunkte, φ', φ'' die zugehörigen Berührungsebenen von Φ; dann befinden sich die Büschel (F', φ''), (F'', φ') in dem Gewinde Γ_1; dies Gewinde (oder sein Nullsystem $\mathfrak{N}_1$) führt daher F', F'' in φ'', φ' über und somit jeden Punkt von Φ in eine Berührungsebene von Φ, also Φ in sich selbst. Folglich transformirt es auch jeden der Complexe Γ^2, für welche Φ singuläre Fläche ist, in einen ebensolchen Complex, also auch den Tangentenbüschel um einen Punkt von Φ, dessen Strahlen zu den verschiedenen Γ^2 als singuläre Strahlen gehören, in den Tangentenbüschel in der entsprechenden Berührungsebene. Nun führt aber Γ_1 jedes der Fundamental-Gewinde in sich selbst über, $\Gamma_2, \ldots \Gamma_6$ deshalb, weil sie zu Γ_1 in Involution sind (I, Nr. 106), also die zu $\Gamma_1, \ldots \Gamma_6$ gehörigen Strahlen des einen Tangentenbüschels in die zu $\Gamma_1, \ldots \Gamma_6$ gehörigen des andern, folglich wegen der Projectivität der beiden Büschel, bei der sich zu dem nämlichen Complexe

als singuläre Strahlen gehörige Tangenten correspondiren, die Tangente des einen Büschels, die zu einem bestimmten Γ^2 von den consingulären Complexen als singulärer Strahl gehört, in diejenige des andern, die zu dem nämlichen gehört. Auch die Schnittcongruenz $\Gamma^2\Gamma_1$ geht, Strahl für Strahl, in sich selbst über, und demnach jeder von den consingulären Complexen in sich selber.

Jedes von den 6 Fundamental-Gewinden der Fläche Φ (oder sein Nullsystem) *transformirt* Φ *in sich selbst, so wie jeden von den* ∞^1 *Complexen, für die sie singuläre Fläche ist, und seine Congruenz der singulären Strahlen, insbesondere auch jede der 6 Congruenzen 2. Grades, für welche* Φ *Brennfläche ist.*

Daher geht auch die Gruppe von 32 Strahlen, in denen 4 consinguläre Complexe sich durchschneiden, durch jedes der Fundamental-Gewinde in sich selbst über und entsteht aus einem von ihnen durch die 32 linearen Transformationen, welche mit den $\Gamma_1, \ldots$ verbunden sind (I, Nr. 191).

Gehört g zu einem der consingulären Complexe, so gehören auch seine Polaren in Bezug auf $\Gamma_1, \ldots \Gamma_6$ *zu ihm.*

Was für die 6 Nullsysteme $\mathfrak{N}_1, \ldots$ *gilt, gilt auch für die 15 windschiefen Involutionen* $\mathfrak{J}_{hi}$ *und die 10 Polarsysteme* $\mathfrak{P}_{hik} \equiv \mathfrak{P}_{lmn}$, *zu welchen sich zwei oder drei von ihnen combiniren* (I, Nr. 185).

Wenn Γ^2, in Bezug auf Γ_h polarisirt, in sich selbst übergeht, so geht eine Gerade l und ihre Polare l' nach Γ^2 in eine Gerade l_1 und ihre Γ^2-Polare l_1' über. Gehört nun l zu Γ_h, so fällt sie mit l_1 zusammen, daher auch l' mit l_1'; d. h. auch l' gehört zu Γ_h. Also:

Die Polare, in Bezug auf Γ^2, *eines Strahls eines Fundamental-Gewindes gehört ebenfalls diesem Gewinde an.* Oder:

Ein Fundamental-Gewinde geht, in Bezug auf Γ^2 *polarisirt, in sich selbst über.*

Daraus folgt, dass *alle Polargewinde eines zu einem Fundamentalgewinde* Γ_h *gehörigen Strahls* l *zu diesem Gewinde in Involution sind,* da die Leitgeraden l, l' des Grund-Strahlennetzes ihres Büschels in Bezug auf alle polar sind und dem Γ_h gleichzeitig angehören (I, Nr. 106).

Fassen wir Γ_h doppelt als Complex 2. Grades auf, so ist in irgend einer Ebene Complexcurve der doppelte Strahlenbüschel von Γ_h, und sein Scheitel, der Nullpunkt der Ebene, ist Pol einer beliebigen Geraden l derselben in Bezug auf diese Complexcurve. Drehen wir also die Ebene um l, so *wird die Polare von* l *in Bezug auf das Doppelgewinde* der Ort dieser Scheitel, also die *nämliche Gerade, die zu* l *in Bezug auf das einfache Gewinde polar ist.*

542 Weil durch jeden Strahl 4 von den consingulären Complexen

gehen, so entsteht in einem Strahlenbüschel eine involutorische Correspondenz [4], in der zwei zu demselben Complexe gehörige Strahlen entsprechend sind. Unter den 8 Coincidenzen befinden sich die Strahlen der 6 Gewinde Γ_h; die zwei übrigen lehren, dass von den Complexcurven der Ebene 2 durch den Scheitel des Büschels gehen.

Das System der Complexcurven der consingulären Complexe in einer Ebene ξ, *welche alle die Schnittcurve mit* Φ *viermal berühren, ist so beschaffen, dass 2 durch einen gegebenen Punkt gehen, 4 eine gegebene Gerade berühren. Es enthält 6 Doppelbüschel, aber kein Büschelpaar mit getrennten Scheiteln.*

Die Charakteristiken-Formeln (I, Nr. 19):

$$2\nu = \varrho + \eta, \quad 2\varrho = \nu + \eta'$$

geben, weil $\nu = 2$, $\varrho = 4$:

$$\eta = 0, \quad \eta' = 6.$$

Die von den Doppelgewinden herrührenden Doppelbüschel sind, als Punktcurven, Geradenpaare.

Für eine Doppeltangente nämlich von Φ, etwa aus $\mathfrak{C}_1^2$, fallen zwei von den durchgehenden consingulären Complexen in das Doppelgewinde Γ_1 zusammen, denn sie ist für dieses singulärer Strahl (Nr. 540); lassen wir sie also unserm Strahlenbüschel angehören, so vereinigt sie sich mit zwei von den entsprechenden Strahlen und ist eine doppelte Coincidenz von [4] (I, Nr. 18); es vereinigen sich in ihr eine von den 6 und eine von den beiden übrigen Coincidenzen. Für jeden Punkt auf ihr hat also eine der durchgehenden Complexcurven sie zur Tangente; diese Curve zerfällt in sie und den zweiten Strahl von $\mathfrak{C}_1^2$ in der Ebene.

Zu dem Systeme der Complexcurven gehören also auch die Geradenpaare der Strahlen der 6 Congruenzen $\mathfrak{C}_h^2$, welche die Complexcurven der Doppelgewinde, als Punktcurven aufgefasst, sind; berührt doch auch jedes dieser Geradenpaare den Schnitt mit Φ viermal.

Die Reihe der consingulären Complexe erzeugt auf einer Geraden 543
l je eine Reihe von Correspondenzen $[2]_P$, $[2]_{\mathrm{E}}$ und $[2,2]_l$. Für alle involutorischen Correspondenzen $[2]_P$ sind die Schnitte mit der gemeinsamen singulären Fläche Φ gemeinsame Verzweigungspunkte; die den Doppelgewinden Γ_h zugehörigen $[2]_P$ sind nach dem, was wir oben gefunden haben, die, welche durch die Congruenzen $\mathfrak{C}_h^2$ auf l hervorgerufen werden, in denen (II, Nr. 377) die Schnittpunkte der l mit den zwei in einer Ebene ξ durch l befindlichen Strahlen von $\mathfrak{C}_h^2$ sich entsprechen.

Zwei Punkte X, X' auf l gehören als entsprechende Punkte zu

2 von den Correspondenzen $[2]_P$; denn übertragen wir das System der Correspondenzen auf einen Kegelschnitt K, so sind die gemeinsamen Verzweigungspunkte die Schnitte mit den verschiedenen Directionscurven $\mathfrak{K}$ (I, Nr. 16); folglich bilden diese einen Büschel und 2 von ihnen berühren die Sehne von K, welche die den Punkten X, X' entsprechenden Punkte verbindet.

Unter den $\mathfrak{K}$ befindet sich aber auch K; dies lehrt, dass unter den $[2]_P$ sich eine Identität befindet.

Eine solche tritt ein, wenn der Complex durch l geht; nun gehen aber 4 von den consingulären Complexen durch l. Dies führt uns zu der Vermuthung, dass jede von den ∞^1 Correspondenzen $[2]_P$ zu 4 von den Complexen gehört; sie bestätigt sich, wenn wir zeigen, dass 2 Punkte X, X' von l, die, wie wir eben bemerkten, in zwei Correspondenzen entsprechend sind, die Schnitte von l mit 8 Complexcurven in Ebenen durch l sind. In der That, die Complexkegel aus X und aus X' an die verschiedenen Complexe bilden zwei eindeutig bezogene Systeme. Eine Ebene $\mathfrak{x}$ durch l berührt 2 Kegel des ersten Systems; ihr entsprechen daher die 4 Ebenen $\mathfrak{x}'$, welche durch l an die beiden entsprechenden Kegel des zweiten tangential gehen; ebenso correspondiren jeder $\mathfrak{x}'$ 4 Ebenen $\mathfrak{x}$. In den 8 Coincidenzen haben wir Ebenen, deren Complexcurven durch X und X' gehen. Vier von den zugehörigen Complexen bewirken die eine der beiden Correspondenzen, in denen X, X' entsprechend sind, die vier übrigen die andere.

Die involutorischen Correspondenzen $[2]_P$, *welche durch eine Reihe consingulärer Complexe auf einer Geraden l hervorgerufen werden, sind nicht eindeutig diesen Complexen zugeordnet, sondern jede gehört zu 4 Complexen.*

Die drei Geradenpaare unter den Directions-Kegelschnitten $\mathfrak{K}$ führen zu Doppel-Involutionen.

Wenn X, X' ein Paar einer solchen Doppelinvolution sind, das aber auch noch zu einer andern Correspondenz $[2]_P$ gehört, so gehen durch sie zwei Curven eines Complexes, welcher die Doppel-Involution bewirkt, ihre Ebenen berühren die Kegel desselben aus X und X' und sind daher beide Coincidenzen der obigen Correspondenz [4, 4]. Folglich repräsentirt der Complex 2 unter den 4, welche die Doppel-Involution hervorrufen, und sie wird also nicht durch 4, sondern durch 2 Complexe der Reihe bewirkt.

6 von den consingulären Complexen induciren auf l eine Doppelinvolution, und zwar dreimal je zwei dieselbe.

Für die Correspondenzen $[2]_E$ gilt duales.

Die ∞^1 *Correspondenzen* $[2, 2]_l$ haben in den Schnitten von l mit Φ und den Berührungsebenen von l an Φ ihre Verzweigungselemente; unter ihnen befinden sich gleichfalls die den 6 Congruenzen C_h^2 zugehörigen $[2, 2]_l$, welche ja auch diese Verzweigungselemente haben: sie sind eben die den Doppel-Γ_h zugehörigen; denn als Complexcurve gilt ja das Geradenpaar von C_h^2.

Ein Punkt X und eine Ebene ξ von l sind in zwei von diesen Correspondenzen $[2, 2]_l$ entsprechend; da von den Complexcurven der ξ zwei durch X gehen. Daraus folgt, dass die beiden Punkte X, X', die derselben festen ξ in den verschiedenen $[2, 2]_l$ correspondiren, eine involutorische Correspondenz [2] bilden; die 4 Coincidenzpunkte derselben gehören, welches auch die Ebene ξ sein mag, zu den 4 Complexen der Reihe, die durch l gehen. Die Correspondenzen $[2, 2]_l$, welche diesen Complexen zugehören, sind (Nr. 519) doppelte Projectivitäten zwischen der Punktreihe und dem Ebenenbüschel l.

Hier gehört jede der Correspondenzen nur zu einem Complexe.

Wenn von den Kegelschnitten unseres Systems Σ in der Ebene ξ 544
2 durch einen Punkt gehen, so müssen auch in einem linearen Systeme 4. Stufe Σ_4 von Kegelschnitten sich 2 befinden; denn nach dem Princip von der Erhaltung der Anzahl muss diese Zahl dieselbe sein, gleichgiltig, ob der Kegelschnitt, auf welchen dieses System Σ_4 sich stützt, eine allgemeine Curve 2. Classe ist oder ob er in 2 verschiedene oder identische Punkte zerfällt; sind sie identisch, so haben die Kegelschnitte des vierstufigen Systemes diesen Punkt gemeinsam. Hat aber das System Σ mit einem Systeme Σ_4 3 Kegelschnitte gemeinsam, so ist es ganz in demselben enthalten. Nun bestimmen wir ein Netz durch 3 Kegelschnitte von Σ, dann ist Σ in allen Σ_4 enthalten, welche durch dies Netz gehen, wie sie auch sonst bestimmt sein mögen; also ist es schon in dem Netze enthalten.

Jedes ebene Kegelschnitt-System 1. Stufe, von welchem 2 Curven durch einen Punkt gehen, oder kurz jedes quadratische Kegelschnitt-System 1. Stufe ist in einem Kegelschnitt-Netze enthalten; ein Satz, der offenbar folgendermassen verallgemeinert werden kann:

Es sei G irgend ein Gebilde, aus dem lineare Systeme aufgebaut werden können; dann befindet sich ein G-System i-ter Stufe, von dem α Gebilde i linearen Bedingungen genügen, stets in einem Systeme $(i + \alpha - 1)^{\text{ter}}$ Stufe;

oder wenn wir uns der Ausdrucksweise der mehrdimensionalen Geometrie bedienen:

*Ein Punktort α^{ten} Grades i^{ter} Dimension befindet sich stets in einem linearen Punktraume $(i + \alpha - 1)^{ter}$ Dimension.**)

Aber mit Hilfe der 6 Geradenpaare, welche in unserm Falle in dem quadratischen Systeme Σ enthalten sind, können wir auch zu dem erhaltenen Ergebnisse gelangen. Auf jeder von den 12 Geraden dieser Paare entsteht durch die Kegelschnitte eine Involution, denn durch einen Punkt der Geraden geht nur noch eine Curve von Σ, und ihr zweiter Schnittpunkt giebt den gepaarten Punkt. Somit haben wir 12 Paare von Punkten, die in Bezug auf alle Curven von Σ conjugirt sind; 3 von diesen Paaren bestimmen ein Netz, dem alle Kegelschnitte angehören, in Bezug auf welche ihre Punkte conjugirt sind oder welche sich auf die 3 Punktepaare stützen; in ihm ist also Σ enthalten.

Alle 12 Geraden sind Tangenten der Cayley'schen Curve des Netzes.

Wir haben daher folgende Sätze:

Die Curven, welche in einer Ebene durch eine Reihe consingulärer Complexe entstehen, sind stets in einem Netze enthalten.

*Die 6 Geradenpaare, welche ein System von 6 confocalen Congruenzen 2. Grades in eine Ebene wirft, gehören zu demselben Kegelschnitt-Netze, und ihre 12 Geraden berühren die nämliche Curve 3. Klasse.***)

Auf einem Strahle einer von diesen 6 Congruenzen schneiden die 5 von den übrigen herrührenden Strahlenpaare in irgend einer Ebene ξ durch ihn eine Involution ein. Diese Involution wird durch die Paare der Schnittpunkte mit den Curven (ξ) der Complexe vervollständigt, welche die Brennfläche der Congruenzen zur gemeinsamen singulären Fläche haben.

Auf einer beliebigen Geraden der Ebene entsteht eine involutorische Correspondenz [2].

In einer Berührungsebene von Φ besteht das System Σ der Complexcurven aus lauter Doppelgeraden, dem Büschel der den verschiedenen Complexen zugehörigen singulären Strahlen um den Berührungspunkt.

Weil ein quadratisches Kegelschnitt-System stets in einem Netze enthalten ist, so lehrt dessen Abbildung in ein Punktfeld, dass es durch 5 Kegelschnitte eines Netzes eindeutig bestimmt ist; denn sein Bild ist ein Kegelschnitt.

---

*) Vergl. Segre, Studio sulle quadriche in uno spazio lineare ad un numero qualunque di dimensioni (Memorie dell' Accademia delle Scienze di Torino Ser. II Bd. 36) Nr. 7.

**) Vergl. hierzu und für das Folgende W. Stahl, Journal f. Mathematik Bd. 93 S. 215.

Es sei nun H^3 die Hesse'sche Curve des Netzes N und G^3 die Curve 3. Ordnung, für welche N das Netz der ersten Polaren ist. Nennen wir $H_1, \ldots H_6$ die Doppelpunkte der 6 Geradenpaare von Σ, welche von den Congruenzen herrühren, $K_1, \ldots K_6$ die ihnen in Bezug auf das Netz conjugierten Punkte, welche also auch in dem einen der 3 Systeme auf H^3 conjugirt sind, so sind unsere Geradenpaare die ersten Polaren der Punkte $K_1, \ldots$. Nun liegen die 6 Punkte $H_1, \ldots$, als Nullpunkte der Ebene ξ in Bezug auf die 6 Gewinde $\Gamma_1, \ldots$ in Involution, auf einem Kegelschnitte (I, Nr. 188); folglich liegen auch die 6 conjugirten Punkte $K_1, \ldots$ auf einem Kegelschnitte k^2.*) Die Polaren der Punkte dieses Kegelschnittes in Bezug auf G^3 erzeugen ein quadratisches System, weil die gerade Polare eines Punktes dem k^2 zweimal begegnet; in ihm befinden sich die 6 Geradenpaare, und folglich ist es mit Σ identisch.

Demnach haben wir in jeder Ebene ξ eine Curve 3. Ordnung G^3 und einen Kegelschnitt k^2 von der Beschaffenheit, dass die ersten Polaren der Punkte von k^2 in Bezug auf G^3 gerade die Complexcurven einer Reihe consingulärer Complexe sind.

Die Punktreihen auf den k^2 der verschiedenen Ebenen werden alle dieser Reihe und einander projectiv; insbesondere entsprechen die $K_1, \ldots$ den Doppelgewinden $\Gamma_1, \ldots$ und einander.

Danach ergiebt sich folgende Herstellung der verschiedenen Complexcurven eines quadratischen Complexes, von dem die singuläre Fläche Φ vorliegt:

In jeder Ebene ξ ermittelt man die 6 Geradenpaare der Congruenzen 2. Grades, für welche Φ Brennfläche ist; sie gehören zu demselben Kegelschnitt-Netze N; die Punkte $K_1, \ldots K_6$, welche, in Bezug auf N, zu den Doppelpunkten $H_1, \ldots H_6$ dieser Geradenpaare conjugirt sind, liegen stets auf einem Kegelschnitte k^2, und die Reihen auf den Kegelschnitten k^2 sind projectiv mit den $K_1, \ldots$ als entsprechenden Punkten. X seien in den verschiedenen Ebenen weitere entsprechende in diesen Punktreihen; so werde zu jedem in Bezug auf die Curve 3. Ordnung in seiner Ebene, für welche das Netz N das Netz der ersten Polaren ist, die erste Polare construirt. Alle diese ersten Polaren sind die Complex-Kegelschnitte.**)

Insofern aber die Curven, auf diese Weise als Punktörter definirt, nicht in Punktepaare zerfallen können, wird die Construction für die Berührungsebenen von Φ illusorisch.

---

*) Schröter, Ebene Curven dritter Ordnung S. 71.

**) W. Stahl a. a. O. S. 219.

545 *Der Ort der Pole einer Geraden l der Ebene ξ in Bezug auf die Complexcurven der consingulären Complexe ist 4. Ordnung.*

Denn es sei m eine zweite Gerade der Ebene, so haben wir in der involutorischen Correspondenz [4] um den Punkt lm 4 Paare entsprechender Strahlen, welche zu l und m harmonisch sind (I, Nr. 23); d. h. auf m liegen 4 Pole von l.

Daraus folgt:

Die Polaren einer Geraden l in Bezug auf die verschiedenen consingulären Complexe erzeugen eine Regelfläche 8. Grades, von welcher l eine vierfache Erzeugende ist, die Polarenfläche von l in Bezug auf die Reihe der consingulären Complexe: λ^8.

Jede Ebene ξ durch l schneidet sie, ausser in l, in der eben beschriebenen Curve 4. Ordnung. Die Schnittpunkte dieser Curve mit l, d. h. die Punkte, in denen l je von den Curven (ξ) der 4 sie enthaltenden Complexe der Reihe tangirt wird, bewegen sich projectiv zur Ebene ξ und unter einander (Nr. 519). Aus der Entstehung einer jeden dieser Curven und der Fläche ergiebt sich, dass sie in eindeutiger Beziehung ihrer Punkte, bezw. Erzeugenden zu den Elementen eines unicursalen Gebildes, etwa zu den Punkten eines der Kegelschnitte k^2 sich befinden, also vom Geschlechte 0 sind. Die Curve 4. Ordnung muss also 3 Doppelpunkte haben; dies ergiebt sich auch folgendermassen: Die Polaren eines Punktes in Bezug auf die Kegelschnitte des quadratischen Systems Σ umhüllen einen Kegelschnitt, denn von dem Punkte kommen die zwei Tangenten der durch ihn gehenden Curven von Σ. Die zu zwei Punkten von l gehörigen derartigen Kegelschnitte tragen projective Tangentenbüschel und erzeugen bekanntlich eine Curve 4. Ordnung mit 3 Doppelpunkten, unsere Curve.

Interessant ist, wie sie sich in einer Berührungsebene σ von Φ gestaltet. Alle Curven von Σ sind dann Punktepaare, deren Doppellinien in den Berührungspunkt S zusammenlaufen, und deren Punkte die beiden weiteren Schnitte eines solchen Strahls mit $\sigma\Phi$ sind. Pole von l sind also die vierten harmonischen Punkte, je in Bezug auf diese Punkte, der Schnitte mit l. Der Ort dieser Punkte enthält demnach auf jedem der Strahlen einen Punkt; S selbst aber ist dreifach; denn die erste Polare von S in Bezug auf $\sigma\Phi$, der Ort der vierten harmonischen Punkte, welche dem S zugeordnet sind, trifft l dreimal. Die Curve 4. Ordnung, die wir so erhalten, begegnet der Geraden l in denselben Punkten, wie $\sigma\Phi$.

Der dreifache Punkt beweist, dass 3 Polaren von l durch S gehen.

Also ist jeder von den Berührungspunkten der 4 durch l gehenden Tangentialebenen von Φ ein dreifacher Punkt der Polarenfläche λ^8 von l.

Weil diese Fläche vom Geschlechte 0 ist, so hat sie, ausser der vierfachen Erzeugenden l, noch *eine Doppelcurve 15. Ordnung* d^{15}; diese, der Ort der Punkte, in denen sich zwei Polaren begegnen, entsteht durch die drei Doppelpunkte der verschiedenen Curven 4. Ordnung in den Ebenen durch l und geht durch jeden der 4 dreifachen Punkte der Fläche dreimal. Jeder von den drei Doppelpunkten einer Ebene durch l ist Pol von l in Bezug auf 2 Curven des Systems Σ dieser Ebene. Sind wiederum Γ^2, Γ_1^2 zwei von den 4 consingulären Complexen, die durch l gehen, so sind in der Involution auf l (Nr. 539) zwei Punkte gepaart, in denen l von den Curven dieser Complexe in der nämlichen Ebene berührt wird; jeder von den Doppelpunkten $F_{01,23}$, $F'_{01,23}$ ist gemeinsamer Pol der l in Bezug auf zwei Curven eines Systems Σ, so dass die Doppelcurve d^{15} durch ihn geht und überdies noch ein zweites Mal, weil er auch Doppelpunkt der zu den beiden übrigen Complexen gehörigen Involution ist.

Die 6 Doppelpunkte $F_{01,23}$, $F'_{01,23}$, ... *der drei Involutionen, die auf* l *durch die 4 durch diesen Strahl gehenden consingulären Complexe hervorgerufen werden, sind auch Doppelpunkte unserer Doppelcurve* d^{15}.

Damit haben wir die 12 Begegnungspunkte von d^{15} mit l.

Die Curve 7. Ordnung von λ^8 in einer Ebene durch eine Erzeugende, ebenfalls vom Geschlechte 0, hat ausser dem vierfachen Punkte noch 9 doppelte; woraus hervorgeht, dass d^{15} *jeder von den Erzeugenden der* λ^8 *in 6 Punkten begegnet.*

Nehmen wir an, l gehöre zu einem der Fundamental-Gewinde, 546
etwa zu Γ_1. Dann hat in jeder Ebene $\mathfrak{x}$ durch l eins der 6 Geradenpaare von Σ, das von $\mathfrak{C}_1^2$ herrührende, seinen Doppelpunkt auf l; folglich wird der Pol unbestimmt jeder beliebige Punkt des Strahls, welcher l in Bezug auf die beiden Geraden des Paars harmonisch zugeordnet ist und offenbar auch zu Γ_1 gehört. Diese Strahlen bilden, da mit jedem Punkte und jeder Ebene von l einer incidirt, eine Regelschaar, für welche l Leitgerade ist, — die Polar-Regelschaar, in Bezug auf $\mathfrak{C}_1^2$, eines Strahls des diese Congruenz enthaltenden Gewindes, mit der wir uns bald noch weiter zu beschäftigen haben werden.

Nach ihrer Absonderung von λ^8 bleibt eine Regelfläche 6. Grades, λ^6, für welche l nur noch dreifach ist. Dieselbe liegt ganz in Γ_1, als Ort der Polaren, in Bezug auf eine Reihe consingulärer Complexe, eines Strahls, welcher einem der gemeinsamen Fundamental-Gebilde Γ_1 angehört (Nr. 541).

Bei der Absonderung aber der Regelschaar geht doch von jeder der Erzeugenden derselben ein Punkt im Continuum der Pole von l

in Bezug auf die Curven des Σ in der betreffenden Ebene durch l auf die λ^6 über, und diese Punkte bilden dann die Polare l_1 von l in Bezug auf das Doppel-Gewinde Γ_1 als Mitglied der Reihe consingulärer Complexe. Sie gehört zur Leitschaar der sich absondernden Regelschaar, und hat daher die Trägerfläche mit λ^6 ausser l und l_1 noch eine Curve 8. Ordnung gemeinsam, welche der l sechsmal begegnet; denn eine Ebene durch l schneidet diese Flächen in einer Geraden und einer Curve 3. Ordnung, die sich auf l_1 und noch zweimal auf der Curve 8. Ordnung begegnen. Die Fläche λ^6, vom Geschlechte 0, hat, ausser der dreifachen Erzeugenden, noch eine Doppelcurve 7. Ordnung, die in jeder Ebene durch l ausserhalb nur den einzigen Doppelpunkt der Curve 3. Ordnung enthält, also l in 6 Punkten begegnet. Diese Curven 7. und 8. Ordnung setzen die d^{15} zusammen.

Es gehöre l zu zwei Fundamental-Gewinden Γ_1, Γ_2; als eigentliche Polarenfläche bleibt eine Regelfläche 4. Grades λ^4, welche sich in dem Strahlennetze $\Gamma_1 \Gamma_2$ befindet; l ist für sie doppelte Erzeugende, so dass sie von der Art VII (I, Nr. 43) ist. Die Doppelcurve d^{15} besteht aus einer cubischen Raumcurve — von den beiden sich absondernden Regelschaaren herrührend —, zwei Raumcurven 5. Ordnung auf λ^4 und den beiden doppelten Leitgeraden dieser Regelfläche; Begegnungspunkte mit l sind $2 + 2.4 + 2$.

Gehört l zu drei Fundamental-Gewinden, so ist die eigentliche Polarenfläche die ihnen gemeinsame Regelschaar; d^{15} zerfällt in 3 cubische Raumcurven und dreimal 2 Gerade mit $3.2 + 3.2$ Begegnungspunkten mit l.

Es sei endlich l vier Fundamental-Gewinden Γ_3, Γ_4, Γ_5, Γ_6 gemeinsam oder, was dasselbe ist, eine der Leitgeraden des Schnitt-Strahlennetzes der beiden übrigen Γ_1, Γ_2 (I, Nr. 185). Es sondern sich 4 Regelschaaren ab und von der eigentlichen Polarenfläche bleibt nur eine Gerade; die Polare von l in Bezug auf alle Complexe der Reihe muss ebenfalls in allen vier Gewinden liegen, mithin die zweite gemeinsame Gerade oder die zweite Leitgerade von $\Gamma_1 \Gamma_2$ sein. Also:

*Von den beiden gemeinsamen Geraden von 4 Fundamental-Gewinden oder von den beiden Leitgeraden des Strahlennetzes, in dem sich zwei Fundamental-Gewinde schneiden, ist jede die Polare der andern in Bezug auf die ganze Reihe der consingulären Complexe.**)

Wir kommen auf diese Sache nochmals (Nr. 580) zu sprechen und werden finden, dass in einer Tangentialebene σ von Φ durch eine solche Gerade l_{12} die Schnittcurve 4. Ordnung mit Φ zu sich selbst

---

*) Klein, Mathem. Annalen Bd. 2 S. 222.

in harmonischer Homologie ist mit l_{12} als Axe und dem Doppel- oder Berührungspunkte S als Centrum; 4 von den Doppeltangenten des S haben ihren zweiten Berührungspunkt auf l_{12}; sie sind die von der Ebene aus den 4 sich absondernden Regelschaaren ausgeschnittenen Geraden, und in sie zerfällt der Ort der Punkte auf den Strahlen durch S, die von l_{12} durch die beiden weiteren Schnitte mit $\sigma\Phi$ harmonisch getrennt sind.

Ausgezeichnete singuläre Strahlen und Haupttangenten-Curven der singulären Fläche.*)

Wenn ein singulärer Strahl von Γ^2 die Fläche Φ dreipunktig in S 547
berührt, so ist einer von den Punkten B', B'' (Nr. 536) noch in S gerückt; *der ganze Tangentenbüschel* (S, σ) *gehört zu* Γ^2; nennen wir mit Segre**) einen solchen singulären Strahl *von der zweiten Ordnung.*

Im allgemeinen ist in einem Tangentenbüschel von Φ der singuläre Strahl der einzige Strahl von Γ^2.

Umgekehrt, wenn ein Strahl von Γ^2, der nicht singulär ist, Φ berührt, so ist eine der beiden Haupttangenten, die im nämlichen Punkte berühren, singulärer Strahl.

Bei einem dreipunktig berührenden singulären Strahle sind zwei von den 4 Strahlenbüscheln des Γ^2, die durch ihn gehen, nämlich einer von den beiden von S kommenden und einer von den beiden in σ befindlichen in den Tangentenbüschel (S, σ) zusammengefallen. Infolge dessen haben sich auch in einen solchen singulären Strahl 3 von den 4 aus S kommenden und 3 von den 4 in σ liegenden singulären Strahlen vereinigt; der vierte aus S verbindet, in der Ebene des zweiten Γ^2-Strahlenbüschels aus diesem Punkte, denselben mit dem Scheitel des zweiten Strahlenbüschels in dieser Ebene.

Eine Tangente von Φ (in S) gehört zu einem von den consingulären Complexen als singulärer Strahl, der dann unter den 4 durchgehenden doppelt zählt (Nr. 537), *zu zwei andern einfach; diese enthalten den ganzen Tangentenbüschel von S und je eine der Haupttangenten desselben als singulären Strahl.*

---

*) Vergl. hierzu Klein, Math. Annalen Bd. 2 S. 198, Bd. 5 S. 278 und Klein und Lie, Berliner Monatsberichte 1870 S. 891.

**) Sulla geometria della retta e delle sue serie quadratiche (Fortsetzung der in Nr. 544 erwähnten Abhandlung, die im nämlichen Bande der Memorie steht) Nr. 137.

Eine Haupttangente von Φ gehört zu dem dreifach zu rechnenden von den consingulären Complexen, für den sie singulärer Strahl ist, und zu demjenigen, für den es die andere Haupttangente desselben Tangentenbüschels ist.

Bei einer zu einer C_h^2 gehörigen Doppeltangente von Φ zählt, wie wir schon erwähnt haben, das Doppelgewinde Γ_h, für das sie singulärer Strahl ist, doppelt; es bleiben zwei Complexe, in denen sie sich befindet*), und denen bez. die Haupttangenten sowohl des einen, als auch des andern Berührungspunktes als singuläre Strahlen angehören; so dass *in den projectiven Tangentenbüscheln der Φ um die beiden Berührungspunkte einer Doppeltangente die einen Haupttangenten den andern entsprechen.*

Eine Doppeltangente von Φ, welche in einer der Ebenen δ liegt, befindet sich nur in zwei von den Complexen und zwar als singulärer Strahl, nämlich in denen, deren zu δ gehörige E auf sie fallen.

Was die vierpunktigen Tangenten anlangt, so geht durch diejenigen, die einen $[\delta]$ *berühren, je nur ein Complex der Reihe.* Eine solche vierpunktige Tangente hat sich ja auch mit der zweiten Haupttangente vereinigt; $[\delta]$ gehört zur parabolischen Curve von Φ.

Bei einer andern vierpunktigen Tangente, neben der noch eine zweite Haupttangente in demselben Punkte berührt, kann man den Schluss, dass alle 4 Complexe sich in den vereinigt haben, für den sie singulärer Strahl ist, nicht machen; da hier nur die einzige Berührungsebene möglich ist, deren Berührungspunkt ihr eigener ist. *Es gilt dasselbe, wie bei einer blos dreipunktigen Tangente, nur dass der dreifach zu rechnende Complex, für den sie singulär ist, ein Doppelgewinde ist.*

Aus diesen Ergebnissen folgt, dass *die 32 Strahlen, in denen sich 4 von den consingulären Complexen schneiden, stets gleiches Verhalten zu Φ haben.***)

548 Jede Complexcurve (π) eines zu Φ gehörigen Complexes Γ^2 berührt Φ an 4 Stellen; die 16 übrigen Tangenten, welche (π) mit der Curve 12. Klasse $\pi\Phi$ ausserdem gemeinsam hat, berühren letztere in Punkten, in denen der singuläre Strahl Haupttangente ist.

Also erzeugen die Punkte der singulären Fläche Φ eines Γ^2, in denen der singuläre Strahl dreipunktig berührt und deshalb der ganze Tangentenbüschel zu Γ^2 gehört, eine Curve 16. Ordnung T^{16}.

---

*) Ihre Curven in irgend einer Ebene durch die Doppeltangente berühren diese in den Doppelpunkten der oben (Nr. 544) erwähnten Involution.

**) Vergl. Rohn, Math. Annalen Bd. 18 S. 99.

Dual: *Die zugehörigen Berührungsebenen umhüllen einen Torsus 16. Klasse* $\mathfrak{T}_{16}$.

Es seien T, T_1 zwei benachbarte Punkte von T^{16}. Mit dem Tangentenbüschel von T gehört auch TT_1 zu Γ^2; von den 4 Strahlenbüscheln des Γ^2, die durch diese Gerade gehen, sind zwei, die mit den Scheiteln T, T_1, unendlich nahe, denn die Punktwürfe der Scheitel und der Ebenen sind projectiv. Folglich kann derjenige von diesen beiden Büscheln, der aus T_1 kommt, nur der Tangentenbüschel von Φ sein, der andere aus T_1 ist von ihm und dem von T endlich verschieden; die beiden Berührungsebenen von T und T_1 gehen daher durch die Verbindungslinie der Berührungspunkte; d. h. TT_1 ist zu sich selbst conjugirte Tangente oder Haupttangente.

Die Curve T^{16} *ist somit Haupttangenten-Curve von* Φ *und der Torsus* $\mathfrak{T}_{16}$ *ist der zugehörige Torsus der Schmiegungsebenen.**) *Also ist 16 auch die Klasse von* T^{16}. *Die sämmtlichen Haupttangenten-Curven der Fläche* Φ *sind die den verschiedenen consingulären Complexen zugehörigen Curven* T^{16}, und durch jeden Punkt von Φ gehen, wie nothwendig, zwei, welche von den beiden Complexen herrühren, denen die eine und die andere Haupttangente als singulärer Strahl zukommt.

Die einem bestimmten Γ^2 und einer bestimmten T^{16} zugehörigen Tangentenbüschel erzeugen eine Congruenz 16. Grades. Sie und die Congruenz **S** der singulären Strahlen von Γ^2, letztere doppelt gerechnet, setzen die Congruenz 24. Grades zusammen, welche Γ^2 mit dem Tangentencomplexe 12. Grades von Φ gemeinsam hat.

Die zu einem Punkte D gehörige Ebene ε tangirt den Anschmiegungskegel $[D]$; unter den Strahlen von (D, ε), die, wie wir wissen, sämmtlich singulär sind, sind daher zwei unendlich nahe dreipunktig berührend.

Die Curve T^{16} *hat die 16 Punkte* D *zu Rückkehrpunkten und der Torsus* $\mathfrak{T}_{16}$ *oder auch die Curve* T^{16} *die 16 Ebenen* δ *zu Wende-Berührungsebenen.***)

Da in jede Ebene δ 6 Punkte D fallen, so sieht man, wie die 16 Schnitte von T^{16} mit δ erschöpft sind: $16 = 2.6 + 4$.

T^{16} trifft die erste Polare (3. Ordnung) eines beliebigen Punktes O

---

*) Ich setze als bekannt voraus, dass die Berührungsebenen einer Fläche in den Punkten einer Haupttangenten-Curve deren Schmiegungsebenen sind.

**) Durch zwei Knotenpunkte D gehen zwei Ebenen δ; für ein solches Stück der Fläche Φ, welches von den durch die beiden D begrenzten Bogen der Kegelschnitte $[\delta]$ eingeschlossen ist, haben Klein und Lie in ihrem Aufsatze der Berliner Monatsberichte von 1870 den Verlauf einiger Haupttangenten-Curven gezeichnet.

in Bezug auf Φ, ausser in den D, noch in 3.16—2.16 Punkten, womit die Klasse 16 des Torsus der Berührungsebenen der Punkte von T^{16} von neuem erkannt ist.

Die Punkte von Φ, deren (einem bestimmten Γ^2 zugeordnete) singuläre Strahlen eine Gerade l treffen, bilden die Berührungscurve 8. Ordnung der Complexfläche (l) mit Φ (Nr. 524, 530); die Schnitte von T^{16} mit (l) sind die 16 Punkte D und 16 andere Punkte, die einen wie die andern doppelt gerechnet, jene als Doppelpunkte von T^{16}, diese wegen der Berührung beider Flächen; daher tangirt in den letzteren Punkten T^{16} die (l). Folglich treffen 16 von den Φ dreipunktig berührenden singulären Strahlen des Γ^2 die Gerade l.

Daher hat auch die Regelfläche derjenigen singulären Strahlen von Γ^2, *welche* Φ *dreipunktig berühren, den Grad 16;* sie heisse T^{16}. *Die Erzeugenden sind,* weil sie durch die Punkte von T^{16} gehen und in den zugehörigen Schmiegungsebenen liegen, *Schmiegungsstrahlen dieser Curve* T^{16}.

549 *Zu ihnen gehören die 16 Strahlen* s_δ *der Büschel* (E, δ), *welche je den Kegelschnitt* $[\delta]$ *in* E *tangiren, und die 16 Strahlen* s_D *der Büschel* (D, ε), *welche je die Berührungskanten von* ε *mit dem Kegel* $[D]$ *sind.**) *Sie berühren* Φ *vierpunktig, und der Büschel der Polaren eines jeden dieser singulären Strahlen ist* (E, δ), *bezw.* (D, ε), *besteht also aus lauter singulären Strahlen;* die s_δ und s_D sind, nach Segre, singuläre Strahlen *dritter Ordnung.* Für einen andern Strahl z. B. eines Büschels von (E, δ) ist dieser Polarenbüschel derjenige in δ, der den zweiten Schnitt des Strahls mit $[\delta]$ zum Scheitel hat.

Von den beiden Haupttangenten der Φ in einem Punkte von T^{16} ist die eine die Erzeugende von T^{16}, die andere die Tangente von T^{16}. In dem Punkte E fallen sie in die s_δ zusammen; s_δ *ist also auch Tangente von* T^{16} *in* E *und zugehörige Schmiegungsebene ist die Wende-Berührungsebene* δ. *Ebenso ist im Rückkehrpunkte* D *die* s_D *Tangente und* ε *Schmiegungsebene.*

Beachten wir aber: D und δ sind allen Complexen der Reihe $\mathfrak{F}(\Gamma^2)$ gemeinsam, E und ε ändern sich von einem zum andern, den $[\delta]$ durchlaufend, bezw. den $[D]$ umhüllend. *Alle Haupttangenten-Curven haben die Rückkehrpunkte* D *und die Wende-Berührungsebenen* δ *gemeinsam; die zugehörigen Tangenten* s_D, s_δ *und Schmiegungsebenen* ε, *bezw. Osculationspunkte* E *verändern sich,* $[D]$ *und* $[\delta]$ *erzeugend oder umhüllend.*

---

*) Plücker, Neue Geometrie Nr. 312, 321.

Von den 16 Begegnungspunkten einer dieser Curven mit einer Ebene δ befinden sich zwei in jedem der 6 Punkte D, vier in E.

Es sei t eine Doppeltangente von Φ, welche in einem Punkte T von T^{16} berührt; T_1 ihr zweiter Berührungspunkt. Da in T die eine Haupttangente von Φ singulärer Strahl von Γ^2 ist, so gilt dies auch in T_1 (Nr. 547); folglich liegt auch T_1 auf T^{16}.

Jede Doppeltangente von Φ hat ihre beiden Berührungspunkte auf derselben Haupttangenten-Curve.

Die Doppeltangenten aus derselben Congruenz $\mathfrak{C}_h^2$, welche ihre Berührungspunkte auf einer bestimmten Haupttangenten-Curve T^{16} haben und deshalb doppelte Schmiegungsstrahlen derselben sind, erzeugen daher eine Regelfläche, für welche diese Berührungscurve 16. Ordnung der Schnitt mit Φ ist, also *vom Grade* $\frac{2.16}{4} = 8$.

Der Grad 8 ergiebt sich auch durch folgende Ueberlegung: Die Regelfläche 4. Grades der Strahlen von $\mathfrak{C}_h^2$, welche eine Gerade l treffen, hat mit Φ nur die Berührungscurve 8. Ordnung ihrer Erzeugenden gemeinsam; sie geht ersichtlich durch die 16 Punkte D, die Scheitel der singulären Strahlenbüschel von $\mathfrak{C}_h^2$. In ihnen hat T^{16} mit dieser Fläche 2.16 Punkte gemein; die übrigen gemeinsamen Punkte sind $\frac{1}{2}(64-32) = 16$ Berührungspunkte und zwar je zwei stets auf derselben Erzeugenden der Fläche 4. Grades. Daher hat diese 8 Erzeugende, die ihre beiden Berührungspunkte auf T^{16} haben.

*Jede Haupttangenten-Curve der Fläche Φ ist Berührungscurve mit 6 Regelflächen 8. Grades, welche sich in den verschiedenen Congruenzen $\mathfrak{C}_h^2$, für welche Φ Brennfläche ist, befinden.**)

Die Haupttangenten-Curven von Φ, die sich bei den Doppelgewinden Γ_h ergeben, sind nur 8. Ordnung und 8. Klasse. Singuläre Strahlen sind ja die Strahlen der zugehörigen $\mathfrak{C}_h^2$; geht ein solcher singulärer Strahl in eine mehr- als zweipunktig berührende Tangente über, so haben wir gleich vierpunktige Berührung. Nun haben wir bei einer Congruenz 2. Grades eine auf der Brennfläche verlaufende Curve 8. Ordnung ϱ^8 gefunden, deren Punkte sich je mit den zugehörigen zweiten Brennpunkten vereinigen, und eine Regelfläche 8. Grades P^8 der Strahlen von $\mathfrak{C}_h^2$, bei denen die Vereinigung der Brennpunkte und zugleich der Brennebenen — welche letzteren einen Torsus 8. Klasse umhüllen — statt hat (II, Nr. 313, 315, 443). Diese Strahlen mögen *singuläre Strahlen der* $\mathfrak{C}_h^2$ heissen. Die ϱ^8 ist unsere Curve; *wir nennen sie* ϱ_h^8 550

*) Lie, Math. Annalen Bd. 5 S. 178.

und die zugehörige Fläche der vierpunktig berührenden Strahlen P_h^8. Jene ist, vierfach gerechnet, der volle Schnitt dieser mit Φ.

Bei einer Fläche n^{ter} Ordnung (ohne vielfache Curve) ist die Fläche der vierpunktigen Tangenten vom Grade $2n(n-3)(3n-2)$ und die Curve ihrer Berührungspunkte von der Ordnung $n(11n-24)$.*) Bei Φ sind beide Zahlen 80, die Regelfläche setzt sich aus den 6 Regelflächen P_h^8 und den 16 Kegelschnitten $[\delta]$, die Curve aus den Curven ϱ_h^8 und ebenfalls diesen Kegelschnitten zusammen.

Andererseits ist, wie eine ähnliche Betrachtung als in Nr. 549 zeigt, *jede der Curven* ϱ_h^8 *Berührungscurve der* Φ *mit 5 Regelflächen vom Grade* $4=\frac{2.8}{4}$ *aus den 5 andern Congruenzen* $\mathfrak{C}_i^2$, *deren Erzeugende in zwei getrennten Punkten von* ϱ_h^8 *berühren* und doppelte Schmiegungsstrahlen dieser Curve sind.

Der Tangentenbüschel von Φ in einem Punkte von ϱ_h^8 ist zugleich der ihm in Γ_h zugehörende Büschel; ϱ_h^8 *geht durch die 16 Punkte D einfach und hat diejenige von den Ebenen* δ *durch einen D zur Schmiegungsebene, welche in Bezug auf* $\mathfrak{C}_h^2$ *die zugehörige singuläre Ebene ist:* die Nullebene in Bezug auf Γ_h. Indem also eine Ebene δ für den e en ihrer Punkte D Schmiegungsebene ist und in den andern von ϱ_h^8 geschnitten wird, haben wir die 8 Begegnungspunkte.

Weil der ganze Tangentenbüschel von Φ in einem Punkte von ϱ_h^8 zu Γ_h gehört, so zeigt sich, dass sämmtliche Tangenten von ϱ_h^8 in diesem Gewinde Γ_h sich befinden.

Um ϱ_h^8 als Specialfall von T^{16} zu erkennen, müssen wir sie als Vereinigung zweier unendlich nahe neben einander laufenden Curven uns denken; daraus erklärt sich auch die Einfachheit der D auf ihr. Dies lehrt auch die vierpunktige Berührung, mit Φ, der Erzeugenden von P_h^8, während die Erzeugenden einer der Regelflächen 8. Grades, welche längs einer T^{16} tangiren, in zwei getrennten Punkten berühren. Die Regelflächen 4. Grades, die längs einer ϱ_h^8 berühren, haben wir uns auch doppelt vorzustellen.

551 *Der einer beliebigen* T^{16} *zugehörige Complex* Γ^2 *hat mit* P_h^8 *16 Strahlen gemeinsam;* wir haben ja auch in Nr. 547 gesehen, dass durch eine solche vierpunktige Tangente, wie es die Erzeugenden von P_h^8 sind, ausser dem Doppelgewinde Γ_h noch ein anderer allgemeiner Complex aus der Reihe geht. Für ihn ist die gemeine Haupttangente, welche mit der vierpunktigen den Berührungspunkt gemeinsam hat, der sin-

*) Vergl. z. B. Journal f. Mathematik Bd. 72 S. 350.

guläre Strahl; und die vierpunktige ist die andere Haupttangente, die mit dem ganzen Büschel zu diesem Complexe gehört.

Ein jeder von den Berührungspunkten der 16 Strahlen liegt auf ϱ_h^8 *und auf* T^{16}; *die* P_h^8 *hat die vierpunktige, die* T^{16} *die dreipunktige Tangente zur Erzeugenden, diese berührt die* ϱ_h^8, *jene die* T^{16}.

Eine gemeine Haupttangente der Fläche ist auch gemeine Tangente einer Haupttangenten-Curve, eine vierpunktige also ist stationäre. *Demnach sind die 96 Begegnungspunkte der Haupttangenten-Curve* T^{16} *und der sechs Curven* ϱ_h^8 *für erstere Berührungspunkte stationärer Tangenten.* In jedem von ihnen haben die beiden sich schneidenden Curven die Tangentialebene von Φ zur gemeinsamen Schmiegungsebene.

Wirkliche Doppelpunkte hat T^{16} nicht, da die beiden Haupttangenten eines Punktes von Φ zu verschiedenen Complexen als singuläre Strahlen gehören.

Wir haben nun für die T^{16} Singularitäten genug, um die übrigen bestimmen zu können; der Rang ist 48, die Zahl der scheinbaren Doppelpunkte 72. An einen der Kegelschnitte $[\delta]$ tritt T^{16} in dem Punkte E heran, der ihrem Complexe zugehört, und da beide Haupttangenten in ihm sich vereinigt haben, *so berührt* T^{16} *den* $[\delta]$ *in* E.

Von einer ϱ_h^8 wird $[\delta]$ in demjenigen ihrer D berührt, welcher der Ebene δ in der Congruenz C_h^2 zugehört; denn in ihn fällt E.

Schneidet man P_h^8 mit Γ_i oder P_i^8 mit Γ_h, so kommt man zu 8 Begegnungspunkten der Curven ϱ_h^8 und ϱ_i^8 (ausser den Punkten D); von den beiden Haupttangenten einer dieser gemeinsamen Punkte von ϱ_h^8 und ϱ_i^8 ist die eine Erzeugende von P_h^8 und Tangente von ϱ_i^8, die andere Erzeugende von P_i^8 und Tangente von ϱ_h^8. Als Erzeugende von P_h^8 oder P_i^8 sind sie vierpunktig berührende Tangenten der Fläche Φ; die Fläche hat also in jedem dieser 8 Begegnungspunkte $\varrho_h^8 \varrho_i^8$ 2 vierpunktige Haupttangenten, und jede von ihnen ist für diejenige der Curven, welche sie berührt, stationäre Tangente.

So erhält jede der Curven ϱ_h^8 $5.8 = 40$ *stationäre Tangenten.* Daraus folgt der Rang 24 und die Zahl 16 scheinbarer Doppelpunkte.

In jedem der 8 gemeinsamen Punkte der Curven ϱ_h^8, ϱ_i^8 haben sie wiederum *die Schmiegungsebene* gemeinsam, die Tangentialebene von Φ, und weil sie zu einer stationären Tangente gehört, so *ist sie vierpunktig berührend.*

Während bei einem beliebigen Strahle von C_h^2 in Bezug auf Γ_h 552
jeder der beiden Berührungspunkte mit Φ die Tangentialebene des andern zur Nullebene hat, hat ein Punkt von ϱ_h^8, als Berührungspunkt

eines vierpunktig tangirenden Strahls von C_h^2, die eigene Berührungsebene für Φ oder Schmiegungsebene für ϱ_h^8 zur Nullebene für Γ_h.

In Bezug auf Γ_h polarisirt, geht jeder Punkt von ϱ_h^8 in die eigene Schmiegungsebene über.

Aber auch in Bezug auf eins der andern Fundamental-Gewinde Γ_i polarisirt, geht ϱ_h^8 in sich selbst über; denn Φ, Γ_h, C_h^2 thun es, also muss auch ein Φ vierpunktig berührender Strahl von C_h^2 in einen eben solchen übergehen, der Berührungspunkt von jenem, ein Punkt von ϱ_h^8, in die Berührungsebene von diesem, eine Schmiegungsebene von ϱ_h^8. Und so sehen wir, dass *jeder Schmiegungsebene von ϱ_h^8 in Bezug auf die 6 Fundamental-Gewinde ihr Anschmiegungspunkt und ihre 5 weiteren Schnitte mit der Curve zugeordnet sind; und ebenso dual. Und durch die mit den Fundamental-Gewinden verbundenen 32 linearen Transformationen erhalten wir Gruppen von 16 Punkten von ϱ_h^8 und ihren 16 Schmiegungsebenen, die eine Kummer'sche Configuration* 16_6 *bilden**); die Schmiegungsebenen gehören in der That sämmtlich zu den Punkten, da ja auch die Nullebene eines jeden der 16 Punkte in Bezug auf Γ_h, d. i. seine Schmiegungsebene, sich in der Gruppe befindet.

Nehmen wir aber die Gruppe der 8 gemeinsamen Punkte von ϱ_h^8 und ϱ_i^8 und ihrer ebenfalls gemeinsamen (und beide Curven vierpunktig berührenden) *Schmiegungsebenen, so erhalten wir nur eine Configuration* 8_5.

Auch die allgemeinen Haupttangenten-Curven T^{16} der Φ sind in Bezug auf jedes der Fundamental-Gewinde sich selbst entsprechend; denn dies gilt für Φ und den zugehörigen Complex Γ^2, ein singulärer Strahl desselben, welcher Φ dreipunktig berührt, geht in einen eben solchen über, jenes Berührungspunkt, ein Punkt von T^{16}, in die Berührungsebene dieses, eine Schmiegungsebene von T^{16}.

Folglich muss durch die 32 linearen Transformationen, die mit der Gruppe der Γ_h verbunden sind, die Figur der 16 Schnittpunkte einer T^{16} mit einer ϱ_h^8 und ihrer gemeinsamen Schmiegungsebenen in sich selbst übergehen, also eine Configuration 16_6 *bilden.*

Es seien zwei T^{16} betrachtet; die T^{16}, die zu der einen gehört, hat mit dem Γ^2, dem die andere entspricht, 32 Strahlen gemeinsam; folglich *begegnen sich die beiden Curven T^{16} in 32 Punkten;* wenn wir später erkennen werden, dass die T^{16} volle Schnitte der Φ mit einer andern Fläche 4. Ordnung sind, werden wir dies Ergebniss auch daraus ableiten können. In diesen gemeinsamen Punkten haben die beiden Curven wiederum *gemeinsame Schmiegungsebenen.*

---

*) In der durch jeden der Punkte 6 Ebenen gehen, in jeder der Ebenen 6 Punkte liegen.

Diese Figur von 32 Punkten und 32 Ebenen muss, da in Bezug auf die genannten linearen Transformationen jede der beiden T^{16} sich selbst entspricht, *in zwei Kummer'sche Configurationen* 16_6 *zerfallen.*

In Bezug auf ein Γ_h sind aber im allgemeinen nicht ein Punkt von Φ und seine Berührungsebene entsprechend, sondern nur für die Punkte von $\varrho_h{}^8$ gilt dies. *Folglich werden von unsern 64 Elementen ein Punkt und seine zugehörige Schmiegungsebene nicht derselben Configuration angehören;* denn für incidente Elemente der nämlichen Configuration 16_6 giebt es in der Gruppe der Γ_h stets ein Gewinde, in Bezug auf welches sie Nullpunkt und Nullebene sind. *Somit geht durch jeden Punkt der einen Configuration noch eine Ebene aus der andern, seine Schmiegungsebene, und liegt in jeder Ebene der einen noch ein Punkt der andern; sie bilden zusammen eine Configuration* 32_7.*)

Einige Nachträge.

Ich hole hier einige Sätze über Haupttangenten-Curven nach, die 553
schon beim linearen Complexe besprochen werden konnten.**) *Im allgemeinen giebt es auf einer Fläche F nur eine endliche Zahl von Punkten, bei denen die Berührungsebene zugleich die Nullebene in Bezug auf ein gegebenes Gewinde Γ ist. Wenn aber* ∞^1 *solche Punkte vorhanden sind, so ist die von ihnen gebildete Curve eine Haupttangenten-Curve der Fläche.*

In der That, es seien T, T_1 zwei benachbarte Punkte der Curve, so gehört TT_1 als Tangente in T zum Gewinde Γ, also auch zum Büschel in der Nullebene von T_1; die Tangentialebene dieses Punktes geht ebenfalls durch sie: TT_1 ist eine Haupttangente.

Es sei z. B. F eine Fläche, die in Bezug auf Γ zu sich selbst polar ist; dann geht ein beliebiger Tangentenbüschel (T, τ) von F durch die Polarisation bezüglich Γ in einen andern Tangentenbüschel (τ', T') von F über, der mit jenem den in ihm befindlichen Strahl von Γ gemeinsam hat; derselbe wird demnach Doppeltangente von F. Die Nullebene eines beliebigen Punktes T der Fläche geht somit durch eine der Doppeltangenten, die in ihm berühren, und das Zusammenfallen mit der Berührungsebene wird in diesem Falle eine einfache Bedingung, so dass die Fläche ∞^1 Punkte besitzt, bei denen es eintritt; die Doppeltangente des allgemeinen Falls ist dann vierpunktige Tangente geworden.

---

*) Vergl. hierzu Reye, Journal f. Mathematik Bd. 97 S. 260.

**) Lie, Math. Annalen Bd. 5 S. 178 ff.

Wenn also eine Fläche F zu sich selbst in Bezug auf ein Gewinde Γ polar ist, so enthält sie eine Curve von Punkten, in denen die Berührungsebene von F mit der Nullebene von Γ sich vereinigt. Dieselbe ist eine Haupttangenten-Curve auf F, und alle ihre Tangenten gehören zu Γ. Sie ist ferner eine Curve von Berührungspunkten vierpunktiger Tangenten von F, und diese gehören auch zu Γ.

Da eine in Γ enthaltene Congruenz in sich selbst übergeht durch die Polarisirung in Bezug auf Γ, so thut es auch die zugehörige Brennfläche. Ist die Congruenz 2. Grades, so können wir die Brennfläche auch als singuläre Fläche eines Γ^2 auffassen und das Gewinde als eins der Fundamental-Gewinde Γ_h. Die Haupttangenten-Curve ist dann ϱ_h^8; ihre Tangenten und die vierpunktig berührenden Erzeugenden von P_h^8 sind Strahlen von Γ_h.

Zu sich selbst polar ist eine in Γ enthaltene Regelfläche. Und liegt sie sogar in einem Strahlennetze, so liefert jedes durch dasselbe gehende Gewinde auf die Regelfläche eine Haupttangenten-Curve.

554 Im Anschluss an diese Betrachtung möge es gestattet sein, einige andere Nachträge zu den beiden ersten Bänden zu machen.

In ein Gewinde Γ_1 schneidet ein Büschel $\Gamma_2 \Gamma_3$ von Gewinden einen Büschel von Strahlennetzen ein: die Paare der Leitgeraden bilden eine Involution in der Leitschaar L der Grund-Regelschaar G des Netzes $\Gamma_1 \Gamma_2 \Gamma_3$ (I, Nr. 126 ff.); er enthält *2 singuläre Strahlennetze.**) *In einem solchen von einem Gewinde getragenen Strahlennetze-Büschel nennt man zwei solche Netze, die zu diesen beiden ausgezeichneten harmonisch sind, in Involution.* Den Büschel können wir uns in Γ_1 eingeschnitten denken durch jeden beliebigen — Γ_1 nicht enthaltenden — Büschel von Gewinden in $\Gamma_1 \Gamma_2 \Gamma_3$; benutzen wir denjenigen Büschel, der zu Γ_1 in Involution ist (I, Nr. 131), so sind die Axen seiner Gebüsche in Γ_1 befindlich, und die Schnitte dieser Gebüsche mit Γ_1 sind die singulären Strahlennetze unseres Büschels. Zwei in Involution befindliche Strahlennetze desselben sind demnach in zwei Gewinden dieses Büschels enthalten, die zu seinen Gebüschen harmonisch, also selbst in Involution sind.

Durch zwei in Involution befindliche Strahlennetze eines von einem Gewinde Γ_1 getragenen Strahlennetze-Büschels gehen zwei Gewinde, die zu einander und zu Γ_1 in Involution sind. —

In ein Strahlennetz $\Gamma_1 \Gamma_2$ schneiden die Gewinde eines Büschels $\Gamma_3 \Gamma_4$ die Regelschaaren eines Büschels ein: gemeinsam sind allen die Grund-

*) So mögen Strahlennetze mit vereinigten Leitgeraden genannt werden.

geraden des Gebüsches $\Gamma_1 \Gamma_2 \Gamma_3 \Gamma_4$ (I, Nr. 137 ff.). Zwei von den Regelschaaren zerfallen in zwei Strahlenbüschel, welche ihre Scheitel in Gegenecken des Vierseits der Leitgeraden von $\Gamma_1 \Gamma_2$ und der genannten Grundgeraden haben. *Wir nennen zwei Regelschaaren unseres Büschels in Involution, wenn sie zu diesen zerfallenden Regelschaaren harmonisch sind:* ihre Trägerflächen sind dann harmonisch-zugeordnet mit Vierseits-Schnitt.*) Jeder beliebige — den Büschel $\Gamma_1 \Gamma_2$ nicht schneidende — Büschel des Gebüsches $\Gamma_1 \Gamma_2 \Gamma_3 \Gamma_4$ schneidet in das Strahlennetz $\Gamma_1 \Gamma_2$ ebenfalls unsern Regelschaar-Büschel ein; einer von diesen Büscheln befindet sich zu dem Büschel $\Gamma_1 \Gamma_2$ in Involution, der Schnitt nämlich von $\Gamma_1 \Gamma_2 \Gamma_3 \Gamma_4$ mit dem Gewindegebüsche, das sich auf $\Gamma_1 \Gamma_2$ stützt. Seine beiden Gebüsche haben ihre Axen in allen Gewinden von $\Gamma_1 \Gamma_2$, also im Strahlennetze $\Gamma_1 \Gamma_2$. Ein solches Strahlengebüsche schneidet aus demselben ein Strahlenbüschel-Paar aus; daher sind die Gewinde dieses Büschels, welche durch zwei in Involution befindliche Regelschaaren unseres Regelschaar-Büschels gehen, harmonisch zu den Gebüschen des Büschels, also selbst in Involution.

Durch zwei in Involution befindliche Regelschaaren eines von einem Strahlennetze getragenen Regelschaar-Büschels gehen stets zwei Gewinde, welche zu einander und zu sämmtlichen Gewinden, die das Strahlennetz enthalten, in Involution sind. —

Die Paare der Geraden, welche eine Regelschaar $\Gamma_1 \Gamma_2 \Gamma_3$ mit den verschiedenen Gewinden eines Büschels $\Gamma_4 \Gamma_5$ gemeinsam hat, bilden eine Involution (I, Nr. 147). *Zwei Paare dieser Involution, die zu den singulären Paaren* (mit vereinigten Elementen) *harmonisch sind, nennen wir in Involution.* Im Gewebe $\Gamma_1 \Gamma_2 \Gamma_3 \Gamma_4 \Gamma_5$ giebt es einen Büschel, der zu dem Netze $\Gamma_1 \Gamma_2 \Gamma_3$ in Involution ist, der Schnitt mit dem Netze, das zu $\Gamma_1 \Gamma_2 \Gamma_3$ in Involution ist; die Axen seiner Gebüsche befinden sich daher in der Regelschaar $\Gamma_1 \Gamma_2 \Gamma_3$, und die Gebüsche schneiden diese in den singulären Paaren der Involution. Die zwei Gewinde dieses Büschels, welche durch zwei in Involution befindliche Paare oder besser *Dupel***) unseres Dupel-Büschels, wie wir die von $\Gamma_1 \Gamma_2 \Gamma_3$ getragene Involution auch nennen können, hindurchgehen, sind daher selbst in Involution, weil sie zu den Gebüschen ihres Büschels harmonisch sind.

Durch zwei in Involution befindliche Dupel eines von einer Regelschaar getragenen Büschels von Dupeln (Involution) gehen stets zwei Ge-

*) Mathem. Annalen Bd. 26 S. 478.

**) weil die beiden Geraden windschief sind.

winde, die zu einander und zu allen die Regelschaar enthaltenden Gewinden in Involution sind.

Uebrigens sind zwei solche Dupel auch harmonisch zu einander; denn denkt man sich die Trägerfläche mit einer Ebene geschnitten, so kommen die Spur-Punktepaare der Dupel auf zwei Gerade zu liegen, die in Bezug auf den Kegelschnitt conjugirt sind.*)

555 *Liegt eine Gruppe von 6 Gewinden vor, die gegenseitig die Involution sind* (I, Nr. 175 ff.), *so entsteht in jedem von ihnen durch den Schnitt mit den 5 andern eine Gruppe von 5 Strahlennetzen, die gegenseitig in Involution sind, ferner in jedem der 15 Strahlennetze eine Gruppe von 4 Regelschaaren, die gegenseitig in Involution sind, und in jeder der 20 Regelschaaren eine Gruppe von 3 Dupeln, die gegenseitig in Involution oder harmonisch sind* (I, Nr. 186).

Jedes Gewinde können wir durch $\infty^{4+3+2+1}$ Gruppen von 5 Gewinden, jede zwei in Involution befindliche Gewinde durch ∞^{3+2+1} Gruppen von 4 Gewinden, jede drei in Involution befindliche Gewinde durch ∞^{2+1} Gruppen von 3 Gewinden zu einer Gruppe von 6 Gewinden in Involution vervollständigen; also enthält jedes Gewinde ∞^{10} Gruppen von 5 Strahlennetzen in Involution, jedes Strahlennetz ∞^{6} Gruppen von 4 Regelschaaren in Involution und jede Regelschaar ∞^{3} Gruppen von 3 Dupeln in Involution.

Jedes der 6 Gewinde einer Involutionsgruppe oder sein Nullsystem transformirt, wie wir wissen, alle 6 in sich selbst, also auch die 15 Strahlennetze und die 20 Regelschaaren; und da die 15 windschiefen Involutionen $\mathfrak{J}_{hi}$ und die 10 Polarsysteme $\mathfrak{P}_{hik}$ (I, Nr. 185) Producte dieser Nullsysteme sind, so gilt auch für sie das nämliche. So transformirt z. B. von zwei der 10 Polarsysteme jedes beide Regelschaaren der Basisfläche des andern in sich selbst; dass sich diese beiden Flächen in einem Vierseite schneiden, ist leicht zu erkennen.**)

Ferner, das Nullsystem $\mathfrak{N}_h$ eines jeden der 6 Gewinde Γ_h, die durch 6 confocale Congruenzen $\mathsf{C}_1^2, \ldots \mathsf{C}_6^2$ gehen, führt die Congruenzen in sich selbst über, und dasselbe gilt für die zugehörigen $\mathfrak{J}_{hi}$, $\mathfrak{P}_{hik}$ (Nr. 541).

Es seien g und g' zwei Strahlen von C_h^2, die polar sind in Bezug auf Γ_i; folglich gehören sie mit den beiden Leitgeraden von $\Gamma_i \Gamma_h$, die auch polar sind nach Γ_i, zu einer Regelschaar; aber diese 4 Geraden sind, als Polaren von g in Bezug auf Γ_h, Γ_i und die beiden Gebüsche des Büschels, harmonisch.

---

*) Vergl. hierzu Segre, Sulla geometria della retta etc. Nr. 114.

**) Mathem. Annalen Bd. 26 S. 480.

Somit erhalten wir in dem Gewinde, das durch eine quadratische Congruenz $\mathfrak{C}_h^2$ *geht, 5 Strahlennetze, die Schnitte mit den durch die 5 confocalen Congruenzen gehenden Gewinden,* — die Fundamental-Strahlennetze der $\mathfrak{C}_h^2$ —, *welche zu je zweien in Involution sind und die Eigenschaft haben, dass die einem jeden zugehörige windschiefe Involution die Congruenz in sich selbst überführt. Jedes von ihnen hat engere Beziehung zu dem einen Paare verknüpfter Regelschaar-Reihen der Congruenz und zwar die, dass jede Regelschaar aus einer dieser Reihen durch die genannte Involution in sich selbst übergeht.*

In der That, jede Regelschaar aus einer der beiden Reihen von $\mathfrak{C}_h^2$, deren Leitschaaren die in Γ_i befindliche confocale Congruenz $\mathfrak{C}_i^2$ bilden, geht durch Γ_h in sich selbst über, während Γ_i jede der Leitschaaren und also auch jede der Regelschaaren in sich selbst überführt; demnach thut letzteres auch die zum Fundamental-Strahlennetze $\Gamma_h \Gamma_i$ gehörige windschiefe Involution $\mathfrak{J}_{hi}$, das Product der Nullsysteme $\mathfrak{N}_h$, $\mathfrak{N}_i$.

X sei ein Punkt *der gemeinsamen Brennfläche* Φ *von 6 confocalen* 556 *Congruenzen* $\mathfrak{C}_1^2, \ldots \mathfrak{C}_6^2$, $\mathfrak{x}$ seine Berührungsebene, XX_h, XX_i die zu $\mathfrak{C}_h^2$, $\mathfrak{C}_i^2$ gehörigen Doppeltangenten, X_h, X_i ihre zweiten Berührungs- oder Brennpunkte; dann sind $\mathfrak{x}$ und X_h Nullebene und Nullpunkt für Γ_h; da Γ_h und Γ_i in Involution sind, so müssen $\mathfrak{x}$ und X_h, in Bezug auf Γ_i polarisirt, in Nullpunkt und Nullebene von Γ_h übergehen; $\mathfrak{x}$ geht über in X_i und X_h in die Tangentialebene des zweiten Brennpunktes X_{hi} des in X_h tangirenden Strahls von $\mathfrak{C}_i^2$; da diese die Nullebene, in Bezug auf Γ_h, von X_i ist, so ist X_{hi} der zweite Brennpunkt des zu $\mathfrak{C}_h^2$ gehörigen in X_i berührenden Strahls. Wir haben die geschlossene Figur $XX_hX_{hi}X_iX$.

Wenn man also, von einem Punkte der Brennfläche ausgehend, 4 Strahlen zieht, die abwechselnd zu zwei von den 6 Congruenzen gehören, und zwar jede aus dem zweiten Brennpunkte der vorangehenden, so kehrt man mit dem zweiten Brennpunkte des vierten Strahles zum Ausgangspunkte zurück.

In X_hX_{hi} schneiden sich die Tangentialebenen der beiden Punkte X_h, X_{hi} oder die Nullebenen von X und X_i nach Γ_h, daher ist X_hX_{hi} polar zu XX_i, XX_h ist zu sich selbst polar, also ist:

$$X(X_1, X_2, X_3, X_4, X_5, X_6) \barwedge X_1(X, X_{12}, X_{13}, X_{14}, X_{15}, X_{16})$$
$$\barwedge X_2(X_{12}, X, X_{23}, X_{24}, X_{25}, X_{26}) \barwedge \ldots,$$

womit wir einen Specialfall des Satzes über die Projectivität der Tangentenbüschel von Φ haben (Nr. 536). Zwei Gegenseiten des Vierseits

$XX_hX_{hi}X_i$ sind polar in Bezug auf dasjenige der beiden Gewinde Γ_h, Γ_i, dem sie nicht angehören.

Verbindet man die zweiten Brennpunkte der je zur nämlichen Congruenz gehörigen Strahlen in den beiden Berührungspunkten einer Doppeltangente von Φ, so sind diese 5 Verbindungslinien sämmtlich Strahlen derjenigen Congruenz, zu der die Doppeltangente gehört.

Zieht man, von X auf Φ ausgehend, die Strahlen von $\mathfrak{C}_h^2$, $\mathfrak{C}_i^2$, und zwar den zweiten durch den zweiten Brennpunkt des ersten, so gelangt man in beiden Reihenfolgen zu dem nämlichen zweiten Brennpunkte des zweiten, X_{hi}, dessen Tangentenbüschel dem von X in der Involution $\mathfrak{I}_{hi}$ entspricht, in der auch die Tangentenbüschel von X_h und X_i einander entsprechen.

Was X_{hik} bedeutet, ist nun ersichtlich; zu diesem Punkte gelangt man, von X ausgehend, in allen 6 Reihenfolgen; sein Tangentenbüschel entspricht dem von X im Polarsysteme $\mathfrak{P}_{hik}$. Es erhellt weiter, was X_{hikl}, X_{hiklm}, ... bedeuten und dass diese Punkte von der Reihenfolge unabhängig sind. Da $\mathfrak{P}_{lmn} \equiv \mathfrak{P}_{hik}$, so ist auch $X_{lmn} \equiv X_{hik}$.

Man gelangt daher zu demselben Punkte, mag man $\mathfrak{C}_h^2$, $\mathfrak{C}_i^2$, $\mathfrak{C}_k^2$ oder $\mathfrak{C}_l^2$, $\mathfrak{C}_m^2$, $\mathfrak{C}_n^2$ benutzen, oder man gelangt zum Ausgangspunkte zurück, wenn man den Zug aus Strahlen aller 6 Congruenzen herstellt, jeden folgenden aus dem zweiten Brennpunkte des vorangehenden ziehend.

Aus jedem Punkte X von Φ können wir demnach nur $6 + 15 + 10 = 31$ *Punkte ableiten:* 6 Punkte $X_1, \ldots X_6$, 15 Punkte $X_{12} \ldots X_{56}$, 10 Punkte $X_{123} \equiv X_{456}, \ldots$, entsprechend den 31 Operationen $\mathfrak{R}_h$, $\mathfrak{I}_{hi}$, $\mathfrak{P}_{hik}$, wobei die durch $\mathfrak{R}_h$, $\mathfrak{P}_{hik}$ sich ergebenden Tangentialebenen durch ihre Berührungspunkte zu ersetzen sind; die X_{hikl}, X_{hiklm} sind mit den X_{mn}, X_n identisch.

Weitere specielle Fälle der Complexfläche und die Doppeltangenten-Congruenzen der verschiedenen Complexflächen.

557 Wir werden die Complexflächen später als singuläre Flächen specieller Complexe 2. Grades erhalten; daher müssen wir noch einige weitere specielle Lagen des Trägers ins Auge fassen. Bis jetzt haben wir die 4 Fälle besprochen, wo der Träger der Complexfläche eine beliebige Gerade l (Nr. 513ff.), ein beliebiger Strahl g des Complexes (Nr. 519ff.), ein beliebiger singulärer Strahl (Nr. 527) oder ein solcher

singulärer Strahl ist, welcher die singuläre Fläche dreipunktig berührt (Nr. 528).

Eine andere specielle Lage des Trägers der Complexfläche ist die, wo er in eine der stationären Ebenen δ *fällt oder, dual, durch einen der stationären Punkte* D *geht.*

Wenn l in eine Ebene δ zu liegen kommt, so gehört diese ganze Ebene zur Complexfläche; denn die beiden Kanten, in δ, des Complexkegels aus einem beliebigen Punkte von δ fallen in den Strahl nach dem Punkte E zusammen, in den sich die Punkte des Punktepaars (δ) vereinigt haben; also berührt der Kegel die Gerade l; die Complexfläche von l ist aber (Nr. 513) der Ort der Punkte, deren Complexkegel von l berührt werden. Von den 4 Ebenen β_i, den Tangentialebenen aus l an Φ, haben sich zwei mit der Doppel-Berührungsebene δ vereinigt; nehmen wir an, β_3, β_4. Die 4 Doppelpunkte B_1', B_1''; B_2', B_2'' von β_1, β_2 verbleiben als solche dem Rest-Bestandtheile der (l), einer cubischen Fläche.

Wenn also der Träger l *einer Complexfläche* (l) *in einer der stationären Ebenen* δ *des Complexes liegt, so zerfällt* (l) *in die Ebene* δ *und eine cubische Fläche mit 4 Knotenpunkten.*

Zwei von den torsalen Verbindungslinien derselben haben wir schon in $B_1'B_1'' \equiv b_1$, $B_2'B_2'' \equiv b_2$.

In jeden der Schnitte der l mit dem Kegelschnitte $[\delta]$ fallen zwei von den 4 Punkten A_i zusammen, es vereinigen sich auch die betreffenden Ebenenpaare; und in ihnen werden dann solche Ebenen zusammenfallen, welche durch dieselben zwei der obigen Knotenpunkte gehen, also nach Tabelle $[\alpha, B]$ in Nr. 516:

$$\alpha_1', \alpha_2''; \quad \alpha_1'', \alpha_2'; \quad \alpha_3', \alpha_4'; \quad \alpha_3'', \alpha_4'',$$

und daher auch A_2 mit A_1, A_4 mit A_3.

Der Kegel (A_1) muss auch δ in zwei in A_1E zusammengefallenen Geraden schneiden, also sind α_1', α_1'' (oder α_2'', α_2') die beiden weiteren Berührungsebenen aus A_1E an Φ oder an den Kegel 4. Klasse aus E, den wir in Nr. 534 besprochen haben; ebenso α_3', α_3'' (oder α_4', α_4'') die aus A_3E. Diese 4 Ebenen, conische Berührungsebenen der vollen Complexfläche, gehen durch die 4 übrigen Kanten des Knotenpunkts-Tetraeders der cubischen Fläche: $B_1''B_2'$, $B_1'B_2''$, $B_1'B_2'$, $B_1''B_2''$; also berühren sie längs derselben diese Fläche. Zur vollen „Berührungs“-Curve 2. Ordnung werden diese Geraden ergänzt durch Doppelgerade der Gesammtfläche, Gerade, die zu beiden Theilen gehören, also durch die in δ gelegenen Geraden A_1E, A_3E, welche in je zwei von den 4 Ebenen liegen; demnach liegen dieselben auch auf der cubischen

Fläche; die dritte Gerade derselben in δ ist der Träger l, da er doch doppelte Gerade der Complexfläche ist und überdies auch in ihm die beiden andern Ebenen β_1, β_2 sich schneiden, welche längs des dritten Paars von Gegenkanten b_1, b_2 des erwähnten Tetraeders die cubische Fläche tangiren.*)

Die Ebene δ, welche mit der cubischen Fläche die Complexfläche zusammensetzt, ist deren einzige dreifache Berührungsebene: die Ebene durch ihre drei unären Geraden, von denen bekanntlich jede zwei Gegenkanten des Tetraeders der 4 Knotenpunkte und der 6 quaternären Geraden trifft; und *diese Geraden sind der Träger l und die Geraden vom Punkte E der Ebene δ nach den Schnitten von l mit dem Kegelschnitte* $[\delta]$.

558 *Wenn aber l ein Strahl des Büschels (E, δ) und damit ein singulärer Strahl s ist,* so fällt A_3 in E, A_1 in den zugehörigen singulären Punkt S; β_1, β_2 werden mit α_1', α_1'' identisch und je der eine Punkt B_1'', B_2'' kommt in S zu liegen. *Es bleiben nur noch B_1', B_2' oder einfacher B_1, B_2* — womit die Bezeichnung wiederum mit der in Uebereinstimmung kommt, welche für einen Strahl des Complexes als Träger der Complexfläche benutzt wurde — *als conische Knotenpunkte der cubischen Fläche.* Von den Ebenen α_3', α_3'', die zu E gehören, fällt eine, α_3'', in δ; die andere — nun einfacher α_3 — schneidet δ in der Tangente s_δ von $[\delta]$ in E, in welche ja EA_3 übergegangen ist. *Von den drei unären Geraden des vorigen Falls haben sich zwei in s vereinigt,* nämlich EA_1 mit $l \equiv s$, *die dritte ist s_δ.* Die cubische Fläche wird längs SB_1, SB_2 oder b_1, b_2 von β_1, β_2, längs s von δ und längs B_1B_2 von der Ebene α_3 des zweiten Strahlenbüschels aus E tangirt; in β_1, β_2 ist s, in δ und α_3 ist s_δ die dritte Gerade.

Der Punkt S, in den zwei Knotenpunkte zusammengerückt sind, ist ein biplanarer Knotenpunkt und zwar, wegen dieser Vereinigung, *ein solcher, welcher die Klasse um 4 verkleinert,* so dass sie, seinetwegen und wegen der beiden gemeinen Knotenpunkte B_1, B_2, wie nothwendig, 4 ist. Die beiden ihm zugehörigen Ebenen sind β_1, β_2, denn jeder Strahl von (S, β_1) oder (S, β_2) trifft die cubische Fläche nur in S; der Träger s der Complexfläche ist die Kante des biplanaren Punktes. Sie ist senär, da mit der bisherigen quaternären Knotenpunkts-Verbindungslinie sich noch zwei unäre Geraden der Fläche vereinigt haben; SB_1, SB_2, in welche je zwei solche Verbindungslinien zusammen-

---

*) Vergl. z. B. meine Synthetischen Unterzuchungen über die Flächen 3. Ordnung (Leipzig 1867) Nr. 123.

gefallen sind, sind sogar octonär; $B_1 B_2$ ist nach wie vor quaternär, und s_δ allein ist unär. Wir haben es mit der cubischen Fläche zu thun, welche in Cayley's*) Reihenfolge die 18te ist.

Eine noch weitere Specialität haben wir, wenn s in s_δ fällt, den 559
singulären Strahl dritter Ordnung im Büschel (E, δ) *singulärer Strahlen.* Dann vereinigt sich noch S mit E, β_2 mit δ, B_2 mit S. *Dieser Punkt* $S \equiv E$ *wird ein biplanarer Knotenpunkt, der die Klasse um 6 vermindert, ausser ihm ist nur der gemeine Knotenpunkt* B_1 *vorhanden.* Wir haben nun nur noch die Kante s_δ, welche $6 + 1 + 8$ Gerade der allgemeinen cubischen Fläche repräsentirt, da in ihr sich s, s_δ und SB_2 vereinigt haben, und die Gerade $EB_1 \equiv SB_1$, in der nunmehr 3 Verbindungslinien von Knotenpunkten zusammengefallen sind und die also 12 Gerade vertritt. Die Ebenen des biplanaren Punktes sind δ und β_1; jene osculirt längs s_δ, diese tangirt längs EB_1. Es handelt sich um die Fläche, welche bei Cayley die 19te ist (a. a. O. S. 318).

Dual liegen die Verhältnisse, wenn der Träger der Complexfläche ein beliebiger Strahl durch einen Punkt δ oder im Büschel (D, ε) oder der ausgezeichnete Strahl s_D ist. Im ersten Falle setzt sich die Complexfläche aus dem Bündel D und einer Steiner'schen Fläche zusammen, deren dreifacher Punkt D ist; u. s. f.

Für den allgemeinen Fall, wo *der Träger eine beliebige Gerade l* 560
ist und für die Complexfläche eine Doppelgerade wird und diese ausserhalb noch 8 conische Knotenpunkte und 8 conische Doppel-Berührungsebenen hat, ist schon in II, Nr. 419 gefunden, dass *die Doppeltangenten-Congruenz der Complexfläche aus 4 Congruenzen 2. Grades* $\mathfrak{C}_1^2, \ldots \mathfrak{C}_4^2$ *besteht*; aber wir haben dem dort Erhaltenen doch noch einiges zuzufügen.

Auch die Fläche führt zu einer Correspondenz [2, 2] zwischen den Punkten und den Ebenen der Doppelgeraden l, in welcher jedem Punkte derselben die beiden in ihm tangirenden Ebenen, jeder Ebene ihre beiden Berührungspunkte entsprechen.

Die Cuspidalpunkte $A_1, \ldots A_4$ und die Cuspidalebenen $\beta_1, \ldots \beta_4$ der Fläche, welche, wie wir wissen, die Verzweigungselemente der durch den Complex auf l veranlassten Correspondenz $[2, 2]_l$ sind, sind auch diejenigen unserer jetzigen Correspondenz; sie erfüllen die Projectivität:

$$A_1 A_2 A_3 A_4 \barwedge \beta_1 \beta_2 \beta_3 \beta_4.$$

*) A Memoir on Cubic Surfaces, Philosophical Transactions for 1869 Part I S. 231, insb. S. 317.

Jede Gerade, die durch einen Cuspidalpunkt geht, berührt bekanntlich (II, Nr. 405) in ihm die Fläche; liegt sie ausserdem noch in einer Cuspidalebene, so tangirt sie auf deren torsaler Geraden zum zweiten Male, und so erhalten wir *16 Strahlenbüschel von Doppeltangenten der Fläche, welche alle durch die Doppelgerade l gehen.* Sie vertheilen sich zu je vieren auf die 4 Congruenzen C_i^2, und da wegen des je durchgehenden Gewindes die Scheitel der 4 Büschel und ihre Ebenen als Nullpunkte und Nullebenen zwei projective Würfe bilden, so führen die 4 Formen, in denen die obige Projectivität geschrieben werden kann, zur Art der Vertheilung der 16 Büschel.

$$\mathsf{C}_1^2 : (A_1, \beta_1),\ (A_2, \beta_2),\ (A_3, \beta_3),\ (A_4, \beta_4);$$

$$\mathsf{C}_2^2 : (A_1, \beta_2),\ (A_2, \beta_1),\ (A_3, \beta_4),\ (A_4, \beta_3);$$

$$\mathsf{C}_3^2 : (A_1, \beta_3),\ (A_2, \beta_4),\ (A_3, \beta_1),\ (A_4, \beta_2);$$

$$\mathsf{C}_4^2 : (A_1, \beta_4),\ (A_2, \beta_3),\ (A_3, \beta_2),\ (A_4, \beta_1).$$

Damit ist die Doppelgerade als Doppelstrahl aller 4 Congruenzen nachgewiesen, was ich versäumt habe, im zweiten Bande zu thun.

Denn *ein Strahl ist Doppelstrahl einer Congruenz 2. Grades, wenn er zu 4 Strahlenbüscheln derselben gehört.* Die Regelfläche 4. Grades nämlich, die er aus der Congruenz ausscheidet, setzt sich aus diesen 4 Büscheln zusammen; also kann von einem beliebigen Punkte des Strahls nicht noch ein zweiter von ihm verschiedener Congruenzstrahl ausgehen und ebenso in einer beliebigen Ebene durch ihn nicht noch ein zweiter gelegen sein.

Die beiden übrigen Doppeltangenten-Congruenzen der allgemeinen Kummer'schen Fläche haben sich hier vereinigt in der Congruenz 2. Grades C^2 *der Tangenten der Fläche, welche sich auf die Doppelgerade l stützen,* bei denen dieser zweifache Schnitt an Stelle der zweiten Berührung getreten ist. Sie ist der Ort der Tangenten der Kegelschnitte der Fläche in den Ebenen durch die Doppelgerade oder der Kanten der Berührungskegel aus den Punkten derselben oder, womit beides gesagt wird, die Congruenz 2. Grades mit l als singulärer Linie, durch die alle Complexe 2. Grades gehen, für welche die Fläche die zu l gehörige Complexfläche ist.

Nach der allgemeinen Eigenschaft der Kummer'schen Fläche (Nr. 536) sind *die Büschel der Tangenten eines jeden Punktes X unsrer Fläche, welche bezw. zu* $\mathsf{C}_1^4, \ldots \mathsf{C}_4^2, \mathsf{C}^2$ *gehören, unter einander projectiv.* Fällt X auf eine der torsalen Geraden, etwa auf b_1, so gehen die zu den 4 ersten Congruenzen gehörigen Tangenten nach den Cuspidalpunkten $A_1, \ldots A_4$, die zu C^2 gehörige ist die torsale Gerade selber.

Liegt ferner X z. B. auf der Berührungscurve der Doppelebene α_1'', so lehrt die Betrachtung von Nr. 516, nach welcher:

$$X(B_1', B_2'', B_3'', B_4'') \barwedge A_1(B_1', B_2'', B_3'', B_4'')$$

$$\barwedge \beta_1\beta_2\beta_3\beta_4 \barwedge A_1A_2A_3A_4,$$

dass die nach B_1', B_2'', B_3'', B_4'' gehenden Tangenten zu $\mathfrak{C}_1^2$, ... gehören, während die nach A_1 gehende in $\mathfrak{C}^2$ sich befindet.

Eine *Congruenz 2. Grades mit einem Doppelstrahle* hat (II, Nr. 407) ein Paar verknüpfter Regelschaar-Reihen, deren sämmtliche Regelschaaren durch ihn gehen: sie sind binär, d. h. vertreten zwei Paare der allgemeinen Congruenz; es bleiben demnach noch 3 Paare unärer Reihen. Ueber diese Reihen möchte ich hier noch eine Bemerkung nachholen, wobei ich mich der a. a. O. angewandten Bezeichnung bedienen will. Die binären Reihen gehen bezw. durch die Gruppen associirter Punkte II (Tabelle in Bd. II, Nr. 368), die wegen der binären Punkte $11 \equiv 23$, $14 \equiv 56$, $15 \equiv 46$, $16 \equiv 45$ mit den III identisch geworden sind. Die Strahlenbüschel-Paare der oberen Reihe haben zu Scheiteln:

$$13,\ 11 \equiv 23;\quad 14 \equiv 56,\ 24;\quad 15 \equiv 46,\ 25;\quad 16 \equiv 45,\ 26$$

(die Punkte der unteren Gruppe). Also enthält jedes von den 4 Strahlenbüschel-Paaren einer binären Regelschaar-Reihe einen von den 4 binären Büscheln.

In einer unären Reihe — wir wählen die, welche durch die obere Gruppe von IV in der genannten Tabelle geht — haben die Büschelpaare, von denen das dritte und vierte sich vereinigt haben, die Scheitel:

$$12,\ 24;\quad 13,\ 34;\quad 15 \equiv 46,\ 45 \equiv 16.$$

Dies binäre Paar besteht also aus zwei binären Büscheln; und die drei Arten, wie man die vier binären Büschel in zwei Paare zerlegen kann, vertheilen sich auf die drei unären Paare verknüpfter Regelschaar-Reihen.

Während in den binären Reihen alle Regelschaaren durch den Doppelstrahl gehen, giebt es in den 6 unären je nur eine Regelschaar, die ihn enthält: das binäre Büschelpaar, von dem beide Büschel durch ihn gehen.

Eine Regelschaar aus einer von diesen Reihen trifft keinen der beiden Büschel des binären Paars der eigenen Reihe, folglich beide anderen binären Büschel, da sie das Paar der verknüpften Reihe bilden. Ist daher eine Regelschaar aus einer dieser unären Reihen gegen einen der 4 binären Büschel windschief, so gehört derselbe zu dem binären Paare aus der nämlichen Reihe.

Die unären Büschel haben zu Scheiteln:

12, 23; 24, 34; 25, 35; 26, 36;

sie *zerfallen* also *in 4 Dupel von zwei windschiefen Büscheln, welche beide je von einem binären Büschel geschnitten werden.*

Ein unärer Büschel wird von einem binären und drei unären Büscheln geschnitten, derartig, dass er und diese 3 unären Büschel je einen der 4 binären schneiden.

561 *Die Complexfläche* (g), *für welche als Träger ein beliebiger Strahl* g *des Complexes genommen ist,* hat diesen zur cuspidalen Geraden und ausserhalb nur noch 4 conische Doppelpunkte und 4 conische Doppel-Berührungsebenen. *Sie besitzt blos 3 Congruenzen* C_1^2, C_2^2, C_3^2 *von Doppeltangenten;* denn bei einer Curve 4. Ordnung mit einem Doppelpunkte und einem Rückkehrpunkte — dem Schnitte einer Berührungsebene — gehen von dem ersteren nur 3 anderwärts berührende Tangenten aus. *Zu ihnen tritt* C^2, *die Congruenz der Tangenten der Fläche* (g), *welche der cuspidalen Geraden* g *begegnen: sie hat eine von den 4 Doppeltangenten-Congruenzen des vorigen Falles in sich aufgenommen und repräsentirt nun 3 von den 6 Congruenzen der allgemeinen Kummer'schen Fläche.*

Legt man den Scheitel X eines Tangentenbüschels auf die torsale Gerade b_1, so gehen die zu C_1^2, C_2^2, C_3^2 gehörigen Tangenten nach A_2, A_3, A_4, die zu C^2 gehörige ist b_1 und geht nach A_1, der ja jetzt auf b_1 liegt.

Die Vertheilung der 16 Büschel (A_i, β_k) auf die 4 Congruenzen ist offenbar so, dass die Büschel der ersten Reihe in der Tabelle der vorigen Nummer zu C^2 gehören, die der drei andern zu den eigentlichen Doppeltangenten-Congruenzen. Für diese ist die cuspidale Gerade g Doppelstrahl, für jene aber singuläre oder Leitlinie und Doppelstrahl.

562 Im dritten Falle, wo *der Träger der Complexfläche ein singulärer Strahl* s *des Complexes ist,* hat jeder ebene Schnitt der (s), wegen des Selbstberührungs-Punktes auf dieser ausgezeichneten Geraden, 8 Doppeltangenten, von denen zwei in die conischen Doppel-Berührungsebenen fallen und zwei in die Tangente jenes Punktes sich vereinigt haben; wir gelangen daher nur *zu 2 Doppeltangenten-Congruenzen 2. Grades* C_1^2, C_2^2; man findet ja auch in jeder Tangentialebene aus dem Berührungspunkte nur 2 nochmals berührende Tangenten.

Von einem Punkte der b_1 (oder b_2) geht die eine Doppeltangente nach A_3, die andere nach A_4; derartig aber, dass bei b_2 die nach A_3 (oder A_4) gehende zur anderen Congruenz gehört als bei b_1.

Die Congruenz $\mathfrak{C}^2$ *der s treffenden Tangenten der Fläche repräsentirt jetzt 4 von den 6 Congruenzen der allgemeinen Kummer'schen Fläche.*

Im nächsten Falle, wo s eine dreipunktige Tangente von Φ *ist, hat diese Congruenz* $\mathfrak{C}^2$ *noch eine von den beiden* $\mathfrak{C}_1^2$, $\mathfrak{C}_2^2$ *des vorigen Falles in sich aufgenommen.* Das zeigt sich daran, dass von den beiden in einem Punkte von b_1 berührenden Doppeltangenten die nach A_3 gehende, weil dieser Punkt sich auch noch mit S vereinigt hat, in die b_1 gefallen ist.

Die weitere Specialisirung unsrer Fläche besteht darin, dass, während im vorigen Falle die Singularität, die wir in jedem ebenen Schnitte an der Selbstberührungs-Stelle haben, 2 Doppelpunkte und 2 Doppeltangenten repräsentirt, sie jetzt einen Doppelpunkt, einen Rückkehrpunkt, eine Doppel- und eine Wendetangente in sich vereinigt; die Klasse des Schnitts ist daher 7, und er hat 4 Doppeltangenten: eine in der einzigen conischen Doppel-Berührungsebene β_1, eine an der Selbstberührungs-Stelle (die andere ist, wie gesagt, Wendetangente) und zwei, die zu der einzigen Doppeltangenten-Congruenz gehören; ebenso kommt in einer Tangentialebene vom Berührungspunkte nur eine anderwärts berührende Tangente.

Wenn weiter der Träger der Complexfläche ein Strahl l einer sta- 563
tionären Ebene δ *ist, so giebt es überhaupt keine Doppeltangenten-Congruenz mehr,* denn bei einer cubischen Fläche sind sie nicht möglich. *Die 6 Congruenzen des allgemeinen Falles haben sich zu je zweien vereinigt in die Congruenzen 2. Grades der Tangenten der cubischen Fläche, welche auf ihre unären Geraden, die Doppelgeraden der vollständigen Complexfläche sich stützen.* Es sind dies die Congruenzen 2. Ordnung, von denen in II, Nr. 489 am Anfange gesprochen wurde; die Klasse 4, die dort erhalten wurde, ist auf 2 herabgesunken, weil durch jede von diesen Geraden 2 die Fläche torsal berührende Ebenen gehen, deren Strahlenfelder sich ablösen.

Von diesen 3 Congruenzen haben sich im nächsten Fall, wo s dem Büschel (E, δ*) angehört, zwei wiederum vereinigt: in diejenige, deren Gerade sich auf s stützen, und im letzten Falle, wo der Träger in* s_δ *gelegt ist, sind in die Congruenz der Tangenten, welche diesen singulären Strahl dritter Ordnung treffen, sogar alle drei zusammengefallen.**)

*) Streng genommen ist noch ein weiterer Specialfall der Complexfläche zu erwähnen, und zwar vor den im vorangehenden Abschnitte besprochenen Fällen, in denen sie zerfällt, nämlich der, wo sie neben dem doppelten Träger noch eine

Strahlen mit cyklischen Correspondenzen.

564 Auch bei der Congruenz 2. Grades hat uns der Fall interessirt, wo die beiden involutorischen Correspondenzen, die auf einer Geraden und um sie hervorgerufen werden, cyklisch vom 2. Grade sind (II, Nr. 378 und 380 Ende, sowie I, Nr. 29); wir fanden da einen Complex 6. Grades, der durch die Strahlen gebildet wird, bei denen dies eintritt.

Ganz Analoges tritt beim Complex 2. Grades ein.

Wenn einmal die beiden Punkte, welche in der auf einer Geraden durch den Complex Γ^2 hervorgerufenen involutorischen Correspondenz $[2]_P$ *einem Punkte entsprechen, auch einem zweiten Punkte correspondiren, so geschieht dies durchweg* (I, Nr. 27). *Dann treffen bei einer solchen Geraden, die wir h nennen wollen, die beiden Complexcurven in Ebenen durch h, die durch einen Punkt der h gehen, dieselbe zum zweiten Male in dem nämlichen Punkte und zwar durchweg.* Wir haben dann *auf h eine Involution von Punkten $X_1 X_2$ als Ausartung der involutorischen Correspondenz* $[2]_P$, eigentlich *eine Doppel-Involution,* indem jedem der beiden Punkte eines Paars zwei im andern vereinigte correspondiren, und jedem solchen Paare ist ein Paar von Ebenen ξ_1, ξ_2 durch h zugeordnet, derartig, dass die Curven (ξ_1) und (ξ_2) durch X_1 und X_2 gehen und also die Kegel (X_1) und (X_2) von ξ_1 und ξ_2 berührt werden. *Die involutorische Correspondenz* $[2]_E$ *ist daher gleichfalls eine Doppel-Involution; und die Correspondenz* $[2, 2]_l$ *ist Projectivität zwischen diesen beiden Involutionen:* dem X_1, wie dem X_2 entsprechen ξ_1 und ξ_2.

Es sei σ_1 eine durch h gehende singuläre Ebene mit dem singulären Strahl s_1, also sind die beiden Schnitte von (σ_1) mit h in $s_1 h$ zusammengerückt; dasselbe muss in der gepaarten Ebene geschehen, und da Berührung nicht eintreten kann, weil h im allgemeinen dem Γ^2 nicht angehört, so ist auch die gepaarte Ebene singulär und ihr singulärer Strahl trifft h in demselben Punkte.

Von den 4 singulären Ebenen, die durch einen solchen Strahl h gehen, haben die zugehörigen singulären Strahlen die Eigenschaft, dass

---

zweite ihn schneidende Doppelgerade hat; ihm ordnen sich dann wiederum die beiden weiteren Specialfälle unter, dass eine oder beide Doppelgeraden cuspidal werden. Ich glaubte ursprünglich, dass diese Complexflächen nur bei Complexen mit einem Doppelstrahle auftreten können, habe mich aber später überzeugt, dass sie auch schon beim allgemeinen Complexe vorkommen, nämlich wenn der Träger die singuläre Fläche berührt. Ich konnte aber die Besprechung dieser Fälle in den vorangehenden Abschnitt nicht mehr einschalten; sie wird in dem zweiten Theile dieses Bandes, in dem die Complexe mit Doppelstrahlen behandelt werden, in Nr. 778 nachgeholt, dort, wo ich diese Flächen als singuläre Flächen brauche.

zweimal zwei sich auf h schneiden; und ebenso gehen von den singulären Strahlen, die zu den auf h gelegenen singulären Punkten gehören, zweimal zwei Verbindungsebenen durch h.

Damit ist erkannt, dass *in der Ebeneninvolution die 4 singulären Ebenen durch h 2 Paare bilden, ihre singulären Strahlen die Doppelpunkte der Punktinvolution einschneiden, in dieser Involution aber die singulären Punkte auf h 2 Paare bilden und ihre singulären Strahlen in den Doppelebenen jener Involution liegen.*

Durch jeden Punkt gehen daher 6 Gerade h, für deren Punktinvolutionen er der eine Doppelpunkt ist, nämlich die Schnittlinien der 6 singulären Ebenen, die zu den von ihm ausgehenden singulären Strahlen gehören.

Ferner in jeder Ebene liegen 6 Gerade h, für deren Ebeneninvolutionen sie die eine Doppelebene ist, nämlich die Verbindungslinien der 6 singulären Punkte, die zu den in ihr befindlichen singulären Strahlen gehören.

Die *Polare h' eines Strahls h* muss sowohl die 4 singulären Strahlen treffen, die zu den 4 singulären Punkten auf h gehören, als auch die, die zu den singulären Ebenen durch h gehören. Folglich *ist sie sowohl die Verbindungslinie der Schnittpunkte der Paare der ersteren, als auch die Schnittlinie der Verbindungsebenen der Paare der letzteren.*

In der zu einer beliebigen Geraden l gehörigen involutorischen Correspondenz $[2]_P$ sind die Schnitte mit den singulären Strahlen in den singulären Ebenen durch l die Coincidenzpunkte (Nr. 514). Bewegt sich l durch einen Strahlenbüschel (O, ω), so beschreiben diese Punkte eine Curve 8. Ordnung, für welche O, wegen der 4 durch ihn gehenden singulären Strahlen, vierfach ist. Im Büschel giebt es 12 Tangenten der Fläche Φ; bei jeder fallen 2 von den 4 singulären Ebenen (Berührungsebenen der Φ) zusammen, also auf ihr 2 von den vier erzeugenden Punkten; diese Geraden sind also Tangenten unserer Curve, und sie erhält aus O $12 + 2.4$ Tangenten und ist 20. Klasse; ausser dem vierfachen Punkte hat sie daher noch 12 Doppelpunkte. Ein Strahl von (O, ω) nach einem dieser Doppelpunkte hat demnach die Eigenschaft, von den singulären Strahlen zweier singulären Ebenen durch ihn in demselben Punkte, dem Doppelpunkte, getroffen zu werden; folglich ist er ein Strahl h, und weil die singulären Strahlen in den beiden andern durch ihn gehenden singulären Ebenen ihn auch in demselben Punkte treffen müssen, so geht er noch durch einen zweiten Doppelpunkt. Wir haben also im Büschel (O, ω) 6 Strahlen h. 565

*Zu jedem Complexe 2. Grades gehört ein Complex 6. Grades.**) *Er wird durch die Strahlen h von folgender Beschaffenheit gebildet:*

Durch die zwei Punkte, in denen h von der Complexcurve in irgend einer Ebene durch ihn geschnitten wird, geht immer noch eine zweite derartige Curve. Die beiden Berührungsebenen aus h an den Complexkegel aus irgend einem Punkte auf ihm tangiren noch einen zweiten derartigen Kegel.

Die Spitzen zweier Kegel des zweiten Satzes sind zwei Schnittpunkte des ersten Satzes.

Die Ebenen zweier Curven des ersten Satzes sind zwei Berührungsebenen des zweiten Satzes.

Ich überlasse dem Leser den Beweis, dass *beim tetraedralen Complexe* dieser Complex 6. Grades in 3 tetraedrale Complexe zerfällt, die zu demselben Tetraeder $ABCD$ gehören, wie der gegebene.

Wenn für dessen Strahlen gilt:

$$g(A, B, C, D) = \lambda,$$

so sind die drei neuen Complexe bestimmt durch:

---

*) Indem sich ein Complex von Geraden h ergiebt, stellt sich im vorliegenden Falle das Ausarten der involutorischen Correspondenz [2] in eine Doppel-Involution als eine *einfache* Bedingung heraus. Im allgemeinen ist das nicht der Fall; denn eine gegebene Gerade trägt ∞^5 involutorische Correspondenzen [2] und nur ∞^2 Involutionen; also handelt es sich um eine *dreifache* Bedingung; und in der That, damit

$$a_{22}x^2x_1^{\,2} + a_{12}xx_1(x + x_1) + a_{02}(x^2 + x_1^{\,2}) + a_{11}xx_1 + a_{01}(x + x_1) + a_{00} = 0$$

mit

$$[axx_1 + b(x + x_1) + c]^2 = 0$$

identisch wird, müssen:

$$4a_{02}a_{22} = a_{12}^{\,2}, \quad 4a_{00}a_{02} = a_{01}^{\,2}, \quad 4a_{00}a_{22} = (a_{11} - 2a_{02})^2$$

erfüllt werden.

In unserm Falle aber sind die beiden involutorischen Congruenzen $[2]_P$ und $[2]_E$ so mit $[2, 2]_l$ verbunden, dass jene Doppel-Involutionen werden, wenn diese in eine Projectivität zweier Involutionen übergeht, und deshalb wird, weil letzteres eine einfache Bedingung ist (I, Nr. 17), auch ersteres eine solche sein.

Dass das Ausarten einer allgemeinen Correspondenz [2, 2] *in eine Projectivität zweier Involutionen eine einfache Bedingung ist, hat schon* J o n q u i è r e s *bemerkt* (Mélanges de Géométrie pure [Paris 1856] S. 163) *und auch die Bedingungsgleichung gefunden.* Sie ist, wenn wir als Correspondenzgleichung:

$$(a_{22}x^2 + a_{12}x + a_{02})x_1^{\,2} + (a_{21}x^2 + a_{11}x + a_{01})x_1 + a_{20}x^2 + a_{10}x + a_{00} = 0$$

annehmen:

$$\begin{vmatrix} a_{00} & a_{01} & a_{02} \\ a_{10} & a_{11} & a_{12} \\ a_{20} & a_{21} & a_{22} \end{vmatrix} = 0.$$

$$h(A, B, C, D) = \lambda^2,$$
$$h(A, C, B, D) = (1 - \lambda)^2,$$
$$h(A, D, B, C) = \left(1 - \frac{1}{\lambda}\right)^2.$$

W. Stahl erhält diese Complexe auf andere Weise*), den ersten z. B. als Ort der Geraden, deren Polaren — jede zu ∞^1 Geraden gehörig — die Gegenkanten AB, CD des Tetraeders treffen.

Wir wollen den Grad dieses Complexes noch auf eine andere Art ermitteln.

Die Complexcurven des Γ^2, welche durch einen Punkt O gehen, befinden sich in den Berührungsebenen des Kegels (O). Weil dieser mit der Complexfläche (l), dem Orte der Complexcurven, welche die Gerade l treffen, 8 Berührungsebenen gemeinsam hat, so folgt:

Die Complexcurven von Γ^2, welche durch den Punkt O gehen, erzeugen eine Fläche 8. Ordnung $|O|$.

Jede Gerade durch O trifft diese Fläche, ausser in O, noch in den beiden Punkten, in denen sie die Complexcurven in den durch sie gehenden Tangentialebenen von (O) zum zweiten Male trifft.

Der Punkt O ist auf der Fläche $|O|$ sechsfach.

Es sei s einer von den 4 singulären Strahlen durch O; wir lassen l ihn treffen. Die zugehörige singuläre Ebene σ berührt (O) längs s. Sie berührt aber auch (l). Tangente der Curve (σ), d. i. der Doppelgeraden s, in dem Schnitt mit l ist s; ihr Berührungspunkt mit der Complexcurve in der Ebene ls, d. i. der s zugehörige singuläre Punkt S, ist Berührungspunkt von σ mit (l) (Nr. 513). Folglich tangirt σ den Kegel aus O an (l) längs $OS \equiv s$, in derselben Kante, in der (O) von σ berührt wird; (O) und dieser Kegel oder (l) haben ausserdem nur noch 6 Berührungsebenen gemeinsam; oder l trifft $|O|$, ausser auf s, noch 6 mal.

Die 4 von O kommenden singulären Strahlen liegen auf der Fläche $|O|$ doppelt.

Der Anschmiegungskegel 6. Ordnung in O besteht aus dem Kegel (O) und den 4 ihn längs der singulären Strahlen berührenden diesen zugehörigen singulären Ebenen σ, und zwar sind bei den Kanten von (O) beide weiteren Schnitte mit $|O|$ in den Punkt O gerückt, bei den Strahlen aber der Büschel (O, σ) nur einer.

Denn weil die Complexcurven in den Berührungsebenen von (O) in O je die Kegelkante berühren, so trifft jede Kante von (O) die beiden Complexcurven in den beiden in ihr sich schneidenden unendlich nahen Tangentialebenen in den O unendlich nahen Punkten.

*) Journal für Mathematik Bd. 94 S. 328.

Von den beiden Tangentialebenen des (O) durch einen Strahl eines der Büschel (O, σ) ist eine die σ und beide Schnitte der Doppelgeraden s fallen in O, in der andern Tangentialebene aber ist der zweite Schnitt getrennt von O.

Betrachten wir nun die Schnittcurve der Fläche $|O|$ mit einer durch O gehenden Ebene ω; ihre Punkte stehen in eindeutiger Beziehung zu den Berührungsebenen von (O); also ist diese Curve unicursal und hat, ausser dem 6fachen Punkte O, noch 6 Doppelpunkte. Der Strahl von O nach einem derselben hat daher die Eigenschaft, dass es zwei Complexcurven giebt, die ihn in O und dem Doppelpunkte treffen; er ist ein Strahl h, und der Büschel (O, ω) enthält deren 6.

Zu den Strahlen h gehören jedenfalls die singulären Strahlen, denn durch die beiden unendlich nahen Punkte, welche die Complexcurve irgend einer Ebene durch einen s mit ihm gemein hat, geht nicht blos eine zweite, sondern alle.

Und umgekehrt, wenn ein Complexstrahl von zwei Complexcurven in demselben Punkte berührt wird, so berühren ihre Ebenen den Kegel aus dem Punkte längs des Strahls; d. h. der Kegel ist ein Ebenenpaar mit dem Strahle als Doppellinie.

Die Congruenz **S** *der singulären Strahlen von* Γ^2 *bildet daher den vollen Schnitt von* Γ^2 *mit dem Complexe 6. Grades der Strahlen* h.

Sei l eine Gerade in einer der 16 Ebenen δ und ξ eine durch sie gehende Ebene. Die Complexkegel aus den Schnittpunkten der Curve (ξ) mit l und δ werden von ξ und von δ berührt. Also:

Das ganze Strahlenfeld in einer der 16 Ebenen δ, *der ganze Strahlenbündel aus einem der 16 Punkte* D *gehört zum Complexe 6. Grades.*

Vergl. II, Nr. 378, 381.

566 Auf den Geraden h haben wir es mit cyklischen involutorischen Correspondenzen vom 2. Grade zu thun.

Allgemeiner, *wenn auf einer Geraden* l — *die dann* $h^{(n)}$ *heisse**) — *eine Gruppe von* n *Punkten* $X_1, X_2, X_3, \ldots X_n$ *vorhanden ist, so dass die Kegelpaare* $(X_1)(X_2)$; $(X_2)(X_3)$; $\ldots$ $(X_n)(X_1)$ *je von derselben Ebene* $\xi_1, \xi_2, \ldots \xi_n$ *berührt werden, und also die Curvenpaare* $(\xi_1), (\xi_2)$; $(\xi_2), (\xi_3)$; $\ldots$ $(\xi_n), (\xi_1)$ *je den Punkt* $X_2, X_3, \ldots X_1$ *gemeinsam haben (oder umgekehrt), dann giebt es* ∞^1 *solche Gruppen von* n *Punkten und von* n *Ebenen auf und durch* $h^{(n)}$ (I, Nr. 26 ff.).

Wenn, bei geradem n, X_1 einer der singulären Punkte A_i auf

*) Die $h^{(2)}$ sind die kurz h genannten Strahlen.

einer $h^{(n)}$ ist, so ist $X_{\frac{n}{2}+1}$ ebenfalls ein singulärer Punkt und die Reihe der weiteren Punkte $X_{\frac{n}{2}+2}, \ldots X_n$ ist mit $X_{\frac{n}{2}}, \ldots X_2$ identisch; ξ_1 und ξ_n fallen zusammen, weil sie Berührungsebenen des Ebenenpaars (X_1) sind, ξ_2 und ξ_{n-1} als zweite Tangentialebenen von $(X_2) \equiv (X_n)$ ausser $\xi_1 \equiv \xi_n$, u. s. w.

Oder wenn, ebenfalls bei geradem n, ξ_1 eine der singulären Ebenen β_i durch eine $h^{(n)}$ ist, so ist auch $\xi_{\frac{n}{2}+1}$ eine singuläre Ebene, und $\xi_{\frac{n}{2}+2}, \ldots \xi_n$ werden mit $\xi_{\frac{n}{2}}, \ldots \xi_2$ identisch; X_1 und X_2 vereinigen sich als Schnittpunkte des Punktepaars (ξ_1), X_n und X_3 als zweite Schnitte der Curve $(\xi_n) \equiv (\xi_2)$, u. s. f.

Ist aber n ungerade und X_1 in einen der singulären Punkte A_i gelegt, so vereinigt sich ξ_n mit ξ_1, X_n mit X_2, ξ_{n-1} mit $\xi_2, \ldots, X_{\frac{n+3}{2}}$ mit $X_{\frac{n+1}{2}}$; d. h. die Ebene $\xi_{\frac{n+1}{2}}$ ist singulär und $X_{\frac{n+1}{2}} \equiv X_{\frac{n+3}{2}}$ der Schnitt ihres singulären Strahls mit $h^{(n)}$.

Dasselbe Resultat (nur mit anderer Bezeichnung) ergiebt sich, wenn wir, dual, die Ebene ξ_1 in eine durch $h^{(n)}$ gehende singuläre Ebene fallen lassen.

Auf diese Weise sind bei jeder $h^{(n)}$ einem der 4 singulären Punkte ein anderer und einer der 4 singulären Ebenen eine andere zugeordnet, wenn n gerade ist, hingegen einem singulären Punkte eine singuläre Ebene, wenn n ungerade ist.

Für $n = 2$ ergeben sich die in Nr. 564 besprochenen Sätze über das paarweise Schneiden der singulären Strahlen, die zu den 4 auf einer Geraden h oder $h^{(2)}$ gelegenen singulären Punkten oder zu den 4 durch sie gehenden singulären Ebenen gehören; denn dann sind zwei zugeordnete singuläre Punkte benachbart, der eine X_1, der andere $X_{\frac{2}{2}+1}$, und ihre Ebenenpaare werden von derselben Ebene ξ_1 durch h „berührt“, oder zwei zugeordnete singuläre Ebenen sind benachbart, und ihre Punktepaare „berühren“ h in dem nämlichen Punkte.

Der Fall $n = 1$, wo schon X_2 mit X_1 zusammenfällt, d. h. jede Ebene durch $h^{(1)}$ eine berührende Complexcurve hat, ist längst besprochen: die $h^{(1)}$ sind die Strahlen von Γ^2.

Aus Nr. 543 entnehmen wir, dass *es in einer Reihe consingulärer Complexe 2. Grades stets 6 giebt, für welche eine gegebene Gerade l eine Gerade h oder $h^{(2)}$ ist.*

Die Polare einer Geraden, die Polarebene eines Punktes, der Polarpunkt einer Ebene in Bezug auf einen Complex 2. Grades.*)

567 Die Definition der Polare l' einer Geraden l in Bezug auf Γ^2 (Γ^2-Polare) und einige sich unmittelbar ergebende Eigenschaften derselben sind schon mitgetheilt (Nr. 512).

Wir wollen nun die Bewegung von l' oder l untersuchen, die einer Bewegung von l, bezw. l' entspricht.

Die Polaren der Complexcurven in den Ebenen durch eine Gerade m, *genommen für einen auf* m *gelegenen Punkt* M *als Pol, bilden eine cubische Regelfläche, für welche* m *doppelte Leitgerade ist;* denn M und ein beliebiger anderer Punkt von m sind zu 2 Paaren entsprechender Punkte der Correspondenz $[2]_P$ harmonisch (I, Nr. 23), also in Bezug auf 2 von jenen Curven conjugirt, und in jeder Ebene durch m haben wir eine Erzeugende. *Einfache Leitgerade dieser Regelfläche ist die Polare* m' *von* m *in Bezug auf* Γ^2.

Ebenso bilden die Polaren einer der durch m *gehenden Ebene* μ *in Bezug auf die Complexkegel aus den Punkten von* m *eine cubische Regelfläche, für welche* m *einfache,* m' *doppelte Leitgerade ist.*

Zu jener gehören die 4 Geraden b_i, *zu dieser die* a_i *der Complexfläche* (m).

Wenn m zu Γ^2 gehört, werden beide Regelflächen Cayley'sche mit vereinigten Leitgeraden (I, Nr. 39).

Wir bewegen nun l durch einen Büschel (P, π); ersichtlich treffen alle Γ^2-Polaren l' die Polare p_1 von P in Bezug auf (π) und die Polare p_2 von π in Bezug auf (P); mit jedem Punkt von jener, jeder Ebene durch diese incidirt eine l'.

P_2 sei ein beliebiger Punkt von p_2; wir haben dann zwei Ebenen ξ, $\bar{\xi}$ durch p_2, so beschaffen, dass die Polaren $p, \bar{p}$ von P — der auch auf p_2 liegt — nach (ξ), $(\bar{\xi})$ durch P_2 gehen. Der Pol des in ξ fallenden Strahls x von (P, π) nach (ξ) liegt auf p, und in ihm trifft die Polare x' von x die p; andererseits trifft sie die p_2 und da sie nicht in die Ebene pp_2 fallen kann, weil diese den x, gegen den x' windschief ist, enthält, so geht sie durch den Punkt $P_2 \equiv p_2 p$. Folglich gehen durch jeden Punkt von p_2 2 Polaren von Strahlen des (P, π), und ebenso liegen 2 in jeder Ebene durch p_1.

Die Polaren l', *in Bezug auf* Γ^2, *der Strahlen* l *eines Büschels*

*) Vergl. hierzu Plücker, Neue Geometrie des Raumes S. 319; F. Klein, Mathem. Annalen Bd. 2 S. 198; W. Stahl, Journal f. Mathematik Bd. 93 S. 215 und in Bezug auf mehrere Beweise Bertini, Giornale di Matematiche Bd. 17 S. 1.

(P, π) *erzeugen eine cubische Regelfläche* P, *von welcher die Polare von* π *in Bezug auf* (P) *doppelte und die Polare von* P *in Bezug auf* (π) *einfache Leitgerade ist.* Sie enthält die beiden in (P, π) befindlichen Strahlen von Γ^2.

Mit einem Complexe n^{ten} Grades hat dieselbe $3n$ Gerade gemein 568
(I, Nr. 36); also:

Die Strahlen l, *deren* Γ^2*-Polaren* l' *einen Complex* n^{ten} *Grades erfüllen,* — wir werden bald erkennen, dass zu jedem l' 9 Gerade l gehören, — *erzeugen einen Complex* $3n^{\text{ten}}$ *Grades.*

Der gegebene Complex sei ein Strahlengebüsche $[q]$; dann haben wir:

Die Geraden l, *deren* Γ^2*-Polaren* l' *eine gegebene Gerade* q *schneiden, erzeugen einen Complex 3. Grades.*

Dieser Complex kann noch auf zwei andere — zu einander duale — Weisen definirt werden.

Es sei Q die Spur von q in irgend einer Ebene ξ, l die Polare von Q nach (ξ); dann geht l' durch Q und trifft q, und l gehört zum Complexe; fassen wir aber den Kegelschnitt (ξ) als Fläche 2. Klasse auf, so sind l und q in Bezug auf sie polar. Also:

Der nämliche Complex 3. Grades ist auch Ort der Polaren von q *in Bezug auf alle Complexcurven und alle Complexkegel.*

Demnach enthält er die Congruenz **S** *der singulären Strahlen,* da von den ∞^1 Polaren eines solchen Strahles eine die q trifft.

Sein weiterer Schnitt mit Γ^2 ist eine Congruenz 2. Grades, offenbar *die Congruenz der Strahlen von* Γ^2, *welche* q *treffen.*

In den durch q gehenden Ebenen wird die Spur Q unbestimmt; die Polare erweitert sich in den Büschel um den Pol von q in Bezug auf die Complexcurve einer solchen Ebene. Dieser Pol liegt auf der Polare q' von q.

Zu unserm Complexe 3. Grades gehört das ganze Polar-Strahlennetz $[q, q']$ *von* q.

Wenn der Büschel (P, π) einen singulären Strahl s enthält, so löst 569
sich von der cubischen Regelfläche P der Strahlenbüschel (S, σ) der ∞^1 Polaren von s ab. Weil (π) den s in S und (P) die σ längs s berührt, geht p_1 durch S und p_2 liegt in σ; für die restirende Regelschaar sind p_1, p_2 beide einfache Leitgeraden.

Gehört (P, π) zu Γ^2, so zerfällt die Regelfläche in (P, π) und die beiden Büschel, die zu den in (P, π) befindlichen singulären Strahlen gehören, den Doppellinien des Complex-Ebenenpaars und des Complex-Punktepaars, an denen (P, π) theilnimmt.

Die Strahlennetze, welche zwei entsprechende Geraden l, l' des Büschels (P, π) und der cubischen Regelfläche P zu Leitgeraden haben, sind *die den Strahlen von* (P, π) *zugehörigen Polar-Strahlennetze.*

Diese Strahlennetze erzeugen einen Complex 2. Grades. In der That, ein beliebiger Strahlenbüschel (O, ω) wird zu dem Schnitte ωP projectiv, wobei ein Strahl von (O, ω) und ein Punkt des Schnitts sich entsprechen, wenn sie mit zusammengehörigen l, l' von (P, π) und P incidiren. Zu der Punktreihe auf ωP ist wiederum der sie aus ihrem Doppelpunkte projicirende Büschel projectiv; die beiden Büschel erzeugen einen Kegelschnitt, und die 4 Schnitte, die dieser, ausser dem Doppelpunkte, mit der cubischen Curve gemein hat, lehren, dass viermal ein Strahl von (O, ω) entsprechende Strahlen l, l' trifft. Zweimal aber geschieht dies bei den l, die mit ihrer Polare l' zusammenfallen, den Strahlen von Γ^2 in (P, π); und hier können wir nicht schliessen, dass der betreffende Strahl von (O, ω) zu dem entsprechenden Polar-Strahlennetze — dessen Leitgerade sich vereinigt haben — gehört; wohl aber in den beiden andern Fällen, und (O, ω) erhält daher aus zwei von unsern Polar-Strahlennetzen einen Strahl.

Dieser Complex 2. Grades ist aber in folgender Weise *specialisirt.*

Jeder Strahl in π oder durch P trifft die beiden zu Γ^2 gehörenden Erzeugenden von P, die ja auch zu (P, π) gehören, und folglich noch eine Erzeugende l' jener Fläche, offenbar aber auch die entsprechende l.

Also gehört zum Complexe das ganze Strahlenfeld π *und der ganze Strahlenbündel* P.

Ist ferner l' die durch einen beliebigen Punkt von P gehende Erzeugende, so sendet dieser zum Strahlennetze $[l, l']$ und also zum Complexe einen Strahlenbüschel; daher ist er für ihn singulär und ebenso jede Berührungsebene von P.

Die singuläre Fläche unseres Complexes besteht demnach aus der cubischen Regelfläche P, *der Ebene* π, *die durch die einfache Leitgerade geht, und dem Ebenenbündel um den auf der doppelten Leitgeraden gelegenen und mit* π *incidenten Punkt* P.

Nun wissen wir aber (Nr. 512): wenn m eine Gerade l und ihre Γ^2-Polare l' trifft, so wird l auch von der Γ^2-Polare m' von m getroffen, oder l gehört zum Polar-Strahlennetze von m.

Daher ist unser Complex auch der Ort derjenigen Strahlen, deren Polar-Strahlennetze einen Strahl von (P, π) *enthalten.*

570 *Ein Bündel* P *führt zu drei Congruenzen:*

1) *dem Orte der* Γ^2*-Polaren der Strahlen des Bündels,*

2) *dem Orte der Geraden, welche die Strahlen des Bündels zu Polaren haben,*

3) *dem Orte der Polaren des Scheitels P in Bezug auf die Complexcurven in den Ebenen des Bündels.*

Aber man erkennt sofort, dass *die beiden letzten Oerter identisch sind;* denn, wenn x Polare von P in Bezug auf die Curve ($\mathfrak{x}$) in der durch P gehenden Ebene $\mathfrak{x}$ ist, so geht die Polare x' von x durch P und gehört zum Bündel; und umgekehrt.

Untersuchen wir zunächst Ordnung und Klasse der zweiten Congruenz, und zwar vermittelst der Definition 3).

Ist P' ein beliebiger Punkt, so gehen durch die Gerade PP' 2 Ebenen $\mathfrak{x}$, in Bezug auf deren Complexcurven P und P' conjugirt sind; also gehen 2 Strahlen dieser Congruenz durch P'.

Nunmehr sei eine Ebene π gegeben und wir denken uns P' auf einer Geraden p derselben bewegt, so umhüllen die Paare der eben erwähnten Ebenen $\mathfrak{x}$ einen Kegel 3. Klasse; denn die Ebene Pp gehört zu einem dieser Paare, zu demjenigen nämlich, das sich bei dem Schnittpunkte von p mit der Polare von P nach der in Pp gelegenen Complexcurve ergiebt. Also entsendet jeder Strahl dieser Ebene, der aus dem Scheitel P kommt, 3 Berührungsebenen an den Kegel. Auch die 4 singulären Ebenen σ, welche zu den von P ausgehenden singulären Strahlen s gehören, befinden sich unter den Berührungsebenen dieses Kegels; denn die Polare von P nach dem Punktepaare in einer solchen σ erweitert sich, weil P auf der Doppellinie liegt, zu einem Strahlenbüschel, von dem ein Strahl die p trifft.

Die zu zwei Geraden p, p_1 von π gehörigen Kegel haben daher diese 4 singulären Ebenen, sodann das Ebenenpaar gemeinsam, das zum Schnitt pp_1 gehört, also noch 3 weitere. Die Polare von P in Bezug auf die Complexcurven in einer von diesen Ebenen trifft p und p_1 in verschiedenen Punkten und fällt in π.

Oder:

Auf dem Kegelschnitte K, in dem die Ebene π von dem Kegel (P) geschnitten wird, entsteht eine Correspondenz [3, 1] der Punkte X und X_1, wo X_1 der zweite Schnitt der Ebene ist, deren Complexcurve die PX in X berührt. Dass einem X nur ein X_1 entspricht, geht hieraus unmittelbar hervor; die Berührungspunkte der zweiten Tangenten, die vom Punkte P an die Complexcurven in den Ebenen durch PX_1 (welche alle PX_1 berühren) kommen, beschreiben eine cubische Raumcurve auf (P), da auf jede Kante und in P einer fällt. Die drei Schnitte derselben mit π sind die dem X_1 entsprechenden X.

Die Correspondenz [3, 1] hat (I, Nr. 16) 3 involutorische Paare;

d. h. es giebt 3 Ebenen durch P, in denen die von P an die Complexcurve kommenden Tangenten beide ihren Berührungspunkt in π haben.

Die Congruenz der Polaren des Scheitels eines Bündels P in Bezug auf die Complexcurven in den Ebenen des Bündels, welche zugleich der Ort der Strahlen ist, welche die Strahlen des Bündels zu Polaren in Bezug auf den Complex haben, ist 2. Ordnung und 3. Klasse; nennen wir sie *die dem Punkte P zugehörige Congruenz* $(2, 3)''$.

Sie enthält ersichtlich den Complexkegel (P), wie aus beiden Definitionen sich unmittelbar ergiebt.

Dual:

Die Congruenz der Polaren einer Ebene π in Bezug auf die Complexkegel aus den Punkten von π, zugleich die Congruenz der Geraden, welche die Strahlen von π zu Polaren haben, ist 3. Ordnung 2. Klasse; zu ihr gehört die Curve (π). Sie heisse *die zur Ebene π gehörige Congruenz* $(3, 2)''$.

Sind nun P, P_1, π_1 gegeben, so senden die zu P_1 und π_1 gehörigen Congruenzen $(2, 3)''$ und $(3, 2)''$ 2, bezw. 3 Strahlen durch P; d. h. in P giebt es 2, bezw. 3 Strahlen, deren Polaren durch P_1 gehen, in π_1 fallen.

Daher:

Die Congruenz der Γ^2-Polaren der Strahlen eines Bündels P ist ebenfalls 2. Ordnung und 3. Klasse. Sie enthält auch den Kegel (P). Wir nennen sie *die dem Punkte P zugehörige Congruenz* $(2, 3)'$.

Die Congruenz der Γ^2-Polaren der Strahlen eines Feldes π, zu welcher die Curve (π) gehört, ist 3. Ordnung 2. Klasse. Sie heisse *die der Ebene π zugehörige Congruenz* $(3, 2)'$.

571 Somit sind jedem Punkte P zwei Congruenzen zugeordnet und ebenso jeder Ebene π. Wir haben sie nach ihren singulären Elementen und in ihrer gegenseitigen Beziehung zu untersuchen (vergl. II, Nr. 423ff.). Es wird sich herausstellen, dass sie durch *besondere* der allgemeinen Congruenz $(2, 3)$ oder $(3, 2)$ nicht zukommende *Eigenschaften* ausgezeichnet sind.

Wir fanden eben, dass der Kegel (P) zu beiden Congruenzen $(2, 3)'$ und $(2, 3)''$ gehört; *eine von diesen besonderen Eigenschaften besteht darin, dass in jeder Berührungsebene des Kegels (P) alle 3 Strahlen der einen, wie der andern Congruenz sich in der Berührungskante vereinigen.*

In der That, die 3 Strahlen von $(2, 3)'$ in einer beliebigen Ebene ξ durch P sind die beiden Kanten von (P) und die Polare (in Bezug auf Γ^2) des Polarstrahls von ξ in Bezug auf (P); alle 3 fallen zusammen, wenn ξ den (P) tangirt.

Die 3 Strahlen von $(2,3)''$ sind die beiden Kegelkanten und die Polare von P nach der Curve (ξ); ist ξ Tangentialebene von (P) längs x, so ist dieser Strahl Tangente und also auch Polare von P nach (ξ).

Betrachten wir nun zunächst *die Congruenz* $(2,3)''$.

Es seien wieder s_1, s_2, s_3, s_4 *die 4 durch* P *gehenden singulären Strahlen mit den zugehörigen singulären Punkten und Ebenen* S_i, σ_i. In Bezug auf das Punktepaar (σ_i) hat P ∞^1 Polaren, welche durch *den Punkt* T_i gehen, *der dem* P *harmonisch zugeordnet ist in Bezug auf die beiden Punkte von* (σ_i). Damit haben wir *4 singuläre**) *Punkte 1. Grades der Congruenz* $(2,3)''$: *die* T_i *mit den singulären Ebenen* σ_i.

Ferner, alle Complexcurven in den Ebenen durch s_i tangiren s_i in S_i, also gehen alle Polaren von P nach S_i; im Continuum dieser Polaren ergiebt sich auch s_i selber, nämlich bei der Curve (σ_i), die freilich, wie wir eben sahen, ∞^1 Polaren von P hat, aber nur eine durch S_i gehende. Daher erzeugen diese Polaren einen Kegel 2. Grades. Und wir haben nun *alle 5 singulären Punkte 2. Grades der Congruenz* gefunden: P *und die vier* S_i.

Damit aber hat sich eine andere Eigenthümlichkeit der $(2,3)''$ *zu erkennen gegeben:*

Mit dem singulären Punkte P *2. Grades liegen viermal 2 andere, je einer vom 2. Grade und einer vom 1., in gerader Linie.*

In diese 4 Geraden ist daher die Raumcurve 4. Ordnung zerfallen, von der in II Nr. 325 gesprochen wurde.

Wir haben gefunden, dass *durch* P *6 Gerade* h *gehen, auf denen* P *der eine Doppelpunkt der (Doppel-)Involution ist*, die Schnittlinien der 4 Ebenen σ_i (Nr. 564); nennen wir daher O_{ik} *den zweiten Doppelpunkt auf* $h_{ik} \equiv \sigma_i \sigma_k$, so ist dieser Punkt dem P in Bezug auf die Complexcurven in allen Ebenen durch h_{ik} conjugirt und die Polaren des P nach denselben laufen in O_{ik} zusammen; er wird so singulärer Punkt von $(2,3)''$.

Diese Polaren bilden einen Strahlenbüschel, denn in jeder der genannten Ebenen liegt eine und h_{ik} selbst ist nicht Polare; die Doppelpunkte P und O_{ik} nämlich der Involution kommen nicht von Berührung mit h_{ik} her, sondern vom Schnitt mit Doppellinien von Punktepaaren; P ist Schnitt der singulären Strahlen s_i, s_k, O_{ik} Schnitt der singulären Strahlen in den beiden übrigen singulären Ebenen durch h_{ik} (Nr. 564).

Somit sind die O_{ik} *die 6 übrigen singulären Punkte 1. Grades, welche* $(2,3)''$ *haben muss.*

*) Es muss jetzt natürlich sorgfältig unterschieden werden zwischen singulären Elementen für Γ^2 und solchen für die Congruenz.

In den Ebenen des Büschels um h_{ik}, die nach s_i und s_k gehen, d. i. in σ_i, σ_k, geht die Polare nach T_i, bezw. T_k, in denen aber nach den beiden übrigen singulären Strahlen s_l, s_m aus P nach dem zugehörigen S_l, S_m; in der Ebene $h_{ik}\,h_{lm}$ ist sie $O_{ik}\,O_{lm}$; so dass wir so in der singulären Ebene der $(2,3)''$, die zu O_{ik} gehört, die 6 singulären Punkte haben: ausser O_{ik} noch T_i, T_k, S_l, S_m, O_{lm}.

In der Ebene des Congruenz-Strahlenbüschels (T_i, σ_i) liegen P, S_i, T_i; O_{ik}, O_{il}, O_{im}; jene in gerader Linie, also diese auch.

Auf dem Kegel zweiten Grades aus S_i haben wir S_i, P, T_i; S_k, S_l, S_m; O_{kl}, O_{km}, O_{lm}.

Es wird sich zeigen, dass die 6 Punkte O in einer Ebene liegen und daher die Ecken eines vollständigen Vierseits sind.

572 Suchen wir nunmehr *die singulären Punkte der Congruenz* $(2,3)'$ der Polaren, in Bezug auf Γ^2, der Strahlen des Bündels P.

Auch für sie ist P singulärer Punkt 2. Grades mit dem Kegel (P) als zugehörigem.

Ferner zu jedem der 4 singulären Strahlen s_i gehört ein ganzer Büschel von Polaren, nämlich (S_i, σ_i); *also ist S_i, der vorhin vom 2. Grade war, hier vom 1. Grade und hat die dort zu T_i gehörige Ebene σ_i als die seinige erhalten.*

T_i ist Pol, in Bezug auf das Punktepaar (σ_i), eines jeden Strahls des Büschels (P, σ_i); folglich geht die Polare, in Bezug auf Γ^2, eines jeden dieser Strahlen durch T_i. Weil zum Büschel (P, σ_i) der singuläre Strahl s_i gehört, so sondert sich von der cubischen Regelfläche der Polaren der Büschel (S_i, σ_i) ab, und es bleibt ein Kegel 2. Grades mit der Spitze T_i.

Die Punkte T_i, vorhin vom 1. Grade, sind für die jetzige Congruenz singulär vom 2. Grade; so dass sie mit den S_i ihre Rolle ausgetauscht haben.

Also hat auch die Congruenz $(2,3)'$ *die Eigenschaft, dass viermal 2 singuläre Punkte, einer vom 1. und einer vom 2. Grade, mit P in gerader Linie liegen.*

Die 6 übrigen singulären Punkte 1. Grades der $(2,3)'$ *sind ebenfalls die O_{ik}*; denn wie die Polaren von P in Bezug auf die Complexcurven in den Ebenen durch $h_{ik} \equiv P\,O_{ik}$ durch O_{ik}, so gehen die Polaren o_{ik} von O_{ik} durch P; also gehen die Polaren, in Bezug auf Γ^2, dieser Strahlen o_{ik} des Bündels P durch O_{ik}. Zu den o_{ik} gehört wiederum nicht h_{ik}, folglich bilden sie einen Büschel; von der ihm zugehörigen cubischen Regelfläche lösen sich 2 Strahlenbüschel ab, nämlich die der Polaren von s_i, s_k, die zu den o_{ik} gehören (als Polaren von O_{ik}

in Bezug auf (σ_i) und (σ_k)). Es bleibt ein Strahlenbüschel; so dass die O_{ik} für $(2, 3)'$ als singulär vom 1. Grade erkannt sind.

Von den beiden sich absondernden Büscheln bleibt aber, der Continuität halber, je ein Strahl beim dritten Büschel; dessen Ebene geht daher durch S_i und S_k. Während vorhin die zu O_{lm} gehörige Ebene durch S_i, S_k ging, geht jetzt die zu O_{ik} gehörige durch S_i, S_k und ist mit jener identisch, da sie auch O_{lm} enthält; wir nennen sie deshalb ϱ_{ik}.

Daher sind die zu den O gehörigen singulären Ebenen ϱ für die Congruenzen $(2, 3)'$ und $(2, 3)''$ die nämlichen, jedoch so, dass je O_{ik} und O_{lm} sie sich ausgetauscht haben.

Diese Eigenschaften weisen (II, Nr. 425) darauf hin, dass *die beiden Congruenzen $(2, 3)'$ und $(2, 3)''$ confocal sind.*

Die ∞^2 Strahlenbüschel (P, π) von P führen zu so vielen cubischen Regelflächen von $(2, 3)'$ (Nr. 567); für jede ist einfache Leitgerade die Polare von P nach der Complexcurve (π), also ein Strahl von $(2, 3)''$.

Damit ist (II, Nr. 344) die Confocalität der beiden Congruenzen bewiesen.

Wir wollen nun die Figur der 6 Punkte O noch etwas genauer 573
verfolgen. Wir haben gefunden, dass in der Involution auf einer Geraden h (Nr. 564) die 4 singulären Punkte A_1, A_2, A_3, A_4 zwei Paare bilden, etwa A_1A_2, A_3A_4. Demnach haben wir auf jeder der 6 Geraden PO:

$$\frac{2}{PO} = \frac{1}{PA_1} + \frac{1}{PA_2}, \quad \frac{2}{PO} = \frac{1}{PA_3} + \frac{1}{PA_4},$$

also:

$$\frac{4}{PO} = \frac{1}{PA_1} + \frac{1}{PA_2} + \frac{1}{PA_3} + \frac{1}{PA_4}.$$

Nun sind aber die 4 Punkte A die Schnitte mit der singulären Fläche Φ. Folglich zeigt die gefundene Relation, dass *die 6 Punkte O auf der Polarebene (dritten Polare) des Punktes P in Bezug auf die Fläche Φ liegen.*

Diese Ebene kann man kurz als *die Polarebene π' von P in Bezug auf den Complex Γ^2 und jeden consingulären* bezeichnen.

Wir können sie noch auf andere Weisen erhalten.

Zunächst gilt folgender Satz:

Wenn s_1, s_2, s_3, s_4 4 von einem Punkte P ausgehende Strahlen und d_1, d_2, d_3 die 3 Diagonalen ihres vollständigen Vierkants sind, und zwar:

$$d_1 \equiv (s_1 s_4, s_2 s_3), \quad d_2 \equiv (s_2 s_4, s_1 s_3), \quad d_3 \equiv (s_3 s_4, s_1 s_2),$$

so seien S_1, S_2, S_3, S_4 beliebige Punkte auf s_1, ... Jede Seite $S_i S_k$ des Vierecks dieser Punkte trifft eine der 3 Diagonalen in D_{ik} und zu diesem Schnittpunkte werde in Bezug auf S_i, S_k der vierte harmonische Punkt S_{ik} construirt; dann liegen die 3 Geraden $S_{14}S_{23}$, $S_{24}S_{31}$, $S_{34}S_{12}$ in einer Ebene.

In der That, aus den harmonischen Würfen $S_1 S_2 S_{12} D_{12}$, $S_3 S_2 S_{23} D_{23}$ folgt, dass $S_1 S_3$, $S_{12} S_{23}$, $D_{12} D_{23}$ in einen Punkt zusammenlaufen, oder, da D_{12} auf d_3, D_{23} auf d_1 liegt, dass durch den Schnittpunkt der Ebene $d_1 d_3$ mit $S_1 S_3$ auch $S_{12} S_{23}$ geht, und aus ähnlichen Gründen $S_{14} S_{34}$; also schneiden sich beide und daher auch $S_{12} S_{34}$, $S_{14} S_{23}$ und zwar, da jene in $d_1 d_2$, diese in $d_2 d_3$ liegt infolge bekannter Eigenschaft des vollständigen Vierkants, auf d_2. Ebenso schneiden sich $S_{12} S_{34}$, $S_{13} S_{24}$ auf d_1, und $S_{14} S_{23}$, $S_{13} S_{24}$ auf d_3; also alle 3 Geraden liegen in einer Ebene.

Nun seien s_1, s_2, s_3, s_4 die 4 singulären Strahlen von Γ^2 aus P, S_1, S_2, S_3, S_4 die zugehörigen singulären Punkte. Die Complexcurve in der Ebene $s_1 s_2 d_3$ berührt s_1, s_2 in S_1, S_2; also ist $S_1 S_2$ Polare von P in Bezug auf sie und S_{12} Pol von d_3; ebenso ist S_{34} Pol von d_3 in Bezug auf die Complexcurve in $s_3 s_4 d_3$; daher ist $S_{12} S_{34}$ die Polare d_3' von d_3 in Bezug auf Γ^2, $S_{13} S_{24}$ die Polare d_2' von d_2, $S_{23} S_{14}$ die Polare d_1' von d_1. Also:

Die Polaren, in Bezug auf Γ^2, der 3 Diagonalkanten des Vierkants der von einem Punkte P kommenden singulären Strahlen des Γ^2 liegen in einer Ebene; jede von ihnen liegt in derjenigen Ebene des Diagonaldreikants, welche der Kante, zu der sie als Polare gehört, gegenüberliegt.

Die s_i sind Kanten des Kegels (P) und die zugehörigen singulären Ebenen σ_i ihre Berührungsebenen (Nr. 523); also hat das Vierflach der σ_i dasselbe Diagonaldreikant oder -flach, wie das Vierkant der s_i; die Kanten $\sigma_1 \sigma_2$, $\sigma_3 \sigma_4$ des ersteren liegen in der Ebene $d_1 d_2$ und zwar harmonisch zu d_1, d_2; ebenso sind $\sigma_1 \sigma_3$, $\sigma_2 \sigma_4$ zu d_1, d_3 und $\sigma_2 \sigma_3$, $\sigma_1 \sigma_4$ zu d_2, d_3 harmonisch.

$S_{14} S_{23}$ ist Polare d_1' von d_1; folglich liegt der Pol von d_1 in Bezug auf die Complexcurve in der Ebene von d_1 nach $\sigma_2 \sigma_3$ auf $S_{14} S_{23}$; nun liegen $S_{14} S_{23}$ und $\sigma_2 \sigma_3$ beide in $d_2 d_3$; also muss auch $S_{14} S_{23}$ die genannte Ebene auf $\sigma_2 \sigma_3$ schneiden, und dieser Schnitt ist der Pol; er ist der vierte harmonische zu P, der auf d_1 liegt, in Bezug auf die beiden Punkte, in denen $\sigma_2 \sigma_3$ jene Complexcurve schneidet. Nun ist aber die involutorische Correspondenz auf $h_{23} \equiv \sigma_2 \sigma_3$ eine (Doppel-) Involution mit P und O_{23} als Doppelpunkten; also ist O_{23}

der vierte harmonische Punkt. Somit geht die Polare d_1' von d_1 durch O_{23} und ebenso durch O_{14}; sie ist also sowohl $S_{23}S_{14}$ als auch $O_{23}O_{14}$.

Folglich ist die Ebene der 6 Punkte O_{ik} identisch mit der Ebene der 3 Polaren d_1', d_2', d_3'.

Polarebene π' eines Punktes P in Bezug auf Γ^2 ist also auch die Ebene der Polaren, in Bezug auf Γ^2, der 3 Diagonalkanten des Vierkants der von P ausgehenden singulären Strahlen oder, was dasselbe ist, des Vierflachs der diesen Strahlen zugehörigen singulären Ebenen, und die 3 Polaren bilden den Schnitt dieses Diagonaldreikants mit der Polarebene, wobei jede Seite dieses Dreiseits als Polare der durch die Gegenecke gehenden Diagonalkante zugehört.

Die Polare d_1', welche in der Seitenfläche $d_2 d_3 \equiv (\sigma_2\sigma_3, \sigma_1\sigma_4)$ des Diagonaldreikants $d_1 d_2 d_3$ die Punkte O_{23}, O_{14} auf $h_{23} \equiv \sigma_2\sigma_3$, $h_{14} \equiv \sigma_1\sigma_4$ verbindet, ist zugleich Polare von P in Bezug auf die Complexcurve in dieser Ebene, da diese ja h_{23} und h_{14} harmonisch zu P und O_{23}, bezw. P und O_{14} schneidet.

Also kann man drittens die Polarebene π' von P in Bezug auf Γ^2 auch definiren als Ebene der 3 Polaren von P in Bezug auf die Complexcurven in den Ebenen des mehrfach erwähnten Diagonaldreikants.

Die 3 Geraden d_1', d_2', d_3' gehören sowohl zu $(2, 3)'$, als zu $(2, 3)''$.

Die beiden Tetraeder der S_i und der T_i befinden sich in harmonischer Homologie mit P und π' als Centrum und Ebene. In der That, die Schnitte des singulären Strahles s_i mit Φ sind S_i doppelt und die beiden Punkte B_i', B_i'' des Complex-Punktepaars, von dem s_i die Doppellinie ist; also haben wir, wenn O_i der Schnitt von s_i mit π' ist, nach der Relation der dritten Polare: 574

$$\frac{4}{PO_i} = \frac{2}{PS_i} + \frac{1}{PB_i'} + \frac{1}{PB_i''};$$

nun ist aber T_i zu P harmonisch in Bezug auf die beiden B_i (Nr. 571), also:

$$\frac{1}{PB_i'} + \frac{1}{PB_i''} = \frac{2}{PT_i};$$

daher:

$$\frac{2}{PO_i} = \frac{1}{PS_i} + \frac{1}{PT_i},$$

d. h. P und O_i sind zu S_i und T_i harmonisch.

Die entsprechenden Kanten S_iS_k und T_iT_k der beiden Tetraeder treffen sich also auf π'.

Wir fanden in Nr. 572, dass die Polare, in Bezug auf Γ^2, eines jeden Strahls von (P, σ_i) durch T_i geht; der Strahl $\sigma_i\sigma_k$ gehört ebenso zu (P, σ_k); also ist seine Polare $T_i T_k$. *Die Γ^2-Polaren der 6 Schnittlinien $h_{ik} \equiv \sigma_i \sigma_k$, Strahlen von* (2, 3)', *sind die Kanten $T_i T_k$ des Tetraeders der T_i.*

Somit liegt der Pol der h_{12} in Bezug auf die Complexcurve in der Ebene $h_{12} h_{34}$ oder $d_1 d_2$ auf $T_1 T_2$, ferner auf $O_{12} O_{34}$, welche die Polare von P nach dieser Curve ist (Nr. 571). Er wird also von h_{12} durch die Tangenten derselben aus P oder, was dasselbe ist, die Kanten, in denen (P) von der Ebene $d_1 d_2$ geschnitten wird, harmonisch getrennt; folglich liegt er in der Ebene $s_1 s_2$, der Polarebene von h_{12} in Bezug auf diesen Kegel, ist daher der Schnitt der $O_{12} O_{34} \equiv S_{12} S_{34}$ mit dieser Ebene, demnach der auf $S_1 S_2$ gelegene Punkt S_{12}. *Somit sind die 6 Punkte $S_{12}, \ldots$ die Begegnungspunkte entsprechender Kanten der beiden Tetraeder.*

Die 3 Strahlen d_1', d_2', d_3' oder $S_{14} S_{23}, \ldots$ (oder $O_{14} O_{23}, \ldots$) *verbinden die auf Gegenkanten liegenden von diesen Punkten.*

Da die Complexcurve in der Verbindungsebene zweier singulärer Strahlen s_i, s_k diese in S_i, S_k berührt, so ist $S_i S_k$ Polare von P für sie.

Demnach sind die 6 Kanten des Tetraeders der S_i Strahlen der Congruenz (2, 3)''.

575 Wir untersuchen die Regelschaar-Reihen bei den Congruenzen (2, 3)' und (2, 3)''.

Beschreibt l im Bündel P einen durch s_i gehenden Büschel, so sondert sich von der cubischen Regelfläche der l' ein Büschel (S_i, σ_i) ab (Nr. 569); es bleibt eine Regelschaar, und wir erhalten so *4 Regelschaar-Reihen in* (2, 3)'.

Ebenso haben wir gefunden: wenn eine Ebene in P einen Ebenenbüschel beschreibt, so erzeugt die Polare von P in Bezug auf die Complexcurve eine cubische Regelfläche (Nr. 567). Liegt die Axe des Ebenenbüschels in einer der 4 Ebenen σ_i, so bleibt, wiederum nach Absonderung eines Strahlenbüschels, eine Regelschaar, und wir haben so *4 Regelschaar-Reihen von* (2, 3)''.

Von den Polaren der Strahlen eines Büschels (P, π) treffen 3 eine Gerade m' (Nr. 567); folglich erzeugen die Geraden in P, deren Polaren die m' treffen, einen Kegel 3. Ordnung; demnach entsteht durch die Polaren der Kanten eines beliebigen Kegels 2. Grades aus P eine Regelfläche 6. Grades. Für jeden Kegel 2. Grades, welcher durch die 4 Strahlen s_i geht, reducirt sich, durch Absonderung von 4 Strahlenbüscheln, diese Regelfläche auf den 2. Grad, und so erhalten wir *die fünfte Regelschaar-Reihe in* (2, 3)'.

Die Geraden von (2, 3)'', welche m' treffen, erzeugen eine Regelfläche 5. Grades, auf welcher P, wegen des Kegels (P) von $(2, 3)''$, doppelt ist; daher umhüllen die Ebenen von P, zu deren Complexcurven die Erzeugenden dieser Fläche als Polaren von P gehören, den Tangentialkegel aus P an jene Regelfläche, einen Kegel 3. Klasse, und die Polaren von P nach den Complexcurven in den Berührungsebenen eines Kegels 2. Klasse aus P erzeugen eine Regelfläche 6. Grades. Berührt dieser Kegel aber die 4 Ebenen σ_i, so bleibt eine Regelschaar, und wir bekommen auf diese Weise *die fünfte Regelschaar-Reihe in* $(2, 3)''$.

Diese letzten Regelschaar-Reihen, welche in dem einen, wie in dem andern Falle sich durch ihre Entstehungsweise von den übrigen unterscheiden, *stehen in der Confocalitäts-Beziehung zu einander, dass die einen Regelschaaren die Leitschaaren der andern sind.*

In der That, es sei x'' die Polare von P nach der Complexcurve in der Ebene $\mathfrak{x}$ von P, also ein Strahl von $(2, 3)''$, so ist sie einfache Leitgerade der cubischen Regelfläche der Polaren der Strahlen von $(P, \mathfrak{x})$, und die Regelfläche 5. Grades der Strahlen von $(2, 3)'$, welche x'' treffen, zerfällt in diese cubische Regelfläche und eine Regelschaar, für welche x'' auch Leitgerade ist, da sie für die vollständige Fläche doppelte Leitgerade ist. Die Geraden von P, zu denen als Polaren die sämmtlichen x'' treffenden Geraden von $(2, 3)'$ gehören, erzeugen, wie wir eben fanden, einen Kegel 3. Ordnung, der auch die Strahlen s_i enthält, weil je eine Polare die x'' trifft; von ihm hat sich $(P, \mathfrak{x})$ abgesondert, der cubischen Regelfläche entsprechend; es bleibt ein durch die s_i gehender Kegel 2. Ordnung, dem die Regelschaar entspricht, so dass diese der fünften Reihe angehört.

Also ist jeder Strahl von $(2, 3)''$ Leitgerade einer Regelschaar der fünften Reihe von $(2, 3)'$; und ähnlich umgekehrt.

Die Geraden l, deren Polaren l' eine gegebene Gerade q treffen, 576
erzeugen einen Complex 3. Grades (Nr. 568). Ein Büschel (P, π) ist dem Bündel P und einem Strahlengebüsche $[q]$ gemeinsam, dessen Axe q in π liegt. Der Complex 3. Grades $[q]^3$, der zu q gehört, und die Congruenz $(2, 3)''$ der Geraden, deren Polaren durch P gehen, haben eine Regelfläche vom Grade $3(2+3)$ gemeinsam (I, Nr. 35). Eine Gerade dieser Regelfläche hat ihre Polare in $[q]$ und in P, also in (P, π), wenn sie nur eine Polare hat, wenn sie also nicht singulärer Strahl von Γ^2 ist. Während alle singulären Strahlen zu $[q]^3$ gehören, bilden die in $(2, 3)''$ enthaltenen eine Regelfläche 8. Grades, die Fläche der Doppellinien der Complex-Punktepaare, deren Ebenen durch P gehen ($\eta\mu\nu = 8$ in Nr. 530); denn dieselben sind ja die Polaren von

P nach diesen Punktepaaren. Somit bleibt eine Regelfläche vom 7. Grade und wir haben:

*Die Geraden, deren Polaren in Bezug auf Γ^2 einen Strahlenbüschel erfüllen, bilden eine Regelfläche 7. Grades.**)

Weil dieselbe mit einem Gewinde Γ 7 Strahlen und mit einem Complexe n^{ten} Grades $7n$ Strahlen gemeinsam hat, so ergiebt sich weiter:

Die Polaren, in Bezug auf Γ^2, der Geraden, welche einem Gewinde angehören, oder im besondern der Geraden, welche eine gegebene Gerade treffen, erzeugen einen Complex 7. Grades.

Die Polaren, in Bezug auf Γ^2, der Strahlen eines Complexes n^{ten} Grades erzeugen einen Complex $7n^{\text{ten}}$ Grades; wenn jener Complex der Γ^2 selbst ist, so zerfällt der Polaren-Complex 14. Grades in Γ^2 und den Tangenten-Complex 12. Grades der singulären Fläche Φ, wobei letzterer allein von den singulären Strahlen von Γ^2 herrührt.

Wenn ein l' oder l einen Bündel oder ein Feld beschreibt, so beschreibt l oder l' eine Congruenz (2, 3), bezw. (3, 2); daraus folgt vermöge des Satzes von Halphen (I, Nr. 34) über die Anzahl der gemeinsamen Strahlen zweier Congruenzen:

Wenn eine Gerade l oder l' sich durch eine Congruenz (m, n) bewegt, so durchläuft l' oder l eine Congruenz $(2m + 3n, 3m + 2n)$.

Ist jene Congruenz beispielsweise der Schnitt des zu Grunde liegenden Complexes Γ^2 mit einem Gewinde Γ; so zerfällt die Congruenz (10, 10) der Polaren in diese Congruenz 2. Grades und eine vom 8. Grade, welche durch die Büschel (S, σ) gebildet wird, die zu den in der Schnittcongruenz $\Gamma^2\Gamma$ befindlichen singulären Strahlen von Γ^2 gehören. Wir erwähnten eben, die singulären Strahlen, deren zugehörige singulären Ebenen durch einen Punkt O gehen, erzeugen eine Regelfläche 8. Grades, von welcher 8 Gerade in Γ sich befinden; von ihren Büscheln (S, σ) geht je ein Strahl durch O; und dual ergiebt sich die Klasse.

Weil einem Büschel von Strahlen l eine cubische Regelfläche von l' correspondirt, so *entspricht einem Complexe n^{ten} Grades von l' ein Complex $3n^{\text{ten}}$ Grades von l;* weil jener aus jedem Strahlenbüschel (S, σ) n Strahlen enthält, so *gehört die Congruenz* **S** *der singulären Strahlen zu diesem n-fach.* Der Schnittcongruenz zweier Complexe n^{ten}, bezw. n'^{ten} Grades, gebildet durch l', correspondirt daher, nach Abzug von

*) Hier befindet sich bei Segre, Sulla Geometria della retta Nr. 132, eine irrige Behauptung.

S, eine Congruenz von Strahlen l, deren beide Grade $9nn' - 4nn' = 5nn' = 2nn' + 3nn'$ sind.

Die zu zwei Punkten P, Q gehörigen Congruenzen $(2, 3)''$ haben 577
$2 \cdot 2 + 3 \cdot 3$ Strahlen gemeinsam; 4 von ihnen sind die singulären Strahlen in den durch PQ gehenden singulären Ebenen. Die 9 übrigen haben alle die Gerade PQ zur Polare.

*Während also jeder Strahl, im allgemeinen, eindeutig seine Polare in Bezug auf Γ^2 bestimmt, gehört er umgekehrt zu 9 Geraden als Polare.**)

Es sei l eine von den 9 Geraden, deren Polare l' mit einer gegebenen Geraden q zusammenfällt. Wenn $(x, \mathfrak{x})$ ein durch l gelegter Strahlenbüschel ist, so gehört q zur cubischen Regelfläche der Polaren seiner Strahlen als Erzeugende und trifft nur eine andere Erzeugende; d. h. in dem Büschel giebt es nur einen von l verschiedenen Strahl, dessen Polare die q schneidet.

Daher sind die 9 Strahlen, welche eine Gerade q zur Polare in Bezug auf Γ^2 haben, Doppelstrahlen des Complexes 3. Grades der Strahlen, deren Polaren q treffen.

Jede von ihnen ist für alle Complexcurven in den Ebenen $\mathfrak{x}$ durch sie Polare der q (oder des Spurpunktes von q in $\mathfrak{x}$), und für alle Complexkegel aus Punkten X auf ihr Polare der q (oder der Verbindungsebene mit X).

Die 9 Strahlen, welche je dieselbe Gerade zur Polare haben, bilden eine in sich geschlossene Gruppe: jeder Strahl des Raums gehört, im allgemeinen, nur zu einer solchen Gruppe.

Weil die Γ^2-Polare eines Strahles eines Fundamental-Gewindes Γ_i ebenfalls diesem Gewinde angehört (Nr. 541), so muss dasselbe, 7-fach gerechnet, den Complex 7. Grades darstellen, den die Γ^2-Polaren seiner eigenen Strahlen bilden. D. h. *von den 9 Strahlen, für welche ein Strahl von Γ_i Polare nach Γ^2 ist, befinden sich 7 auch in Γ_i.* Wie es sich mit den beiden übrigen verhält, werden wir später (Nr. 686) besprechen.

Wir fanden oben (Nr. 573) für einen Punkt P und seine Polar- 578
ebene π' in Bezug auf Γ^2 folgende Eigenschaft:

Dasjenige Polar-Dreikant des Kegels (P), welches das Diagonal-Dreikant des Vierkants der von P ausgehenden singulären Strahlen von Γ^2 (oder des Vierflachs der zugehörigen singulären Ebenen) ist,

*) Wohl zuerst von W. Stahl a. a. O. gefunden.

schneidet π' in einem Dreiecke, und jede Seite dieses Dreiecks ist sowohl Polare von P in Bezug auf die Complexcurve in der sie enthaltenden Ebene des Dreikants, als auch Polare, in Bezug auf Γ^2, der dieser Ebene gegenüberliegenden Kante desselben.

Wir wollen nunmehr zeigen, dass schon *ein beliebiges Polar-Dreikant des Kegels* (P) *zur Polarebene* π' *führt.*

Es sei π irgend eine Ebene durch P und l ihre Polare in Bezug auf (P); dann haben wir zwei cubische Regelflächen P', P'', welche sich in den zu P gehörigen Congruenzen $(2, 3)'$, $(2, 3)''$ befinden. Die erste wird durch die Γ^2-Polaren der Strahlen von (P, π) gebildet, die zweite durch die Polaren von P in Bezug auf die Complexcurven in den Ebenen durch l. Für beide ist l doppelte Leitgerade oder Axe eines Büschels einfacher Berührungsebenen. Einfache Leitgerade oder Axe eines Büschels doppelter Berührungsebenen ist für P' die Polare p von P in Bezug auf (π), für P'' die Γ^2-Polare l' von l, beide in π gelegen (Nr. 567).

Um die doppelte Leitgerade einer cubischen Regelfläche entsteht durch die Ebenen, welche die von demselben Punkte der Leitgeraden ausgehenden Erzeugenden enthalten, eine Involution, welche zu dem Ebenenbüschel um die einfache Leitgerade projectiv ist, indem jedem Paare der Involution die Ebene entspricht, welche die beiden in seine Ebenen fallenden Erzeugenden verbindet.

Für unsere beiden Flächen P', P'' sind diese Involutionen identisch. Die Schnittkanten von (P) mit π oder die Tangenten aus P an (π) sind Erzeugende beider Flächen und führen in den Ebenen σ_1, σ_2 von l nach ihnen, welche (P) tangiren, zu einem gemeinsamen Paare der Involutionen. Es seien π_1, π_2 zwei nach (P) conjugirte Ebenen durch l, sodass $\pi\pi_1\pi_2$ ein Polar-Dreikant von (P) ist. Da π_1 Polarebene von $l_1 \equiv \pi\pi_2$ ist, so liegt die Γ^2-Polare l_1' von l_1 in π_1. Sie geht auch durch den Pol von l_1 nach (π_2) und begegnet sich in ihm mit der Polare p_2 von P nach (π_2); l und l_1 sind conjugirt in Bezug auf (P), also harmonisch zu den Schnittkanten von (P) mit π_2 oder den Tangenten aus P an (π_2), daher conjugirt in Bezug auf (π_2), jener Pol liegt auf l; und so haben wir zwei von demselben Punkte von l ausgehende Erzeugenden von P' und P'', welche in Ebenen π_1, π_2 durch l liegen, die nach (P) conjugirt sind. Wenn die zweite Erzeugende der P' aus jenem Punkte von l in der Ebene π_1' durch l liegt und π_2' dieser in Bezug auf (P) conjugirt ist, so geht die in π_2' befindliche Erzeugende von P'' auch durch den Punkt. Also ist π_1, π_1' ein Paar der zu P' und π_2, π_2' ein Paar der zu P'' gehörigen Involution. Nun sind σ_1, σ_2 die Doppelelemente der Involution ($\pi_1\pi_2$, $\pi_1'\pi_2'$); also:

$$(\sigma_1\sigma_2\pi_1\pi_2) = (\sigma_2\sigma_1\pi_1'\pi_2') = -1,$$

demnach sind $\sigma_1\sigma_2$, $\pi_1\pi_1'$, $\pi_2\pi_2'$ in Involution; oder die Involution ($\sigma_1\sigma_2$, $\pi_1\pi_1'$) ist identisch mit ($\sigma_1\sigma_2$, $\pi_2\pi_2'$).

Die Projectivität dieser Involution zu den beiden Ebenenbüscheln um die einfachen Leitgeraden p und l' macht diese so projectiv, dass zwei Ebenen sich entsprechen, welche die je in der nämlichen Ebene durch l enthaltenen Erzeugenden von P' und P'' in sich aufnehmen, und da π sich selbst entspricht, so sind die Ebenenbüschel perspectiv und haben also eine Perspectivitäts-Ebene.

Wenden wir uns nun zu dem Polar-Dreiflache $\pi\pi_1\pi_2$ von (P) zurück. Es hat in jeder Ebene zwei Polaren: in π die Γ^2-Polare l' der Gegenkante $l \equiv \pi_1\pi_2$ und die Polare p von P nach (π), in π_1 ebenso l_1', p_1, in $\pi_2 : l_2'$, p_2. Die $l, \ldots$ gehören zu $(2, 3)'$, die $p, \ldots$ zu $(2, 3)''$. Weil p und l_1' in π und π_1 liegen, zwei in Bezug auf (P) conjugirten Ebenen, so schneiden sie sich (in dem Pole von l_1 nach (π)); ebenso schneidet p die l_2', p_1 die l' und l_2', p_2 die l' und l_1'; und wir haben ein Hyperboloid, in dessen einer Regelschaar l', l_1', l_2' sich befinden, während p, p_1, p_2 zur andern gehören. Die Ebenen $l'p$, $l_1'p_1'$, $l_2'p_2'$ oder π, π_1, π_2, welche durch P gehen, berühren in den Punkten $l'p, \ldots$, und deren Verbindungsebene ist die Polarebene von P nach dem Hyperboloide, welche wir — da sie sich mit der Polarebene von P nach Γ^2 identisch herausstellen wird — mit π' bezeichnen wollen. Es erhellt, dass sie die Strahlen in sich aufnimmt, welche in den drei Ebenen von P durch l', p; l_1', p_1; l_2', p_2 harmonisch getrennt sind. Wenn also in einem besondern Falle l', l_1', l_2' mit p, p_1, p_2 identisch werden, so fallen diese 3 Strahlen selbst in π'.

Sind P', P'' die zu $l \equiv \pi_1\pi_2$ gehörigen cubischen Regelflächen, so liegen l_1' und p_1, l_2' und p_2 in entsprechenden Ebenen der perspectiven Ebenenbüschel um die einfachen Leitgeraden p und l' und unsere Ebene π' ist die Perspectivitäts-Ebene. Sie bleibt daher fest, wenn wir das Polar-Dreikant $\pi\pi_1\pi_2$ so ändern, dass wir π und daher auch l festhalten.

Hat nun aber das Polar-Dreikant $\pi_1'\pi_2'\pi_3'$ mit $\pi_1\pi_2\pi_3$ keine Ebene gemein, so führen wir jenes unter Festhaltung von π_1' und dieses unter Festhaltung von π_1 je in ein Polar-Dreikant über, das die Ebene ($\pi_2\pi_3$, $\pi_2'\pi_3'$) enthält; die Einschiebung dieser beiden Polar-Dreikante zwischen jene lehrt, dass bei allen Polar-Dreikanten von (P) sich dieselbe Ebene π' ergiebt.

Sie wird so eindeutig dem Punkte P zugeordnet.

Nehmen wir dasjenige Polar-Dreikant, das zu dem Vierkant der singulären Strahlen aus P als Diagonal-Dreikant gehört, so sind dieselben drei Linien zugleich l, l_1', l_2' und p, p_1, p_2 (Nr. 573), und wir haben den oben erwähnten Specialfall; ihre Ebene ist also unsere jetzige Ebene π', nach dem früheren Ergebnisse aber auch die Polarebene von P nach Γ^2; und demnach haben wir für dieselbe folgende Construction erhalten.

Es sei $\pi\pi_1\pi_2 \equiv ll_1 l_2$ *ein beliebiges Polar-Dreikant von* (P); *die* Γ^2*-Polaren* l', l_1', l_2' *von* l, l_1, l_2 *gehören dann zu der einen und die Polaren* p, p_1, p_2 *von* P *nach den Curven* (π), (π_1), (π_2) *zur andern Schaar eines Hyperboloids. Die Polarebene von* P *in Bezug auf dasselbe oder die Ebene der drei Strahlen, die von* P *durch* l' *und* p, l_1' *und* p_1, l_2' *und* p_2 *harmonisch getrennt werden, ist die Polarebene von* P *in Bezug auf* Γ^2 *oder in Bezug auf* Φ *als Fläche 4. Ordnung.*

Wir dualisiren: *Es sei* $PP_1P_2 \equiv ll_1l_2$ *ein Polar-Dreieck der Complexcurve* (π); *die* Γ^2*-Polaren* l', l_1', l_2' *von* l, l_1, l_2 *gehören zu der einen und die Polaren* p, p_1, p_2 *von* π *in Bezug auf die Kegel* (P), (P_1), (P_2) *zu der andern Schaar eines Hyperboloids. Der Pol von* π *in Bezug auf dieses Hyperboloid ist fest: der Polarpunkt* P' *der Ebene* π *in Bezug auf* Γ^2 *oder in Bezug auf* Φ *als Fläche 4. Klasse.* Wir unterscheiden: *„Polarpunkt" und „Pol". P ist Pol von* π', *aber nicht Polarpunkt; die Beziehung ist nicht reciprok. Während eine Ebene nur einen Polarpunkt hat, besitzt sie 11 Pole, d. h. ist für 11 Punkte Polarebene,* die 11 Punkte nämlich, in denen sich die ersten Polaren von irgend 3 Punkten in ihr in Bezug auf Φ als Fläche 4. Ordnung, ausser in den 16 Doppelpunkten, durchschneiden.

Wir haben eben gesehen: In jeder Ebene π durch P liegen l', die Γ^2-Polare der Polare l von π nach (P), und p, die Polare von P nach (π), und schneiden sich auf der Polarebene π' von P nach Γ^2 derartig, dass der Schnitt $\pi\pi'$ von P harmonisch getrennt ist durch l' und p.

Daher sind die beiden zu P *gehörigen Congruenzen* (2, 3)', (2, 3)'', *welche durch* l' *und* p *erzeugt werden, in der harmonischen Homologie entsprechend, welche* P *und seine Polarebene* π' *zum Centrum und zur Ebene hat*; die 3 Strahlen in π', so wie die Punkte O_{ik} und der Complexkegel (P) entsprechen sich selbst; die S_i entsprechen den T_i (Nr. 574) und die einem O_{ik} in Bezug auf (2, 3)' zugehörige singuläre Ebene derjenigen, welche ihm für (2, 3)'' zugehört.

579 Es seien l_{12}, l_{12}' die beiden Leitgeraden des Strahlennetzes, in dem sich die Fundamental-Gewinde Γ_1, Γ_2 von Γ^2 durchschneiden; sie

befinden sich, wegen der gegenseitigen Involution der Fundamental-Gewinde, in den vier andern $\Gamma_3, \ldots \Gamma_6$. Wir legen durch l_{12} eine Berührungsebene σ an Φ mit dem Berührungspunkte S; die zweiten Berührungspunkte der 6 in S berührenden Doppeltangenten sind die Nullpunkte von σ in Bezug auf $\Gamma_1, \ldots \Gamma_6$; demnach liegen 4 auf l_{12}.

Die in Bezug auf eine Curve 4. Ordnung mit einem Doppelpunkte genommene erste Polare dieses Punktes hat ihn auch zum Doppelpunkte mit denselben Tangenten und wird von jedem durch ihn gehenden Strahl nochmals in einem Punkte geschnitten, der dem Doppelpunkt harmonisch zugeordnet ist in Bezug auf die beiden weiteren Schnitte mit der Grundcurve. Sie geht durch die Berührungspunkte der 6 vom Doppelpunkte kommenden Tangenten. Von diesen liegen in unserm Falle 4 auf l_{12}; also zerfällt die Polare in diese Gerade und die beiden Doppelpunkts-Tangenten. Der dritte Schnitt mit der Polare liegt immer auf l_{12}. Infolge dessen ist die Curve $\sigma\Phi$ zu sich selbst in harmonischer Homologie mit S und l_{12} als Centrum und Axe. Die weiteren Tangenten aus S haben ihre Berührungspunkte in S, weil nicht auch auf l_{12}; der Doppelpunkt hat also zwei dreipunktige Tangenten, welche dann für Φ vierpunktige Tangenten sind.

Die Nullpunkte von σ für Γ_1, Γ_2 fallen demnach beide in S; das bedeutet, dass S auf der zweiten Leitgeraden l_{12}' von $\Gamma_1 \Gamma_2$ liegt. Unter den Strahlen von (S, σ) befindet sich der singuläre Strahl s; seine weiteren Schnitte mit $\sigma\Phi$ bilden das Complex-Punktepaar (σ); also ist S zu sl_{12} harmonisch in Bezug auf dasselbe, oder S der Pol von l_{12} für diese Complexcurve einer Ebene durch l_{12}; er liegt daher auf der Γ^2-Polare von l_{12}. Eine zweite Berührungsebene durch l_{12} bringt uns einen zweiten Punkt, der auf l_{12}' und dieser Polare liegt; also fallen beide Linien zusammen.

Die 30 Leitgeraden der Strahlennetze, in denen sich zwei Fundamental-Gewinde von Γ^2 durchdringen, haben je die andere Leitgerade zur Polare in Bezug auf Γ^2, so dass wir so 15 Paare von Geraden gefunden haben, bei denen Reciprocität statt hat.

Wir fanden dies schon in Nr. 546 auf andere Weise.

Und da diese Geraden allen consingulären Complexen gemeinsam sind, so gilt es für alle, auch für die Doppelgewinde.

Wenn ein Gewinde Γ doppelt als Complex 2. Grades aufgefasst wird, so ist die Polare einer beliebigen Geraden l genau die Polare in Bezug auf das einfache Gewinde Γ (Nr. 541); gehört aber l zu Γ und damit zu allen Doppelbüscheln in den Ebenen durch sie, so wird der vierte harmonische Punkt und die Γ^2-Polare unbestimmt. In Bezug auf die Doppel-Gewinde Γ_1, Γ_2 sind l_{12}, l_{12}' Polaren; in Bezug aber auf $\Gamma_3, \ldots \Gamma_6$, zu denen l_{12} gehört, ist die Polare unbestimmt und kann l_{12}' sein.

580 Jetzt seien l und l' zwei nicht zu Γ^2 gehörige Geraden, von denen jede die Polare der andern ist. Wir legen wiederum durch l die Ebene σ tangential an Φ; S sei Berührungspunkt, s der singuläre Strahl, B', B'' das Punktepaar (σ) auf ihm; l', als Polare von l, trifft daher s im vierten harmonischen Punkte S' zu sl in Bezug auf B', B''. Nehmen wir an, der Kegel (S') zerfalle nicht; er berührt längs s die singuläre Ebene σ; da l' auch l zur Polare hat, so muss die Polarebene von l' in Bezug auf (S') durch l gehen und mit σ zusammenfallen; aber deren Polare ist s, ein Strahl von Γ^2, was l' nicht sein soll. Also zerfällt (S'). S' kann dann nur der Berührungspunkt S sein; denn z. B. der zu B' gehörige singuläre Strahl muss, als Doppellinie des Ebenenpaars (B'), in der Polarebene von l' nach (B') liegen, sie ist aber windschief gegen die in σ befindliche l, so dass nicht auch diese in derselben Polarebene liegen kann. Somit liegen die Berührungspunkte der vier von l kommenden Tangentialebenen von Φ auf l' und die der Tangentialebenen durch l' auf l. In unserer Berührungsebene σ, deren Berührungspunkt S auf l' liegt, sind 4 von diesem ausgehende Tangenten von $\sigma\Phi$ die Spuren der vier von l' kommenden Tangentialebenen, weil deren Berührungspunkte auf l, also auf σ liegen und damit Berührungspunkte der vier Spuren werden. Daher ist $\sigma\Phi$ zu sich selbst in harmonischer Homologie mit S und l als Centrum und Axe. Die Nullpunkte von σ in Bezug auf 4 Fundamental-Gewinde liegen auf l, die beiden andern in S; demnach ist l jenen Gewinden gemeinsam und die eine Leitgerade des Schnitt-Strahlennetzes der beiden andern; l' ist dann nach dem obigen Beweise die andere Leitgerade.

Also, abgesehen von den Geraden des Complexes, haben nur die 15 Paare Leitgeraden der Fundamental-Strahlennetze die Eigenschaft, gegenseitig Polaren in Bezug auf Γ^2 zu sein.

Diese Geradenpaare, und sie allein, sind so beschaffen, dass die 4 Berührungsebenen der singulären Fläche, die von der einen Geraden kommen, auf der anderen tangiren; 120 Berührungsebenen von Φ schneiden sie in Curven 4. Ordnung, die zu sich selbst in harmonischer Homologie sind; und die Berührungspunkte senden Tangentialkegel an die Fläche mit der nämlichen Eigenschaft.

581 Wir wissen weiter, *die 30 Leitgeraden bilden 15 Fundamental-Tetraeder* (I, Nr. 186); *zwei Gegenkanten eines solchen Tetraeders gehören*

zusammen, und an den drei Strahlennetzen sind alle 6 Fundamental-Gewinde betheiligt. Sei $ABCD \equiv \alpha\beta\gamma\delta$ ein solches Tetraeder.

$A(B, C, D)$ ist Polar-Dreikant des Kegels (A); denn β ist Polarebene von AB, weil CD deren Polare nach Γ^2 ist; u. s. f. Weil ferner auch AB Polare von CD, so ist CD Polare von A nach (β), die sich also mit der Γ^2-Polare von AB vereinigt; analoges gilt für DB, BC, also ist (Nr. 578 Specialfall) α die Polarebene von A. Die duale Betrachtung lehrt, dass A Polarpunkt von α ist.

Daher haben wir in den Ecken und Gegenebenen der 15 Fundamental-Tetraeder solche Punkte und Ebenen, bei denen die Polarität in Bezug auf Γ^2 reciprok ist: die Ecke hat die Ebene zur Polarebene, diese jene zum Polarpunkte.

Es erhebt sich nun wiederum die Frage, ob dies die einzigen derartigen Elementenpaare sind.

Die Polarebene in Bezug auf Γ^2 ist die in Bezug auf Φ, also ist diejenige eines Punktes von Φ dessen Berührungsebene, und ebenso ist, dual, der Polarpunkt einer Tangentialebene von Φ ihr Berührungspunkt. *Demnach bilden die Punkte von Φ und ihre Berührungsebenen solche Elementenpaare.*

Es sei also A, α ein anderes Elementenpaar mit der Eigenschaft der Reciprocität, A nicht mit α incident.

Weil α die Polarebene von A ist, so haben wir in ihr ein Dreieck BCD, dessen Seiten den beiden zu A gehörigen Congruenzen $(2, 3)'$ und $(2, 3)''$ gemeinsam sind; CD, DB, BC sind sowohl Polaren von $A(B, C, D)$ in Bezug auf Γ^2, als auch Polaren von A in Bezug auf die Complexcurven in den Ebenen $A(CD, DB, BC)$.

Weil A Polarpunkt von α ist, so haben wir in α ein Dreieck $B'C'D'$, derartig, dass $A(B', C', D')$, die gemeinsamen Strahlen der zu α gehörigen Congruenzen $(3, 2)'$ und $(3, 2)''$ durch A, Polaren von $C'D'$, $D'B'$, $B'C'$ in Bezug auf Γ^2 und zugleich Polaren von α in Bezug auf die Kegel (B'), (C'), (D') sind. Aus ersterem folgt, dass A Pol von $C'D'$, $D'B'$, $B'C'$ in Bezug auf die Curven in den Ebenen $AC'D'$, $AD'B'$, $AB'C'$ ist oder $C'D'$, ... die Polaren von A und daher in der Congruenz $(2, 3)''$ sich befinden, welche dem A zugehört, also mit den 3 Strahlen CD, DB, BC dieser Congruenz, welche in α schon gelegen sind, sich vereinigen: $C'D'$ mit CD, ..., da das nur Sache der Bezeichnung ist. So zeigt sich, dass in dem Tetraeder

$$ABCD \, (\equiv AB'C'D')$$

jede zwei Gegenkanten in beiderlei Sinne Polaren sind.

Abgesehen von den Punkten der singulären Fläche und den zu-

gehörigen Berührungsebenen, sind die Ecken und die Gegenebenen der Fundamental-Tetraeder von Γ^2 die einzigen Elementenpaare, welche gleichzeitig Punkt und Polarebene, Ebene und Polarpunkt sind.

Bemerken wir noch:

Jedes von den Dreiecken eines Fundamental-Tetraeders ist Diagonal-Dreieck des Vierseits der 4 singulären Strahlen seiner Ebene, jedes der Dreikante Diagonal-Dreikant des Vierkants der singulären Strahlen aus seiner Ecke.

Wir fanden oben in Nr. 579, dass die beiden zu $\mathfrak{C}_1^2$ und $\mathfrak{C}_2^2$ gehörigen Doppeltangenten von Φ, die in einem der Schnittpunkte von l_{12} oder l_{12}' mit Φ berühren, vierpunktige Tangenten sind. Daraus erhellt, dass *die 8 Punkte, in denen Φ von den Leitgeraden eines Fundamental-Strahlennetzes $\Gamma_h \Gamma_i$ getroffen wird, die Begegnungspunkte der Haupttangenten-Curven ϱ_h^8, ϱ_i^8 sind, welche den $\mathfrak{C}_h^2$, $\mathfrak{C}_i^2$ zugehören* (Nr. 551).*)

Die Durchmesser und Cylinderaxen eines Complexes 2. Grades.**)

582 Die Polaren, in Bezug auf Γ^2, der unendlich fernen Geraden des Raums werden, nach Plücker, *Durchmesser des Complexes* genannt, wir bezeichnen sie mit d und je die zugehörige Ebenen-Stellung oder unendlich ferne Gerade mit $\mathfrak{d}$; *die parallelen Ebenen von der Stellung $\mathfrak{d}$ nennt man zum Durchmesser d conjugirt und auch ihn zu den Ebenen.*

Ein Durchmesser d ist also der Ort der Mittelpunkte der Complexcurven in den conjugirten parallelen Ebenen.

Nach der zweiten Eigenschaft der Polare gehen die Polarebenen von $\mathfrak{d}$ nach den Complex-Cylindern, welche ihre Spitzen auf $\mathfrak{d}$ haben, durch d; sie enthalten je die Axen dieser Cylinder, die Polaren *der unendlich fernen Ebene* $\mathfrak{E}$ nach ihnen.

Jeder Durchmesser wird von den Axen aller Complexcylinder getroffen, die den conjugirten Ebenen parallel sind.

Eine Stellung $\mathfrak{d}$ und der unendlich ferne Punkt $\mathfrak{D}$ des polaren Durchmessers d sind Polare und Pol in Bezug auf die unendlich ferne Complexcurve $(\mathfrak{E})$.***)

---

*) Rohn, Math. Annalen Bd. 18 S. 99.

**) Vergl. Plücker, Neue Geometrie des Raumes S. 226, sowie auch W. Stahl, Journal f. Mathem. Bd. 91 S. 21, Bd. 95 S. 215.

***) Statt mit $(\mathfrak{E})$ operirt Plücker mit einer durch diese Curve gehenden Fläche 2. Grades, die er die Charakteristik des Complexes nennt. Die Einführung

Durch jeden unendlich fernen Punkt geht ein Durchmesser, ebenso die Axe eines Cylinders des Complexes; sodass jedem Durchmesser d eine parallele Cylinderaxe a und jeder a ein paralleler d zugeordnet ist.

Die Durchmesser bilden eine Congruenz 3. Ordnung 2. Klasse, die wir $(3, 2)_d$ *nennen wollen, die Cylinderaxen eine ebensolche Congruenz* $(3, 2)_a$.

Jene ist die $(3, 2)'$, diese die $(3, 2)''$, welche zur unendlich fernen Ebene gehören.

Zu beiden Congruenzen gehört, wie wir wissen, der Tangentenbüschel von ($\mathfrak{E}$); diese Tangenten enthalten die Mittelpunkte der Complexparabeln und sind die Berührungskanten, mit $\mathfrak{E}$, der parabolischen Complexcylinder.

Zwei Durchmesser d und d_1, *welche nach unendlich fernen Punkten gehen, die in Bezug auf* ($\mathfrak{E}$) *conjugirt sind, werden* nach Plücker *conjugirt genannt; jeder ist also zu den dem andern conjugirten Ebenen parallel.*

Zwei Cylinderaxen a und a_1 *von derselben Eigenschaft, die also zu conjugirten Durchmessern parallel sind, heissen auch conjugirt.*

Die 3 Durchmesser d, d_1, d_2 oder 3 Cylinderaxen a, a_1, a_2, welche nach den Ecken eines Polardreiecks von ($\mathfrak{E}$) gehen, bilden *ein Tripel conjugirter Durchmesser oder Cylinderaxen.*

Ebenso heissen a und d_1 conjugirt, wenn a zu d, einem conjugirten Durchmesser von d_1, parallel ist, also auch zu den conjugirten Ebenen von d_1 oder was dasselbe, wenn d_1 zu a_1, einer zu a conjugirten Cylinderaxe, parallel ist.

Der obige Satz über das Schneiden eines Durchmessers mit Cylinderaxen kann nun folgendermassen ausgesprochen werden. 583

Alle zu einer Cylinderaxe a_1 *conjugirten Durchmesser d treffen sie; alle zu einem Durchmesser* d_1 *conjugirten Cylinderaxen a treffen ihn.*

Im ersteren Falle entsteht eine cubische Regelfläche $(d;\ a_1)$, *welche* a_1 *zur doppelten und die unendlich ferne Gerade* $\mathfrak{d}_1$, *von welcher der zu* a_1 *parallele Durchmesser* d_1 *die Polare ist, zur einfachen Leitgeraden hat;* denn sie ist, wenn wir den unendlich fernen Punkt von d_1 und a_1 mit $\mathfrak{D}_1$ bezeichnen, nichts anderes als die cubische Regelfläche der Polaren der Strahlen von ($\mathfrak{D}_1$, $\mathfrak{E}$), und a_1 ist die Polare von $\mathfrak{E}$ nach dem Kegel ($\mathfrak{D}_1$), $\mathfrak{d}_1$ aber die Polare von $\mathfrak{D}_1$ nach ($\mathfrak{E}$) (Nr. 567).

---

dieser zudem unbestimmten Fläche complicirt jedenfalls die Betrachtung. — Ferner unterscheidet er hyperboloidische und ellipsoidische Complexe, je nachdem ($\mathfrak{E}$) reell ist oder nicht.

Im zweiten Falle entsteht ebenfalls eine cubische Regelfläche $(a;\ d_1)$. *Für sie ist* d_1 *doppelte und die* $\mathfrak{d}_1$ *einfache Leitgerade.* Denn sie ist die cubische Regelfläche der Polaren von $\mathfrak{E}$ in Bezug auf die Complexkegel aus den Punkten von $\mathfrak{d}_1$ (Nr. 567).

Wenn a_1 des einen Satzes und d_1 des andern parallel sind, so stimmen beide Regelflächen in der unendlich fernen einfachen Leitgeraden überein.

Aus jedem Punkte von a_1 kommt aber noch ein dritter und nicht zu a_1 conjugirter Durchmesser; durch diese Durchmesser entsteht eine Regelschaar, welche die cubische Regelfläche zur Fläche 5. Grades aller a_1 treffenden Strahlen von $(3,\ 2)_d$ vervollständigt. Da solcher Regelschaaren nur ∞^1 sein können, so ergiebt sich jede bei ∞^1 Cylinderaxen, und wir erhalten so *die verbundenen Regelschaaren aus Durchmessern und Cylinderaxen, welche die Confocalität der beiden Congruenzen* $(3,\ 2)_d$ *und* $(3,\ 2)_a$ *bewirken.*

Jede der cubischen Regelflächen $(d;\ a_1)$ oder $(a;\ d_1)$ hat natürlich nicht ihre einfache Leitgerade, d. h. die mit einfachen Punkten, sondern ihre doppelte, d. h. die, deren Ebenen einfache Berührungsebenen sind, in der andern Congruenz, da es sich hier um duale Verhältnisse handelt (vergl. Nr. 572).

584 *Es seien* $d,\ d_1,\ d_2$ *drei conjugirte Durchmesser von* Γ^2, $a,\ a_1,\ a_2$ *die zu ihnen parallelen Cylinderaxen, ebenfalls zu einander conjugirt;* dann werden $a_1,\ a_2$ von d, $a_2,\ a$ von d_1, $a,\ a_1$ von d_2 getroffen. *Also gehören* $d,\ d_1,\ d_2$ *zur einen und* $a,\ a_1,\ a_2$ *zur andern Schaar eines Hyperboloids* (vergl. Nr. 578); *und die 3 Paare paralleler Ebenen* $ad_1,\ a_1d;\ ad_2,\ a_2d;\ a_1d_2,\ a_2d_1$ *erzeugen ein Parallelopiped, das* a *und* d, a_1 *und* d_1, a_2 *und* d_2 *zu Gegenkanten und mit dem eben genannten Hyperboloide den Mittelpunkt gemeinsam hat.* Plücker nennt es *ein Central-Parallelopiped des Complexes.* Wir wollen nun nachweisen, dass alle diese ∞^3 Parallelopipede denselben Mittelpunkt haben.

In der Schaar der Erzeugenden d *der cubischen Regelfläche* $(d;\ a_1)$ *haben wir zwei Involutionen. In der einen sind,* nach bekannter Eigenschaft der cubischen Regelfläche, *zwei erzeugende Durchmesser* $d,\ d'$ *gepaart, die von demselben Punkte der doppelten Leitgeraden* a_1 *ausgehen. In der andern aber sind zwei conjugirte Durchmesser* d *und* d_2 *gepaart,* die mit dem zu a_1 parallelen Durchmesser d_1 ein Tripel bilden; denn sie gehen nach gepaarten Punkten der Involution der in Bezug auf $(\mathfrak{E})$ conjugirten Punkte auf der einfachen Leitgeraden $\mathfrak{d}_1$.

In der ersten Involution sind insbesondere die beiden von $\mathfrak{D}_1$ (dem unendlich fernen Punkte von d_1 und a_1) kommenden Tangenten von

$(\mathfrak{C})$ gepaart; sie gehen, da $\mathfrak{d}_1$ die Polare von $\mathfrak{D}_1$ nach $(\mathfrak{C})$ ist, nach den Doppelpunkten der Involution auf $\mathfrak{d}_1$ und sind daher die Doppelstrahlen der zweiten Involution. *Also sind diese beiden Involutionen harmonisch:* auch die Doppelstrahlen der ersten bilden ein Paar der zweiten, und die Strahlen, welche zu den beiden Strahlen eines Paars der einen in der andern gepaart sind, bilden wiederum ein Paar der ersten.*)

Wenn also die beiden erzeugenden Durchmesser d, d' von $(d; a_1)$ von dem Punkte A von a_1 ausgehen, so müssen die conjugirten erzeugenden Durchmesser d_2, d_2' die a_1 auch in demselben Punkte A_2 treffen. In den Centralparallelopipeden, die zu dd_1d_2, aa_1a_2 und $d'd_1d_2'$, $a'a_1a_2'$ gehören und welche die Gegenkanten d_1, a_1 gemein haben, sind auch die Gegenebenen da_2, d_2a des einen mit den Gegenebenen $d'a_2'$, $d_2'a'$ des andern identisch, weil die einen wie die andern die Punkte A, A_2 mit $\mathfrak{d}_1$ verbinden.

Die Punkte A, A_2 bestimmen sich gegenseitig eindeutig und involutorisch. Da die beiden unendlich fernen Erzeugenden von $(d; a_1)$ die Doppelstrahlen der zweiten der obigen Involutionen sind, also jede zu sich selbst conjugirt ist, so ergiebt sich der unendlich ferne Punkt $\mathfrak{D}_1$ als der eine Doppelpunkt der eben erwähnten Involution (A, A_2) auf a_1 oder $\mathfrak{C}$ als die eine Doppelebene der Involution $\mathfrak{d}_1(A, A_2)$.

Sei μ die andere — die einzige endliche Ebene von der Stellung $\mathfrak{d}_1$, in welche zwei conjugirte Durchmesser fallen —, so sind die Ebenen $\mathfrak{d}_1A$ und $\mathfrak{d}_1A_2$ von ihr zu beiden Seiten gleich weit entfernt. Also:

Alle ∞^1 Centralparallelopipede, welche einen festen Durchmesser d_1 und seine parallele Cylinderaxe a_1 zu Gegenkanten haben, haben die beiden zu diesen nicht parallelen Gegenebenen von einer festen Ebene μ, welche die Stellung $\mathfrak{d}_1$ hat, zu welcher d_1 polar ist, zu beiden Seiten gleich weit entfernt und infolge dessen den nämlichen Mittelpunkt, weil ja auch die Mittelparallele zwischen d_1 und a_1 fest ist.

Ist d zu d_1 conjugirt und a zu d parallel, also zu a_1 conjugirt, so haben alle Centralparallelopipede, welche d und a zu Gegenkanten haben, denselben Mittelpunkt wie die mit d_1, a_1 als Gegenkanten, weil in beiden Systemen sich dasjenige befindet, das zu dd_1d_2, aa_1a_2 gehört, wobei d_2, a_2 Durchmesser und Cylinderaxe sind, welche die Tripel vervollständigen.

---

*) Ueberträgt man zwei solche Involutionen auf einen Kegelschnitt S^2, so sind die beiden Involutionscentren $\mathfrak{J}$, $\mathfrak{J}_1$ in Bezug auf denselben conjugirt; man findet leicht, dass, wenn bei dieser Lage von $\mathfrak{J}$, $\mathfrak{J}_1$ ein Strahl durch $\mathfrak{J}$ den S^2 in X, X' schneidet und $\mathfrak{J}_1X$, $\mathfrak{J}_1X'$ zum zweiten Male in Y, Y' treffen, YY' durch $\mathfrak{J}$ geht.

Sind endlich d und d' zwei beliebige Durchmesser von Γ^2, $\mathfrak{d}$, $\mathfrak{d}'$ die unendlich fernen Geraden, zu denen sie polar sind, d_1 der Durchmesser nach dem Punkte $\mathfrak{d}\mathfrak{d}'$ und a, a', a_1 die parallelen Cylinderaxen, so haben sowohl die Centralparallelopipede mit d, a als Gegenkanten, als die mit d', a' als Gegenkanten denselben Mittelpunkt, wie die mit d_1, a_1 als Gegenkanten.

Mithin haben in der That alle Centralparallelopipede eines Complexes 2. Grades denselben Mittelpunkt, der auch gemeinsamer Mittelpunkt aller Hyperboloide ist, die in der einen Schaar 3 conjugirte Durchmesser, in der andern die 3 parallelen conjugirten Cylinderaxen haben.

Plücker nennt ihn *den Mittelpunkt M des Complexes.*

In Bezug auf diesen Mittelpunkt M des Complexes sind die beiden Congruenzen $(3, 2)_d$ *und* $(3, 2)_a$ *der Durchmesser und Cylinderaxen zu einander symmetrisch;* denn je ein Durchmesser d und eine Cylinderaxe a, welche parallel sind, liegen zugleich auf einem Hyperboloide, welches M zum Mittelpunkt hat.

Aber für den Complex ist M kein Symmetriecentrum; denn da die Cylinderaxen im allgemeinen nicht durch M gehen, so würde, wenn die Symmetrie bestände, jeder Complexcylinder einen zweiten zu ihm parallelen fordern, was dem Grade des Complexes widerspricht.

Wird die duale Construction von Nr. 578 auf die unendlich ferne Ebene angewandt, so werden die beiden dortigen Geradengruppen l', l_1', l_2' und p, p_1, p_2 zwei Tripel d, d_1, d_2; a, a_1, a_2 von conjugirten Durchmessern und parallelen Cylinderaxen. Der Satz vom festbleibenden Mittelpunkte der Hyperboloide (d, d_1, d_2; a, a_1, a_2) und zugehörigen Central-Parallelopipede ist also nur eine Folge des früheren Satzes, und *der Mittelpunkt des Complexes ist einfach der Polarpunkt der unendlich fernen Ebene.*

585 *Die singulären Elemente der Congruenzen der Durchmesser und Cylinderaxen* ergeben sich durch Dualisirung der früheren Ergebnisse; es ist jedoch vielleicht nicht ohne Werth, wenn sie in Kürze aufgeführt werden:

Wenn $\mathfrak{S}_i$, σ_i die singulären Punkte und Ebenen sind, die (in Bezug auf Γ^2) zu den 4 in der unendlich fernen Ebene $\mathfrak{E}$ gelegenen singulären Strahlen $\mathfrak{f}_i$ gehören, so sei τ_i die Mittelebene des Parallelebenen-Paars ($\mathfrak{S}_i$); ferner sei, da jede der 6 Geraden $\mathfrak{h}_{ik} \equiv \mathfrak{S}_i\mathfrak{S}_k$ eine Gerade h ist, ω_{ik} die andere Doppelebene der Doppel-Ebeneninvolution derselben neben $\mathfrak{E}$. Dann sind die 15 Ebenen $\mathfrak{E}$, σ_i, τ_i, ω_{ik} die singulären Ebenen für $(3, 2)_d$ und $(3, 2)_a$; für jene sind $\mathfrak{E}$ und die τ_i, für diese $\mathfrak{E}$ und die σ_i vom 2. Grade. Zu den singulären Ebenen 1. Grades gehören als singuläre Punkte: erstens zu den σ_i, bezw. τ_i die $\mathfrak{S}_i$; zweitens, wenn wir den Schnitt von ω_{ik} mit $\sigma_i \sigma_k$, durch den auch ω_{lm} geht, mit $\mathfrak{R}_{ik}$ bezeichnen, zu ω_{ik} die $\mathfrak{R}_{ik}$, bezw. $\mathfrak{R}_{lm}$.

Wir fanden (Nr. 583) *verbundene Regelschaaren, die bezw. aus Durchmessern und Cylindern bestehen;* jede Gerade a_1, d_1 aus der andern Schaar bestimmt, als Leitgerade, eine solche Schaar; da es nun in $(\mathfrak{S}_i, \sigma_i)$, bezw. $(\mathfrak{S}_i, \tau_i)$ je einen Strahl giebt, welcher a_1, bezw. d_1 trifft, so geht die Schnittcurve, mit $\mathfrak{E}$, der Trägerfläche zweier derartigen Schaaren durch die vier Punkte $\mathfrak{S}_i$; und umgekehrt, jeder Kegelschnitt in $\mathfrak{E}$ durch diese 4 Punkte scheidet aus jeder der beiden Congruenzen $(3, 2)_d$, $(3, 2)_a$ eine Regelschaar aus (nach Absonderung von $(\mathfrak{E})$ doppelt und 4 Strahlenbüscheln, vergl. dual Nr. 575). Jeder Durchmesser der einen Schaar hat die parallele Cylinderaxe in der andern; so *ist der Mittelpunkt M auch Mittelpunkt des tragenden Hyperboloids.*

Solche Hyperboloide, die ganz mit Durchmessern, bezw. Cylinderaxen erfüllt sind, haben wir ∞^1; sie sind wohl zu unterscheiden von den ∞^3 Hyperboloiden, die in der einen Schaar 3 conjugirte Durchmesser, in der andern die parallelen Cylinderaxen haben und für welche M ebenfalls Mittelpunkt ist.

Die unendlich fernen Kegelschnitte dieser letzteren Hyperboloide sind Polardreiecken von $(\mathfrak{E})$ oder $(\mathfrak{E})$ harmonisch umgeschrieben; die der obigen bilden den Büschel durch die $\mathfrak{S}_i$, zu welchem $(\mathfrak{E})$ auch gehört. In diesem Büschel giebt es einen Kegelschnitt, welcher $(\mathfrak{E})$ harmonisch umgeschrieben ist; und dieser führt dann zu *zwei verbundenen Regelschaaren, welche nicht blos ein, sondern ∞^1 Tripel conjugirter Durchmesser, bezw. Cylinderaxen enthalten.*

Wird ein Geradenpaar des Büschels genommen, z. B. $(\mathfrak{S}_1 \mathfrak{S}_2, \mathfrak{S}_3 \mathfrak{S}_4)$, so besteht die Regelschaar der Durchmesser aus $(\mathfrak{R}_{12}, \omega_{12})$, $(\mathfrak{R}_{34}, \omega_{34})$ und die der Cylinderaxen aus $(\mathfrak{R}_{12}, \omega_{34})$, $(\mathfrak{R}_{34}, \omega_{12})$. *Danach sind $\mathfrak{R}_{12}$ und $\mathfrak{R}_{34}$, $\mathfrak{R}_{13}$ und $\mathfrak{R}_{24}$, $\mathfrak{R}_{14}$ und $\mathfrak{R}_{23}$ in Bezug auf M symmetrisch; während die Ebenen ω alle durch M gehen.*

Ferner sind die σ_i und τ_i, die in den in Bezug auf M symmetrischen Congruenzen zu den unendlich fernen $\mathfrak{S}_i$ gehören, *symmetrisch.*

Endlich haben wir 3 durch M gehende Durchmesser, offenbar:

$$\mathfrak{R}_{12}\mathfrak{R}_{34} \equiv \omega_{12}\omega_{34}, \quad \mathfrak{R}_{13}\mathfrak{R}_{24} \equiv \omega_{13}\omega_{24}, \quad \mathfrak{R}_{14}\mathfrak{R}_{23} \equiv \omega_{14}\omega_{23},$$

welche sich mit den parallelen Cylinderaxen vereinigen. Weil ω_{12} durch $\mathfrak{S}_1\mathfrak{S}_2$, ω_{34} durch $\mathfrak{S}_3\mathfrak{S}_4$ geht, so laufen diese 3 Durchmesser-Cylinderaxen nach den Diagonalpunkten des Vierecks $\mathfrak{S}_i$, also nach einem

Tripel conjugirter Punkte von (𝔈) und sind *conjugirt;* jede von diesen 3 Geraden ist nach Γ^2 polar zu der Seite des Diagonaldreiecks, durch deren Gegenecke sie geht (vergl. dual Nr. 573).

Die Polarität in Bezug auf eine Congruenz 2. Grades.

586 In Bezug auf einen Complex 2. Grades Γ^2 gehört zu jedem Strahle l des Raums ein Polar-Strahlennetz, dessen Leitgerade l und seine Polare l' nach Γ^2 sind, und ein Büschel von Polargewinden, den Gewinden durch dieses Netz.

Ebenso gehört in Bezug auf eine Congruenz 2. Grades $\mathfrak{C}^2$ *zu jedem Strahle* l *des Gewindes* Γ, *in dem sie enthalten ist, eine Polar-Regelschaar und ein Büschel von Polar-Strahlennetzen. Jene entsteht durch die vierten harmonischen Strahlen in den* ∞^1 *durch* l *gehenden Strahlenbüscheln von* Γ, *welche dem* l *zugeordnet sind in Bezug auf die beiden Strahlen von* $\mathfrak{C}^2$. *Sie hat* l *zur Leitgeraden und liegt in* Γ; *die Polar-Strahlennetze sind die durch diese Regelschaar gehenden Strahlennetze dieses Gewindes.* Polar-Regelschaar und Polar-Strahlennetze von l in Bezug auf $\mathfrak{C}^2$ sind, wie man leicht erkennt, Schnitte, mit Γ^2, des Polar-Strahlennetzes und der Polargewinde des Strahls l in Bezug auf irgend einen durch $\mathfrak{C}^2$ gehenden Complex Γ^2.

Man erkennt sofort: *Gehört* m *zur Polar-Regelschaar von* l, *so gehört* l *zur Polar-Regelschaar von* m. *Die Leitgeraden der Polar-Strahlennetze* — je polar zu einander in Bezug auf Γ — *erfüllen die Leitschaar der Polar-Regelschaar involutorisch; die Doppelstrahlen dieser Involution sind die beiden zu* Γ *gehörigen Strahlen dieser Leitschaar. Einer von ihnen ist* l; *den andern nennen wir die Polare* l' *von* l *in Bezug auf* $\mathfrak{C}^2$.

Bildet man Γ nach I Nr. 202 in den Punktraum Σ_1 ab und zwar so, dass der Hauptstrahl u in $\mathfrak{C}^2$ sich befindet, so geht diese Congruenz in eine cubische Fläche c_1^3 über, auf der die Hauptcurve k_1^2 liegt. Der Kegel, welcher k_1^2 aus dem Bilde L_1 von l projicirt, schneidet c_1^3 in einer Raumcurve 4. Ordnung 1. Art; die gemeinsame Polarebene von L_1 für alle Flächen 2. Grades durch dieselbe trifft ihn in dem Bild-Kegelschnitte der Polar-Regelschaar von l. Die Spitze des zweiten Kegels 2. Grades durch ihn und k_1^2 ist das Bild der Polare l' von l.

Wenn l zu $\mathfrak{C}^2$ gehört, so zerfällt die Polar-Regelschaar in die beiden Strahlenbüschel (F_1, φ_1), (F', φ'), wo F_1, F' die Brennpunkte von l und φ_1, φ' die ihnen bezw. associirten Brennebenen sind; die

Leitschaar besteht aus (F_1, φ'), (F', φ_1), die in Bezug auf Γ zu einander polar sind; beide Büschel haben mit Γ nur l gemein; also *vereinigt sich die Polare eines Strahls von* C^2 *mit demselben.*

Ist aber l einer von den singulären Strahlen von C^2 (Nr. 550), 587
der die Brennfläche Φ' vierpunktig berührt und bei dem also die Brennpunkte sich in dem Berührungspunkte und die Brennebenen in der zugehörigen Berührungsebene vereinigt haben, so fallen alle vier Büschel in den Tangentenbüschel (F, φ) von Φ' zusammen, der ganz zu Γ gehört, während ein beliebiger Tangentenbüschel von Φ' nur einen Strahl von Γ enthält: den Strahl von C^2.

Alle Strahlen des Tangentenbüschels (F, φ), der, doppelt gerechnet, Polar-Regelschaar und Leitschaar ist, gehören zu Γ. *Ein solcher singulärer Strahl der* C^2 *hat mithin alle Tangenten der Brennfläche* Φ', *die in demselben Punkte berühren, zu Polaren.* Und weil jeder von den Strahlen dieser doppelten Leitschaar zu sich selbst polar ist nach Γ, so *sind alle Polar-Strahlennetze singulär.*

Wir wissen (Nr. 550), dass *die singulären Strahlen von* C^2 *eine Regelfläche 8. Grades* P^8 *und ihre Berührungspunkte eine Curve 8. Ordnung* ϱ^8 *auf* Φ' *erzeugen, welche auf dieser Fläche eine Haupttangenten-Curve ist,* so dass die ihren Punkten zugehörigen Tangentialebenen von Φ' zugleich Schmiegungsebenen von ϱ^8 oder die eben besprochenen zu Γ gehörigen Tangentenbüschel von Φ' Schmiegungsstrahlen-Büschel von ϱ^8 sind.

Diese Büschel erzeugen eine Congruenz 8. Grades.

Segre*) nennt die Curve ϱ^8 *die singuläre Curve der Congruenz* C^2. Nun habe ich diese Benennung für Congruenzen schon in zweierlei Sinne angewandt. Wenn in eine Ebene ∞^1 Strahlen einer Congruenz fallen, so habe ich diese Ebene und die von den Strahlen umhüllte Curve singulär genannt. Zweitens habe ich bei einer Congruenz, wenn sie ∞^1 singuläre Punkte besitzt, d. h. solche, von denen je ∞^1 Strahlen zur Congruenz gehen, die Curve derselben singulär genannt, und zwar meistens, wenn auch leider nicht immer, singuläre *Linie.*

Ich möchte vorziehen, unsere jetzige Curve *Berührungscurve der singulären Strahlen* oder kürzer *singuläre Berührungscurve* zu nennen.

Unter den singulären Strahlen von C^2 haben wir wieder solche *zweiter Ordnung.* Es ist das in jedem der 16 singulären Strahlenbüschel (S, σ) von C^2 derjenige, der je im Scheitel S den Kegelschnitt

---

*) Sulla geometria della retta etc. Nr. 149. Auf diese Abhandlung ist auch wegen des ganzen Abschnittes zu verweisen.

$[\sigma]$, längs dessen σ die Φ' tangirt, berührt, oder längs dessen der Anschmiegungskegel $[S]$ von σ berührt wird. *Während im vorigen Falle der Tangentenbüschel zu Γ gehört, gehört er jetzt zu $\mathfrak{C}^2$.*

Zunächst ergiebt sich, dass *die singuläre Berührungscurve ϱ^8 durch die 16 singulären Punkte S von $\mathfrak{C}^2$ geht und in ihnen die zugehörigen singulären Ebenen σ osculirt.*

In einem beliebigen Punkte von ϱ^8 ist der singuläre Strahl von $\mathfrak{C}^2$, der in ihm vierpunktig die Φ' tangirt, die eine Haupttangente, die andre ist Tangente von ϱ^8; in einem Punkte von $[\sigma]$ fallen beide Haupttangenten zusammen. *Die singulären Strahlen 2. Ordnung sind daher Tangenten der singulären Berührungscurve in den singulären Punkten S.*

588 Kehren wir zur Polare l' einer Geraden l in Bezug auf $\mathfrak{C}^2$ zurück, um, analog wie bei Γ^2, die gegenseitige Bewegung zu untersuchen.

Es durchlaufe l einen Strahlenbüschel (P, π) von Γ; ist dann (P', π') ein zweiter, so haben wir auf PP' eine involutorische Correspondenz [2], in der zwei Punkte sich entsprechen, welche die Schnitte mit den beiden Congruenzstrahlen einer Ebene durch PP' sind. Zwei Paare entsprechender Punkte sind zu P und P' harmonisch; daraus folgt, dass für 2 Strahlen von (P, π) ein erzeugender Strahl der Polar-Regelschaar in (P', π') fällt.

Die Polar-Regelschaaren der Strahlen eines Büschels von Γ erzeugen eine Congruenz 2. Grades in Γ.

Die beiden Strahlen g_1, g_2 der $\mathfrak{C}^2$ im Büschel (P, π) sind Doppelstrahlen derselben; für jeden von ihnen zerfällt die Polar-Regelschaar in zwei Strahlenbüschel, welche ihn gemeinsam haben, so dass mit einem beliebigen Punkte oder einer beliebigen Ebene des Strahls kein anderer Strahl der Congruenz incidirt; die genannten Büschel sind die beiden binären Büschel durch jeden der Doppelstrahlen, $g_1 g_2$ ist der quaternäre (II, Nr. 404).

Diese Congruenz ist mit der in II, Nr. 408 besprochenen identisch; denn der dort je nach O — hier P — gezogene Strahl, dem der erzeugende Strahl harmonisch zugeordnet ist, ist ein Strahl von Γ, also von (P, π).

Die Polar-Regelschaaren der Strahlen von (P, π) gehen nicht durch die Doppelstrahlen, also bilden ihre Leitschaaren die einzige confocale Congruenz 2. Grades; für sie sind g_1, g_2 auch Doppelstrahlen (II, Nr. 407).

Zu ihr gehört der Büschel (P, π) ebenfalls, sind ja seine Strahlen Leitgeraden ihrer Polar-Regelschaaren. Also hat sie mit Γ noch eine cubische Regelfläche gemein, den Ort der Polaren l'.

Die Polaren, in Bezug auf $\mathfrak{C}^2$, *der Strahlen eines Büschels von* Γ *erzeugen eine cubische Regelfläche in* Γ; *zu ihr gehören die beiden Geraden von* $\mathfrak{C}^2$ *im Büschel;* daher geht die doppelte Leitgerade durch den Scheitel desselben und die einfache liegt in seiner Ebene.

Lassen wir nunmehr l *ein Strahlennetz* $[p, p']$ *in* Γ *durchlaufen, so* 589
erfüllt die Polar-Regelschaar das ganze Gewinde Γ *und zwar doppelt;* denn weil die Polar-Regelschaar einer beliebigen Geraden von Γ 2 Strahlen mit dem Netze gemeinsam hat, so gehen deren und nur deren Polar-Regelschaaren durch jene.

Um den Grad des Complexes zu gewinnen, den die Leitschaaren erzeugen, betrachten wir wiederum zwei beliebige Strahlenbüschel (P, π), (P', π') von Γ; die beiden Congruenzen 2. Grades der Polar-Regelschaaren ihrer Strahlen (oder zwei Complexe 2. Grades, welche sie in Γ einschneiden) haben mit dem Netze $[p, p']$ $2.2.2.1.1 = 8$ Grade gemein (I, Nr. 34). Die Polar-Regelschaar einer jeden dieser 8 Geraden hat also mit (P, π) und mit (P', π') einen Strahl gemeinsam.

Nun sei (O, ω') ein beliebiger Büschel; so wenden wir das Resultat auf die beiden Büschel (O, ω), (O', ω') von Γ an; diese haben einen Strahl gemeinsam, und unter den 8 Regelschaaren befinden sich die beiden durch ihn gehenden. Es bleiben also 6 Strahlen im Netze, deren Polar-Regelschaaren einen Strahl in (O, ω) und einen davon verschiedenen in (O', ω') und also eine Leitgerade in (O, ω') senden.

Die Leitschaaren der Polar-Regelschaaren der Strahlen eines Strahlennetzes in Γ *in Bezug auf* $\mathfrak{C}^2$ *erzeugen einen Complex 6. Grades, zu dem das Netz vollständig gehört,* weshalb er mit Γ noch eine Congruenz 5. Grades gemein hat.

Die Polaren, in Bezug auf $\mathfrak{C}^2$, *der Strahlen eines Strahlennetzes in* Γ *erzeugen eine Congruenz 5. Grades.*

Die einem Strahlenbüschel in Γ entsprechende cubische Regelfläche hat mit einem Strahlennetze von Γ 3 Gerade und die einem Strahlennetze von Γ entsprechende Congruenz 5. Grades mit einem Strahlenbüschel von Γ 5 Gerade gemein; also:

Die Geraden von Γ, *deren Polaren in Bezug auf* $\mathfrak{C}^2$ *einen Strahlenbüschel, ein Strahlennetz von* Γ *erfüllen, erzeugen eine Regelfläche 5. Grades, eine Congruenz 3. Grades.*

Daraus schliesst man wieder, dass *die Polaren der Strahlen einer Congruenz* n^{ten} *Grades, einer Regelfläche* n^{ten} *Grades in* Γ *eine Congruenz* $5n^{\text{ten}}$ *Grades, eine Regelfläche* $3n^{\text{ten}}$ *Grades erzeugen.*

Die Regelfläche 5. Grades und die Congruenz 3. Grades der Strahlen l, deren Polaren l' ein Strahlenbüschel, bezw. ein Strahlennetz erfüllen, haben (I, Nr. 205) 15 Schnittstrahlen.

Die Congruenz 8. Grades der Schmiegungsstrahlen von ϱ^8 oder der Polaren der singulären Strahlen von C^2 hat mit dem Strahlenbüschel 8 Gerade gemein; einem jeden entspricht ein Schmiegungsstrahlen- oder Polarenbüschel, der mit dem Netze einen Strahl gemeinsam hat. Somit haben wir unter den 15 Strahlen 8 singuläre Strahlen von C^2, von denen eine der ∞^1 Polaren im Büschel, eine andere im Netz sich befindet. Die 7 übrigen haben den gemeinsamen Strahl beider zur Polare.

Zu dem Strahle l' von Γ giebt es 7 Strahlen l, deren Polare in Bezug auf C^2 er ist.

Die Regelfläche 4. Grades mit zwei doppelten Leitgeraden (I. Art).

590 *Die Regelfläche 4. Grades ϱ^4 mit zwei doppelten Leitgeraden u, v,**) mit der wir uns schon in I, Nr. 40 und dann wiederum in II, Nr. 416, 417 beschäftigt haben, müssen wir noch eingehender betrachten.

Jede Regelschaar ϱ, welche durch 2 Erzeugende h, h_1 von ϱ^4 geht und die Leitgeraden u, v in ihrer Leitschaar hat, schneidet noch zwei andere Erzeugende l, l_1 aus; denn die Erzeugende von ϱ^4, welche durch einen Punkt des weiteren Schnitts 2. Ordnung mit der Trägerfläche von ϱ geht, trifft letztere dreimal und ist eine Gerade von ϱ.

Die ∞^1 möglichen ϱ geben ∞^1 solche Dupel ll_1 (Nr. 554), und jede Erzeugende von ϱ^4 gehört zu einem.

Nennen wir dies System von Dupeln *Involution* wegen der gegenseitig eindeutigen und gleichartigen Bestimmung jeder der beiden Geraden eines Dupels durch die andere, erinnern uns aber, dass der Träger dieser Involution nicht vom Geschlechte 0 ist und dass daher die Sätze der gemeinen Involution nicht gelten: wir werden z. B. bald finden, dass sie nicht 2, sondern 4 Doppelstrahlen hat.**)

Jede derartige Involution auf ϱ^4 ist mit einer andern verbunden.

---

*) Unter „Regelfläche 4. Grades" ist künftighin, wenn nichts anderes gesagt wird, diese gemeint.

**) Ueber eindeutige Beziehungen, insbesondere Involutionen auf Trägern vom Geschlechte 1 vergl. man verschiedene Abhandlungen von Em. Weyr in den Wiener Sitzungsberichten, insbes. Bd. 87 (1883) S. 837: Ueber eindeutige Beziehungen auf einer allgemeinen ebenen Curve 3. Ordnung; ferner Bd. 88, 90, 95—101; sowie Küpper in den Prager Abhandlungen von 1893.

Ersetzt man nämlich hh_1 durch ein Dupel unserer Involution, so ergiebt sich eine zweite Involution, von der offenbar hh_1 ein Dupel ist. Diese kann ebenso gut aus jedem andern Dupel der ersten Involution abgeleitet werden. Dazu haben wir zu beweisen, dass, wenn $hh_1\, ll_1$, $hh_1\, l'l_1'$, $ll_1\, h'h_1'$ je in einer Regelschaar sich befinden, dies auch für $h'h_1'\, l'l_1'$ gilt.

Zu dem Ende schneiden wir die Regelfläche ϱ^4 mit einer Berührungsebene τ; die Curve 3. Ordnung C^3 in derselben trifft die ergänzende Erzeugende g_0 im Berührungspunkte T und auf u, v in U, V. Die Spuren der 8 obigen Erzeugenden in τ bezeichnen wir mit H, $\ldots L_1'$. Dann liegen $UVHH_1LL_1$, $UVHH_1L'L_1'$, $UVH'H_1'LL_1$ je auf einem Kegelschnitte; LL_1 und $L'L_1'$ haben den nämlichen dritten Schnitt mit C^3, den Gegenpunkt $\mathfrak{L}$ zu $UVHH_1$, ebenso HH_1, $H'H_1'$ denselben dritten Schnitt $\mathfrak{H}$, den Gegenpunkt zu $UVLL_1$. Ferner liegen $\mathfrak{H}$, $\mathfrak{L}$ mit T, dem dritten Schnitte von UV, in gerader Linie, da $UVHH_1LL_1$ auf demselben Kegelschnitte gelegen sind. Daraus folgt, dass $UVH'H_1'L'L_1'$ auf einem Kegelschnitte liegen und daher $h'h_1'l'l_1'$ auf der Fläche 2. Grades sich befinden, die diesen Kegelschnitt mit u, v verbindet, und zwar in der andern Schaar als u, v.

*Die weiteren Strahlen in τ durch $\mathfrak{H}$ gehen durch die Spuren der Dupel der h-Involution I_h und die durch $\mathfrak{L}$ durch die Spuren der Dupel der l-Involution I_l.**)

Die Tangenten aus $\mathfrak{H}$, bezw. $\mathfrak{L}$ an C^3 geben in jeder der beiden verbundenen Involutionen die 4 Dupel mit vereinigten Geraden oder die vier Doppelstrahlen.**)

Drehen wir $T\mathfrak{H}\mathfrak{L}$ um T in τ, so erhalten wir ∞^1 Paare solcher verbundenen Involutionen I_h, I_l; die 4 Tangenten an C^3 aus T liefern uns 4 Paare, deren beide Involutionen in eine zusammengefallen sind; so dass bei einer von diesen 4 Involutionen jede zwei Dupel derselben Regelschaar angehören.

---

*) Betrachten wir die Involution, welche durch eine solche von ϱ^4 getragene Involution auf einem beliebigen ebenen Schnitte C^4 hervorgerufen wird, so haben wir es mit der Correspondenz-Formel von Cayley-Brill (Brill, Math. Annalen Bd. 7 S. 607) zu thun. Für diese Involution ist $\varkappa = \lambda = 1$, $p = 1$; $\gamma = 1$, denn der zu einem Punkte X gepaarte Punkt wird durch einen Kegelschnitt eingeschnitten, der durch die beiden Doppelpunkte, zwei andere feste Punkte der C^4 und den X selbst geht; also ist dieser nach Brill's Bezeichnung ein einwerthiger Schnittpunkt; und die Correspondenz-Formel (S. 611) giebt: $P = \varkappa + \lambda + 2p\gamma = 4$ Coincidenzen. Ein Strahlenbüschel schneidet in C^4 eine Correspondenz, für welche $\varkappa' = \lambda' = 3$; $\gamma' = 1$; beide Correspondenzen sind symmetrisch; also ist die Zahl der gemeinsamen Paare: $\frac{1}{2}(\varphi\varphi') = \varkappa\varkappa' - p\gamma\gamma' = 2$ (Brill S. 611). Diese 2 gemeinsamen Paare bedeuten, dass die Verbindungslinien der gepaarten Punkte der ersten Correspondenz oder Involution einen Kegelschnitt umhüllen.

**) Vergl. auch Weiler, Zeitschrift für Mathematik und Physik Jg. 27 S. 261.

Ferner haben wir eine Lage von $T\mathfrak{H}\mathfrak{L}$, bei welcher $\mathfrak{H}$ in U, $\mathfrak{L}$ in V fällt. Die beiden Erzeugenden von ϱ^4, deren τ-Spuren in gerader Linie mit U liegen, liegen in einer Ebene durch u und schneiden sich auf v. So erhalten wir lauter Dupel, deren Gerade sich auf u schneiden, und im andern Falle lauter Dupel, bei denen der Schnittpunkt auf v liegt. Also:

Auf einer Regelfläche 4. Grades I. Art giebt es ∞^1 *Paare verbundener Involutionen* I_h, I_l. *Jede zwei Erzeugende legen zwei so verbundene Involutionen fest, in deren einer sie ein Dupel bilden.*

Zwei Dupel aus verbundenen Involutionen befinden sich stets in der nämlichen Regelschaar.

Jede dieser Involutionen hat 4 Doppelstrahlen.

Es giebt 4 Involutionen, welche mit den verbundenen identisch sind, so dass zwei Dupel einer von diesen Involutionen sich immer in derselben Regelschaar befinden.

Ferner haben wir noch ein anderes ausgezeichnetes Paar verbundener Involutionen: die Dupel der einen bestehen aus den je von demselben Punkte von u *ausgehenden* (oder in derselben Ebene von v gelegenen), *die der andern aus den je von demselben Punkte von* v *ausgehenden Erzeugenden.* Die verbindenden Regelschaaren sind in diesem Falle durchweg Büschelpaare.

In den andern Involutionen bestehen die Dupel durchweg aus windschiefen Geraden.

591 Nehmen wir an, *die Correspondenz* [2, 2], *welche durch den Erzeugenden einer Regelfläche* ϱ^4 *auf den beiden Leitgeraden* u, v *entsteht, sei eine Projectivität zweier Involutionen; dann bilden die Erzeugenden* ∞^1 *Vierseite*, und nach dem Satze von I Nr. 17 tritt dieser Fall ein, wenn *ein* solches Viereck vorhanden ist. *Auf der Curve* C^3 *in einer Tangentialebene* τ *entstehen durch die Spuren dieser Vierseite Vierecke, deren abwechselnde Seiten durch die Punkte* U, V *gehen, in denen die in* τ *befindliche Erzeugende* g_0 *sich auf* u *und* v *stützt, also Steiner'sche Vierecke* (I, Nr. 31). Betrachten wir z. B. dasjenige Vierseit, zu welchem die eben genannte Erzeugende gehört, so ergiebt sich, wie wir wissen, im Continuum der Spurpunkte der Erzeugenden als Spurpunkt der g_0 der Berührungspunkt T von τ; die der benachbarten Seiten im Vierseit sind U, V, so dass zwei Seiten des auf C^3 befindlichen Vierecks in g_0 zusammenfallen; die beiden andern fallen in die g_0 nicht enthaltenden Berührungsebenen von U und V und sind die Tangenten der C^3 in diesen Punkten; der vierte Eckpunkt ist der Schnitt dieser Tangenten, so dass, weil derselbe auf C^3 liegt, U und V sich als con-

jugirt in dem einen Systeme conjugirter Punkte herausstellen. Einer Curve C^3 lassen sich also für zwei Punkte U, V Steiner'sche Vierecke einbeschreiben, wenn diese beiden Punkte denselben Tangentialpunkt W haben oder wenn sie in dem einen Systeme conjugirter Punkte conjugirt sind;*) nennen wir dieses System (U, V). Auch aus dem in I, Nr. 31 angegebenen Kennzeichen ergiebt sich dies, denn dasselbe lautet für $n = 2$, dass die Verbindungslinie der Berührungspunkte zweier Tangenten aus U durch V geht, d. h. dass U, V in demselben Systeme conjugirt sind wie diese Berührungspunkte.

Nun ist ja bekannt, dass C^3 durch projective Strahleninvolutionen in halbperspectiver Lage erzeugt werden kann, deren Scheitel in conjugirten Punkten liegen, und jede zwei entsprechenden Paare führen zu einem Steiner'schen Vierecke $A_1 B_1 A_2 B_2$; dann sind die Gegenecken A_1, A_2; B_1, B_2 wiederum conjugirt im Systeme (U, V). Die Punkte nämlich, welche den 3 in gerader Linie gelegenen Punkten U, A_1, B_1 conjugirt sind, sind V und die dritten Schnitte von VB_1, VA_1, also A_2, B_2.

Wir wollen *ein solches Viereck* aufsuchen, *dessen Diagonalpunkt* $(A_1 A_2,\ B_1 B_2)$ *auf der Curve liegt;* wenn $A_1 A_2$, $B_1 B_2$ denselben dritten Schnitt haben, dann ist der gemeinsame Tangentialpunkt von A_1, A_2 identisch mit dem von B_1, B_2, nämlich der Punkt, der zu dem dritten Schnitte in (U, V) conjugirt ist. Die Tangentialpunkte von U, A_1, B_1 liegen in gerader Linie, also muss der gemeinsame Tangentialpunkt von A_1, B_1, A_2, B_2 einer der Berührungspunkte U', V' der dritten und vierten Tangente aus W sein, und da diese auch in (U, V) conjugirt sind, so ist der andere je der gesuchte Diagonalpunkt, und wir haben *zwei solche Vierecke.* Als Punkte, welche den gemeinsamen Tangentialpunkt W haben, liegen sie in gerader Linie mit dessen conjugirtem Punkte T; folglich sind sie auf einem Strahle durch T die Punkte $\mathfrak{H}$ und $\mathfrak{L}$. *Daher haben wir auf unserer Regelfläche zwei verbundene Involutionen von der Art, dass für die eine die Gegenseiten des einen der beiden Vierseite auf der Fläche, die in jenen Vierecken ihre Spuren haben, zwei Dupel liefern, in der andern die des zweiten.*

Es sei $m n m' n'$ das eine der beiden Vierseite; mn, $m'n$ ist ein Büschelpaar, dessen sämmtliche Strahlen die u und v treffen; also muss es die Fläche in einem Dupel der andern Involution treffen; beide Büschel aber schneiden in n.

---

*) Hinsichtlich dieser Systeme conjugirter Punkte sehe man z. B. Schröter's Theorie der ebenen Curven 3. Ordnung § 1, 2, 3, 8, 15, und wegen der Steiner-schen Vierecke § 31, insbes. S. 264.

Während die Gegenseiten eines der beiden Vierseite zwei Dupel der einen Involution bilden, sind die vier einzelnen Seiten die Doppelstrahlen der verbundenen Involution. *)

592 Besitzt ϱ^4, wiederum durch eine allgemeine Correspondenz [2, 2] zwischen u, v erzeugt, *eine doppelte Erzeugende* d, so empfiehlt es sich, die Spuren I_H, I_L der Involutionen I_h, I_l, welche dann gemeine Involutionen sind, lieber auf einem der Kegelschnitte K zu betrachten, in denen die Ebenen durch d die Fläche schneiden. Ein solcher K treffe d in M, M_1.

Die 4 Spuren H, H_1, L, L_1 von h, h_1, l, l_1 liegen mit den Punkten U, V, in denen d die Leitgeraden u, v schneidet, auf einem Kegelschnitte; halten wir LL_1 fest, so entsteht ein Kegelschnitt-Büschel (LL_1UV), welcher in K die I_H einschneidet; zu ihr gehört, von dem Paare (LL_1, UV) herrührend, das Paar MM_1. Dies bedeutet, dass *in* d *zwei Gerade eines Dupels der* I_h *und so einer jeden der Involutionen zusammenfallen.* Andererseits erkennen wir, dass das Centrum $\mathfrak{H}$ der Involution I_H auf d liegt, und ebenso das Centrum $\mathfrak{L}$ von I_L. Der Büschel (HH_1LL_1) aber lehrt, dass diese beiden zu verbundenen Involutionen I_h, I_l gehörigen Punkte $\mathfrak{H}$, $\mathfrak{L}$ ein Paar in der Involution (UV, MM_1) auf d bilden; woraus *sich eine einfache Herstellungsweise verbundener Involutionen in diesem Falle ergiebt.* **)

Nehmen wir nun wieder den vorigen Fall einer durch zwei projective Involutionen auf u, v erzeugten Regelfläche, in welchem dann die doppelte Erzeugende d zwei Doppelpunkte verbindet; so fallen in sie die Seiten des einen wie des andern ausgezeichneten Vierseits zusammen.

593 Untersuchen wir, zum allgemeinen Falle zurückkehrend, das System der Trägerflächen der ∞^2 verbindenden Regelschaaren zweier

---

*) Vergl. Montesano, Su alcuni complessi di rette — Battaglini, Rendiconti dell' Accademia delle Scienze Fis. e Nat. di Napoli, August 1886. — Dort bemerkt schon Montesano, dass sowohl Weiler (Math. Annalen Bd. 7 S. 158), als auch Segre und Loria (ebenda Bd. 23 S. 224, 226) irrthümlich die Cuspidalpunkte auf jeder der beiden Leitgeraden dieser Regelfläche zu je zweien zusammenfallen lassen. Cuspidalpunkte sind aber die 4 Punkte der beiden Paare der Involution auf der betreffenden Leitgeraden, welche den Paaren mit vereinigten Punkten der andern Involution in der Projectivität entsprechen; die Torsallinien oder Cuspidal-Erzeugenden freilich haben die besondere Eigenschaft, dass sie zu je zweien auf der andern Leitgeraden sich schneiden, in dem einen und dem andern Doppelpunkte von deren Involution, wodurch Vierseite entstehen, bei denen 2 Gegenecken sich vereinigt haben.

**) Weiler a. S. 107 a. O. S. 266.

verbundener Involutionen. Vereinfachen wir es auf ein einfach unendliches, indem wir noch die Bedingung des Hindurchgehens durch einen Punkt hinzufügen, oder was hier dasselbe ist, da alle diese Regelschaaren im Strahlennetze $[u, v]$ liegen, die Bedingung des Hindurchgehens der Fläche und der Regelschaar durch einen gegebenen Strahl g dieses Netzes. Die Regelschaaren verbinden dann diesen mit den verschiedenen Dupeln der einen Involution I_h und gehen von selbst je durch einen Dupel der andern. Keine von diesen Regelschaaren kann ein Kegel oder Kegelschnitt werden, da die Dupelgeraden stets windschief sind. Ein Zerfallen der Regelschaar in ein Büschelpaar (und der Trägerfläche in ein Ebenen-Punkte-Paar) tritt 4mal ein, nämlich bei den Dupeln von I_h, deren eine Gerade die g auf u oder v trifft. Somit haben wir in den Formeln 3) von I, Nr. 20:

$$\varphi = \chi = 0, \quad \psi = 4, \quad \text{also:} \quad \mu = \varrho = 2, \quad \nu = 4;$$

$\mu = \varrho = 2$ aber sagt aus, dass 2 von den Regelschaaren noch durch eine zweite Gerade g' von $[u, v]$ geht (einen Punkt derselben enthält oder eine Ebene durch sie berührt).

Die ∞^2 verbindenden Regelschaaren zweier verbundener Involutionen von ϱ^4 sind so vertheilt, dass 2 von ihnen durch 2 gegebene Strahlen des Netzes $[u, v]$ gehen. Oder:

*Von den Dupeln einer Involution von ϱ^4 sind 2 mit zwei gegebenen Strahlen des Netzes $[u, v]$ durch Regelschaaren verbunden.**)

Die vorausgehenden Sätze aber können wir, vermittelst einer Ab- 594
bildung, in uns vertrautere überführen. Wir benutzen die collineare Abbildung eines Strahlennetzes in eine Fläche 2. Grades $\mathfrak{F}'$ (I, Nr. 96), bei welcher die ∞^3 Regelschaaren des Netzes übergehen in die ∞^3 Kegelschnitte von $\mathfrak{F}'$. Die Regelfläche ϱ^4 transformirt sich, wenn $[u, v]$ das abgebildete Netz ist, in eine Raumcurve 4. Ordnung I. Art, zwei verbundene Involutionen in die „verbundenen Involutionen", welche auf dieser Curve durch die beiden Regelschaaren einer durch sie gehenden Fläche 2. Grades f'^2 entstehen; jede dieser Involutionen hat 4 Doppelpunkte, weil die betreffende Regelschaar 4 Tangenten enthält; die

*) Wir können auch wiederum in der Berührungsebene τ arbeiten: $\mathfrak{H}$ sei der der Involution I_h zugehörige Punkt auf C^3, G, G' die Spuren von g, g'; so kommt es darauf an, wie oft U, V, G, G' mit den mit $\mathfrak{H}$ in gerader Linie liegenden Spuren H, H_1 eines Dupels hh_1 von I_h auf einem Kegelschnitte liegen; denn dieser führt dann mit u, v als Leitgeraden zu einer Regelschaar, welche h, h_1, g, g' enthält. Aber die Kegelschnitte durch U, V, G, G' schneiden in C^3 eine symmetrische Correspondenz ein, für die ebenfalls $\varkappa' = \lambda' = 3$, $\gamma' = 1$, und diese hat also auch mit der Correspondenz der H, H_1 2 Paare gemein.

verbindenden Regelschaaren der beiden Involutionen bilden sich in die Kegelschnitte von $\mathfrak{F}'$ in den Berührungsebenen der f'^2 ab, und da durch zwei Punkte von $\mathfrak{F}'$ 2 von ihnen gehen, so sehen wir, dass mit zwei Geraden des Netzes stets zwei Dupel einer Involution je durch eine Regelschaar verbunden sind.

Die 4 sich selbst verbundenen Involutionen rühren von den 4 Kegeln des Flächenbüschels her; die Fläche $\mathfrak{F}'$ selbst, deren Regelschaaren ja die Bilder der beiden Schaaren von Strahlenbüscheln im Netze sind, führt zu den Involutionen, deren Dupel aus sich schneidenden Geraden bestehen.

595 *Wenn man zu den beiden Strahlen eines jeden Dupels einer von den Involutionen I die gepaarten in einer andern I_0 sucht, so erhält man die Dupel einer dritten Involution I'.* Es seien $\mathfrak{H}$ und $\mathfrak{H}_0$ die Punkte auf der Curve C^3 einer Berührungsebene τ, welche zu den beiden ersten Involutionen führen, und $\overline{\mathfrak{H}}_0$ der Tangentialpunkt von $\mathfrak{H}_0$, so giebt der dritte Schnitt von $\overline{\mathfrak{H}}_0\mathfrak{H}$ den Punkt $\mathfrak{H}'$, der zu I' führt; denn liegen z. B. H, H_1 mit $\mathfrak{H}$ in gerader Linie, so liegen die dritten Schnitte von $\mathfrak{H}_0 H$, $\mathfrak{H}_0 H_1$ mit $\overline{\mathfrak{H}}'$ in gerader Linie.

Da es zu $\overline{\mathfrak{H}}_0$ 4 Berührungspunkte giebt, so *giebt es zu zwei Involutionen I, I' stets 4 Involutionen I_0, welche jede von ihnen in die andere überführen.*

Wenn I und I' zwei verbundene Involutionen I_h und I_l sind, also $\mathfrak{H}' \equiv \mathfrak{L}$, so kommt $\overline{\mathfrak{H}}_0$ in T zu liegen und $\mathfrak{H}_0$ in einen Punkt $\mathfrak{H}$, der sich mit dem verbundenen $\mathfrak{L}$ vereinigt.

Zwei verbundene Involutionen werden durch eine jede der sich selbst verbundenen Involutionen in einander übergeführt.

596 Die Berührungspunkte $\mathfrak{P}_1$, $\mathfrak{P}_2$, $\mathfrak{P}_3$, $\mathfrak{P}_4$ der 4 Tangenten aus einem der vier $\mathfrak{H}_0$ ($\equiv \mathfrak{L}_0$) an C^3 sind die Spuren der 4 sich selbst entsprechenden Strahlen $p_1, \dots p_4$ der sich selbst verbundenen Involution I_0. Diese 4 Strahlen befinden sich in einer Regelschaar π_0; in der That, die erste Polare von $\mathfrak{H}_0$ in Bezug auf C^3 geht durch die 4 Punkte $\mathfrak{P}$ und berührt in $\mathfrak{H}_0$, also ist T der Gegenpunkt der $\mathfrak{P}$; und da die beiden Spuren der Leitgeraden u, v mit T in gerader Linie liegen, so geht ein Kegelschnitt durch die $\mathfrak{P}$ und diese beiden Spuren, und folglich befinden sich die Geraden p in der Regelschaar, die sich auf u, v und diesen Kegelschnitt stützt.

Die vier Doppelstrahlen jeder der vier sich selbst verbundenen Involutionen liegen in einer Regelschaar.

Der Ort der Doppelpunkte der Involutionen, in denen der Kegelschnitt-Büschel ($\mathfrak{P}$) die Strahlen des Büschels $\mathfrak{H}_0$ schneidet, ist bekanntlich eine Curve 3. Ordnung, zugleich der Ort der Berührungspunkte der Tangenten aus $\mathfrak{H}_0$ an die Kegelschnitte von $(\mathfrak{P})$, die Pampolare von $\mathfrak{H}_0$ in Bezug auf $(\mathfrak{P})$. Man erkennt sofort, dass er die Geraden $\mathfrak{H}_0\mathfrak{P}_i$ und $\mathfrak{H}_0 T$ in den $\mathfrak{P}_i$ und in $\mathfrak{H}_0$ berührt, also ist er mit unserer Curve C^3 identisch. Daher sind die Schnitte einer Geraden durch $\mathfrak{H}_0$ mit C^3, d. h. die Spuren zweier gepaarter Geraden von I_0, auch in Bezug auf den Kegelschnitt $\tau\pi_0$ conjugirt.

Jede Berührungsebene von ϱ^4 trifft zwei gepaarte Geraden von I_0 in Punkten, die in Bezug auf die Trägerfläche (π_0) von π_0 conjugirt sind, und da man beliebige zwei Punkte der Geraden durch eine Berührungsebene verbinden kann, so folgt, dass die beiden Geraden in Bezug auf die genannte Trägerfläche polar sind.

Wir haben auf diese Weise in dem Strahlennetze $[u, v]$, in welchem ϱ^4 enthalten ist, 4 Regelschaaren gefunden, in Bezug auf deren Trägerflächen polarisirt die Regelfläche in sich selbst übergeht und zwar so, dass entsprechende Geraden gepaart sind in einer der 4 sich selbst verbundenen Involutionen; die Doppelstrahlen dieser Involution gehören der betreffenden Regelschaar an.

Nennen wir sie *die Fundamental-Regelschaaren und -Flächen der Regelfläche.*

Da Doppelstrahl in Doppelstrahl übergehen muss, so *bilden die Doppelstrahlen einer sich selbst verbundenen Involution in den drei andern je 2 Paare in den 3 verschiedenen Anordnungen.*

Die Polarisirung in Bezug auf die Trägerfläche einer Regelschaar kann man, wenn es sich nur um die Transformation eines durch die Schaar gehenden Strahlennetzes handelt, auch folgendermassen aussprechen: Durch einen Strahl g des Netzes gehen 2 Strahlenbüschel aus verschiedenen Schaaren desselben, jeder von ihnen hat mit der Regelschaar eine Gerade gemein und die zweiten Büschel des Netzes, welche durch diese Geraden r, s gehen und auch zu verschiedenen Schaaren gehören, schneiden sich in der g entsprechenden Geraden g'; in der That, g und g' sind die Diagonalen des auf der Trägerfläche der Regelschaar gelegenen Vierseits $urvs$ und also polar in Bezug auf dieselbe; mithin:

Zwei in Bezug auf eine Fläche 2. Grades polare Geraden sind mit jeder der beiden Regelschaaren derselben durch ein Strahlennetz verbunden.

Daraus folgt weiter, dass *zwei Paare von Polaren der Fläche mit jeder der beiden Regelschaaren durch ein Gewinde verbunden sind;* denn das Gewinde durch das zu dem einen Paare gehörige Strahlennetz und eine Gerade des andern Paars enthält das ganze zu dem andern Paare gehörige Netz durch die nämliche Regelschaar, weil eine Gerade und eine Regelschaar von ihm.

Diese Strahlennetze und Gewinde gehen durch die Polarisirung in Bezug auf (π_0) in sich selber über, also auch das Strahlennetz, in dem die beiden Gewinde sich schneiden; d. h. die beiden Leitgeraden gehen, da sie nicht auf (π_0) liegen und also nicht in sich selbst übergehen können, in einander über; und wir erhalten so den bekannten Satz:

Die beiden Treffgeraden von 2 Paaren Polaren einer Fläche 2. Grades sind selbst polar.

597 Die Polarisirung in Bezug auf eine der Flächen (π_0) führt ϱ^4 in sich selbst über und daher jede der Involutionen I dieser Fläche in eine andere. Es sei xx_1 ein Dupel einer Involution, die Polaren in Bezug auf (π_0) seien x', x_1'; so sind, wie wir eben fanden, diese 4 Geraden mit jeder der beiden Regelschaaren von (π_0) durch ein Gewinde verbunden; dasjenige Gewinde, das die Leitschaar von π_0 enthält, geht durch u, v und also nicht durch $[u, v]$; folglich befinden sich x, x_1, x', x_1' in der Regelschaar, in der es sich mit dem Netze $[u, v]$ schneidet; d. h. x', x_1' bilden ein Paar der verbundenen Involution.

Durch die Polarisirung in Bezug auf jede dieser vier Fundamental-Flächen (π_0) *geht jede der Involutionen von* ϱ^4 *in die verbundene über,* jede der 4 sich selbst verbundenen also, wie wir schon wissen, in sich selbst. *Daher geht auch jede der 3 andern Flächen* (π_0) *in sich selbst über.*

Jede der 4 Fundamental-Flächen einer Regelfläche 4. Grades ist zu sich selbst polar in Bezug auf die 3 andern. Also sind je zwei von ihnen harmonisch zugeordnet mit Vierseits-Durchschnitt*), wie sowohl daraus folgt, dass die einen Regelschaaren (und also auch die andern) in demselben Strahlennetze sich befinden, als auch daraus, dass jede Regelschaar der einen Fläche durch das Polarsystem der andern in sich selbst übergeht.

Somit sind die beiden Flächen harmonisch zu den beiden Ebenen-Paaren ihres Büschels und werden von allen Strahlen, welche beide Diagonalen ihres Durchschnitts-Vierseits treffen, harmonisch geschnitten.

Folglich sind je zwei von den 4 Regelschaaren π_0 *in Involution* (Nr. 554) *und demnach werden sie in* $[u, v]$ *durch 4 Gewinde* $\Gamma', \ldots \Gamma^{IV}$ *eingeschnitten, welche zu einander und zu sämmtlichen Gewinden durch* $[u, v]$ *in Involution sind.*

---

*) Mathem. Annalen Bd. 26 S. 478, 480.

Das Polarsystem einer in $[u, v]$ enthaltenen Regelschaar π, welches ϱ^4 in sich selbst transformirt, führt, wie wir eben sahen, eine jede von den Involutionen der ϱ^4 in die verbundene über, jede der 4 sich selbst verbundenen I_0 in sich selber. Es sei p eine der 4 Geraden, welche π (oder ein durch sie gehendes Gewinde, dessen Schnitt mit $[u, v]$ die π ist) mit ϱ^4 gemeinsam hat, p_1 ihr in einer I_0 gepaart, p_1' wiederum zu p_1 in Bezug auf (π) polar; dann sind pp_1 und pp_1' zwei Dupel von I_0, also, da kein Strahl zu zwei Dupeln von I_0 gehört, p_1' mit p_1 identisch; d. h. p_1 ist ein zweiter gemeinsamer Strahl von ϱ^4 und π. Demnach bilden die 4 gemeinsamen Strahlen in drei von den sich selbstverbundenen Involutionen zwei Dupel, in der vierten sind sie die Doppelstrahlen.

Und die Fundamental-Regelschaaren π_0 sind die einzigen in $[u, v]$, deren Polarsysteme ϱ^4 in sich selbst transformiren.

In der Abbildung von Nr. 594 entsprechen den Regelschaaren π_0 die Kegelschnitte auf der Fläche $\mathfrak{F}'$, die in den Ebenen des gemeinsamen Polartetraeders des Büschels durch die Raumcurve 4. Ordnung liegen, in welche die ϱ^4 übergeht. Der Transformation des Netzes $[u, v]$ in sich selbst durch die Polarisirung in Bezug auf eine (π_0) entspricht, wie die Umformung in Nr. 596 zeigt, die Transformation der $\mathfrak{F}'$ in sich selbst durch die harmonische oder involutorische Homologie, welche zu einer Ecke und der Gegenebene des erwähnten Tetraeders gehört; verbundene Involutionen auf der Raumcurve 4. Ordnung führt diese Homologie ersichtlich in einander über, weil durch sie alle Flächen des Büschels in sich selbst übergehen und zwar je die eine Regelschaar in die andere. Die Kegelschnitte der $\mathfrak{F}'$ in den Ebenen des Tetraeders sind auch sich selbst entsprechend.

Ein Doppelstrahl einer Involution und einer aus der verbundenen 598
repräsentiren zweimal zwei unendlich nahe Geraden einer Regelschaar; *die verbundene Regelschaar besteht dann aus lauter Doppeltangenten von ϱ^4*, die auf jenen beiden Geraden berühren. Die erste Regelschaar befindet sich im Strahlennetze $[u, v]$, folglich ist jedes Gewinde, das durch die zweite Regelschaar geht, zu dem Büschel durch $[u, v]$ in Involution, insbesondere also das Gewinde Γ_h, in welchem die Doppeltangenten-Congruenz $\mathfrak{C}_h^2$ von ϱ^4 enthalten ist (II Nr. 416), in der sich die zweite Regelschaar befindet.

Jede Erzeugende l von ϱ^4 bestimmt als Doppelstrahl eine Involution; die 4 Doppelstrahlen der verbundenen Involution sind dann die 4 Geraden l_1, l_2, l_3, l_4 (II Nr. 416), welche die zweiten Berührungspunkte der Doppeltangenten enthalten, die auf l berühren; und die 4

Regelschaaren, die auf l und l_1, l und l_2, ... tangiren, vertheilen sich, wie wir dort fanden, auf die 4 Congruenzen $\mathfrak{C}_1^2$, ... Wir fanden ferner, dass, wenn L, L_1, ... die Spuren der l, l_1, ... in einer Berührungsebene τ von ϱ^4 (dort γ) sind, LL_1, LL_2, ... durch die Berührungspunkte der 4 Tangenten aus dem Berührungspunkte der Ebene an die Curve 3. Ordnung C^3 gehen; daraus entnehmen wir jetzt, dass l und l_1, l und l_2, ... Dupel in den 4 sich selbst verbundenen Involutionen sind.

Wenn also l als Doppelstrahl eine Involution auf ϱ^4 bestimmt und l_1, l_2, l_3, l_4 die Doppelstrahlen der verbundenen Involution sind, so sind l und l_1, l und l_2, ... Dupel der 4 sich selbst verbundenen Involutionen I', I'', I''', I^{IV}, und auf ihnen berühren Regelschaaren von Doppeltangenten, welche bezw. zu den Congruenzen $\mathfrak{C}_1^2$, $\mathfrak{C}_2^2$, ... gehören.

*Die 4 Doppelstrahlen von $I^{(h)}$ sind Gerade, auf denen je eine Regelschaar von vierpunktig berührenden Tangenten ihre Berührungspunkte hat; welche 4 Regelschaaren dann sämmtlich zu $\mathfrak{C}_h^2$ gehören.**)

Für eine beliebige Doppeltangente, die zu $\mathfrak{C}_h^2$ gehört, sind je der eine Berührungspunkt und die Ebene, welche ϱ^4 im andern tangirt, Nullpunkt und Nullebene des Γ_h; also wird bei einer vierpunktigen Tangente die eigene Berührungsebene des Berührungspunktes Nullebene und die durch ihn gehende Erzeugende Strahl von Γ_h.

Folglich gehören die 4 Doppelstrahlen von $I^{(h)}$ zum Gewinde Γ_h und demnach auch die Fundamental-Regelschaar $\pi_0^{(h)}$, welche sie enthält.

Jede von den Doppeltangenten-Regelschaaren, welche auf l und l_h berühren, geht durch u, v; also thun es auch die Gewinde Γ_h. *Daher sind diese 4 durch die Doppeltangenten-Congruenzen gehenden Gewinde Γ_h identisch mit denen, die wir in Nr. 597 mit Γ', Γ'', ... bezeichnet haben.*

Sie sind gegenseitig und zu den Gewinden durch $[u, v]$ in Involution.

In der Abbildung von Nr. 594 entsprechen die Regelschaaren der Doppeltangenten und der vierpunktigen Tangenten den doppelt berührenden Ebenen der Raumcurve 4. Ordnung (welche die 4 Kegel 2. Grades umhüllen) und den 16 Wende-Berührungsebenen dieser Curve.

Ferner wissen wir aus Nr. 596, dass die 16 Geraden von ϱ^4, auf denen die vierpunktigen Tangenten berühren, in 4 Gruppen von je 4 Geraden zerfallen, die je derselben Regelschaar angehören.

---

*) Ich hole hier nach, dass Voss zuerst (Math. Annalen Bd. 8 S. 134, 135) die 16 Geraden der ϱ^4 gefunden hat, auf denen vierpunktige Tangenten berühren; was ich Bd. II Nr. 417 nicht erwähnt habe; er nennt sie *hyperbolische Geraden.*

Die Regelschaar $\pi_0^{(h)}$ ist der Schnitt von Γ_h mit $[u, v]$. Nach 599
I Nr. 178 Anm. ist die Polarisirung in Bezug auf Γ_h (oder sein Nullsystem) das Product aus der windschiefen Involution $\mathfrak{J}_{u,v}$, die zum Strahlennetze $[u, v]$ gehört, und dem Polarsystem in Bezug auf $\pi_0^{(h)}$. Durch letzteres geht jede der Involutionen von ϱ^4 in die verbundene über, durch $\mathfrak{J}_{u,v}$ in sich selber; *also führt auch ein jedes von den Gewinden Γ_h jede der Involutionen von ϱ^4 in die verbundene über.*

Jedes Dupel einer Involution $I^{(h)}$ liefert uns eine Regelschaar von Doppeltangenten aus $\mathfrak{C}_h^2$, und alle diese Regelschaaren erzeugen diese Congruenz. Nehmen wir aber je das ganze Strahlennetz, welches die Geraden des Dupels zu Leitlinien hat, so ist das Erzeugniss der so sich ergebenden ∞^1 Strahlennetze ein Gewinde, also das durch $\mathfrak{C}_h^2$ gehende Gewinde Γ_h. In der That, je zwei Dupel befinden sich in der nämlichen Regelschaar, also haben die zugehörigen Strahlennetze die verbundene Regelschaar gemein und gehören deshalb zum nämlichen Gewinde. Wenn in einer Reihe von Strahlennetzen jede zwei diese Eigenschaft haben, so ist entweder die Regelschaar veränderlich und das Gewinde fest oder umgekehrt. Es sei, wie in unserm Falle, die Regelschaar veränderlich; so liegen, wenn $\mathfrak{N}_1$, $\mathfrak{N}_2$, $\mathfrak{N}_3$ drei von den Netzen sind, die Regelschaaren $(\mathfrak{N}_1\mathfrak{N}_3)$, $(\mathfrak{N}_2\mathfrak{N}_3)$ in dem Gewinde $\mathfrak{N}_1\mathfrak{N}_2$; daher hat $\mathfrak{N}_3$ sic mit ihm gemein und ist auch in ihm enthalten und so alle Netze der Reihe. Diese Strahlennetze gehören zu *einem „Felde" von Strahlennetzen und Regelschaaren*, das von einem Gewinde getragen wird und zwei Strahlen desselben zu Grundstrahlen hat.

Die Strahlennetze, welche die Dupel einer sich selbst verbundenen Involution $I^{(h)}$ von ϱ^4 zu Leitgeraden haben, erzeugen ein Gewinde und zwar das Gewinde Γ_h durch $\mathfrak{C}_h^2$.

Die Strahlennetze der Dupel der übrigen Involutionen aber erzeugen, wie wir später sehen werden, quadratische Complexe.

Durch das Polarsystem einer Fundamentalfläche (π_0) geht ins- 600
besondere die Involution der sich auf u schneidenden Erzeugenden in die Involution der sich auf v schneidenden über; und da zwei unendlich nahen Geraden zwei ebensolche entsprechen, so correspondirt einer Torsallinie, die ihren Cuspidalpunkt auf u hat, diesem Punkte und der durch v gehenden Cuspidalebene eine Torsallinie, die ihren Cuspidalpunkt auf v hat, die durch u gehende Cuspidalebene und der Cuspidalpunkt, und folglich auch dem Doppelpunkt auf v, der Doppelebene durch u, die jener Torsallinie zugehören, die Doppelebene durch v, der Doppelpunkt auf u, welche dieser zukommen.

Die Cuspidalpunkte auf u *seien* A_1, A_2, A_3, A_4, *die auf* v B_1, B_2, B_3, B_4 *mit der Projectivität* (I Nr. 15):

$$A_1 A_2 A_3 A_4 \barwedge B_1 B_2 B_3 B_4 \barwedge B_2 B_1 B_4 B_3 \barwedge \ldots.$$

Die entsprechenden Doppelpunkte seien ferner $\mathfrak{A}_1, \ldots, \mathfrak{B}_4$, *und die Torsallinien* $A_1 \mathfrak{A}_1 \ldots B_4 \mathfrak{B}_4$ *endlich* $a_1, \ldots b_4$.

Nennen wir zunächst die Torsallinien, die in dem betrachteten von den 4 Polarsystemen (π_0) den a_1, a_2, a_3, a_4 polar sind, b', b'', b''', b^{IV}; so entsprechen in demselben System den auf u befindlichen Cuspidalpunkten A_1, A_2, A_3, A_4 oder $u\,(a_1, a_2, a_3, a_4)$ und Doppelpunkten $u\,(b', b'', b''', b^{IV})$ die durch u gehenden Cuspidalebenen $u\,(b', b'', b''', b^{IV})$ und Doppelebenen $u\,(a_1, a_2, a_3, a_4)$; der Punktreihe jener 8 Punkte auf u ist der Büschel dieser 8 Ebenen durch u und also auch die Punktreihe ihrer 8 Schnitte mit v, d. i. $v\,(b', b'', b''', b^{IV}, a_1, a_2, a_3, a_4)$ projectiv, von denen die 4 ersten Cuspidal-, die andern Doppelpunkte sind.

Die beiden Punktreihen der Cuspidalpunkte und Doppelpunkte auf den beiden Leitgeraden der Fläche ϱ^4 *sind so projectiv, dass die Cuspidalpunkte den Cuspidalpunkten und die zu entsprechenden Cuspidalpunkten gehörigen Doppelpunkte auch einander entsprechen;* woraus die Projectivität der Ebenenbüschel der Cuspidal- und der Doppelebenen von selbst folgt.

Und zwar findet — wegen der 4 Polarsysteme — die Projectivität auf 4 Weisen statt, und die 4 Weisen bei der uns längst bekannten Projectivität der Cuspidalpunkte lehren, dass *es sich eben um folgende 4 Projectivitäten handelt:*

$$\begin{aligned} A_1 A_2 A_3 A_4 \mathfrak{B}_1 \mathfrak{B}_2 \mathfrak{B}_3 \mathfrak{B}_4 &\barwedge B_1 B_2 B_3 B_4 \mathfrak{A}_1 \mathfrak{A}_2 \mathfrak{A}_3 \mathfrak{A}_4, \\ &\barwedge B_2 B_1 B_4 B_3 \mathfrak{A}_2 \mathfrak{A}_1 \mathfrak{A}_4 \mathfrak{A}_3, \\ &\barwedge B_3 B_4 B_1 B_2 \mathfrak{A}_3 \mathfrak{A}_4 \mathfrak{A}_1 \mathfrak{A}_2, \\ &\barwedge B_4 B_3 B_2 B_1 \mathfrak{A}_4 \mathfrak{A}_3 \mathfrak{A}_2 \mathfrak{A}_1. \end{aligned}$$

Im ersten Polarsysteme sind somit z. B. a_1 und b_1 polar; folglich sind sie Diagonalen eines auf der Basisfläche (π_0) gelegenen Vierseits, von dem u, v offenbar die einen Gegenseiten sind, also $A_1 B_1$, $\mathfrak{A}_1 \mathfrak{B}_1$ die andern, beide zu π_0 gehörig und jene eine Verbindungslinie zweier Cuspidalpunkte und zugleich Schnittlinie der zugehörigen Cuspidalebenen, diese Verbindungslinie der ihnen entsprechenden Doppelpunkte und Schnittlinie der zugehörigen Doppelebenen.

In jeder der 4 Fundamental-Regelschaaren haben wir zwei Quadrupel, eins von Verbindungslinien von Cuspidalpunkten, das andere von Verbindungslinien von Doppelpunkten:

$$A_1 B_1,\ A_2 B_2,\ A_3 B_3,\ A_4 B_4;\ \mathfrak{A}_1\mathfrak{B}_1,\ \mathfrak{A}_2\mathfrak{B}_2,\ \mathfrak{A}_3\mathfrak{B}_3,\ \mathfrak{A}_4\mathfrak{B}_4;$$
$$A_1 B_2,\ A_2 B_1,\ A_3 B_4,\ A_4 B_3;\ \mathfrak{A}_1\mathfrak{B}_2,\ \mathfrak{A}_2\mathfrak{B}_1,\ \mathfrak{A}_3\mathfrak{B}_4,\ \mathfrak{A}_4\mathfrak{B}_3;$$
$$A_1 B_3,\ A_2 B_4,\ A_3 B_1,\ A_4 B_2;\ \mathfrak{A}_1\mathfrak{B}_3,\ \ldots\qquad ;$$
$$A_1 B_4,\ A_2 B_3,\ A_3 B_2,\ A_4 B_1;\ \mathfrak{A}_1\mathfrak{B}_4,\ \ldots\qquad .$$

Die 4 Quadrupel der ersten Art nennt Segre *Focal-Quaternen der Regelfläche* ϱ^4.

Betrachten wir die Involution auf ϱ^4, der das Dupel $a_1 a_2$ angehört; zur verbundenen gehört wegen der beiden ersten Polarsysteme $b_1 b_2$ und wegen der beiden andern $b_3 b_4$, woraus dann folgt, dass $a_3 a_4$ zur ersten gehört. *Somit haben wir 3 Vertheilungen der 8 Torsallinien in 3 Paare verbundener Involutionen:*

$$a_1 a_2,\ a_3 a_4;\ \ b_1 b_2,\ b_3 b_4,$$
$$a_1 a_3,\ a_2 a_4;\ \ b_1 b_3,\ b_2 b_4,$$
$$a_1 p_4,\ a_2 a_3;\ \ b_1 b_4,\ b_2 b_3;$$

und jede führt zu 4 Regelschaaren, die je 4 Torsallinien enthalten:

$$a_1 a_2 b_1 b_2,\quad a_1 a_2 b_3 b_4,\quad a_3 a_4 b_1 b_2,\quad a_3 a_4 b_3 b_4,$$
$$\ldots\ldots\ldots\ldots\ldots\ldots$$

und zu 12 Paaren projectiver Würfe auf u, v:

$$A_1 A_2 \mathfrak{B}_1 \mathfrak{B}_2 \barwedge \mathfrak{A}_1 \mathfrak{A}_2 B_1 B_2,\ \ldots$$

die aber aus der obigen Projectivität sich einfacher ableiten lassen.

Das Dupel $a_1 b_1$ wird durch die 4 Polarsysteme in $b_1 a_1$, $b_2 a_2, \ldots$ übergeführt; also *gehören die 4 Dupel* $a_1 b_1$, $a_2 b_2$, $a_3 b_3$, $a_4 b_4$ *einer der 4 sich selbst verbundenen Involutionen an; ebenso* $a_1 b_2$, $a_2 b_1$, $a_3 b_4$, $a_4 b_3$ *einer zweiten, u. s. f.* Dies führt zu denselben 12 Regelschaaren wie vorhin.

Vier solche Torsallinien, welche derselben Regelschaar angehören, 601
werden in ihren Cuspidalpunkten von ∞^2 *ein Netz bildenden Flächen 2. Grades berührt.*

In der That, wenn wir z. B. die Gruppe $a_1 a_2 b_1 b_2$ betrachten, so gehören alle Flächen 2. Grades, die durch das Vierseit $A_1 B_1 A_2 B_2$ gehen, zu den berührenden Flächen, weil ja die Torsallinien $a_1, \ldots$ in die Ebenen dieses Vierseits fallen, die gemeinsamen Berührungsebenen der Flächen in den Ecken. Ausserhalb aber dieses Büschels haben wir noch die gleichfalls berührende Trägerfläche der Regelschaar $a_1 a_2 b_1 b_2$; durch sie und den Büschel wird das Netz constituirt; und in ihm haben wir ∞^1 Flächen, welche eine beliebige Erzeugende t von ϱ^4 berühren; in jedem Punkte dieser Geraden berührt eine.

Den Büschel bekommen wir z. B. auch bei $a_1 a_2 b_1 b_3$; und für das

Vierseit $A_1 B_1 A_2 B_3$ sind u, v Diagonalen, also gemeinsame Polaren und daher sind die Doppelpunkte der Involution, die durch den Büschel auf t entsteht, auf u, v gelegen und für einen beliebigen Punkt von t als Berührungspunkt finden wir keine Fläche im Büschel.

Kehren wir also zu einer unserer Gruppen: $a_1 a_2 b_1 b_2$ zurück und nehmen die Fläche F des Netzes, die in einem beliebigen Punkte von t tangirt. Diejenigen von ihren Tangenten, die zu $[u, v]$ gehören, erzeugen eine Regelfläche 4. Grades I. Art (II, Nr. 409); die Erzeugenden aus einem Punkte von u, v sind die Tangenten an den Kegelschnitt der F in der Ebene nach v oder u. Daher sind a_1, a_2, b_1, b_2 auch Torsallinien dieser Fläche mit den nämlichen Cuspidalpunkten und -ebenen; ferner hat sie mit ϱ^4 die Leitgeraden u, v und die Erzeugende t gemein, also, da längs der Torsallinien Berührung stattfindet, insgesammt einen Schnitt 17. Ordnung, folglich sind beide Flächen identisch. Die übrigen Torsallinien a_3, a_4, b_3, b_4 liegen in den Tangentialebenen der F durch u, v und gehen von den Schnitten mit v, u nach den Berührungspunkten; erstere werden die Cuspidalpunkte.

Es seien g_1, g_2, g_1', g_2' die Erzeugenden von F aus der einen Schaar, die durch A_1, A_2, B_1, B_2 gehen; jene liegen in den Tangentialebenen $u(B_3, B_4)$, diese in $v(A_3, A_4)$.

Die Ebenen $B_3(g_1, g_2, g_1', g_2')$ berühren den Tangentialkegel aus B_3 an F; $B_3 g_1 \equiv u B_3$ berührt ihn längs der Torsallinie $b_3 \equiv B_3 \mathfrak{B}_3$, die ja durch den Berührungspunkt dieser Ebene mit F geht; $B_3(g_1', g_2')$ sind $v(A_3, A_4)$.

Eine beliebige Gerade l von der zweiten Schaar von F ist Tangente des Kegels, und ebenso ist es die in der ersten der 4 Ebenen gelegene u. Auf den beiden Geraden rufen daher die 4 Tangentialebenen projective Würfe hervor:

$$l(g_1, g_2, g_1', g_2') \barwedge \mathfrak{B}_3 A_2 A_3 A_4;$$

ebenso führt der Kegel aus B_4 zu:

$$l(g_1, g_2, g_1', g_2') \barwedge A_1 \mathfrak{B}_4 A_3 A_4;$$

also:

$$\mathfrak{B}_3 A_2 A_3 A_4 \barwedge \mathfrak{B}_4 A_1 A_4 A_3.$$

Demnach sind $A_1 A_2$, $A_3 A_4$, $\mathfrak{B}_3 \mathfrak{B}_4$ und ebenso $A_1 A_2$, $A_3 A_4$, $\mathfrak{B}_1 \mathfrak{B}_2$ in Involution.

Und so erhalten wir auf jeder der beiden Leitgeraden der ϱ^4 aus den Cuspidalpunkten und den Doppelpunkten oder, was dasselbe ist, auf jeder von zwei Geraden, welche sich in einer Correspondenz [2, 2] *befinden, aus den Verzweigungspunkten und den Doppelpunkten 3 Involutionen,* z. B. auf u:

$$A_1A_2,\ A_3A_4,\ \mathfrak{B}_1\mathfrak{B}_2,\ \mathfrak{B}_3\mathfrak{B}_4;$$
$$A_1A_3,\ A_2A_4,\ \mathfrak{B}_1\mathfrak{B}_3,\ \mathfrak{B}_2\mathfrak{B}_4; \qquad \text{(A)}$$
$$A_1A_4,\ A_2A_3,\ \mathfrak{B}_1\mathfrak{B}_4,\ \mathfrak{B}_2\mathfrak{B}_3.$$

In Nr. 536 wurden sie schon benutzt, indem dort für ihren Beweis ein Satz aus der Theorie der ebenen Curven 3. Ordnung herangezogen wurde.*)

Nehmen wir an, *wir besitzen von einer Correspondenz* [2, 2] *zwischen* 602
zwei Punktreihen die Verzweigungspunkte mit der Projectivität:

$$A_1A_2A_3A_4 \barwedge B_1B_2B_3B_4;$$

ist dann $\mathfrak{B}_1$ *der dem* B_1 *entsprechende Doppelpunkt*, so liefern uns die 3 Involutionen (A) die $\mathfrak{B}_2$, $\mathfrak{B}_3$, $\mathfrak{B}_4$, welche B_2, B_3, B_4 entsprechen, und die obige Projectivität (Nr. 600) zwischen den A und $\mathfrak{B}$ einerseits und den B und $\mathfrak{A}$ andererseits dann die Doppelpunkte $\mathfrak{A}$.

Also sind die drei andern $\mathfrak{B}$ *und die* $\mathfrak{A}$ *eindeutig bestimmt.*

Lassen wir aber denselben Punkt $\mathfrak{B}$, der eben $\mathfrak{B}_1$ war, nunmehr $\mathfrak{B}_2$ sein, so erhalten wir in den 3 Punkten, welche ihm in den 3 Involutionen gepaart sind und die vorhin $\mathfrak{B}_2$, $\mathfrak{B}_3$, $\mathfrak{B}_4$ waren, jetzt $\mathfrak{B}_1$, $\mathfrak{B}_4$, $\mathfrak{B}_3$; und ähnliches gilt, wenn er $\mathfrak{B}_3$, $\mathfrak{B}_4$ wird. Es ergiebt sich eine in sich geschlossene Gruppe von 4 Punkten, die daher, wenn $\mathfrak{B}$ die Gerade durchläuft, eine Involution 4. Grades beschreibt.

Eine Correspondenz [2, 2] zwischen gegebenen Punktreihen kann 8 Bedingungen unterworfen werden (I, Nr. 10). Dass ein Verzweigungspunkt gegeben ist, ist eine einfache Bedingung; da für die Verzweigungspunkte die bekannte Projectivität gilt, so repräsentiren sie nur 7 Bedingungen, und *es giebt* ∞^1 *Correspondenzen* [2, 2] *zwischen denselben Punktreihen mit den nämlichen gegebenen Verzweigungspunkten.*

Die Quadrupel der Doppelpunkte erzeugen Involutionen 4. Grades, und zwar gehört jedes Quadrupel zu 4 Correspondenzen.

Nehmen wir weiter an, $\mathfrak{B}_2$ falle mit $\mathfrak{B}_1$ zusammen; dann lehren uns die zweite und dritte von den Involutionen (A), dass dann auch $\mathfrak{B}_3$ und $\mathfrak{B}_4$ sich vereinigen.

Da eine Involution 4. Grades 6 Doppelpunkte besitzt, so haben wir in unserm Falle 3 Gruppen mit je 2 Doppelpunkten. *Jedes solche Paar von Doppelpunkten ist dann das Paar der Doppelpunkte in einer der drei Involutionen* (A), *und das gemeinsame Paar für die beiden andern;* die Involutionen sind zu je zweien harmonisch. Wenn aber bei einer Correspondenz [2, 2] zu zwei verschiedenen Verzweigungs-

*) Vergl. auch Journal für Mathematik Bd. 101 S. 185.

punkten derselbe Doppelpunkt gehört und, wie eben erkannt, zu den beiden übrigen auch, so handelt es sich um eine Projectivität zweier Involutionen; denn dieselben zwei — in dem Doppelpunkte vereinigten — Punkte entsprechen zwei verschiedenen Punkten, den beiden Verzweigungspunkten (I, Nr. 17).

Aber jedes solche Quadrupel mit zwei Doppelpunkten gehört nur zu 2 Correspondenzen; denn wenn diese Doppelpunkte etwa die der Involution $(A_1 A_2, A_3 A_4)$ sind, so kann jeder von ihnen der B_1, B_2 zugeordnete sein und der andere ist dann B_3, B_4 zugeordnet.

Somit haben wir in unserm ∞^1*-Systeme von Correspondenzen* [2, 2] *6 Projectivitäten von Involutionen.*

Ersetzen wir die eine Punktreihe, etwa auf v, durch den sie aus u projicirenden Ebenenbüschel, so können wir uns die Verzweigungselemente als Schnitte und Berührungsebenen einer Kummer'schen Fläche Φ vorstellen, und die ∞^1 Correspondenzen [2, 2] zwischen der Punktreihe u und dem Ebenenbüschel u entstehen (Nr. 543) durch die Complexe 2. Grades, für die Φ singuläre Fläche ist; da eine solche Φ (auf unendlich viele Weisen) möglich ist, so kann man die Eigenschaften eines ∞^1-Systems von Correspondenzen [2, 2] mit gegebenen Verzweigungselementen aus denen ableiten, die durch consinguläre Complexe 2. Grades entstehen.

Umgekehrt aber sehen wir von neuem, dass unter den durch consinguläre Complexe 2. Grades auf einer Geraden l entstehenden Correspondenzen $[2, 2]_l$ sich 6 Projectivitäten von Involutionen befinden, sodass für die entsprechenden Complexe l eine Gerade h ist (Nr. 566).

603 Unsere ∞^1 Correspondenzen [2, 2] zwischen u und v führen zu ∞^1 *Regelflächen* ϱ^4, *welche alle die 8 Verzweigungspunkte* $A_1, \ldots B_4$ *zu Cuspidalpunkten und die Ebenen* $\alpha_1, \ldots \beta_4$ *von ihnen nach* v, *bezw.* u *zu Cuspidalebenen haben.* Nennen wir die Büschel $(A_1, \alpha_1), \ldots$ *singulär*, so haben die ϱ^4 die 8 singulären Strahlenbüschel gemeinsam: sie bilden *eine Reihe consingulärer Regelflächen 4. Grades* $\mathfrak{F}(\varrho^4)$. Die Torsallinien oder, wie wir sie auch nennen können, *die singulären Strahlen* sind alle und zwar eindeutig bestimmt, wenn eine von ihnen es ist, d. h. wenn zu einem Cuspidalpunkte der zugehörige Doppelpunkt gegeben ist. *Sie durchlaufen die singulären Büschel projectiv.*

Je zwei von den consingulären Regelflächen haben, ausser u, v, noch 8 Erzeugende gemeinsam, also sind den entsprechenden Correspondenzen [2, 2] 8 Paare correspondirender Punkte gemeinschaftlich.

Wenn $\mathfrak{B}_1$ in A_1 fällt, so fallen, wie die 3 Involutionen (A) lehren, $\mathfrak{B}_2$, $\mathfrak{B}_3$, $\mathfrak{B}_4$ in A_2, A_3, A_4 und wegen der Projectivität der B und $\mathfrak{A}$

zu den A und $\mathfrak{B}$ auch die $\mathfrak{A}_1, \ldots \mathfrak{A}_4$ in die $B_1, \ldots B_4$; und *die Torsallinien vereinigen sich zu je zweien in die 4 Geraden der einen Focalquaterne* $A_1 B_1$, $A_2 B_2$, ...

Wenn eine Erzeugende d der ϱ^4 *beide Leitgeraden u, v in Cuspidalpunkten trifft,* also in Verzweigungspunkten der beiden in Correspondenz [2, 2] stehenden Punktreihen u, v, von denen dann jeder der dem andern zugehörige Doppelpunkt ist (I, Nr. 14), *so ist diese Erzeugende eine doppelte.*

Auf einer beliebigen Geraden l erzeugen nämlich die Ebenenbüschel um u, v, die sich ja auch in Correspondenz [2, 2] befinden, eine Punkt-Correspondenz [2, 2], deren Coincidenzen die Schnitte von l mit ϱ^4 sind. Wenn l die fragliche Erzeugende trifft: in L, so hat dieser Punkt die Eigenschaft, dass er sowohl mit den beiden in dem einen Sinne, als mit den beiden in dem andern Sinne ihm in dieser Correspondenz entsprechenden Punkten sich vereinigt. Machen wir ihn zum Nullpunkt der parametrischen Darstellung, so folgt, dass in der Verwandtschaftsgleichung:

$$(a_{22}x_1^2 + a_{21}x_1 + a_{20})x^2 + (a_{12}x_1^2 + a_{11}x_1 + a_{10})x$$
$$+ a_{02}x_1^2 + a_{01}x + a_{00} = 0,$$

weil zu $x = 0$ zwei Wurzeln $x_1 = 0$ und zu $x_1 = 0$ zwei Wurzeln $x = 0$ gehören:

$$a_{00} = a_{01} = a_{10} = 0,$$

und die Coincidenzgleichung wird:

$$a_{22}x^4 + (a_{21} + a_{12})x^3 + (a_{20} + a_{11} + a_{02})x^2 = 0,$$

und hat auch zwei Wurzeln 0; L ist doppelte Coincidenz*), von den Schnitten der ϱ^4 mit l fallen 2 in L; d ist doppelte Erzeugende.

Dies geschieht in unserm Falle viermal; also hat die Regelfläche 4 doppelte Erzeugenden. Auf jeder Geraden l, welche 3 von ihnen trifft, entsteht eine [2, 2] mit 3 doppelten Coincidenzen; das bedeutet, dass die der Correspondenz zugehörige Coincidenzgleichung 4. Grades eine Identität ist, also jeder Punkt sich selbst entspricht und der erzeugten Regelfläche angehört. Diese ist folglich die Regelschaar durch die 3 Doppel-Erzeugenden, doppelt gerechnet; sie enthält die vierte, wie wir schon wissen.

In unserer Reihe consingulärer Regelflächen 4. Grades $\mathfrak{F}(\varrho^4)$ *haben wir daher 4 doppelte Regelschaaren, die Regelschaaren, welche die 4 Quadrupel:*

---

*) Darin haben wir eine Verallgemeinerung des Satzes am Schlusse von I, Nr. 18.

$$A_1B_1,\ A_2B_2,\ A_3B_3,\ A_4B_4;$$
$$A_1B_2,\ A_2B_1,\ A_3B_4,\ A_4B_3;$$
$$A_1B_3,\ A_2B_4,\ A_3B_1,\ A_4B_2;$$
$$A_1B_4,\ A_2B_3,\ A_3B_2,\ A_4B_1$$

enthalten, also (Nr. 600) *die gemeinsamen Fundamental-Regelschaaren aller Regelflächen der Reihe.*

Die 4 Geraden des Quadrupels stellen die Torsallinien dieser ausgearteten Regelfläche vor, jede zwei.

Die entsprechenden Correspondenzen auf u, v sind doppelte Projectivitäten: jedem Punkte der einen Geraden entsprechen zwei zusammengefallene Punkte der andern.

Unter den ∞^1 Correspondenzen [2, 2] *zwischen zwei Punktreihen, welche dieselben Verzweigungspunkte haben, befinden sich 4 doppelte Projectivitäten, die bekannten, in denen die Verzweigungselemente einander entsprechen.**)

Zu den Involutionen 4. Grades der Doppelpunkte auf u, v gehören also bezw. die Quadrupel der Verzweigungspunkte.

Zwei gegebene Punkte in den beiden Punktreihen sind in 2 von diesen Correspondenzen entsprechend.

In der That, ersetzen wir wieder die Punktreihe auf v durch den Ebenenbüschel u, wie in Nr. 602, so gehen durch einen Punkt X von u zwei von den Curven in einer Ebene ξ durch u, die zu den consingulären Complexen gehören; in den Correspondenzen, welche durch die zugehörigen Complexe hervorgerufen werden, sind X und ξ entsprechend.

Folglich gehen durch einen Strahl von $[u, v]$ *2 Regelflächen aus der Reihe* $\mathfrak{F}(\varrho^4)$.**)

Sie fallen zusammen, wenn der Strahl einem der singulären Büschel angehört; denn ein singulärer Strahl bestimmt, wie wir oben sahen, nur eine von den Correspondenzen [2, 2], und in jeden der singulären Strahlenbüschel sendet eine jede von ihnen nur den singulären Strahl.

Vermittelst eines Cuspidalpunktes auf einer der Geraden u, v (oder

---

*) Unter den ∞^1 Correspondenzen $[2, 2]_l$, welche eine Reihe consingulärer Complexe auf einer Geraden l hervorruft, rühren die doppelten Projectivitäten von den 4 durch l gehenden Complexen der Reihe her (Nr. 537).

**) Bilden wir das Netz $[u, v]$ nach I, Nr. 96 in eine Fläche 2. Grades $\mathfrak{F}'$ ab, so gehen die ϱ^4 der Reihe $\mathfrak{F}(\varrho^4)$ in Raumcurven 4. Ordnung 1. Art auf $\mathfrak{F}'$ über, welche zwei feste und projective Würfe in den beiden Schaaren von $\mathfrak{F}$ berühren. Durch einen Punkt von $\mathfrak{F}'$ gehen daher 2 von diesen Curven. Projiciren wir aus ihm wiederum auf eine Ebene, so ergiebt sich:

Wenn zwei projective Strahlenwürfe gegeben sind, so giebt es 2 Curven 3. Ordnung durch ihre Scheitel, welche sie zu Tangentenwürfen haben.

einer Cuspidalebene durch sie) *wird die Punktreihe* (oder der Ebenenbüschel) *der andern in projective Beziehung zur Reihe* $\mathfrak{F}(\varrho^4)$ *gebracht.*

Kehren wir zur Betrachtung *einer* Regelfläche ϱ^4 zurück. 604

Eine Gerade, welche beide Strahlen hh_1 eines Dupels einer Involution I_h von ϱ^4 trifft, gehört zur Leitschaar einer durch hh_1 gehenden und ein Dupel der verbundenen I_l ausschneidenden Regelschaar. *Also begegnet jede Gerade, welche ein Dupel von* I_h (beide Strahlen desselben) *trifft, auch einem Dupel der verbundenen* I_l, *und die 4 von einer Geraden geschnittenen Erzeugenden der* ϱ^4 *bilden 3 Paare von Dupeln aus 3 Paaren verbundener Involutionen.*

Es seien g', g'' zwei Erzeugende von ϱ^4, die sich auf einer der Leitgeraden u in X schneiden, g_h', g_h'', g_l', g_l'' die ihnen gepaarten in zwei verbundenen Involutionen I_h, I_l. Jeder Strahl, der durch X geht und g_h' trifft, schneidet dann g', g'', g_h', also auch g_l''; folglich liegen g_h' und g_l'' in einer Ebene und schneiden sich auf der andern Leitgeraden v; dasselbe gilt für g_l' und g_h''.

Wenn also zwei auf der einen Leitgeraden sich schneidende Erzeugenden von ϱ^4 *zu verbundenen Involutionen gerechnet werden, so begegnen sich die ihnen bezw. gepaarten auf der andern Leitgeraden.*

Die beide Dupel verbindende Regelschaar besteht aus zwei Strahlenbüscheln.

Für eine der sich selbst verbundenen Involutionen gilt daher:

Zwei Erzeugenden von ϱ^4, *die auf* u *sich schneiden, entsprechen in ihr zwei, die auf* v *sich begegnen; und insbesondere entspricht einer Torsallinie von* ϱ^4, *welche ihren Cuspidalpunkt auf* u *hat, eine Torsallinie, die ihn auf* v *hat,* und zwar gemäss einer der 4 Projectivitäten zwischen den Cuspidalpunkten, denen ja die 4 derartigen Involutionen zugeordnet sind.

Aber wir sehen weiter, dass *wir durch jedes Paar verbundener Involutionen* I_h, I_l *zu einer Correspondenz* [2, 2] *zwischen den Punktreihen* (oder Ebenenbüscheln) *der Leitgeraden* u, v *geführt werden:* dem Punkt X auf u, durch welchen g', g'' gehen, entsprechen die Schnittpunkte von v mit g_h' und g_h'' oder die damit identischen mit g_l'', g_l'.

Ihre entsprechenden Punkte sind Schnitte von u *und* v *mit zwei in* I_h *gepaarten Erzeugenden:* ug', vg_h', *und gleichzeitig auch mit zwei in* I_l *gepaarten Erzeugenden:* ug'', vg_l''.

Durch eine der beiden Involutionen erhalten wir die Correspondenz schon; die verbundene liefert dieselbe Correspondenz; nicht verbundene liefern verschiedene.

Fallen g', g'' (in eine Torsallinie) zusammen, so fallen auch die gepaarten Geraden in I_h (oder I_l) zusammen; d. h. einem Cuspidalpunkt der ϱ^4 entsprechen in der neuen Correspondenz zwei vereinigte Punkte.

Die Cuspidalpunkte sind Verzweigungspunkte der neuen Correspondenzen; diese sind also die oben betrachteten, und die durch sie erzeugten Regelflächen 4. Grades sind die, welche zur gegebenen consingulär sind.

So führt jedes Paar verbundener Involutionen auf ϱ^4 zu einer Regelfläche 4. Grades, welche der ϱ^4 consingulär ist.

Es sei XX_1 ein Strahl von $[u, v]$; durch ihn gehen, wie wir wissen, 2 consinguläre Regelflächen. Sind wiederum g', g'' die durch X gehenden Erzeugenden von ϱ^4, g_1', g_1'' diejenigen, welche durch X_1 gehen, so sind g' und g_1' in der einen, g'' und g_1'' in der andern von zwei verbundenen Involutionen gepaart; und ebenso g', g_1'' in der einen, g'', g_1' in der andern von zwei weiteren verbundenen Involutionen gepaart. Die beiden zugehörigen consingulären Regelflächen sind die durch XX_1 gehenden.

Mithin entsteht jede der zur ϱ^4 consingulären Regelflächen auf diese Weise.

Aus den 4 sich selbst verbundenen Involutionen entstehen die Doppel-Projectivitäten unter den $[2, 2]$ *und die Doppel-Regelschaaren unter den consingulären Regelflächen.*

Die beiden verbundenen Involutionen der auf u und der auf v sich schneidenden Erzeugenden von ϱ^4 führen zu der Correspondenz $[2, 2]$, *durch welche ϱ^4 selbst entsteht.*

605 Weil die Consingularität gegenseitig ist, so enthält jede von zwei consingulären Regelflächen 4. Grades ein Paar verbundener Involutionen, das zu der andern führt.

Wenn g und g_h in der Involution I_h von ϱ^4 gepaart sind, so sind die Verbindungslinien g_1 und g_2 von ug und vg_h, von ug_h und vg Erzeugende der consingulären Regelfläche $\bar{\varrho}^4$, die bei dieser Involution I_h und der verbundenen I_l sich ergiebt; wenn daher g_l der g in I_l gepaart ist, so sind auch die Verbindungslinien g_3, g_4 von ug und vg_l, ug_l und vg Erzeugende der $\bar{\varrho}^4$. In der einen der beiden verbundenen Involutionen von $\bar{\varrho}^4$, die zu ϱ^4 führen, sind g_1, g_2, in der andern g_3, g_4 gepaart. Denn weil g Erzeugende der ϱ^4 ist, so kann nur dies der Fall sein, oder g_1, g_4 sind in der einen, g_2, g_3 in der andern gepaart. Wäre aber letzteres der Fall, so würden auch die Verbindungslinie von vg_1 und ug_4 oder vg_h und ug_l und die Verbindungslinie von vg_3 und ug_2 oder vg_l und ug_h Erzeugende von ϱ^4 sein; d. h. in der Correspondenz [2, 2] zwischen u und v, durch welche ϱ^4 entsteht, würden jedem der beiden Punkte ug_h und ug_l die beiden Punkte vg_h und vg_l entsprechen; sie wäre nach I, Nr. 17 eine Projectivität zweier Involutionen, was sie im allgemeinen nicht ist.

Wenn daher in der einen der beiden zu $\bar{\varrho}^4$ führenden Involutionen von ϱ^4 die Geraden g und g_h, in der andern g und g_l gepaart sind, so sind in der einen der Involutionen von $\bar{\varrho}^4$, die zu ϱ^4 führen, die Verbindungslinien (ug, vg_h), (vg, ug_h), in der andern (ug, vg_l), (vg, ug_l) gepaart.

Der zweiten von ug ausgehenden Erzeugenden g' von ϱ^4 ist in I_h die zweite von vg_l ausgehende g_h' und in I_l die zweite von vg_h ausgehende Erzeugende g_l' gepaart, so dass g_3 und g_1 sich auch in umgekehrter Weise ergeben; der g_3 entspricht nun in der ersten der Involutionen auf $\bar{\varrho}^4$ die (vg', ug_h'), der g_1 in der zweiten die (vg', ug_l').

Es sei nun aber I_h eine Involution von ϱ^4, die mit der verbundenen I_l identisch ist, so fallen g_h und g_l zusammen, also auch g_1 und g_3, ebenso g_h' und g_l'. Dem Punkte X auf u, von dem g und g' ausgehen, wird eindeutig der Punkt X_1 auf v zugeordnet, von dem g_h und g_h' ausgehen, und umgekehrt; es entsteht aber, wie schon bemerkt, durch die XX_1 *eine Regelschaar, welche, doppelt gerechnet, an Stelle der $\bar{\varrho}^4$ tritt. An Stelle der beiden verbundenen Involutionen dieser Regelfläche tritt in der Regelschaar eine involutorische Correspondenz* [2], in welcher der Geraden XX_1 die Verbindungslinien (vg, ug_h), (vg', ug_h') entsprechen: von diesen Linien entsprach vorhin in derselben Involution von $\bar{\varrho}_4$ die eine der g_1, die andere der g_3.

Fallen g und g' zusammen, dann thun es auch g_h und g_h', und also auch diese beiden Linien.

Die 4 Strahlen der Focalquaterne auf der (doppelten) Regelschaar sind die Verzweigungsstrahlen dieser involutorischen Correspondenz [2].

Umgekehrt, eine involutorische Correspondenz [2] in einer Regelschaar ruft auf zwei Leitgeraden u, v derselben eine Correspondenz [2, 2] hervor, in der sich zwei Punkte von u und v entsprechen, durch welche entsprechende Geraden der [2] gehen, und führt also zu einer Regelfläche 4. Grades.

Wir können diese Ergebnisse auf Strahlenbüschel-Systeme von folgen- 606
der Art übertragen: Eine jede Correspondenz [m, n] zwischen den Punkten und Ebenen einer Geraden u führt zu einem einfach unendlichen Systeme $\mathfrak{S}_{m,n}$ von Strahlenbüscheln, die alle durch u gehen und deren Scheitel und Ebenen sich in [m, n] entsprechen.

Wir betrachten ein System $\mathfrak{S}_{2,2}$; schneiden wir den Ebenenbüschel u mit einer Geraden v, so entsteht eine Correspondenz [2, 2] zwischen den Punktreihen u, v, und die Büschel von $\mathfrak{S}_{2,2}$ sind in die Erzeugenden einer Regelfläche ϱ^4 abgebildet, jeder in denjenigen von seinen Strahlen, welcher v trifft. Es seien I_h, I_l zwei verbundene Involutionen von ϱ^4; sie führen zu *zwei verbundenen Involutionen* $\mathfrak{J}_{\mathfrak{h}}$, $\mathfrak{J}_{\mathfrak{l}}$ *von* $\mathfrak{S}_{2,2}$, *die sich selbständig folgendermassen ergeben:* Zwei Dupel hh_1, ll_1 von I_h, I_l befinden sich in einer Regelschaar; folglich sind die Würfe der Scheitel und der Ebenen der entsprechenden Strahlenbüschel-Dupel $\mathfrak{h}\mathfrak{h}_1$, $\mathfrak{l}\mathfrak{l}_1$ projectiv, die vier Strahlenbüschel gehören daher zu einem singulären Strahlennetze, dessen (einzige) Leitgerade u ist. Durch 3 Strahlenbüschel, welche einen Strahl gemeinsam haben, ist stets ein solches Netz eindeutig bestimmt; und jedes derartige Netz mit der Leitgeraden u schneidet $\mathfrak{S}_{2,2}$ in 4 Strahlenbüscheln; denn indem es selbst zwischen der Punktreihe und dem Ebenenbüschel u eine Projectivität hervorruft, ergiebt sich im Ebenenbüschel eine Correspondenz [2, 2], in der sich zwei Ebenen entsprechen, welche je dem nämlichen Punkte von u in der zu $\mathfrak{S}_{2,2}$ gehörigen Correspondenz [2, 2] und in dieser Projectivität zugeordnet sind; die 4 Coincidenzen liefern die gemeinsamen Strahlenbüschel.

Halten wir also $\mathfrak{h}\mathfrak{h}_1$ fest und bewegen $\mathfrak{l}$, so giebt je das Strahlennetz $(\mathfrak{h}\mathfrak{h}_1\mathfrak{l})$ den gepaarten Büschel $\mathfrak{l}_1$; haben wir $\mathfrak{l}\mathfrak{l}_1$, $\mathfrak{l}'\mathfrak{l}_1'$ aus $\mathfrak{h}\mathfrak{h}_1$, andererseits $\mathfrak{h}'\mathfrak{h}_1'$ aus $\mathfrak{l}\mathfrak{l}_1$ abgeleitet, so geht auch $\mathfrak{l}'\mathfrak{l}_1'$ aus $\mathfrak{h}'\mathfrak{h}_1'$ in dieser Weise hervor; sind nämlich $h, h_1, \ldots$ die entsprechenden Erzeugenden von ϱ^4, so sind hh_1ll_1, $hh_1l'l_1'$, $h'h_1'll_1$ je in einer Regelschaar, also (Nr. 590) auch $h'h_1'l'l_1'$ und daher $\mathfrak{h}'\mathfrak{h}_1'\mathfrak{l}'\mathfrak{l}_1'$ in demselben Strahlennetze.

Alle Strahlenbüschel-Systeme $\mathfrak{S}_{2,2}$ *durch dieselbe Gerade* u, *deren Correspondenzen* [2, 2] *die nämlichen Verzweigungsebenen haben, können als consingulär bezeichnet werden.*

Es sei $\mathfrak{J}_{\mathfrak{h}}$ *in einem von ihnen,* $\mathfrak{S}_{2,2}$, *eine Involution; so ordne man jedem Punkte von* u *die beiden Ebenen der Büschel von* $\mathfrak{S}_{2,2}$ *zu, welche den von ihm ausgehenden Büscheln von* $\mathfrak{S}_{2,2}$ *in* $\mathfrak{J}_{\mathfrak{h}}$ *gepaart sind, und hat dann die Strahlenbüschel eines consingulären Systemes, zu dem auch die verbundene Involution* $\mathfrak{J}_{\mathfrak{l}}$ *führt; und die ganze Reihe wird durchlaufen, wenn wir alle Paare verbundener Involutionen des gegebenen Systems benutzen.* Die beiden verbundenen Involutionen, bei denen in der einen die zwei Büschel mit demselben Scheitel, in der andern zwei mit derselben Ebene gepaart sind, führen zu $\mathfrak{S}_{2,2}$ selber.

Oder anders ausgedrückt:

Wenn in $\mathfrak{J}_{\mathfrak{h}}$ die beiden Büschel $(X, \mathfrak{x})$ und $(X_{\mathfrak{h}}, \mathfrak{x}_{\mathfrak{h}})$ von $\mathfrak{S}_{2,2}$ gepaart sind, so gehören zu dem neuen Systeme, das aus $\mathfrak{J}_{\mathfrak{h}}$ und $\mathfrak{J}_{\mathfrak{l}}$ sich ergiebt, die Büschel $(X, \mathfrak{x}_{\mathfrak{h}})$, $(X_{\mathfrak{h}}, \mathfrak{x})$; und sie sind gerade in der einen der beiden Involutionen dieses Systems gepaart, die rückwärts zum gegebenen $\mathfrak{S}_{2,2}$ führen.

Wenn aber $\mathfrak{J}_{\mathfrak{h}} \equiv \mathfrak{J}_{\mathfrak{l}}$ *in* $\mathfrak{S}_{2,2}$ *ist, so wird das neue System das Strahlenbüschel-System* $\mathfrak{S}_{1,1}$ *eines singulären Strahlennetzes mit der Leitgeraden u, doppelt gerechnet;* in einer solchen sich selbst verbundenen Involution von $\mathfrak{S}_{2,2}$ sind zwei Büscheln mit gemeinsamem Scheitel $(X, \mathfrak{x})$, $(X, \mathfrak{x}')$ zwei mit gemeinsamer Ebene $(X_{\mathfrak{h}}, \mathfrak{x}_{\mathfrak{h}})$, $(X_{\mathfrak{h}}', \mathfrak{x}_{\mathfrak{h}})$ gepaart; und dem Büschel $(X, \mathfrak{x}_{\mathfrak{h}})$ entsprechen *in der involutorischen Correspondenz* [2], *welche in* $\mathfrak{S}_{1,1}$ *an Stelle der verbundenen Involutionen tritt, die sonst zu* $\mathfrak{S}_{2,2}$ *zurückführen,* die Büschel $(X_{\mathfrak{h}}, \mathfrak{x})$, $(X_{\mathfrak{h}}', \mathfrak{x}')$.

Sind A_1, A_2, A_3, A_4; β_1, β_2, β_3, β_4 die Verzweigungselemente der dem Systeme $\mathfrak{S}_{2,2}$ zu Grunde liegenden Correspondenz [2, 2], so sei

$$A_1 A_2 A_3 A_4 \barwedge \beta_1 \beta_2 \beta_2 \beta_4$$

die Projectivität, welche der betrachteten sich selbst verbundenen Involution zugeordnet ist, so dass die Büschel (A_1, β_1), (A_2, β_2), ... zum singulären Strahlennetze gehören; sie sind die Verzweigungselemente der Correspondenz [2].

Jeder u enthaltende Strahlenbüschel gehört zu zwei von den consingulären Systemen $\mathfrak{S}_{2,2}$; infolge dessen entsteht in dem Ebenenbüschel von u eine involutorische Correspondenz [2], in der sich zwei Ebenen entsprechen, welche zwei aus einem festen Punkte von u kommende und zu demselben von den $\mathfrak{S}_{2,2}$ gehörige Strahlenbüschel enthalten; und ebenso führt jede Ebene von u zu einer Correspondenz [2] in der Punktreihe u.

Ein Strahlenbüschel aber durch u, der aus einem der gemeinsamen Verzweigungspunkte kommt — oder in einer der gemeinsamen Verzweigungsebenen liegt —, gehört nur zu einem von den Systemen $\mathfrak{S}_{2,2}$ und ist ja dann auch für dieses der einzige mit dem Verzweigungselemente incidente Strahlenbüschel.

Daher ergiebt sich mit Hilfe eines Verzweigungselementes eine projective Zuordnung des Ebenenbüschels, bezw. der Punktreihe u zu der Reihe der Systeme $\mathfrak{S}_{2,2}$.

Zwei von den consingulären Systemen $\mathfrak{S}_{2,2}$ haben 8 Strahlenbüschel gemeinsam (Nr. 603).

Weil die Regelfläche, mit der wir uns hier beschäftigen, ein 607 Specialfall der Kummer'schen Fläche ist, so müssen die Würfe der Doppeltangenten in allen Punkten derselben projectiv sein; zu diesen 4 Strahlen fügen wir als fünfte *die Erzeugenden* hinzu, *welche auch in allen diesen projectiven Tangentenbüscheln entsprechend sind,* und wollen dies auf folgende einfache Weise darthun. Wenn T ein beliebiger Punkt der Fläche und τ seine Berührungsebene ist, so mögen g_0, C^3, U, V die bisherigen Bedeutungen haben (Nr. 590); die 4 Doppeltangenten in T sind die Tangenten t_1, t_2, t_3, t_4 aus T an C^3; es seien u_1, u_2, u_3, u_4 die aus U und v_1, v_2, v_3, v_4 die aus V. So ist nach bekanntem Satz:

$$t_1 t_2 t_3 t_4 \barwedge u_1 u_2 u_3 u_4 ,$$

und R sei der durch diese Projectivität erzeugte Kegelschnitt; nun hat*) in Bezug auf diesen Kegelschnitt die Gerade $g_0 \equiv UTV$ den Berührungspunkt $\overline{V}$ der einen der 4 Tangenten $v_1, \ldots$ zum Pole, und folglich entspricht in den Büscheln T und U weiter der g_0 der Strahl $U\overline{V}$. Aber die 4 Tangenten u_1, u_2, u_3, u_4 haben ständig ihre Berührungspunkte auf den 4 Torsallinien b_1, b_2, b_3, b_4 aus den Cuspidalpunkten von v, und $\overline{V}$ durchläuft ebenso die Torsallinie $\overline{a}$, die aus einem der Cuspidalpunkte $\overline{A}$ von u kommt; folglich ist der Strahlenbüschel u_1, u_2, u_3, u_4, $U\overline{V}$ zu dem Ebenenbüschel u (b_1, b_2, b_3, b_4, $\overline{a}$) perspectiv und dieser zur Punktreihe $B_1 B_2 B_3 B_4 \mathfrak{A}$ perspectiv, wo $\mathfrak{A}$ der dem $\overline{A}$ entsprechende Doppelpunkt auf v ist. Also sind auch alle Büschel $t_1 t_2 t_3 t_4 g_0$ zu diesen festen Gebilden projectiv.

Die Regelschaaren eines Complexes 2. Grades, seine Erzeugung durch correlative Netze von Gewinden. Nachweis des Büschels quadratischer Systeme 4. Stufe von Gewinden durch den Complex.**)

608 *Jedes Strahlennetz schneidet in einen Complex 2. Grades Γ^2 eine Regelfläche 4. Grades I. Art ein, welche die Leitgeraden des Netzes zu doppelten Leitgeraden hat;* und da umgekehrt jede solche Fläche in einem Strahlennetze sich befindet, so *ist ihre Zahl in Γ^2 ∞^8.*

Dass durch die Strahlen von Γ^2, welche beide Leitgeraden u, v des Netzes treffen, zwischen deren Punktreihen eine Correspondenz $[2, 2]$ entsteht, ist unmittelbar klar. Die Erzeugenden der Regelfläche, welche einer dritten Geraden w begegnen, sind dann *die 4 Strahlen, welche Γ^2 mit der Regelschaar $[uvw]$ gemeinsam hat.*

Legt man ein Strahlennetz durch einen Strahlenbüschel von Γ^2, so ist der fernere Schnitt eine cubische Regelfläche: doppelte Leitge-

---

*) Schröter, Theorie der ebenen Curven 3. Ordnung S. 104.

**) Vergl. hierzu: Schur, Math. Annalen Bd. 15 S. 452; W. Stahl, Journal f. Math. Bd. 93 S. 215; Segre, Sulla geometria della retta.

rade derselben ist diejenige Leitgerade des Netzes, welche den Scheitel des Büschels enthält, einfache die in seiner Ebene gelegene.

Umgekehrt jede in Γ^2 enthaltene cubische Regelfläche befindet sich in einem Strahlennetze und wird durch einen Strahlenbüschel zum vollen Schnitte desselben ergänzt; *wir haben daher* ∞^6 *cubische Regelflächen in* Γ^2, weil durch jeden von seinen ∞^2 Strahlenbüscheln ∞^4 Netze gehen.

Zwei Strahlenbüschel von Γ^2 sind entweder windschief, d. h. ohne gemeinsamen Strahl, oder schneiden sich. Durch zwei windschiefe Strahlenbüschel — ein *Strahlenbüschel-Dupel* — geht nur ein Strahlennetz, dessen eine Leitgerade u die beiden Scheitel verbindet, während in der andern v die Ebenen sich schneiden: die Büschel gehören im Netze zur nämlichen Schaar (I, Nr. 95), und solche allein sind ohne gemeinsamen Strahl. Der Restschnitt zweiten Grades muss so beschaffen sein, dass durch jeden Punkt von u 2 von seinen Strahlen gehen, durch jeden von v im allgemeinen keiner; folglich besteht er aus zwei Strahlenbüscheln, die sich umgekehrt zu u und v verhalten, wie die gegebenen.

Das einzige Strahlennetz durch zwei windschiefe Strahlenbüschel von Γ^2 *schneidet den Complex in zwei andern Strahlenbüscheln; jene gehören zu der einen, diese zu der andern von den beiden Schaaren im Netze.*

Zu zwei windschiefen Strahlenbüscheln von Γ^2 *giebt es immer 2 andere Büschel im Complexe, welche beide schneiden.*

Jede zwei windschiefen Strahlenbüschel von Γ^2 führen also zu einem Cyklus von 4 Büscheln des Complexes, von denen jeder die beiden Nachbarn schneidet; die Schnittstrahlen bilden ein windschiefes Vierseit.

Die zweiten Büschel von Γ^2, die aus den Scheiteln der neuen Büschel kommen, sind gegen die gegebenen windschief; aber von den beiden Büscheln, die von jedem der beiden weiteren Schnitte der v mit Φ ausgehen, schneidet der eine den einen, der andere den andern von den gegebenen Büscheln. Duales gilt für die Büschel in den Berührungsebenen der Φ, die durch u gehen.

Hingegen *zwei sich schneidende Strahlenbüschel — ein Strahlenbüschel-Paar* — gehören in jedem durch sie gelegten Strahlennetze zu verschiedenen Schaaren; *befinden sie sich in* Γ^2, *so schneidet ein solches Netz noch eine Regelfläche 2. Grades aus,* für welche u, v einfache Leitgeraden sind.

So kommen wir zu Regelschaaren in Γ^2.

Das Strahlenbüschel-Paar, als ausgeartete Regelschaar, und die allgemeine Regelschaar, welche den weiteren Schnitt bildet, haben, weil in demselben Netze enthalten, 2 Gerade gemein (I, Nr. 94), welche sich auf die beiden Büschel vertheilen.

Umgekehrt, eine in Γ^2 enthaltene Regelschaar ϱ stellen wir mit einem der 4 Strahlenbüschel zusammen, die durch eine von ihren Geraden gehen. Das Strahlennetz, das durch ϱ und einen beliebigen Strahl des Büschels geht, enthält beide und schneidet Γ^2 noch in einem Büschel, der die Regelschaar, aber auch den ersteren Büschel schneiden muss, weil andernfalls der volle Schnitt aus 4 Büscheln bestehen würde.

Folglich kann jede Regelschaar von Γ^2 vermittelst eines Strahlenbüschel-Paars erhalten werden, und zwar, da ihre Gerade, durch welche der erste Büschel geht, beliebig gewählt werden kann, in ∞^1 Weisen.

Der Complex besitzt ∞^2 Strahlenbüschel, jeder hat ∞^1 ihn schneidende; ihre Scheitel erfüllen die Schnittcurve der Φ mit der Ebene des ersten, der jedoch je nur von einem der beiden Büschel geschnitten wird, die von jedem Punkte dieser Curve ausgehen; ihre Ebenen umhüllen den Tangentialkegel, der vom Scheitel des Büschels an Φ kommt. So gelangen wir zu ∞^{2+1} Strahlenbüschel-Paaren in Γ^2.

Es sei (B, β), (B', β') ein solches Paar;*) fassen wir es als Regelschaar auf, so besteht die Leitschaar aus (B, β'), (B', β); jeder Strahl aus (B, β') kann als die eine und jeder aus (B', β) als die andere Leitgerade eines durch (B, β), (B', β') zu legenden Strahlennetzes genommen werden, so dass deren ∞^2 möglich sind. Da nun jede Regelschaar von Γ^2, wie wir eben bemerkten, auf ∞^1 Weisen so abgeleitet werden kann, so erhalten wir ∞^{3+2-1} Regelschaaren in Γ^2.

*Ein Complex 2. Grades besitzt ∞^4 Regelschaaren, darunter je ∞^3 Kegel, Kegelschnitte, Strahlenbüschel-Paare.***)

609 *Durch jede Regelschaar ϱ_0 von Γ^2 gehen* (I, Nr. 126 ff.) ∞^2 *Strahlennetze (ein Netz oder ein Bündel***) von Gewinden und Strahlennetzen); jedes schneidet eine zweite Regelschaar aus Γ^2, welche ϱ_0 in zwei Strahlen oder,* sagen wir kurz, *zweimal schneidet.*

---

*) Von den beiden Bezeichnungen (A, α), (B, β) der Büschel des Complexes, zu denen die Dualität führte (Nr. 514), benutze ich die letztere, welche den Anfangs-Buchstaben von Büschel enthält, auch als neutrale. — (S, σ) sind die Tangentenbüschel von Φ, oder S und σ singulärer Punkt und singuläre Ebene, die zu demselben singulären Strahle s gehören (Nr. 523).

**) Die vierfache Unendlichkeit der Regelschaaren hat — durch eine später zu besprechende Abbildung — zuerst Caporali gefunden: Sui complessi e sulle congruenze di 2° grado. Memorie dell' Accademia dei Lincei Ser. III Bd. 2 (1878).

***) Dies Wort gebraucht Reye in der 3. Auflage der Geometrie der Lage, und zur Abwechselung und um Collisionen desselben Wortes in verschiedenen Bedeutungen zu vermeiden, will ich mich seiner auch bedienen.

Und umgekehrt, zwei sich zweimal schneidende Regelschaaren von Γ^2 befinden sich in demselben Strahlennetze.

So wird jeder Regelschaar ϱ_0 *von* Γ^2 *ein zweifach unendliches System von andern Regelschaaren von* Γ^2 *zugeordnet, von welchem alle die* ϱ_0 *zweimal schneiden und zu dem alle Regelschaaren von* Γ^2, *die dies thun, gehören.*

Den Inbegriff dieser Regelschaaren von Γ^2 will ich *das Regelschaar-Feld* $[\varrho_0]$ nennen und ϱ_0 seinen *Träger.*

Wenn ϱ_0 *ein Kegel von* Γ^2 *ist, so besteht* $[\varrho_0]$ *aus allen Kegelschnitten von* Γ^2 *in den Ebenen durch die Spitze des Kegels.*

Ist ϱ_0 *ein Kegelschnitt von* Γ^2, *so wird* $[\varrho_0]$ *durch alle* Γ^2-*Kegel gebildet, die ihre Spitzen in der Ebene des Kegelschnitts haben.*

Daraus folgt, dass *in einem Regelschaar-Felde, das von einer allgemeinen Regelschaar getragen wird, sich kein Kegel oder Kegelschnitt befindet.*

Die übrigen Regelschaaren von Γ^2 haben zu ϱ_0 dreierlei Verhalten: die einen schneiden ϱ_0 einmal und sind daher mit ihr durch ein Gewinde verbunden, die der zweiten Art schneiden zwar ϱ_0 nicht, aber befinden sich doch mit ihr in dem nämlichen Gewinde, und für die der dritten Art gilt auch dies nicht mehr.

Durch ein Strahlenbüschel-Paar von Γ^2 (d. h. durch den gemeinsamen Strahl und je einen weiteren Strahl) und einen beliebigen Strahl g von Γ^2 geht nur ein Strahlennetz, daher durch g nur ∞^{2+1-1} Regelschaaren von Γ^2.

Durch einen gegebenen Strahl von Γ^2 *gehen* ∞^2 *Regelschaaren des Complexes, durch zwei Gerade also eine endliche Zahl.*

Bewegt man das Strahlennetz des Bündels (ϱ_0) *innerhalb eines zu diesem Bündel gehörigen Gewindes* Γ, *so ergiebt sich eine Regelschaar-Reihe, das Feld* $[\varrho_0]$ *ist also von* ∞^2 *Reihen durchzogen: es lässt sich in ein Feld von Punkten abbilden,* weil dies ja für den einschneidenden Bündel (ϱ_0) gilt. *Also sind jede zwei Regelschaaren des Feldes durch eine Reihe verbunden, zwei Reihen des Feldes haben eine Regelschaar gemeinsam.*

Durch jede Gerade von Γ^2 *geht eine Regelschaar von* $[\varrho_0]$, weil ein Strahlennetz des Bündels (ϱ_0).

Eine Folge von Regelschaaren von Γ^2, *in der jede zwei benachbarte* 610
sich zweimal schneiden, heisse eine Kette von Regelschaaren, die ihre Glieder genannt werden mögen. Zwei auf einander folgende sind also durch ein Strahlennetz verbunden und zwei auf einander folgende von

diesen Netzen haben eine Regelschaar gemein und befinden sich deshalb in demselben Gewinde. Also:

Drei auf einander folgende Glieder $\varrho_{i-1}\varrho_i\varrho_{i+1}$ *einer Kette sind in demselben Gewinde enthalten.*

Die beiden äusseren Glieder schneiden sich nicht, denn die beiden Strahlen, welche ϱ_{i-1} mit dem Strahlennetze $(\varrho_i\varrho_{i+1})$ gemein hat, befinden sich auf ϱ_i.

Damit ist auch gewonnen, dass *zwei Regelschaaren eines Feldes stets demselben Gewinde* (im allgemeinen ohne Schnittstrahl) *angehören.*

Wenn weiter $\varrho_{i-2}\varrho_{i-1}\varrho_i\varrho_{i+1}\varrho_{i+2}$ auf einander folgende Glieder einer mindestens fünfgliedrigen Kette sind, so schneidet das Strahlennetz, das den Gewinden $(\varrho_{i-2}\varrho_{i-1}\varrho_i)$ und $(\varrho_i\varrho_{i+1}\varrho_{i+2})$ gemeinsam ist, ausser in ϱ_i noch in ϱ_i'; diese Regelschaar schneidet also ϱ_i zweimal, daher ϱ_{i-1} nicht (denn $\varrho_{i-1}\varrho_i\varrho_i'$ bilden eine Kette) und infolge dessen, weil sie dem Netze $(\varrho_{i-2}\varrho_{i-1})$, mit dem sie im Gewinde $(\varrho_{i-2}\varrho_{i-1}\varrho_i)$ liegt, nur auf den Schnitt-Regelschaaren begegnen kann, ϱ_{i-2} zweimal und ebenso ϱ_{i+2}; und wir haben die Kette $\varrho_{i-2}\varrho_i'\varrho_{i+2}$.

In jeder mindestens fünfgliedrigen Kette kann man 3 auf einander folgende innere Glieder stets durch eine Regelschaar ersetzen und daher die Kette auf 4 oder 3 Glieder herabbringen, je nachdem ihre Gliederzahl gerade oder ungerade ist. Dabei bleiben die Endglieder dieselben.

Die Endglieder einer Kette von ungerader Gliederzahl befinden sich stets in demselben Gewinde ohne gemeinsamen Strahl.

611 *Man sei, von* ϱ_0 *ausgehend, durch eine viergliedrige Kette zu* ϱ_0' *gelangt;* dann liegt jede ϱ_0 zweimal schneidende Regelschaar ϱ mit ϱ_0' in einem Gewinde, da $\varrho\varrho_0 \,..\, \varrho_0'$ *) fünfgliedrig ist.

Jede Regelschaar des Feldes $[\varrho_0]$ *kann mit* ϱ_0' *durch ein Gewinde verbunden werden und jede Regelschaar von* $[\varrho_0']$ *mit* ϱ_0.

Zwei Strahlennetze von (ϱ_0) schneiden in ϱ und ϱ_1, welche mit ϱ_0' durch die Gewinde Γ', Γ_1' verbunden sind; das Strahlennetz $\Gamma'\Gamma_1'$ schneidet dann, ausser in ϱ_0', noch in ϱ'. Weil ϱ mit diesem Netze $(\varrho_0'\varrho')$ in Γ' gelegen ist, trifft sie dasselbe zweimal, also wird, da ϱ und ϱ_0' windschief sind, ϱ' von ϱ und ebenso von ϱ_1 zweimal geschnitten und befindet sich deshalb in dem Gewinde Γ von (ϱ_0), welches die Netze $(\varrho_0\varrho)$, $(\varrho_0\varrho_1)$ verbindet. Da nun ϱ' das Netz $(\varrho_0\varrho)$ schon zweimal auf ϱ trifft, so trifft sie ϱ_0 nicht. Ein drittes Strahlennetz von (ϱ_0), das in Γ liegt und ϱ_2 ausschneidet, wird von ϱ' zweimal auf ϱ_2

*) Die Punkte sollen, auch der Zahl nach, die nicht genauer bezeichneten Glieder der Kette angeben.

getroffen, und so jede weitere Regelschaar der Reihe $\varrho\varrho_1\varrho_2, \ldots$ Daher enthalten die Gewinde Γ', Γ_1', Γ_2', ..., welche diese Regelschaaren mit ϱ_0' verbinden, von ϱ' 4 Strahlen, 2 auf ϱ_0', 2 auf ϱ, ϱ_1, ϱ_2, ..., folglich die ganze Regelschaar ϱ' und bilden einen Büschel, dessen Basis das Strahlennetz $(\varrho_0'\varrho')$ ist.

Wenn also das Strahlennetz von (ϱ_0) einen Büschel in diesem Bündel durchläuft, d. h. sich innerhalb eines Gewindes von (ϱ_0) bewegt, so erzeugt das Gewinde, welches die je ausgeschnittene Regelschaar mit ϱ_0' verbindet, auch einen Büschel.

Und ebenso könnten wir von ϱ_0' ausgehen: für die ϱ', die von einem durch ϱ_0' gehenden Strahlennetze ausgeschnitten wird, ist Γ das Gewinde, das sie mit ϱ_0 verbindet.

Damit ist erkannt, dass *jeder Complex 2. Grades durch die Schnitt-Regelschaaren entsprechender Elemente zweier correlativer Bündel von Gewinden und Strahlennetzen erzeugt werden kann.*

Beweisen wir nun, dass *umgekehrt das Erzeugniss zweier solcher Bündel ein Complex 2. Grades ist.* Die beiden Bündel seien S_2, S_2'. Eine beliebige Ebene π wird durch sie correlativ gemacht, und es entsprechen sich ihr Nullpunkt in Bezug auf ein Gewinde von S_2 oder S_2' und der Strahl in π aus dem entsprechenden Strahlennetze von S_2' oder S_2. Die Curve 2. Grades der Geraden, welche durch ihren einen und dann auch durch ihren andern entsprechenden Punkt gehen, ist die Complexcurve (π); und so zeigt sich, dass *der nämliche Complex sich ergiebt, ob man die Gewinde von S_2 mit den entsprechenden Strahlennetzen von S_2' oder die Gewinde von S_2' mit den Strahlennetzen von S_2 schneidet.* Man erkennt auch leicht unmittelbar, dass ein Strahl, der zwei entsprechenden Elementen der einen Art gemeinsam ist, auch stets in zwei entsprechenden Elementen der andern Art zugleich liegt. Die erzeugenden Regelschaaren bilden ein Feld, jedoch in dem einen Falle nicht dasselbe wie im andern.

Durch zwei beliebige Strahlen der Grund-Regelschaar des einen der beiden erzeugenden Bündel geht ein Gewinde des andern; also ist die Regelschaar, in welcher dasselbe sich mit dem entsprechenden Strahlennetze schneidet, die einzige Regelschaar des Complexes Γ^2 durch jene beiden Strahlen, ausser der Grund-Regelschaar.

Daraus ist schon zu vermuthen, dass die oben erwähnte Zahl der durch 2 Strahlen des Γ^2 gehenden von seinen Regelschaaren 2 ist.

Jedoch wird hierbei die Existenz einer von ihnen vorausgesetzt.

Von *der Schnittcongruenz 2. Grades des Γ^2 mit einem Gewinde Γ,* 612
die später noch genauer behandelt werden wird, sollen vorläufig fol-

gende Eigenschaften besprochen werden. Weil Γ^2 ∞^4 und Γ ∞^6 Regelschaaren enthält und es überhaupt ∞^9 Regelschaaren giebt, so *müssen in der Congruenz* $\Gamma\Gamma^2$ ∞^{4+6-9}, *also* ∞^1 *Regelschaaren vorhanden sein;* es wird sich zeigen, dass sie 10 Reihen bilden: $\Gamma\Gamma^2$ ist eine allgemeine Congruenz 2. Grades ohne singuläre Linie.

Wenn ϱ_0 eine in $\Gamma\Gamma^2$ enthaltene Regelschaar ist, so führt dieselbe, wie wir schon gefunden haben, zu einer Reihe von ∞^1 Regelschaaren, die sämmtlich in $\Gamma\Gamma^2$ sich befinden, durch die zu Γ gehörigen Strahlennetze von (ϱ_0). Sie begegnen alle der ϱ_0 zweimal, keine zwei aber einander, da durch jede Gerade nur ein Strahlennetz von (ϱ_0) geht. Irgend eine Regelschaar $\bar{\varrho}_0$ aus dieser Reihe führt in derselben Weise zu einer Reihe in $\Gamma\Gamma^2$, zu der ϱ_0 gehört. Jede andere Regelschaar aus der ersten Reihe schneidet das Strahlennetz, welches $\bar{\varrho}_0$ mit einer aus der zweiten Reihe verbindet, zweimal (weil beide in Γ liegen), also so oft diese Regelschaar, da sie der $\bar{\varrho}_0$ nicht begegnet. Daher kann jede von den beiden Reihen aus jeder Regelschaar der andern genau so abgeleitet werden, wie die erste aus ϱ_0 und die zweite aus $\bar{\varrho}_0$.

Jede in der Schnittcongruenz 2. Grades des Γ^2 *mit einem Gewinde* Γ *enthaltene Regelschaar führt sofort zu zwei verknüpften Regelschaar-Reihen, in deren einer sie sich befindet. Alle Regelschaaren der einen Reihe treffen alle der andern zweimal, keine zwei derselben Reihe treffen, im allgemeinen*), einander.*

Wir kennen diese verknüpften Reihen von der Betrachtung der Congruenz 2. Grades ohne singuläre Linien (II, Nr. 369).

Jede zu ϱ_0 windschiefe Regelschaar von $\Gamma\Gamma^2$ trifft das Strahlennetz $(\varrho_0\bar{\varrho}_0)$ zweimal, also auf $\bar{\varrho}_0$ und gehört deshalb zur zweiten Reihe.

613 *Die Regelschaaren des Complexes, welche mit einer gegebenen Regelschaar* ϱ_0 *desselben durch eine 3gliedrige* (oder allgemeiner eine ungeradgliedrige) *Kette verbunden sind, sind daher in den* ∞^2 *Congruenzen* $\Gamma\Gamma^2$, *welche durch die Gewinde von* (ϱ_0) *eingeschnitten werden, diejenigen, welche je zu derselben Reihe gehören, wie* ϱ_0; *also ist ihre Anzahl* ∞^3.

Seien ϱ und ϱ_1 zwei von ihnen, so können wir die beiden Ketten, welche von ϱ_0 zu ihnen führen, unter Umkehrung der einen an einander schliessen, was zu einer fünfgliedrigen Kette führt, die wieder auf 3 Glieder herabgebracht werden kann. *Wie also* ϱ *und* ϱ_1 *aus* ϱ_0, *so kann jede von ihnen aus der andern abgeleitet werden.*

*) Wir werden (Nr. 631, 633) Reihen kennen lernen, in denen alle Regelschaaren eine oder zwei Gerade gemein haben. — Ich gebrauche nun das bestimmtere Wort „Reihe“ statt „System“, dessen ich mich in Bd. II bedient habe.

Wir erhalten auf diese Weise ein in sich geschlossenes System 3. Stufe Σ_3 von Regelschaaren des Γ^2, von dem jede zwei durch eine dreigliedrige Kette verbunden werden können oder in demselben Gewinde sich so befinden, dass sie in dessen Schnittcongruenz mit Γ^2 derselben Reihe angehören.

Also jede zwei Regelschaaren dieses Systems Σ_3 bestimmen eine Reihe und solcher Reihen enthält das System $\infty^{2.3-2.1}$, d. h. ∞^4; jede Reihe erzeugt den Schnitt von Γ^2 mit einem Gewinde; *es ist demnach unser System oder Regelschaar-Gebüsche,* wie wir es nennen wollen, *mit ∞^4 Gewinden verbunden.*

Solcher Regelschaar-Gebüsche haben wir ∞^1; keine zwei haben eine Regelschaar gemein; denn eine solche zöge ja Gemeinsamkeit aller übrigen Regelschaaren des einen oder andern Gebüsches nach sich.

Aber durch diese Gebüsche werden nicht etwa auch die Gewinde in ∞^1 getrennte Systeme von ∞^4 Gewinden geschieden, vielmehr ist jedes Gewinde mit 10 Gebüschen verbunden, wie uns unsere Kenntniss der 10 Regelschaar-Reihen in der Congruenz 2. Grades $\Gamma\Gamma^2$ schon lehrt.

Zwei Regelschaaren eines Feldes sind durch eine dreigliedrige Kette verbunden, deren Mittelglied der Träger des Feldes ist.

Folglich gehört ein Feld von Regelschaaren vollständig in ein Gebüsche; der Träger befindet sich aber ausserhalb.

Eine Reihe, in einem Gewinde enthalten, gehört ∞^1 Feldern an, deren Träger die verschiedenen Regelschaaren der verknüpften Reihe sind.

Zwei Regelschaar-Felder $[\varrho_0]$, $[\bar{\varrho}_0]$ des nämlichen Gebüsches haben $\infty^{2.2-3}$, also ∞^1 Regelschaaren gemeinsam; ϱ_1, ϱ_2 seien zwei derselben, so befinden sich ϱ_0, $\bar{\varrho}_0$ in dem sie verbindenden Gewinde Γ, weil sie mit ihm 4 Strahlen gemeinsam haben, also gehören ϱ_0, $\bar{\varrho}_0$ zur einen, ϱ_1, ϱ_2 zur andern von zwei verknüpften Reihen der Schnittcongruenz; die weiteren Regelschaaren der Reihe (ϱ_1, ϱ_2) sind beiden Feldern gemeinsam, und jede gemeinsame Regelschaar beider Felder fällt in Γ und in die Reihe $(\varrho_1 \varrho_2)$. Also:

Zwei demselben Gebüsche angehörige Regelschaar-Felder haben eine Reihe gemeinsam.

Das Gebüsche Σ_3 ist dem Punktraume vergleichbar, so dass den Punkten, Geraden, Ebenen die Regelschaaren, Reihen und Felder von Regelschaaren entsprechen, die in Σ_3 enthalten sind.

Ein Feld und ein Gebüsche von Regelschaaren kann man in der bekannten Weise fächerförmig durch Reihen aus 3, bezw. 4 Constituenten erzeugen, die nicht derselben Reihe, demselben Felde angehören.

Zeigen wir dies zunächst für das *Feld.* Es seien ϱ_1, ϱ_2, ϱ_3, ϱ

4 von seinen Regelschaaren, ϱ_0 sein Träger. Das Gewinde, welches ϱ_1, ϱ_2 und die Reihe $(\varrho_1\varrho_2)$ mit ϱ_0 verbindet, und das Gewinde, welches ϱ_3, ϱ und ihre Reihe mit ϱ_0 verbindet, schneiden sich in einem Strahlennetz, das dem Γ^2 ausser in ϱ_0 noch in ϱ' begegnet; ϱ_0 befindet sich in den Schnittcongruenzen jener Gewinde in den den $\varrho_1\varrho_2$, bezw. $\varrho_3\varrho$ verknüpften Reihen, also ϱ', welche ϱ_0 zweimal schneidet, in den $\varrho_1\varrho_2$ und $\varrho_3\varrho$ selbst und ist ihnen gemeinsam. Jede Regelschaar ϱ des Feldes gehört daher einer Reihe an, welche ϱ_3 mit einer Regelschaar der Reihe $\varrho_1\varrho_2$ verbindet, und das war zu beweisen.

614 Es seien nun ϱ und ϱ_1 zwei Regelschaaren von Γ^2, welche durch 4gliedrige Ketten aus ϱ_0 hervorgehen, so ergiebt sich durch Aneinanderfügung eine 7gliedrige und also auch auf 3 Glieder zu reducirende Kette von ϱ nach ϱ_1.

Alle mit einer bestimmten Regelschaar ϱ_0 von Γ^2 durch 4gliedrige Ketten verbundenen Regelschaaren von Γ^2 sind mit irgend einer von ihnen durch 3gliedrige Ketten verbunden und bilden daher auch ein Gebüsche Σ_3, zu dem aber ϱ_0 nicht gehört.

Sei ϱ' eine von diesen Regelschaaren und ϱ eine aus dem Gebüsche, zu dem ϱ_0 gehört, so haben wir die 6gliedrige Kette $\varrho\,.\,\varrho_0\,.\,.\,\varrho'$, die wir auf 4 Glieder reduciren können.

Mit jedem Gebüsche Σ_3 von Regelschaaren des Γ^2 ist ein anderes Σ_3' verknüpft von der Art, dass jede Regelschaar aus Σ_3 mit jeder aus Σ_3' durch eine 4gliedrige Kette verbunden werden kann.

Gehören ϱ_0, ϱ zu Σ_3 und schneidet ϱ' die ϱ zweimal, so haben wir die 4gliedrige Kette $\varrho_0\,.\,\varrho\varrho'$; also:

Das ganze Feld, welches eine Regelschaar von Σ_3 oder Σ_3' zum Träger hat, gehört zu Σ_3' oder Σ_3.

Oder:

Die Träger der in Σ_3 oder Σ_3' enthaltenen Felder von Regelschaaren liegen in Σ_3' oder Σ_3 und erfüllen dies Gebüsche.

Es giebt also auch 2gliedrige Ketten zwischen Σ_3 und Σ_3', die man aber in 4gliedrige verlängern kann, z. B., wenn ϱ und ϱ_1 zum Felde $[\varrho']$ gehören, die Kette $\varrho\varrho'$ in $\varrho\,.\,\varrho_1\varrho'$.

Bei jeder Kette bleibt man innerhalb zweier verknüpfter Gebüsche, aus dem einen in das andere oscillirend.

Zwei verknüpfte Reihen von Regelschaaren innerhalb einer Congruenz $\Gamma\Gamma^2$ gehören zu verknüpften Gebüschen.

Eine Regelschaar ϱ, welche zwei Regelschaaren ϱ_1, ϱ_2 zweimal trifft, liegt in der verknüpften Reihe der Reihe $\varrho_1\varrho_2$; denn die Glieder der Kette $\varrho_1\varrho\varrho_2$ befinden sich in einem Gewinde.

Den ∞^2 *Reihen eines Feldes in* Σ_3 *sind die* ∞^2 *Reihen von* Σ_3' *verknüpft, die in den Träger des Feldes zusammenlaufen.*

Eine Reihe und ein Feld desselben Gebüsches haben eine Regelschaar gemein. Constituiren wir aus der verknüpften Reihe (oder zwei Elementen derselben) und dem Träger des Feldes das Feld im verknüpften Gebüsche, so ist dessen Träger die gemeinsame Regelschaar.

Ein ausgezeichnetes Paar verknüpfter Gebüsche bilden die Kegel und die Kegelschnitte von Γ^2*;* denn zwischen zwei Kegel (X), (Z) können wir den Kegelschnitt (η) in einer beliebigen Ebene η durch XZ als mittleres Glied einer Kette einschalten.

Zwei verknüpfte Reihen in diesen Gebüschen bestehen aus den Kegeln und Kegelschnitten, deren Spitzen und Ebenen mit einer Geraden l *incidiren,* also deren Complexfläche (l) umhüllen, bezw. erzeugen; das beide Reihen enthaltende Gewinde ist das Gebüsche $[l]$.

Bei der Erzeugung des Γ^2 durch correlative Bündel liegt das Feld der erzeugenden Regelschaaren in demjenigen von zwei verknüpften Gebüschen, welchem die Grund-Regelschaar des Bündels angehört, von welchem die Gewinde benutzt werden; die zweite Grund-Regelschaar ist im andern enthalten.

Ein Regelschaar-Feld wird collinear auf ein Punktfeld bezogen, indem man den Bündel von Strahlennetzen, welche die Regelschaaren desselben aus seinem Träger „projiciren", correlativ auf das Punktfeld bezieht: durchläuft die Regelschaar im Feld eine Reihe, so thut es auch der Bildpunkt, und *so werden auch die Regelschaar-Reihen projectiv beziehbar auf Punktreihen.* 615

Die Felder, welche eine Reihe gemeinsam haben und von den Regelschaaren der verknüpften Reihe getragen werden, erfüllen das ganze Gebüsche, zu dem die Reihe gehört; denn jede Regelschaar desselben kann man ja mit der Reihe durch ein Feld verbinden.

Durch projective Beziehung der verknüpften Reihe macht man auch diesen Felderbüschel projectiv beziehbar.

Verbindet man nun drei Regelschaaren ϱ_1, ϱ_2, ϱ_3 eines Gebüsches durch Reihen und bezieht die Felderbüschel, welche diese Reihen zu Basen haben, bezw. projectiv auf die drei Ebenenbüschel, deren Axen die Punkte A_1, A_2, A_3 verbinden, derartig, dass in allen drei Projectivitäten das Feld $\varrho_1\varrho_2\varrho_3$ der Ebene $A_1A_2A_3$ entspricht, so macht man das Gebüsche zum Punktraume collinear, so dass eine Regelschaar und ein Punkt sich entsprechen, in denen entsprechende Felder und Ebenen sich schneiden (vgl. I, Nr. 141).

Jedes von den Regelschaar-Gebüschen eines Γ^2 *ist collinear auf den*

Punktraum beziehbar. Und damit ist auch die Möglichkeit der Constituirung eines Gebüsches aus vier seiner Elemente erkannt.

616 Kommen wir auf die Erzeugung des Γ^2 durch zwei correlative Bündel von Gewinden und Strahlennetzen zurück. Die Grund-Regelschaar ϱ_0 des einen können wir beliebig unter den ∞^4 Regelschaaren von Γ^2 wählen; die ϱ_0' des andern ist, weil wir zu ihr durch eine 4gliedrige Kette von ϱ_0 gelangen, dann beliebig aus dem verknüpften Gebüsche desjenigen zu nehmen, zu dem ϱ_0 gehört.

Daher kann jeder gegebene Complex 2. Grades auf ∞^7 Weisen durch correlative Bündel erzeugt werden.

In der Erzeugung aber liegt die Mannigfaltigkeit $2.9 + 8 = 26$; denn es giebt so viele Bündel von Gewinden, als Regelschaaren, also ∞^9, und die Correlation zwischen 2 Bündeln ist auf ∞^8 Weisen möglich. Folglich ist die Mannigfaltigkeit von Γ^2 $26 - 7 = 19$.

Es giebt ∞^{19} Complexe 2. Grades.

Die Mannigfaltigkeit der Kummer'schen Fläche ist 18 (II, Nr. 338).

Jede Kummer'sche Fläche ist, wie wir gefunden haben, singuläre Fläche für ∞^1 Complexe 2. Grades.

617 Zu den consingulären Complexen eines gegebenen Γ^2 gelangen wir nun auch vermittelst der ∞^1 Paare verknüpfter Regelschaar-Gebüsche Σ_3, Σ_3' des Γ^2.

Es sei l_0 eine Gerade aus der Leitschaar einer Regelschaar ϱ von Γ^2; alle Strahlennetze durch ϱ im Gebüsche $[l_0]$, d. h. welche l_0 zur festen einen und eine veränderliche Gerade der Leitschaar zur zweiten Leitgeraden haben, schneiden eine Reihe von Regelschaaren aus, welche sämmtlich l_0 zur Leitgeraden haben, und gehen wir ebenso von irgend einer Regelschaar dieser Reihe aus, so erhalten wir die verknüpfte Reihe, deren Regelschaaren auch die l_0 alle zur Leitgeraden haben.

Jede Leitgerade einer Regelschaar von Γ^2 ist Leitgerade für alle Regelschaaren einer ganzen Reihe von Regelschaaren, zu der jene gehört, so wie für alle aus der verknüpften Reihe: das verbindende Gewinde ist das Gebüsche, welches die Gerade zur Axe hat. Da jede von diesen Reihen mit einem beliebigen Felde ihres Gebüsches eine Regelschaar gemein hat, so erhält man:

Die Strahlen der Leitschaaren der Regelschaaren eines Gebüsches ergeben sich schon, wenn man sich auf die Leitschaaren eines Feldes dieses Gebüsches beschränkt.

Sie erzeugen daher einen Complex.

Derselbe Complex entsteht beim verknüpften Gebüsche.

Und so ist jedem Paare verknüpfter Regelschaar-Gebüsche des Γ^2 ein Complex zugeordnet: der Complex der Leitschaaren ihrer Regelschaaren.

Um den Grad dieses Complexes zu ermitteln, brauchen wir die Charakteristik $\mu\varrho$*) für das doppelt unendliche System der Trägerflächen der Regelschaaren eines Feldes von Γ^2; d. h. die Zahl der Flächen, die durch einen Punkt P gehen und zugleich eine gegebene Ebene π' berühren.

Ein beliebiger Strahlenbüschel (O, ω) ruft in der Leitschaar λ_0 des Trägers ϱ_0 eines Feldes von Regelschaaren von Γ^2 eine Involution hervor; folglich ist das Gewinde, das nach Chasles' Erzeugungsweise durch diese involutorische Regelschaar λ_0 entsteht (I, Nr. 71), auch das Erzeugniss der Strahlennetze, welche ϱ_0 mit den einzelnen Strahlen von (O, ω) verbinden. Die zwei Strahlen, welche dies Gewinde mit irgend einem Complexkegel (P) oder irgend einer Complexcurve (π) gemein hat, lehren wiederum, dass die Strahlennetze, welche ϱ_0 mit den einzelnen Strahlen von (P) oder (π) verbinden, einen Complex 2. Grades erzeugen; dieser hat mit (P') oder (π') 4 Strahlen gemeinsam. Daraus folgt, dass es 4 Strahlennetze durch ϱ_0 giebt, welche einen Strahl von (P) und einen von (P'), oder einen von (P) und einen von (π'), oder einen von (π) und einen von (π') enthalten. Durch diese Strahlen geht dann die zweite aus Γ^2 ausgeschnittene Regelschaar, also eine Regelschaar aus dem Felde $[\varrho_0]$, und die Trägerfläche geht durch P und P', geht durch P und berührt π', berührt π und π'. *Daher haben wir für das System der Trägerflächen der Regelschaaren eines Feldes:*

$$\mu^2 = \mu\varrho = \varrho^2 = 4.$$

Nehmen wir nun im mittleren Falle an, dass P in π' liegt, so folgt, dass dem Büschel (P, π') 4 Gerade von solchen Trägerflächen angehören. Die Regelschaaren selbst erzeugen den Γ^2 und zwar einfach, da durch jeden Strahl g von Γ^2 nur eine Regelschaar des Feldes geht. Auf sie kommen also 2 von den 4 Strahlen, die beiden andern sind Leitgeraden und der gesuchte Complex ist 2. Grades.

Die Leitschaaren der Regelschaaren eines Feldes von Γ^2 oder, was dasselbe ist, die Leitschaaren der Regelschaaren eines Gebüsches von Γ^2 erzeugen einen Complex 2. Grades, den, wie gesagt, *das verknüpfte Gebüsch ebenfalls liefert.*

Es sei ϱ_0 eine Regelschaar eines bestimmten Gebüsches von Γ^2, welches man, da es durch diese Regelschaar eindeutig bestimmt ist, auch $|\varrho_0|$ nennen kann; ferner sei (B, β) ein Strahlenbüschel von Γ^2.

*) Eine Verwechslung der beiden Bedeutungen von ϱ ist wohl ausgeschlossen.

Es giebt daher ein Gewinde Γ durch ϱ_0 und (B, β); wenn $\bar{\varrho}$ der verknüpften Reihe in $\Gamma\Gamma^2$ angehört, so liegt der Strahl, den das Strahlennetz $(\varrho_0\bar{\varrho})$ mit (B, β) gemein hat, auf ϱ, und wegen dieses gemeinsamen Strahls befinden sich $\bar{\varrho}$ und (B, β) in einem Strahlennetze von Γ, das noch einen Büschel (B_1, β_1) ausschneidet, so dass die Regelschaar $[(B, \beta), (B_1, \beta_1)]$ mit ϱ_0 in einer Reihe sich befindet und daher zu $|\varrho_0|$ gehört. Die Leitschaar besteht aus (B, β_1), (B_1, β).

Mithin sind die singulären Punkte und Ebenen von Γ^2 auch solche für die neuen Complexe.

Diese neuen Complexe 2. Grades, von denen jeder einem Paare verknüpfter Regelschaar-Gebüsche des Γ^2 zugeordnet ist, sind die consingulären Complexe des Γ^2.

Dem Paare von Gebüschen, die aus den Kegeln und den Kegelschnitten von Γ^2 bestehen, ist Γ^2 selbst zugeordnet.

Jeder Strahl l gehört zu 4 von den consingulären Complexen; folglich ist er Leitgerade für je ∞^1 Regelschaaren in 8 Gebüschen von Γ^2, welche 4 Paare bilden.

618 Jeden Büschel (B, β) von Γ^2 kann man durch einen andern zu einer Regelschaar vervollständigen, die zu einem bestimmten Gebüsche gehört. Diese Strahlenbüschel für zwei verknüpfte Gebüsche Σ_3, Σ_3' seien (B_1, β_1), (B_1', β_1'); dann gehören (B, β_1), (B_1, β); (B, β_1'), (B_1', β) zu dem consingulären Complexe, welcher Σ_3, Σ_3' zugeordnet ist. Also sind β_1, β_1' die Ebenen des Ebenenpaars dieses Complexes aus B, B_1, B_1' die Punkte seines Punktepaars in β. Demnach liegt die Gerade $\beta_1\beta_1'$ in der Berührungsebene von Φ in B und B_1B_1' geht durch den Berührungspunkt von β; jene ist der zu B, diese der zu β gehörige singuläre Strahl für diesen Complex. Kennt man also (B_1, β_1), so ergiebt sich (B_1', β_1') folgendermassen: B_1' ist der vierte Schnitt, mit Φ, der Geraden, welche B_1 mit dem Berührungspunkte von β verbindet, β_1' die vierte Berührungsebene von Φ aus der Schnittlinie von β_1 mit der Berührungsebene von B. Es entsteht auf der Curve $\beta\Phi$ und um den Kegel $B\Phi$ eine eindeutige involutorische Beziehung der B_1 und B_1', der β_1 und β_1'.

Handelt es sich aber um ein Doppel-Gewinde unter den consingulären Complexen, so werden die singulären Strahlen B_1B_1', $\beta_1\beta_1'$ Doppeltangenten von Φ; also fallen B_1 und B_1', β_1 und β_1' zusammen. Wir erhalten auf diese Weise schon ∞^2 den beiden zugehörigen verknüpften Gebüschen gemeinsame Regelschaaren $[(B, \beta), (B_1, \beta_1)]$.*)

*) Hieraus folgt nebenbei:
Wenn B ein Punkt Φ und β eine durch ihn gehende Berührungsebene ist,

Daraus folgt, dass diese Gebüsche ganz zusammenfallen; denn jede Regelschaar eines Gebüsches bestimmt es vollständig.

Wir haben daher 6 Gebüsche von Regelschaaren in Γ^2, welche mit ihren verknüpften identisch sind; sie sind den 6 Doppel- oder Fundamental-Gewinden zugeordnet.

Wir können aber direct zeigen, dass jede Regelschaar ϱ, die zu dem einen Gebüsche gehört, auch in dem andern sich befindet; ist $\bar{\varrho}$ eine von den obigen gemeinsamen (ausgearteten) Regelschaaren, so ist sie mit ϱ drei-, bezw. viergliedrig verbunden, je nachdem wir sie zu dem einen oder andern Gebüsche rechnen. Ziehen wir die beiden Ketten zusammen, so haben wir die sechsgliedrige Kette $\varrho\,.\,\bar{\varrho}\,.\,.\,\varrho$, welche wir auf 4 Glieder reduciren können; dies bedeutet, dass ϱ auch zum verknüpften Gebüsche von $|\varrho|$ gehört.

Mit der Identität der Gebüsche ist aber nicht gesagt, dass auch verknüpfte Reihen zusammenfallen.

Wir nennen diese Gebüsche Doppelgebüsche und bezeichnen sie mit $\Sigma_{3,1}, \ldots \Sigma_{3,6}$.

Die Regelschaaren eines Doppelgebüsches haben ihre Leitschaaren im zugeordneten Fundamental-Gewinde. Daher führt die Polarisirung in Bezug auf dieses die Leitschaaren und folglich auch die Regelschaaren in sich selbst über. Wir können letztere auch involutorisch zu dem Gewinde nennen, weil zu ihm alle Gewinde, die durch eine von ihnen gehen, in Involution sind (I, Nr. 131).

Wenn zwei Regelschaaren in Bezug auf ein Gewinde Γ_0 polar sind, so haben sie die beiden Geraden, in welchen eine von ihnen Γ_0 schneidet, gemeinsam.

Ist daher ein Complex Γ^2 in Bezug auf ein Gewinde Γ_0 zu sich selbst polar, so ist jedes von seinen Regelschaar-Gebüschen zum verknüpften polar, jedes der Doppelgebüsche zu sich selbst, ebenso jeder von den consingulären Complexen und also auch jedes von den 6 Fundamental-Gewinden. Folglich werden diese Gewinde, wenn sie alle von Γ_0 verschieden sind, sämmtlich sich auf Γ_0 stützen (I, Nr. 239). Aber auf alle Gewinde einer Gruppe von 6 Gewinden in Involution stützt sich keines zugleich; jedes ist das einzige, das sich auf die 5 andern stützt. Daher muss eins der Fundamental-Gewinde mit Γ_0 identisch sein.

Die 6 Fundamental-Gewinde eines Γ^2 sind die einzigen Gewinde, in Bezug auf welche er zu sich selbst polar ist.

---

so dass (B, β) einem der Complexe angehört, welche Φ zur singulären Fläche haben, und t, t' die zur nämlichen Congruenz $\mathfrak{C}_i^2$ gehörigen Doppeltangenten im Tangentenbüschel von β, bezw. B sind, so liegt der zweite Berührungspunkt von t in der zweiten Berührungsebene von t'.

Die Leitschaaren der Regelschaaren eines Gebüsches von Γ^2 bilden in dem betreffenden consingulären Complexe selbst ein Gebüsche.

Denn, wenn zwei Regelschaaren sich zweimal schneiden, so thun es auch ihre Leitschaaren; sind also zwei Regelschaaren dreigliedrig verbunden, so gilt dies auch für ihre Leitschaaren; oder befinden sich zwei Regelschaaren in einem Gewinde, so thun es auch die Leitschaaren (I, Nr. 98).

Ebenso bilden die Leitschaaren der Regelschaaren eines Feldes $[\varrho_0]$ *selbst ein Feld;* der Träger ist die Leitschaar von ϱ_0, die ja auch zum consingulären Complex gehört.

Und auch die Leitschaaren der Regelschaaren einer Reihe bilden eine Reihe.

Damit haben wir in dem consingulären Complexe erst ∞^3 Regelschaaren: zwei verknüpfte Gebüsche. Die Leitschaaren der übrigen Paare verknüpfter Gebüsche müssen natürlich in den andern consingulären Complexen enthalten sein.

Jedes der 6 Fundamental-Gewinde hat ∞^6 Regelschaaren; nur je ∞^3 sind Leitschaaren für die Regelschaaren eines Doppelgebüsches jedes der übrigen eigentlichen Complexe.

619 *Die Regelschaaren eines Feldes von Γ^2 erschöpfen schon den ganzen Complex. Wenn wir jede von ihren ∞^2 Leitschaaren zur Grund-Regelschaar eines Bündels von Gewinden machen, so erhalten wir ein System 4. Stufe von Gewinden.* Unter diesen Gewinden befinden sich auch die ∞^3 Strahlengebüsche, welche die Geraden der Regelschaaren selbst, d. i. der Leitschaaren der Grund-Regelschaaren, also die Strahlen von Γ^2 zu Axen haben; und da jedes Strahlengebüsche in einem Bündel von Gewinden seine Axe in der Leitschaar der Grund-Regelschaar hat (I, Nr. 126), so haben wir in jenen Gebüschen den Inbegriff aller Gebüsche im System 4. Stufe.

Dieses mit jedem quadratischen Complexe Γ^2 verbundene System 3. Stufe der Strahlengebüsche, welche die Strahlen des Complexes zu Axen haben, ist, als System von Gewinden, 4. Grades, da es mit einem beliebigen linearen Systeme $(5-3)^{\text{ter}}$ Stufe, also einem Bündel von Gewinden 4 Elemente gemein hat, nämlich die 4 Strahlengebüsche, für welche die Schnittgeraden von Γ^2 mit der Leitschaar der Grund-Regelschaar des Bündels Axen sind.

Bezeichnen wir es mit H_3^4 (Γ^2).

Eigentlich muss man sagen, dass unser obiges System 4. Stufe von Gewinden durch dieses System $H_3^4(\Gamma^2)$ *geht oder es enthält; wir wollen* *kürzer sagen, dass jenes System durch den Complex Γ^2 geht oder ihn enthält.*

Ermitteln wir nunmehr den Grad des Systems 4. Stufe, d. h. die Zahl seiner Gewinde, die einem gegebenen Gewindebüschel angehören.

Weil die Leitschaaren der Regelschaaren eines Feldes selbst ein Feld bilden, so können wir (für die Ermittelung des Grades) die Gewinde durch die Regelschaaren des Feldes selber legen.

Dieses Feld denken wir uns als das System der Schnitt-Regelschaaren der Gewinde Γ eines Bündels (ϱ_0) mit den entsprechenden Strahlennetzen $\mathfrak{N}'$ eines correlativen Bündels (ϱ_0').

Ferner sei $[ll_1]$ das Grund-Strahlennetz eines Gewindebüschels.

Wenn eine Schnitt-Regelschaar in einem Gewinde dieses Büschels liegt, so hat sie mit dem Netze $[ll_1]$ 2 Strahlen gemeinsam, und umgekehrt, wenn das der Fall ist, befinden sich Regelschaar und Netz in demselben Gewinde. Schneiden ein Gewinde von (ϱ_0) und ein Netz von (ϱ_0') sich in einer Regelschaar, welche mit $[ll_1]$ zwei Strahlen gemein hat, so hat auch die Regelschaar, in der das Gewinde und $[ll_1]$ sich begegnen, mit dem Netze von (ϱ_0') 2 Strahlen gemeinsam; folglich gehören beide zum nämlichen Gewinde; und es kommt nun zunächst darauf an, in $[ll_1]$ solche Regelschaaren ϱ aufzusuchen, die sowohl mit ϱ_0, als mit ϱ_0' je zum nämlichen Gewinde gehören; da jede Regelschaar mit ∞^{2+6} andern in demselben Gewinde sich befindet, so handelt es sich um 2 einfache Bedingungen, welche daher von ∞^1 Regelschaaren von $[ll_1]$ erfüllt werden.

Wenn eine Regelschaar ϱ von $[ll_1]$ mit ϱ_0 in demselben Gewinde sich befindet, so gilt dies auch für die Leitschaaren λ, λ_0 (I, Nr. 98); weil λ durch l, l_1 geht, so ist dies Gewinde $(\lambda\lambda_0)$ dasjenige A, welches λ_0 mit l, l_1 verbindet. Ebenso befindet sich λ in dem Gewinde A', welches l, l_1 mit der Leitschaar λ_0' von ϱ_0' verbindet. Die λ sind daher die durch l, l_1 gehenden Regelschaaren im Strahlennetze AA'. Ihre Trägerflächen, also auch die der ϱ bilden einen Büschel, dessen Basis aus l, l_1 und den Leitgeraden g, g_1 dieses Netzes besteht. Die ϱ haben diese letzteren Geraden gemeinsam (als Leitschaaren von Regelschaaren, die dem Netze angehören) und bilden daher im Strahlennetze $[ll_1]$ auch einen Büschel β. Daraus folgt wieder, dass die Gewinde, welche die ϱ mit ϱ_0 verbinden, einen Büschel $\mathfrak{B}$ bilden; denn das Strahlennetz, das zweien von ihnen gemeinsam ist, geht durch ϱ_0 und g, g_1, ist dadurch bestimmt und gehört deshalb auch zu allen andern von unsern Gewinden. Ein zweiter Büschel $\mathfrak{B}'$ ergiebt sich bei ϱ_0'; und wir haben nun solche ϱ aufzusuchen, dass das dem Gewinde $\Gamma \equiv (\varrho_0\varrho)$ in der Correlation entsprechende Strahlennetz $\mathfrak{N}'$ von

(ϱ_0') in das Gewinde $\Gamma' \equiv (\varrho_0'\varrho)$ fällt. Jedenfalls giebt es, bei jeder der ϱ, ein Gewinde Γ_1' im Büschel $\mathfrak{B}'$, in welches $\mathfrak{N}'$ fällt; und so entsteht in $\mathfrak{B}'$ eine Projectivität, denn jedem Γ' entspricht ein nach derselben ϱ von β gehendes Γ und diesem ein Γ_1', das das entsprechende $\mathfrak{N}'$ enthält; umgekehrt, jedes Γ_1' von $\mathfrak{B}'$ enthält aus dem Büschel der Strahlennetze $\mathfrak{N}'$, die den Gewinden von $\mathfrak{B}$ entsprechen, eins: das Schnitt-Strahlennetz von Γ_1' mit dem Gewinde, das diese Strahlennetze erfüllen; das diesem $\mathfrak{N}'$ entsprechende Γ giebt ϱ in β und Γ' in $\mathfrak{B}'$.

Jede der beiden Coincidenzen ist ein Gewinde Γ' von $\mathfrak{B}'$, welches eine ϱ in β liefert, so dass das nach dieser ϱ gehende Γ von $\mathfrak{B}$ sein in der Correlation entsprechendes Netz $\mathfrak{N}'$ in Γ' hat. Daher hat $\mathfrak{N}'$ mit ϱ 2 Strahlen gemein, weil beide in Γ' sich befinden. Diese beiden Strahlen sind mit ϱ in $[l\,l_1]$ enthalten, andererseits auch auf der Schnitt-Regelschaar $\mathfrak{N}'\Gamma$. Also ist letztere, eine Regelschaar unseres Feldes, mit $[ll_1]$ in einem Gewinde enthalten, oder befindet sich in einem Gewinde des Büschels durch $[ll_1]$.

Unter den ∞^4 Gewinden, welche durch die Regelschaaren eines Feldes von Γ^2 gehen, befinden sich 2, welche einem gegebenen Büschel angehören.

*Das System 4. Stufe dieser Gewinde ist ein quadratisches.**)

Diese ∞^4 Gewinde enthalten aber stets eine ganze Reihe von Regelschaaren aus dem Gebüsche, zu dem das Feld gehört, und sind gleichzeitig die Gewinde, welche durch die ∞^3 Regelschaaren, oder was dasselbe ist, durch die ∞^4 Reihen dieses Gebüsches und zugleich auch durch die verknüpften Reihen gehen, welche das verknüpfte Gebüsche bilden.

Jedes der ∞^1 Paare verknüpfter Gebüsche von Regelschaaren des Complexes Γ^2 führt zu einem quadratischen Systeme 4. Stufe von Gewinden, welche durch je zwei verknüpfte Reihen der beiden Gebüsche gehen. Nennen wir diese Systeme $\mathfrak{S}_4^2$.

Unter den $\mathfrak{S}_4^2$ befinden sich 6 doppelte lineare Systeme oder Gewebe. Es sei ϱ eine Regelschaar des Doppelgebüsches $\Sigma_{3,i}$; dann gehört ihre Leitschaar λ zum Gewinde Γ_i; folglich ist jedes durch ϱ gehende Gewinde zu Γ_i in Involution (I, Nr. 132).

Alle Gewinde, welche durch die Regelschaaren und Regelschaar-Reihen

---

*) Weil, wenn eine Regelschaar ϱ und ein Strahlennetz $[ll_1]$ in einem Gewinde sich befinden, die Leitschaar λ mit den Leitgeraden l, l_1 in einem Strahlennetze enthalten ist (aus I, Nr. 98 abzuleiten) und die Leitschaaren der Regelschaaren eines Feldes ebenfalls ein Feld bilden, so giebt es unter den Regelschaaren eines Feldes 2, welche mit zwei gegebenen Geraden durch ein Strahlennetz verbunden werden können, oder *unter den ∞^4 Strahlennetzen, welche durch die Regelschaaren eines Feldes gehen, giebt es 2, welche durch zwei gegebene Strahlen gehen.*

eines Doppelgebüsches $\Sigma_{3,i}$ *von* Γ^2 *gehen, stützen sich auf das demselben zugeordnete Fundamental-Gewinde* Γ_i *und bilden daher nicht ein quadratisches System 4. Stufe von Gewinden, sondern nur ein lineares, das Gewebe* $\mathfrak{G}_i$ *aller Gewinde, die zu* Γ_i *in Involution sind.*

Wir erhalten $\mathfrak{G}_i$ und jedes seiner Gewinde doppelt, weil bei verknüpften Reihen, die ja zugleich in $\Sigma_{3,i}$ enthalten sind.

Ersetzen wir aber die Regelschaaren der beiden Gebüsche eines Paars Σ_3, Σ_3' *von* Γ^2 *durch ihre Leitschaaren,* welche dann, wie wir wissen, zwei verknüpfte Gebüsche in dem dem Paare zugeordneten consingulären Complexe bilden, *so ist in dem quadratischen Systeme 4. Stufe von Gewinden, das sich ergiebt, das System* $H_3^4(\Gamma^2)$ *oder,* wie wir kürzer sagen wollen, *der Complex* Γ^2 *enthalten.*

Und umgekehrt sind in den Systemen $\mathfrak{S}_4^2$ *die einzelnen consingulären Complexe enthalten;* denn die Gebüsche, welche sich in den Netzen eines $\mathfrak{S}_4^2$ befinden, erfüllen mit ihren Axen die Leitschaaren der Grund-Regelschaaren dieser Netze, welche Leitschaaren den betreffenden consingulären Complex erzeugen.

In den Systemen aber, deren Gewinde durch die Leitschaaren der 620
Regelschaaren je eines Paars Σ_3, Σ_3' *gehen, haben wir* ∞^1 *quadratische Systeme 4. Stufe* S_4^2 *(von Gewinden), welche sämmtlich durch den gegebenen Complex gehen. Jedes ist einem Paare verknüpfter Gebüsche* Σ_3, Σ_3' *zugeordnet.*

Dem Paare verknüpfter Gebüsche, welche aus den Kegeln und Kegelschnitten von Γ^2 *bestehen, ist das quadratische System aller Strahlengebüsche* (I, Nr. 157), *das ich kurz Hauptsystem*) nennen und mit* H_4^2 *bezeichnen will, zugeordnet.*

Zwei quadratische Systeme 4. Stufe S_4^2 *und* S_4^{2*} *von Gewinden haben ein biquadratisches System 3. Stufe gemeinsam,* d. h. ein solches, von welchem zu jedem Bündel S_2 von Gewinden 4 gehören. In der That, in jeden Büschel von S_2 sendet S_4^2 2 Gewinde; folglich entsteht durch die zu S_2 gehörigen Gewinde von S_4^2 ein quadratisches System 1. Stufe $\mathfrak{S}_1^2$ und ebenso durch die von S_4^{2*} ein solches System $\mathfrak{S}_1^{2*}$. Bilden wir den Bündel collinear in ein Punktfeld ab (I, Nr. 129), so gehen diese beiden Systeme in Kegelschnitte über; deren Schnittpunkte sind die Bilder der gemeinsamen Gewinde von $\mathfrak{S}_1^2$ und $\mathfrak{S}_1^{2*}$, d. i. der gemeinsamen Gewinde von S_4^2 und S_4^{2*}, die sich in S_2 befinden.

---

*) Weil ich Gewebe nur für lineare Systeme 4. Stufe von Gewinden gebrauche (I, Nr. 147), so kann ich nicht, wie es Reye thut, dies System Hauptgewebe nennen.

Also ist in unserm Falle das System 3. Stufe 4. Grades $H_3^4(\Gamma^2)$ der Strahlengebüsche, welche die Strahlen von Γ^2 zu Axen haben, der volle Schnitt zweier der gefundenen Systeme 4. Stufe, und alle bilden einen Büschel mit diesem Systeme als Basis.

Die ∞^1 *durch* Γ^2 *gehenden quadratischen Systeme 4. Stufe von Gewinden bilden einen Büschel, zu welchem auch das Hauptsystem* H_4^2 *gehört und dessen Basis das System* $H_3^4(\Gamma^2)$ *ist, oder,* wenn wir so sagen wollen, *der Complex* Γ^2.

Dass diese Basis aus lauter Strahlengebüschen besteht, ist eine Folge davon, dass dies für ein Mitglied des Büschels gilt.

Durch dieses ausgezeichnete System H_4^2 und irgend ein anderes durch Γ^2 gehendes S_4^2 denken wir uns diesen Büschel am besten constituirt.

Die Basis $H_3^4(\Gamma^2)$ lässt nicht zu, dass sich in dem Systeme der S_4^2 auch doppelte lineare befinden, wie in dem der $\mathfrak{S}_4^2$.

621 Die Ketten, mit denen wir zwei Regelschaaren aus demselben Gebüsche oder aus verknüpften verbinden können, dreigliedrig in dem einen Falle, viergliedrig im andern, können wir auf die Netze eines Systems S_4^2 übertragen. Wenn nämlich zwei Regelschaaren in demselben Strahlennetze sich befinden, so sind die Gewindenetze, welche ihre Leitschaaren zu Basen haben, in demselben Gebüsche enthalten, demjenigen, das sich auf den Gewindebüschel stützt, welcher durch das Strahlennetz geht und durch den diejenigen Gewindenetze gehen, welche die Regelschaaren selbst zu Basen haben.

Einer drei- oder viergliedrigen Kette von Regelschaaren in den beiden Gebüschen Σ_3, Σ_3' *von* Γ^2 *entspricht daher eine drei- oder viergliedrige Kette von Gewindenetzen in* S_4^2, *in welcher zwei benachbarte Glieder dem nämlichen Gewindegebüsche angehören.*

Die Netze in S_4^2 *bilden, entsprechend den beiden Gebüschen* Σ_3, Σ_3', *zwei verschiedene dreifach unendliche Systeme, und diese Ketten von Netzen gehen abwechselnd aus dem einen ins andere System.*

622 Wenn wir, wie in I, Nr. 218, das Gewinde als Element der von ihm erzeugten linearen fünffach unendlichen Mannigfaltigkeit „Punkt“ nennen, so haben wir einen linearen Punktraum von 5 Dimensionen P_5. Als Flächen in einem i-dimensionalen Raume kann man sowohl die zweistufigen, als auch die $(i-1)$-stufigen Oerter bezeichnen; in beiden Fällen verfährt man analog zur dreidimensionalen Geometrie.

Thun wir hier das Letztere, so sind die Systeme S_4^2 Flächen 2. Grades in P_5. Wir haben dann eine ausgezeichnete Fläche 2. Grades H_4^2, den Ort aller Strahlengebüsche oder, wenn wir so wollen, aller Geraden. *Unter diesem Gesichtspunkte pflegt man die Liniengeometrie zu bezeichnen als die Geometrie auf einer Fläche 2. Grades* — Grundfläche — *im Raume von 5 Dimensionen**): damit wird ihr quadratischer Charakter am schärfsten ausgesprochen (I, Nr. 4).

Die linearen Complexe werden in jene Grundfläche durch die ∞^5 (vierdimensionalen) Ebenen, jeder durch eine, die quadratischen Complexe durch die quadratischen Flächen, jeder durch ∞^1, eingeschnitten.

Die Schnittcongruenz eines Complexes 2. Grades mit einem Gewinde.

Wir haben schon gefunden (Nr. 612), dass eine solche Schnitt- 623
congruenz $\Gamma^2\Gamma$ ∞^1 Regelschaaren enthält und dass jede von ihnen ein Paar verknüpfter Reihen von Regelschaaren hervorruft, zu deren einer sie gehört, und von denen zwei Regelschaaren aus verschiedenen Reihen sich zweimal, zwei aus der nämlichen sich, im allgemeinen, nicht schneiden. Also enthält $\Gamma^2\Gamma$ eine endliche Zahl solcher Paare verknüpfter Reihen.

Wir wissen, dass eine allgemeine Congruenz 2. Grades (ohne singuläre Linie) deren 5 besitzt (II, Nr. 369).

Weil sich schon durch den Schnitt eines tetraedralen Complexes mit einem Gewinde die allgemeine Congruenz 2. Grades ergiebt (II, Nr. 363), so unterliegt es keinem Zweifel, dass wir im vorliegenden Falle um so mehr mit einer solchen zu thun haben.

Leiten wir also aus der jetzigen Entstehungsweise die 5 Paare verknüpfter Regelschaar-Reihen und insbesondere die 16 Strahlenbüschel ab.

Da Γ ∞^3 und Γ^2 ∞^2 Strahlenbüschel enthält, im Ganzen aber ∞^5 vorhanden sind, so kann die Congruenz $\Gamma\Gamma^2$ nur eine endliche Zahl besitzen.

In der Leitschaar λ_0 einer Regelschaar ϱ_0 von Γ^2 entsteht durch die Leitgeraden derjenigen durch ϱ_0 gehenden Strahlennetze, welche aus Γ^2 noch ein Strahlenbüschel-Paar ausschneiden, eine involutorische Correspondenz [4].

In der That, jede Gerade l von λ_0 schneidet Φ in 4 Punkten; aus jedem von ihnen kommt ein Strahlenbüschel von Γ^2, welcher die durch denselben Punkt gehende Gerade von ϱ_0 enthält; seine Ebene schneidet λ_0 in einer Geraden l_1. Also jeder l von λ_0 entsprechen 4 Gerade l_1 derartig, dass das Strahlennetz $[ll_1]$ durch ϱ_0 und einen Strahlenbüschel

*) F. Klein, Math. Annalen Bd. 5 S. 261.

von Γ^2 geht, von dem der Scheitel mit l und die Ebene mit l_1 incidirt. Es schneidet daher noch einen zweiten Büschel aus, von welchem die Ebene mit l und der Scheitel mit l_1 incidirt (Nr. 608). Damit ist das involutorische Entsprechen von l und l_1 erkannt.

Gehört nun ϱ_0 zu der einen von zwei verknüpften Regelschaar-Reihen der Congruenz $\Gamma^2\Gamma$, so entsteht in der Leitschaar λ_0 eine Involution durch die Leitgeraden der Strahlennetze, die von ϱ_0 nach den Regelschaaren der andern Reihe gehen; denn diese Netze bilden einen Büschel (Γ, ϱ_0), d. h. in Γ durch ϱ_0 (I, Nr. 128).

Diese Involution hat mit jener involutorischen Correspondenz [4] 4 Paare entsprechender Geraden gemeinsam (I, Nr. 23). Daraus folgt:

Jede Regelschaar-Reihe der Congruenz $\Gamma\Gamma^2$ hat 4 Strahlenbüschel-Paare.

Die in der Reihe der ϱ seien:

$\mathfrak{S}$: 15, 26, 37, 48

und die in der Reihe der ϱ':

$\mathfrak{S}'$: $1'5'$, $2'6'$, $3'7'$, $4'8'$;

jedes von jenen muss jedes von diesen zweimal schneiden, also der eine Büschel des einen Paars den einen des andern und der zweite den zweiten.

Wir haben in den 4 Paaren von $\mathfrak{S}'$ die Büschel noch nicht unterschieden und können daher die vom Büschel 1 getroffenen mit $5'$, $2'$, $3'$, $4'$ bezeichnen; 5 trifft dann $1'$, $6'$, $7'$, $8'$.

Jeder Strahlenbüschel von $\Gamma^2\Gamma$, der einen der $\mathfrak{S}$ oder $\mathfrak{S}'$ schneidet, ist ein $\mathfrak{S}'$ oder $\mathfrak{S}$; er schneide z. B. 2, dann enthält das Strahlennetz durch das Paar 26 und einen zweiten Strahl des fraglichen Büschels denselben ganz und schneidet noch in einem vierten Büschel, der mit ihm eine Regelschaar ϱ' bildet; also gehören beide zu den $\mathfrak{S}'$.

Die Büschel 1, 2, zu verschiedenen Paaren von $\mathfrak{S}$ gehörig, sind windschief; daher geht durch dies Dupel 12 ein einziges Strahlennetz, das sich in Γ befindet, weil es durch 2 nicht eine Regelschaar bildende Büschel von Γ geht. Es schneidet aus Γ^2 zwei andere Büschel aus, die zu seiner andern Strahlenbüschel-Schaar gehören (Nr. 608), daher beide 1 und 2 schneiden und zu den $\mathfrak{S}'$ gehören.

Die 6 Dupel, die man aus den schneidenden Büscheln $5'$, $2'$, $3'$, $4'$ von 1 bilden kann, haben deshalb zu zweiten schneidenden die 6 Büschel aus den 3 übrigen Paaren von $\mathfrak{S}$, und ebenso die 6 Dupel aus den Büscheln $1'$, $6'$, $7'$, $8'$, welche 5 schneiden; und zwar bilden für zwei sich ergänzende Dupel, wie $5'2'$, $3'4'$, die zweiten schneidenden

Büschel ein Paar, da zwei Büschel eines Paars keine gemeinsamen schneidenden haben.

Sind daher 3′, 4′ die schneidenden Büschel, welche 2 mit 1 gemeinsam hat, so trifft 2 in den beiden ersten Paaren von 𝔖′ gerade diejenigen, welche von 1 nicht getroffen werden, also 1′, 6′; 6 trifft dann 5′, 2′; 7′, 8′. Und es ist, da wir in der Zeile 𝔖 die 6 letzten noch nicht unterschieden haben, reine Sache der Bezeichnung, dass wir die, welche 3′, 4′; 2′, 4′; 2′, 3′ und infolge dessen 1′, 6′; 1′, 7′; 1′ 8′ treffen, 2, 3, 4 nennen, woraus dann folgt, dass 6 die 5′, 2′; ... trifft. *Wir haben deshalb folgende Tabelle über das Schneiden der Büschel:*

1:	5, 5′, 2′, 3′, 4′;	5:	1, 1′, 6′, 7′, 8′;
2:	6, 1′, 6′, 3′, 4′;	6:	2, 5′, 2′, 7′, 8′;
3:	7, 1′, 2′, 7′, 4′;	7:	3, 5′, 6′, 3′, 8′;
4:	8, 1′, 2′, 3′, 8′;	8:	4, 5′, 6′, 7′, 4′.

Hieraus und aus der Zeile 𝔖′ entnehmen wir dann auch, von welchen Büscheln die 𝔖′ getroffen werden; wir brauchen nur in der eben geschriebenen Tabelle die gestrichenen und nicht gestrichenen Ziffern zu vertauschen.

Die Büschel 1, 5′ bilden ein Paar; die durch dasselbe gehenden Strahlennetze von Γ erzeugen eine neue Regelschaar-Reihe der ϱ_1 in $\Gamma\Gamma^2$, welche von den ϱ und ϱ' verschieden ist und jede von diesen einmal schneiden; denn jedes von diesen Strahlennetzen hat mit einer ϱ (oder ϱ') 2 Strahlen gemein, von denen der eine auf 5′ (oder 1) liegt, der andere aber nicht auf 1 (oder 5′), also auf ϱ_1.

Von den Büschelpaaren 15, ..., welche eine ϱ, oder den 1′5′, ..., welche eine ϱ' bilden, trifft ϱ_1 nur je einen Büschel.

ϱ_1, aus 15′ abgeleitet, trifft diese beiden Büschel, also nicht 5, 1′. Träfe sie aus dem Paare 26 den Büschel 6, welcher 5′ schneidet, so würde das Strahlennetz (15′, ϱ_1) von 6 zwei Strahlen, also den ganzen Büschel enthalten, was nicht mehr möglich ist; daher schneidet ϱ_1 aus den 𝔖, ausser 1, alle, welche 5′ nicht treffen, also 2, 3, 4 und von den 𝔖′, ausser 5′, alle, welche 1 nicht treffen, also 6′, 7′, 8′.

Unter diesen 8 von ϱ_1 getroffenen Büscheln 1, 2, 3, 4, 5′, 6′, 7′, 8′ müssen wir noch 3 Büschelpaare finden, aus denen die ϱ_1 ebenso abgeleitet werden können, wie aus 15′; und diese 4 Büschelpaare:

1 5′, 2 6′, 3 7′, 4 8′

gehören dann zu der verknüpften Reihe der ϱ_1'.

In der Reihe der ϱ_1 haben wir ebenso die 4 Paare:

5 1′, 6 2′, 7 3′, 8 4′,

von welchen jedes mit jedem der vorigen 2 Strahlen gemein hat.

Die 3 übrigen Paare verknüpfter Reihen leiten wir aus 1 2′, 1 3′, 1 4′ ab und haben nun *folgende Vertheilung der 16 Strahlenbüschel in die 5 Reihenpaare:*

ϱ:	1,5; 2,6; 3,7; 4,8;	ϱ':	1′,5′; 2′,6′; 3′,7′; 4′,8′;
ϱ_1:	1,5′; 2,6′; 3,7′; 4,8′;	ϱ_1':	5,1′; 6,2′; 7,3′; 8,4′;
ϱ_2:	1,2′; 2,1′; 7,8′; 8,7′;	ϱ_2':	5,6′; 6,5′; 3,4′; 4,3′;
ϱ_3:	1,3′; 3,1′; 6,8′; 8,6′;	ϱ_3':	5,7′; 7,5′; 2,4′; 4,2′;
ϱ_4:	1,4′; 4,1′; 6,7′; 7,6′;	ϱ_4':	5,8′; 8,5′; 2,3′; 3,2′.

624 Wir erkennen die Eigenschaften der Congruenz 2. Grades ohne singuläre Linie (II, Nr. 368) wieder, notiren auch hier den Satz, dass zwei Regelschaaren aus nicht verknüpften Reihen einen Strahl gemeinsam haben, und fügen über diese Congruenz noch folgende Sätze zu:

Die Strahlennetze, welche zwei Regelschaaren der einen von zwei verknüpften Reihen mit allen Regelschaaren der andern verbinden, bilden zwei projective Büschel.

Umgekehrt, zwei projective Büschel von Strahlennetzen innerhalb eines Gewindes (mit Regelschaaren desselben als Basen) *erzeugen durch die Schnitt-Regelschaaren entsprechender Elemente eine Congruenz 2. Grades.*

Denn in irgend einem Strahlenbüschel des Gewindes rufen entsprechende Netze eine Projectivität hervor, deren sich selbst entsprechende Strahlen die zum Erzeugnisse gehörigen Strahlen des Büschels sind.

Die Schnitt-Regelschaaren bilden eine Reihe in der Congruenz, die beiden Grund-Regelschaaren gehören zur verknüpften Reihe.

Zu dieser Erzeugung der Congruenz 2. Grades gelangt man auch, wenn man bei der Erzeugung des Complexes Γ^2 durch zwei correlative Bündel von Gewinden in dem einen, in welchem man die Strahlennetze benützt, sich innerhalb eines Gewindes des Bündels hält und mit demselben auch den andern schneidet, bezw. den Gewindebüschel, der dem allein benützten Strahlennetze-Büschel des ersten Bündels entspricht.

Wir fanden schon, dass in der Leitschaar λ_0 einer Regelschaar ϱ_0 der einen von zwei verknüpften Reihen die Leitgeraden der Strahlennetze, die von ϱ_0 nach den Regelschaaren ϱ' der andern Reihe gehen, eine Involution erzeugen.

Aber in der Regelschaar ϱ_0 selbst entsteht durch die Dupel der Schnittstrahlen mit den ϱ' eine Involution; denn da die ϱ' unter sich windschief sind, so geht durch jeden Strahl von ϱ_0 nur eine ϱ' und bestimmt eindeutig und involutorisch den zweiten Schnittstrahl mit ϱ_0 (vergl. II, Nr. 346).

Infolge dessen bewirken zwei verknüpfte Regelschaar-Reihen einer Congruenz 2. Grades C^2 *innerhalb derselben eine involutorische eindeutige Verwandtschaft: jedem Strahle der Congruenz entspricht der zweite Schnittstrahl der Regelschaaren aus den Reihen, die in ihm sich schneiden.**)

Andrerseits haben wir in irgend einer Regelschaar ϱ_0 *von* Γ^2 *und ihrer Leitschaar* λ_0 *eine Verwandtschaft der Strahlendupel. Zwei Strahlen* l, l_1 *von* λ_0 *bestimmen als Leitgerade ein Strahlennetz, dessen zweite Schnitt-Regelschaar* ϱ' *mit* Γ^2, *ausser* ϱ_0, *in* ϱ_0 *zwei Gerade* g, g_1 *einschneidet. Durchläuft* ll_1 *in* λ_0 *eine Involution,* so bewegt sich $[ll_1]$, immer durch ϱ_0 gehend, innerhalb eines Gewindes Γ und ϱ' beschreibt in $\Gamma\Gamma^2$ eine Reihe, zu deren verknüpfter Reihe ϱ_0 gehört; *also beschreiben auch die* gg_1 *eine Involution.* Schneiden wir mit zwei Ebenen π, π', so mögen die Strahlen x in π, y in π' aus solchen Strahlennetzen, welche entsprechende Dupel ll_1, gg_1 zu Leitgeraden haben, entsprechend sein; beschreibt x einen Büschel, so beschreiben ll_1, gg_1 Involutionen, y also auch einen Büschel, und die Felder π, π' werden collinear. Wir können daher auch die Beziehung der Dupel ll_1 und gg_1 von λ_0 und ϱ_0 Collineation nennen.

Auch hieraus erwächst die Vermuthung, dass durch 2 Gerade g, g_1 von ϱ_0 nur eine zweite Regelschaar von Γ^2 geht (vergl. Nr. 611). —

Die 5 Paare verknüpfter Regelschaar-Reihen einer Congruenz $\Gamma^2\Gamma$ befinden sich im allgemeinen in 5 verschiedenen Paaren verknüpfter Gebüsche; oder, wenn wir so sagen wollen: *Γ greift in 5 solche Paare ein.* Nun bilden andrerseits die Gewinde, welche durch die Regelschaaren eines Gebüsches gehen, oder, was dasselbe ist, durch die Reihen desselben, so wie auch des verknüpften Gebüsches gehen, ein quadratisches System 4. Stufe $\mathfrak{S}_4{}^2$ von Gewinden.

Auf diese Weise entsteht in einem beliebigen Büschel von Gewinden eine involutorische Correspondenz [5]. In ihr entsprechen jedem Gewinde Γ diejenigen andern Γ', die der Büschel mit den $\mathfrak{S}_4{}^2$ noch gemein hat, welche den Gebüschepaaren zugehören, in welche Γ eingreift, oder kürzer, *es entsprechen sich 2 Gewinde des Büschels, welche in das nämliche Gebüschepaar eingreifen.*

Es liege eine Congruenz 2. Grades C^2 *vor; wir wollen versuchen,* 625
Complexe 2. Grades durch sie zu legen vermittelst der Erzeugung eines solchen Complexes durch correlative Bündel und zwar so, dass eine be-

*) Wenn diese Verwandtschaft auf eine singuläre Ebene der C^2 nach II, Nr. 348 abgebildet wird, so ergiebt sich eine involutorische Cremona'sche Transformation 3. Grades, die aus einer Curve 3. Ordnung C^3 folgendermassen entsteht: Ist S ein Punkt dieser Curve, so werde zu jedem Punkte X der vierte harmonische X' in Bezug auf die beiden Schnitte der Geraden SX mit der Curve gesucht.

stimmte Regelschaar-Reihe von C^2 *zu den erzeugenden Regelschaaren des Complexes gehört.* Diese Regelschaaren von C^2 seien ϱ; aus der verknüpften Reihe nehmen wir ϱ_0 und $\bar{\varrho}_0$; $\mathfrak{N}'$ sei ein durch $\bar{\varrho}_0$ gelegtes Strahlennetz und ϱ_0' wiederum eine beliebige Regelschaar in demselben. Weil $\bar{\varrho}_0$ alle ϱ zweimal trifft, so gilt dies auch für $\mathfrak{N}'$, und der Gewindebüschel durch $\mathfrak{N}'$ ist perspectiv zu der Regelschaar-Reihe ϱ; denn das durch einen beliebigen Strahl einer ϱ gelegte Gewinde des Büschels nimmt ϱ ganz in sich auf, und umgekehrt jedes Gewinde Γ' des Büschels schneidet aus C^2 eine Regelfläche 4. Grades, die in $\bar{\varrho}_0$ und eine zweite Regelschaar zerfällt, welche der $\bar{\varrho}_0$ zweimal begegnet, da beide in dem Strahlennetze sich befinden, in dem Γ' und das durch C^2 gehende Gewinde Γ_0 sich durchschneiden; also ist sie eine ϱ. Wir können die Gewinde Γ' auch als diejenigen bezeichnen, welche die ϱ mit ϱ_0' verbinden. Nun ist der in Γ_0 befindliche Büschel von Strahlennetzen $(\varrho_0\varrho)$ projectiv zu dem ebenfalls in Γ_0 liegenden Büschel $(\bar{\varrho}_0\varrho)$; dieser wiederum projectiv zu dem Gewindebüschel $(\mathfrak{N}'\varrho)$, dessen Schnitt mit Γ_0 er ist, oder, was dasselbe ist, dem Büschel $(\varrho_0'\varrho)$.

Machen wir nun die beiden Bündel (ϱ_0) und (ϱ_0') so correlativ, dass diese Projectivität zwischen den Büscheln $(\varrho_0\varrho)$, $(\varrho_0'\varrho)$ von Strahlennetzen, bezw. Gewinden auch in der Correlation besteht, so wird ein Complex Γ^2 von der gewünschten Art erzeugt.

Bei dieser Construction ist der Grad der Mannigfaltigkeit, in der wir ϱ_0, $\bar{\varrho}_0$, $\mathfrak{N}'$, ϱ_0' wählen können, 1, 1, 2, 3; der der Correlation ist 3. Denn es seien in (ϱ_0) zwei feste Netze $\mathfrak{N}_1$, $\mathfrak{N}_2$: das verbindende Gewinde Γ treffe das Γ_0, in welchem der Strahlennetze-Büschel $(\varrho_0\varrho)$ enthalten ist, in $\mathfrak{N}_0$, und entsprechend in der obigen Projectivität sei diesem $\mathfrak{N}_0$ das Gewinde Γ_0' in dem Büschel $(\mathfrak{N}'\varrho) \equiv (\varrho_0'\varrho)$. Ein beliebiges Strahlennetz von (ϱ_0'), das sich in Γ_0' befindet, kann man dem Γ und zwei mit ihm incidirende Gewinde Γ_1', Γ_2' den $\mathfrak{N}_1$, $\mathfrak{N}_2$ entsprechend annehmen; jenes Netz und diese Gewinde sind in je ∞^1 Lagen wählbar.

Die Construction enthält daher die Mannigfaltigkeit 10.

Wenn nun ein bestimmtes Γ^2 durch C^2 vorliegt, so kann man ϱ_0 beliebig in der Reihe wählen, welche der der ϱ verknüpft ist, ϱ_0' aber beliebig in dem Gebüsche von Γ^2, welches dem die Regelschaar ϱ_0 enthaltenden verknüpft ist; wir sehen, dass wir Γ^2 auf ∞^{1+3} Weisen in der gewünschten Art erzeugen können, und erhalten:

Durch jede Congruenz 2. Grades gehen ∞^6 *quadratische Complexe, darunter 40 tetraedrale* (II, Nr. 363).*)

*) Diese Mannigfaltigkeit 6 findet sich zuerst bei Caporali: Memorie dell' Accademia dei Lincei Ser. III Bd. 2 (1878).

Die Mannigfaltigkeit 6 stimmt mit den Mannigfaltigkeiten 5 der Gewinde, 19 der Complexe 2. Grades und 18 der Congruenzen 2. Grades überein. Durch jede der letzteren geht ein Gewinde und daher $\infty^{5+19-18}$ quadratische Complexe.

In einem Gewinde giebt es ∞^{19-6} *quadratische Congruenzen, offenbar so viele als es tetraedrale Complexe giebt.*

Das einschneidende Gewinde sei nunmehr ein Strahlengebüsche $[l]$. 626
Die Strahlen der Schnittcongruenz sind die Kanten der Complexkegel, die Tangenten der Complexcurven, welche die Complexfläche (l) umhüllen, bezw. erzeugen.

Diese Kegel und Curven bilden das eine Paar verknüpfter Reihen in der Congruenz, und infolge dessen fällt die diesem Reihenpaare entsprechende confocale Congruenz mit der vorliegenden zusammen.

Bei den in der Kegel-Reihe — die wir als die ϱ-Reihe ansehen wollen — enthaltenen 4 Strahlenbüschel-Paaren haben die beiden Büschel je denselben Scheitel, einen von den Schnitten A von l mit Φ; ebenso haben sie bei den in der Kegelschnitt-Reihe — der ϱ'-Reihe — befindlichen je dieselbe Ebene, eine der Berührungsebenen β von l an Φ.

Wir haben 16 Strahlenbüschel, wie im allgemeinen Falle, aber nur 12 singuläre) Punkte: 4 binäre* A_i *auf* l *und 8 unäre, die Punkte* B_i', B_i'' *der Punktepaare* (β_i), *die Knotenpunkte von* (l), *und 12 singuläre Ebenen: 4 binäre* β_i *durch* l *und 8 unäre, die Ebenen* α_i', α_i'' *der Ebenenpaare* (A_i), *welche Doppel-Berührungsebenen von* (l) *sind.*

Also die Büschelpaare der ϱ-Reihe:

$$1,\ 5;\quad 2,\ 6;\quad 3,\ 7;\quad 4,\ 8$$

sind:

$$(A_1, \alpha_1'), (A_1, \alpha_1''); (A_2, \alpha_2'), (A_2, \alpha_2''); (A_3, \alpha_3'), (A_3, \alpha_3''); (A_4, \alpha_4'), (A_4, \alpha_4'');$$

und die Büschelpaare in der ϱ'-Reihe:

$$1',\ 5';\quad 2',\ 6';\quad 3',\ 7';\quad 4',\ 8'$$

sind:

$$(B_1', \beta_1), (B_1'', \beta_1); (B_2', \beta_2), (B_2'', \beta_2); (B_3', \beta_3), (B_3'', \beta_3); (B_4', \beta_4), (B_4'', \beta_4).$$

Dabei ist die Anordnung schon so gemacht, dass die Incidenzen der Tabelle $[\alpha, B]$ in Nr. 516 zwischen den Ebenen α und den Punkten B die Incidenzen von Nr. 623 zwischen den Strahlenbüscheln bewirken; denn weil z. B. A_1 in allen 4 Ebenen β_i liegt und nach jener Tabelle

---

*) singulär für die Congruenz.

die Ebene α_1' die Punkte B_1'', B_2', B_3', B_4' enthält, so schneidet der Büschel 1, wie er das nach Nr. 623 soll, noch 5′, 2′, 3′, 4′ ausser 5, mit dem er den Scheitel gemein hat.

In den übrigen Reihen von Regelschaaren der Congruenz ist stets ein Büschel, dessen Scheitel auf l liegt, mit einem andern, dessen Ebene durch l geht, gepaart und in der verknüpften Reihe der zweite Büschel aus jenem Scheitel mit dem zweiten in dieser Ebene; z. B. 1 mit 5′ in der ϱ_1-, 5 mit 1′ in der ϱ_1'-Reihe.

Doch ist es wegen der späteren speciellen Fälle von Nutzen, die den verschiedenen Reihen angehörigen Büschelpaare ordentlich zu tabelliren:

$$\left.\begin{array}{l}\varrho: (A_i, \alpha_i'), (A_i, \alpha_i''); \quad \varrho': (B_i', \beta_i), (B_i'', \beta_i) \\ \varrho_1: (A_i, \alpha_i'), (B_i'', \beta_i); \quad \varrho_1': (A_i, \alpha_i''), (B_i', \beta_i)\end{array}\right\} i = 1, 2, 3, 4;$$

$$\begin{array}{l}\varrho_2: (A_1, \alpha_1'), (B_2', \beta_2); (A_2, \alpha_2'), (B_1', \beta_1); (A_3, \alpha_3''), (B_4'', \beta_4); (A_4, \alpha_4''), (B_3'', \beta_4); \\ \varrho_2': (A_1, \alpha_1''), (B_2'', \beta_2); (A_2, \alpha_2''), (B_1'', \beta_1); (A_3, \alpha_3'), (B_4', \beta_4); (A_4, \alpha_4'), (B_3', \beta_3); \\ \varrho_3: (A_1, \alpha_1'), (B_3', \beta_3); (A_3, \alpha_3'), (B_1', \beta_1); (A_2, \alpha_2''), (B_4'', \beta_4); (A_4, \alpha_4''), (B_2'', \beta_2); \\ \varrho_3': (A_1, \alpha_1''), (B_3'', \beta_3); (A_3, \alpha_3''), (B_1'', \beta_1); (A_2, \alpha_2'), (B_4', \beta_4); (A_4, \alpha_4'), (B_2', \beta_2); \\ \varrho_4: (A_1, \alpha_1'), (B_4', \beta_4); (A_4, \alpha_4'), (B_1', \beta_1); (A_2, \alpha_2''), (B_3'', \beta_3); (A_3, \alpha_3''), (B_2'', \beta_2); \\ \varrho_4': (A_1, \alpha_1''), (B_4'', \beta_4); (A_4, \alpha_4''), (B_1'', \beta_1); (A_2, \alpha_2'), (B_3', \beta_3); (A_3, \alpha_3'), (B_2', \beta_2).\end{array} \quad (\varrho)$$

627 *Diese 4 weiteren Paare von Reihen von Regelschaaren haben sämmtlich die Gerade l zur gemeinsamen Leitgeraden aller ihrer Schaaren. Dieselbe ist daher in den 4 confocalen Congruenzen, welche ihnen entsprechen,* und durch die einen, wie die andern Leitschaaren der Regelschaaren der beiden verknüpften Reihen entstehen, *gemeinsamer Strahl aller Regelschaaren einer Reihe* (und der verknüpften Reihe). Wenn aber alle Regelschaaren einer Reihe einer Congruenz 2. Grades eine Gerade gemein haben, so ist diese für einen beliebigen Punkt auf ihr oder eine beliebige Ebene durch sie, wegen des Windschiefseins der Geraden einer Regelschaar, die einzige incidente Gerade der Congruenz, folglich *ein Doppelstrahl* derselben (II, Nr. 401). Und umgekehrt, in II, Nr. 407 ist erkannt, dass ein Doppelstrahl einer Congruenz 2. Grades gemeinsamer Strahl zweier verknüpfter (binärer) Regelschaar-Reihen ist.

Jede von diesen 4 der vorliegenden Congruenz confocalen Congruenzen mit Doppelstrahl hat 3 gleichartige zu confocalen, d. h. die ebenfalls einen Doppelstrahl haben und zwar denselben. Das entspricht dem in II, Nr. 407 Gesagten. Aber sie haben, was ich dort und auch später, wo unsere Congruenz (Γ^2, [l]) vorkommt (II, Nr. 490), nicht erwähnt habe und hiermit nachhole, in derselben noch *eine weitere, aber nicht gleichartige confocale Congruenz.*

Unsere Congruenz hat nicht l zum Doppelstrahl, vielmehr ist derselbe für sie eine singuläre Gerade, und wir erkennen in ihr die in II, Nr. 490 beschriebene Congruenz 2. Grades mit einer singulären Geraden wieder, erzeugt durch die Geraden, welche dieser Linie begegnen und eine Fläche 4. Ordnung F^4 mit ihr als einer Doppelgeraden und mit 8 Knotenpunkten berühren, d. i. die Complexfläche (l).

Alle Strahlen der Congruenz berühren die Fläche (l), sich ausserdem auf die Doppelgerade l stützend; *daher ist (l) die Brennfläche der Congruenz.*

In dieser Congruenz befindet sich die vom Polar-Strahlennetze $[l, l']$ der l (Nr. 512) *aus Γ^2 ausgeschnittene Regelfläche 4. Grades.* Deren Erzeugende sind die Tangenten an die (l) erzeugenden Complexcurven in den Schnitten mit l oder die Kanten der (l) umhüllenden Complexkegel, in denen sie von Ebenen durch l berührt werden. Cuspidalpunkte dieser Fläche auf der doppelten Leitgeraden l sind die 4 Punkte A_i, die zugehörigen Cuspidal-Erzeugenden die Doppellinien $a_i \equiv (\alpha_i', \alpha_i'')$, längs deren die Ebenen $a_i l'$ torsal berühren. Cuspidalpunkte der andern doppelten Leitgeraden l' sind die Punkte, in denen sie von den Doppellinien $b_i \equiv B_i' B_i''$ getroffen wird; längs dieser Cuspidal-Erzeugenden berühren die Ebenen $b_i l$ torsal.

Der obige Beweis, dass durch eine Congruenz $\mathfrak{C}^2$ ∞^6 Complexe 2. Grades gehen, beruhte auf der Existenz von zwei verknüpften Regelschaar-Reihen in $\mathfrak{C}^2$.

Geht man also von einer Fläche 4. Ordnung mit einer Doppelgeraden und 8 ausserhalb gelegenen Knotenpunkten aus (II, Nr. 490), so wissen wir, dass die Congruenz ihrer Tangenten, die sich auf die Doppelgerade stützen, vom 2. Grade ist und zwei verknüpfte Regelschaar-Reihen hat, nämlich die Kegelschnitte, in denen die Fläche von den Ebenen durch die Doppelgerade geschnitten wird, und die Tangentialkegel, welche von den Punkten dieser Geraden an sie kommen. Also gehen durch die ∞^6 quadratische Complexe.

Die Fläche 4. Ordnung mit einer doppelten Geraden und 8 Knotenpunkten ist stets dieser Geraden zugehörige Complexfläche und zwar für ∞^6 Complexe 2. Grades.

Jeder Γ^2 führt zu ∞^4 Complexflächen; nun ist die Mannigfaltigfaltigkeit dieser Flächen 4. Ordnung mit 8 Knotenpunkten 17 (Nr. 517). Folglich muss jede derartige Fläche zu $\infty^{19+4-17}$ Complexen 2. Grades als Complexfläche gehören.

Aehnliches wird für die im Folgenden zu behandelnden noch specielleren Congruenzen 2. Grades gelten.

628 In II, Nr. 490 ist schon die weitere Specialität erwähnt, *dass l ein Strahl g von Γ^2 wird.* Wir wissen, dass dann l eine cuspidale Gerade der Complexfläche (l) ist derartig, dass die beiden Berührungsebenen eines jeden Punktes von l und die beiden Berührungspunkte einer jeden Ebene durch l sich vereinigt haben (Nr. 519). Wir fanden weiter, dass die B_i'' in die A_i, die α_i'' in die β_i fallen; wir behielten diese Namen A_i, β_i bei und bezeichneten die α_i', B_i' einfacher mit α_i, B_i.

Die 4 Strahlenbüschel der Congruenz (Γ^2, [g]), *welche durch g gehen, sind die 4 Büschel* (A_i, β_i); *sie vertreten je zwei des allgemeinen Falls:* (A_i, α_i'') und (B_i'', β_i), *sind daher binär; ausserdem haben wir noch 8 weitere unäre Strahlenbüschel*, die (A_i, α_i) und die (B_i, β_i), *und deshalb 8 singuläre Punkte A_i, B_i, 8 singuläre Ebenen α_i, β_i; davon sind die A_i, β_i ternär*, denn sie waren schon im vorigen Falle binär und haben nun noch die B_i'', α_i'' in sich aufgenommen.

Weil durch g 4 Strahlenbüschel der Congruenz gehen, so *ist g ein Doppelstrahl derselben.*

Die ϱ-Reihe (Kegel-Reihe) *enthält die Büschelpaare:* (A_i, α_i), (A_i, β_i), *die ϱ'-Reihe* (Kegelschnitt-Reihe) *die Büschelpaare:* (B_i, β_i), (A_i, β_i).

Dieses Reihenpaar ist binär geworden, denn die ϱ_1-Reihe ist mit der ϱ-, die ϱ_1'-Reihe mit der ϱ'-Reihe identisch; es stimmen nämlich die Büschelpaare überein, wie aus der für den jetzigen Fall modificirten Tabelle (ϱ) in Nr. 626 sich ergiebt, und jede Regelschaar aus der einen von zwei verknüpften Reihen bestimmt eindeutig die andere.

Alle Regelschaaren dieser binären Reihen enthalten, wie nothwendig, *den Doppelstrahl g.*

Die andern Reihen enthalten nur 3 Büschelpaare, indem zwei zusammengerückt sind:

ϱ_2: (A_1, α_1), (B_2, β_2); (A_2, α_2), (B_1, β_1); (A_3, β_3), (A_4, β_4);

ϱ_2': (A_1, β_1), (A_2, β_2); (A_3, α_3), (B_4, β_4); (A_4, α_4), (B_3, β_3);

ϱ_3: (A_1, α_1), (B_3, β_3); (A_3, α_3), (B_1, β_1); (A_2, β_2), (A_4, β_4);

ϱ_3': (A_1, β_1), (A_3, β_3); (A_2, α_2), (B_4, β_4); (A_4, α_4), (B_2, β_2);

ϱ_4: (A_1, α_1), (B_4, β_4); (A_4, α_4), (B_1, β_1); (A_2, β_2), (A_3, β_3);

ϱ_4': (A_1, β_1), (A_4, β_4); (A_2, α_2), (B_3, β_3); (A_3, α_3), (B_2, β_2).

Die aus zwei (A_i, β_i) bestehenden Paare sind die, in welche zwei zusammengefallen sind.

Wir haben daher nur noch 3 Reihenpaare mit eigentlichen Regelschaaren, für welche alle g Leitgerade ist; aber als Gerade der Congruenz muss sie einer auch als Erzeugende angehören, offenbar als Doppelstrahl des aus zwei (A_i, β_i) bestehenden Büschelpaars.

Das Polar-Strahlennetz ist in das Tangential-Strahlennetz von g übergegangen (Nr. 521); die von ihm ausgeschnittene Regelfläche 4. Grades besteht aus den 4 Büscheln (A_i, β_i); wir erinnern an die Projectivität:

$$A_1 A_2 A_3 A_4 \barwedge \beta_1 \beta_2 \beta_3 \beta_4$$

der Scheitel und Ebenen dieser Büschel.

Zum Büschel durch dies Strahlennetz gehört nur ein Gebüsche $[g]$; mit seinen übrigen Gewinden, den Tangentialgewinden von Γ^2 in g, werden wir uns bald weiter beschäftigen.

Wir fanden, dass die Mannigfaltigkeit *der Fläche 4. Ordnung mit einer cuspidalen Geraden und 4 Knotenpunkten* 16 ist (Nr. 520); jeder Γ^2 führt zu ∞^3 derartigen Flächen als Complexflächen (g); so ergiebt sich, dass *jede solche Fläche zu* $\infty^{19+3-16}$, *also zu* ∞^6 *Complexen als Complexfläche gehört.*

Wir wenden uns zu *dem weiteren Specialfalle unserer Congruenz,* 629
in dem die Axe des sie einschneidenden Gebüsches ein singulärer Strahl s von Γ^2 ist.

Nach Nr. 527 vereinigen sich A_1, A_2 in S, β_3, β_4 in σ, α_1, α_2 fallen in β_2, β_1, B_3, B_4 in A_4, A_3.

Die 4 Büschel, zu denen s gehört, sind:

$$(S, \beta_1), \ (S, \beta_2), \ (A_3, \sigma), \ (A_4, \sigma);$$

ausserdem haben wir noch die zweiten Büschel in β_1, β_2, aus A_3, A_4:

$$(B_1, \beta_1), \ (B_2, \beta_2), \ (A_3, \alpha_3), \ (A_4, \alpha_4).$$

Diese sind nach wie vor unär, jene aber ternär; denn z. B. (S, β_1) repräsentirt die Büschel (A_1, β_1) und (A_2, α_2), von denen der erste schon im vorigen Falle binär war; ebenso sind in (A_3, σ) der binäre (A_3, β_3) und der unäre (B_4, β_4) vereinigt.

In der Kegel-Reihe haben wir die Büschelpaare:

$$(S, \beta_1), (S, \beta_2); \ (A_3, \alpha_3), (A_3, \sigma); \ (A_4, \alpha_4), (A_4, \sigma),$$

in der Kegelschnitt-Reihe die Büschelpaare:

$$(B_1, \beta_1), (S, \beta_1); \ (B_2, \beta_2), (S, \beta_2); \ (A_3, \sigma), (A_4, \sigma),$$

wo vorhin das erste, jetzt das letzte Paar zwei Paare repräsentirt.

Die ϱ_2- und die ϱ_2'-Reihe enthalten genau dieselben Büschelpaare, und *das Paar der Reihen von Kegeln und Kegelschnitten ist also ternär geworden.*

In den weiteren Reihenpaaren haben wir:

$$\begin{aligned}
\varrho_3&: (S, \beta_2), (A_4, \sigma); (A_3, \alpha_3), (B_1, \beta_1);\\
\varrho_3'&: (S, \beta_1), (A_3, \sigma); (A_4, \alpha_4), (B_2, \beta_2);\\
\varrho_4&: (S, \beta_2), (A_3, \sigma); (A_4, \alpha_4), (B_1, \beta_1);\\
\varrho_4'&: (S, \beta_1), (A_4, \sigma); (A_3, \alpha_3), (B_2, \beta_2),
\end{aligned}$$

worin das erste Büschelpaar, welches den einen Büschel aus S, den andern aus σ erhält, ternär ist.

Diese zwei Reihenpaare enthalten allein eigentliche Regelschaaren.

Das Tangential-Strahlennetz von s ist in den Bündel S und das Feld σ zerfallen (Nr. 526), von den 4 den Strahl s enthaltenden Büscheln gehören (S, β_1), (S, β_2) zu S, (A_3, σ), (A_4, σ) zu σ.

Die Complexfläche (s) ist in Nr. 527 beschrieben. Aus der dort gefundenen selbständigen Construction, die zu einer Kegelschnitt-Reihe führt, gelangen wir durch deren Tangenten zu einer Congruenz 2. Grades der jetzigen Art, zur verknüpften Kegelreihe und zu ∞^6 *Complexen 2. Grades*, die durch sie gehen; was auch mit der Mannigfaltigkeit 15 der Fläche und dem Umstande, dass jeder Complex 2. Grades ∞^2 solcher Congruenzen enthält, übereinstimmt: $19 + 2 - 15 = 6$.

Die Tangentialgewinde, ihre Schnittcongruenzen und die Hauptflächen.

0 Wir kehren nun zu *den Tangentialgewinden von Γ^2* zurück, *welche zu dem Strahle g des Complexes gehören. Sie bilden einen Büschel, dessen Grund-Strahlennetz das Tangential-Strahlennetz in g ist und durch alle die Strahlenbüschel (X, ξ) erzeugt wird, deren Scheitel X (auf g) und Ebenen ξ (durch g) einander in der Projectivität entsprechen, die auf g und um g durch Γ^2 entsteht* (Nr. 519). Diese Büschel gehören also auch zu allen Tangentialgewinden von g. Sei Γ_g eins von ihnen; betrachten wir seine Schnittcongruenz mit Γ^2. Die Ebene ξ eines der genannten Büschel berührt längs g den Kegel (X); also fallen die beiden Strahlen aus X an die Congruenz — die gemeinsamen Strahlen des Strahlenbüschels (X, ξ) von Γ_g und des Complexkegels (X) von Γ^2 — in g zusammen, mit bestimmter Verbindungsebene ξ.

Die beiden von einem Punkte X von g an die Congruenz $\Gamma^2\Gamma_g$ kommenden Strahlen vereinigen sich in g, mit bestimmter Verbindungsebene ξ, und ebenso dual die beiden in einer Ebene ξ durch g liegenden Strahlen in g, mit bestimmtem Schnittpunkte X, dem Berührungspunkte von (ξ) mit g. Daher ist g für die Congruenz ein möglicher*) Doppelstrahl.

*) In seiner Besprechung der beiden ersten Bände meines Buchs im Bulletin des sciences mathématiques Ser. II Bd. 17 (1893) S. 257 nennt Loria einen solchen

Jedes Tangentialgewinde von Γ^2 schneidet diesen Complex in einer Congruenz 2. Grades, für welche der Strahl g von Γ^2, zu dem es gehört, Doppelstrahl ist.

Für das zu den Tangentialgewinden gehörige Gebüsche $[g]$ fanden wir dies schon in Nr. 628.

Die Congruenz $\Gamma^2\Gamma_g$ enthält dann (II, Nr. 407) zwei verknüpfte Regelschaar-Reihen — welche binär sind, d. h. 2 von den 5 Paaren verknüpfter Reihen darstellen — von der Beschaffenheit, dass g allen Regelschaaren der einen, wie der andern Reihe angehört und für eine solche Reihe also der allgemeine Satz nicht mehr gilt, dass zwei Regelschaaren der nämlichen Reihe sich nicht schneiden.

So liefert jedes der Tangentialgewinde von g ∞^1 durch g gehende Regelschaaren von Γ^2, die in zwei verknüpfte Reihen zerfallen und daher zu zwei verknüpften Gebüschen von Γ^2 gehören.

Die Congruenz besitzt 4 durch den Doppelstrahl gehende binäre Büschel, die (A_i, β_i); dies entspricht dem, was in II, Nr. 402 gefunden wurde; aus ihnen können wir auch g als Doppelstrahl erkennen.

Wir wissen, dass, wenn zwei Flächen einander berühren und also 631
in einer Curve schneiden, die in dem Berührungspunkte T einen Doppelpunkt hat, von den Schnitten einer Curve der einen Fläche, welche durch T geht, mit der andern immer zwei sich in T vereinigen.

Dem analog fallen, wenn sich zwei Complexe in einer Congruenz mit einem Doppelstrahle schneiden (der für keinen von ihnen Doppelstrahl ist), von den Schnittstrahlen jeder in dem einen Complexe befindlichen und durch diesen Strahl gehenden Regelfläche mit dem andern Complexe zwei in ihn zusammen; so vereinigen sich im vorliegenden Falle die beiden Strahlen, welche eine Regelschaar von Γ^2, die durch den Doppelstrahl g von $\Gamma^2\Gamma_g$ geht, mit Γ_g gemeinsam hat, in g.

Bilden wir, um dies genauer zu erkennen, das Gewinde Γ_g in den Punktraum Σ_1, nach I, Nr. 202, ab und zwar so, dass g der dort mit u bezeichnete Hauptstrahl der Abbildung ist. Unsere Congruenz mit dem Doppelstrahle g bildet sich (II, Nr. 376) in eine Fläche 2. Grades F_1^2 ab. Es sei $\mathfrak{r}$ eine Regelschaar in Γ_g; sie hat mit Γ^2 und also mit $\Gamma^2\Gamma_g$ 4 Strahlen gemeinsam; ihr Bild in Σ_1 ist ein Kegelschnitt (I, Nr. 203), und dessen 4 Schnitte mit F_1^2 sind die Bilder jener 4 Strahlen. Geht aber $\mathfrak{r}$ durch $g \equiv u$, so tritt an Stelle des Kegelschnitts

Doppelstrahl einen *ausserordentlichen*, welche Benennung vielleicht der meinigen vorzuziehen ist. — Uebrigens können wir hier das Attribut weglassen, da eine Congruenz 2. Grades andere Doppelstrahlen als mögliche nicht hat (II, Nr. 401).

eine Gerade; in ihre Schnitte mit F_1^2 fallen zwei von den Bildern; dies beweist, dass zwei von den 4 Strahlen sich in g vereinigt haben.

Von den 4 Strahlen, welche eine in Γ_g befindliche Regelschaar mit der Schnittcongruenz $\Gamma^2\Gamma_g$ gemein hat, fallen zwei in g zusammen, wenn die Regelschaar durch diesen Doppelstrahl der Congruenz geht; die Regelschaar berührt Γ^2 in g. Wir sagen deshalb: *das Tangentialgewinde berührt den Complex Γ^2 in g.*

Nun sei ϱ eine beliebige Regelschaar in Γ^2; sie hat mit Γ_g zwei Strahlen x', x'' gemeinsam, die zu $\Gamma^2\Gamma_g$ gehören. Diese gehören, wenn $\mathfrak{N}$ ein durch ϱ gelegtes Strahlennetz ist, zu den 4 gemeinsamen Strahlen von $\mathfrak{N}$ und $\Gamma^2\Gamma_g$; die beiden andern sind mit $\mathfrak{N}$ veränderlich. Durch diese 4 Strahlen geht dann auch die Regelschaar $\mathfrak{r} \equiv \mathfrak{N}\Gamma_g$ und sie sind die Strahlen, welche sie mit Γ^2 gemeinsam hat. Wenn nun ϱ durch g geht, so thut es auch $\mathfrak{r}$; dann fallen von den 4 Strahlen die beiden nicht mit $\mathfrak{N}$ veränderlichen x', x'' in g zusammen, also auch die beiden Strahlen, welche ϱ mit Γ_g gemeinsam hat.

Die beiden Strahlen, welche eine in Γ^2 befindliche Regelschaar ϱ mit $\Gamma^2\Gamma_g$ gemein hat, fallen im Doppelstrahle g zusammen, wenn ϱ durch ihn geht: ϱ berührt in g die Congruenz und das sie in Γ^2 einschneidende Gewinde Γ_g und so alle Tangentialgewinde von g.

Durch einen beliebigen andern Strahl von ϱ geht ein Gewinde aus dem Büschel der Γ_g und enthält, weil er sein dritter Schnittstrahl mit ϱ ist, diese Regelschaar vollständig.

Jede Regelschaar von Γ^2, welche durch eine gegebene Gerade g dieses Complexes geht, gehört zu einem der Tangentialgewinde von g.

Die ∞^2 Regelschaaren von Γ^2, welche durch g gehen, bilden ∞^1 Paare verknüpfter Reihen, von denen jedes Paar in einem der Tangentialgewinde von g sich befindet.

Da schon die Geraden der Regelschaaren eines Feldes den ganzen Γ^2 einfach erfüllen, so dass jeder Strahl von Γ^2 in einer von diesen Regelschaaren gelegen ist, so muss es in jedem Gebüsche ∞^1 durch g gehende Regelschaaren gehen.

In jedem von den ∞^1 Gebüschen Σ_3 ist eine von jenen Regelschaar-Reihen enthalten.

Jedem Gebüsche-Paare Σ_3, Σ_3' ist ein Tangentialgewinde von g zugeordnet.

Dies Tangentialgewinde befindet sich deshalb in dem dem nämlichen Paare zugeordneten Systeme $\mathfrak{S}_4^2$.

Durch eine zweite Gerade g_1 von Γ^2 geht eins von den Tangentialgewinden von g und in ihm aus jeder der beiden verknüpften Reihen eine Regelschaar.

Durch zwei Gerade des Complexes gehen 2 Regelschaaren desselben. Wenn sie sich schneiden, so ist die eine Regelschaar der Complexkegel aus dem Schnittpunkte, die andere die Complexcurve in der Verbindungsebene.

Wir sehen nun, dass es in jedem Gebüsche Σ_3 von Regelschaaren in Γ^2 unter den ∞^4 Reihen ∞^3 mit einer allen Regelschaaren gemeinsamen Geraden giebt (vergl. Anm. zu Nr. 612), welche dann auch allen Regelschaaren der verknüpften Reihe gemeinsam ist.

Ein durch g gelegtes Gewinde Γ schneidet die Congruenz $\Gamma^2\Gamma_g$ in einer Regelfläche 4. Grades, für welche g doppelte Erzeugende ist. Diese Fläche befindet sich ja in dem Strahlennetze $\Gamma\Gamma_g$ (dessen Schnitt mit Γ^2 sie ist), und in der Correspondenz [2, 2], welche sie auf dessen Leitgeraden hervorruft, ist von den Stützpunkten von g jeder ein Verzweigungspunkt und hat g zur zugehörigen Torsallinie (Nr. 603); denn der Büschel von Γ_g, welcher von einem dieser Punkte ausgeht, gehört auch zum Tangential-Strahlennetze von g und ist daher, nach der Definition dieses Netzes, in der Ebene gelegen, welche den aus dem Punkte kommenden Complexkegel von Γ^2 berührt; folglich vereinigen sich die beiden dem Büschel und diesem Kegel gemeinsamen Strahlen, also die Strahlen von $\Gamma^2\Gamma_g$ und Erzeugenden der Regelfläche, die aus dem Punkte kommen, in g.

Die Polar- oder Tangentialgewinde eines singulären Strahls s sind 632
sämmtlich Gebüsche und haben die Tangenten von Φ, welche in demselben Punkte wie s berühren, zu Axen (Nr. 526).

Somit sind die verschiedenen Strahlen eines Tangentenbüschels (S, σ) von Φ den Gebüschepaaren zugeordnet und damit auch den consingulären Complexen; diese Zuordnung stimmt mit der früheren überein, bei welcher jedem dieser Complexe sein in (S, σ) befindlicher singulärer Strahl correspondirt.

Sei t eine von den Tangenten; die durch s gehenden zu Γ^2 gehörigen Regelschaaren des Gebüsches $[t]$ sind in dem zugeordneten Gebüschepaare Σ_3, Σ_3' enthalten: sie haben alle t zur Leitgeraden; ihre Leitschaaren, welche dem zugeordneten consingulären Complexe angehören, bringen t in denselben; und da dieser, zur singulären Fläche Φ gehörig, in ihrem Tangentenbüschel (S, σ) nur seinen singulären Strahl hat, so ist klar, dass jedem Strahle von (S, σ) eben der consinguläre Complex zugeordnet ist, für den er singulärer Strahl ist.

In dem zu einem beliebigen Strahle g von Γ^2 gehörigen Büschel von Tangentialgewinden ist $[g]$ das einzige Gebüsche.

Besitzt also ein Strahl von Γ^2 als Tangentialgewinde ein Gebüsche, dessen Axe von ihm verschieden ist, so ist er singulärer Strahl.

633 Wir haben gelernt (Nr. 541), dass die Polaren $g_1, \dots g_6$ eines Strahls g von Γ^2 in Bezug auf die Fundamental-Gewinde $\Gamma_1, \dots \Gamma_6$, welche, doppelt genommen, unter den consingulären Complexen sich befinden, ebenfalls zu Γ^2 gehören. Es sei nun ϱ eine durch g gehende Regelschaar von Γ^2 aus dem (sich selbst verknüpften) Gebüsche $\Sigma_{3,1}$, welchem Γ_1 zugeordnet ist, so gehört ihre Leitschaar zu Γ_1 (Nr. 618); da alle ihre Geraden g treffen, so treffen sie auch die Polare g_1, so dass diese Gerade zu ϱ gehört. Damit erkennen wir von neuem, dass g_1 sich in Γ^2 befindet. Aber mehr, alle durch g gehenden Regelschaaren von Γ^2, welche zu diesem Gebüsche gehören, gehen auch durch g_1; das sie enthaltende Tangentialgewinde $\Gamma_{g,1}$ schneidet daher in einer Congruenz 2. Grades, welche zwei Doppelstrahlen g, g_1 hat.

Unter den Tangentialgewinden von Γ^2 in g befinden sich 6, welche Γ^2 in einer Congruenz 2. Grades mit einem zweiten Doppelstrahle schneiden oder Γ^2 auch in einem zweiten Strahle berühren: $\Gamma_{g,1}, \dots \Gamma_{g,6}$.

Die Regelschaar-Reihe von Γ^2 in einem dieser Gewinde $\Gamma_{g,i}$, welche durch g geht, hat noch eine zweite gemeinsame Gerade g_i, die Polare von g nach dem Gewinde Γ_i, welches dem sich selbst verknüpften Gebüsche $\Sigma_{3,i}$ zugeordnet ist, das die Reihe enthält.

Und zu jeder Geraden g des Complexes Γ^2 giebt es 6 Gerade g_i — ihre Polaren in Bezug auf die Fundamental-Gewinde Γ_i —, so beschaffen, dass durch zwei solche Geraden g, g_i ∞^1 Regelschaaren von Γ^2 gehen, nicht blos 2.

Da aber die Polarität, in Bezug auf Γ_i, zwischen g und g_i reciprok ist und die Regelschaar-Reihe durch beide Geraden festgelegt ist, so folgt, dass *$\Gamma_{g,i}$ auch Tangentialgewinde von g_i ist.*

Jedes einem Doppelgebüsche $\Sigma_{3,i}$ zugeordnete Tangentialgewinde berührt in zwei Geraden, welche immer zu einander polar sind in Bezug auf Γ_i.

Diese Geraden fallen zusammen und die Berührung wird 3. Ordnung, wenn g zu der Schnittcongruenz $\Gamma^2\Gamma_i$ gehört.

Wir erinnern uns aus II, Nr. 407 (dritter Fall), dass bei einer Congruenz 2. Grades mit zwei windschiefen Doppelstrahlen es nur eine Regelschaar-Reihe, deren sämmtliche Regelschaaren durch diese Geraden gehen: sie hat sich erstens mit ihrer verknüpften vereinigt, und dieses Paar von identischen verknüpften Reihen repräsentirt 2 von den 5 Reihenpaaren, so dass noch 3 Reihenpaare bleiben.

Aus dieser uns schon bekannten Eigenschaft ergiebt sich auch die Identität von $\Sigma_{3,i}$ mit dem gepaarten Gebüsche.

Aber wir haben jetzt erkannt, dass *es in einem solchen Gebüsche* $\Sigma_{3\,i}$ ∞^3 *Reihen giebt, die je mit ihrer verknüpften Reihe zusammenfallen: es sind dies die* ∞^3 *Reihen, welche eine und dann hier zwei gemeinsame Geraden haben.*

Weil die in Bezug auf Γ_i polaren Geraden g und g_i beide sich in $\Gamma_{g,i}$ befinden, so sind Γ_i und $\Gamma_{g,i}$ in Involution (I, Nr. 107).

Alle ∞^3 *Tangentialgewinde* $\Gamma_{g,i}$, *welche längs zwei Geraden den* Γ^2 *tangiren, stützen sich auf das Gewinde* Γ_i, *das zu demselben Doppel-Gebüsche* $\Sigma_{3,i}$ *gehört, wie jene* $\Gamma_{g,i}$.

Aber das gilt ja für alle Gewinde des Gewebes $\mathfrak{G}_i$ (Nr. 619), zu welchem $\Gamma_{g,i}$ gehört. —

Jede Regelschaar von $\Sigma_{3,i}$ ist in den diesem Gebüsche zugeordneten Tangentialgewinden aller ihrer Geraden enthalten, also in ∞^1 sich selbst verknüpften Reihen von Γ^2, und da die eine von zwei verknüpften Reihen stets in dem Felde sich befindet, das von irgend einer Regelschaar der andern getragen wird, so *gehört jede Regelschaar eines Doppelgebüsches* $\Sigma_{3,i}$ *zu dem von ihr getragenen Felde.*

Die zu einem Strahle g *von* Γ^2 *gehörigen Tangentialgewinde* Γ_g 634
schneiden den Complex in Congruenzen C_g^2, *welche* g *zum Doppelstrahle haben. Eine solche Congruenz hat 4 durch den Doppelstrahl gehende binäre Strahlenbüschel, welche für alle* C_g^2 *dieselben sind, nämlich die 4 durch* g *gehenden Büschel* $\mathfrak{B}'$, $\mathfrak{B}''$, $\mathfrak{B}'''$, $\mathfrak{B}^{IV}$ *von* Γ^2, *und dann noch 8 von einer Congruenz zur andern veränderliche unäre Büschel.* Diese zertheilen sich in 4 Dupel (von je zwei windschiefen) so, dass jeder binäre Büschel die beiden Büschel eines Dupels schneidet. Jeder unäre schneidet also einen binären und 3 andere unäre; wird von jenem unären etwa $\mathfrak{B}'$ getroffen, so schneiden diese bezw. die drei andern $\mathfrak{B}$ (Nr. 560).

Die Strahlenbüschel von Γ^2, *welche einen gegebenen Büschel* (B, β) *des Complexes schneiden*, durchlaufen mit ihren Scheiteln die Curve $\beta\Phi$ und umhüllen mit ihren Ebenen den Kegel $B\Phi$; *ihr Erzeugniss ist eine Congruenz 4. Grades;* denn in jede Ebene fallen die Scheitel von 4 Büscheln und also 4 Strahlen der Congruenz, und ebenso gehen durch jeden Punkt 4. Der gegebene Büschel gehört nicht zu dieser Congruenz, wohl aber der zweite aus seinem Scheitel und der zweite in seiner Ebene.

Jeder Büschel von Γ^2, welcher einen der $\mathfrak{B}$, etwa $\mathfrak{B}'$, schneidet, liegt in einem der Tangentialgewinde von g; es ist, ausser durch das die 4 Büschel 𝔅 enthaltende Tangential-Strahlennetz von g, durch irgend einen Strahl des Büschels bestimmt. Infolge dessen durchlaufen die unären Strahlenbüschel der verschiedenen C_g^2, welche 𝔅′ schneiden, das System der Strahlenbüschel, welches die zu 𝔅′ gehörige Congruenz 4. Grades $|\mathfrak{B}'|^4$ erzeugt, involutorisch, denn jeder Büschel dieses Systems bestimmt Γ_g, C_g^2 und den andern 𝔅′ schneidenden unären Büschel dieser Congruenz eindeutig und gleichartig.

Zur Congruenz $|\mathfrak{B}'|^4$ gehören 𝔅″, 𝔅‴, $\mathfrak{B}^{IV}$; also giebt es 3 Dupel, bei denen der eine Büschel in einen dieser 𝔅 fällt, oder 3 Congruenzen C_g^2, bei denen von den beiden 𝔅′ schneidenden unären Büscheln der eine — 𝔄′ — bezw. sich mit 𝔅″, 𝔅‴, $\mathfrak{B}^{IV}$ vereinigt.

Betrachten wir den Fall, wo 𝔄′ mit 𝔅″ zusammenfällt. 𝔄′ wird von 𝔅′ und drei andern unären geschnitten, von denen einer 𝔅″ trifft; 𝔅″ wird von den 3 andern 𝔅 und 2 unären getroffen. Beiden Gruppen sind 𝔅′ und der eben erwähnte 𝔅″ treffende unäre Büschel schon vor der Vereinigung gemeinsam. Findet sie statt, so muss sich die eine Gruppe von 4 Büscheln mit der andern von 5 Büscheln vollständig identificiren, so dass in letzterer ein Zusammenfallen von zwei Büscheln eintreten muss. Die beiden unären 𝔄′ treffenden Büschel, welche 𝔅‴, bezw. $\mathfrak{B}^{IV}$ schneiden, müssen, weil sie 𝔄′ und damit 𝔅″ treffen, durch g gehen und fallen deshalb mit 𝔅-Büscheln zusammen, und zwar mit $\mathfrak{B}^{IV}$, 𝔅‴, weil 𝔅′ sich schon mit sich selbst in den beiden Gruppen deckt und mit 𝔅″ ein Zusammenfallen nicht möglich ist, da diese Büschel ja auch 𝔅″ schneiden sollen, ein Büschel aber sich nicht unter den ihn schneidenden befindet.

Ausser dem sich selbst deckenden 𝔅′ sind jetzt schon 2 Schnittbüschel von 𝔄′ mit solchen von 𝔅″ vereinigt.

Der zweite an 𝔅″ hängende unäre Büschel scheint noch nicht untergebracht; da aber die 5 Büschel, welche 𝔅″ schneiden, auf 4 sich reduciren müssen, so folgt, dass er mit 𝔅′ zusammenfällt.

Wir sahen, dass der eine 𝔅‴ schneidende unäre Büschel in $\mathfrak{B}^{IV}$ gefallen ist; geht man von dieser Vereinigung nun aus, so gelangt man auch zur Vereinigung des einen 𝔅″ schneidenden Büschels mit 𝔅′.

Von den drei den 𝔄′ schneidenden unären Büscheln sind die, welche 𝔅‴, $\mathfrak{B}^{IV}$ schneiden, in binäre gerückt, nicht aber der, welcher 𝔅″ schneidet.

Es hat sich demnach bei jeder der drei ausgezeichneten C_g^2 mit jedem der 4 binären Büschel 𝔅 je noch einer der 8 unären vereinigt, so dass jene ternär geworden und nur noch 4 unäre Büschel vorhanden sind.

Die 4 in die 𝔅 gerückten Büschel 𝔄′, ... $\mathfrak{A}^{IV}$ gehören den Congruenzen $|\mathfrak{B}'|^4, \ldots |\mathfrak{B}^{IV}|^4$ an, und in den 3 Fällen findet die Vereinigung mit den $\mathfrak{B}$ in folgender Weise statt:

$$\mathfrak{B}''\mathfrak{B}'\mathfrak{B}^{IV}\mathfrak{B}''', \quad \mathfrak{B}'''\mathfrak{B}^{IV}\mathfrak{B}'\mathfrak{B}'', \quad \mathfrak{B}^{IV}\mathfrak{B}'''\mathfrak{B}''\mathfrak{B}'.$$

Die Brennflächen dieser drei ausgezeichneten Congruenzen $\mathfrak{C}_g^2$ haben 635
also, ausserhalb des Doppelstrahls g, nur noch 4 conische Doppelpunkte und 4 conische Doppel-Berührungsebenen, die Scheitel und Ebenen der unär gebliebenen Büschel. Diese müssen ein und dasselbe Tetraeder bilden; in der That, von den beiden einen binären Büschel schneidenden unären Büscheln des allgemeinen Falles schneidet der eine den einen, der andere den andern von den zweien, welche einen andern binären schneiden; von den unär gebliebenen Büscheln trifft also jeder zwei andere.

Diese Eigenschaften kennzeichnen die Flächen als solche, bei denen der Doppelstrahl cuspidal ist.

Eine derartige Fläche erhielten wir als Complexfläche, wenn der Träger ein Strahl g von Γ^2 ist, oder als Brennfläche der Congruenz, welche aus Γ^2 durch das Gebüsche $[g]$ geschnitten wird (Nr. 628).

Nun gehört dies Gebüsche zu den Tangentialgewinden von g, also diese Schnittcongruenz zu den $\mathfrak{C}_g^2$; *wir haben insgesammt 4 Congruenzen unter den* $\mathfrak{C}_g^2$, *für deren Brennfläche g eine Cuspidalgerade ist.* Doch findet folgender Unterschied statt:

Für die Congruenz $(\Gamma^2, [g])$ ist g singuläre oder Leitlinie und zugleich Doppelstrahl, und die Strahlen der Congruenz sind diejenigen Geraden, welche g treffen und die Brennfläche berühren, sie sind also nicht Doppeltangenten derselben. Für die drei andern Congruenzen ist g nur Doppelstrahl, und die Congruenzstrahlen sind Doppeltangenten; wir wollen in diesem Falle g *einen cuspidalen Doppelstrahl* der Congruenz nennen.

Die Brennfläche einer jeden von den Congruenzen $\mathfrak{C}_g^2$ inducirt zwischen der Punktreihe und dem Ebenenbüschel des gemeinsamen Doppelstrahls g eine Correspondenz $[2, 2]$, in der einem Punkte von g seine Berührungsebenen, einer Ebene von g ihre Berührungspunkte entsprechen. Die Scheitel und Ebenen der 4 Büschel $\mathfrak{B}$ sind gemeinsame Cuspidalelemente (II, Nr. 405) und daher gemeinsame Verzweigungselemente aller Correspondenzen $(2, 2)$. Folglich giebt es unter diesen 4 doppelte Projectivitäten (Nr. 603); sie gehören zu den 4 Brennflächen, auf welchen g cuspidal ist, also zur Complexfläche (g) und zu den Brennflächen der 3 ausgezeichneten Congruenzen $\mathfrak{C}_g^2$, die uns hier beschäftigen.

Die 3 Tangentialgewinde Γ_g von g, welche diese Congruenzen mit g

als cuspidalem Doppelstrahle einschneiden, sind diejenigen, welche F. Klein Math. Annalen Bd. 5 S. 271 bespricht und zwar für einen Complex von beliebigem Grade.

Vor (und nach) der Vereinigung der 4 Büschel $\mathfrak{A}'$, ... $\mathfrak{A}^{IV}$ mit den $\mathfrak{B}''$, $\mathfrak{B}'$, $\mathfrak{B}^{IV}$, $\mathfrak{B}'''$ — wenn wir wieder den ersten Fall annehmen — liegen die $\mathfrak{A}$ so, dass sie einen windschiefen „Vierbüschel" bilden, d. h. zwei windschiefe von ihnen treffen zwei andere ebenfalls windschiefe, und die gemeinsamen Strahlen bilden ein windschiefes Vierseit, in dessen Ebenen die Büschel gelegen sind mit den Ecken als Scheiteln; wir erkannten, dass die $\mathfrak{A}'$ schneidenden Büschel aus $|\mathfrak{B}'''|^4$ und $|\mathfrak{B}^{IV}|^4$ mit $\mathfrak{B}^{IV}$, $\mathfrak{B}'''$, hingegen der $\mathfrak{A}'$ nicht schneidende aus $|\mathfrak{B}''|^4$ mit $\mathfrak{B}'$ sich zu vereinigen strebt; also ist der Vierbüschel $\mathfrak{A}'\mathfrak{A}'''\mathfrak{A}''\mathfrak{A}^{IV}$.

Je näher man nun dem Zustande der Identität der $\mathfrak{A}'$, ... mit den $\mathfrak{B}''$, ... kommt, in welchem alle vier $\mathfrak{A}$ einen Strahl gemeinsam haben, desto mehr wird das Vierseit „geradlinig"; wir müssen also eine Nachbargerade von g im Complexe Γ^2 haben, die mit drei andern ihr unendlich nahen ein solches nahezu geradliniges Vierseit darstellt; und je näher an g wir sie uns vorstellen, desto mehr wird sie sich mit den drei Geraden identificiren.

Wir haben somit neben jeder Geraden g des Complexes 3 unendlich nahe von der Beschaffenheit, dass die 4 Strahlenbüschel von Γ^2, die durch eine dieser Geraden gehen, in demselben Tangentialgewinde Γ_g von g enthalten sind. Also stimmen auch die beiden Projectivitäten, die auf der Nachbargeraden durch Γ^2 und durch das sie enthaltende Tangentialgewinde Γ_g entstehen, überein.

Schreitet man von g zu einer dieser benachbarten Geraden fort und dann in demselben Sinne weiter, so erhält man eine dem Complexe angehörige Regelfläche, welche Klein eine *Hauptfläche* desselben nennt.

In jedem Strahle des Complexes schneiden sich 3 Hauptflächen.

In Nr. 539 fanden wir, dass durch jeden Strahl g von Γ^2 3 diesem angehörige Regelflächen 16. Grades gehen: die Schnitt-Regelflächen mit zweien von den 3 übrigen consingulären Complexen, welche auch durch g gehen. Das sind die 3 Hauptflächen.

Benutzen wir die dortige Bezeichnung, wobei dann Γ^2 der betrachtete Complex sei und also (A', β'), ... (A^{IV}, β^{IV}) seine durch g gehenden Strahlenbüschel $\mathfrak{B}'$, ... $\mathfrak{B}^{IV}$ sind. Ferner seien (A_1', β_1'), ... die durch g_1 gehenden Strahlenbüschel und zwar derartig, dass (A_1', β_1') dem (A', β') unendlich ist, u. s. w., wobei g_1 auf der Regelfläche $\mathfrak{R}^{16}_{012} \equiv \Gamma^2 \Gamma_1{}^2 \Gamma_2{}^2$ der g unendlich nahe ist. Aus A^{IV} kommt an $\Gamma_3{}^2$ der Büschel in β', d. h. dies ist die Tangentialebene, längs g, des Complexkegels aus A^{IV} an diesen Complex, oder (Nr. 539) die Berührungsebene der Durchschnitts-Regelfläche $\mathfrak{R}^{16}_{012}$; der Punkt A_1^{IV} auf g_1, welcher dem A^{IV} unendlich nahe ist, liegt daher in β' und, dual, β_1^{IV} geht durch A'; und da somit A_1^{IV} der Schnittcurve $\beta'\Phi$ angehört und β_1^{IV} dem Tangentialkegel $A'\Phi$, so ist der Büschel (A_1^{IV}, β_1^{IV}) ein den (A', β') schneidender Büschel von Γ^2, der durch Continuität in (A^{IV}, β^{IV}) übergeht; er ist in demjenigen Tangentialgewinde von g für Γ^2, welches durch g_1 und deshalb auch durch (A_1^{IV}, β_1^{IV}) geht, ein unärer Strahlenbüschel, der vor der Vereinigung mit dem binären Strahlenbüschel (A^{IV}, β^{IV}) steht.

Das genannte Tangentialgewinde ist also eins von den ausgezeichneten und g_1 daher der Nachbarstrahl in einer der 3 Hauptflächen. Schreiten wir in unserer Fläche $\mathfrak{R}^{16}_{012}$ und ebenso in den beiden andern $\mathfrak{R}^{16}_{013}$, $\mathfrak{R}^{16}_{023}$ vorwärts, so haben wir:

Die 3 Regelflächen 16. Grades, in denen sich ein Complex 2. Grades Γ^2 mit je zweien von den 3 consingulären Complexen durchschneidet, welche durch einen von seinen Strahlen noch gehen, sind die drei Hauptflächen dieses Strahls für Γ^2.

Die Hauptflächen eines Complexes 2. Grades sind daher algebraisch.

Wenn eine Regelfläche $\mathfrak{R}$ in einem Complexe enthalten ist, so können 636
wir stets auf ihr folgende Curve construiren: Auf jeder Erzeugenden entsteht eine Projectivität, in der zwei Punkte einander entsprechen, von denen der eine der Berührungspunkt einer durch sie gehenden Ebene mit $\mathfrak{R}$, der andere der Punkt ist, in dem die Erzeugende von der Complexcurve der Ebene tangirt wird. Das Continuum der sich selbst entsprechenden Punkte dieser Projectivitäten auf den verschiedenen Erzeugenden bildet die Curve.

Ist der Complex linear, so ist die Curve eine Haupttangenten-Curve (Nr. 553), bei einem Complexe von höherem Grade aber im allgemeinen nicht.

Es sei nun aber $\mathfrak{R}$ eine Hauptfläche eines Complexes 2. Grades Γ^2, g eine Erzeugende derselben, dann stimmt bei demjenigen Tangentialgewinde Γ_g, welches durch die Nachbar-Erzeugende g_1 geht, auch auf dieser die Projectivität mit der durch Γ^2 inducirten überein. Ferner seien P, P_1, P_2 drei aufeinanderfolgende Punkte unserer Curve, P auf g, P_1 auf g_1 gelegen.

Die Tangentialebene τ von P an $\mathfrak{R}$ ist also identisch mit der Ebene, die dem P in der durch Γ^2 bewirkten Projectivität entspricht, also auch mit der Nullebene von P in Bezug auf Γ_g. Sie enthält die Tangente PP_1, und diese ist daher ein Strahl von Γ_g; ebenso ist die Berührungsebene τ_1 von $\mathfrak{R}$ in P_1 Nullebene dieses Punktes P_1

für Γ_g und also auch $P_1 P_2$ ein Strahl von Γ_g. Daher ist die Schmiegungsebene PP_1P_2, welche diese beiden Strahlen enthält, Nullebene von P_1, und da sie als solche mit der Berührungsebene τ_1 zusammenfällt, so ergiebt sich unsere Curve als Haupttangenten-Curve auf $\mathfrak{R}$.

Die auf einer Hauptfläche eines Complexes 2. Grades) in der obigen Weise construirte Curve ist eine Haupttangenten-Curve dieser Fläche.*

Unsere Hauptfläche sei die $\mathfrak{R}^{16}_{012}$; in einem beliebigen Punkte von g wird sie (Nr. 539) von der Ebene berührt, welche längs g den Complexkegel aus dem Punkte an $\Gamma_3{}^2$ tangirt. Die Projectivität der Punkte auf g, von denen der eine einer Ebene durch g in der durch Γ^2 inducirten Projectivität entspricht, der andere ihr Berührungspunkt mit $\mathfrak{R}^{16}_{012}$ ist, ist daher identisch mit der Projectivität auf g — einer Involution, wie wir wissen (Nr. 539) —, in der zwei Punkte einander entsprechen, die der nämlichen Ebene in den durch Γ^2 und $\Gamma_3{}^2$ inducirten Projectivitäten correspondiren. Die sich selbst entsprechenden Punkte jener sind die Punkte, in denen unsere zu Γ^2 gehörige Haupttangenten-Curve auf $\mathfrak{R}^{16}_{012}$ über g hinweggeht, bei dieser sind es die Brennpunkte von g, die ihr in der Congruenz $\Gamma^2 \Gamma_3{}^2$ zukommen (Nr. 539).

Auf der den 3 consingulären Complexen Γ^2, $\Gamma_1{}^2$, $\Gamma_2{}^2$ gemeinsamen Hauptfläche $\mathfrak{R}^{16}_{012}$ haben wir also 3 beziehentlich diesen Complexen zugeordnete Haupttangenten-Curven. Die Punkte, in denen eine von ihnen über eine Erzeugende g der Regelfläche hinweg geht, sind die Brennpunkte dieses Strahls, die ihm in der Schnittcongruenz des betreffenden von den 3 Complexen und des vierten durch g gehenden consingulären Complexes $\Gamma_3{}^2$ zukommen, oder die Doppelpunkte der Involution, welche diese beiden Complexe auf g hervorrufen. Dieselben Punkte sind aber auch Brennpunkte der Congruenz $\Gamma_1{}^2 \Gamma_2{}^2$ (Nr. 539). In ihnen berührt g die Brennfläche derselben.

Betrachten wir drei consinguläre Complexen Γ^2, $\Gamma_1{}^2$, $\Gamma_2{}^2$, so ist die ihnen gemeinsame Hauptfläche $\mathfrak{R}^{16}_{012}$ den Brennflächen aller drei Congruenzen $\Gamma_1{}^2 \Gamma_2{}^2$, $\Gamma_2{}^2 \Gamma^2$, $\Gamma^2 \Gamma_1{}^2$ umgeschrieben, und Berührungscurve ist je diejenige von den 3 Haupttangenten-Curven, welche dem dritten Complexe Γ^2, $\Gamma_1{}^2$, $\Gamma_2{}^2$ zugeordnet ist.

Wenn aber zwei Flächen sich längs einer Haupttangenten-Curve der einen berühren, so ist dieselbe auch Hauptangenten-Curve der andern, da ja für diese auch die Berührungsebene durchweg mit der Schmiegungsebene der Curven zusammenfällt.

Man kann daher für die Brennfläche der Schnittcongruenz irgend

---

*) Der Satz ist auch für einen Complex beliebigen Grades richtig.

zweier von den consingulären Complexen, etwa $\Gamma^2 \Gamma_1^2$, *sofort die beiden durch einen Punkt gehenden Haupttangenten-Curven angeben. Es sei g der Strahl der Congruenz, der ihn zum einen Brennpunkte hat, und* Γ_2^2, Γ_3^2 *die beiden weiteren durch ihn gehenden consingulären Complexe, so berühren die Hauptflächen* $\Gamma^2 \Gamma_1^2 \Gamma_2^2$ *und* $\Gamma^2 \Gamma_1^2 \Gamma_3^2$ *längs der gesuchten Curven.*

Dass diese Brennflächen 16. Ordnung und 16. Klasse sind, folgt aus II, Nr. 300.

Rückt Γ_1^2 unendlich nahe an Γ^2, so ergiebt sich als Schnitt die 637
Congruenz **S** der singulären Strahlen von Γ^2 (Nr. 537). Deren Brennfläche zerfällt in Φ und eine Fläche 12. Ordnung 12. Klasse (Nr. 535).

Hauptflächen von Γ^2 sind die Schnitte von **S** mit den consingulären Complexen; von den 3 durch einen singulären Strahl gehenden Hauptflächen fallen 2 in **S** (Nr. 537). Diese Hauptflächen berühren mit ihren Erzeugenden beide Bestandtheile der Brennfläche und die Berührungscurven sind Haupttangenten-Curven derselben.

Die Haupttangenten-Curven von Φ *sind daher die Oerter der Punkte S, welche zu den Erzeugenden der Regelflächen 16. Grades gehören, in denen die Congruenz* **S** *der singulären Strahlen eines der* Φ *zugehörigen Complexes von den übrigen geschnitten wird.*

Jetzt kommen wir zu allen Haupttangenten-Curven von Φ *mit Hilfe eines festen beliebig herausgegriffenen Complexes* Γ^2 *aus der Reihe der consingulären Complexe und eines veränderlichen* Γ'^2; früher (Nr. 547 ff.) gab jeder von den Complexen eine Haupttangenten-Curve, den Ort der Punkte, in denen ihm zugehörige singuläre Strahlen dreipunktig berühren.

Lassen wir jetzt den veränderlichen auch noch mit dem festen sich vereinigen oder den beiden in **S** sich schneidenden unendlich nahen als dritter unendlich nahe sein, so ergiebt sich gerade die dem festen in der früheren Weise zugehörige Haupttangenten-Curve; denn unter den 4 durch eine Haupttangente von Φ gehenden consingulären Complexen sind 3 in den zusammengefallen, für den sie singulärer Strahl ist.

Halten wir dagegen Γ'^2 *fest und lassen* Γ^2 *durch die Reihe sich bewegen und schneiden jenen mit der beweglichen* **S** *von diesem, so erhalten wir immer dieselbe Haupttangenten-Curve von* Φ, *nämlich den Ort der Berührungspunkte der dreipunktig tangirenden singulären Strahlen von* Γ'^2.

Sie sei zunächst für die Lage, wo Γ^2 sich mit Γ'^2 vereinigt, construirt und ist dann, wie wir eben fanden, die eben genannte Curve.

Die sämmtlichen Strahlen des Tangentenbüschels in einem Punkte T dieser Curve gehören zu Γ'^2; jeder wird für einen von den Γ^2 singulärer Strahl oder Strahl der Congruenz **S** desselben mit T als zugehörigem singulären Punkte; T und somit jeder Punkt der Curve ergiebt sich als Punkt der jeweiligen Haupttangenten-Curve. Fällt Γ'^2 in eins der Doppelgewinde Γ_h, so ergiebt sich eine Hauptfläche 8. Grades und die Haupttangenten-Curve ϱ_h^8.

Die singulären Strahlen eines Γ^2 *aus der Reihe der consingulären Complexe, welche auf der Curve* T'^{16} *berühren, auf welcher die dreipunktig berührenden singulären Strahlen eines andern Complexes* Γ'^2 *tangiren, befinden sich in* Γ'^2, zu dem ja der ganze Tangentenbüschel gehört, *und erzeugen eine Regelfläche 16. Grades;* diejenigen, welche auf ϱ_h^8 tangiren, fallen in Γ_h und erzeugen eine Regelfläche 8. Grades.

Die confocalen Congruenzen und die Brennflächen der in einem Complexe 2. Grades enthaltenen Congruenzen 2. Grades. Consinguläre Congruenzen 2. Grades.*)

638 Die quadratische Congruenz C^2, welche ein Gewinde Γ in Γ^2 einschneidet, hat 5 Paare verknüpfter Regelschaar-Reihen, die zu 5 Paaren verknüpfter Gebüsche von Γ^2 gehören: Γ greift, wie wir schon in Nr. 624 sagten, in diese Gebüschepaare ein.

Die confocalen Congruenzen der C^2 entstehen durch die Leitschaaren der Regelschaaren der Reihen, und zwar führen zwei verknüpfte Reihen zu der nämlichen confocalen Congruenz (II, Nr. 370). Die Leitschaaren von Regelschaaren eines Gebüsches von Γ^2 befinden sich aber in dem diesem Gebüsche und dem ihm verknüpften zugeordneten consingulären Complexe, mithin auch die confocalen Congruenzen. Also:

Die 5 Congruenzen, welche zu einer in Γ^2 *enthaltenen Congruenz 2. Grades confocal sind, sind in 5 von den consingulären Complexen enthalten.*

Jedes Gewinde Γ greift in 5 Gebüschepaare von Γ^2 ein; umgekehrt, in jedes Gebüschepaar von Γ^2 wird von ∞^4 Gewinden eingegriffen, die ein quadratisches System 4. Stufe $\mathfrak{S}_4^2$ bilden. In 5 beliebige Gebüschepaare von Γ^2 greifen also zugleich 2^5 Gewinde ein, denn so viele sind den 5 quadratischen Systemen gemeinsam.

*) Vergl. Segre, Sulla geometria della retta § 7.

Nehmen wir aber 5 von den Doppelgebüschen, etwa

$$\Sigma_{3,2},\ \Sigma_{3,3},\ \ldots\ \Sigma_{3,6};$$

so geht für jedes das quadratische System 4. Stufe in ein (doppeltes) lineares System über, in das Gewebe $\mathfrak{G}_2, \ldots \mathfrak{G}_6$ von Gewinden, welche sich auf das gehörige Fundamentalgewinde $\Gamma_2, \ldots \Gamma_6$ stützen. Und diese 5 Gewebe haben ein einziges Gewinde gemein, nämlich das sechste Fundamental-Gewinde Γ_1, das ja zu allen jenen in Involution ist.

In 5 Doppelgebüsche von Γ^2 greift nur ein einziges Gewinde mit seinen Regelschaaren ein, das ihnen nicht zugeordnete Fundamental-Gewinde.

Oder: *Jedes der 6 Fundamental-Gewinde von Γ^2 schneidet in einer quadratischen Congruenz, deren Paare von Regelschaar-Reihen in die 5 nicht zugeordneten Doppelgebüsche fallen.*

Daraus folgt, dass *die 5 confocalen Congruenzen in den 5 anderen Fundamental-Gewinden sich befinden.*

Es sei (S_0, σ_0)*) ein Strahlenbüschel der Congruenz $\Gamma^2\Gamma_1$, t_1 die 639
in seinem Scheitel die Φ berührende Doppeltangente, welche zu $\mathfrak{C}_1^2$ gehört, s_0 der zu S_0 gehörige singuläre Strahl von Γ^2. Weil (S_0, σ_0) sich in Γ_1 befindet, so ist seine Ebene die Berührungsebene von Φ im zweiten Berührungspunkte von t_1; weil er auch in Γ^2 enthalten ist, so muss sie durch s_0 gehen; daher ist σ_0 die Tangentialebene von Φ in S_0, und unser Büschel ist der Tangentenbüschel. Dies fordert einerseits, dass der singuläre Strahl s_0 eine der beiden Haupttangenten ist, andererseits aber, dass die im zweiten Berührungspunkte von t_1 tangirende Ebene mit der des S_0 zusammenfällt. Berührungsebenen aber, welche in zwei getrennten Punkten tangiren, hat die Fläche Φ nicht (II, Nr. 326). Folglich muss t_1 eine vierpunktige Tangente von Φ sein, und der singuläre Strahl s_0 ist die andere Haupttangente.

Die 16 singulären Punkte S_0 der Congruenz $\Gamma^2\Gamma_1$ liegen daher sowohl auf der Curve 16. Ordnung T^{16} (Nr. 548), in deren Punkten eine der beiden Haupttangenten singulärer Strahl ist und der ganze Tangentenbüschel zum Complexe Γ^2 gehört, als auch auf der Curve ϱ_1^8 8. Ordnung (Nr. 550), von welcher jeder Punkt sich mit dem zweiten Brennpunkte oder Berührungspunkte des durchgehenden Strahls von $\mathfrak{C}_1^2$ vereinigt hat; sie sind also Punkte von T^{16} mit stationären Tangenten (Nr. 551).

Die Ebene eines unserer Büschel (S_0, σ_0) berührt die Fläche Φ im Scheitel, folglich ist sie (Nr. 550) Schmiegungsebene von ϱ_1^8 und

*) In Band II genügte die Bezeichnung (S, σ); jetzt haben diese Buchstaben allgemeinere Bedeutung erhalten.

schneidet diese Curve noch in 5 andern Punkten, offenbar den Scheiteln derjenigen von den 15 übrigen Büscheln, welche den (S_0, σ_0) schneiden.

Scheitel und Ebene eines jeden der 16 Strahlenbüschel von $\Gamma^2 \Gamma_1$ *gehören als Punkt und Berührungsebene der Fläche* Φ*, aber auch als Punkt und Schmiegungsebene der Curve* $\varrho_1{}^8$ *zusammen. Die 5 Punkte, in denen* $\varrho_1{}^8$ *von jeder dieser Ebenen noch getroffen wird, sind die Scheitel der 5 andern Büschel, welche ihren Büschel schneiden, und ihre Ebenen sind die 5 übrigen Schmiegungsebenen, die von seinem Scheitel noch ausgehen.*

Die Congruenzen, welche zu $\Gamma^2 \Gamma_1$ *confocal sind und die*, wie wir wissen, *sich in den* $\Gamma_2, \ldots \Gamma_6$ *befinden, sind nicht deren Schnitte mit* Γ^2; weil ja sonst von jedem unserer 16 Punkte an Γ^2 6 Büschel kommen würden, die 6, welche ihm als gemeinsamem singulären Punkte dieser 6 Congruenzen in ihnen zugehören.

640 Da die Congruenz der singulären Strahlen der volle Schnitt des Γ^2 mit einem andern Complexe 2. Grades ist (Nr. 537), befinden sich wie in jedem Complexkegel und in jeder Complexcurve, so auch allgemeiner *in jeder Regelschaar des Complexes 4 singuläre Strahlen.* Daraus folgt, dass sie die singuläre Fläche in 4 Punkten berührt, wie wir das für Complexkegel und Complexcurve schon wissen.

In der That, es sei ϱ eine Regelschaar von Γ^2, λ ihre Leitschaar, Γ'^2 der consinguläre Complex, in dem λ enthalten ist. Ferner sei s einer von den 4 singulären Strahlen von ϱ, S der ihm zugehörige singuläre Punkt, σ die ihm zugehörige singuläre Ebene, (S, σ) also ein Tangentenbüschel von Φ. Die Regelschaar ϱ befindet sich in demjenigen Tangentialgewinde Γ_s von s, das dem sie enthaltenden Gebüsche Σ_3 und dem Γ'^2 zugeordnet ist; das Tangential-Strahlennetz des singulären Strahls zerfällt in den Bündel S und das Feld σ, und alle Tangentialgewinde sind Gebüsche, deren Axen den Büschel (S, σ) erfüllen; die von Γ_s, in dem ϱ enthalten ist, ist Leitgerade von ϱ; also zwei Tangenten der Φ in S liegen auf der Trägerfläche von ϱ, und diese berührt die Φ in S.

Die Trägerfläche einer jeden in Γ^2 *enthaltenen Regelschaar oder kürzer, diese Regelschaar selbst berührt die singuläre Fläche viermal, und zwar sind Berührungspunkt und Berührungsebene singulärer Punkt und singuläre Ebene, welche je einem der 4 in der Regelschaar befindlichen singulären Strahlen von* Γ^2 *zugehören.*

Die Axe s' des Gebüsches Γ_s gehört, als Strahl von λ, zum Complexe Γ'^2 und da dessen Curve in der Berührungsebene σ von Φ ein Punktepaar mit einer durch den Berührungspunkt S gehenden Doppellinie ist, so ist diese Linie oder der zu Γ'^2 gehörige singuläre Strahl in S der einzige durch S gehende Strahl von Γ'^2 im Büschel (S, σ), also identisch mit der Axe s'.

Die beiden Geraden also, die sich auf der Trägerfläche einer Regelschaar von Γ^2 in einem der 4 Berührungspunkte mit Φ schneiden, sind die singulären Strahlen, welche diesem Punkte in Γ^2 und dem consingulären Complexe, der die Leitschaar enthält, zugehören.

Die Trägerfläche einer jeden Regelschaar einer quadratischen Congruenz C^2 berührt die Brennfläche längs einer Curve 4. Ordnung (II, Nr. 342); *daher ist die Brennfläche Enveloppe der Trägerflächen der Regelschaaren einer Reihe von C^2.*

Es seien ϱ und ϱ_1 zwei benachbarte Regelschaaren aus einer Reihe in einer in Γ^2 enthaltenen Congruenz 2. Grades C^2; S einer der Berührungspunkte von ϱ mit Φ und S_1 der ihm benachbarte Berührungspunkt von ϱ_1, so liegt letzterer, wegen der Berührung, auch auf der Trägerfläche von ϱ und also auf der Schnittcurve beider Trägerflächen und damit auf der Brennfläche. Diese und die Trägerfläche von ϱ haben in S dieselbe Berührungsebene, dasselbe gilt für letztere und Φ, also auch für Φ und die Brennfläche.

Die singuläre Fläche Φ wird von der Brennfläche einer jeden in Γ^2 gelegenen quadratischen Congruenz berührt längs einer Curve, die durch die Quadrupel der Berührungspunkte der Regelschaaren irgend einer der Reihen der Congruenz erzeugt wird.

Für die durch ein Strahlengebüsche $[l]$ eingeschnittene Congruenz, deren Brennfläche ja die Complexfläche (l) ist, ist dies unmittelbarer ersichtlich. Die Berührungscurve ist dann eine Curve 8. Ordnung, welche durch die 4 Schnitte von l mit Φ geht und jeden der erzeugenden Kegelschnitte in seinen 4 Berührungspunkten mit Φ trifft.

In jeder Regelschaar-Reihe einer Congruenz C^2 haben wir 4 Strahlenbüschel-Paare. Für ein solches Paar sind, wenn C^2 dem Γ^2 angehört, die 4 Berührungspunkte mit Φ die beiden Scheitel und die Punkte, in denen Φ von den beiden Ebenen tangirt wird, die Berührungsebenen die Ebenen, welche in den Scheiteln die Φ tangiren, und die Ebenen des Paars.

Die 16 singulären Punkte einer in Γ^2 enthaltenen Congruenz 2. Grades liegen auf der singulären Fläche Φ und die 16 singulären Ebenen berühren sie.

Jede in einer Congruenz 2. Grades enthaltene Regelschaar geht durch 8 von den singulären Punkten der Congruenz (II, Nr. 368), die dann auf der Berührungscurve dieser Regelschaar mit der Brennfläche gelegen sind. Damit haben wir für jede dieser die Brennfläche erzeugenden Berührungscurven ihre sämmtlichen Schnitte mit der singulären Fläche eines Γ^2, in dem die Congruenz liegt: 8 von ihnen sind singuläre Punkte der Congruenz, die 4 übrigen sind Berührungspunkte der Regelschaar und also auch der Curve mit Φ.

Folglich bildet auch die Berührungscurve, mit Φ, der Brennfläche jeder in Γ^2 enthaltenen quadratischen Congruenz den vollen Schnitt beider Flächen und ist 8. Ordnung.

Natürlich sind auch die singulären Flächen der ∞^6 Complexe Γ^2, die durch eine gegebene quadratische Congruenz gehen, der Brennfläche derselben berührend umgeschrieben.

641 Kehren wir wieder zur Congruenz $\Gamma^2 \Gamma_1$ zurück, in der Γ^2 von einem seiner Fundamental-Gewinde Γ_1 geschnitten wird; die Curve $\varrho_1{}^8$ der Punkte auf Φ, in denen diese Fläche von Strahlen der $\mathsf{C}_1{}^2$ vierpunktig berührt wird, die singuläre Berührungscurve dieser Congruenz (Nr. 587), hat in jedem ihrer Punkte S die zugehörige Berührungsebene σ zur Nullebene in Bezug auf Γ_1. Von dem Ebenenpaare (S) des Complexes Γ^2 fällt die Doppellinie in die Berührungsebene und Nullebene, also vereinigen sich in ihr die beiden von S kommenden Strahlen der Congruenz $\Gamma^2 \Gamma_1$, und da die Nullebene Verbindungsebene dieser beiden unendlich nahen Strahlen ist, so ist S ein Punkt der Brennfläche Φ_1' der Congruenz und σ die associirte Brennebene.

Daher liegt $\varrho_1{}^8$ auf dieser Brennfläche Φ_1' und ist die Berührungscurve derselben mit der singulären Fläche Φ.

Die Brennfläche Φ_1' der quadratischen Congruenz, in welcher Γ^2 durch eins seiner Fundamental-Gewinde Γ_1 geschnitten wird, berührt die singuläre Fläche von Γ^2 längs der Curve $\varrho_1{}^8$, in deren Punkten Strahlen von $\mathsf{C}_1{}^2$ die Φ vierpunktig berühren.

Folglich tangirt σ auch Φ_1' in S, also in dem Brennpunkte, dem sie associirt ist; dies bedeutet, dass der Strahl von $\Gamma^2 \Gamma_1$, zu dem S und σ als Brennpunkt und Brennebene gehören, — nach Obigem der singuläre Strahl von Γ^2 in (S, σ) — vierpunktig die Φ_1' berührt. Die Curve $\varrho_1{}^8$ ist also auch singuläre Berührungscurve für $\Gamma^2 \Gamma_1$. Sie hängt nur von Φ und $\mathsf{C}_1{}^2$ ab und ändert sich nicht, wenn wir Γ^2 durch irgend einen andern Complex aus $\mathfrak{F}(\Gamma^2)$ ersetzen.

Demnach haben alle die quadratischen Congruenzen C^2, in denen die Complexe einer Reihe $\mathfrak{F}(\Gamma^2)$ consingulärer Complexe von einem der Fundamental-Gewinde Γ_1 geschnitten werden, eine und dieselbe singuläre Berührungscurve $\varrho_1{}^8$, längs deren die gemeinsame singuläre Fläche Φ der Complexe und die Brennflächen Φ_1' der verschiedenen Congruenzen einander berühren.

Sie ist auch singuläre Berührungscurve derjenigen Doppeltangenten

Congruenz $\mathfrak{C}_1^2$ *der* Φ, *die sich in* Γ_1 *befindet, und Haupttangenten-Curve auf* Φ, *wie auf allen* Φ_1'.

So gelangen wir zu einer Reihe $\mathfrak{F}(\mathfrak{C}^2)$ *consingulärer*) Congruenzen* $\mathfrak{C}^2$ *2. Grades, alle in demselben Gewinde* Γ_1 *befindlich.*

Durch jeden Strahl desselben gehen 3 von ihnen, da er ausser auf dem Doppel-Gewinde Γ_1 noch in 3 Complexen der Reihe $\mathfrak{F}(\Gamma^2)$ sich befindet.

Es sei (S, σ) wieder der gemeinsame Tangentenbüschel der Φ und aller Φ_1' in einem Punkte von ϱ_1^8.

Jeder Strahl desselben bestimmt einen Complex Γ^2 unter den consingulären, für den er singulärer Strahl ist; dieser wird dann für die zugehörige Congruenz $\Gamma^2\Gamma_1$ Congruenzstrahl, welcher die Brennfläche Φ_1' in S vierpunktig berührt, also auch singulärer Strahl; und die Projectivität überträgt sich. Für die Curve ϱ_1^8 sind diese Strahlen Schmiegungsstrahlen.

Die ∞^1 *Büschel von Schmiegungsstrahlen der gemeinsamen singulären Berührungscurve einer Reihe von consingulären Congruenzen 2. Grades sind so projectiv, dass die je zu derselben Congruenz gehörigen und ihre Brennfläche vierpunktig berührenden Strahlen einander entsprechen. Sie erzeugen eine Regelfläche 8. Grades* (Nr. 587).

Weil diese Regelflächen sich auch mit der Φ und den Φ_1' längs ϱ_1^8 tangiren, so ist diese Curve auch auf ihnen Haupttangenten-Curve.

Der Inbegriff aller Schmiegungsstrahlen von ϱ_1^8 ist eine Congruenz 8. Grades, welche alle diese Regelflächen enthält und durch sie erfüllt wird (Nr. 587).

Wir gelangen zu ihnen noch auf andere Weise. Fällt nämlich ein singulärer Strahl eines der Γ^2 in das Fundamental-Gewinde Γ_1, so sind die aus seinem singulären Punkte S kommenden Strahlen der Congruenz $\Gamma^2\Gamma_1$ in den Strahl zusammengefallen; S liegt auf der Brennfläche Φ_1' und, weil auch auf Φ, auf der Berührungscurve ϱ_1^8 beider Flächen; als singulärer Strahl von Γ^2, der auf ϱ_1^8 tangirt, wird er auch singulärer Strahl der Congruenz.

Diejenigen singulären Strahlen eines der consingulären Complexe Γ^2, *welche in eins der Fundamental-Gewinde* Γ_1 *fallen, werden für seine Schnittcongruenz mit demselben auch singulär. Die Regelfläche 8. Grades, in der* Γ_1 *mit der Congruenz der singulären Strahlen von* Γ^2 *sich schneidet, ist die Regelfläche der singulären Strahlen von* $\Gamma^2\Gamma_1$.

*) Segre nennt sie homofocal (confocal). Aber wie sollen dann Congruenzen mit der nämlichen Brennfläche heissen, für welche diese Bezeichnung doch die sich unmittelbar darbietende ist?

Wenn Γ^2, die Reihe $\mathfrak{F}(\Gamma^2)$ durchlaufend, durch das Doppel-Gewinde Γ_1 geht, so haben wir als Schnitt mit Γ_1 die Congruenz C_1^2 anzusehen, die somit in die Reihe $\mathfrak{F}(C^2)$ eintritt; und Φ gehört zum Büschel (oder zur Schaar) der Φ_1'; ϱ_1^8 ist ja auch singuläre Berührungscurve für C_1^2.

Fällt hingegen Γ^2 mit einem andern Doppel-Gewinde Γ_2 zusammen, so ergiebt sich das Strahlennetz $\Gamma_1\Gamma_2$, doppelt, als Mitglied von $\mathfrak{F}(C^2)$. *So haben wir in der Reihe consingulärer Congruenzen* $\mathfrak{F}(C^2)$ *5 doppelte Strahlennetze: die Fundamental-Strahlennetze einer jeden der Congruenzen* (Nr. 555, 638).

Die Strahlen, die jedes in die verschiedenen Schmiegungsstrahlen-Büschel von ϱ_1^8 sendet, sind in der Projectivität entsprechend.

642 Wegen der Berührung der Φ_1' mit Φ längs ϱ_1^8 bilden jene einen Büschel, der zugleich eine Schaar ist; wir können aber direct erkennen, dass *jede Ebene π nur eine Fläche Φ_1' tangirt und ebenso dual durch jeden Punkt nur eine geht.*

Die Curven (π) der verschiedenen Γ^2 bilden ein System, von welchem 2 durch einen Punkt gehen und in dem die Strahlenpaare der 6 Congruenzen C_h^2 enthalten sind (Nr. 542). Durch den Nullpunkt von π in Bezug auf Γ_1, den Doppelpunkt des von C_1^2 herrührenden Geradenpaars, geht ausser diesem noch eine nicht zerfallende Curve des Systems; die beiden im Nullpunkte sich schneidenden Tangenten derselben sind unendlich nahe Strahlen des Schnitts von Γ_1 mit dem zugehörigen Complexe; für diesen Schnitt ist π Brennebene; seine Brennfläche wird von π tangirt.

Wenn der genannte Nullpunkt auf eine Gerade des Strahlenpaars aus C_2^2 fällt, so wird π Berührungsebene der Brennfläche, die zum doppelten Strahlennetz $\Gamma_1\Gamma_2$ gehört. Das geschieht, wenn ein Strahl von C_2^2 zum Gewinde Γ_1 gehört, für jede Ebene, die durch ihn geht.

Die Brennfläche eines der 5 doppelten Strahlennetze $\Gamma_1\Gamma_h$ in der Reihe $\mathfrak{F}(C^2)$ *ist die Regelfläche 4. Grades $\varphi_{1,h}^4$, welche C_h^2 mit Γ_1 gemeinsam hat;* wir nennen sie, mit Segre, *die Focal- oder Brenn-Regelflächen der Reihe* $\mathfrak{F}(C^2)$ *und einer jeden ihrer Congruenzen.*

Sie tangiren natürlich auch Φ längs ϱ_1^8 und haben diese Curve zur Haupttangenten-Curve; und zwar *tangirt eine jede der Erzeugenden die Φ zweimal* (auf ϱ_1^8) in den Brennpunkten, die ihr als Strahl von C_h^2 zukommen. Umgekehrt, jeder Strahl von C_h^2, der seinen einen Brennpunkt mit Φ auf ϱ_1^8 hat, fällt in Γ_1, da der ganze Tangentenbüschel von Φ in dem Punkte zu Γ_1 gehört, und hat also auch seinen zweiten Berührungspunkt auf ϱ_1^8.

Bei einer beliebigen C^2 aus der Reihe $\mathfrak{F}(C^2)$ erzeugen die singulären Strahlen eine Regelfläche 8. Grades, bei dem doppelten Strahlennetze $\Gamma_1 \Gamma_2$ ist diese Fläche die $\varphi^4_{1,2}$ doppelt, denn für das Doppel-Gewinde Γ_2, als Mitglied der Reihe $\mathfrak{F}(\Gamma^2)$, ist die Congruenz der singulären Strahlen in die doppelte Congruenz C_2^2 übergegangen (Nr. 540), deren Schnitt mit Γ_1 ja die $\varphi^4_{1,2}$ ist. Die Erzeugenden der allgemeinen Fläche 8. Grades sind einfache, die von $\varphi^4_{1,2}$ doppelte Schmiegungsstrahlen von ϱ_1^8. Durch jede von ihnen geht das doppelte Strahlennetz $\Gamma_1 \Gamma_2$ und zwei andere Congruenzen aus $\mathfrak{F}(C^2)$.

Diese Erzeugenden, welche in Γ_1 und Γ_2 sich befinden, tangiren auf ϱ_1^8 zweimal die Brennfläche Φ_1' einer jeden der C^2; folglich befinden sie sich in derjenigen confocalen Congruenz der C^2, welche in Γ_2 enthalten ist (Nr. 638), und sind deren Schnitt mit Γ_1.

So ergeben sich die 5 Focal-Regelflächen einer C^2 einfacher als Schnitte der 5 confocalen Congruenzen derselben mit dem Gewinde, in dem C^2 enthalten ist.

Die 16 singulären Punkte S_0 einer jeden der consingulären Congruenzen liegen auf der gemeinsamen singulären Berührungscurve ϱ_1^8 und bilden eine Involution 16. Grades: jeder Punkt der Curve ist für eine Congruenz singulärer Punkt und für die zugehörige Brennfläche Doppelpunkt. Diese Gruppen von 16 Punkten werden nämlich in die ϱ_1^8 durch die Curven T^{16} auf Φ eingeschnitten, die den Γ^2 von $\mathfrak{F}(\Gamma^2)$ zugehören; durch jeden Punkt von ϱ_1^8 geht aber nur eine T^{16}, die zweite Haupttangenten-Curve der Φ neben ϱ_1^8. Also bestimmt jeder Punkt von ϱ_1^8 eindeutig die Congruenz aus $\mathfrak{F}(C^2)$, für die er singulär ist, und die Brennfläche Φ_1', die ihn zum Doppelpunkte hat. Und ähnliches gilt für die Schmiegungsebenen von ϱ_1^8. 643

Jede von diesen Ebenen tangirt die Brennfläche derjenigen Congruenz aus $\mathfrak{F}(C^2)$, für welche sie singuläre Ebene ist, längs eines Kegelschnitts, auf dem 6 singuläre Punkte liegen, der zugehörige, in dem sie ϱ_1^8 osculirt, und 5 andere, die 5 weiteren Schnitte mit ϱ_1^8, die Nullpunkte der Ebene in Bezug auf die 5 andern Fundamental-Gewinde Γ_h (Nr. 552); die Strahlen von jenem nach diesen sind Erzeugende der 5 Regelflächen $\varphi^4_{1,h}$; denn diese Erzeugenden treffen aus dem Schmiegungsstrahlen-Büschel allein die ϱ_1^8 noch einmal.

Wir wissen, durch jeden Strahl von Γ_1 gehen 3 von den consingulären Congruenzen; trifft er die Curve ϱ_1^8, was dann für ihn als Strahl von Γ_1 die Folge hat, dass er in die Schmiegungsebene des Treffpunktes, als dessen Γ_1-Nullebene, fällt, so zählt unter den durchgehenden Complexen von $\mathfrak{F}(\Gamma^2)$ derjenige, für den er singulärer Strahl ist, doppelt, also auch unter den durch ihn gehenden Congruenzen von $\mathfrak{F}(C^2)$ die zugehörige $\Gamma^2\Gamma_1$, für welche er auch singulärer Strahl ist.

Also zählt unter den 3 Congruenzen aus $\mathfrak{F}(C^2)$, welche durch einen Strahl von Γ_1 gehen, der sich auf $\varrho_1{}^8$ stützt, diejenige, die ihn zum singulären Strahle hat, zweifach.

Eine Tangente von $\varrho_1{}^8$ ist einerseits Haupttangente von Φ, also zählt der Complex aus $\mathfrak{F}(\Gamma^2)$, der sie zum singulären Strahl hat, dreifach; andererseits wird sie für diejenige Congruenz aus $\mathfrak{F}(C^2)$, die in ihrem Berührungspunkte einen singulären Punkt hat, singulärer Strahl zweiter Ordnung (Nr. 587).

Die 3 Congruenzen von $\mathfrak{F}(C^2)$, welche durch eine Tangente der singulären Berührungscurve $\varrho_1{}^8$ gehen, fallen in die zusammen, für welche der Berührungspunkt singulärer Punkt und die Tangente selbst singulärer Strahl zweiter Ordnung ist.

Auf einer Geraden sind die 3 Brennpunkte-Paare der Congruenzen, in denen einer von den Complexen einer Reihe $\mathfrak{F}(\Gamma^2)$ consingulärer Complexe, die durch sie gehen, die 3 andern schneidet, zu je zweien harmonisch (Nr. 539). *Demnach sind für einen Strahl des Gewindes, in dem sich eine Reihe $\mathfrak{F}(C^2)$ consingulärer Congruenzen 2. Grades befindet, auch die 3 Brennpunkte-Paare der durchgehenden Congruenzen zu je zweien harmonisch.*

644 *Wir gehen von einer Congruenz C^2 aus;* auf ihrer Brennfläche Φ' haben wir die singuläre Berührungscurve ϱ^8. Durch C^2 gehen ∞^6 Complexe Γ^2, von denen ∞^1 das Gewinde Γ, in welchem C^2 enthalten ist, zum Fundamental-Gewinde haben, denn es ist für einen Complex 2. Grades, da er nur eine endliche Zahl von Fundamental-Gewinden besitzt, eine fünffache Bedingung, dass ein gegebenes Gewinde für ihn fundamental sei. Wir kommen später (Nr. 697) auf die Herstellung dieses einfach unendlichen Systems Σ von quadratischen Complexen zurück. Für jeden von ihnen ist also die gegebene Congruenz C^2 Schnitt mit einem Fundamental-Gewinde; also müssen wir, dasselbe mit ihm und mit den consingulären Complexen schneidend, zu einer Reihe von Congruenzen gelangen, welche der gegebenen Congruenz C^2 consingulär sind. Die singulären Flächen Φ der Complexe des Systems Σ berühren Φ' längs der singulären Berührungscurve ϱ^8 und bilden daher einen Büschel und zugleich eine Schaar von Flächen 4. Ordnung 4. Klasse, zu denen auch Φ' gehört.

Leiten wir aus einem der Complexe von Σ die Reihe consingulärer Congruenzen ab, so berühren deren Brennflächen die singuläre

Fläche desselben auch längs ϱ^8, gehören demnach auch zu dem eben genannten Büschel.

Und legen wir nun durch irgend eine von diesen Congruenzen wiederum die ∞^1 Complexe 2. Grades, für welche Γ fundamental ist, so bleiben wir ebenfalls mit deren singulären Flächen in diesem Büschel.

Die consingulären Complexe eines jeden Complexes aus dem System Σ gehen durch die verschiedenen Congruenzen der Reihe consingulärer Congruenzen, so dass wir nur eine solche Reihe erhalten, welchen Complex aus Σ wir auch nehmen. Also:

Jede quadratische Congruenz C^2 *bestimmt eine Reihe consingulärer Congruenzen; man erhält sie, wenn man irgend einen der* ∞^1 *Complexe* Γ^2, *welche durch* C^2 *gehen und das diese Congruenz enthaltende Gewinde* Γ *zum fundamentalen haben, gleichgiltig welchen, und seine consingulären Complexe mit* Γ *schneidet.*

Mit dieser Figur ist ein bemerkenswerther Büschel, der zugleich eine Schaar ist, von Kummer'schen Flächen verbunden, welche einander und die Brennfläche Φ' *von* C^2 *längs der singulären Berührungscurve* ϱ^8 *dieser Congruenz berühren. Jede Fläche dieses Büschels hat doppelte Bedeutung: sie ist einerseits Brennfläche einer Congruenz der Reihe, andererseits gemeinsame singuläre Fläche von Complexen* Γ^2, *welche durch die singulären Congruenzen der Reihe gehen.*

Die Curve ϱ^8 *ist für alle Flächen Haupttangenten-Curve und gemeinsame singuläre Berührungscurve der Congruenzen.*

Die confocalen Congruenzen der C^2 *sind in den 5 andern Fundamental-Gewinden eines durch* C^2 *gehenden* Γ^2 *enthalten, für den das Gewinde* Γ *von* C^2 *fundamental ist* (Nr. 638); *folglich bleiben diese Gewinde fest, wenn* Γ^2 *das System* Σ *durchläuft;* wir nennen sie *die 5 Fundamental-Gewinde der Congruenz* C^2 und Γ das eigene Gewinde der Congruenz; durch jene werden die 5 Fundamental-Strahlennetze von C^2 in Γ eingeschnitten (Nr. 555). Sie ändern sich nicht, wenn man wiederum einen der Γ^2 aus Σ durch einen consingulären Complex ersetzt, der dann, wie wir wissen, eine consinguläre Congruenz von C^2 in sich aufnimmt.

Alle unsere ∞^1 *consingulären Congruenzen haben dieselben Fundamental-Gewinde, in denen je ihre confocalen Congruenzen enthalten sind; alle* ∞^2 *Complexe* Γ^2, *welche* ∞^1 *Reihen consingulärer Complexe bilden, von denen jede zur Reihe consingulärer Congruenzen „perspectiv ist", haben diese 5 Gewinde und dasjenige, in dem letztere Reihe enthalten ist, zu gemeinsamen Fundamental-Gewinden.*

Die je in demselben von den Fundamental-Gewinden befindlichen confocalen Congruenzen der Congruenzen unserer Reihe bilden nicht ebenfalls eine Reihe consingulärer Congruenzen; denn die Brennflächen Φ', die sie ja beziehentlich mit denen der Reihe gemeinsam haben, berühren sich eben nur längs ϱ^8, nicht auch längs der singulären Berührungscurven, die den confocalen Congruenzen zugehören; diese ändern sich mit der Brennfläche.

Die Focal-Regelflächen 4. Grades einer quadratischen Congruenz C^2 erkannten wir in Nr. 642 als die Regelflächen, in denen das eigene Gewinde Γ von C^2 von den 5 confocalen Congruenzen geschnitten wird. Wie erkennt man, dass die beiden Berührungspunkte jeder Erzeugenden einer solchen Fläche mit Φ' auf der singulären Berührungscurve von C^2 liegen?

Es sei T der eine Berührungspunkt derselben mit Φ', so gehört der in ihm berührende Strahl t von C^2 zu Γ, also ist die Tangentialebene von Φ' in T, welche in der Erzeugenden noch einen zweiten Strahl von Γ enthält, die Nullebene von T in Bezug auf Γ; im allgemeinen aber ist diese die Berührungsebene des zweiten Berührungspunktes von t; d. h. t berührt vierpunktig, und T liegt auf der genannten Curve von C^2.

So sehen wir, dass die Brennfläche Φ' von C^2 längs der singulären Curve ϱ^8 von 5 Regelflächen 4. Grades tangirt wird; daraus ergiebt sich schon, dass es einen Büschel von Flächen 4. Ordnung giebt, die einander und die Φ' längs ϱ^8 tangiren.

Auf diesen Regelflächen ist ϱ^8, wie auch aus der Berührung längs dieser Curve mit Φ' folgt, Haupttangenten-Curve, und auf jeder Erzeugenden sind die beiden Schnitte mit ϱ^8 die Punkte, in denen die Berührungsebene der Regelfläche mit der Nullebene übereinstimmt. Folglich haben wir es mit einer Haupttangenten-Curve zu thun, die nach Nr. 553 vermittelst eines bestimmten durch die Regelfläche gehenden Gewindes hergestellt wird.

645 Wir fanden in Nr. 546, dass die beiden Leitgeraden l_{hi}, l'_{hi} des Schnitt-Strahlennetzes zweier Fundamental-Gewinde Γ_h und Γ_i gegenseitig polar sind in Bezug auf alle Complexe der Reihe $\mathfrak{F}(\Gamma^2)$. Die Complex-Ebenenpaare, in Bezug auf einen von ihnen, aus den Schnitten $A_1, \ldots$ der l_{hi} mit Φ treffen mit ihren Doppellinien $a_1, \ldots$ die Polare l'_{hi} (Nr. 514), und dasselbe gilt für die Schnitte $A_1', \ldots$ der l'_{hi}; folglich werden diese 8 Schnittpunkte die Cuspidalpunkte und die Doppellinien die Torsallinien der Regelfläche 4. Grades, in welcher das Strahlennetz $\Gamma_h \Gamma_i$ den Γ^2 schneidet; jene bleiben fest, diese durchwandern die Strahlenbüschel um sie in den Ebenen nach der andern

Leitgeraden, wenn Γ^2 die Reihe $\mathfrak{F}(\Gamma^2)$ durchläuft, und wir erhalten eine Reihe consingulärer Regelflächen 4. Grades (Nr. 603).

Durchschneidet man eine Reihe consingulärer Complexe Γ^2 *mit dem Schnitt-Strahlennetze* $[l_{hi}, l'_{hi}]$ *zweier Fundamental-Gewinde* Γ_h, Γ_i, *so erhält man eine Reihe consingulärer Regelflächen 4. Grades* $\mathfrak{F}(\varrho^4)$; *gemeinsame Cuspidalpunkte sind die Schnitte der Leitgeraden* l_{hi}, l'_{hi} *mit der singulären Fläche.*

Die Schnitte mit den 4 anderen Fundamental-Gewinden geben die in $\mathfrak{F}(\varrho^4)$ *befindlichen doppelten Regelschaaren.*

Statt dessen kann man aber auch eine Reihe consingulärer Congruenzen C^2 — die wir uns ja als Schnitt einer $\mathfrak{F}(\Gamma^2)$ mit Γ_h denken können — mit einem der Complexe Γ_i schneiden, in denen die 5 in der Reihe $\mathfrak{F}(C^2)$ enthaltenen doppelten Strahlennetze $\Gamma_h \Gamma_i$ sich befinden, oder, da ja alle C^2 der Reihe in Γ_h enthalten sind, mit dem Netze $\Gamma_h \Gamma_i$ selbst.

Von den 4 Complexen aus der Reihe $\mathfrak{F}(\Gamma^2)$, die durch einen Strahl von $\Gamma_h \Gamma_i$ gehen, sind zwei die Doppelgewinde Γ_h, Γ_i; die beiden übrigen lehren, dass durch jeden Strahl des Strahlennetzes, in dem sich die Reihe $\mathfrak{F}(\varrho^4)$ consingulärer Regelflächen 4. Grades befindet, 2 von diesen Regelflächen gehen.

Ein singulärer Strahl (Torsallinie) einer dieser Flächen (Nr. 603) ist zugleich singulärer Strahl des Complexes Γ^2, von dem er herrührt; wir erkannten ihn ja oben als Doppellinie eines Complex-Ebenenpaars.

Da nun von den 4 Complexen von $\mathfrak{F}(\Gamma^2)$, die durch eine Tangente von Φ gehen, 2 in denjenigen sich vereinigen, für den sie singulärer Strahl ist, so fallen auch die beiden Regelflächen aus $\mathfrak{F}(\varrho^4)$, welche durch einen Strahl eines der singulären Büschel gehen, in diejenige zusammen, für die er singulärer Strahl ist.

Die singulären Strahlen der verschiedenen ϱ^4 aus $\mathfrak{F}(\varrho^4)$ sind natürlich auch singulär für die C^2 aus einer Reihe $\mathfrak{F}(C^2)$, aus der je die ϱ^4 ausgeschnitten ist; die Singularität geht von dem Γ^2 aus einer Reihe $\mathfrak{F}(\Gamma^2)$ durch den Schnitt mit dem Fundamental-Gewinde Γ_h auf die Congruenz C^2 (Nr. 641) und durch den Schnitt mit $\Gamma_h \Gamma_i$ auf ϱ^4 über, also durch Schnitt mit Γ_i von C^2 auf ϱ^4.

Schneidet man endlich die Reihe $\mathfrak{F}(\Gamma^2)$ *consingulärer Complexe mit* 646
der gemeinsamen Regelschaar von drei Fundamental-Gewinden Γ_1, Γ_2, Γ_3, *so erhält man in dieser eine Involution 4. Grades;* denn durch jeden Strahl der Regelschaar geht, ausser den 3 Gewinden, nur noch ein Complex der Reihe.

Die 3 andern Fundamental-Gewinde geben in dieser Involution 3 Quadrupel mit je 2 Doppelstrahlen.

Diese Schnittstrahlen von 4 der Gewinde in Involution sind die Leitgeraden des Strahlennetzes, in dem sich die beiden übrigen schneiden, also die Dupel l_{56}, l_{56}'; l_{46}, l_{46}'; l_{45}, l_{45}', welche (I, Nr. 180) zu je zweien harmonisch sind. Es ist das diejenige Involution 4. Grades, welche auf einem Kegelschnitte durch die Ecken aller eingeschriebenen Vierecke entsteht, die ein gegebenes Polardreieck zum Diagonaldreieck haben.

Stellen wir nun die Definitionen der consingulären Gebilde zusammen:

Consinguläre Complexe Γ^2 haben dieselbe singuläre Fläche.

Consinguläre Congruenzen C^2 (in demselben Gewinde befindlich) haben die nämliche singuläre Berührungscurve.

Consinguläre Regelflächen ϱ^4 (in demselben Strahlennetze gelegen) haben die nämlichen Cuspidalpunkte (und Cuspidalebenen) auf den Leitgeraden.

Singuläre Strahlen sind bei einem Γ^2 die Doppellinien der Ebenen- oder Punktepaare des Complexes, bei einer C^2 die Strahlen, deren Brennelemente sich vereinigt haben, bei einer ϱ^4 die Torsallinien.

Bei einer Reihe consingulärer Complexe Γ^2, Congruenzen C^2, Regelflächen ϱ^4 haben wir ∞^2, ∞^1, eine endliche Zahl von Büscheln von singulären Strahlen, die so projectiv sind, dass die je zu demselben Γ^2, derselben C^2 oder ϱ^4 gehörigen singulären Strahlen einander entsprechen.

Die Strahlendupel eines Complexes 2. Grades, seine Erzeugung durch correlative Gebüsche von Gewinden; Erzeugungen einer Congruenz 2. Grades, einer Regelfläche 4. Grades.

647 Zwei beliebige Strahlen von Γ^2 mögen *ein Dupel des Complexes* genannt werden; er besitzt deren ∞^6.

Jede von den ∞^3 Regelschaaren, welche durch ein Dupel d_0 gehen, schneidet noch ein zweites Dupel aus; wir erhalten ein „Gebüsche“ von Dupeln und d_0 ist sein Träger. Ein Dupelgebüsche ist infolge dieser seiner Entstehungsweise *collinear beziehbar.*

Unter einer Kette von Dupeln des Γ^2 verstehen wir eine solche Folge von Dupeln, in der zwei benachbarte stets durch eine Regelschaar verbunden sind oder „sich tragen“.

Bei einer dreigliedrigen Kette $d_1 d_2 d_3$ liegen die Regelschaaren $(d_1 d_2)$, $(d_2 d_3)$, wegen der beiden gemeinsamen Geraden d_2, in einem Strahlennetze, das durch die 4 Strahlen der äusseren Glieder d_1, d_3 bestimmt ist; *in der Regelfläche 4. Grades* ϱ^4, *die durch dieses Netz aus* Γ^2 *ausgeschnitten wird, gehören* d_1, d_3 *als Dupel zu der einen,* d_2 *zur andern von zwei verbundenen Involutionen* (Nr. 590), *und das mittlere Glied der Kette kann durch jedes Dupel dieser letzteren Involution ersetzt werden.*

Von einem bestimmten Dupel d_1 *gelangen wir durch dreigliedrige Ketten zu* ∞^5 *andern Dupeln;* denn durch d_1 lassen sich ∞^4 Strahlennetze legen, die zu ebenso vielen Regelflächen ϱ^4 führen, und als Endglied der Kette kann man auf jeder ϱ^4 ein jedes Dupel der Involution nehmen, zu der d_1 gehört und die durch d_1 bestimmt ist. Da zwei Dupel einer Involution im allgemeinen nicht in derselben Regelschaar sich befinden, so ergiebt sich ein beliebiges von den Dupeln nur bei einem Strahlennetze.

Wenn $\varrho_1\varrho_2\varrho_3$ *eine dreigliedrige Kette von Regelschaaren in* Γ^2 *ist,* ϱ_1 *und* ϱ_3 *also zum nämlichen Gebüsche* Σ_3 *gehören, so bilden irgend zwei Gerade* g_1, g_1' *von* ϱ_1 *und irgend zwei Gerade* g_3, g_3' *von* ϱ_3 *stets zwei Dupel einer Involution auf der Regelfläche* ϱ^4, *in der* Γ^2 *von dem Strahlennetze* $\mathfrak{N} \equiv (g_1 g_1' g_3 g_3')$ *geschnitten wird.* In der That, die verbindenden Strahlennetze $(\varrho_1\varrho_2)$, $(\varrho_2\varrho_3)$ befinden sich, wegen der gemeinsamen ϱ_2, in demselben Gewinde Γ, in welches auch das Netz $\mathfrak{N}$ fällt; also hat auch ϱ_2 mit $\mathfrak{N}$ zwei Gerade g_2, g_2' gemein, die dann zu ϱ^4 gehören. Nun liegen g_1, g_1', g_2, g_2' auf der von $(\varrho_1\varrho_2)$, g_2, g_2', g_3, g_3' auf der von $(\varrho_2\varrho_3)$ in $\mathfrak{N}$ eingeschnittenen Regelschaar; also sind $g_1 g_1'$ und $g_3 g_3'$ zwei Dupel einer Involution von ϱ^4 und $g_2 g_2'$ eins aus der verbundenen.

Lassen wir ϱ_2 ihre Reihe in der Congruenz $\Gamma^2\Gamma$ durchlaufen (die der (ϱ_1, ϱ_3)-Reihe verknüpft ist), so durchläuft $g_2 g_2'$ diese verbundene Involution.

ϱ_1, ϱ_3 gehören zu demselben Gebüsche Σ_3, durch g_3, g_3' geht aber auch eine Regelschaar ϱ_3' aus dem verknüpften Gebüsche Σ_3', welche viergliedrig mit ϱ_1 verbunden ist. *Also können die Regelschaaren, auf welche* g_1, g_1', *bezw.* g_3, g_3' *gelegt werden, ebenso zum nämlichen, wie zu verknüpften Gebüschen gehören, drei- oder viergliedrig verbunden sein.*

Zwei dreigliedrig verbundene Dupel (die Endglieder einer dreigliedrigen Kette) *können wir auch bezeichnen als Dupel in Involutionslage,* weil sie eben in der sie verbindenden Regelfläche 4. Grades des Γ^2 zur nämlichen Involution gehören.

Und umgekehrt: *zwei Dupel in Involutionslage sind Endglieder von* ∞^1 *dreigliedrigen Ketten,* indem jedes Dupel der verbundenen Involution Mittelglied sein kann.

Wenn zwei Dupel von Γ^2 *in Involutionslage oder dreigliedrig verbunden sind, so ist die eine Regelschaar von* Γ^2, *die durch das eine geht* 648

(Nr. 631), *mit der einen, die durch das andere geht, und die andere mit der andern dreigliedrig oder durch ein Gewinde verbunden, oder jene Regelschaaren gehören zu demselben Gebüsche, diese zum verknüpften.*

Die beiden Dupel in Involutionslage seien g_1g_1', g_3g_3', und ϱ_1 sei die eine Regelschaar von Γ^2 durch g_1, g_1'. Durch sie und das Netz $\mathfrak{N} \equiv (g_1g_1'g_3g_3')$ geht ein Gewinde Γ. In der Schnittcongruenz $\Gamma^2\Gamma$ sei ϱ_2 eine Regelschaar aus der Reihe, welche der ϱ_1-Reihe verknüpft ist, ϱ_3 diejenige aus der ϱ_1-Reihe, welche durch g_3 geht; so haben wir die Kette $\varrho_1\varrho_2\varrho_3$, und wenn ϱ_3 das Netz $\mathfrak{N}$, mit dem sie sich in Γ befindet, zum zweiten Male in g_3'' schneidet, so sind auf $\varrho^4 \equiv \Gamma^2\mathfrak{N}$ die Dupel g_1g_1', g_3g_3'' in Involution; nach Voraussetzung sind es aber g_1g_1', g_3g_3'. Also ist g_3'' mit g_3' identisch; denn durch g_1g_1' ist die Involution bestimmt und dann in ihr durch g_3 eindeutig der gepaarte Strahl. Folglich geht ϱ_3 durch g_3' und ist die eine Regelschaar von Γ^2 durch g_3g_3'.

Geht man daher von d_1 zu d_3 und zu d_3' dreigliedrig, so liegen d_1 und d_3 auf zwei Regelschaaren desselben Gebüsches Σ_3 (und auch auf zweien des verknüpften Σ_3') und ebenso d_1 und d_3' auf zwei Regelschaaren desselben Gebüsches, also des nämlichen wie vorhin, daher liegen auch d_3 und d_3' auf zwei Regelschaaren dieses Gebüsches und sind dreigliedrig verbunden.

Somit bilden die ∞^5 Dupel, die dreigliedrig aus einem Dupel abgeleitet werden können, ein in sich geschlossenes System, das aus jedem seiner Dupel ebenso abgeleitet werden kann und durch dasselbe bestimmt ist.

Solcher Dupelsysteme Σ_5 haben wir daher ∞^1, und jedes ist einem Gebüschepaare Σ_3, Σ_3' zugeordnet, derartig, dass die beiden Regelschaaren, welche durch ein Dupel von Σ_5 gehen, zu Σ_3 und Σ_3' gehören, und umgekehrt jede zwei Geraden einer Regelschaar von Σ_3 oder Σ_3' (die dann immer auch auf einer von Σ_3' oder Σ_3 liegen) ein Dupel von Σ_5 bilden.

Zwei von demselben Dupel d_2 getragene Dupel d_1, d_3 sind dreigliedrig verbunden, also gehören sie zu demselben Σ_5; aber auch d_2 gehört zu ihm.

Denn es seien ϱ_1, ϱ_3 die durch d_1, d_3 gehenden Regelschaaren aus Σ_3, Γ das sie verbindende Gewinde, ϱ_2 diejenige Regelschaar aus der der (ϱ_1, ϱ_3)-Reihe verknüpften Reihe der Congruenz $\Gamma\Gamma^2$, welche durch eine der Geraden g_2 von d_2 geht, g_2'' die zweite Gerade, in der ϱ_2 das Netz $\mathfrak{N} \equiv (d_1d_3)$ schneidet, so gehören auf der ϱ^4 dieses Netzes d_1, d_3 zur einen, g_2g_2'' zur andern von zwei verbundenen Involutionen; zu dieser gehört aber auch d_2 und da dies Paar durch g_2 eindeutig bestimmt ist, so fällt g_2'' mit der zweiten Geraden von d_2 zusammen. Daher liegt d_2 auf der Regelschaar ϱ_2, die zu Σ_3' gehört, mithin auch auf einer aus Σ_3 und gehört zu Σ_5.

Hier bei den Dupeln haben wir keine verknüpften Systeme wie bei den Regelschaaren; das ganze von einem Dupel getragene Gebüsche gehört zu dem nämlichen Systeme Σ_5 wie das Dupel. Oder:

Alle Glieder einer Dupelkette von beliebiger Gliederzahl befinden sich in demselben Systeme Σ_5; beliebige zwei Glieder (die mehr als ein Zwischenglied haben) *können dreigliedrig verbunden werden. Jede Dupelkette lässt sich auf 3 Glieder reduciren.*

Dass wirklich auch zwei benachbarte Glieder d_1, d_2 einer Kette zu demselben Systeme Σ_5 gehören, ergiebt auch die folgende Ueberlegung.

Wir haben nachzuweisen, dass die beiden durch d_1 gehenden Regelschaaren ϱ_1, ϱ_1' von Γ^2 zu denselben zwei verknüpften Gebüschen gehören, wie die durch d_2 gehenden ϱ_2, ϱ_2'. Durch die Regelschaar $(d_1 d_2)$ und je eine Gerade von ϱ_1, ϱ_2 kann man ein Gewinde legen, das dann alle drei Regelschaaren enthält. Nehmen wir an, dass ϱ_1, ϱ_2 mindestens einen Strahl gemeinsam haben; dann sind schon alle drei in demselben Strahlennetze enthalten und ϱ_1, ϱ_2 haben 2 Strahlen gemein. Demnach schneiden sich ϱ_1 und ϱ_2 entweder gar nicht oder zweimal. Im ersten Falle sind sie nur durch ein Gewinde Γ verbunden und gehören in der Schnittcongruenz zur nämlichen Reihe, also zum nämlichen Gebüsche von Γ^2 und ϱ_1', ϱ_2' zum verknüpften. Im andern Falle gehören sie zu verknüpften Gebüschen, und dann also ϱ_1' mit ϱ_2, ϱ_2' mit ϱ_1 zu demselben Gebüsche. Beide Fälle führen zum nämlichen Ergebnisse; aber sie sind nicht gleichwerthig: der erste ist der allgemeinere; denn es ist in ihm nicht nothwendig, dass ϱ_1 und ϱ_2' (oder ϱ_1' und ϱ_2) sich zweimal schneiden. Wir legen also ihn im Weiteren zu Grunde.

Bei dieser Lage, wo die beiden Dupel durch eine Regelschaar verbunden sind, bestimmen sie nicht ein, sondern ∞^2 Strahlennetze und ebenso viele Regelflächen ϱ^4; auf allen sind sie nicht in Involutionslage, sondern nur auf denen, wo die durch das eine Dupel bestimmte Involution sich selbst verbunden ist. Es sei ϱ^* eine Regelschaar der Congruenz $\Gamma\Gamma^2$, wo Γ, wie oben, das Gewinde $\varrho_1\varrho_2$ ist, aus der verknüpften Reihe, so dass wir die Kette $\varrho_1\varrho^*\varrho_2$ haben. Die geeigneten Strahlennetze durch d_1, d_2 oder $(d_1 d_2)$ sind die ∞^1 in das Gewinde Γ fallenden; denn diese werden von ϱ^* zweistrahlig geschnitten, und wir erkennen nach Nr. 590 d_1, d_2 als zwei Dupel einer Involution auf der je zugehörigen Regelfläche.

Wenn die Regelschaar $(d_1 d_2)$ zu Γ^2 gehört, so fallen in ihr ϱ_1 und ϱ_2 (oder ϱ_1' und ϱ_2') zusammen.

649 Wir betrachten die ∞^3 Dupel d, welche von einem gegebenen d_0 getragen werden. Die Gewindebüschel durch die Strahlennetze $[d]$, deren Leitgeraden-Dupel sie sind, erzeugen ein System 4. Stufe von Gewinden.

Wenn ein Gewinde durch ein beliebig gegebenes Strahlennetz $[l l_1]$ und zugleich durch eins unserer Netze $[d]$ geht, so befinden sich die vier Geraden l, l_1, d in einer Regelschaar, und umgekehrt. Ferner gehören auch d_0 und d zu einer Regelschaar und wegen des gemeinsamen Dupels d gehören beide Regelschaaren demselben Strahlennetze, also dem $\mathfrak{N} \equiv (d_0, l, l_1)$ an. Mit diesem Strahlennetze und den in ihm befindlichen durch d_0 gehenden Regelschaaren haben wir es daher allein zu thun; jenes schneidet aus Γ^2 eine Regelfläche 4. Grades ϱ^4 und die von diesen Regelschaaren herrührenden d bilden auf ihr eine Involution, zu deren verbundener Involution d_0 gehört. Nun wissen wir aber (Nr. 593), dass zwei von den Dupeln dieser Involution mit den ebenfalls im Strahlennetze enthaltenen Geraden l, l_1 je in derselben Regelschaar sich befinden. Damit ist der Grad 2 des vierstufigen Systems der durch die Strahlennetze $[d]$ des Dupelgebüsches $[d_0]$ gehenden Gewinde bewiesen. Also:

Wenn man Γ^2 mit allen Regelschaaren durch zwei von seinen Strahlen in den Dupeln d schneidet, so bilden die Gewindebüschel durch die ∞^3 Strahlennetze $[d]$ ein quadratisches System 4. Stufe $S_4^{\,2}$ von Gewinden.

In jedem Büschel haben wir die 2 Gebüsche, welche die beiden Geraden des betreffenden Dupels bezw. zu Axen haben, und jeder Strahl von Γ^2 gehört zu einem der Dupel; also *geht das System durch $H_3^{\,4}(\Gamma^2)$ oder kurz durch Γ^2* (Nr. 619).

Wir haben nur ∞^1 solche durch Γ^2 gehende $S_4^{\,2}$; also müssen von den ∞^6 Dupeln je ∞^5 zu demselben Systeme führen. Wir können auch hier das dreifach unendliche Dupelgebüsche zu dem System Σ_5, in dem es sich befindet, erweitern, ohne dass wir zu neuen Gewinden gelangen.

Es sei d_2 ein Dupel aus demselben Systeme Σ_5 wie d_0, aber nicht aus dem von d_0 getragenen Dupelgebüsche. Die Mittelglieder der dreigliedrigen Dupelketten, welche d_0 und d_2 verbinden, sind in der durch das Strahlennetz $(d_0 d_2)$ ausgeschnittenen Regelfläche 4. Grades ϱ^4 die Dupel der Involution, welche der Involution $\{d_0, d_2\}$ verbunden ist.

Wenn nun Γ ein Gewinde durch das Strahlennetz $[d_2]$ ist, so sei g' die Polare einer Erzeugenden g von ϱ^4 in Bezug auf Γ; es liegen dann die beiden Geraden von d_2, welche auch polar sind nach Γ, und g, g' in einer Regelschaar, also wird auch g' von den beiden Leitgeraden der ϱ^4 getroffen, und dieselben sind Leitgerade der Regelfläche

4. Grades ϱ'^4, welche zu ϱ^4 polar ist nach Γ. Der Restschnitt 8. Ordnung, den sie ausser ihnen haben, besteht aus den 4 zu sich selbst polaren Geraden, in denen ϱ^4 von Γ geschnitten wird, aus d_2 und einem zweiten Dupel d_1, dessen Gerade ebenfalls, wie die von d_2, zu einander in Bezug auf Γ polar sind. Folglich ist d_1 mit d_2 durch eine Regelschaar verbunden und, weil d_0, d_2 in Involutionslage sind, auch mit d_0.

Dies neue Dupel d_1, das wir als Mittelglied nehmen, gehört zu den von d_0 getragenen; da seine Geraden nach Γ polar sind, so geht dies Gewinde durch das Strahlennetz $[d_1]$. Also:

In das vierstufige System von Gewinden S_4^2, das wir ursprünglich aus den Büscheln aufbauten, welche die Strahlennetze $[d_1]$ der von einem bestimmten Dupel d_0 getragenen ∞^3 Dupel d_1 zu Basen haben, gehen auch alle Büschel durch die Strahlennetze $[d_2]$ ein, bei denen die d_2 irgend welche zu demselben Systeme Σ_5 wie d_0 (und wie jene d_1) gehörigen Dupel sind.

Jedes Gewinde Γ gehört zu einem der S_4^2, da diese einen Büschel durch $H_3^4(\Gamma^2)$ bilden; polarisiren wir Γ^2 in Bezug auf Γ in Γ_1^2, so zerfällt die Schnittcongruenz $\Gamma^2\Gamma_1^2$ in die $\Gamma^2\Gamma$ und eine zweite Congruenz 2. Grades, welche sich zusammensetzt aus ∞^2 Dupeln, deren beide Geraden in Bezug auf Γ polar sind; und *so gelangen wir zu allen ∞^2 Dupeln, in deren zugehörigen Büscheln sich Γ befindet.*

Je zwei von ihnen gehören zur nämlichen Regelschaar oder tragen sich gegenseitig.

Innerhalb eines solchen doppelt unendlichen Systems bleibend, hat man immer geschlossene Ketten.

Wir haben nun die vierstufigen Systeme 2. Grades S_4^2, welche durch 650
Γ^2 gehen, in zwei Weisen erhalten.

Früher führten uns die Netze von Gewinden zu ihnen, welche die Leitschaaren der Regelschaaren je eines Gebüschepaars Σ_3, Σ_3' zu Grund-Regelschaaren haben (Nr. 619).

Jetzt gelangen wir zu ihnen durch die Büschel, deren Grund-Strahlennetze die Dupel eines Systems Σ_5 zu Leitgeraden haben.

Hier erhalten wir unmittelbar ∞^5 Büschel in jedem S_4^2, dort ∞^3 Netze und in jedem ∞^2 Büschel.

Die Leitgeraden des Grund-Strahlennetzes eines in einem Netze enthaltenen Büschels sind irgend zwei Gerade der Leitschaar der Grund-Regelschaar des Netzes, also irgend zwei Gerade der zu Σ_3 oder Σ_3' gehörigen Regelschaar.

Wenn das Dupel d auf der Regelschaar ϱ liegt, also das System Σ_5, zu dem jenes gehört, dem Gebüsche Σ_3, in dem diese enthalten ist, zugeordnet ist, so befindet sich die Leitschaar λ von ϱ im Strahlennetze $[d]$; folglich geht jedes durch $[d]$ gelegte Gewinde auch durch λ. Umgekehrt bewirkt jedes durch λ gehende Gewinde in ϱ eine Involution von Polaren und geht durch das Strahlennetz, das zwei solche Polaren zu Leitgeraden hat.

Daher liefern ein System Σ_5 und ein Paar verknüpfter Gebüsche Σ_3, Σ_3' das nämliche quadratische System S_4^2 von Gewinden, wenn sie einander zugeordnet sind.

Jetzt erhalten wir auch eine Vorstellung über *die Vertheilung der Geraden g_1 von Γ^2, die mit einem festen Strahle g des Complexes ein Dupel zusammensetzen, das mit einem gegebenen Dupel d_0 in Involutionslage ist oder zu demselben Σ_5 gehört.* Es sind deren ∞^2; denn die Strahlennetze durch die betreffenden Regelflächen 4. Grades gehen durch die Regelschaar $(d_0 g)$, und auf jeder giebt es nur eine Gerade g_1. *Durch d_0 gehen zwei Regelschaaren von Γ^2, welche zu Σ_3, Σ_3' gehören mögen; die durch g gehenden Regelschaaren dieser Gebüsche bilden den Durchschnitt eines bestimmten Tangentialgewindes von g; jede beliebige Gerade dieses Durchschnitts kann g_1 sein.*

Zu ihm gehört auch der vierte Schnittstrahl, mit Γ^2, der Regelschaar $(d_0 g)$.

In dem Büschel der S_4^2 durch Γ^2 befindet sich, wie wir wissen, *das Hauptsystem H_4^2; das ihm zugeordnete Dupelsystem Σ_5 besteht aus den Dupeln von Γ^2, deren Gerade sich schneiden;* denn die zugehörigen Gewindebüschel enthalten dann lauter Gebüsche.

651 Wenden wir uns *zur Erzeugung des Complexes Γ^2 durch zwei correlative Gebüsche von Gewinden.*

Ein Gebüsche von Gewinden enthält ∞^3 Gewinde, ∞^4 Strahlennetze, die Basen seiner Büschel, und ∞^3 Regelschaaren, die Basen seiner Netze oder Bündel; alle diese Gewinde, Strahlennetze, Regelschaaren gehen durch die beiden Grundgeraden des Gebüsches.

Das Gebüsche ist collinear auf den Punktraum zu beziehen, wobei den Punkten, Geraden, Ebenen desselben seine Gewinde, Strahlennetze, Regelschaaren (oder umgekehrt) correspondiren (I, Nr. 141), und kann daher correlativ auf ein anderes Gebüsche bezogen werden, wobei dann den Gewinden, Strahlennetzen, Regelschaaren des einen die Regelschaaren, Strahlennetze, Gewinde des andern entsprechen.

Erzeugende Elemente sind die Dupel, in denen die Regelschaaren des einen Gebüsches mit den correspondirenden Gewinden des andern sich durchschneiden. Beweisen wir zunächst, dass *bei dieser Erzeugung ein Complex 2. Grades entsteht.*

Die Grundgeraden-Dupel der Gebüsche seien d_0, d_0'; wir können deshalb die Gebüsche selbst mit (d_0), (d_0') bezeichnen.

In jedem Strahlenbüschel (O, ω) wird eine Projectivität hervorgerufen: Durch einen Strahl x desselben geht eine Regelschaar von (d_0), und ihr entsprechendes Gewinde aus (d_0') enthält den entsprechenden Strahl x' von (O, ω); umgekehrt, durch x' geht ein Bündel von Gewinden in (d_0'), die entsprechenden Regelschaaren erfüllen das Gewinde von (d_0), welches der Grund-Regelschaar des Bündels correspondirt; und durch den Strahl x, den es mit (O, ω) gemein hat, geht eine von jenen Regelschaaren, wodurch er dem x' entsprechend wird. Die beiden sich selbst entsprechenden Strahlen dieser Projectivität gehören dem erzeugten Complexe an.

Bei diesem Beweise hat es sich schon gezeigt, dass *genau derselbe Complex entsteht, wenn man die Gewinde von* (d_0) *mit den entsprechenden Regelschaaren von* (d_0') *schneidet. Nur die erzeugenden Dupel sind andere, vorhin die von* d_0, *jetzt die von* d_0' *getragenen.*

Aber es ergiebt sich noch eine dritte Erzeugung. Wir haben in den beiden Gebüschen ∞^4 Paare entsprechender Strahlennetze immer mit 2 gemeinsamen Geraden. Es sei g der eine Schnittstrahl der Regelschaar ϱ von (d_0) und des entsprechenden Gewindes Γ' von (d_0'). So gehen durch ihn ∞^2 Strahlennetze von (d_0), denen allen ϱ gemeinsam ist, die entsprechenden befinden sich in Γ', und ∞^1 unter ihnen gehen durch g. *Daher ist jeder Strahl des erzeugten Complexes der eine Schnittstrahl von* ∞^1 *Paaren entsprechender Strahlennetze; die Netze von* (d_0) *wie die von* (d_0') *bilden je einen Büschel* (ϱ, Γ) *und* (Γ', ϱ'); d. h. sie befinden sich in einem Gewinde und gehen durch eine Regelschaar von (d_0), bezw. (d_0').

Diese beiden Strahlennetze-Büschel sind projectiv. Sie sind hier in der besondern Lage, dass die Grund-Regelschaaren ϱ und ϱ' einen Strahl gemeinsam haben, und ihr Erzeugniss ist also der Ort der zweiten Schnittstrahlen entsprechender Netze. Wir kommen auf sie zurück.

Die beiden Grund-Dupel d_0 und d_0' sind durch ein Strahlennetz $\overline{\mathfrak{N}}_0$ verbunden; lassen wir die Regelschaar ϱ von (d_0) in $\overline{\mathfrak{N}}_0$ fallen, so liegt das Schnittdupel d in $\overline{\mathfrak{N}}_0$ und auf der Regelschaar, welche das entsprechende Gewinde Γ' von (d_0') in $\overline{\mathfrak{N}}_0$ einschneidet und die durch d_0' geht. Daraus folgt, weil alle drei Dupel der von $\overline{\mathfrak{N}}_0$ ausgeschnittenen Regelfläche 4. Grades angehören, dass d_0 und d_0' in Involutionslage sind.

Die Grundgeraden-Dupel zweier correlativen Gebüsche von Gewinden sind auf dem erzeugten Complexe in Involutionslage.

Alle Gewinde durch $\overline{\mathfrak{N}}_0$ *gehören zu beiden Gebüschen, und jedes hat zwei entsprechende Regelschaaren, bezw. in den Strahlennetzen* $\mathfrak{N}_0$ *und* $\mathfrak{N}_0'$, *welche dem* $\overline{\mathfrak{N}}_0$ *in beiderlei Sinne entsprechen. Ein beliebiges von diesen Gewinden trifft seine beiden correspondirenden Regelschaaren nur in* d_0, *bezw.* d_0', *zwei aber gehen je durch die eine und dann auch durch die andere entsprechende Regelschaar.* In der That, der Büschel $\mathfrak{B}_0(\varrho)$ von Regelschaaren von (d_0) in $\mathfrak{N}_0$ wird zu sich selbst projectiv, indem zwei Regelschaaren einander entsprechen, von denen die eine einem Gewinde Γ' durch $\overline{\mathfrak{N}}_0$ in der Correlation entspricht, die andere aber von demselben Γ' in $\mathfrak{N}_0$ eingeschnitten wird. Die beiden Coincidenzen dieser Projectivität ϱ_1, ϱ_2 fallen in ihre entsprechenden Gewinde Γ_1', Γ_2'. Bezeichnen wir Γ_1' als Gewinde von (d_0) mit Γ_3, so muss, weil ϱ_1 in Γ_3 liegt, Γ_1' durch ϱ_3' gehen, und ebenso $\Gamma_4 \equiv \Gamma_2'$ durch ϱ_4'.

ϱ_1, ϱ_2, ϱ_3', ϱ_4' gehören also zum erzeugten Complexe.

Es sei $\mathfrak{N}$ ein Strahlennetz von (d_0) in Γ_3 durch ϱ_1; sein ent-entsprechendes $\mathfrak{N}'$ geht durch ϱ_3' und liegt in Γ_1'; also liegen beide in $\Gamma_3 \equiv \Gamma_1'$ und haben eine Regelschaar, nicht blos ein Dupel gemeinsam. Die beiden in demselben Gewinde $\Gamma_3 \equiv \Gamma_1'$ befindlichen projectiven Strahlennetze-Büschel (Γ_3, ϱ_1) und (ϱ_3', Γ_1') erzeugen die von diesem Gewinde ausgeschnittene Congruenz 2. Grades.

Den allgemeinen Satz haben wir in Nr. 624 gefunden.

652 Nun sei *ein beliebiger Complex 2. Grades* Γ^2 vorgelegt.

d_0 und d_0' seien zwei Dupel desselben, welche sich in Involutionslage befinden, $\overline{\mathfrak{N}}_0$ das sie verbindende Strahlennetz und $\bar{\varrho}_0^4$ die aus Γ^2 von ihm ausgeschnittene Regelfläche 4. Grades. Ferner seien ϱ_1, ϱ_2 die beiden durch d_0 und ϱ_3', ϱ_4' die durch d_0' gehenden Regelschaaren von Γ^2. Wir wissen aus Nr. 648, dass eine von jenen mit einer von diesen und die andere mit der andern je durch ein Gewinde verbunden sind, in dem dann $\overline{\mathfrak{N}}_0$ enthalten ist. Es seien also ϱ_1 und ϱ_3' in dem Gewinde $\Gamma_3 \equiv \Gamma_1'$ und ϱ_2 und ϱ_4' in $\Gamma_4 \equiv \Gamma_2'$ enthalten. Dann gehören ϱ_1 und ϱ_3' derselben Reihe der von dem ersteren Gewinde ausgeschnittenen Congruenz 2. Grades an. Verbinden wir sie also mit allen Regelschaaren ϱ^* der verknüpften Reihe, so werden die beiden Strahlennetze-Büschel (Γ_3, ϱ_1) und (Γ_1', ϱ_3') projectiv mit $(\varrho_1\varrho^*)$ und $(\varrho_3'\varrho^*)$ als entsprechenden (Nr. 624). Jede Regelschaar ϱ^* schneidet $\bar{\varrho}_0^4$ in 2 Strahlen, ihren Schnitten mit $\overline{\mathfrak{N}}_0$, mit dem sie ja in dem Gewinde $\Gamma_3 \equiv \Gamma_1'$ liegt; diese Strahlen gehören also mit d_0 zu der Regelschaar, welche $\overline{\mathfrak{N}}_0$ mit dem Netze $(\varrho_1\varrho^*)$, und mit d_0' zu der Regelschaar, welche es mit $(\varrho_3'\varrho^*)$ gemeinsam hat, und bilden daher ein Dupel der Involution von $\bar{\varrho}_0^4$, welche der $\{d_0, d_0'\}$ verbunden ist.

Dasselbe gilt bei $\Gamma_2' \equiv \Gamma_4$, und je nach demselben Dupel dieser Involution gehen demnach sowohl zwei entsprechende Strahlennetze von (Γ_3, ϱ_1) und (ϱ_3', Γ_1'), als auch zwei entsprechende Netze von (Γ_4, ϱ_2) und (ϱ_4', Γ_2'). Die beiden Netze aus (Γ_3, ϱ_1) und (Γ_4, ϱ_2) haben ausser dem Dupel noch gemein das auf ϱ_1 und ϱ_2 gelegene Dupel d_0, also eine Regelschaar ϱ in $\overline{\mathfrak{N}}_0$, die zu (d_0) gehört, und befinden sich in demselben Gewinde, welches durch das Strahlennetz $(\varrho_1 \varrho_2)$ geht, das wir $\mathfrak{N}_0$ nennen wollen; dies Gewinde verbindet nämlich $\mathfrak{N}_0$ und ϱ, die sich in d_0 schneiden. Ebenso haben die Netze aus (ϱ_3', Γ_1') und (ϱ_4', Γ_2') eine Regelschaar in $\overline{\mathfrak{N}}_0$ gemein und sind in demselben Gewinde Γ' enthalten, das durch $\mathfrak{N}_0' \equiv (\varrho_3' \varrho_4')$ geht.

Es seien also $\varrho_5, \varrho_6, \varrho_7$ drei Regelschaaren ϱ von $\overline{\mathfrak{N}}_0$, nach welchen drei Strahlennetze von (Γ_3, ϱ_1) und drei von (Γ_4, ϱ_2) gehen, und $\Gamma_5', \Gamma_6', \Gamma_7'$ die Gewinde Γ', in denen die entsprechenden Netze von (ϱ_3', Γ_1'), sowie von (ϱ_4', Γ_2') liegen.

Wir bestimmen nun eine Correlation der beiden Gebüsche (d_0) und (d_0') in folgender Weise. Zunächst lassen wir den Regelschaaren $\varrho_1, \varrho_2, \varrho_5, \varrho_6$ von (d_0) die Gewinde $\Gamma_1', \Gamma_2', \Gamma_5', \Gamma_6'$ von (d_0') entsprechen; dann entspricht dem Netze $\mathfrak{N}_0 \equiv (\varrho_1 \varrho_2)$ das Netz $\Gamma_1' \Gamma_2' \equiv \overline{\mathfrak{N}}_0 \equiv \Gamma_3 \Gamma_4$, dem Netze $(\varrho_5 \varrho_6) \equiv \overline{\mathfrak{N}}_0$ das Netz $\Gamma_5' \Gamma_6' \equiv \mathfrak{N}_0' \equiv (\varrho_3' \varrho_4')$.

Γ_3 geht durch ϱ_1, also liegt die entsprechende Regelschaar in Γ_1'; andererseits geht Γ_3 durch $(\varrho_5 \varrho_6) \equiv \overline{\mathfrak{N}}_0$, daher liegt die nämliche Regelschaar in $\mathfrak{N}_0'$ und ist ϱ_3', da diese Γ_1' und $\mathfrak{N}_0'$ gemeinsam ist; ebenso entspricht dem Γ_4 die ϱ_4'. Also entspricht dem Strahlennetze-Büschel (Γ_3, ϱ_1) der (ϱ_3', Γ_1') und dem (Γ_4, ϱ_2) der (ϱ_4', Γ_2'), und den Strahlennetzen von (Γ_3, ϱ_1) und (Γ_4, ϱ_2), welche nach ϱ_5, ϱ_6 gehen, die Strahlennetze von (ϱ_3', Γ_1') und (ϱ_4', Γ_2'), die in Γ_5', Γ_6' enthalten sind.

Weil nun $\varrho_5, \varrho_6, \varrho_7$ demselben Regelschaar-Büschel und $\Gamma_5', \Gamma_6', \Gamma_7'$ demselben Gewindebüschel angehören, so ist es nur eine einfache, nicht mehr eine dreifache Bedingung für die Correlation, wenn wir der ϱ_7 das Γ_7' zuordnen.

Wir haben bis jetzt der Correlation $4.3 + 1 = 13$ Bedingungen auferlegt und mit denselben schon erreicht, dass die Strahlennetze-Büschel (Γ_3, ϱ_1), (Γ_4, ϱ_2) zu den (ϱ_3', Γ_1') und (ϱ_4', Γ_2') je in derselben Projectivität stehen, die sich ergab, als wir in ihnen oben solche Strahlennetze einander zuordneten, welche je nach derselben Regelschaar der verknüpften Reihe der Congruenz 2. Grades in $\Gamma_3 \equiv \Gamma_1'$, bezw. $\Gamma_4 \equiv \Gamma_2'$ gehen. Sie erzeugen demnach auch als entsprechende Büschel der Correlation diese beiden Reihen oder diese Congruenzen. Also alle Complexe 2. Grades, welche durch eine Correlation der Gebüsche (d_0) und (d_0') entstehen, die diesen 13 Bedingungen genügt, haben mit dem gegebenen Γ^2 diese beiden Congruenzen 2. Grades gemeinsam.

Ist nun g ein beliebiger Strahl von Γ^2 und legen wir der Correlation die vierzehnte Bedingung auf, dass der Regelschaar $(d_0 g)$ die Regelschaar $(d_0' g)$ conjugirt ist, d. h. dass das jener entsprechende Gewinde durch $(d_0' g)$ und also durch g geht, so bringen wir auf den erzeugten Complex noch g und machen ihn mit Γ^2 identisch, weil sie nun eine Congruenz 4. Grades und den g gemeinsam haben. Denn zunächst ist klar, dass für jeden Punkt von g die beiden Complexkegel, wegen 5 gemeinsamer Kanten, übereinstimmen. Ist ferner X ein beliebiger Punkt, so gehören die Kanten seines zum einen Complexe gehörigen Kegels, welche g treffen, zu den Kegeln dieses Complexes aus den Treffpunkten, also auch zu denen des andern und daher auch zu dem dieses zweiten Complexes aus X; folglich haben die beiden Complexkegel aus X 6 Kanten gemeinsam und sind identisch.

Es verbleibt daher die fünfzehnte Bedingung für die Correlation noch verfügbar, und wir haben:

Sind in einem gegebenen Complexe Γ^2 die Dupel d_0, d_0' so gewählt, dass sie sich in Involutionslage befinden, so giebt es ∞^1 Correlationen zwischen den Gebüschen (d_0), (d_0') von Gewinden, durch welche Γ^2 erzeugt wird.

Also kann jeder Complex 2. Grades durch correlative Gebüsche von Gewinden erzeugt werden.

653 *Unter den ∞^1 Correlationen befindet sich aber eine ausgeartete, die zur Erzeugung ungeeignet ist.* Die einer Regelschaar ϱ von (d_0) in den verschiedenen Correlationen entsprechenden Gewinde bilden einen Büschel mit dem Grund-Strahlennetze $(d_0' d)$, wenn d das zweite Schnittdupel von ϱ ist; unter ihnen ist also eins, welches ϱ und infolge dessen auch das Netz $\overline{\mathfrak{N}}_0$ vollständig enthält. Die Correlation, in der dies Gewinde der ϱ entspricht, ist so ausgeartet, dass der Gewindebüschel durch $\overline{\mathfrak{N}}_0$ zu sich selbst identisch-projectiv ist und jeder Regelschaar des einen Gebüsches das sie enthaltende (und durch $\overline{\mathfrak{N}}_0$ gehende) Gewinde des andern correspondirt.

In Bezug auf das Ergebniss, dass die Correlation noch nicht vollständig bestimmt ist, haben wir analoges Verhalten, wie bei der Erzeugung der Fläche 2. Grades durch correlative Bündel, und auch da haben wir eine ausgeartete zur Erzeugung ungeeignete Correlation. Darin aber unterscheiden sich die beiden Erzeugungen, dass bei dieser die Scheitel der Bündel ganz beliebig auf der Fläche gewählt werden können, bei unserer jetzigen Erzeugung aber die Grunddupel der Gebüsche einer Beschränkung unterworfen sind.

In der Erzeugung steckt die Mannigfaltigkeit 31, weil die beiden Dupel d_0, d_0' im Raume auf $\infty^{4.4}$ Weisen gewählt werden können und die Correlation dann auf ∞^{15} Weisen möglich ist.

Jeder Complex Γ^2 aber kann auf ∞^{12} Weisen so erzeugt werden, weil das erste Dupel d_0 aus ∞^6, das zweite d_0' nur aus ∞^5, nämlich nur aus dem Systeme Σ_5 genommen werden kann, zu dem d_0 gehört, und, wenn beide festgelegt sind, die Correlation noch auf ∞^1 Weisen möglich ist.

So ergiebt sich von neuem für den Complex 2. Grades die Mannigfaltigkeit $31 - 12 = 19$.

Wir schliessen an diese Erzeugung die aus ihr sich ergebenden Erzeugungen von in Γ^2 enthaltenen Gebilden. 654

Bleibt man in (d_0) innerhalb eines Strahlennetzes $\mathfrak{N}$, so hat man es nur mit den Regelschaaren eines Büschels $(\mathfrak{N}, d_0)$ zu thun, also allen Regelschaaren von $\mathfrak{N}$ durch d_0; ihnen entspricht der Gewindebüschel in (d_0') durch das entsprechende Strahlennetz $\mathfrak{N}'$. Das Erzeugniss ist der Schnitt von $\mathfrak{N}$ mit Γ^2. Also:

Das Erzeugniss der Schnittdupel entsprechender Elemente eines Regelschaar-Büschels und eines zu ihm projectiven Gewindebüschels ist eine Regelfläche 4. Grades mit zwei Leitgeraden. Die Schnittdupel bilden in ihr eine Involution, zur verbundenen gehört das Grunddupel des ersten Büschels, sowie das Dupel, in denen die beiden Grund-Strahlennetze sich schneiden.

In $\mathfrak{N}$ schneidet der Gewindebüschel auch einen Regelschaar-Büschel, dessen Grunddupel das eben erwähnte ist.

*Zwei in demselben Strahlennetze befindliche projective Regelschaar-Büschel erzeugen eine Regelfläche 4. Grades mit zwei Leitgeraden, auf der die Schnittdupel zur einen, die beiden Grunddupel zur andern von zwei verbundenen Involutionen gehören.**)

Eine Gerade l scheidet, als Leitgerade, aus dem Strahlennetze eine Regelschaar aus; auf dieser entstehen durch entsprechende Regelschaaren entsprechende Dupel zweier projectiven Involutionen: die 4 Strahlen, welche zu homologen Dupeln zugleich gehören, sind die Erzeugenden der Regelfläche, welche l treffen.

Γ^2 wird, wie wir wissen, auch durch die Schnittdupel entsprechender Strahlennetze von (d_0) und (d_0') erzeugt; lassen wir ein Strahlen-

*) Segre, Sulla geometria della retta Nr. 128.

netz in (d_0) einen Büschel (Γ, ϱ) und das entsprechende den entsprechenden Büschel (ϱ', Γ') beschreiben, so entsteht die Regelfläche 4. Grades, welche von dem Strahlennetze $\Gamma\Gamma'$ aus Γ^2 ausgeschnitten wird. Daher:

Zwei projective Büschel von Strahlennetzen erzeugen eine Regelfläche 4. Grades mit zwei Leitgeraden.

Von den ∞^1 Paaren entsprechender Strahlennetze, welche sich in einem Strahle g von Γ^2 schneiden, fällt, wenn g dieser Regelfläche angehört, nur ein Paar in (Γ, ϱ) und (ϱ', Γ').

In der Regelschaar, welche z. B. einem Strahlennetze des ersten Büschels mit $\Gamma\Gamma'$ gemeinsam ist, befindet sich das Schnittdupel mit dem entsprechenden Netze und das Dupel $\varrho\Gamma'$.

Also bilden auf der Regelfläche die erzeugenden Schnittdupel eine Involution, und zur verbundenen gehören die Dupel $\varrho\Gamma'$, $\Gamma\varrho'$.

655 Wenn weiter in (d_0) die Regelschaar sich nur innerhalb eines Gewindes Γ dieses Gebüsches bewegt und also *einen Regelschaar-Bündel* (Γ, d_0) beschreibt, d. i. *den Inbegriff aller Regelschaaren eines Gewindes durch zwei Strahlen desselben*, so durchläuft das entsprechende Gewinde einen Bündel (ϱ'). Erzeugniss ist die Congruenz 2. Grades $\Gamma\Gamma^2$.

Mithin erzeugen ein Regelschaar-Bündel und ein zu ihm correlativer Gewindebündel eine Congruenz 2. Grades.

Dieselbe entsteht aber auch durch die Schnittstrahlen der Strahlennetze von (Γ, d_0) mit den entsprechenden Strahlennetzen durch ϱ'.

Wir haben es hier mit zwei verschiedenen Systemen von Strahlennetzen zu thun, die wir beide Bündel nennen: das eine hat ein Gewinde und ein ihm angehöriges Dupel zu Trägern, das andere eine Regelschaar; in jenem sind Regelschaaren, in diesem Gewinde die andern (oder secundären) Elemente.

Schneiden wir freilich den Bündel von Gewinden und Strahlennetzen durch ϱ' mit Γ, so erhalten wir in Γ zwei gleichartige Gebilde: den Bündel der Regelschaaren und Strahlennetze durch d_0 und den der Strahlennetze und Regelschaaren durch das Dupel $\Gamma\varrho' \equiv d_0^*$. Sie befinden sich in correlativer Beziehung, und die beiden obigen Erzeugungen laufen darauf hinaus, dass einmal die Regelschaaren des ersten, das andere Mal die des zweiten Bündels mit den correspondirenden Strahlennetzen geschnitten werden. Das Erzeugniss ist das nämliche.

Also Erzeugniss zweier in demselben Gewinde befindlichen in Corre-

*lation stehenden Bündel von Regelschaaren und Strahlennetzen ist eine Congruenz 2. Grades.**)

Das Strahlennetz $\mathfrak{N}_0^*$, welches die Grunddupel d_0 und d_0^* verbindet, hat mit der Congruenz die Regelfläche 4. Grades gemein, in der es den Γ^2 schneidet. Eine in $\mathfrak{N}_0^*$ fallende Regelschaar des ersten Bündels trifft diese Regelfläche in d_0 und d, dem Schnittdupel des entsprechenden Strahlennetzes aus dem andern Bündel, welches daher mit d_0^* auf der Regelschaar liegt, die dies Netz mit $\mathfrak{N}_0^*$ gemeinsam hat. Wir erkennen wieder, dass die beiden Grunddupel d_0 und d_0^* auf der genannten „Verbindungsfläche" in Involutionslage sind.

Wenn nun eine Congruenz 2. Grades C^2 gegeben ist, so haben wir 656
für 2 Dupel derselben sofort eine Verbindungsfläche 4. Grades; denn das Verbindungs-Strahlennetz der Dupel befindet sich in dem Gewinde Γ, das durch C^2 geht, und die gesuchte Fläche wird durch die Strahlen von C^2 gebildet, welche die eine und als Strahlen von Γ dann auch die andere Leitgerade dieses Strahlennetzes treffen (II, Nr. 358).

Die Dupel d_0, d_0^* seien also auf dieser Fläche in Involutionslage gewählt.

Wenn d_0 ganz und von d_0^* nur die eine Gerade g gegeben sind, so sind durch diese drei Geraden innerhalb Γ ∞^1 Strahlennetze möglich (ein Büschel), jedes liefert eine Regelfläche 4. Grades und eine zweite Gerade g_1. Dieselben erzeugen die Regelfläche 4. Grades, in der Γ die in Nr. 650 gefundene Congruenz 2. Grades mit g als Doppelstrahl schneidet.

Es sei Γ^2 ein durch C^2 gelegter Complex 2. Grades (Nr. 625); d_0, d_0^* haben offenbar auch in ihm die Involutionslage. Also kann Γ^2 durch correlative Gebüsche (d_0), (d_0^*) erzeugt werden; dem Γ als Gewinde von (d_0) entspreche die Regelschaar ϱ^* in (d_0^*). Einem Strahlennetze oder einer Regelschaar von (d_0) in Γ entspricht ein Strahlennetz oder ein Gewinde durch ϱ^* oder, wenn wir nur den Schnitt mit Γ ins Auge fassen, eine Regelschaar oder ein Strahlennetz durch d_0^*; wir sehen, dass die Congruenz das Erzeugniss der correlativen Bündel (d_0), (d_0^*) in Γ ist, oder anders ausgedrückt: *wenn eine Regelschaar von (d_0) innerhalb eines in Γ enthaltenen Strahlennetzes sich bewegt und C^2 je noch in d schneidet, so geht das Strahlennetz (dd_0^*) ständig durch eine Regelschaar.*

*) Schur, Math. Annalen Bd. 15 S. 445; Segre, Sulla geometria della retta Nr. 127. — Ich möchte hier nachholen, was ich in Bd. II, Nr. 401 ff. verabsäumt habe, und erwähnen, dass in dem genannten Aufsatze Schur schon Congruenzen 2. Grades mit Doppelstrahlen behandelt hat.

Aber daraus, dass Γ^2 vermittelst der Gebüsche (d_0), $(d_0{}^*)$ *auf* ∞^1 *Weisen erzeugt werden kann, folgt nicht, dass auch* $\mathfrak{C}^2$ *durch dieselben Bündel in* ∞^1 *Weisen erzeugt werden kann; deren Correlation ist vielmehr eindeutig.*

Einer Regelschaar nämlich des Gebüsches (d_0), welche Γ^2 noch in d schneidet, entsprechen in den verschiedenen Correlationen die Gewinde durch das Strahlennetz $(d_0{}^* d)$; gehört sie zu Γ, also zum Bündel (Γ, d_0), so fällt d in $\mathfrak{C}^2$; das Netz $(d_0{}^* d)$ befindet sich auch in Γ; alle Gewinde durch dasselbe haben dies Netz zum gemeinsamen Schnitt mit Γ. *Die* ∞^1 *Correlationen zwischen den Gebüschen* (d_0), $(d_0{}^*)$ *bewirken alle dieselbe Correlation zwischen den Bündeln* (Γ, d_0) *und* $(\Gamma, d_0{}^*)$.

Dies zeigt auch die Berechnung der Mannigfaltigkeit. Wir können das Gewinde Γ in ∞^5 Weisen auswählen, in ihm dann in $\infty^{2.6}$ Weisen die Grunddupel d_0, $d_0{}^*$; dann ist die Correlation der Bündel (d_0), $(d_0{}^*)$ in ∞^8 Weisen möglich. Dies giebt die Mannigfaltigkeit 25 der Construction. In jeder Congruenz 2. Grades kann man das eine Grunddupel in ∞^4, das andere aber, wegen der Involutionslage, nur in ∞^{2+1} Weisen wählen; die Correlation ist nun bestimmt, und jede Congruenz 2. Grades lässt sich daher auf ∞^7 Weisen so erzeugen. Daher ist die Mannigfaltigkeit dieser Congruenz 25—7, wie wir längst wissen.

657 *Auch zwei correlative Gewebe* S_4, S_4' *von Gewinden erzeugen einen Complex 2. Grades.* Es giebt in jedem der beiden Gewebe ∞^3 Gewinde, welche durch einen der Grundstrahlen des entsprechenden Gebüsches gehen. Der Ort dieser Grundstrahlen ist der erzeugte Complex. Und man findet leicht, dass, wenn ein Strahl als Grundstrahl eines Gebüsches von S_4 in dessen entsprechendes Gewinde in S_4' fällt, er auch als Grundstrahl eines Gebüsches von S_4' in dem entsprechenden Gewinde von S_4 gelegen ist.

Wenn wiederum ein Strahlenbüschel gegeben ist, so ist jeder Strahl x desselben der eine Grundstrahl eines Gebüsches des einen Gewebes S_4, das diesem entsprechende Gewinde in S_4' hat mit dem Strahlenbüschel einen Strahl x' gemeinsam; ebenso erhält man zu x' einen entsprechenden Strahl x, und daher zwei Coincidenzen, die im Büschel befindlichen Strahlen des Complexes.

Bewegt man sich in dem einen Gewebe S_4 in einem Büschel $\mathfrak{B}$, so beschreibt das entsprechende Gebüsche in S_4' auch einen Büschel, dessen Basis ein Bündel B' ist, und die Grundgeraden der Gebüsche dieses Büschels beschreiben in der Grund-Regelschaar von B' eine Involution, zu der die Involution projectiv ist, welche in dieselbe Regelschaar durch die Gewinde von 𝔅 eingeschnitten wird; da 4 entsprechende Paare einen Strahl gemeinsam haben, so ergiebt sich:

In jedem der beiden Gewebe bilden diejenigen Gewinde, welche durch einen der Grundstrahlen des entsprechenden Gebüsches gehen, ein biquadratisches System 3. Stufe.

Geht ein Gewinde Γ von S_4 durch beide Grundstrahlen des entsprechenden Gebüsches, so gehört es zu diesem und daher zu dem Gebüsche G_0, das beiden Geweben S_4, S_4' gemeinsam ist. Das Gebüsche G' von S_4', das einem in G_0 befindlichen Gewinde Γ von S_4 entspricht, schneidet in G_0 einen Bündel B', zu dem im eben erwähnten Falle dann Γ gehören muss. Wir erhalten so innerhalb G_0 eine Correlation, in der Γ und B' sich entsprechen und auf welche wir die bekannten Eigenschaften der Correlation im dreidimensionalen Punktraume übertragen können. Also:

Jedes Gewinde des einen der beiden correlativen Gewebe S_4, S_4', das durch beide Grundgeraden des entsprechenden Gebüsches geht und daher demselben angehört, befindet sich in dem beiden Geweben gemeinsamen Gebüsche G_0 und geht auch als Gewinde des andern Gewebes durch die Grundgeraden des entsprechenden Gebüsches. Diese Gewinde erzeugen, innerhalb G_0, ein quadratisches System 2. Stufe, d. h. ein solches, von dem jeder Büschel von G_0 zwei Gewinde enthält.

Unter den ∞^5 Geweben des Gewinderaums giebt es ∞^4, deren 658
sämmtliche Gewinde einen Strahl gemeinsam haben, und jeder Strahl bestimmt ein Gewebe, für das er Grundstrahl ist (I, Nr. 147). Die Axen der Strahlengebüsche in einem solchen Gewebe mit Grundstrahl bilden selbst ein Strahlengebüsche, das diesen Strahl zur Axe hat.

Wenn nun *zwei correlative Gewinderäume* S_5, S_5' vorliegen, so haben wir in jedem ∞^4 Gewinde, deren entsprechende Gewebe einen Grundstrahl besitzen. Wenn Γ in S_5 einen Büschel 𝔅 durchläuft, so beschreibt das entsprechende Gewebe 𝔊$'$ in S_5' auch einen Büschel, dessen Basis ein Gebüsche G' ist. Er enthält zwei Gewebe mit Grundstrahl: diese Grundstrahlen sind die von G'.

Also bilden die Gewinde von S_5, denen in S_5' Gewebe mit einem Grundstrahle entsprechen (welche Grundstrahlen den ganzen Raum erfüllen), *ein quadratisches System 4. Stufe S_4^2.* Dieses geht durch einen Complex 2. Grades, d. h. *die Axen der Strahlengebüsche von S_5, denen in S_5' Gewebe mit Grundstrahl entsprechen, erzeugen einen Complex 2. Grades.* Ein zweites System 4. Stufe 2. Grades $S_4'^2$ und ein zweiter quadratischer Complex ergiebt sich, wenn wir S_5 und S_5' vertauschen.

Wenn ein Gewinde Γ von S_5 in das entsprechende Gewebe 𝔊$'$

fällt, so sei es als Gewinde von S_5' mit Γ' bezeichnet; sofort ist klar, dass das entsprechende Gewebe 𝔊 durch Γ' geht.

Durchläuft Γ wiederum einen 𝔅, so wird ihm in diesem Büschel ein zweites Gewinde je zugeordnet, der Schnitt mit 𝔊', und beide Gewinde bewegen sich in 𝔅 projectiv.

Wir haben daher ein quadratisches System 4. Stufe $\mathfrak{S}_4^2$ *von Gewinden, welche als Gewinde von* S_5 *und dann auch als Gewinde von* S_5' *je in ihr entsprechendes Gewebe fallen.* Die Axen der unter ihnen befindlichen Strahlengebüsche erzeugen den zugehörigen Complex 2. Grades.

Wir suchen nun den Ort der Strahlen g auf, die als Grundstrahlen eines Gewebes 𝔊 von S_5 in das entsprechende Gewinde Γ' von S_5' fallen. Derselbe Strahl bestimmt auch ein Gewebe in S_5', dem dann Γ' angehört; das entsprechende Gewinde Γ muss also in 𝔊 liegen und durch g gehen. In einem beliebigen Strahlenbüschel haben wir dann wiederum eine Projectivität, in der zwei Strahlen x, x' sich entsprechen, von denen jeder Grundstrahl eines Gewebes aus dem gleichbezeichneten Raume und der andere der Schnittstrahl des Büschels mit dem entsprechenden Gewinde im andern Raume ist.

Daher bilden diejenigen Strahlen, die, gleichgiltig zu welchem der beiden Räume sie gerechnet werden, in demselben als Grundstrahlen Gewebe bestimmen, welche das entsprechende Gewinde in sich aufnehmen, einen Complex 2. Grades. Diese Gewinde bilden ein System 3. Stufe 4. Grades, durch welches die drei Systeme S_4^2, $S_4'^2$ *und* $\mathfrak{S}_4^2$ *gehen.*

Vermuthlich entstehen auch durch die Correlation zweier Gewebe oder Räume von Gewinden allgemeine Complexe 2. Grades; doch der Beweis, dass jeder beliebige Complex 2. Grades so erzeugt werden kann, ist noch nicht erbracht. Es dürften aber auch diese Erzeugungen, wegen ihrer zu grossen Complicirtheit, hinter denen durch correlative Netze oder Gebüsche an Wichtigkeit zurückstehen.

Dupel einer Congruenz 2. Grades; der Büschel quadratischer Systeme 3., 2. Stufe von Gewinden durch die Congruenz, bezw. eine Regelfläche 4. Grades.

659 Auch in einer quadratischen Congruenz C^2 haben wir Dupelsysteme. Schneidet man eine solche Congruenz mit einem Strahlennetze, so ist es dasselbe, als wenn wir sie mit einer zum eigenen Gewinde Γ von C^2 gehörigen Regelschaar schneiden. Folglich lassen sich die Dupelsätze von Γ^2 auf C^2 übertragen, wenn man nur mit den einschneidenden Regelschaaren innerhalb Γ bleibt.

Die Congruenz $\mathfrak{C}^2$ *hat* ∞^4 *Dupel und während sie ihre* ∞^1 *Regelschaaren nur aus 5 Paaren von Gebüschen eines Complexes* Γ^2, *in dem sie enthalten ist, nimmt, rühren diese ihre Dupel aus allen Dupelsystemen* Σ_5 *von* Γ^2 *her.* In der That, wenn eine Regelfläche 4. Grades (I. Art) in Γ^2 liegt, so gehören die Dupel von zwei verbundenen Involutionen in dasselbe System Σ_5 und nur solche; also zwei Dupel, die nicht derselben oder verbundenen Involutionen angehören, sind nicht in demselben Σ_5 enthalten; lassen wir die Regelfläche der $\mathfrak{C}^2$ angehören, so zeigt sich die Richtigkeit der obigen Behauptung.

So zerlegen sich also auch die ∞^4 *Dupel von* $\mathfrak{C}^2$ *in* ∞^1 *Systeme* $\mathfrak{S}_3$ *von je* ∞^3 *Dupeln; jede zwei demselben Systeme* $\mathfrak{S}_3$ *angehörige Dupel sind durch dreigliedrige Ketten oder überhaupt durch Ketten* (Nr. 648) *zu verbinden,* wobei die Regelschaar zwischen zwei benachbarten Gliedern einer Kette von selbst in das Gewinde Γ von $\mathfrak{C}^2$ kommt, *oder zwei Dupel aus demselben* $\mathfrak{S}_3$ *sind, wenn nicht in derselben Regelschaar befindlich* (Nachbarn einer Kette), *in Involutionslage.*

Da innerhalb Γ durch ein Dupel ∞^2 Regelschaaren gehen, so *trägt jedes Dupel* d_0 *von* $\mathfrak{C}^2$ ∞^2 *Dupel von* $\mathfrak{C}^2$, *welche einen Dupelbündel* $\mathfrak{S}_2$ *der Congruenz bilden;* es sind die Dupel, in denen sich die Regelschaaren des Bündels (Γ, d_0) mit den in der $\mathfrak{C}^2$ erzeugenden Correlation correspondirenden Strahlennetzen eines andern Bündels durch ein Dupel $d_0{}^*$, das zu d_0 in Involutionslage ist, durchschneiden.

Jedes $\mathfrak{S}_3$ *enthält* ∞^6 *Paare von Dupeln und ermöglicht ebenso viele Erzeugungen der* $\mathfrak{C}^2$ *durch correlative Bündel.*

Die Gewindebüschel, deren Grund-Strahlennetze die Dupel eines Systems Σ_5 von Γ^2 zu Leitgeraden haben, bilden ein quadratisches System 4ter Stufe $S_4{}^2$ von Gewinden, das durch Γ^2 geht; zu seiner Herstellung reicht schon ein in Σ_5 befindliches Dupelgebüsche Σ_3 hin.

Nimmt man die zu $\mathfrak{C}^2$ gehörigen Dupel, so sind die Büschel zu Γ in Involution, da ihre Gebüsche die Axen in Γ haben; durch diese Bedingung der Involution zu Γ oder der Zugehörigkeit zu dem Gewebe S_4, das zu Γ in Involution ist, wird aus dem $S_4{}^2$ ein quadratisches System 3. Stufe $S_3{}^2$ ausgeschieden.

Die Gewindebüschel, deren Grund-Strahlennetze die Dupel eines Systems $\mathfrak{S}_3$ *von* $\mathfrak{C}^2$ *zu Leitgeraden haben, bilden ein quadratisches System 3. Stufe* $S_3{}^2$ *von Gewinden, zu dessen Herstellung schon ein Dupelbündel* $\mathfrak{S}_2$ *von* $\mathfrak{S}_3$ *hinreicht.*

Dass $S_4{}^2$ durch Γ^2 geht, bedeutet, dass die Axen der Strahlengebüsche in $S_4{}^2$ den Complex Γ^2 erfüllen; die der Gebüsche in $S_3{}^2$ müssen, wegen der Involution derselben zu Γ, auch in Γ liegen; also erfüllen sie $\mathfrak{C}^2 \equiv \Gamma^2 \Gamma$.

Wir erhalten so den Büschel $\mathsf{B}(\mathsf{C}^2)$ *von Systemen* S_3^2, *der durch* C^2 *geht oder richtiger durch* $H_2^4(\mathsf{C}^2)$, *wenn wir darunter den Inbegriff 2. Stufe 4. Grades der Strahlengebüsche verstehen, welche die Strahlen von* C^2 *zu Axen haben.* Er ist 4. Grades; weil 4 von seinen Gebüschen in jedes lineare System 3. Stufe von Gewinden fallen, da ja C^2 und das Strahlennetz der Axen der Strahlengebüsche in diesem Systeme (I, Nr. 144) sich in 4 Strahlen (I, Nr. 34) schneiden.

660 Wir sind im Vorangehenden zu diesem Büschel $\mathsf{B}(\mathsf{C}^2)$ vermittelst eines durch C^2 gehenden Complexes Γ^2 gelangt und müssen versuchen, ihn einfacher zu erhalten. Dazu ist es nothwendig, aus dem Satze (I, Nr. 98), dass, wenn zwei Regelschaaren in einem Gewinde sich befinden, dies auch für die ihnen verbundenen Regelschaaren gilt, eine Folgerung zu ziehen:

Wenn ein Strahlennetz $[l, l_1]$ *mit einer Regelschaar* G *in einem Gewinde sich befindet, dann sind die Leitgeraden* l, l_1 *und die Leitschaar* L *von* G *in einem Strahlennetze enthalten; und umgekehrt.*

In der That, es sei λ die durch l, l_1 und eine beliebige Gerade m gelegte Regelschaar; ihre Leitschaar ϱ befindet sich in $[l, l_1]$ und also mit G in einem Gewinde; folglich sind auch λ und L in einem Gewinde; d. h. durch l, l_1, L und die beliebige Gerade m geht ein Gewinde, was erfordert, dass l, l_1 und L durch ein Strahlennetz verbunden sind.

Umgekehrt, es sei dies der Fall; dann ist die Leitschaar einer jeden in $[l, l_1]$ befindlichen Regelschaar mit L, diese Regelschaar also selbst mit G durch ein Gewinde verbunden. Wir können uns unendlich viele Dupel von Geraden in $[l, l_1]$ aussuchen, die nicht mit G zu einem Strahlennetze gehören, denn das durch G und einen Strahl des Dupels gelegte Strahlennetz hat ja mit $[l, l_1]$ nur noch einen Strahl gemeinsam. Durch ein solches Dupel und G ist also ein Gewinde bestimmt; sind daher ϱ, ϱ_1 zwei durch das Dupel gehende Regelschaaren von $[l, l_1]$, so fallen die Gewinde, welche sie mit G verbinden, in eins zusammen, welches dann das ganze Strahlennetz $[l, l_1]$ enthält. — Ziehen wir aber gleich noch eine zweite Folgerung aus dem nämlichen Satze, die wir bald gebrauchen werden:

Wenn ein Strahlennetz $[l, l_1]$ *mit zwei Geraden* g, g_1 *durch ein Gewinde verbunden ist, so ist auch das Strahlennetz* $[g, g_1]$ *mit* l, l_1 *durch ein Gewinde verbunden.*

Wenn nämlich g_2 ein Strahl von $[l, l_1]$ und l_2 einer von $[g, g_1]$ ist, so seien λ, ϱ' die Regelschaaren $(l l_1 l_2)$ und $(g g_1 g_2)$, ϱ, λ' ihre Leitschaaren; diese befinden sich bezw. in $[l, l_1]$, $[g, g_1]$; folglich sind ϱ

und ϱ' beide in dem Gewinde enthalten, welches $[l, l_1]$ mit g, g_1 verbindet; daher sind auch λ und λ' in einem und demselben Gewinde gelegen, und dieses enthält l, l_1 als Strahlen von λ und das Netz $[g, g_1]$, weil es λ' mit dem Strahle l_2 von λ verbindet.

Nunmehr betrachten wir *in* C^2 *die Dupel* d *eines Bündels* $\mathfrak{S}_2$, 661
dessen Träger d_0 sei; wir wollen zeigen, dass *von den Gewindebüscheln durch die Strahlennetze* $[d]$ *ein System 3. Stufe 2. Grades* S_3^2 *erzeugt wird*, d. h. dass von seinen Gewinden 2 einem gegebenen Netze angehören. Die Grund-Regelschaar desselben sei G, ihre Leitschaar L. Wenn ein Gewinde gleichzeitig durch ein $[d]$ und die Regelschaar G geht, so sind nach dem ersten unserer Hilfssätze die beiden Geraden von d mit L durch ein Strahlennetz verbunden, und da d und d_0 durch eine Regelschaar verbunden sind, welche mit dem Netze das Dupel d gemein hat, so liegen Netz und Regelschaar in einem Gewinde, offenbar dem, welches durch d_0 und L bestimmt ist; wir haben es also nur mit solchen Dupeln d von $\mathfrak{S}_2$ zu thun, welche diesem Gewinde Γ', also der Regelfläche 4. Grades angehören, in der es die C^2 schneidet. Sie bilden auf ihr eine Involution und d_0 gehört zur verbundenen. Ein Strahlennetz, das ein solches d mit L verbindet, schneidet das eigene Gewinde Γ von C^2 in einer Regelschaar, welche das d mit den beiden Geraden l, l_1 verbindet, in denen Γ und L einander schneiden; L ist auch in Γ' enthalten; also gehören l, l_1 dem Strahlennetze $\Gamma\Gamma'$ an, d. h. demjenigen, in dem sich die Regelfläche befindet; und wir wissen aus Nr. 593, dass es in der Involution der d 2 Dupel giebt, welche mit l, l_1 durch eine Regelschaar, mit L also durch ein Strahlennetz verbunden sind. Das Netz $[d]$ ist dann mit G durch ein Gewinde verbunden.

Jeder Strahl von C^2 gehört zu einem Dupel des Netzes $\mathfrak{S}_2$; der Büschel durch $[d]$ enthält die beiden Strahlengebüsche, welche die Geraden von d zu Axen haben; und das System $H_2^4(C^2)$ ist in S_3^2 enthalten.

Erweitert man den Dupelbündel $\mathfrak{S}_2$ zum System 3. Stufe $\mathfrak{S}_3$, so bleibt man mit den Gewindebüscheln durch die $[d]$ in dem enthaltenen S_3^2. Dafür kann man den Beweis von Nr. 649 unverändert wiederholen; denn das Strahlennetz $(d_0 d_2)$ fällt ganz in das eigene Gewinde von C^2 und hat also mit dieser Congruenz eine ϱ^4 gemeinsam.

So entspricht jedes der Systeme S_3^2 *des Büschels* $\mathsf{B}(C^2)$ *einem der Systeme* $\mathfrak{S}_3$ *von Dupeln der* C^2.

Aus dieser Entstehungsweise ersehen wir, dass *ein System* S_3^2 ∞^3 *Büschel enthält.*

662 *Zu 5 besonderen Dupelsystemen $\mathfrak{S}_3$ führen die 5 Paare verknüpfter Regelschaar-Reihen der Congruenz.* Zwei Dupel auf Regelschaaren derselben Reihe oder verknüpfter Reihen sind ja — schon bei alleiniger Benutzung dieser Regelschaaren — durch Ketten zu verbinden. Die Büschel nun, die von allen Dupeln auf einer Regelschaar ϱ herrühren, befinden sich in dem Netze, das die Leitschaar λ zur Basis hat. Diese Leitschaar gehört, wie wir wissen, zu einer der confocalen Congruenzen C_i^2 von C^2 und das diese enthaltende Gewinde Γ_i zum Netze (λ).

Also sehen wir, dass *in jedem der 5 zugehörigen Systeme $S^2_{3,i}$ sich die ∞^3 Büschel in ∞^1 Netze vertheilen, welche zwei getrennte Systeme bilden, derartig, dass jeder Büschel i. a. nur in einem dieser Netze enthalten ist; alle Netze des einen und des andern Systems gehen durch das Gewinde Γ_i, in dem die confocale Congruenz enthalten ist, welche den beiden Regelschaar-Reihen zugeordnet ist* (d. h. durch ihre Leitschaaren gebildet wird).

Sei Γ ein Gewinde von $S^2_{3,i}$ und S_1 einer der erzeugenden Büschel, in dem sich Γ befindet, so gehört der Büschel $\Gamma_i\Gamma$ zum Netze, in welchem jener Büschel S_1 enthalten ist, also auch zu $S^2_{3,i}$. Mithin gehört jeder Büschel, der Γ_i mit irgend einem Gewinde von $S^2_{3,i}$ verbindet, ganz diesem Systeme an, ein nicht in $S^2_{3,i}$ befindlicher Büschel durch Γ_i schneidet daher nur in Γ_i; d. h. dieses Gewinde ist doppelt für $S^2_{3,i}$.

Somit sind die 5 Systeme $S^2_{3,i}$ vor den übrigen dadurch ausgezeichnet, dass sie zwei einfach unendliche Schaaren von Netzen enthalten, ferner ein doppeltes Gewinde besitzen, nämlich je eins der 5 Gewinde, die durch die confocalen Congruenzen gehen, und dass die Netze alle in diesem doppelten Gewinde zusammenlaufen.

Jede Regelschaar der einen von zwei verknüpften Reihen schneidet sich mit jeder der andern in zwei Geraden; das Strahlennetz, welches diese Geraden zu Leitlinien hat, enthält die Leitschaaren der beiden Regelschaaren und befindet sich in dem Gewinde Γ_i, in welchem die betreffende confocale Congruenz enthalten ist. *Durch diese Dupel gelangen wir daher zu denjenigen Gewindebüscheln von $S^2_{3,i}$, welche in Γ_i zusammenlaufen und in denen sich die Netze der einen Schaar mit denen der andern schneiden.*

663 *Wenn d die Dupel einer Involution auf einer Regelfläche ϱ^4 4. Grades I. Art sind, so entsteht durch die Gewindebüschel, welche die Strahlennetze [d] zu Basen haben, ein quadratisches System 2. Stufe S_2^2 von Gewinden.*

Wir haben zu beweisen, dass es in ein gegebenes Gewindegebüsche oder, was dasselbe ist, durch dessen zwei Grundgerade g, g_1 2 Gewinde sendet.

Wenn also eins der Strahlennetze $[d]$ mit diesen beiden Geraden g, g_1 durch ein Gewinde verbunden ist, dann ist auch das Netz $[g, g_1]$ mit dem Dupel d durch ein Gewinde verbunden; und umgekehrt. Die Gewinde durch $[g, g_1]$ schneiden in das Strahlennetz $[u, v]$ von ϱ^4 Regelschaaren ein, welche alle durch die beiden Geraden gehen, die es mit $[gg_1]$ gemeinsam hat. Von diesen Regelschaaren gehen 2 durch Dupel unserer Involution auf ϱ^4 (Nr. 593), und diese beiden Dupel sind dann mit $[gg_1]$ durch Gewinde verbunden.

Alle Gewinde unseres Systems S_2^2 gehen durch u, v; folglich ist es in dem Gewindegebüsche (u, v) enthalten.

In dem Büschel durch ein $[d]$ befinden sich die beiden Gebüsche, welche die Geraden von d zu Axen haben; also *enthalten die* ∞^1 *Systeme* S_2^2 *von Gewinden, die sich aus den* ∞^1 *Involutionen von* ϱ^4 *ergeben, alle das System* $H_1^4(\varrho^4)$ *1. Stufe 4. Grades der Gebüsche, deren Axen die Geraden von* ϱ^4 *sind, und* $H_1^4(\varrho^4)$ *ist die Basis des Büschels* $\mathsf{B}(\varrho^4)$ *der* S_2^2.

Vom 4. Grade ist dieses Gebüschesystem, weil ϱ^4 mit dem Gewinde, das durch die Axen der Gebüsche in einem Gewebe S_4 von Gewinden gebildet wird, 4 Strahlen, das System also 4 Elemente mit dem Gewebe gemeinsam hat.

Der ganze Büschel $\mathsf{B}(\varrho^4)$ *ist in dem Gebüsche* S_3 *von Gewinden enthalten, für das die Leitgeraden von* ϱ^4 *die Grundstrahlen sind.*

Zwei verbundene Involutionen I_h, I_l *führen zu dem nämlichen* S_2^2.

In der That, es sei d_h ein Dupel von I_h und Γ ein durch $[d_h]$ gehendes Gewinde. In Bezug auf dasselbe polarisirt, gehe ϱ^4 in ϱ'^4 über; diese Fläche hat die Leitgeraden u, v von ϱ^4 ebenfalls zu den ihrigen, da sie auf Γ liegen, und daher 8 Erzeugende mit ϱ^4 gemeinsam. Das sind die 4 Schnittgeraden von ϱ^4 und Γ, die in sich selbst übergehen, die beiden Geraden von d_h, die, als polar in Bezug auf Γ, in einander übergehen, und noch 2 andere Geraden; die Polare, in Bezug auf Γ, einer jeden von ihnen muss auf ϱ^4 und ϱ'^4 liegen, also die andere sein. Folglich befinden sich diese beiden Paare von Polaren von Γ in einer Regelschaar; das zweite ist daher ein Dupel d_l von I_l. Andererseits bestimmen seine Geraden, als polar nach Γ, ein Strahlennetz $[d_l]$, durch das Γ geht. Mithin ergiebt sich jedes Ge winde, das wir bei I_h erhalten, auch bei I_l.

Demnach ist S_2^2 *von zwei Schaaren von Gewindebüscheln durchzogen,* sowie eine Fläche 2. Grades von zwei Geradenschaaren; *je zwei Büschel aus verschiedenen Schaaren schneiden sich.* Die Abbildung von S_3 in den Punktraum lehrt dies unmittelbar.

Wir haben im Büschel 4 Systeme S_2^2, bei denen diese beiden Schaaren zusammenfallen: sie rühren von den 4 sich selbst verbundenen Involutionen her. Wir wissen (Nr. 599), dass die Strahlennetze, deren Leitgerade die Dupel einer von diesen Involutionen sind, *ein Gewinde* erzeugen, *eins der 4, welche durch die Doppeltangenten-Congruenzen von ϱ^4 gehen; dieses Gewinde befindet sich daher in allen Büscheln*, und durch einen Schluss wie oben erkennen wir es als *doppeltes Gewinde des betreffenden* S_2^2. In der Abbildung des S_3 in den Punktraum haben wir, diesen S_2^2 entsprechend, die 4 Kegel des F^2-Büschels, in welchen $\mathsf{B}(\varrho^4)$ übergeht.

Quadratische Systeme 4. Stufe von Gewinden, ihre Polarcorrelationen und Büschel von solchen Systemen.

664 Wir haben schon wiederholt vom Grade eines Systems von Gewinden gesprochen; es empfiehlt sich, eine allgemeine Definition zu geben.

Der Grad eines Systems i^{ter} Stufe von Gewinden ist die Zahl der Gewinde, welche es mit einem linearen Systeme S_{5-i} $(5-i)^{\text{ter}}$ Stufe gemeinsam hat. Befindet es sich in einem linearen Systeme S_k k^{ter} Stufe $(k > i)$, so ist er auch die Anzahl der Gewinde, die ihm mit einem in dem S_k enthaltenen linearen System $(k-i)^{\text{ter}}$ Stufe gemeinsam sind, in dem man dieses System als Schnitt des S_k mit einem S_{5-i} auffassen kann (I, Nr. 156).

So ist z. B. ein System 3. Stufe vom Grade n, wenn es in jedes Netz n Gewinde sendet, oder falls man weiss, dass es in einem S_4 sich befindet, wenn es in einen Büschel von S_4 n Gewinde sendet; denn jedes Netz schneidet in S_4 einen Büschel ein, und umgekehrt, jeder Büschel von S_4 ist Schnitt dieses Gewebes mit allen ∞^3 Netzen, die durch ihn gehen.

Ein System S_i^n i^{ter} Stufe n^{ten} Grades hat mit einem linearen Systeme S_l ein System von der Stufe $i+l-5$ gemein, wenn $i+l \geqq 5$ ist; der Grad ist ebenfalls n; denn weil S_i^n in jedes S_{5-i} n Gewinde sendet, so bedeutet dies, wenn wir uns dies S_{5-i} in dem S_l liegend denken, was möglich ist, da $l \geqq 5-i$, dass der Schnitt $S_i^n S_l$ mit dem S_{5-i} oder $S_{l-(i+l-5)}$ n Gewinde gemein hat, also vom Grade n ist. So schneidet z. B. ein S_4^2 in ein S_4 ein S_3^2, in ein S_3 ein S_2^2 u. s. w. ein.

Ist $i + l = 5$, so bedeutet n die Anzahl der einzelnen Gewinde, welche S_i^n und S_l oder S_{5-i} gemein haben.

Wenn ein quadratisches System 4. Stufe S_4^2 von Gewinden vorliegt, 665
so wird durch dasselbe jedem Gewinde Γ (Polgewinde) ein Gewebe von Gewinden, das Polargewebe von Γ in Bezug auf S_4^2, in der bekannten Weise der Polarenbildung zugeordnet.

Durch Γ gehen ∞^4 Büschel von Gewinden (I, Nr. 157); wir können sie uns am einfachsten als die Büschel denken, welche Γ mit den sämmtlichen Gewinden eines Γ nicht enthaltenden Gewebes verbinden, da ein Büschel und ein Gewebe stets ein Gewinde gemeinsam haben.

Jeder von diesen ∞^4 von Γ ausstrahlenden Büscheln hat mit S_4^2 zwei Gewinde gemein, und der Inbegriff der Gewinde in jedem der Büschel, welche zu Γ harmonisch sind in Bezug auf diese beiden Schnittgewinde, ist das Polargewebe Π.

Wir haben die Linearität nachzuweisen. Wir verbinden einen beliebigen Büschel S_1 von Gewinden mit Γ zu einem Netz S_2; dasselbe schneidet aus S_4^2 ein quadratisches System S_1^2 1. Stufe von Gewinden. Bilden wir dies Netz ab in das Punktfeld der Nullpunkte seiner Gewinde in einer festen Ebene; so geht das quadratische System S_1^2 in einen Kegelschnitt (S_1^2) über, S_1 in eine Gerade (S_1), Γ in einen Punkt (Γ), und die vierten harmonischen Gewinde in den Büscheln, die von Γ nach den Gewinden von S_1 gehen, haben zu Bildern die Punkte der Polare von (Γ) nach (S_1^2), welche mit (S_1) einen Punkt gemein hat; also liegt von den vierten harmonischen Gewinden 1 in dem Büschel S_1.

Das System 2. Grades 3. Stufe, in dem sich S_4^2 und Π schneiden, wird durch die Gewinde gebildet, in denen S_4^2 von durch Γ gehenden Büscheln berührt wird.

Liegt Γ' in dem Polargewebe Π von Γ in Bezug auf S_4^2, oder ist Γ' zu Γ „conjugirt", so ist auch, wie der Büschel $\Gamma\Gamma'$ unmittelbar zeigt, *Γ im Polargewebe Π' von Γ' gelegen.*

Wir haben die involutorische Correlation im Gewinde-Raume von 5 Dimensionen, die wir als Polarsystem oder Polarcorrelation mit der „Basis" oder dem „Kern" S_4^2 bezeichnen können.

Jedes Gewinde Γ hat also in derselben ein polares Gewebe; die ∞^4 Gewinde, ∞^6 Büschel, ∞^6 Netze oder Bündel, ∞^4 Gebüsche desselben (I, Nr. 151) *werden wir zu Γ conjugirt nennen.*

Der Pol Γ eines beliebigen Gewebes Π ist das Schnittgewinde der Polargewebe von 5 Gewinden jenes Gewebes, welche für dessen Constituirung geeignet sind, und *die ∞^4 Büschel, ∞^6 Netze, ∞^6 Ge-*

büsche, ∞^4 *Gewebe, die durch den Pol* Γ *gehen* (I, Nr. 157), *heissen zu* Π *conjugirt.*

Weiter seien Π, Π' die Polargewebe von Γ, Γ'; sie schneiden sich in einem Gebüsche $\Pi\Pi'$ (I, Nr. 156); jedes Gewinde dieses Gebüsches sendet sein Polargewebe durch Γ und Γ', also durch den Büschel $\Gamma\Gamma'$ und daher wiederum jedes Gewinde dieses Büschels das seinige durch jedes Gewinde des Gebüsches.

Die Polargewebe der Gewinde eines Büschels bilden einen Büschel, dessen Basis-Gebüsche wir zum Büschel polar nennen können.

Ebenso erzeugen die Polargewebe der Gewinde eines Netzes einen Bündel (oder ein Netz) von Geweben, dessen Basis das Netz ist, das irgend dreien von ihnen gemeinsam ist und das daher zum gegebenen Netz polar genannt wird; die Polargewebe der Gewinde des neuen Netzes haben das gegebene Netz gemein.

Zu einem Gebüsche von Gewinden ergiebt sich als polares Gebilde ein Büschel, welcher den Polargeweben aller Gewinde des Gebüsches gemein ist, derselbe, zu welchem das Gebüsche als polares Gebilde gehört.

Zu einem Büschel S_1 werden wir *conjugirt* nennen alle Gewebe, welche durch das polare Gebüsche gehen, die Polargewebe aller Gewinde von S_1, aber auch die ∞^3 Netze, ∞^4 Büschel, ∞^3 Gewinde des Gebüsches, welche polar sind zu den ebenso zahlreichen Netzen, Gebüschen, Geweben durch S_1, so dass auch S_1 zu ihnen conjugirt ist.

U. s. f.

In jedem Büschel von Gewinden haben wir eine Involution conjugirter Gewinde, in der die Schnittgewinde mit S_4^2 die Doppelelemente sind.

In jedem Netze erhält man ein zweistufiges Polarsystem, in dem jedem Gewinde des Netzes der Büschel polar ist, den das Netz mit dem Polargewebe des Gewindes gemeinsam hat; wir haben dies oben in ein polares Punktfeld abgebildet.

U. s. f.

Aber auch, dual, jeder Büschel von Geweben (mit einem Gebüsche als Basis) ist involutorisch mit conjugirten Geweben als gepaarten, d. h. solchen, von denen eines und dann jedes durch das Polgewinde des andern geht.

Es ist nicht möglich, alle diese wegen der höheren Dimension viel reichhaltigeren Beziehungen zu verfolgen; das Gesagte mag hinreichen.

666 Dagegen mag noch *die selbständige Herstellung dieser fünfdimen-*

sionalen Polarcorrelation besprochen werden, bei welcher wir nicht von der Basis S_4^2 ausgehen, sondern von der Correlation aus zu ihr gelangen, sie durch dieselbe definiren und ihre Mannigfaltigkeit ermitteln.

In einer Polarcorrelation giebt es $\infty^{5+4+3+2+1}$, also ∞^{15} *Polarsextupel von Gewinden oder,* wenn wir das Wort bilden wollen: *Polar-Sechsgewinde;* man construirt zu einem Gewinde Γ_1 das Polargewebe Π_1, nimmt in ihm Γ_2, sodass das Polargewebe Π_2 durch Γ_1 geht, darauf in dem Gebüsche $\Pi_1 \Pi_2$ das Gewinde Γ_3, in $\Pi_1 \Pi_2 \Pi_3$ wiederum $\Gamma_4, \ldots$; Π_6 ist eindeutig bestimmt als gemeinsames Gewinde der fünf bisher construirten Polargewebe. *Jedes der 6 Gewinde hat das Verbindungsgewebe der 5 andern zu seinem polaren.*

Durch ein solches Polar-Sextupel $\Gamma_1\ \Gamma_2 \ldots \Gamma_6$ *und ein weiteres Paar, bestehend aus einem Polgewinde* Γ_0 *und dem zugehörigen Polargewebe* Π_0, *ist die Correlation bestimmt.*

In jedem der 15 Verbindungs-Büschel $\Gamma_1 \Gamma_2, \ldots \Gamma_5 \Gamma_6$ oder $\mathfrak{B}_{12}, \ldots \mathfrak{B}_{56}$ haben wir eine Involution; die in $\mathfrak{B}_{12}$ z. B. ist durch das Paar $\Gamma_1 \Gamma_2$ und das aus den Schnitten mit den Geweben $\Gamma_0 \Gamma_3 \Gamma_4 \Gamma_5 \Gamma_6$ und Π_0 bestehende Paar bestimmt.

Bezeichnen wir entsprechend den Bündel $\Gamma_i \Gamma_k \Gamma_l$ mit B_{ikl}, das Gebüsche $\Gamma_i \Gamma_k \Gamma_l \Gamma_m$ mit G_{iklm} und das Gewebe $\Gamma_i \Gamma_k \Gamma_l \Gamma_m \Gamma_n$ mit $\mathfrak{G}_{iklmn}$.

Es sei nun ein beliebiges Gewinde Γ gegeben; wir bilden die Gewebe

$$\Gamma(G_{3456}, G_{2456}, G_{2356}, G_{2346}, G_{2345}),$$

schneiden mit ihnen die Büschel $\mathfrak{B}_{12}, \mathfrak{B}_{13}, \mathfrak{B}_{14}, \mathfrak{B}_{15}, \mathfrak{B}_{16}$ und suchen in deren Involutionen zu diesen Schnittgewinden die gepaarten:

$$\Gamma_{12}, \Gamma_{13}, \Gamma_{14}, \Gamma_{15}, \Gamma_{16}.$$

Das Gewebe Π, welches sie verbindet, ist das dem Γ entsprechende.

Die in den übrigen Verbindungsbüscheln analog construirten Gewinde befinden sich in Π. In der That, es sei z. B. Γ_{23} in der Involution von $\mathfrak{B}_{23}$ dem Schnittgewinde mit dem Gewebe ΓG_{1456} gepaart; in den Bündel B_{123} schneiden die 3 Gewebe $\Gamma(G_{1456}, G_{2456}, G_{3456})$, welche alle durch das Gebüsche ΓB_{456} gehen, 3 Büschel ein, welche das Gewinde Γ^*, in dem sich dies Gebüsche und der Bündel B_{123} schneiden, gemeinsam haben und von ihm nach $\Gamma_1, \Gamma_2, \Gamma_3$ gehen. Man erhält dann, innerhalb B_{123} bleibend, $\Gamma_{23}, \Gamma_{31}, \Gamma_{12}$ dadurch, dass man die Büschel $\mathfrak{B}_{23}, \mathfrak{B}_{31}, \mathfrak{B}_{12}$ mit den Büscheln $\Gamma^*(\Gamma_1, \Gamma_2, \Gamma_3)$ bezw. schneidet und zu den Schnittgewinden in den Involutionen die gepaarten sucht. Auch diese Involutionen in $\mathfrak{B}_{23}, \ldots$ ergeben sich zweidimensional: die 4 Gewebe $\Gamma_0 B_{456}(\Gamma_1, \Gamma_2, \Gamma_3)$ und Π_0 schneiden in B_{123} 4 Büschel ein, von denen B_0 der vierte sei und die drei ersten das Gewinde Γ_0^*, welches dem Bündel B_{123} mit dem Gebüsche $\Gamma_0 B_{456}$ gemeinsam ist, mit Γ_1, Γ_2, Γ_3 verbinden; so wird z. B. das zweite Paar der Involution in $\mathfrak{B}_{23}$ durch die Schnittgewinde mit den Büscheln B_0 und $\Gamma_1 \Gamma_0^*$ gebildet. Wir haben es demnach in der That mit einem zweidimensionalen Probleme zu thun und wissen aus der Theorie des ebenen oder zweidimensionalen Polarsystems, dass Γ_{23}, Γ_{13}, Γ_{12} in einem Büschel sich befinden.

Also gehören Γ_{23} und alle ähnlich construirten Gewinde in den übrigen die 5 Gewinde $\Gamma_2, \ldots \Gamma_6$ verbindenden Büscheln zu dem Gewebe Π, das durch $\Gamma_{12}, \ldots \Gamma_{16}$ constituirt wird und das wir Γ zugeordnet haben.

Somit ist die Unsymmetrie, die durch Bevorzugung von Γ_1 scheinbar entstand, in Wirklichkeit nicht vorhanden.

Wenn Γ in Γ_0 fällt, so ist z. B. der Schnitt von $\mathfrak{B}_{12}$ mit $\Gamma_0 G_{3456}$ das eine Gewinde des zweiten Paars, durch das die Involution in diesem Büschel bestimmt wird, und das gepaarte Gewinde ist daher das von Π_0 eingeschnittene; Π_0 verbindet also in diesem Falle alle die gepaarten Gewinde und ist das dem Γ_0 zugeordnete Π.

Ferner, wenn Γ eines der Gewinde Γ_i, etwa Γ_1 wird, so ist dasselbe in allen 5 Büscheln der Schnitt mit $\Gamma_1(G_{3456}, G_{2456}, \ldots)$; das gepaarte Gewinde ist bezw. $\Gamma_2, \Gamma_3, \ldots \Gamma_6$, also deren verbindendes Gewebe $\mathfrak{G}_{23456}$ ist das dem Γ_1 entsprechende Π.

Wir haben nun die *Linearität* dieser Beziehung darzuthun und lassen also Γ einen Büschel durchlaufen. Die Büschel $\mathfrak{B}_{12}, \mathfrak{B}_{13}, \ldots \mathfrak{B}_{16}$ werden projectiv, wobei die Schnitte mit $\Gamma G_{3456}, \ldots \Gamma G_{2345}$ entsprechend sind; folglich bewegen sich auch die gepaarten Gewinde projectiv und zwar so, dass das gemeinsame Gewinde Γ_1 sich selbst entsprechend ist; es ergiebt sich, wenn Γ in das Gewebe $\mathfrak{G}_{23456}$ gelangt. Wir haben nun zu zeigen, dass die Gewebe Π, welche je diese entsprechenden Gewinde $\Gamma_{12}, \ldots \Gamma_{16}$ verbinden, einen Büschel bilden, d. h. alle durch dasselbe Gebüsche gehen. Dass der Büschel, welcher Γ_{12}, Γ_{13} verbindet, um ein Gewinde Γ_{123} (von B_{123}) sich dreht, ist zweidimensionale Eigenschaft und daher nicht mehr zu beweisen. So erhalten wir in jedem der Bündel $B_{123}, B_{124}, \ldots B_{156}$ ein festes Gewinde $\Gamma_{123}, \ldots$. Alle diese Gewinde sind den Π gemeinsam, welche den Γ unseres Büschels entsprechen. Dass $\Gamma_{123}, \Gamma_{124}, \Gamma_{134}$ einem Büschel angehören, ist, da wir dabei uns innerhalb des Gebüsches G_{1234} bewegen, dreidimensionale Eigenschaft. Daher genügt es, $\Gamma_{123}, \Gamma_{124}$,

Γ_{125}, Γ_{126} zu betrachten, und diese constituiren das Gebüsche, das den Π gemeinsam ist.

Durchläuft Γ einen Bündel $\Gamma_1'\Gamma_2'\Gamma_3'$, so haben die Gewebe, welche den Gewinden Γ_x' des Büschels $\Gamma_1'\Gamma_2'$ entsprechen, alle, wie eben gefunden, ein Gebüsche gemein, also die Gewebe, die den Gewinden der Büschel Γ_3' Γ_x' entsprechen, den Bündel, in dem dies Gebüsche und das Γ_3' entsprechende Gewebe sich durchschneiden. Aehnliches gilt beim Gebüsche; und durchläuft Γ ein Gewebe, so haben die entsprechenden Gewebe alle das Gewinde gemeinsam, in dem die 5 den Constituenten jenes Gewebes entsprechenden Gewebe sich durchschneiden.

Es sei wiederum Π zu Γ construirt vermittelst der $\Gamma_{12}, \ldots \Gamma_{16}$; sodann sei Γ' in Π gelegt, so gilt es zu beweisen, dass Π' durch Γ geht. Nehmen wir zunächst an, Γ' sei Γ_{12}. Weil dies Gewinde zu $\mathfrak{B}_{12}$ gehört, so muss Π' zum Gewebe-Büschel ($\mathfrak{G}_{13456}$, $\mathfrak{G}_{23456}$) gehören, also durch G_{3456} gehen, ferner, da Γ_{12} selbst der Schnitt von $\Gamma_{12}G_{3456}$ mit $\mathfrak{B}_{12}$ ist, durch das Γ_{12} gepaarte Gewinde in der Involution von $\mathfrak{B}_{12}$; das ist, infolge der Construction von Γ_{12}, das Schnittgewinde von ΓG_{3456} mit $\mathfrak{B}_{12}$; das Γ_{12} zugehörige Gewebe verbindet also G_{3456} mit diesem Gewinde, ist daher ΓG_{3456} und geht durch Γ. Folglich gehen die Gewebe, welche den $\Gamma_{12}, \ldots \Gamma_{16}$ entsprechen, alle durch Γ, welches also das ihnen gemeinsame Gewinde ist; daher geht auch das Gewebe, das irgend einem Gewinde Γ' des Gewebes $\Pi \equiv \Gamma_{12} \ldots \Gamma_{16}$ entspricht, durch Γ. Hierdurch ist bewiesen, dass *die Beziehung involutorisch ist.**)

Gruppen von 6 Gewinden giebt es $\infty^{6.5}$, ferner kann man auf 667
∞^5 Weisen dem festen Gewebe Π_0 das Gewinde Γ_0 (oder umgekehrt) zuordnen; andrerseits aber kann die Polarcorrelation aus jedem ihrer ∞^{15} Polar-Sechsgewinde construirt werden, daher ergiebt sich die Mannigfaltigkeit $30 + 5 - 15$.

*Im Gewinderaume giebt es ∞^{20} Polarcorrelationen.***)

Jede Polarcorrelation bestimmt ein quadratisches System 4. Stufe S_4^2

---

*) In I, Nr. 158 ist gezeigt worden, wie eine Collineation zweier Gewinderäume herzustellen ist; man kann daraus leicht die Herstellung der allgemeinen Correlation ableiten, indem man den einen Raum dualisirt, d. h. Gewinde, Büschel, . . . durch Gewebe, Gebüsche, . . . ersetzt.

**) Allgemeine Correlationen giebt es, da zur Festlegung 7 Gewinde in dem einen Raume und 7 Gewebe in dem andern als ihnen entsprechend erforderlich sind und die einen oder andern beliebig verändert werden können, $\infty^{7.5}$. *Allgemeiner, im Raume von i Dimensionen sind $i(i+2)$ allgemeine Collineationen oder Correlationen und $\infty^{\frac{1}{2}i(i+1)+i}$, also $\infty^{\frac{1}{2}i(i+3)}$ Polarcorrelationen möglich.*

von Gewinden: den Inbegriff der sich selbst conjugirten (je in ihre Polargewebe fallenden) Gewinde; jeder Büschel enthält 2, die Doppel-Elemente seiner Involution conjugirter Gewinde, und alle zu einem Gewinde Γ conjugirten Gewinde, die vierten harmonischen zu Γ in den ∞^4 Büscheln durch Γ in Bezug auf diese Doppel- oder Schnittgewinde mit S_4^2 erzeugen, wie wir wissen, *das Polargewebe von Γ nach S_4^2, das so mit dem Polargewebe nach der Polarcorrelation zusammenfällt.*

Weil Polarcorrelation und quadratisches System S_4^2 sich gegenseitig eindeutig bestimmen, so haben wir:

*Es giebt ∞^{20} quadratische Systeme 4. Stufe von Gewinden.**)

668 *Eine Polarcorrelation zeichnet sich besonders aus: in ihr ist zu jedem Gewinde das Gewebe aller Gewinde polar, die zu ihm in Involution sind;* die den Gewinden eines Büschels entsprechenden Gewebe gehen durch das Gebüsche der Gewinde, welche sämmtlich zu allen Geweben des Büschels in Involution sind, u. s. f.

Zu sich selbst in Involution sind die Strahlengebüsche. *Also ist die Basis dieser Polarcorrelation das Hauptsystem H_4^2.*

Jedes S_4^2 hat mit diesem Hauptsystem ein System 3. Stufe 4. Grades gemein, das aus lauter Strahlengebüschen besteht und umgekehrt auch alle Strahlengebüsche von S_4^2 umfasst.

Die Axen derselben bilden einen Complex 2. Grades; denn wie mit jedem Büschel, so hat S_4^2 auch mit dem Büschel von Gewinden, der aus den Strahlengebüschen besteht, welche die Strahlen eines Strahlenbüschels zu Axen haben, und dessen Grund-Strahlennetz in Bündel und Feld sich spaltet, 2 Gewinde gemein: in jedem Strahlenbüschel giebt es 2 Strahlen, welche Axen von zu S_4^2 gehörigen Strahlengebüschen sind.

Also (unter Anwendung der kürzeren Ausdrucksweise):

Jedes System S_4^2 geht durch einen Complex 2. Grades; ausgenommen natürlich H_4^2, welches alle Complexe 2. Grades enthält. Durch jeden Complex 2. Grades gehen ∞^1 Systeme S_4^2 (Nr. 620). *Folglich muss die Mannigfaltigkeit von S_4^2 um 1 höher sein als die von Γ^2;* jene ist 20, diese 19.

669 In Bezug auf ein quadratisches System 4. Stufe S_4^2 von Gewinden haben wir zu jedem Gewinde Γ oder S_0 — indem wir es der Gleichmässigkeit der Bezeichnung halber als lineares System 0ter Stufe auf-

---

*) *Oder allgemeiner, es giebt ∞^{20} quadratische Räume 4. Stufe in einem Raume von 5 Dimensionen.*

fassen — ein Polargewebe S_4; bewegt sich S_0 in einem S_1, S_2, S_3, S_4, so „dreht sich“ S_4 um ein S_3, S_2, S_1, S_0 (Nr. 665), und so ist jedem linearen Systeme i^{ter} Stufe S_i ein lineares System $(4-i)^{\text{ter}}$ S_{4-i} polar. Wird z. B. das Hauptsystem H_4^2 zu Grunde gelegt, sind zwei polare Systeme stets solche, die sich stützen.

Wenn S_0 zu S_4^2 gehört, so fällt in einem beliebigen Büschel durch S_0, weil dieses durchweg eins der Schnittgewinde mit S_4^2 ist, das vierte harmonische Gewinde in S_0, und dies gelangt so in das Polargewebe S_4, und nur dann, wenn S_0 zu S_4^2 gehört. In jedem der ∞^3 Büschel durch S_0, welche mit S_4^2 ausser S_0 noch ein unendlich nahes Gewinde gemein haben, wird das vierte harmonische Gewinde unbestimmt; der ganze Büschel gehört zu S_4.

Das Polargewebe oder — wie es in diesem Falle auch heisst — *das Tangential- oder Berührungsgewebe eines zu S_4^2 gehörigen Gewindes S_0 besteht aus ∞^3 von S_0 ausgehenden Büscheln, allen, welche S_4^2 in S_0 berühren.* Unter diesen Büscheln muss es solche geben, welche ein von S_0 verschiedenes Gewinde des Schnitts $S_4^2 S_4$ enthalten, also 3 Gewinde von S_4^2 und deshalb ganz zu diesem Systeme gehören. Diese Büschel erfüllen dann jenen Schnitt, und es sind ihrer deshalb ∞^2.

Unter jenen ∞^3 Büscheln befinden sich ∞^2, welche ganz zu S_4^2 gehören; durch sie entsteht der Schnitt von S_4^2 mit dem Tangentialgewebe S_4.

Indem die übrigen durch S_0 gehenden Büschel von S_4 nur S_0 mit S_4^2 gemein haben, *wird S_0 doppeltes Gewinde für den genannten Schnitt.**)

Auch umgekehrt, *jeder durch S_0 gehende Büschel, der ganz zu S_4^2 gehört, gehört auch ganz zum Tangentialgewebe von S_0, und wenn es in S_4^2 ein durch S_0 gehendes Netz giebt,* so beweisen dessen von S_0 ausgehende Büschel, dass *es ebenfalls ganz im Tangentialgewebe enthalten ist.*

Wenn S_4^2 das Hauptsystem H_4^2 ist, so ist ein ihm angehöriges S_0 ein Strahlengebüsche, und S_4 ist ein Gewebe mit Grundstrahl, der Axe dieses Gebüsches. Die ∞^2 Büschel, welche ganz zu H_4^2 gehören, sind diejenigen, deren Gebüsche je die Strahlen eines durch diese Axe gehenden Strahlenbüschels zu Axen haben; in den blos berührenden Büscheln haben die Gebüsche sich vereinigt: das Grund-Strahlennetz ist singulär.

Zwei polare Systeme S_1 und S_3 haben im allgemeinen kein Element gemein; im besondern Falle aber können sie ein Gewinde S_0 gemeinsam haben oder, noch specieller, S_1 befindet sich in S_3.

---

*) Wir könnten diesen Schnitt einen „Kegel 2. Grades 3. Stufe von Gewinden“ nennen.

Im ersteren Falle gehört S_0, welches in sein Polargewebe S_4 fällt, da dies durch S_3 geht, zu S_4^2, und diesem Polar- oder Tangentialgewebe gehören dann S_3 und S_1 an, da die Polargewebe aller Gewinde von S_1, S_3 durch S_3, S_1 gehen. Alle durch S_0 gehenden Büschel von S_4 berühren S_4^2 in S_0, insbesondere also auch S_1 und die ∞^2 durch S_0 gehenden Büschel von S_3.

Wenn ein S_1 und ein S_3, die in Bezug auf S_4^2 polar sind, ein Gewinde S_0 gemeinsam haben, so liegt dies in S_4^2 und beide linearen Systeme berühren in ihm S_4^2 und einander.

Nunmehr gehöre S_1 ganz zu S_3; dann gehört S_1 ganz zu S_4^2, und umgekehrt das System S_3, welches zu einem in S_4^2 befindlichen S_1 polar ist, enthält diesen Büschel. *S_3 berührt dann S_4^2 in allen Gewinden von S_1*, d. h. alle Büschel von S_3, welche S_1 schneiden, berühren S_4^2 im Schnittgewinde (Berührung zweiter Art).

Jedes Gewinde von S_1 ist daher doppelt für den Schnitt von S_3 mit S_4^2; dieser zerfällt in zwei Gewindenetze, wie die Abbildung von S_3 in den Punktraum unmittelbar ergiebt.

Handelt es sich um H_4^2, so besteht im zweiten Falle, wo S_1 ganz dem S_3, auf das er sich stützt, angehört, dieser Büschel aus lauter Strahlengebüschen, deren Axen einen Büschel bilden; in allen diesen Gebüschen berührt S_3 das Hauptsystem. Dies System S_3 besteht aus den Gewinden, welche durch jenen Strahlenbüschel gehen. Die beiden Netze von Gewinden, aus denen der Schnitt von S_3 und H_4^2 besteht, sind die Systeme der Strahlengebüsche, deren Axen durch den Scheitel des Strahlenbüschels gehen, und derjenigen, deren Axen in seine Ebene fallen: Systeme, für welche sich von selbst die Namen: *Bündel, Feld von Strahlengebüschen* darbieten. Dass sie Netze sind und in der bekannten Weise aus 3 ihrer Strahlengebüsche constituirt werden können, bedarf keiner Erörterung; da ja ein Bündel oder ein Feld von Strahlen durch drei seiner Strahlen constituirt wird. — Die Grund-Regelschaar eines solchen Netzes hat sich jedoch zu einem Bündel oder Felde von Strahlen erweitert.

670 *Zwei Netze S_2 und S_2', die in Bezug auf S_4^2 polar sind*, haben im allgemeinen kein Gewinde gemein; im speciellen Falle aber können sie ein S_0 oder ein S_1 gemeinsam haben oder zusammenfallen. *S_2 und S_2' haben ein Gewinde S_0 gemeinsam, wenn in einem Netze S_2, das durch ein Gewinde S_0 von S_4^2 geht, alle durch S_0 gehenden Büschel*, die ja S_2 ausfüllen, *das System S_4^2 in S_0 berühren;* daraus folgt, dass dann S_0 zu den Polargeweben aller Gewinde von S_2, also zu S_2' gehört. Beide Netze S_2 und S_2' befinden sich im Tangentialgewebe S_4 von S_0, und

daher berühren auch alle durch S_0 *gehenden Büschel von* S_2' *das System* S_4^2 *in* S_0.

Der Schnitt von S_2 *sowohl wie von* S_2' *mit* S_4^2 *hat in* S_0 *ein Doppelgewinde und zerfällt daher in zwei in demselben sich schneidende Büschel.*

Das Netz S_2 *liege so zu* S_2^4, *dass die Büschel in ihm, welche von zweien seiner Gewinde fächerförmig ausgehen, in diesen Gewinden* S_4^2 *berühren;* dann gehören dieselben und infolge dessen auch ihr Büschel S_1 zu den Polargeweben aller Gewinde von S_2, also zum polaren Netze S_2'. Jedes Gewinde von S_1 befindet sich demnach in seinem Polargewebe, so dass der ganze Büschel S_1 in S_4^2 enthalten ist.

Beide Netze S_2 und S_2' gehören zu dem Polargebüsche S_3 des S_1, und folglich berühren alle Büschel des einen, wie des andern das System S_4^2 je in den Schnittgewinden mit S_1. *Die beiden zu einander polaren Netze berühren* S_4^2 *und einander in allen Gewinden von* S_1 (Berührung zweiter Art).

Endlich machen wir dieselbe Voraussetzung für die Büschel von S_2, *die von 3 beliebigen Gewinden* Γ, Γ', Γ'' *ausstrahlen.* Diese und also das ganze Netz S_2 befinden sich in den Polargeweben aller Gewinde von S_2; also *ist* S_2' *mit* S_2 *identisch.*

Das ganze Netz $S_2 \equiv S_2'$ gehört zu S_4^2.

Wenn zwei in Bezug auf H_4^2 polare Netze S_2, S_2', also zwei sich stützende Netze ein S_0 gemein haben, so gehört dies zu H_4^2 und ist ein Strahlengebüsche. Die Axen der Strahlengebüsche eines jeden der beiden Netze erfüllen die Grund-Regelschaar des andern, die Leitschaar der eigenen. Zwei verbundene Regelschaaren haben eine und nur eine Gerade gemein, wenn sie in zwei Strahlenbüschel (O, ω), (O', ω'), bezw. (O, ω'), (O', ω) zerfallen. Ein Gewindenetz, dessen Grund-Regelschaar in zwei Strahlenbüschel zerfällt, berührt das Hauptsystem H_4^2 in dem Strahlengebüsche, dessen Axe der Doppelstrahl des Büschelpaars ist, und dasselbe thut das zu ihm in Involution befindliche Netz.

Wenn aber die beiden Netze einen ganzen Büschel gemeinsam haben, so ist dies nicht anders möglich, als dass die zwei Büschel (O, ω), (O', ω') und infolge dessen alle 4 zusammenfallen. Dadurch erhalten wir *ein besonders interessantes specielles Netz von Gewinden,* mit dem wir uns etwas genauer vertraut zu machen haben.

In der Leitschaar λ einer zu einem Gewinde Γ gehörigen Regelschaar ϱ haben wir bekanntlich eine Involution von Geraden, die in Bezug auf Γ polar sind. Machen wir diese Dupel zu Leitgeraden von Strahlennetzen, so erzeugen die durchgehenden Büschel, zu denen allen Γ gehört, ein Netz von Gewinden; denn alle diese Strahlennetze und Gewinde gehen durch ϱ.

Wir lassen ϱ in zwei Strahlenbüschel mit gemeinsamem Strahle zerfallen, so geschieht dies auch bei λ, und die polaren Geraden durchlaufen diese Büschel von λ projectiv. Fallen die beiden Büschel von ϱ in einen (O, ω) zusammen, so vereinigen sich in diesen Strahlenbüschel von Γ auch die beiden Büschel von λ; jeder Strahl g desselben ist dann ja sich selbst polar. Das Strahlennetz, das er aus Γ ausscheidet, ist ein singuläres mit diesem Strahle als der einzigen Leitgeraden: es wird durch die Strahlenbüschel von Γ erzeugt, zu denen g gehört, oder die Projectivität, die ausser der Leitgeraden zu seiner endgiltigen Bestimmung noch erforderlich ist, ist die durch das Gewinde bestimmte, in der je der Scheitel und die Ebene eines durch g gehenden Strahlenbüschels von Γ einander entsprechen. Also:

Ein Strahlenbüschel (O, ω) eines Gewindes Γ scheidet aus Γ ∞^1 singuläre Strahlennetze aus, für welche die verschiedenen Strahlen von (O, ω) die einzigen Leitgeraden sind; die Büschel durch diese Strahlennetze erzeugen ein Netz S_2 von Gewinden.

Jeder von diesen Büscheln hat nur ein Strahlengebüsche, oder die Strahlengebüsche, die sich auf die Strahlen von (O, ω) stützen, — ihr Büschel möge mit $\{O, \omega\}$ bezeichnet werden — sind die einzigen im Netze. Folglich hat, abgesehen von dem Büschel $\{O, \omega\}$, jeder Büschel von S_2 nur ein Gebüsche, das, in dem er den $\{O, \omega\}$ schneidet; sein Grund-Strahlennetz ist auch singulär und dessen einzige Leitgerade gehört zu (O, ω).

(O, ω) gehört zu jedem Gewinde des Netzes, und die Grund-Strahlennetze des von demselben ausgehenden Büschels von S_2 werden ebenso aus ihm durch die Strahlen von (O, ω) ausgeschieden, so dass *das Gewinde, von dem wir ausgingen, durch jedes andere aus dem Netze ersetzt werden kann.*

Ein durch unser Netz gelegtes Gebüsche von Gewinden hat stets zwei vereinigte Grundgeraden; da der Doppel-Strahlenbüschel, welcher drei Gewinden des Netzes gemeinsam ist, von einem vierten Gewinde des Gebüsches in einem (doppelten) Strahle geschnitten wird.

Das Netz S_2', welches zu unserem Netze S_2 in Involution ist, wird aus dem auf Γ sich stützenden Gewebe S_4 durch die Bedingung ausgeschieden, dass seine Gewinde den Büschel (O, ω) enthalten; denn dadurch werden diese Gewinde sowohl zu Γ, als zu allen Strahlengebüschen von S_2 in Involution gebracht und demnach auch zu allen Büscheln, durch die wir S_2 erzeugt haben.

Dies neue Netz S_2' ist von derselben Art wie S_2. Die Strahlengebüsche, deren Axen den (O, ω) bilden, gehören ihm an; denn sie befinden sich in S_4 und gehen bei der obigen Ausscheidung in S_2'

über; alle Büschel von S_2' haben singuläre Grund-Strahlennetze: in der Leitgeraden haben je die beiden Grundgeraden des Gebüsches durch S_2 sich vereinigt, das auf den Büschel sich stützt.

Beide Netze S_2 und S_2' berühren (in zweiter Art) das Hauptsystem H_4^2 in allen Strahlengebüschen des ihnen gemeinsamen Büschels $\{O, \omega\}$.

Wenn endlich S_2 mit dem zu ihm nach H_4^2 polaren Netze S_2' ganz zusammenfällt, so liegt es in H_4^2; *wir haben in der That Netze, welche ganz aus Strahlengebüschen bestehen: die oben besprochenen Bündel und Felder von Strahlengebüschen; in einem solchen Netze ist jedes Element zu jedem andern und zu sich selbst in Involution*; denn ein Strahlengebüsche ist zu sich selbst und zu jedem andern in Involution, dessen Axe die seinige trifft.

Wenn S_{4-i} zu S_i polar ist in Bezug auf S_2^4 $(i = 0, 1, 2, 3)$, so 671
hat S_{4-i} mit S_4^2 einen Schnitt 2. Grades von der Stufe $4 + 4 - i - 5 = 3 - i$. Die Tangentialgewebe der Gewinde dieses Schnitts S_{3-i}^2 gehen durch S_i (Nr. 669); und umgekehrt, *S_{3-i}^2 ist der Ort der Berührungsgewinde der durch S_i gehenden Tangentialgewebe von S_4^2.*

Es seien zwei quadratische Systeme 4. Stufe S_4^2 und S_4^{2*} von Ge- 672
winden vorgelegt; sie führen zu einem Büschel von solchen Systemen. Jedes Gewinde Γ bestimmt eins; wir ermitteln in jedem der ∞^4 von Γ ausgehenden Büschel in der Involution, welche durch die Paare der Schnittgewinde mit S_4^2 und S_4^{2*} festgelegt wird, das dem Γ gepaarte Gewinde; alle diese Gewinde erzeugen das System. Wenn der Büschel von Γ nach einem der Gewinde des Systems 4. Grades 3. Stufe S_3^4 geht, welches beiden gegebenen Systemen gemeinsam ist, so wird die Involution parabolisch und das erzeugende Gewinde fällt in jenes Gewinde. Also geht das erzeugte System durch das System S_3^4. Um uns zu überzeugen, dass es in jeden Büschel S_1 2 Gewinde sendet, bilden wir wiederum das Netz, welches S_1 mit Γ verbindet, in ein Punktfeld ab und erhalten, da wir ja nur die durch Γ gehenden Büschel zu betrachten haben, welche S_1 treffen und deshalb in das Netz ΓS_1 fallen, die analoge Construction eines Kegelschnitts, der einem Kegelschnitt-Büschel angehört.

Es sei nun $|S_4^2|$ das aus Γ construirte System, Γ' ein zu ihm gehöriges Gewinde. Durch den Büschel $\Gamma\Gamma'$ gehen ∞^3 Gewinde-Netze; jeder von den ∞^4 von Γ oder Γ' ausgehenden Gewindebüscheln fällt in eins dieser Netze, in jedes ∞^1. Mit einem dieser Netze B schneiden wir S_4^2, S_4^{2*}, $|S_4^2|$ in drei quadratischen Systemen 1. Stufe $\mathfrak{S}_1^2$, $\mathfrak{S}_1^{2*}$, $|\mathfrak{S}_1^2|$, von denen das letzte aus den beiden ersten durch die eben beschriebene Involutions-Construction erhalten wird, wenn von den durch Γ gehenden Gewinde-Büscheln nur die in B fallenden benutzt werden, darunter $\Gamma\Gamma'$; also gehört Γ' zu $|\mathfrak{S}_4^2|$. Die Abbildung des Netzes in ein Punktfeld lehrt, dass $|\mathfrak{S}_4^2|$ ebenso aus Γ' construirt werden kann. Durchlaufen wir daher alle ∞^3 Netze durch $\Gamma\Gamma'$, so erkennen wir, dass das aus Γ construirte $|S_4^2|$, wenn Γ' eins seiner Gewinde ist, ebenso aus diesem construirt werden kann.

Nun ist klar, dass *der erhaltene Büschel von S_4^2 in jedem Büschel S_1 von Gewinden eine Involution hervorruft*, da eben durch jedes Gewinde Γ von S_1 nur ein System geht, dessen zweites Schnittgewinde mit S_1 eindeutig und involutorisch durch Γ bestimmt ist.

Man erhält den Büschel von S_4^2 am besten, wenn man Γ einen Büschel durchlaufen lässt, welcher das Basissystem S_3^4 schneidet; weil dann die Involution parabolisch ist und jedes System des Büschels sich nur einmal ergiebt.

Die Polargewebe eines Polgewindes Γ in Bezug auf die Systeme S_4^2 eines Büschels bilden selbst einen Büschel; d. h. jedes der ∞^3 Gewinde, welche zweien von diesen Geweben gemeinsam sind, gehört auch jedem der übrigen an. Es sei Γ' ein Gewinde, das zu den Polargeweben von Γ in Bezug auf S_4^2 und auf S_4^{2*} gehört; so sind Γ und Γ' zu den Schnittgewinden ihres Büschels mit S_4^2 und mit S_4^{2*} harmonisch, also wegen der Involution in diesem Büschel zu den Schnittgewinden mit allen übrigen Systemen von (S_4^2, S_4^{2*}).

Die Basis des Büschels der Polargewebe ist ein Gebüsche.

Wenn man den Büschel aus Γ so legt, dass er zwei Gewinde der Basis S_3^4 von (S_4^2, S_4^{2*}) enthält, so fällt das vierte harmonische Gewinde in die Basis.

673 Es habe ein Gewinde Γ_0 in Bezug auf alle Systeme S_4^2 eines Büschels das nämliche Polargewebe Π_0, so sind in der Involution eines jeden Büschels aus Γ_0 dies Gewinde und das Schnittgewinde mit Π_0 die Doppelelemente; d. h. dasjenige System des Büschels, welches durch Γ_0 geht, hat mit jedem von Γ_0 ausgehenden Büschel zwei in Γ_0 vereinigte Gewinde gemein. Also:

Wenn ein Gewinde in Bezug auf alle Systeme S_4^2 eines Büschels das nämliche Polargewebe hat, so ist es ein „Doppelgewinde" eines Systems des Büschels; und umgekehrt.

Das Polargewebe eines beliebigen Gewindes in Bezug auf ein System S_4^2 mit Doppelgewinde geht durch dies Doppelgewinde.

Dies ergiebt sich unmittelbar aus der Definition des Polargewebes.

In Bezug auf ein solches System S_4^2 *mit einem Doppelgewinde* Γ_0 *gilt noch folgendes:*

Es enthält jeden Büschel, der Γ_0 *mit einem andern von seinen Gewinden verbindet, vollständig und daher* ∞^3 *von dem* Γ_0 *ausgehende Büschel, welche es ganz erfüllen. Also geht es durch Polarisirung in Bezug auf* Γ_0 *in sich selbst über;* denn ein Gewinde, in Bezug auf ein anderes polarisirt, transformirt sich stets in eins, das dem verbindenden Büschel angehört.

Legt man durch Γ_0 ein Netz S_2, so ist dessen Schnitt mit S_4^2 ein quadratisches System 1. Stufe mit Γ_0 als Doppelgewinde; daher zerfällt er in zwei durch Γ_0 gehende Büschel. Ist S_1 ein beliebiger durch Γ_0 gehender Büschel von S_2 und S_1' der zu ihm in Bezug auf jene Büschel harmonische, so leuchtet sofort ein, dass irgend zwei Gewinde von S_1 und S_1' in Bezug auf S_4^2 conjugirt sind; und so sehen wir, alle Netze durch S_1 betrachtend, dass sämmtliche Gewinde von S_1 in Bezug auf S_4^2 das nämliche Polargewebe haben.

In Bezug auf ein System S_4^2 *mit einem Doppelgewinde* Γ_0 *haben alle Gewinde eines durch dasselbe gehenden Büschels das nämliche Polargewebe* — ein Tangentialgewebe, wenn der Büschel dem S_4^2 selbst angehört. *So ergeben sich nur* ∞^4 *Polargewebe.*

Ein beliebiges Gewebe ist Polargewebe des Γ_0, und nur dann auch eines andern Gewindes Γ und infolge dessen aller Gewinde des Büschels $\Gamma\Gamma_0$, wenn die Polargewebe von 5 Constituenten des Gewebes ausser Γ_0 noch ein Gewinde und dann eben einen Büschel gemeinsam haben.

Alle von einem gegebenen Gewinde Γ_0 *ausgehenden Büschel, welche ein beliebiges System* S_4^2 *tangiren, bilden ein quadratisches System 4. Stufe mit* Γ_0 *als Doppelgewinde.* Denn das Netz S_2, welches ein Büschel S_1 mit Γ_0 bestimmt, schneidet ein S_1^2 aus, an das, wie die Abbildung in ein Punktfeld lehrt, von Γ_0 zwei berührende Büschel kommen, und die beiden Schnitte derselben mit S_1 sind die einzigen in S_1 befindlichen Gewinde des erzeugten Systems. Jeder Büschel aber durch Γ_0 hat mit ihm, wenn er nicht selbst berührender Büschel ist, nur Γ_0 gemein.

Der Büschel quadratischer Systeme 4. Stufe von Gewinden durch einen Complex 2. Grades; seine Polarfigur nach dem Hauptsystem; die durch die Congruenz der singulären Strahlen gehenden Nebencomplexe und deren polare Complexe.

674 Wir kehren zu dem Nr. 620 verlassenen Büschel $\mathsf{B}(\Gamma^2)$ quadratischer Systeme 4. Stufe von Gewinden, der durch den gegebenen Complex „geht", zurück. Zu ihm gehört stets das Hauptsystem $H_4^{\,2}$, und seine Basis ist das System 3. Stufe 4. Grades $H_3^{\,4}(\Gamma^2)$ der Strahlengebüsche, welche die Strahlen von Γ^2 zu Axen oder Leitgeraden haben.

Wir haben erkannt, dass der Complex Γ^2, in Bezug auf jedes der 6 Fundamentalgewinde Γ_i polarisirt, in sich selbst übergeht (Nr. 541).

Zwei sich zweimal schneidende Regelschaaren von Γ^2 gehen in eben solche, zwei Regelschaaren aus demselben Gebüsche von Γ^2, weil in demselben Gewinde befindlich, wieder in zwei Regelschaaren über, welche demselben Gebüsche angehören. In dem Gewindenetze durch eine Regelschaar ϱ von Γ^2 befindet sich ein Büschel, der zu Γ_i in Involution ist, der Schnitt des Netzes mit dem auf Γ_i sich stützenden Gewebe; seine Gewinde werden durch die Polarisirung in Bezug auf Γ_i in sich selbst transformirt (I, Nr. 106); daher muss ϱ', die der ϱ entsprechende Regelschaar, ebenfalls in dem Grund-Strahlennetze dieses Büschels enthalten sein, also ϱ zweimal schneiden. *Folglich führt die Polarisirung in Bezug auf das Fundamental-Gewinde Γ_i jedes Regelschaar-Gebüsche Σ_3 von Γ^2 in das verknüpfte Gebüsche Σ_3' über.*

Die Leitschaar λ von ϱ geht in diejenige λ' von ϱ' über, und daher der Σ_3, Σ_3' zugeordnete consinguläre Complex in sich selbst, was wir jedoch schon wissen. Aber auch der Gewindebündel (λ) geht in den Gewindebündel (λ') über; da ϱ und ϱ' zu verknüpften Gebüschen gehören, so befinden sich (λ) und (λ') in demselben quadratischen Systeme $S_4^{\,2}$ durch Γ^2. *Also geht auch durch die Polarisirung in Bezug auf Γ_i jedes der durch Γ^2 gehenden quadratischen Systeme $S_4^{\,2}$ 4. Stufe von Gewinden in sich selbst über.*

Nun sind, wenn in Bezug auf ein Gewinde Γ_i polarisirt wird, zwei entsprechende Gewinde stets mit ihm in demselben Büschel und das dem Γ_i in Bezug auf sie harmonisch zugeordnete Gewinde ist das einzige Gewinde des Büschels, das sich auf Γ_i stützt (I, Nr. 107).

In irgend einem Büschel aus Γ_i sind also die beiden Schnittgewinde mit einem der durch Γ^2 gehenden Systeme $S_4^{\,2}$ entsprechend in der Polarisirung, und das vierte harmonische Gewinde ist der Schnitt des Büschels mit dem Polargewebe von Γ_i in Bezug auf dieses System, aber andererseits auch, weil dieses Gewinde zu Γ_i in Involution ist, der Schnitt des Büschels mit dem Polargewebe von Γ_i in Bezug auf das Hauptsystem. D. h.

Γ_i hat in Bezug auf alle Systeme S_4^2 von $\mathsf{B}(\Gamma^2)$ das nämliche Polargewebe oder ist Doppelgewinde desjenigen dieser Systeme, zu dem es gehört.

Die Leitschaaren λ der Regelschaaren ϱ des Doppelgebüsches $\Sigma_{3,i} \equiv \Sigma'_{3,i}$ erzeugen Γ_i, also enthalten alle Bündel (λ) dies Gewinde Γ_i; und somit gehört es zu dem Systeme $S_{4,i}^2$, welches diesem Doppelgebüsche $\Sigma_{3,i}$ zugeordnet ist.

Die 6 Systeme $S_{4,i}^2$ aus dem Büschel $\mathsf{B}(\Gamma^2)$, welche den Doppelgebüschen $\Sigma_{3,i}$ zugeordnet sind, haben in den zugehörigen Gewinden Γ_i Doppelgewinde.

Weil die 6 Gewinde Γ_i gegenseitig in Involution sind, so geht das gemeinsame Polargewebe eines jeden von ihnen in Bezug auf den Büschel $\mathsf{B}(\Gamma^2)$ durch die 5 andern, und sie bilden also das gemeinsame Polar-Sechsgewinde dieses Büschels.

Hätte noch ein System S_4^2 unseres Büschels ein Doppelgewinde, so würde dieses wiederum ein und dasselbe Polargewebe in Bezug auf alle S_4^2 des Büschels haben und dies müsste durch die 6 Doppelgewinde Γ_i gehen; dieselben gehören aber nicht demselben Gewebe an.

Nehmen wir als Polgewinde ein Gebüsche [l]. In jedem der Polar- 675
gewebe P_4 von [l] in Bezug auf ein System von $\mathsf{B}(\Gamma^2)$ betrachten wir auch nur die Strahlengebüsche; ihre Axen bilden ein Gewinde — das sich auf P_4 stützende — *und diejenigen, welche zu den Gebüschen der Basis P_3 des Büschels der P_4, einem Gewindegebüsche, gehören, bilden ein Strahlennetz* (I, Nr. 144, 147); *wir erhalten so einen Gewindebüschel mit diesem Strahlennetze als Basis.*

Wir können diese Gewinde und dies Netz die Polargewinde und das Polar-Strahlennetz von l in Bezug auf Γ^2 nennen; denn sie sind mit den Gebilden, die wir früher (Nr. 512) mit diesen Namen belegt haben, identisch.

Verbindet man nämlich das Gebüsche [l] mit irgend einem Gebüsche [g'] aus $H_3^4(\Gamma^2)$, dessen Axe g' — ein Strahl von Γ^2 — die l schneidet, so besteht der ganze verbindende Büschel aus Strahlengebüschen, deren Axen den Büschel $g'l$ bilden. Also nicht blos das erste Schnittgewinde [g'] dieses Büschels mit irgend einem der S_4^2 von $\mathsf{B}(\Gamma^2)$, sondern auch das zweite ist ein Gebüsche [g''], in $H_3^4(\Gamma^2)$ befindlich und fest; das vierte harmonische dem [l] zugeordnete ist das Gebüsche unseres Büschels, dessen Axe p der vierte harmonische Strahl ist, der l zugeordnet ist in Bezug auf g', g''; es ist auch für alle S_4^2 das nämliche und befindet sich daher in P_3, seine Axe p also in dem oben erwähnten Strahlennetze.

Aber diese vierten harmonischen Strahlen p, die einer Geraden l zugeordnet sind in Bezug auf je zwei Strahlen g', g'' von Γ^2, welche mit l zu demselben Strahlenbüschel gehören und die alle in diesem Strahlennetze sich befinden, bilden selbst ein Strahlennetz, das wir eben früher das Polar-Strahlennetz von l in Bezug auf Γ^2 genannt haben; also sind beide identisch, woraus dann auch die Identität der durchgehenden Gewinde folgt.

Somit sehen wir, dass *ein jedes von den* ∞^1 *Polargewinden einer Geraden* l *einem bestimmten von den* ∞^1 *durch* Γ^2 *gehenden quadratischen Systemen 4. Stufe* S_4^2 *zugeordnet ist: es wird durch die Axen der Strahlengebüsche gebildet, die in dem Polargewebe von* $[l]$ *in Bezug auf dies System sich befinden.*

Damit ist es auch einem Gebüschepaare Σ_3, Σ_3' *und einem Dupelsysteme* Σ_5 *von* Γ^2 *zugeordnet.*

Für den Büschel der Tangentialgewinde eines Strahls g von Γ^2 haben wir eine solche Zuordnung schon erkannt; bei ihr entspricht jedem Tangentialgewinde dasjenige Gebüschepaar Σ_3, Σ_3', zu dem die Regelschaaren von Γ^2 gehören, die durch g gehen und die Schnittcongruenz mit dem Tangentialgewinde bilden. Wir wollen *die Identität der beiden Zuordnungen* nachweisen.

Es sei ϱ eine von den durch g gehenden Regelschaaren, die sich im betrachteten Tangentialgewinde von g befinden, Σ_3 das Gebüsche, zu dem sie gehört, welchem also bei der früheren Zuordnung das Tangentialgewinde zugeordnet ist; ferner sei g' eine zweite Gerade von ϱ, so dass gg' ein Dupel des Σ_5 ist, das dem Σ_3 (und Σ_3') zugeordnet ist. Somit gehört der Gewindebüschel durch $[gg']$ zu dem Systeme S_4^2, das wiederum Σ_3, Σ_3' und Σ_5 zugeordnet wird. Dieser Büschel, ein durch das Polgewinde $[g]$ gehender, gehört also ganz dem S_4^2 an, die beiden Schnittgewinde und also auch das vierte harmonische Gewinde werden unbestimmt; der ganze Büschel befindet sich daher auch im Polargewebe, also gehört auch das zweite Gebüsche $[g']$ demselben an, oder g' gehört dem Polar- oder Tangentialgewinde von g nach S_4^2 an. Dies gilt für jeden Strahl des gegebenen Tangentialgewindes, und die Identität der beiden Zuordnungen ist erkannt.

676 Das Polargewebe von $[l]$ in Bezug auf ein System $S_{4,i}^2$ enthält dessen Doppelgewinde Γ_i; daher ist das Polargewinde von l, weil in Involution zu allen Gewinden des Gewebes (I, Nr. 152), insbesondere auch zu Γ_i in Involution.

Die 6 Gewinde eines Büschels von Polargewinden, welche den 6 Systemen $S^2_{4,i}$ zugeordnet sind, sind bezw. zu dem betreffenden Fundamental-Gewinde Γ_i in Involution.

Nunmehr erkennen wir, dass *alle diese ∞^4 Büschel von Polargewinden, den verschiedenen Geraden l des Raums zugehörig, projectiv sind mit solchen Gewinden als entsprechenden, welche demselben Systeme $S_4{}^2$ von $\mathsf{B}(\Gamma^2)$ zugeordnet sind.*

Das Gebüsche $[l]$ gehört stets zu diesem Büschel und zwar ist es dem Hauptsysteme $H_4{}^2$ zugeordnet.

Denn wir haben in Nr. 669 gefunden, dass das Polar- oder Tangentialgewebe eines Gebüsches $[l]$ in Bezug auf das Hauptsystem $H_4{}^2$ das Gewebe ist, welches die Axe l zum Grundstrahle hat; also ist das Gewinde der Axen der in diesem Gewebe enthaltenen Gebüsche das Gebüsche $[l]$.

Das andere Gebüsche in einem Büschel von Polargewinden, das die Polare l' von l zur Axe hat, ist keinem festen Systeme aus $\mathsf{B}(\Gamma^2)$ zugeordnet.

Weil der Büschel der Polargewinde einer Geraden l in Bezug auf Γ^2 den verschiedenen Gebüschepaaren von Γ^2 und den verschiedenen consingulären Complexen projectiv zugeordnet ist, so kann man als das Doppelverhältniss von 4 Complexen der Reihe $\mathfrak{F}(\Gamma^2)$ auch das Doppelverhältniss der 4 Gewinde in dem Polargewinde-Büschel irgend einer Geraden in Bezug auf irgend einen der Complexe der Reihe annehmen; und diese Definition stimmt nothwendig mit der früheren (Nr. 538) überein, da jeder solche Büschel auch zu jedem Tangentenbüschel von Φ projectiv ist mit solchen Elementen als entsprechenden, die demselben Complexe aus $\mathfrak{F}(\Gamma^2)$ zugeordnet sind.

Dasjenige Gewinde eines Polargewinde-Büschels, welches einem Doppelgebüsche $\Sigma_{3,i}$ oder einem $S^2_{4,i}$ (durch Γ^2) oder einem Fundamental-Gewinde Γ_i zugeordnet ist, befindet sich zu diesem in Involution. Sucht man also aus dem Büschel der Polargewinde einer Geraden l (in Bezug auf Γ^2) die 6 Gewinde, welche zu den Fundamental-Gewinden Γ_i bezw. in Involution sind, so sind deren 3 unabhängige Doppelverhältnisse die absoluten Invarianten der Reihe $\mathfrak{F}(\Gamma^2)$. Sie ändern sich nicht, wenn man einen andern Complex aus der Reihe zu Grunde legt. Nimmt man noch das Gebüsche $[l]$ hinzu, das ja auch dem Polargewinde-Büschel angehört und zwar dem Γ^2 selbst zugeordnet ist, so sind die 4 unabhängigen Doppelverhältnisse dieser 7 Gewinde die absoluten Invarianten von Γ^2.

Halten wir ein bestimmtes (von $H_4{}^2$ verschiedenes) System $S_4{}^2$ 677
aus $\mathsf{B}(\Gamma^2)$ fest, so können wir nach dem Orte der Geraden l fragen,

deren dem S_4^2 zugeordnetes Polargewinde Gebüsche sind (mit der Polare l' von l als Axe).

Bewegt man l in einem Strahlenbüschel, so beschreibt $[l]$ auch einen Büschel; das Polargewebe in Bezug auf S_4^2 beschreibt ebenfalls einen Büschel (Nr. 665), ebenso das Gewinde der Axen der Strahlengebüsche in dem Polargewebe oder kurz das Polargewinde von l: Grund-Strahlennetz dieses Büschels ist das Netz der Axen der Strahlengebüsche, welche sich in dem Basis-Gebüsche des Büschels der Polargewebe befinden. Weil dieser Gewindebüschel 2 Gebüsche enthält — ihre Axen sind die Grundstrahlen des eben erwähnten Basis-Gebüsches —, so haben wir:

Die Strahlen l, deren einem bestimmten Systeme S_4^2 aus dem Büschel $\mathsf{B}(\Gamma^2)$ *zugeordnete Polargewinde Gebüsche sind, erzeugen einen Complex 2. Grades.*

Solcher Complexe erhalten wir ∞^1, von denen jeder einem Systeme S_4^2 aus $\mathsf{B}(\Gamma^2)$ *zugehört.*

Wir wollen diese quadratischen Complexe *die Nebencomplexe von* Γ^2 nennen und mit Λ^2 bezeichnen.

Wir haben in Nr. 526 gefunden, dass sämmtliche Polargewinde eines singulären Strahls von Γ^2 Gebüsche ist; folglich befindet sich die Congruenz 4. Grades **S** der singulären Strahlen in allen Nebencomplexen.

Die Congruenz 4. Grades der singulären Strahlen ist vollständiger Schnitt des Γ^2 mit ∞^1 andern quadratischen Complexen, seinen Nebencomplexen.

Damit haben wir den Büschel von Complexen 2. Grades durch **S** erhalten, auf den wir in Nr. 537 hinwiesen.

Wenn l ein Strahl von Γ^2 ist, so fällt l' mit l zusammen, das Gebüsche $[l']$ ist dann als $[l]$ dem H_4^2 zugeordnet.

Also ist der dem Hauptsysteme H_4^2 zugeordnete Nebencomplex der Γ^2 selber.

678 Betrachten wir einen der Büschel (E, δ), der, wie wir wissen, aus lauter singulären Strahlen besteht.

Der Büschel der Polargewinde eines jeden dieser Strahlen besteht aus Gebüschen, deren Axen, die Polaren des Strahls, die weiteren Tangenten der Φ in dem singulären Punkte sind, der dem Strahle zugehört; sie bilden also den Büschel in δ um den zweiten Schnitt des Strahls mit dem Kegelschnitte $[\delta]$. Die einzelnen Strahlen desselben sind somit projectiv den Systemen S_4^2 zugeordnet. Die demselben Systeme S_4^2 zugeordneten Polaren der verschiedenen Strahlen von (E, δ)

laufen in einen Punkt von $[\delta]$ zusammen. Denn die Polargewinde dieser Strahlen, welche dem S_4^2 zugeordnet sind, bilden einen Büschel, weil die Strahlen dies thun, und beide Büschel sind projectiv; sämmtliche Polargewinde sind Gebüsche, also bilden ihre Axen, das sind unsere Polaren, ebenfalls einen Büschel, der auch zu (E, δ) projectiv ist. Die entsprechenden Strahlen schneiden sich stets auf $[\delta]$; also liegt auch der Scheitel des Polarenbüschels auf diesem Kegelschnitte. *So wird jedem Systeme S_4^2 von $\mathsf{B}(\Gamma^2)$ ein Punkt eines jeden der Kegelschnitte $[\delta]$ zugeordnet.*

Einem $S_{4,i}^2$ ist ein Polargewinde zugeordnet, das sich auf Γ_i stützt; da es für einen Strahl von (E, δ) ein Gebüsche ist, so liegt dessen Axe in Γ_i und geht deshalb, als Strahl von δ, durch den Doppelpunkt D auf $[\delta]$, welcher der Nullpunkt von δ in Bezug auf Γ_i ist oder, was dasselbe, der der singulären Ebene δ von C_i^2 zugehörige singuläre Punkt ist.

In unserer Projectivität sind daher den Systemen $S_{4,i}^2$ diese 6 Doppelpunkte zugeordnet, also ist sie die uns schon bekannte, in welcher jedem S_4^2 der Punkt E entspricht, welcher der δ in dem S_4^2 zugeordneten consingulären Complexe zukommt (Nr. 540).

Duales gilt für einen Büschel (D, ε).

Da der Büschel der Kegel, die von einem beliebigen Punkte an die Complexe des Λ^2-Büschels kommen, 3 Ebenenpaare enthält, so haben wir: 679

Von den singulären Flächen $\Phi(\Lambda^2)$, die zu den Nebencomplexen Λ^2 eines gegebenen Complexes Γ^2 gehören und unter denen sich dessen singuläre Fläche Φ selbst befindet, gehen 3 durch einen beliebigen Punkt und berühren 3 eine beliebige Ebene.

Die 4 Grundstrahlen jenes Kegelbüschels sind die 4 singulären Strahlen von Γ^2. Lassen wir also den Punkt auf die Φ fallen nach S, so vereinigen sich zwei von ihnen in den zu S gehörigen singulären Strahl s (Nr. 524), von den 3 Ebenenpaaren vereinigen sich daher zwei in das zu Γ^2 gehörige Ebenenpaar, dessen Doppellinie s ist.

Durch einen Punkt der singulären Fläche Φ des Γ^2 geht die singuläre Fläche eines einzigen (von Γ^2 verschiedenen) Nebencomplexes Λ^2.

Die Schnittcurven der Φ mit den $\Phi(\Lambda^2)$ überziehen Φ einfach.

Ist S ein Punkt der Curve T^{16}, auf der die dreipunktig berührenden singulären Strahlen von Γ^2 tangiren, so fallen in s sogar 3 von den singulären Strahlen des Γ^2 zusammen (Nr. 547); also fallen alle 3 Ebenenpaare des Kegelbüschels in das zu Γ^2 gehörige Ebenenpaar 680 zusammen. Demnach ergiebt sich T^{16} als Schnitt der Φ mit einer $\Phi(\Lambda^2)$ für den Fall, wo Λ^2 sich mit Γ^2 vereinigt, oder ist Durchschnitt der Fläche Φ mit der singulären Fläche desjenigen Nebencomplexes, der dem Γ^2 unendlich nahe benachbart ist. Sie ist also Grenzlage von Schnittcurven der Φ mit andern Flächen 4. Ordnung, mithin selbst eine solche Schnittcurve. Für jede der andern Haupttangenten-Curven der Φ ergiebt sich dasselbe vermittelst des consingulären Complexes, dem sie zugehört, und seiner Nebencomplexe. Also:

*Die Haupttangenten-Curven der Kummer'schen Fläche sind Grundcurven von Flächenbüscheln 4. Ordnung oder können mit jedem Punkte durch eine Fläche 4. Ordnung verbunden werden.**)

Die 16 Büschel (E, δ), sowie die 16 Büschel (D, ε) gehören ganz zur Congruenz **S** der singulären Strahlen von Γ^2, also zu allen Complexen Λ^2; folglich *liegen die Punkte E und D auf allen $\Phi(\Lambda^2)$ und die Ebenen δ, ε berühren sie.*

Der Kegelbüschel aus einem Punkte E oder D besteht aus lauter Ebenenpaaren mit der einen festen Ebene δ, bezw. ε, die veränderliche muss sich also um eine Gerade drehen. Ebenso bestehen die Curvenschaaren in δ oder in ε aus lauter Punktepaaren mit dem einen festen Punkte E, bezw. D; der zweite Punkt durchläuft eine Gerade.

Für einen Punkt D aber hat sich in dem zu Γ^2 gehörigen Ebenenpaare auch die zweite Ebene mit ε vereinigt; folglich liegt auch die Axe des Büschels der zweiten Ebenen in ε und ist Doppellinie aller Ebenenpaare, gemeinsamer singulärer Strahl aller Λ^2.

Wenn ein Büschel von Kegeln 2. Grades mit 3 vereinigten Grundstrahlen übergeht in eine — in unserm Falle parabolische — Involution von Ebenenpaaren, so geht jener 3 Grundstrahlen repräsentirende Strahl in die gemeinsame Doppellinie über. Bewegen wir uns also auf der dem Complexe Γ^2 zugehörigen T^{16} der Berührungspunkte der dreipunktig tangirenden singulären Strahlen, so fällt jener Strahl stets in diesen singulären Strahl, eine Erzeugende von T^{16}; gelangen wir daher in einen der Punkte D, so ergiebt sich der ausgezeichnete singuläre Strahl (3. Ordnung) s_D (Nr. 549), und dieser wird also gemeinsame Doppellinie aller Ebenenpaare oder gemeinsamer singulärer Strahl aller Λ^2. Die duale Betrachtung ergiebt das nämliche für die s_δ.

Die Nebencomplexe Λ^2 von Γ^2 haben 32 gemeinsame singuläre Strahlen: die Strahlen s_D und s_δ, welche für Γ^2 vierpunktig berührende singuläre Strahlen sind.

---

*) Vergl. hierzu und für das Folgende Reye, Journal f. Mathematik Bd. 97 S. 242.

Die Berührungsebene einer $\Phi(\Lambda^2)$ in einem Punkte D geht daher stets durch s_D, die Schnittcurve von Φ mit $\Phi(\Lambda^2)$ hat in D einen Doppelpunkt, dessen Tangenten die beiden Schnittkanten des Kegels $[D]$ mit der Berührungsebene sind; von ihnen ist s_D stets die eine. Wenn Λ^2 in Γ^2 übergeht, so fällt die Berührungsebene in die Tangentialebene ε des Kegels (D) längs s_D. Der Punkt D wird, wie wir schon wissen, für die Curve T^{16}, die wir als Schnittcurve in diesem Falle erhalten, Rückkehrpunkt mit s_D als Rückkehr-Tangente und ε als Schmiegungsebene.

Ebenso ergiebt sich durch die duale Betrachtung jede der Ebenen δ als Doppel-Berührungsebene des Torsus der die Φ und eine $\Phi(\Lambda^2)$ zugleich berührenden Ebenen und als Wende-Berührungsebene von T^{16} mit s_δ als Tangente und E als Berührungspunkt.

Wenn also auch die Schnittcurve der Φ mit der singulären Fläche des dem Γ^2 unendlich nahen Λ^2 Haupttangenten-Curve T^{16} ist und zwar die dem Γ^2 zugehörige, so fallen keineswegs die übrigen Schnittcurven $\{\Phi, \Phi(\Lambda^2)\}$ mit den übrigen Haupttangenten-Curven zusammen. Denn jene haben in den D Doppelpunkte, diese Rückkehrpunkte; von jenen geht durch jeden Punkt der Fläche nur eine, von diesen zwei.

Wir können, wie oben gefunden wurde, jede der Haupttangenten-Curven der Φ mit einem beliebigen Punkte P durch eine Fläche 4. Ordnung verbinden; von dem einfach unendlichen F^4-Systeme Σ_1, das sich so ergiebt, gehen durch jeden Punkt 2; die Punkte auf Φ beweisen dies, da ja durch jeden zwei Curven T^{16} laufen.

Ein einfach unendliches F^n-System, von dem durch jeden Punkt zwei Flächen gehen, ist immer in einem F^n-Netze enthalten; denn ein gemeinsamer Punkt von 3 Flächen des Systems ist auf allen gelegen, weil auf mehr als zweien (vergl. Nr. 544). Also haben die Flächen unseres F^4-Systems, ausser den Punkten D, noch 32 Punkte gemein, einschliesslich P.

Daraus folgt weiter, dass *die F^4-Büschel durch die Haupttangenten-Curven von Φ ein doppelt unendliches F^4-System Σ_2 bilden, von dem durch zwei beliebige Punkte 2 gehen.*

Dieses System befindet sich in einem F^4-Gebüsche.

Es seien F_1^4, F_2^4, F_3^4, F_4^4 4 unabhängige Flächen des Systems, d. h. solche, die nicht schon demselben Netze angehören und die also ein Gebüsche G bestimmen; 3 bestimmen ein Netz N in G und das durch irgend einen (von den D verschiedenen) Grundpunkt desselben bestimmte einfach unendliche System Σ_1 gehört zu demselben; ein zweites Tripel aus jenen 4 Constituenten liefert ein anderes Netz N' in G mit einem zweiten Systeme Σ_1'; jeder aber von unsern erzeugenden

F^4-Büscheln hat eine Fläche in Σ_1 und eine im allgemeinen von ihr verschiedene in Σ_1', also befindet sich der ganze Büschel in G.

680 Wir erinnern uns, dass die Paare verknüpfter Gebüsche Σ_3, Σ_3' von Γ^2 durch die Gewindenetze, für welche die Regelschaaren dieser Gebüsche selbst die Basen sind, zu den quadratischen Systemen $\mathfrak{S}_4^2$ führen, in denen die consingulären Complexe enthalten sind.

Wir wollen diese Systeme jetzt als Polarfiguren der durch Γ^2 gehenden S_4^2 in Bezug auf das Hauptsystem H_4^2 nachweisen.*)

Es sei Γ ein beliebiges Gewinde, Π sein Polargewebe in Bezug auf ein System S_4^2, in dem der Complex Γ^2 enthalten ist; Γ' das Gewinde, das sich auf Π stützt oder zu ihm nach dem Hauptsystem H_4^2 polar ist. Ist Γ ein Gebüsche $[l]$, so ist Γ' dasjenige Polargewinde von l in Bezug auf Γ^2, welches dem Systeme S_4^2 zugeordnet ist. Auch Γ' bestimmt Γ eindeutig; denn zu jedem Γ' giebt es ein zu ihm nach H_4^2 polares Gewebe Π und zu diesem ein Gewinde Γ, von dem es das Polargewebe nach S_4^2 ist.

Durchläuft Γ einen Büschel, so thut es auch Γ', und umgekehrt; also beschreibt Γ' ein quadratisches System 4. Stufe, $S_4'^2$, wenn Γ sich durch S_4^2 bewegt. Zwei in Bezug auf S_4^2 conjugirte Gewinde Γ und Γ_1 sind harmonisch zu den Schnitten ihres Verbindungsbüschels mit S_4^2, also sind auch ihre Polargewebe harmonisch zu den Tangentialgeweben dieser, und demnach wiederum die in Bezug auf H_4^2 polaren Gewinde jener zu den ebenfalls nach H_4^2 polaren dieser Gewebe, d. h. zu den Schnitten des Verbindungsbüschels der ersteren mit $S_4'^2$; wenn also Γ und Γ_1 in Bezug auf S_4^2 conjugirt sind, so sind es Γ' und Γ_1' in Bezug auf $S_4'^2$; oder aus einem Gewinde Γ und seinem Polargewebe in Bezug auf S_4^2 ergeben sich Γ' und sein Polargewebe in Bezug auf $S_4'^2$. Wenn wir zunächst $S_4'^2$ entstehen liessen durch ein Gewinde Γ', das sich auf ein Tangentialgewebe von S_4^2 stützt, so sehen wir jetzt, dass auch das Tangentialgewebe von $S_4'^2$ in Γ' sich stützt auf dasjenige Gewinde, in dem jenes das System S_4^2 berührt.

Es falle Γ' mit Γ zusammen, dann hat Γ in Bezug auf H_4^2 und auf S_4^2 das nämliche Polargewebe, also auch in Bezug auf alle Systeme des Büschels beider, d. h. des $\mathsf{B}(\Gamma^2)$, und ist Fundamentalgewinde von Γ^2; aber es stützt sich dann auch auf sein Polargewebe nach $S_4'^2$, also ist es auch Fundamentalgewinde für Γ'^2, den in $S_4'^2$ enthaltenen Complex.

*) Vergl. für das Folgende wiederum Reye, Journal f. Mathematik Bd. 95 S. 330.

Das Γ', welches einem Gebüsche $[l]$ zugehört, ist, wie oben schon erwähnt wurde, Polargewinde des l in Bezug auf Γ^2, und die Polare l' von l in Bezug auf Γ^2 ist Polare von l in Bezug auf dies Polargewinde; denn l und l' sind Leitgerade des Grund-Strahlennetzes aller Polargewinde von l.

Wenn nun l' die l schneidet, so muss das Polargewinde Γ' ein Gebüsche sein, dessen Axe l_1' in dem Büschel ll' sich befindet; $[l_1']$ stützt sich auf das Polargewebe von $[l]$ in Bezug auf S_4^2 oder ist zu ihm nach H_4^2 polar; also ist das Gewebe, das sich auf $[l]$ stützt oder zu ihm nach H_4^2 polar ist, Polargewebe von $[l_1']$ nach $S_4'^2$, oder $[l]$ ist Polargewinde von l_1' in Bezug auf Γ'^2; d. h. auch die Polare von l_1' in Bezug auf dieses Polargewinde ist unbestimmt jeder Strahl des genannten Büschels. Scheitel und Ebene desselben, welche singulär sind für Γ^2, sind es auch für Γ'^2; Γ'^2 ist consingulär zu Γ^2.

Wenn also die durch Γ^2 gehenden Systeme S_4^2 in Bezug auf H_4^2 polarisirt werden, so ergeben sich Systeme $S_4'^2$, welche durch die consingulären Complexe gehen.

Man kann auch sagen:

Unter den Tangentialgeweben eines S_4^2 durch Γ^2 giebt es ∞^3, welche einen Grundstrahl haben; diese Grundstrahlen erzeugen den consingulären Complex.

Wir wissen aus Nr. 619, dass die consingulären Complexe in den Systemen $\mathfrak{S}_4^2$ enthalten sind.

Die jetzt erhaltenen Systeme $S_4'^2$ sind mit den $\mathfrak{S}_4^2$ identisch.

Denn jedes Gewinde Γ von S_4^2 gehört zu 2 Reihen von Netzen, welche dem Systeme angehören: ihre Grund-Regelschaaren bilden 2 Reihen in der Schnittcongruenz des Γ mit dem consingulären Complexe, der durch die Leitschaaren der Regelschaaren des Gebüschepaars von Γ^2 entsteht, dem S_4^2 zugeordnet ist; diese Netze befinden sich dann ganz in dem Tangentialgewebe von Γ (Nr. 669), und da Γ' sich auf dies Gewebe stützt, so stützt es sich auf alle diese Netze und geht durch die Leitschaaren der Grund-Regelschaaren derselben, d. h. durch Regelschaaren, die zu dem genannten Gebüschepaare selbst gehören, befindet sich also in dem $\mathfrak{S}_4^2$, das diesem Gebüschepaare und dem S_4^2 zugeordnet ist. Also jedes zu $S_4'^2$ gehörige Gewinde gehört auch zu $\mathfrak{S}_4^2$, womit die Identität bewiesen ist.

Zwei zusammengehörige Gewindesysteme $\mathfrak{S}_4^2$ und S_4^2 — jenes gebildet durch die Gewinde, welche durch die Regelschaaren eines Paars verknüpfter Gebüsche Σ_3, Σ_3' von Γ^2 gehen, dieses durch die Gewinde, welche durch deren Leitschaaren gehen — sind zu einander in Bezug auf *das Hauptsystem polar. Dies befindet sich sowohl unter den* S_4^2, *als unter den* $\mathfrak{S}_4^2$.*)

Und zwischen den Gewinden der beiden Systeme S_4^2 *und* $\mathfrak{S}_4^2$, *welche zu einander gehören, haben wir eine eindeutige Beziehung:*

Jedem Gewinde des einen Systems entspricht im andern dasjenige, welches sich auf das Tangentialgewebe des ersten stützt. Oder ein Gewinde von $\mathfrak{S}_4^2$ *schneidet* Γ^2 *in einer Congruenz, von der ein Paar Regelschaar-Reihen im zugeordneten Gebüschepaare* Σ_3, Σ_3' *sich befindet; das Gewinde durch die confocale Congruenz, welche die Leitschaaren enthält, ist das entsprechende in* S_4^2. *Und ebenso schneidet jedes Gewinde von* S_4^2 *in den zugeordneten consingulären Complex eine Congruenz mit zwei Regelschaar-Reihen, deren Leitschaaren in* Σ_3, Σ_3' *sich befinden und im entsprechenden Gewinde von* $\mathfrak{S}_4^2$ *enthalten sind.*

Entsprechende Gewinde sind stets in Involution.

681 Die S_4^2 bilden, wie wir wissen, einen Büschel: Basis ist das System $H_3^4(\Gamma^2)$, der Inbegriff der Gebüsche, welche die Strahlen von Γ^2 zu Axen haben.

Daher bilden die $\mathfrak{S}_4^2$ *eine Schaar: gemeinsame Tangentialgewebe von allen sind die Gewebe, welche* sich auf die genannten Gebüsche stützen, also die Gewebe, welche *die Strahlen von* Γ^2 *zu Grundstrahlen haben.*

Das Tangentialgewebe eines S_4^2 in einem der Basis $H_3^4(\Gamma^2)$ angehörigen Gewinde, also in einem Gebüsche, dessen Axe g zu Γ^2 gehört, stützt sich auf dasjenige Tangentialgewinde des Γ^2 in g, das dem S_4^2 zugeordnet ist. Folglich wird $\mathfrak{S}_4^2$ von dem Gewebe (g) (d. h. mit dem Grundstrahle g), welches sich auf das Gebüsche $[g]$ stützt, in diesem Tangentialgewinde berührt.

Die einem bestimmten S_4^2 *zugeordneten* ∞^3 *Tangentialgewinde gehören zu dem entsprechenden* $\mathfrak{S}_4^2$ *und sind die Berührungsgewinde desselben mit den allen* $\mathfrak{S}_4^2$ *gemeinsamen Tangentialgeweben.*

Ein gemeinsames Gewinde zweier $\mathfrak{S}_4^2$ stützt sich auf ein gemeinsames Tangentialgewebe der beiden correspondirenden S_4^2. Wir nähern eins dieser S_4^2 dem andern; die beiden Gewinde, in denen sie von diesem Tangentialgewebe berührt werden, nähern sich und da, so lange die Vereinigung noch nicht stattgefunden hat, das eine dem einen, das andere dem andern S_4^2 zugehört, so rücken sie auf ein Gewinde der Basis $H_3^4(\Gamma^2)$ zu; also stützen sich die gemeinsamen Gewinde zweier unendlich naher $\mathfrak{S}_4^2$ auf die Tangentialgewebe des einen S_4^2

*) Klein, Mathem. Annalen Bd. 2 S. 224; Reye, Journal f. Mathem. Bd. 98 S. 297.

in einem Schnittgewinde mit dem unendlich nahen, demnach in einem Gebüsche $[g]$ von $H_3^4(\Gamma^2)$ und sind die Tangentialgewinde des Γ^2, die dem ersten S_4^2 zugeordnet sind; also ist der obige Ort 3. Stufe der Tangentialgewinde von Γ^2, in denen $\mathfrak{S}_4^2$ von den gemeinsamen Tangentialgeweben berührt wird, der Schnitt mit dem unendlich nahen $\mathfrak{S}_4^2$; oder *der Inbegriff aller Tangentialgewinde des Γ^2 ist die „Enveloppe" der $\mathfrak{S}_4^2$.*

Durch jedes Gewinde Γ gehen 5 von den Systemen $\mathfrak{S}_4^2$; denn die 5 Paare Regelschaar-Reihen in der Congruenz $\Gamma^2\Gamma$ gehören zu ebenso vielen Gebüschepaaren, und diesen sind die $\mathfrak{S}_4^2$ zugeordnet.

Folglich berühren auch 5 unter den S_4^2 ein gegebenes Gewebe.

Wir wollen nun in unsere $\mathfrak{S}_4^2$-Schaar — welche ebenso wie der S_4^2-Büschel, die Reihe der consingulären Complexe u. s. w. unicursal ist — eine Projectivität legen; diese ruft in einem Gewindebüschel S_1 eine Correspondenz [10, 10] hervor. Denn durch jedes Gewinde Γ von S_1 gehen 5 Systeme $\mathfrak{S}_4^2$; die ihnen in dem einen Sinne entsprechenden Systeme liefern 5.2 Gewinde Γ^* in S_1, und ebenso correspondiren jedem Γ^* 10 Gewinde Γ. Indem die Projectivität aber zwei vereinigte Elemente hat, ergeben sich 2.2 sich selbst entsprechende Gewinde dieser Correspondenz; die 16 übrigen Coincidenzen sind Gewinde von S_1, in denen sich zwei verschiedene entsprechende Systeme $\mathfrak{S}_4^2$ schneiden. Lassen wir nun unsere Projectivität in eine solche übergehen, in der jedem Systeme $\mathfrak{S}_4^2$ das ihm (auf der einen Seite) benachbarte correspondirt, so erhalten wir die in S_1 befindlichen Gewinde der Enveloppe der $\mathfrak{S}_4^2$ oder Tangentialgewinde von Γ^2.

Die Tangentialgewinde von Γ^2 bilden ein System 4. Stufe 16. Grades.

Unter den S_4^2 haben wir 6 ausgezeichnete mit Doppelgewinde Γ_i, 682
die $S_{4,i}^2$; als Tangentialgewebe eines solchen Systems im weiteren Sinne gelten alle Gewebe durch Γ_i, von denen jedes zwei des allgemeinen Falls repräsentirt. Einem jeden $S_{4,i}^2$ entsprechend ergiebt sich unter den $\mathfrak{S}_4^2$ das (doppelte) Gewebe $\mathfrak{G}_i$ der sich auf Γ_i stützenden Gewinde. *Aber im engeren Sinne hat $S_{4,i}^2$ ∞^3 Tangentialgewebe, jedes allen Gewinden eines der ∞^3 von Γ_i ausgehenden Büschel von $S_{4,i}^2$ zugehörig, also auch den beiden Gebüschen dieses Büschels; und das Gewinde von $\mathfrak{G}_i$, das sich auf ein solches Tangentialgewebe von $S_{4,i}^2$ stützt, ist das Tangentialgewinde von Γ^2, das in den Axen der beiden Gebüsche berührt* (Nr. 633). Zu jedem dieser Gewinde gehören, als Tangentialgewebe des ausgearteten $\mathfrak{S}_4^2$, die Gewebe, die sich auf die Gewinde des Büschels in $S_{4,i}^2$ stützen.

683 Wir fanden oben, dass jedes Gewebe 5 Systeme S_4^2 tangirt, und erkennen sofort, dass von den 5 Berührungsgewinden je zwei zu einander conjugirt sind in Bezug auf die beiden Systeme, die in ihnen berührt werden; also sind sie conjugirt in Bezug auf alle Systeme von $\mathsf{B}(\Gamma^2)$ und daher auch in Bezug auf H_4^2, also gegenseitig in Involution. Andrerseits sind sie alle 5 in Involution zu dem Gewinde, das auf das gegebene Gewebe sich stützt.

Ein beliebiges Gewinde Γ' und die 5 Gewinde, in denen Systeme aus dem Büschel $\mathsf{B}(\Gamma^2)$ von dem Gewebe berührt werden, welches auf jenes sich stützt, bilden stets eine Gruppe von 6 Gewinden in Involution.

Ist das gegebene Gewinde ein Fundamental-Gewinde Γ_h des Γ^2, so ergiebt sich die Gruppe aller 6 Fundamental-Gewinde; „berührt" werden die 5 andern $S_{4,i}^2$ im weiteren Sinne, indem das sich auf Γ_h stützende Gewebe durch ihre Doppelgewinde geht.

Die 5 Gewebe, welche sich bezw. auf die 5 Berührungsgewinde stützen, gehen je durch Γ' und die 4 andern Berührungsgewinde und sind in Γ' die Tangentialgewebe der 5 durch dies Gewinde gehenden $\mathfrak{S}_4^2$.

Wenn von den 5 Systemen $\mathfrak{S}_4^2$, welche durch Γ' gehen, zwei sich vereinigen, so vereinigen sich auch zwei von den berührten S_4^2, sowie die Gewinde, in denen sie berührt werden; da diese aber in Involution sind, so kann die Vereinigung nur in einem Gebüsche geschehen (I, Nr. 108), und weil dies auch auf Γ' sich stützt, so liegt seine Axe in Γ'; als Gebüsche eines der S_4^2 hat es seine Axe in Γ^2, und da Γ' sich auf das Tangentialgewebe des Gebüsches in Bezug auf das S_4^2 stützt, so ist es das Tangentialgewinde von Γ^2 in dieser Axe.

Von den durch ein Tangentialgewinde von Γ^2 gehenden 5 Systemen $\mathfrak{S}_4^2$ haben sich zwei vereinigt und zwar in dasjenige $\mathfrak{S}_4^2$, dessen correspondirendem S_4^2 das Tangentialgewinde zugeordnet ist.

Unter den 5 Systemen $\mathfrak{S}_4^2$, die durch ein Gebüsche $[l]$ gehen, befindet sich immer H_4^2; in jedem der 4 andern ist l ein Strahl des in ihm enthaltenen consingulären Complexes, und so sehen wir, *wie unser früher erhaltener Satz, dass durch jeden Strahl 4 von den consingulären Complexen gehen, sich als Specialfall des allgemeineren Satzes ergiebt, dass durch jedes Gewinde 5 Systeme aus der Schaar der $\mathfrak{S}_4^2$ gehen.*

684 Zu jedem Strahle l haben wir einen Büschel von Polargewinden, jedes einem S_4^2 aus dem Büschel $\mathsf{B}(\Gamma^2)$ zugeordnet. Von den beiden Gebüschen eines Büschels, deren Axen l selbst und seine Polare l' nach Γ^2 sind, ist das erstere immer dem Hauptsysteme H_4^2 zugeordnet.

Nun haben wir weiter gefunden, dass diejenigen l, deren einem bestimmten S_4^2 aus $\mathsf{B}(\Gamma^2)$ zugeordnete Polargewinde Gebüsche sind, einen der Nebencomplexe A^2 erzeugen; die Axen solcher Gebüsche können dann nur die Polaren l' dieser l sein, und es fragt sich, was für einen Complex sie erzeugen. Die Polaren aber der Strahlen eines Complexes 2. Grades erzeugen einen Complex 14. Grades (Nr. 576); in unserm Falle jedoch, wo der Nebencomplex A^2 durch die Congruenz **S** der singulären Strahlen geht, von denen jeder alle Strahlen seines Φ-Tangentenbüschels zu Polaren hat, sondert sich der Tangentencomplex 12. Grades der Φ ab, und es bleibt ein Complex vom 2. Grade.

Also bilden auch die Axen der Gebüsche, die zu den einem bestimmten S_4^2 des Büschels $\mathsf{B}(\Gamma^2)$ zugeordneten Polargewinden gehören, einen Complex 2. Grades.

Nennen wir diesen (zum Nebencomplexe A^2 nach Γ^2 polaren) Complex A'^2.*)

Wenn p ein Strahl des Polargewindes von l ist, welches dem S_4^2 zugeordnet ist, so heisst das (Nr. 675): das Gebüsche $[p]$ gehört zu dem Polargewebe von $[l]$ in Bezug auf S_4^2, oder $[p]$ und $[l]$ sind in Bezug auf S_4^2 conjugirt.

Es seien l_1, l_2 die in einem gegebenen Strahlenbüschel (P, π) befindlichen Strahlen von A^2, l_1', l_2' ihre Polaren, also zu A'^2 gehörig; dies sind die Leitgeraden des Grund-Strahlennetzes des Büschels der (dem S_4^2 zugeordneten) Polargewinde der verschiedenen Strahlen von (P, π) als die Axen der Gebüsche in diesem Büschel. Der Büschel (P, π) enthält aber auch zwei Strahlen q_1', q_2' von A'^2; sie sind die Polaren von zwei Strahlen q_1, q_2 von A^2; letztere müssen l_1', l_2' treffen. In der That, $[q_1']$ ist Polargewinde von q_1 für S_4^2; in ihm befinden sich l_1, l_2, weil sie q_1' treffen; also sind $[l_1]$, $[l_2]$ dem $[q_1]$ in Bezug auf S_4^2 conjugirt, und q_1 gehört auch den Polargewinden von l_1, l_2 an, trifft deren Axen l_1', l_2'; und dasselbe gilt für q_2.

Die Polargewebe der Gewinde eines Netzes S_2 in Bezug auf S_4^2 bilden selbst ein Netz; d. h. sie gehen sämmtlich durch das in Bezug auf S_4^2 zu S_2 polare Netz S_2' (Nr. 669). Nehmen wir an, S_2 sei *ein Bündel $[P]$ oder ein Feld $[\pi]$ von Gebüschen* (Nr. 669). Die Polargewinde der Strahlen von P oder π, d. h. die Oerter der Axen der Gebüsche, die in den Polargeweben (der den Strahlen als Axen zugehörigen Strahlengebüsche) enthalten sind, gehen daher alle durch den Ort der Axen der Gebüsche in S_2', also durch die Leitschaar der Grund-Regelschaar von S_2'. Nennen wir diese Leitschaar *die Polar-*

*) Hierzu vergl. man Segre, Sulla geometria della retta Nr. 130 ff.

Regelschaar des Punktes P oder der Ebene π in Bezug auf S_4^2. Die Polargewinde also aller Strahlen von P oder π gehen durch diese Polar-Regelschaar.

Nun haben wir in P oder π einen Kegel, bezw. Kegelschnitt von Λ^2; für seine Strahlen sind die Polargewinde Gebüsche; dieselben gehen auch durch die Polar-Regelschaar und die Axen erzeugen daher die verbundene Regelschaar, die obige Grund-Regelschaar, die demnach in Λ'^2 sich befindet. Ihre Geraden sind somit polar, in Bezug auf Γ^2, zu den Geraden des P-Kegels, der π-Curve von Λ^2.

Ferner haben wir aus P, in π auch einen Kegel, einen Kegelschnitt von Λ'^2; q' sei ein Strahl desselben, q der entsprechende Strahl von Λ^2. Es ist also das Gebüsche $[q']$ Polargewinde von q; in ihm befindet sich der P-Kegel, bezw. die π-Curve von Λ^2 vollständig. Ist daher l ein Strahl dieses Kegels oder dieser Curve, so sind die Gebüsche $[l]$ und $[q]$ in Bezug auf S_4^2 conjugirt, q gehört auch zum Polargewinde von l, das, weil l zu Λ^2 gehört, ein Gebüsche ist mit der Axe l', der in Λ'^2 befindlichen Polare von l. Jeder q trifft also die Polare l' eines jeden l; die q und die l' bilden zwei verbundene Regelschaaren. Die der l' ist aber, nach dem Vorangehenden, die Regelschaar, welche der Polar-Regelschaar von P oder π verbunden ist; also erfüllen die q diese Polar-Regelschaar selber. Sie ist in Λ^2 enthalten, und die Polaren ihrer Geraden erfüllen den P-Kegel, die π-Curve von Λ'^2.

Somit haben wir zwei verbundene Regelschaaren, von denen die eine zu Λ^2, *die andere zu* Λ'^2 *gehört: die erstere ist die Polar-Regelschaar von P oder π in Bezug auf dasjenige* S_4^2, *dem* Λ^2 *und* Λ'^2 *zugeordnet sind, die andere die Grund-Regelschaar des Netzes, durch das die Polargewebe aller Gebüsche des Bündels [P] oder des Feldes [π] in Bezug auf* S_4^2 *gehen.*

Lassen wir P den ganzen Raum durchlaufen, so erhalten wir ein Regelschaar-Gebüsche von Λ^2, und Λ'^2 *ist consingulär zu* Λ^2, weil er die verbundenen Regelschaaren enthält, und da, *wenn π den Raum durchläuft,* derselbe consinguläre Complex Λ'^2 sich ergiebt, so *ist das dabei entstehende Regelschaar-Gebüsche von* Λ^2 *zu dem vorigen verknüpft.* In der That, wenn P und π incident sind, so haben sie einen Strahlenbüschel gemein. Seinen Strahlen entspricht ein Büschel von Polargewinden, und in dessen Grund-Strahlennetze sind die Polar-Regelschaaren von P und π enthalten; folglich tragen sie einander. Dreht man also π um P, oder bewegt P in π, so erhält man Felder von Regelschaaren in Λ^2.

Jedes der 6 Fundamental-Gewinde von Γ^2 transformirt Γ^2, ein jedes von den Paaren verknüpfter Regelschaar-Gebüsche, also jedes der zugeordneten Systeme S_4^2, die Congruenz **S** der singulären Strahlen und jeden der Complexe A^2 und A'^2 in sich selbst. *Daher sind die* Γ_i *auch Fundamental-Gewinde für diese Complexe* A^2, A'^2 (Nr. 618).*)

Dass ein A^2 und ein A'^2, welche zu einander gehören, dieselben Fundamental-Gewinde haben, folgt aus ihrer eben erhaltenen Consingularität.

Die verschiedenen Complexe A^2 bilden einen Büschel; also füllen die Complexcurven in π diese Ebene einfach aus. *Die Polaren der Tangenten einer jeden dieser* A^2*-Complexcurven in* π *bilden eine Regelschaar*, und zwar offenbar eine Regelschaar *der Congruenz* (3, 2)', *die durch die Polaren der Strahlen von* π *entsteht* (Nr. 570), und wir erhalten *eine Regelschaar-Reihe in dieser Congruenz, von der in jedem der Complexe* A'^2 *sich eine Regelschaar befindet.* Die verbundenen Regelschaaren bilden eine Reihe in einer der confocalen Congruenzen; diese Regelschaaren sind die Polar-Regelschaaren der π in Bezug auf die einzelnen S_4^2 von $\mathsf{B}(\Gamma^2)$. 685

Daher erzeugen auch die Polar-Regelschaaren einer Ebene π *in Bezug auf die verschiedenen durch* Γ^2 *gehenden* S_4^2, *welche Regelschaaren zu den verschiedenen* A^2 *gehören, eine Congruenz* (3, 2), *die confocal ist zu der Congruenz* (3, 2)' *der Polaren der Strahlen von* π. *Sie ist die* früher behandelte *Congruenz* (3, 2)'' *der Strahlen, welche in* π *fallende Polaren haben, oder der Polaren der* π *in Bezug auf die Complexkegel aus den Punkten von* π (Nr. 570).

Wir fanden ja auch, dass die Polaren der Geraden einer Polar-Regelschaar die Complexcurve von A'^2 in π umhüllen.

Jede Gerade ist Polare für 9 Gerade (Nr. 577), die sich auf 9 von den Complexen A^2 vertheilen.

Demnach gehen durch jeden Strahl 9 von den Complexen A'^2.

Bemerkenswerth sind die Complexe A^2 und A'^2, die zu einem Doppelgebüsche $\Sigma_{3,i}$ und dem zugeordneten Systeme $S_{4,i}^2$ gehören. 686

Es sei Γ_i das entsprechende Fundamental-Gewinde, ein Doppelgewinde dieses Systems $S_{4,i}^2$.

Wir fanden (Nr. 577):

Die Γ^2-Polaren der Strahlen eines Fundamental-Gewindes von Γ^2 erzeugen ebenfalls dieses Gewinde und zwar derartig, dass jeder Strahl desselben zu 7 andern Strahlen des Gewindes als Polare gehört.

Aber der Strahl gehört, wie wir eben sagten, noch zu zwei andern

*) Segre, Journal f. Mathem. Bd. 98 S. 302.

Strahlen als Polare, und da die Geraden, deren Γ^2-Polaren ein Gewinde bilden, selbst einen Complex 3. Grades erzeugen (Nr. 568), so entsteht durch diese beiden weiteren Geraden der Complex 2. Grades, welcher mit Γ_i den zu Γ_i gehörigen derartigen cubischen Complex zusammensetzt.

In einen Tangentenbüschel (S, σ) von Φ sendet Γ_i die zu $\mathfrak{C}_i^2$ gehörige Doppeltangente, die dann als solche noch zu einem zweiten Tangentenbüschel gehört. Die singulären Strahlen in diesen Tangentenbüscheln haben die Doppeltangente zur gemeinsamen Polare; da sie nun nicht selbst zu Γ_i gehören, denn eben nur die Doppeltangente gehört in jedem der beiden Büschel im allgemeinen zu Γ_i, so befinden sie sich in dem zweiten Bestandtheil des cubischen Complexes, in dem vom 2. Grade. Folglich geht dieser durch die Congruenz **S** der singulären Strahlen und ist ein Nebencomplex Λ^2 des Γ^2; der zu ihm polare Complex Λ'^2 ist das Fundamental-Gewinde Γ_i, doppelt gerechnet, in dem ja eben jeder Strahl von Γ_i für 2 Strahlen dieses Λ^2 Polare ist.

So zeigt sich, dass *von den beiden einem Doppelgebüsche $\Sigma_{3,i}$ zugehörigen Complexen Λ^2, Λ'^2 der zweite das ebenfalls dem $\Sigma_{3,i}$ zugeordnete Fundamental-Gewinde Γ_i, doppelt gerechnet, ist.*

Der andere sei Λ_i^2. Von den 9 Strahlen, für welche ein Strahl von Γ_i Polare ist, liegen 7 auch in Γ_i, die beiden übrigen in Λ_i^2.

Zwischen Γ_i und Λ_i^2 besteht also eine Correspondenz [1, 2]. Da ein l von Λ_i^2 eindeutig seine Polare l' in Γ_i bestimmt und diese wiederum eindeutig den zweiten Strahl l_1 in Λ_i^2, von dem sie Polare ist, und l aus l_1 ebenso hervorgeht, so *ist die Beziehung zwischen den zu demselben Strahle l' von Γ_i gehörigen Strahlen l und l_1 von Λ_i^2 eindeutig und involutorisch.* Lassen wir also l' in Γ_i eine Regelfläche durchlaufen, so durchlaufen l und l_1 involutorisch die entsprechende Regelfläche; jene sei ein Strahlenbüschel (P, π) von Γ_i, so können wir denselben, doppelt gerechnet, auffassen als Complexkegel von $\Lambda_i'^2$ für den Punkt P und die correspondirende involutorische Regelfläche in Λ_i^2 ist die Polar-Regelschaar von P in Bezug auf $S^2_{4,i}$. Aber wir können ihn auch als Complexcurve von π ansehen und dieselbe Regelschaar wird Polar-Regelschaar von π.

Im allgemeinen Falle bilden die Polar-Regelschaaren der Punkte P und der Ebenen π zwei verknüpfte Gebüsche im Nebencomplexe Λ^2; hier sind diese Gebüsche zu einem Doppelgebüsche zusammengefallen, und *jede der Polar-Regelschaaren ist zugleich Polar-Regelschaar für einen Punkt P und eine Ebene π, die dann als Nullpunkt und Nullebene in Bezug auf Γ_i zusammengehören.*

Dass bei einem $S^2_{4,i}$ an Stelle von $A_i'^2$ das Gewinde Γ_i tritt, kann man auch daraus ableiten, dass Γ_i, als Doppelgewinde von $S^2_{4,i}$, zu allen Polargeweben gehört, also in dem Basisnetze S_2' der Polargewebe der Gewinde eines Netzes S_2, speciell eines Bündels $[P]$ oder eines Feldes $[\pi]$ von Gebüschen sich befindet. Die verbundenen Regelschaaren der Grund-Regelschaaren dieser Netze S_2', die Polar-Regelschaaren der P oder π in Bezug auf $S^2_{4,i}$ erfüllen den A_i^2, und die Grund-Regelschaaren selbst den $A_i'^2$. Nun ist aber Γ_i in allen Netzen enthalten, also ist er das Erzeugniss aller ihrer Grund-Regelschaaren.

Innerhalb Γ_i haben wir eine Correspondenz $[1, 7]$ *zwischen den l' und l,**) und die Gruppen der 7 Strahlen l, welche dieselbe Polare l' haben, sind geschlossen, da aus jedem von ihnen die sechs übrigen in gleicher Weise sich ergeben; so dass die Beziehung zwischen den zu demselben l' gehörigen l involutorisch, aber nicht eindeutig ist.

Die linearen Systeme niedrigerer Stufe in einem quadratischen Systeme 4. Stufe von Gewinden.

Da *jedes* quadratische System 4. Stufe S_4^2 von Gewinden durch 687
einen Complex Γ^2 geht, so können wir aus einem durch einen Complex 2. Grades gelegten S_4^2 die allgemeinen Eigenschaften eines solchen Systems ablesen.

Ein S_4^2 besitzt zwei getrennte Systeme von Netzen von Gewinden, jedes aus ∞^3 Netzen bestehend, deren Grund-Regelschaaren die Leitschaaren der Regelschaaren des einen und des andern der beiden verknüpften Gebüsche von Γ^2 sind, denen S_4^2 zugeordnet ist.

Zwei Regelschaaren des Γ^2 aus demselben Gebüsche befinden sich in dem nämlichen Gewinde, also gilt dies auch für die Leitschaaren (I, Nr. 98). Mithin:

Zwei Netze von S_4^2 aus demselben Systeme haben ein Gewinde gemein.

Zwei Regelschaaren von Γ^2 aus verknüpften Gebüschen befinden sich im allgemeinen nicht in demselben Gewinde oder aber, wenn sie sich tragen (zweimal schneiden), in einem Büschel von Gewinden.

---

*) Auf diese Correspondenz in einem Gewinde ist aber nicht das Correspondenz-Princip in der Form, wie es in I, Nr. 206 ausgesprochen wurde, anzuwenden, weil sie nicht eine endliche Zahl von Coincidenzen hat, sondern unendlich viele, alle Strahlen von $\Gamma^2\Gamma_i$.

Zwei Netze des S_4^2 aus verschiedenen Systemen haben im allgemeinen kein Gewinde gemein, im besondern Falle aber gleich einen ganzen Büschel.

Im Hauptsysteme H_4^2 sind die einen Netze die Bündel, die andern die Felder von Strahlengebüschen; oder in der kürzeren Ausdrucksweise, bei der die Strahlengebüsche durch ihre Axen ersetzt werden:

Die Netze S_2 des Hauptsystems sind die Strahlenbündel und die Strahlenfelder; zwei Felder oder zwei Bündel haben einen Strahl gemein, ein Feld und ein Bündel im allgemeinen keinen, im besondern Falle einen ganzen Strahlenbüschel.

Ein Gewinde-Gebüsche S_3 schneidet S_4^2 in einem quadratischen Systeme 2. Stufe S_2^2; denn ein in S_3 enthaltener Büschel S_1 trifft diesen Schnitt in den 2 Gewinden, in denen er S_4^2 schneidet.

Geht aber S_3 durch ein in S_4^2 enthaltenes S_2, so ist der fernere Schnitt mit S_4^2 ein zweites S_2, aber aus dem andern Systeme; weil demselben S_3 angehörig, haben die beiden S_2 einen Büschel gemeinsam; oder, die Grundgeraden des S_3 müssen auf den Grund-Regelschaaren beider S_2 liegen; folglich haben auch die beiden Regelschaaren von Γ^2, deren Leitschaaren diese sind, zwei Gerade gemein, tragen einander und gehören zu verknüpften Gebüschen des Complexes.

Ist S_4^2 das Hauptsystem, so hat man:

Wenn ein Gebüsche S_3 von Gewinden durch einen Bündel (oder ein Feld) von Strahlengebüschen geht, so enthält es noch ein Feld (oder einen Bündel) von Gebüschen. Denn die Grundgeraden des S_3 müssen durch den Scheitel des Axen-Bündels gehen; also schneiden sie sich und erweitern sich zu einem vollen Strahlenbüschel, der allen Gewinden von S_3 gemeinsam ist; seine Ebene trägt die Axen des Feldes.

Sagen wir von zwei solchen in demselben S_3 enthaltenen S_2 des S_4^2, dass sie einander tragen.

Jedes S_2 von S_4^2 trägt ∞^2 S_2 aus dem andern Systeme, so viele als S_3 durch S_2 gehen. Ist ϱ die Regelschaar von Γ^2, deren Leitschaar die Basis jenes S_2 ist, so sind die Grund-Regelschaaren der von S_2 getragenen Netze die Leitschaaren der von ϱ getragenen Regelschaaren von Γ^2.

Andere S_2, als die besprochenen, können sich nicht in S_4^2 befinden; denn die Axen der in S_4^2 enthaltenen Strahlengebüsche bilden eben den Γ^2, durch welchem S_4^2 geht; die Axen der Strahlengebüsche von S_2 erfüllen die Leitschaar der Grund-Regelschaar; diese Leitschaar muss also zu Γ^2 gehören.

Strahlennetze enthält ein allgemeiner Complex 2. Grades nicht; wir werden dies als eine Eigenschaft specieller quadratischer Complexe erkennen. *Also giebt es in einem S_4^2 keine linearen Systeme von höherer als 2. Stufe.*

Dass es in S_4^2 ∞^3 Netze giebt, kann man, ohne Heranziehung des 688
in S_4^2 enthaltenen Complexes, in folgender Weise erkennen:

Es sei Γ ein Gewinde von S_4^2, Π sein Polar- oder Tangentialgewebe, der Schnitt 2. Grades 3. Stufe ΠS_4^2 besteht (Nr. 669) aus ∞^2 von Γ ausgehenden Büscheln, jedes Gewinde Γ' desselben gehört einem solchen Büschel an, wie auch umgekehrt jeder von Γ ausgehende Büschel von S_4^2 sich in Π und ΠS_4^2 befindet. Daher ist der Büschel $\Gamma\Gamma'$ in Π und in Π', dem Tangentialgewebe von Γ', enthalten und demnach in dem Schnitte 2. Grades 2. Stufe $S_2^2 \equiv S_4^2 \Pi\Pi'$. Sei Γ'' ein diesem Schnitte, aber nicht dem Büschel $\Gamma\Gamma'$ angehöriges Gewinde, so sind $\Gamma\Gamma'$, $\Gamma\Gamma''$ in Π enthalten, also das ganze Netz $\Gamma\Gamma'\Gamma''$; ebenso ist es in Π' enthalten. Wie $\Gamma\Gamma'$, so befinden sich auch $\Gamma\Gamma''$, $\Gamma'\Gamma''$ in S_4^2. Alle von Γ ausgehenden Büschel von Π berühren S_4^2 in Γ, die dem Netze $\Gamma\Gamma'\Gamma''$ angehörigen schneiden dann noch je in einem Gewinde von $\Gamma'\Gamma''$, also fallen sie in S_4^2; und somit gehört dies Netz ganz zu S_4^2 und bildet einen Theil von S_2^2. Ersetzt man Γ'' durch ein ausserhalb dieses Netzes befindliches Gewinde von S_2^2, so ergiebt sich das zweite Netz, das natürlich auch durch den Büschel $\Gamma\Gamma'$ geht und mit dem ersten zusammen S_2^2 bildet.

Nun sind Γ, Γ', Γ'' ∞^4-, ∞^3-, ∞^2-fach bestimmbar; in jedem bestimmten Netze aber ist jede der 3 Constituenten ∞^2-fach bestimmbar. Folglich ist die Mannigfaltigkeit, in der wir nach der vorangehenden Methode in S_4^2 Netze herstellen können, $4 + 3 + 2 - 3 \cdot 2 = 3$.

$\Gamma\Gamma'$ und $\Pi\Pi'$ sind polar in Bezug auf S_4^2 und jener Büschel liegt in diesem Gewebe; folglich muss der Schnitt S_2^2 von $\Pi\Pi'$ mit S_4^2 in zwei Netze zerfallen (Nr. 669).

Wir erwähnten eben, dass, wenn Γ zu S_4^2 gehört, der Schnitt von S_4^2 mit dem Tangentialgewebe Π von Γ aus ∞^2 von Γ ausgehenden Büscheln besteht, und umgekehrt, jeder Büschel aus Γ in S_4^2 ganz in Π und ΠS_4^2 sich befindet. Da nun ein Büschel bei jedem seiner Gewinde sich in dieser Weise ergiebt, so erhalten wir:

S_4^2 besitzt ∞^{4+2-1}, also ∞^5 Büschel.

Jedes Netz enthält ∞^2 Büschel.

Wir haben uns zu überzeugen, dass diese ∞^5 Büschel nur die in den Netzen von S_4^2 enthaltenen sind und jeder Büschel zu einer endlichen Zahl von diesen Netzen gehört.

Es sei also S_1 ein Büschel von S_4^2; die Tangentialgewebe aller seiner Gewinde enthalten ihn; sie bilden einen Büschel, dessen Basis ein Gebüsche S_3 ist. Dies Gebüsche schneidet S_4^2 in einem S_2^2, zu welchem S_1 gehört; und dies S_2^2 zerfällt in zwei Netze, welche beide durch S_1 (den obigen $\Gamma\Gamma'$) gehen und zu verschiedenen Systemen gehören.

Umgekehrt, jedes durch S_1 gehende ganz zu S_4^2 gehörige Netz ist den Tangentialgeweben aller Gewinde von S_1 gemeinsam. Also:

Durch jeden Büschel von S_4^2 gehen 2 Netze, die in diesem Systeme ganz enthalten sind und zu verschiedenen Systemen seiner Netze gehören. Daraus ergiebt sich von neuem, dass S_4^2 ∞^{5-2} Netze enthält.

Enthält S_4^2 ein Doppelgewinde Γ_0, so befindet sich dies in allen Polargeweben, also auch in S_3 und gehört daher dem S_2^2, als dem Schnitte von S_3 mit S_4^2, doppelt an; da ein S_2 kein Doppelgewinde haben kann, so gehört Γ_0 zu beiden Netzen, welche den Schnitt S_2^2 zusammensetzen. Denken wir uns S_1 als Büschel eines beliebigen Netzes von S_4^2, so folgt:

Jedes Netz S_2, das in einem System S_4^2 mit Doppelgewinde enthalten ist, geht durch dieses Gewinde.

Wir wissen (Nr. 649, 650), dass die Büschel von S_4^2 sich auch so ergeben. Wenn g, g' zwei Strahlen des Γ^2 sind, von der Beschaffenheit, dass die beiden Regelschaaren ϱ, ϱ' des Complexes, die sich in ihnen schneiden, zu den verknüpften Gebüschen Σ_3, Σ_3' gehören, denen S_4^2 zugeordnet ist, so befindet sich der Büschel durch das Strahlennetz $[g, g']$ in S_4^2. Sind λ, λ' die Leitschaaren von ϱ, ϱ', so gehören die Netze (λ), (λ') ebenfalls zu S_4^2 und gehen durch diesen Büschel.

Weil es im Ganzen ∞^3 Netze in S_4^2 giebt, so müssen durch jedes Gewinde Γ von S_4^2 ∞^{3+2-4}, also ∞^1 Netze gehen, die dann natürlich alle im Tangentialgewebe von Γ sich befinden. *Es besteht daher der Schnitt von S_4^2 mit dem Tangentialgewebe von Γ aus zwei einfach unendlichen Systemen von Netzen, so jedoch, dass jedes Gewinde des Schnitts (und der es mit Γ verbindende Büschel) sowohl in einem Netze des einen, als in einem Netze des andern Systems sich befindet und also die Gewinde der Netze des einen Systems schon den Schnitt ausfüllen.*

Die verschiedenen von Γ ausgehenden Büschel eines Netzes des einen Systems sind ihm gemeinsam mit den verschiedenen Netzen des andern.

Die Leitschaaren der Regelschaaren zweier verknüpfter Gebüsche von Γ^2 bilden zwei verknüpfte Gebüsche eines consingulären Complexes; ein Gewinde Γ des zugeordneten Systems S_4^2 enthält aus jedem dieser Gebüsche eine Reihe, und die Netze durch die Regelschaaren dieser beiden Reihen sind die durch Γ gehenden.

Im Hauptsysteme gehört jedes Strahlengebüsche zu ∞^1 Bündeln und zu ∞^1 Feldern von Strahlengebüschen, oder seine Axe zu ∞^1 Bündeln und zu ∞^1 Feldern von Geraden.

Der Grad n eines Systems 2. Stufe S_2^n in S_4^2 ist die Anzahl der 689
Gewinde, die es mit einem S_3 gemein hat oder mit dem S_2^2, in dem dieses das S_4^2 schneidet; zerfällt dieser Schnitt in zwei Netze S_2, so vertheilen sich die gemeinsamen Gewinde auf dieselben. Es habe S_2^n also l Gewinde in dem Netze S_2 aus dem einen Systeme, $m = n - l$ in dem Netze S_2' aus dem andern.

Zu zwei Regelschaaren des Γ^2 aus demselben Gebüsche giebt es immer ∞^1 Regelschaaren, welche beide zweimal schneiden; daraus folgt, dass es zu zwei Netzen von S_4^2 aus demselben Systeme ∞^1 aus dem andern giebt, welche mit beiden durch ein S_3 verbunden werden können. Daraus wiederum ergiebt sich, dass die Zahl l für alle S_2 und die Zahl m für alle S_2' die nämliche ist.

Projiciren wir nun unser System S_2^n oder, mit genauerer Bezeichnung, S_2^{l+m} aus einem festen Gewinde Γ_0 von S_4^2 auf ein Gewebe $\mathfrak{S}_4$ durch Büschel. Da sind diese Büschel zu unterscheiden in solche, welche in S_4^2 fallen, und solche, die es nicht thun. Jene liegen alle in dem Tangentialgewebe Π_0 von Γ_0, und die Schnitte mit $\mathfrak{S}_4$ fallen in den Schnitt des Gebüsches $\mathfrak{S}_3 \equiv \mathfrak{S}_4 \Pi_0$ mit S_4^2, welcher ein $\mathfrak{S}_2^2$ ist. Jedes der ∞^1 Netze S_2 durch Γ_0 schneidet $\mathfrak{S}_4$ in einem Büschel und ebenso jedes der Netze S_2' durch Γ_0. Wir erhalten so $\mathfrak{S}_2^2$ erfüllt mit zwei Systemen von Büscheln, ebenso wie eine Fläche 2. Grades mit zwei Geradenschaaren erfüllt ist. Jedes Gewinde von $\mathfrak{S}_2^2$ rührt von einem ganz zu S_4^2 gehörigen Büschel her, weil es sich in dem Schnitte von Π_0 mit S_4^2 befindet; durch diesen Büschel geht ein S_2 und ein S_2' von den durch Γ_0 gehenden; d. h. durch jedes Gewinde von $\mathfrak{S}_2^2$ geht aus jedem der beiden Systeme ein Büschel, und jeder Büschel des einen Systems von $\mathfrak{S}_2^2$ schneidet jeden des andern. Die l Gewinde, welche S_2^n mit jedem durch Γ_0 gehenden S_2 von S_4^2 gemein hat, projiciren sich in l Gewinde eines Büschels der ersten Art von $\mathfrak{S}_2^2$, und ebenso erhält jeder der zweiten Art m Projectionen, so dass wir durch diese Projectionen in $\mathfrak{S}_2^2$ ein $\mathfrak{S}_1^{l+m}$ erhalten, das analog ist zu einer Raumcurve n^{ter} Ordnung auf einer Fläche 2. Grades, die den einen Geraden l-mal, den andern m-mal begegnet.

Jedes Netz in $\mathfrak{S}_4$ ist Schnitt eines durch Γ_0 gehenden S_3, und dessen n Schnittgewinde mit S_2^n bringen auf das Netz n Projectionen von Gewinden des S_2^n. Folglich ist die Projection des S_2^n auf $\mathfrak{S}_4$ so beschaffen, dass sie mit jedem Netze dieses Gewebes n Gewinde gemein hat; sie ist selbst n^{ten} Grades 2. Stufe: $\mathfrak{S}_2^n$, aber in einem Gewebe gelegen („eben"), was bei S_2^n nicht der Fall ist. In dem $\mathfrak{S}_1^{l+m}$ schneidet sie das System $\mathfrak{S}_2^2$.

Es sei nun $S_2^{n'}$ oder genauer $S_2^{l'+m'}$ ein zweites in S_4^2 gelegenes System 2ter Stufe; seine Projection auf $\mathfrak{S}_4$ ist ein $\mathfrak{S}_2^{n'}$, welches dem $\mathfrak{S}_2^2$ in einem $\mathfrak{S}_1^{l'+m'}$ begegnet.

Nach dem verallgemeinerten Bézout'schen Satze haben die in demselben Gewebe befindlichen Systeme 2. Stufe und n^{ten}, bezw. n'^{ten} Grades nn' Gewinde gemein; zu diesen gehören aber die Gewinde, in denen sich die beiden in dem quadratischen Systeme 2. Stufe $\mathfrak{S}_2^2$ befindlichen Systeme 1. Stufe $\mathfrak{S}_1^{l+m}$, $\mathfrak{S}_1^{l'+m'}$ begegnen. $\mathfrak{S}_2^2$ befindet sich in dem Gebüsche $\mathfrak{S}_3$, und weil dies sich collinear in den Punktraum von 3 Dimensionen abbilden lässt, so entnehmen wir aus dem bekannten Chasles'schen Satze über die Zahl der Begegnungspunkte zweier auf derselben Fläche 2. Grades gelegenen Raumcurven, dass ihre Zahl $lm' + ml'$ ist. Diese den Projectionen $\mathfrak{S}_2^n$ und $\mathfrak{S}_2^{n'}$ gemeinsamen Gewinde kommen von Büscheln durch Γ_0 her, die ganz in S_4^2 fallen und zwei verschiedene Gewinde von S_2^n und $S_2^{n'}$ projiciren. Es bleiben also $(l + m)(l' + m') - lm' - ml' = ll' + mm'$, welche von gemeinsamen Gewinden des S_2^n und des $S_2^{n'}$ herrühren, nämlich je dem zweiten Schnitte des projicirenden und nicht in S_4^2 fallenden Büschels mit S_4^2. Also:

*Zwei in einem quadratischen Systeme 4. Stufe S_4^2 enthaltene Systeme 2. Stufe, welche den einen Netzen von S_4^2 in l, bezw. l', den andern in m, bezw. m' Gewinden begegnen, haben $ll' + mm'$ Gewinde gemein.**)

In dem Hauptsysteme H_4^2, in dem wir wiederum die Gebüsche durch ihre Axen ersetzen wollen, sind die S_2 die Bündel und die S_2' die Felder, und ein S_2^{l+m} ist eine Strahlencongruenz l^{ter} Ordnung und m^{ter} Klasse (eigentlich der Inbegriff der Strahlengebüsche, welche die Strahlen dieser Congruenz zu Axen haben). Zwei Congruenzen S_2^{l+m}, $S_2^{l'+m'}$ haben $ll' + mm'$ Strahlen gemeinsam: Halphen's Satz (I, Nr. 34).

---

*) Man beachte den Unterschied zwischen den quadratischen Räumen 4. und 2. Stufe; es besteht der allgemeine Satz: In jedem quadratischen Raume gerader Stufe $2p$ giebt es zwei verschiedene Systeme von je $\infty^{\frac{1}{2}p(p+1)}$ linearen Räumen p^{ter} Stufe: S_p, S_p'. Es schneiden sich zwei aus verschiedenen Systemen in einem Punkte und zwei aus denselben nicht, wenn p ungerade ist, hingegen umgekehrt, wenn p gerade ist. Zwei in S_{2p}^2 befindliche S_p^{l+m}, $S_p^{l'+m'}$, welche den S_p in l, bezw. l', den S_p' in m, bezw. m' Punkten begegnen, haben $lm' + ml'$ oder $ll' + mm'$ Punkte gemein, je nachdem p ungerade oder gerade ist. Segre, Studio sulle quadriche etc. Nr. 30, 40, 41. Für diesen ganzen Abschnitt ist mir Segre's Abhandlung sehr nützlich gewesen.

Ein System S_4^2 mit einem Doppelgewinde Γ_0 — deren der Büschel 690
B(Γ^2) ja 6 enthält — bedarf aber noch genauerer Betrachtung.

Wir wissen (Nr. 688), dass jedes in ihm enthaltene Netz S_2 durch das Doppelgewinde geht. Damit haben jede zwei Netze des Systems ein Gewinde gemeinsam; *die unterscheidende Eigenschaft zwischen den S_2 und den S_2' hat aufgehört, die beiden Systeme von Netzen sind zusammengefallen*, ähnlich wie auf der Fläche 2. Grades mit Doppelpunkt die beiden Geradenschaaren. Dies entspricht bei den 6 derartigen Systemen $S^2_{4,i}$ in B(Γ^2) dem Zusammenfallen der zugeordneten Gebüsche von Regelschaaren des Γ^2. Haben zwei Netze ausser Γ_0 noch ein zweites Gewinde gemein, so schneiden sie sich in dem Büschel, welcher es mit Γ_0 verbindet.

Jeder Büschel, der Γ_0 mit einem beliebigen Gewinde von S_4^2 verbindet, hat 3 Gewinde mit dem Systeme gemeinsam und gehört ihm ganz an; und *so zerlegt sich das System S_4^2 in ∞^3 vom Doppelgewinde Γ_0 ausstrahlende Büschel* (Kegel 2. Grades 4. Stufe). Da jeder mit einem S_4 ein Gewinde gemein hat, so können wir sie auffassen als die Büschel, welche aus Γ_0 die Gewinde des Schnitts $\mathfrak{S}_3^2$ von S_4^2 mit S_4 projiciren; und jeder in $\mathfrak{S}_3^2$ befindliche Büschel führt zu einem Netze von S_4^2.

Während in einem allgemeinen S_4^2 durch einen Büschel nur zwei Netze gehen, aus jedem der beiden Systeme der S_2 und der S_2' eins, *gehen jetzt durch einen Büschel S_1 unseres S_4^2, der das Doppelgewinde Γ_0 enthält, ∞^1 Netze.* Das hängt damit zusammen, dass alle Gewinde eines solchen Büschels ein und dasselbe Tangentialgewebe haben (Nr. 673).

Dies Gewebe tritt hier an die Stelle der Basis S_3 des Büschels der verschiedenen Tangentialgewebe der Gewinde eines Büschels in einem beliebigen S_4^2 (oder eines nicht durch Γ_0 gehenden Büschels des jetzigen S_4^2) (Nr. 688), und an Stelle des Schnitts S_2^2 von S_3 mit S_4^2 tritt der Schnitt S_3^2 dieses Tangentialgewebes mit S_4^2. Wie wir dort vermittelst eines in S_2^2, aber nicht in S_1 befindlichen Gewindes Γ erkannten, dass das ganze Netz $S_1\Gamma$ dem S_2^2 angehört und dieses also in zwei Netze zerfällt, so führt jetzt ein Γ in S_3^2, aber ausserhalb S_1 zu einem ganz in S_3^2 enthaltenen Netze, sodann wiederum ein dem S_3^2, aber nicht diesem Netze angehöriges Γ zu einem zweiten Netze; und wir zerlegen auf diese Weise nach und nach S_3^2 in ∞^1 durch S_1 gehende Netze.

Umgekehrt, jedes in S_4^2 befindliche Netz, zu dem ein bestimmtes Gewinde dieses Systems gehört, ist ganz in dessen Tangentialgewebe enthalten (Nr. 669), also müssen alle durch den Büschel S_1 gehenden

Netze von S_4^2 in dem gemeinsamen Tangentialgewebe aller Gewinde von S_1 enthalten sein.

Da nun auch jedes Netz von S_4^2 ∞^1 Büschel enthält, welche durch das Doppelgewinde Γ_0 gehen, so haben wir:

In einem quadratischen Systeme 4. Stufe S_4^2 von Gewinden mit einem Doppelgewinde Γ_0 gehen durch dasselbe ∞^3 Büschel und ∞^3 Netze, welche so zu einander liegen, dass jeder von den Büscheln und jedes von den Netzen mit ∞^1 von den Netzen, bezw. von den Büscheln incident ist.

In dieser Weise müssen also auch die ∞^3 Gewinde und die ∞^3 Büschel des Schnitts $\mathfrak{S}_3^2$ von S_4^2 mit einem S_4, welche durch unsere in Γ_0 zusammenlaufenden Büschel und Netze von S_4^2 projicirt werden, gelagert sein.

Ein Bild davon giebt das S_3^2 der Strahlengebüsche, welche die Strahlen eines Gewindes Γ zu Axen haben, der Schnitt des Hauptsystems H_4^2 mit dem Gewebe S_4, das sich auf Γ stützt. Es hat ∞^3 Gewinde und ∞^3 Büschel, entsprechend den ∞^3 Strahlen und den ∞^3 Strahlenbüscheln von Γ; jedes Gewinde gehört zu ∞^1 Büscheln, jeder Büschel enthält ∞^1 Gewinde.

Andere als die durch das Doppelgewinde Γ_0 gehenden Netze enthält S_4^2 nicht, wohl aber weitere Büschel; denn jedes von den Netzen enthält ja ∞^2 nicht durch Γ_0 gehende Büschel; aber jeder solche Büschel befindet sich nur in einem Netze, das ausserdem ja noch durch Γ_0 bestimmt ist. *Und wir haben ∞^5 Büschel in S_4^2; also sind die Mannigfaltigkeiten 3 und 5 der Netze und der Büschel in S_4^2 mit Doppelgewinde dieselben wie im allgemeinen Falle, jedoch die gegenseitige Lagerung ist eine andere.*

691 Bei den 6 derartigen Systemen $S_{4,i}^2$ im Büschel $\mathsf{B}(\Gamma^2)$ ist dies ersichtlich; denn die Doppelgebüsche $\Sigma_{3,i}$ enthalten ∞^3 Regelschaaren ϱ, die zugeordneten Systeme $\Sigma_{5,i}$ ∞^5 Dupel d. Die Leitschaaren λ jener erfüllen Γ_i, und dies gehört daher zu allen Netzen des $S_{4,i}^2$. Die Dupel d des $\Sigma_{5,i}$, gebildet durch irgend 2 Gerade einer Regelschaar von $\Sigma_{3,i}$, führen zu Strahlennetzen, die sie zu Leitgeraden haben, und die durch dieselben gehenden Gewindebüschel sind die Büschel von $S_{4,i}^2$. Sie gehen nur dann durch Γ_i, wenn die beiden Geraden von d in Bezug auf dieses Gewinde polar sind. Da λ in Γ_i sich befindet, so trägt ϱ eine Involution solcher polaren Geraden, also gehen in jedem Netz (λ) von $S_{4,i}^2$ ∞^1 Büschel durch Γ_i. Umgekehrt wissen wir, dass durch zwei in Bezug auf Γ_i polare Geraden ∞^1 Regelschaaren ϱ von $\Sigma_{3,i}$ gehen (Nr. 633); die ∞^1 entsprechenden Netze (λ) von $S_{4,i}^2$ gehen durch den Büschel, der das auf jene Geraden sich stüzende Strahlen-

netz zur Basis hat und, wegen der Polarität der beiden Leitgeraden, Γ_i enthält.

Die ∞^3 Regelschaaren λ in Γ_i bilden in dem sechsfach unendlichen Inbegriffe sämmtlicher Regelschaaren dieses Gewindes ein eigenthümliches System $\mathfrak{S}_{3,i}(\lambda)$. In ein beliebiges Strahlennetz von Γ_i sendet dieses System keine Regelschaar, da die Leitgeraden des Netzes dann auf der Regelschaar ϱ, von der λ die Leitschaar ist, also in Γ^2 liegen müssten, was für ein beliebiges Strahlennetz von Γ_i nicht gilt. *Nur die ∞^3 Strahlennetze von Γ_i, deren eine Leitgerade und dann* (Nr. 541) *auch die andere zu Γ^2 gehört, enthalten Regelschaaren von $\mathfrak{S}_{3,i}(\lambda)$ und dann gleich ∞^1, und umgekehrt durch jede der λ gehen ∞^1 von diesen Netzen,* offenbar alle Strahlennetze von Γ_i, die durch λ gehen.

Ein Feld $[\lambda_0]$ entsteht durch die ∞^2 Regelschaaren λ, die in den ∞^1 Netzen durch λ_0 sich befinden.

Während die Gewindenetze (λ), deren Grund-Regelschaaren λ den Regelschaaren ϱ des Doppelgebüsches $\Sigma_{3,i}$ verbunden sind, das quadratische System $S_{4,i}^2$ erzeugen, entsteht, wie wir wissen, durch die Netze (ϱ) selbst ein lineares System und zwar das Gewebe $\mathfrak{G}_i$, das sich auf Γ_i stützt und deshalb durch die übrigen Fundamental-Gewinde geht, das gemeinsame Polargewebe von Γ_i in Bezug auf alle (von $S_{4,i}^2$ verschiedenen) Systeme S_4^2 von $\mathsf{B}(\Gamma^2)$.

Der Schnitt eines S_4^2 mit einem Gewebe S_4 enthält im allgemeinen kein Netz oder im besonderen gleich 2 Reihen von ∞^1 Netzen. In der That, da S_4^2 stets zu einem bestimmten $\mathsf{B}(\Gamma^2)$ gehört, so sind die Leitschaaren der Grund-Regelschaaren der Netze von S_4^2 die Regelschaaren der beiden verknüpften Gebüsche Σ_3, Σ_3', denen S_4^2 zugeordnet ist, die Leitschaaren hingegen der Grund-Regelschaaren der Netze von S_4 sind die Regelschaaren des Gewindes Γ, auf das S_4 sich stützt. Nun sendet die Schnittcongruenz $\Gamma^2\Gamma$ nicht in jedes beliebige Gebüschepaar von Γ^2 Regelschaaren, sondern nur in 5 und in diese je 2 Reihen.

Wenn S_4^2 ein Doppelgewinde Γ_0 hat, so sind die Gewebe, die dasselbe nicht enthalten, in der allgemeinen Lage; da ja dann alle Netze von S_4^2 durch Γ_0 gehen, so kann keins in ein solches Gewebe fallen. *Geht aber S_4 durch Γ_0, so erhält man die zwei Reihen von gemeinsamen Netzen auch in folgender Weise:* Wir schneiden S_4^2 dann noch mit einem beliebigen Gewebe S_4'; der Schnitt von S_4^2, S_4, S_4' ist ein S_2^2 in dem S_3, in welchem sich S_4 und S_4' begegnen; dieses S_2^2 hat, nach der Analogie der Fläche 2. Grades, 2 Reihen von Büscheln; die Projection aus Γ_0 führt dann zu 2 Reihen von Netzen, welche S_4^2 und S_4 gemeinsam sind; denn jeder Büschel, der Γ_0 mit einem Gewinde des Schnitts $S_4^2 S_4'$ verbindet, hat 3 Gewinde mit S_4^2 gemein und gehört ihm ganz an.

Das System $S_{4,i}^2$ *(mit* Γ_i *als Doppelgewinde) und das Gewebe* $\mathfrak{G}_i$, *das nicht durch* Γ_i *geht, haben also kein Netz gemein;* das bedeutet, dass keine Regelschaar von $\Sigma_{3,i}$ Leitschaar einer andern Regelschaar desselben Gebüsches ist; aber das folgt schon daraus, dass zwei verbundene Regelschaaren nicht demselben Gewinde angehören.

Wohl aber hat $S_{4,i}^2$ *mit* $\mathfrak{G}_k$, *das durch* Γ_i *geht, 2 Reihen von Netzen gemeinsam.* Als Grund-Regelschaaren von Netzen des $S_{4,i}^2$ befinden sie sich in dem Systeme $\mathfrak{S}_{3,i}(\lambda)$ von Γ_i, d. h. sind Leitschaaren von Regelschaaren von $\Sigma_{3,i}$.

Jedoch ihre Zugehörigkeit zu $\mathfrak{G}_k$ beweist noch nicht, dass sie zu $\Sigma_{3,k}$ gehören; denn $\mathfrak{G}_k$ hat insgesammt ∞^6 Netze. Und sie können es auch nicht; denn befände sich eine von diesen Reihen von Regelschaaren in $\Sigma_{3,k}$, so wäre sie eine Reihe aus $\Gamma^2 \Gamma_i$; die Leitschaaren würden dann zu $\Sigma_{3,i}$ und zu Γ_k, also zu $\Gamma^2 \Gamma_k$ gehören, und diese beiden Congruenzen wären confocal; was einem früheren Ergebnisse widerspricht (Nr. 639). Unsere beiden Regelschaar-Reihen werden vielmehr durch die Leitschaaren derjenigen Regelschaaren von $\Gamma^2 \Gamma_k$ gebildet, welche in $\Sigma_{3,i}$ sich befinden (Nr. 638).

Die beiden Systeme 4. Stufe der Regelschaaren von Γ^2 und ihrer Leitschaaren sind, da ihre Stufensumme unter der Mannigfaltigkeit 9 aller Regelschaaren bleibt, windschief gegen einander. Γ^2 *enthält keine Regelschaar und zugleich ihre Leitschaar. Das ist schon beim Complexe 1. Grades* Γ *der Fall,* obwohl er ∞^6 Regelschaaren enthält; die Leitschaaren derselben sind die Grund-Regelschaaren der Netze in dem Gewebe, das sich auf Γ stützt; gehörte eine von ihnen auch zu Γ, so würde dies zu dem Netze und dem Gewebe gehören, also zu sich selbst in Involution sein. Dies tritt nur bei einem Strahlengebüsche ein; und da sind ja sogar ∞^6 Regelschaaren vorhanden, die sich mit den Leitschaaren vereinigt haben; weil das Gebüsche so viele Kegel 2. Grades und Kegelschnitte enthält.

692 *Die* in Nr. 680 erhaltene *eindeutige Beziehung der Gewinde zweier zu einander gehöriger Systeme* $\mathfrak{S}_4^2$ *und* S_4^2 *artet aus, wenn dies Paar aus einem doppelten* $\mathfrak{G}_i$ *und einem* $S_{4,i}^2$ *besteht.*

Die Congruenz $\mathfrak{C}^2$, welche durch ein beliebiges Gewinde von $\mathfrak{G}_i$ in Γ^2 eingeschnitten wird und 2 Regelschaar-Reihen in $\Sigma_{3,i}$ sendet, hat die confocale Congruenz, die durch deren Leitschaaren entsteht, in Γ_i, und dies Gewinde ist ständig das entsprechende in $S_{4,i}^2$. Es sei nun aber Γ ein beliebiges Gewinde dieses Systems; dann gehört der Büschel $\Gamma \Gamma_i$ demselben ganz an und durch ihn gehen ∞^1 Netze von $S^2_{4,i}$; oder in seinem Grund-Strahlennetze haben wir ∞^1 Regelschaaren λ aus dem Systeme $\mathfrak{S}_{3,i}(\lambda)$ von Γ_i, d. h., welche Leitschaaren von Regelschaaren ϱ von $\Sigma_{3,i}$ sind. Diese ϱ haben die Leitgeraden des Netzes gemein; ihre Congruenz hat dieselben zu Doppelstrahlen, und die Reihe der ϱ vertritt in ihr sogar 2 Paare verknüpfter Reihen (II, Nr. 407); die λ bilden keine confocale Congruenz, liegen sie doch alle in einem Strahlennetze.

Die einschneidenden Gewinde aus $\mathfrak{G}_i$ sind die $\Sigma_{3,i}$ zugeordneten Tangentialgewinde, von denen jedes zu zwei Geraden von Γ^2 gehört, die zu einander polar sind in Bezug auf Γ_i und die Doppelstrahlen der eingeschnittenen Congruenz 2. Grades werden (Nr. 633). *Daher ist die Correspondenz zwischen den Elementen von $\mathfrak{G}_i$ und $S^2_{4,i}$ so, dass einem beliebigen Gewinde von $\mathfrak{G}_i$ stets das Doppelgewinde Γ_i, einem Gewinde aber von $\mathfrak{G}_i$, das ein Tangentialgewinde ist, alle Gewinde eines durch Γ_i gehenden Büschels von $S^2_{4,i}$ entsprechen.*

Den beiden verknüpften Regelschaar-Reihen in $\Sigma_{3,i}$, die durch ein beliebiges Gewinde von $\mathfrak{G}_i$ ausgesondert werden, entsprechen zwei verknüpfte Leitschaar-Reihen in Γ_i oder genauer in $\mathfrak{S}_{3,i}(\lambda)$, die eine ordentliche Congruenz 2. Grades erzeugen.

Ein zu $\mathfrak{G}_i$ gehöriges Tangential-Gewinde sondert hingegen eine einzige (quaternäre) Reihe aus, deren Leitschaaren keine Congruenz 2. Grades, sondern ein Strahlennetz in Γ_i bilden, dessen Leitgerade die gemeinsamen Geraden aller Regelschaaren jener Reihe und die Doppelstrahlen ihrer Congruenz sind.

Weitere Betrachtung der Büschel quadratischer Systeme 3. und 2. Stufe von Gewinden durch eine Congruenz 2. Grades, bezw. eine Regelfläche 4. Grades.

Wir haben in Nr. 659, 660 den Büschel $\mathsf{B}(\mathsf{C}^2)$ der quadratischen Systeme 3. Stufe $S_3{}^2$ gefunden, welcher durch eine quadratische Congruenz C^2 oder $H_2{}^4(\mathsf{C}^2)$ geht und in dem Gewebe S_4 von Gewinden enthalten ist, das zu dem eigenen Gewinde Γ von C^2 in Involution ist. *In Bezug auf ein solches System $S_3{}^2$ kann man das Polargebüsche eines in S_4 befindlichen Gewindes Γ construiren,* d. h. in allen ∞^3 von Γ ausgehenden und in S_4 enthaltenen Gewindebüscheln — und nur in S_4 enthaltene Büschel schneiden $S_3{}^2$ zweimal — das dem Γ zugeordnete vierte harmonische Gewinde in Bezug auf die beiden Schnittgewinde mit $S_3{}^2$ construiren: ihr Inbegriff ist das Polargebüsche. Die zu Nr. 665 693 analoge Betrachtung im einzelnen vorzunehmen, ist wohl unnöthig*); wir beschränken uns auch hier, wie bei einem S_4^2 (Nr. 675), auf Gebüsche als Polgewinde und die Strahlengebüsche in den Polargebüschen und ersetzen diese Strahlengebüsche durch ihre Axen. Da wir durchweg in S_4 bleiben, so liegen alle fraglichen Axen in Γ.

So erhält man, zugeordnet einem bestimmten S_3^2 von $\mathsf{B}(\mathsf{C}^2)$ oder dem correspondirenden Dupelsysteme $\mathfrak{S}_3$ von C^2 (Nr. 661), *zu jedem Strahle l von Γ ein Polar-Strahlennetz, das durch die Axen der Strahlengebüsche entsteht, die sich in dem Polargebüsche des $[l]$ in Bezug auf S_3^2 befinden, und allen diesen Polar-Strahlennetzen gemeinsam eine Regelschaar.* Diese Polar-Strahlennetze und diese Regelschaar ergeben sich, ähnlich wie in Nr. 675, identisch mit den Polar-Strahlennetzen und der Polar-Regelschaar, die in Nr. 586 definirt sind.

Diese Ergebnisse kann man einfach aus den auf Γ^2 bezüglichen durch Schnitt mit S_4 oder Γ erhalten, aber nicht die folgenden, da der Schnitt eines Strahlengebüsches mit einem Gewinde im allgemeinen nicht ein singuläres Strahlennetz ist.

Wir suchten früher den Ort der Geraden l auf, deren Polargewinde in Bezug auf ein gegebenes S_4^2, das durch Γ^2 geht, ein Gebüsche ist: wir fanden einen der Nebencomplexe Λ^2 und als Ort der Axen l' dieser Gebüsche — der Polaren der l in Bezug auf Γ^2 — einen zweiten Complex 2. Grades Λ'^2.

Wir suchen nunmehr den Ort der Geraden l (in Γ), deren einem bestimmten S_3^2 durch C^2 zugeordnetes Polar-Strahlennetz singulär ist; wir erinnern uns (Nr. 586), dass die Leitgeraden sämmtlicher Polar-Strahlennetze eines Strahles l von Γ die Leitschaar der Polar-Regelschaar involutorisch durchlaufen; l ist der eine, die Polare l' von l in Bezug auf C^2 der andere Doppelstrahl dieser Involution, und dieser wird Leitgerade eines singulären Polar-Strahlennetzes (das mit der Leitgeraden l ist dem Systeme $H_4^2 S_4 \equiv H_3^2(\Gamma)$ zugeordnet, das zu $\mathsf{B}(\mathsf{C}^2)$ gehört).

Wenn l in Γ einen Strahlenbüschel durchläuft, so beschreibt das Polargewinde in Bezug auf das S_4^2 eines durch C^2 gehenden Γ^2, in dem sich S_3^2 befindet, auch einen Büschel, sein Schnitt mit Γ, das Polar-Strahlennetz in Bezug auf C^2, also ebenfalls einen Büschel, dessen Basis eine Regelschaar von Γ ist; die Leitgeraden dieses Strahlennetzes durchlaufen die Leitschaar involutorisch, und zweimal wird es singulär.

---

*) Und noch weniger ist es nothwendig, innerhalb eines Gebüsches S_3 die Polarität in Bezug auf ein quadratisches System 2. Stufe S_2^2 zu untersuchen, da wir ja S_3 in den Punktraum abbilden können.

Die Strahlen l von Γ, deren in Bezug auf ein bestimmtes S_3^2 durch C^2 *genommene Polar-Strahlennetze singulär sind, erzeugen eine (in Γ befindliche) Congruenz 2. Grades* L^2. Wir nennen sie Nebencongruenz der C^2.

Die Leitgeraden dieser Strahlennetze sind je die Polaren l' der Strahlen l in Bezug auf C^2; und nach Nr. 589 würden sie eine Congruenz 10. Grades erzeugen. Aber *zur Congruenz* L^2 *gehört die Regelfläche 8. Grades der singulären Strahlen*, und jeder von ihnen hat ∞^1 Polaren, den ganzen Tangentenbüschel der Brennfläche Φ' in dem Punkte, in welchem er sie vierpunktig berührt; alle Polar-Strahlennetze eines singulären Strahls sind singulär (Nr. 587). Diese Tangentenbüschel oder Schmiegungsstrahlen-Büschel der singulären Berührungscurve von C^2 erzeugen eine Congruenz 8. Grades (Nr. 550), die sich von der des 10. Grades ablöst. *Es bleibt demnach eine Congruenz 2. Grades* L'^2 *als Erzeugniss der Leitgeraden der singulären Strahlennetze, welche dem Systeme S_3^2 zugeordnete Polar-Strahlennetze, in Bezug auf* C^2, *der Strahlen von* L^2 *sind.*

Diese Congruenz L'^2 befindet sich auch in Γ, da sie ja durch Polaren (von Strahlen von Γ) in Bezug auf C^2 gebildet wird.

Jedem Systeme S_3^2, das durch C^2 *geht, oder jedem Dupelsysteme* $\mathfrak{S}_3$ *von* C^2 *ist daher ein solches Congruenzen-Paar* L^2, L'^2 *zugeordnet.*

Jedoch sind, wenn Γ^2 ein beliebiger durch C^2 *gehender Complex 2. Grades ist, diese Congruenzen nicht Schnitte, mit Γ, der Complexe A^2, A'^2, welche dem S_4^2 durch Γ^2 zugeordnet sind, in welchem S_3^2 enthalten ist. Das ist aber der Fall, wenn Γ, das eigene Gewinde von* C^2, *für Γ^2 Fundamental-Gewinde ist. Dann ist zunächst die Polare l' eines Strahls l von Γ in Bezug auf Γ^2 auch Polare von l in Bezug auf* C^2. 694
Denn l' liegt in diesem Falle, wie wir wissen (Nr. 541), auch in Γ; folglich geht Γ durch die Leitgeraden l, l' des Polar-Strahlennetzes von l in Bezug auf Γ^2, und diese Geraden sind in der Leitschaar der Polar-Regelschaar von l in Bezug auf C^2 — dem Schnitte jenes Polar-Strahlennetzes mit Γ — als Gerade von Γ die beiden Doppelstrahlen der Involution in Bezug auf Γ polarer Strahlen. Diese Paare polarer Geraden sind die Leitgeraden der verschiedenen Polar-Strahlennetze von l in Bezug auf C^2; und der von l verschiedene Doppelstrahl l' ist die Polare von l nach C^2.

Wenn nun l, wie oben, einen Strahlenbüschel (L, λ) in Γ durchläuft, so sind alle Polargewinde in Bezug auf Γ^2 zu Γ in Involution (Nr. 541); betrachten wir wiederum nur die Polargewinde dieser Strahlen, die dem durch S_3^2 gehenden S_4^2 von Γ^2 zugeordnet sind und einen

Büschel bilden, so müssen die Axen l_1', l_2' der Gebüsche dieses Büschels wegen der Involution in Γ gelegen sein; l_1, l_2 mögen die Strahlen von (L, λ) sein, denen die Gebüsche als Polargewinde zugehören, so befinden sich diese in dem Λ^2 und jene in dem Λ'^2, welche dem S_4^2 zugeordnet sind.

Das Polar-Strahlennetz von l_1 in Bezug auf C^2, welches dem S_3^2 zugeordnet ist, wird durch Γ aus dem Polargewinde von l_1 in Bezug auf Γ^2, das dem S_4^2 zugeordnet ist, d. h. dem Gebüsche $[l_1']$ ausgeschnitten; und da dessen Axe in Γ liegt, so ist das Strahlennetz ein singuläres mit dieser Axe als Leitgeraden; und ähnliches gilt für l_2, l_2'. Demnach befinden sich l_1, l_2 in L^2, l_1', l_2' in L'^2; und die obige Behauptung, dass L^2, L'^2 in Λ^2, Λ'^2 enthalten sind, ist bewiesen.

Nun ist aber Γ, weil fundamental für Γ^2, auch fundamental für Λ^2 und Λ'^2, und *daher sind* L^2 *und* L'^2, die Schnitte dieser beiden consingulären Complexe (Nr. 684) mit einem gemeinsamen Fundamental-Gewinde, selbst *consingulär* (Nr. 641).*)

Wenn es sich um das System $H_2^3(\Gamma)$ im Büschel $\mathsf{B}(\mathsf{C}^2)$ handelt, so ist für jeden durchgehenden Complex das Hauptsystem H_4^2 dasjenige, welches jenes in sich aufnimmt. Benutzen wir wiederum einen Complex, für den Γ fundamental ist, so ist, weil die H_4^2 zugeordneten Λ, Λ'^2 sich mit Γ^2 vereinigen, ersichtlich, dass auch L^2 und L'^2 in C^2 fallen.

695 Der Büschel $\mathsf{B}(\mathsf{C}^2)$ der S_3^2, die durch C^2 gehen, ist Schnitt des auf das eigene Gewinde Γ von C^2 sich stützenden Gewebes S_4 mit dem Büschel $\mathsf{B}(\Gamma^2)$ der S_4^2, in welchen ein durch C^2 gehender Γ^2 enthalten ist.

Dieser Büschel kann sich, wie sich aus der selbständigen Herstellung in Nr. 660 ergiebt, nicht ändern, wenn Γ^2 sich ändert. Machen wir uns dies direkt klar. Es sei Γ_1^2 ein zweiter durch C^2 gehender Complex 2. Grades. Durch jedes Gewinde Γ' geht ein System S_4^2 aus dem Büschel $\mathsf{B}(\Gamma^2)$ und eins aus dem Büschel $\mathsf{B}(\Gamma_1^2)$; wenn Γ' zu S_4 gehört, so bedeutet dies, dass Γ' zu einem S_3^2 aus dem Büschel, der durch jenen, und zu einem aus dem Büschel, der durch diesen in S_4 eingeschnitten wird. Zwei Systemen S_3^2 in einem S_4 ist ein S_2^4 2. Stufe gemeinsam, in unserm Falle $H_2^4(\mathsf{C}^2)$, der Inbegriff der Strahlengebüsche, deren Axen die C^2 erfüllen. Unsere beiden S_3^2 haben ausserdem noch Γ' gemeinsam; folglich sind sie identisch. In der That, ein Netz S_2 von Gewinden, das zu S_4 gehört, Γ' und irgend ein Gewinde Γ'' aus einem der beiden S_3^2 enthält,

*) Vergl. für diese Betrachtung der L^2 und L'^2 Segre, Sulla geometria della retta Nr. 147.

schneidet beide S_3^2 in quadratischen Systemen 1. Stufe, von denen das eine Γ'' enthält und welche Γ' und die 4 Gewinde gemeinsam haben, in denen das Netz S_2 dem $H_2^4(\mathsf{C}^2)$ begegnet. Die Abbildung des Netzes in ein Punktfeld, bei der diese Systeme 1. Stufe in Kegelschnitte übergehen, lehrt, dass sie zusammenfallen; d. h. Γ'' gehört auch zum andern S_3^2.

Also:

Die Büschel $\mathsf{B}(\Gamma^2)$, *welche den verschiedenen durch die quadratische Congruenz* C^2 *gehenden Complexen 2. Grades* Γ^2 *zugehören, schneiden in das lineare System 4. Stufe* S_4, *welches sich auf das Gewinde* Γ *von* C^2 *stützt, einen und denselben Büschel* $\mathsf{B}(\mathsf{C}^2)$ *von* S_3^2 *ein, zu dem auch das System* $H_3^2(\Gamma)$ *gehört, der Inbegriff der Strahlengebüsche, deren Axen das Gewinde* Γ *bilden. als Schnitt von* H_4^2, *das ja in allen* $\mathsf{B}(\Gamma^2)$ *enthalten ist.*

Ebenso ist (Nr. 663) eine Regelfläche 4. Grades ϱ^4 mit zwei doppelten Leitgeraden u, v oder vielmehr das System $H_1^4(\varrho^4)$ der Strahlengebüsche, für welche die Strahlen von ϱ^4 Axen sind, Basis eines Büschels von S_2^2 in einem S_3. Dieses System S_3 ist das Gebüsche von Gewinden, welches u, v zu Grundgeraden hat; zu ihm gehört das System 2. Stufe 2. Grades von Strahlengebüschen, deren Axen das Netz $[u, v]$ erzeugen.

Der Büschel von S_2^2, den wir $\mathsf{B}(\varrho^4)$ genannt haben, wird in S_3 durch den Büschel $\mathsf{B}(\Gamma^2)$ von S_4^2 irgend eines durch die Regelfläche gehenden Complexes Γ^2 oder durch den Büschel $\mathsf{B}(\mathsf{C}^2)$ von S_3^2 irgend einer durch sie gehenden Congruenz C^2 eingeschnitten.

Dass dieser $\mathsf{B}(\varrho^4)$ sich mit Γ^2 oder C^2 nicht ändert, bedarf kaum eines Beweises, weil wir uns innerhalb eines S_3 bewegen und dieses ja auf den Punktraum abbilden können, wodurch die S_2^2 von $\mathsf{B}(\varrho^4)$ und $H_1^4(\varrho^4)$ in die Flächen eines Büschels 2. Ordnung und die Grundcurve 4. Ordnung übergehen.

Jede quadratische Congruenz C^2 enthält ∞^4 Regelflächen ϱ^4, weil 696
jede Gerade eine ausscheidet (die sich dann stets noch bei einer zweiten Geraden ergiebt); da nun die Mannigfaltigkeit der ϱ^4 16, die der C^2 18 ist, so folgt daraus, dass *durch jede Regelfläche* ϱ^4 ∞^6 *Congruenzen* C^2 *gehen* $(18 + 4 - 16)$, *in jedem der* ∞^1 *Gewinde, die durch das Strahlennetz von* ϱ^4 *gehen*, ∞^5, von denen jede in dies Gewinde durch ∞^6 Complexe Γ^2 eingeschnitten wird.

Ebenso enthält jeder Γ^2 ∞^8 Regelflächen ϱ^4, seine Mannigfaltigkeit ist 19; *daher gehen durch jede* ϱ^4 ∞^{11} *Complexe* Γ^2 $(19 + 8 - 16)$.

Durch jede von den ∞^6 Congruenzen C^2, welche durch ϱ^4 möglich sind, lassen sich zwar wiederum ∞^6 Complexe Γ^2 legen (Nr. 625); aber in einem bestimmten Γ^2, der durch ϱ^4 geführt ist, giebt es ja ∞^1 durch ϱ^4 gehende C^2; sie werden durch die Gewinde des Büschels eingeschnitten, dessen Basis das die ϱ^4 enthaltende und sie in Γ^2 einschneidende Strahlennetz $[u, v]$ ist. Und so zeigt sich, dass durch ϱ^4 nicht ∞^{6+6}, sondern nur ∞^{6+6-1} quadratische Complexe gehen.

697 *Von den* ∞^6 *Complexen* Γ^2, *die durch eine gegebene quadratische Congruenz* C^2 *gehen, fällt,* wie wir schon in Nr. 644 zu erwähnen Gelegenheit hatten, *bei je* ∞^1 *eins der Fundamental-Gewinde in das durch* C^2 *gehende* Γ.

Wir wollen dies a. a. O. mit Σ bezeichnete *System nun construiren. Wir erhalten es, indem wir die einzelnen Systeme* $S_3{}^2$ *durch* C^2 *aus* Γ *durch Büschel projiciren. Jedesmal entsteht ein System* $S_4{}^2$, *welches* Γ *zum doppelten Gewinde hat.*

In der That, ein beliebiger Büschel S_1 giebt mit Γ verbunden ein Netz S_2, welches dem S_4 in einem Büschel begegnet, der das $S_3{}^2$ in 2 Gewinden schneidet; wie das aus der Definition des 2. Grades von $S_3{}^2$ unmittelbar hervorgeht. Folglich wird auch S_1 von dem Inbegriffe aller projicirenden Büschel zweimal getroffen, so dass das durch sie gebildete System 4. Stufe vom 2. Grade ist. Aber von den ∞^4 Büscheln durch Γ enthalten nur die ∞^3 projicirenden Büschel andere Gewinde dieses Systems als Γ (und zwar gehören alle ihre Gewinde ihm an); die übrigen Büschel treffen nur in Γ, was die Zweifachheit dieses Gewindes beweist.*)

Wie das projicirte $S_3{}^2$ durch C^2 geht, so auch das $S_4{}^2$; d. h. der quadratische Complex Γ^2, durch den letzteres geht, enthält C^2; und da $S_4{}^2$ ein durch Γ^2 gehendes System mit Γ als Doppelgewinde ist, so ist Γ eins von den dem Γ^2 zugehörigen Fundamental-Gewinden; und wir haben die oben erwähnten ∞^1 durch C^2 gehenden Complexe Γ^2.

Wir wissen (Nr. 644), die 5 andern Fundamental-Gewinde $\Gamma_1, \ldots \Gamma_5$ eines solchen Complexes ändern sich nicht, wenn Γ^2 das einfach unendliche System Σ durchläuft: sie enthalten die confocalen Congruenzen von C^2; wir nannten sie die Fundamental-Gewinde von C^2.

Γ wird von ihnen in den Fundamental-Strahlennetzen dieser Congruenz geschnitten. Die Gewinde $\Gamma_1, \ldots \Gamma_5$ befinden sich in dem Gewebe S_4; und folglich haben die Systeme $S_3{}^2$ von $B(C^2)$, welche aus

*) In ähnlicher Weise beweist man allgemeiner, dass *ein* $S_i{}^2$ *aus einem Gewinde* Γ *in ein* S_{i+1}^2 *projicirt wird, für welches* Γ *doppelt ist.*

S_4 durch die 5 Systeme S_4^2 von $\mathsf{B}(\Gamma^2)$ ausgeschnitten werden, denen diese Gewinde doppelt angehören, sie ebenfalls zu Doppelgewinden.

Andere Doppelgewinde als diese können bei Systemen S_3^2 unseres Büschels nicht vorkommen; denn ein solches Doppelgewinde würde in Bezug auf alle S_3^2 des Büschels das nämliche Polargebüsche haben, welches durch jene 5 gehen müsste; aber die $\Gamma_1, \ldots$ befinden sich nicht in einem Gebüsche (wie die 6 Fundamental-Gewinde eines Γ^2 nicht in einem Gewebe).

So haben wir in dem Büschel $\mathsf{B}(\mathsf{C}^2)$ von S_3^2 5 Systeme mit einem Doppelgewinde, je einem der Fundamental-Gewinde von C^2.

Diese Doppelgewinde haben wir in Nr. 662 schon auf andere Weise erkannt.

Aehnliche Fragen entstehen bei der *Regelfläche* ϱ^4 und ihrem Strahlennetze $[u, v]$. Ist C^2 eine durch sie gehende quadratische Congruenz, so geht ihr Gewinde Γ von selbst durch $[u, v]$. 698

Unter den ∞^6 durch ϱ^4 gehenden quadratischen Congruenzen C^2 wird es solche geben, bei denen auch noch das Gewinde Γ', in dem eine confocale Congruenz C'^2 enthalten ist, durch $[u, v]$ geht. Die 4 Gewinde $\Gamma_1, \ldots \Gamma_4$ der übrigen confocalen Congruenzen schneiden dann in $[u, v]$ Regelschaaren ein, in Bezug auf deren Trägerflächen polarisirt ϱ^4 in sich selbst übergeht; denn Γ, Γ', Γ_1 transformiren C^2 (Nr. 541, 555) und Γ' in sich selbst; also führt auch das Polarsystem der Regelschaar, die ihnen gemeinsam ist, oder in der $[u, v]$ von Γ_1 geschnitten wird, die Regelfläche $\mathsf{C}^2\Gamma' \equiv \varrho^4$ in sich über.

Folglich sind die 4 Regelschaaren die zu ϱ^4 gehörigen Fundamental-Regelschaaren π_0 (Nr. 596).

Jede von den durch ϱ^4 gehenden quadratischen Congruenzen, welche die Eigenschaft hat, dass auch noch das Gewinde einer der confocalen Congruenzen — eins der Fundamental-Gewinde der Congruenz — durch $[u, v]$ geht, oder, was dasselbe ist, dass $[u, v]$ eins der 5 Fundamental-Strahlennetze für sie ist, sendet ihre 4 andern Fundamental-Gewinde durch die 4 Fundamental-Regelschaaren von ϱ^4. Und ebenso senden alle durch ϱ^4 gehenden Complexe Γ^2, von deren 6 Fundamental-Gewinden 2 durch $[u, v]$ gehen, die 4 übrigen Fundamental-Gewinde durch diese Regelschaaren.

Wir können die ∞^1 Systeme S_2^2 von $\mathsf{B}(\varrho^4)$ aus irgend einem Gewinde Γ' des Büschels durch $[u, v]$ projiciren und erhalten ∞^1 Systeme S_3^2, die alle dies Gewinde zum doppelten haben. Da die S_2^2 alle in einem S_3 sich befinden, so werden diese S_3^2 sämmtlich von dem $S_4 \equiv \Gamma' S_3$ in sich aufgenommen.

Ein S_3^2 aber „enthält" eine Congruenz 2. Grades; d. h. die in ihm befindlichen Strahlengebüsche erzeugen durch ihre Axen eine solche Congruenz; denn ein Bündel oder ein Feld von Strahlengebüschen (ein Netz aus H_4^2) hat mit S_3^2 2 Gewinde gemeinsam.

Somit haben wir durch ϱ^4 ∞^1 quadratische Congruenzen C^2 von der Art, dass ein bestimmtes Gewinde Γ' von $[u, v]$ für ein S_3^2 des Büschels $\mathsf{B}(\mathsf{C}^2)$ Doppelgewinde ist. Das durch eine solche Congruenz C^2 gehende Gewinde Γ enthält ebenfalls $[u, v]$. Also ist jenes Gewinde Γ' eins von den 5 Fundamental-Gewinden oder eins von den 5, welche in Γ die Fundamental-Strahlennetze einschneiden; d. h. $[u, v]$ ist dies Fundamental-Strahlennetz; eine von den confocalen Congruenzen hat daher ihr Gewinde im Büschel $[u, v]$ und die Gewinde der 4 andern schneiden in $[u, v]$ die Fundamental-Regelschaaren ein.

Verändern wir Γ' im Büschel $[u, v]$, so erhalten wir ∞^2 *Congruenzen 2. Grades durch* ϱ^4, *für welche* $[u, v]$ *Fundamental-Strahlennetz ist.*

Bewegt sich die Congruenz durch diese doppelt unendliche Mannigfaltigkeit, so bleiben die 4 übrigen Fundamental-Gewinde fest: sie sind die einzigen Gewinde, welche je das Netz durch die betreffende Fundamental-Regelschaar mit dem Gebüsche (u, v) gemein hat, das sich auf den Büschel durch $[u, v]$ stützt.

Nachdem durch ϱ^4 eine quadratische Congruenz C^2 gelegt ist, von der auch die eine confocale Congruenz in einem Gewinde Γ' von $[u, v]$ sich befindet, projiciren wir eins der S_3^2, die durch diese Congruenz gehen, aus dem eigenen Gewinde Γ derselben durch ein S_4^2, welches also das Γ zum Doppelgewinde hat; wir haben dann einen durch C^2 gehenden Complex 2. Grades, für den Γ Fundamental-Gewinde ist; C^2 ist sein Schnitt mit ihm. Also sind die confocalen Congruenzen in den andern Fundamental-Gewinden enthalten; folglich ist Γ' eins von ihnen, und wir haben so einen durch ϱ^4 gehenden Complex Γ^2 erhalten, von dem zwei Fundamental-Gewinde in den Büschel durch $[u, v]$ fallen. Die 4 übrigen müssen durch die Fundamental-Regelschaaren von ϱ^4 gehen. Verändert man noch Γ' im Büschel $[u, v]$, so *ergeben sich durch* ϱ^4 ∞^3 *Complexe* Γ^2, *welche* $[u, v]$ *zum Schnitte von zwei Fundamental-Gewinden haben.*

Bewegen wir Γ^2 *durch die dreifach unendliche Mannigfaltigkeit, für welche zwei Fundamental-Gewinde durch* $[u, v]$ *gehen, so bleiben die 4 übrigen Fundamental-Gewinde fest.*

So sehen wir, dass *jeder Regelfläche 4. Grades* ϱ^4 *mit den doppelten Leitgeraden* u, v *vier Gewinde zugeordnet sind, ihre Fundamental-Gewinde, diejenigen, welche das Gebüsche* (u, v) *von Gewinden mit den 4 Netzen gemein hat, die durch die 4 Fundamental-Regelschaaren von* ϱ^4 *gehen.*

Alle ∞^2 *Congruenzen 2. Grades durch* ϱ^4, *für welche eine der confocalen Congruenzen ihr Gewinde durch* $[u, v]$ *sendet oder, kürzer, eins der Fundamental-Gewinde durch* $[u, v]$ *geht, haben ihre weiteren confocalen Congruenzen in diesen Gewinden oder haben sie zu ihren weiteren Fundamental-Gewinden.*

Alle ∞^3 *Complexe 2. Grades durch* ϱ^4, *für welche zwei Fundamental-Gewinde durch* $[u, v]$ *gehen, haben sie zu ihren weiteren Fundamental-Gewinden.**)

Bei der Abbildung von S_3 in den Punktraum, bei der die S_2^2 Flächen 2. Grades werden, die durch das Bild von $H_1^4(\varrho^4)$ gehen, bilden sich diese auch zu $S_3 \equiv (u, v)$ gehörigen Gewinde in die Ecken des gemeinsamen Polartetraeders ab.

Diese Gewinde sind Doppelgewinde von 4 Systemen S_3^2 *des Büschels* $\mathsf{B}(\mathsf{C}^2)$ *irgend einer von jenen* ∞^2 *Congruenzen oder von 4 Systemen* S_4^2 *des Büschels* $\mathsf{B}(\Gamma^2)$ *irgend eines von diesen* ∞^3 *Complexen und werden,* weil in S_3 befindlich, *Doppelgewinde des Büschels* $\mathsf{B}(\varrho^4)$, in dem der erst genannte Büschel das System S_3 schneidet.

Diese 4 Systeme S_2^2 mit Doppelgewinde im Büschel $\mathsf{B}(\varrho^4)$ kennen wir schon aus Nr. 663.

Die S_2^2 von $\mathsf{B}(\varrho^4)$ können wir aus einem Büschel S_1 (durch Netze, die von S_1 nach den einzelnen Gewinden eines S_2^2 gehen) projiciren und erhalten dadurch ∞^1 Systeme S_4^2, welche alle Gewinde des S_1 zu Doppelgewinden haben und, nach Segre's Bezeichnung, *zweifach specialisirt* sind. Solcher S_4^2 durch ϱ^4 haben wir ∞^{8+1}.

Eine Congruenz C^2 ist Schnitt eines Gewindes mit einem Com- 699
plexe Γ^2, eine Regelfläche ϱ^4 Schnitt eines Strahlennetzes mit einem Γ^2 oder eines Gewindes mit einer C^2; gehen wir noch einen Schritt weiter.

4 Strahlen einer Regelschaar λ — *ein Quadrupel* Q^4 — können wir ansehen als Schnitt der λ mit einem Γ^2 oder als Schnitt eines Strahlennetzes mit einer C^2 oder endlich als Schnitt eines Gewindes mit einer ϱ^4.

In dem Netze S_2 von Gewinden, welches die der λ verbundene Regelschaar ϱ zur Basis hat, befindet sich dann ein Büschel von S_1^2, welche alle durch die 4 Gebüsche gehen, deren Axen die 4 Strahlen

*) Für ein Gewinde ist es eine vierfache Bedingung, durch ein gegebenes Netz zu gehen; daher haben wir die Mannigfaltigkeiten: $6 - 4 = 2$, $11 - 2.4 = 3$.

von Q^4 sind: $H_0{}^4(Q^4)$. Er wird in S_2 durch den Büschel $\mathsf{B}(\varrho^4)$ eingeschnitten, der zu irgend einer durch Q^4 gehenden ϱ^4 gehört. Man wähle nun die ϱ^4 so, dass eins von den 4 Fundamental-Gewinden durch λ geht; dazu projicire man aus einem Gewinde Γ' des Netzes (λ) irgend eins der $S_1{}^2$, wodurch sich ein $S_2{}^2$ ergiebt mit Γ' als Doppelgewinde. Die Regelfläche ϱ^4, durch welche dies $S_2{}^2$ geht oder welche durch die Axen der in ihm befindlichen Gebüsche gebildet wird, enthält Q^4 und hat Γ' zu einem Fundamental-Gewinde. Die 3 andern Fundamental-Gewinde bleiben fest, wenn ϱ^4 die mögliche dreifach unendliche Mannigfaltigkeit durchläuft; sie können *die dem Quadrupel Q^4 zugeordneten Fundamental-Gewinde* genannt werden und sind zugleich die weiteren Fundamental-Gewinde für alle durch Q^4 gehenden C^2, von denen zwei Fundamental-Gewinde durch λ gehen, und für alle durch Q^4 gehenden Complexe Γ^2, von denen drei Fundamental-Gewinde durch λ gehen. Wir werden nachher zeigen, dass es ∞^5 solche C^2 und ∞^6 solche Γ^2 giebt.

Diese 3 Gewinde schneiden in die Regelschaar λ 3 Strahlendupel ein, die 3 Fundamental-Dupel zum gegebenen Quadrupel Q^4: ersichtlich die 3 Paare Doppelelemente der Involutionen, zu denen die Zerfällung von Q^4 in Paare führt und welche das Quadrupel in sich selbst transformiren.

Diese 3 Dupel, doppelt gerechnet, und Q^4 sind 4 Quadrupel einer Involution 4. Grades auf λ, derjenigen, die auf λ durch einen der obigen ∞^6 Complexe und die zu ihm consingulären nach Nr. 646 entsteht, die ja in der sechsfach unendlichen Mannigfaltigkeit sich befinden.

Durch diese 3 Dupel und die Zugehörigkeit zu $S_2 \equiv (\varrho)$ (oder die Involution zu (λ)) sind die 3 Gewinde bestimmt.

Die 3 Systeme $S_2{}^2$ aus dem Büschel $\mathsf{B}(\varrho^4)$ einer durch Q^4 gehenden ϱ^4, welche diese Fundamental-Gewinde zu doppelten haben, liefern, da dieselben sich in S_2 befinden, für den eingeschnittenen Büschel der $S_1{}^2$ drei Mitglieder mit Doppelelementen, welche deshalb je in zwei in dem Doppelelemente sich schneidende Büschel zerfallen.

Wird S_2 in ein Punktfeld abgebildet, so haben wir 4 Punkte, den Kegelschnitt-Büschel durch sie und die Ecken des Polardreiecks, die den Fundamental-Gewinden entsprechen.

Das Hindurchgehen durch eine Gerade ist eine einfache Bedingung für einen Complex, also giebt es ∞^{19-4} Complexe Γ^2 durch Q^4. Da jeder eine endliche Zahl von Fundamental-Gewinden hat, und das Hindurchgehen eines Gewindes durch eine Regelschaar eine (5—2)-fache Bedingung ist, weil sie durch ∞^2 Gewinde erfüllt wird, so giebt es unter den ∞^{15} Complexen Γ^2 durch Q^4 $\infty^{15-3.3}$ oder ∞^6, von denen drei Fundamental-Gewinde durch λ gehen (oder, wie wir auch sagen können, eine der Fundamental-Regelschaaren eine gegebene ist, was eine 9fache Bedingung ist).

Die ∞^{15} Complexe Γ^2 durch Q^4 führen zu ∞^{11} *Congruenzen* C^2 *durch dies Quadrupel;* jedes durch λ gehende Gewinde*) — und deren sind ∞^2 — schneidet in jeden eine solche C^2 ein, andererseits aber gehen durch eine C^2 ∞^6 Γ^2, und es ergeben sich ∞^{15+2-6} C^2.

Die Mannigfaltigkeit der Congruenz C^2 ist 18, das Hindurchgehen durch eine Gerade ist für eine Congruenz eine doppelte Bedingung; also könnte man glauben, dass durch Q^4 $\infty^{18-2.4}$ Congruenzen C^2 gehen. Da aber die 4 Geraden von Q^4 derselben Regelschaar λ angehören, so ist nur das Hindurchgehen durch drei je eine doppelte, das durch die vierte eine einfache Bedingung. In der That, wenn C^2 durch jene gelegt ist, so ist damit λ in das durch C^2 gehende Gewinde Γ gebracht und hat von selbst nun mit C^2 noch eine vierte Gerade gemein (I, Nr. 205); dass diese eine gegebene sei, ist nur noch eine einfache Bedingung.

Von diesen ∞^{11} Congruenzen C^2 erfüllen nun ∞^5 die beiden dreifachen Bedingungen, dass zwei ihrer Fundamental-Gewinde durch λ gehen.

Endlich, in jeden der ∞^{15} Complexe Γ^2 schneidet jedes der ∞^2 Strahlennetze durch λ eine Regelfläche ϱ^4 ein und durch jede ϱ^4 gehen ∞^{11} Γ^2; folglich *haben wir durch* Q^4 $\infty^{15+2-11}$ oder ∞^6 *Regelflächen* ϱ^4; was sich auch so ergiebt: Die Leitgeraden von ϱ^4 kann man auf ∞^2 Weisen in ϱ wählen, in dem dann bestimmten Strahlennetze sind noch 4 weitere Geraden zur endgiltigen Bestimmung der Regelfläche zu wählen. Dies ist an sich auf $\infty^{2.4}$ Weisen möglich, in einer jeden von den Regelflächen aber wiederum auf ∞^4 Weisen; so liefert also jedes der Strahlennetze $\infty^{2.4-4}$ in ihm befindliche durch Q^4 gehende Regelflächen ϱ^4, und alle ∞^2 deren ∞^{2+4}.

Der Büschel von Complexen 2. Grades.

In jedem quadratischen Systeme 4. Stufe S_4^2 von Gewinden ist ein Complex 2. Grades enthalten. Wenn jenes durch einen Büschel sich bewegt, beschreibt auch dieser einen Büschel. 700

Dazu haben wir zu beweisen, dass die in der Basis S_3^4 des erste-

*) Jedes Gewinde durch Q^4 geht durch λ.

ren Büschels befindlichen Strahlengebüsche durch ihre Axen eine Congruenz 4. Grades erzeugen. Alle Gebüsche aber, deren Axen einen Bündel oder ein Feld erfüllen, bilden, wie wir wissen, ein Netz. Dieses Netz hat mit S_3^4 4 Gewinde gemein; d. h. von den Strahlengebüschen des S_3^4 senden 4 ihre Axen in einen gegebenen Bündel und 4 in ein gegebenes Feld.

Einen Büschel von quadratischen Complexen kann man aus zweien als seinen Constituenten auch in folgender Weise vervollständigen: Durch einen Strahl g und einen festen Strahl g_0 der Durchschnitts-Congruenz $\Gamma_1^2 \Gamma_2^2$ lege man eine Regelschaar ϱ; sie schneidet Γ_1^2 und Γ_2^2, ausser in g_0, noch in je 3 Strahlen; in der durch diese beiden Tripel constituirten cubischen Involution in ϱ seien g', g'' die beiden Geraden, welche g zu einem Tripel vervollständigen. Diese Strahlen g', g'' in allen ∞^3 Regelschaaren durch g und g_0 erzeugen einen Complex; die durch einen zweiten Strahl der Schnittcongruenz gehenden ϱ lehren, dass er dieselbe ganz enthält, weil dann zwei und alle Tripel der Involution diesen Strahl gemeinsam haben. Aber es ist noch darzuthun, dass der entstandene Complex vom 2. Grade ist. Wenn (O, ω) ein Strahlenbüschel und l und l_1 die Strahlen des Netzes $[g_0, g]$ sind, welche mit O und ω incidiren, so gehören alle Regelschaaren durch g_0, g und je einen Strahl von (O, ω) zum Netze $[l, l_1]$.

Mit der Congruenz $\Gamma_1^2 \Gamma_2^2$ hat dieses Netz 8 Strahlen gemeinsam: $g_0, g_1, \ldots g_7$, mit Γ_1^2, Γ_2^2 zwei Regelflächen 4. Grades ϱ_1^4, ϱ_2^4, welche l, l_1 zu doppelten Leitgeraden und jene 8 Strahlen zu Erzeugenden haben. Legt man durch einen von diesen Strahlen, etwa g_0, eine Ebene, so haben die beiden ausgeschnittenen Curven 3. Ordnung die beiden Punkte g_0 (l, l_1) und die 7 Spuren von $g_1, \ldots g_7$ gemein, so dass dies 9 associirte Punkte sind und jede weitere Regelfläche 4. Grades, welche die l, l_1 zu doppelten Leitgeraden hat und durch 7 von den 8 Strahlen geht, von selber den achten enthält. Die Punkte, in denen also 7 von ihnen die l, l_1, und diejenigen, in denen die aus einem beliebigen Punkte kommende Treffgerade sie schneidet, geben 8 Paare entsprechender Punkte einer Correspondenz [2, 2] zwischen den Punktreihen auf l und l_1, legen sie dadurch eindeutig fest und infolge dessen auch eine weitere Regelfläche ϱ^4 des Büschels $(\varrho_1^4, \varrho_2^4)$.

Jede von diesen Flächen schneidet eine der ∞^1 Regelschaaren ϱ, welche durch g, g_0 gehen und l, l_1 zu Leitgeraden haben, noch in 3 Erzeugenden; denn die durch einen weiteren gemeinsamen Punkt gehende Erzeugende von ϱ^4 liegt auch auf ϱ. Daher schneidet der Büschel der ϱ^4 die ϱ in der festen Geraden g_0 und je drei Strahlen, die eine Involution bilden, weil durch eine Gerade von ϱ nur eine ϱ^4 geht.

Die von ϱ_1^4, ϱ_2^4 herrührenden Tripel sind die obigen, in denen ϱ die Γ_1^2, Γ_2^2 schneidet; also ist die Involution dieselbe wie vorhin, und das Tripel $gg'g''$ liegt auf der durch g gehenden ϱ^4. Daher erzeugen alle ∞^1 Strahlendupel $g'g''$, welche von den ϱ herrühren, die durch g_0, g und einen Strahl von (O, ω) bestimmt sind, diese Regelfläche; die 2 Erzeugenden derselben, die in ω fallen und deshalb zu (O, ω) gehören, sind die diesem Büschel angehörigen Strahlen des erzeugten Complexes, und derselbe ist vom 2. Grade.

Die willkürliche Wahl von g_0 in $\Gamma_1^2\Gamma_2^2$ hat auf das Ergebniss keinen Einfluss; denn ergäben sich bei g_0, g_0' zwei verschiedene durch g gehende Complexe, so würden sie ausser der Schnittcongruenz noch g gemeinsam haben, was nicht möglich ist.

Wollten wir mit den (quadratischen) Involutionen in den ∞^2 Strahlenbüscheln arbeiten, welche durch g gehen, so würden wir nur die g treffenden Strahlen des Complexes erhalten.

Der Büschel der Complexkegel aus einem Punkte, die Schaar der Complexcurven in einer Ebene lehrt, dass *von den singulären Flächen der Complexe eines Γ^2-Büschels 3 durch einen Punkt gehen, 3 eine Ebene berühren.*

Insbesondere gilt das also auch für den Büschel der Nebencomplexe eines gegebenen Complexes 2. Grades.

Die Polaren einer Geraden l in Bezug auf die verschiedenen Com- 701
plexe eines Γ^2-Büschels bilden eine Regelschaar, die durch l selbst geht. In der That, in zwei Ebenen durch l erhalten wir zwei projective Schaaren von Complex-Kegelschnitten, und also auch zwei projective Punktreihen m, m' der Pole von l; diese erzeugen die Regelschaar.

Die Leitschaar wird durch die zu m, m' analogen Geraden in sämmtlichen Ebenen durch l gebildet.

Die Leitschaar dieser Regelschaar besteht aus den Geraden, welche der l conjugirt sind in Bezug auf die Schaaren der Complexcurven in den verschiedenen Ebenen durch l oder in Bezug auf die Büschel der Complexkegel aus den verschiedenen Punkten von l.

Wenn l singulärer Strahl s für einen Complex Γ^2 des Büschels ist mit S und σ als zugehörigem singulären Punkte und zugehöriger singulären Ebene; so sondert sich von der Polaren-Regelschaar des s der Strahlenbüschel (S, σ) ab; der zweite Strahlenbüschel, welcher die Polaren von s in Bezug auf die übrigen Complexe des Büschels enthält, sei (T, τ). In der Ebene σ ist s, als Doppellinie eines Complex-Punktepaars, eine Diagonale des Vierseits der Grundtangenten der Schaar der Complexcurven, die Gegenecke im Diagonaldreiecke ist Pol von s nach allen diesen Curven und daher auf allen Polaren von s gelegen, sie ist also T. Ebenso ist s eine Diagonalkante des Vierkants der gemeinsamen Strahlen des Büschels der Complexkegel aus S, ihre Gegenebene im Diagonaldreikant ist τ.

Die Leitschaar der Regelschaar $[(S, \sigma), (T, \tau)]$ besteht also aus (T, σ), (S, τ). Da für die Kegelschnitt-Schaar in σ die Gerade s und der Punkt T gemeinsam Polare und Pol sind, so hat jene ∞^1 conjugirte Strahlen in Bezug auf diese Schaar; diese bilden allein den ersteren Büschel (T, σ). *Der Büschel (T, σ), dessen Scheitel der gemeinsame Pol von s in Bezug auf die Schaar der Complexcurven in σ ist, wird also durch die Geraden gebildet, die zu s in Bezug auf die Schaar conjugirt sind; der andere Büschel (S, τ) entsteht durch die zu s conjugirten Geraden in Bezug auf die Schaaren in den anderen Ebenen durch s;* weil in jeder Complexcurve von Γ^2 die s in S berührt, so gehen alle diese Geraden durch S.

Umgekehrt wird der Büschel (S, τ) allein durch die Geraden gebildet, die zu s in Bezug auf den Kegelbüschel aus S conjugirt sind, für den τ gemeinsame Polarebene von s ist; während die conjugirten Strahlen von s in Bezug auf die Büschel der Complexkegel aus den übrigen Punkten von s, in denen je der zu Γ^2 gehörige Kegel σ längs s berührt, *den andern Büschel (T, σ) erfüllen.*

Wenn l einen Strahlenbüschel (O, ω) durchläuft, ergiebt sich durch die Trägerflächen der Regelschaaren der Polaren ein System, von dem 3 durch einen Punkt gehen, 3 eine Ebene berühren. Denn geht eine solche Fläche durch P, so müssen P und der Strahl von (O, ω) Pol und Polare einer Complexcurve sein. Die Polaren von P in Bezug auf die Complexcurven in jeder Ebene durch PO umhüllen einen Kegelschnitt und 2 gehen durch O; PO ist selbst einmal Polare; denn sie wird in O von einer Complexcurve des sie enthaltenden Complexes tangirt; folglich erzeugen die durch O gehenden von diesen Polaren einen Kegel 3. Ordnung und 3 liegen in (O, ω).

702 Gehört l zur Grundcongruenz des Γ^2-Büschels, so fällt im allgemeinen die Polare mit ihr zusammen und die Regelschaar kommt nur dadurch zu Stande, dass l für 2 Complexe des Büschels singulärer Strahl ist, wo dann die Polare sich zu einem Strahlenbüschel erweitert.

Also ist jeder Strahl der Grundcongruenz eines Γ^2-Büschels für 2 Complexe desselben singulärer Strahl.

Es seien Γ'^2, Γ''^2 diese Complexe, S', S'' die beiden singulären

Punkte, σ', σ'' die singulären Ebenen, die zu l gehören; so besteht die Regelschaar aus (S', σ') und (S'', σ'').

Für die Kegelschnitt-Schaar einer beliebigen Ebene ξ durch l ist diese Gerade, als gemeinsame Tangente, zu sich selbst conjugirt; für die Schaar in σ' ist l Doppellinie des zu Γ'^2 gehörigen Punktepaars und wird in S'' von der zu Γ''^2 gehörigen Complexcurve berührt. Folglich fallen 2 von den Grundtangenten der Schaar in l zusammen und diese berührt alle Curven in S''; dieser Punkt wird Pol von l und die Strahlen durch ihn conjugirt zu l für alle Curven der Schaar. Man ersieht, wie die Leitschaar in die Büschel (S'', σ'), (S', σ'') zerfällt. Die duale Betrachtung der Kegelbüschel aus den Punkten von l muss zu demselben Resultate führen.

Auf einem Strahle l der Grundcongruenz haben wir zwei conjective Punktreihen, in denen zwei Punkte sich entsprechen, in welchen l von den je zu demselben Complexe des Büschels gehörigen Curven in zwei festen Ebenen durch l berührt wird; die sich selbst entsprechenden Punkte sind S', S'', und dual ergeben sich σ', σ''.

So ergiebt sich nun auch, wenn es sich um den Büschel der Nebencomplexe eines gegebenen Γ^2 handelt, dass *jeder Strahl der Grundcongruenz* **S** *singulärer Strahl für* Γ^2 *ist und noch für einen Nebencomplex.*

Dass nicht etwa die Nebencomplexe mit Γ^2 alle singulären Strahlen gemeinsam haben, erkennt man durch Betrachtung der Kegelschnitt-Schaar in einer beliebigen Ebene: die 4 singulären Strahlen von Γ^2 sind Grundtangenten der Schaar, und die Diagonalen ihres Vierseits — die Doppellinien der 3 Punktepaare der Schaar — singuläre Strahlen für 3 Nebencomplexe.

Jeder Nebencomplex hat ∞^1 *singuläre Strahlen mit* Γ^2 *gemeinsam, welche die Regelfläche 16. Grades bilden, in der die Congruenz 4. Grades seiner singulären Strahlen mit dem Complexe* Γ^2 *sich durchschneidet.*

Jeder Strahl der **S** gehört zu einer von diesen Regelflächen.

Indem wir aber zu einem beliebigen Γ^2-Büschel zurückkehren, 703
wollen wir den Complex der singulären Strahlen aller Complexe desselben untersuchen.

Wenn (O, ω) ein gegebener Strahlenbüschel ist, so gehört jeder Strahl x desselben einem Complexe des Büschels an; dessen Complexcurve in ω berühre den x in X, dann ist die Curve der Punkte X 3. Ordnung und hat O zum Doppelpunkte, weil es im Büschel 2 Complexe giebt, deren aus O kommende Complexkegel die Ebene ω berühren, so dass die zu ihnen gehörigen ω-Curven je die betreffende Berührungskante in O tangiren.

Es sei u eine durch O gehende, aber nicht in ω liegende Gerade; die Kanten der Complexkegel aus O, in denen sie von durch u gehenden Ebenen berührt werden, erzeugen einen Kegel 3. Ordnung, so dass 3 von ihnen dem Büschel (O, ω) angehören. Daraus folgt wiederum, dass die Curve der Berührungspunkte X_1 von Strahlen x des Büschels (O, ω) mit Complexcurven unsrer Complexe in Ebenen durch u von der 4. Ordnung ist mit O als dreifachem Punkte.

Die Strahlen von O nach den 6 Schnitten, welche beiden Curven ausser O gemeinsam sind, werden von den Complexcurven der sie enthaltenden Complexe in der Ebene ω und in der durch u je in demselben Punkte berührt und sind deshalb singulär.

Die singulären Strahlen der Complexe eines Γ^2-Büschels erzeugen einen Complex 6. Grades, für welchen die Grundcongruenz doppelt ist.

In ihr und der Congruenz (4, 4) seiner singulären Strahlen wird jeder Complex des Büschels von diesem Complexe geschnitten.

Für das am Schlusse von Nr. 701 erwähnte Flächensystem haben wir nun: $\mu = \varrho = 3$, $\psi = 6$; nach den Charakteristiken-Formeln von I, Nr. 20 ist dann $\varphi = \chi = 0$, $\nu = 6$. Dass keine Kegel und Kegelschnitte vorhanden sind, war zu erwarten.

Abbildung des Complexes 2. Grades in den Punktraum.

704 Durch *zwei feste Strahlen u, v von Γ^2* gehen ∞^3 Gewinde, ∞^4 Strahlennetze (Grund-Strahlennetze von Büscheln), ∞^3 Regelschaaren (Grund-Regelschaaren von Bündeln): *ein Gebüsche G.* Jedes Gewinde enthält ∞^2 Strahlennetze und ∞^2 Regelschaaren, mit jedem Strahlennetz sind ∞^1 Gewinde und ∞^1 Regelschaaren incident, durch jede Regelschaar gehen ∞^2 Gewinde und ∞^2 Strahlennetze, immer aus dem Gebüsche G.

Durch diese Regelschaaren ξ, von denen jede den Γ^2 noch in zwei weiteren Strahlen x, x' schneidet, entsteht im Complexe eine involutorische eindeutige Beziehung; wir wollen entsprechende Strahlen derselben *associirt* nennen und ebenso durch associirte Strahlen x, x' erzeugte entsprechende Gebilde.

Wenn x in Γ^2 eine Regelschaar ϱ durchläuft, so beschreibt (II, Nr. 409) die Regelschaar (uvx) eine Congruenz 2. Grades, für welche u, v Doppelstrahlen sind. Dieselbe schneidet Γ^2 in einer Regelfläche vom Grade $2(2+2)=8$, welche in ϱ und eine Regelfläche 6. Grades zerfällt, die noch u, v zu Doppelstrahlen hat und durch den associirten Strahl x' erzeugt wird. Also:

Einer Regelschaar (von Γ^2) ist eine Regelfläche 6. Grades associirt, für welche u, v Doppelstrahlen sind.

Wenn aber ϱ durch u (oder v) geht, so erzeugt die Regelschaar (uvx) nur ein Strahlennetz (I, Nr. 92).

Einer Regelschaar, welche durch die eine von den beiden Geraden u, v geht, ist eine Regelschaar durch die andere associirt, welche mit jener durch ein Strahlennetz verbunden ist.

Daher gehören solche associirten Regelschaaren stets zu verknüpften Gebüschen Σ_3, Σ_3'.

Beschreibt x einen Complexkegel, der durch u geht, so umhüllt x' die Complexcurve in der Ebene, welche v mit der Spitze des Kegels verbindet, und umgekehrt, wenn x eine den u tangirende Complexcurve umhüllt, so durchläuft x' den Complexkegel aus dem Schnitt von v mit der Ebene derselben.

Die Regelschaaren $\mathfrak{x}$, welche u, v mit den Strahlen eines Strahlenbüschels verbinden, erzeugen ein Strahlennetz, dessen Leitgerade mit u, v und dem Scheitel, bezw. der Ebene des Büschels incidiren.

Einem Strahlenbüschel ist daher eine durch u, v gehende cubische Regelfläche associirt.

Bewegt sich die Regelschaar $\mathfrak{x}$ innerhalb eines Strahlennetzes von G, so bilden die associirten Strahlen x, x' eine Involution in der durch das Netz ausgeschnittenen Regelfläche 4. Grades (Nr. 590), zu deren verbundener Involution das Dupel u, v gehört.

Bleibt $\mathfrak{x}$ innerhalb eines Gewindes von G, so beschränkt sich die involutorische Beziehung auf die ausgeschnittene Congruenz 2. Grades.

Es giebt ∞^2 Strahlen, die sich je mit ihrem associirten vereinigen. 705
Um zu denselben zu gelangen, construiren wir den Complex der Strahlen y, welche in den Regelschaaren $\mathfrak{x}$ von G zu u harmonisch sind je in Bezug auf die beiden weiteren Schnitte x, x' mit Γ^2. Die Regelschaaren von u, v nach den Strahlen eines Büschels (O, ω) erzeugen, wie eben erwähnt, ein Strahlennetz. Die Schnitte von u, x, x' mit der durch O gehenden Leitgeraden des Netzes und aller dieser Regelschaaren seien U, X, X'. Die Punkte X, X' bilden eine involutorische Correspondenz [2]; denn durch jeden Punkt dieser Geraden gehen 2 Erzeugende der Regelfläche 4. Grades, in der Γ^2 von dem Strahlennetze geschnitten wird; jeder ist nur eine associirt; also entsprechen jedem X zwei X' und umgekehrt. Es giebt daher 2 Paare

XX', die zu U und O harmonisch sind; zweimal also fällt der Strahl y in den Büschel (O, ω).

Die vierten harmonischen Strahlen in den durch die Strahlen u, v von Γ^2 gehenden Regelschaaren, welche dem u in Bezug auf die beiden weiteren Schnittstrahlen x, x' mit Γ^2 zugeordnet sind, bilden einen Complex 2. Grades, welcher $\Gamma^2_{\bar{u}, v}$ heisse. Der zu v gehörige sei $\Gamma^2_{u, \bar{v}}$.

Fällt ein Strahl von $\Gamma^2_{\bar{u}, v}$ in Γ^2, so vereinigt er sich mit einem der x, x' und also auch mit dem andern.

Die Congruenz (4, 4), *in der Γ^2 von $\Gamma^2_{\bar{u}, v}$ oder $\Gamma^2_{u, \bar{v}}$ geschnitten wird, ist der Inbegriff der Strahlen, die in unserer Beziehung sich selbst associirt sind;* sie ist also vollständiger Durchschnitt zweier quadratischer Complexe.

Folglich hat sie mit einer in Γ^2 befindlichen Regelfläche n^{ten} Grades $2n$ Strahlen gemeinsam.

Eine Regelfläche n^{ten} Grades von Γ^2 begegnet ihrer associirten in $2n$ sich selbst associirten Geraden.

Vollständig zu jener Congruenz gehören die beiden durch u und v gehenden Regelschaaren α, β von Γ^2.

706 Das Gebüsche $G \equiv (u, v)$ werde correlativ auf den Punktraum Σ_1 bezogen, so also, dass den Regelschaaren, Strahlennetzen, Gewinden von G die Punkte, Geraden und Ebenen von Σ_1 homolog sind. Lässt man dann einem Punkte von Σ_1 die beiden associirten Strahlen x, x' von Γ^2 entsprechen, in denen die correspondirende Regelschaar $\mathfrak{x}$ von G schneidet, so hat man *eine zweieindeutige Abbildung des Complexes in den Punktraum.**)

Die Punkte A_1, B_1, die in der Correlation den Regelschaaren α, β correspondiren, *entsprechen in dieser Abbildung je allen Strahlen von α bezw. β.*

Ein Strahlenbüschel von Γ^2 hat mit einem Gewinde von G einen Strahl gemein, die ihm in der Abbildung entsprechende Linie also mit der dem Gewinde entsprechenden Ebene einen Punkt.

Das Bild eines Strahlenbüschels von Γ^2 ist eine Gerade.

In dieselbe Gerade bildet sich aber auch die cubische Regelfläche ab, welche dem Strahlenbüschel associirt ist; und so ähnlich in andern Fällen. Die Gerade entspricht, in der Correlation, dem Strahlennetze

---

*) Infolge eines Druckfehlers steht in meiner Mittheilung in den Sitzungsberichten der Berliner Akademie vom Jahre 1894 S. 704: eindeutig.

von G, welches durch die Regelschaaren entsteht, die von u, v nach den Strahlen des Büschels gehen.

Durch die beiden Strahlen, welche einem Punkte von Σ_1 correspondiren, gehen 2.4 Strahlenbüschel von Γ^2; das Gewinde, welches einer Ebene von Σ_1 in der Correlation entspricht, schneidet Γ^2 in einer Congruenz 2. Grades mit 16 Strahlenbüscheln.

Die Geraden, in welche sich die Strahlenbüschel von Γ^2 abbilden, erzeugen eine Congruenz (8, 16).

Das Bild einer Regelschaar von Γ^2 ist ein Kegelschnitt; denn sie hat mit einem beliebigen Gewinde von G 2 Strahlen gemeinsam. Den Punkten P_1, Q_1 von Σ_1 correspondiren die Strahlendupel pp', qq'; durch $p, q;$ $p', q;$ $p, q';$ p', q' gehen je 2 Regelschaaren, also durch P_1, Q_1 die 8 correspondirenden Kegelschnitte.

Einer durch u gehenden Regelschaar und der durch v gehenden associirten entspricht eine Gerade.

Diese Geraden erzeugen eine Congruenz, da es in Γ^2 nur ∞^2 durch u (oder v) gehende Regelschaaren giebt.

Von P_1 kommen 4 von ihnen, weil durch u und p und durch u und p' je 2 Regelschaaren gehen. Die Congruenz, in der ein Gewinde von G den Γ^2 schneidet, sendet aus jeder ihrer 10 Regelschaar-Reihen 1 Regelschaar durch u; also fallen in die entsprechende Ebene 10 Gerade. *Die Congruenz ist daher* (4, 10).

Die Regelfläche 4. Grades, in welcher Γ^2 von einem Strahlennetze geschnitten wird, bildet sich in eine Raumcurve 4. Ordnung 1. Art ab; denn sie hat mit einem durch u, v gehenden Gewinde 4 Strahlen gemein, die Abbildung ist eindeutig und die Curve vom Geschlechte 1.

Geht die Regelfläche durch eine der Geraden u, v, so ist das Bild nur noch 3. Ordnung, und zwar eine ebene Curve; denn nun liegt die Regelfläche in einem Gewinde von G. *Geht sie sogar durch beide Geraden,* so gehört das einschneidende Strahlennetz zum Gebüsche G, und die Fläche enthält zu jeder ihrer Geraden auch die associirte; *ihr Bild ist eine — doppelte — Gerade,* diejenige, welche, in der Correlation zwischen G und Σ_1, dem die Regelfläche einschneidenden Strahlennetze entspricht.

Die quadratische Congruenz, welche in Γ^2 durch ein beliebiges Ge- 707
winde Γ eingeschnitten wird, bildet sich ab in eine Fläche 4. Ordnung mit den Doppelpunkten A_1, B_1; denn sie trifft ein beliebiges Strahlennetz von G in 4 Strahlen und hat mit α, β je 2 Strahlen gemeinsam.

In der Congruenz haben wir 5 Paare verknüpfter Regelschaar-Reihen und 16 Strahlenbüschel; die Bildfläche enthält daher 5 Paare verknüpfter Kegelschnitt-Reihen und 16 Gerade. *Sie ist demzufolge eine Fläche 4. Ordnung mit einem doppelten Kegelschnitte,* den wir gleich nachweisen werden. Aus der Theorie dieser Fläche ist bekannt, dass die Ebenen der Kegelschnitte einer Reihe und, da jede noch einen Kegelschnitt der verknüpften Reihe enthält, auch die dieser Reihe einen Kegel 2. Grades umhüllen, einen der 5 Kummer'schen Kegel der Fläche. Daraus ergiebt sich für Γ^2 der folgende Satz:

Die Gewinde, welche die Regelschaaren einer Reihe von Γ^2 — die ja immer innerhalb eines Gewindes sich befinden — *mit 2 festen Strahlen von* Γ^2 *verbinden und von denen jedes auch eine Regelschaar aus der verknüpften Reihe enthält, haben eine Regelschaar gemein und bilden in dem Gewindebündel, dem sie infolge dessen angehören, ein System 2. Grades,* d. h. jeder Büschel des Bündels enthält 2 von ihnen.

Das Strahlennetz der Regelschaaren von G nach den Strahlen von (O, ω) hat mit der Congruenz $\Gamma^2\Gamma$ 4 Strahlen gemeinsam; also bilden die Regelschaaren von G nach den Strahlen von $\Gamma^2\Gamma$ einen Complex 4. Grades, und die Congruenz 6. Grades, welche er mit Γ^2 noch gemeinsam hat, ist zu $\Gamma\Gamma^2$ associirt. Diese Congruenz durchschneidet sich mit Γ oder $\Gamma\Gamma^2$ in einer Regelfläche 12. Grades, welche in zwei Theile zerfällt. Der eine wird durch die in $\Gamma^2\Gamma$ enthaltenen sich selbst associirten Strahlen gebildet: er ist die Regelfläche 8. Grades, in der die Congruenz 4. Grades der sich selbst associirten Strahlen und Γ sich durchschneiden; den andern, vom 4. Grade, erzeugen die Paare associirter Strahlen, welche beide in $\Gamma^2\Gamma$ sich befinden.

Diese Paare geben die *Doppelcurve* der Bildfläche 4. Ordnung der Congruenz $\Gamma^2\Gamma$, welche 2. Ordnung ist, weil ein Gewinde von G die Regelfläche in 4 zwei solche Paare bildenden Strahlen schneidet.

Jede zwei Strahlen von α oder β sind einander associirt; da Γ jeder dieser Regelschaaren zweimal begegnet, so erhellt, dass A_1, B_1 zur eben erhaltenen Doppelcurve gehören.

Die Paare associirter Strahlen unserer Regelfläche 4. Grades bilden auf ihr eine sich selbst verbundene Involution (Nr. 590); in der That, die beiden Regelschaaren von G, welche zwei Paare xx', yy' einschneiden, befinden sich in demselben Strahlennetze von G, und deshalb liegen x, x', y, y' in der Regelschaar, in dem dieses sich mit Γ begegnet.

Genau dieselbe Fläche 4. Ordnung als Bild von $\Gamma^2\Gamma$ ergiebt sich, wenn wir $\Gamma^2\Gamma$ als in dem Gewinde Γ befindlich nach der in I, Nr. 199ff. besprochenen zweieindeutigen Abbildung abbilden; wofern nur die nämliche Correlation zwischen dem Gewinde-Gebüsche G und dem Punktraume Σ_1 angenommen wird.*) Bei dieser früheren Abbildung war der Inbegriff der sich selbst associirten Strahlen der Schnitt von Γ mit einem andern Gewinde Δ (I, Nr. 201); die Regelfläche 4. Grades ist Γ^2, Γ und Δ gemeinsam.

Weil diejenige Regelfläche 4. Grades in Γ^2, welche einer Geraden in Σ_1 entspricht, als Schnitt eines Strahlennetzes von G, stets durch u, v geht, so enthält jede Gerade von Σ_1 einen u und einen v entsprechenden Punkt.

Den „Hauptstrahlen" u, v unserer (jetzigen) Abbildung entsprechen Σ_1 *Ebenen* E_1^u, E_1^v.

Infolge dessen reducirt sich das Bild einer durch u oder v gehenden Congruenz $\Gamma^2\Gamma$ auf eine cubische Fläche und das einer solchen, die durch beide Hauptstrahlen geht und daher lauter Paare associirter Strahlen enthält, auf eine doppelte Ebene, die Ebene, die dem zu G gehörigen Γ entspricht.

Jedem Punkte von E_1^u *muss noch ein zweiter Strahl von* Γ^2 *cor-* 708
respondiren; diese Strahlen bilden den Schnitt mit dem Tangentialgewinde $\mathsf{T}_{\bar{u},v}$, *das zu* u *gehört und durch* v *geht:* für jede Regelschaar von G, die sich in diesem Gewinde befindet, hat sich der eine der beiden weiteren Schnitte mit u vereinigt.

Von den beiden durch u gehenden Regelschaar-Reihen des Schnitts $\Gamma^2\mathsf{T}_{\bar{u},v}$ enthält die eine α, die andere β, und jede dieser Regelschaaren wird von allen der andern Reihe, ausser in u, nochmals geschnitten. Daher bildet sich die erste Reihe in den Büschel (B_1, E_1^u), die andere in (A_1, E_1^u) ab; A_1, B_1 liegen auf $\mathsf{E}_1^u\mathsf{E}_1^v$. Aehnliches gilt für $\mathsf{T}_{\bar{v},u}$.

Der Schnitt eines andern Tangentialgewindes von u *bildet sich in eine Fläche 2. Grades und seine beiden durch* u *gehenden Regelschaar-Reihen in deren Geradenschaaren ab*; denn die Regelfläche 4. Grades in Γ^2, deren Bild eine Gerade in Σ_1 ist, berührt das Tangentialgewinde in u und hat nur noch 2 Schnittstrahlen.

Jeder durch u gehenden Regelschaar von Γ^2 ist eine durch v gehende associirt; sie gehören, weil in einem Strahlennetze von G befindlich, zu verknüpften Gebüschen Σ_3, Σ_3', also zu den beiden Tangentialgewinden von u und v, welche diesem Gebüschepaare zugeordnet sind. Sie haben die nämliche Bildgerade.

Die Schnittcongruenzen zweier einander (oder demselben Gebüsche-

*) Die a. a. O. benutzte Collineation zwischen dem Gebüsche Σ der Trägerflächen der Regelschaaren von G und dem Punktraume Σ_1 ist Correlation zwischen G und Σ_1.

paare) zugeordneten Tangentialgewinde von u und v haben dieselbe Bildfläche 2. Grades F_1^2.

Die Tangentialgewinde $\mathsf{T}_{\bar{u},v}$, $\mathsf{T}_{\bar{v},u}$ führen zum Ebenenpaare (E_1^u, E_1^v), wo z. B. bei $\mathsf{T}_{\bar{u},v}$ die Ebene E_1^v nur aus v sich ergiebt.

Sei nun ϱ eine beliebige Regelschaar aus Σ_3, so hat das von ihr getragene Feld [ϱ] mit der durch u und mit der durch v gehenden Regelschaar-Reihe aus Σ_3' je eine Regelschaar gemein, die also ϱ zweimal schneidet. Der Bild-Kegelschnitt muss deshalb die beiden Geraden von F_1^2, in welche diese Reihen sich abbilden, zweimal treffen; daher liegen sie in seiner Ebene und gehören zu verschiedenen Schaaren von F_1^2.

Die Bilder der Regelschaaren aus zwei verknüpften Gebüschen Σ_3, Σ_3' *von* Γ^2 *befinden sich in den Tangentialebenen der zugehörigen Fläche 2. Grades* F_1^2, in jeder die Bilder von zwei Reihen von Regelschaaren aus Σ_3, Σ_3', die in dem der Ebene entsprechenden Gewinde von G enthalten sind: durch jeden Punkt der Ebene gehen aus jeder der beiden Kegelschnitt-Reihen 2 Kegelschnitte.

Man erkennt leicht, dass das vollständige Bild der β enthaltenden Reihe von $\Gamma^2\mathsf{T}_{\bar{u},v}$ und zugleich der α enthaltenden von $\Gamma^2\mathsf{T}_{\bar{v},u}$ das Büschelpaar (A_1, E_1^u), (B_1, E_1^v) ist und ebenso die α, bezw. β enthaltenden Reihen der beiden Congruenzen sich in (B_1, E_1^u), (A_1, E_1^v) abbilden.

Die Geraden unserer Flächen F_1^2 *erzeugen die Congruenz* (4, 10) *von Nr. 706; also gehen durch jeden Punkt 2 von ihnen und 5 berühren eine gegebene Ebene.*

Eine von den Flächen F_1^2 trägt in ihren Berührungsebenen die Bilder der Kegel und Kegelschnitte von Γ^2; diese Ebenen entsprechen, in der Correlation, den Strahlengebüschen von G, deren Axen das Strahlennetz [u, v] erfüllen. Alle Complexkegel aus den Punkten, alle Complexcurven in den Ebenen eines Strahls von [u, v] haben ihre Bilder in derselben Berührungsebene dieser Fläche.

709 Die Involution, auf einer Regelfläche 4. Grades, der den Punkten einer Geraden von Σ_1 entsprechenden Strahlenpaare in Γ^2 hat 4 Doppelstrahlen (Nr. 590).

Folglich erzeugen die Punkte in Σ_1, *denen zwei zusammengefallene associirte Strahlen in* Γ^2 *entsprechen, eine Fläche 4. Ordnung* φ_1^4: *das Bild der Congruenz 4. Grades der sich selbst associirten Strahlen* (Nr. 705)

Ein Strahlenbüschel von Γ^2 und die ihm associirte cubische Regelfläche haben nur 2 Strahlen gemeinsam, also enthält der Büschel nur 2 sich selbst associirte Strahlen; seine Bildgerade schneidet $\varphi_1{}^4$ in zweimal 2 vereinigten Punkten.

Dasselbe gilt für die gemeinsame Bildgerade einer durch u gehenden Regelschaar von Γ^2 und der durch v gehenden associirten, weil sie sich auch zweimal schneiden.

Die Geraden von Σ_1, *in die sich die Strahlenbüschel, bezw. die durch* u *oder* v *gehenden Regelschaaren abbilden, und welche in dem ersten Falle eine Congruenz* (8, 16), *in dem andern eine* (4, 10) *bilden, sind Doppeltangenten von* $\varphi_1{}^4$.

Eine Regelschaar von Γ^2 hat mit der associirten Regelfläche 6. Grades 4 Strahlen gemein, die sich selbst associirt sind (Nr. 705). Daraus folgt:

Die Kegelschnitte, in welche sich die Regelschaaren von Γ^2 *abbilden, berühren die Fläche* $\varphi_1{}^4$ *viermal.* So ergiebt sich ihre vierfache Unendlichkeit.

Wo ein solcher Kegelschnitt die $\varphi_1{}^4$ trifft, berührt er sie. Ist also $F_1{}^4$ die Fläche 4. Ordnung mit Doppel-Kegelschnitt, in welche eine Congruenz $\Gamma^2\Gamma$ sich abbildet, so gehen durch jeden Punkt, den sie mit $\varphi_1{}^4$ gemeinsam hat, auf ihr 10 diese Fläche berührende Kegelschnitte; also berühren sich beide Flächen.

Die Fläche $\varphi_1{}^4$ *wird von allen Flächen 4. Ordnung, in welche sich die Schnittcongruenzen von* Γ^2 *mit Gewinden abbilden, längs der vollen gemeinsamen Curve berührt.*

Die Ebenen $\mathsf{E}_1{}^u$, $\mathsf{E}_1{}^v$ sind (conisch berührende) Doppel-Tangentialebenen von $\varphi_1{}^4$.

Das beweisen z. B. in $\mathsf{E}_1{}^u$ schon die Strahlen der Büschel von A_1 und B_1, welche zu der eben erwähnten zweiten Congruenz von Doppeltangenten gehören; sie sind freilich nicht eigentliche Doppeltangenten, da, wie sich gleich herausstellen wird, die Punkte A_1, B_1 Doppelpunkte der $\varphi_1{}^4$ sind. Die Berührungscurve geht durch A_1 und B_1.

Wie die $F_1{}^4$, *so sind auch die* $F_1{}^2$ *der Fläche* $\varphi_1{}^4$ *umgeschrieben, darunter auch* ($\mathsf{E}_1{}^u$, $\mathsf{E}_1{}^v$).

Wir legen durch α ein Strahlennetz, die zweite von ihm aus Γ^2 ausgeschnittene Regelschaar sei α'; alle Paare associirter Strahlen, die von den Regelschaaren des G in diesem Netze herrühren, liegen auf α'. Folglich ist die Gerade a_1, welche diesem Strahlennetze in der Correlation correspondirt, doppelt genommen, das Bild von α'.

Alle Regelschaaren aus dem Felde von Γ^2, das von α getragen wird, bilden sich in doppelte Geraden ab; sie gehen, wegen der Schnitte der Regelschaaren mit α, durch A_1. Die Paare der Strahlen von α', welche je demselben Punkt von a_1 entsprechen, bilden eine Involution;

ihre Doppelstrahlen lehren, dass a_1 die Fläche φ_1^4, ausser in A_1, nur noch zweimal trifft.

Die Punkte A_1, B_1 gehören der Fläche φ_1^4 doppelt an.

Fällt a_1 in E_1^u, so berührt jede der dann in $\mathsf{T}_{\bar{u}, v}$ fallenden Regelschaaren von G den Γ^2 in u, dieser Strahl ist einer der beiden associirten Strahlen, die Involution auf a' ist parabolisch; die beiden weiteren Schnitte von a_1 haben sich vereinigt, wie wir schon wissen.

Es sei $\mathfrak{U}^{(i)}$ einer von den 4 Strahlenbüscheln des Γ^2, welche durch u gehen, $w^{(i)}$ sein von v getroffener Strahl, so besteht für alle Strahlen x von $\mathfrak{U}^{(i)}$ die Regelschaar (uvx) aus $\mathfrak{U}^{(i)}$ und dem Büschel $w^{(i)}v$; also allen diesen Strahlen entspricht der Punkt, der in der Correlation dieser Regelschaar correspondirt.

Wir haben daher 4 in E_1^u gelegene Punkte $U_1^{(i)}$ und 4 in E_1^v gelegene $V_1^{(i)}$, denen je alle Strahlen eines der Büschel $\mathfrak{U}^{(i)}$, bezw. $\mathfrak{V}^{(i)}$ von Γ^2 entspricht, welche u oder v enthalten.

Da jede Congruenz $\Gamma^2\Gamma$ mit einem $\mathfrak{U}^{(i)}$ oder $\mathfrak{V}^{(i)}$ einen Strahl gemein hat, so *liegen diese 8 Punkte auf allen Flächen F_1^4. Dadurch ergiebt sich die fünffach unendliche Mannigfaltigkeit dieser Flächen*, entsprechend der der Γ; denn an sich hat die Fläche 4. Ordnung mit Doppel-Kegelschnitt die Mannigfaltigkeit 21*); unsere Flächen aber sind den $2.4 + 8 = 16$ Bedingungen unterworfen, die Punkte A_1, B_1 zu doppelten, die $U_1^{(i)}$, $V_1^{(i)}$ zu einfachen Punkten zu haben.

Einer Geraden $u_1^{(i)}$ durch $U_1^{(i)}$ entspricht ein Strahlennetz in G durch das Büschelpaar $(\mathfrak{U}^{(i)}, w^{(i)}v)$, welches den Γ^2, ausser in $\mathfrak{U}^{(i)}$, noch in einer cubischen Regelfläche schneidet. Auf dieser bilden die associirten Strahlen, wegen ihres Geschlechts 0, eine gemeine Involution mit 2 Doppelstrahlen; d. h. $u_1^{(i)}$ trifft φ_1^4, ausser in $U_1^{(i)}$, noch zweimal.

Auf der Fläche φ_1^4 sind die 8 Punkte $U_1^{(i)}$, $V_1^{(i)}$ Doppelpunkte.

Wegen der 10 Doppelpunkte und der 2 Doppel-Berührungsebenen ist *die Doppeltangenten-Congruenz dieser Fläche* eine (12, 26) (II, Nr. 326), *sie wird daher durch die oben gefundenen Congruenzen* (8, 16), (4, 10) *erschöpft.*

Jedes Tangential-Strahlennetz von Γ^2, gehörig zum Strahle x, schneidet in den 4 Strahlenbüscheln, welche durch x gehen; die Fläche 4. Ordnung F_1^4, in die sich die Schnittcongruenz mit einem der Tangentialgewinde von x abbildet, geht daher durch die 4 Bildgeraden dieser Strahlenbüschel, die in den Bildpunkt von x zusammenlaufen, und hat diesen Punkt zum Doppelpunkte, ebenso wie die Congruenz den Strahl x zum Doppelstrahle hat.

---

*) Math. Annalen Bd. 21 S. 511 (oder Nr. 787).

In Bezug auf den in Nr. 705 gefundenen *Complex 2. Grades* $\Gamma^2_{\overline{u, v}}$ 710
fügen wir noch hinzu, dass *v für ihn ein Doppelstrahl ist, während er in u den gegebenen Complex Γ^2 tangirt.*

Dieser Complex entsteht durch die Strahlen *y* in den Regelschaaren durch *u*, *v*, welche dem *u* in Bezug auf die beiden weiteren Schnittstrahlen *x*, *x'* mit Γ^2 harmonisch zugeordnet sind. Jeder Strahl *w* von [*u*, *v*] führt zu einer Regelschaar, die in zwei Büschel *uw*, *vw* zerfällt mit den Scheiteln *U*, *V*; die beiden Strahlen *x*, *x'* sind die Schnittstrahlen derselben mit Γ^2 ausser *u*, bezw. *v*. Eine Gerade, in der Ebene des ersten durch *V* gezogen, trifft *u*, *x*, *x'*, ist also Leitgerade und *y* ergiebt sich als vierter harmonischer Strahl zu *u* in Bezug auf *x* und *w*. Hält man die Ebene durch *u* fest und lässt *U* sich bewegen, so bleibt *V* fest, *x* umhüllt die Complexcurve von Γ^2, welche *u* berührt; *y* umhüllt ebenfalls einen Kegelschnitt, der *u* in demselben Punkte tangirt; denn durch jeden Punkt von *u* geht, ausser *u*, nur ein *x*, ein *w*, also auch ein *y*; vereinigt sich *x* mit *u*, so thut es auch *y*, wobei dann, wie immer, der Punkt *uy* mit *ux* identisch ist.

In diesem Kegelschnitte haben wir die Complexcurve von $\Gamma^2_{\overline{u, v}}$ in der betrachteten Ebene.

Wegen des gemeinsamen Berührungspunktes haben beide Complexe Γ^2 und $\Gamma^2_{\overline{u, v}}$ dieselbe Projectivität zwischen der Punktreihe auf *u* und dem Ebenenbüschel um *u*, also dasselbe Tangential-Strahlennetz, das ja durch diese Projectivität vollständig bestimmt ist, und dieselben Tangentialgewinde; sie berühren sich in *u*.

In einer beliebigen Ebene durch *v* sei *x* eine der beiden aus dem Spurpunkte *U* von *u* kommenden Tangenten der Complexcurve von Γ^2 und V_1 ihr Schnittpunkt mit *v*. Für die zerfallende Regelschaar (*ux*, *vx*) vereinigen sich *x* und *x'* beide in *x*; jede Gerade in der Ebene durch *U* kann als Gerade der Leitschaar angesehen werden, da sie *u*, *x*, *v* trifft; auf ihr fallen die Schnitte mit *u*, *x*, *x'* in *U* zusammen; also ist der vierte harmonische Strahl *y* unbestimmt jeder beliebige Strahl durch $V_1 \equiv vx$; ist V_2 der Schnitt von *v* mit der zweiten Tangente aus *U*, so sehen wir, dass die Complexcurve von $\Gamma^2_{\overline{u, v}}$ in der betrachteten Ebene durch *v* aus dem auf dieser Geraden gelegenen Punktepaare $V_1 V_2$ besteht, und so in jeder Ebene durch *v* aus einem solchen Punktepaare. Das bedeutet aber, dass *v* Doppelstrahl dieses Complexes ist; denn in jedem durch *v* gehenden Strahlenbüschel vereinigen sich dann die beiden Strahlen des Complexes in *v* (vergl. Nr. 766).

Für den Schnitt des $\Gamma^2_{\overline{u, v}}$ mit Γ^2, also *für die Congruenz* (4, 4) *der sich selbst associirten Strahlen* führt das eine wie das andere dazu, dass *u, v Doppelstrahlen desselben sind.*

711 *Diese zweieindeutige Abbildung geht in eine eindeutige**) *über, wenn wir die beiden Strahlen u, v aus einem dem Complexe* Γ^2 *angehörigen Strahlenbüschel* (O, ω) *nehmen. Alle Gewinde, Strahlennetze, Regelschaaren des Gebüsches G haben dann diesen Büschel* (O, ω) *gemein;* also zerfällt jede Regelschaar von G in (O, ω) und einen zweiten ihn schneidenden Strahlenbüschel, und jeder Strahl g von Γ^2 bestimmt einen solchen Büschel mit dem Scheitel $C \equiv g\omega$ und der Ebene $\gamma \equiv gO$. Der Punkt von Σ_1, der in der Correlation zwischen diesem Punktraume und dem Gebüsche G der Regelschaar $[(O, \omega), (C, \gamma)]$ entspricht, ist das Bild von g; und *umgekehrt hat jeder den* (O, ω) *schneidende Strahlenbüschel, ausser dem Strahle von* (O, ω), *nur einen Strahl mit* Γ^2 *gemeinsam.* Die Beziehung ist also in der That in beiderlei Sinne eindeutig.**)

Die Ebenen von Σ_1 *sind die Bilder der durch* (O, ω) *gehenden quadratischen Congruenzen von* Γ^2, *welche durch die Gewinde von G eingeschnitten werden* und die wir, zur Unterscheidung von den durch beliebige Gewinde eingeschnittenen Congruenzen $\mathfrak{C}^2$, mit $\overline{\mathfrak{C}^2}$ bezeichnen wollen.

Einer Geraden von Σ_1 *correspondirt die cubische Regelfläche, in der das entsprechende Strahlennetz von G den Complex, ausser in* (O, ω), *schneidet;* die doppelte Leitgerade geht durch O, die einfache liegt in ω, und 2 Erzeugende der Regelfläche gehören also dem Büschel (O, ω) an.

Weil eine solche Regelfläche mit einem beliebigen Gewinde Γ 3 Strahlen gemein hat, so *correspondiren den quadratischen Congruenzen* $\mathfrak{C}^2$ *von* Γ^2, *die nicht durch* (O, ω) *gehen, in* Σ_1 *cubische Flächen* f_1^3.

Der Complex Γ^2 *enthält* ∞^1 *Strahlenbüschel* (B^0, β^0), *welche* (O, ω) *schneiden:* ihre Scheitel bilden die Schnittcurve $\omega\Phi$, ihre Ebenen umhüllen den Kegel $O\Phi$; sie erfüllen eine Congruenz 4. Grades. *Allen Strahlen eines solchen Büschels entspricht ein und derselbe Punkt.* Die einer beliebigen Ebene von Σ_1 entsprechende Congruenz $\overline{\mathfrak{C}^2}$ enthält (O, ω) und unter ihren 15 weiteren Büscheln 5, welche (O, ω) schneiden.

Die Punkte in Σ_1, *welche den Strahlenbüscheln* (B^0, β^0) *von* Γ^2 *correspondiren, bilden eine Raumcurve 5. Ordnung* k_1^5, *die Hauptcurve in* Σ_1.

*) Vergl. Caporali, Sui complessi e sulle congruenze di 2° grado. Memorie dell' Accademia dei Lincei Ser. III, Bd. 2 (1878).

**) Blosses Schneiden von u, v würde dies noch nicht bewirken.

Weil jeder von diesen Büscheln in eine Congruenz $\mathfrak{C}^2$ von Γ^2 einen Strahl sendet, so *liegt* k_1^5 *auf allen den cubischen Flächen* f_1^3 *einfach.*

Ein beliebiger Strahlenbüschel (B, β) in Γ^2 begegnet der Congruenz $\overline{\mathfrak{C}}^2$, welche einer Ebene von Σ_1 entspricht, oder dem sie einschneidenden Gewinde in einem Strahle; also ist sein Bild eine Gerade. Es giebt 2 Strahlenbüschel in Γ^2, welche (O, ω) und (B, β) zugleich schneiden (Nr. 608); das sind (B^0, β^0); also trifft die Bildgerade von (B, β) die Raumcurve k_1^5 zweimal.

Ein beliebiger Strahlenbüschel von Γ^2 *hat eine Sehne der Hauptcurve* k_1^5 *zum Bilde.*

Eine Regelschaar ϱ von Γ^2 begegnet der $\overline{\mathfrak{C}}^2$ in 2 Strahlen; folglich entspricht ihr ein Kegelschnitt in Σ_1; ein Strahlenbüschel (B^0, β^0), welcher die Regelschaar ϱ schneidet, befindet sich in dem Gewinde, welches ϱ mit (O, ω) verbindet, und der von ihm ausgeschnittenen Congruenz $\overline{\mathfrak{C}}^2$, und die zerfallende Regelschaar $[(O, \omega), (B^0, \beta^0)]$ gehört weder in dieselbe Reihe mit ϱ, weil dann (B^0, β^0) diese nicht schneiden darf, noch in die verknüpfte, weil dann auch (O, ω) die ϱ treffen müsste, sondern in eine der 8 übrigen. Und da jeder Büschel von $\overline{\mathfrak{C}}^2$ nur in einer und stets in einer von zwei verknüpften Reihen mit einem andern zu einer Regelschaar verbunden ist, so haben wir 4 Büschel (B^0, β^0), welche ϱ schneiden; der Bild-Kegelschnitt trifft k_1^5 viermal.

Eine beliebige Regelschaar von Γ^2 *bildet sich in einen die Hauptcurve* k_1^5 *viermal treffenden Kegelschnitt ab.*

Eine Curve in Σ_1 entspricht einer Regelfläche in Γ^2, von der so viele Erzeugenden einer Geraden l begegnen, als die cubische Fläche f_1^3, in welche die Congruenz $([l], \Gamma^2)$ sich abbildet, der Curve ausserhalb der k_1^5 begegnet.

Einer beliebigen Geraden von Σ_1 entspricht also in Γ^2, wie wir schon wissen, eine cubische Regelfläche; von ihr liegen 2 Erzeugende in (O, ω); eine Gerade, welche k_1^5 einmal trifft, ist das Bild einer Regelschaar, denn es löst sich ein (B^0, β^0) ab, und die Regelschaar hat nur noch eine Gerade in (O, ω). Demnach bilden die den (O, ω) schneidenden Regelschaaren sich nicht in Kegelschnitte, sondern in Gerade ab, die sich auf k_1^2 stützen, und der Stützpunkt ist das Bild desjenigen Strahlenbüschels (B^0, β^0), zu dem der gemeinsame Strahl der Regelschaar und des (O, ω) gehört. Es giebt ∞^3 Regelschaaren von Γ^2, welche (O, ω) schneiden: durch jeden Strahl von (O, ω) ∞^2; es giebt ∞^3 Gerade, welche sich auf k_1^5 stützen.

Eine Sehne von k_1^5 ist das Bild eines Strahlenbüschels von Γ^2;

die Sehnen von k_1^5 und die Strahlenbüschel von Γ^2 sind beide von doppelt unendlicher Mannigfaltigkeit.

Einem beliebigen Kegelschnitte von Σ_1 entspricht in Γ^2 eine Regelfläche 6. Grades; sie wird, durch Absonderung von 4 Strahlenbüscheln, eine Regelschaar, wenn der Kegelschnitt die k_1^5 viermal trifft. Die Mannigfaltigkeit der Regelschaaren in Γ^2, der Kegelschnitte, welche k_1^5 viermal treffen, ist dieselbe: 4.*)

Durch einen Strahl von Γ^2 gehen 4 Strahlenbüschel; *also kommen von einem Punkte an k_1^5 4 Sehnen; diese Curve ist daher diejenige Raumcurve 5. Ordnung vom Geschlecht 2, deren Rang 12 ist und die mit einer Raumcurve 4. Ordnung 1. Art, der sie 8mal begegnet, den vollen Schnitt zweier cubischen Flächen oder mit einer Geraden, die ihr dreimal begegnet, den vollen Schnitt einer Fläche 3. Ordnung mit einer von der 2. Ordnung O_1^2 bildet.***)

Die Regelschaaren dieser einzigen durch die Curve gehenden Fläche 2. Grades O_1^2 sind auch wichtig: die Geraden der einen Schaar sind dreifache Secanten t_1, die der andern zweifache d_1 von k_1^5.

Es sei g^0 ein Strahl von (O, ω); durch ihn gehen ∞^1 Strahlenbüschel, welche so beschaffen sind, dass der zweite Schnittstrahl mit Γ^2 dem g^0 unendlich nahe ist: jedem Punkte X von g^0 als Scheitel gehört die Ebene ξ zu, welche den Complexkegel (X) längs g^0 tangirt; alle diese Büschel befinden sich in dem zu G gehörigen singulären Strahlennetze, das g^0 zur Leitgeraden hat und zu dem die durch Γ^2 bewirkte Projectivität der Punkte X und der Ebenen ξ gehört, so dass in ihr auch O und ω einander entsprechen. Daher hat der Strahl g^0 ∞^1 Bildpunkte, welche die Gerade erfüllen, die in der Correlation diesem Netze correspondirt. Da aber g^0 zu drei Büscheln (B^0, β^0) gehört, deren Scheitel die Schnitte mit $\omega\Phi$ ausser O sind, so muss unsere Gerade durch 3 Punkte von k_1^5 gehen.

Die Trisecanten t_1 der Curve k_1^5, welche die eine Schaar von O_1^2 bilden, sind die Bilder der einzelnen Strahlen von (O, ω), so dass jeder von diesen Strahlen ∞^1 Bildpunkte hat. Wir können deshalb den Büschel (O, ω) *den Hauptbüschel der Abbildung* nennen.

Eine die k_1^5 schneidende Gerade trifft eine Trisecante t_1, mit der sie das *volle* Bild der (O, ω) schneidenden Regelschaar ist, von der wir sie oben als Bild bezeichnet haben. Allen auf O_1^2 gelegenen oder k_1^5 5mal treffenden Kegelschnitten entspricht der Hauptbüschel (O, ω).

---

*) In dieser Weise erkannte Caporali zuerst die vierfache Unendlichkeit der Regelschaaren in Γ^2.

**) Vergl. meine Synthetischen Untersuchungen über die Flächen 3. Ordnung Nr. 65.

Jede der Flächen f_1^3 schneidet O_1^2 in einer t_1, dem Bilde des g^0 von (O, ω), durch den die entsprechende Congruenz C^2 geht.

Die Geraden d_1 *von* O_1^2, *welche* k_1^5 *zweimal treffen, rufen auf dieser Curve eine Involution* I_1 *hervor*, welche auch durch den Ebenenbüschel um jede beliebige t_1 eingeschnitten wird; eine t_1 trifft in ihren Stützpunkten dreimal 2 unendlich nahe Tangenten von k_1^5, also noch $12 - 3.2 = 6$ andere, welche d_1 sein müssen. *Diese Involution* (auf nicht rationalem Träger) *hat also 6 Doppelpunkte.*

Wir werden bald die Wichtigkeit der gepaarten Punkte dieser Involution erkennen.

Untersuchen wir aber erst die Bilder der Regelschaar-Reihen der 712
Congruenzen $\overline{\mathrm{C}}^2$ und C^2 von Γ^2. In der Ebene von Σ_1, dem Bilde einer $\overline{\mathrm{C}}^2$, haben wir fünfmal einen Kegelschnitt-Büschel durch 4 von den Schnitten mit k_1^5 und den Strahlenbüschel durch den fünften.

Von den 16 Strahlenbüscheln der $\overline{\mathrm{C}}^2$ ist einer (O, ω); von den 15 übrigen bilden sich 5 in die Schnitte der Ebene mit k_1^5, die 10 übrigen in die Sehnen von k_1^5 ab, die diese Punkte verbinden.

In jeder Fläche 3. Ordnung, welche durch k_1^5 geht, haben wir eine die k_1^5 dreimal treffende Gerade t_1; die 10 auf diese Gerade sich stützenden u_1 treffen k_1^5 einmal (nämlich im zweiten Schnitte mit O_1^2), die 16 übrigen treffen sie zweimal. Diese sind die Bilder der 16 Strahlenbüschel der C^2, deren Bild die cubische Fläche ist. Die Mannigfaltigkeit der cubischen Flächen durch k_1^5 ist, weil diese Curve für die Bestimmung einer durch sie zu legenden Fläche 3. Ordnung den Werth von 14 Punkten hat*), dieselbe: 5, wie die der Congruenzen C^2 in Γ^2; und in der That, wie die Fläche durch 5 beliebige weitere Punkte eindeutig bestimmt ist, so die Congruenz oder das sie einschneidende Gewinde durch die 5 Strahlen von Γ^2, welche sich in jene Punkte abbilden. Also ist in der That jede cubische Fläche durch k_1^5 Bild einer Congruenz C^2 in Γ^2. Die Kegelschnitte in den Ebenen durch die 10 Geraden u_1 einer solchen Fläche sind die Bilder der Regelschaaren der entsprechenden C^2, und zwar führen die Ebenenbüschel um 2 Gerade u_1, die sich schneiden, zu verknüpften Reihen.

Wie sind in Σ_1 die Bild-Kegelschnitte der Regelschaaren von Γ^2 vertheilt, die zu einem Gebüsche Σ_3 gehören?

Zwei Regelschaaren von Γ^2 aus demselben Gebüsche befinden sich in dem nämlichen Gewinde und zwar in derselben Reihe der ausgeschnittenen Congruenz; also müssen die Bild-Kegelschnitte auf der

*) a. a. O. Nr. 73.

Bildfläche f_1^3 durch dieselbe Gerade u_1 gehen und ihre Ebenen müssen die k_1^5 in deren Stützpunkte, d. h. in demselben Punkte treffen.

Und umgekehrt, wenn die Ebenen von zwei die Curve k_1^5 viermal treffenden Kegelschnitten dieser Curve zum fünften Male in demselben Punkte begegnen, so sind sie Bilder von Regelschaaren des Γ^2 aus dem nämlichen Gebüsche; denn wir können eine durch k_1^5 gehende cubische Fläche durch die Schnittlinie u_1 der beiden Ebenen und die beiden Kegelschnitte bringen, indem wir von den 5 übrigen Punkten 3 auf jene und einen auf jeden von diesen legen.

Jeder Punkt P_1 von k_1^5 führt zu einem Gebüsche: man construire in allen Ebenen durch ihn die Kegelschnitte durch die 4 weiteren Schnitte. Diese Curven sind die Bilder der Regelschaaren des Gebüsches. Diese Kegelschnitt-Büschel entsprechen den Reihen des Gebüsches, die von der Regelschaar ausstrahlen, welche aus dem Hauptbüschel (O, ω) und dem in den Scheitel P_1 des Bündels sich abbildenden Büschel (B^0, β^0) besteht.

Jeder Sehne von k_1^5 wird durch einen Punkt P_1 dieser Curve eine andere Sehne zugeordnet, welche die beiden übrigen Schnitte der Ebene von ihr nach P_1 verbindet; zu jedem Strahlenbüschel von Γ^2 gehört ein anderer, mit dem zusammen er eine zu einem bestimmten Gebüsche gehörige Regelschaar bildet.

Wenn in der oben bestimmten Fläche f_1^3 t_1 die Trisecante ist und u_1' die dritte Gerade in der Ebene $t_1 u_1$, so sind die Kegelschnitte in den Ebenen durch u_1', die denen in den Ebenen durch u_1 zweimal begegnen, die Bilder der Regelschaaren der verknüpften Reihe, also aus dem verknüpften Gebüsche; daher ist der Stützpunkt P_1' der u_1' auf k_1^5 der Punkt, der zu diesem Gebüsche führt; die beiden Punkte P_1, P_1' sind Schnitte einer Ebene durch die Trisecante t_1 mit k_1^5, also gepaarte Punkte der obigen Involution I_1.

Zwei gepaarte Punkte unserer durch die Geraden d_1 von O_1^2 auf k_1^5 entstehenden Involution I_1 führen immer zu verknüpften Gebüschen, die 6 Doppelpunkte der Involution geben die 6 sich selbst verknüpften Gebüsche.

Welches Paar der Involution führt zu dem Gebüschepaare der Kegel und der Kegelschnitte von Γ^2? Zu einem Gebüsche von Regelschaaren gehört, wie wir eben bemerkten, stets die Regelschaar, welche aus dem Hauptbüschel und demjenigen Büschel (B^0, β^0) besteht, dem der Scheitel des Ebenenbündels auf k_1^5 correspondirt. Diese Regelschaar wird Kegel oder Kegelschnitt, wenn beide Büschel den Scheitel oder die Ebene gemeinsam haben. *Ist also $(O, \overline{\omega})$ der zweite Büschel von*

Γ^2 aus O, $(\bar{O}, \omega)$ der zweite in ω, so setzen die Bildpunkte P_1^{O}, P_1^{ω} dieser Büschel das gesuchte Paar zusammen.

Kegel und Kegelschnitte kommen nur in Congruenzen $\mathfrak{C}^2$ vor, die durch Strahlengebüsche eingeschnitten werden; die Flächen f_1^3, welche solchen Congruenzen entsprechen, senden durch P_1^O, P_1^{ω} je eine Gerade; und umgekehrt, jede cubische Fläche durch k_1^5, auf der eine Gerade durch einen dieser Punkte geht, entspricht einer derartigen Congruenz und enthält auch eine Gerade durch den andern Punkt.

Die Schnittcongruenz von Γ^2 mit einem der Fundamental-Gewinde hat ihre Regelschaar-Reihen in 5 von den Doppelgebüschen von Γ^2 (Nr. 638). Folglich muss die Bildfläche in 5 von den Doppelpunkten der Involution I_1 die 5 Doppelpunkte der Geradenpaare haben, die an der auf ihr gelegenen Trisecante von k_1^5 hängen.

Weil die Regelschaar, in der ein beliebiges Strahlennetz und ein Gewinde von G sich durchschneiden, mit Γ^2 4 Strahlen gemeinsam hat, so begegnet sich die Regelfläche 4. Grades, in der jenes den Γ^2 schneidet, mit der $\bar{\mathfrak{C}}^2$, welche von diesem ausgeschnitten wird, in 4 Strahlen.

Das Bild einer durch ein Strahlennetz ausgeschnittenen Regelfläche 4. Grades ϱ^4 ist eine Raumcurve 4. Ordnung k_1^4. Und den quadratischen Congruenzen $\mathfrak{C}^2$, welche durch die Gewinde eines Büschels ausgeschnitten werden und daher selbst einen Büschel bilden, entsprechen cubische Flächen f_1^3, welche, ausser k_1^5, noch eine Raumcurve 4ter Ordnung 1. Art gemeinsam haben. Die 8 Punkte, welche k_1^4 mit k_1^5 gemein hat, entsprechen den 8 Strahlen, in denen das Strahlennetz und die Congruenz 4. Grades der Büschel (B^0, β^0) sich durchschneiden.

Vier beliebige Strahlen von Γ^2 bestimmen ein Strahlennetz und die Regelfläche 4. Grades ϱ^4 in Γ^2; 4 beliebige Punkte in Σ_1 bestimmen einen durch k_1^5 gehenden Büschel cubischer Flächen und die k_1^4. Andererseits aber schneidet die Grund-Regelschaar eines Gewindenetzes in Γ^2 4 Strahlen ein, die nicht von einander unabhängig, sondern durch 3 von ihnen bestimmt sind. Wir erhalten in Γ^2 einen Bündel von Congruenzen $\mathfrak{C}^2$ und Regelflächen ϱ^4, in Σ_1 einen Bündel von Flächen f_1^3 und Curven k_1^4, welche alle durch 4 Punkte gehen, von denen drei den vierten bestimmen.

Weil von einem Punkte P_1 von k_1^5 2 Sehnen an k_1^4 gehen, so giebt es im Büschel (k_1^5, k_1^4) 2 Flächen, welche eine durch P_1 gehende, die k_1^5 aber nicht mehr treffende Gerade enthalten, in dem Büschel von Gewinden, deren Γ^2-Congruenzen sich in die Flächen des Büschels abbilden, demnach 2 Gewinde von der Art, dass ihre Schnittcongruenzen Regelschaar-Reihen enthalten, die einem bestimmten Gebüsche von Γ^2 angehören; oder: *die Gewinde durch die Regelschaaren eines Gebüsches von Γ^2 bilden ein quadratisches System 4. Stufe* $\mathfrak{S}_4^2$ (Nr. 619).

713 Wir wollen auch mit Hilfe dieser Abbildung die Regelschaaren von Γ^2 untersuchen, welche durch einen Strahl g des Complexes gehen, und zwar zunächst die zu einem bestimmten Gebüsche gehörigen. Ist G_1 der Bildpunkt von g und P_1 der dem Gebüsche correspondirende Bündelscheitel auf k_1^5, so müssen die Bild-Kegelschnitte in den Ebenen durch $G_1 P_1$ liegen. Nun giebt es eine Fläche f_1^3 durch k_1^5, welche den Punkt G_1 zum Knotenpunkte hat — das sind 4 lineare Bedingungen — und durch $G_1 P_1$ geht; diese Fläche enthält alle fraglichen Kegelschnitte, da dieselben durch den Knotenpunkt gehen und ihr noch fünfmal begegnen.

Die Regelschaaren erfüllen also die entsprechende Congruenz $\mathfrak{C}^2$, welche den Strahl g zum Doppelstrahle hat; das einschneidende Gewinde ist eins der Tangentialgewinde von g, und die andern Gebüsche geben die übrigen.

Die Congruenzen $\mathfrak{C}^2$ von Γ^2, welche durch die ∞^1 Tangentialgewinde eines Strahls g des Complexes eingeschnitten werden, bilden sich in Flächen f_1^3 eines Büschels ab, die alle den Bildpunkt G_1 von g zum Knotenpunkte haben.

Die 4 Sehnen $b_1', \ldots b_1^{IV}$ aus ihm an k_1^5 setzen die k_1^4 in diesem Falle zusammen; die Büschel von Γ^2, die ihnen entsprechen, bilden ja den Schnitt mit dem Grund-Strahlennetze des Büschels der Tangentialgewinde oder dem Tangential-Strahlennetze von g.

Jede von den Flächen f_1^3 des Büschels enthält natürlich auch die Bild-Kegelschnitte der Regelschaaren der verknüpften Reihe oder aus dem verknüpften Gebüsche; ihre Ebenen gehen durch $P_1'G_1$, wenn P_1' der dem P_1 gepaarte Punkt in der Involution I_1 ist. P_1G_1 und $P_1'G_1$ sind die beiden weiteren Geraden der Fläche aus dem Knotenpunkte G_1 ausser den 4 Sehnen $b_1', \ldots$

Sodann hat jede der Flächen noch 15 unäre Geraden, welche in den Verbindungsebenen der 6 binären die dritten Geraden sind und von denen zwei sich schneiden, wenn die beiden Ebenen durch 4 von den binären Geraden gehen. Die dritte in der Ebene $G_1(P_1, P_1')$ ist die Trisecante von k_1^5, welche noch von 6 andern unären und die k_1^5 einmal treffenden Geraden der Fläche geschnitten wird. Es bleiben daher $15 - 1 - 6 = 8$ unäre Geraden, welche Sehnen von k_1^5 sind, die Bilder derjenigen Strahlenbüschel der betreffenden $\Gamma^2\Gamma_g$, welche nicht durch den Doppelstrahl g gehen.

In unserm Flächenbüschel von f_1^3 giebt es eine Fläche, welche durch G_1', das Bild eines beliebigen zweiten Strahls g' von Γ^2, geht, und auf ihr geht durch G_1' aus jeder der beiden Reihen in den Ebenen durch $G_1(P_1, P_1')$ ein Kegelschnitt; so zeigt auch die Abbildung, dass *durch zwei Strahlen g, g' von Γ^2 zwei Regelschaaren des Complexes gehen, zu verknüpften Gebüschen gehörig.*

Da die Anschmiegungskegel $[G_1]$ der verschiedenen f_1^3 des Büschels auch einen Büschel bilden, so wird G_1 dreimal biplanar. In jeder der beiden „Anschmiegungs-Ebenen“ (biplanes nach Cayley) liegen zwei von den Sehnen b_1', ... und eine von den $G_1(P_1, P_1')$. Von den 15 Verbindungsebenen fallen je 3 in jede dieser Ebenen; also 6 von den 15 unären Geraden haben sich noch mit den binären vereinigt, so dass sie ternär geworden sind. Die 4, welche in die Sehnen b_1' ... fallen, bildeten vor der Vereinigung ein windschiefes Vierseit, derartig, dass zwei von ihnen sich schneiden, welche sich mit Sehnen zu vereinigen streben, die in verschiedenen Anschmiegungs-Ebenen liegen. Es bleiben $15 - 6 = 3.3 = 9$ unäre Geraden, darunter die Trisecante von k_1^5, welche von den ternären Geraden $G_1(P_1, P_1')$ und 4 unären Geraden geschnitten wird. Die Kegelschnitte in den Ebenen durch diese sind die Bilder der zwei unären Paare verknüpfter Regelschaar-Reihen in der entsprechenden $\Gamma^2\Gamma_g$. Die $9 - 1 - 4 = 4$ übrigen unären Geraden, welche k_1^5 zweimal treffen, sind die Bilder der 4 nicht durch g gehenden Strahlenbüschel, welche diese Congruenz nur noch hat.

Diese 3 Congruenzen $\Gamma^2\Gamma_g$, für welche die 4 Strahlenbüschel durch den Doppelstrahl g ternär sind und die also nur noch 4 unäre Büschel haben, sind diejenigen, die wir in Nr. 634 besprochen haben.

Das windschiefe Vierseit der 4 unären Geraden einer benachbarten Congruenz, welche auf die Vereinigung mit den Sehnen b_1 hinstreben, schneidet mit seinen Ebenen, von denen jede zwei Seiten verbindet, welche in verschiedenen Anschmiegungs-Ebenen gelegenen b_1 benachbart sind, die Schnittkante dieser Ebenen (Cayley's edge) in der Nachbarschaft von G_1. Kurz vor der Vereinigung mit den b_1 sind die 4 Geraden unendlich wenig verschieden von den Sehnen der k_1^5, die von dem dem G_1 auf der Kante benachbarten Punkte herkommen, und die Gerade von Γ^2, die diesen Punkt zum Bilde hat, ist die Gerade, in welcher das die betreffende Congruenz einschneidende Tangentialgewinde Γ^2 auch noch berührt.

Das einem Doppel-Gebüsche $\Sigma_{3,i}$ zugeordnete Tangentialgewinde Γ_g schneidet Γ^2 in einer Congruenz, die noch einen zweiten Doppelstrahl hat (Nr. 633). Die Bildfläche f_1^3 hat daher 2 Doppelpunkte; ihre Verbindungsgerade trifft k_1^5 in einem Doppelpunkte von I_1. Die

Ebene durch sie und die Trisecante berührt längs ihr; also haben sich zwei Gerade eines an der Trisecante hängenden Paars vereinigt; die Kegelschnitte in den Ebenen durch diese Gerade sind die Bilder der Regelschaaren einer sich selbst verknüpften Reihe des Gebüsches (Nr. 633).

Die Grundcurve (k_1^5, k_1^4) des Büschels der Flächen f_1^3, welche den Schnittcongruenzen von Γ^2 mit den Gewinden eines Büschels entsprechen, hat 8 Doppelpunkte in den Begegnungspunkten ihrer beiden Bestandtheile. Jeder von denselben vertritt 2 von den 32 Knotenpunkten, welche ein Flächenbüschel 3. Ordnung besitzt*); den Flächen des Büschels mit den 16 übrigen Knotenpunkten correspondiren die Schnitte mit den 16 Tangentialgewinden, welche in dem gegebenen Gewindebüschel enthalten sind (Nr. 681).

714 Ein Strahlenbüschel-Paar von Γ^2 bildet sich in ein Paar sich schneidender Sehnen von k_1^5 ab; geht deren Ebene durch P_1^O oder P_1^ω, so haben die Büschel den Scheitel, bezw. die Ebene gemeinsam, und der Schnitt der Sehnen ist Bild eines singulären Strahls.

Von jedem Punkte von k_1^5 kommen 16 Doppel-Tangentialebenen an diese Curve; wir müssen also in jedem Gebüsche Σ_3 16 Regelschaaren haben, welche doppelte Strahlenbüschel sind. Wenn (B, β) ein beliebiger Büschel von Γ^2 ist, so berührt β die Φ nicht in B, und die Büschel des Complexes, welche (B, β) schneiden, sind alle von ihm verschieden. Aber es giebt Büschel von Γ^2, deren Ebene im Scheitel die Φ berührt: eine der Haupttangenten eines solchen Tangentenbüschels ist dann singulärer Strahl (Nr. 547); die Curve $\beta\Phi$ hat in B einen Doppelpunkt und beim einen Durchgange durch ihn erhalten wir als schneidenden Büschel den zweiten aus B, beim andern den (B, β) selbst.

Diejenigen Tangentenbüschel von Φ, in denen die eine Haupttangente singulärer Strahl ist und die ganz zu Γ^2 gehören, repräsentiren zwei vereinigte sich schneidende Strahlenbüschel des Complexes und *bilden sich in Sehnen von k_1^5 ab, deren Endpunkts-Tangenten sich schneiden. Diese Sehnen von k_1^5 erzeugen eine abwickelbare Fläche von der Ordnung 24* nach II, Nr. 297, weil k_1^5 den Rang 12 hat; auf ihr ist die Curve 8fach, da jede ihrer Tangenten 8 andere trifft.

Die Berührungssehnen in den 16 Doppel-Berührungsebenen von k_1^5,

---

*) Vergl. meine Synthetischen Untersuchungen über die Flächen 3. Ordnung Nr. 75 oder Cremona's Grundzüge einer allgemeinen Theorie der Oberflächen Nr. 125.

welche durch $P_1{}^0$ *oder* $P_1{}^\omega$ *gehen, sind die Bilder der Büschel* (D, ε), *bezw.* (E, δ).

Die Congruenz 4. Grades der singulären Strahlen von Γ^2 hat, als Schnitt des Complexes mit ∞^1 andern Complexen 2. Grades, mit der cubischen Regelfläche von Γ^2, deren Bild eine gegebene Gerade von Σ_1 ist, 6 Strahlen gemeinsam; also:

Die Bilder der singulären Strahlen von Γ^2 *erzeugen eine Fläche 6. Ordnung; auf ihr ist* $k_1{}^5$ *doppelt.*

Denn jeder von den Büscheln (B^0, β^0) enthält 2 singuläre Strahlen. Und weil das auch für (O, ω) gilt, so kommen 2 Trisecanten von $k_1{}^5$ auf die Fläche. Eine Sehne von $k_1{}^5$ schneidet die Fläche noch in den zwei Punkten, in welche sich die im entsprechenden Büschel befindlichen singulären Strahlen abbilden. In die zu Γ^2 gehörigen Tangentenbüschel von Φ fällt nur ein singulärer Strahl; *folglich berührt die jetzige Fläche 6. Ordnung die obige abwickelbare Fläche 24. Ordnung in einer Curve, deren Punkte die Bilder der* Φ *dreipunktig berührenden singulären Strahlen sind; ihre Ordnung ist* $\frac{1}{2}(24.6 - 2.8.5) = 32$.

Von den 4 Büscheln, die durch einen singulären Strahl s gehen, kommen 2 aus dem Punkte S von Φ, zu dem er gehört, und 2 liegen in der Ebene σ, zu welcher er gehört.

Von den 4 Sehnen der $k_1{}^5$, welche durch den Bildpunkt von s gehen, gehen die Ebenen von je zweien durch $P_1{}^0$ und $P_1{}^\omega$, und so zeigt sich, dass die Fläche 6. Ordnung in gleicher Weise aus den Bündeln $P_1{}^0$ und $P_1{}^\omega$ sich ergiebt, entsprechend dem Umstande, dass ein singulärer Strahl zugleich Doppellinie eines zerfallenden Complexkegels und einer zerfallenden Complexcurve ist. Aber wir haben den allgemeineren Satz: *Jede zwei Gegenebenen des Sehnen-Vierkants der* $k_1{}^5$ *aus einem Punkte* G_1 *gehen durch gepaarte Punkte von* I_1.

Denn G_1 ist gemeinsamer Knotenpunkt eines Büschels von $f_1{}^3$ und die beiden weiteren Geraden einer jeden dieser $f_1{}^3$ aus G_1 — ausser den 4 allen Flächen gemeinsamen Sehnen — gehen nach gepaarten Punkten von I_1; die dritte Gerade in der Ebene ist eine Trisecante t_1 von $k_1{}^5$. In jeder Seitenfläche des Sehnen-Vierkants ist eine dritte Gerade, welche t_1 trifft, und die in Gegenflächen liegenden treffen einander; also schneiden sie und die Gegenflächen die $k_1{}^5$ in gepaarten Punkten der I_1.

Der durch ein Strahlengebüsche $[l]$ in Γ^2 eingeschnittenen Congruenz $\mathfrak{C}^2$ entspricht eine cubische Fläche $f_1{}^3$, auf der, weil zwei verknüpfte Regelschaar-Reihen von $\mathfrak{C}^2$ aus Kegeln und Kegelschnitten bestehen, zwei sich schneidende von den 10 die $k_1{}^5$ einmal treffenden Geraden durch $P_1{}^0$, bezw. $P_1{}^\omega$ gehen.

Wenn l dem Γ^2 als g angehört, so ist der Bildpunkt G_1 Doppelpunkt der Fläche, denn $[g]$ gehört ja zu den Tangentialgewinden von g; die Sehnen aus G_1 und die genannten beiden Geraden liegen auf dem Anschmiegungskegel $[G_1]$. Ist ferner g sogar ein singulärer Strahl, so gehen, wie wir eben fanden, zwei Gegenflächen des Sehnen-Vierkants durch $G_1 (P_1{}^o, P_1{}^\omega)$; der Kegel $[G_1]$ zerfällt daher in diese beiden Ebenen und G_1 ist biplanar.

Die cubische Fläche, in welche die Congruenz sich abbildet, die von dem zu einem singulären Strahle s von Γ^2 als Axe gehörigen Gebüsche ausgeschnitten wird, hat den Bildpunkt von s zum biplanaren Doppelpunkte.

Wird s ein singulärer Strahl 2. Ordnung, so wird das Bild des zugehörigen Tangentenbüschels von Φ die Kante des biplanaren Punktes, die dann der cubischen Fläche angehört.

Die 16 Sehnen von $k_1{}^5$ auf einer $f_1{}^3$ sind windschief gegen die auf der Fläche gelegene Trisecante der Curve. Es seien zwei windschiefe unter ihnen betrachtet; von den 5 Geraden der $f_1{}^3$, welche beide treffen, schneiden 3 die Trisecante, die beiden übrigen sind wiederum Sehnen.

So bestimmen 2 windschiefe Sehnen der $k_1{}^5$ zwei andere, die sie schneiden.

Dem entspricht ein Cyklus von 4 Strahlenbüscheln des Γ^2, wie wir ihn in Nr. 608 fanden.

Caporali behandelt a. a. O. noch die Frage nach den Strahlen von Γ^2, die durch ihre entsprechenden Punkte in Σ_1 gehen, und findet als Ort jener eine Regelfläche 9. Grades, während diese eine Curve 6. Ordnung erzeugen.

Eintheilung der allgemeinen Complexe 2. Grades in 8 Gattungen nach der Beschaffenheit der durchgehenden quadratischen Systeme 4. Stufe von Gewinden.*)

715 Die Polartetraeder eines räumlichen Polarsystems (in Bezug auf eine Fläche 2. Grades) sind bekanntlich durchweg von derselben Art, und wegen der drei Gattungen von Polartetraedern giebt es 3 Gattungen von Polarsystemen oder Flächen 2. Grades. Wenn wir eine

*) Diese Eintheilung gab Reye in seiner Abhandlung: Journal f. Mathematik Bd. 98 S. 284, welche mir, trotz ihrer analytischen Grundlage, auch für meine synthetischen Beweise von grossem Werthe gewesen ist.

Kante eines Polartetraeders hyperbolisch oder elliptisch nennen, je nachdem die Involution conjugirter Punkte auf ihr hyperbolisch oder elliptisch ist, so haben wir:

I. die Polarsysteme, deren Polartetraeder lauter elliptische Kanten haben; die Basisfläche ist imaginär, oder besser: reell-imaginär, reell wegen des reellen Polarsystems, imaginär, weil sie keine reellen Punkte besitzt; aber zu jedem ihrer imaginären Punkte enthält sie auch den conjugirten;

II. die Polarsysteme, bei deren Polartetraedern 3 von einer Ecke ausgehende Kanten hyperbolisch sind, denen 3 elliptische gegenüber liegen; die Basisfläche ist reell, aber ohne reelle Geraden, und jene Ecke liegt innerhalb, die 3 andern ausserhalb dieser Fläche;

III. die Polarsysteme, bei deren Polartetraedern 2 Gegenkanten elliptisch, die übrigen hyperbolisch sind; die Basisfläche enthält reelle Geraden und jeder Punkt liegt ausserhalb.

Wir können dies sofort auf quadratische Systeme 2. Stufe S_2^2 von Gewinden in einem Gebüsche S_3*) übertragen vermöge der collinearen Abbildung des S_3 in den Punktraum. Bei der Bildung der Polaren bleiben wir ja vollständig im Gebüsche S_3, sowohl die „Pole", als auch die Polaren befinden sich in demselben; und ähnliches gilt für ein quadratisches System 3. Stufe S_3^2 in einem S_4.

Wir haben also dreierlei Polarquadrupel und dreierlei quadratische Systeme S_2^2:

I. *reell-imaginäre;*

II. *reelle ohne reelle Gewindebüschel;*

III. *reelle mit zwei Schaaren von reellen Gewindebüscheln.*

Die Polarquadrupel wollen wir I_4, II_4, III_4 nennen, so dass bei einem I_4 alle Dupel elliptisch sind, bei einem II_4 3, welche ein Tripel bilden, bei einem III_4 nur 2 gegenüberliegende. Ebenso mögen die Polartripel eines S_1^2 mit 3 oder nur einem elliptischen Dupel durch I_3, II_3 bezeichnet werden, und die elliptischen, hyperbolischen Dupel können wir auch mit I_2, II_2 bezeichnen.

---

*) Schon in Nr. 544 wurde der allgemeine Satz erwähnt, dass jeder „Raum" α^{ten} Grades von i Dimensionen in einem linearen Raume von $i+\alpha-1$ Dimensionen enthalten ist; demnach befindet sich ein System S_1^2, S_2^2, S_3^2 von Gewinden stets bezw. in einem S_2, S_3, S_4, ein S_4^2 selbstverständlich im Inbegriffe S_5 aller Gewinde. Wenn wir es im Folgenden mit S_3^2, S_2^2, S_1^2 zu thun haben, so werden wir sie stets als Schnitte eines S_4^2 mit einem S_4, S_3, S_2 erhalten und können auf die Erkenntniss der Richtigkeit des allgemeinen Satzes verzichten und uns mit dem an sich nicht nothwendigen und daher nur scheinbar beschränkenden Zusatze „in einem S_4" u. s. w. begnügen.

716 Steigen wir zu *den Gewindesystemen* S_3^2 in einem S_4 auf. Ist auch nur ein (einfaches) Gewinde eines solchen Systems reell, so enthält es ∞^3 reelle Gewinde; denn jeder von den ∞^3 reellen Büscheln durch jenes Gewinde innerhalb S_4 schneidet S_3^2 — das wir reell definirt annehmen, etwa durch ein reelles Polarsystem — in einem reellen Gewinde zum zweiten Male. Wenn also mindestens ein Dupel eines Polarquintupels hyperbolisch ist, so ist S_3^2 reell. Wir haben daher den ersten Fall: reell-imaginäre Systeme S_3^2 mit Polarquintupeln, deren sämmtliche Dupel elliptisch sind.

Es seien nun A, B, C, D, E die Gewinde eines Polarquintupels mit mindestens einem hyperbolischen Dupel AB; seine 5 Quadrupel sind Polarquadrupel für den Schnitt 2. Grades 2. Stufe des Polargebüsches je des fünften Gewindes in Bezug auf S_3^2. Die 3 Quadrupel, zu denen AB gehört, können nur von der Gattung II_4 oder III_4 sein, und in Bezug auf zwei von ihnen, etwa $ABCD$, $ABCE$, haben wir dann 3 Fälle; beide sind II_4, oder eins II_4, das andere III_4, oder endlich beide sind III_4.

Im ersten Falle seien, was nur Sache der Bezeichnung ist, AB, AC, AD hyperbolisch, also CD, BD, BC elliptisch; bei $ABCE$ wissen wir nun schon über AB, AC, BC Bescheid und schliessen, dass AE hyperbolisch, CE, BE elliptisch sind; $ABDE$, bei welchem AB, AD, AE hyperbolisch sind, ist ebenfalls II_4 und DE ist auch elliptisch.

Die 4 von einem Gewinde A ausgehenden Dupel sind also hyperbolisch, die 6 andern elliptisch; somit ist $BCDE$ vollständig elliptisch oder I_4, während $ACDE$ auch II_4 ist.

Von den 5 Quadrupeln unseres Quintupels sind vier II_4, eins I_4.

Von seinen Tripeln sind vier I_3 und sechs II_3, und zwar liegt einem hyperbolischen Dupel ein Tripel I_3, einem elliptischen ein II_3 gegenüber.

Im zweiten Falle seien die Dupel von $ABCD$ wie vorhin; dann sind bei $ABCE$, das nun III_4 ist, CE, BE hyperbolisch und AE elliptisch; $ABDE$ wird ebenfalls III_4 und daher DE hyperbolisch; $ACDE$ ist III_4, $BCDE$ aber II_4. Also:

Vier von den Dupeln sind elliptisch, die übrigen sind hyperbolisch, und zwar bilden drei von jenen (BC, BD, CD) ein Tripel, das vierte (AE) liegt diesem gegenüber.

Diesem „isolirten“ elliptischen Dupel liegt also ein Tripel I_3, den 9 übrigen Dupeln liegen Tripel II_3 gegenüber.

Von den fünf Quadrupeln sind die zwei, zu denen das ausgezeichnete Tripel gehört, II_4, die andern III_4.

Der dritte Fall, in welchem $ABCD$, $ABCE$ beide III_4 sind, führt, wie das vorige schon vermuthen lässt, zu demselben Ergebnisse; wir haben also *drei Gattungen von Polarquintupeln eines Systems* S_3^2 *(in einem Gewebe* S_4*):*

I_5*: alle Dupel sind elliptisch;*

II_5*: alle 6 Dupel eines Quadrupels sind elliptisch, die 4 übrigen hyperbolisch;*

III_5*: die 3 Dupel eines Tripels und das diesem gegenüberliegende sind elliptisch, die 6 übrigen hyperbolisch.*

Es ergiebt sich folgende Bezeichnung der drei Polarquintupel, in der die elliptischen Dupel gekennzeichnet sind, von selbst:

$$(ABCDE),\ (ABCD, E),\ (ABC, DE);$$

ebenso bei den Polarquadrupeln:

$$(ABCD),\ (ABC, D),\ (AB, CD).$$

Charakteristischer Unterschied zwischen II_5 *und* III_5 *ist, dass einem hyperbolischen Dupel bei* II_5 *ein Tripel* I_3*, bei* III_5 *ein Tripel* II_3 *gegenüberliegt, und zwischen* I_5 *und* II_5*, dass einem elliptischen Dupel bei* I_5 *ein Tripel* I_3*, bei* II_5 *ein Tripel* II_3 *gegenüberliegt.*

Es seien $ABCDE$, $A'B'C'D'E'$ zwei Polarquintupel des näm- 717
lichen Systems S_3^2. Die beiden Polargebüsche von A und A' schneiden S_3^2, weil mit ihm in S_4 gelegen, in quadratischen Systemen 2. Stufe S_2^2, $S_2'^2$; einander schneiden sie in einem Netze, welches mit S_3^2 ein S_1^2 gemein hat. Es sei $C_1D_1E_1$ ein Polartripel dieses Systems 1. Stufe; wir vervollständigen es durch B_1, B_1' zu Polarquadrupeln von S_2^2, $S_2'^2$, so dass $AB_1C_1D_1E_1$ und $A'B_1'C_1D_1E_1$ Polarquintupel von S_3^2 sind.

$BCDE$ und $B_1C_1D_1E_1$, beide Polarquadrupel von S_2^2, sind gleichartig; ebenso $B'C'D'E'$ und $B_1'C_1D_1E_1$.

Nehmen wir an, dass die gegebenen Polarquintupel $ABCDE$, $A'B'C'D'E'$ verschiedenartig seien, und zwar sei erstens jenes ein I_5 oder II_5, dieses ein III_5. Als A nehme man im ersteren Falle ein beliebiges von den 5 Gewinden, im zweiten das ausgezeichnete oder isolirte, dem das vollständig elliptische Quadrupel gegenüberliegt, als A' eins von den Gewinden des vollständig elliptischen Tripels. Es ist daher auch $B_1C_1D_1E_1$ vollständig elliptisch und insbesondere $C_1D_1E_1$. Hingegen ist $B'C'D'E'$ und demnach auch $B_1'C_1D_1E_1$ ein Quadrupel III_4; daher kann letzteres das vollständig elliptische Tripel $B_1C_1D_1$ nicht enthalten.

Folglich können Polarquintupel I_5 *und* III_5 *oder* II_5 *und* III_5 *nicht neben einander bestehen.*

Ferner, das Polarquintupel $ABCDE$ von S_3^2 sei ein I_5, das Polarnetz des Büschels AB in Bezug auf S_3^2 schneidet dieses System in einem S_1^2, in Bezug auf welches CDE ein Polartripel ist. Wir legen durch AB ein beliebiges Netz S_2 innerhalb S_4, welches jenes Polarnetz, das ja auch innerhalb S_4 sich befindet, in einem Gewinde C_1 schneidet; dies werde durch D_1E_1 zu einem Polartripel von S_1^2 vervollständigt, das ebenso wie CDE von der Gattung I_3 ist. Mit A, B giebt es ein Polarquintupel von S_3^2. Ein III_5 kann dies nach dem eben erhaltenen Ergebnisse nicht sein, in einem II_5 aber würde dem elliptischen Dupel AB ein Tripel II_3 gegenüberliegen. Folglich ist $ABC_1D_1E_1$ ein I_5 und ABC_1 ein I_3, der Schnitt von S_2 mit S_3^2 also reell-imaginär. Jedes durch AB innerhalb S_4 gelegte Netz schneidet S_3^2 imaginär, folglich kann S_3^2 nicht reell sein; denn ein reelles Gewinde in S_3^2 gäbe mit AB verbunden ein reell schneidendes Netz S_2.

Jedes System S_3^2, welches ein Polarquintupel I_5 hat, ist reell-imaginär und alle seine Polarquintupel sind von dieser Art.

Damit ist erkannt, dass *auch I_5 und II_5 nicht neben einander vorkommen*, und wir haben *drei Gattungen von S_3^2:*

I. *reell-imaginäre, deren sämmtliche Polarquintupel I_5 sind;*

II. *reelle, deren sämmtliche Polarquintupel II_5 sind;*

III. *reelle, deren sämmtliche Polarquintupel III_5 sind.*

718 Wir untersuchen jetzt in ähnlicher Weise *die Polarsextupel eines S_4^2.*

Wir haben zunächst die Gattung I_6, bei der alle 15 Dupel elliptisch, also alle Tripel, Quadrupel, Quintupel I_3, I_4, I_5 sind. Sie ergeben sich bei den reell-imaginären Systemen S_4^2 und, wie wir wiederum sehen werden, nur bei diesen.

Setzen wir ein hyperbolisches Dupel AB voraus; die 4 Quintupel, zu denen es gehört, können nur II_5 oder III_5 sein.

Zwei von ihnen, $ABCDE$, $ABCDF$, seien II_5; wir nehmen beim ersteren A als das isolirte Gewinde an, also auch $A(C, D, E)$ als hyperbolisch, die übrigen elliptisch, so ergiebt sich A auch als isolirtes Gewinde für das zweite wegen der hyperbolischen Dupel AB, AC, AD, und auch die drei andern Quintupel aus A sind II_5 mit A als isolirtem Gewinde; das letzte Quintupel $BCDEF$ ist I_5. Also haben wir das Polarsextupel II_6 mit 5 hyperbolischen Dupeln, allen, die von A ausgehen, und 10 elliptischen. Das Gegenquintupel von A ist I_5, die übrigen sind II_5, keins III_5. Jedem hyperbolischen Dupel liegt ein Quadrupel I_4, jedem elliptischen ein II_4 gegenüber, III_4 sind nicht vorhanden; endlich haben wir 10 Paare Gegentripel, immer das eine ein I_3, das andere ein II_3.

$ABCDE$ sei wie vorhin, $ABCDF$ aber III_5; da in ihm von A mehr als zwei hyperbolische Dupel ausgehen, so ist es das eine Gewinde des isolirten elliptischen Dupels und dieses also AF. Nun stellen sich die drei weiteren Quintupel, zu denen A und F gehören, als III_5, heraus, immer mit AF als isolirtem Dupel; $BCDEF$, das F enthält und nicht A, ist dagegen II_5, ebenso wie $ABCDE$, das A und nicht F enthält. Die Verbindungsdupel der B, C, D, E sind sämmtlich elliptisch.

Wir haben so Polarsextupel III_6 mit 7 elliptischen Dupeln, von denen 6 ein Quadrupel I_4 bilden und das siebente, wiederum ein isolirtes, ihm gegenüberliegt, und 8 hyperbolischen. Den 6 nicht isolirten elliptischen Dupeln liegen III_4, den hyperbolischen II_4 gegenüber, so dass hier alle drei Quadrupel auftreten.

Von den 10 Paaren Gegentripeln bestehen 4 aus einem I_3 und einem II_3, 6 aus zwei II_3.

Gehen wir gleich von zwei Quintupeln III_5 durch AB aus, so müssen wir, da der vorige Fall sogar 3 Quintupel III_5 durch AB lieferte, zu ihm auch kommen. Dazu müssen wir den beiden Quintupeln $ABCDE$ und $ABCDF$ dasselbe isolirte Dupel, etwa AD, geben; BCE, BCF werden dann elliptisch und $ABCEF$ ein Quintupel II_5 mit dem elliptischen Quadrupel $BCEF$; also liefert es, mit einem der vorigen zusammengestellt, den vorangehenden Fall.

Wenn aber die Quintupel $ABCDE$, $ABCDF$ von der Art III_5 das isolirte elliptische Dupel nicht gemeinsam haben, so sei es AE für das erstere, so dass BCD das elliptische Tripel ist; nun zeigt sich, dass AF das isolirte elliptische Dupel für das andere sein muss. Man findet leicht, dass auch $ABCEF$ ein III_5 ist mit dem isolirten Dupel BC und dem elliptischen Tripel AEF. Nun ist schon klar, dass wir eine neue Gattung vor uns haben:

Polarsextupel IV_6 mit 6 elliptischen Dupeln, welche zwei gegenüberliegende Tripel bilden, und 9 hyperbolischen.

Alle Quintupel sind III_5: jedes enthält das eine dieser Tripel vollständig und vom andern ein Dupel.

Jedem der elliptischen Dupel liegt ein Quadrupel II_4, jedem der hyperbolischen ein III_4 gegenüber.

Einmal haben wir zwei Gegentripel I_3, neunmal zwei II_3.

So haben sich 4 Gattungen von Polarsextupeln eines S_4^2 *ergeben.*

I_6: *alle Dupel sind elliptisch;*

II_6: *alle Dupel eines Quintupels sind elliptisch;*

III_6: *alle 6 Dupel eines Quadrupels und das ihm gegenüberliegende sind elliptisch;*

IV_6: die 6 Dupel von zwei Gegentripeln sind elliptisch.

Als sich unmittelbar ergebende Bezeichnung haben wir:

$$(ABCDEF),\ (ABCDE, F),\ (ABCD, EF),\ (ABC, DEF).$$

719 Auch hier gilt, dass *keine zwei verschiedenartige zu demselben Systeme S_4^2 gehören können.* Beachten wir, dass *einem hyperbolischen Dupel bei II_6 ein I_4, bei III_6 ein II_4, bei IV_6 ein III_4 gegenüberliegt.*

Es seien nun wiederum $ABCDEF$ und $A'B'C'D'E'F'$ zwei zu demselben S_4^2 gehörige Polarsextupel. Die beiden Polargewebe von A und A' schneiden in S_4^2 Systeme S_3^2 und $S_3'^2$ ein, für welche bezw. $BCDEF$ und $B'C'D'E'F'$ Polarquintupel sind. Sie schneiden sich gegenseitig in einem Gebüsche, für dessen Schnitt S_2^2 mit S_4^2 wir ein Polarquadrupel $C_1D_1E_1F_1$ construiren; durch B_1, bezw. B_1' werde es zu Polarquintupeln von S_3^2 und $S_3'^2$ vervollständigt, die dann mit A, bezw. A' wiederum Polarsextupel von S_4^2 geben. $BCDEF$ und $B_1C_1D_1E_1F_1$ gehören beide zu S_3^2 und sind gleichartig, ebenso $B'C'D'E'F'$ und $B_1'C_1D_1E_1F_1$.

Nehmen wir an, das erste gegebene Sextupel sei ein I_6 oder II_6, das andere ein III_6 oder IV_6; so lassen wir A bei I_6 ein beliebiges von den 6 Gewinden sein, bei II_6 das isolirte; jedenfalls ist $BCDEF$ und also auch $B_1C_1D_1E_1F_1$ ganz elliptisch. A' hingegen sei bei III_6 ein Gewinde des elliptischen Quadrupels, bei IV_6 ein beliebiges von den 6 Gewinden; dann ist $B'C'D'E'F'$ ein Quintupel III_5 und ebenso $B_1'C_1D_1E_1F_1$; als solches hat letzteres aber kein vollständig elliptisches Quadrupel, wie es nach dem Vorherigen $C_1D_1E_1F_1$ sein muss. Somit kann ein Polarsextupel I_6 oder II_6 nicht neben einem III_6 oder IV_6 bestehen.

Die Polargebüsche der Büschel AB, $A'B'$ in Bezug auf S_4^2 schneiden S_4^2 in S_2^2, $S_2'^2$, einander in einem Büschel, in dessen Involution in Bezug auf S_4^2 conjugirter Gewinde E_1F_1 gepaart seien; wir construiren dann die Polarquadrupel $C_1D_1E_1F_1$, $C_1'D_1'E_1F_1$ für S_2^2, $S_2'^2$, welche mit den $CDEF$, bezw. $C'D'E'F'$, die ebenfalls zu diesen Systemen als Polarquadrupel gehören, gleichartig sind; $ABC_1D_1E_1F_1$, $A'B'C_1'D_1'E_1F_1$ sind dann wiederum Polarsextupel für S_4^2. Auch ABC_1D_1 und $A'B'C_1'D_1'$ sind als Polarquadrupel des Schnitts des Polargebüsches von E_1F_1 gleichartig.

Nun seien die gegebenen Polarsextupel nur III_6 und IV_6, dann sind nach dem vorangehenden Ergebnisse die $ABC_1D_1E_1F_1$ und $A'B'C_1'D_1'E_1F_1$ ebenfalls von diesen Arten. Da nun aber bei III_6 und IV_6 die Quadrupel sowohl, die einem hyperbolischen Dupel, als auch die, welche einem elliptischen gegenüberliegen, verschiedenartig sind, so folgt aus der Gleichartigkeit von ABC_1D_1 und $A'B'C_1'D_1'$, mag E_1F_1 hyperbolisch oder elliptisch sein, dass $ABC_1D_1E_1F_1$ und $A'B'C_1'D_1'E_1F_1$ gleichartig sind. Nun können wir aber im vorliegenden Falle AB und $A'B'$ hyperbolisch annehmen; dann ist wegen der Gleichartigkeit von $CDEF$ mit $C_1D_1E_1F_1$ auch $ABCDEF$ mit $ABC_1D_1E_1F_1$ gleichartig, und ebenso $A'B'C'D'E'F'$ mit $A'B'C_1'D_1'E_1F_1$, und folglich sind es auch die gegebenen Polarsextupel. Also können auch III_6 und IV_6 nicht neben einander bestehen.

Endlich sei $ABCDEF$ ein I_6; für den Schnitt S_2^2 des Polargebüsches des Büschels AB mit S_4^2 ist $CDEF$ Polarquadrupel. Ein beliebiges Netz S_2 durch AB schneide dies Polargebüsche in C_1, das durch $D_1E_1F_1$ zu einem Polarquadrupel von S_2^2 ergänzt werde; dies ist ebenso I_4 wie $CDEF$. Ferner ist $ABC_1D_1E_1F_1$ Polarsextupel für S_4^2 und daher entweder I_6 oder II_6; aber im letzteren Falle wäre $C_1D_1E_1F_1$, dem elliptischen Dupel AB gegenüberliegend, ein II_4. Daher ist das Sextupel ein I_6 und ABC_1 ein I_3, der Schnitt von S_2 mit S_4^2 und daher auch S_4^2 selbst reell-imaginär, weil S_2 ein beliebiges Netz durch AB ist. Und so sehen wir, dass auch hier alle Polarsextupel eines S_4^2 gleichartig sind und nach den 4 Arten von Polarsextupeln *es 4 Gattungen von* S_4^2 *giebt, nämlich:*

I. reell-imaginäre, deren Polarsextupel I_6 *sind,*

II., III., IV. reelle, deren Polarsextupel bezw. II_6, III_6, IV_6 *sind.*

Bei den quadratischen Systemen der zweiten und dritten Stufe, wo nur drei Gattungen vorhanden sind, reichen die Namen *reell-imaginär, elliptisch, hyperbolisch* aus; *diese Namen können wir den* S_4^2 *von der Gattung I, II, IV geben; aber für den dritten Fall mit Polarsextupeln von der Gattung* III_6 *wird ein neuer Name nothwendig.* Dieser Fall hat kein Analogon bei den Flächen 2. Grades, und da er theils „elliptische", theils „hyperbolische" Eigenschaften besitzt, so *ist die Benennung „elliptisch-hyperbolisch" vielleicht die geeignetste.**)

Die Polarquintupel oder -sextupel belehren uns schnell über die 720
Schnitte der S_3^2, S_4^2 mit linearen Systemen. *In dem* S_4, *in welchem ein* S_3^2 *enthalten ist, sind dann alle betrachteten Gebilde enthalten.* Wenn $ABCDE$ ein Polarquintupel von S_3^2 ist, so sind das Gewinde A und das Gebüsche $BCDE$ polar in Bezug auf S_3^2 und ebenso der Büschel

*) Reye gebraucht a. a. O. die Benennung „parabolisch"; aber dies Wort wird sonst für ein Gebilde gebraucht, das einen Uebergangsfall zwischen einem elliptischen und einem hyperbolischen bildet von *geringerer* Mannigfaltigkeit als diese. Hier jedoch sind alle 4 Gattungen von S_4^2 von gleicher Mannigfaltigkeit. — Ich sage der grösseren Deutlichkeit halber „reell-imaginär" statt „imaginär".

AB und das Netz CDE; für den Schnitt jenes Gebüsches ist $BCDE$ ein Polarquadrupel, für die Schnitte dieses Büschels und dieses Netzes sind AB und CDE Polardupel und Polartripel.

Wenn also das System S_3^2 elliptisch ist, so hat das Quintupel $ABCDE$ nur Quadrupel I_4 und II_4.

Die Schnitte S_2^2 *eines elliptischen Systems* S_3^2 *mit den Gebüschen (in* S_4*) sind daher imaginär*) oder elliptisch*, und wir nennen wie bei den elliptischen Flächen 2. Grades (und S_2^2) die Gewinde, welche imaginär oder elliptisch schneidende Polargebüsche haben, *innere* oder *äussere Gewinde.* Ein inneres Gewinde ist isolirt für alle Polarquintupel, zu denen es gehört, und sendet durchweg hyperbolische Dupel aus; d. h. *alle durch ein inneres Gewinde gehenden Büschel schneiden reell.*

Der Schnitt des Polargebüsches wird durch die Gewinde gebildet, deren Tangentialgebüsche durch den „Pol" gehen. Durch ein äusseres Gewinde gehen daher ∞^2 reelle Tangentialgewebe von S_3^2, durch ein inneres keins.

Die gegenüberliegenden Dupel und Tripel von $ABCDE$ lehren uns:

Von einem Büschel und einem Netze, die in Bezug auf ein elliptisches S_3^2 *zu einander polar sind, schneidet das eine System reell, das andere imaginär.*

Durch einen Büschel gehen daher ∞^1 reelle Tangentialgebüsche oder keins, je nachdem er imaginär oder reell schneidet, durch ein Netz 2 reelle Tangentialgewebe oder keins, je nachdem es imaginär oder reell schneidet.

Weil auch reelle Schnitte von Gebüschen niemals hyperbolisch sind, so *ist die Möglichkeit von reellen Büscheln von Gewinden in einem elliptischen* S_3^2 *ausgeschlossen.***)

Bei *einem hyperbolischen Systeme* S_3^2 haben die Polarquintupel nur Quadrupel II_4, III_4; *demnach schneiden alle Gebüsche reell, die einen elliptisch, die andern hyperbolisch. Wir unterscheiden* — wie bei den hyperbolischen Flächen 2. Grades — nicht äussere und innere Gewinde, denn *durch jedes Gewinde gehen* ∞^2 *reelle Tangentialgewebe*; sondern *auf der hyperbolischen oder der elliptischen Seite von* S_4^2 *gelegene Gewinde, je nachdem nämlich die Polargebüsche hyperbolisch oder elliptisch schneiden.*

Ein hyperbolischer Schnitt eines Gebüsches enthält zwei reelle Schaaren von Büscheln. Wir wissen aus I, Nr. 157: Innerhalb eines

---

*) Der Schnitt eines reellen oder reell-imaginären quadratischen Systems mit einem (reellen) linearen Systeme ist, wenn imaginär, nothwendig reell-imaginär.

**) so lange es kein doppeltes Gewinde hat.

Systems S_l gehen durch ein System S_i $\infty^{(l-k)(k-i)}$ Systeme S_k. Also gehen durch einen reellen Büschel von S_3^2 ∞^2 Gebüsche (innerhalb S_4); die ∞^4 hyperbolisch schneidenden Gebüsche von S_4 liefern je ∞^1 reelle Büschel. *Somit befinden sich in einem hyperbolischen Systeme S_3^2 ∞^{4+1-2} oder ∞^3 reelle Büschel.*

Hier verhalten sich Büschel und Netz, die zu einander polar sind in Bezug auf S_3^2, hinsichtlich ihrer Schnitte gleichartig. Daher gehen reelle Tangentialgewebe (∞^1, bezw. 2) durch einen Büschel oder ein Netz nur dann, wenn diese reell schneiden.

Man sieht, dass die dritte Stufe sich noch nicht wesentlich von der zweiten unterscheidet.

Auch *bei der vierten Stufe* werden die elliptische und die hyper- 721
bolische Gattung sich kürzer erledigen lassen.

Die Polarsextupel II_6 eines elliptischen Systems S_4^2 enthalten nur Quintupel I_5 und II_5, keine III_5.

Die Schnitte eines elliptischen Systems S_4^2 mit Geweben sind imaginär oder elliptisch, und wir haben wiederum *äussere und innere Gewinde,* durch welche ∞^3 reelle Tangentialgewebe gehen oder keins.

Bemerken wir noch folgenden Unterschied zwischen innern und äussern Gewinden. Durch ein äusseres Gewinde gehen zweierlei Netze, reell und imaginär schneidende; wir haben also durch das Gewinde Büschel von Büscheln, die sämmtlich imaginär schneiden, und Büschel von Büscheln, welche theils reell, theils imaginär schneiden.

Von einem innern Gewinde aber gehen nur Büschel von Büscheln aus, die sämmtlich reell schneiden.

Weil keine hyperbolischen Schnitte möglich sind, *so sind auch keine reellen Büschel in S_4^2 vorhanden.* Der Schnitt des Tangentialgewebes eines zu S_4^2 gehörigen Gewindes hat dies Berührungsgewinde zum doppelten und besteht aus ∞^2 von ihm ausgehenden Büscheln; also ist jenes doppelte Gewinde sein einziges reelles Gewinde, und ein solcher Schnitt bildet ersichtlich den Uebergang von den imaginären zu den elliptischen Schnitten.

Hier bei den S_4^2 sind polar ein Büschel und ein Gebüsche, zwei Netze, und ein Dupel und ein Quadrupel, zwei Tripel eines Polarsextupels, die sich gegenüberliegen, führen ja zu solchen polaren Systemen und sind ihnen als Polardupel u. s. w. zugehörig. Mithin ergiebt sich für *das elliptische System S_4^2*:

Ein Gebüsche schneidet dieses System imaginär oder elliptisch, je nachdem der polare Büschel reell oder imaginär schneidet; und durch jenes gehen 2 reelle Tangentialgewebe, bezw. keins; durch diesen aber keins, bezw. ∞^2 reelle Tangentialgewebe.

Zwei polare Netze schneiden ungleichartig, und nur durch ein imaginär schneidendes gehen ∞^1 *reelle Tangentialgewebe.*

Die imaginär schneidenden linearen Systeme befinden sich auf der Aussenseite des S_4^2.

Es ist ersichtlich, dass durch imaginär schneidende Büschel, Netze, Gebüsche lineare Systeme höherer Stufe von beiden Arten gehen, durch reell schneidende nur ebenfalls reell schneidende.

722 Wenden wir uns zunächst zu *den hyperbolischen Systemen* S_4^2, deren Polarsextupel IV_6 sind. Diese enthalten nur Quintupel III_5.

Alle Gewebe schneiden ein hyperbolisches System hyperbolisch; durch alle Gewinde gehen ∞^3 *reelle Tangentialgewebe.*

Ein jeder dieser hyperbolischen Schnitte bringt ∞^3 reelle Büschel in S_4^2; durch jeden Büschel gehen $\infty^{(5-4)(4-1)}$ Gewebe; so *gelangen wir zu* ∞^{5+3-3} oder ∞^5 *reellen Büscheln in einem hyperbolischen Systeme* S_4^2.

Ein Gebüsche schneidet hyperbolisch oder elliptisch, je nachdem der polare Büschel reell oder imaginär schneidet. Im ersteren Falle gehen durch das Gebüsche 2 reelle Tangentialgewebe, durch den Büschel ∞^2; im andern durch jenes, wie durch diesen keins.

Zwei polare Netze schneiden gleichartig und durch ein reell schneidendes Netz gehen ∞^1 reelle Tangentialgewebe.

Zwei imaginär schneidende polare Netze werden durch S_4^2 *getrennt;* denn jeder Büschel, der ein Gewinde des einen Netzes mit einem des andern verbindet, schneidet S_4^2 reell; wir brauchen nur die beiden verbundenen Gewinde als zu zwei, mithin ganz elliptischen Polartripeln der Schnitte der beiden Netze gehörig anzusehen; die übrigen Dupel des durch diese Tripel gebildeten Polarsextupels sind hyperbolisch, ihre Büschel reell schneidend und die verbundenen Gewinde also zu den Schnittgewinden harmonisch.

Bei einem Sextupel IV_6 befindet sich ein elliptisches Dupel in Tripeln I_3 und II_3, in Quadrupeln II_4, III_4, ein hyperbolisches nur in Tripeln II_3 und in Quadrupeln II_4 und III_4, ein Tripel I_3 in Quadrupeln II_4, ein II_3 in II_4 und III_4.

Daraus folgt *für ein hyperbolisches System* S_4^2: *Durch einen reell schneidenden Büschel gehen reell schneidende Netze*, was selbstverständlich, *und durch einen imaginär schneidenden sowohl reell, als imaginär schneidende Netze, in beiden Fällen reell schneidende Gebüsche und zwar sowohl elliptisch als hyperbolisch schneidende, durch ein imaginär schnei-*

dendes Netz gehen nur elliptisch schneidende, durch ein reell schneidendes hingegen sowohl elliptisch als hyperbolisch schneidende Gebüsche.

Das Polargebüsche eines zu S_4^2 gehörigen Büschels enthält diesen Büschel und alle seine Gewinde sind doppelt für den Schnitt S_2^2 des Gebüsches (Nr. 669): dieser Schnitt zerfällt in zwei in dem Büschel sich schneidende Netze. Ein Polarquadrupel in Bezug auf ein solches zerfallendes S_2^2 besteht aus zwei Gewinden C, D des Doppelbüschels und zwei Gewinden E, F, die zu den Schnitten ihres Büschels mit den beiden Netzen harmonisch sind. Ein reeller Büschel eines hyperbolischen S_4^2 muss nun solche Polarquadrupel für den Schnitt seines Polargebüsches haben, wie ein reell schneidender (da er nicht blos mit 2, sondern mit allen seinen Gewinden reell schneidet), also III_4; d. h. die Dupel CD und EF müssen gleichartig sein, also EF ebenso hyperbolisch, wie CD, das dem in dem S_2^2 vollständig enthaltenen Büschel CD angehört; demnach sind auch die beiden Netze reell. Und so führen die ∞^5 reellen Büschel von S_4^2 zu ∞^{5-2} oder ∞^3 reellen Netzen.

Ein hyperbolisches System S_4^2 besitzt ∞^3 reelle Netze, durch jeden der ∞^5 reellen Büschel gehen zwei.

Ein einziges in S_4^2 enthaltenes reelles Netz zieht ∞^1 nach sich, welche zwei Systeme bilden.

In der That, jedes reelle Gebüsche, gelegt durch ein reelles Netz von S_4^2, schneidet ein zweites reelles Netz aus S_4^2 aus. Nun kann man irgend zwei Netze von S_4^2 durch eine drei- oder viergliedrige Kette, deren Nachbarglieder demselben Gebüsche angehören, verbinden (Nr. 621); daraus folgt, dass wenn eins von ihnen reell ist, alle es sind; die abwechselnden Glieder solcher Ketten gehören zu verschiedenen Systemen.

Ein hyperbolisches System S_4^2 ist das Hauptsystem H_4^2 der sämmtlichen Strahlengebüsche. Denn ein Polarsextupel desselben besteht aus 6 Gewinden in Involution, und wir wissen, dass drei von ihnen auf die eine, die drei übrigen auf die andere Art gewunden sind; die Büschel, welche zwei von jenen oder zwei von diesen verbinden, bestehen aus lauter gleichgewundenen Gewinden und haben keine reellen Gebüsche, ihre Basen keine reellen Leitgeraden, wohl aber gilt dies für die 9 übrigen Büschel (I, Nr. 193, 194); das Sextupel ist mithin ein IV_6.

Zwei sich stützende und also in Bezug auf H_4^2 polare Gewindenetze mit reell-imaginären Grund-Regelschaaren liegen zu verschiedenen Seiten von H_4^2, ihre Gewinde sind verschiedenartig gewunden.

Die beiden Systeme von reellen Netzen in H_4^2 sind die Bündel und Felder von Strahlengebüschen.

723 Bei *den elliptisch-hyperbolischen Systemen* S_4^2 haben die Polarsextupel III_6 nur Quintupel II_5 und III_5. *Demnach schneiden alle Gewebe reell, die einen aber in elliptischen, die andern in hyperbolischen Systemen* S_3^2. Durch letztere erhalten wir wiederum ∞^5 *reelle Büschel in* S_4^2; machen wir aber hier für einen solchen reellen Büschel die analoge Betrachtung, wie eben, so ergiebt sich das Polarquadrupel $CDEF$ des Schnitts des Polargebüsches des Büschels, welcher in zwei in diesem Büschel sich schneidende Netze zerfällt, als ein II_4; denn in einem III_6 liegt einem hyperbolischen Dupel ein solches Quadrupel gegenüber; d. h. die Polarquadrupel des Polargebüsches eines reell schneidenden Büschels sind II_6, und reell schneidend sind jedenfalls auch die ganz in S_4^2 enthaltenen reellen Büschel. CD aber ist aus demselben Grunde wie oben hyperbolisch, also EF elliptisch und die beiden Netze sind imaginär.

Beim elliptisch-hyperbolischen Systeme S_4^2 *sind die beiden Netze, in denen jeder von seinen reellen Büscheln sich befindet, conjugirt imaginär; und so auch die ganzen dreifach unendlichen Systeme von Netzen.*

Beim hyperbolischen S_4^2 besteht ein jedes der beiden Systeme 3. Stufe von Netzen aus ∞^3 reellen*) und ∞^6 imaginären und zwar so, dass das conjugirt imaginäre eines jeden der letzteren auch im Systeme sich befindet. Beim elliptisch-hyperbolischen S_4^2 aber besteht jedes der Netz-Systeme aus ∞^6 imaginären Netzen und zwar so, dass conjugirte in verschiedenen Systemen liegen. Nur ∞^5 schneiden ihre conjugirten in einem Büschel, der dann reell ist.

So ergiebt sich für die 4 Gattungen von S_4^2 in Bezug auf die Realität folgendes:

Ein reell-imaginäres System S_4^2 *enthält keine reellen Gewinde, ein elliptisches* ∞^4 *reelle Gewinde, aber keine reellen Büschel und also auch keine reellen Netze, ein elliptisch-hyperbolisches* ∞^4 *reelle Gewinde,* ∞^5 *reelle Büschel, aber keine reellen Netze, ein hyperbolisches endlich* ∞^4 *reelle Gewinde,* ∞^5 *reelle Büschel,* ∞^3 *reelle Netze in zwei Systemen, so dass jeder von den Büscheln zu zwei Netzen aus verschiedenen Systemen gehört.*

Beim elliptisch-hyperbolischen Systeme S_4^2 *haben wir Gewinde, deren Polargewebe elliptisch, und solche, deren Polargewebe hyperbolisch schneiden;* der Uebergang findet durch die Gewinde von S_4^2 statt, so dass wir

*) Ein reelles Netz kann reell-imaginäre Basis (I, Nr. 145) haben.

eine elliptische und eine hyperbolische Seite von S_4^2 haben. Wir machen uns zunächst klar, dass, *wenn ein Gewinde A eines Polarsextupels dem* S_4^2 *angehört, noch ein zweites mit ihm zusammenfällt.* A wird dann nämlich doppelt für den Schnitt seines Polar- oder Tangentialgewebes, und $BCDEF$ ein Polarquintupel in Bezug auf denselben; sind aber C, D, E, F Gewinde dieses Quintupels, die sämmtlich von A verschieden sind, so muss das fünfte B, als Schnitt ihrer Polargebüsche, die sämmtlich durch das doppelte Gewinde gehen, eben A sein; Verbindungsbüschel dieser vereinigten Gewinde ist der Polarbüschel des Gebüsches $CDEF$ in Bezug auf S_4^2. Die Büschel hingegen von $A \equiv B$ nach C, D, E, F befinden sich im Tangentialgewebe von A und berühren S_4^2 in diesem Gewinde; folglich sind die Dupel in ihnen (jedes zwei des allgemeinen Falles repräsentirend) parabolisch. Durch ein solches ausgeartetes Polarsextupel können wir ein III_6 in ein III_6 so überführen, dass $BCDEF$ von einem II_5 in ein III_5 übergeht. Jenes III_6 sei ein $(BCDE, AF)$, also ist $BCDEF$ ein $(BCDE, F)$. Beim Durchgange durch das ausgeartete Sextupel gehen die Dupel aus A und B nach C, D, E, F aus elliptischen, hyperbolischen durch parabolische in hyperbolische, elliptische über; AB und die Dupel von $CDEF$ bleiben, was sie waren; $BCDEF$ ist (CDE, BF) geworden und das Sextupel $(ACDE, BF)$.

Weil alle Gewebe reell schneiden, so *kommen von jedem Gewinde* ∞^3 *reelle Tangentialgewebe.*

Ein Gebüsche kann imaginär, elliptisch, hyperbolisch schneiden; der polare Büschel schneidet im zweiten Falle reell, im ersten und dritten imaginär: der Unterschied besteht darin, dass ein im Büschel befindliches Dupel im ersten Falle das isolirte elliptische Dupel eines jeden Polarsextupels ist, an dem es theilnimmt, im dritten aber dem ganz elliptischen Quadrupel angehört. *Im zweiten Falle gehen durch das Gebüsche elliptisch und hyperbolisch schneidende Gewebe*, durch zwei reelle Tangentialgewebe getrennt; *im ersten nur elliptisch, im dritten nur hyperbolisch schneidende.*

Ein Netz kann reell oder imaginär schneiden. Im letzteren Falle schneidet das polare Netz stets reell, und es gehen daher durch ein imaginär schneidendes Netz ∞^1 reelle Tangentialgewebe, also *sowohl elliptisch, als hyperbolisch schneidende Gewebe, ferner imaginär und elliptisch schneidende Gebüsche.*

Dagegen giebt es zweierlei reell schneidende Netze, solche, deren polares Netz reell, und solche, deren polares Netz imaginär schneidet. Durch ein Netz der ersteren Art gehen ∞^1 reelle Tangentialgewebe und demnach überhaupt *Gewebe und Gebüsche von beiden Arten reellen Schnitts; durch ein Netz der zweiten Art gehen nur hyperbolisch schneidende Gewebe und Gebüsche.* Indem jene die Polargewebe der Gewinde des polaren Netzes sind, erkennt man, dass ein imaginär schneidendes Netz auf der hyperbolischen Seite von S_4^2 sich befindet.

Einem reell schneidenden Büschel ist ein elliptisch schneidendes Gebüsche polar, wie wir schon wissen, *also gehen durch jenen* ∞^2 reelle Tangentialgewebe, demnach *Gewebe und Gebüsche von beiden Arten reellen Schnitts und reell schneidende Netze.*

Imaginär schneidende Büschel giebt es aber zweierlei, je nachdem das polare Gebüsche auch imaginär oder hyperbolisch schneidet. Im ersteren Falle gehen durch den Büschel nur hyperbolisch schneidende Gewebe und Gebüsche, nur reell schneidende Netze; durch das polare Gebüsche gehen, wie wir oben fanden, nur elliptisch schneidende Gewebe, die Polargewebe der Gewinde des Büschels; *also befindet sich ein solcher imaginär schneidender Büschel auf der elliptischen Seite des Systems* S_4^2.

Im zweiten Falle aber werden ∞^2 reelle Tangentialgewebe möglich, und daher *gehen Gewebe von beiden Arten durch den Büschel, ferner Gebüsche von allen drei Arten, Netze von beiden Arten,* und weil durch das polare Gebüsche nur hyperbolische Gewebe gehen, so *liegt ein solcher Büschel auf der hyperbolischen Seite von* S_4^2.

Oder, die beiden Gewinde des isolirten elliptischen Dupels eines Polarsextupels liegen auf der elliptischen Seite, die 4 übrigen auf der hyperbolischen.

Nur durch auf der hyperbolischen Seite gelegene Gewinde giebt es imaginär schneidende Netze und Gebüsche.

724 Nun aber müssen wir Polarsextupel betrachten, welche theilweise oder ganz imaginär sind. Sind zwei Gewinde eines Polarsextupels conjugirt imaginär, so ist ihr Büschel reell, und weil nur eine hyperbolische Involution conjugirt imaginäre Dupel enthält, so kann ein solches Dupel, dessen Gewinde conjugirt imaginär sind, nur aus einem hyperbolischen reellen Dupel hervorgehen. Lassen wir in dem hyperbolischen Polarsextupel (ABC, DEF) — in welchem also ABC und DEF vollständig elliptisch sind — das hyperbolische Dupel CF imaginär werden, so sind von dem Quadrupel der vier reellen Gewinde nur die Dupel AB, DE elliptisch; es ist daher ein III_4 oder (AB, DE). In dem elliptisch-hyperbolischen Polarsextupel $(ABCD, EF)$ werde DF imaginär; es bleibt das reelle Quadrupel (ABC, E), ein II_4, und wenn endlich im elliptischen Polarsextupel $(ABCDE, F)$ das Dupel EF imaginär wird, so bleibt das Quadrupel $(ABCD)$, ein I_4.

Polarsextupel von reell-imaginären S_4^2 haben keine hyperbolischen Dupel.

Polarsextupel mit einem Dupel conjugirt imaginärer Gewinde sind nur bei den reellen Systemen möglich, und das reelle Quadrupel ist bei einem elliptischen, elliptisch-hyperbolischen, hyperbolischen System ein I_4, II_4, III_4.

Wenn von 6 Gewinden in Involution zwei conjugirt imaginär sind, so sind zwei der reellen, etwa A, B auf die eine, die andern C, D auf die andere Weise gewunden (I, Nr. 194); daher wird H_4^2 von den Büscheln AB, CD imaginär, von den 4 übrigen reell geschnitten. $ABCD$ ist ein Polarquadrupel III_4 für das S_2^2, welches durch das Gebüsche $ABCD$ aus H_4^2 geschnitten wird, den Inbegriff der Strahlengebüsche in diesem Gebüsche.

Jetzt seien zweimal zwei von den 6 Gewinden conjugirt imaginär; beim elliptischen Polarsextupel $(ABCDE, F)$ haben wir nicht zwei hyperbolische Dupel, welche 4 verschiedene Gewinde umfassen; also werden solche Polarsextupel nicht möglich. Beim elliptisch-hyperbolischen Sextupel $(ABCD, EF)$ lassen wir CE und DF imaginär werden, das einzige reelle Dupel AB ist elliptisch; beim hyperbolischen (ABC, DEF) mögen BE, CF imaginär werden, das einzige reelle ist hyperbolisch.

Ein Polarsextupel mit zweimal zwei conjugirt imaginären Gewinden ist nur bei elliptisch-hyperbolischen und hyperbolischen Systemen möglich; das reelle Dupel ist bei jenen elliptisch, bei diesen hyperbolisch.

Wir hätten diesen Fall auch aus dem vorigen ableiten können, indem wir aus dem reell gebliebenen Quadrupel ein weiteres hyperbolisches Dupel in ein imaginäres überführen, und so ergiebt sich aus dem letzten Resultate, dass *nur bei den hyperbolischen Systemen* S_4^2 *Polarsextupel mit dreimal zwei conjugirt imaginären Gewinden möglich sind.**)

Wenn ein System S_4^2 ein doppeltes Gewinde hat, so gehört dieses 725
zu allen Polarsextupeln und die 5 von ihm ausgehenden Dupel sind parabolisch, da ihre Büschel das S_4^2 je in zwei vereinigten Gewinden schneiden. Durch ein solches System geht man von Systemen der einen Gattung zu solchen der andern über, wobei die Dupel, an

*) In ähnlicher Weise sind bekanntlich Polartetraeder mit zweimal zwei conjugirt imaginären Ecken nur bei Flächen 2. Grades mit reellen Geraden, solche mit zwei reellen und zwei conjugirt imaginären Ecken bei beiden Arten reeller Flächen möglich; die reell-imaginäre Fläche kann derartige Polartetraeder nicht haben.

welchen das ausgezeichnete Gewinde A, das im Uebergangsfalle in das doppelte fällt, theil nimmt, von elliptischen, hyperbolischen in hyperbolische, elliptische sich umwandeln. Und so erkennen wir leicht folgende Uebergänge:

1) *Ein reell-imaginäres System kann nur in ein elliptisches übergehen:* $(ABCDEF)$ wird $(BCDEF, A)$.

2) *Ein elliptisches System geht in ein reell-imaginäres oder ein elliptisch-hyperbolisches über, je nachdem A das isolirte Gewinde oder ein anderes ist;* im ersten Falle verwandelt sich $(BCDEF, A)$ in $(ABCDEF)$, im zweiten $(ACDEF, B)$ in $(CDEF, AB)$.

3) *Ein elliptisch-hyperbolisches System geht in ein elliptisches oder ein hyperbolisches über, je nachdem A zum isolirten Dupel gehört oder nicht;* $(CDEF, AB)$ geht in $(ACDEF, B)$ über, bezw. $(ADEF, BC)$ in (DEF, ABC).

4) *Ein hyperbolisches System kann nur in ein elliptisch-hyperbolisches übergehen:* (ABC, DEF) in $(BC, ADEF)$.

Durch einen quadratischen Complex Γ^2 geht, wie wir wissen, ein Büschel $\mathsf{B}(\Gamma^2)$ von quadratischen Systemen S_4^2; unter ihnen befindet sich das Hauptsystem und das ist hyperbolisch.

Demnach haben wir 4 Hauptgattungen von Complexen 2. Grades:

1) *solche, durch welche nur hyperbolische S_4^2 gehen;*

2) *solche, durch welche hyperbolische und elliptisch-hyperbolische S_4^2 gehen;*

3) *solche, durch welche alle drei Gattungen reeller S_4^2 gehen;*

4) *solche, durch welche alle vier Gattungen von S_4^2 gehen.*

Dem entsprechend benennen wir mit Reye — nur dass dieser parabolisch statt elliptisch-hyperbolisch und blos imaginär sagt — *die Complexe:*

hyperbolisch, elliptisch-hyperbolisch, elliptisch, reell-imaginär,

wobei freilich die letzte Benennung erst dann vollständig gerechtfertigt ist, wenn erkannt sein wird, dass ein derartiger Complex keine reellen Strahlen enthält.

726 Wir haben im Büschel $\mathsf{B}(\Gamma^2)$ 6 Systeme $S^2_{4,i}$ mit einem doppelten Gewinde; und diese 6 doppelten Gewinde sind die Fundamental-Gewinde $\Gamma_1, \Gamma_2, \ldots \Gamma_6$ und bilden ein gemeinsames Polarsextupel für alle Systeme des Büschels. Beim Durchgange durch ein $S^2_{4,i}$ ändert sich die Gattung des Systems.

Sind daher die Fundamental-Gewinde sämmtlich imaginär, so sind alle Systeme von $\mathsf{B}(\Gamma^2)$ hyperbolisch und also auch der Complex hyperbolisch. Wir nennen ihn, mit Reye, Complex *erster Gattung.*

Sind nur zwei von den Fundamental-Gewinden Γ_1, Γ_2 *reell*, so haben wir *zwei* durch $S^2_{4,1}$ und $S^2_{4,2}$ getrennte *Abtheilungen im Büschel: die Systeme der einen sind hyperbolisch, die der andern elliptisch-hyperbolisch.* Für jene ist das Dupel $\Gamma_1\Gamma_2$ hyperbolisch, für diese elliptisch. *Der Complex ist ein elliptisch-hyperbolischer* und werde *zweiter Gattung* genannt.

Nunmehr *seien vier von den Fundamental-Gewinden*, Γ_1, Γ_2, Γ_3, Γ_4, *reell;* die 4 entsprechenden Systeme $S^2_{4,1}$, $S^2_{4,2}$, $S^2_{4,3}$, $S^2_{4,4}$ mögen im Continuum des Büschels $\mathsf{B}(\Gamma^2)$ so aufeinander folgen, und zwar mögen $S^2_{4,1}$ und $S^2_{4,4}$ den hyperbolischen Theil begrenzen, welchem das Hauptsystem $H_4{}^2$ angehört; so gelangen wir durch $S^2_{4,1}$ zu einem elliptisch-hyperbolischen Theile. Bei $S^2_{4,2}$ sind nun zwei Möglichkeiten:

a) Entweder führt dies System wieder in einen hyperbolischen Theil, dann muss $S^2_{4,3}$ abermals in einen elliptisch-hyperbolischen führen und $S^2_{4,4}$ zurück in den erstgenannten hyperbolischen. *Der Complex ist daher ebenfalls ein elliptisch-hyperbolischer* und bilde *die dritte Gattung. Die Reihenfolge der Abtheilungen im Büschel* $\mathsf{B}(\Gamma^2)$ *ist also:*

$$\bar{h},\ eh,\ h,\ eh,$$

wenn wir diese leicht verständliche Abkürzung einführen und zudem mit $\bar{h}$ diejenige hyperbolische Abtheilung bezeichnen, welche das Hauptsystem $H_4{}^2$ enthält.

Für den ersten Theil ist das reelle Quadrupel ein $(\Gamma_1\Gamma_4,\ \Gamma_2\Gamma_3)$ oder einfacher, indem wir blos die Zeiger schreiben, (14, 23); die Uebergänge verwandeln es in (4, 123), (24, 13), (234, 1), (23, 14).

b) Oder $S^2_{4,2}$ führt in einen elliptischen Theil, dann muss, damit wir durch $S^2_{4,4}$ in den ersten Theil zurückgelangen, $S^2_{4,3}$ wieder zu einem elliptisch-hyperbolischen Theil führen. *Wir haben die Reihenfolge:*

$$\bar{h},\ eh,\ e,\ eh.$$

Es hat sich somit ein elliptischer Complex ergeben: der Complex *vierter Gattung.* Das Quadrupel ist nach und nach:

(12, 34), (2, 134), (1234), (3, 124), (34, 12).

Ein reell-imaginäres System $S_4{}^2$ konnte sich bis jetzt noch nicht ergeben, weil ein solches vollständig reelle Polarsextupel verlangt.

Es seien nun alle sechs Fundamental-Gewinde reell, die Reihenfolge 727
der $S^2_{4,i}$ in $\mathsf{B}(\Gamma^2)$ sei die den Zahlen entsprechende und $S^2_{4,1}$ und $S^2_{4,6}$ mögen wiederum den oben erwähnten hyperbolischen Theil begrenzen.

Der zweite Theil ist elliptisch-hyperbolisch; führt dann $S^2_{4,2}$ in einen hyperbolischen Theil und also $S^2_{4,3}$ in einen elliptisch-hyperbolischen, so kann dann

a) $S^2_{4,4}$ entweder wieder in einen hyperbolischen Theil führen; $S^2_{4,5}$ muss in einen elliptisch-hyperbolischen führen und $S^2_{4,6}$ in den ersten zurück. *Die Reihenfolge der Theile ist also:*

$$\bar{h},\ eh,\ h,\ eh,\ h,\ eh;$$

der Complex *fünfter Gattung* ist daher *elliptisch-hyperbolisch.*

b) Oder $S^2_{4,4}$ führt in einen elliptischen Theil, $S^2_{4,5}$ aber und $S^2_{4,6}$ in eben solche, wie in a). *Wir haben die Reihenfolge:*

$$\bar{h},\ eh,\ h,\ eh,\ e,\ eh.$$

Der Complex *sechster Gattung* ist somit *elliptisch.*

Da die Reihenfolge unsymmetrisch ist, werden wir zu diesem Falle mit der umgekehrten Reihenfolge nochmals gelangen.

Wenn wir nämlich annehmen, dass $S^2_{4,2}$ in einen elliptischen Theil überführt, so liegen nun zwei Möglichkeiten vor:

a) $S^2_{4,3}$ führe in einen elliptisch-hyperbolischen Theil; dann sind wir bei $S^2_{4,4}$ von neuem vor zwei Möglichkeiten gestellt:

aa) Entweder führt nun $S^2_{4,4}$ in einen hyperbolischen, $S^2_{4,5}$ in einen elliptisch-hyperbolischen und $S^2_{4,6}$ in den ersten Theil zurück; wir haben die Reihenfolge:

$$\bar{h},\ eh,\ e,\ eh,\ h,\ eh,$$

die vorausgesagte Umkehrung.

ab) Oder $S^2_{4,4}$ führt in einen elliptischen, $S^2_{4,5}$ in einen elliptisch-hyperbolischen Theil; *wir haben die Reihenfolge:*

$$\bar{h},\ eh,\ e,\ eh,\ e,\ eh.$$

Dieser *elliptische* Complex werde *siebenter Gattung* genannt.

b) Nun aber führe $S^2_{4,3}$ aus dem elliptischen Theile, in den wir mit $S^2_{4,2}$ getreten sind, in einen reell-imaginären Theil; dann führt $S^2_{4,4}$ in einen elliptischen, $S^2_{4,5}$ in einen elliptisch-hyperbolischen; also *ist die Reihenfolge:*

$$\bar{h},\ eh,\ e,\ i,\ e,\ eh.$$

Wir nennen diesen *reell-imaginären* Complex *achter Gattung.*

Bezeichnen wir die Gattungen durch die römischen Ziffern I, II, ... VIII und notiren:

I	II	III	IV	V	VI	VII	VIII
h	*eh*	*eh*	*e*	*eh*	*e*	*e*	*i*,

wobei wir dieselbe abkürzende Bezeichnung für die Complexe benutzen, wie oben für die S_4^2.

Wir haben noch für die vier letzten Gattungen die Umwandlung des Polarsextupels der Γ_i zu beschreiben:

V (136, 245), (36, 1245), (236, 145), (26, 1345), (246, 135), (2456, 13), (245, 136);

VI (134, 256), (34, 1256), (234, 156), (24, 1356), (2, 13456), (25, 1346), (256, 134);

VII (124, 356), (24, 1356), (4, 12356), (34, 1256), (3, 12456), (35, 1246), (356, 124);

VIII (123, 456), (23, 1456), (3, 12456), (123456), (4, 12356), (45, 1236), (456, 123).

Zwei zusammengehörige Systeme S_4^2 und $\mathfrak{S}_4^2$, von denen jenes 728
durch die Gewindenetze entsteht, welche durch die Leitschaaren der Regelschaaren zweier verknüpfter Gebüsche Σ_3, Σ_3' von Γ^2 gehen, dieses aber durch die Netze, deren Basen diese Regelschaaren selbst sind, sind zu einander polar in Bezug auf das Hauptsystem H_4^2; d. h. jedes wird von den Polargeweben, in Bezug auf H_4^2, der Gewinde des andern umhüllt (Nr. 680).

Zwei solche zusammengehörige Systeme S_4^2, $\mathfrak{S}_4^2$ sind immer von derselben Gattung.

Weil nämlich $\mathfrak{S}_4^2$ durch einen dem Γ^2 consingulären Complex geht, so bilden die Fundamental-Gewinde $\Gamma_1, \ldots$ auch für $\mathfrak{S}_4^2$ ein Polarsextupel wie für S_4^2 und H_4^2; können wir daher nachweisen, dass jedes reelle Dupel dieses Sextupels sich zu S_4^2 und $\mathfrak{S}_4^2$ gleichartig verhält, so ist der Beweis geführt. Wir benutzen $\Gamma_1\Gamma_2$; die Polargewebe der Gewinde des Büschels $\Gamma_1\Gamma_2$ in Bezug auf H_4^2 gehen durch das in Bezug auf dieses System polare Gebüsche $\Gamma_3\Gamma_4\Gamma_5\Gamma_6$ und die zu den Schnittgewinden des Büschels mit S_4^2 gehörigen tangiren $\mathfrak{S}_4^2$, und da Büschel und Gebüsche auch in Bezug auf $\mathfrak{S}_4^2$ polar sind, so liegen die Berührungsgewinde jener Tangentialgewebe in $\Gamma_1\Gamma_2$; folglich schneidet dieser Büschel beide Systeme S_4^2 und $\mathfrak{S}_4^2$ reell oder beide imaginär.

Aber auf die Gattung des in $\mathfrak{S}_4^2$ enthaltenen consingulären Complexes können wir daraus noch keinen Schluss ziehen.

Ein F^2-Büschel enthält reell-imaginäre Flächen, wenn seine Grund- 729
curve reell-imaginär ist. Denn dann sind die Spitzen der 4 Kegel sämmtlich reell; von den Kegeln aber sind nur zwei reell, die beiden

andern sind reell-imaginär*); diese bilden den Uebergang von den reellen Flächen des Büschels zu den reell-imaginären; ohne diese Uebergangsform wären letztere nicht möglich.

Durch Abbildung eines Gebüsches S_3 von Gewinden in den Punktraum übertragen wir dies auf einen Büschel von S_2^2, der sich in einem S_3 befindet:

Wenn die Basis S_1^4 eines Büschels von S_2^2 in einem S_3 reell-imaginär ist, so enthält er auch reell-imaginäre Systeme S_2^2; und wenn ein solcher Büschel nur reelle Systeme enthält, so ist seine Basis reell.

Beweisen wir nunmehr den analogen Satz für einen in einem Gewebe S_4 befindlichen Büschel von S_3^2, aber, was für unsern Zweck genügt, nur für einen solchen, welcher aus dem durch einen Complex Γ^2 gehenden Büschel $\mathsf{B}(\Gamma^2)$ von S_4^2 durch ein S_4 ausgeschnitten wird, also für einen Büschel $\mathsf{B}(\mathsf{C}^2)$, wo C^2 die Schnittcongruenz von Γ^2 mit dem Gewinde Γ ist, auf das sich S_4 stützt oder das in S_4 in dem Sinne „enthalten ist", wie Γ^2 in einem der S_4^2 von $\mathsf{B}(\Gamma^2)$. Wir wollen demnach beweisen, dass, wenn die Basis S_2^4 eines Büschels $\mathsf{B}(\mathsf{C}^2)$, d. i. der Inbegriff der Strahlengebüsche, deren Axen die C^2 erzeugen, reell-imaginär ist, der Büschel auch reell-imaginäre S_3^2 enthält.

Wir wissen (Nr. 662), dass es in dem Büschel $\mathsf{B}(\mathsf{C}^2)$ 5 Systeme S_3^2 mit einem doppelten Gewinde giebt: $S_{3,2}^5, \ldots S_{3,6}^2$.**) Diese doppelten Gewinde $\gamma_2, \ldots \gamma_6$ (in denen die confocalen Congruenzen C_i^2 enthalten sind) bilden ein gemeinsames Polarquintupel aller Systeme S_3^2 von $\mathsf{B}(\mathsf{C}^2)$; denn mit dem eigenen Gewinde $\Gamma \equiv \gamma_1$ von C^2 setzen sie ein Polarsextupel zusammen für alle S_4^2, die durch einen Γ^2 gehen, der so durch C^2 gelegt ist, dass Γ für ihn fundamental ist (Nr. 697); unsere S_3^2 sind die Schnitte dieser S_4^2 mit dem gemeinsamen Polargewebe $S_4 \equiv \gamma_2 \ldots \gamma_6$ von Γ.

Jedes von diesen $S_{3,i}^2$ besteht aus ∞^2 vom doppelten Gewinde γ_i ausstrahlenden Büscheln, welche die Gewinde des Schnitts von $S_{3,i}^2$ mit irgend einem in S_4 befindlichen (nicht durch γ_i gehenden) Gebüsche aus γ_i projiciren. Ist also γ_i reell, so wird $S_{3,i}^2$ von allen in S_4 enthaltenen Gebüschen S_3 reell oder imaginär geschnitten, wenn von einem, *je nachdem eben jene Büschel reell sind oder nicht*, und *danach ist $S_{3,i}^2$ selbst reell oder reell-imaginär.*

---

*) Cremona, Journal f. Mathematik Bd. 68 S. 124; Grundzüge einer allgemeinen Theorie der Oberflächen (Berlin 1870) Nr. 281. — In meinem Buche über die Flächen 3. Ordnung ist der letzte Absatz von Nr. 97 als falsch zu streichen.

**) Ich benutze die hinteren Zeiger 2, … 6 statt 1, … 5, um mich der Bezeichnung im zweiten Bande besser anzupassen; die confocalen Congruenzen sind dann wie dort $\mathsf{C}_2^2, \ldots \mathsf{C}_6^2$, während C^2 kürzer für C_1^2 steht.

Im ersteren Falle kann das System $S^2_{3,i}$ noch hyperbolisch oder elliptisch sein; die genannten ∞^2 von γ_i ausstrahlenden Büschel sind jedenfalls reell; wir haben insgesammt ∞^3 Büschel, welche zwei einfach unendliche Schaaren von Netzen, die alle nach dem doppelten Gewinde γ_i gehen, erfüllen. *Im Falle das System hyperbolisch ist, sind diese ∞^1 Netze und alle ∞^3 Büschel reell, bei einem elliptischen aber nicht, sondern nur die ∞^2 Büschel durch γ_i,* und in diesen Büscheln durch γ_i schneiden sich je zwei conjugirt imaginäre Netze aus verschiedenen Schaaren, welche selbst conjugirt imaginär sind.*) Wir kommen hierauf zurück; zunächst ist uns nur der Unterschied zwischen reell und reell-imaginär wichtig.

Eins von den 5 Gewinden $\gamma_2, \ldots \gamma_6$ ist zweifellos reell; es sei γ_2; das dann ebenfalls reelle Gebüsche $G_{3456} \equiv \gamma_3 \ldots \gamma_6$, das gemeinsame Polargebüsche von γ_2 in Bezug auf $\mathsf{B}(\mathsf{C}^2)$, schneidet den Büschel in einem $S_2{}^2$-Büschel, dessen Basis ebenfalls reell-imaginär ist, weil die von $\mathsf{B}(\mathsf{C}^2)$ es ist; und die $\gamma_3, \ldots \gamma_6$, dem einschneidenden Gebüsche angehörig, werden doppelte Gewinde für die aus den $S^2_{3,3}, \ldots S^2_{3,6}$ ausgeschnittenen $S_2{}^2$. Folglich sind nach dem Satze vom $S_2{}^2$-Büschel die 4 Gewinde $\gamma_3, \ldots \gamma_6$ ebenfalls reell; nach dem nämlichen Satze sind aber zwei von den 4 $S_2{}^2$ mit Doppelgewinde reell, die beiden übrigen reell-imaginär.

Setzen wir nun voraus, $S^2_{3,2}$ sei reell; dann ist es auch der Schnitt mit dem Gebüsche G_{3456}, und daher ist dessen Polarquadrupel $\gamma_3\gamma_4\gamma_5\gamma_6$ ein II_4 oder III_4. Dies bedeutet im ersten Fall, dass von den 4 Gebüschen $G_{2345}, G_{2346}, G_{2356}, G_{2456}$ drei das System $S^2_{3,2}$ reell schneiden (in ∞^1 von γ_2 ausgehenden Büscheln), das vierte aber imaginär, im zweiten Fall, dass sogar alle 4 reell schneiden. Denn z. B. $\gamma_3\gamma_4\gamma_5$ ist Polartripel des Schnitts $S_1{}^2$ des durch diese 3 Gewinde bestimmten Netzes mit $S^2_{3,2}$, und dieser Schnitt ist reell oder imaginär, je nachdem das Tripel ein II_3 oder I_3 ist, und dem entsprechend ist der Schnitt von G_{2345}, der aus den Büscheln besteht, welche die Gewinde von $S_1{}^2$ aus γ_2 projiciren.

Wenn nun alle 5 Systeme $S^2_{3,2}, \ldots S^2_{3,6}$ reell wären, so müsste jedes der 5 Gebüsche $G_{2345}, \ldots$ von den 4 Systemen, deren doppelte Gewinde es enthält, 2 reell, 2 imaginär schneiden, ein jedes der Systeme aber von höchstens einem der 4 Gebüsche, welche sein doppeltes Gewinde enthalten, imaginär geschnitten werden. Wir würden also verlangen, dass, wenn bei jeder der 5 Combinationen der 5 Ziffern

---

*) Eine einfach unendliche Schaar von Netzen enthält entweder ∞^1 reelle Netze und ∞^2 imaginäre, oder nur ∞^2 imaginäre.

2, ... 6 zu je vieren unter zwei Ziffern r, unter die übrigen i geschrieben wird, i unter derselben Ziffer höchstens einmal stehen darf. Dazu sind 5.2 verschiedene Ziffern erforderlich, die wir nicht haben.

Nun sei $S^2_{3,6}$ reell-imaginär, so kommt unter 6 durchweg i und von den 2, ... 5 müssten $2 + 4 = 6$ verschiedene mit i bezeichnet werden. Mehr als zwei reell-imaginäre Systeme sind auch nicht möglich, weil sie zu Combinationen mit mehr als zwei i führen würden. Nur der Fall mit 3 reellen und 2 reell-imaginären führt zu keinem Widerspruche; sind $S^2_{3,5}$ und $S^2_{3,6}$ die letzteren, so haben wir:

2345	2346	2356	2456	3456
rrii	*riri*	*rrii*	*rrii*	*rrii*.

Wenn also die Basis eines Büschels $\mathsf{B}(\mathsf{C}^2)$ *von* S_3^2 *reell-imaginär ist, so sind die 5 Doppelgewinde sämmtlich reell, von den zugehörigen Systemen 3 reell, 2 reell-imaginär.*

Diese bilden den Uebergang von den reellen Systemen des Büschels zu den reell-imaginären.

Enthält daher der Büschel $\mathsf{B}(\mathsf{C}^2)$ *keine reell-imaginären* S_3^2, *so muss seine Basis, der Inbegriff der Strahlengebüsche, welche die Strahlen von* C^2 *zu Axen haben, reell sein und also auch die Congruenz* C^2.

730 Damit können wir beweisen, dass die hyperbolischen und die elliptisch-hyperbolischen Complexe stets reelle Strahlen enthalten.

Bei einem hyperbolischen Complexe Γ^2 (Gattung I) sind alle Systeme S_4^2 von $\mathsf{B}(\Gamma^2)$ hyperbolisch, und jedes Gebüsche S_3 schneidet ein jedes von ihnen in einem reellen (elliptischen oder hyperbolischen) Systeme S_2^2; folglich ist die Basis S_1^4 dieses S_2^2-Büschels reell. Diese Basis ist aber der Inbegriff der Strahlengebüsche, deren Axen dem Γ^2 mit dem in S_3 enthaltenen Strahlennetze, dem Orte der Axen der Strahlengebüsche von S_3, gemeinsam sind.

Ein hyperbolischer Complex wird von jedem Strahlennetze in einer reellen Regelfläche 4. Grades geschnitten.

Durch die Strahlennetze eines Bündels (mit einer Regelschaar als Basis) kommt man zu allen Strahlen des Complexes.

Ein hyperbolischer Complex ist stets reell, d. h. enthält ∞^3 *reelle Strahlen.*

Bei einem elliptisch-hyperbolischen Complexe Γ^2 (Gattung II, III oder V) kommen im Büschel $\mathsf{B}(\Gamma^2)$ nur hyperbolische und elliptisch-hyperbolische S_2^4 vor; jedes Gewebe S_4 schneidet diese reell. Demnach ist die Basis S_2^4 des Büschels der ausgeschnittenen S_3^2 reell; sie wird durch die Strahlengebüsche gebildet, deren Axen dem Γ^2 mit dem Orte der Axen der Strahlengebüsche in S_4 gemeinsam sind. Dies gilt umsomehr für den hyperbolischen Complex.

Ein hyperbolischer und ein elliptisch-hyperbolischer Complex werden von jedem Gewinde in einer reellen Congruenz geschnitten.

Die Gewinde eines Büschels führen zu allen Strahlen des Complexes.

Auch der elliptisch-hyperbolische Complex ist stets reell.

Wenn ein elliptischer Complex (Gattung IV, VI oder VII) oder 731
ein reell-imaginärer (VIII) vorliegt, so können, wie wir wissen, höchstens zwei von den Fundamental-Gewinden conjugirt imaginär sein.

Wir setzen nun voraus, dass die Basis eines Büschels $\mathsf{B}(\Gamma^2)$ reell-imaginär sei und demnach auch der Complex Γ^2. Schneiden wir dann, wenn Γ_1 ein reelles Fundamental-Gewinde ist, mit dem Gewebe $\mathfrak{G}_1$, das die übrigen Fundamental-Gewinde enthält, so werden in dem entstehenden $S_3{}^2$-Büschel oder $\mathsf{B}(\mathsf{C}_1{}^2)$, wo $\mathsf{C}_1{}^2$ der Schnitt von Γ^2 mit Γ_1 ist, die $\Gamma_2, \ldots \Gamma_6$ die Doppelgewinde von Mitgliedern des Büschels, die Basis wird reell-imaginär, weil von der Basis des $\mathsf{B}(\Gamma^2)$ herrührend. Folglich müssen nach dem obigen Satze vom Büschel $\mathsf{B}(\mathsf{C}^2)$ die Doppelgewinde $\Gamma_2, \ldots \Gamma_6$ alle reell sein.

Wenn die Basis eines $\mathsf{B}(\Gamma^2)$ *reell-imaginär ist, so sind alle 6 Fundamental-Gewinde reell.*

Jedes von den 6 Geweben $\mathfrak{G}_1 \equiv \mathfrak{G}_{23456}, \ldots$ schneidet nun, ebenfalls nach jenem Satze, 3 unter den 5 Systemen $S^2_{4,h}$, deren Doppelgewinde es enthält, reell und 2 imaginär. Wenn z. B. $S^2_{4,1}$ reell ist, also aus ∞^3 von Γ_1 ausgehenden reellen Büscheln besteht, so ist auch der Schnitt mit $\mathfrak{G}_1$ reell, folglich dessen Polarquintupel $\Gamma_2 \ldots \Gamma_6$ ein II_5 oder III_5; in jenem Falle enthält es ein Quadrupel I_4, in diesem keins; daher schneidet höchstens eins von den 5 Gebüschen $G_{3456}, \ldots G_{2345}$ imaginär, und daher auch höchstens eins von den 5 Geweben $\mathfrak{G}_2, \ldots \mathfrak{G}_6$, welche diese mit Γ_1 verbinden.

Also hätten wir, wenn alle 6 Systeme $S^2_{4,h}$ reell wären, bei den 6 Combinationen von 5 Ziffern unter 3 Ziffern ein r, unter die übrigen ein i zu setzen, so jedoch, dass unter dieselbe Ziffer höchstens einmal i kommt; was nicht möglich ist. Wenn unter den $S^2_{4,h}$ sich reell-imaginäre befinden, so dass unter die betreffenden Ziffern durchweg i zu schreiben ist, so sind wieder alle andern Fälle unmöglich ausser dem, wo die Zahl der reell-imaginären 2 beträgt.

Wofern die Basis eines Büschels $\mathsf{B}(\Gamma^2)$ *reell-imaginär ist, so sind alle 6 doppelten Gewinde* Γ_h *reell und von den zugehörigen Systemen* $S^2_{4,h}$ *sind 4 reell, 2 reell-imaginär.*

Diese führen zu vollständig reell-imaginären Systemen (ohne reelle Doppelgewinde) im Büschel.

Also nur dann, wenn $\mathsf{B}(\Gamma^2)$ *solche reell-imaginären Systeme selbst enthält, kann die Basis und damit auch der Complex* Γ^2 *reell-imaginär sein und ist es dann nothwendigerweise auch,* da ja in einem reell-imaginären Systeme alle Gewinde und also auch alle Gebüsche imaginär sind; denn ein etwa vorhandenes (nicht doppeltes) reelles Gewinde eines reell definirten*) S_4^3 zieht, vermittelst der ∞^4 von ihm ausgehenden Büschel, ebenso viele andere reelle Gewinde des Systems nach sich.

Demnach kann ein elliptischer Complex nicht ohne reelle Strahlen sein.

Schon ein einziger (nicht doppelter) reeller Strahl eines (reell definirten) Complexes 2. Grades führt, da jeder durch ihn gehende Strahlenbüschel noch einen zweiten reellen Strahl des Complexes enthält, zu ∞^2 andern reellen Strahlen desselben, und alle Strahlen eines reellen Complexkegels demnach zu ∞^3.

So sehen wir, dass *der Complex, den wir oben reell-imaginär nannten, weil durch ihn auch reell-imaginäre Systeme* S_4^2 *gehen, diesen Namen auch aus dem Grunde verdient, weil er keinen reellen Strahl besitzt, und dass diese Eigenschaft nur diesen Complexen zukommt,* während die hyperbolischen, elliptisch-hyperbolischen und elliptischen reellstrahlig sind.

Ein imaginärer Complex, der nicht reell-imaginär oder zu sich selbst conjugirt ist, fordert einen zweiten zu ihm conjugirten, der durch die Strahlen entsteht, die zu denen des ersten conjugirt sind; während ein reell-imaginärer auch stets den Strahl enthält, der zu einem jeden seiner Strahlen conjugirt ist.

732 Ein hyperbolischer Complex hat mit jedem Strahlennetze ∞^1 reelle Strahlen gemeinsam (Nr. 730). Es sei nun X ein Punkt, von welchem an ihn ein reell-imaginärer Kegel kommt**), so seien die beiden Leitgeraden eines — zerfallenden — Strahlennetzes durch ihn gelegt; der Schnitt mit dem Complexe zerfällt in den Kegel und die Complexcurve in der Ebene der beiden Leitgeraden; folglich muss diese Curve reell sein, da der Kegel es nicht ist.

Bei einem hyperbolischen Complexe sind die Complexcurven in allen Ebenen durch einen Punkt, von dem ein reell-imaginärer Complexkegel

*) d. h. reellen oder reell-imaginären.

**) wofern, wie wir vorläufig noch sagen müssen, er solche Kegel besitzt.

*kommt, reell und ebenso die Complexkegel aus allen Punkten einer Ebene, deren Complexcurve reell-imaginär ist.**)

Es sei l eine Gerade, welche im Innern eines (reellen) Complexkegels eines ihrer Punkte liegt; ihr Polar-Strahlennetz hat mit dem Complexe ∞^1 reelle Strahlen gemeinsam, d. h. es giebt Punkte auf l, deren Complexkegel von der Polarebene der l reell geschnitten wird.

Bei einem hyperbolischen Complexe kann eine Gerade nicht innerhalb der Complexkegel aller ihrer Punkte liegen.

Wenn nun l innerhalb einiger liegt, so kann der Uebergang dazu, dass sie ausserhalb anderer liegt, nicht dadurch erfolgen, dass l auf einem Kegel liegt, denn l gehört dem Complexe nicht an, sondern nur dadurch, dass der Kegel durch ein reelles Ebenenpaar durchgeht, bei dem ja der Unterschied zwischen innen und aussen aufgehört hat; l muss also die singuläre Fläche reell schneiden; und wir erhalten das wichtige Ergebniss:

Die singuläre Fläche eines hyperbolischen Complexes ist reell.

Sie enthält ferner Punkte, von denen reelle Ebenenpaare an den Complex kommen. Oder:

Der hyperbolische Complex enthält reelle Strahlenbüschel.

Ein hyperbolisches System S_4^2 wird von jedem Gewebe hyperbolisch geschnitten. Also:

Durch eine Congruenz $\mathfrak{C}^2$, *die sich in einem hyperbolischen Complexe befindet, gehen nur hyperbolische* S_3^2.

Die elliptisch-hyperbolischen S_4^2 können auch elliptisch geschnitten 733
werden; also können durch eine $\mathfrak{C}^2$, welche sich in einem elliptisch-hyperbolischen Complexe befindet, auch elliptische S_3^2 gehen, aber nicht imaginäre; wir wissen ja, dass ein elliptisch-hyperbolischer Complex von jedem Gewinde reell geschnitten wird.

Es ist aber möglich, einen elliptisch-hyperbolischen Complex derartig zu schneiden, dass durch die Congruenz nur hyperbolische S_3^2 *gehen.*

Als wir in Nr. 725 die Uebergänge zwischen den 4 Gattungen von S_4^2 untersuchten, fanden wir *drei Gattungen von* S_4^2 *mit Doppelgewinde:* die eine führt von hyperbolischen S_4^2 zu elliptisch-hyperbolischen, die zweite von diesen zu elliptischen und die dritte von elliptischen zu reell-imaginären. Von jedem Polarsextupel der Uebergangsform fällt ein Gewinde in das Doppelgewinde: das verbleibende Quintupel, welches als Polarquintupel zu dem Schnitte mit einem Gewebe

*) Die dualen Sätze zu bilden, werden wir jedoch meistens dem Leser überlassen.

gehört und ebenso wie dieser Schnitt seine Gattung festhält, ist so beschaffen wie das Polarquintupel eines hyperbolischen, elliptischen, reell-imaginären. S_3^2, und *wir können deshalb auch unsere drei Uebergangsformen hyperbolisch, elliptisch, reell-imaginär nennen.*

Bei den S_3^2 haben wir auch drei Gattungen mit Doppelgewinde, die wir nach den Quadrupeln, welche mit dem Doppelgewinde die Polarquintupel zusammensetzen und wie die Polarquadrupel der 3 Gattungen der S_2^2 beschaffen sind, — alle Schnitte mit Gebüschen in S_4 sind wiederum je von derselben Gattung — *hyperbolisch, elliptisch, reell-imaginär* nennen können. *Aber hier sind nur die elliptischen und die reell-imaginären Uebergangsformen* von hyperbolischen S_3^2 zu elliptischen, von elliptischen zu reell-imaginären. *Die hyperbolischen S_3^2 mit Doppelgewinde führen von hyperbolischen allgemeinen wiederum zu solchen.**) Denn das „charakteristische" Quadrupel eines hyperbolischen S_3^2 mit Doppelgewinde ist ein III_4; von den allgemeinen S_3^2 haben nur die hyperbolischen solche Polarquintupel, welche III_4 enthalten; beim Uebergange aber wird das charakteristische Quadrupel nicht afficirt, seine Dupel ändern sich nicht, nur diejenigen, an denen das doppelte Gewinde theilnimmt, thun es.

Aehnlich wie bei den Polarsextupeln der S_4^2 in Nr. 724 finden wir, dass *Polarquintupel mit zwei conjugirt imaginären Gewinden nur bei hyperbolischen und elliptischen S_3^2 und solche mit zweimal zwei conjugirt imaginären Gewinden nur bei hyperbolischen S_3^2 möglich sind;* im ersteren Falle ist das reelle Tripel ein II_3 bei hyperbolischen, ein I_3 bei elliptischen S_3^2. Bekommt S_3^2 wiederum ein doppeltes Gewinde, so kommt es auf das restirende Dupel an; ist dies ein hyperbolisches, so kann es nur zu einem II_3 gehören, wenn aber ein elliptisches, dann sowohl zu einem I_3, als einem II_3. Im ersteren Falle befindet sich das S_3^2 mit Doppelgewinde nur zwischen hyperbolischen S_3^2, im andern führt es von solchen zu elliptischen; es ist dort hyperbolisch, hier elliptisch.

Endlich befindet sich auch ein S_3^2 mit Doppelgewinde, welches Polarquintupel besitzt, deren 4 übrige Gewinde zu je zweien conjugirt imaginär sind, zwischen hyperbolischen S_3^2.

734 Kehren wir nunmehr wieder zu einem elliptisch-hyperbolischen Complexe zurück, so will ich zeigen, dass *es bei allen drei Gattungen II, III, V unter den reellen Fundamental-Gewinden solche giebt, durch deren Schnittcongruenz nur hyperbolische S_3^2 gehen.*

---

*) Aehnlich wie der reelle Kegel 2. Grades von einmanteligen Hyperboloiden zu eben solchen und das reelle Geradenpaar von Hyperbeln zu Hyperbeln führt.

Wenn es sich z. B. um den Schnitt mit Γ_1 handelt, so sind die übrigen Fundamental-Gewinde als Doppelgewinde der $S^2_{4,2}, \ldots,$ weil sie dem Gewebe $\mathfrak{G}_1$ angehören, Doppelgewinde der von $\mathfrak{G}_1$ aus diesen Systemen ausgeschnittenen $S^2_{3,2}, \ldots,$ welche zum Büschel der durch die Schnittcongruenz gehenden $S_3{}^2$ gehören; und $\Gamma_2 \ldots \Gamma_6$ ist gemeinsames Polarquintupel aller $S_3{}^2$ dieses Büschels.

Bei dem elliptisch-hyperbolischen Complexe von der Gattung II haben wir 2 reelle Fundamental-Gewinde Γ_1, Γ_2. Schneiden wir mit Γ_1, so besteht das gemeinsame Polarquintupel aus einem reellen und zweimal zwei conjugirt imaginären Gewinden; also sind alle $S_3{}^2$ hyperbolisch, weil nur solche Systeme derartige Polarquintupel haben.

Bei der Gattung III sind 4 von den Fundamental-Gewinden Γ_1, $\ldots \Gamma_4$ reell. In Nr. 726 ist angegeben, wie das reelle Quadrupel sich in den 4 Abtheilungen der $S_4{}^2$ durch den Complex verhält; für die beiden Abtheilungen, die in $S^2_{4,1}$ zusammenstossen, ist es (14, 23) und (4, 123); folglich ist in beiden und in $S^2_{4,1}$ das nach dem Abzug des doppelten Gewindes verbleibende Tripel (4, 23), und so erhalten wir für alle 4 derartigen Resttripel:

$$\begin{matrix} S^2_{4,1} & S^2_{4,2} & S^2_{4,3} & S^2_{4,4} \\ (4,\ 23) & (4,\ 13) & (24,\ 1) & (23,\ 1); \end{matrix}$$

und wenn wir nun mit $\mathfrak{G}_1$ schneiden, um die Schnittcongruenz mit Γ_1 zu untersuchen, so erhalten wir für die aus $S^2_{4,2}$, $S^2_{4,3}$, $S^2_{4,4}$ ausgeschnittenen $S^2_{3,2}, \ldots$ und deren (nach Wegfall von Γ_1 aus jenen Tripeln sich ergebenden) Dupel:

$$(4,\ 3), \quad (24), \quad (23),$$

so dass nur eins hyperbolisch und die andern elliptisch sind. Also sind die Systeme $S^2_{3,2}, \ldots$ ebenso beschaffen, und im Büschel der $S_3{}^2$ durch $\Gamma^2 \Gamma_1$ sind auch elliptische enthalten. Dasselbe ergiebt sich bei Γ_4; anders aber ist es bei Γ_2, Γ_3. Die Restdupel der Schnitte von $S^2_{4,1}$, $S^2_{4,2}$, $S^2_{4,4}$ mit $\mathfrak{G}_3$ z. B. sind:

$$(4,\ 2), \quad (4,\ 1), \quad (2,\ 1),$$

also alle 3 hyperbolisch, mithin auch diese Schnitte, und daher alle durch $\Gamma^2 \Gamma_3$ gehenden $S_3{}^2$.

Bei zweien von den 4 reellen Fundamental-Gewinden erhalten wir Schnittcongruenzen, durch welche nur hyperbolische $S_3{}^2$ gehen.

Bei der Gattung V, deren sämmtliche Fundamental-Gewinde reell sind, ergiebt sich aus der Tabelle von Nr. 727 für die Restquintupel der $S^2_{4,h}$ folgendes:

$S^2_{4,1}$	$S^2_{4,2}$	$S^2_{4,3}$	$S^2_{4,4}$	$S^2_{4,5}$	$S^2_{4,6}$
(36, 245)	(36, 145)	(26, 145)	(26, 135)	(246, 13)	(245, 13).

Schneiden wir mit Γ_4 und $\mathfrak{G}_4$, so erhalten wir für die Restquadrupel (nach Abzug von Γ_4) von:

$S^2_{3,1}$	$S^2_{3,2}$	$S^2_{3,3}$	$S^2_{3,5}$	$S^2_{3,6}$
(36, 25)	(36, 15)	(26, 15)	(26, 13)	(25, 13);

also sind alle 5 hyperbolisch, demnach auch diese $S^2_{3,1}, \ldots$ und sämmtliche $S_3{}^2$ durch $\Gamma^2\Gamma_4$. Dasselbe ergiebt sich bei Γ_5; während durch die 4 übrigen Congruenzen $\Gamma^2\Gamma_h$ auch elliptische $S_3{}^2$ gehen; und zwar hat $\Gamma^2\Gamma_6$ zwei nicht benachbarte elliptische Abtheilungen, die drei andern nur eine.

Also auch hier schneiden 2 von den Fundamental-Gewinden in Congruenzen, durch welche nur hyperbolische $S_3{}^2$ gehen; und die obige Behauptung ist dargethan.

735 Ein elliptisches System $S_4{}^2$ besitzt keine reellen Büschel von Gewinden, also auch keine reellen Büschel von Strahlengebüschen. Mithin:

Ein elliptischer Complex enthält keine reellen Strahlenbüschel.

Wenn die singuläre Fläche Φ reell ist, so bestehen die Complexkegel aus ihren Punkten durchweg aus zwei conjugirt imaginären Ebenen, die Complexcurven in ihren Berührungsebenen durchweg aus zwei conjugirt imaginären Punkten. Ein in zwei conjugirt imaginäre Ebenen zerfallender Kegel bildet den Uebergang von reellen zu reellimaginären.

Ist also die singuläre Fläche eines elliptischen Complexes reell, so trennt sie die Punkte mit reellen Complexkegeln von denen mit reell-imaginären, und die Ebenen mit reellen Complexcurven von denen mit reellimaginären. Möge es gestattet sein, die Punkte mit reellen Kegeln als *äussere*, die andern als *innere* zu bezeichnen, und ähnlich bei den Ebenen.

Ein elliptischer Complex ohne reelle singuläre Fläche hat nur reelle Complexkegel und Complexcurven oder nur äussere Punkte und Ebenen.

Der elliptische Complex hat natürlich auch keine doppelten Strahlenbüschel.

Wenn also nicht sämmtliche Doppelelemente D und δ der singulären Fläche imaginär sind, kann es sich nur um hyperbolische oder elliptisch-hyperbolische Complexe handeln.

Zu jedem elliptischen Systeme $S_4{}^2$ giebt es Gewebe S_4, von denen es imaginär geschnitten wird; gehört es zu einem gegebenen elliptischen Complexe, so enthält dann der Büschel $\mathsf{B}(\mathsf{C}^2)$ auch reell-imaginäre Systeme und hat eine reell-imaginäre Basis.

Ein elliptischer Complex wird von den Gewinden theils reell, theils imaginär geschnitten; den Uebergang bilden Tangentialgewinde, bei denen der Schnitt mit Ausnahme des doppelten Strahls, in dem die Gewinde berühren, imaginär ist.

Wenn eine Gerade l innerhalb des (reellen) Kegels aus einem ihrer Punkte X an einen elliptischen Complex liegt, so liegt sie innerhalb aller derartigen Kegel und infolge dessen ausserhalb der Complexcurven aller ihrer Ebenen.

Jede Ebene $\mathfrak{x}$ durch l führt zu einem Büschel $(X, \mathfrak{x})$ von Strahlen und zu einem Büschel von Strahlengebüschen; die beiden Gebüsche dieses Büschels, die sich auf die reellen Schnittkanten von $\mathfrak{x}$ mit (X) stützen, sind die Schnitte des Büschels mit einem jeden von den durch den Complex Γ^2 gehenden S_4^2. Durch die verschiedenen Ebenen $\mathfrak{x}$ erhält man einen einen Bündel bildenden Büschel von Büscheln, welche alle durch $[l]$ gehen und sämmtliche S_4^2 reell schneiden. Daraus folgt, dass $[l]$ auf der Innenseite eines jeden elliptischen unter den S_4^2 sich befindet. Die so gefundene Eigenschaft ist unabhängig von X und gilt für alle Punkte von l; jeder durch l gehende Strahlenbüschel giebt einen Büschel von Strahlengebüschen, welcher die elliptischen S_4^2 reell schneidet, und zwar, da es sich eben um Gebüsche handelt, auf der Basis von $\mathsf{B}(\Gamma^2)$; d. h. jede Ebene durch l schneidet jeden Complexkegel aus einem Punkte von l reell.

Folglich liegt eine derartige Gerade ganz auf der einen Seite der singulären Fläche, wenn diese reell ist, und sendet auch nur imaginäre Tangentialebenen an sie.

Die durch den Complex veranlasste Correspondenz $[2, 2]_l$ zwischen der Punktreihe und dem Ebenenbüschel ist so beschaffen, dass jedem reellen Elemente des einen Gebildes zwei imaginäre im andern entsprechen und also alle Verzweigungselemente — Punkte und Berührungsebenen von Φ — imaginär sind.

Zwei zusammengehörige Systeme S_4^2 und $\mathfrak{S}_4^2$ sind (Nr. 728) von gleicher Gattung; nehmen wir an, dass beide elliptisch und dass auch die in ihnen enthaltenen zu einander consingulären Complexe Γ^2, Γ'^2 elliptisch sind. Ein für S_4^2 inneres Gewinde Γ sendet an dies System kein reelles Tangentialgewebe, und folglich hat das Gewebe, dessen Strahlengebüsche mit ihren Axen dies Gewinde Γ erzeugen und das daher zu Γ polar ist nach H_4^2, mit $\mathfrak{S}_4^2$, das auch zu S_4^2 polar ist nach dem Hauptsysteme, kein reelles Gewinde, Γ also mit Γ'^2 keinen reellen Strahl gemein. Ein solches Gewinde Γ ist jedes Gebüsche $[l]$, dessen

Axe von allen Complexkegeln an Γ^2 aus ihren Punkten eingeschlossen wird; folglich kommen von allen Punkten von l an Γ'^2 reell-imaginäre Complexkegel.

Zwei elliptische Complexe, welche so consingulär sind, dass das zu einem elliptischen Systeme S_4^2 durch den einen nach dem Hauptsysteme H_4^2 polare System $\mathfrak{S}_4^2$ den andern enthält, sind auch in der Beziehung zu einander, dass jeder äussere Punkt für den einen für den andern ein innerer ist.

Folglich muss die singuläre Fläche reell sein: sie trennt die äussern (innern) Punkte des einen Complexes von denen des andern; sie trennt auch die Geraden, deren sämmtliche Punkte an den einen Complex reelle sie einschliessende Kegel senden, von denen, die ebenso zum andern Complexe sich verhalten.

Von jedem Punkte kommen Gerade, welche Φ reell, und solche, welche imaginär schneiden, also ein reeller Berührungskegel, und ebenso schneidet jede Ebene die Φ reell.

Die Gattungen der durch eine Congruenz 2. Grades gehenden quadratischen Systeme 3. Stufe von Gewinden; Art und Weise, wie verschiedene Gattungen von Complexen 2. Grades consingulär sein können.

736 In II, Nr. 396 haben wir für die Congruenzen 2. Grades 7 Gattungen nachgewiesen:

1) Gattung $\mathfrak{A}$ mit 16 reellen Strahlenbüscheln,

2) Gattung $\mathfrak{B}$ mit 8 reellen, 8 imaginären Strahlenbüscheln,

3) Gattung $\mathfrak{C}$ mit 4 reellen, 4 lineirten*), 8 imaginären Strahlenbüscheln,

4) Gattung $\mathfrak{D}$ mit 16 lineirten Strahlenbüscheln,

5) Gattung $\mathfrak{E}$ mit 8 lineirten, 8 imaginären Strahlenbüscheln,

6) Gattung $\mathfrak{F}$ }
7) Gattung $\mathfrak{G}$ } mit 16 imaginären Strahlenbüscheln, mit dem Unterschiede, dass eine Congruenz $\mathfrak{F}$ reellstrahlig, eine $\mathfrak{G}$ aber reell-imaginär ist.**)

Die singulären Elemente S_0, σ_0 (vgl. Nr. 639 Anm.) sind bei $\mathfrak{A}$ alle

---

*) Die lineirten Strahlenbüschel haben einen reellen Strahl und sind sonst imaginär.

**) A. a. O. sind diese beiden unterschiedslos $\mathfrak{F}$ genannt.

reell, bei 𝔅 sind 8 Punkte S_0 und 8 Ebenen σ_0, bei ℭ 4 Punkte S_0, 4 Ebenen σ_0 reell, in den 4 übrigen Fällen sind alle S_0 und alle σ_0 imaginär. Die reellen σ_0 bringen auf die Brennfläche Φ reelle Kegelschnitte $[\sigma_0]$, längs deren sie tangiren, und bewirken dadurch, dass diese Fläche reell ist.

In Bezug auf confocale Congruenzen 2. Grades haben wir ferner in II, Nr. 399 folgende Fälle gefunden, die ich hier nach der Zahl der reell definirten und also in reellen Gewinden enthaltenen aufsteigend anordnen will:

a) dreimal zwei conjugirt imaginäre Congruenzen,

b) 2 Congruenzen ℭ und zweimal zwei conjugirt imaginäre,

c) α) 4 Congruenzen 𝔅 } und zwei conjugirt imaginäre,
β) 4 Congruenzen ℭ }

d) α) 6 Congruenzen 𝔄,
β) 2 Congruenzen 𝔇 und 4 Congruenzen 𝔉,
γ) 2 Congruenzen 𝔇 und 4 Congruenzen 𝔊.

A. a. O. habe ich mich freilich mit einem Falle statt dieser beiden letzten begnügt, ohne genauer zu untersuchen, wie viele der dortigen 𝔉 reellstrahlig und reell-imaginär sind. Ich werde bald zeigen, dass es sich nur um die beiden Fälle β) und γ) handeln kann.

Die Brennfläche Φ einer Congruenz 2. Grades ist reell, wenn es sowohl Ebenen giebt mit zwei reellen als solche mit zwei conjugirt imaginären Congruenzstrahlen, reell-imaginär, wenn nur Ebenen der einen Art. 737

Beim Durchgange durch eine Berührungsebene von Φ findet bei allen 6 Congruenzen gleichzeitig Zusammenfallen statt, mithin bei allen reell definirten gleichzeitig der Uebergang aus dem einen Zustande des Schnitts in den andern.

Giebt es also Ebenen, welche eine gewisse Zahl von den reell definirten confocalen Congruenzen reell und die übrigen imaginär schneiden, so giebt es, wenn Φ reell ist, noch eine zweite Art von Ebenen, welche die ersteren Congruenzen imaginär, die andern reell schneiden, im andern Falle nur jene Art.

Ferner wenn Φ reell ist, so haben wir in jedem Punkte dieser Fläche so viele reelle Doppeltangenten, als reell definirte Congruenzen und Gewinde; sie werden in die Berührungsebene durch die Nullebenen des Punktes in Bezug auf diese Gewinde eingeschnitten; die zweiten Berührungspunkte sind die Nullpunkte der Berührungsebene und also auch reell.

Da wir so reelle Congruenzstrahlen haben, so folgt, dass *nur reellstrahlige Congruenzen 2. Grades eine reelle Brennfläche haben können;*

hingegen eine reell-imaginäre Congruenz (𝔊) *hat nothwendig eine reell-imaginäre Brennfläche.*

Ferner lehren uns die reellen Doppeltangenten und ihre reellen zweiten Berührungspunkte, dass der Schnitt einer jeden Berührungsebene von Φ reell ist und folglich überhaupt jede Ebene die Φ reell schneidet und jeder Punkt an sie einen reellen Berührungskegel sendet, wenn es sich um die Brennfläche einer reellstrahligen Congruenz handelt.

Nur diejenige Fläche Φ, *zu der lauter imaginäre Congruenzen gehören, lässt auch imaginär schneidende Ebenen und Punkte ohne reelle Berührungskegel zu.*

Wir sehen demnach: *Ist die Brennfläche von zwei confocalen* 𝔇 *reell, dann sind die 4 übrigen Congruenzen reellstrahlig, also* 𝔉. Umgekehrt, *es sei eine von den 4 übrigen reellstrahlig*, so giebt es ja zweifellos Ebenen, welche zwei reelle Strahlen von ihr enthalten, jede Ebene aber, welche durch die reelle Verbindungslinie zweier conjugirt imaginären von den singulären Punkten S_0 geht, schneidet in zwei imaginären Strahlen, denen nämlich, welche den imaginären Strahlenbüscheln der Congruenz aus diesen Punkten angehören; also *ist die Brennfläche reell und auch die 3 übrigen Congruenzen sind reellstrahlig.*

Damit sind die beiden obigen Fälle $d\beta$) und $d\gamma$) als richtig erkannt.

Im letzten Falle, wo zwei Congruenzen 𝔇 *und 4 Congruenzen* 𝔊 *confocal sind, ist die gemeinsame Brennfläche reell-imaginär.* Daraus ergiebt sich noch ein weiterer Unterschied zwischen den 𝔇 des einen und denen des andern Falls. *Diejenigen Congruenzen* 𝔇, *welche mit reell-imaginären confocal sind, werden von allen Ebenen reell geschnitten und erhalten aus jedem Punkte zwei reelle Strahlen, während das bei den andern, zu denen reellstrahlige Congruenzen confocal sind, nicht der Fall ist.*

Indem also die reellstrahligen Congruenzen 𝔇 vom Fall $d\gamma$) eine reell-imaginäre Brennfläche haben, stellt sich der Satz, zu dem ich in Bd. II, Nr. 400 gelangt bin, als nicht richtig heraus. *Ich will deshalb noch auf eine andere Weise zeigen, dass eine reellstrahlige Congruenz 2. Grades mit einer reell-imaginären Brennfläche vereinigt sein kann.*

Bei der einzweideutigen Abbildung eines Gewindes Γ in den Punktraum Σ_1 (I, Nr. 199) ergab sich eine Fläche φ_1^2 als Ort der Punkte in Σ_1, denen zwei vereinigte Strahlen in Γ correspondiren: ihre Tangenten entsprechen den Strahlenbüscheln von Γ. Also ist sie stets reell, kann aber ebenso gut elliptisch als hyperbolisch sein. Sie sei ersteres (ohne reelle Geraden), und $\mathfrak{F}_1^2$ sei eine ebenfalls elliptische Fläche 2. Grades in Σ_1, in deren Innerem φ_1^2 sich ganz befindet.

Wenn einem Punkte von Σ_1 zwei imaginäre Strahlen entsprechen, so ist die Involution (auf einer Regelschaar) in Γ, die einer jeden Geraden durch ihn correspondirt, hyperbolisch, so dass diese Gerade die φ_1^2 reell schneidet; der Punkt liegt im Innern dieser Fläche. Allen Punkten von $\mathfrak{F}_1^2$ entsprechen also 2 reelle Strahlen, mithin ist diese Fläche (II, Nr. 375) das Bild einer reellstrahligen Congruenz 2. Grades in Γ. Die beiden Strahlen an dieselbe aus einem Punkte gehören zu dem Büschel aus dem Punkte an Γ und entsprechen den Schnitten der diesem Büschel correspondirenden Tangente von φ_1^2 mit $\mathfrak{F}_1^2$; bei der vorausgesetzten Lage der beiden Flächen können diese sich nicht vereinigen: die Brennfläche ist nicht reell.*)

Betrachten wir den Fall a), in welchem dreimal zwei von den 738
6 confocalen Congruenzen conjugirt imaginär sind, nehmen wir an: $\mathfrak{C}_1^2$, $\mathfrak{C}_2^2$; $\mathfrak{C}_3^2$, $\mathfrak{C}_4^2$; $\mathfrak{C}_5^2$, $\mathfrak{C}_6^2$. Alle singulären Elemente S_0, σ_0 können nicht reell sein, weil damit die Strahlenbüschel und also auch die Congruenzen reell würden. Mithin sind die nicht reellen zu je zweien conjugirt imaginär, weil die ganze Figur reell-imaginär ist. Jeder Verbindungsstrahl zweier S_0 gehört zu 2 von den Congruenzen, denen, in Bezug auf welche die beiden S_0 zugleich verbunden sind (II, Nr. 384). Sind diese Punkte conjugirt, der Strahl also reell, so müssen auch die beiden Congruenzen conjugirt sein. Gehen wir, uns der Weber-Reye'schen Bezeichnung von II, Nr. 385 bedienend, davon aus, dass 13, 24, welche in Bezug auf $\mathfrak{C}_5^2$, $\mathfrak{C}_6^2$ verbunden sind, conjugirt imaginär seien; ihnen sind dann für diese auch zu einander conjugirten Congruenzen die singulären Ebenen (135) und (246) zugeordnet, also auch conjugirt; weil sie aber identisch sind, so haben wir in dieser Ebene eine reelle; ebenso ist (136) $\equiv$ (245) reell. Da Γ_1 und Γ_2 conjugirt sind, so ist das Strahlennetz $\Gamma_1 \Gamma_2$ und die windschiefe Involution $\mathfrak{J}_{12}$

*) Ich habe in Nr. 400 fälschlich behauptet, dass der Durchgang einer Ebene durch eine Berührungsebene einer cubischen Fläche den Schnitt immer aus einer zweizügigen in eine einzügige Curve überführt: eine Drehung um eine Tangente zeigt, dass das nicht der Fall ist. — Die Gattung $\mathfrak{D}$ der Congruenz 2. Grades entspricht der cubischen Fläche mit 3 reellen und 24 punktirten Geraden (II, Nr. 395). Diese Fläche besteht nach Schläfli (Annali di Matematica Ser. II Bd. 5 S. 289) aus einer paren und einer unparen Schale; letztere enthält die 3 reellen Geraden. Die Ebene, die eine von ihnen mit einem Punkte der paren Schale verbindet, schneidet aus dieser einen reellen Kegelschnitt, und alle Ebenen, die ihn reell treffen, schneiden in zwei auf den beiden Schalen gelegenen Zügen; die Treffpunkte gehören dem paren Zuge an und senden also keine reellen Tangenten an die cubische Curve. So ist ein Kegelschnitt auf der Fläche gefunden, der von keiner reellen Tangente derselben getroffen wird; das hielt ich a. a. O. nicht für möglich.

reell; den 13, 24 entsprechen in ihr (II, Nr. 385) die 23, 14, die daher auch conjugirt imaginär sind; dies führt wieder zur Realität von (145) $\equiv$ (236) und (146) $\equiv$ (235). So weit bleibt alles richtig, auch wenn C_1^2, C_2^2 reell sind. In unserm Falle aber finden wir auf den 4 übrigen Schnittlinien der reellen Ebenen (ausser $\overline{13, 24}$ und $\overline{23, 14}$) noch 4 Paare conjugirt imaginärer Punkte S_0: 15, 26; 16, 25; 35, 46; 36, 45, von denen je zwei conjugirte zu derselben reellen Ebene in Bezug auf zwei conjugirte Congruenzen gehören. Ferner sind die Ebenen (1), (2) conjugirt, weil für C_3^2, C_4^2 den 13, 24 zugeordnet; ihnen ist 0 für C_1^2, C_2^2 zugeordnet, also reell und demnach auch 12, 34, 56, die ihm in den reellen Involutionen $\mathfrak{J}_{12}$, $\mathfrak{J}_{34}$, $\mathfrak{J}_{56}$ entsprechen.

Damit ist erkannt, dass, *wenn es sich um dreimal zwei conjugirt imaginäre confocale Congruenzen 2. Grades handelt, von den gemeinsamen singulären Punkten und Ebenen je vier reell sind, die einen nicht mit den andern incident;* denn das würde sofort zu reellen Strahlenbüscheln führen, die je einer der Congruenzen angehören und dann auch der conjugirten; was den Eigenschaften unserer Figur widerspricht.

739 *In dem Büschel* $\mathsf{B}(\mathsf{C}^2)$ *durch eine reell definirte Congruenz* C^2 *haben wir* (Nr. 662) *so viele reell definirte* S_3^2 *mit einem Doppelgewinde, als es reell definirte confocale Congruenzen giebt oder reelle Fundamental-Gewinde* (die Gewinde durch diese Congruenzen), *demnach in den Fällen* b), c), d) *je* 1, 3, 5.

Eine Abtheilung von S_3^2 *ist zweifellos hyperbolisch; in ihr befindet sich das sicher hyperbolische System* $H_3^2(\Gamma)$ *der Strahlengebüsche, deren Axen das durch* C^2 *gehende Gewinde* Γ *erfüllen;* die ∞^3 reellen Gebüsche-Büschel, welche es als hyperbolisch charakterisiren, sind ersichtlich. Unsere Abtheilung ist ja auch der Schnitt der H_4^2 enthaltenden hyperbolischen Abtheilung im Büschel $\mathsf{B}(\Gamma^2)$ eines durch C^2 gehenden Γ^2 mit dem auf Γ sich stützenden Gewebe, und zwar $H_3^2(\Gamma)$ der Schnitt von H_4^2.

Im Falle b), wo es sich um zwei reelle confocale Congruenzen handelt, die beide $\mathfrak{C}$ sind, haben wir nur ein reell definirtes S_3^2 mit Doppelgewinde; demnach muss dies hyperbolisch sein, damit auch die Nachbar-Abtheilung hyperbolisch werde, da ja für eine andersartige die zweite Uebergangsform zur ersten fehlt.

Demnach sind alle S_3^2, *welche durch eine Congruenz von der Gattung* $\mathfrak{C}$ *gehen, hyperbolisch.* Dies ergiebt sich auch aus den 4 reellen Strahlenbüscheln, welche in die Basis von $\mathsf{B}(\mathsf{C}^2)$ und demnach in jedes der S_3^2 4 Büschel von Strahlengebüschen bringen; aber nur solche allgemeinen S_3^2, welche hyperbolisch sind, enthalten reelle Gewindebüschel.

Ich überlasse dem Leser, aus der obigen Betrachtung in Nr. 738, die ja eine Zeit lang auch für reelle C_1^2, C_2^2 galt, die *je 4 reellen* S_0 *und* σ_0 abzuleiten, die aber hier so incident sein müssen, dass sich eben für jede der beiden Congruenzen 4 reelle Strahlenbüschel ergeben. Die reellen σ_0 sind dieselben wie oben, die reellen S_0 sind nun 35, 46, 36, 45.

Wir kommen nun zu den beiden Fällen, wo nur noch zwei von den confocalen Congruenzen conjugirt imaginär und also 3 reell definirte Systeme S_3^2 mit Doppelgewinde im Büschel $B(C^2)$ vorhanden sind. 740

Sind die 4 reellen Congruenzen 𝔅, so sind, wegen der reellen Strahlenbüschel, wiederum bei jeder alle durchgehenden S_3^2 und also auch die 3 mit Doppelgewinde hyperbolisch.

Alle S_3^2 *durch eine Congruenz von der Gattung 𝔅 sind hyperbolisch.*

Wenn aber die reellen Congruenzen von der Gattung 𝔈 sind, so besteht der Büschel $B(C^2)$ *durch eine jede von ihnen aus zwei hyperbolischen und einer elliptischen Abtheilung.*

Wir nehmen, wie in II, Nr. 399,

$$0, 12;\ 34, 56;\ 13, 23;\ 14, 24;\ 15, 26;\ 16, 25;\ 35, 45;\ 36, 46^{*})$$

als conjugirt imaginär an. Die 8 ersten senden an $C_1^2 \equiv C^2$ und C_2^2 Büschel mit den reellen Geraden $\overline{0, 12}, \ldots$; die 8 übrigen an C_3^2 und C_4^2. Eine Ebene durch $\overline{0, 12}$ schneidet also jene reell, diese imaginär, eine Ebene durch $\overline{15, 26}$ verhält sich umgekehrt; *also ist die Brennfläche reell.*

Die beiden Gruppen II associirter Punkte (II, Nr. 368**)) sind reell-imaginär, weil jeder Punkt seinen conjugirten in derselben Gruppe hat; folglich bestimmt jeder reelle Strahl von C^2 eine reelle Regelschaar in jeder der beiden verknüpften Reihen, die durch diese Gruppen gehen und deren Leitschaaren die confocale Congruenz C_2^2 erzeugen. Wir erhalten daher in dem Systeme $S^2_{3,2}$ mit Doppelgewinde Γ_2 ∞^3 reelle Gewindebüschel durch die Dupel auf diesen Regelschaaren (Nr. 662); $S^2_{3,2}$ ist hyperbolisch. Die Gruppen des Paars III sind hingegen nicht reell-imaginär, sondern jede ist zur andern conjugirt; und dasselbe gilt für IV.***) Zu einem reellen Gewindebüschel in $S^2_{3,3}$ gelangen wir nur, wenn wir zwei reelle oder conjugirt imaginäre Geraden haben, die auf einer Regelschaar durch die eine oder die andere

---

*) A. a. O. S. 190 steht durch Druckfehler 14, 26 statt 14, 24.

**) Man beachte, dass $0 \equiv 11$ ist (vergl. Anm. II, S. 164).

***) Die eine V ist zur einen VI, die andere V zur andern VI conjugirt.

Gruppe von III liegen und Leitgerade des Grund-Strahlennetzes werden. Zwei solche Geraden aber auf einer Regelschaar durch die eine Gruppe müssen dann, weil sie reell oder conjugirt imaginär sind, auch der conjugirten Regelschaar angehören, die ja durch die andere Gruppe als die conjugirte geht. Also sind sie gemeinsame Geraden zweier Regelschaaren aus verknüpften Reihen, der Gewindebüschel demnach ein durch das doppelte Gewinde Γ_3 gehender (Nr. 662). Somit enthält $S^2_{3,3}$ keine andern reellen Gewindebüschel als die, welche durch Γ_3 gehen, und ist elliptisch (Nr. 729) und ebenso $S^2_{3,4}$.

In dem hyperbolischen Systeme $S^2_{3,2}$ stossen zwei hyperbolische Abtheilungen des Büschels $B(C^2)$ zusammen, und $S^2_{3,3}$, $S^2_{3,4}$, welche elliptisch sind, führen von ihnen zu einer elliptischen.

741 *In dem ersten der 3 Fälle, in denen alle 6 Congruenzen reell definirt sind, sind sie sämmtlich von der Gattung* 𝔄 und man erkennt wiederum leicht, dass *der Büschel* $B(C^2)$ *nur hyperbolische* $S_3{}^2$ *enthält.*

Gehen wir in den beiden andern Fällen zunächst von einer Congruenz der Gattung 𝔇 als der $C^2 \equiv C_1{}^2$ aus, so sind (vergl. wiederum II, Nr. 399)

$$0, 12;\ 34, 56;\ 35, 46;\ 36, 45;\ 13, 23;\ 14, 24;\ 15, 25;\ 16, 26$$

conjugirt imaginär; sie sind zugleich verbunden in Bezug auf C^2 und die zweite Congruenz $C_2{}^2$ von der Gattung 𝔇, und alle 16 Punkte senden an die eine wie die andere dieser beiden Congruenzen lineirte Büschel mit den reellen Geraden $\overline{0, 12}$, ... Wiederum sind beide Gruppen II reell-imaginär, und die beiden III zu einander conjugirt und ebenso die IV, die V, die VI. Also sind die beiden durch die II gehenden verknüpften Regelschaar-Reihen reell, während in den vier andern Fällen jede Regelschaar aus der einen Reihe ihre conjugirte in der verknüpften hat; und für die Leitschaaren gilt analoges.

Das System $S^2_{3,2}$, welches zum doppelten Gewinde dasjenige hat, in dem die zweite 𝔇-Congruenz sich befindet, ist hyperbolisch, die 4 übrigen $S^2_{3,3}$, ... $S^2_{3,6}$ sind elliptisch. Dies fordert im Büschel $B(C^2)$ zwei in $S^2_{3,2}$ zusammenstossende hyperbolische Abtheilungen und eine dritte, welche von ihnen durch zwei elliptische getrennt wird.

Durch eine Congruenz C^2 *von der Gattung* 𝔇 *gehen 3 hyperbolische und 2 elliptische Abtheilungen von* $S_3{}^2$, *derartig, dass zwei hyperbolische benachbart sind und von der dritten durch die elliptischen getrennt werden.*

Soweit ist kein Unterschied, ob die 4 confocalen Congruenzen, welche nicht zur Gattung 𝔇 gehören, 𝔉 oder 𝔊 sind.

Geht man hingegen von einer Congruenz der Gattung $\mathfrak{F}$ oder $\mathfrak{G}$ als $C^2 \equiv C_1^2$ aus, so sind

$$0, 23;\ 12, 13;\ 14, 56;\ 15, 46;\ 16, 45;\ 24, 34;\ 25, 35;\ 26, 36$$

conjugirt imaginär. Demnach sind die beiden Gruppen von II zu einander conjugirt, ebenso die von III, während jede der 6 Gruppen von IV, V, VI zu sich selbst conjugirt oder reell-imaginär ist. Daher erhalten wir, wenn es sich um eine reellstrahlige Congruenz von der Gattung $\mathfrak{F}$ handelt, 3 Paare verknüpfter Reihen von reellen Regelschaaren, deren Leitschaaren die 3 gleichartigen Congruenzen erzeugen, und 2 Paare, bei denen die Regelschaaren der einen Reihe zu denen der andern conjugirt sind; Regelschaaren, deren Leitschaaren zu den beiden Congruenzen $\mathfrak{D}$ führen. Jene machen die 3 Systeme $S^2_{3,4}$, $S^2_{3,5}$, $S^2_{3,6}$ zu hyperbolischen, diese die $S^2_{3,2}$, $S^2_{3,3}$ zu elliptischen. Nur wenn diese als benachbart angesehen werden, ergiebt sich ein mögliches Arrangement der Abtheilungen; und zwar 4 hyperbolische und eine elliptische, eingeschlossen von den beiden elliptischen $S^2_{3,i}$.

Der Büschel $B(C^2)$ durch eine Congruenz von der Gattung $\mathfrak{F}$ enthält 4 hyperbolische und 1 elliptische Abtheilung von S_3^2.

Ist aber die betrachtete Congruenz von der Gattung $\mathfrak{G}$ oder reell-imaginär, so wissen wir aus Nr. 731, dass 2 von den $S^2_{3,i}$ auch reell-imaginär sein müssen. Es ist dann keine andere Anordnung möglich, als dass sie eine reell-imaginäre Abtheilung einschliessen und zu zwei elliptischen Abtheilungen führen; von den beiden übrigen ist eine nothwendig hyperbolisch, also auch die andere, weil sonst zwei elliptische zusammenstossen würden. Folglich sind von den drei übrigen $S^2_{3,i}$ eins hyperbolisch und zwei elliptisch. Die beiden elliptischen sind wie oben $S^2_{3,2}$, $S^2_{3,3}$, welche zu den Congruenzen C_2^2, C_3^2 führen, den beiden von der Gattung $\mathfrak{D}$ (vergl. II, Nr. 399). Ist etwa $S^2_{3,5}$ das hyperbolische System, so sind die Regelschaaren durch die Gruppen V reell-imaginäre (von reell-imaginären Flächen 2. Grades getragen), so dass jede ∞^2 Paare conjugirt imaginärer Geraden enthält und auf diese Weise ∞^3 reelle Gewindebüschel in $S^2_{3,5}$ zu stande kommen.

Durch eine reell-imaginäre Congruenz C^2 (oder von der Gattung $\mathfrak{G}$) gehen 2 hyperbolische, 2 elliptische und eine reell-imaginäre Abtheilung von S_3^2, derartig, dass die elliptischen auf der einen Seite die beiden hyperbolischen, auf der andern die reell-imaginäre einschliessen.

Stellen wir die Ergebnisse zusammen, so haben wir, auch hier die Abkürzung h, e, i benutzend, für die 4 Gattungen, deren singuläre Elemente S_0, σ_0 sämmtlich imaginär sind:

𝔇*)	𝔈	𝔉	𝔊
hhehe	*hhe*	*hhhhe*	*hheie*,

während durch die Congruenzen von den Gattungen 𝔄, 𝔅, 𝔈 (mit 16, 8, 4 reellen Strahlenbüscheln) nur hyperbolische Systeme S_3^2 gehen.

Also können wir nun auch umgekehrt schliessen:

Wenn durch eine Congruenz C^2 *nur hyperbolische Systeme* S_3^2 *gehen, so enthält sie reelle Strahlenbüschel.*

Nun fanden wir (Nr. 734), dass es in einem elliptisch-hyperbolischen Complexe Γ^2 stets derartige Congruenzen C^2 giebt; *folglich enthält jeder elliptisch-hyperbolische Complex reelle Strahlenbüschel;* für den hyperbolischen haben wir es schon in Nr. 732 gefunden. *Demnach ist ein Complex* Γ^2, *der keinen reellen Strahlenbüschel besitzt, elliptisch oder reell-imaginär.*

742 Damit haben wir nun auch das nothwendige Material gewonnen, um an die Untersuchung heranzutreten, in welcher Weise die verschiedenen Gattungen der Complexe 2. Grades als consinguläre möglich sind.

Da mit jeder Reihe consingulärer Complexe 2. Grades 6 confocale Congruenzen 2. Grades C_i^2 verbunden sind, so wird jedem der in Nr. 736 aufgezählten Fälle auch ein Fall der Gruppirung consingulärer Complexe entsprechen.

Zu dem Systeme der Complexcurven einer Reihe consingulärer Complexe in einer Ebene π gehören die Geradenpaare der Congruenzen C_i^2 (Nr. 542); sie bilden, wenn sie von reell definirten Congruenzen herrühren, die Uebergänge zwischen den Abtheilungen, welche in dem Curvensysteme durch die Abtheilungen der Complexe entstehen.

Wenn C_i^2 *ein reelles Geradenpaar in die Ebene* π *wirft, so sind in beiden anstossenden Curven-Abtheilungen die Curven reell; ist es aber reell-imaginär, so enthält die eine reelle, die andere reell-imaginäre Curven.*

Wir erinnern uns, dass, wenn Φ reell-imaginär ist, alle Ebenen von gleicher Art sind; während es im andern Falle zwei Arten von Ebenen giebt (Nr. 737).

Besitzen die Tangentenbüschel (S, σ) einer reellen Φ reelle Doppeltangenten (immer so viele als die Zahl der reellen Fundamental-Gewinde beträgt), so correspondiren die durch dieselben im Büschel entstehenden Abtheilungen den verschiedenen Abtheilungen der Complexe, indem jede Tangente als singulärer Strahl zu einem Complexe

*) Vielleicht heisst es bei den einen 𝔇 genauer $\bar{h}hehe$, bei den andern $hhe\bar{h}e$; $\bar{h}$ enthält $H_3^2(\Gamma)$.

gehört. Die Tangenten in *benachbarten Abtheilungen* schneiden nun die Fläche Φ verschiedenartig, die einen reell, die andern imaginär; d. h. *das Punktepaar in der Berührungsebene σ ist für die Complexe der einen Abtheilung reell, für die der andern reell-imaginär, und ebenso das Ebenenpaar aus dem Berührungspunkte S;* wobei aber nicht nothwendig Uebereinstimmung stattfinden muss.

Punkte mit reell-imaginären Ebenenpaaren führen von äusseren zu inneren Punkten, und ähnlich im dualen Falle.

Nur bei *einem hyperbolischen Complexe oder einem Complexe I* sind 743
alle 6 Fundamental-Gewinde imaginär. Wir wissen aber, dass *die singuläre Fläche reell ist. Die consingulären Complexe bilden nur eine Abtheilung und sind sämmtlich I.*

Die Congruenzen C_i^2 sind zu je zweien conjugirt imaginär; *folglich sind von den gemeinsamen stationären Elementen D, δ der Complexe oder den Doppelelementen der Fläche Φ,* welche ja zugleich die gemeinsamen singulären Elemente (S_0, σ_0) der 6 Congruenzen C_i^2 sind, *4 Punkte D und 4 Ebenen δ reell, und zwar so, dass keiner von jenen mit einer von diesen incidirt.*

Ein solcher reeller stationärer Punkt D fordert in Bezug auf einen (reellen) Complex eine reelle zugehörige Ebene ε, und so ergiebt sich ein reeller Doppelbüschel (D, ε) des Complexes. Ein reeller Doppelbüschel wiederum lehrt, dass *die Fläche Φ sowohl Punkte besitzt, welche reelle, als solche, die reell-imaginäre Ebenenpaare an den Complex senden;* sie liegen auf verschiedenen Mänteln der Φ, zwischen denen die reellen Doppelpunkte D den Uebergang vermitteln. Duales gilt für die Berührungsebenen.

Wir haben also äussere und innere Punkte und Ebenen.

Nunmehr sehen wir, dass der Satz in Nr. 732, bei welchem innere Punkte vorausgesetzt wurden, für jeden hyperbolischen Complex gilt.

Es sei wieder (S, σ) ein Tangentenbüschel von Φ, so folgt aus jenem:

Kommt von S ein reell-imaginäres Ebenenpaar, so ist das Punktepaar in σ reell; ist dieses reell-imaginär, so ist jenes reell. Aber wir haben noch einen dritten Fall, wo beide reell sind.

Wenn (S) reell-imaginär, (σ) reell ist, so kommt von jedem Punkte von σ ein reeller Kegel und von jedem Punkte der Schnittcurve $\Phi\sigma$, welche wegen (σ) reell ist, ein reelles Ebenenpaar; folglich muss S ein isolirter Doppelpunkt der genannten Curve sein. Im zweiten Falle ist S der einzige reelle Punkt derselben, was hier wegen der imaginären Doppeltangenten möglich wird, im dritten aber ein eigentlicher Doppelpunkt.

Wir haben also hier Tangentialebenen der Φ, bei denen der Berührungspunkt der einzige reelle Punkt des Schnitts, *folglich giebt es Ebenen, welche Φ ganz imaginär schneiden, und Punkte, aus denen ganz imaginäre Tangentialkegel kommen.*

Allein die singuläre Fläche dieses Falles hat (unter den reellen Φ) diese Eigenschaft.

Da der Uebergang fehlt, so *sind hier in einer Ebene alle den verschiedenen consingulären Complexen zugehörigen Curven reell oder alle reell-imaginär,* und ebenso die Complexkegel aus einem Punkte.

Ein elliptisch-hyperbolischer Complex II hat 2 reelle Fundamental-Gewinde, und nur ein solcher Complex; *folglich bilden die consingulären Complexe eines Complexes II zwar zwei — in den beiden Doppel-Gewinden Γ_1, Γ_2 zusammenstossende — Abtheilungen, aber alle Complexe der einen und der andern Abtheilung sind II.*

Weil Γ_1, Γ_2 reell sind, so sind auch $\mathfrak{C}_1^2$, $\mathfrak{C}_2^2$ reell; denn als conjugirt imaginäre müssten sie in demselben reellen, nicht in zwei verschiedenen Gewinden enthalten sein. *Demnach handelt es sich um den Fall, dass diese beiden Congruenzen zur Gattung $\mathfrak{C}$ gehören, während die 4 übrigen imaginär sind.* Daraus folgt, dass *von den Punkten D und Ebenen δ je 4 reell sind, und zwar mit solchen Incidenzen, dass jede der beiden reellen Congruenzen 4 reelle Strahlenbüschel enthält. Die singuläre Fläche ist daher reell,* jeder der consingulären Complexe hat 8 Doppelbüschel, je 4 Büschel (D, ε) und (E, δ); also *besitzt er reelle und imaginäre Strahlenbüschel, reelle und reell-imaginäre Kegel und Kegelschnitte.*

Jeder Tangentenbüschel (S, σ) von Φ zerfällt in zwei Abtheilungen.

Eine Ebene durch einen der reellen Punkte D, der ein gemeinsamer S_0 der $\mathfrak{C}_1^2$, $\mathfrak{C}_2^2$ ist, schneidet diese Congruenzen beide reell; *folglich haben wir Ebenen, in denen alle Complexcurven reell sind, und solche, in denen die der einen Abtheilung reell, die der andern reell-imaginär sind.*

Die Schnittcurve $\Phi\sigma$ ist immer reell, aber S eigentlicher oder isolirter Doppelpunkt, je nachdem für einen und dann für alle Complexe (S) und (σ) gleichartig oder ungleichartig sind.

744 Wenn 4 von den Fundamental-Gewinden $\Gamma_1, \ldots \Gamma_4$ reell sind und also auch $\mathfrak{C}_1^2, \ldots \mathfrak{C}_4^2$, so können erstens diese Congruenzen *sämmtlich von der Gattung $\mathfrak{B}$ sein. Die singuläre Fläche ist reell.* Wir haben *8 reelle Punkte D und 8 reelle Ebenen δ*; jeder von den consingulären Complexen hat 16 reelle Strahlenbüschel. Damit sind elliptische Complexe ausgeschlossen. Es kann sich also nur um elliptisch-hyperbolische Complexe III handeln, weil bei 4 reellen Fundamental-Gewinden

nur diese und die elliptischen Complexe IV möglich sind. Da wir noch eine zweite Art von Complexen III kennen lernen werden, so mögen diese, mit Reye, IIIa genannt werden.

Wenn also bei 4 reellen Fundamental-Gewinden die zugehörigen Congruenzen von der Gattung 𝔅 sind, so besteht zwar die Reihe der consingulären Complexe aus 4 Abtheilungen, aber alle sind von der Gattung IIIa.

Die Punktepaare (σ) und Ebenenpaare (S) für benachbarte Abtheilungen sind ungleichartig.

Die reellen Doppelbüschel (D, ε), (E, δ) lehren, dass *jeder von den Complexen reelle und imaginäre Strahlenbüschel, äussere und innere Punkte und Ebenen hat.*

Eine Ebene durch einen reellen D, welche die 4 Congruenzen C_i^2 reell schneidet, beweist wiederum, dass *eine Ebene entweder von allen Complexen reelle Complexcurven erhält oder von denen benachbarter Abtheilungen ungleichartige.*

Oder zweitens *die reellen Congruenzen sind alle von der Gattung* 𝔈; wir wissen, *die Fläche Φ ist reell.*

Die Punkte D und Ebenen δ sind nun alle imaginär; die Complexe besitzen nunmehr keine reellen doppelten Büschel (D, ε), (E, δ); es fehlt die Uebergangsform von reellen zu imaginären Strahlenbüscheln, so dass ein Complex nur lauter reelle oder nur lauter imaginäre Strahlenbüschel besitzt.

Wir haben 4 Abtheilungen, und ein jeder Tangentenbüschel von Φ lehrt, dass die Complexe aus benachbarten Abtheilungen sich ungleichartig verhalten: die einen müssen also, wegen der reellen Strahlenbüschel, elliptisch-hyperbolische Complexe III sein, die nun zur Unterscheidung von den vorherigen mit IIIb bezeichnet werden, die andern elliptischen Complexe IV.

Diese Complexe IIIb haben also nur reelle Strahlenbüschel und daher auch nur reelle Kegel und Kegelschnitte oder nur äussere Punkte und Ebenen.

Zwei abwechselnde von den 4 Abtheilungen der Reihe consingulärer Complexe bestehen demnach aus Complexen IIIb, die beiden übrigen aus IV.

Wir fanden, jede Ebene erhält von 2 der reellen Congruenzen reelle, von den beiden übrigen imaginäre Strahlen; alle Complexe IIIb werfen in sie reelle Curven; daraus erhellt, dass die eine Abtheilung der IV ebenfalls reelle Curven in die Ebene sendet, welche durch die beiden reellen Geradenpaare in die Complexcurven der beiden hyperbolischen Abtheilungen übergeführt werden, die andere aber reellimaginäre, von denen der Uebergang durch die reell-imaginären Geradenpaare stattfindet.

Die beiden elliptischen Abtheilungen der Reihe consingulärer Complexe werden also von der nämlichen Ebene ungleichartig geschnitten und erhalten auch aus demselben Punkte ungleichartige Kegel.

Nun, wo wir zum ersten Male verschiedenartige Complexe in der Reihe antreffen, möge auch folgende Betrachtung gemacht werden. Wir greifen einen Complex aus der Reihe, führen durch ihn alle S_4^2, nehmen das nach H_4^2 polare System $\mathfrak{S}_4^2$, das stets von derselben Gattung ist; der in ihm befindliche consinguläre Complex Γ'^2 durchläuft die ganze Reihe, wenn S_4^2 den Büschel $\mathsf{B}(\Gamma^2)$ beschreibt, und wenn dies System aus einer Abtheilung des Büschels in die andere übergeht, thut dies auch Γ'^2 in seiner Reihe. Einem $S_{4,i}^2$ ist nach H_4^2 polar das Gewebe $\mathfrak{G}_i$ doppelt, und der darin enthaltene Complex ist Γ_i doppelt. H_4^2 ist ersichtlich zu sich selbst polar; nähern wir uns also mit S_4^2 dem H_4^2, so thut es auch $\mathfrak{S}_4^2$; also nähert sich auch Γ'^2 dem Γ^2 und, wenn S_4^2 mit H_4^2 sich vereinigt, so fallen die Complexe zusammen. Daraus folgt, dass, wenn wir uns mit S_4^2 in der hyperbolischen Abtheilung $\bar{h}$ des $\mathsf{B}(\Gamma^2)$ bewegen, welche H_4^2 enthält, Γ'^2 diejenige Abtheilung durchläuft, in der sich Γ^2 befindet.

Nehmen wir also z. B. Γ^2 aus einer der elliptischen Abtheilungen, so durchläuft, wenn S_4^2 die nicht benachbarten Abtheilungen $\bar{h}$ und e beschreibt, Γ'^2 jene Abtheilung IV, zu der Γ^2 gehört, und die andere.

Im zweiten Falle sind die durch die elliptischen Complexe Γ^2 und Γ'^2 gehenden Systeme S_4^2, $\mathfrak{S}_4^2$ elliptisch, und wir sehen, wie sich der Satz von Nr. 735, dass je der nämliche Punkt an die Complexe verschiedenartige Kegel sendet oder die nämliche Ebene von ihnen verschiedenartige Curven erhält, bestätigt.

745 Im ersten der drei Fälle, wo alle Fundamental-Gewinde reell sind, *sind die 6 Congruenzen* C_i^2 *von der Gattung* $\mathfrak{A}$, *also alle 16 Punkte D und 16 Ebenen δ reell und infolge dessen auch die Fläche Φ.* Wir schliessen wiederum leicht, dass *alle 6 Abtheilungen der Reihe consingulärer Complexe aus elliptisch-hyperbolischen Complexen und zwar aus Complexen V bestehen,* weil bei ihnen unter den elliptisch-hyperbolischen allein 6 reelle Fundamental-Gewinde möglich sind; *wir nennen diese Complexe, welche ähnlich wie die IIIa reelle und imaginäre Strahlenbüschel, reelle und reell-imaginäre Kegel und Kegelschnitte haben, Va.*

Eine Ebene schneidet entweder alle Complexe reell, oder die der einen abwechselnden Abtheilungen reell, die der andern imaginär.

Im zweiten Falle *sind 2 von den Congruenzen von der Gattung* $\mathfrak{D}$, *die 4 übrigen sind* $\mathfrak{F}$; *die Fläche Φ ist reell. Alle 16 Punkte D und Ebenen δ sind imaginär, und so ergeben sich 3 abwechselnde von den*

6 Abtheilungen als aus elliptisch-hyperbolischen Complexen bestehend und zwar solchen, die ähnlich wie die IIIb nur reelle Strahlenbüschel, Complexkegel und Complexcurven besitzen und mit Vb bezeichnet werden mögen.

Die Complexe der 3 andern Abtheilungen haben nur imaginäre Strahlenbüschel. Jeder Tangentenbüschel von Φ hat auch für jeden von diesen Complexen einen reellen (singulären) Strahl, also können sie nicht reell-imaginär sein; es kann sich demnach nur um die elliptischen Complexe VI und VII handeln.

Eine Ebene schneidet von den 6 Congruenzen entweder die beiden $\mathfrak{D}$ reell und die vier $\mathfrak{F}$ imaginär oder umgekehrt; in beiden Fällen erhält sie von den 3 Abtheilungen der Vb reelle Complexcurven; so sehen wir, dass *im ersten Falle eine elliptische Abtheilung, die von den Gewinden Γ_i eingeschlossen wird, welche die $\mathfrak{D}$ enthalten, auch reelle Complexcurven in die Ebene liefert, die beiden andern reell-imaginäre; im zweiten Falle umgekehrt.* Damit ist die eine elliptische Abtheilung wesentlich von den beiden andern unterschieden. Nehmen wir an, dass die Complexe der letzteren Abtheilungen VI seien, die wir jedoch, weil wir auch noch im letzten Falle mit VI zu thun haben, VIa nennen wollen, und die in der isolirten Abtheilung VII, so ergiebt sich, wenn wir die S_4^2, die durch einen der VIa gehen, durchlaufen und je den Complex Γ'^2 im polaren $\mathfrak{S}_4^2$ betrachten:

$\bar{h}$	eh	h	eh	e	eh
VIa	Vb	VIa	Vb	VII	Vb;

der erste dieser VI gehört zur selben Abtheilung wie der, von welchem wir ausgingen, und durch das unter e stehende VII wird der Satz von Nr. 735 über zwei polare elliptische Systeme S_4^2, $\mathfrak{S}_4^2$, welche elliptische Complexe enthalten, bestätigt; denn in S_4^2, $\mathfrak{S}_4^2$ haben wir verschiedenartige elliptische Complexe.

Geht man dagegen von einem Complexe VII aus, so erhält man:

$\bar{h}$	eh	e	eh	e	eh
VII	Vb	VIa	Vb	VIa	Vb;

auch hier wird durch die beiden unter e stehenden VIa der genannte Satz bestätigt.

Andere Annahmen würden diesem Satze widersprechen; beständen z. B. die beiden gleichartigen elliptischen Abtheilungen aus VII, die einzelne aus VIa, so hätte man, von einem VII ausgehend:

$\bar{h}$	eh	e	eh	e	eh
VII	Vb	VII	Vb	VIa	Vb;

das VII unter e wäre nicht dem Satze entsprechend. Oder wollten wir annehmen, dass alle drei elliptischen Abtheilungen aus Complexen VIa bestehen, so würden wir, von einem Complexe einer der beiden sich gleich verhaltenden VIa-Abtheilungen, welcher er auch sein mag, ausgehend, zu einem der isolirten VIa-Abtheilung durch elliptische S_4^2 und $\mathfrak{S}_4^2$ gelangen, aber nun umgekehrt, von einem Complexe dieser Abtheilung ausgehend, nicht zu jedem von jenen; ersteres bedingt aber letzteres. Und wenn alle 3 Abtheilungen aus VII beständen, so würden wir, von einem Complexe einer der beiden gleichartigen Abtheilungen ausgehend, dazu gelangen, dass dieser und die Complexe der andern ungleichartige Kegel aus demselben Punkte erhalten.

Somit bestehen, wenn die 6 Congruenzen 2 von der Gattung $\mathfrak{D}$ *und 4 von der Gattung* $\mathfrak{F}$ *sind, 3 abwechselnde Abtheilungen der Reihe der consingulären Complexe aus elliptisch-hyperbolischen Complexen Vb, zwei aus elliptischen Complexen VIa und die letzte aus elliptischen Complexen VII.*

746 Die 6 Congruenzen seien endlich *2 von der Gattung* $\mathfrak{D}$ *und die übrigen sämmtlich* $\mathfrak{G}$ *oder reell-imaginär.* Jede Ebene schneidet jene in einem reellen Geradenpaare, und diese in einem punktirten (mit reellem Schnittpunkte der beiden imaginären Geraden, dem Nullpunkte in Bezug auf ein reelles Gewinde). Solche Geradenpaare führen allein von reellen zu reell-imaginären Complexcurven, und man erkennt leicht, dass in zwei Paaren benachbarter Abtheilungen die Complexcurven reell sind, und das eine Paar vom andern durch je eine Abtheilung reell-imaginärer Curven getrennt wird; und da dies sich nicht ändert, weil die Fläche Φ nicht reell ist, so besteht die Reihe der consingulären Complexe aus zwei Paaren benachbarter Abtheilungen von reellen Complexen, welche in alle Ebenen reelle Curven senden, aus allen Punkten reelle Kegel erhalten, und zwei jene Paare trennende einzelne Abtheilungen von reell-imaginären Complexen, also Complexen VIII.

Indem Φ nicht reell ist, sind natürlich auch keine reellen Strahlenbüschel in irgend einem der reellen Complexe vorhanden; sie sind alle elliptisch. Wäre einer von den Complexen ein VII, so würden wir durch die S_4^2 und polaren $\mathfrak{S}_4^2$ zu:

$$\begin{array}{cccccc} \bar{h} & eh & e & eh & e & eh \\ \text{VII} & & \text{VIII} & & \text{VIII} & \end{array}$$

gelangen; denn die unter e stehenden müssen VIII sein, weil sie ja in jede Ebene eine andersartige Curve senden, als der VII, also eine reell-imaginäre. Aber die beiden VIII-Abtheilungen würden dann nicht auf jeder Seite zwei Abtheilungen zwischen sich haben.

Sind aber die reellen Complexe VI und zwar VIb zur Unterscheidung von denen des vorigen Falls, so haben wir folgende widerspruchslose Anordnung:

$$\begin{matrix} \bar{h} & eh & h & eh & e & eh \\ \text{VIb} & \text{VIII} & \text{VIb} & \text{VIb} & \text{VIII} & \text{VIb}. \end{matrix}$$

Wenn also die 6 Congruenzen $\mathfrak{C}_i^2$ *aus zweien von der Gattung* $\mathfrak{D}$ *und 4 reell-imaginären bestehen und infolge dessen die Fläche* Φ *reell-imaginär ist, so besteht die Reihe der consingulären Complexe aus zwei Paaren benachbarter Abtheilungen mit elliptischen Complexen VIb und zwei sie trennenden Abtheilungen von reell-imaginären Complexen VIII.*

Von den früher erhaltenen 8 Gattungen I, ... VIII haben 3 sich in zwei Fälle zerlegt, die beiden elliptisch-hyperbolischen III und V und die elliptische VI.

Wir haben daher 11 Gattungen von allgemeinen Complexen 2. Grades.

Die IIIa, Va, VIa haben reelle und reell-imaginäre Complexkegel und Complexcurven, die IIIb, Vb, VIb nur reelle; die IIIa, Va haben reelle und imaginäre Strahlenbüschel, die IIIb, Vb nur reelle.

Die VIa haben eine reelle, die VIb eine reell-imaginäre singuläre Fläche.

Reell-imaginär ist Φ nur bei VIb und VIII; und nur bei I unter den andern giebt es Ebenen, welche sie nicht reell schneiden, und Punkte ohne reelle Berührungskegel.

Stellen wir nun die verschiedenen Arten zusammen, wie Complexe 2. Grades consingulär sein können:

1) alle sind I, 2) alle sind II, 3) alle sind IIIa;

4) IIIb, IV, IIIb, IV,

5) alle sind Va,

6) Vb, VIa, Vb, VIa, Vb, VII,

7) VIb, VIb, VIII, VIb, VIb, VIII.

In den sieben Fällen ist die Fläche Φ nach der Bezeichnung von Rohn*) vom Typus IVa, III, IIa, IIb, Ia, Ib, Ic. Es giebt nach ihm noch einen achten Typus IVb, in dem die Fläche ebenfalls reell-imaginär ist, die Congruenzen $\mathfrak{C}_i^2$ zu je zweien conjugirt und deshalb 4 Punkte D und 4 Ebenen δ reell sind (wie im Falle 1)). Vermuthlich handelt es sich da um consinguläre Complexe, welche alle imaginär und zu je zweien conjugirt sind.

---

*) Mathem. Annalen Bd. 18 S. 99. — Auch auf diesen Abschnitt erstreckt sich der Hinweis auf Reye's S. 282 erwähnte Abhandlung.

Der harmonische oder Battaglini'sche Complex und das Tetraedroid.

747 *Zu zwei Flächen 2. Grades giebt es zwei harmonische Complexe: der eine ist der Ort der Strahlen, welche sie harmonisch schneiden, der andere der Ort der Strahlen, von denen harmonische Paare von Berührungsebenen an sie kommen.*

Zu zwei Kegelschnitten giebt es auch zwei verschiedene harmonische Curven, ebenfalls Kegelschnitte, welche analog definirt werden.

Wenn in einer Involution die Elemente eines Paars zu denen eines andern harmonisch sind, so sind auch diese beiden Paare zu den beiden harmonisch, deren Elemente sich vereinigt haben; und umgekehrt.

Es seien $A_1 B_1$, $A_2 B_2$ jene beiden Paare, C', C'' die Doppelelemente, so sind die vierten harmonischen Elemente zu A_1 in Bezug auf $A_1 B_1$, $A_2 B_2$, $C' C'$, $C'' C''$ bezw. A_1, B_1, C', C'', also harmonisch.

Wenden wir dies auf die Involution an, in der eine Gerade, welche zwei Kegelschnitte k_1, k_2 harmonisch schneidet, von dem ganzen Büschel geschnitten wird, so haben wir:

Jeder Strahl, welcher die beiden Kegelschnitte k_1, k_2 harmonisch schneidet, wird von zwei Kegelschnitten ihres Büschels berührt, die zu ihnen harmonisch sind, und umgekehrt.*)

Daher ist die Curve K, die von den Geraden eingehüllt wird, welche k_1, k_2 harmonisch schneiden, zugleich die Curve der gemeinsamen Tangenten von zwei Curven ihres Büschels, welche zu ihnen harmonisch sind.

Wenn zwei verschiedene und zu einander projective Kegelschnitt-Büschel vorliegen, so ist das Erzeugniss der gemeinsamen Tangenten entsprechender Curven eine Curve 8. Klasse; denn in einem Strahlenbüschel entsteht eine Correspondenz [4, 4], in der sich zwei Strahlen entsprechen, welche correspondirende Curven berühren.

Werden die Büschel identisch, so zweigen sich von dem Erzeugnisse die beiden sich selbst entsprechenden Curven ab; es bleibt eine Curve 4. Klasse.

Wird aber noch weiter die Projectivität eine Involution, so geht diese Curve über in einen doppelten Kegelschnitt, weil jede Tangente, welche zwei gepaarte Curven berührt, auf zwei Weisen gemeinsame Tangente entsprechender Curven der projectiven Büschel ist. Also:

Der Ort der gemeinsamen Tangenten gepaarter Curven eines involutorischen Kegelschnitt-Büschels ist ein Kegelschnitt.

---

*) Fr. Hofmann, Archiv der Mathem. u. Phys. 2. Reihe Th. 5 S. 355.

Oder nach dem obigen Satze:

Die harmonische Curve K zweier Kegelschnitte k_1, k_2, wie wir die Curve der harmonisch schneidenden Geraden, mit der wir uns vorzugsweise beschäftigen, kurz nennen wollen, *ist ein Kegelschnitt.*

Die beiden Tangenten des K aus einem Punkte von k_1 gehen nach den Schnitten, mit k_1, der Polare desselben nach k_2; folglich sind die Schnitte von K mit k_1 die Punkte, in denen k_1 von seiner Polarcurve nach k_2 getroffen wird.

Die harmonische Curve berührt die 8 Tangenten, welche k_1 *und* k_2 *in ihren 4 Schnittpunkten berühren;* denn es ist unmittelbar ersichtlich, dass diese die beiden Curven harmonisch schneiden.

Also ist das Diagonaldreieck des Vierseits der 4 von diesen 8 Tangenten, welche zu der einen Curve, etwa zu k_1, gehören, Polardreieck von K; dieses Diagonaldreieck ist aber, nach einem bekannten Satze aus der Kegelschnittlehre, das Diagonaldreieck des Vierecks der Berührungspunkte der 4 Tangenten mit k_1, also der 4 Punkte $k_1 k_2$ und daher das gemeinsame Polardreieck von k_1, k_2.

Das gemeinsame Polardreieck von k_1, k_2 *ist auch Polardreieck für K.*

Wenn nun die harmonische Curve K in zwei Punkte zerfällt, so 748
müssen diese auf einer Seite des Polardreiecks $\mathfrak{ABC}$ liegen; denn eine Seite eines zu einem Punktepaare gehörigen Polardreiecks fällt immer in dessen Doppellinie. Nehmen wir an, sie falle auf $\mathfrak{AB}$, so wird diese Doppellinie gemeinsame Tangente der beiden Geradenpaare $(\mathfrak{A})$, $(\mathfrak{B})$ des Büschels $k_1 k_2$ und mithin sind diese in der Involution, von welcher k_1, k_2 Doppelelemente sind, gepaart.

Zerfällt also die harmonische Curve zweier Kegelschnitte k_1, k_2 in zwei Punkte, so sind diese beiden Kegelschnitte zu zwei Geradenpaaren ihres Büschels harmonisch.

Ist $(\mathfrak{C})$ das dritte Geradenpaar und $k_{\mathfrak{C}}$ ihm in der Involution gepaart, so sind die Berührungspunkte der Tangenten aus $\mathfrak{C}$ an $k_{\mathfrak{C}}$, von denen jede zwei unendlich nahe gemeinsame Tangenten von $(\mathfrak{C})$ und $k_{\mathfrak{C}}$ darstellt, auch ihre Berührungspunkte mit K; diese Berührungspunkte liegen auf der Polare $\mathfrak{AB}$ von $\mathfrak{C}$ nach $k_{\mathfrak{C}}$ und K und sind daher die Punkte von K. Also:

Wenn zwei Kegelschnitte k_1, k_2 *zu zwei Geradenpaaren ihres Büschels harmonisch sind, so zerfällt ihre harmonische Curve in zwei Punkte. Diese liegen auf der Verbindungslinie der Doppelpunkte jener Geradenpaare und werden in sie durch denjenigen Kegelschnitt des Büschels ein-*

geschnitten, der dem dritten Geradenpaare in der Involution, von welcher k_1, k_2 *die Doppelelemente sind, gepaart ist.**)

Sie sind also harmonisch zu jenen Doppelpunkten.

Man kann auch von der Voraussetzung ausgehen, dass eine Seite des gemeinsamen Polardreiecks von k_1, k_2 diese Curven harmonisch schneidet, also Tangente von K ist.

Wenn K ein Punktepaar ist, so gehen von den 8 Tangenten der k_1, k_2 in ihren Schnittpunkten 4 durch den einen Punkt und 4 durch den andern Punkt, je zwei von jedem der beiden Kegelschnitte.

Dies muss also eintreten, wenn 3 von ihnen durch einen Punkt laufen, dann thut es noch eine vierte, die zu demselben Kegelschnitte gehört, zu dem von den drei nur eine gehört, und die 4 übrigen laufen auch in einen Punkt zusammen.**)

Man kann K und einen der beiden Grund-Kegelschnitte, etwa k_1, geben; die Schnittpunkte von 5 Tangenten von K mit k_1 müssen in Bezug auf k_2 conjugirt sein; dadurch ist bekanntlich k_2 eindeutig bestimmt.

749 Wir erwähnen noch einige besondere Fälle:

Einer von den beiden Kegelschnitten k_1, k_2 sei ein Geradenpaar, etwa k_2. Die Tangenten an ihn in den gemeinsamen Punkten sind seine Geraden und müssen K berühren; wenn daher K ein Punktepaar ist, so gehen diese Geraden durch dessen Punkte und irgend ein Strahl durch einen von ihnen belehrt, dass er in Bezug auf k_1 die andere Gerade zur Polare hat. Also:

Wenn für einen Kegelschnitt k_1 und ein Geradenpaar k_2 die harmonische Curve K zerfällt, so sind die Geraden von k_2 in Bezug auf k_1 conjugirt und die Punkte von K die Pole dieser Geraden.

Dieses Geradenpaar k_2 ist sich selbst in der Involution gepaart.

Liegt aber der Doppelpunkt D des Paars k_2 auf k_1, so zerfällt stets die harmonische Curve; der eine Punkt ist D, der andere der

*) Der letzte Theil des Satzes versagt, wenn k_1 und k_2 sich berühren und infolge dessen das dritte Geradenpaar mit einem der beiden andern zusammenfällt. Die Punkte des Punktepaars ergeben sich dann als Schnitte der gemeinsamen Tangente mit den Tangenten an die Kegelschnitte in den beiden andern gemeinsamen Punkten, von denen in der That die an den einen Kegelschnitt die gemeinsame Tangente in denselben Punkten treffen, wie die an den andern. Also, wenn zwei Kegelschnitte sich berühren und zu den beiden Geradenpaaren ihres Büschels harmonisch sind, so ist die harmonische Curve ein Punktepaar, das auf der gemeinsamen Tangente liegt.

**) Steiner's Systematische Entwickelung Anhang Nr. 52.

Schnittpunkt E der Tangenten an k_1 in den zweiten Schnitten der Geraden von k_2 mit k_1.

DE ist harmonisch zur Tangente in D an k_1 in Bezug auf die beiden Geraden von k_2.

Wenn zwei Kegelschnitte k_1, k_2 sich doppelt berühren, so haben zwei zu ihnen harmonische Kegelschnitte ihres Büschels im allgemeinen nur die beiden Doppelberührungs-Tangenten gemeinsam, und zur Curve der gemeinsamen Tangenten gelangt man allein durch das Paar von Kegelschnitten, zu dem die Berührungssehne, doppelt gerechnet, gehört und bei dem es, weil jede Gerade der Ebene diese Doppelgerade „berührt", unendlich viele gemeinsame Tangenten giebt. Also:

Für zwei sich doppelt berührende Kegelschnitte ist harmonische Curve derjenige Kegelschnitt ihres Büschels, der, in Bezug auf sie, harmonisch ist zur Doppelgeraden des Büschels.

Die harmonische Curve wird zum Doppelbüschel um den Berührungspol, wenn jener Kegelschnitt das Paar der gemeinsamen Tangenten ist. Es ist bekannt, dass dann alle Strahlen durch den genannten Pol die beiden gegebenen Kegelschnitte harmonisch schneiden.

Wenden wir uns nun zum räumlichen Probleme. 750

Die Strahlen, welche zwei gegebene Flächen 2. Grades f_1, f_2 harmonisch schneiden, erzeugen einen Complex 2. Grades H^2.

Die Complexcurve einer Ebene ist die harmonische Curve der beiden aus f_1, f_2 geschnittenen Kegelschnitte.

Zum Complexe gehören alle Tangenten von f_1 oder f_2 in den Punkten der Schnittcurve $r \equiv f_1 f_2$; die einen wie die andern bilden eine Congruenz (4, 4); denn die in einer Ebene liegenden oder durch einen Punkt gehenden Tangenten von f_1, welche auf r berühren, thun dies in den Schnitten der r mit der Ebene, bezw. der Polarebene des Punktes nach f_1.

Diese Congruenz bildet den vollen Schnitt von H^2 mit dem Tangentencomplexe von f_1 oder f_2.

In ihr befinden sich die Regelschaaren von f_1, bezw. f_2.

Jeder Punkt von r ist ein singulärer Punkt von H^2, der Kegel zerfällt in die beiden Berührungsebenen von f_1, f_2 und *singulärer Strahl ist die Tangente von r.* Weiterer Schnitt der singulären Fläche Φ mit f_1 ist die Schnittcurve $f_1 \varphi_{12}$, wo φ_{12} die Polarfläche von f_1 in Bezug auf f_2 ist.

Die gemeinsamen Tangenten zweier gepaarter Flächen des involuto-

rischen Flächenbüschels $f_1 f_2$, *in welchem* f_1, f_2 *die Doppelelemente sind, erzeugen unsern Complex* H^2.*)

Dies ergiebt sich aus jedem ebenen Schnitte.

Wenn eine Ebene zwei gepaarte Flächen der Involution in Geradenpaaren schneidet, also berührt, so zerfällt die Complexcurve in zwei Punkte, welche auf der Verbindungslinie der Doppelpunkte der Geradenpaare oder der Berührungspunkte liegen.

Die singulären Ebenen des Complexes H^2 *sind die gemeinsamen Tangentialebenen zweier in der Involution gepaarter Flächen***) *und der zugehörige singuläre Strahl verbindet die Berührungspunkte. Die Punkte des Punktepaars werden in ihn durch die Fläche des Büschels eingeschnitten, welche in der Involution der dritten von der Ebene berührten Fläche gepaart ist.*

Ein Ebenenbüschel veranlasst in dem Flächenbüschel $f_1 f_2$ eine involutorische Correspondenz [4], in der sich zwei Flächen entsprechen, welche dieselbe Ebene des ersteren Büschels berühren; denn jede Fläche von $f_1 f_2$ berührt 2 Ebenen dieses Büschels, von denen jede noch 2 andere Flächen tangirt.

Diese Correspondenz hat mit unserer Involution in $f_1 f_2$ (einer involutorischen Correspondenz [1]) 1.4 Paare entsprechender Ebenen gemein; d. h. zum Ebenenbüschel gehören 4 singuläre Ebenen von H^2.

Mit f_1 (oder f_2) hat die singuläre Fläche Φ einen Torsus 8. Klasse gemeinsam; derselbe zerfällt in den Torsus 4. Klasse der Berührungsebenen von f_1 in den Punkten von r und einen zweiten von der nämlichen Klasse, den Ort der Tangentialebenen von f_1, welche diese Fläche in zwei Geraden schneiden, die in Bezug auf den Schnitt mit f_2 conjugirt sind (Nr. 749).

Jede Ebene, welche eine Gerade von f_1 mit einem der beiden Punkte verbindet, in denen ihre Polare nach f_2 die f_1 schneidet, ist eine solche Tangentialebene.

In einer Ebene τ_1 des ersten Torsus ist der Scheitel des zweiten Complex-Strahlenbüschels der Schnittpunkt der Tangenten der Curve $\tau_1 f_2$ in ihren zweiten Schnitten mit den Geraden von $\tau_1 f_1$.

751 Ein beliebiger Strahl von H^2 berührt zwei gepaarte Flächen unseres involutorischen Flächenbüschels; sind die zugehörigen Berührungsebenen identisch, so ist er ein singulärer Strahl.

Wenn p ein Strahl ist, dessen Polaren p_1, p_2 in Bezug auf f_1, f_2

---

*) Segre und Loria, Math. Annalen Bd. 23 S. 234.

**) Ebenda.

sich schneiden, so ist in der Ebene, welche p mit dem Punkt p_1p_2 verbindet, p Seite und p_1p_2 Gegenecke des gemeinsamen Polardreiecks der aus f_1, f_2 geschnittenen Curven. Gehört daher p überdies zu H^2, so zerfällt die Complexcurve in der genannten Ebene und p ist die Doppellinie, also singulärer Strahl.

p ist Verbindungslinie der beiden Pole der Ebene p_1p_2 und Schnittlinie der beiden Polarebenen des Punktes p_1p_2, und umgekehrt. Also ist der Ort der Geraden p, deren beide Polaren sich schneiden, ein tetraedraler Complex, dessen Grundtetraeder das gemeinsame Polartetraeder von f_1, f_2 ist (I, Nr. 260).

Die Congruenz (4, 4) *der singulären Strahlen von* H^2 *ist daher der Schnitt dieses Complexes mit dem tetraedralen Complexe derjenigen Geraden, deren Polaren in Bezug auf* f_1, f_2 *sich schneiden.**)

Daraus folgt sofort:

Alle Tangenten der Complexcurve von H^2 *in einer der Ebenen des gemeinsamen Polartetraeders von* f_1, f_2, *alle Kanten des Complexkegels aus einer von seinen Ecken sind singulär.*

Der Schnitt der singulären Fläche mit einer Ebene des Tetraeders besteht daher aus der Complexcurve und einem zweiten Kegelschnitte, welcher durch die Punkte der Complex-Punktepaare auf ihren Tangenten gebildet wird.

Dies gemeinsame Polartetraeder des Büschels f_1f_2 sei $ABCD \equiv \alpha\beta\gamma\delta$. *Die Complexcurve in der Ebene* α *bezeichnen wir mit* (α); alle ihre Tangenten sind, wie eben gesagt, singuläre Strahlen; zugehöriger singulärer Punkt ist je der Berührungspunkt, da die Tangente in ihm auch die singuläre Fläche berührt; die singuläre Ebene geht nach der Gegenecke A, weil in diesem Punkte sich die beiden Polaren schneiden, und berührt *den Kegel* α^2, *welcher* (α) *aus* A *projicirt.*

Es sei weiter k_A *der Kegel aus dem Büschel* f_1f_2, *der seine Spitze in* A *hat.* Von den 3 Geradenpaaren des Büschels, in dem f_1f_2 von einer Berührungsebene des Kegels α^2 geschnitten wird, haben zwei ihren Doppelpunkt auf dem singulären Strahle in α, das dritte wird aus k_A ausgeschnitten; *ist daher* f_A *die Fläche des Büschels, welche in der Involution dem* k_A *gepaart ist,* so ändert dieselbe sich nicht, wenn jene Ebene um α^2 sich bewegt. Ihre Schnitte mit jeder Tangente von (α) sind die Punkte des Punktepaars auf derselben und *der Kegelschnitt* A^2, *in dem* α *von* f_A *geschnitten wird, ist* der Ort dieser Punktepaare, also *der oben erwähnte zweite Schnitt von* α *mit der singulären Fläche, ausser der Complexcurve* (α).

---

*) A. a. O. S. 218.

Ebenso sei der Complexkegel aus A mit (A) bezeichnet; auch seine Kanten sind sämmtlich singulär. Sie berühren daher die singuläre Fläche je im zugehörigen singulären Punkte. Der Kegel ist derselben umgeschrieben, und seine Berührungsebenen sind auch die Tangentialebenen von Φ, also gehört jeder Kante von (A) als singulärem Strahle ihre Berührungsebene als singuläre Ebene zu.

Der Berührungskegel aus A an Φ besteht aus dem Complexkegel (A) und dem obigen Kegel α^2; die beiden Ebenen, die aus einer Kante von (A) tangential an α^2 gehen, bilden das Complex-Ebenenpaar, dessen Doppellinie die Kante ist.

Wir fanden schon, dass für eine Tangente t der Schnittcurve $r \equiv f_1 f_2$ der Berührungspunkt T der zugehörige singuläre Punkt ist; die singuläre Ebene ergiebt sich folgendermassen: wenn f' die Fläche des Büschels ist, welche die t enthält, und f'' die ihr in der Involution gepaarte, so ist die Berührungsebene dieser letzteren in T die gesuchte Ebene.

Aus A kommen 4 Tangenten an r; sie sind die gemeinsamen Kanten von (A) und k_A.

751 Wichtiger aber sind die gemeinsamen Berührungsebenen dieser Kegel. Jede von ihnen ist als Tangentialebene von (A) singuläre Ebene, als Tangentialebene von k_A aber berührt sie r doppelt; also berühren sich auch die aus f_1, f_2 ausgeschnittenen Curven doppelt. Die harmonische Curve in ihr gehört in diesem Falle zum Büschel und ist diejenige Curve desselben, welche, in Bezug auf jene Curven, der Doppelgeraden des Büschels harmonisch zugeordnet ist; da sie aber ein Punktepaar ist, so kann sie nur das zum Büschel gehörige Punktepaar sein, dessen beide Punkte sich im Berührungspole vereinigt haben.

Da nun jeder von den Strahlen durch den Berührungspol auch Seite eines der ∞^1 gemeinsamen Polardreiecke ist, so zeigt er sich als singulärer Strahl; und *wir haben so 4 Doppel-Berührungsebenen der singulären Fläche gefunden,* welche einen ganzen Strahlenbüschel singulärer Strahlen enthalten.

Der Berührungspol, als Schnittpunkt der beiden Tangenten von r in den Punkten, wo sie von der Berührungskante der Ebene mit k_A getroffen wird, liegt bekanntlich in α.

Jede dieser Ebenen muss als singuläre Ebene, weil sie k_A tangirt, auch die gepaarte Fläche f_A berühren, und ebenso muss es jeder der singulären Strahlen thun, so dass der eben genannte Punkt, als Concurrenzpunkt dieser singulären Strahlen, der Berührungspunkt der

Ebene mit f_A ist; es ergiebt sich so eine noch einfachere Enstehungsweise:

Die 4 Berührungsebenen $\alpha_1, \alpha_2, \alpha_3, \alpha_4$, *welche der Kegel* k_A *mit der gepaarten Fläche* f_A *gemeinsam hat, sind Doppel-Berührungsebenen der singulären Fläche* Φ. *Im Berührungspunkte einer solchen Ebene mit* f_A, *der in* α *liegt, sind die Punkte des Complex-Punktepaars zusammengefallen;* alle Tangenten der f_A in diesem Punkte berühren beide Flächen und zwar durchgängig mit derselben Berührungsebene an beiden Berührungsstellen, nämlich unserer Ebene, und sind singuläre Strahlen.

Die 3 andern Punkte B, C, D geben die 12 übrigen derartigen Ebenen, und wir sehen, dass *diese 16 Ebenen — die stationären Ebenen des Complexes — hier die besondere Lage haben, dass sie viermal zu je vieren durch die Ecken unseres Tetraeders gehen;* die 4 zugehörigen Punkte E liegen dann je in der Gegenebene desselben und sind die Berührungspunkte mit A^2, B^2, ...

Weil in jeder der 4 stationären Ebenen $\alpha_1, \alpha_2, \alpha_3, \alpha_4$, die durch A gehen, der Scheitel des Büschels singulärer Strahlen in α liegt, also einer von diesen Strahlen in α fällt und deshalb (α) berührt, so sind diese 4 Ebenen auch Tangentialebenen des Kegels $\alpha^2 \equiv A(\alpha)$, welcher von den singulären Ebenen eingehüllt wird, die zu den Tangenten von (α) gehören.

Folglich befinden sich die drei Kegel k_A, (A) und α^2 in der nämlichen Schaar.

Ferner, die Tangenten von (α) schneiden den Kegelschnitt $A^2 \equiv \alpha f_A$ je in den beiden Punkten ihres Punktepaars, diejenigen also, die in den α_i liegen, berühren in dem entsprechenden Scheitel, in den diese Punkte zusammengerückt sind.

Die 4 Ebenen α_i sind gemeinsame Berührungsebenen des Kegels k_A und des Tangentialkegels aus A an f_A (oder des Kegels, welcher A^2 aus A projicirt); also ist das gemeinsame Polardreiflach $\beta\gamma\delta$ dieser Kegel das Diagonaldreiflach des Vierflachs dieser 4 Ebenen; es ist auch Polardreiflach für α^2; und BCD ist Polardreieck für die beiden Kegelschnitte (α) und A^2.

Wir haben gefunden, dass das Punktepaar einer Tangentialebene 752
von α^2 aus den Schnittpunkten derselben (oder ihrer Spur in α) mit A^2 besteht; ferner die beiden Berührungsebenen aus einer Kante von (A) an α^2 bilden das Ebenenpaar des Complexes, von dem die Kante die Doppellinie ist; oder die beiden Kanten, in denen eine Tangentialebene von α^2 den (A) schneidet, sind die Doppellinien der beiden Ebenenpaare, zu denen sie gehört; folglich gehen sie durch das

Complex-Punktepaar, von welchem sie die Trägerebene ist. Das bedeutet aber, dass der Kegel (A) durch die Curve A^2 geht und der Tangentialkegel aus A an f_A ist.

Sodann hat sich gezeigt, dass der Punkt auf einer Kante von (A), zu dem das Ebenenpaar gehört, dessen Doppellinie in die Kante fällt, der Stützpunkt auf A^2 ist, weil er ja der eine Punkt des Punktepaars in jeder der beiden Ebenen ist. Als der der Kante zugehörige singuläre Punkt ist er ihr Berührungspunkt mit Φ.

Der Kegel (A) ist der singulären Fläche Φ längs der Curve A^2 umgeschrieben.

Für jede der Tangenten von (α) ist zugehöriger singulärer Punkt ihr Berührungspunkt, und die zugehörige singuläre Ebene, die Tangentialebene von α^2, welche durch sie geht, berührt in ihm die Fläche Φ.

Daher ist auch der Kegel α^2 der Fläche Φ längs der Curve (α) umgeschrieben.

Stellen wir die Eigenschaften dieser Kegel und Kegelschnitte zusammen.

Die Ebene α des gemeinsamen Polartetraeders von f_1, f_2 schneidet die singuläre Fläche Φ des harmonischen Complexes dieser Flächen in zwei Kegelschnitten (α) und A^2, von denen der erstere die Complexcurve ist. Aus der Gegenecke A kommen an Φ zwei Tangentialkegel α^2 und (A), von denen der letztere der Complexkegel ist; α^2 berührt Φ längs (α), (A) längs A^2.

Jede Tangente von (α) ist ein singulärer Strahl; sein singulärer Punkt ist der Berührungspunkt, seine singuläre Ebene die durchgehende Tangentialebene von α^2; das Complex-Punktepaar in dieser besteht aus den Schnittpunkten der Tangente mit der Curve A^2.

Jede Kante von (A) ist ein singulärer Strahl; seine singuläre Ebene ist die Berührungsebene und sein singulärer Punkt der Schnittpunkt mit A^2. Das Complex-Ebenenpaar desselben besteht aus den beiden Tangentialebenen von der Kante an α^2.

Die Curven (α) und A^2 haben BCD zum gemeinsamen Polardreiecke, die Kegel α^2 und (A) $\beta\gamma\delta$ zum gemeinsamen Polardreiflach.

Die 4 Tangentialebenen von Φ aus einer Kante des Tetraeders, z. B. aus AB, sind die Berührungsebenen an α^2 und (A) oder an (A) und (B). Denn die an α^2 gehen durch die Tangenten aus B an (α), den Schnitt von α^2 mit α; das sind die Kanten von (B) in α, also die Berührungskanten der Tangentialebenen von AB an (B). Diese Kegel (A) und (B) sind aber die Tangentialkegel aus A an f_A, aus B an f_B.

Die Berührungsebenen aus AB an Φ sind die Tangentialebenen aus dieser Kante an die beiden Flächen des Büschels $f_1 f_2$, welche, in Bezug auf f_1, f_2, den Kegeln k_A, k_B harmonisch zugeordnet sind.

Wie die gemeinsamen Berührungsebenen von (A) und α^2 sich als 753
Doppel-Berührungsebenen von Φ herausgestellt haben, so *sind die Schnittpunkte* A_1, A_2, A_3, A_4 *von* (α) *und* A^2 *Doppelpunkte.*

Die Ebenen des Ebenenpaars aus einem dieser Punkte fallen zusammen in die längs AA_i den α^2 berührende Ebene.

Die in den Doppel-Berührungsebenen α_i befindlichen singulären Strahlen berühren alle dieselben zwei gepaarten Flächen k_A, f_A und zwar mit einer festen Berührungsebene an beide und einem festen Berührungspunkte mit f_A, während der mit k_A eine Kante durchläuft; hier dagegen bei den Doppelpunkten ändert sich von einem Strahl dieses Büschels singulärer Strahlen zum andern das Paar berührter Flächen, die Berührungspunkte und Berührungsebenen.

Von den 16 Doppelpunkten der Fläche Φ *oder stationären Punkten des Complexes liegen je 4 in den Ebenen des nämlichen Tetraeders, durch dessen Ecken je 4 von den Doppel-Berührungsebenen oder stationären Ebenen gehen.*

Für das Viereck der A_1, A_2, A_3, A_4 ist BCD Diagonaldreieck.

Betrachten wir den Berührungs-Kegelschnitt $[\alpha_1]$, mit Φ, in der Ebene α_1, der, wie wir wissen, durch die singulären Punkte gebildet wird, die den verschiedenen singulären Strahlen des Büschels in α_1 zugehören; er ist der volle Schnitt von α_1 und wird von den Curven (β), B^2 in β je zweimal getroffen. Durch einen der Schnitte B' von $[\alpha_1]$ mit (β) gehen zwei singuläre Strahlen, denen er zugehört, der Strahl des Büschels in α_1 und die Tangente von (β); sein Complex-Ebenenpaar hat daher zwei Doppellinien, und seine Ebenen fallen zusammen. Der Punkt ist einer der Punkte $B_1, \ldots B_4$ in β; da α_1 durch A geht und ACD Diagonaldreieck dieser 4 Punkte ist, so enthält α_1 noch einen zweiten der Punkte B_i. Durch jede der beiden Verbindungslinien der B_i, die sich in A schneiden, gehen daher zwei von den 4 Ebenen α_i. Und so ergiebt sich:

In jeder der 16 Doppel-Berührungsebenen α_i, β_i, γ_i, δ_i liegen 6 Doppelpunkte; z. B. in einer α_i liegen je zwei Punkte B_i, C_i, D_i.

Und durch jeden der 16 Doppelpunkte gehen 6 Doppel-Berührungsebenen, durch jeden A_i je zwei β_i, γ_i, δ_i.

Das ist das bekannte Arrangement der 32 Doppelelemente der singulären Fläche.

Im allgemeinen schneiden die 16 Doppel-Berührungsebenen in eine beliebige Ebene 16 Doppeltangenten des Schnitts derselben mit

Φ ein; in einer der Tetraederebenen aber gestaltet es sich so: Ist diese etwa α, so gehen die 4 Doppel-Berührungsebenen α_i, welche von A herkommen, durch die 4 gemeinsamen Tangenten von A^2, (α), die vier β_i zu je zweien durch die beiden gemeinsamen Secanten dieser Kegelschnitte, welche sich in B schneiden, und ähnliches gilt für die γ_i, δ_i.

754 Von den 6 Doppelpunkten, welche in einer Ebene α_i liegen, befinden je 2 sich in β, γ, δ; daher laufen ihre Verbindungslinien in den Punkt A zusammen. Folglich bilden diese 6 Doppelpunkte auf dem Kegelschnitte $[\alpha_i]$ eine Involution.

In jeder der 16 Doppelebenen der singulären Fläche eines harmonischen Complexes sind die 6 Doppelpunkte in Involution.

Daher sind auch die 6 Doppeltangenten in jedem Tangentenbüschel einer solchen Kummer'schen Fläche und die ihr zugehörigen Fundamental-Gewinde, als Mitglieder der Reihe der consingulären Complexe, in Involution.

In der Projectivität zwischen der Punktreihe auf $[\alpha_i]$, einem Tangentenbüschel und der genannten Complex-Reihe entspricht dem Punkte E des harmonischen Complexes in der stationären Ebene α_i der singuläre Strahl, der dem harmonischen Complexe zugehört, der Complex selbst.

Punkt E aber ist der Berührungspunkt der Ebene α_i mit dem Kegelschnitte A^2. Auf den 3 Strahlen α_i (β, γ, δ) sind die Schnitte mit $[\alpha_i]$ zugleich die mit (β), (γ), (δ), die vierten harmonischen Punkte, die in Bezug auf sie dem A zugeordnet sind, liegen auf CD, DB, BC; also ist $\alpha_i\alpha$ die Polare von A in Bezug auf $[\alpha_i]$.

Folglich sind auch in Bezug auf jeden der 16 Kegelschnitte in den Doppel-Berührungsebenen der singulären Fläche eines harmonischen Complexes die Ecke des Tetraeders, die in seine Ebene fällt, und die Spur der Gegenebene polar.

Auf $\alpha_i\alpha$, der Axe der gefundenen Involution, deren Centrum A ist, liegt E und ist daher ein Doppelpunkt der Involution.

Der einer stationären Ebene eines harmonischen Complexes zugehörige Punkt E ist der eine Doppelpunkt der Involution der 6 in dieser Ebene befindlichen stationären Punkte.

Oder: *In jedem Tangentenbüschel der singulären Fläche eines harmonischen Complexes ist der ihm zugehörige singuläre Strahl der eine Doppelstrahl der Involution der 6 Doppeltangenten.*

Oder: *In der Reihe der einem harmonischen Complexe consingulären*

Complexe ist er selbst das eine Doppelelement der Involution, in der dreimal zwei der Fundamental-Gewinde gepaart sind.

Dem Complexe sind damit zwei Bedingungen auferlegt, damit er harmonisch sei: wir werden auch bald erkennen, dass seine Mannigfaltigkeit 19—2 ist; der singulären Fläche dagegen wird nur eine Bedingung aufgelegt.

Das zweite Doppelelement der Involution weist auf *einen zweiten zu der nämlichen singulären Fläche gehörigen harmonischen Complex* hin, auf den wir bald zu sprechen kommen werden.*)

Wir wissen (Nr. 564), dass, wenn bei einem quadratischen Com- 755
plexe eine Gerade h einmal von den Complexcurven zweier durch sie gehenden Ebenen in denselben Punkten getroffen wird, es ∞^1 Paare von Ebenen durch h giebt, welche dieselbe Eigenschaft haben; diese Ebenenpaare durch h bilden eine Involution und ebenso die Schnittpunkte-Paare auf h.

Jeder Strahl durch A ist eine solche Gerade h. In der That, in den beiden Tangentialebenen, welche von ihm an den Kegel (A) kommen, sind die Complexcurven Punktepaare oder als Punktcurven die doppelten singulären Strahlen: die Kegelkanten, längs deren diese Ebenen berühren. Beide Curven treffen daher den Strahl in zwei in A vereinigten Punkten.

Die Complexstrahlen in einer Berührungsebene von k_A müssen auch die gepaarte Fläche f_A tangiren und umhüllen daher die Schnittcurve jener Ebene mit f_A; folglich treffen die Complexcurven in den beiden Tangentialebenen von unserm Strahle an k_A denselben in den Punkten, wo er f_A schneidet. Wir haben mithin die fragliche Eigenschaft sogar für zwei Ebenenpaare durch den Strahl nachgewiesen und damit die Ebeneninvolution festgelegt. Ein drittes ersichtliches Paar bilden die Tangentialebenen aus dem Strahle an den Kegel α^2.

Für das Folgende empfiehlt es sich, die Ausgangsflächen f_1, f_2 mit f_1^0, f_2^0 zu bezeichnen, infolge dessen auch ihren Schnitt mit r^0 und ebenso die beiden Flächen k_A, f_A mit k_A^0, f_A^0; weil die Bezeichnungen f_1, f_2, r, k_A, f_A dadurch für veränderliche Gebilde frei werden.

Es sei nun k_A ein beliebiger weiterer Kegel 2. Grades, welcher die 4 Ebenen α_1, α_2, α_3, α_4 tangirt und deshalb zur Schaar $((A), \alpha^2, k_A^0)$ gehört.

Daher bilden die beiden Tangentialebenen, die von unserm Strahle

*) F. Klein, Mathem. Annalen Bd. 2 S. 222; Segre und Loria, ebenda Bd. 23 S. 218.

h aus A an ihn kommen, ein Paar in der oben bestimmten Involution, und die Complexcurven in ihnen treffen h in denselben zwei Punkten; die Complexcurven in irgend zwei Tangentialebenen von k_A schneiden sich demnach stets zweimal.

Die Complexcurve in irgend einer Ebene durch A berührt die beiden singulären Strahlen, welche die Ebene aus dem Kegel (A) ausschneidet, in ihren zugehörigen singulären Punkten, also auf A^2; so dass alle diese Complexcurven den A^2 zweimal treffen und in den Treffpunkten den Kegel $(A) \equiv AA^2$ tangiren. Durch diejenige in irgend einer Berührungsebene von k_A legen wir die Fläche 2. Grades f_A, welche dem (A) längs A^2 eingeschrieben ist; die in allen übrigen Tangentialebenen von k_A berühren f_A auf A^2, schneiden jene erste Complexcurve zweimal und liegen deshalb auch auf f_A.

Somit wird jedem Kegel 2. Grades k_A, der die 4 Ebenen α_1, α_2, α_3, α_4 berührt, eine dem Kegel (A) längs A^2 eingeschriebene Fläche 2. Grades f_A zugeordnet von der Beschaffenheit, dass die Curven unseres Complexes in den Tangentialebenen von k_A auf f_A liegen.

Unmittelbar ersichtlich ist, dass $ABCD$ für k_A Polartetraeder ist.

In Bezug auf f_A sind A und α Pol und Polarebene, und da BCD Polardreieck für A^2, den Schnitt von f_A mit α, ist, so ist $ABCD$ auch Polartetraeder für f_A.

Jetzt seien f', f'' zwei Flächen des Büschels $k_A f_A$, welche von irgend einem Complexstrahle g berührt werden, und f_1, f_2 die Doppelelemente der Involution $(f'f'', k_A f_A)$; dann ist der zu f_1, f_2 gehörige harmonische Complex identisch mit dem gegebenen zu f_1^0, f_2^0 gehörigen. Denn sie haben gemeinsam die Congruenz (4, 4), welche dem H^2 und dem Tangentencomplexe von k_A gemeinsam ist und, weil alle ihre Strahlen auch f_A berühren, auch zum neuen Complexe gehört, da k_A und f_A in der diesem zu Grunde liegenden Involution gepaart sind, und ausserdem noch g.

Jeder Strahl von H^2 berührt ein Paar der obigen Involution, und die willkürliche Wahl von g ist ohne Einfluss.

So erhalten wir ∞^1 Paare von Flächen f_1, f_2, für welche H^2 harmonischer Complex ist.

Kommt k_A nach (A), so werden die Complexcurven in den Berührungsebenen sämmtlich Punktepaare, deren Doppellinien die zugehörigen Kanten von (A) sind; also fällt auch f_A in (A) und daher auch eine der beiden Flächen f_1, f_2; *mithin gehört (A) zu den Flächen f; die gepaarte Fläche ist eine andere.*

Wenn k_A nach α^2 fällt, so sind wiederum die Complexcurven Punktepaare; ihre Doppellinien sind die Tangenten von (α). Fläche

f_A ist die doppelte Ebene α. Diese ist in dem Büschel, den k_A und f_A constituiren, jederzeit die eine der beiden Flächen f', f'', die von g „berührt" werden; also ist die Involution parabolisch und die genannte Doppelebene α das einzige Doppelelement; *somit gehört die Ebene α, doppelt geordnet, zu den Flächen f und ist sich selbst gepaart.*

Die Strahlen h haben auch die duale Eigenschaft; die beiden 756
Complexkegel aus zwei Punkten von h, die in der Punktinvolution gepaart sind, haben zwei Ebenen eines Paars der Ebeneninvolution zu gemeinsamen Berührungsebenen, und wenn einmal die Complexkegel aus zwei Punkten einer Geraden von denselben zwei Ebenen durch sie berührt werden, so giebt es ∞^1 derartige Punktepaare auf ihr, die dann in Involution sind.

Jede Gerade von α hat diese Beschaffenheit. Denn die beiden Complexkegel aus den Punkten, wo sie den (α) trifft, zerfallen in Ebenenpaare, welche die zugehörigen Tangenten von (α) zu Doppellinien haben; die „Tangentialebenen" aus der Geraden an das eine, wie an das andere Paar fallen in α zusammen.

Schneiden wir unsere Gerade h — denn als solche ist sie nunmehr erkannt — mit A^2, so sind die Complexkegel beider Schnitte auch Ebenenpaare und ihre Doppellinien die Kanten des Kegels (A). Die beiden Tangentialebenen von h an das eine und das andere Paar fallen in die Ebene je nach der Doppellinie zusammen, also beidemal in die Ebene hA. Mithin liefern die Schnitte von h mit (α) und A^2 zwei Paare der Punktinvolution auf h.

Es sei nun K_α ein beliebiger Kegelschnitt des Büschels $[(\alpha), A^2]$ oder durch die 4 Punkte A_1, A_2, A_3, A_4. Seine Schnitte mit h sind ein weiteres Paar dieser Involution; die beiden Complexkegel aus ihnen haben zwei gemeinsame Berührungsebenen, also allgemein die Complexkegel aus irgend zwei Punkten von K_α.

Der Complexkegel irgend eines Punktes von α enthält die beiden Tangenten aus ihm an (α) und wird längs derselben von den Berührungsebenen von α^2 tangirt, deren singuläre Strahlen sie sind.

Wegen dieser gemeinsamen Ebenen ist es möglich, eine Fläche 2. Grades F_α zu construiren, welche den Kegel α^2 längs (α) berührt und auch dem Complexkegel aus einem bestimmten Punkte von K_α eingeschrieben ist. Diejenigen aus allen übrigen Punkten von K_α sind dann dieser Fläche ebenfalls umgeschrieben, weil sie sich mit ihr in 2 Punkten von (α) berühren und ausserdem noch 2 Berührungsebenen (vom Complexkegel des erstgewählten Punktes) gemein haben.

So ist jedem Kegelschnitte K_α durch die 4 Punkte A_i eine Fläche

2. Grades F_α zugeordnet, welche von den Complexkegeln aller Punkte von K_α umhüllt wird.

Diese Kegel erzeugen eine Congruenz (4, 4): den Durchschnitt von H^2 mit dem Tangentencomplexe oder besser dem Complexe der Treffgeraden von K_α.

Seien F', F'' zwei Flächen aus der Schaar (K_α, F_α), welche von demselben Strahle g von H^2 berührt werden, und F_1, F_2 die Doppelelemente der Involution $(F', F''; K_\alpha, F_\alpha)$, so ist der dual construirte harmonische Complex der Flächen F_1, F_2, d. h. der Complex der Strahlen, von denen harmonische Paare von Tangentialebenen an F_1, F_2 kommen, mit H^2 identisch; denn sie haben die eben genannte Congruenz (4, 4) und den Strahl g gemeinsam.

Damit ist das wichtige Ergebniss erhalten:

Jeder Complex, der sich als Ort der Strahlen ergiebt, welche zwei gegebene Flächen 2. Grades harmonisch schneiden, ist auch Ort der Strahlen, von denen an zwei Flächen 2. Grades harmonische Paare von Berührungsebenen gehen.

Und auch hier sind ∞^1 Paare solcher Flächen F_1, F_2 möglich.

Aber die Flächen sind im zweiten Falle andere als im ersten; so dass wir, wenn wir von denselben zwei Flächen ausgehen, zwei verschiedene Complexe erhalten, die aber von derselben Art sind. Die Bezeichnung „harmonischer Complex" ist unzweideutig, nicht so aber die Bezeichnung „harmonischer Complex zweier Flächen 2. Grades".

Für den Kegelschnitt K_α ist BCD Polardreieck und also für die Fläche K_α $ABCD$ Polartetraeder.

Weil F_α dem Kegel α^2 längs (α) eingeschrieben ist, so ist A Pol von α, und da BCD Polardreieck von (α) ist, so ist $ABCD$ auch Polartetraeder für F_α.

Ein singulärer Punkt S des Complexes ist bei der jetzigen dualen Entstehungsweise ein gemeinsamer Punkt zweier gepaarter Flächen der involutorischen Flächenschaar, und die Tangente an die Schnittcurve ist der zugehörige singuläre Strahl s. Für F_1, die zu sich selbst gepaart ist, ist diese Schnittcurve die Raumcurve 4. Ordnung, längs deren sie von der ihr und der F_2 umgeschriebenen abwickelbaren Fläche 4. Klasse berührt wird.

Die Tangentialebenen aus s an die Fläche der Schaar, die zur dritten durch den Punkt S gehenden Fläche in der Involution gepaart ist, sind die Ebenen des Complex-Ebenenpaars (S).

Wenn K_α nach (α) kommt, so ergiebt sich (α) als eine der beiden Flächen F_1, F_2; die andere ist von ihr verschieden. Geht aber

K_α in A^2 über, so fallen die beiden Flächen F_1, F_2 in den doppelten Ebenenbündel A zusammen.

Die Mannigfaltigkeit unseres Complexes ist 17, also um 2 geringer als die des allgemeinen Complexes Γ^2; denn es giebt ∞^{16} Büschel (oder Schaaren) von Flächen 2. Grades; jeden kann man auf ∞^2 Weisen involutorisch machen. Andererseits aber kann jeder harmonische Complex auf ∞^1 Weisen in der einen oder andern Art erzeugt werden (vergl. Nr. 754).

Oder es giebt ∞^{18} Paare von Flächen f_1, f_2 oder F_1, F_2; jedes führt zu einem Complex H^2; aber jeder solche Complex ergiebt sich bei ∞^1 Paaren.

Es sei, indem wir zur ersteren Erzeugung zurückkehren, $f_1 f_2$ irgend 757
eins der ∞^1 Paare von Flächen, welche von den Strahlen von H^2 harmonisch geschnitten werden.

Die Sehnencongruenz (2, 6) der Raumcurve $r \equiv f_1 f_2$ hat mit H^2 eine Regelfläche 16. Grades gemein, welche sich in die 4 Regelschaaren von f_1, f_2 und die abwickelbare Fläche 8. Ordnung der Tangenten von r zerlegt; eine andere Fläche des Büschels $f_1 f_2$ hat mit ihm nur die 8 von r berührten Geraden gemeinsam.

Jede Gerade von H^2, welche r trifft, berührt im Treffpunkte f_1 oder f_2, oder die beiden Strahlenbüschel von H^2, die von einem Punkte von r ausgehen, berühren in ihm die Flächen f_1, f_2 und bestimmen sie in dem Büschel $k_A f_A \equiv f_1 f_2$.

Die Curven $r \equiv k_A f_A$, welche den verschiedenen Paaren k_A, f_A zugehören, erzeugen die singuläre Fläche, ihre Tangenten-Developpablen die Congruenz der singulären Strahlen.

Die Kegel k_A bilden eine Schaar mit den gemeinsamen Berührungsebenen α_1, α_2, α_3, α_4; die Flächen f_A sind dem Kegel (A) längs A^2 eingeschrieben. Beide Flächensysteme befinden sich in eindeutiger Beziehung. Der Kegel (A) gehört zu beiden und entspricht sich selbst; denn die Complexcurven in seinen Berührungsebenen sind Punktepaare auf den Kanten und diese Doppelgeraden erfüllen ihn selbst. Daher ist das Erzeugniss nicht 6., sondern nur 4. Ordnung. Andererseits ist dies Paar $k_A f_A$ zur Herstellung des Complexes nicht geeignet.

Die Curven r sind die ferneren Schnitte der Flächen f_A mit Φ ausser der Berührungscurve A^2.

Wir fanden eben, dass jede Fläche f die Ebenen von ∞^1 Strahlenbüscheln des Complexes in ihren Scheiteln berührt; diese in sich duale Eigenschaft kommt aber auch den Flächen F zu; ausserdem haben die einen, wie die andern $ABCD$ zum Polartetraeder. Diese sechsfache Bedingung und die dreifache, die Ebene eines bestimmten Complex-Strahlenbüschels in dessen Scheitel zu tangiren, führt zu einer f sowohl wie zu einer F, und da durch sie eine Fläche 2. Grades eindeutig bestimmt wird, so sind beide Flächen identisch. Also:

Das System $\mathfrak{F}$ *der Flächen* f *ist mit dem der Flächen* F *identisch.*

Die Paarung ist aber in dem einen Falle nicht die nämliche wie im andern.

Einer Fläche $f_1 \equiv F_1$, *welche* $ABCD$ *zum Polartetraeder und einen bestimmten Complex-Strahlenbüschel zum Tangentenbüschel hat, ist als* f_2 *diejenige gepaart, welche den zweiten Complex-Strahlenbüschel aus dem nämlichen Punkte, und als* F_2 *diejenige, welche den zweiten in derselben Ebene zum Tangentenbüschel hat.*

Zu diesen Flächen $f \equiv F$ *gehören die vier Kegel* (A), (B), (C), (D) *und die vier Kegelschnitte* (α), (β), (γ), (δ).

Und zwar gehören die (A), ... zu den f als Kegel, zu den F als doppelte Ebenenbündel, die (α), ... zu den F als Kegelschnitte, zu den f als doppelte Ebenen. Jeder von jenen ist als F sich selbst, als f einer andern Fläche, jeder von diesen als f sich selbst, als F einer andern Fläche gepaart.

758 Ein beliebiger Strahl g von H^2 trifft Φ viermal und in jedem der Treffpunkte eine Curve $r \equiv f_1 f_2$; als Strahl von H^2 muss er dann f_1 oder f_2 tangiren, und umgekehrt, wenn ein g von H^2 eine Fläche f_1 unseres Systems berührt, so muss dies, wegen des Harmonischschneidens, auf $r \equiv f_1 f_2$ geschehen, der Berührungspunkt also auf Φ liegen.

Dies lehrt uns, dass von unserm Flächensysteme $\mathfrak{F}$ 4 Flächen eine Gerade berühren. Aber auch die beiden andern Charakteristiken dieses Systems sind 4; ich unterdrücke jedoch den ausführlichen Beweis, dass durch einen Punkt P 4 Flächen gehen. P scheidet aus dem Gebüsche der Flächen, zu denen $ABCD$ als Polartetraeder gehört, ein Netz aus und ein weiterer Punkt X aus diesem wiederum einen Büschel; diesen Punkt X lässt man auf einem ebenen Schnitte der Φ sich bewegen und untersucht, wie oft die Tangente der Grundcurve des Büschels in einen der Complex-Strahlenbüschel aus X fällt; man hat jedoch zu beachten, dass immer 4 Lagen von X zu derselben Fläche führen.

Indem wir aber die Charakteristik $\nu = 4$ kennen und wissen, dass im Systeme 4 Kegel und 4 Kegelschnitte vorhanden sind, können wir mit Hilfe der Charakteristiken-Formeln in I, Nr. 20 die beiden andern Charakteristiken ermitteln und finden: $\mu = \varrho = 4$; dass sie gleich sind, wissen wir auch von vorn herein.

Die 4 Flächen von $\mathfrak{F}$, welche durch A gehen, sind: der Kegel (A) und die Doppelebenen der Kegelschnitte (β), (γ), (δ).

Zwei gepaarte Flächen f_1, f_2 schneiden einander in einer auf Φ 759
gelegenen Curve 4. Ordnung r; es sei ϱ die zweite Raumcurve dieser Ordnung, in welcher f_2 die Fläche Φ schneidet, der Schnitt von f_2 mit der eigenen Polarfläche φ_{21} nach f_1 (Nr. 750).

Von den Curven r wird Φ einfach überzogen, denn sie werden durch die Flächen f_A eines Büschels eingeschnitten; die 8 Punkte, welche $r' \equiv f_1'f_2'$ mit f_2 gemeinsam hat, liegen deshalb auf ϱ, und jeder Punkt von ϱ gehört zu einer solchen Gruppe associirter Punkte. Sei nun X ein beliebiger Punkt von ϱ; durch ihn gehen 4 Flächen des Systems $\mathfrak{F}$, ersichtlich f_2, ferner die beiden Flächen f_1', f_2', deren Schnittcurve r' die Gruppe einschneidet, zu welcher X gehört, und eine vierte Fläche f_1'', welche sich mit ihrer gepaarten f_2'' in einer r'' schneidet, die nicht durch X geht, sondern f_2 oder ϱ in einer andern Gruppe associirter Punkte schneidet; daher hat f_1'' mit ϱ 9 Punkte gemein und enthält sie ganz.

Somit ist folgende interessante „Verkettung" der Flächen f festgestellt:

*Zwei gepaarte Flächen f_1, f_2 schneiden sich in einer auf Φ gelegenen Curve r, f_2 schneidet Φ in einer zweiten Curve ϱ, durch welche eine zweite Fläche f_1' geht, die wiederum mit ihrer gepaarten Fläche f_2' sich in einer r' schneidet, u. s. w.**)

Auch diese zweiten Curven ϱ überziehen Φ einfach: durch jeden Punkt von Φ geht eine r und eine ϱ; in jener schneiden sich zwei gepaarte, in dieser die beiden übrigen von den 4 durchgehenden f. Wenn der Punkt aber einer der 8 Schnittpunkte ist, in denen die beiden von der nämlichen Fläche f_2 ausgeschnittenen Curven r und ϱ sich begegnen, so zählt f_2 doppelt unter den 4 Flächen.

Von den Kegelschnitten (α), A^2; (β), B^2; ... in den 4 Tetraeder- 760
Ebenen schneiden sich die ungleichartigen je zweimal, z. B. (α) und B^2.

Denn der Kegel (B), d. i. der Complexkegel aus B, schneidet α in 2 aus B kommenden Strahlen, welche (α), die Complexcurve in α, berühren und zwar auf CD, der Polare von B nach (α). Da aber (B) über B^2 steht, so folgt daraus, dass diese Berührungspunkte den B^2 und (α) gemeinsam sind.

*) Dies bietet Gelegenheit, den Aufsatz von Schur über den harmonischen Complex (Math. Annalen Bd. 21 S. 515) zu erwähnen.

Die Schnittpunkte-Paare von (α) und B^2, (β) und A^2 sind die Begegnungspunkte von $\alpha\beta$ mit Φ (vergl. Nr. 752). Daraus folgt, dass *A^2 und B^2, (α) und (β) einander nicht begegnen.* Ebenso haben zwei Kegel wie (A) und β^2 zwei Tangentialebenen gemeinsam.

Wir haben bis jetzt die Curven r als weitere Schnitte von Φ mit den Flächen f_A, welche Φ längs A^2 berühren, betrachtet.

Als Curven $r \equiv f_1 f_2$ aber haben sie nothwendig gleichartiges Verhalten zu A^2, B^2, C^2, D^2; durch jede geht also auch eine Fläche f_B, f_C, f_D, welche Φ längs B^2, C^2, D^2 tangirt. Man kann dies auch direct einsehen. Es sei r mit Hilfe von f_A erhalten; B^2 trifft f_A in 4 Punkten, welche, da A^2 und B^2 sich nicht begegnen, alle auf r liegen. Die Fläche f_B, welche Φ längs B^2 eingeschrieben und durch einen beliebigen Punkt von r gelegt ist, berührt r in jenen 4 Punkten und hat also im Ganzen 9 Punkte mit ihr gemeinsam.

Demnach ergiebt sich Φ auf 6 Weisen als Erzeugniss projectiver Büschel von Flächen 2. Grades, welche sich conisch berühren.

Aber es findet noch eine weitere Specialität statt. Denken wir uns A^2 und B^2 als die Berührungscurven, so liegt jeder der beiden Berührungspole A, B in der Ebene der andern Curve B^2, A^2 und ist Pol der Geraden $\beta\alpha$ nach derselben.

Aber auch die Projectivität ist einer Beschränkung unterworfen. Zu den Curven r gehören die andern in den Tetraeder-Ebenen gelegenen Kegelschnitte (α), ..., je doppelt gerechnet. Denn z. B. (γ) trifft A^2 zweimal und berührt in den Treffpunkten den allen f_A umgeschriebenen Kegel AA^2; daher geht eine der Flächen f_A durch (γ) und, da $ABCD$ für alle Polartetraeder ist, so ist der Kegel $C(\gamma)$, weil der Φ, auch dieser f_A längs (γ) umgeschrieben, und Φ und sie berühren sich längs dieser Curve.

In unsern beiden Flächenbüscheln mit den Berührungscurven A^2, B^2 und den Berührungspolen A, B entsprechen daher die nach (γ) und die nach (δ) gehenden Flächen einander.

Wir kehren jetzt die Frage um, ohne jedoch die Sache, die ja weniger liniengeometrisch ist, eingehend zu behandeln.

Es liegen zwei projective Flächenbüschel 2. Ordnung $\mathfrak{B}_\alpha$, $\mathfrak{B}_\beta$ mit conischer Berührung vor; die Berührungscurven seien A^2, B^2 in α, β, die Berührungspole A, B und zwar so, dass B Pol von $\alpha\beta$ nach A^2, A der nach B^2 ist.

Die erzeugte Fläche 4. Ordnung hat in α einen Kegelschnitt — den bisherigen (α), den wir aber nun lieber a^2 nennen wollen —, längs dessen sie von einem Kegel 2. Grades aus A berührt wird, und ebenso einen b^2 in β; a^2 und B^2, b^2 und A^2 treffen sich je zweimal auf $\alpha\beta$, und C, D sei das gemeinsame harmonische Paar zu diesen Paaren. Die beiden Büschel $\mathfrak{B}_\alpha$, $\mathfrak{B}_\beta$ schneiden in $\gamma \equiv ABD$ Kegelschnitt-Büschel ein, welche, wie sich leicht beweisen lässt, einen gemeinsamen Kegelschnitt c^2 haben, und ebenso ergiebt sich d^2 in $\delta \equiv ABC$.

Die Projectivität zwischen $\mathfrak{B}_\alpha$, $\mathfrak{B}_\beta$ wird nun so eingeschränkt, dass die nach c^2 und die nach d^2 gehenden Flächen einander entsprechen; das giebt dann noch einen zweiten Kegelschnitt C^2, D^2 der erzeugten Fläche in γ, δ. Sie wird je von den 4 Kegeln $AA^2, \ldots DD^2$ längs $A^2, \ldots$ berührt und hat die 16 Punkte $A^2a^2, \ldots D^2d^2$ zu Doppelpunkten; da z. B. bei einem der 4 Punkte A^2a^2 jeder durch ihn in α und jeder durch ihn in der Berührungsebene von Aa^2 gelegte Strahl zwei vereinigte Schnitte hat.

Damit ist die Fläche als Kummer'sche Fläche erkannt, jedoch mit der besonderen Eigenschaft, dass die 16 Doppelpunkte zu je vieren in den 4 Ebenen eines Tetraeders liegen. Sie wurde — schon vor Kummer's Beschäftigung mit der nach ihm benannten Fläche — von Cayley*) als Verallgemeinerung der Fresnel'schen Wellenfläche untersucht und *Tetraedroid* genannt.

Ihre Mannigfaltigkeit ist um 1 geringer, als die der Kummer'schen Fläche, also 17; dies zeigt die vorangehende Construction, bei welcher der Büschel $\mathfrak{B}_\alpha$ auf ∞^{8+3}, die Ebene β auf ∞^2, der Kegelschnitt B^2 auf ∞^3 und die Projectivität auf ∞^1 Weisen möglich ist, während ein bestimmtes Tetraedroid nur auf eine endliche Zahl von Weisen so hergestellt werden kann.

Der harmonische Complex hat dieselbe Mannigfaltigkeit, und wir 761
wissen ja auch schon aus Nr. 754, dass nur eine endliche Zahl unter den zu einem Tetraedroide als singulärer Fläche gehörigen Complexen harmonisch sind.

Wir haben in den Tetraeder-Ebenen 2 Gruppen von 4 Kegelschnitten:

$$A^2,\ B^2,\ C^2,\ D^2;$$
$$a^2,\ b^2,\ c^2,\ d^2;$$

man überzeugt sich leicht aus der vorangehenden Construction der Fläche, dass die 4 Kegelschnitte derselben Zeile windschief gegen einander sind, jeder aber die drei der andern Zeile, die nicht in der nämlichen Colonne stehen, zweimal trifft.

---

*) Journal de Mathématiques (von Liouville) Ser. I Bd. 11 S. 291; Cayley, Mathematical Papers Bd. I S. 302.

Jede von den erzeugenden Curven r, in denen entsprechende Flächen f_A, f_B von $\mathfrak{B}_\alpha$, $\mathfrak{B}_\beta$ sich schneiden, trifft C^2, D^2 viermal und wir erkennen, dass sie deshalb mit C^2, D^2 durch Flächen f_C, f_D verbunden ist, welche längs dieser Kegelschnitte das Tetraedroid berühren. $ABCD$ ist Polartetraeder für f_A, f_B, also auch für f_C, f_D, und die 4 Kegel durch r haben ihre Spitzen in A, B, C, D; nennen wir sie daher k_A, ... k_D. Die 4 Flächenpaare des Büschels:

$$k_A,\ f_A;\quad k_B,\ f_B;\quad k_C,\ f_C;\quad k_D,\ f_D$$

sind in Involution; um das zu erkennen, genügt es zu beweisen, dass die Tangentialebenen an die 3 ersten Paare in einem der Punkte X, in denen r die δ schneidet, in Involution sind, bezw. deren Spuren in δ. Nun berühren sich d^2 und δf_A doppelt auf BC mit A als Berührungspole, also sind, nach bekanntem Satze für zwei sich doppelt berührende Kegelschnitte, die Tangenten aus X an d^2 harmonisch zu der Tangente in X an δf_A und dem Strahle nach dem Berührungspole A, den Spuren der Tangentialebenen von f_A und k_A, und ebenso zu denen der Tangentialebenen von f_B und k_B, f_C und k_C.

Es seien nun f_1, f_2 die Doppelelemente der Involution der 4 Flächenpaare; so wird die singuläre Fläche des zu f_1, f_2 gehörigen harmonischen Complexes von den 4 Kegeln AA^2, ... längs A^2, ... berührt und enthält r; folglich ist sie mit dem Tetraedroide identisch.

Benutzt man ebenso die zweite Gruppe a^2, ..., so erhält man einen zweiten harmonischen Complex, für den das Tetraedroid singuläre Fläche ist.

Jede f_1 begegnet dem Tetraedroide ausser in der Curve r, in der sie sich mit f_2 schneidet, noch in einer zweiten Curve 4. Ordnung ϱ; weil r die 4 Schnitte f_1A^2 enthält, so liegen die f_1a^2 auf ϱ; durch ϱ gehen also 4 Flächen φ_A, ..., welche das Tetraedroid längs a^2, ... berühren. *Was die r für den einen, sind die ϱ für den andern harmonischen Complex.* Die Tangenten in einem Punkte der Fläche an die beiden Curven r, ϱ sind die ihnen zugehörigen singulären Strahlen, und da sie verschieden sind, so sind es auch die Complexe. Zu den r gehören die a^2, ..., zu den ϱ die A^2, ..., je doppelt gerechnet.

*Zu jedem Tetraedroide als singulärer Fläche gehören 2 harmonische Complexe.**)

---

*) Man nennt den harmonischen Complex auch Complex von Battaglini (Atti dell' Accademia di Napoli 1866; Giornale di Matematiche Bd. 6 S. 239, Bd. 7 S. 55). Battaglini glaubte, dass die analytische Gleichung *jedes* Complexes 2. Grades sich auf die Glieder mit den Quadraten der Coordinaten reduciren lasse, und hielt daher den Complex mit einer solchen Gleichung für den allgemeinen. F. Klein

Jede Curve des einen der beiden Systeme r, ϱ begegnet keiner andern aus demselben Systeme, jeder des andern in 8 Punkten; und es sind daher jede r und jede ϱ durch eine Fläche 2. Grades verbunden; die Flächenbüschel durch zwei Curven desselben Systems sind projectiv mit den Curven des andern als Schnittcurven entsprechender Flächen.

So ergeben sich ∞^2 Flächen (r, ϱ), zum Gebüsche gehörig, für das $ABCD$ Polartetraeder ist; durch 2 Punkte gehen 2 Flächen dieses Systems; wenn sie auf dem Tetraedroide liegen, die Flächen $(r_1 \varrho_2)$, $(r_2 \varrho_1)$. Zu diesem Systeme gehören die Flächen $f_1, f_2, \ldots, \varphi_1, \varphi_2, \ldots$ durch welche die beiden Complexe entstehen. Zum Systeme der $f_1, f_2, \ldots$ gehören die $a^2, \ldots$ die $AA^2, \ldots$, zu dem der $\varphi_1, \varphi_2, \ldots$ die $A^2, \ldots$, $Aa^2, \ldots$, Curven und Kegel des einen, bezw. des andern Complexes, woraus erhellt, dass die Systeme der f und der φ in der That verschieden sind. Wenn also auch in ϱ sich zwei Flächen f schneiden (Nr. 759), so sind das nicht die φ_1, φ_2; vielmehr bilden die φ neue Ketten.

Die 16 Punkte D und 16 Ebenen δ der Kummer'schen Fläche bilden, wegen der 6 Gewinde $\Gamma_1, \ldots, \Gamma_6$ in Involution, eine Figur F_{32}, wie wir sie in I, Nr. 185—192 genauer untersucht haben; mit einer solchen Figur sind (Nr. 186) 15 Tetraeder T (Fundamental-Tetraeder) verbunden, und in Nr. 192 ist gezeigt worden, dass es genügt, dass ein Element einer F_{32} mit einem (dualen) Elemente eines Tetraeders T, z. B. eine Ebene von F_{32} mit einer Ecke von T, incidirt, um zu bewirken, dass durch jede Ecke von T 4 Ebenen von F_{32} gehen, in jede Ebene von T 4 Punkte von F_{32} fallen. 762

Dies beweist, dass die besondere Lage der D und δ, mit der wir es hier zu thun haben, nur eine einfache Bedingung und deshalb die Mannigfaltigkeit des Tetraedroids nur um 1 geringer ist, als die der allgemeinen Kummer'schen Fläche.

In unserm Tetraeder $ABCD$ haben wir es, wie wir direkt erkennen können, mit einem solchen Fundamental-Tetraeder zu thun.

Von jedem der 4 Doppelpunkte A_i in α kommt an jede der sechs C_i^2 ein Strahlenbüschel, von dem ein Strahl in α fällt; jede der C_i^2 hat nur 2 Strahlen in α; folglich müssen je zwei Gegenseiten des Vierecks der A_i zu zwei Congruenzen als Strahlen gehören, nehmen wir an:

---

war es, der auf den Irrthum aufmerksam machte [Inauguraldissertation (Bonn 1868, abgedruckt Mathem. Annalen Bd. 23 S. 539) und Mathem. Annalen Bd. 2 S. 222] und zeigte, dass nur der harmonische Complex so dargestellt werden kann.

$$A_1A_2,\ A_3A_4 \text{ zu } \mathfrak{C}_1^2,\ \mathfrak{C}_2^2, \qquad A_1A_3,\ A_2A_4 \text{ zu } \mathfrak{C}_3^2,\ \mathfrak{C}_4^2,$$
$$A_1A_4,\ A_2A_3 \text{ zu } \mathfrak{C}_5^2,\ \mathfrak{C}_6^2.$$

Diese Strahlenpaare gehören also zu den Fundamental-Strahlennetzen $\Gamma_1\Gamma_2, \ldots$. BCD ist Polardreieck von (α) und A^2, also Diagonaldreieck des Vierecks der A_i; es sei

$$B \equiv (A_1A_2,\ A_3A_4), \quad C \equiv (A_1A_3,\ A_2A_4), \quad D \equiv (A_1A_4,\ A_2A_3).$$

A_1A_2, A_3A_4 sind sich schneidende Strahlen von $\Gamma_1\Gamma_2$; folglich geht dessen eine Leitgerade l_{12} durch B, während die andere l'_{12} in α fällt; ebenso gehen l_{34}, l_{56} durch C, D und l'_{34}, l'_{56} fallen in α. Diese 6 Leitgeraden müssen aber ein Fundamental-Tetraeder bilden; also ist $\alpha \equiv l'_{12}l'_{34}l'_{56}$ eine Ebene desselben. Ferner muss l_{12} durch den Punkt $l'_{34}l'_{56}$ gehen; d. h. dieser Punkt ist der Punkt $B \equiv \alpha l_{12}$; die l'_{12}, l'_{34}, l'_{56} sind die Geraden CD, DB, BC.

Indem in β schon CD als l'_{12} erkannt ist, ergiebt sich, dass die beiden in A sich schneidenden Seiten des Vierecks der B_i zum Netze $\Gamma_1\Gamma_2$ gehören und l_{12} und ebenso l_{34}, l_{56} durch A gehen. Damit ist $ABCD$ als das Fundamental-Tetraeder (12)(34)(56) erkannt; es ist in unserm Falle vor den 14 übrigen ausgezeichnet.

Aber wir haben uns auch noch davon zu überzeugen, dass, wenn in einer der Doppel-Berührungsebenen der Kummer'schen Fläche die 6 Doppelpunkte in Involution sind, diese Ebene durch eine Ecke eines der zu den 6 Fundamental-Gewinden gehörigen Fundamental-Tetraeder geht. Wir wollen lieber, da wir es doch mehr mit den Congruenzen $\mathfrak{C}_i^2$ zu thun haben, die Buchstaben S, σ anwenden. Also die 6 Punkte $S_1, \ldots S_6$, welche in Bezug auf $\mathfrak{C}_1^2, \ldots$ zu der singulären Ebene σ gehören und auf dem Kegelschnitte $[\sigma]$ liegen, seien in Involution:

$$S_1S_2,\ S_3S_4,\ S_5S_6.$$

S_1S_2 ist gemeinsamer Strahl von $\mathfrak{C}_1^2$, $\mathfrak{C}_2^2$, also Strahl von $\Gamma_1\Gamma_2$, ebenso S_3S_4 von $\Gamma_3\Gamma_4$, S_5S_6 von $\Gamma_5\Gamma_6$. Die Ebene σ schneidet das dieser Gruppirung der Strahlennetze zugehörige Fundamental-Tetraeder (12)(34)(56) in einem Vierseite, von dem S_1S_2, S_3S_4, S_5S_6 Diagonalen sind; da sie aber, infolge der jetzigen Voraussetzung, in einen Punkt zusammenlaufen, so muss σ durch eine Ecke des Tetraeders gehen.

Mithin ist die involutorische Lage der 6 Doppelpunkte der Kummerschen Fläche in irgend einer der doppelten Berührungsebenen, oder die involutorische Lage der 6 Doppeltangenten in irgend einem Tangentenbüschel der Fläche, oder die involutorische Lage der 6 Doppelgewinde in der Reihe der consingulären Complexe äquivalent mit der besondern Lage der Doppelelemente zu dem ausgezeichneten Tetraeder.

Und weil die 16 Reihen von je 6 Doppelpunkten alle projectiv sind und ebenso alle Büschel von Doppeltangenten, so *genügt es, dass die Involution in irgend einer doppelten Berührungsebene, in irgend einem Tangentenbüschel statt hat.* Die Bedingung, die eine Kummer'sche Fläche zum Tetraedroide macht, ist eben einfach.

Nach Nr. 750 *befinden sich im harmonischen Complexe* H^2 *die beiden Regelschaaren einer jeden Fläche* f *(oder* F*), die zusammen mit einer gewissen andern zu seiner Erzeugung dient.* 763

*Diese Eigenschaft, zwei verbundene Regelschaaren zugleich zu enthalten, kommt dem harmonischen Complexe allein zu.**)

In der That, es seien ϱ und λ zwei verbundene Regelschaaren, auf der Fläche 2. Grades f_1 gelegen, welche in dem Complexe Γ^2 sich befinden. Wir legen durch λ und einen Strahl g von ϱ das Strahlennetz; es schneidet eine zweite Regelschaar aus, welche g enthält und λ zweimal, in l', l'', schneidet. Da aber diese Geraden von g getroffen werden, so zerfällt die zweite Regelschaar in die beiden Strahlenbüschel gl', gl''. Somit haben wir auf der Fläche f_1 eine Curve von Punkten, aus denen Strahlenbüschel an Γ^2 kommen, von welchen jeder einen Strahl von ϱ und einen von λ enthält. Jeder Strahl von ϱ enthält 2 Punkte dieser Curve und ebenso jeder Strahl von λ; also ist sie eine Raumcurve 4. Ordnung I. Art r. Die fraglichen Strahlenbüschel von Γ^2 sind die Tangentenbüschel von f_1 in den Punkten dieser Curve, welche eine Congruenz 4. Grades erzeugen. In dem zweiten Strahlenbüschel des Γ^2 aus irgend einem Punkte von r nehmen wir nun einen der Strahlen g', welche r nochmals treffen; er bestimmt mit r eine zweite Fläche 2. Grades f_2. Der harmonische Complex H^2, welcher zu f_1, f_2 gehört, hat mit dem gegebenen Γ^2 jene Congruenz 4. Grades (Nr. 750) und den Strahl g' gemein, ist folglich mit ihm identisch. Wir erhalten daher auch:

Wenn ein Complex Γ^2 *einmal zwei verbundene Regelschaaren enthält, so enthält er* ∞^1 *Paare verbundener Regelschaaren.*

Ein besonders interessantes Beispiel eines harmonischen Complexes ist *der Complex der Strahlen, von denen an eine gegebene Fläche 2. Grades* F_1 *rechtwinklige Berührungsebenen kommen,* der Painvin'sche Complex.**) 764

Die zweite Fläche F_2 ist die absolute Curve $\mathfrak{K}^2$. Das gemeinsame

---

*) Schur, a. Nr. 759 a. O.; vgl. Nr. 691.

**) Painvin, Nouvelles Annales de Mathématiques 1872 S. 49; Desmoulin, Bulletin de la Société mathématique Bd. 20 S. 122.

Polartetraeder besteht daher aus den drei Hauptebenen α, β, γ von F_1 und der unendlich fernen Ebene $\delta \equiv \mathfrak{E}$. Die Kegel (A), (B), (C) des Complexes sind die Cylinder, welche in den Director-Kreisen der Hauptschnitte von F_1 in α, β, γ — den Orten der Punkte, von denen an diese Curven rechtwinklige Tangenten kommen — auf diesen Ebenen senkrecht stehen, und diese Kreise mit den Radien $\sqrt{b^2 + c^2}$, $\sqrt{c^2 + a^2}$, $\sqrt{a^2 + b^2}$ sind die Kegelschnitte A^2, B^2, C^2. Der Kegel (D) ist der Ort der Schnittlinien rechtwinkliger Berührungsebenen des Asymptoten-Kegels von F_1, sein unendlich ferner Schnitt ist D^2.

K_α, K_β, K_γ (Nr. 756) sind die Focalcurven von F_1 in α, β, γ; K_δ ist $\mathfrak{K}^2$; letztere ist zugleich die Complexcurve (δ), denn von den Tangenten von $\mathfrak{K}^2$ kommen allein parallele und zugleich rechtwinklige Tangentialebenen an F_1. Somit liegt $\mathfrak{K}^2$ auf Φ, auch deshalb, weil sie Berührungscurve, mit $F_2 \equiv \mathfrak{K}^2$, des F_1 und F_2 umgeschriebenen Torsus ist.

Die Curven (α), (β), (γ), welche bezw. zu den Büscheln $A^2 K_\alpha$, $B^2 K_\beta$, $C^2 K_\gamma$ gehören und daher coaxial mit ihren Kegelschnitten und also auch mit den Hauptschnitten von F_1 sind, haben zu Halbaxen je die Radien der Directorkreise in den beiden andern Hauptebenen; z. B. sind die auf b und c gelegenen Halbaxen von (α) $\sqrt{a^2 + b^2}$, $\sqrt{a^2 + c^2}$. Ueber ihnen stehen, senkrecht zu α, β, γ, die Cylinder α^2, β^2, γ^2.

Wenn die Polaren p_1, p_2 einer Geraden p in Bezug auf F_1 und auf $F_2 \equiv \mathfrak{K}^2$ sich schneiden, so heisst dies, dass p und p_1 rechtwinklig sind.

Daher ist der tetraedrale Complex, der nach Nr. 750 *durch die Congruenz der singulären Strahlen unseres Complexes geht, der Axencomplex von* F_1 (I, Nr. 275).

Der Schnitt eines Strahls dieser Congruenz mit der zu ihm senkrechten Ebene durch seine Polare in Bezug auf F_1 — welche Ebene auch die Polare in Bezug auf $\mathfrak{K}^2$ enthält — ist der zugehörige singuläre Punkt, nach I, Nr. 275 aber der Scheitel des Berührungskegels von F_1, für welchen der Strahl Axe ist; und da die Berührungsebenen aus dieser Axe an F_1 und den Kegel rechtwinklig sind und längs der Kanten tangiren, die in jener Ebene liegen, so ist die Oeffnung des Kegels in der einen Hauptebene 90^0.

Die singuläre Fläche des Painvin'schen Complexes ist demnach der Ort der Punkte, von denen an F_1 *Tangentialkegel kommen, welche in der einen Hauptebene die Oeffnung* 90^0 *haben; und die zu dieser Ebene senkrechte Axe des Kegels ist je der zugehörige singuläre Strahl.*

Der Kegel der Schnittkanten rechtwinkliger Tangentialebenen — Directorkegel — muss für einen solchen Kegel zerfallen; denn ersichtlich hat dieser Kegel mit seinem Grundkegel stets die Axen und Hauptebenen gemeinsam; im vorliegenden Falle geht er aber durch eine Axe, nämlich die eben erwähnte, die offenbar nicht in ihre Polarebene fällt. Daraus folgt, dass er sich in zwei in dieser Axe sich schneidende Ebenen zerspaltet.

Jeder Complexcylinder ist ein Rotationscylinder, dessen Normalschnitt der Directorkreis des Normalschnitts des Tangentialcylinders von F_1 aus dem nämlichen unendlich fernen Punkte ist.

Die singuläre Fläche entsteht durch die Schnittcurven solcher zwei zu F_1 confocalen Flächen, welche zu F_1 und der absoluten Curve harmonisch sind, Curven, welche je für beide Flächen Krümmungslinien sind.

Wenn F_1 ein Ellipsoid ist, so ist das Tetraedroid Φ eine Fresnel'sche 765
Wellenfläche, aber nicht die zu F_1 gehörige.

Bekanntlich entsteht diese Wellenfläche als Apsidalfläche aus dem zugehörigen (Fresnel'schen) Ellipsoide dadurch, dass auf jedem Durchmesser desselben vom Mittelpunkte nach beiden Seiten die Halbaxen des zu ihm senkrechten Centralschnitts aufgetragen werden; die Endpunkte bilden die Wellenfläche. Wenn daher dies Ellipsoid die Halbaxen a_1, b_1, c_1 hat, so liegen in der Ebene α, welche die Axen b_1, c_1 enthält, ein Kreis vom Radius a_1 und eine Ellipse mit den Halbaxen c_1, b_1 je auf der b_1-, c_1-Axe des gegebenen Ellipsoids, beide concentrisch mit dem Hauptschnitte desselben.

Vergleichen wir dies mit den Curven, die auf Φ je in der nämlichen Hauptebene liegen, so zeigt sich, dass für Φ als Wellenfläche das Fresnel'sche Ellipsoid die Halbaxen $\sqrt{b^2+c^2}$, $\sqrt{c^2+a^2}$, $\sqrt{a^2+b^2}$ hat.

Da nun auch die Fresnel'sche Wellenfläche längs der in den Hauptebenen gelegenen Kegelschnitte von Cylindern berührt wird, die zu diesen Ebenen senkrecht sind, und auch durch $\mathfrak{K}^2$ geht, so muss sie mit Φ identisch sein; denn das giebt schon eine gemeinsame Curve 26. Ordnung.

Der Ort der Punkte, von denen an F_1 Tangentialkegel kommen, denen ∞^1 dreirechtwinklige Dreiflache umgeschrieben sind, ist bekanntlich die Directorkugel von F_1. Die Kanten dieser Dreiflache liegen dann auf dem Kegel des Painvin'schen Complexes, und dieser ist gleichseitig.

Von den Punkten der Directorkugel von F_1 kommen an den

Painvin'schen Complex gleichseitige Kegel — die Polarkegel der Tangentialkegel von F_1. —

Ein anderes metrisches Beispiel ist *der Complex der Strahlen, welche eine Fläche 2. Grades f_1 so schneiden, dass die Strahlen aus einem festen Punkte O nach den Schnitten rechtwinklig sind;* f_2 ist dann die Punktkugel um O oder der Kegel $O\mathfrak{K}^2$.*)

Wenn f_1 ein Ellipsoid ist und O sein Mittelpunkt, dann ist das Tetraedroid ebenfalls eine Wellenfläche, aber wiederum nicht die zu f_1 gehörige. Die Strahlen, welche einen Kegelschnitt mit den Halbaxen a, b so schneiden, dass die Schnitte aus dem Mittelpunkte rechtwinklig gesehen werden, umhüllen einen ihm concentrischen Kreis vom Radius $\frac{ab}{\sqrt{a^2+b^2}}$. Hat daher f_1 die Halbaxen a, b, c, so sind die beiden in a gelegenen Curven des Tetraedroids ein Kreis mit dem Radius $\frac{bc}{\sqrt{b^2+c^2}}$ und eine Ellipse mit den Halbaxen $\frac{ab}{\sqrt{a^2+b^2}}, \frac{ac}{\sqrt{a^2+c^2}}$ auf der b-, c-Axe; das Fresnel'sche Ellipsoid hat daher die Halbaxen $\frac{bc}{\sqrt{b^2+c^2}}, \frac{ca}{\sqrt{c^2+a^2}}, \frac{ab}{\sqrt{a^2+b^2}}$.

In der Theorie der Trägheitsmomente tritt ein solcher Complex ebenfalls auf. Bekanntlich umhüllen die Ebenen, in Bezug auf welche das Trägheitsmoment eines Systems paralleler Kräfte mit festen Angriffspunkten 0 ist, eine Fläche 2. Grades, die den Mittelpunkt des Systems und die sogenannten Hauptträgheitsaxen auch zum Mittelpunkt und zu den Axen hat; die Flächen, welche anderen Werthen des Trägheitsmoments zugehören, sind confocal zu ihr.

Construirt man für diejenige, welche dem Werthe $\frac{1}{2}T$ zugehört, den Painvin'schen Complex, so ist derselbe *der Ort der Strahlen, in Bezug auf welche das Kräftesystem das Trägheitsmoment T hat.* Alle diese Complexe bilden einen Büschel: seine Grundcongruenz besteht aus den Strahlenbüscheln, die in den Ebenen des den confocalen Flächen gemeinsam umgeschriebenen Torsus 4. Klasse liegen und die Scheitel je im Berührungspunkte der Ebene mit $\mathfrak{K}^2$ haben.

*) Weiler, Zeitschr. f. Math. u. Phys. Jahrg. 29 S. 191.

Die Complexe zweiten Grades mit Doppelstrahlen.

Eigenschaften eines Complexes 2. Grades, die mit einem Doppelstrahle zusammenhängen.

Ein Strahl d ist ein Doppelstrahl von Γ^2, wenn in jedem Strahlen- 766
büschel, zu dem er gehört, die beiden Strahlen von Γ^2 in ihn zusammenfallen. Daher kommen an die Complexcurve jeder Ebene durch d von jedem Punkte von d zwei in d vereinigte Tangenten: sie ist ein Punktepaar mit d als Doppellinie, und ebenso ist der Complexkegel aus jedem Punkte von d ein Ebenenpaar, ebenfalls mit d als Doppellinie.

Folglich ist d für jeden seiner Punkte, für jede seiner Ebenen singulärer Strahl.

Und umgekehrt, wenn die eine oder andere dieser zu einander dualen Eigenschaften vorausgesetzt wird, so fallen in jedem Strahlenbüschel durch d die beiden zu Γ^2 gehörigen Strahlen in d zusammen: d ist Doppelstrahl, und auch die andere Eigenschaft gilt.

Mit einem Doppelstrahle d sind drei Correspondenzen verbunden:

1) die involutorische Punkte-Correspondenz $[2]_p^d$ auf d, in der sich zwei Punkte entsprechen, welche das Complex-Punktepaar einer durch d gehenden Ebene bilden; denn wegen der beiden Ebenen des von einem Punkte von d ausgehenden Ebenenpaars von Γ^2 ist er der eine Punkt für 2 solche Punktepaare;

2) die involutorische Ebenen-Correspondenz $[2]_{\mathsf{E}}^d$, in der sich zwei Ebenen entsprechen, welche das einem Punkte von d zugehörige Complex-Ebenenpaar bilden;

3) *die Correspondenz* $[2, 2]^d$ *zwischen der Punktreihe d und dem Ebenenbüschel d, in welcher jedem Punkte von d die beiden Ebenen seines Γ^2-Ebenenpaars, jeder Ebene von d die beiden Punkte ihres Γ^2-Punktepaars entsprechen.*

In jedes Strahlennetz, für welches d die eine Leitgerade ist, sendet jeder von den durch d gehenden Strahlenbüscheln von Γ^2 einen Strahl; daher ist $[2, 2]^d$ auch für die Regelfläche 4. Grades, in der dasselbe und Γ^2 sich durchschneiden, die Correspondenz, in welcher die Punkte von d und ihre Berührungsebenen sich entsprechen.

Die 4 Verzweigungspunkte von $[2, 2]^d$ sind solche Punkte, deren Ebenenpaare aus zwei vereinigten Ebenen bestehen, also stationäre Punkte des Complexes. Zur Unterscheidung von nicht auf d gelegenen stationären Punkten wollen wir sie $\overline{D}$ nennen; die zugehörigen Ebenen $\overline{\varepsilon}$, in denen je die Vereinigung statt hat, die Doppelebenen von $[2, 2]^d$, sind auch die Coincidenzebenen von $[2, 2]^d_E$, und die $\overline{D}$ sind offenbar auch die Verzweigungspunkte von $[2]^d_P$; denn für jeden von ihnen fallen mit den Ebenen auch deren Punktepaare und also auch die zweiten Punkte derselben zusammen, die dem $\overline{D}$ in $[2]^d_P$ entsprechenden Punkte.

Ebenso sind die Verzweigungsebenen $\overline{\delta}$ von $[2, 2]^d$, zugleich diejenigen von $[2]^d_E$, stationäre Ebenen des Complexes und die zugehörigen Punkte $\overline{E}$, die Doppelpunkte von $[2, 2]^d$, die Coincidenzpunkte von $[2]^d_P$.

Mit einem Doppelstrahle d von Γ^2 incidiren 4 stationäre Punkte $\overline{D}$ und 4 stationäre Ebenen $\overline{\delta}$, sowie die zugehörigen Ebenen $\overline{\varepsilon}$ und Punkte $\overline{E}$.

Die Punktreihe der $\overline{D}$ und $\overline{E}$ ist dem Ebenenbüschel der $\overline{\delta}$ und $\overline{\varepsilon}$ projectiv; in jener, wie in diesem haben wir 3 Involutionen (Nr. 600, 601).

Die Complexfläche einer beliebigen Geraden l schneidet d in den 4 Punkten $\overline{D}$ und wird von den 4 Ebenen $\overline{\delta}$ berührt; denn die $\overline{D}$ sind die einzigen Punkte auf d, deren Complexkegel d „berühren", d. h. zwei vereinigte Schnitte mit ihr haben (vergl. Nr. 533).

Die Complexcurve in einer beliebigen Ebene durch d ist, als Punktort, die doppelte Gerade d, und nur in den 4 Ebenen $\overline{\delta}$ erweitert sie sich zu einem ganzen Strahlenbüschel.

Die zu d gehörige Complexfläche (d) besteht als Punktfläche aus den 4 Ebenen $\overline{\delta}$, als Ebenenfläche aus den 4 Punkten $\overline{D}$.

Die ∞^1 durch d gehenden Strahlenbüschel von Γ^2 wollen wir mit $\mathfrak{S}_d$ bezeichnen. Zwischen ihren Scheiteln und Ebenen besteht die Correspondenz $[2, 2]^d$. Folglich erzeugen sie die Congruenz 2. Grades — mit der singulären Linie d —, welche in II, Nr. 492 als dritte Art der Untergattung A. besprochen wurde, und zwar für $n = 2$.

767 Wenn l eine Gerade ist, welche den Doppelstrahl d schneidet, so seien der Punkt ld und die Ebene ld mit L und λ bezeichnet. In der Correspondenz $[2, 2]_l$ (Nr. 511), welche durch Γ^2 zwischen der Punktreihe l und dem Ebenenbüschel l bewirkt wird, sind L und λ Verzweigungselemente und zwar so, dass jedes das andere zum zu-

gehörigen Doppelelemente hat; schneiden wir daher den Ebenenbüschel l mit einer beliebigen Geraden l', so haben in der aus $[2, 2]_l$ sich ergebenden Correspondenz $[2, 2]$ zwischen den Punktreihen l und l' die Punkte L und $\lambda l'$ die nämliche Eigenschaft; folglich wird ihre Verbindungslinie doppelte Erzeugende der durch diese Correspondenz entstehenden Regelfläche 4. Grades (Nr. 603). Diese hat auf l und l' je nur noch 2 Cuspidalpunkte, also hat $[2, 2]_l$ sowohl in der Punktreihe, als auch im Ebenenbüschel, ausser L, bezw. λ, nur 2 Verzweigungselemente. Folglich trifft l die singuläre Fläche Φ, ausser in L, nur noch zweimal und sendet an sie, ausser λ, nur noch zwei Berührungsebenen.

Beides sagt aus, dass d Doppelgerade von Φ ist; denn bei einer Fläche 4. Ordnung ist eine solche ja zugleich Axe eines Büschels doppelter Berührungsebenen.

Ein Doppelstrahl eines Complexes 2. Grades ist auch Doppelgerade der singulären Fläche.

Die 4 singulären Strahlen in einer Tangentialebene von Φ sind der ihr zugehörige singuläre Strahl, doppelt gerechnet, und die beiden singulären Strahlen, die zu den Punkten ihres Complex-Punktepaars gehören. Wenn die Ebene durch d geht, so fallen alle 4 in d zusammen.

Ein Doppelstrahl eines Γ^2 ist vierfacher Strahl der Congruenz **S** *der singulären Strahlen.*

Alle Strahlen eines Büschels $(\overline{E}, \overline{\delta})$ sind singulär für Γ^2; zugehörige singuläre Ebene ist $\overline{\delta}$. Die singulären Punkte erfüllen den Restschnitt von $\overline{\delta}$ mit Φ ausser d, und da $\overline{\delta}$ in allen Punkten desselben tangirt, so ist er eine Gerade.

Die 4 Ebenen $\overline{\delta}$ berühren Φ (torsal) je längs einer Geraden, die also hier an Stelle des Kegelschnitts $[\delta]$ des allgemeinen Falles tritt. Unter den Ebenen durch d, welche Φ im allgemeinen in zwei getrennten Punkten berühren, *sind sie cuspidal*, da in jeder von ihnen diese beiden Punkte sich in den Schnitt von d mit der torsalen Geraden vereinigen.

Ebenso sind, dual, die 4 Punkte $\overline{D}$ die Cuspidalpunkte von Φ auf d, und die Ebenen, welche den sämmtlichen Strahlen eines Büschels $(\overline{D}, \overline{\varepsilon})$ als singuläre zugehören, bilden den Büschel um die Cuspidalaxe des Cuspidalpunktes $\overline{D}$, der hier an Stelle des Kegels $[D]$ getreten ist.

Die Punkte $\overline{E}$ und Ebenen $\overline{\varepsilon}$ sind für Φ nicht ausgezeichnet.

Jede von den Ebenen $\overline{\delta}$ enthält 6 Punkte D, davon 4 auf d, also noch 2 andere; zwei Ebenen $\overline{\delta}$ gemeinsam können nur die 4 Punkte $\overline{D}$ auf d sein; *mithin ergeben sich 8 weitere stationäre Punkte.* Mehr sind auch nicht möglich, denn 8 Knotenpunkte ausserhalb der doppelten Geraden bewirken ja bei einer Fläche 4. Ordnung mit einer doppelten Geraden die Klasse 4 (II, Nr. 420, 421).

Die je zwei weiteren Punkte D in einer Ebene $\bar{\delta}$ *befinden sich auf der torsalen Geraden derselben.*

Die auf d gelegenen stationären Punkte $\bar{D}$ sind *binär*, vertreten je zwei von den 16 stationären Punkten des allgemeinen Falles.

Ebenso haben wir ausser den 4 durch d gehenden binären stationären Ebenen $\bar{\delta}$ *noch 8 andere* δ, *von denen je zwei durch jeden der Punkte* $\bar{D}$ *gehen und sich in dessen Cuspidalaxe schneiden.*

768 Von den früheren Betrachtungen dieser Fläche Φ wissen wir, dass jede der 8 conischen Berührungsebenen δ 4 von den 8 conischen Doppelpunkten D enthält, von jeder der 4 torsalen Geraden in den $\bar{\delta}$ einen, und ebenso, dual, durch jeden der Punkte D 4 von den Ebenen δ gehen, von jeder der Cuspidalaxen der $\bar{D}$ eine; jede von den δ enthält dann auch einen $\bar{D}$, in dem sich der fünfte und der sechste ihrer stationären Punkte vereinigen, durch jeden der D geht eine $\bar{\delta}$.

Der Büschel der Strahlen von einem beliebigen Punkte S des Berührungs-Kegelschnitts $[\delta]$ einer der 8 Ebenen δ nach den 4 Punkten D in ihr und der zu ihm duale Büschel aus einem D sind projectiv zu dem Büschel der 4 Doppeltangenten eines jeden Punktes von Φ.

Der fünfte und sechste Strahl in jenem Büschel (S, δ) vereinigen sich, wie wir eben bemerkten, in den Strahl nach dem in δ gelegenen $\bar{D}$ oder in den Strahl des (S, δ), welcher d trifft; wir werden bald sehen, dass dasselbe im Tangentenbüschel eines beliebigen Punktes von Φ gilt.

Aber stellen wir zunächst fest:

Wenn Γ^2 *einen Doppelstrahl besitzt, so ist die singuläre Fläche* Φ *die Fläche, die wir als Brennfläche einer Congruenz 2. Grades mit einem Doppelstrahle d gefunden haben,* (II, Nr. 405), *so wie auch diejenige, mit der wir als Complexfläche einer beliebigen Geraden l in Bezug auf einen allgemeinen Complex 2. Grades zu thun gehabt haben* (Nr. 513, 515).

Daher sind, wenn wir uns der Bezeichnung dieses letzteren Falles erinnern, unsere $\bar{D}$, $\bar{\delta}$ die $A_1, \ldots A_4$; $\beta_1, \ldots \beta_4$, wobei dann wieder $A_1 A_2 A_3 A_4 \barwedge \beta_1 \beta_2 \beta_3 \beta_4$ die Projectivität zwischen ihnen sei; die D und δ sind die $B_1', \ldots B_4''$; $\alpha_1', \ldots \alpha_4''$, und die Tabelle $[\alpha, B]$ von Nr. 516 giebt die Incidenzen zwischen ihnen. Nehmen wir z. B. als δ, in der oben der Büschel (S, δ) construirt wurde, die Ebene α_1' und S also auf $[\alpha_1']$, so ist der vierstrahlige Büschel $S(B_1'', B_2', B_3', B_4')$, und wenn wir ihn durch den Strahl nach dem in α_1' gelegenen $\bar{D}$, also nach A_1 erweitern, so haben wir:

$$S(B_1'', B_2', B_3', B_4', A_1) \barwedge A_1(B_1'', B_2', B_3', B_4', a_1),$$

wo a_1 die Cuspidalaxe von A_1 ist, die ja den $[\alpha_1']$ tangirt. Aber $A_1(B_1'', \ldots B_4')$ liegen in den 4 Ebenen $\beta_1, \ldots \beta_4$, a_1 in der (einzigen) Berührungsebene von A_1, die durch d geht; mithin:

$$S(B_1'', B_2', B_3', B_4', A_1) \barwedge \beta_1, \beta_2, \beta_3, \beta_4, a_1 d,$$

also einem festen Gebilde.

Die 4 oben erwähnten Doppeltangenten in jedem Tangentenbüschel (S, σ) von Φ gehören zu *den 4 Doppeltangenten-Congruenzen* $\mathfrak{C}_1^2, \ldots \mathfrak{C}_4^2$ *der* Φ, *für die sie gemeinsame Brennfläche ist* (II, Nr. 419) und welche alle den d zum Doppelstrahle haben. 769

Die Curve $\sigma\Phi$ hat zum Doppelpunkte S noch den zweiten σd erhalten, und in dem Strahle nach ihm haben sich die fünfte und sechste Tangente, die im allgemeinen Falle noch möglich sind, vereinigt, die fünfte und sechste Doppeltangente.

In der Projectivität der Tangentenbüschel (S, σ) *von* Φ *sind demnach auch die Tangenten homolog, welche den Doppelstrahl* d *treffen.*

Der consinguläre Complex, für den alle diese Tangenten die singulären Strahlen sind, artet aus. Die beiden weiteren Schnitte, mit Φ, einer jeden dieser Tangenten fallen in den Treffpunkt mit d zusammen; also fallen auch die beiden den Complex erzeugenden Strahlenbüschel in der Tangentialebene σ der Tangente zusammen. Alle diese Büschel gehören zum Strahlengebüsche, welches den Doppelstrahl d zur Axe hat. *Dies Gebüsche* $[d]$, *doppelt gerechnet, bildet den gesuchten Complex und repräsentirt zwei Fundamentalgewinde* Γ_5, Γ_6. *Die 4 andern* $\Gamma_1, \ldots \Gamma_4$ *sind natürlich die, welche die Congruenzen* $\mathfrak{C}_1^2, \ldots \mathfrak{C}_4^2$ *enthalten.*

Aber nur diese sind eigentliche Fundamental-Gewinde, d. h. haben die Eigenschaft, dass in Bezug auf sie polarisirt der Complex Γ^2 (und jeder consinguläre) in sich selbst übergeht. Das Strahlengebüsche $[d]$ hat sie nicht. *Wir wollen daher auch nicht sagen:* $[d]$ *ist ein binäres Fundamental-Gewinde, sondern nur:* $[d]$ *hat zwei Fundamental-Gewinde in sich aufgenommen.*

Als singuläre Strahlen eines eigentlichen Fundamental-Gewindes, insofern es, doppelt gerechnet, zur Reihe der consingulären Complexe gehört, haben wir die zur betreffenden $\mathfrak{C}_i^2$ gehörigen Strahlen anzusehen; als singuläre Strahlen des eben besprochenen ausgearteten Complexes fanden wir *die Tangenten von* Φ, *welche* d *treffen; diese bilden*, nach II, Nr. 490, *eine Congruenz 2. Grades* $\mathfrak{C}^2$; in ihr haben sich $\mathfrak{C}_5^2$ und $\mathfrak{C}_6^2$ des allgemeinen Falles vereinigt; sie hat aber nicht, wie die $\mathfrak{C}_1^2, \ldots \mathfrak{C}_4^2$, den d zum Doppelstrahle, sondern zur singulären oder Leitlinie (Nr. 627); Φ ist für sie auch Brennfläche.

Bezeichnet man nun mit $[hik \ldots]$, worin $h + i + k + \cdots = 6$, einen Complex 2. Grades, bei welchem von den 6 Doppeltangenten-Congruenzen der singulären Fläche und demnach auch von den Fundamental-Gewinden sich je $h, i, k \ldots$ vereinigt haben, so entspricht dem allgemeinen Complexe 2. Grades die Bezeichnung:

$$[111111],$$

dem Complexe mit einem einzigen Doppelstrahle, der sonst keine weiteren Bedingungen zu erfüllen hat, die Bezeichnung:

$$[21111].$$ *)

770 Es seien $\mathfrak{T}$ und $\mathfrak{T}_0$ zwei Tangentenbüschel von Φ, von denen der zweite seinen Berührungspunkt S_0 auf d hat; die σ_0 schneidet, ausser in d, in einem durch S_0 gehenden Kegelschnitte, und von S_0 ausgehende anderwärts berührende Tangenten, „Doppeltangenten" der Φ sind nicht vorhanden: alle 4 haben sich in d vereinigt, der ja auch Doppelstrahl aller vier Congruenzen $\mathfrak{C}_i^2$ ist.

In $\mathfrak{T}$ aber sind die 4 Doppeltangenten getrennt. Die Projectivität zwischen $\mathfrak{T}$ und $\mathfrak{T}_0$ ist daher ausgeartet, und zwar so, dass d in $\mathfrak{T}_0$ der ausgezeichnete Strahl ist, dem alle Strahlen in $\mathfrak{T}$ correspondiren. In jedem Tangentenbüschel von Φ, zu welchem d gehört, ist dieser Strahl für jeden von den consingulären Complexen der singuläre Strahl, also für jeden seiner Punkte, jede seiner Ebenen.

Wenn ein Complex 2. Grades einen Doppelstrahl besitzt, so ist derselbe auch Doppelstrahl für alle consingulären Complexe, also natürlich nur einfacher und sich nicht besonders auszeichnender Strahl für die allgemeinen Fundamental-Gewinde.

In der ausgearteten Projectivität zwischen $\mathfrak{T}$ und $\mathfrak{T}_0$ ist der ausgezeichnete Strahl in $\mathfrak{T}$, dem alle Strahlen in $\mathfrak{T}_0$ entsprechen, derjenige, welcher d trifft: der singuläre Strahl für das doppelte Gebüsche $[d]$ als Mitglied der Reihe der consingulären Complexe. Daher sind auch alle Strahlen von $\mathfrak{T}_0$ singuläre Strahlen für diesen Complex, also alle Tangenten von Φ, welche auf d berühren; und in der That, die

*) Diese Bezeichnungen und die analogen weiteren haben sich bei der Anwendung der Sylvester-Weierstrass'schen Theorie der Elementartheiler auf die analytische Behandlung der quadratischen Complexe durch Klein (Inaugural-Dissertation Bonn 1868, abgedruckt Math. Annalen Bd. 23 S. 539), Weiler (Math. Annalen Bd. 7 S. 145), Segre (Studio sulle quadriche und Geometria della retta, Memorie dell' Accademia di Torino, Ser. II Bd. 36) ergeben. Ich will sie im Folgenden rein geometrisch begründen.

beiden Büschel in der Berührungsebene, die ja durch d geht, um die beiden weiteren Schnitte der Tangente mit Φ gehören zu $[d]$, und jeder dieser Büschel ergiebt sich zweimal, weil die Ebene in zwei Punkten tangirt. Somit ist die oben erhaltene Congruenz $\mathfrak{C}^2$ nicht die vollständige Congruenz der singulären Strahlen für diesen Complex, sondern sie wird durch die Congruenz, ebenfalls 2. Grades, der Tangenten von Φ ergänzt, welche auf d berühren (II, Nr. 491), oder sorgfältiger ausgedrückt: wenn die Reihe der consingulären Complexe durchlaufen wird, so geht beim Durchgange durch das doppelte Gebüsche $[d]$ die Congruenz der singulären Strahlen durch das System der beiden Congruenzen hindurch. Jeder Strahl der einen oder andern ist nur einmal singulärer Strahl; daher kann keine von ihnen doppelt gerechnet werden; jede von den Doppeltangenten aber ist es zweimal: für jeden von ihren Berührungspunkten.

Ein jeder von den consingulären Complexen bewirkt bei dem ge- 771
meinsamen Doppelstrahle d eine Correspondenz $[2, 2]^d$; alle diese Correspondenzen haben die Cuspidalelemente $\overline{D}$ und $\overline{\delta}$ von Φ, die gemeinsamen binären stationären Elemente der Complexe, zu Verzweigungselementen und sind daher selbst *consingulär*.

Die $\overline{D}$ und $\overline{\delta}$ sind allen Complexen gemeinsam; die Ebenen $\overline{\varepsilon}$ und Punkte $\overline{E}$, die Doppelelemente der Correspondenzen, verändern sich von einem Complexe zum andern, und jene wie diese beschreiben eine Involution 4. Grades, derartig, dass jede Gruppe zu 4 Complexen gehört (Nr. 602). Zu diesen Involutionen gehört, als eine Gruppe, die der $\overline{\delta}$, bezw. der $\overline{D}$; die zugehörigen Complexe sind die doppelten Fundamental-Gewinde $\Gamma_1, \ldots \Gamma_4$.

Jeder von den Complexen enthält ein System $\mathfrak{S}_{2,2}$ von durch d gehenden Strahlenbüscheln $\mathfrak{S}_d$, deren Scheitel und Ebenen sich in $[2, 2]^d$ correspondiren: *wir erhalten also ein System consingulärer* $\mathfrak{S}_{2,2}$ (Nr. 606).

Jeder durch d gehende Strahlenbüschel gehört zu 2 von diesen $\mathfrak{S}_{2,2}$ oder zu 2 von den Complexen; und nur dann blos zu einem, wenn sein Scheitel oder seine Ebene eins der gemeinsamen Verzweigungselemente $\overline{D}$ oder $\overline{\delta}$ ist (Nr. 606). Vermittelst eines dieser Elemente bringen wir daher den Ebenenbüschel und die Punktreihe d in projective Beziehung zur Reihe der consingulären Complexe und zu den Tangentenbüscheln von Φ.

Unter den ∞^1 Correspondenzen $[2, 2]^d$ befinden sich 4 Doppel-Projectivitäten, in denen die einen Verzweigungselemente den andern entsprechen (Nr. 603), unter den $\mathfrak{S}_{2,2}$ also 4 Doppel-$\mathfrak{S}_{1,1}$ (doppelte

Systeme der Strahlenbüschel je eines singulären Strahlennetzes); sie rühren von den Doppel-Gewinden $\Gamma_1, \ldots \Gamma_4$ her.

Auch die Fläche Φ ruft zwischen der Punktreihe und dem Ebenenbüschel d eine Correspondenz $[2, 2]^{\Phi}$ *hervor*, in der jedem Punkte von d seine beiden Berührungsebenen, jeder Ebene durch d ihre beiden Berührungspunkte entsprechen; sie hat ebenfalls die $\overline{D}$ und $\overline{\delta}$ zu Verzweigungselementen und gehört in die Reihe consingulärer Correspondenzen.

Die obige Projectivität:

$$S(B_1'', B_2', B_3', B_4', A_1) \barwedge \beta_1, \beta_2, \beta_3, \beta_4, a_1 d$$

zwischen dem Tangentenbüschel (S, α_1') und dem Ebenenbüschel d lehrt, weil $S(B_1'', \ldots, B_4')$ zu den $C_1^2, \ldots C_4^2$ gehören, also singuläre Strahlen der Doppel-Gewinde $\Gamma_1, \ldots \Gamma_4$ sind und SA_1 als derjenige des Doppel-Gebüsches $[d]$ anzusehen ist und weil $\beta_1, \ldots \beta_4$ dem A_1 in den 4 Doppel-Projectivitäten entsprechen, welche von $\Gamma_1, \ldots \Gamma_4$ herrühren, dass $a_1 d$ dem A_1 in derjenigen Correspondenz $[2, 2]^d$ entspricht, welche von $[d]$ herrührt. Nun ist diese Ebene die einzige durch d gehende Berührungsebene von Φ in A_1, entspricht ihm also in $[2, 2]^{\Phi}$ und zwar, da durch das einem Verzweigungselemente zugehörige Doppelelement jede von den $[2, 2]^d$ eindeutig bestimmt ist, nur in ihr; $[2, 2]^{\Phi}$ rührt also von $[d]$ her oder genauer, da eigentlich ein Gebüsche auf seiner Axe keine Correspondenz hervorruft:

Die Correspondenz $[2, 2]^{\Phi}$ *ist diejenige in der Reihe der consingulären Correspondenzen* $[2, 2]^d$, *die sich im Continuum ergiebt, wenn der consinguläre Complex durch das Doppel-Gebüsche* $[d]$ *geht.*

772 Wir haben in Nr. 606 gelernt, wie man von einem der consingulären Strahlenbüschel-Systeme $\mathfrak{S}_{2,2}$ zum andern gelangt; insbesondere ist es werthvoll, von dem Systeme $\mathfrak{S}_{2,2}^{\Phi}$ der mit d incidenten Tangentenbüschel von Φ zu den andern zu gelangen.

Jede zwei verbundenen Involutionen $\mathfrak{J}_{\mathfrak{h}}, \mathfrak{J}_{\mathfrak{l}}$ des $\mathfrak{S}_{2,2}^{\Phi}$ führen zu einem, zwei in einer derselben gepaarte Büschel von $\mathfrak{S}_{2,2}^{\Phi}$ liefern durch Vertauschung ihrer Ebenen (oder Scheitel) zwei Büschel, die dem neuen $\mathfrak{S}_{2,2}$ angehören und auch in einer von dessen Involutionen gepaart sind und zwar einer von den beiden verbundenen, welche zu $\mathfrak{S}_{2,2}^{\Phi}$ zurückführen.

Zu diesen beiden verbundenen Involutionen des einem beliebigen von den consingulären Complexen zugehörigen $\mathfrak{S}_{2,2}$ kann man auch unmittelbar gelangen. Es sei $(X, \mathfrak{x})$ ein Büschel $\mathfrak{S}_d$ von Γ^2 aus dessen $\mathfrak{S}_{2,2}$, so dass X und $\mathfrak{x}$ in der zugehörigen $[2, 2]^d$ einander entsprechen;

durch einen beliebigen Strahl y von $\mathfrak{S}_d$ gehen stets zwei weitere Büschel von Γ^2: ihre Scheitel Y', Y'' sind die Schnitte von y mit dem Kegelschnitte von Φ in ξ, ihre Ebenen η', η'' die Berührungsebenen aus y an den Tangentialkegel 2. Grades aus X an Φ. Kommt y nach d, so fallen Y', Y'' in die Berührungspunkte X', X'' von ξ mit Φ, η', η'' in die Tangentialebenen ξ', ξ'' von Φ in X, welche der ξ, dem X in $[2, 2]^{\Phi}$ entsprechen; während X' und ξ', X'' und ξ'' in $[2, 2]^d$ correspondirend sind.

Jedem von den Strahlenbüscheln $\mathfrak{S}_d$ der Γ^2, welche durch den Doppelstrahl d gehen, werden so zwei andere zugeordnet, die wir ihn im engern Sinne schneidend nennen können, weil sie aus Strahlenbüscheln von Γ^2, die den $\mathfrak{S}_d$ in einem beliebigen Strahle schneiden, durch Continuität sich ergeben: ihre Scheitel sind die Berührungspunkte, mit Φ, der Ebene von $\mathfrak{S}_d$, ihre Ebenen die Berührungsebenen seines Scheitels.

Man ersieht, (X, ξ) entsteht ebenso aus (X', ξ') oder (X'', ξ''), wie umgekehrt diese aus (X, ξ). Die Zuordnung ist daher eine involutorische; man kann den einen dem (X, ξ) zugeordneten Büschel, etwa (X', ξ'), für sich verfolgen; denn wenn auch einmal sein Scheitel mit dem des andern Büschels zusammenfällt, so thun es doch nicht gleichzeitig die Ebenen. *Und so ergeben sich zwei eindeutige involutorische Beziehungen oder kurz Involutionen in dem zu Γ^2 gehörigen $\mathfrak{S}_{2,2}$*, von denen in der einen (X, ξ) und (X', ξ'), in der andern (X, ξ) und (X'', ξ'') gepaart sind: es sind die beiden Involutionen von $\mathfrak{S}_{2,2}$, welche zu $\mathfrak{S}_{2,2}^{\Phi}$ führen; denn (X, ξ'), (X', ξ); (X, ξ''), (X'', ξ) gehören zu diesem Systeme.

Die Scheitel der Strahlenbüschel (Y, η) von Γ^2, welche den $\mathfrak{S}_d \equiv (X, \xi)$ schneiden, durchlaufen, wie wir oben fanden, den Kegelschnitt $\xi\Phi$, ihre Ebenen umhüllen den Kegel 2. Grades $X\Phi$, der sich so zu dem Kegelschnitte perspectiv ergiebt. *Folglich erzeugen die Büschel von Γ^2, welche den durch den Doppelstrahl gehenden Büschel $\mathfrak{S}_d$ des Complexes schneiden, eine Congruenz 2. Grades von der Art 2) in II, Nr. 499 für $n = 2$.**)

Jeder von den Büscheln (Y, η) bestimmt involutorisch und eindeutig den zweiten durch den nämlichen Strahl y von $\mathfrak{S}_d$ gehenden Büschel.

---

*) Weiler, Journal f. Mathematik Bd. 95 S. 142. Damit hat Weiler — schon 1881 — eine Congruenz 2. Ordnung gefunden, die nicht unter den von Kummer aufgezählten sich befindet und zu den von Schumacher ermittelten gehört (II, Nr. 493); freilich, wie es scheint, ohne sich dieser Ueberschreitung des Gebiets der Kummer'schen Congruenzen bewusst zu werden.

Die eine Regelschaar-Reihe einer solchen Congruenz besteht aus lauter Strahlenbüschel-Paaren.

773 *Die Complexfläche* (l), *welche zu einer den Doppelstrahl* d *von* Γ^2 *treffenden Geraden* l *gehört, hat* d *zur Doppelgeraden.*

In der That, die Γ^2-Kegel, welche ihre Spitze auf einer Geraden m haben, erzeugen (Nr. 513) auf l eine involutorische Correspondenz [2]; die Punkte von m, deren Kegel die l berühren oder die Coincidenzen von [2] bewirken, sind die Schnitte mit (l). Lassen wir m auch den d treffen, so ergiebt sich $L \equiv ld$ leicht als solcher Punkt, der mit beiden in [2] entsprechenden Punkten sich vereinigt hat, weil sein Kegel sowohl wie der aus $M \equiv md$ ein Ebenenpaar mit d als Doppellinie ist. Daher ist L doppelte Coincidenz von [2] (I, Nr. 18), und demnach hat m ausser dem dem L entsprechenden Punkte M auf m nur zwei Schnitte mit (l), welche den beiden andern Coincidenzen entsprechen; d. h. d ist doppelt auf (l).

Somit besitzt (l) *zwei sich schneidende Doppelgeraden* d, l und auf jeder von ihnen nur noch 2 Cuspidalpunkte (II, Nr. 422). Die auf l sind die Schnitte A_1, A_2 dieser Geraden mit Φ ausser L; womit nochmals die Zweifachheit von d auf Φ bewiesen ist. Die Cuspidalpunkte aber auf d sind die Punkte des Paars (λ), wenn λ die Ebene ld ist; denn die Complexkegel der Punkte von l müssen, als Tangentialkegel von (l), durch diese Cuspidalpunkte gehen; andrerseits ist unmittelbar ersichtlich, dass sie auch durch die Punkte jenes Paars gehen. Ebenso sind die Ebenen des Paars (L) die beiden Cuspidalebenen von d.

Die Cuspidalpunkte A_1, A_2 auf l führen zu 4 conischen Doppel-Berührungsebenen α_1', α_1'', α_2', α_2'', und ebenso die beiden Cuspidalebenen β_1, β_2 durch l zu den 4 conischen Knotenpunkten B_1', ... B_2''. Die Complexfläche (l), mit der wir es jetzt zu thun haben, ist die in II, Nr. 418, 422 besprochene Fläche.

Die Cuspidalpunkte A_3, A_4, die Cuspidalebenen β_3, β_4 sind in L, bezw. λ gerückt, α_3', α_3'' haben sich mit α_4', α_4'' in die Ebenen von (L), B_3', B_3'' mit B_4', B_4'' in die Punkte von (λ) vereinigt. Aus der Tabelle $[\alpha, B]$ von Nr. 516 entnehmen wir, dass z. B. auf α_1' und ihrem Kegelschnitte $[\alpha_1']$ liegen: B_1'', B_2', der Cuspidalpunkt $B_3' \equiv B_4'$ von d und der Cuspidalpunkt A_1 von l, auf der Cuspidalebene $\alpha_3' \equiv \alpha_4'$ die beiden Cuspidalpunkte $B_3' \equiv B_4'$, $B_3'' \equiv B_4''$ von d, die beiden Doppelpunkte B_1', B_2', längs deren Verbindungslinie sie berührt; β_1 tangirt längs $b_1 \equiv B_1' \, B_1''$. Wir haben — entsprechend II, Nr. 418 — das Vierseit torsaler Geraden $B_1' \, B_1'' \, B_2'' \, B_2'$, längs deren die 4 Cuspidalebenen berühren und welche je zwei conische Doppelpunkte verbinden. Durch die Diagonalen $B_1'B_2''$, $B_1''B_2'$ gehen je zwei conische Berührungsebenen α_1'', α_2'; α_1', α_2''; diejenigen zwei, die durch denselben Cuspidalpunkt von l oder d gehen, schneiden sich in dessen Cuspidalaxe, z. B. α_1', α_1'' in der a_1 von A_1.

Die Schnittcongruenz von Γ^2 mit einem durch den Doppelstrahl d 774
gehenden Gewinde Γ hat d zum Doppelstrahl. Denn der Strahlenbüschel aus irgend einem Punkte von d an Γ geht durch d, das Strahlenbüschel-Paar an Γ^2 hat d zur Doppellinie; demnach ist nur d beiden gemeinsam. Die beiden Strahlen der Schnittcongruenz aus irgend einem Punkte von d, in irgend einer Ebene durch d vereinigen sich durchweg in d. In dem Ebenenbüschel d entsteht ferner eine Correspondenz [2, 2], in der sich die Ebenen der Strahlenbüschel entsprechen, welche je von demselben Punkte von d an Γ und Γ^2 kommen. Die 4 Coincidenzebenen tragen die 4 durch d gehenden binären Strahlenbüschel von $\Gamma^2\Gamma$ (II, Nr. 402). Auch dadurch, dass 4 Büschel der Congruenz durch ihn gehen, giebt sich d als Doppelstrahl derselben zu erkennen (Nr. 560).

Wird Γ ein Gebüsche, dessen Axe l den Doppelstrahl d trifft, so bekommt infolge dessen die Brennfläche der Congruenz, d. i. die Complexfläche (l), den d zum Doppelstrahl.

Die Regelfläche 4. Grades, in welcher Γ^2 von einem durch d gehenden Strahlennetze geschnitten wird, hat d zur doppelten Erzeugenden; denn die Stützpunkte von d auf die beiden Leitgeraden sind Verzweigungspunkte der erzeugenden Correspondenz [2, 2] und zwar so, dass jeder den andern zum zugehörigen Doppelpunkte hat (Nr. 603).

Demnach schneidet ein Strahlennetz, welches durch eine d nicht enthaltende Regelschaar von Γ^2 und durch d gelegt ist, in einem Strahlenbüschel-Paar, von dem d die Doppellinie ist.

Die Regelfläche 4. Grades wird von einer Regelschaar, welche durch die doppelte Erzeugende geht und die Leitgeraden in ihrer Leitschaar hat, noch in 2 Erzeugenden geschnitten. *Folglich zählt unter den 4 Strahlen, welche Γ^2 mit einer durch den Doppelstrahl gehenden Regelschaar gemeinsam hat, dieser zweifach.*

Durch einen Strahl von Γ^2 gehen ∞^4 Gewinde und in der Schnittcongruenz eines jeden eine endliche Zahl von Regelschaaren oder ∞^1, je nachdem der Strahl ein einfacher oder doppelter Strahl des Γ^2 und also auch der Schnittcongruenz ist; andererseits ergiebt sich jede Regelschaar von Γ^2 auf diese Weise bei allen ∞^2 durch sie gehenden Gewinden. Ein einfacher Strahl von Γ^2 gehört zu ∞^{4-2} Regelschaaren des Complexes, was wir längst wissen, eine doppelter aber zu ∞^{4+1-2}.

Durch einen Doppelstrahl d eines Complexes 2. Grades gehen ∞^3 *demselben angehörige Regelschaaren, und deshalb durch d und einen beliebigen Strahl g des Complexes* ∞^1 *Regelschaaren. Diese* ∞^1 *Regelschaaren erfüllen die Schnittcongruenz von* Γ^2 *mit demjenigen Tangentialgewinde von g, welches durch d geht. Für sie sind d und g beide doppelt,* d als Doppelstrahl von Γ^2, g wegen der Berührung, und in der Regelschaar-Reihe sind zwei Paare verknüpfter Regelschaar-Reihen zusammengefallen (II, Nr. 407): sie ist quaternär.

Die Regelschaaren, welche durch d, g und die verschiedenen Strahlen x eines Complexkegels (P) oder einer Complexcurve (π) gehen, bilden eine Congruenz 2. Grades (II, Nr. 409); zu der Regelfläche 8. Grades, welche sie mit Γ^2 gemein hat, gehören (P) oder (π) und die Büschel dx', dx'', wo x', x'' die beiden von d getroffenen Strahlen von (P) oder (π) sind. Ist y ein Strahl des weiteren Schnitts, so hat die Regelschaar $(dgxy)$ mit Γ^2 5 Strahlen gemeinsam, weil d doppelt; folglich zerfällt dieser Schnitt in zwei Regelschaaren; daher senden von den durch d und g gehenden Regelschaaren des Γ^2 2 einen Strahl durch P oder in π: ihre Congruenz ist 2. Grades, wie wir eben auf andere Weise erkannten.

775 Es sei ϱ_0 eine beliebige Regelschaar von Γ^2; jede andere Regelschaar des durch sie bestimmten Regelschaar-Gebüsches $|\varrho_0|$ von Γ^2 befindet sich mit ϱ_0 so in einem Gewinde Γ, dass beide zur nämlichen Reihe von $\Gamma\Gamma^2$ gehören. Soll sie durch d gehen, so gehört sie, weil ϱ_0 den d nicht enthält, nicht zu einer der binären Reihen von $\Gamma\Gamma^2$, deren sämmtliche Regelschaaren durch den Doppelstrahl d dieser Congruenz gehen; sie wird also von einer nicht durch d gehenden Regelschaar (der verknüpften Reihe) zum vollen Schnitte eines Strahlennetzes ergänzt und ist daher Strahlenbüschel-Paar mit d als Doppellinie.

Jedes Regelschaar-Gebüsche von Γ^2 *enthält* ∞^1 *durch d gehende Regelschaaren, die aber durchweg in zwei Strahlenbüschel* $\mathfrak{S}_d$ *zerfallen.*

Oder: *Das* ∞^2*-System der Büschelpaare aus zwei* $\mathfrak{S}_d$ *sendet in jedes Regelschaar-Gebüsche von* Γ^2 ∞^1 *Paare.*

Jeder Büschel $\mathfrak{S}_d$ von Γ^2 bestimmt mit ϱ_0 ein Gewinde und wird dann durch einen zweiten $\mathfrak{S}_d$ zu einer Regelschaar ergänzt, die in der Schnittcongruenz zur nämlichen Reihe wie ϱ_0 gehört, also zu einer Regelschaar von $|\varrho_0|$. Sei (X, ξ) jener Büschel und (X_1, ξ_1) dieser, so befindet sich das Paar (X, ξ_1), (X_1, ξ), als Leitschaar, in dem dem $|\varrho_0|$ zugeordneten consingulären Complexe Γ_1^2. Jenes Paar gehört zu der einen der beiden verbundenen Involutionen in dem $\mathfrak{S}_{2,2}$ des Γ^2, die zu dem $\mathfrak{S}_{2,2}$ des Γ_1^2 führen, und dieses zu der einen der Involutionen dieses $\mathfrak{S}_{2,2}$, welche zu jenem führen. Also ist der Büschel $\mathfrak{S}_d$ von Γ^2, welcher einen gegebenen Büschel $\mathfrak{S}_d$ dieses Complexes zu einem Büschelpaar ergänzt, das einem bestimmten Regelschaar-Gebüsche von Γ^2 angehört, ihm in der einen der beiden Involutionen des $\mathfrak{S}_{2,2}$ des Γ^2 gepaart, welche zu dem $\mathfrak{S}_{2,2}$ desjenigen consingulären Complexes führen, der diesem Gebüsche zugeordnet ist, und der ihn zu einem Büschelpaar des verknüpften Gebüsches ergänzende Büschel ist ihm in der verbundenen Involution gepaart.

Auch diese Ueberlegung zeigt, dass d für alle consingulären Complexe Doppelstrahl ist.

Jedem Büschel $\mathfrak{S}_d$ von Γ^2 ist also, wenn es sich um die Zugehörigkeit zu einem bestimmten Regelschaar-Gebüsche handelt, eindeutig ein anderer zugeordnet; da aber aus jedem Punkte von d zwei Büschel $\mathfrak{S}_d$ kommen, so bilden die Scheitel zugeordneter Büschel eine involutorische Correspondenz [2] auf d, und ebenso die Ebenen um d.

Zwei Regelschaaren ϱ_d von Γ^2, welche durch d gehen, gehören, wegen des gemeinsamen Strahls, zum nämlichen Gewinde, und schneiden sich im allgemeinen nicht mehr; denn jede wird nur von ∞^2 Regelschaaren ϱ_d noch in einer zweiten Geraden geschnitten, indem durch jede von ihren Geraden ∞^1 gehen. Folglich gehören sie in dem verbindenden Gewinde zu der nämlichen von den beiden binären Reihen der Schnittcongruenz; d. h. sie gehören zu demselben Gebüsche von Γ^2. Da ferner alle Regelschaaren von Γ^2 durch d und einen einfachen Strahl des Complexes zwei zusammengefallene verknüpfte Reihen der von ihnen erzeugten Congruenz bilden (Nr. 774), so haben wir:

Die ∞^3 Regelschaaren ϱ_d von Γ^2, welche den Doppelstrahl d enthalten, bilden für sich ein Gebüsche $\Sigma_{3,d}$, das mit seinem verknüpften identisch ist; was zu erwarten war, da in dies Gebüsche die beiden Doppelgebüsche $\Sigma_{3,5}$ und $\Sigma_{3,6}$ sich vereinigen.

Die Leitschaaren der ϱ_d erfüllen das Strahlengebüsche $[d]$, das so, doppelt gerechnet, unter die consingulären Complexe kommt. Zur Erzeugung genügt schon der Inbegriff der Leitschaaren der Regelschaaren eines Feldes von $\Sigma_{3,d}$; wenn der Träger ϱ_d^0 ist, so sind die Regelschaaren des Feldes die ∞^3 ϱ_d, welche durch die verschiedenen Geraden von ϱ_d^0 gehen. Ist also t ein Strahl von $[d]$, so können die Regelschaaren des Feldes, die ihn in der Leitschaar haben, nur in der Reihe sich befinden, die durch d und die zweite von t getroffene Gerade von ϱ_d^0 geht; die Strahlen aus einem beliebigen Punkte von t an die Congruenz 2. Grades, die durch diese Reihe entsteht, gehören somit zu zwei Regelschaaren des Feldes, und in deren Leitschaaren befindet sich t: so entsteht $[d]$ doppelt.

Das dem $\Sigma_{3,d}$ zugeordnete System 4. Stufe S_4^2 von Gewinden hat $[d]$ zum Doppelgewinde: alle seine Gewindenetze gehen durch $[d]$; denn die Leitschaaren aller ϱ_d sind in $[d]$ enthalten.

Die Complexe 2. Grades mit einem oder mehreren Doppelstrahlen, unter denen keine zwei windschiefen sich befinden.

776 Die singuläre Fläche Φ eines Complexes 2. Grades mit einem Doppelstrahle d ist, im allgemeinen Falle, die Fläche, welche, in Bezug auf einen allgemeinen Complex 2. Grades, zu einer beliebigen Geraden $l \equiv d$ als Complexfläche gehört. *Wir erhalten also Complexe mit specielleren singulären Flächen, wenn wir dem Träger d die früher besprochenen speciellen Lagen geben.*

Wir müssen aber jetzt unterscheiden unsern speciellen Complex Γ^2, um dessen singuläre Fläche es sich handelt, von dem allgemeinen Γ_0^2, zu welchem sie als Complexfläche gehört, und versehen deshalb auch die dem letzteren zugehörigen Elemente mit dem Zeiger 0. Die betrachteten speciellen Lagen von d waren: 1) ein Strahl von Γ_0^2, 2) ein beliebiger singulärer Strahl dieses Complexes, 3) ein dreipunktig berührender singulärer Strahl (oder ein singulärer Strahl 2. Ordnung), 4') ein beliebiger Strahl in einer der stationären Ebenen δ_0 von Γ_0^2, 5') ein Strahl des Büschels (E_0, δ_0), 6') einer der 16 Strahlen s_{δ_0} (singulärer Strahl 3. Ordnung), oder dual, 4'') ein Strahl durch einen der stationären Punkte D_0, 5'') ein Strahl von (D_0, ε_0), 6'') einer von den 16 Strahlen s_{D_0}.

In den drei Fällen 1), 2), 3) erhalten wir eine in sich duale Fläche Φ und einen eben solchen Complex; während 4') und 4''), 5') und 5''), 6') und 6'') zu Paaren von dual einander gegenüberstehenden singulären Flächen und Complexen führen.

Im Falle 1), wo der Träger d der Complexfläche von Γ_0^2, welche singuläre Fläche Φ von Γ^2 wird, ein Strahl von Γ_0^2 ist, ist er cuspidal für dieselbe (Nr. 519), so dass in jedem Punkte von d die beiden Berührungsebenen von Φ sich vereinigt haben. *Die Correspondenz* $[2, 2]^{\Phi}$ *ist in eine doppelte Projectivität übergegangen:* das System der den Doppelstrahl d enthaltenden Tangentenbüschel von Φ ist das Strahlenbüschel-System $\mathfrak{S}_{1,1}$ eines singulären Strahlennetzes.

Wir haben aber, nach wie vor, die 4 Cuspidalpunkte $A_{1,0}, \dots A_{4,0}$ und die 4 Cuspidalebenen $\beta_{1,0}, \dots \beta_{4,0}$, derartig jedoch, dass die einen für die andern die zugehörigen Doppelelemente sind, wenn eben diese

Doppel-Projectivität als Specialfall einer [2, 2] betrachtet wird. Dem Büschel $(A_{i,0}, \beta_{i,0})$ gehören die Cuspidalaxe $a_{i,0}$ von $A_{i,0}$ und die Torsallinie $b_{i,0}$ von $\beta_{i,0}$ an (Nr. 519).

Während (Nr. 772) im allgemeinen Falle in $\mathfrak{S}_{2,2}^{\Phi}$ zwei verbundene Involutionen $\mathfrak{J}_{\mathfrak{h}}$, $\mathfrak{J}_{\mathfrak{l}}$ (oder, was genügt, eine von ihnen) zu legen waren, um zu dem $\mathfrak{S}_{2,2}$ eines consingulären Complexes zu gelangen, haben wir hier in dieses Doppel-$\mathfrak{S}_{1,1}$ eine involutorische Correspondenz [2] zu legen (Nr. 606) mit den Verzweigungselementen $(A_{i,0}, \beta_{i,0})$ und bei jedem Paare entsprechender Büschel derselben dann die Ebenen auszutauschen, damit wir zu dem Strahlenbüschel-Systeme $\mathfrak{S}_{2,2}$ und der Correspondenz $[2, 2]^d$ gelangen, welche einem der consingulären Complexe zugehören. Die ∞^1 möglichen Correspondenzen [2] in $\mathfrak{S}_{1,1}$ mit den genannten Verzweigungselementen liefern die $\mathfrak{S}_{2,2}$ und $[2, 2]^d$ für die ganze Reihe der consingulären Complexe.

Die $[2, 2]^{\Phi}$ gehört dem Doppelgebüsche $[d]$ als Mitglied dieser Reihe an; da sie eine Doppel-Projectivität ist, so haben wir nur noch 3 andere Doppel-Projectivitäten, welche von den 3 Fundamental-Gewinden herrühren, die durch die in diesem Falle nur vorhandenen 3 Doppeltangenten-Congruenzen (Nr. 561) gehen. In ihnen entsprechen den $A_{1,0}$, $A_{2,0}$, $A_{3,0}$, $A_{4,0}$ die

$$\beta_{2,0},\ \beta_{1,0},\ \beta_{4,0},\ \beta_{3,0};\quad \beta_{3,0},\ \beta_{4,0},\ \beta_{1,0},\ \beta_{2,0};\quad \beta_{4,0},\ \beta_{3,0},\ \beta_{2,0},\ \beta_{1,0}.$$

Das Gebüsche $[d]$ hat demnach nunmehr 3 Fundamental-Gewinde des allgemeinen Falls in sich aufgenommen, und wir haben den Complex 2. Grades, dessen singuläre Fläche die Complexfläche, in Bezug auf einen allgemeinen Complex 2. Grades, für einen Strahl desselben ist, mit:

$$[3111]$$

zu bezeichnen.

In den Tangentenbüscheln von Φ haben wir zur Festlegung der Projectivität noch 4 Strahlen: die 3 Doppeltangenten und den d treffenden Strahl.

Auf Φ ist d cuspidal. Nehmen wir in Bezug auf (einen zu Φ gehörigen) Γ^2 die Complexfläche eines d treffenden Trägers $l \equiv d_1$, so wird (Nr. 773) auf ihr d doppelt, aber im allgemeinen *nicht cuspidal.*

Aber kehren wir zunächst noch zu unseren weiteren Fällen 2), 3) 777
zurück, in denen die zur singulären Fläche von Γ^2 gewählte Complexfläche von Γ_0^2 nur eine doppelte Gerade hat, ihren Träger d.

Wenn d für Γ_0^2 singulärer Strahl s_0 ist, so vereinigen sich (Nr. 527) $A_{1,0}$, $A_{2,0}$ im zugehörigen singulären Punkte S_0, $\beta_{3,0}$, $\beta_{4,0}$ in der zugehörigen Ebene σ_0. Infolge dessen fallen die Projectivitäten:

$$A_{1,0} A_{2,0} A_{3,0} A_{4,0} \barwedge \beta_{1,0} \beta_{2,0} \beta_{3,0} \beta_{4,0},$$
$$\barwedge \beta_{2,0} \beta_{1,0} \beta_{4,0} \beta_{3,0}$$

in die eine:

$$S_0 S_0 A_{3,0} A_{4,0} \barwedge \beta_{1,0} \beta_{2,0} \sigma_0 \sigma_0$$

zusammen: *eine ausgeartete Projectivität, für welche S_0, σ_0 die ausgezeichneten Elemente sind. Sie repräsentirt, doppelt genommen, die* $[2, 2]^{\Phi}$; das zu $\mathfrak{S}_{1,1}$ gehörige Strahlennetz zerfällt in den Bündel S_0 und das Feld σ_0 und $\mathfrak{S}_{1,1}$ in zwei Reihen von Strahlenbüscheln, von denen die einen alle aus S_0 kommen und in den Ebenen durch d liegen, die andern in σ_0 sich befinden mit den Scheiteln auf d. Die beiden andern Projectivitäten sind:

$$S_0 A_{3,0} A_{4,0} \barwedge \sigma_0 \beta_{1,0} \beta_{2,0},$$
$$\barwedge \sigma_0 \beta_{2,0} \beta_{1,0}.$$

Sie rühren von den beiden Fundamental-Gewinden her, welche durch die in diesem Falle allein noch vorhandenen Doppeltangenten-Congruenzen von Φ gehen (Nr. 562).

Das Gebüsche [d] hat demzufolge noch ein weiteres Fundamental-Gewinde in sich aufgenommen, und dem Complexe, dessen singuläre Fläche die in Bezug auf einen allgemeinen Complex 2. Grades genommene Complexfläche eines singulären Strahls desselben ist, kommt die Bezeichnung:

[411]

zu.

In das zerfallende Strahlenbüschel-System $\mathfrak{S}_{1,1}$ soll nun eine involutorische Correspondenz [2] gelegt werden und zwar mit den Büscheln $(S_0, \beta_{1,0})$, $(S_0, \beta_{2,0})$, $(A_{3,0}, \sigma_0)$, $(A_{4,0}, \sigma_0)$ als Verzweigungselementen. Wenn der Kegelschnitt K, auf welchem die Tangenten eines andern Kegelschnitts $\mathfrak{K}$ eine involutorische Correspondenz [2] hervorrufen, in zwei Gerade zerfällt, so ist die [2] übergegangen in eine Correspondenz [2, 2] zwischen den beiden Geraden mit der besondern Eigenschaft, dass der Schnittpunkt sich sowohl mit den einen als mit den andern entsprechenden Punkten deckt und dadurch für jede der Punktreihen doppelter Verzweigungspunkt ist, während die andern die Schnitte mit $\mathfrak{K}$ sind. Eine solche Correspondenz haben wir in unser $\mathfrak{S}_{1,1}$ zu legen, oder wir haben, da die Büschel der einen Reihe einen festen Scheitel, die der andern eine feste Ebene besitzen, eine Correspondenz [2, 2] herzustellen zwischen dem Ebenenbüschel d und der Punktreihe d, und zwar so, dass bei jedem der Elemente S_0, σ_0 beide entsprechenden Elemente in das andere fallen, $\beta_{1,0}$, $\beta_{2,0}$, $A_{3,0}$, $A_{4,0}$ aber die übrigen Verzweigungselemente sind.

Sind dann ξ, X in dieser [2, 2] und demnach (S_0, ξ), (X, σ_0) in der Correspondenz zwischen den Büschelreihen entsprechend, so sind (S_0, σ_0), (X, ξ) Strahlenbüschel desjenigen consingulären Complexes, zu dem diese [2, 2] (oder die [2], an deren Stelle sie getreten ist) führt.

Solcher [2, 2] zwischen dem Ebenenbüschel d und der Punktreihe haben wir ∞^1.

Wenn X nach S_0 oder ξ nach σ_0 fällt, vereinigen sich beide entsprechenden ξ in σ_0 oder beide X in S_0; im Continuum der (X, ξ) ist (S_0, σ_0) ein Doppelbüschel.*)

Die Projectivität zwischen den Tangentenbüscheln der Φ ist noch bestimmt, da wir noch zwei Doppeltangenten und die Treffgerade von d haben. —

Wird aber d singulärer Strahl 2. Ordnung von Γ_0^2 — der die singuläre Fläche Φ_0 dreipunktig berührt —, so rückt (Nr. 528) auch $A_{3,0}$ in S_0, $\beta_{2,0}$ in σ_0; die ausartende Projectivität, in der vorhin schon zwei der 4 sich vereinigt haben, nimmt noch eine der beiden übrigen in sich auf. In der andern sollen S_0 und σ_0, $A_{4,0}$ und $\beta_{1,0}$ einander entsprechen; damit ist sie nicht bestimmt. Auch zur Festlegung von ∞^1 Correspondenzen [2, 2] zwischen den beiden Strahlenbüschel-Reihen sind diese Elemente nicht hinreichend. Und ebenso haben wir in den Tangentenbüscheln von Φ je in der einzigen Doppeltangente und dem Treffstrahle von d nicht die für die Festlegung der Projectivität erforderlichen Elemente. Aber unbestimmt sind diese Beziehungen keineswegs; es sind eben nur die ausgezeichneten Elemente, welche bisher zur Bestimmung gewählt wurden und auch genügten, nicht mehr zahlreich genug. Nach wie vor haben wir eine einfach unendliche Zahl von consingulären Complexen zu Φ.

Diese Fläche Φ, die Complexfläche, in Bezug auf einen allgemeinen Complex 2. Grades, eines singulären Strahls 2. Ordnung desselben, hat nur noch eine Doppeltangenten-Congruenz, der Complex Γ^2 nur noch ein nicht in $[d]$ verschwundenes Fundamental-Gewinde; seine Bezeichnung ist:

[51].

Wenn wir die Lagen 4′), 5′), 6′) oder 4″), 5″), 6″) von d an- 778
nehmen, so kommen wir zu zerfallenden Complexflächen als singulären Flächen und zu 3 Doppelstrahlen; wir haben daher erst *diejenigen Fälle* vorzunehmen, *in denen der Complex nur zwei und zwar sich schneidende Doppelstrahlen hat.* Der zweitnächste Abschnitt wird zeigen, dass *wind-*

*) Ersetzt man den Ebenenbüschel durch eine perspective Punktreihe, so erhält die erzeugte Regelfläche 4. Grades eine doppelte Erzeugende (Nr. 603).

schiefe Doppelstrahlen eine wesentliche Modification hervorbringen; weshalb wir diesen Fall noch verschieben.

In Nr. 773 sind wir zu den singulären Flächen mit zwei sich schneidenden Doppelstrahlen gelangt; es waren Complexflächen, in Bezug auf einen Complex mit einem Doppelstrahle, für einen Träger $l \equiv d_1$, der diesen Doppelstrahl schneidet. Aber es empfiehlt sich doch mehr, *wenn wir auch diese singulären Flächen als zu einem allgemeinen Complexe Γ_0^2 gehörige Complexflächen ansehen.* Und da habe ich erst an dieser Stelle erkannt, dass ich in dem Abschnitte über specielle Complexflächen, wie ich dort schon in einer Anmerkung S. 69 erwähnt, einen wichtigen Fall und die sich ihm unterordnenden Specialfälle ausgelassen habe, die ich hier nun nachhole.

*Wir haben die Complexfläche zu betrachten, deren Träger $l \equiv d$ eine beliebige Tangente der singulären Fläche Φ_0 von Γ_0^2 ist. Wenn (S_0, σ_0) der Tangentenbüschel von Φ_0 ist, in dem sich d befindet, und s_0 der singuläre Strahl von Γ_0^2 in ihm, so wird dieser die zweite Doppelgerade der Complexfläche (d) sein.**)

In der That, die 4 Punkte auf einer beliebigen Geraden m, deren Complexkegel von Γ_0^2 die Gerade d tangiren, sind die Schnitte von m mit (d), und die 4 Berührungspunkte sind die Coincidenzen der involutorischen Correspondenz [2], welche durch die Complexkegel aus den Punkten von m auf d entsteht (Nr. 513): wenn X ein Punkt von d ist, so schneide der Kegel (X) die m in Y', Y'', die Kegel (Y'), (Y'') gehen beide durch X und ihre zweiten Schnitte X', X'' mit d correspondiren dem X in [2].

Nun lassen wir m jenen singulären Strahl s_0 schneiden; wenn dann X in S_0 gelegt wird, so wird (X) ein Ebenenpaar mit der Doppellinie s_0, Y', Y'' vereinigen sich in den Punkt $s_0 m$, (Y'), (Y'') in den Complexkegel aus ihm; derselbe berührt längs s_0 die zugehörige singuläre Ebene σ_0 und damit die in ihr liegende d; X', X'' fallen in S_0. Dieser Punkt hat sich also mit beiden entsprechenden Punkten vereinigt und ist doppelte Coincidenz von [2] (I, Nr. 18).

Folglich ist der ihm entsprechende Punkt $s_0 m$ auf m zweifach zählender Schnitt von m mit (d); was, da m eine beliebige Treffgerade von s_0 ist, bedeutet, dass diese Gerade s_0 auf (d) doppelt ist. *Wir bezeichnen sie deshalb lieber mit d_1 und ebenso den Punkt und die Ebene dd_1* — bisher S_0 und σ_0 — mit D^0, δ^0.

Von den 4 Cuspidalebenen der Complexfläche oder Tangentialebenen von Φ_0, die durch d gehen, sind zwei in $\sigma_0 \equiv \delta^0$ gerückt; es

*) Vergl. II, Nr. 292.

bleiben, wie uns für diese Fläche längst bekannt, nur 2 Cuspidalebenen $\beta_{1,0}$, $\beta_{2,0}$ und daher auch nur 2 torsale Geraden $b_{1,0}$, $b_{2,0}$ mit darauf liegenden conischen Knotenpunkten $B'_{1,0} \ldots B''_{2,0}$; und ebenso haben wir nur 2 Cuspidalpunkte auf d, die weiteren Schnitte mit Φ_0, und 4 conische Doppel-Berührungsebenen.

Durch die beiden Cuspidalpunkte von d_1 müssen alle Complexkegel aus den Punkten von d gehen, als Tangentialkegel der Fläche (d); diese Complexkegel gehen aber alle durch die Punkte des Punktepaars (δ^0), in dessen Ebene ja d liegt. Also sind diese Punkte jene Cuspidalpunkte, und die Ebenen von (D^0) die Cuspidalebenen von d_1. Die torsalen Geraden in diesen beiden Ebenen bilden mit jenen beiden $b_{1,0}$, $b_{2,0}$ in den Cuspidalebenen von d das uns bekannte Vierseit, in dessen Ecken sich die Knotenpunkte $B'_{1,0}, \ldots$ befinden.

Es sei $\mathfrak{x}$ eine Ebene durch d_1; der Kegelschnitt, in dem sie die Fläche (d) schneidet, berührt die Geraden $\mathfrak{x}\ (\beta_{1,0}, \beta_{2,0})$ auf $b_{1,0}$, $b_{2,0}$.

Wenn nunmehr d eine Haupttangente von Φ_0 ist, dann rückt noch ein weiterer Cuspidalpunkt von d in D^0 und eine weitere Cuspidalebene nach δ^0, nehmen wir an: $\beta_{2,0}$; folglich fällt bei jeder Ebene $\mathfrak{x}$ durch d_1 die Tangente $\mathfrak{x}\beta_{2,0}$ in d_1. Alle Kegelschnitte, in denen die Complexfläche (d) von den Ebenen durch d_1 geschnitten wird, tangiren d_1; d. h. diese Gerade ist eine cuspidale Doppelgerade für (d).

Eine beliebige Tangente d von Φ_0 in einem Punkte dieser Fläche, dessen singulärer Strahl dreipunktig berührt, gehört zum Complexe Γ_0^2 (Nr. 547) und ist infolge dessen für ihre Complexfläche cuspidal, während der genannte singuläre Strahl eine allgemeine Doppelgerade ist.

Wenn aber als Träger die zweite Haupttangente genommen wird, so werden beide Doppelgeraden cuspidal.

So haben wir erkannt, wie die drei Fälle einer singulären Fläche Φ mit zwei sich schneidenden Doppelgeraden sich als Complexflächen eines allgemeinen Complexes ergeben. Die mit zwei allgemeinen Doppelgeraden entsteht, wenn der Träger d eine beliebige Tangente der singulären Fläche dieses Complexes ist; zweite Doppelgerade ist der dem Berührungspunkte zugehörige singuläre Strahl d_1.

Eine der beiden Geraden wird cuspidal und zwar d oder d_1, wenn d_1 oder d dreipunktig berührt, und sie werden beide cuspidal, sobald sie beide dreipunktig tangiren.

Die Fläche Φ des ersten Falls hat zwei Doppeltangenten-Congruenzen (II, Nr. 418); die 4 übrigen haben sich zu je zweien in die Congruenzen der Tangenten, welche sich auf d, bezw. d_1 stützen, vereinigt; und jedes der beiden Gebüsche $[d]$, $[d_1]$ hat zwei Fundamental-Gewinde in sich aufgenommen; es bleiben nur zwei eigentliche, und *dem Complexe 2. Grades, dessen singuläre Fläche die erste der 3 Flächen ist, kommt die Bezeichnung:*

[2211]

zu.

Jede Berührungsebene von Φ hat 3 Doppelpunkte; zwei rühren von d, d_1 her; von ihnen ist einer im zweiten Falle in einen Rückkehrpunkt übergegangen. Von den Tangenten, die der Berührungspunkt an die Schnittcurve sendet, Doppeltangenten der Φ, ist daher eine in die Gerade nach dem Rückkehrpunkt gerückt. Wir haben nur noch eine Doppeltangenten-Congruenz und das Gebüsche, dessen Axe die cuspidale Gerade ist, nimmt noch ein Fundamental-Gewinde in sich auf. Im dritten Falle verschwindet dann auch noch das letzte Fundamental-Gewinde im andern Gebüsche.

Die Complexe, deren singuläre Flächen die zweite und dritte der oben beschriebenen Flächen sind, erhalten die Bezeichnung:

[321],

bezw.

[33].

Im ersten Falle [2211] *giebt es 4 unäre stationäre Punkte D in den conischen Knotenpunkten der Φ, 4 binäre $\overline{D}$ in den 2.2 Cuspidalpunkten der d, d_1; und ähnliches gilt für die stationären Ebenen.*

Der Punkt D^0 und die Ebene δ^0 sind quaternäre stationäre Elemente, derartig, dass jedes von ihnen für das andere auch zugehöriges E, bezw. ε ist. Denn zunächst ist klar, dass der ganze Büschel dd_1 zum Complexe Γ^2 gehört, weil er ja mit ihm die Doppelstrahlen d, d_1, also 4 Strahlen gemein hat. Ferner ist die Ebene δ^0 Berührungsebene von Φ im Punkte D^0; also sind alle Strahlen des Büschels Tangenten von Φ. Eine Tangente von Φ ist aber singulärer Strahl des Complexes, wenn die beiden Strahlenbüschel um ihre beiden weiteren Schnitte mit Φ in ihrer Berührungsebene zum Complexe gehören. Für einen Strahl von dd_1 vereinigen sich diese Schnitte in den Punkt D^0 und die beiden Büschel in unsern, wie wir eben erkannten, zum Complexe gehörigen Büschel dd_1. Also sind alle Strahlen desselben singulär, und zwar so, dass alle zum Punkte D^0 und zur Ebene δ^0 gehören.

Die Ebenen $\overline{\varepsilon}$, welche zu den beiden auf einem Doppelstrahle gelegenen stationären Punkten $\overline{D}$ gehören, erzeugen, wenn Γ^2 die Reihe der consingulären Complexe durchläuft, eine Involution, von welcher jedes Paar bei zwei Complexen sich ergiebt: entsprechend den beiden möglichen Zuordnungen seiner Ebenen zu den beiden Punkten $\overline{D}$.

Im zweiten Falle [321] ist, wenn wir etwa d als cuspidal annehmen, der eine Cuspidalpunkt und die eine Cuspidalebene von d_1 nach

D^0 und δ^0 gerückt. *Also sind* D^0 *und* δ^0 *senäre stationäre Elemente.* Die Büschelpaare in $\beta_{1,0}$, $\beta_{2,0}$ müssen d berühren; d. h. zwei von den 4 Punkten B_0 rücken auf d und zwar in die Cuspidalpunkte dieser Geraden (Nr. 519), die damit *ternäre* stationäre Punkte werden. *Binär* bleibt der zweite Cuspidalpunkt auf d_1 und *unär* bleiben die einzigen ausserhalb der Doppelstrahlen liegenden Punkte B_0; ihre Verbindungslinie ist die einzige d_1 treffende torsale Gerade.

Endlich im letzten Falle [33] rückt auch noch auf d der eine Cuspidalpunkt nach D^0 und einer der beiden vorhinigen B_0 in den Cuspidalpunkt von d_1. D^0 *repräsentirt 9 stationäre Punkte*, jeder der beiden einzigen Cuspidalpunkte auf d, d_1 3; *nur ein unärer verbleibt*, im Schnitte der beiden d, bezw. d_1 treffenden torsalen Geraden, die noch verschieden von diesen d sind. Und analoges gilt hier und vorhin für die stationären Ebenen.

Wir wenden uns jetzt zu den oben verlassenen Fällen 4′), ... 6″). 779
In 4′) *ist der Träger d der zu dem allgemeinen Complexe* Γ_0^2 *gehörigen Complexfläche, die wir als singuläre Fläche des speciellen Complexes* Γ^2 *haben wollen, ein beliebiger Strahl in einer stationären Ebene* δ_0 *von* Γ_0^2. *Die Complexfläche zerfällt dann* (Nr. 557) *in die Ebene* δ_0 *und eine cubische Fläche 4. Klasse mit 4 Knotenpunkten:* Φ_4^3. *Die Ebene* δ_0 *ist die Ebene der drei unären Geraden dieser Fläche;* von ihnen ist eine d, die beiden andern d_1, d_2 sind die Geraden von dem der δ_0 zugehörigen Punkte E_0 nach den Schnitten der d mit dem Kegelschnitte $[\delta_0]$ auf Φ_0. Sie sind für die vollständige Fläche Doppelgerade und für Φ_4^3 allein Axen von Büscheln doppelter Berührungsebenen. Für Γ^2 werden sie sich als Doppelstrahlen herausstellen.

Wegen ihrer wichtigeren Beziehung zum Complexe Γ^2 wollen wir die Ebene δ_0 lieber π nennen. Zunächst wollen wir zeigen, dass das ganze Strahlenfeld dieser Ebene $\delta_0 \equiv \pi$ zu einem jeden der Complexe Γ^2 gehört, für welche $\Phi \equiv (\pi, \Phi_4^3)$ singuläre Fläche ist. Doppeltangenten hat diese Fläche nicht: an ihre Stelle sind die Congruenzen 2. Grades der Tangenten von Φ_4^3 getreten, welche sich auf d, d_1, d_2 stützen, jede zwei Doppeltangenten-Congruenzen repräsentirend. In jedem Tangentenbüschel (S, σ) von Φ_4^3 haben wir 3 solche „Doppeltangenten“ t, t_1, t_2; durch sie ist die Projectivität der Tangentenbüschel festgelegt: wir können mit Hilfe des festen Doppelverhältnisses $(t t_1 t_2 s)$ den Inbegriff der (Φ_4^3 tangirenden) singulären Strahlen s eines Γ^2 herstellen. Die weiteren Schnitte eines jeden von ihnen mit Φ sind der Schnitt B mit π, der dritte Schnitt B' mit Φ_4^3. Die Büschel (B, σ), (B', σ) erzeugen den Complex oder, wie wir aus der Betrachtung des allgemeinen Falls wissen, schon die einen, z. B. die (B, σ). Jeder dieser Büschel hat einen Strahl in π, und umgekehrt, jeder Strahl g von π wird ein solcher Strahl und kommt in Γ^2. Construirt man nämlich auf ihm den Punkt B, der mit den Schnittpunkten $g(d, d_1, d_2)$ das Doppelverhältniss (t, t_1, t_2, s) bildet, und dann die einzige Tangentialebene σ aus g an Φ_4^3 neben der dreifachen π; so wird der in dieser construirte s gerade durch B gehen, also g dem Büschel (B, σ) angehören.

Der zweite Strahlenbüschel aus B an Γ^2 liegt in π, und g, beiden gemeinsam, ist der zum Punkte $B \equiv S'$ gehörige singuläre Strahl s'. Bekanntlich bildet auch s' mit den Strahlen aus S' nach den Ecken $d_1 d_2$, $d_2 d$, $d d_1$ das nämliche Doppelverhältniss, und die beiden einander zugehörigen singulären Elemente S', s', welche durchweg incidiren, bilden *ein quadratisches Nullsystem.* In ihm sind die Ecken und Seiten des Dreiecks $d d_1 d_2$ die Hauptelemente: einer Ecke entspricht jeder durch sie gehende Strahl, einer Seite jeder auf ihr gelegene Punkt. Bewegt sich S' auf einer Geraden m, so umhüllt s' einen Kegelschnitt μ_2, der sie und die drei Seiten tangirt; dreht sich s' um einen Punkt, so durchläuft S' einen Kegelschnitt, der durch ihn und die drei Ecken geht. Jene Gerade m sei Spur, in π, eines beliebigen Strahlenbüschels (P, π); mit μ_2 hat Φ_4^3, ausser den drei Büscheln doppelter Tangentialebenen durch die d, noch einen Kegel 2. Grades von Berührungsebenen gemeinsam. Die beiden durch P gehenden Ebenen desselben liefern diejenigen Büschel (B, σ), welche zu (P, π) gehörige Strahlen des Complexes enthalten; so dass der Grad 2 desselben so direct erkannt ist.

Der Complex entsteht also folgendermassen:

Von jeder Geraden g in der dreifachen Berührungsebene π der Φ_4^3 wird die einfache Berührungsebene σ an diese Fläche gelegt; sodann auf g der Punkt B construirt, welcher mit den Punkten, in denen sie die 3 in π gelegenen Geraden der Fläche schneidet, ein gegebenes Doppelverhältniss bildet; die Strahlenbüschel (B, σ) erzeugen den Complex.

Wenn m durch eine Ecke, z. B. $d d_1$, geht, so zerfällt der Kegelschnitt μ_2 in den Büschel um diesen Punkt und einen zweiten, welcher d_2 „berührt", d. h. seinen Scheitel M auf d_2 hat. Folglich gehen die Ebenen der nicht in π gelegenen Complex-Strahlenbüschel aus den verschiedenen Punkten von m alle durch M und umhüllen den Kegel 2. Grades, der von diesem Punkte tangential an Φ_4^3 kommt. Derselbe berührt π und demnach auch m; und die Büschel erzeugen die Congruenz 2. Ordnung 1. Klasse, welche zu der in II, Nr. 305 betrachteten $(n = 2)$ dual ist; sie subsumirt sich unter II, Nr. 493 α) für $n = 1$.

Der Strahl m und der Punkt M bewegen sich, nach bekannter Eigenschaft der quadratischen Verwandtschaft, projectiv um dd_1 und auf d_2, und den d, d_1 entsprechen die Punkte d_2 (d, d_1). Die Congruenzen (2, 1) durchlaufen den Complex.

Legt man also bei einer Fläche Φ_4^3 in der dreifachen Berührungsebene π zwischen dem Strahlenbüschel um eine Ecke des in ihr enthaltenen Dreiseits der Fläche, etwa dd_1, und der Punktreihe auf der Gegenseite d_2 eine der ∞^1 Projectivitäten fest, in denen die Seiten d, d_1 ihren Schnitten mit d_2 homolog sind, und construirt für jeden Strahl jenes Büschels die Congruenz (2, 1) *der Strahlen, die ihn treffen und den Tangentialkegel 2. Grades aus dem entsprechenden Punkte an Φ_4^3 tangiren, so ist der Ort dieser Congruenz der Complex, mit dem wir es jetzt zu thun haben.* Und alle jene Projectivitäten geben die consingulären Complexe, denen (Φ_4^3, π) als gemeinsame singuläre Fläche zugehört.*)

Aber eine Congruenz (2, 1) derselben Art ergiebt sich auch im allgemeinen Falle, wo m eine beliebige Gerade von π ist; alle Strahlenbüschel-Ebenen gehen durch denjenigen Punkt des Punktepaars in der Berührungsebene aus m, der nicht in π liegt. Der berührte Kegel ist der, welcher aus diesem Punkte den der m im Nullsystem entsprechenden Kegelschnitt μ^2 projicirt: einer der beiden Berührungskegel 2. Grades aus diesem Punkte an Φ_4^3.

Während ein Strahl s' von π nur für ein Complex-Ebenenpaar Doppellinie a ist, ist er für ∞^2 — vollständig in π gelegene — Complex-Punktepaare Doppellinie b. Ausgenommen sind d, d_1, d_2. In jeder Ebene durch d fallen, welchen der beiden Berührungspunkte mit Φ_4^3 man auch nimmt, zwei von den „Doppeltangenten" t, t_1, t_2 in d zusammen, die dritte wird unbestimmt; jenes Zusammenfallen und das bestimmte Doppelverhältniss fordern dann, dass auch s in d fällt; somit wird d für das Complex-Punktepaar jeder ihrer Ebenen Doppellinie und damit Doppelstrahl des Complexes. Eine einfache Berührungsebene von Φ_4^3 hat nur einen Punkt ihres Complex-Punktepaars auf π, eine doppelte — und das sind allein die Ebenen durch d, d_1, d_2 — beide.

Die Complexe 2. Grades, welche zu einer singulären Fläche gehören, die aus einer cubischen Fläche 4. Klasse mit 4 Knotenpunkten Φ_4^3 und ihrer einzigen dreifachen Berührungsebene π besteht, haben die 3 — in π gelegenen — unären Geraden der Fläche zu Doppelstrahlen und enthalten das ganze Strahlenfeld π.

Dual: *Die Complexe 2. Grades, welche zu einer Steiner'schen*

*) Weiler, Journ. f. Mathematik Bd. 95 S. 146.

4. Ordnung 3. Klasse Φ_3^4 *mit 3 doppelten Geraden, die in einen dreifachen Punkt P zusammenlaufen, in Verbindung mit dem Ebenenbündel P zur singulären Fläche haben, besitzen jene 3 Geraden als Doppelstrahlen und enthalten den ganzen Strahlenbündel P.*

In dem einen wie dem andern Falle vertreten die 3 Congruenzen der Tangenten der Fläche Φ_4^3, bezw. Φ_3^4, welche sich auf die 3 Doppelstrahlen stützen, die 6 Doppeltangenten-Congruenzen des allgemeinen Falles, jede zwei, und *die Fundamental-Gewinde sind zu je zweien in die Gebüsche* $[d]$, $[d_1]$, $[d_2]$ *übergegangen.* Es erhellt, dass wir diese Complexe mit [222] zu bezeichnen haben. *Wir unterscheiden und bezeichnen denjenigen, dessen singuläre Fläche* (Φ_4^3, π) *ist, mit:*

[222]′

und den dualen, für welchen sie (Φ_3^4, P) *ist, mit:*

[222]″.*)

780 Zeigen wir nunmehr umgekehrt, dass, *wenn ein Complex 2. Grades* Γ^2 *ein ganzes Strahlenfeld* π *enthält, er dann 3 demselben angehörige Doppelstrahlen besitzt.*

In der That, für jeden Punkt von π zerfällt der Complexkegel in zwei Büschel, von denen einer in π liegt; somit gehört π zur singulären Fläche und der andere Bestandtheil ist 3. Ordnung 4. Klasse, also mit 4 Knotenpunkten: Φ_4^3. Wenn g eine beliebige Gerade von π ist, so ist, weil eben der Complexkegel eines jeden Punktes X von g ein Ebenenpaar mit der Doppellinie in π ist, in der durch den Complex zwischen der Punktreihe und dem Ebenenbüschel g inducirten Projectivität die Ebene π jedem Punkte X entsprechend: diese Projectivität ist ausgeartet mit π als ausgezeichneter Ebene im Büschel. Folglich ist g singulärer Strahl; das ausgezeichnete Element in der Punktreihe: der Berührungspunkt von g mit der Complexcurve in irgend einer Ebene durch g und damit in allen ist der zugehörige singuläre Punkt. Die Ebene des zweiten Complex-Strahlenbüschels aus diesem Punkte ist die einzige durch g gehende und von π verschiedene Tangentialebene von Φ_4^3; π ist daher dreifache Berührungsebene dieser Fläche oder die Ebene durch ihre drei unären Geraden. Und damit sind wir zur früheren Voraussetzung gelangt.

Wir haben also auch: Wenn durch einen Doppelstrahl d eines Complexes 2. Grades eine Ebene π geht, deren ganzes Strahlenfeld dem Complex angehört, so sind noch 2 Doppelstrahlen vorhanden, welche auch in dieser Ebene liegen.

---

*) Weiler sagt (Math. Annalen Bd. 7): [222] Fall *A* und Fall *B*.

Bei einem solchen Doppelstrahle d, der einem ganz im Complexe enthaltenen Strahlenfelde π angehört, artet die Correspondenz $[2, 2]^d$ zwischen Punktreihe und Ebenenbüschel dahin aus, dass von den einem Punkte entsprechenden Ebenen die eine fest ist, die Ebene π; demnach handelt es sich, wenn von ihr abgesehen wird, nur um *eine Correspondenz* $[2, 1]$, und die Complex-Punktepaare der verschiedenen Ebenen durch d bilden eine Involution (I, Nr. 21). Ein Paar derselben entspricht der Ebene π; und in seinen Punkten haben wir demnach zwei stationäre Punkte $\overline{D}$ mit π als zugehöriger Ebene $\bar{\varepsilon}$. Da sie für Φ Cuspidalpunkte sein müssen, so müssen in jedem die beiden Berührungsebenen von Φ zusammenfallen, d. h. die Berührungsebene von Φ_4^3 mit π; folglich handelt es sich um die Schnitte von d mit den beiden andern Doppelstrahlen d_1, d_2; in ihnen haben sich die 4 Punkte $\overline{D}$ des allgemeinen Falls vereinigt. *Jeder der 3 Punkte dd_1, dd_2, d_1d_2 ist ein quaternärer stationärer Punkt des Complexes; die übrigen unären Punkte D sind die 4 Knotenpunkte von Φ_4^3.*

Die Ebenen durch d, denen die Paare der Involution mit vereinigten Punkten zugehören, sind stationär; das sind offenbar die beiden durch g gehenden Ebenen, welche je längs einer Knotenpunkts-Verbindungslinie berühren: Cuspidalebenen von d. *Damit haben wir 3.2 binäre stationäre Ebenen $\bar{\delta}$; die 4 übrigen hat die Ebene π in sich aufgenommen,* in welcher jeder Punkt die Eigenschaft besitzt, die sonst ein E hat, nämlich Scheitel eines Büschels von singulären Strahlen zu sein.

Wir erkannten jeden Strahl von π als singulär, und *die Congruenz* **S** *der singulären Strahlen besteht also aus dem Strahlenfelde π und einer Congruenz* (4, 3), *gebildet durch diejenigen singulären Strahlen s, welche Φ_4^3 berühren.*

Unser Complex mit einem Strahlenfelde besitzt dreierlei Strahlenbüschel: die in π liegenden, zweitens diejenigen, deren Scheitel sich in π befindet, während die Ebene Φ_4^3 tangirt, endlich die, bei denen auch der Scheitel dieser Fläche angehört. Jeder nicht in π befindliche Strahl des Complexes ist in einem Büschel von der zweiten und in dreien von der dritten Art enthalten, so dass, wie wir schon bemerkten, die der zweiten Art den Complex einfach erfüllen. Von den 16 Büscheln einer Schnittcongruenz $\Gamma^2\Gamma$ liegt einer in π, die 5 ihn schneidenden gehören zur zweiten Art, die 10 übrigen zur dritten. Jeder von diesen ist zum ersten windschief; also giebt es 2, welche beide schneiden (II, Nr. 372) und zu denen der zweiten Art gehören.

Auch die Regelschaaren des Complexes zerfallen in zwei Arten, je nachdem sie einen Strahl in π haben oder nicht; jedes Strahlennetz, das durch eine Regelschaar der einen Art geht, schneidet noch eine der andern aus. *Also gehören alle Regelschaaren aus demselben Gebüsche zur nämlichen Art, aus verknüpften Gebüschen zu verschiedenen;* beispielsweise die Complexcurven zur ersten, die Complexkegel zur zweiten.

Die Leitschaaren der Regelschaaren der ersten Art haben auch einen Strahl in π; so erhellt, dass das Strahlenfeld π auch in allen consingulären Complexen sich befindet.

781 Wir liessen bis jetzt d einen beliebigen Strahl von $\delta_0 \equiv \pi$ sein. *Es sei nunmehr d ein Strahl des Büschels* (E_0, δ_0), *dann fallen* (Nr. 558) *zwei von den 3 Geraden, welche Doppelstrahlen von Γ^2 werden, in diesen Strahl zusammen,* und daher auch zwei von den 3 Congruenzen des vorigen Falls, welche selbst schon je zwei des allgemeinen Falls vertreten. *Das zugehörige Gebüsche $[d] \equiv [d_2]$ hat also 4 Fundamental-Gewinde in sich aufgenommen und das andere $[d_1]$ deren 2.*

Der Complex ist daher mit:

$$[42]'$$

zu bezeichnen.

Wenn endlich (Nr. 559) *d in den singulären Strahl 3. Ordnung s_{δ_0} gelegt wird, so vereinigen sich alle 3 Doppelstrahlen, so dass scheinbar nur ein einziger Doppelstrahl vorhanden ist,* der aber eben ternär ist.

Nun sind alle 6 Doppeltangenten-Congruenzen in die Congruenz der Tangenten von Φ_4^3, welche sich auf diesen Strahl d stützen, zusammengefallen, und *das Gebüsche $[d]$ hat alle 6 Fundamental-Gewinde in sich aufgenommen.*

Dem Complexe kommt die Bezeichnung:

$$[6]'$$

zu, und die beiden dualen Complexe sind natürlich mit:

$$[42]'' \quad \textit{und} \quad [6]''$$

zu bezeichnen.

Die cubischen Flächen Φ_4^3, die mit $\delta_0 \equiv \pi$ die singulären Flächen von $[42]'$, $[6]'$ bilden, sind in Nr. 558, 559 genauer beschrieben.

Abbildung und Mannigfaltigkeit der bisherigen Complexe.

782 *Hat Γ^2 einen Doppelstrahl, so bekommt die Hauptcurve k_1^5 im Punktraume Σ_1 bei der* Caporali'*schen eindeutigen Abbildung* (Nr. 711 ff.) *einen Doppelpunkt. Unter den Strahlenbüscheln $\mathfrak{S}_d$ von Γ^2 giebt es nämlich einen, $\mathfrak{S}_d^0$, welcher den Hauptbüschel (O, ω) schneidet;* sein Scheitel

ist $d\omega$, seine Ebene dO. *Alle Strahlen dieses Büschels, unter ihnen d, haben denselben Punkt D_1 zum Bilde.*

Einer durch D_1 gehenden Ebene ξ_1 von Σ_1 correspondirt also in Γ^2 eine Congruenz $\overline{\mathfrak{C}}^2$ durch (O, ω) und $\mathfrak{S}_d^0$, also durch d, der somit Doppelstrahl für sie wird; die durch d gehenden Regelschaar-Reihen sind binär: $\mathfrak{S}_d^0$ repräsentirt 2 von den 5 den (O, ω) schneidenden Büscheln von $\overline{\mathfrak{C}}^2$; die Ebene ξ_1 hat mit k_1^5, ausser D_1, nur noch 3 Schnitte: D_1 ist Doppelpunkt von k_1^5.

Wir haben *den Kegel 3. Ordnung K_1^3, welcher k_1^5 aus D_1 projicirt*, und den Büschel (D_1, τ_1), der durch die beiden Doppelpunkts-Tangenten bestimmt ist: seine Strahlen treffen jede durch k_1^5 gehende Fläche in 2 auf dieser Curve gelegenen Punkten, sie in D_1 berührend, und sind daher als Sehnen von k_1^5 anzusehen.

In der vorhin betrachteten $\overline{\mathfrak{C}}^2$ haben wir 2 binäre (durch d gehende) und 6 unäre Regelschaar-Reihen; die eine binäre bildet sich in den Strahlenbüschel (D_1, ξ_1) ab, die andere in den Kegelschnitt-Büschel durch D_1 und die 3 weitern Schnitte X_1 von k_1^5 mit ξ_1; die eine von zwei verknüpften unären in den Strahlenbüschel in ξ_1 um einen der drei X_1, die andere in den Kegelschnitt-Büschel, der durch die beiden andern X_1 geht und in D_1 die τ_1 berührt. Ferner bilden sich von den 4 binären und 8 unären Strahlenbüscheln, welche $\overline{\mathfrak{C}}^2$ besitzt, jene, unter denen sich $\mathfrak{S}_d^0$ befindet, in D_1 und die 3 Kanten von K_1^3 in ξ_1 ab. Zu diesen gehört (O, ω); die übrigen haben zu Bildern die 3 Punkte X_1, ihre Verbindungslinien und die Gerade $\tau_1 \xi_1$. Der $\mathfrak{S}_d^0$, der sich in D_1 abbildet, schneidet die 3 andern binären, (O, ω) und den, welcher $\tau_1 \xi_1$ zum Bilde hat.

Die Strahlen des Kegels K_1^3 sind daher die Bilder der Strahlenbüschel $\mathfrak{S}_d$, die Strahlen von (D_1, τ_1) hingegen die Bilder derjenigen Büschel von Γ^2, welche $\mathfrak{S}_d^0$ schneiden. Zu beiden gehört der Strahl t_1^0 von D_1 nach dem fünften Punkte T_1 von k_1^5 in τ_1: eine Trisecante von k_1^5 und das Bild des gemeinsamen Strahls von (O, ω) und $\mathfrak{S}_d^0$ und somit das geradlinige Bild, das dem $\mathfrak{S}_d^0$ im Continuum der $\mathfrak{S}_d$ doch auch zukommen muss.

In (D_1, τ_1) haben wir eine Involution, in der die Bilder zweier Strahlenbüschel gepaart sind, die je durch denselben Strahl von $\mathfrak{S}_d^0$ gehen.

Jeder $\mathfrak{S}_d$ hat mit (O, ω) ausser $\mathfrak{S}_d^0$ noch einen gemeinsam schneidenden Büschel; daher stützen sich die Bilder der $\mathfrak{S}_d$ noch einmal auf k_1^5, den Ort der Punkte, in die sich die Büschel von Γ^2 abbilden, welche (O, ω) schneiden. Zweimal fällt dieser zweite Büschel mit $\mathfrak{S}_d^0$ zusammen: die beiden Büschel sind die, welche (Nr. 772) $\mathfrak{S}_d^0$ im engern

Sinne schneiden; Bilder sind die Doppelpunkts-Tangenten, welche also ein Paar in der eben erwähnten Involution bilden. Für jeden der Büschel von Γ^2, die $\mathfrak{S}_d^0$ schneiden, ist der zweite Büschel, der ihn und (O, ω) trifft, stets in $\mathfrak{S}_d^0$ gefallen; zu ihnen gehören die eben erwähnten beiden $\mathfrak{S}_d$.

Wegen des Doppelpunktes D_1 hat k_1^5 nur noch den Rang 10; jede Trisecante trifft nur 4 Tangenten. Die Involution I_1 bekommt dadurch 4 Doppelpunkte, zu denen als fünfter (binärer) D_1 tritt. Sie führen zu den Bündeln, in deren Ebenen sich die Bilder der Regelschaaren der Doppel-Gebüsche befinden.

Bei den Ebenen ξ_1 des Bündels D_1 ist aber wohl zu unterscheiden: Die Kegelschnitte durch D_1 und die X_1, bei denen also der zweite in D_1 liegende Punkt „ausfällt" und Bündelscheitel wird, sind allein *die Bilder der durch d gehenden Regelschaaren, welche das dem D_1 entsprechende Doppel-Gebüsche erfüllen;* die Kegelschnitte hingegen durch nur 2 von den X_1 und mit $\tau_1 \xi_1$ als gemeinsamer Tangente in D_1 sind Bilder von Regelschaaren, welche $\mathfrak{S}_d^0$ schneiden; diese gehören dann je zu dem Gebüsche, das dem Bündel um den dritten Punkt X_1 correspondirt.

Wenn P_1^0, P_1^ω wieder die Punkte von k_1^5 sind, deren Bündel den Gebüschen der Kegel und der Kegelschnitte von Γ^2 entsprechen, so schneiden die Ebenen durch $D_1 P_1^0$, bezw. $D_1 P_1^\omega$ den Kegel K_1^3 in 2 Kanten, welche Bilder von $\mathfrak{S}_d$ mit demselben Scheitel oder derselben Ebene sind; geht die Ebene nach t_1^0, so handelt es sich um die Bilder der zweiten Büschel aus dem Scheitel, der Ebene von $\mathfrak{S}_d^0$.

Die 4 Berührungsebenen durch $D_1 P_1^0$, bezw. $D_1 P_1^\omega$ an K_1^3 führen zu den 4 Büscheln $(\overline{D}, \overline{\varepsilon})$, bezw. $(\overline{E}, \overline{\delta})$. Der Kegel 4. Ordnung, welcher k_1^5 aus P_1^0 oder P_1^ω projicirt, mit 2 Doppelkanten hat 8 doppelte Berührungsebenen; ihre Berührungssehnen mit k_1^5 sind die Bilder der 8 übrigen Büschel (D, ε), bezw. (E, δ).

Die Congruenz $\overline{\mathfrak{C}^2}$, welche der Ebene τ_1 correspondirt, ist die in Nr. 772 beschriebene Congruenz (mit einem Kegelschnitte als singulärer Linie), welche durch die den $\mathfrak{S}_d^0$ schneidenden Strahlenbüschel von Γ^2 entsteht. Die Involution der je durch denselben Strahl von $\mathfrak{S}_d^0$ gehenden Büschel bildet sich in eine Involution von Geradenpaaren in τ_1 ab und zwar so, dass die beiden durch d gehenden Büschel die Doppelpunkts-Tangenten, die, welche durch den gemeinsamen Strahl von $\mathfrak{S}_d^0$ und (O, ω) gehen, die beiden Geraden der einzigen Fläche 2. Grades O_1^2 durch k_1^5, welche in D_1 sich schneiden, zu Bildern haben: (O, ω) diejenige, welche k_1^5 zweimal trifft, der andere die t_1^0.

Auch die in Nr. 706 ff. beschriebene einzweideutige Abbildung des Γ^2 in den Punktraum Σ_1 wird hier eindeutig, wenn eine der beiden Geraden u, v, etwa v, in den Doppelstrahl d gelegt wird (Nr. 774); wir begnügen uns jedoch, die Haupteigenschaften ohne Beweis anzugeben. 783

Durch d und u gehen ∞^1 Regelschaaren ϱ_{du} von Γ^2; sämmtliche Strahlen einer solchen Regelschaar haben denselben Bildpunkt; der Ort dieser Punkte ist ein Kegelschnitt $c_1{}^2$. Ebenso bilden die Strahlenbüschel $\mathfrak{S}_d$ von Γ^2 sich nur in Punkte ab; diese Punkte erzeugen eine Raumcurve 4. Ordnung erster Art $S_1{}^4$, welche den $c_1{}^2$ in 4 Punkten U_1 begegnet, den Bildern der 4 Strahlenbüschel von Γ^2, die durch u gehen.

Die Bilder der übrigen Strahlenbüschel von Γ^2 sind die Geraden, welche zugleich $c_1{}^2$ und $S_1{}^4$ treffen; die Regelschaaren ϱ_d, ϱ_u von Γ^2, welche durch d, bezw. u gehen, (im ersten Falle ∞^3, im zweiten ∞^2) bilden sich in die Treffgeraden (Secanten) von $c_1{}^2$, die Doppelsecanten von $S_1{}^4$ ab, eine beliebige Regelschaar aber in einen Kegelschnitt, der sowohl $c_1{}^2$, als $S_1{}^4$ zweimal trifft.

Die Kegelschnitte in den Berührungsebenen einer durch $S_1{}^4$ gehenden Fläche 2. Grades $F_1{}^2$, welche $c_1{}^2$ zweimal treffen und durch die beiden Punkte von $S_1{}^4$ gehen, welche auf der Geraden aus der einen Schaar von $F_1{}^2$ in der betreffenden Berührungsebene gehen, sind die Bilder der Regelschaaren eines Gebüsches von Γ^2; ersetzt man die Schaar durch die andere, so ergiebt sich das verknüpfte Gebüsche.

Die 4 Kegel des Büschels $(S_1{}^4)$ führen zu den Doppelgebüschen $\Sigma_{3,1}, \ldots \Sigma_{3,4}$; „Berührungsebenen" sind die Ebenen durch die Spitze. Der Fläche $F^2_{1,d}$, welche den $c_1{}^2$ enthält, entspricht das Gebüsche der Regelschaaren ϱ_d.

Alle Punkte von $F^2_{1,d}$ sind Bilder von d, alle Punkte der Ebene γ_1 von $c_1{}^2$ Bilder von u.

Einer Congruenz $\Gamma^2\Gamma$ entspricht eine Fläche 4. Ordnung, welche einfach durch $S_1{}^4$, doppelt durch $c_1{}^2$ geht; enthält Γ den Strahl d, so löst sich $F^2_{1,d}$ ab und es bleibt eine Fläche 2. Grades $f_1{}^2$, die einfach durch $c_1{}^2$ geht und $S_1{}^4$ in 4 Punkten trifft, die in einer Ebene liegen; geht Γ auch noch durch u, so zerfällt die $f_1{}^2$ in die Ebene γ_1 und eine andere Ebene, diejenige, die dem Γ als Gewinde von G in der der Abbildung zu Grunde gelegten Correlation entpricht.

Dem Schnitte von Γ^2 mit einem Strahlennetze correspondirt eine Raumcurve 4. Ordnung erster Art, welche dem $c_1{}^2$, so wie der $S_1{}^4$ je viermal begegnet.

Ein beliebiger Kegelschnitt in Σ_1 ist das Bild einer Regelfläche 8. Grades in Γ^2, für welche d vierfache, u zweifache Erzeugende ist.

784 Handelt es sich nun *um einen Complex mit Doppelstrahl* d, *der auf der singulären Fläche cuspidal ist:* [3111], so sind die beiden $\mathfrak{S}_d$, welche $\mathfrak{S}_d^0$ im engern Sinne schneiden (Nr. 772), zusammengefallen, weil in jedem Punkte von d die beiden Tangentialebenen von Φ, von jeder Ebene durch d die beiden Berührungspunkte sich vereinigt haben; also findet dies (Nr. 782) bei der Caporali'schen Abbildung mit den beiden Tangenten des Doppelpunktes D_1 von k_1^5 statt; *dieser Punkt* D_1 *ist ein Rückkehrpunkt der Curve* k_1^5. Infolge dessen ist ihr Rang 9 und die Involution I_1 hat, ausser dem ternären D_1, nur noch 3 Doppelpunkte, der Complex nur noch 3 Fundamental-Gewinde.

In dem nächsten Falle, wo *die singuläre Fläche die Complexfläche eines allgemeinen Complexes* Γ_0^2 *für einen singulären Strahl als Träger ist*, haben wir in Nr. 777 gefunden, dass der Büschel (S_0, σ_0) im Continuum der Büschel $\mathfrak{S}_d$ von Γ^2 ein doppelter ist; folglich entspricht ihm am Kegel K_1^3 eine Doppelkante; weil aber die Projectivität zwischen den Punkten von Φ auf d und ihren Berührungsebenen eine ausgeartete mit S_0, σ_0 als singulären Elementen, so ist der den S_d^0 im engeren Sinne schneidende Büschel, also der, welcher sich in die Tangente von D_1 an k_1^5 abbildet, der (S_0, σ_0). Wenn diese Tangente aber Doppelkante des k_1^5 aus D_1 projicirenden Kegels K_1^3 ist, so bedeutet dies, dass der diese Doppelkante bewirkende Doppelpunkt unendlich nahe neben D_1 liegt: *die Curve* k_1^5 *hat in* D_1 *eine Selbstberührung*. Der Rang ist dann 8, und die Involution I_1 hat, ausser dem quaternären Doppelpunkte D_1, nur noch 2 Doppelpunkte, der Complex nur noch 2 Fundamental-Gewinde, entsprechend der Bezeichnung [411].

Die Verzweigungselemente $\overline{D}$ und $\overline{\delta}$ sind, wie wir wissen, den $[2, 2]^d$, die den verschiedenen consingulären Complexen Γ^2 zugehören, und auch der $[2, 2]^\Phi$ gemeinsam: die Cuspidalelemente $A_1, \ldots A_4$; $\beta_1, \ldots \beta_4$ der Fläche Φ. In den Fällen [21111] und [3111], wo der Punkt D_1 Doppel- oder Rückkehrpunkt und K_1^3 allgemeiner Kegel 3. Ordnung ist, kommen von den Kanten $D_1 P_1^o$, $D_1 P_1^\omega$ (Nr. 782) 4 Berührungsebenen und ihre Berührungskanten sind die Bilder der $(\overline{D}, \overline{\varepsilon})$, $(\overline{E}, \overline{\delta})$. Bei [411] hat K_1^3 eine Doppelkante bekommen, und jene beiden Kanten senden daher je nur noch 2 Tangentialebenen an K_1^3, entsprechend den beiden von S_0, bezw. σ_0 verschiedenen Cuspidalelementen A_3, A_4; β_1, β_2.

Wenn nun im weiteren Falle [51] noch A_3 in S_0, β_2 in σ_0 rückt, so müssen wir daraus schliessen, dass diese Doppelkante von K_1^3 eine Rückkehrkante geworden ist. Dies bewirkt wiederum eine weitere Erniedrigung des Rangs von k_1^5 auf 7 und die Verminderung der von D_1 verschiedenen Doppelpunkte der Involution I_1 auf einen einzigen und der Zahl der eigentlichen Fundamental-Gewinde auf ebenfalls ein einziges.

Bekommt der Complex noch einen zweiten den ersten schneiden- 785
den Doppelstrahl d_1, so erhält die Curve k_1^5 noch einen zweiten Doppelpunkt $D_{1,1}$; und in den 3 Fällen [2211], [321], [33] handelt es sich um 2 eigentliche Doppelpunkte, einen Doppelpunkt und einen Rückkehrpunkt, zwei Rückkehrpunkte; der Rang ist 8, 7, 6; und die Involution I_1 hat 2, 1, 0 von diesen binären, bezw. ternären Doppelpunkten verschiedene Doppelpunkte, der Complex so viele Fundamental-Gewinde.

Von der Geraden, die einen D_1 mit P_1^0 verbindet, gehen — gleichgiltig, ob D_1 getrennte oder vereinigte Tangenten hat — 2, bezw. 1 Berührungsebene an k_1^5, je nachdem der andere D_1 ein Doppel- oder Rückkehrpunkt, also die Verbindungslinie Doppel- oder Rückkehrkante des K_1^3 aus dem ersten ist; d. h. wir haben auf einem der beiden Doppelstrahlen 2, bezw. 1 Cuspidalpunkt $\overline{D}$, je nachdem der andere nicht cuspidal oder cuspidal ist.

Der Kegel 4. Ordnung, welcher k_1^5 aus P_1^0 projicirt, hat 3 Doppelkanten, von denen 2 nach den beiden D_1 gehen; je nach der Art dieser Punkte und der projicirenden Kanten hat der Kegel 4, 2, 1 Doppel-Berührungsebenen; die Sehnen, welche die beiden Berührungspunkte mit k_1^5 unter einander verbinden, sind die Bilder der 4, 2, 1 nicht mit einem der Doppelstrahlen incidenten (D, ε). Der Punkt P_1^ω liefert die dualen Ergebnisse.

Doppelpunkt und Selbstberührung würden Zerfallen der Curve k_1^5 bewirken.

In dem Falle [222]', wo *die singuläre Fläche aus* Φ_4^3 *und der* 786
Ebene π *durch ihre 3 unären Geraden* d, d_1, d_2 *besteht*, die dann Doppelstrahlen des Complexes sind, wollen wir als Hauptbüschel (O, ω) der Caporali'schen Abbildung einen von der dritten Art nehmen, dessen Scheitel und Ebene zu Φ_4^3 gehören. Die Strahlenbüschel (B^0, β^0) oder kürzer $\mathfrak{B}^0$, welche ihn schneiden und sich in die Punkte von k_1^5 abbilden, sind entweder von der zweiten Art: $\mathfrak{B}_\pi^0$ oder von der dritten, und k_1^5 zerfällt infolge dessen. In der Congruenz $\overline{\mathfrak{C}}^2$, die einer Ebene $\mathfrak{x}_1$ von Σ_1 correspondirt, giebt es 2 Strahlenbüschel, welche den (O, ω) und den in π befindlichen schneiden (Nr. 779) und deshalb $\mathfrak{B}_\pi^0$ sind. Daraus folgt, dass die $\mathfrak{B}_\pi^0$ sich abbilden in die Punkte eines Kegelschnitts k_1^2 und die übrigen $\mathfrak{B}^0$ in die einer cubischen Raumcurve k_1^3. *In diese beiden Curven* k_1^2 *und* k_1^3 *zerfällt* k_1^5, und damit sie auch so

4 scheinbare Doppelpunkte habe, *müssen sie einander in 3 Punkten D_1 begegnen;* das sind die Bilder der Doppelstrahlen d, d_1, d_2 oder vielmehr derjenigen von den Büscheln $\mathfrak{S}_d$, $\mathfrak{S}_{d_1}$, $\mathfrak{S}_{d_2}$, welche (O, ω) schneiden. Diese haben ihre Scheitel zugleich auf der Geraden und der Curve 3. Ordnung, in denen die Ebene ω die beiden Theile von Φ schneidet und von deren Punkten die einen und die andern Büschel $\mathfrak{B}^0$ kommen.

Die $\mathfrak{B}_\pi{}^0$ bilden eine Congruenz (2, 1) (Nr. 779), also (Nr. 711) die übrigen $\mathfrak{B}^0$ eine Congruenz (2, 3); ihre Ebenen umhüllen den zweiten Tangentialkegel 2. Grades, der aus O an $\Phi_4{}^3$ kommt, und daher ist sie die in II, Nr. 499 2) besprochene für $n = 3$.

Alle Büschel $\mathfrak{B}_\pi{}^0$ befinden sich in dem Gebüsche $[\omega\pi]$, das, durch (O, ω) gehend, zum Gewinde-Gebüsche G gehört, welches für die Abbildung benutzt wurde; folglich liegt der Kegelschnitt $k_1{}^2$ in der demselben entsprechenden Ebene π_1 des Bildraums.

In derselben Ebene π_1 liegen daher auch die Bildpunkte aller Strahlen von π, denn π gehört auch zu $[\omega\pi]$; und die in π gelegenen Strahlenbüschel bilden sich in die Geraden von π_1 ab, so dass wir eine Correlation zwischen den Feldern π und π_1 haben.

Während so die Bilder der Strahlenbüschel in π Sehnen von $k_1{}^2$ sind, sind die der Büschel der zweiten Art, deren Scheitel in π liegen, während die Ebenen $\Phi_4{}^3$ tangiren, Sehnen von $k_1{}^3$ und die der Büschel dritter Art gemeinsame Treffgeraden von $k_1{}^2$ und $k_1{}^3$; denn durch einen Punkt von Σ_1, das Bild eines Strahls von Γ^2, geht eine von jenen und 3 von diesen.

Je nachdem eine Regelschaar ϱ von Γ^2 eine Gerade in π hat oder nicht, sendet sie 1 oder 2 Gerade in Büschel $\mathfrak{B}_\pi{}^0$; ihr Bild-Kegelschnitt trifft dann $k_1{}^2$ in 1 oder 2 Punkten und infolge dessen $k_1{}^3$ in 3 oder 2 Punkten; und der fünfte Schnittpunkt seiner Ebene mit $k_1{}^5$, der Scheitel des Bündels, dessen Ebenen die Bilder der zum Gebüsche $|\varrho|$ gehörigen Regelschaaren von Γ^2 enthalten, liegt auf $k_1{}^2$ oder $k_1{}^3$.

Auf der einzigen Fläche 2. Grades $O_1{}^2$ durch $k_1{}^5$ sind die dreimal treffenden Geraden die, welche $k_1{}^3$ zweimal schneiden; die andern, welche im allgemeinen die Involution I_1 hervorrufen, treffen $k_1{}^3$ und $k_1{}^2$ je einmal, und *diese Involution I_1 ist im vorliegenden Falle eine Projectivität zwischen den beiden Curven;* sie hat nur 3 binäre Doppelpunkte in den D_1, wir haben kein Fundamental-Gewinde, entsprechend der Bezeichnung [222]'. Der eine von zwei gepaarten Punkten P_1, P_1' liegt also immer auf $k_1{}^3$, der andere auf $k_1{}^2$; das eine von zwei verknüpften Gebüschen enthält Regelschaaren mit keinem Strahle in π, das andere solche, welche π berühren.

Auf k_1^3 liegt P_1^O, der Punkt, der dem Gebüsche der Kegel correspondirt, auf k_1^2 P_1^ω, derjenige, der dem Gebüsche der Kegelschnitte entspricht; und hierin unterscheidet sich die Abbildung von der des dualen Complexes mit einem Bündel: [222]''.

Von der Geraden, welche einen der D_1 mit P_1^O verbindet, kommt keine Berührungsebene an k_1^3 oder k_1^2; wir haben keinen Punkt $\overline{D}$ ausserhalb der Schnittpunkte der d, d_1, d_2 (Nr. 780); dagegen kommen aus P_1^O 4 gemeinsame Berührungsebenen von k_1^3 und k_1^2; ihre Berührungssehnen sind die Bilder der 4 Büschel (D, ε) aus den Doppelpunkten von Φ_4^3.

Wird hingegen einer von den D_1 mit P_1^ω (der auf k_1^2 liegt) verbunden, so sind 2 Berührungsebenen an k_1^3 möglich; wir erhalten 2 mit der betreffenden d incidente Büschel $(\overline{E}, \overline{\delta})$ (Nr. 780); eine doppelte Berührungsebene aus P_1^ω ist nicht vorhanden.

In den weiteren Specialfällen [42]', [6]' oder [42]'', [6]'' rücken 2, bezw. alle 3 Punkte D_1 zusammen.

Es erübrigt noch, die Mannigfaltigkeit der verschiedenen bis jetzt be- 787
sprochenen Complexe zu ermitteln. Die des allgemeinen [111111] ist 19 (Nr. 616). Die Mannigfaltigkeit eines Complexes 2. Grades ist um 1 grösser als die der singulären Fläche; ferner gehört jede Complexfläche zu ∞^6 Complexen (Nr. 627).

Wenn ein allgemeiner Complex 2. Grades Γ_0^2 gegeben ist, so giebt es ∞^4 Gerade in beliebiger Lage, ∞^3 Strahlen, die ihm angehören, ∞^2 singuläre Strahlen überhaupt, ∞^1 singuläre Strahlen 2. Ordnung; *demnach hat die singuläre Fläche der Complexe:*

[21111], [3111], [411], [51]

die Mannigfaltigkeit:

$$19 + 4 - 6 = 17, \quad 19 + 3 - 6 = 16, \quad 19 + 2 - 6 = 15,\text{*)}$$
$$19 + 1 - 6 = 14,$$

und die Complexe selbst haben die Mannigfaltigkeit:

18, 17, 16, 15.

In eine stationären Ebene δ_0 eines allgemeinen Γ^2 können wir ∞^2 Gerade legen, ∞^1 aus dem Büschel (E_0, δ_0), eine endliche Zahl von s_{δ_0}; *somit ist die Mannigfaltigkeit der singulären Fläche von:*

[222], [42], [6]

*) Vergl. Nr. 527, sowie auch Nr. 627—629, wo umgekehrt aus der Mannigfaltigkeit 17, 16, 15 auf die Mannigfaltigkeit 6 geschlossen wurde.

bezw.

$$19 + 2 - 6 = 15, \quad 19 + 1 - 6 = 14, \quad 19 - 6 = 13$$

und die der Complexe:

$$16, \quad 15, \quad 14;$$

so dass [6] an [51] sich anschliesst.

Die Mannigfaltigkeit der singulären Fläche (Φ_4^3, π) von [222] oder, da π durch Φ_4^3 bestimmt ist, die von Φ_4^3 ist, wegen der 4 Knotenpunkte, 19—4.

Die singuläre Fläche Φ_0 von Γ_0^2 besitzt ∞^3 Tangenten, ∞^2 Haupttangenten (oder ∞^2 Tangenten, die mit einem dreipunktig berührenden singulären Strahle von Γ_0^2 den Berührungspunkt gemeinsam haben) und ∞^1 Haupttangenten, bei denen die im nämlichen Punkte berührende zweite Haupttangente singulärer Strahl von Γ_0^2 ist; *folglich ist die Mannigfaltigkeit der singulären Flächen, die zu den Complexen:*

[2211], [321], [33]

gehören, bezw.

$$19 + 3 - 6 = 16, \quad 19 + 2 - 6 = 15, \quad 19 + 1 - 6 = 14$$

und daher die der Complexe:

$$17, \quad 16, \quad 15.$$

Die Mannigfaltigkeit der ersten dieser 3 Flächen mag noch auf andere Weisen dargethan werden. Dieselbe ist ja ein Specialfall der Fläche 4. Ordnung F^4 mit einem Doppel-Kegelschnitte, und deren Mannigfaltigkeit ist 21. Sie kann aus einer cubischen Fläche F^3 durch die Geiser'sche Transformation (II, Nr. 373, 394) abgeleitet werden und F^3 aus ihr. Die Mannigfaltigkeit von F^3 ist 19, auf ihr giebt es ∞^1 Kegelschnitte, die man als Curve k_1^2 der Transformation wählen kann, der Punkt K kann jeder der ∞^3 Punkte des Raums sein, die Grundfläche F^2 dann jede der ∞^1 Flächen 2. Grades, welche dem Kegel $K\,k_1^2$ längs k_1^2 eingeschrieben sind. Umgekehrt, wenn F^4 gegeben ist, so ist ihre Doppelcurve als k_1^2 und K auf ihr zu wählen, wenn wir zu einer F^3 gelangen wollen; d. h. jede F^4 ergiebt sich durch diese Transformation aus ∞^{2+1} cubischen Flächen, und ihre Mannigfaltigkeit ist:

$$19 + 1 + 3 + 1 - 3 = 21.$$

Oder wir erinnern uns, dass Flächen F^4 sich ergeben, wenn wir bei der eindeutigen Abbildung eines Gewindes Γ in den Punktraum Σ_1 (I, Nr. 202 ff.) die Congruenzen 2. Grades von Γ abbilden (II, Nr. 374). Deren giebt es in Γ ∞^{13} (Nr. 625).

Alle Bildflächen haben die Hauptcurve k_1^2 der Abbildung zur Doppelcurve; daher giebt es ∞^{13} Flächen 4. Ordnung mit fester Doppelcurve, und ∞^{13+8} überhaupt, weil die Mannigfaltigkeit des Kegelschnitts im Raume 8 ist.

Diese Mannigfaltigkeit 21 wird um $1 + 4$ auf 16 verringert, wenn die Doppelcurve in zwei Gerade sich zerspaltet und die Fläche ausserdem noch 4 Knotenpunkte erhält.

Der Complex 2. Grades mit zwei windschiefen Doppelstrahlen.

I.

Wenn ein Complex 2. Grades Γ^2 zwei windschiefe Doppelstrahlen 788
d, d' hat, so sind diese auf der singulären Fläche Φ Doppelgerade; dieselbe ist daher eine Regelfläche 4. Grades I. Art, auf welcher die beiden Strahlen die Leitgeraden sind; denn die von einem beliebigen Punkte der Fläche ausgehende und d, d' treffende Gerade muss, wegen ihrer 5 Schnitte mit der Fläche, ihr ganz angehören.

Complexfläche ist eine solche Fläche nicht.

Wir haben (Nr. 767) *nur noch 8 binäre stationäre Punkte $\overline{D}$, die Cuspidalpunkte $A_1, \ldots A_4, B_1, \ldots B_4$ auf d, d', und ebenso 8 binäre stationäre Ebenen $\overline{\delta}$, die Cuspidalebenen $\alpha_1, \ldots \beta_4$,* welche je durch die Cuspidalpunkte der andern Geraden gehen. Sie sind die Verzweigungselemente der Correspondenzen $[2, 2]^d$, $[2, 2]^{d'}$, die durch den Complex bei d und d' entstehen; aber auch diejenigen der Correspondenzen $[2, 2]$ zwischen den Punktreihen oder den Ebenenbüscheln, durch welche die Fläche erzeugt wird.

Jede Regelschaar $(dd'g)$, wo g ein beliebiger Strahl von Γ^2 ist, hat mit dem Complexe 5 Strahlen gemeinsam (Nr. 774) und gehört ihm vollständig an.

So erhalten wir ∞^2 durch die Doppelstrahlen d und d' gehende Regelschaaren, welche dem Complexe angehören und ihn einfach erfüllen; sie mögen $\mathfrak{r}_{dd'}$ heissen.

Beziehen wir nun das Gebüsche G von Gewinden, die durch d und d' gehen, correlativ auf den Punktraum Σ_1, so entsteht durch die Punkte, welche diesen Regelschaaren $\mathfrak{r}_{dd'}$ correspondiren, eine Fläche 2. Grades, da auf eine Gerade von Σ_1 2 zu liegen kommen, weil das ihr entsprechende Strahlennetz 2 Regelschaaren $\mathfrak{r}_{dd'}$ enthält; sein Schnitt nämlich mit Γ^2 bekommt d und d' zu doppelten Erzeugenden (Nr. 774) und muss deshalb in zwei Regelschaaren zerfallen, welche d und d' gemeinsam haben.

Jeder Complex 2. Grades mit zwei windschiefen Doppelstrahlen entsteht daher in folgender Weise:

Ein Gebüsche von Gewinden wird correlativ auf den Punktraum bezogen; die Regelschaaren des Gebüsches, welche den Punkten einer Fläche 2. Grades F_1^2 entsprechen, erzeugen den Complex.

Weil die Regelschaaren, welche d, d' mit den einzelnen Strahlen eines Büschels (X, ξ) verbinden, ein Strahlennetz bilden, dessen Bildgerade in Σ_1 der Fläche F_1^2 2mal begegnet, so haben wir 2 erzeugende Regelschaaren, welche einen Strahl in den Büschel bringen. Legen wir aber (X, ξ) durch d, so fallen alle verbindenden Regelschaaren in dasselbe Büschelpaar [(X, ξ), (d'ξ, $d'X$)] zusammen. Der Punkt, der ihm in Σ_1 entspricht, liegt nicht auf F_1^2; woraus folgt, dass (X, ξ) mit dem erzeugten Complexe nur d gemein hat, dieser Strahl und ebenso d' Doppelstrahl ist.

Die Abbildung von Nr. 704 ist ausgeartet: einem beliebigen Punkte von Σ_1 entsprechen nur d, d', einem Punkte von F_1^2 aber alle Strahlen einer Regelschaar $\mathfrak{r}_{dd'}$.

In Bezug auf ein Gewinde des Büschels durch [dd'], nach welchem also d und d' polar sind, gehört, weil 2 Paare Polaren eines Gewindes stets in der nämlichen Regelschaar sich befinden, die Polare einer Geraden einer $\mathfrak{r}_{dd'}$ ebenfalls zu dieser Regelschaar; also geht Γ^2, in Bezug auf ein solches Gewinde polarisirt, in sich selbst über, und demnach auch dieses Gewinde, in Bezug auf Γ^2 polarisirt, in sich selbst über.

So erhalten wir einen ganzen Büschel von Fundamental-Gewinden: alle Gewinde durch das Strahlennetz, dessen Leitgerade die beiden Doppelstrahlen sind; unter ihnen die beiden Gebüsche, welche diese Geraden zu Axen haben.

Indem wir den durch irgend zwei von seinen Gewinden, insbesondere die beiden Gebüsche [d], [d'] *bestimmten Büschel von Fundamental-Gewinden mit* (11) *bezeichnen, ergiebt sich als Bezeichnung des Complexes:*

$$[(11)1111].$$

Andrerseits aber hat die singuläre Fläche als Regelfläche 4. Grades (II, Nr. 416) 4 Doppeltangenten-Congruenzen 2. Grades (mit d, d' als Doppelstrahlen), und *daher haben wir 4 Fundamental-Gewinde Γ_1, ... Γ_4 von derselben Art wie bisher.*

Der *fundamentale Büschel* ist in Involution zu den einzelnen Fundamental-Gewinden, weil zu dem Gebüsche (dd'), in welchem sie enthalten sind.

Seine Gewinde haben jedoch nicht die Eigenschaft, doppelt gerechnet zur Reihe der consingulären Complexe zu gehören, welche, wie wir bald sehen werden, den $\Gamma_1, \ldots$ zukommt.

Sei Γ_0 ein Gewinde aus dem fundamentalen Büschel, so geht Γ^2 z. B. auch durch das Polarsystem von $\Gamma_1 \Gamma_2 \Gamma_0$ in sich selbst über. Die Basisfläche desselben geht durch die Leitgeraden (12) von $\Gamma_1 \Gamma_2$, sowie durch die Treffgeraden von (12), d, d', die in $\Gamma_1 \Gamma_2$ und in Γ_0 sich befinden; aber nach I, Nr. 183 sind (12); (34); d, d' die Paare Gegenkanten eines Tetraeders; daher sind (34) die Treffgeraden; unsere Basisfläche geht also durch (12), (34) und ergiebt sich ebenso bei Γ_3, Γ_4 wie bei Γ_1, Γ_2. Wir haben daher dreimal ∞^1 solche Polarsysteme, deren Basisflächen durch die Vierseite (12) (34), (13) (24), (14) (23) gehen.

Die beiden Geradenschaaren auf $F_1{}^2$ führen zu *zwei Schaaren oder* 789
Reihen von Strahlennetzen, welche in Γ^2 enthalten sind. Die einen wie die andern gehen durch d und d'; je zwei Netze aus derselben Schaar haben nur die Geraden d, d' gemein, zwei aber aus verschiedenen Schaaren eine Regelschaar $\mathfrak{r}_{dd'}$, die dem Schnittpunkte der correspondirenden Geraden von $F_1{}^2$ entspricht. *Folglich befinden sie sich in demselben Gewinde*, das der Tangentialebene dieses Punktes correspondirt. *Verbindet man zwei Netze der einen Schaar mit allen der andern, so ergeben sich zwei projective Büschel von Gewinden*, entsprechend den projectiven Ebenenbüscheln um zwei Gerade derselben Schaar von $F_1{}^2$, *und Γ^2 als deren Erzeugniss;* es handelt sich also um den Complex, mit dem wir in I, Nr. 159, 160 uns beschäftigt haben.*)

*Dass der Complex ganze Strahlennetze enthält**), ist für ihn charakteristisch.*

Und wenn ein Complex Γ^2 ein Strahlennetz enthält, so enthält er zwei Schaaren oder Reihen von Strahlennetzen.

Denn zunächst schneiden die Gewinde durch jenes Netz H_0 die Netze L der einen Schaar ein, so dass durch jeden Strahl von Γ^2 eins geht. Die Regelschaaren, in denen H_0 von diesen L geschnitten wird, durchlaufen im allgemeinen H_0 vollständig. Legt man ebenso durch eins der L, etwa L_0, alle Gewinde, so erhält man die zweite Reihe H, in der sich H_0 befindet. Jedes dieser Gewinde hat mit jedem L eine Regelschaar gemeinsam, welche dann dem ausgeschnittenen H angehört, so dass alle H mit allen L durch Gewinde verbunden werden

*) Vergl. auch Reye, Geometrie der Lage, 3. Auflage Bd. 2 S. 362.

**) Ueber Complexe 2. Grades, welche Strahlennetze enthalten, vergl. auch Lie, Mathem. Annalen Bd. 5.

können und also aus jedem L so abgeleitet werden können wie aus L_0, und ebenso alle L aus jedem H. Daraus folgt dann: die Gewindebüschel durch zwei H oder zwei L sind projectiv, die gemeinsamen Strahlen der beiden H oder L sind doppelt auf Γ^2 und befinden sich deshalb auch in allen L und H und allen Regelschaaren, in denen die H mit den L sich durchschneiden.

Alle ∞^2 verbindenden Gewinde gehören dem Gebüsche von Gewinden an, das die Doppelstrahlen von Γ^2 zu Grundstrahlen hat, und bilden innerhalb desselben ein System 2. Grades; d. h. 2 von ihnen befinden sich in jedem Büschel des Gebüsches, entsprechend den Tangentialebenen von F_1^2, die von der dem Büschel correspondirenden Geraden kommen.

Aus dieser Erzeugung des Complexes durch zwei projective Gewindebüschel ergiebt sich auch *seine Mannigfaltigkeit 17*, wie sie auch durch die beiden Doppelstrahlen gefordert wird; denn zunächst gelangen wir, weil es ∞^8 Strahlennetze und Gewindebüschel giebt und zwischen je zweien ∞^3 Projectivitäten möglich sind, zur Mannigfaltigkeit $2.8 + 3$, aber jeder Complex mit zwei Doppelstrahlen kann auf ∞^2 Weisen durch projective Gewindebüschel erzeugt werden.

Die Doppelstrahlen d, d' können wir auf ∞^8 Weisen wählen; in einer bestimmten*) Correlation zwischen dem Gewindegebüsche (dd') und dem Punktraume Σ_1 entspricht dann jedem Complexe mit jenen Doppelstrahlen eine Fläche F_1^2, und wir haben ∞^9 Complexe Γ^2 mit 2 gegebenen Doppelstrahlen, insgesammt also ∞^{17}.

Wir fanden in I, Nr. 159 schon die Erzeugung des Complexes, die zur Erzeugung durch projective Gewindebüschel in derselben (im Gewindegebüsche dualen) Beziehung steht, wie die Erzeugung des Hyperboloids durch projective Punktreihen zu der durch projective Ebenenbüschel, nämlich die Erzeugung durch projective Büschel von Gewindenetzen; dieselben Strahlennetze, welche bei der einen Erzeugung Schnitte entsprechender Gewinde sind, sind bei der andern die Basen der Gewindebüschel, welche zwei entsprechenden Gewindenetzen gemeinsam sind.

Wenn (H_1), (H_2) die Büschel von Gewinden der einen Erzeugung (mit den Grund-Strahlennetzen H_1, H_2) sind, so erhalten wir, die Gewinde von (H_1) mit dem Büschel (H_2) und die Gewinde von (H_2) mit dem Büschel (H_1) durch Gewindenetze verbindend, die beiden Büschel von Gewindenetzen der andern Erzeugung. Beachten wir aber, dass

*) *Jede* Correlation zwischen (dd') und Σ_1 muss zu allen Complexen Γ^2 führen, welche d und d' zu Doppelstrahlen haben.

zwei solche Büschel von Gewindenetzen nicht beliebig, sondern aus demselben Gewindegebüsche genommen werden müssen.

Nun können wir uns überzeugen, dass *jede Leitgerade eines Strahlennetzes der einen Reihe zugleich Leitgerade eines Netzes der andern Reihe ist.* Es sei h die eine Leitgerade von H oder die Axe des einen Strahlengebüsches im Büschel (H), h' die Polare von h nach dem Gewinde, das diesem Gebüsche in (H′) entspricht, so sind h, h' polar in Bezug auf beide, also Leitgerade des Strahlennetzes **L**, in dem sie sich durchschneiden. 790

Diese Leitgeraden der einen und der andern Netze erfüllen dieselbe Regelfläche mit d, d', denen sie alle begegnen, als Leitgeraden, offenbar die Regelfläche 4. Grades Φ, welche die singuläre Fläche unseres Complexes ist.

Denn von jedem Punkte und in jeder Ebene einer dieser Geraden haben wir 2 Strahlenbüschel des Complexes, enthalten in den beiden Strahlennetzen H und **L**, deren Leitgerade sie ist.

Die Dupel hh_1 der Leitgeraden der H *und die Dupel ll_1 der Leitgeraden der* **L** *erzeugen in der Regelfläche Φ je eine Involution, und das sind zwei verbundene Involutionen I_h, I_l*)*, wie wir sie in Nr. 590 erkannt haben; d. h. aus jedem Dupel der einen können durch Regelschaaren die der andern abgeleitet werden. In der That, da H und **L** eine Regelschaar gemein haben, so befinden sich auch die Leitgeraden-Dupel hh_1, ll_1 in einer Regelschaar, der Leitschaar jener.

Jeder Strahl g von Γ^2 gehört zu einem Netze H und zu einem **L**; folglich bilden die 4 Erzeugenden von Φ, welche er trifft, ein Dupel von I_h und eins von I_l.

Weil jede der Involutionen I_h, I_l 4 Doppelstrahlen besitzt, so *enthält jede der beiden Reihen von Strahlennetzen* H, **L** *4 singuläre Strahlennetze*, deren sämmtliche Strahlen also die Φ tangiren, je auf der Leitgeraden.

Jeder von den Strahlenbüscheln des Complexes gehört ganz in ein Netz aus der einen Reihe, während seine Strahlen sich auf die verschiedenen Netze der andern Reihe vertheilen.

Die beiden Büschel aus demselben Punkte von Φ gehören zu Netzen aus verschiedenen Reihen. Wenn jener Punkt auf der Erzeugenden $h \equiv l$ von Φ liegt, so gehen die Ebenen der beiden Büschel nach den gepaarten Geraden h_1, l_1, auf denen auch die Scheitel der

*) Vergl. Weiler, Zeitschr. f. Math. und Phys. Jahrg. 27 S. 26.

Büschel in den Ebenen durch $h \equiv l$ liegen. Die Geraden der Regelschaar $[h \equiv l, h_1, l_1]$ sind daher die zugehörigen singulären Strahlen.

Danach zerlegt sich die Congruenz **S** *der singulären Strahlen in* ∞^1 *Regelschaaren; längs jeder Erzeugenden von* Φ *berührt eine.* Weil viermal h_1 mit h oder l_1 mit l zusammenfällt, so *giebt es unter diesen Regelschaaren 8, welche* Φ *osculiren, deren Gerade also singuläre Strahlen 2. Ordnung sind.* Die Regelfläche 16. Grades der dreipunktig berührenden singulären Strahlen haben wir damit, die Berührungscurve hat sich aber auf die 8. Ordnung reducirt und besteht aus 8 Erzeugenden.

Die singulären Strahlennetze, für welche diese die (einzigen) Leitgeraden sind, setzen mit **S**, doppelt gerechnet, die Congruenz zusammen, welche Γ^2 mit dem Tangentencomplexe 8. Grades von Φ gemeinsam hat.

Auch von einem Punkte X auf einer der Doppelgeraden u, v gehen, obwohl er zwei Erzeugende aussendet, nur zwei Strahlenbüschel von Γ^2 aus; sind jene $h \equiv l$, $h' \equiv l'$, so geht die Ebene des einen nach h_1 und l_1', die des andern nach l_1 und h_1', und jeder solche Strahlenbüschel gehört daher sowohl zu einem Netze H, als zu einem **L**; er enthält den betreffenden Doppelstrahl.

Wenn der Punkt X ein Cuspidalpunkt ist, so fällt $h \equiv l$ mit $h' \equiv l'$, h_1 mit h_1', l_1 mit l_1' zusammen, also auch die Ebene nach h_1 und l_1' mit der nach l_1 und h_1'; der Punkt wird, wie wir schon wissen, ein stationärer Punkt $\overline{D}$; die zugehörige Ebene $\overline{\varepsilon}$ geht also durch die beiden Geraden, die der Torsallinie aus dem Cuspidalpunkte in I_h, I_l gepaart sind.

Die beiden Erzeugenden h_1 und l_1', in derselben Ebene gelegen, treffen sich, wenn X auf d liegt, auf d', ebenso l_1 und h_1'; und so werden jedem X von d zwei Punkte auf d' zugeordnet; die Regelfläche 4. Grades, welche durch die so sich ergebende Correspondenz [2, 2] entsteht, ist dem Γ^2 mit dem Strahlennetze $[dd']$ gemeinsam. Sie hat dieselben Cuspidalelemente wie Φ und ist dieser also consingulär (Nr. 603).

791 Die Correlation zwischen dem Gewinde-Gebüsche $G \equiv (dd')$ und dem Punktraume Σ_1, in der unser Γ^2 der Fläche F_1^2 entspricht, legt Montesano der Untersuchung unseres Complexes und seiner speciellen Fälle zu Grunde.*)

---

*) D. Montesano, Sui complessi di rette di secondo grado generati da due fasci projettivi di complessi lineari. Doctor-Dissertation der Universität Rom. (Neapel, 1886). — Auf diese Abbildung hat freilich schon vorher Segre in seiner Abhandlung: Sulla geometria della retta etc. (Nr. 165 Anm.) hingewiesen; wir

Wie uns die Erzeugung der F_1^2 durch projective Ebenenbüschel zu der Erzeugung des Complexes durch projective Gewindebüschel geführt hat, so führt auch die Erzeugung jener durch correlative Bündel zur Erzeugung des Complexes durch correlative Bündel von Gewinden; wobei jedoch die Grund-Regelschaaren dieser Bündel 2 Gerade (die Grundgeraden von G) gemein haben, welche dann die Doppelstrahlen des Complexes werden.

Wir haben im Raume Σ_1 eine ausgezeichnete Fläche 2. Grades K_1^2, die wir *Grundfläche* nennen: *sie wird von den Ebenen eingehüllt, denen die Strahlengebüsche von G entsprechen*, von welchen ja jeder Büschel von G 2 enthält. *Den Geraden von K_1^2 correspondiren Strahlennetze,* durch welche lauter Gebüsche gehen, also solche, *die in ein Feld und einen Bündel zerfallen*, und bei denen, welche den Geraden der einen Schaar von K_1^2 entsprechen, incidirt das Feld mit d, der Bündel mit d', bei den andern umgekehrt. Zwei solche zerfallende Strahlennetze von verschiedener Art liegen in einem Gebüsche $[l]$, dessen Axe die beiden Scheitel verbindet und Schnitt der beiden Ebenen ist, und haben eine Regelschaar gemeinsam, welche sich in die beiden Büschel dl, $d'l$ zerlegt. *Den Punkten der Grundfläche K_1^2 correspondiren daher die zerfallenden Regelschaaren von G, den Tangenten ersichtlich die Strahlennetze von G mit vereinigten Leitgeraden.*

Wenn einer Geraden in Σ_1 das Strahlennetz $[ll']$ in G correspondirt, so entsprechen ihren Schnitten mit K_1^2 die Büschelpaare dl, $d'l'$; dl', $d'l$.

Zwei Ebenen von Σ_1, welche in Bezug auf K_1^2 conjugirt sind, entsprechen in G Gewinde in Involution; denn sie sind zu den Gebüschen ihres Büschels harmonisch (I, Nr. 106); den Polartetraedern von K_1^2 correspondiren daher Gruppen von 4 gegenseitig sich stützenden Gewinden von G.

Zwei Geraden, die nach K_1^2 polar sind, entsprechen Strahlennetze, bei denen die Gewinde des einen zu denen des andern in Involution sind; so dass die Leitgeraden-Dupel ein windschiefes Vierseit bilden, welches d, d' zu Diagonalen hat.

Wenn eine Ebene und ihr Pol nach K_1^2 als Ebene π und Centrum einer harmonischen Homologie genommen werden, so sind zwei Gewinde von G, die zwei in dieser Homologie entsprechenden Ebenen correspondiren, zu einander polar in Bezug auf das jener Ebene π entsprechende Gewinde.

---

wollen sie aber doch nach Montesano, der sich zuerst eingehend mit ihr beschäftigt hat, benennen.

Die Erzeugenden der singulären Fläche Φ von Γ^2 sind die Axen der Strahlengebüsche, welche den gemeinsamen Berührungsebenen von K_1^2 und F_1^2 entsprechen; die beiden Geraden von F_1^2 in einer von diesen Berührungsebenen entsprechen den Strahlennetzen H und **L**, für welche die Axe des entsprechenden Gebüsches gemeinsame Leitgerade ist.

Die Gebüsche von G, deren Axen eine Gerade m treffen, entsprechen den Berührungsebenen des Tangentialkegels von K_1^2, welcher von dem der Regelschaar $(dd'm)$ correspondirenden Punkte kommt. Derselbe hat mit F_1^2 4 Ebenen gemeinsam; die Axen der entsprechenden Gebüsche sind die von m getroffenen Erzeugenden von Φ.

Jedem Schnittpunkte einer Geraden von K_1^2 mit F_1^2 correspondirt ein Strahlenbüschel-Paar von Γ^2, von dem der eine Büschel seinen Scheitel etwa auf d hat, der andere seine Ebene durch d' schickt. In der betreffenden Schaar von K_1^2 giebt es 4 Gerade, welche F_1^2 berühren: den Berührungspunkten entsprechen Büschelpaare, welche aus einem durch d gehenden Büschel $(\bar{D}, \bar{\varepsilon})$ und einem durch d' gehenden Büschel $(\bar{E}, \bar{\delta})$ bestehen.

792 *Die oben besprochenen Regelschaaren $[h \equiv l, h_1, l_1]$, deren sämmtliche Geraden singuläre Strahlen von Γ^2 sind,* sind den Strahlennetzen $[h, h_1]$, $[l, l_1]$ gemeinsam, befinden sich also in dem Gebüsche, dessen Axe die gemeinsame Leitgerade ist; *folglich entsprechen ihnen die Punkte der Raumcurve 4. Ordnung 1. Art r_1^4, längs deren F_1^2 von dem Torsus $F_1^2K_1^2 \equiv \tau_1^4$ berührt wird.* Es sei p der Strahl von $[dd']$ aus dem Punkte P oder in der Ebene π, so enthält die dem Gebüsche $[p]$ von G entsprechende Ebene 4 Punkte dieser Raumcurve; folglich senden 4 von jenen Regelschaaren einen Strahl durch P, in π; und wir erhalten auch auf diese Weise Ordnung und Klasse der Congruenz **S** der singulären Strahlen.

Die Nebencomplexe Λ^2 ergeben sich hier sehr leicht: sie rühren von den weiteren Flächen 2. Grades in Σ_1 durch r_1^4 her und haben alle ebenfalls d, d' zu Doppelstrahlen, welche dadurch für **S** vierfache Strahlen werden (Nr. 767). Aber nur für unsern Γ^2 ist **S** Congruenz der singulären Strahlen, weil die Torsen der Tangentialebenen der andern Flächen längs r_1^4 nicht auch K_1^2 umgeschrieben sind.

Die consingulären Complexe entsprechen den weiteren Flächen 2. Grades, welche dem Torsus τ_1^4 eingeschrieben werden können.

Eine Gerade bestimmt in G eine Regelschaar; durch den ihr entsprechenden Punkt gehen 3 von diesen Flächen; also gehen durch die Gerade (und die Regelschaar, die sie mit d, d' bestimmt) 3 von den consingulären Complexen, oder *der Grad der Reihe der consingulären*

Complexe ist nur 3. Nachdem wir dies Ergebniss nochmals auf andere Weise erhalten haben werden, wollen wir erläutern, wie der Widerspruch aufzuklären ist, in dem es zu dem allgemeinen Satze von Nr. 537 steht.

Zu den consingulären Complexen führen uns aber in viel einfacherer Weise die ∞^1 Paare verbundener Involutionen von Φ, welche uns je die Dupel der Leitgeraden der beiden Reihen von Strahlennetzen liefern. 793

Zunächst haben wir da *das ausgezeichnete Paar, bei welchem die gepaarten Geraden in der einen Involution auf d, in der andern auf d' sich schneiden*, während die verbindenden Ebenen dort durch d', hier durch d gehen. *Die Strahlennetze, sämmtlich zerfallend, erzeugen das Gebüschepaar* $[d]\,[d']$, *das so in die Reihe der consingulären Complexe kommt*, und zwar in dem einen Falle das Gebüsche $[d]$ mit ihren Bündeln, $[d']$ mit ihren Feldern, im andern Falle umgekehrt.

Dieser zerfallende Complex entspricht der Fläche K_1^2 in der Schaar $F_1^2 K_1^2$; von den beiden Strahlenbüscheln, in welche alle den Punkten von K_1^2 entsprechenden Regelschaaren zerfallen, befindet sich immer der eine in $[d]$, der andere in $[d']$.

Damit haben wir ein Resultat von ganz anderer Art erhalten als früher. So lange wir es nicht mit windschiefen Doppelstrahlen zu thun hatten, lieferte jeder Doppelstrahl des Complexes in die Reihe der consingulären Complexe sein Gebüsche, doppelt gerechnet; jetzt liefern zwei windschiefe Doppelstrahlen in diese Reihe ihr Gebüschepaar, wobei also jedes der beiden Gebüsche nur einfach zu zählen ist.

Beachten wir auch schon folgenden Unterschied: *Die singuläre Fläche eines Complexes mit zwei sich schneidenden Doppelstrahlen hat in jedem ihrer Tangentenbüschel zwei verschiedene Tangenten, die den einen und den andern Doppelstrahl treffen; sie sind singuläre Strahlen für die beiden Doppelgebüsche.*

Die Regelfläche 4. Grades, mit der wir jetzt zu thun haben, hat in jedem Tangentenbüschel einen Strahl, der beide Doppelgeraden trifft: die Erzeugende, die so singulärer Strahl für das Gebüschepaar wird.

Wenn h_1, l_1 die Erzeugenden sind, welche der $h \equiv l$ auf d, bezw. d' begegnen, so zerfällt die Regelschaar $[h \equiv l,\, h_1,\, l_1]$ singulärer Strahlen in die beiden Büschel aus dem Punkte hh_1 in der Ebene nach l_1 und aus ll_1 in der Ebene nach h_1. Diese Ebenen enthalten d, bezw. d' und sind Berührungsebenen von Φ in den Scheiteln.

Im Continuum der consingulären Complexe ergiebt sich für diesen zerfallenden Complex als Congruenz der singulären Strahlen das Paar der beiden Congruenzen der Tangenten von Φ in den Punkten von d, bezw. d'.

Wir haben ferner unter den Paaren verbundener Involutionen *4 sich selbst verbundene Involutionen.* Bei den entsprechenden Complexen fallen also die beiden Reihen von Strahlennetzen zusammen, demnach bei den Flächen in der Schaar $F_1^2 K_1^2$ die beiden Geradenschaaren; wir haben es mit den 4 Kegelschnitten der Schaar zu thun, die nach den Ebenen $\gamma_{1,1}, \ldots \gamma_{4,1}$ des gemeinsamen Polartetraeders der Schaar, in denen sie liegen, mit $(\gamma_{1,1}), \ldots$ bezeichnet werden mögen. Die Punkte der Fläche $(\gamma_{1,1})$ erfüllen die Ebene $\gamma_{1,1}$ doppelt, also die ihnen entsprechenden Regelschaaren das Gewinde doppelt, dem diese Ebene correspondirt. Wir erhalten so die 4 Fundamental-Gewinde $\Gamma_1, \ldots \Gamma_4$, welche durch die zu Φ als Brennfläche gehörigen Congruenzen $\mathfrak{C}_1^2, \ldots \mathfrak{C}_4^2$ — mit d, d' als Doppelstrahlen — gehen (II, Nr. 416).

Weil die Ebenen $\gamma_{1,1}, \ldots$ ein Polartetraeder von K_1^2 bilden, so sind die $\Gamma_1, \ldots$ in Involution (Nr. 791).

Die Strahlen der $\mathfrak{C}_1^2, \ldots$ gelten als singuläre Strahlen der Doppelgewinde $\Gamma_1, \ldots$; also sind ihre Berührungspunkte auf zwei gepaarten Geraden der betreffenden sich selbst verbundenen Involution gelegen; jede dieser Involutionen führt ja (Nr. 598) zu ∞^1 Regelschaaren von Doppeltangenten der Φ. Dieselben entsprechen den Punkten der Kegelschnitte $(\gamma_{1,1}), \ldots$

In Nr. 599 haben wir direct erkannt, dass die Strahlennetze, welche die Dupel einer sich selbst verbundenen Involution zu Leitgeraden haben, in dem nämlichen Gewinde enthalten sind.

Verbinden wir zwei von ihnen, als zur einen Reihe gehörig, mit allen, als zur andern Reihe gehörig, so ist die entstehende Projectivität so ausgeartet, dass das gemeinsame Gewinde in beiden Büscheln dasjenige Element ist, dem im andern alle entsprechen, und daher, doppelt, das Erzeugniss bildet.

794 Die consingulären Complexe schneiden in das Strahlennetz $[dd']$ consinguläre Regelflächen ein, für welche die gemeinsamen stationären Elemente $\overline{D}$ und $\overline{\delta}$ der Complexe gemeinsame Cuspidalelemente sind (Nr. 603). Φ befindet sich unter ihnen und ergiebt sich im Continuum als Schnitt von $[d][d']$.

Eine Gerade l trifft 4 Erzeugende von Φ, welche der Regelschaar $[dd'l]$ angehören. Sie bilden 3 Paare von Dupeln, welche je zwei verbundenen Involutionen angehören; daraus entnehmen wir von neuem, dass *jede Gerade zu 3 von den consingulären Complexen gehört.*

Trifft l einen der Doppelstrahlen oder beide, so befindet sich $[d][d']$ unter den 3 Complexen, so dass, wie nothwendig (Nr. 603), durch einen Strahl von $[dd']$ 2 von den consingulären Regelflächen gehen. Gehört l zu Φ, so haben wir nur ein Paar sie schneidender Erzeugenden und nur einen vom zerfallenden Complexe verschiedenen unter der consingulären durch sie; d. h. von den beiden vorhinigen hat sich einer mit $[d][d']$ vereinigt.

Beim allgemeinen Complexe fanden wir die Zahl 4 der durch eine Gerade l gehenden consingulären Complexe durch Benutzung der 4 Projectivitäten, die zwischen den 4 Schnitten von l mit Φ und den 4 Berührungsebenen durch sie bestehen (Nr. 537). Diese sind auch hier vorhanden, und die eine ist unmittelbare Folge der Eigenschaft, dass die 4 von l getroffenen Erzeugenden der Regelschaar $[dd'l]$ angehören. Gerade diese, bei der sich Schnittpunkt und Berührungsebene entsprechen, die je mit derselben Erzeugenden incidiren, ist unbrauchbar; denn bei ihr ist die Tangente in dem Tangentenbüschel einer von den 4 Ebenen, die nach dem entsprechenden Punkte geht, die Erzeugende. Der entsprechende Complex ist das Gebüschepaar $[d][d']$; insofern aber der Schnitt der „Tangente" mit Φ, weil sie Erzeugende ist, unbestimmt ist, werden nach der allgemeinen Construction von Nr. 537 ∞^1 Strahlenbüschel möglich, und in einem von ihnen liegt l; aber nur die zwei, welche die Scheitel auf d, d' haben, — und der l enthaltende ist im allgemeinen keiner von diesen — gehören zum Complexe.

Die 3 durch l gehenden consingulären Complexe haben die Regelschaar $(dd'l)$ gemeinsam. *Danach zerfällt die Hauptfläche 16. Grades* (Nr. 635), *in welcher 3 consinguläre Complexe sich schneiden, in 8 Regelschaaren,* denen die 8 Schnittpunkte der Flächen von $F_1^2 K_1^2$ correspondiren, welche den Complexen entsprechen.

Weil F_1^2 durch 3 Gerade bestimmt ist, haben wir:

Drei Strahlennetze, welche 2 Gerade gemeinsam haben, bestimmen eindeutig einen Complex 2. Grades, für den diese Geraden Doppelstrahlen sind; das dritte Netz kann man durch 2 Strahlen, speciell durch 2 sich schneidende oder ihren Büschel ersetzen. Jeder unserer Complexe lässt sich auf ∞^3 Weisen so bestimmen; die Mannigfaltigkeit von drei Strahlennetzen mit 2 gemeinsamen Geraden ist $2.8+4=20$, und folglich die des Complexes $20-3=17$.

Drei Strahlendupel eines Strahlennetzes bestimmen in demselben eindeutig eine Regelfläche 4. Grades, in der sie zur nämlichen Involution gehören.

II.

Jedes der Strahlennetze H *oder* L *bringt in den Complex* ∞^3 *Regel-* 795
schaaren $\mathfrak{r}_h$, $\mathfrak{r}_l$ — gemeinsamer Name sei $\mathfrak{r}$ —; darin haben wir aber

nicht die Gebüsche der allgemeinen Theorie. *Die Eigenschaft unseres Complexes, dass er vollständige Strahlennetze enthält, bewirkt, dass er zweierlei Regelschaaren besitzt, und,* was damit zusammenhängt, *zweierlei Strahlenbüschel-Paare.*

Jede Gerade g von Γ^2 gehört zu einem H und zu einem **L** und in jedem wiederum zu zwei Strahlenbüscheln (aus verschiedenen Schaaren) $\mathfrak{S}_h$, $\mathfrak{S}_h'$, bezw. $\mathfrak{S}_l$, $\mathfrak{S}_l'$; und damit haben wir alle 4 Büschel des Complexes, zu denen g gehört. *Zwei sich schneidende Strahlenbüschel von Γ^2 gehören entweder zu demselben Netze* H *oder* **L**, *oder der eine zu einem* H, *der andere zu einem* **L**.

Gehen wir von einem Paare der ersten Art, etwa $\mathfrak{S}_h$, $\mathfrak{S}_h'$, aus oder gleich von einer allgemeinen Regelschaar $\mathfrak{r}_h$, so sind die von ihr zweimal geschnittenen (oder getragenen) Regelschaaren sämmtlich $\mathfrak{r}_l$, aus jedem **L** ∞^1; denn durch die beiden Schnittstrahlen der $\mathfrak{r}_h$ mit der Regelschaar, in der ein beliebiges **L** das die $\mathfrak{r}_h$ enthaltende H schneidet, gehen in dem **L** ∞^1 Regelstrahlen, durch jeden Strahl von **L** eine. Umgekehrt, *jedes Strahlennetz durch $\mathfrak{r}_h$ schneidet eine $\mathfrak{r}_l$ aus;* denn ist g ein Strahl des weiteren Schnitts, enthalten in **L**, so giebt es von den ∞^1 eben erwähnten Regelschaaren in **L** eine, die mit unserm Strahlennetze 3 Strahlen gemein hat, den g und die beiden auf $\mathfrak{r}_h$. Auf $\mathfrak{r}_h$ entsteht durch die Schnittstrahlen mit den verschiedenen **L** eine Involution; und nicht wie im allgemeinen Falle sind alle möglichen Dupel von $\mathfrak{r}_h$ die Schnittstrahlen-Dupel mit den von dieser Regelschaar getragenen $\mathfrak{r}_l$, sondern nur die Dupel dieser Involution, jedes zu ∞^1 $\mathfrak{r}_l$ gehörig.

Wie ein solches Feld $[\mathfrak{r}_h]$, $[\mathfrak{r}_l]$ alle Netze **L** oder H, so durchzieht auch ein Gebüsche alle **L** oder H, und da die Glieder einer Kette abwechselnd $\mathfrak{r}_h$ und $\mathfrak{r}_l$ sind, so *enthält das eine von zwei verknüpften Gebüschen von Regelschaaren* $\mathfrak{r}$ *lauter* $\mathfrak{r}_h$, *das andere lauter* $\mathfrak{r}_l$.

Unter den Strahlennetzen durch eine $\mathfrak{r}_h$ oder $\mathfrak{r}_l$ bildet natürlich das ganz zu Γ^2 gehörige H oder **L** eine Ausnahme.

Durch zwei beliebige Strahlen von Γ^2 geht keine Regelschaar $\mathfrak{r}$; es sei denn, dass beide Strahlen zu demselben H oder **L** gehören, dann gehen durch sie ∞^1 $\mathfrak{r}_h$ oder $\mathfrak{r}_l$.

Die Schnitt-Regelschaaren der H und **L**, durch die wir den Complex erzeugt und die wir, weil sie durch d und d' gehen, mit $\mathfrak{r}_{dd'}$ bezeichnet haben, können auch $\mathfrak{r}_{hl}$ genannt werden. Jede $\mathfrak{r}_{hl}$ trägt alle übrigen.

Geht man aber von einem Strahlenbüschel-Paare $\mathfrak{S}_h\mathfrak{S}_l$ aus, so führen die durch dasselbe gehenden Strahlennetze zu *neuen Regelschaaren* ϱ; denn ergäbe sich z. B. eine $\mathfrak{r}_l$, so würde die ergänzende Regelschaar eine $\mathfrak{r}_h$ sein, was $\mathfrak{S}_h\mathfrak{S}_l$ nicht ist. Jedes von den Strahlennetzen hat mit einem H 2 Strahlen gemeinsam, von denen keiner auf $\mathfrak{S}_h$ fällt, da dieses H mit dem, welches $\mathfrak{S}_h$ enthält, nur d, d' gemein hat. Wohl aber gehört einer der beiden Strahlen zu $\mathfrak{S}_l$, denn die Regelschaar, in der jenes H und das $\mathfrak{S}_l$ enthaltende L sich schneiden, hat mit $\mathfrak{S}_l$ einen Strahl gemeinsam. Der andere Strahl gehört zu ϱ.

Die jetzigen Regelschaaren ϱ *erhalten also aus jedem* H *und jedem* L *einen Strahl; zu ihnen gehören die Complexkegel und Complexcurven.*

Die Büschel $\mathfrak{S}_d$, $\mathfrak{S}_{d'}$ von Γ^2, zu denen d oder d' gehören, sind sowohl $\mathfrak{S}_h$, als $\mathfrak{S}_l$ (Nr. 790); stellt man also einen solchen Büschel mit einem ihn schneidenden, etwa einem $\mathfrak{S}_h'$, zusammen, so ist dies Paar sowohl $\mathfrak{S}_h\mathfrak{S}_h'$, als $\mathfrak{S}_h'\mathfrak{S}_l$, also sowohl $\mathfrak{r}$ als ϱ.

Durch jeden Strahl g *von* Γ^2 *geht ein ausgezeichnetes Gewinde, das, welches die beiden* g *enthaltenden Netze* H *und* L *verbindet. Es ist für* g, *wie für jeden Strahl der Regelschaar* HL, *Tangentialgewinde*, denn diese Strahlen sind ja Doppelstrahlen seines aus H und L bestehenden Schnitts mit Γ^2. Alle 4 durchgehenden Büschel von Γ^2, zwei in H, zwei in L, befinden sich in diesem Gewinde; daher entsprechen die Scheitel den Ebenen sowohl in der durch Γ^2, als in der durch das Gewinde HL auf g erzeugten Projectivität; womit von neuem dies Gewinde als Tangentialgewinde von g sich ergiebt.

Dies eine Tangentialgewinde nimmt alle ∞^2 *durch* g *gehenden Regelschaaren* $\mathfrak{r}$ *von* Γ^2 *in sich auf; die Regelschaaren* ϱ *vertheilen sich, zu je* ∞^1, *auf die übrigen Tangentialgewinde.*

Dementsprechend dürfen wir auch unter den durch Γ^2 gehenden quadratischen Systemen 4. Stufe S_4^2 von Gewinden ein ausgezeichnetes vermuthen.

In Bezug auf die beiden Arten von Regelschaaren $\mathfrak{r}$ und ϱ und 796
ihre Gebüsche haben wir folgenden bemerkenswerthen Unterschied:

Die Leitschaaren der Regelschaaren eines Gebüsches von ϱ *erzeugen, wie im allgemeinen Falle, einen consingulären Complex 2. Grades.*

Besteht aber das Gebüsche aus $\mathfrak{r}$, *so ergiebt sich ein* (*einfacher*) *linearer Complex und zwar aus dem Büschel durch das Strahlennetz* $[dd']$.

Zur Erzeugung dieses Leitschaaren-Complexes genügt, wie wir wissen, schon ein Feld.

Betrachten wir ein Feld $[\mathfrak{r}_h]$, das aus lauter $\mathfrak{r}_l$ besteht; es wird durch die je ∞^1 Regelschaaren $\mathfrak{r}_l$ gebildet, welche in jedem der verschiedenen L durch das Schnittdupel $x'x''$ desselben mit dem Träger $\mathfrak{r}_h$ gehen; diese Dupel bilden eine Involution. Die Leitschaar $\mathfrak{l}_l$ einer $\mathfrak{r}_l$ geht durch die Leitgeraden l, l_1 von L und hat x', x'' zu Leitgeraden; das ganze Strahlennetz $[x'x'']$ kommt zu stande und zwar einfach; denn für einen Strahl m von $[x'x'']$ ist die Regelschaar $[ll_1m]$ die einzige, in deren Leitschaar sich m befindet. Diese Netze $[x'x'']$ erzeugen aber (I, Nr. 71) ein Gewinde; es enthält alle Dupel ll_1 und folglich das Strahlennetz $[dd']$, in dem sie sich befinden. Die Leitschaar $\mathfrak{f}_h$ der das Gewinde erzeugenden involutorischen Regelschaar $\mathfrak{r}_h$ gehört auch zum Gewinde.

Nimmt man daher in einem bestimmten durch $[dd']$ gehenden Gewinde Γ_0 alle Regelschaaren $\mathfrak{f}_h$, welche durch ein Leitgeraden-Dupel hh_1 eines H oder ein Dupel von I_h gehen, also im Ganzen ∞^{1+2}, so sind deren verbundene Regelschaaren $\mathfrak{r}_h$ die Träger der Felder, die zu Γ_0 führen, und bilden ein Gebüsche; analog ergiebt sich das aus $\mathfrak{r}_l$ gebildete verknüpfte Gebüsche (das diese Felder enthält).

In der That, weil eine jede von diesen $\mathfrak{f}_h$ durch ein hh_1 geht, so befindet sich die verbundene in dem zugehörigen H und ist eine $\mathfrak{r}_h$; weil zwei der $\mathfrak{f}_h$ in Γ_0 sich befinden, so sind auch die verbundenen $\mathfrak{r}_h$ in demselben Gewinde enthalten; im allgemeinen gehören sie nicht zu demselben H und haben daher keinen Strahl gemein, wie dies ja für Regelschaaren desselben Gebüsches erforderlich ist.

Zwei Regelschaaren $\mathfrak{r}_h$ oder zwei $\mathfrak{r}_l$ gehören zu dem nämlichen Gebüsche, wenn ihre Leitschaaren sich in demselben Gewinde durch $[dd']$ befinden.

Wenn $\mathfrak{f}_h$ in Γ_0 durch hh_1 geht, ll_1 ein Dupel von I_l ist, so sind hh_1 und ll_1 durch eine Regelschaar verbunden, diese wiederum mit $\mathfrak{f}_h$ durch ein Strahlennetz, das zu Γ_0 gehört, und alle ∞^1 Regelschaaren $\mathfrak{f}_l$ in diesem Netze durch ll_1 schneiden $\mathfrak{f}_h$ zweimal; folglich wird auch $\mathfrak{r}_h$ von den $\mathfrak{r}_l$ zweimal geschnitten; somit haben wir in dem Gebüsche der $\mathfrak{r}_l$ ∞^2, welche $\mathfrak{r}_h$ zweimal schneiden.

Die Gebüsche der $\mathfrak{r}_h$ und der $\mathfrak{r}_l$, die unter Benutzung desselben Γ_0 sich ergeben, sind verknüpft.

Die Leitschaar einer $\mathfrak{r}_{hl}$ geht durch die Leitgeraden-Dupel der beiden Netze H und **L**, die sich in $\mathfrak{r}_{hl}$ schneiden, und befindet sich in $[dd']$ und allen Γ_0.

Die Regelschaaren $\mathfrak{r}_{hl} \equiv \mathfrak{r}_{dd'}$, welche durch die Doppelstrahlen gehen, sind daher allen Gebüschen von $\mathfrak{r}_h$ und von $\mathfrak{r}_l$ gemeinsam, insbesondere also auch zwei verknüpften; man erkennt leicht, dass jede $\mathfrak{r}_{hl}$ mit jeder $\mathfrak{r}_h$ (oder $\mathfrak{r}_l$) durch eine dreigliedrige Kette verbunden ist: das Gewinde, welches sie enthält, verbindet das **L** von $\mathfrak{r}_{hl}$ mit dem H von $\mathfrak{r}_h$.

Aber allgemeiner, jede $\mathfrak{r}_h$ ist mit jeder $\mathfrak{r}_l$ durch eine, aber nur eine dreigliedrige Kette verbunden; Mittelglied ist die $\mathfrak{r}_{hl}$, in der sich die sie enthaltenden H und **L** schneiden.

Daher hört für die Regelschaaren $\mathfrak{r}$ *die Möglichkeit der Verbindung durch dreigliedrige Ketten auf, Kennzeichen der Zugehörigkeit zu demselben Gebüsche zu sein, wenn das die Kette enthaltende Gewinde ein* $\mathsf{H}\,\mathsf{L}$ *ist.* Zuverlässiges Kennzeichen ist das obige.

Für die Regelschaaren ϱ *aber bleibt jenes Kennzeichen bestehen.*

Wenn man durch die Leitschaaren der Regelschaaren eines Gebüsches oder des verknüpften als Grund-Regelschaaren die Gewindenetze legt, so ergiebt sich *ein durch den Complex gehendes quadratisches System 4. Stufe* S_4^2 *von Gewinden, das sich ändert, wenn man von einem Gebüschepaare zum andern übergeht. Bei den* $\mathfrak{r}_h$*- und den* $\mathfrak{r}_l$*-Gebüschen aber ist letzteres nicht der Fall.*

Es sei wiederum $\mathfrak{s}_h$ eine Regelschaar in Γ_0, welche durch h, h_1 geht, und Γ ein Gewinde des Bündels $(\mathfrak{s}_h)$; es schneidet ein zweites Gewinde Γ_0' durch $[dd']$ in einem Strahlennetze, das auch durch das Dupel hh_1 geht, und jede von den ∞^1 Regelschaaren $\mathfrak{s}_h$ in diesem Netze durch hh_1 hat Γ in ihrem Bündel.

Jedes Gewinde Γ also, das sich bei dem Bündel einer in Γ_0 befindlichen $\mathfrak{s}_h$ und dann bei ∞^1 solchen Bündeln ergiebt, ergiebt sich auch bei ∞^1 Bündeln $(\mathfrak{s}_h)$ eines jeden der übrigen Γ_0.

Die Regelschaar, welche Γ aus dem Netze $[dd']$ schneidet, geht durch hh_1, also auch durch ein Dupel ll_1 von I_l. Daher geht Γ auch durch ∞^1 Regelschaaren $\mathfrak{s}_l$ eines jeden Γ_0. Demnach:

Alle ∞^1 *Paare verknüpfter Gebüsche von* $\mathfrak{r}_h$ *und* $\mathfrak{r}_l$ *geben ein und dasselbe System* S_4^2*;* dies ist das ausgezeichnete, auf das wir oben hinwiesen. *Das* dort erwähnte *ausgezeichnete Tangentialgewinde eines Strahls* g *von* Γ^2 *ist das zugehörige:* die in ihm enthaltenen durch g gehenden Regelschaaren des Γ^2 gehören zu den $\mathfrak{r}$-Gebüschepaaren, aus denen das ausgezeichnete S_4^2 construirt ist.

Die ϱ*-Gebüsche geben die übrigen* S_4^2*, aber im Continuum auch das ausgezeichnete,* da eins unter den $\mathfrak{r}$-Gebüschepaaren zugleich ein ϱ-Gebüschepaar ist, wie wir bald sehen werden.

Von den 5 Paaren verknüpfter Regelschaar-Reihen des Schnitts von 797
Γ^2 *mit einem beliebigen Gewinde* Γ *besteht das eine Paar aus* $\mathfrak{r}_h$ *und* $\mathfrak{r}_l$*;* seine Regelschaaren sind die Schnitte von Γ mit den H und den L. Die andern Reihen der Congruenz bestehen aus ϱ.

Jede Regelschaar von Γ^2*, die durch einen der Doppelstrahlen geht, ist eine* $\mathfrak{r}$. Sie gehe durch d und sei nicht eine $\mathfrak{r}_h$; so lege man durch irgend einen Strahl g von ihr das Netz H, das sie also nicht enthält; durch H und einen dritten Strahl der Regelschaar lege man das

Gewinde, das sie nun ganz enthält, folglich muss sie sich in dem ferneren Schnitte L desselben befinden.

In jedem H oder L haben wir ∞^2 durch d oder d' gehende r, also, wie nothwendig, im Ganzen ∞^3 durch einen der Doppelstrahlen gehende; wir nennen diese Regelschaaren $\mathfrak{r}_{hd}$, $\mathfrak{r}_{ld}$, $\mathfrak{r}_{hd'}$, $\mathfrak{r}_{ld'}$.

Da es nun auch unter den ϱ solche geben muss, die durch d oder d' gehen, so werden wir so zu Regelschaaren geführt, welche sowohl r als ϱ sind.

Jedes Strahlenbüschel-Paar von Γ^2, von dem der eine Büschel durch einen der Doppelstrahlen geht, gehört (Nr. 795) zu beiden Arten von Strahlenbüschel-Paaren und daher die Regelschaar, die von einem durch ein solches Paar gelegten Strahlennetze ausgeschnitten wird, sowohl zu den ϱ, als zu den r; sie geht durch den Doppelstrahl, der ja für den vollen Schnitt doppelt ist.

Umgekehrt, eine $\mathfrak{r}_{ld}$ z. B. verbinden wir durch ein Strahlennetz mit einem den d treffenden Strahl g des Complexes; dies Netz enthält den ganzen Büschel $\mathfrak{S}_d \equiv dg$ von Γ^2 und schneidet noch einen Büschel aus, der mit $\mathfrak{S}_d$ eine $\mathfrak{r}_h$ bildet, also einen $\mathfrak{S}_h'$. Dabei haben wir $\mathfrak{S}_d$ als $\mathfrak{S}_h$ aufgefasst; betrachten wir ihn als $\mathfrak{S}_l$, so ergiebt sich:

Jede durch einen der Doppelstrahlen gehende Regelschaar r *ist zugleich eine* ϱ.

Eine Kette, welche eine $\mathfrak{r}_d$ enthält, besteht, weil d ein doppelter Strahl des vollen Schnitts eines jeden zwei benachbarte Glieder der Kette verbindenden Strahlennetzes ist, aus lauter $\mathfrak{r}_d$, also abwechselnd $\mathfrak{r}_{hd}$, $\mathfrak{r}_{ld}$. Folglich erfüllen die $\mathfrak{r}_{hd}$ und $\mathfrak{r}_{ld}$ zwei verknüpfte Gebüsche; das Gewinde durch $[dd']$, welches ihre Leitschaaren enthält, ist das Gebüsche $[d]$.

798 Anders aber müssen wir die Sache ansehen, wenn wir diese Regelschaaren als ϱ auffassen. Mit grösserer Klarheit aber übersehen wir die Verhältnisse, wenn wir die Caporali'sche Abbildung (Nr. 711, 782) benutzen.

Der Hauptbüschel (O, ω) schneidet einen Büschel $\mathfrak{S}_d$ und einen $\mathfrak{S}_{d'}$, welche $\mathfrak{S}_d^0$, $\mathfrak{S}_{d'}^0$ heissen mögen und deren Bildpunkte D_1, D_1' Doppelpunkte der Curve k_1^5 sind. Es sei ferner H^0 das Strahlennetz, welches (O, ω) enthält; es enthält ∞^1 den (O, ω) schneidenden Strahlenbüschel, darunter $\mathfrak{S}_d^0$, $\mathfrak{S}_{d'}^0$. Die Bildpunkte dieser Strahlenbüschel erfüllen die Gerade, welche in Σ_1 dem Strahlennetze H^0 von G correspondirt. Somit zerfällt das System der (O, ω) schneidenden Strahlenbüschel $\mathfrak{B}^0$ des Complexes in diese das Netz H^0 erzeugende Schaar von Strahlenbüscheln $\mathfrak{B}_h^0$ — ihre Scheitel erfüllen die in ω liegende

Erzeugende der Regelfläche Φ, ihre Ebenen drehen sich um die Erzeugende, die durch O geht — und ein zweites System, das eine Congruenz 3. Grades bildet; die Scheitel dieser Büschel bilden die Schnittcurve 3. Ordnung von ω mit Φ, die Ebenen umhüllen den Kegel 3. Klasse aus O an Φ.

Und die Curve k_1^5 zerfällt in die eben erwähnte Gerade k_1 und eine Raumcurve 4. Ordnung k_1^4; beide begegnen sich in D_1, D_1'.

Wegen des Ranges 12 der k_1^5 und dieser ihrer Doppelpunkte ist k_1^4 vom Range 8, also die Curve 1. Art.

Ihre Punkte sind die Bilder der (O, ω) schneidenden Büschel, welche nicht in H^0 sich befinden: jeder Strahl von (O, ω) gehört zu zweien von ihnen und zu einem aus H^0.

Ein Strahlenbüschel in einem L hat einen Strahl in H^0, also in einem der $\mathfrak{B}_h^0$; *seine Bildgerade trifft daher k_1 und demzufolge k_1^4 einmal.*

Von einem Strahlenbüschel in einem H *ist die Bildgerade eine Sehne von k_1^4*, da er mit H^0 keinen Strahl gemein hat.

Die Geraden auf der Fläche O_1^2 durch $k_1^5 \equiv (k_1, k_1^4)$, welche k_1^5 zweimal treffen, sind auch Bisecanten von k_1^4; durch sie entsteht auf dieser Curve die Involution I_1, in der die Scheitel P_1, P_1' der Bündel gepaart sind, welche den verknüpften Regelschaar-Gebüschen von Γ^2 correspondiren. Sie hat 4 Doppelpunkte. Zu diesen Bisecanten gehört auch k_1; folglich sind auch D_1, D_1' solche Punkte P_1, P_1': die Gebüsche der Regelschaaren durch d und durch d' sind verknüpft; wir kommen hierauf zurück.

Einer Ebene λ_1 durch k_1 entspricht ein Gewinde durch H^0; und während dies Netz sich in die Gerade k_1 abbildet, *ist die übrige Ebene λ_1 das Bild des zweiten Strahlennetzes* L, welches von jenem Gewinde ausgeschnitten wird. Die beiden Strahlenbüschel-Reihen in L bilden sich in die Strahlenbüschel in λ_1 um die beiden (nicht auf k_1 gelegenen) Punkte von k_1^4 ab. Die Ebenen λ_1 setzen sich mit den Flächen 2. Grades h_1^2 durch k_1^4 zu Flächen f_1^3 durch k_1^5 (Nr. 711) zusammen, welche Bilder von zerfallenden Congruenzen 2. Grades sind; *die Strahlennetze* H *bilden sich also in diese Flächen h_1^2 durch k_1^4 ab;* auch H^0, denn wegen des in ihm enthaltenen (O, ω) ist O_1^2 das vollständige Bild. Die Strahlenbüschel in einem H haben die Geraden von h_1^2 zu Bildern. Den 4 Ebenen λ_1 durch k_1, welche k_1^4 berühren, den 4 Kegeln unter den h_1^2 entsprechen die Strahlennetze L, H mit vereinigten Leitgeraden.

Die Schnittcurve einer Ebene λ_1 mit einer Fläche h_1^2 — die durch D_1, D_1' geht — ist Bild der Regelschaar $\mathfrak{r}_{dd'}$, in der die entsprechenden H und L sich schneiden.

Die Bilder der ∞^3 Regelschaaren $\mathfrak{r}_l$ in einem Netze **L** sind die Kegelschnitte in λ_1, die durch die beiden nicht auf k_1 gelegenen Schnitte mit $k_1{}^4$ gehen.

Also liegen von den 4 Begegnungspunkten des Bild-Kegelschnitts einer $\mathfrak{r}_l$ *mit* $k_1{}^5$ *2 auf* $k_1{}^4$ *und 2 auf* k_1.

Die Bilder der ∞^3 *Regelschaaren* $\mathfrak{r}_h$ *in einem* H sind die ∞^3 Kegelschnitte auf der $h_1{}^2$*) und *haben alle 4 Begegnungspunkte auf* $k_1{}^4$.

Der fünfte Schnittpunkt der Ebene mit $k_1{}^5$ liegt auf k_1 und ist nicht derselbe für alle $\mathfrak{r}_h$ eines H; so dass diese und ebenso die Regelschaaren $\mathfrak{r}_l$ eines **L** nicht ein Gebüsche bilden.

799 Da H^0 in jede Ebene, durch jeden Punkt einen Strahl sendet, so begegnet die Complexcurve, der Complexkegel einem der Büschel $\mathfrak{B}_h{}^0$, welche sich in die Punkte von k_1 abbilden.

Der Bild-Kegelschnitt einer Complexcurve, eines Complexkegels trifft k_1 und folglich $k_1{}^4$ dreimal; der letzte Schnitt der Ebene liegt auf $k_1{}^4$ und ist Scheitel des Bündels, der dem Gebüsche der Complexcurven, Complexkegel entspricht.

Jeder Punkt P_1 von $k_1{}^4$ führt zu einem Bündel und entsprechenden Gebüsche von Regelschaaren ϱ, der in I_1 gepaarte P_1' zum verknüpften Gebüsche.

Die Bild-Kegelschnitte der ϱ *treffen* $k_1{}^4$ *dreimal,* k_1 *einmal.*

Die ∞^2 durch d, d' gehenden Regelschaaren haben durch D_1, D_1' gehende, $k_1{}^4$ noch zweimal treffende Bilder und gehören zu allen drei Arten $\mathfrak{r}_h$, $\mathfrak{r}_l$, ϱ.

Kegelschnitte, welche $k_1{}^5$ viermal treffen und blos durch D_1 gehen, treffen entweder k_1 noch einmal und dann $k_1{}^4$ zweimal oder $k_1{}^4$ noch dreimal und liegen in jenem Falle in einer λ_1, in diesem auf einer $h_1{}^2$. In beiden Fällen treffen sie $k_1{}^4$ dreimal, k_1 einmal. Folglich sind sie im ersten Falle Bilder von Regelschaaren, die zugleich $\mathfrak{r}_l$ und ϱ, im zweiten von solchen, welche zugleich $\mathfrak{r}_h$ und ϱ sind; die einen wie die andern gehen durch d.

Vierter Schnitt der Ebene mit $k_1{}^4$ ist im ersten Falle D_1'; folglich bilden die Regelschaaren, als ϱ aufgefasst, ein Gebüsche; im zweiten Falle ist dieser vierte Schnitt D_1 und die Regelschaaren bilden, auch als ϱ betrachtet, ebenfalls ein Gebüsche, und weil D_1, D_1' in der Involution I_1 gepaart sind, so sind diese Gebüsche verknüpft. Aber

---

*) Dies sind die in I, Nr. 94 und 96 besprochenen eindeutigen Abbildungen des Strahlennetzes auf Ebene und Fläche 2. Grades.

wir haben diese Gebüsche noch nicht vollständig, denn wir können dieselbe Betrachtung für D_1' wiederholen und erhalten:

Als ϱ *aufgefasst bilden die Regelschaaren* $\mathfrak{r}_{hd}$ *und* $\mathfrak{r}_{ld'}$ *ein Gebüsche und ebenso die* $\mathfrak{r}_{ld}$ *und* $\mathfrak{r}_{hd'}$, *und dies Gebüsche ist zu jenem verknüpft.*

Ihre Leitschaaren stützen sich auf d, bezw. d' und der zugeordnete consinguläre Complex zerfällt in die beiden Strahlengebüsche $[d]$ und $[d']$.

Diese Regelschaar-Gebüsche fallen ersichtlich nicht zusammen; immerhin aber haben sie ∞^2 *gemeinsame Regelschaaren, die* $\mathfrak{r}_{dd'} \equiv \mathfrak{r}_{hl}$. Während im allgemeinen Falle jeder die k_1^5 viermal treffende Kegelschnitt eindeutig den fünften Schnitt seiner Ebene mit k_1^5, den zugehörigen Bündel und das Gebüsche von Γ^2 bestimmt, zu dem die in ihn sich abbildende Regelschaar gehört, können wir in unserm Falle bei den durch D_1, D_1' gehenden und k_1^4 noch zweimal treffenden Kegelschnitten ebenso gut D_1, wie D_1', als letzten Schnitt der Ebene mit $k_1^5 \equiv (k_1^4, k_1)$ ansehen und dürfen aus gemeinsamen Regelschaaren nicht auf Identität der Gebüsche schliessen.

Regelschaaren $\mathfrak{r}_h$, deren Bild-Kegelschnitte in Ebenen liegen, welche durch denselben Punkt Q_1 von k_1 gehen, bilden ersichtlich ein Gebüsche.

Wir wollen die Bilder von $\mathfrak{r}_l$ aufsuchen, die zu einem Gebüsche Σ_3' gehören, das einem bestimmten $\mathfrak{r}_h$-Gebüsche Σ_3 verknüpft ist, und zwar zunächst die in einer bestimmten Ebene $\overline{\lambda}_1$ durch k_1 befindlichen Bilder, deren $\mathfrak{r}_l$ also in $\overline{\mathsf{L}}$ liegen. Dem Σ_3 correspondire auf k_1 der Bündelscheitel Q_1, und X_1, X_1' seien die beiden weiteren Schnitte von $\overline{\lambda}_1$ mit k_1^4. Die Regelschaaren $\mathsf{H}\overline{\mathsf{L}}$ bilden sich in die Kegelschnitte $\mathfrak{K}_1$ durch $D_1 D_1' X_1 X_1'$ ab. Die Ebenen der Bilder aller $\mathfrak{r}_h$ von Σ_3 gehen durch Q_1; also sind die Bilder Y_1, Y_1' der Schnittstrahlen einer $\mathfrak{r}_l$ aus $\overline{\mathsf{L}}$ mit einer $\mathfrak{r}_h$, die der betreffenden $\mathsf{H}\overline{\mathsf{L}}$ angehören, die Schnitte einer durch Q_1 in $\overline{\lambda}_1$ gehenden Geraden mit dem $\mathfrak{K}_1$. Ein Kegelschnitt $K_{l,1}$ durch X_1, X_1', Y_1, Y_1' ist also Bild einer gesuchten $\mathfrak{r}_l$. Ist R_1 der Schnitt $(k_1, X_1 X_1')$, so schneidet der Kegelschnitt-Büschel durch die 4 Punkte, zu dem $\mathfrak{K}_1$ gehört, in k_1 die Involution $D_1 D_1'$, $Q_1 R_1$ ein; und durch die ∞^2 Kegelschnitte, welche durch X_1, X_1' und ein Paar der Involution gehen, sind die Bilder, die sich in $\overline{\lambda}_1$ befinden, erschöpft; mit $\overline{\lambda}_1$ ändert sich nur R_1.

Fällt Q_1 in D_1, so wird die Involution durchweg parabolisch, alle diese $K_{l,1}$ gehen durch D_1, alle $\mathfrak{r}_l$ durch d. Also:

Fassen wir die durch d *gehenden Regelschaaren des Complexes als* $\mathfrak{r}$ *auf, so ist dem Gebüsche der* $\mathfrak{r}_{hd}$ *das der* $\mathfrak{r}_{ld}$ *verknüpft, ebenso dem der* $\mathfrak{r}_{hd'}$ *das der* $\mathfrak{r}_{ld'}$.

Die Regelschaaren $\mathfrak{r}_{hl}$ gehören zu allen $\mathfrak{r}_h$- und $\mathfrak{r}_l$-Gebüschen.

800 Kommen wir aber auf *das ausgezeichnete System* S_4^2 durch Γ^2 zurück, das wir in Nr. 796 fanden — es mag $\overline{S}_4^2$ heissen. Es ergab sich durch die Gewindenetze, welche die Leitschaaren $\mathfrak{s}_h$, $\mathfrak{s}_l$ der Regelschaaren irgend eines Paars verknüpfter $\mathfrak{r}_h$- und $\mathfrak{r}_l$-Gebüsche zu Basen haben, und enthält das Gewinde Γ_0 des fundamentalen Büschels durch $[dd']$, in dem die $\mathfrak{s}_h$, $\mathfrak{s}_l$ sich befinden; und da es für alle Gebüschepaare dasselbe ist, so *gehört ihm der ganze fundamentale Büschel an, und zwar sind*, weil in Bezug auf jedes dieser Gewinde polarisirt der Complex in sich selbst übergeht (Nr. 674), *alle seine Gewinde für* $\overline{S}_4^2$ *doppelt.* Nennen wir diesen Doppelbüschel $\overline{S}_1$. Das quadratische System 4. Stufe ist dadurch *doppelt specialisirt.* In Nr. 698 wurde die Erzeugung eines solchen Systems durch Projection eines S_2^2 aus einem Büschel erwähnt.

Die allgemeinen S_4^2 und die einfach specialisirten — mit nur einem doppelten Gewinde — enthalten nur Netze und Büschel und zwar ∞^3 Netze, ∞^5 Büschel, aber keine linearen Systeme von höherer Stufe.

Das gilt nicht mehr für das doppelt specialisirte System $\overline{S}_4^2$.

Die Regelschaaren $\mathfrak{s}_h$ gehen je durch ein Dupel hh_1 von I_h, in jedem der Gewinde Γ_0 haben wir bei jedem Dupel ∞^2, und die ∞^3 Netze durch diese Regelschaaren $\mathfrak{s}_h$ erfüllen das Gebüsche (hh_1) mit den Grundgeraden h, h_1. *Somit enthält unser System* $\overline{S}_4^2$ *zwei einfach unendliche Systeme von Gebüschen* $S_{3,h}$, $S_{3,l}$; *die einen haben die Dupel von* I_h, *die andern die von* I_l *zu Grundgeraden. Die einen wie die andern gehen durch den Doppelbüschel* $\overline{S}_1$.

Ein jedes Gewinde von $\overline{S}_4^2$ gehört zu einem Gebüsche $S_{3,h}$ und zu einem $S_{3,l}$; die 4 Geraden, welche es mit der Regelfläche Φ gemein hat, bilden die beiden Grunddupel hh_1, ll_1. *Infolge dessen haben zwei Gebüsche* $S_{3,h}$ *oder zwei* $S_{3,l}$ *ausser dem Büschel* $\overline{S}_1$ *nichts gemein; ein* $S_{3,h}$ *und ein* $S_{3,l}$ *aber haben das Netz gemein, dessen Grund-Regelschaar* $\mathfrak{s}_{hl}$, *zugleich* $\mathfrak{s}_h$ *und* $\mathfrak{s}_l$, *die Grunddupel* hh_1 *und* ll_1 *verbindet und die Leitschaar einer* $\mathfrak{r}_{hl}$ *ist.*

Jedes der Gebüsche enthält ∞^3 Netze, und *in* $\overline{S}_4^2$ *haben wir auf diese Weise* ∞^4 *Netze, welche aber in 2 Systeme zerfallen:* die $(\mathfrak{s}_h)$ oder $S_{2,h}$ und die $(\mathfrak{s}_l)$ oder $S_{2,l}$. *Darin haben wir wieder eine Uebereinstimmung mit dem allgemeinen Systeme* S_4^2, *bei dem die Netze auch 2 Systeme bildeten:* S_2, S_2', *während bei dem einfach specialisirten Systeme* S_4^2 *eine solche Trennung nicht stattfindet; aber von beiden Fällen unterscheidet sich der jetzige Fall wesentlich dadurch, dass die Mannigfaltigkeit der Netze 4, nicht wie bisher 3, und dass Gebüsche vorhanden sind.*

Jedes der beiden Systeme zerfällt aber noch in ∞^1 Systeme von

∞^3 Netzen, deren Grund-Regelschaaren $\mathfrak{f}_h$ oder $\mathfrak{f}_l$ in demselben Gewinde des fundamentalen Büschels sich befinden.

Im allgemeinen enthält ein Netz von dem Doppelbüschel $\overline{S}_1$ nur ein Gewinde, dasjenige Γ_0, in dem seine Grund-Regelschaar sich befindet.

Die ∞^2 *Netze aber, welche je einem* $S_{3,h}$ *und einem* $S_{3,l}$ *gemeinsam sind,* haben ihre Grund-Regelschaaren in dem Strahlennetz $[d, d']$, *gehen durch den ganzen Doppelbüschel,* sind beiden Systemen der $S_{2,h}$ und $S_{2,l}$ gemeinsam, wie auch allen ∞^1 Systemen von ∞^3 Netzen.

Jedes der Gebüsche hat ∞^4 Büschel; *wir erhalten* so wiederum, 801
wie in den früheren Fällen, ∞^5 *Büschel, aber hier zwei getrennte Systeme von Büscheln* $S_{1,h}$, *bezw.* $S_{1,l}$. Die Dupel der Leitgeraden der Grund-Strahlennetze dieser Büschel erfüllen ein System Σ_5 von Dupeln, welches allen Paaren verknüpfter $\mathfrak{r}$-Gebüsche zugeordnet ist.

Diese Dupel müssen auf den $\mathfrak{r}_h$ und $\mathfrak{r}_l$ liegen; aber sofort ergiebt sich hier ein Unterschied. Im allgemeinen Fall gehen durch ein Dupel nur zwei Regelschaaren, die dann zu verknüpften Gebüschen gehören. Hier dagegen geht durch ein z. B. auf einem $\mathfrak{r}_h$ gelegenes Dupel im allgemeinen keine $\mathfrak{r}_l$, wohl aber ∞^1 $\mathfrak{r}_h$, alle demselben H angehörig, wie jenes $\mathfrak{r}_h$. Letzteres lehrt, dass, obwohl wir ∞^4 $\mathfrak{r}_h$ (oder $\mathfrak{r}_l$) und auf jedem ∞^2 Dupel haben, es doch nur ∞^5 solche Dupel giebt. Aus ersterem aber ersehen wir, dass wir zweierlei Dupel haben, je nachdem sie auf einem $\mathfrak{r}_h$ oder einem $\mathfrak{r}_l$ liegen, oder einfacher je nachdem sie einem H oder einem L angehören; denn wir haben es eben mit den ∞^{1+4} Dupeln der verschiedenen H oder L zu thun. *Und so zerfällt jedes der beiden Dupelsysteme* $\Sigma_{5,h}$, $\Sigma_{5,l}$ *noch je in* ∞^1 *Systeme von* ∞^4 *Dupeln und die beiden Systeme von Büscheln* $S_{1,h}$, $S_{1,l}$ *in* $\overline{S}_4^2$ *noch je in* ∞^1 *Systeme von* ∞^4 *Büscheln, je in den verschiedenen* $S_{3,h}$ *oder* $S_{3,l}$.

Zu beiden Büschelsystemen gehören die ∞^4 *Büschel, deren Grund-Strahlennetze ihre Leitgeraden auf den* $\mathfrak{r}_{hl}$ *haben;* jede $\mathfrak{r}_{hl}$ führt zu ∞^2. Jedes solche doppelt unendliche System befindet sich dann stets in einem der Netze, die einem $S_{3,h}$ und einem $S_{3,l}$ gemeinsam sind; seine Grund-Regelschaar $\mathfrak{f}_{hl}$ ist Leitschaar der $\mathfrak{r}_{hl}$.

Jeder Büschel $S_{1,h}$ oder $S_{1,l}$ von $\overline{S}_4^2$ ist in einem Gebüsche $S_{3,h}$, bezw. $S_{3,l}$ und daher in ∞^1 Netzen $S_{2,h}$, bezw. $S_{2,l}$ enthalten.

Mit einem beliebigen Gebüsche S_3 von Gewinden hat der Doppelbüschel $\overline{S}_1$ kein Gewinde gemein; folglich enthält der Schnitt S_2^2 von $\overline{S}_4^2$ mit S_3 kein Doppelgewinde. Mit jedem Netze von $\overline{S}_4^2$ aber hat S_3 und also auch S_2^2 ein Gewinde gemein; und umgekehrt, jeder Büschel, welcher ein Gewinde von S_2^2 mit einem Gewinde von $\overline{S}_1$ verbindet, gehört, weil er 3 Gewinde mit $\overline{S}_4^2$ gemein hat, diesem Systeme ganz an, also auch jedes Netz, das ein Gewinde von S_2^2 mit dem Büschel $\overline{S}_1$ verbindet. *Demnach ergiebt sich unser System $\overline{S}_4^2$ durch die Netze, welche die Gewinde von S_2^2 aus dem Doppelbüschel $\overline{S}_1$ projiciren,* also immer auf die in Nr. 698 erwähnte Weise. S_2^2, in einem Gebüsche S_3 befindlich, hat die projectiven Eigenschaften der Fläche 2. Grades, enthält also zwei Reihen von Büscheln, derartig, dass zwei solche Büschel, je nachdem sie derselben oder verschiedenen Reihen angehören, kein oder ein Gewinde gemeinsam haben. Jeder solche Büschel in S_2^2 führt zu einem Gebüsche in $\overline{S}_4^2$, und wir erhalten die beiden Reihen von Gebüschen $S_{3,h}$ und $S_{3,l}$ in $\overline{S}_4^2$ mit der Eigenschaft, dass zwei Gebüsche aus derselben oder verschiedenen Reihen nur $\overline{S}_1$ oder ein Netz gemeinsam haben. U. s. w.

Wir fanden, dass die Projection eines S_3^2 (in einem S_4) aus einem Gewinde zu einem S_4^2 mit diesem Gewinde als doppeltem führt; ähnlich ergiebt sich, dass die Projection eines S_2^2 (in einem S_3) aus einem Büschel S_1 zu einem S_4^2 führt, für das alle Gewinde des S_1 doppelt sind, indem jeder Büschel, welcher den S_1 schneidet, aber nicht einem der projicirenden Netze angehört, in dem Schnittgewinde den einzigen und deshalb doppelten Schnitt mit dem erzeugten S_4^2 hat.

Wenn $\overline{S}_4^2$ mit einem Gewebe S_4 geschnitten wird, so ergiebt sich ein S_3^2 mit einem doppelten Gewinde in $S_4\overline{S}_1$, das zwei Systeme von ∞^1 Systemen S_2 enthält, welche alle durch dies doppelte Gewinde gehen. Einen einfachen Fall eines solchen S_3^2 liefert der Inbegriff G_3^2 aller Strahlengebüsche, welche die Strahlen eines gegebenen Strahlengebüsches $[l_0]$ zu Axen haben: es enthält ∞^1 Bündel und ∞^1 Felder von Strahlengebüschen. Doppeltes Gewinde ist $[l_0]$ selbst.

Die Complexe 2. Grades mit einer endlichen Zahl von Doppelstrahlen, unter denen sich windschiefe befinden.

I.

802 Wir haben als singuläre Fläche eines Complexes 2. Grades mit zwei windschiefen Doppelstrahlen eine Regelfläche gefunden. *Legen wir uns einmal die umgekehrte Frage vor nach den Haupteigenschaften eines Complexes 2. Grades, dessen singuläre Fläche eine Regelfläche ist, und welche von den Regelflächen 4. Grades als singuläre Flächen möglich sind.*

Die Congruenz der Strahlen des Complexes, welche eine bestimmte Erzeugende h der Regelfläche treffen, ist 2. Grades; jede Ebene durch h ist, als Berührungsebene der Regelfläche, für den Complex singulär; folglich enthält sie zwei zum Complexe und zur Congruenz gehörige Strahlenbüschel, und die Congruenz bekommt so zwei Leitlinien, nämlich h und den Ort der Scheitel dieser Büschel. Wegen der Klasse 2 muss diese zweite Linie ein Kegelschnitt sein, welcher die gerade Leitlinie h nicht trifft (II, Nr. 482).

Nun ist aber auch jeder Punkt von h singulär und sendet zwei Strahlenbüschel zur Congruenz; folglich wird die zweite Leitlinie aus jedem Punkte der ersten nicht durch einen allgemeinen Kegel 2. Grades, sondern durch zwei Ebenen projicirt und zerfällt in zwei Gerade, welche, als Oerter von Scheiteln von Strahlenbüscheln des Complexes, der singulären Fläche angehören.

Wenn also die singuläre Fläche Φ eines Complexes 2. Grades eine Regelfläche 4. Grades ist, so zerfällt die Congruenz der Strahlen des Complexes, die eine bestimmte Erzeugende derselben schneiden, in zwei Strahlennetze, und jeder Erzeugenden der Regelfläche werden zwei andere zugeordnet, die zweiten Leitgeraden dieser Strahlennetze.

Aber die involutorische Correspondenz [2] *zwischen den Erzeugenden der Regelfläche, zu der wir so gelangen,* ist nicht allgemein, sondern *zerspaltet sich in zwei eindeutige Beziehungen (Involutionen)*, so dass jede der beiden zugeordneten Erzeugenden einzeln verfolgt werden kann.

Betrachten wir, um dies zu erkennen, den Schnitt der Fläche mit einer Ebene π; auf ihm entsteht eine gleichartige Correspondenz; jede Verbindungslinie entsprechender Punkte derselben ist ein Strahl des Netzes, dessen Leitgerade diese Punkte zu Spuren haben, also ein Strahl des Complexes; folglich umhüllen diese Verbindungslinien den Complex-Kegelschnitt (π). Jede von ihnen ist zweimal Verbindungslinie, d. h. auch die beiden weiteren Schnitte mit der Curve 4. Ordnung $\pi\Phi$ entsprechen einander in dieser Correspondenz; denn sonst gingen von jedem von ihnen, ausser der betrachteten Linie, noch die aus, die ihn mit den beiden entsprechenden Punkten verbinden.

In einer Berührungsebene σ von Φ, als einer singulären Ebene des Complexes, muss diese Umhüllungscurve in zwei Büschel zerfallen; sie kommen zunächst allein von zwei Strahlennetzen her. Ist nämlich $h \equiv l$ die in σ gelegene Erzeugende von Φ, so sind die Spuren $\mathfrak{H}$, $\mathfrak{L}$ der beiden entsprechenden Erzeugenden h_1, l_1, also zwei Punkte der Curve 3. Ordnung C^3, in der σ die Φ noch schneidet, die Scheitel der beiden zu den Netzen $[hh_1]$, $[ll_1]$ gehörigen Büschel; der Strahl $\mathfrak{H}\mathfrak{L}$, als singulärer Strahl von σ, muss durch den Berührungspunkt S von σ

gehen. Aber jeder Strahl der beiden Büschel ist ja zweimal Verbindungslinie, und so kommen auch die übrigen Strahlennetze zur Geltung; jeder Strahl der beiden Büschel gehört zu einem von ihnen. Die Netze zertheilen sich in zwei Reihen: von den einen gehört der in σ fallende Strahl zum Büschel $\mathfrak{H}$, von den andern zu $\mathfrak{L}$; die beiden weiteren Schnitte mit C^3 ausser $\mathfrak{H}$, bezw. $\mathfrak{L}$ sind je die Spuren der Leitgeraden, und da S im Continuum der Spuren diejenige von $h \equiv l$ ist, so sehen wir, dass das Netz $[ll_1]$ mit den Spuren S, $\mathfrak{L}$ der Leitgeraden zur ersten und $[hh_1]$ zur zweiten Reihe gehört.

Die Trennung der Strahlennetze in zwei Reihen bedingt auch das Zerfallen der Correspondenz zwischen den Erzeugenden in zwei Involutionen I_h, I_l, wie oben behauptet wurde.

Jeder Strahl des Complexes verbindet dann in irgend einer Ebene durch ihn die Spuren entsprechender Geraden der einen und diejenigen entsprechender Geraden der andern Involution oder gehört zu einem Netze der einen und zu einem der andern Reihe. Zur Erzeugung des Complexes genügt eine Reihe.

Wir haben also zu untersuchen, auf welchen Regelflächen 4. Grades die ebenen Curven 3. Ordnung in den Tangentialebenen eindeutige involutorische Beziehungen zulassen, bei denen die Verbindungslinien entsprechender Punkte in einen Punkt der Curve zusammenlaufen.

Nun bringt ja bei jeder ebenen Curve 3. Ordnung ein Strahlenbüschel, dessen Scheitel auf ihr liegt, eine solche Involution hervor; und ist die Curve ohne Doppelpunkt, also sie und die Fläche vom Geschlechte 1, so ist die Sache erledigt.

Die Regelflächen 4. Grades vom Geschlechte 1, also die Arten I, II unserer Eintheilung in I, Nr. 40 ff., sind singuläre Flächen von quadratischen Complexen; für die Art I, bei der die Leitgeraden getrennt sind, haben wir es mit dem eben ausführlich besprochenen Falle zu thun; mit dem Specialfalle, welcher der Art II entspricht, werden wir uns noch beschäftigen.

803 Wenn aber die Curve 3. Ordnung einen Doppelpunkt hat, so ist sofort klar, dass dieser in der durch einen Büschel um einen Punkt der Curve bewirkten Involution sich selbst entspricht; und das ist auch eine nothwendige Eigenschaft, denn ohne ein solches Zusammenfallen entsprechender Punkte würde bei der Curve vom Geschlechte 0 (I, Nr. 23) die Enveloppe der Verbindungslinien entsprechender Punkte nicht ein Strahlenbüschel, sondern ein Kegelschnitt sein, von dem sich in unserm Falle der Büschel um den sich selbst entsprechenden Punkt ablöst.

Bei einer Regelfläche 4. Grades vom Geschlechte 0 muss in jeder Berührungsebene der Doppelpunkt der cubischen Curve ein sich selbst entsprechender Punkt sein. Rührt er von einer doppelten Erzeugenden her, so braucht nur diese in der Involution sich selbst zu entsprechen; und wir haben, was wir wünschen.

Damit sind die Arten VII, VIII, XII (I, Nr. 43, 46) *als mögliche singuläre Flächen erkannt.*

Die Regelfläche 4. Grades von der Art III (I, Nr. 41) mit einer doppelten cubischen Raumcurve ist als singuläre Fläche nicht möglich. Denn der Doppelpunkt der C^3 in einer Tangentialebene rührt von der Doppelcurve her und ist gemeinsame Spur zweier Erzeugenden, die sich von einer Berührungsebene zur andern verändern. Die involutorische Correspondenz zwischen zwei sich (auf der Doppelcurve) schneidenden Erzeugenden dieser Regelfläche ist eine [2], nicht eine [1].

Damit fällt auch Art IV, derjenige Specialfall von III, in dem die Regelfläche eine gerade Leitlinie hat.

Bei den Arten V und VI, in denen die Doppelcurve aus einem Kegelschnitte und einer ihn treffenden Geraden besteht, — welche letztere im ersten Falle doppelte Leitgerade, im andern zugleich Leitgerade und Erzeugende ist — rührt der Doppelpunkt der C^3 stets von dem doppelten Kegelschnitte her. Nun bilden die Erzeugenden der Fläche, welche sich auf ihm begegnen, wohl eine eindeutige involutorische Beziehung. Aber jedes Paar führt zu einem Strahlennetze, das in Bündel und Feld sich zerlegt hat. Die Felder erzeugen das Strahlengebüsche mit der Leitgeraden als Axe, die Bündel zwar einen Complex 2. Grades, nämlich den der Treffgeraden des Doppel-Kegelschnitts; für diesen aber ist ersichtlich die Regelfläche nicht singuläre Fläche.

Bei der Art IX mit einer dreifachen Leitgeraden d^3 — der sich X subsumirt, wo noch eine einfache Leitgerade vorhanden ist — müssten in der Involution zwei auf d^3 sich schneidende Erzeugenden entsprechen; aber durch die auf d^3 sich treffenden Erzeugenden entsteht eine cubische Involution, also eine involutorische Correspondenz [2] und nicht eine [1].

Bei der Art XI, wo die d^3 doppelte Leitgerade und einfache Erzeugende ist, ist der Doppelpunkt auf der C^3 einer Berührungsebene stets die Spur dieser Geraden und der zweiten durch ihn gehenden Erzeugenden, die nicht in die Berührungsebene fällt. Also müsste in der Involution der d^3 jede andere Erzeugende gepaart sein; der Ort der Strahlennetze — lauter Bündel und Felder —, zu denen wir dadurch geführt werden, ist das Gebüsche $[d^3]$ doppelt.

Somit sind unter den Regelflächen 4. Grades als singuläre Flächen eines Complexes 2. Grades nur möglich die Arten I, II, VII, VIII, XII, von denen die 4 letzten der ersten sich subsumiren. Diese hat zwei getrennte Leitgeraden, keine doppelte Erzeugende; in II haben die beiden Leitgeraden sich vereinigt; VII, VIII sind I und II mit einer doppelten Erzeugenden, welche in XII noch mit den Leitgeraden sich in eine dreifache Gerade so vereinigt hat, dass sie als Leitgerade einfach, als Erzeugende doppelt ist.

Dabei haben wir uns auf nicht zerfallende Flächen beschränkt.

II.

804 Wenn zu zwei sich schneidenden Doppelstrahlen eines quadratischen Complexes ein dritter tritt, so muss er, weil jene den vollen Schnitt ihrer Ebene mit der singulären Fläche bilden, einen von ihnen schneiden; sehen wir also von den schon behandelten Fällen dreier durch denselben Punkt gehenden oder in derselben Ebene befindlichen Doppelstrahlen ab, so muss der dritte Doppelstrahl gegen den zweiten windschief sein.

Also haben wir es fernerhin nur mit besonderen Fällen des im Vorangehenden behandelten Complexes zu thun, dessen singuläre Fläche eine Regelfläche 4. Grades I. Art ist, und haben daher diese zu specialisiren.

In Bezug auf das Strahlennetz, in dem die Fläche enthalten ist, haben wir den allgemeinen Fall, wo seine Leitgeraden getrennt sind, und die speciellen Fälle, wo sie sich vereinigt haben und wo, indem das Netz sich in Bündel und Feld zerspaltet, jeder Strahl des gemeinsamen Strahlenbüschels als Leitgerade angesehen werden kann und für den Complex Doppelstrahl ist. Wir können dann parallel laufen lassen die entsprechende Specialisirung des Gebüsches G von Gewinden, das durch die Leitgeraden oder Doppelstrahlen geht, der Grundfläche K_1^2, der Bildfläche F_1^2 der Abbildung von Montesano und wollen auch zusehen, wie wenigstens in einer Reihe von Fällen Caporali's Abbildung und die Curve (k_1, k_1^4) sich gestaltet.

Es ergiebt sich eine grosse Anzahl von Arten, von denen die wichtigeren eingehend besprochen werden sollen.

Wir stellen den im Vorangehenden behandelten allgemeinen Fall voraus, dem schon in Nr. 788 die Bezeichnung:

[(11)1111]

gegeben wurde.

805 *Die singuläre Fläche erhalte noch eine doppelte Erzeugende* (Art VII), *der Complex einen dritten die beiden windschiefen d, d' schneidenden*

Doppelstrahl d_1. Von den 4 Doppeltangenten-Congruenzen sind nur zwei geblieben (II, Nr. 407), die beiden andern in die Congruenz der Tangenten übergegangen, welche sich auf d_1 stützen. *Folglich ist dem Complexe die Bezeichnung*

$$[(11)211]$$

zu geben.

Zwei Büschel $(\overline{D}, \overline{\varepsilon})$ und ebenso zwei $(\overline{E}, \overline{\delta})$ sind in jeden der Büschel dd_1, $d'd_1$ gerückt, ausserdem sind mit jeder der Geraden d, d' noch je zwei Büschel $(\overline{D}, \overline{\varepsilon})$ und $(\overline{E}, \overline{\delta})$ incident, mit d_1 hingegen keiner mehr.

Wir erhalten einen solchen Complex, wenn wir die Fläche F_1^2 die Grundfläche K_1^2 berühren lassen; die gemeinsame Tangentialebene ist dann Doppelebene des Torsus $F_1^2K_1^2$ und führt zur doppelten Erzeugenden d_1 der singulären Fläche. Auch die Schnittcurve $F_1^2K_1^2$ hat im Berührungspunkte einen Doppelpunkt und wird deshalb nur von 2 Geraden aus jeder der beiden Schaaren von K_1^2 berührt, was zu den 4 Büscheln $(\overline{D}, \overline{\varepsilon})$ und den 4 Büscheln $(\overline{E}, \overline{\delta})$ führt.

Bei Caporali's Abbildung bekommt k_1^4 einen Doppelpunkt $D_{1,1}$; daher hat die Involution I_1 ausser ihm nur noch zwei Doppelpunkte, der Complex also nur so viele Fundamental-Gewinde.

Für jede der Involutionen I_h, I_l fallen zwei Doppelstrahlen in d_1, denn in einer Berührungsebene τ sind von den 4 Tangenten aus $\mathfrak{H}$ oder $\mathfrak{L}$ an C^3, die im allgemeinen möglich sind, zwei in die Gerade nach der Spur von d_1 zusammengefallen.*) Diese Gerade d_1 wird Leitgerade für ein singuläres Strahlennetz in jeder der beiden Reihen, und die beiden Büschel aus einem Punkte von d_1 oder in einer Ebene durch d_1 gehören zu diesen Netzen und gehen, weil diese eben singulär sind, durch d_1; so dass auch auf diese Weise d_1 als Doppelstrahl sich zu erkennen giebt.

Die beiden andern singulären Strahlennetze in jeder der beiden Reihen entsprechen den Geraden von F_1^2, welche K_1^2 und die Schnittcurve tangiren, und in Caporali's Abbildung den beiden Ebenen λ_1 durch k_1, welche k_1^4 berühren, und den Kegeln durch k_1^4, welche ihre Spitze nicht im Doppelpunkt $D_{1,1}$ haben; während dem Kegel mit der Spitze $D_{1,1}$ und der nach dem Doppelpunkte gehenden Ebene λ_1 die singulären Strahlennetze correspondiren, deren Leitgerade d_1 ist.

*) Auch hieraus folgt, dass für den Punkt dd_1 als $\overline{D}$ die Ebene $\overline{\varepsilon}$ die d mit der d_1, welche sich selbst in I_h und I_l entspricht, verbindet, und ebenso dual die Ebene dd_1 als $\overline{\delta}$ den Punkt dd_1 zum $\overline{E}$ hat; so dass der Büschel dd_1, doppelt, sowohl für den Punkt dd_1 den Complexkegel, als für die Ebene dd_1 die Complexcurve bildet, und ähnliches für $d'd_1$ gilt.

Die durch d_1 gehenden Regelschaaren des Complexes — sämmtlich ϱ — bilden ein Gebüsche für sich; die Leitschaaren erzeugen das Strahlengebüsche $[d_1]$, das zwei Fundamental-Gewinde in sich aufgenommen hat.

Die jetzige singuläre Fläche erhält man als Complexfläche eines Complexes mit zwei windschiefen Doppelstrahlen d, d', wenn der Träger d_1 beide trifft.

Lassen wir ihn überdies dem Complexe angehören, so *wird er cuspidale Erzeugende der Regelfläche.**) Im vorigen Falle schnitten die Tangentialkegel aus den verschiedenen Punkten der doppelten Erzeugenden d_1 die beiden Leitgeraden d, d' in deren beiden Cuspidalpunkten $\overline{D}$; jetzt gehen diese Kegel ständig durch d_1; also ist auf jeder der beiden Geraden d, d' noch einer von den beiden vorhin vorhandenen Cuspidalpunkten in den Schnitt mit d_1 gerückt und ebenso eine der Cuspidalebenen in die Verbindungsebene mit d_1.

Wir haben nur noch eine Doppeltangenten-Congruenz und ein Fundamental-Gewinde; das Gebüsche $[d_1]$ hat 3 in sich aufgenommen, und *dem Complexe kommt die Bezeichnung*

$$[(11)31]$$

zu. Der Doppelpunkt $D_{1,1}$ von k_1^4 bei Caporali's Abbildung ist Rückkehrpunkt, die Berührung zwischen F_1^2 und K_1^2 stationär.

Die Mannigfaltigkeit dieser beiden Complexe ist 17—1, 17—2.

806 *Wichtiger aber ist der Fall, wenn die Regelfläche Φ 2 doppelte Erzeugenden d_1, d_1' hat; sie zerfällt dann in zwei Flächen 2. Grades Φ^2, Φ_1^2, die sich in dem Vierseite $dd_1d'd_1'$ schneiden.* Die Regelschaaren derselben, welchen d_1, d_1' gemeinsam sind, seien φ und φ_1, die andern φ' und φ_1' haben die bisherigen Leitgeraden d, d' gemeinsam. Zunächst repräsentirt der Inbegriff von φ und φ_1 die bisherige Regelfläche Φ; die Regelfläche $\Phi' \equiv (\varphi', \varphi_1')$ kommt hier neu hinzu. Bleiben wir aber vorerst bei jener.

Die Involutionen I_h, I_l gehen hier über in Projectivitäten P_h, P_l zwischen φ und φ_1; in der That, es sei τ eine Berührungsebene von Φ, wir wollen annehmen, dass sie Φ^2 tangire; dann besteht der Schnitt 3. Ordnung C^3 mit (φ, φ_1) aus einer Geraden C von φ' und einem Kegelschnitte C_1^2 auf Φ_1^2. Letzterer enthält die beiden Punkte $\mathfrak{H}$ und $\mathfrak{L}$, deren Verbindungslinie durch den auf C gelegenen Berührungspunkt T geht (Nr. 590); folglich liegt von den beiden weiteren Schnitten

*) Diesem Specialfall der Art VII habe ich in I, Nr. 40 ff. keine besondere Nummer gegeben, ebenso wie Cremona, der ihn jedoch erwähnt.

eines Strahls durch $\mathfrak{H}$ der eine auf C, der andere auf C_1^2, und die Geraden h von φ, h_1 von φ_1, welche die Schnitte zu Spuren haben, werden so projectiv zugeordnet; d_1 und d_1', welche durch die gemeinsamen Punkte von C und C_1^2 gehen, werden sich selbst entsprechend in P_h. Der andere Punkt $\mathfrak{L}$ giebt die zweite Projectivität P_l mit den entsprechenden Geraden l, l_1; auch in ihr sind d_1, d_1' sich selbst entsprechend. Wie im allgemeinen Falle befinden sich zwei entsprechende Geraden h, h_1 von P_h und zwei l, l_1 von P_l stets in der nämlichen Regelschaar, und aus jedem Paare hh_1 der einen Projectivität P_h kann man die andere gewinnen; denn jede Regelschaar, welche durch hh_1 geht und auf d, d' sich stützt, schneidet φ und φ_1 je noch in einer Geraden, von welchen Geraden jede die andere eindeutig bestimmt.

Bei der Abbildung des Gebüsches $G \equiv (dd')$ in den Punktraum Σ_1 hat F_1^2 mit K_1^2 zwei Berührungen, und der gemeinsam umgeschriebene Torsus zerfällt in zwei Kegel 2. Grades mit 2 gemeinsamen Ebenen*); die Axen der Strahlengebüsche, welche deren Berührungsebenen entsprechen, erzeugen Φ^2, Φ_1^2. Weil die Berührungscurve r_1^4 des Torsus mit F_1^2 auch in zwei Kegelschnitte zerfällt, so hat dies das Zerfallen der Congruenz der singulären Strahlen in zwei Theile zur Folge, auf welche wir später zu sprechen kommen werden. Die beiden Tangentialebenen dieses Torsus, welche von einer Geraden von F_1^2 kommen, geben gepaarte Geraden von I_h oder I_l; von ihnen berührt hier die eine den einen, die andern den andern Kegel, und so ergiebt sich die Trennung gepaarter Geraden auf verschiedene Gebilde, die Umwandlung der Involution innerhalb desselben Gebildes in Projectivität zwischen verschiedenen Gebilden.

Umgekehrt, *wenn zwei Regelschaaren* φ, φ_1 *zwei Gerade* d_1, d_1' *gemeinsam haben und so projectiv bezogen sind, dass diese sich selbst entsprechen, so entsteht durch die Strahlen, welche sich auf zwei entsprechende Geraden stützen, ein Complex 2. Grades.* Denn in einem beliebigen Strahlenbüschel entsteht eine Correspondenz [2, 2], wenn man solche Strahlen als entsprechend ansieht, welche homologe Strahlen von φ und φ_1 treffen; 2 von den 4 Coincidenzen treffen d_1, d_1', die beiden übrigen sind die Strahlen des erzeugten Complexes.

Die beiden gemeinsamen Strahlen d_1, d_1', *sowie auch die beiden* d, d', *welche den verbundenen Regelschaaren* φ', φ_1' *gemeinsam sind, sind Doppelstrahlen des Complexes.*

In der That, es sei X ein Punkt von d, ferner seien h und $\bar{h}_1$ die durch ihn gehenden Geraden von φ und φ_1, h_1 und $\bar{h}$ die ihnen ent-

*) Ihren Spitzen entsprechen in G die Regelschaaren φ', φ_1'.

sprechenden in φ_1, φ, so zerfällt der Complexkegel aus X in das Büschelpaar in den Ebenen nach h_1, $\bar{h}$, offenbar mit d als Doppellinie; d_1 ferner ist, wie man leicht erkennt, in jedem ihn enthaltenden Strahlenbüschel der einzige Complexstrahl.

807 *Aber nicht blos durch die Projectivitäten P_h und P_l entsteht der Complex; sondern diese induciren auch Projectivitäten P_h', P_l' zwischen den andern Regelschaaren φ', φ_1', welche ebenfalls den Complex erzeugen.**)

Es sei h' eine Gerade von φ'; wenn ferner h^0 und h_1^0 zwei homologe Geraden von P_h sind, so sei in der Ebene, welche den Punkt $h^0 h'$ mit h^0_1 verbindet, h_1' die Gerade von φ_1'. Wenn nun h, h_1 die P_h durchläuft, so bewegen sich der Punkt $h'h$ und die Ebene $h_1'h_1$ projectiv, also auch jener Punkt und der Schnittpunkt dieser Ebene mit h'. Aber bei dieser Projectivität auf h' haben wir 3 sich selbst entsprechende Elemente, nämlich $h'(d_1, d_1', h^0)$; also decken sich durchweg entsprechende Punkte, oder durchweg geht die Ebene $h_1'h_1$ durch den Punkt $h'h$; oder anders ausgedrückt: die Ebene, welche $h'h$ mit h_1 verbindet, geht ständig durch h_1'. Dadurch wird dem Strahle h' von φ' eindeutig der Strahl h_1' von φ_1' zugeordnet und ebenso diesem jener; wir erhalten die Projectivität P_h'.

Aber die Büschel aus den Punkten $h'h$ je in den Ebenen nach h_1 gehören in die Strahlennetze $[hh_1]$, und wir sammeln aus diesen Netzen Strahlenbüschel, welche das neue Netz $[h'h_1']$ bilden. *Wir durchziehen so den Complex mit einer dritten Reihe von Strahlennetzen* $[h'h_1']$, und wenn wir ebenso die Projectivität P_l benutzen, *erhalten wir* eine analoge Projectivität P_l' zwischen φ' und φ_1' und *eine vierte Reihe von Strahlennetzen* $[l'l_1']$ *im Complexe.*

Dabei ist so construirt worden, dass die Ebene h_1h_1' durch den Punkt hh' und die Ebene l_1l_1' durch den Punkt ll' geht. Wir hätten aber auch umgekehrt verfahren können, dass z. B. im ersten Falle die Ebene hh' durch den Punkt h_1h_1' geht; aber die dann sich ergebende Projectivität ist keine neue, sondern mit der P_l' identisch.

Ueberzeugen wir uns jedoch vorher, dass *zwischen den neuen Projectivitäten P_h' und P_l' auch die Beziehung statt hat, dass zwei entsprechende Strahlen h', h_1' der einen und zwei l', l_1' der andern stets durch eine Regelschaar verbunden sind.* Wir ziehen eine Gerade t, welche h', h_1', l' trifft; durch die Punkte th', tl' geht dann je eine Gerade h, l aus φ. Da nun der Punkt hh' in der Ebene h_1h_1' liegt, so fällt t in diese und trifft h_1; folglich trifft sie h, h_1, l, also auch l_1, da die

*) Weiler, Zeitschrift für Math. und Phys. Jahrg. 27 S. 263.

Projectivitäten P_h, P_l in der Beziehung stehen, die wir jetzt für P_h' und P_l' beweisen wollen; wiederum liegt der Punkt ll' in der Ebene $l_1 l_1'$, also fällt t auch in diese und trifft l_1'; womit die Behauptung bewiesen ist.

Nachdem P_h' in der obigen Weise construirt ist, wollen wir $\overline{P}_h'$ so construiren, dass die Ebene $h\overline{h}'$ durch den Punkt $h_1\overline{h}_1'$ geht. Wir verbinden den Punkt hh' mit dem Punkte $h_1\overline{h}_1'$ durch t; da der erstere in der Ebene $h_1 h_1'$ liegt, so trifft t auch h_1', und weil der zweite in der Ebene $h\overline{h}'$ liegt, so trifft t auch $\overline{h}'$, also alle vier Geraden h', $\overline{h}_1'$, h_1', $\overline{h}'$; da dieselben auch von d_1, d_1' getroffen werden, so gehören sie zur nämlichen Regelschaar; folglich sind $\overline{h}'$, $\overline{h}_1'$ in P_l' entsprechend, da h' und h_1' einander in P_h' correspondiren. Wenn wir also auf die zweite Weise verfahren, so vertauschen sich nur P_h' und P_l' mit einander: $\overline{P}_h' \equiv P_l'$, $\overline{P}_l' \equiv P_h'$.

Für diese vier Projectivitäten P_h, P_l zwischen φ und φ_1, P_h', P_l' zwischen φ', φ_1' gilt demnach folgendes:

Zwei entsprechende Geraden h, h_1 von P_h und zwei l, l_1 von P_l sind stets durch eine Regelschaar verbunden; ebenso h', h_1' von P_h' und l', l_1' von P_l'.

Ein Punkt hh' oder ll' fällt stets in die Ebene $h_1 h_1'$, bezw. $l_1 l_1'$, dagegen geht die Ebene hl' oder lh' stets durch den Punkt $h_1 l_1'$, bezw. $l_1 h_1'$.

Jede von den vier Projectivitäten bestimmt, wegen dieser Eigenschaften, eindeutig die drei andern.

Sind die durch einen Punkt von Φ^2 gehenden Geraden dieser Fläche $h \equiv l$, $h' \equiv l'$, so enthalten die Ebenen von ihm nach h_1 und l_1 auch h_1' und l_1'; so dass sich, wie nothwendig, nur 2 Strahlenbüschel des Complexes aus dem Punkte ergeben, jeder zu zweien der 4 Strahlennetze gehörig.

Zu vier eben solchen Projectivitäten gelangt man bei der Correlation 808
zweier Räume Σ, Σ^*. Bekanntlich giebt es da zwei in einem windschiefen Vierseite sich schneidende Kernflächen*): die eine, die Punkt-Kernfläche, ist der Ort der Punkte, welche in die eine und infolge dessen auch in die andere entsprechende Ebene (Polarebene) fallen; diese Polarebenen, die also dann gleichzeitig mit beiden Polen incidiren, umhüllen die zweite, die Ebenen-Kernfläche. Diese beiden Flächen sind in beiderlei Sinne polar in der Correlation; die vier Seiten des Durchschnitts-Vierseits sind sich selbst entsprechend.

*) Vergl. z. B. Schröter, Journal f. Mathem. Bd. 77 S. 105 Theil II.

Daher sind die einen Regelschaaren auf ihnen, welche durch die einen Gegenseiten dieses Vierseits gehen, auf zwei Weisen projectiv, und ebenso die andern: zwei Gerade entsprechen einander in diesen Projectivitäten, die in der Correlation polar sind, und zwar wird bei den beiden Projectivitäten zwischen den nämlichen Regelschaaren in dem einen Falle die eine Fläche zu Σ, die andere zu Σ^* gerechnet, im andern umgekehrt. Rechnet man einen Punkt der Punkt-Kernfläche zu Σ, bezw. Σ^* und fasst ihn als Schnittpunkt der beiden Geraden der Fläche auf, so fällt er ja in seine beiden Polarebenen, von denen die eine die diesen Geraden in Σ^*, die andere die ihnen in Σ correspondirenden Geraden der Ebenen-Kernfläche verbindet. Das sind die obigen Incidenzen von Punkten und Ebenen homologer Geraden der vier Projectivitäten. Zwei homologe Geraden der einen der beiden Projectivitäten zwischen denselben Regelschaaren und zwei homologe der andern gehören stets derselben Regelschaar an.

Man erkennt leicht, dass eine Gerade $p \equiv q^*$, welche die eine ihr in der Correlation entsprechende Gerade, etwa p^*, trifft, auch der andern q begegnet. Die beiden Punkte pq, p^*q^*, in denen sie von ihnen geschnitten wird, fallen dann in ihre Polarebenen p^*q^*, pq; jene sind also ihre Schnitte mit der Punkt-Kernfläche, diese die Tangentialebenen von ihr an die Ebenen-Kernfläche.

Rechnen wir die beiden durch pq gehenden Geraden der ersteren Fläche zu Σ, so fallen die ihnen in Σ^* correspondirenden in die Ebene p^*q^* auf der andern; rechnen wir die durch p^*q^* gehenden zu Σ^*, so fallen die ihnen in Σ entsprechenden in pq. D. h. unsere Gerade $p \equiv q^*$ trifft zwei homologe Geraden in allen vier Projectivitäten.

*Nennen wir den Ort solcher Geraden, welche je die eine und dann auch die andere der ihnen in der Correlation polaren Geraden treffen, den Kerncomplex der Correlation**), *so entsteht derselbe also durch eine jede der 4 Projectivitäten und ist ein Complex 2. Grades von der Art, die wir eben betrachten.* Auch umgekehrt, wenn eine Gerade p zwei homologe Geraden einer der Projectivitäten, etwa r auf der Punkt-Kernfläche, r^* auf der Ebenen-Kernfläche trifft, die so als entsprechende Geraden in Σ, Σ^* angesehen werden, so fällt sie ja in die Polarebene des Punktes pr, welche denselben mit r^* verbindet, und wird von ihrer in dieser Ebene gelegenen Polare p^* getroffen.

Man kann sich direct überzeugen, dass die beiden Kernflächen die singuläre Fläche dieses Complexes bilden; unmittelbar ersichtlich ist,

---

*) Montesano, La corrispondenza reciproca fra due sistemi dello spazio (Neapel 1885); ferner: Mathem. Annalen Bd. 28 S. 268.

dass jeder Punkt der Punkt-Kernfläche zwei Strahlenbüschel an ihn sendet, und ebenso jede Berührungsebene der andern zwei enthält. Aber auch, dass jeder Punkt dieser und jede Tangentialebene jener singulär sind, ist nicht schwer einzusehen.

Wichtiger ist es, zu erkennen, dass *es sich in unserm Falle immer um einen Kerncomplex handelt.* Es genügt, die eine der vier Projectivitäten, etwa P_h, die ja die übrigen zur Folge hat, zu betrachten. In der Correlation müssen (in dem einen und dann auch in dem andern Sinne) den Ecken dd_1, d_1d', $d'd_1'$, $d_1'd$ des Schnitt-Vierseits von Φ^2 und $\Phi_1{}^2$ die gleichnamigen Ebenen correspondiren; soll nun Φ^2 Punkt- und $\Phi_1{}^2$ Ebenen-Kernfläche sein, so hat man noch, um die Correlation festzulegen, einen Punkt X jener, der etwa auf h liegt, die Ebene ξ' entsprechen zu lassen, die ihn mit der (in P_h entsprechenden) h_1 verbindet; dann sind auch in der Correlation die Regelschaaren φ und φ_1 projectiv, und weil auch da den d_1, d_1', h die d_1, d_1', h_1 homolog, ist diese Projectivität mit P_h identisch; also einem andern Punkte $\overline{X}$ von Φ^2, der auf der Geraden $\overline{h}$ von φ liegt, entspricht in der Correlation die Ebene $\overline{\xi}'$, die ihn mit der der $\overline{h}$ in P_h homologen Geraden $\overline{h}_1$ verbindet. D. h. die Correlation bleibt dieselbe, wenn wir $\overline{X}$ und $\overline{\xi}'$ als fünftes bestimmendes Paar annehmen statt X, ξ'. P_h aber bestimmt nun auch P_l, P_h', P_l' als weitere Projectivitäten, die durch die Correlation entstehen. 809

Eine zweite Correlation ergiebt sich, wenn wir die Bedeutung von Φ^2 und $\Phi_1{}^2$ umkehren; wir haben dann einer Ebene durch h ihren Schnitt mit h_1 zuzuordnen.

Beide Correlationen haben dieselben 4 Projectivitäten P_h, ... P_l' und denselben Kerncomplex.

Verändern wir, d_1, d_1' als sich selbst entsprechende Geraden festhaltend, P_h — und dem entsprechend P_l, ... — so, dass der festen h von φ nach und nach die verschiedenen Geraden h_1 von φ_1 correspondiren, so erhalten wir ∞^1 *Paare von Correlationen und* ∞^1 *Kerncomplexe, für welche alle* (Φ^2, $\Phi_1{}^2$) *die singuläre Fläche ist und* $d, \ldots d_1'$ *die Doppelstrahlen sind.*

Eine beliebige Gerade trifft 2 Gerade von φ und 2 von φ_1; wir können diese auf zwei Weisen in zwei Paare zusammenstellen und haben 2 Paare verbundener P_h, P_l.

*Durch jede Gerade gehen daher 2 von den consingulären Complexen.**)

---

*) Weiler gab in seinem grossen Aufsatz über die Eintheilung der Complexe 2. Grades (Math. Annalen Bd. 7 S. 145) irrthümlich 4 an, was durch Segre verbessert wurde.

Hauptflächen (Nr. 635) giebt es also in diesem Falle nicht. Den consingulären Complexen sind nur die 4 Regelschaaren von Φ^2 und Φ_1^2 (doppelt) gemeinsam.

810 *Die Flächen Φ^2, Φ_1^2 haben 2 Congruenzen 2. Grades $\mathfrak{C}_1^2$, $\mathfrak{C}_2^2$ von gemeinsamen Tangenten* (II, Nr. 410). *Die durch sie gehenden Gewinde Γ_1, Γ_2 sind die isolirten Fundamental-Gewinde; während wir nunmehr zwei fundamentale Büschel haben mit den Grund-Strahlennetzen $[dd']$, $[d_1 d_1']$. Demzufolge ist der Complex mit*

$$[(11)(11)11]$$

zu bezeichnen.

Die beiden fundamentalen Büschel sind, wie die Lage der Leitgeraden der Netze zeigt, gegenseitig in Involution und weil Γ_1, Γ_2 durch alle vier d gehen, auch zu den isolirten Fundamental-Gewinden. Natürlich sind auch Γ_1, Γ_2 in Involution, wofür man hier noch einen einfacheren Beweis geben könnte.

Unter den ∞^1 Projectivitäten P_h muss es also zwei geben, bei denen der erzeugte Complex nur vom 1. Grade ist, aber doppelt entsteht, so dass durchweg die zweiten Geraden von φ, φ_1, die von einem Strahle des Complexes getroffen werden, auch in P_h entsprechend sind. Diese Γ_1, Γ_2 enthalten die Congruenzen $\mathfrak{C}_1^2$, $\mathfrak{C}_2^2$, sonach sind Nullpunkte X_1, X_2 einer Ebene ξ in Bezug auf Γ_1, Γ_2 die Schnittpunkte der gemeinsamen Tangenten aus $\mathfrak{C}_1^2$, $\mathfrak{C}_2^2$, die in ξ liegen, also auch gemeinsamer Tangenten der Kegelschnitte $\xi\varphi$, $\xi\varphi_1$. Diese Punkte X_1, X_2 liegen (II, Nr. 410*)) auf der Geraden, welche die Spuren, in ξ, der Diagonalen e_1, e_2 des Vierseits der d verbindet. Sind $D, \ldots D_1'$ die Spuren der d, so sind die Diagonalpunkte $(DD_1, D'D_1')$, $(DD_1', D'D_1)$ die Spuren von e_1, e_2; die gemeinsamen Sehnen DD', D_1D_1' jener Kegelschnitte $\xi\varphi$, $\xi\varphi_1$, die sich im dritten Diagonalpunkte schneiden, nennt Chasles jenen Schnittpunkten X_1, X_2 gemeinsamer Tangenten, die auf der gegenüberliegenden Diagonale sich befinden, correspondirend. Und die Kegelschnitte sind in jeder Homologie einander entsprechend, welche einen dieser Punkte X_1, X_2 zum Centrum und eine der genannten Sehnen, etwa D_1D_1', zur Axe hat.**) Damit haben wir zwei Projectivitäten zwischen den Punktreihen auf $\xi\varphi$, $\xi\varphi_1$, in denen D_1, D_1' sich selbst entsprechend sind und auf jedem Strahle

*) Unsere jetzige Bezeichnung weicht, dem Vorangehenden sich anschliessend, etwas von der dortigen ab. Es entsprechen sich:

dort: $f_1, f_2, d_1, d_2, d_3, d_4, \mathfrak{C}', \mathfrak{C}'', \Gamma', \Gamma'', X', X''$
hier: $\Phi^2, \Phi_1^2, d, d_1, d', d_1', \mathfrak{C}_1^2, \mathfrak{C}_2^2, \Gamma_1, \Gamma_2, X_1, X_2$.

**) Chasles, Sections coniques Nr. 363.

durch X_1, bezw. X_2 zwei Paare entsprechender Punkte liegen. Sie bilden die Schnitte, mit ξ, derjenigen Projectivitäten zwischen φ und φ_1, die wir suchen.

Bei der, welche z. B. zu Γ_1 führt, sind zwei homologe Geraden h, h_1 stets polar nach Γ_1 oder dem zugehörigen Nullsysteme. *In dieses Nullsystem sind die beiden Correlationen zusammengefallen;* es lässt sich leicht direct erkennen, dass der einem Nullsysteme zugeordnete Kerncomplex das ihm zugehörige Gewinde, doppelt gerechnet, ist.*)

In jeder der 4 Reihen von Strahlennetzen eines Complexes der jetzigen Art befinden sich zwei singuläre Netze: für zwei Reihen fallen deren Leitgerade in d_1, d_1', für die andern in d, d'. Zur endgiltigen Bestimmung z. B. der beiden Netze, welche d_1 zur (einzigen) Leitgeraden haben, bedürfen wir noch je eine Projectivität zwischen der Punktreihe d_1 und dem Ebenenbüschel d_1; in ihr entsprechen den Punkten $d_1 d$, $d_1 d'$ die gleichnamigen Ebenen und einem beliebigen dritten Punkte die eine oder andere von den Ebenen durch d_1, welche die Complexcurve in einer Ebene durch ihn tangiren.

Im Systeme der consingulären Complexe befinden sich auch die Gebüschepaare $[d][d']$ und $[d_1][d_1']$. Die Projectivitäten P_h, P_l, welche z. B. zu letzterem führen, sind ausgeartet mit d_1, d_1' als singulären Strahlen und zwar so, dass bei P_h der eine d_1 zu φ, der andere d_1' zu φ_1 gehört, bei P_l umgekehrt. Daraus folgt dann, dass in P_h' jeder Geraden h' von φ' die Gerade h_1' von φ_1' zugeordnet wird, welche durch den Punkt $h'd_1$ geht und infolge dessen in der Ebene $h'd_1'$ liegt. Alle Strahlennetze $[h'h_1']$ zerfallen deshalb in einen Bündel, dessen Scheitel auf d_1 sich befindet, und ein Feld, dessen Ebene durch d_1' geht. Erzeugniss dieser Strahlennetze ist das Gebüschepaar $[d_1][d_1']$. Bei P_l' vertauschen d_1 und d_1' ihre Rolle. Und ähnlich ergiebt sich das erste Gebüschepaar, nur dass da P_h', P_l', P_h, P_l sich verhalten, wie vorhin P_h, P_l, P_h', P_l'.

Die Trennung der singulären Fläche in Φ^2 und Φ_1^2 hat zur Folge, 811
dass auch die Congruenz der singulären Strahlen zerfällt: die einen tangiren auf Φ^2, die andern auf Φ_1^2. Legen wir die Correlation zu Grunde, für welche Φ^2 Punkt- und Φ_1^2 Ebenen-Kernfläche ist; so können wir jene definiren als Schnittlinien $\xi^*\eta$ der beiden Polarebenen je eines Punktes $X \equiv Y^*$ von Φ^2 — denn in diesen Ebenen liegen

*) Für zwei Flächen 2. Grades, die sich in einem Vierseite schneiden, giebt es also stets zwei Gewinde oder Nullsysteme, welche die eine in die andere transformiren. — Der Kerncomplex eines Polarsystems ist der Tangentencomplex der Basisfläche.

die von ihm kommenden Büschel des Kerncomplexes —, diese als die Verbindungslinien der beiden Pole je einer Tangentialebene von $\Phi_1{}^2$. Bewegt sich $X \equiv Y^*$ auf Φ^2, so wird $\Phi_1{}^2$ zu sich selbst collinear mit $\mathfrak{x}^*, \eta$ als entsprechenden Ebenen, und zwar so, dass jede der beiden Geradenschaaren in sich übergeht und die 4 Schnittgeraden d sich selbst entsprechen. Also ist der Ort der Schnittlinien $\mathfrak{x}^*\eta$ *eine Congruenz 2. Grades, welche die 4 Strahlen d zu Doppelstrahlen hat* (II, Nr. 414). *Das ist die Congruenz* $\mathbf{S}^2_{\Phi^2}$ *der* Φ^2 *tangirenden singulären Strahlen, und dual entsteht die Congruenz* $\mathbf{S}^2_{\Phi_1{}^2}$ *der* $\Phi_1{}^2$ *berührenden singulären Strahlen.* Für jede ist die berührte Fläche der eine Theil der Brennfläche, der zweite Theil muss auch durch das Vierseit der d gehen (II, Nr. 410).

Jede von ihnen wird von zwei Reihen von Regelschaaren (einfach) durchzogen: die erste von den Regelschaaren $[h \equiv l, h_1, l_1]$, bezw. $[h' \equiv l', h_1', l_1']$, die andere von $[h_1 \equiv l_1, h, l]$, bezw. $[h_1' \equiv l_1', h', l']$ (Nr. 790).

Die Gewinde, welche durch diese Congruenzen gehen und in Bezug auf welche die beiden Theile der Brennfläche je polar sind (II, Nr. 411), haben eine sehr einfache Beziehung zur Correlation.

Wenn $O \equiv X \equiv Y^*$ ein beliebiger Punkt ist, so ist bekannt, dass die Polarebene ω von O nach der Punkt-Kernfläche Φ^2 durch die Schnittlinie der Polarebenen $\mathfrak{x}^*, \eta$ (in der Correlation) geht und die vierte harmonische, in Bezug auf diese Ebenen, zu der Ebene ω_1 von O nach $\mathfrak{x}^*\eta$ ist. Durchläuft O eine Gerade, so beschreiben $\mathfrak{x}^*$, η, ω projective Büschel, die gemeinsame Gerade eine Regelschaar, zu deren Leitschaar die drei Büschelaxen gehören; also dreht sich auch ω_1 um eine Gerade dieser Leitschaar. Dies beweist, dass O und ω_1 ein Nullsystem bilden. Jeder Strahl des Büschels (O, ω_1) trägt, weil auf ihm der Punkt O und der Schnittpunkt mit $\mathfrak{x}^*\eta$ doppelt oder in beiderlei Sinne conjugirt sind, eine Involution doppelt conjugirter Punkte. Das unserm Nullsystem zugehörige Gewinde wird daher durch die Strahlen gebildet, welche Involutionen doppelt conjugirter Punkte tragen. Wenn O auf Φ^2 fällt, dann geht $\mathfrak{x}^*\eta$ durch ihn und wird Strahl des Gewindes; aber in diesem Falle ist $\mathfrak{x}^*\eta$ auch Strahl von $\mathbf{S}^2_{\Phi^2}$.

Durch die Congruenz $\mathbf{S}^2_{\Phi^2}$ *derjenigen singulären Strahlen des Kerncomplexes, welche die Punkt-Kernfläche* Φ^2 *tangiren, geht das Gewinde der Strahlen, welche Involutionen doppelt conjugirter Punkte tragen, und durch die Congruenz* $\mathbf{S}^2_{\Phi_1{}^2}$ *derjenigen singulären Strahlen, welche die Ebenen-Kernfläche* $\Phi_1{}^2$ *berühren, das Gewinde der Strahlen, welche Involutionen doppelt conjugirter Ebenen tragen.**)

---

*) In Bezug auf die beiden Gewinde vergl. Math. Annalen Bd. 19 S. 475.

Für die andere Correlation kehrt sich die Bedeutung der beiden Gewinde um.

Diese beiden Gewinde durchschneiden sich in dem Strahlennetze, das die Diagonalen e_1, e_2 des Vierseits der d zu Leitgeraden hat, und sind zu einander in der Correlation in beiderlei Sinne polar. Demnach haben wir in ihnen ein Paar der Involution in dem Büschel durch das genannte Netz, in welcher jede zwei gepaarte Gewinde zu einander in beiderlei Sinne polar sind; Doppelelemente sind die beiden Gewinde Γ', Γ'', welche in der Correlation sich selber correspondiren (I, Nr. 235); in Bezug auf diese Gewinde sind jede zwei Flächen des Büschels $\Phi^2 \Phi_1^2$ polar, die zu einander (in beiderlei Sinne) in der Correlation polar sind, insbesondere also die beiden Kernflächen Φ^2, Φ_1^2.

Die Mannigfaltigkeit unseres Complexes ist 15, nämlich gleich der 812
der räumlichen Correlationen, da jeder zu zweien als Kerncomplex gehört, oder $12 + 2 + 1$, denn $2.4 + 2(4-2)$ oder 4.3 ist die Mannigfaltigkeit eines windschiefen Vierseits, 2 sodann die der Flächenpaare Φ^2, Φ_1^2 durch ein solches Vierseit und 1 die der Complexe, für welche ein solches Flächenpaar die singuläre Fläche bildet. Andrerseits muss sie auch um 2 geringer sein, als die von [(11)1111], wegen der beiden doppelten Erzeugenden, welche die singuläre Fläche erhalten hat.

Jede der 4 Ecken und Ebenen des Vierseits der Doppelstrahlen repräsentirt 4 stationäre Elemente, und jeder Ecke als D gehört auch die zugehörige Ebene als ε, und jeder Ebene als δ die zugehörige Ecke als E zu.

Im Büschel der S_4^2 durch den Complex haben wir jetzt zwei Systeme mit einem doppelten Gewindebüschel durch $[dd']$, bezw. $[d_1 d_1']$.

Jeder Strahlenbüschel des Complexes befindet sich in einem Strahlennetze einer der beiden Reihen von H und L, die aus den Projectivitäten P_h und P_l sich ergeben, und ebenso in einem Netze einer der beiden Reihen H' und L', die aus P_h' und P_l' hervorgehen. Und wir haben viererlei Strahlenbüschel im Complexe, die mit $\mathfrak{S}_{hh'}$, $\mathfrak{S}_{hl'}$, $\mathfrak{S}_{lh'}$, $\mathfrak{S}_{ll'}$ bezeichnet werden können. Da, wie wir in Nr. 807 erkannten, die letzteren Projectivitäten ihre Zeiger h und l vertauschen, je nachdem man die beiden Theile der singulären Fläche als Kernflächen auffasst, so können wir beidemal H-Strahlennetze annehmen. So liege denn z. B. der Hauptbüschel (O, ω) der *Caporali'schen Abbildung* in H^0 und H'^0.

Wir haben im Complexe dreierlei den (O, ω) *schneidende Strahlenbüschel:* 1) solche, die in H^0 liegen: $\mathfrak{B}_h^0$, 2) solche, die in H'^0 liegen: $\mathfrak{B}_{h'}^0$, 3) die übrigen. Wenn O auf Φ^2 liegt und ω also Φ_1^2 tangirt, so liegen die Scheitel der ersten, bezw. zweiten auf der Geraden von φ_1, bezw. φ_1' in ω und die der dritten auf $\omega \Phi^2$; die Ebenen jener drehen sich um die durch O gehenden Geraden von φ, bezw. φ', und die der dritten umhüllen den Kegel aus O an Φ_1^2. *Die Strahlenbüschel der ersten und zweiten Art bilden sich in die Punkte zweier Geraden* k_1 *und* k_1', *also die der dritten Art in die Punkte einer cubischen Raumcurve* k_1^3, *welche beiden zweimal begegnet;* k_1' und k_1^3 setzen die k_1^4 von Nr. 798 zusammen, und die beiden Schnittpunkte sind die Bilder von d_1 und d_1', während in die von k_1 und k_1^3 sich d und d' abbilden. Die Strahlennetze **L**, **L**$'$, H, H$'$ bilden sich ab in die Ebenen durch k_1, k_1', die Flächen 2. Grades durch (k_1', k_1^3), (k_1, k_1^3).

Die 4 Doppelsecanten aus einem beliebigen Punkte an $k_1^5 \equiv (k_1, k_1', k_1^3)$ sind sämmtlich verschiedenartig; eine trifft k_1 und k_1', eine zweite k_1 und k_1^3, die dritte k_1' und k_1^3 und die vierte ist Sehne von k_1^3; die 4 ihnen entsprechenden und durch denselben Strahl des Complexes gehenden Strahlenbüschel desselben befinden sich bezw. in einem **L** und einem **L**$'$, in einem **L** und einem H$'$, in einem H und einem **L**$'$, in einem H und einem H$'$. Und zwar handelt es sich dabei um 4 Strahlennetze, aus jeder Reihe eins; und jedes enthält 2 von den Büscheln.

Es erhellt hieraus, dass die beiden Reihen von Strahlenbüscheln, die in einem Strahlennetze, etwa in einem H, sich befinden, verschiedenartig sind, weil die einen die andern schneiden: die einen sind $\mathfrak{S}_{hh'}$, die andern $\mathfrak{S}_{hl'}$.

Zwei in dem einen Zeiger übereinstimmende sich schneidende Büschel befinden sich in demselben Netze; z. B. $\mathfrak{S}_{ll'}$ und $\mathfrak{S}_{lh'}$ in demselben **L**. Folglich sind zwei sich schneidende $\mathfrak{S}_{ll'}$, $\mathfrak{S}_{hh'}$ oder $\mathfrak{S}_{lh'}$, $\mathfrak{S}_{hl'}$ nicht in demselben Netze H oder **L** enthalten; diese führen — vermittelst der durch sie gehenden Strahlennetze — zu Regelschaaren ϱ. Aus den früheren ϱ haben sich nun die Regelschaaren $\mathfrak{r}_h'$ und $\mathfrak{r}_l'$ in den neuen Strahlennetzen H$'$ und **L**$'$ abgeschieden; so dass *wir insgesammt fünferlei Regelschaaren im Complexe haben:* $\mathfrak{r}_h$, $\mathfrak{r}_l$, $\mathfrak{r}_h'$, $\mathfrak{r}_l'$ und ϱ; ihre Bild-Kegelschnitte treffen bezw. k_1^3 dreimal, k_1' einmal; k_1 zweimal, k_1^3 und k_1' je einmal; k_1^3 dreimal, k_1 einmal; k_1' zweimal, k_1^3 und k_1 je einmal; k_1^3 zweimal, k_1 und k_1' je einmal.

Die Involution I_1 wird in k_1^3 durch die Geraden der Fläche 2. Grades O_1^2 durch (k_1^3, k_1, k_1') aus der Schaar k_1, k_1' eingeschnitten; so dass auch D_1 und D_1', $D_{1,1}$ und $D_{1,1}'$ gepaart sind.

Sie ist — auf k_1^3 gelegen — nunmehr eine gemeine Involution und hat zwei Doppelpunkte, welche zu zwei sich selbst verknüpften Gebüschen von ϱ-Regelschaaren und zu den Doppel-Gewinden Γ_1, Γ_2 führen.

Nach Montesano's Abbildung entsteht (Nr. 806) dieser Complex, wenn F_1^2 die Grundfläche K_1^2 zweimal berührt und also der ihnen gemeinsam umgeschriebene Torsus τ_1^4 in zwei Kegel zerfällt.

Lassen wir die beiden Doppelstrahlen d_1, d_1' unendlich nahe an einander rücken, so dass Φ^2 und Φ_1^2 sich längs d_1 berühren; dann haben sich in jeder gemeinsamen Tangente der beiden Flächen, welche auf d_1 berührt, zwei gemeinsame Tangenten des vorigen allgemeinen Falles vereinigt; das singuläre Strahlennetz dieser Tangenten, doppelt gerechnet, vertritt die eine Congruenz, etwa C_2^2, und Γ_2 ist das Gebüsche $[d_1]$. Es bleibt nur ein isolirtes Fundamental-Gewinde Γ_1. In das eben genannte singuläre Strahlennetz — mit der Leitgeraden d_1 — ist auch das Grund-Strahlennetz des zweiten fundamentalen Büschels übergegangen, und sein einziges Gebüsche hat mit dem einen von den bisherigen isolirten Fundamental-Gewinden sich vereinigt. *Wir bezeichnen diesen Fall mit* 813

$$[(11)(21)1],$$

was freilich von

$$[(21)(11)1]$$

sich nicht wesentlich unterscheidet; dazu wird uns die Vereinigung von d und d' führen.

In Caporali's Abbildung wird k_1' (oder k_1) Tangente von k_1^3 und der Berührungspunkt der eine Doppelpunkt der Involution I_1.

Wir lassen eine der beiden Flächen, aus denen die singuläre Fläche besteht, etwa Φ_1^2 *in ein Ebenen-Punkte-Paar* (σ, σ'; S, S^*) *ausarten*. Der Vierseits-Schnitt bedeutet, dass Φ^2 von σ, σ' berührt wird und S, S^* die Schnitte von Φ^2 mit der Doppellinie d_2 des Ebenenpaars und des Punktepaars sind. Die Regelschaaren φ_1, φ_1' sind die Büschelpaare (S, σ), (S^*, σ'); (S, σ'), (S^*, σ). Diese 4 Büschel enthalten einzeln die Doppelstrahlen d_1, d_1'; d', d, alle *die Diagonale d_2 ihres Vierseits, die sich als fünften Doppelstrahl des Complexes ergeben wird*. Die beiden gemeinsamen Geraden von φ und φ_1 vertheilen sich auf die Büschel, aus denen φ_1 besteht, und *die Projectivitäten P_h, P_l zwischen φ und φ_1 vertheilen sich in eine Projectivität zwischen φ und (S, σ) und eine zwischen φ und (S^*, σ'), je mit einem sich selbst entsprechenden Strahle;* und ähnliches gilt für die Projectivitäten zwischen φ' und φ_1'. In der That, die Curve C^3 in einer Berührungsebene τ von Φ^2, welche neben der Geraden von φ den Schnitt der vollen Fläche Φ bildet, besteht aus einer Geraden von φ', von σ und σ'; auf letzteren liegen die Punkte $\mathfrak{L}$, $\mathfrak{H}$. Daher fallen auf einer Geraden durch $\mathfrak{H}$ die beiden weiteren Schnitte mit C^3 auf die Geraden von φ' und σ; d. h. P_h ist Projectivität zwischen φ und (S, σ); in ihr entspricht der gemeinsame Strahl d_1 von φ und (S, σ) sich selbst, und ferner sind d_1' und d_2 entsprechend, weil sie von dem in σ' liegenden Strahle des Büschels ($\mathfrak{H}$, τ) zugleich 814 getroffen werden. Der Büschel ($\mathfrak{L}$, τ) führt zu der Projectivität zwischen φ und (S^*, σ'); und ähnlich ergeben sich die zwischen φ' und (S, σ'), bezw. (S^*, σ).

*Damit erhalten wir eine einfache Erzeugung des Complexes vermittelst einer Regelschaar φ und eines Strahlenbüschels (S, σ), die einen Strahl d_1 gemeinsam haben und so projectiv sind, dass dieser sich entspricht. Und er kann auf 4 Weisen so erzeugt werden.**)

Gehen wir von einer dieser Erzeugungen aus, so müssen sich die drei andern ergeben.

Unmittelbar zeigt sich, dass der ganze Bündel S und das ganze Feld σ zum Erzeugnisse gehören; denn jeder Strahl durch S oder in σ trifft einen zweiten Strahl von φ ausser d_1 und seinen entsprechenden in (S, σ). Folglich müssen im Bündel, wie im Felde 3 Doppelstrahlen enthalten sein (Nr. 780). Der Strahl d_1, zu S und zu σ gehörig, ist es, weil er als sich selbst entsprechender Strahl der Projectivität einzige Leitgerade eines singulären erzeugenden Strahlennetzes wird und also aus jedem seiner Punkte an dieses Netz ein dessen Leitgerade enthaltender Büschel kommt, der zweite des Complexes ausser dem in σ gelegenen.

Ferner giebt es noch einen Strahl d_2 im Büschel, der seinen entsprechenden Strahl d_1' in φ schneidet. Das Netz, das sie bestimmen, zerfällt in den Strahlenbündel um den Punkt $S^* \equiv d_2 d_1'$ und das Feld in der Ebene $\sigma' \equiv d_2 d_1'$. Von jedem Punkte von d_2 haben wir 2 Strahlenbüschel des Complexes, einen in σ, einen in σ', mit d_2 als gemeinsamem Strahle; also ist d_2 Doppelstrahl, auch zu S und zu σ gehörig. Der dritte Doppelstrahl in σ ist die in dieser Ebene befindliche Gerade d der Leitschaar φ' von φ. Von jedem Punkte X von d haben wir erstens den Strahlenbüschel in σ, zweitens den Strahlenbüschel des Netzes, welches den Strahl nach X aus (S, σ) und die ihm entsprechende Gerade von φ zu Leitgeraden hat. Der zweite Büschel geht, weil diese letztere Leitgerade auch der d begegnet, ebenfalls durch d, wie der erste. Der dritte Doppelstrahl im Bündel S ist dann die durch diesen Punkt gehende Gerade d' aus φ'.

Zu diesen 4 Doppelstrahlen d_1, d_2, d, d' kommt als fünfter die obige Gerade d_1' von φ; das erkennt man am besten, nachdem die Projectivität P_l zwischen φ und dem Büschel (S^*, σ') nachgewiesen. Es sei $h \equiv l$ ein Strahl in φ, h_1 der ihm entsprechende von (S, σ) in der gegebenen Projectivität P_h. Von jedem Punkte X von h geht, ausser dem Büschel von $[h h_1]$, noch ein zweiter, dessen Strahlen die

---

*) Weiler, Zeitschr. f. Math. u. Phys. Jahrg. 27 S. 269.

Treffgeraden aus X nach den übrigen entsprechenden h, h_1 sind. Seine Spur in σ' erhalten wir durch zwei dieser Geraden: wir nehmen zunächst das feste Paar entsprechender Strahlen h^0 aus φ, $h_1{}^0$ aus (S, σ). Gleitet X an l entlang, so erhalten wir die Regelschaar $[l h^0 h_1{}^0]$, zu deren Leitschaar d und d' aus φ' gehören, denn $h_1{}^0$ trifft d' in S und liegt mit d in σ. Spur der Regelschaar in σ', in welcher d' liegt, ist daher eine durch S^* gehende Gerade l_1. Für jeden Punkt X von l erhalten wir demnach den Spurpunkt der Geraden, welche h^0, $h_1{}^0$ trifft, auf l_1; der der Geraden, welche d_1', d_2 trifft, ist deren Schnittpunkt S^*, also ist l_1 Spurgerade, in σ', aller zweiten Büschel aus den verschiedenen Punkten von l und l so zugeordnet. Man ersieht, dass l, l_1 mit h_0, $h_1{}^0$ zu einer Regelschaar gehören, und umgekehrt, wenn l_1 in (S^*, σ') gegeben ist, so führt die Regelschaar $(h^0 h_1{}^0 l_1)$, in deren Leitschaar sich d, d' aus der Leitschaar von φ befinden, in der zweiten gemeinsamen Geraden mit φ, ausser h^0, zu l. *Die projective Beziehung P_l ist dargethan.* Für sie spielt d_1' dieselbe Rolle, wie d_1 für P_h, und ist damit als Doppelstrahl des Complexes erkannt.

Die 4 Doppelstrahlen $d d_1 d' d_1'$, welche das Vierseit bilden, sind die schon bei [(11)(11)11] *vorhandenen; die Diagonale d_2 ist nun neu hinzugekommen.*

*Der Complex besitzt 2 Bündel S, S^*, 2 Felder σ, σ', in jedem, wie nothwendig, 3 Doppelstrahlen: d_1, d', d_2; d, d_1', d_2; d, d_1, d_2; d', d_1', d_2.**)

Der Complex ist Specialfall sowohl von [222]′, *als von* [222]″ (Nr. 780) und zwar Specialfall höheren Grades, da in dem einen Falle $\Phi_4{}^3$ in Φ^2, eine Ebene und zwei Bündel, im andern $\Phi_3{}^4$ in Φ^2, einen Bündel und zwei Ebenen zerfällt.

Die beiden Congruenzen $C_1{}^2$, $C_2{}^2$ gemeinsamer Tangenten von Φ^2, $\Phi_1{}^2$ fallen hier in die Congruenz 2. Grades der Tangenten von Φ^2, welche den fünften Doppelstrahl d_2, die Doppellinie des Ebenen-Punkte-Paars, treffen (II, Nr. 487), zusammen. *Folglich vereinigen sich die beiden isolirten Fundamental-Gewinde in das Gebüsche* $[d_2]$, das nun nicht mehr Fundamental-Gewinde ist.

Dem Complexe kommt die Bezeichnung

[(11)(11)2]

zu.

Er bewirkt zwischen den beiden Ebenen σ, σ' eine Correlation und 815
ebenso zwischen den beiden Bündeln S, S^*. Beweisen wir ersteres.

---

*) Den Nachweis der beiden übrigen Projectivitäten P_h', P_l' unterlassen wir für diesen speciellen Fall.

Wenn X auf der Geraden h_1 von (S, σ) liegt und h dieser in φ in der Projectivität P_h entspricht, so ist der Büschel aus X, welcher h projicirt, der zweite Complex-Strahlenbüschel ausser dem in σ gelegenen; x' sei seine Spur in σ', welche sich mit h auf d' begegnet und die wir dem X zuordnen. Wenn x' in σ' gegeben ist, so sei h die ihr auf d' begegnende Gerade von φ, h_1 dieser in (S, σ) homolog; dann ist der Schnitt der h_1 mit der Ebene hx' der der x' zugeordnete Punkt X.

X bewege sich in σ auf einer Geraden y, dann durchläuft h projectiv die Regelschaar φ und die verbindende Ebene umhüllt einen Torsus 3. Klasse, von dem sich jedoch der Ebenenbüschel d_1 ablöst. Zu den Berührungsebenen des verbleibenden Kegels 2. Grades gehört σ' als Verbindungsebene des Punktes yd_2 mit d_1'; daher bilden die Spuren der übrigen Verbindungsebenen in σ' einen Strahlenbüschel, und die Correlation, in der X und x' entsprechend sind, ist dargethan.

In dieser Correlation conjugirte Punkte der beiden Ebenen σ, σ' sind daher die Spuren je eines und desselben Complexstrahles, und die Ebenen, welche ihn mit S, S^* verbinden, sind conjugirte Ebenen der beiden correlativen Bündel.

Ein so entstehender Complex wird nach Hirst benannt, der diese Erzeugung zuerst genauer untersucht hat.*)

Legen wir diese Erzeugung des Complexes durch die Verbindungslinien conjugirter Punkte zweier correlativer Felder zu Grunde, so *ergeben sich die Punkte S, S^* als sich selbst conjugirte Punkte,* die durch jeden gehenden Doppelstrahlen sind seine Polaren. Dass die Felder σ, σ' und Bündel S, S^* ganz zum Complexe gehörig, ist unmittelbar ersichtlich; woraus dann wieder sofort die Zweifachheit von $d_2 \equiv \sigma\sigma' \equiv SS^*$ folgt, so wie die Zugehörigkeit der Bündel und Felder zur singulären Fläche. Wenn ferner d_1 Polare von S (als Punkt von σ') ist, so geht die Polare eines jeden Punktes von d_1 durch S, folglich der von ihm ausgehende (nicht in σ befindliche) Strahlenbüschel des Complexes durch d_1; dieser Strahl und ebenso die andern sind Doppelstrahlen.

Auf den Spuren einer beliebigen Ebene π in σ, σ' entstehen durch die Correlation projective Punktreihen mit conjugirten Punkten als entsprechenden, und ihr Erzeugniss ist die Complexcurve (π). Sind die Spuren aber conjugirt, so enthält jede den Pol der andern, und

*) Hirst, On the complexes generated by two correlative planes in: Collectanea mathematica in memoriam Chelini (1879) S. 51 und: Proceedings of the London Mathematical Society Bd. 10 S. 131.

die Projectivität wird eine ausgeartete, so dass diese Pole die singulären Punkte sind und ihr Paar das Erzeugniss ist. Die Ebene wird für den Complex singulär. Jede Ebene, die einen Punkt des einen Feldes mit seiner Polare im andern verbindet, ist eine solche Ebene; die Polare enthält dann einen Punkt, der die Spur der Ebene im ersten Felde zur Polare hat. Es ist bekannt, dass *diese Verbindungsebenen polarer Elemente eine Fläche 2. Grades umhüllen: den Restbestandtheil* Φ^2 *der singulären Fläche*, welcher durch die 4 ein Vierseit bildenden Doppelstrahlen geht, da jeder seinen Pol enthält und die Verbindungsebene unbestimmt wird. Dual entsteht Φ^2 durch die correlativen Bündel S, S^*.

In jeder singulären Ebene, welche Φ^2 *tangirt, ist die Verbindungslinie der beiden Pole der singuläre Strahl. Diese Pole mit sich schneidenden conjugirten Polaren bewirken eine eindeutige Verwandtschaft 2. Grades zwischen den beiden Feldern* σ, σ'. Denn zunächst bestimmt jeder den andern eindeutig: ist X in σ gegeben, so haben wir x' als Polare von X, dann den Schnitt x von σ mit der Ebene Xx' und dessen Pol X' auf x'. Bewegt sich X auf einer Geraden in σ, so beschreibt x' einen Strahlenbüschel, die Ebene Xx' einen Kegel 2. Grades, x einen Kegelschnitt und demnach auch X'. Da nun ersichtlich S und S^* sich selbst entsprechende Punkte sind, so ist das Erzeugniss der Verbindungslinien XX' eine Congruenz 2. Grades (II, Nr. 349, 351).

Fällt X in den Punkt dd_1, so wird X' unbestimmt; der ganze Büschel dd_1 gehört zur Congruenz, ebenso wie $d_1 d_1'$; die duale Entstehung der Congruenz aus den correlativen Bündeln S, S^* lehrt dasselbe für die Büschel $d_1 d'$, dd_1'. Damit ergeben sich die 4 Strahlen $d, \ldots d_1'$ als Doppelstrahlen der Congruenz zu erkennen; und in der That, die beiden Strahlen aus einem beliebigen Punkte X von σ sind der Strahl nach dd_1 und nach X'; liegt aber X z. B. auf d, so fallen beide in diesen Strahl zusammen, weil die Polare x' durch S^* geht, x infolge dessen sich mit d vereinigt und X' mit S^*.

Demnach setzt sich die Brennfläche der Congruenz zusammen aus Φ^2 und einer zweiten durch das Vierseit gehenden Fläche 2. Grades; wir haben es mit der in II, Nr. 410 besprochenen Congruenz zu thun, welche den einen Theil der Congruenz der gemeinsamen Tangenten zweier sich in einem Vierseite schneidenden Flächen 2. Grades bildet.*)

Diese Congruenz 2. Grades $\mathbf{S}^2_{\Phi^2}$ *mit den 4 Doppelstrahlen* d, d_1, d', d_1' *ist der eine Theil der Congruenz der singulären Strahlen des Hirst'schen Complexes und wird durch diejenigen singulären Strahlen gebildet, deren*

*) Vergl. die Anmerkung Bd. II S. 210.

zugehörige singuläre Punkte und Ebenen dem Theile Φ^2 der singulären Fläche angehören; während die, welche zu den Punkten von σ, σ', den Ebenen durch S, S^* gehören, diese Felder, bezw. Bündel erfüllen.

Jeder von den 4 das Vierseit bildenden Doppelstrahlen des Hirst-schen Complexes incidirt mit einem der Felder und einem der Bündel; folglich artet für ihn die Correspondenz $[2, 2]^d$ derartig aus, dass sowohl eine von den beiden einem Punkte des Strahls entsprechenden Ebenen, als auch einer von den beiden einer Ebene durch ihn entsprechenden Punkten fest ist und die veränderlichen correspondirenden Punkte und Ebenen sich projectiv bewegen. Die Correspondenz-Gleichung ist daher:

$$(ax + b)(ax_1 + b_1)(a_{11}xx_1 + a_{10}x + a_{01}x_1 + a_{00}) = 0.$$

Beim fünften Doppelstrahle d_2, der mit beiden Bündeln und beiden Feldern incidirt, correspondiren jedem Elemente zwei feste, die Correspondenz-Gleichung ist:

$$(ax^2 + bx + c)(a_1x_1^2 + b_1x_1 + c_1) = 0.$$

Die Mannigfaltigkeit des Hirst'schen Complexes ist 14. Denn wir können jede Fläche 2. Grades Φ^2 auf ∞^4 Weisen mit zweien ihrer Berührungsebenen σ, σ' (oder mit zweien ihrer Punkte S, S^*) zusammenstellen, und zu der so hergestellten singulären Fläche giebt es ∞^1 Complexe. Oder zwei Ebenen σ, σ' kann man auf ∞^6 Weisen combiniren und dann in ∞^8 Weisen correlativ beziehen. Oder eine Regelschaar und ein sie schneidender Strahlenbüschel lassen sich in ∞^{9+2+1} Weisen zusammenstellen und dann noch in ∞^2 Weisen so projectiv beziehen, dass der gemeinsame Strahl sich selbst entspricht. Da der Complex nur in einer endlichen Zahl von Weisen auf jede von diesen Arten erzeugt werden kann, findet keine Reduction statt.

816 *Wir haben in diesem Complexe 8 Arten von Strahlenbüscheln,* erstens die in σ, σ', S, S^* befindlichen, sodann solche, deren Scheitel auf σ oder σ' liegen und deren Ebenen Φ^2 tangiren, und solche, deren Ebenen durch S, S^* gehen, während die Scheitel auf Φ^2 liegen. Diese letzteren 4 Arten mögen mit $\mathfrak{S}_\sigma$, $\mathfrak{S}_\sigma'$, $\mathfrak{S}_S$, $\mathfrak{S}_{S^*}$ bezeichnet werden; auf sie vertheilen sich die 4 Büschel, welche durch einen beliebigen Strahl des Complexes gehen. Die Netze H haben ihre eine Leitgerade in (S, σ), die **L** in (S^*, σ'), ...; das lehrt, dass die beiden Schaaren der z. B. in einem H enthaltenen Büschel aus $\mathfrak{S}_\sigma$, $\mathfrak{S}_S$ bestehen und die $\mathfrak{S}_S$, $\mathfrak{S}_{S^*}$; $\mathfrak{S}_\sigma$, $\mathfrak{S}_{\sigma'}$ den $\mathfrak{S}_{hh'}$, $\mathfrak{S}_{ll'}$; $\mathfrak{S}_{hl'}$, $\mathfrak{S}_{lh'}$ des Kerncomplexes entsprechen; zwei sich schneidende $\mathfrak{S}_S$, $\mathfrak{S}_{S^*}$ oder $\mathfrak{S}_\sigma$, $\mathfrak{S}_{\sigma'}$ führen vermittelst durchgelegter

Strahlennetze zu den Regelschaaren ϱ, die nicht in den Strahlennetzen H, ... enthalten sind.

Nehmen wir als den Hauptbüschel (O, ω) der Caporali'schen Abbildung etwa einen $\mathfrak{S}_S$, so zerfällt die Curve k_1^3 des vorigen Falls in einen Kegelschnitt k_1^2 und eine ihn treffende Gerade $\bar{k}_1$: der Treffpunkt ist das Bild des neuen Doppelstrahls d_2. *Also setzt sich k_1^5 zusammen aus diesem Kegelschnitte k_1^2, zwei windschiefen auf ihn sich stützenden Geraden k_1, k_1' und einer dritten $\bar{k}_1$, welche alle drei trifft.* Die Bildgeraden der Strahlenbüschel $\mathfrak{S}_\sigma$, $\mathfrak{S}_{\sigma'}$, $\mathfrak{S}_S$, $\mathfrak{S}_{S^*}$ stützen sich auf k_1', k_1^2; k_1, k_1^2; $\bar{k}_1$, k_1^2; k_1, k_1', die der Büschel von σ, σ', S^* fallen in die Ebenen $k_1\bar{k}_1$, $k_1'\bar{k}_1$ und die von k_1^2, die Büschel aus S haben alle $\bar{k}_1$ zum Bilde.

Die Regelschaaren ϱ zerfallen in zwei Arten ϱ_S und ϱ_σ: jene senden in jeden der Bündel S, S^* Strahlen, diese in jedes der Felder σ, σ'. Der Bild-Kegelschnitt einer ϱ_S stützt sich auf alle 4 Bestandtheile von k_1^5, der einer ϱ_σ trifft $\bar{k}_1$ nicht, aber k_1^2 zweimal. Die Involution I_1 ist eine Projectivität zwischen k_1^2 und $\bar{k}_1$ geworden.

Bei Montesano's Abbildung zerfällt der eine der beiden Kegel (Nr. 812), welche F_1^2 und K_1^2 gemeinsam umgeschrieben sind, in zwei Ebenenbüschel, oder die beiden Flächen F_1^2 und K_1^2 haben zwei Gerade aus verschiedenen Schaaren gemeinsam.

Wenn die Gegenseiten d_1, d_1' des Vierseits sich vereinigen, so fällt 817
mit ihnen auch die Diagonale d_2 zusammen. Der eine fundamentale Büschel hat nur ein Gebüsche, und mit diesem vereinigt sich das Gebüsche $[d_2]$, das schon beim allgemeinen Hirst'schen Complexe die beiden isolirten Fundamental-Gewinde in sich aufgenommen hat; so dass *wir dem Complexe die Bezeichnung*

$$[(31)(11)]$$ *)

zu geben haben. Die Ebenen σ, σ' gehen nun durch dieselbe Gerade von Φ^2, und S, S^* sind ihre Berührungspunkte.

Die Mannigfaltigkeit dieses Complexes ist um 1 geringer als die des Hirst'schen, also 13.

Beim Hirst'schen Complexe kommen in jeder Ebene vom Spurpunkte des d_2 Tangenten an die Complexcurve, die in σ, σ' liegen und also getrennt sind. Dies bleibt auch im jetzigen Falle bestehen, und Weiler's — schon von Hirst verbesserte — Behauptung, dass jede

*) Aus Versehen identificirt Montesano diesen Complex — in seiner Numerirung der 9te — mit dem 28ten statt mit dem 20ten in Weiler's Aufzählung in den Math. Annalen Bd. 7.

Complexcurve den Doppelstrahl trifft und Φ^2 auf ihm berührt, ist nicht richtig.

Bei Caporali's Abbildung schneidet $\bar{k}_1$ eine der beiden Geraden k_1, k_1' auf k_1^2, und in Montesano's Abbildung ergiebt sich der jetzige Fall, wenn die Doppelebene des Ebenenbüschel-Paars den nicht zerfallenden Kegel 2. Grades berührt, oder, was zugleich eintritt, wenn der Kegelschnitt, den F_1^2 und K_1^2 ausser den beiden Geraden gemeinsam haben, durch deren Schnittpunkt geht.

818 Wir schliessen nun gleich den Fall an, dass *auch* Φ^2 *ein Ebenen-Punkte-Paar wird.* Weil wir es dann mit *einem tetraedralen Complexe* zu thun haben, wollen wir die Bezeichnung dem entsprechend ändern. Das frühere Ebenen-Punkte-Paar (σ, σ'; S, S^*) möge (α, β; C, D), das neue (γ, δ; A, B) heissen. Das Durchschnitts-Vierseit von Φ^2, Φ_1^2 ist ja zugleich das Vierseit der Axen der Büschel gemeinsamer Tangentialebenen, also ist es in unserm Falle zugleich durch den Schnitt von α, β mit γ, δ und die Verbindung von C, D mit A, B entstanden; folglich müssen die einen Ebenen durch die andern Punkte gehen; wir nehmen an: α, β durch B, A; γ, δ durch D, C; so dass wir das Tetraeder $ABCD \equiv \alpha\beta\gamma\delta$ erhalten. Die Doppelstrahlen d, d'; d_1, d_1', gelegen in den Büscheln (D, α), (C, β); (C, α), (D, β), sind die Kanten DB, CA; CB, DA.

Zu ihnen treten, wie im vorigen Falle CD allein, jetzt beide übrigen Kanten $CD \equiv d_2$, $AB \equiv d_2'$ als fünfter und sechster Doppelstrahl. *Wir haben daher drei Paare windschiefer Doppelstrahlen* d, d'; d_1, d_1'; d_2, d_2', *welche die drei Paare Gegenkanten eines Tetraeders bilden, demnach 3 fundamentale Büschel durch die Netze* [dd'], ..., und kein isolirtes Fundamental-Gewinde mehr; giebt es doch jetzt, wo die singuläre Fläche aus 4 Ebenen und 4 Punkten besteht, keine Doppeltangenten-Congruenz mehr. *Die Bezeichnung, die diesem Complex zukommt, ist:*

$$[(11)(11)(11)].$$

Sehen wir zu, wie sich die Projectivitäten P_h, P_l gestalten. φ_1 war beim Hirst'schen Complexe (S, σ), (S^*, σ') oder jetzt (C, α), (D, β), welches Paar durch d_1, d_1' geht; also ist φ, da sie durch dieselben Doppelstrahlen gehen muss, (B, δ), (A, γ), und die verbundenen Regelschaaren φ_1', φ' sind (C, β), (D, α); (A, δ), (B, γ). Wir nehmen, wie in Nr. 814, eine beliebige Berührungsebene τ von $\Phi^2 \equiv (\gamma, \delta; A, B)$, etwa eine Ebene durch A; sie schneidet aus φ' den Strahl $\mathfrak{d} \equiv \delta\tau$ von (A, δ); aus $\Phi_1^2 \equiv (\alpha, \beta; C, D)$ schneidet sie die Strahlen $\mathfrak{a} \equiv \tau\alpha$, $\mathfrak{b} \equiv \tau\beta$, so dass C^3 aus $\mathfrak{a}$, $\mathfrak{b}$, $\mathfrak{d}$ besteht. Der Strahl aus dem Berührungspunkte A hat $\mathfrak{H}$ auf $\mathfrak{a}$; und die weiteren Schnitte eines Strahls durch $\mathfrak{H}$ liegen auf $\mathfrak{d}$ und $\mathfrak{b}$ und markiren entsprechende Strahlen der über diesen Punktreihen stehenden Strahlenbüschel von φ und φ_1; *die Projectivität P_h ist also eine zwischen diesen Büscheln* (B, δ), (D, β), und ähnlich P_l eine zwischen (A, γ) und (C, α); die beiden zwischen φ', φ_1' sind solche zwischen (A, δ) und (D, α), bezw. (B, γ), (C, β). Damit ist der Complex als tetraedraler erkannt (I, Nr. 253, 257), und *wir haben* nicht 4, sondern *6 Projectivitäten*, nämlich noch zwischen (A, β) und (B, α), (C, δ) und (D, γ), zu denen das Paar $d_2 d_2'$ mit einem der andern führen würde, *und dem entsprechend 6 Reihen von Strahlennetzen*, die wir schon kennen (I, Nr. 253).

Nach der bisherigen Bezeichnung sind die Strahlennetze mit $\mathsf{H}, \ldots \mathsf{L}''$ zu bezeichnen und die in ihnen enthaltenen Regelschaaren mit $\mathfrak{r}_h, \ldots \mathfrak{r}_l''$. Es ist aber vielleicht besser, sie nach den Ecken des Tetraeders zu benennen: $\mathfrak{r}_{BD}$, $\mathfrak{r}_{AC}, \ldots$, so dass die $\mathfrak{r}_{BD}$ die Regelschaaren in den Strahlennetzen sind, deren Leitgerade in den Büscheln (B, δ), (D, β) sich befinden. Diese Regelschaaren sind direct in der Besprechung des tetraedralen Complexes im Bd. I nicht erwähnt worden; zu ihnen gehören die am Schlusse von Nr. 256 genannten Strahlenbüschel-Paare, die sich nicht unter die in Nr. 254 erhaltenen Regelschaaren P_1, P_2 subsumirten. In der Abbildung von Nr. 278 haben sie zu Bildern Kegel 2. Grades, welche zwei Tetraeder-Ebenen berühren; so z. B. berühren die Bilder der $\mathfrak{r}_{BD}$ die β, δ.

Von zwei sich tragenden Regelschaaren $\mathfrak{r}$ ist die eine z. B. eine $\mathfrak{r}_{BD}$, die andere dann eine $\mathfrak{r}_{AC}$; jene geht durch B, D, berührt α, γ, diese geht durch A, C, berührt β, δ. Alle $\mathfrak{r}_{BD}$ und $\mathfrak{r}_{AC}$, welche ihre Leitschaaren in demselben Gewinde durch $[AC, BD]$ haben, gehören in zwei verknüpfte Gebüsche (Nr. 796).

In dem Büschel der S_4^2 durch den Complex haben wir nun 3 Systeme mit einem doppelten Büschel, keins mehr, das nur einfach specialisirt ist.

Die 3 fundamentalen Büschel reduciren die Zahl der consingulären Complexe durch eine Gerade auf 1 (Nr. 794, 809); ein uns längst bekanntes Ergebniss, da diese Complexe alle zum nämlichen Tetraeder gehörigen tetraedralen Complexe sind. Sie bilden einen Büschel, dessen Grundcongruenz aus den 4 Bündeln $A, \ldots$ und den 4 Feldern $\alpha, \ldots$ besteht.

Die Regelschaaren ϱ sind die eben erwähnten P_1, P_2; jene durch die Ecken des Tetraeders gehend, diese seine Ebenen berührend, jene also die ϱ_S, diese die ϱ_σ des Hirst'schen Complexes. Ihre Leitschaaren liefern die consingulären Complexe.

Lassen wir den Complex wieder aus zwei collinearen Räumen entstehen (I, Nr. 260), so erkennt man leicht, dass zwei entsprechende Geraden nach den Ecken des Tetraeders projective Würfe senden, also einem consingulären Complexe angehören. Nimmt man daher alle Paare entsprechender Geraden, welche in dem nämlichen consingulären Complexe sich befinden, so führen die projectiven Ebenenbüschel um sie zu Regelschaaren P_1, die ein Gebüsche Σ_3 bilden, und die projectiven Punktreihen auf ihnen zu P_2, die das verknüpfte Gebüsche Σ_3' erzeugen.

Ausser den Büscheln des Complexes in den Ebenen und aus den Ecken des Tetraeders haben wir auch hier noch 4 Systeme von Strahlenbüscheln $\mathfrak{S}_a, \ldots \mathfrak{S}_d$, wo z. B. ein Büschel $\mathfrak{S}_a$ seinen Scheitel in α hat und seine Ebene durch A schickt (I, Nr. 256).

Die Mannigfaltigkeit des tetraedralen Complexes ist 13 (I, Nr. 259).

So wie beim Hirst'schen Complexe für den Doppelstrahl d_2 die Correspondenz $[2, 2]^d$ ist (Nr. 815), ist sie nun für alle 6 Doppelstrahlen: jedem Punkte entsprechen 2 feste Ebenen, jeder Ebene 2 feste Punkte.*)

819 *Es mögen nun die beiden auf d gelegenen Ecken B, D zusammenfallen und infolge dessen auch die durch d' gehenden Ebenen β, δ*; dann vereinigt sich auch d_2 mit d_1', d_2' mit d_1. Die Projectivität zwischen (B, δ) und (D, β) wird Identität im Büschel (B, β) und führt zu einer Reihe von durchweg singulären Strahlennetzen. *Die Projectivität zwischen (A, γ), (C, α) ist dahin specialisirt, dass die Punktreihen auf $\gamma\alpha$, über denen sie stehen, nur einen sich selbst entsprechenden Punkt haben.* Die vier übrigen Paare projectiver Büschel fallen zu je zweien zusammen und also auch die durch sie erzeugten Reihen von Strahlennetzen.

Für jedes der obigen Strahlennetze, die ihre einzigen Leitgeraden im Büschel (B, β) haben, bedürfen wir, zur endgiltigen Festlegung, noch der Projectivität zwischen der Punktreihe und dem Ebenenbüschel der Leitgeraden x; dazu benutzen wir zwei andere projective Büschel, von denen der eine B zum Scheitel, der andere β zur Ebene hat, z. B. (B, α), (A, β); wenn h, h_1 in diesen Büscheln homolog sind, so sind in der gesuchten Projectivität der Punkt xh_1 und die Ebene xh entsprechend.

In jeder Ebene durch den Doppelstrahl d fallen die beiden Punkte

*) In I, Nr. 271 bitte ich, die beiden letzten Absätze als unklar zu streichen, und verweise auf die Darstellung in Reye's Geometrie der Lage 3. Aufl. Bd. III erster und zweiter Vortrag.

des Punktepaars oder die ihr in der Correspondenz $[2, 2]^d$ entsprechenden Punkte in B zusammen, während die beiden einem Punkte von d entsprechenden Ebenen, die Ebenen seines Kegels, in die festen, aber verschiedenen Ebenen α, γ fallen. *Jede von den Ebenen durch d ist also stationär. Wir nennen deshalb d einen Doppelstrahl mit stationären Ebenen und festem diesen zugehörigen Punkte B.**) *Ebenso ist d' ein Doppelstrahl mit stationären Punkten und fester diesen zugehörigen Ebene β.*

Alle Complexkegel berühren d in B, alle Complexcurven treffen d', die Ebene β berührend.

Aber wir haben hier noch mehr Doppelstrahlen als die Tetraeder-Kanten: *jeder Strahl x des Büschels (B, β) ist ein Doppelstrahl;* denn von jedem seiner Punkte gehen zwei Complex-Strahlenbüschel aus, die ihn enthalten, einer in β und zweitens der Büschel des singulären Strahlennetzes, von dem x die Leitgerade ist. Damit greift dieser Complex in die später zu betrachtende Gruppe von Complexen mit einem Büschel von Doppelstrahlen über; wir werden ihn dort nochmals erhalten und weiter specialisiren.

Weil zwei fundamentale Büschel sich vereinigt haben, *kommt ihm die Bezeichnung:*

$$[(22)(11)]$$

zu. Er hat die Mannigfaltigkeit 12; in der That, wir haben auf $\infty^{2.5}$ Weisen zwei beliebige Strahlenbüschel (A, γ), (C, α), die wir auf ∞^2 Weisen in der erwähnten Art projectiv machen können.

Ein Complex dieser Art entsteht, wenn ein (festes) Strahlennetz parallel verschoben wird: die Ecken des Tetraeders sind unendlich fern, und die einzige endliche Kante, auf der die zusammengefallenen Ecken liegen, ist die Schnittlinie der Ebenen, in denen die Leitgeraden verschoben werden; sind die Verschiebungsrichtung und die Leitgeraden der nämlichen Ebenen parallel, so ergiebt sich ein linearer Complex.**)

Wird der allgemeine tetraedrale Complex nach Caporali abgebildet, etwa mit einem Büschel $\mathfrak{S}_a$ als Hauptbüschel (O, ω), so zerfällt der Kegelschnitt k_1^2 (Nr. 816) auch noch, und k_1^5 besteht aus 5 Geraden: $k_{1,b}$, $k_{1,c}$, $k_{1,d}$ aus der einen, $k_{1,\alpha}$, $k_{1,A}$ aus der andern Regelschaar von O_1^2. Die Bildgeraden von $\mathfrak{S}_a$ stützen sich auf $k_{1,\alpha}$, $k_{1,A}$, die von $\mathfrak{S}_b$ auf $k_{1,c}$, $k_{1,d}$, u. s. w. Die Bündel, welche den P_1-Gebüschen, bezw. den P_2-Gebüschen correspondiren, haben ihre Scheitel

*) Montesano sagt: raggio doppio stazionario speciale di piani, dovuto al punto B.

**) Vergl. Weiler Zeitschr. f. Math. u. Phys. Jg. 27 S. 228, Jg. 29 S. 189.

auf $k_{1,\alpha}$, $k_{1,A}$ und die Bilder der P_1, P_2 treffen je die 4 übrigen Geraden. Im vorangehenden speciellen Falle haben sich $k_{1,b}$, $k_{1,a}$ vereinigt.

Montesano's Abbildung führt zum allgemeinen tetraedralen Complexe, wenn F_1^2 und K_1^2 sich in einem Vierseite durchschneiden, und zum speciellen, wenn 2 Gegenseiten desselben zusammenfallen.

III.

820 Wir haben die beiden doppelten Erzeugenden d_1, d_1', welche wir der Regelfläche Φ gaben, windschief angenommen; dies führte zum Zerfallen in Φ^2, Φ_1^2. Nehmen wir nun aber an, dass *diese doppelten Erzeugenden von Φ sich schneiden* — und sie mögen jetzt d_1, d_2 heissen —, so zerfällt Φ in anderer Weise. Die Verbindungsebene π von d_1, d_2 muss dann durch eine der Leitgeraden von Φ gehen, nehmen wir an: d, und der Schnittpunkt P auf der andern d' liegen. *Φ zerspaltet sich in den Strahlenbüschel (P, π) und eine cubische Regelfläche Φ^3, welche d_1, d_2 noch zu einfachen Erzeugenden hat und für welche d die einfache Leitgerade* und Axe eines Büschels doppelter Berührungsebenen, *d' doppelte Leitgerade ist* und Axe eines Büschels einfacher Berührungsebenen.

Auch dieser Fall subsumirt sich — als weniger specieller Fall wie [(11) (11) 2] — *sowohl dem Complexe* [222]′ mit 3 Doppelstrahlen d, d_1, d_2 in einer Ebene, *als dem Complexe* [222]″ mit 3 Doppelstrahlen d', d_1, d_2 durch einen Punkt; von Φ_4^3 des [222]′ hat sich der Bündel P, von Φ_3^4 des [222]″ die Ebene π abgesondert.

Als Doppeltangenten der vollen Φ haben wir die Tangenten von Φ^3 anzusehen, welche sich auf d_1 oder d_2 stützen. Die dabei sich ergebenden Congruenzen 2. Ordnung fallen unter die II, Nr. 488 ($\mu = 3$) besprochenen; aber auch die Klasse reducirt sich von 4 auf 2 wegen der Doppelgeraden der Φ^3 oder des Doppelpunktes jedes ebenen Schnitts. *Die durch diese Congruenzen gehenden Gewinde sind wiederum die Gebüsche* $[d_1]$, $[d_2]$, *und jedes derselben hat zwei von den 4 isolirten Fundamental-Gewinden des Complexes* [(11) 1111] *in sich aufgenommen;* der Büschel $[dd']$ ist nach wie vor fundamental; *dem Complexe kommt also die Bezeichnung*:

[(11) 22]

zu.

In einer Tangentialebene τ von Φ^3 besteht die C^3 aus dem Kegelschnitte C^2 von Φ^3 und der Geraden C, in der π geschnitten wird; der Berührungspunkt T liegt auf C^2, also von den weiteren Schnitten eines durch ihn gehenden Strahls der eine $\mathfrak{H}$ auf C^2, der andere $\mathfrak{L}$ auf C (vergl. Nr. 590, 806). Die beiden Schnitte eines Strahls durch

$\mathfrak{H}$ liegen also auf C^2 und auf C, die eines Strahls durch $\mathfrak{L}$ beide auf C^2. Daher tritt an Stelle von I_h eine Projectivität P_h zwischen dem Büschel (P, π) und der Reihe der Erzeugenden von Φ^3, in der d_1 und d_2 sich selbst entsprechend sind, während I_l eine Involution innerhalb der letzteren Reihe (aber nun auf unicursalem Träger) bleibt; in ihr entsprechen sich d_1, d_2 gegenseitig.

Somit erhalten wir in dem Complexe zwei Reihen von Strahlennetzen H *und* L, *so dass die Leitgeraden eines* H *in* (P, π) *und* Φ^3, *die eines* L *aber beide in* Φ^3 *sich befinden**), *und zwei wesentlich verschiedene Erzeugungen:*

Bei der einen sind die Geradenschaar einer cubischen Regelfläche und die Strahlen eines Büschels, der seinen Scheitel auf der doppelten Leitgeraden hat und seine Ebene durch die einfache sendet, so projectiv bezogen, dass die beiden gemeinsamen Strahlen sich selbst entsprechen.

*Bei der andern ist in die Geradenschaar einer cubischen Regelfläche eine Involution gelegt.***)

Schneidet man mit einer Ebene, so ist im ersten Falle leicht zu erkennen, dass die Verbindungslinien entsprechender Punkte, wegen der zwei sich selbst entsprechenden Punkte, nur eine Curve 2. Klasse umhüllen; für den andern Fall ergiebt sich die Klasse 2 aus I, Nr. 23. Da die auf der doppelten Leitgeraden sich schneidenden Erzeugenden der Φ^3 ebenfalls eine Involution bilden, so entnehmen wir ebenfalls aus I, Nr. 23, dass unter den Dupeln unserer Involution I_l auf Φ^3 sich eins befindet, dessen Gerade sich schneiden.

Doppelstrahlen sind die beiden Leitgeraden der cubischen Regel- 821
fläche; von einem Punkte der doppelten d', in einer Ebene der einfachen d haben wir zwei Erzeugende, in beiden Fällen die einen Leitgeraden zweier erzeugenden Strahlennetze des Complexes und in ihnen die beiden Strahlenbüschel aus dem Punkte, bezw. in der Ebene, von denen sofort zu erkennen ist, dass sie beide durch d', bezw. d gehen.

Ferner durchlaufen bei der ersten Erzeugung die einen Leitgeraden der erzeugenden Strahlenbüschel den Büschel (P, π); also gehört der Bündel P und das Feld π ganz zum Complexe; jede der beiden sich selbst entsprechenden Geraden d_1, d_2 liefert ein Strahlennetz mit ihr als einziger Leitgeraden; mithin haben wir aus einem Punkte von ihr zwei Strahlenbüschel, den einen in π, den andern zu diesem Netze

*) Ein Beispiel eines solchen Complexes haben wir in Nr. 569 erhalten: das Erzeugniss der zu einem allgemeinen Complexe gehörigen Polar-Strahlennetze der Strahlen eines Büschels (P, π); diese Netze sind die H des Complexes.

**) Weiler, Zeitschr. f. Math. und Phys. Jg. 27 S. 276.

gehörig, welche beide durch die Gerade gehen, und ebenso in jeder Ebene durch sie zwei, je einen in P und im Strahlennetze.

Bei der zweiten Erzeugung ergiebt sich durch das Dupel $d_1 d_2$ der Involution I_l aus zwei sich schneidenden Geraden das aus dem Felde π und dem Bündel P bestehende Strahlennetz; der zweite Büschel aus einem Punkte X von d_1 entsteht durch die Strahlen nach den verschiedenen Dupeln ll_1 der Involution oder die Schnittlinien der Ebenen $X(l, l_1)$; wenn ll_1 durch $d_1 d_2$ geht, ist (mag auch die Ebene Xd_1 unbestimmt sein) Schnittlinie die d_1; beide Strahlenbüschel gehen also durch d_1, diese Gerade ist Doppelstrahl des Complexes, und ebenso d_2.

Der Doppelstrahl d ist ein solcher mit Feld π, d' mit Bündel P, d_1 und d_2 hingegen mit Feld und Bündel.

Von eigentlichen stationären Elementen des Complexes sind nur 2 stationäre Punkte auf d', deren Cuspidalpunkte, und zwei stationäre Ebenen durch d, deren Cuspidalebenen, geblieben. Von den 8 Punkten $\bar{D}$ des allgemeineren Falles [(11)1111] haben P und $d\,(d_1, d_2)$, von den 8 Ebenen $\bar{\delta}$ ebenso π und $d'\,(d_1, d_2)$ je zwei in sich aufgenommen.

Die Congruenz der singulären Strahlen zerfällt in das Strahlennetz $[P, \pi]$ und eine Congruenz 3. Grades. Die Strahlen des Bündels P gehören zu den Ebenen desselben, die des Feldes π zu dessen Punkten; während die der Congruenz 3. Grades Φ^3 tangiren.

822 Abgesehen von den Strahlenbüscheln in P und π, haben wir noch die in den H und in den **L**; da von jedem H die eine Leitgerade in (P, π) liegt, so *haben die Büschel der einen Schaar in einem* H *ihre Scheitel auf π, die der andern senden ihre Ebenen durch P; die Ebenen jener berühren Φ^3, die Scheitel dieser liegen auf Φ^3. Von den Büscheln in den* **L** *sind Scheitel und Ebenen Elemente der Φ^3.*

Nehmen wir deshalb einen von diesen letzteren als Hauptbüschel (O, ω) der Caporali'schen Abbildung, so erkennen wir leicht, dass *$k_1{}^5$ in zwei Kegelschnitte $k^2_{1,\pi}$, $k^2_{1,P}$ und eine Gerade k_1 zerfällt; jene begegnen einander zweimal und werden beide von dieser getroffen. Die Punkte dieser 3 Theile von $k_1{}^5$ sind die Bilder der (O, ω) schneidenden Büschel der drei Arten.* Bei den ersten durchwandert der Scheitel die Gerade $\omega\pi$, die Ebene umhüllt den Kegel 2. Grades aus O an Φ^3; bei den zweiten dreht sich die Ebene um OP, der Scheitel beschreibt den Kegelschnitt von Φ^3 in ω, bei den dritten endlich läuft der Scheitel auf der Erzeugenden von Φ^3 in ω und die Ebene dreht sich um die durch O gehende; so dass diese Büschel einem durch (O, ω) gehenden

Strahlennetze angehören und deshalb in die Punkte einer Geraden sich abbilden.

Die Doppelstrahlen d_1, d_2 *bilden sich in die Schnittpunkte von* $k^2_{1,\pi}$ *und* $k^2_{1,P}$ *ab*, d *und* d' *in die Stützpunkte von* k_1 *auf diese Curven.*

Die Ebenen derselben sind die Bilder des Feldes π und des Bündels P, *die Geraden, welche sich auf* k_1 *und* $k^2_{1,P}$, *auf* k_1 *und* $k^2_{1,\pi}$, *auf* $k^2_{1,P}$ *und* $k^2_{1,\pi}$ *stützen, die Bilder der Strahlenbüschel des Complexes von den drei Arten.*

Die Geraden aus der Schaar k_1 auf der Fläche $O_1{}^2 \equiv (k^2_{1,\pi}, k^2_{1,P}, k_1)$ treffen die beiden Kegelschnitte in den Punkten, welche den verknüpften ϱ-Gebüschen correspondiren, so dass *die Involution* I_1 *in eine Projectivität zwischen den Kegelschnitten* $k^2_{1,\pi}$, $k^2_{1,P}$ *übergegangen ist.* Die Bilder der Regelschaaren ϱ des Complexes treffen alle k_1, die einen $k^2_{1,\pi}$ einmal, $k^2_{1,P}$ zweimal, die andern umgekehrt; jene Regelschaaren senden daher einen Strahl in π, diese einen durch P.

Und so haben wir zweierlei Arten von Regelschaaren ϱ; *die einen gehen durch* P, *die andern berühren* π; *zwei verknüpfte Gebüsche werden bezw. von solchen der einen und der andern Art gebildet.*

Die Regelschaaren $\mathfrak{r}_h$ haben in ihrer Leitschaar stets einen Strahl von (P, π), die eine Leitgerade ihres H; also gehen sie durch P und berühren π; die $\mathfrak{r}_l$ thun weder das eine noch das andere.

Man erhält bei Montesano's Abbildung diesen Fall, wenn $F_1{}^2$ mit der Grundfläche $K_1{}^2$ eine Erzeugende gemeinsam hat; der Torsus $F_1{}^2 K_1{}^2$ besteht dann aus dem Ebenenbüschel um diese und einem Torsus 3. Klasse. Die Strahlengebüsche im Gewinde-Gebüsche $G \equiv (dd')$, welche den Ebenen des Büschels entsprechen, bilden daher selbst einen Büschel, also ihre Axen einen Strahlenbüschel, den (P, π); während die Axen der Gebüsche, welche den Ebenen des Torsus correspondiren, die Regelfläche Φ^3 erzeugen.

Auch von diesem Complexe erhält man als Specialfälle den Hirst'schen und den tetraedralen.

Seine Mannigfaltigkeit ist 15, ebenso gross als die von [(11)(11)11]. 823
Die der cubischen Regelfläche nämlich ist 2.4 + 5 (I, Nr. 39); P hat ∞^1 Lagen auf der doppelten Leitgeraden, π ist dann bestimmt; zu dieser singulären Fläche (Φ^3, π, P) giebt es ∞^1 Complexe, oder auch die Projectivität zwischen der Geradenschaar von Φ^3 und dem Büschel (P, π) ist, da die gemeinsamen Strahlen sich selbst entsprechen, noch auf ∞^1 Weisen möglich.

Oder, in der Geradenschaar der Φ^3, als einem Gebilde vom Geschlechte 0, sind ∞^2 Involutionen möglich.

Oder endlich, nachdem die windschiefen Doppelstrahlen d, d' gegeben und die Correlation zwischen (dd') und Σ_1 festgelegt ist, haben wir so viele Complexe, als es in Σ_1 Flächen F_1^2 giebt, welche die Grundfläche K_1^2 in einer Erzeugenden schneiden; deren sind ∞^{6+1}; und demnach ist die Anzahl der Complexe $\infty^{2.4+7}$. —

Wenn P in einen Cuspidalpunkt der doppelten Leitgeraden von Φ^3 zu liegen kommt, so vereinigen sich d_1, d_2 in die Torsallinie desselben, und *die beiden Gebüsche $[d_1]$, $[d_2]$ fallen auch in eins zusammen, das an Stelle aller 4 isolirten Fundamental-Gewinde getreten ist; diesem Specialfalle ist daher die Bezeichnung:*

$$[(11)4]$$

zu geben.

Die gemeinsame Gerade von F_1^2 und K_1^2 ist Erzeugende des Torsus 3. Klasse, der beiden Flächen noch umgeschrieben ist, (oder Tangente ihres ferneren Schnitts 3. Ordnung).

Beide Complexe [(11)22] und [(11)4], mit nur einem fundamentalen Büschel, haben den Grad 3 für die Reihe consingulärer Complexe.

IV.

824 *Wir wenden uns zu den Complexen mit zwei windschiefen Doppelstrahlen d, d', bei welchen diese unendlich nahe sind. Wir haben es dann mit einem bestimmten singulären Strahlennetze $\mathfrak{N}^0$ — bisher $[d, d']$ — zu thun, für das also nicht blos die Leitgerade d gegeben ist, sondern auch die Projectivität zwischen den Scheiteln und Ebenen seiner Strahlenbüschel. Die singuläre Fläche Φ ist eine Regelfläche 4. Grades von der Art II mit zwei vereinigten Leitgeraden* (I, Nr. 40), *befindlich in diesem Strahlennetze, so dass die beiden Erzeugenden, welche von einem Punkte von d ausgehen, auch in einer Ebene durch d gelegen sind.* Die cubische Curve C^3 in einer Berührungsebene τ von Φ berührt nunmehr die in τ enthaltene Erzeugende in dem Punkte $\mathfrak{D}$, wo diese sich auf d stützt. Seien $\mathfrak{H}$ und $\mathfrak{L}$ wiederum die mit dem Berührungspunkte T von τ in gerader Linie gelegenen Punkte von C^3, deren Büschel zu den den Complex erzeugenden Involutionen I_h, I_l führen.

Jeder Tangente aus $\mathfrak{H}$ ist dann eine aus $\mathfrak{L}$ so zugeordnet, dass die Verbindungslinie ihrer Berührungspunkte durch $\mathfrak{D}$, den Berührungspunkt der einen Tangente aus T, geht.*) Die durch die Berührungspunkte gehenden Erzeugenden liegen dann in einer Ebene durch d und schneiden sich auf d. Also:

Jedem Doppelstrahle der Involution I_h ist ein Doppelstrahl von I_l

*) Schröter, Ebene Curven 3. Ordnung § 13, 2.

so zugeordnet, dass sie sich auf d schneiden und ihre Ebene durch d geht, oder dass sie zu demselben Strahlenbüschel des Strahlennetzes $\mathfrak{N}^0$ *gehören.*

Wir haben noch 2.4 singuläre Strahlennetze im Complexe, deren Strahlen alle die Fläche Φ berühren.

Von den 4 sich selbst verbundenen Involutionen der Φ *ist,* weil eben d' sich mit d vereinigt hat, *eine diejenige, in der zwei auf d sich schneidende Erzeugenden gepaart sind* (Nr. 590); in der verbundenen sind nämlich im allgemeinen Falle zwei Erzeugende gepaart, die sich auf d' schneiden und deren Ebene durch d geht, in unserm Falle also dieselben. Es bleiben daher nur drei sich selbst verbundene Involutionen von der allgemeinen Art; dem entspricht, dass von T die eine Tangente an C^3 die Erzeugende ist, die zu der erst genannten sich selbst verbundenen Involution führt. *Das entsprechende Fundamental-Gewinde ist das Gebüsche* $[d]$ *und in den fundamentalen Büschel durch unser Netz* $\mathfrak{N}^0$ *eingetreten, für den es das einzige Gebüsche ist.* Dies drücken wir durch (21) aus. *Wir haben somit nur 3 isolirte Fundamental-Gewinde und unsern Complex mit*

$$[(21)111]$$

zu bezeichnen.

Von den stationären Elementen hat sich jedes mit d' incidirende mit einem derjenigen, die mit d incidiren, vereinigt, so dass *wir nur noch 4 stationäre Punkte und 4 stationäre Ebenen haben, die nunmehr quaternär sind: die Cuspidalpunkte und Cuspidalebenen von* Φ. Wegen der Eigenschaft der Regelfläche, dass zwei sich auf d schneidende Erzeugenden auch in einer Ebene durch d liegen, ist jede von diesen 4 Cuspidalebenen einem der 4 Cuspidalpunkte zugehörig.

Aus der in I, Nr. 40 besprochenen Erzeugung unserer Regelfläche geht hervor, dass ihre Mannigfaltigkeit um 1 kleiner ist als die der allgemeinen von der Art I — indem bei dem Punkte D_2 die willkürliche Lage aufgehört hat —, also 15; und *folglich hat der vorliegende Complex die Mannigfaltigkeit 16.*

Für zwei unendlich nahe Geraden d, d' artet die Grundfläche $K_1{}^2$ *der Montesano'schen Abbildung in einen Kegelschnitt aus;* denn, weil die beiden in Nr. 791 erwähnten Büschelpaare, die den Schnitten einer Geraden von Σ_1 mit $K_1{}^2$ correspondiren, hier stets zusammenfallen, so trifft jede Gerade von Σ_1 die Grundfläche in zwei vereinigten Punkten: die $K_1{}^2$ als Punktort ist eine Doppelebene; die Tangentialebenen aber aus einer beliebigen Geraden sind verschieden. Im allgemeinen Falle unserer jetzigen Specialität ist $F_1{}^2$ eine allgemeine Fläche 2. Grades und in beliebiger Lage zum Grund-Kegelschnitte $K_1{}^2$.

Den Tangenten von $K_1{}^2$ entsprechen Bündel-Felder, deren Scheitel und Ebenen in der oben erwähnten Projectivität zugeordnet sind; durch alle geht das Gebüsche $[d]$. *Diesem Gebüsche* $[d]$ *entspricht die Ebene* $\varkappa_1$ *von* K_1^2.

Den Geraden von F_1^2, welche K_1^2 treffen, entsprechen singuläre Strahlennetze des Complexes; und man sieht, wie jedem aus der einen Reihe eins aus der andern gepaart wird: die entsprechenden Geraden von F_1^2 gehen durch denselben Punkt von K_1^2.

825 Die speciellen Fälle erhalten wir durch die ähnlichen Ueberlegungen wie früher.

Die Regelfläche bekomme eine doppelte Erzeugende d_1 *und ist daher von der Art VIII* (I, Nr. 43). Aus jeder der beiden Reihen von Strahlennetzen fallen 2 von den singulären zusammen in eins mit der Leitgeraden d_1, so dass diese für 2 solche Netze Leitgerade ist; jede Reihe enthält noch 2 andere; ebenso repräsentiren Punkt und Ebene dd_1 zwei von den 4 stationären Punkten oder Ebenen und gehören so zusammen, dass der Büschel dd_1 doppelt sowohl den Complexkegel aus dem Punkte dd_1, als die Complexcurve in der Ebene dd_1 darstellt.

Von T kommt (ausser der Erzeugenden) nur noch eine Tangente an C^3, die andern sind in die Gerade nach dem von d_1 herrührenden Doppelpunkte gefallen; d. h. *das Gebüsche* $[d_1]$ *hat zwei von den isolirten Fundamental-Gewinden in sich aufgenommen; es ist nur noch eins vorhanden; es ergiebt sich die Bezeichnung:*

$$[(21)21].$$

Wenn, noch specieller, d_1 *cuspidale doppelte Erzeugende für* Φ *wird,* so hat jede der Reihen von Strahlennetzen nur ein singuläres Strahlennetz ausser dem mit der Leitgeraden d_1; die stationären Elemente $d_1 d$ haben noch ein weiteres und *ebenso hat das Gebüsche* $[d_1]$ *auch noch das letzte isolirte Fundamental-Gewinde in sich aufgenommen; die Bezeichnung ist daher:*

$$[(21)3].$$

Lassen wir hingegen Φ *zwei doppelte Erzeugenden* d_1, d_1' *bekommen,* so dass sie wiederum in Φ^2, Φ_1^2 zerfällt, so erhalten wir den Fall, auf den wir schon in anderer Weise gestossen sind, nämlich als wir, bei getrennten d, d', diese doppelten Erzeugenden d_1, d_1' an einander rückten (Nr. 813); *ihm entspricht die Bezeichnung:*

$$[(21)(11)1];$$

und noch specieller ist der Fall:

$$[(21)(21)],$$

in welchem sowohl d *und* d', *als* d_1 *und* d_1' *unendlich nahe sind.* Während vorhin Φ^2 und $\Phi_1{}^2$ sich längs d berühren, thun sie es jetzt längs d und d_1.

Die Mannigfaltigkeit ist in diesen 4 Fällen 16—1, 16—2, 16—2, 16—3, je um 1 niedriger als in den entsprechenden Fällen der früheren Betrachtung.

Bei Montesano ergeben sie sich, *wenn* $F_1{}^2$ *den Kegelschnitt* $K_1{}^2$ *berührt, osculirt, in zwei Punkten, vierpunktig tangirt.*

Zum letzten Falle mag noch erwähnt werden, dass die beiden Congruenzen 2. Grades singulärer Strahlen, — welche den Punkten der Berührungs-Kegelschnitte der $F_1{}^2$ mit den ihr umgeschriebenen durch den $K_1{}^2$ gehenden Kegeln 2. Grades entsprechen — sich auf zwei Gerade des Büschels dd_1 stützen, die zu d, d_1 harmonisch sind.

Wir können hier gleich noch *die Regelfläche 4. Grades von der* 826
Art XII (I, Nr. 46) anreihen, die unter den nicht zerfallenden Regelflächen 4. Grades als singuläre Fläche möglich ist (Nr. 803); ihre dreifache Gerade d^3 ist einfache und einzige Leitgerade und zugleich doppelte Erzeugende. Und zwar ist sie beidemal torsal, und wir haben auf d^3 2 Cuspidalpunkte und durch sie, ihnen zugehörig, 2 Cuspidalebenen.

Der Spurpunkt von d^3 in irgend einer Tangentialebene τ von Φ ist Doppelpunkt von C^3; daraus folgt wiederum, dass d^3 in jeder der beiden Involutionen I_h und I_l ein binärer Doppelstrahl ist und also noch je 2 andere vorhanden sind. *Jeder der beiden Cuspidalpunkte wird (quaternärer) stationärer Punkt* $\overline{D}$ *für den Complex und hat die zugehörige Cuspidalebene zur Ebene* $\bar{\varepsilon}$, *und ebenso hat diese als (quaternäre) stationäre Ebene* $\bar{\delta}$ *jenen zum Punkte* $\overline{E}$, so dass wir 2 Büschel $(\overline{D}, \bar{\delta})$ haben, welche doppelt gerechnet für den Scheitel den Complexkegel, für die Ebene die Complexcurve bilden.

d^3 ist Leitgerade für ein singuläres Strahlennetz aus jeder der beiden Reihen; jede enthält noch 2 andere. Jene beiden Strahlennetze, für welche d^3 die einzige Leitgerade ist, haben das Paar der beiden eben genannten Büschel zur gemeinsamen Regelschaar.

Von den 4 Tangenten der C^3 aus dem Berührungspunkte T von τ sind zwei in die Gerade nach dem Doppelpunkte gefallen; so dass von den 4 sich selbst verbundenen Involutionen zwei in diejenige zusammengefallen sind, deren gepaarte Geraden sich (in einem Punkte von d^3 und in einer Ebene durch d^3) schneiden. Dieser Involution entspricht *das Gebüsche* $[d^3]$, *das zum fundamentalen Büschel gehört und zwei von den 4 isolirten Fundamental-Gewinden des allgemeinen Falls* [(11)1111] *in sich aufgenommen hat; der Complex ist daher mit:*

[(31)11]

zu bezeichnen. Wir können diesen Fall als Specialfall von [(11)211] (Nr. 805) ansehen, indem dessen 3 Doppelstrahlen d, d', d_1, von denen der letzte die beiden ersten windschiefen schneidet, zusammengefallen sind.

Man erhält ihn bei Montesano's Abbildung, wenn F_1^2 die Ebene $\varkappa_1$ des Grund-Kegelschnitts K_1^2 in einem beliebigen Punkte berührt; wir wissen, dass schon im allgemeinen Falle dieser Ebene $\varkappa_1$ das Gebüsche $[d]$ in G correspondirt. Nunmehr wird $\varkappa_1$ doppelte Ebene des Torsus, welcher K_1^2 und F_1^2 zugleich umgeschrieben ist; und die Axen der Gebüsche, welche den Ebenen dieses Torsus entsprechen, erzeugen die Regelfläche Φ; folglich wird d, die schon Leitgerade von Φ ist, auch doppelte Erzeugende dieser Fläche, diese als von der Art XII.

Nehmen wir noch specieller an, dass *die beiden Cuspidalpunkte und Cuspidalebenen von d^3 zusammenrücken und diese Gerade eine stationäre Erzeugende von Φ wird;* so wird in jeder Tangentialebene τ die Spur von d^3 Rückkehrpunkt, und wir haben in jeder der beiden Reihen von Strahlennetzen, ausser dem, das d^3 zur Leitgeraden hat, nur noch ein singuläres Strahlennetz; *das Gebüsche $[d^3]$ hat noch ein weiteres isolirtes Fundamental-Gewinde in sich aufgenommen; wir haben den Complex,* einen Specialfall von [(11)31], *mit*

[(41)1]

zu bezeichnen.

F_1^2 muss, wenn dieser Specialfall eintreten soll, die Ebene $\varkappa_1$ in einem Punkte von K_1^2 berühren.

827 Die Mannigfaltigkeit der Regelfläche von der Art XII wollen wir auf Grund der in I, Nr. 46 besprochenen projectiven Erzeugung bestimmen; diese ist folgende: Eine Gerade d^3 und eine ebene Curve 3. Ordnung C^3 mit Doppelpunkt sind so gelegen, dass d^3 durch den Doppelpunkt geht; sie werden in eine projective Beziehung gebracht, welche keiner Einschränkung unterworfen ist; die Verbindungslinien entsprechender Punkte erzeugen die Fläche. Die Mannigfaltigkeit von d^3 ist 4, von C^3 bei der vorgeschriebenen Lage zu d^3 $3 + (9 - 3) = 9$, denn die Ebene kann ∞^3 Lagen haben und für eine Curve in gegebener Ebene repräsentirt ein gegebener Doppelpunkt 3 Bedingungen; dazu kommt die Mannigfaltigkeit 3 der projectiven Beziehung, während andererseits für jede gegebene Fläche dieser Art wegen der ∞^2 Curven C^3 die Mannigfaltigkeit der Erzeugung 2 ist.

Also ist die Mannigfaltigkeit der Fläche XII $4 + 9 + 3 - 2 = 14$; sie subsumirt sich der Art VII, welche zwei getrennte Leitgeraden und eine doppelte Erzeugende und die Mannigfaltigkeit 15 hat, ist hingegen der Art VIII, bei der die Leitgeraden sich vereinigt haben und welche auch die Mannigfaltigkeit 14 hat, coordinirt.*)

Die Mannigfaltigkeit unseres Complexes [(31)11] *ist daher* um 1 grösser, also *15.*

Wird d^3 *stationär auf der Regelfläche,* so sinkt die Mannigfaltigkeit derselben auf 13, und *die des Complexes* [(41)1] *ist 14.*

In Nr. 820 haben wir der Regelfläche 4. Grades von der Art I 828
2 sich schneidende doppelten Erzeugenden gegeben und dadurch sie zum Zerfallen in eine cubische Regelfläche und einen Strahlenbüschel gebracht; jene Erzeugenden wurden dann einfache Erzeugenden der cubischen Regelfläche. Gehen wir von einer Fläche von der Art II mit vereinigten Leitgeraden aus, so müsste die cubische Regelfläche eine Cayley'sche, ebenfalls mit zwei vereinigten Leitgeraden, sein; bei dieser sendet jeder Punkt der Leitgeraden nur eine — von der Leitgeraden, die ja auch Erzeugende ist, verschiedene — Erzeugende aus; also ist ein derartiges Zerfallen nicht möglich. Da zwei sich schneidende Erzeugenden unserer Fläche von der Art II stets mit der Leitgeraden in einem Büschel liegen, so werden wir, sie als doppelte Erzeugende annehmend, auch zu dem Falle von drei Doppelstrahlen eines Complexes 2. Grades gelangen, welche sich in demselben Büschel befinden, einem Falle, mit dem wir uns später beschäftigen wollen.

Bei der Fläche von der Art XII aber ist dies Zerfallen in eine Cayley'sche Regelfläche 3. Grades Φ^3 und einen Strahlenbüschel (P, π), der dann die Leitgerade d^3 jener — für Φ^3 nur noch d^2 — mit irgend einer Erzeugenden d_1 verbindet, möglich; wir erhalten *einen Specialfall von* [(11)22], *in dem sich die drei Doppelstrahlen* d, d', d_2 *in* d^3 *vereinigt haben und noch ein diesen schneidender Doppelstrahl* d_1 *vorhanden ist. Das Gebüsche* $[d_1]$ *nimmt die beiden isolirten Fundamental-Gewinde in sich auf, welche bei* [(31)11] *noch vorhanden waren***), *und der jetzige Complex bekommt die Bezeichnung:*

[(31)2].

*) Durch ähnliche Ueberlegungen habe ich *die Mannigfaltigkeit sämmtlicher Regelflächen 4. Grades* ermittelt; sie ist für III (mit doppelter cubischer Raumcurve) 17, für I, IV, IX 16, für II, V, VI, VII, X, XI 15 und für VIII und XII 14. Für die beiden cubischen Regelflächen (I, Nr. 39) ist sie 13 und 12.

**) Oder eins von den Gebüschen, welche bei [(11)22] an die Stelle von je 2 Fundamental-Gewinden getreten ist.

Bei [(11)22] waren nur d_1, d_2 Doppelstrahlen mit Feld und Bündel, während von den Leitgeraden d ein Doppelstrahl mit Feld, d' ein solcher mit Bündel war (Nr. 821); indem nun hier diese 3 letzten Strahlen zusammengefallen sind, *ist auch die Leitgerade* d^3 *Doppelstrahl mit Feld und Bündel geworden. Auf ihr haben wir einen Cuspidalpunkt* $\overline{D}$ *und eine ihm zugehörige Cuspidalebene* $\overline{\delta}$; folglich muss der Büschel aus ersterem, der doppelt gerechnet den vollen Complexkegel darstellt, in die Ebene π fallen*), denn je einer von den beiden Complex-Strahlenbüscheln eines jeden Punktes von d^3 thut es, und der Strahlenbüschel in $\overline{\delta}$, der doppelt gerechnet die Complexcurve dieser stationären Ebene ist, kommt aus P.

Weil diese Büschel auch die zweiten Büschel aus $\overline{D}$, bezw. in $\overline{\delta}$ sind, so gehören sie zu dem singulären Strahlennetze, welches d^3 zur Leitgeraden hat.

Fällt P *in den Cuspidalpunkt* $\overline{D}$ *und* π, welche die der d^3 unendlich nahe und sie in $\overline{D}$ schneidende Erzeugende mit d^3 verbindet, *in die zugehörige Cuspidalebene* $\overline{\delta}$, *dann vereinigt sich auch noch der vierte Doppelstrahl* d_1 *von* [(31)11] *mit* d^3; *und das Gebüsche* $[d_1]$, *das im vorigen Falle die beiden isolirten Fundamental-Gewinde in sich aufgenommen hat, tritt in den fundamentalen Büschel ein; wir kommen zu dem mit*

[(51)]

zu bezeichnenden Specialfalle. Die Gerade C in der Tangentialebene τ wird Tangente von C^2 (in der Spur von d^3) und der auf ihr gelegene Punkt $\mathfrak{L}$ sendet nur noch eine Tangente an C^2; d. h. in der Reihe der Strahlennetze L haben wir nur ein singuläres, dessen Strahlen Φ^3 tangiren.

Bei Montesano's Abbildung erhalten wir den ersten dieser beiden Fälle, wenn F_1^2 eine den Grund-Kegelschnitt K_1^2 berührende Erzeugende hat, und den zweiten, wenn diese den K_1^2 überdies in demselben Punkte berührt, wie $\varkappa_1$ die F_1^2.

Da die Mannigfaltigkeit der Cayley'schen Fläche 12, im ersten Falle (P, π) in ∞^1 Lagen möglich ist, so *ergiebt sich als Mannigfaltigkeit der beiden vorangehenden Complexe 14, 13.*

---

*) Deshalb kann der Büschel $(\overline{D}, \overline{\delta})$ nicht zum Complexe und also auch nicht zur Congruenz der singulären Strahlen gehören, wie Montesano behauptet.

Complexe 2. Grades mit unendlich vielen Doppelstrahlen.

I.

Nehmen wir an, *der Complex* Γ^2 *habe 3 gegen einander windschiefe* 829
Doppelstrahlen d, d', d''*), *so wollen wir die beiden verbundenen Regelschaaren* $(dd'd'')$ *und* $[dd'd'']$ *mit* Δ *und* φ *bezeichnen, die gemeinsame Trägerfläche,* welche sich als singuläre Fläche herausstellen wird, *mit* Φ.

Δ hat mit Γ^2 3 Doppelstrahlen gemeinsam, gehört ihm also ganz an. Jedes Strahlennetz ferner durch d, d' schneidet Γ^2 in einer Regelfläche 4. Grades mit zwei doppelten Erzeugenden d, d', d. h. in zwei Regelschaaren, welche d, d' gemeinsam haben; jedes Strahlennetz also durch d, d', d'' oder Δ schneidet in zwei Regelschaaren, welche d, d', d'' gemeinsam haben, demnach in Δ zusammenfallen.

Für jedes durch Δ *gehende Strahlennetz repräsentirt* Δ *doppelt gerechnet den Schnitt mit* Γ^2.

Legt man durch Δ und irgend einen dieser Regelschaar nicht angehörigen Strahl des Complexes das Strahlennetz, so gehört dies ganz dem Complexe an, und so sehen wir, dass *jedes durch* Δ *gelegte Gewinde den Complex in zwei Strahlennetzen schneidet* und derselbe von ∞^1 Strahlennetzen einfach durchzogen wird, welche alle durch Δ gehen.

Die Leitgeraden-Dupel dieser Strahlennetze befinden sich in der Regelschaar φ, und jede Gerade h derselben ist für 2 von diesen Strahlennetzen Leitgerade.

In der That, es sei X ein beliebiger Punkt von h und g ein von ihm ausgehender Strahl des Complexes, h_1 die zweite Gerade von φ, welche er trifft; das Strahlennetz durch Δ und g ist ganz im Complexe enthalten, und h und h_1 sind seine Leitgeraden; der Strahlenbüschel dieses Netzes aus X gehört also auch zu Γ^2; seine Ebene geht durch h_1, und er enthält deshalb den durch X gehenden Strahl von Δ. Mithin ist X ein singulärer Punkt des Complexes; wenn nun h_2 die zweite Gerade von φ ist, welche von irgend einem Strahle des zweiten Complex-Strahlenbüschels aus X getroffen wird, so haben wir damit das zweite Strahlennetz von Γ^2, von dem h die eine Leitgerade ist. Auch dieser zweite Büschel geht durch jenen Strahl von Δ.

Folglich sind alle Punkte, alle Ebenen von Φ *singulär. Der zugehörige singuläre Strahl ist stets die Gerade von* Δ, *die mit dem Punkte, der Ebene incidirt.*

Alle Strahlen von Δ *sind Doppelstrahlen des Complexes,* und, indem

*) Vergl. hierzu: Segre, Math. Annalen Bd. 23 S. 235, sowie wegen der Erzeugungen: Weiler, Zeitschr. f. Math. u. Phys. Jg. 27 S. 257, Jg. 29 S. 187.

die ursprünglich angenommenen sich nur wie die übrigen verhalten, mag d der Name irgend eines dieser ∞^1 Doppelstrahlen des Complexes sein.

Wenn also ein Complex 2. Grades 3 gegen einander windschiefe Doppelstrahlen besitzt, so sind alle Strahlen der durch sie bestimmten Regelschaar Doppelstrahlen.

Ein Doppelstrahl eines Complexes 2. Grades ist stets Doppelgerade der singulären Fläche; folglich ist Φ, doppelt gerechnet, vollständige singuläre Fläche.

Hat ein Complex 2. Grades 3 windschiefe Doppelstrahlen und damit eine ganze Regelschaar von Doppelstrahlen, so ist deren Trägerfläche, doppelt gerechnet, seine singuläre Fläche.

Er enthält ∞^2 Strahlennetze, welche alle durch diese Regelschaar gehen; die Leitgeraden-Dupel derselben bilden in der verbundenen Regelschaar eine involutorische Correspondenz [2].

Erinnern wir uns, dass wir schon in Nr. 605 beobachtet haben, dass zwei verbundene Involutionen I_h, I_l auf einer Regelfläche 4. Grades in eine involutorische Correspondenz [2] übergehen, wenn die Regelfläche in eine doppelte Regelschaar ausartet.

Umgekehrt, wenn in eine Regelschaar φ eine involutorische Correspondenz [2] *gelegt wird, so erzeugen die Strahlennetze* $[hh_1]$, *deren Leitgerade sich in ihr entsprechen, einen Complex 2. Grades, für welchen alle Strahlen der der φ verbundenen Regelschaar $\varDelta$ doppelt sind.*

Complexcurve in einer Ebene ξ wird die Directionscurve der von dem Kegelschnitte $\varphi\xi$ getragenen involutorischen Correspondenz [2], die durch die gegebene hervorgerufen wird. Wenn h die Gerade von φ in irgend einer Ebene durch einen Strahl d von $\varDelta$ ist und h_1, h_2 ihr in [2] entsprechen, so gehören die Büschel in der Ebene aus den Netzen $[hh_1]$, $[hh_2]$ zum Complexe und haben d gemein, so dass dieser Doppelstrahl des Complexes ist.

Durch die Regelschaar φ (oder $\varDelta$) und die Complexcurve in irgend einer Ebene ist daher dieser Complex vollständig und eindeutig bestimmt; denn letztere legt die Correspondenz [2] in φ fest.

Die im Complexe enthaltenen Strahlennetze bilden im jetzigen Falle ein einziges Continuum; jede zwei sind, wegen der gemeinsamen Regelschaar $\varDelta$, durch ein Gewinde verbunden. Zu jedem gehört ein Gewinde, welches Γ^2 in ihm berührt.

Die vier Coincidenzstrahlen von [2] führen zu singulären Strahlennetzen und sind die 4 Geraden, welche der Complex mit φ gemeinsam hat.

Verbinden wir 2 feste von den Strahlennetzen mit den übrigen, so *zeigt sich der Complex als Erzeugniss zweier projectiver Gewindebüschel* S_1, S_1', *deren Grund-Strahlennetze sich* nicht blos in zwei Geraden, sondern *in einer Regelschaar durchschneiden.* Ihre sämmtlichen Geraden sind aus demselben Grunde doppelt, wie im allgemeinen Falle jene zwei (I, Nr. 160).

Die beiden erzeugenden Büschel sind also in demselben Gewindenetze S_2 *enthalten.*

Und wie im allgemeinen Falle jene zwei Strahlen allen erzeugenden Strahlennetzen gemeinsam sind, so hier alle Strahlen der Regelschaar; daraus folgt, dass die Leitgeraden derselben die Leitschaar erfüllen, die so, doppelt gerechnet, an Stelle der Regelfläche 4. Grades tritt. Da sämmtliche Gewinde des einen wie des andern Büschels durch $\varDelta$ gehen, so durchlaufen die Polaren einer Geraden h der Leitschaar diese; die zu entsprechenden Gewinden gehörigen bewegen sich projectiv und vereinigen sich zweimal: in den zweiten Leitgeraden solcher erzeugenden Strahlennetze, deren erste h ist; wir haben die involutorische Correspondenz [2].

Die Mannigfaltigkeit des Complexes ist $9 + 5 = 14$; da in jeder Regelschaar ∞^5 involutorische Correspondenzen [2] möglich sind; oder $9 + 2.2 + 3 - 2$, da man auf $\infty^{9+2.2}$ Weisen 2 Strahlennetze mit einer gemeinsamen Regelschaar zusammenstellen und die durchgehenden Gewindebüschel auf ∞^3 Weisen projectiv beziehen kann, jeder Complex dieser Art auf ∞^2 Weisen sich so erzeugen lässt.

Das fünffach unendliche lineare System der Complexe mit gemeinsamer doppelter Regelschaar $\varDelta$ kann man in das System ihrer Complexcurven in einer festen Ebene π abbilden.

Wenn für einen Punkt, eine Ebene von Φ stets der incidente 830
Strahl von $\varDelta$ der zugehörige singuläre Strahl ist, so scheint keine Congruenz singulärer Strahlen zu stande zu kommen.

Aber *die Correspondenz* [2] *in* φ *hat 4 Verzweigungsstrahlen* a', ... a^{IV}; *die zugehörigen Doppelstrahlen seien* $\mathfrak{a}'$, ... $\mathfrak{a}^{IV}$. Für einen Punkt (eine Ebene) von a' fallen die beiden Complex-Strahlenbüschel zusammen in den in der Ebene nach $\mathfrak{a}'$ (um den Schnittpunkt mit $\mathfrak{a}'$). *Folglich sind alle Punkte und Ebenen der 4 Geraden* a', ... *stationär für den Complex.**) Deshalb mögen diese — dem Complexe nicht

*) In Math. Annalen Bd. 7 hat Weiler irrthümlich die Geraden des einen der beiden Quadrupel a', ...; $\mathfrak{a}'$, ... mit stationären Punkten, die des andern mit stationären Ebenen erfüllt angenommen; dies ist von ihm in der Zeitschr. f. Math. u. Phys. Jahrg. 29 S. 191 verbessert. Das richtige Sachverhältniss hat Segre gefunden (Sulla geometria della retta S. 66).

angehörigen — Geraden *stationär* für ihn genannt werden.*) Alle Strahlen aber eines Büschels, in den die beiden Büschel aus einem stationären Punkte, in einer stationären Ebene zusammenfallen, sind singulär (Nr. 533).

Weil die Directionscurve einer von einem Kegelschnitte getragenen involutorischen Correspondenz [2] durch die Verzweigungspunkte geht, so folgt:

Alle Complexcurven treffen die stationären Geraden, alle Complexkegel berühren sie.

Während also die beliebigen Punkte und Ebenen von Φ als zugehörigen singulären Strahl je nur die incidente Gerade von $\varDelta$ haben, *liefern die Punkte und Ebenen der 4 stationären Geraden* a', ... a^{IV} *die Congruenz der singulären Strahlen in den 4 Strahlennetzen* $[a'\mathfrak{a}']$, ... Berührt wird die einfache Fläche Φ von den Strahlen dieser Netze nicht: die Berührung des allgemeinen Falles ist hier Doppelschnitt geworden.

Consingularität eines Complexes mit einem andern bedeutet Gemeinsamkeit der singulären Fläche und der stationären Elemente. Bisher folgte diese Gemeinsamkeit der stationären Elemente aus der der singulären Fläche. Das ist aber beim vorliegenden Complexe nicht mehr der Fall.

Wir erhalten also die consingulären Complexe vermittelst aller von φ *getragenen involutorischen Correspondenzen* [2], *welche dieselben Verzweigungsstrahlen* a', ... a^{IV} *haben, wie die des gegebenen Complexes.*

Insofern eine involutorische Correspondenz [2] ein Specialfall der Correspondenz [2, 2] ist, könnten wir die Eigenschaften dieses Systems von „consingulären" involutorischen Correspondenzen [2] aus den Ergebnissen von Nr. 602 ff. ablesen. Aber es ist einfacher, sie direct zu behandeln. Wir denken uns wieder den Kegelschnitt K, in dem φ von einer beliebigen Ebene $\mathfrak{x}$ geschnitten wird; die Verzweigungspunkte einer von ihm getragenen involutorischen Correspondenz [2] sind die Schnitte der Directionscurve $\mathfrak{K}$ derselben; also bilden für alle consingulären Correspondenzen diese Curven $\mathfrak{K}$ einen Büschel.

Die Complexcurven, in derselben Ebene, aller einem Complexe der vorliegenden Art consingulären Complexe bilden einen Büschel, ebenso die Complexkegel aus dem nämlichen Punkte eine Schaar. Die Grundpunkte, bezw. Grundebenen dieser Büschel oder Schaaren incidiren mit den 4 stationären Geraden a', ... a^{IV}.

In jenem Büschel in $\mathfrak{x}$ befindet sich K selbst; die Correspondenz

*) So nennt sie Montesano; während sie bei Segre Focalgerade heissen.

[2], für welche er Directionscurve ist, ist die Identität (I, Nr. 29), die natürlich auch zu einer Identität in φ führt. Der entsprechende Complex ist der Tangentencomplex von Φ.

Im vorliegenden Falle gehört zur Reihe der consingulären Complexe stets der Tangentencomplex der singulären Fläche.

Die 3 Geradenpaare des Büschels in $\mathfrak{x}$, als Tangentencurven doppelte Strahlenbüschel, lehren, dass es unter den Correspondenzen [2] in der Regelschaar φ 3 doppelte Involutionen I_1, I_2, I_3 giebt: 831

$$(a'a'',\ a'''a^{\mathrm{IV}}),\quad (a'a''',\ a''a^{\mathrm{IV}}),\quad (a'a^{\mathrm{IV}},\ a''a''');$$

folglich haben wir unter den consingulären Complexen 3 doppelte Gewinde Γ_1, Γ_2, Γ_3.

Aus der Entstehung dieser Gewinde erhellt sofort, dass *sie die Regelschaar Δ enthalten**) und also in Involution sind zu sämmtlichen durch φ gehenden Gewinden.

Drei solche aus 4 Elementen gebildeten Involutionen I_1, I_2, I_3 sind bekanntlich zu je zweien harmonisch; d. h. die Doppelelemente der einen bilden ein Paar der andern, und die Elemente, welche zu den Elementen eines Paars der einen in der andern gepaart sind, bilden wiederum ein Paar der ersten. Daraus folgt, dass je zwei von den drei Gewinden Γ_1, Γ_2, Γ_3 in Involution sind, jedes das andere in sich selbst transformirt.

Betrachten wir in der Ebene $\mathfrak{x}$ die involutorische oder harmonische Homologie, welche Centrum und Axe der Involution I_1 — Ecke und Gegenseite des gemeinsamen Polar-Dreiecks des Kegelschnitt-Büschels — zu Centrum und Axe hat; sie transformirt jeden der Kegelschnitte $\mathfrak{K}$ in sich selbst, eine Tangente desselben in eine andere, die Schnitte jener mit K in die Schnitte dieser; aber entsprechende Punkte der Homologie auf dem Kegelschnitte $\varphi\mathfrak{x}$ sind die Spuren solcher Geraden von φ, welche in der Involution I_1 gepaart sind. Demnach transformirt auch diese jede von den Correspondenzen [2] in sich selbst.

Gepaarte Geraden der Involution I_1 auf φ sind aber polar in Bezug auf Γ_1.

Folglich führt jedes der 3 Gewinde Γ_1, ... einen jeden der consingulären Complexe in sich selbst über, und damit sind die drei Gewinde als Fundamental-Gewinde erkannt; der frühere Beweis (Nr. 541) versagt nämlich in diesem Falle, wo wir keine Doppeltangenten-Congruenz haben.

---

*) Auf den Doppelgewinden als consingulären Complexen muss ja Δ ebenfalls doppelt, auf den einfachen also einfach sein.

Aber zu diesen 3 isolirten Fundamental-Gewinden tritt hier noch *das fundamentale Netz des Complexes,* das Netz, welches φ zur Grund-Regelschaar hat.

Denn jedes von dessen Gewinden inducirt in Δ eine Involution von Polaren; seien d, d' irgend zwei solche Polaren, x ein Strahl eines der Complexe, x' der zu ihm in Bezug auf unser Gewinde polare Strahl, so gehören d, d', x, x' als zwei Paare von Polaren des Gewindes zur nämlichen Regelschaar; da diese d, d', zwei Doppelstrahlen, und x mit dem Complexe gemein hat, so gehört sie ihm ganz an, also auch x'; das Gewinde transformirt also einen jeden der consingulären Complexe in sich selbst und ist fundamental. Drücken wir, in consequenter Fortbildung unserer Bezeichnung, dies durch (111) aus, so *kommen wir für unsern Complex mit einem fundamentalen Netze und 3 isolirten Fundamental-Gewinden zu der Bezeichnung:*

$$[(111)111].$$

Weil eine Gerade in der Ebene $\mathfrak{x}$ nur 2 Kegelschnitte des Büschels tangirt, so ist *der Grad der Reihe der consingulären Complexe 2.*

Die 4 gemeinsamen Tangenten von zwei Kegelschnitten des Büschels lehren, dass *jede zwei Complexe aus der Reihe der consingulären Complexe 4 Strahlennetze gemeinsam haben.*

Drei consinguläre Complexe haben nur die Regelschaar Δ (achtfach) gemeinsam.

Die 4 stationären Strahlen a', ... a^{IV} *sind allen consingulären Complexen gemeinsam; die zugehörigen Geraden* $\mathfrak{a}'$, ... $\mathfrak{a}^{IV}$ *aber verändern sich von einem zum andern. Sie bilden eine Involution 4. Grades, so jedoch, dass jede Gruppe zu 4 Complexen gehört* in den verschiedenen Anordnungen $\mathfrak{a}'\mathfrak{a}''\mathfrak{a}'''\mathfrak{a}^{IV}$, $\mathfrak{a}''\mathfrak{a}'\mathfrak{a}^{IV}\mathfrak{a}'''$, ..., die wir schon längst kennen. Man kann dies als einen Specialfall von Nr. 602 ansehen oder auch durch folgende Eigenschaft eines Kegelschnitt-Büschels $(A_1 A_2 A_3 A_4)$ beweisen.

Es seien $\mathfrak{A}_1$, $\mathfrak{A}_2$, $\mathfrak{A}_3$, $\mathfrak{A}_4$ die zweiten Schnitte, mit einem festen Kegelschnitte K des Büschels, der Tangenten eines andern Kegelschnitts $\mathfrak{K}$ in den Grundpunkten A_1, ... Die Kegelschnitte des Büschels, welche $A_1\mathfrak{A}_2$, $A_1\mathfrak{A}_3$, $A_1\mathfrak{A}_4$ berühren, tangiren auch bezw. $A_2\mathfrak{A}_1$, $A_3\mathfrak{A}_4$, $A_4\mathfrak{A}_3$; $A_2\mathfrak{A}_4$, $A_3\mathfrak{A}_1$, $A_4\mathfrak{A}_2$; $A_2\mathfrak{A}_3$, $A_3\mathfrak{A}_2$, $A_4\mathfrak{A}_1$, wie sich leicht beweisen lässt.

Die Gruppe $a'a''a'''a^{IV}$ *gehört auch zur Involution 4. Grades;* sie ergiebt sich bei den 4 ausgezeichneten Mitgliedern der Reihe der consingulären Complexe, dem Tangentencomplexe und den 3 Doppel-Gewinden. Die Congruenz der singulären Strahlen stellen bei jenem die 4 singulären Strahlennetze der Φ auf $a', \ldots a^{IV}$ berührenden Tangenten dar, beim Doppel-Gewinde, welches sich durch die Involution $(a'a'', a'''a^{IV})$ ergiebt, die beiden Strahlennetze $[a'a'']$, $[a'''a^{IV}]$, doppelt gerechnet.

Jeder Strahl des Complexes gehört nur zu zwei Strahlenbüscheln 832
desselben und nur zu einem Strahlennetze H.

Jeder Strahlenbüschel des Complexes enthält einen Doppelstrahl und gehört zu einem Netze H.

Wir haben zweierlei Strahlenbüschel-Paare im Complexe: bei den einen ist der gemeinsame Strahl ein Doppelstrahl und die beiden Büschel gehören im allgemeinen zu verschiedenen Netzen H; bei den andern ist es ein beliebiger Strahl und die beiden Büschel gehören zu demselben Netze H.

Ein Strahlennetz, das durch ein Paar der ersteren Art geht, schneidet aus Γ^2 *eine Regelschaar* ϱ *aus, welche* keinen Doppelstrahl enthält und *sich durch alle Netze* H *zieht;* denn mit jedem hat jenes Netz ausser dem Doppelstrahle des Büschelpaars noch einen zweiten Schnittstrahl.

Das Strahlennetz $[a'a']$ ist das einzige H, welches a' zur Leitgeraden hat; folglich haben sich die beiden Geraden einer ϱ, welche a' treffen, vereinigt.

Die Trägerflächen der Regelschaaren ϱ *berühren die 4 stationären Geraden.* Dies ist hier an die Stelle der viermaligen Berührung mit der Fläche getreten; für die Complexcurven und Complexkegel wurde es schon in Nr. 830 erkannt.

Jede Leitschaar λ einer ϱ ruft in φ ebenfalls eine involutorische Correspondenz [2] hervor, in der zwei Gerade von φ einander entsprechen, welche von der nämlichen Geraden von λ getroffen werden; und weil λ dieselbe Trägerfläche hat wie ϱ, so sind die $a', \ldots$ auch die Verzweigungsstrahlen dieser Correspondenz.

Ein beliebiges Gewinde Γ schneidet Δ in 2 Strahlen d, d', welche Doppelstrahlen der Schnittcongruenz $\Gamma^2\Gamma$ sind; diese hat (II, Nr. 407) eine quaternäre Reihe von Regelschaaren, die sämmtlich durch d und d' gehen, und 3 Paare verknüpfter unärer Reihen, aus ϱ bestehend. Die Leitschaaren λ der Regelschaaren einer von diesen Reihen, welche alle zum nämlichen Gebüsche Σ_3 gehören, bilden eine der 3 confocalen Congruenzen (II, Nr. 407), für die d, d' auch Doppelstrahlen sind. Diejenigen ihrer Strahlen, welche eine Gerade h' von φ treffen, erzeugen eine Regelfläche 4. Grades, mit d und d' als doppelten Erzeugenden, also zwei Regelschaaren; da jede von ihnen der Δ in zwei Geraden begegnet, so haben die verbundenen Regelschaaren mit φ zwei Gerade h' und h_1', h' und h_2' gemeinsam; d. h. die involutorische Correspondenzen [2], welche durch alle diese λ in φ hervorgerufen werden, sind identisch. Damit ist erkannt, dass die Leitschaaren solcher Regelschaaren ϱ von Γ^2, welche dem nämlichen Gebüsche Σ_3 angehören, sich in demselben consingulären Complexe befinden, oder, *wenn wir die consingulären Complexe als Erzeugnisse der Leitschaaren der Regelschaaren je desselben Gebüsches von* Γ^2 *definiren, dass die durch die consingulären Correspondenzen* [2] *gelieferten Complexe consingulär sind.*

833 Legt man aber ein Strahlennetz durch ein Strahlenbüschel-Paar der zweiten Art, so ergiebt sich als fernerer Schnitt *eine Regelschaar* $\mathfrak{r}$, *welche* durch die beiden Doppelstrahlen geht, die in den Büscheln des Paars sich befinden, und daher *in einem Netze* H *enthalten ist;* und jedes Netz, durch eine solche Regelschaar gelegt, schneidet eine von derselben Beschaffenheit aus.

Zwei Regelschaaren $\mathfrak{r}$, welche demselben H angehören, haben stets 2 Strahlen gemeinsam; wenn zwei andere sich zweimal schneiden, so geschieht es auf Δ, welche ja den beiden H gemeinsam ist.

Vermeiden wir bei der Kettenbildung die Netze H, weil da der Fortgang unsicher würde, so haben alle Glieder einer Kette dieselben 2 auf Δ gelegenen Strahlen d, d' gemeinsam, und wir kommen nicht zu verknüpften Gebüschen, sondern nur zu ∞^2 *Regelschaaren* $\mathfrak{r}$, *welche alle durch dieselben zwei Geraden von* Δ *gehen:* zu einem Felde, für welches jede von seinen Regelschaaren Träger ist.

Die Leitschaaren $\mathfrak{f}$ erfüllen das Strahlennetz $[dd']$, das durch φ geht.

Es seien l, l_1 zwei Gerade von $[dd']$; das Strahlennetz $[ll_1]$ hat mit Γ^2 zwei durch d, d' gehende Regelschaaren $\mathfrak{r}$ gemein; ihre $\mathfrak{f}$ gehen also durch die Leitgeraden l, l_1. Die Regelschaaren $\mathfrak{f}$ sind daher so im Strahlennetze $[dd']$ vertheilt, dass durch zwei beliebige Strahlen desselben 2 von ihnen gehen.

Damit lässt sich nun in einfacher Weise erkennen, dass die Gewindenetze, welche diese Regelschaaren $\mathfrak{f}$ zu Basen haben, ein quadratisches System 4. Stufe von Gewinden bilden. Die Gewinde eines Büschels schneiden in das Strahlennetz $[dd']$ Regelschaaren ein, welche durch die beiden Geraden gehen, die dem $[dd']$ und dem Grund-Strahlennetze des Büschels gemeinsam sind; also befinden sich unter ihnen zwei $\mathfrak{f}$; unter den Gewinden der Netze ($\mathfrak{f}$) gehören daher zwei zum Büschel.

Die Strahlen eines H, welche eine Gerade l treffen, bilden eine

Regelschaar; sie enthält d, d', wenn l diese Geraden schneidet, und gehört also unserm Felde von $\mathfrak{r}$ an; die zugehörige $\mathfrak{s}$ enthält l.

Das Netz $[dd']$ wird von den $\mathfrak{s}$ derjenigen $\mathfrak{r}$ unseres Feldes, welche einem bestimmten H angehören, einfach durchzogen.

Betrachten wir jetzt zwei Felder, gehörig zu d, d' und zu d_1, d_1'; die Regelschaaren mögen $\mathfrak{r}$, $\mathfrak{r}_1$, die Leitschaaren $\mathfrak{s}$, $\mathfrak{s}_1$ heissen. Durch eine bestimmte $\mathfrak{s}$ sei Γ gelegt; die $\mathfrak{s}_1$ derjenigen $\mathfrak{r}_1$, welche in demselben H sich befinden, wie die zugehörige $\mathfrak{r}$, schneiden $\mathfrak{s}$ zweimal, weil die $\mathfrak{r}_1$ die $\mathfrak{r}$ zweimal schneiden; die beiden Schnittstrahlen erfüllen aber nicht $\mathfrak{s}$, sondern sind fest, da sie auch dem Netze $[d_1 d_1']$ angehören, in dem $\mathfrak{s}$ nicht enthalten ist. Es sei l ein von diesen Schnittstrahlen verschiedener Strahl der Regelschaar, in welcher $[d_1 d_1']$ von Γ geschnitten wird; durch ihn geht eine $\mathfrak{s}_1$; sie hat mit Γ 3 Strahlen gemein, gehört ihm an und ist die eben genannte Regelschaar.

Also geht jedes Gewinde Γ, das durch eine $\mathfrak{s}$ aus $[dd']$ geht, auch durch eine $\mathfrak{s}_1$ aus $[d_1 d_1']$; das bei d, d' sich ergebende quadratische System 4. Stufe ist das nämliche, wie das, welches von d_1, d_1' herrührt.

Die quadratischen Systeme 4. Stufe S_4^2, welche von den verschiedenen Feldern von Regelschaaren $\mathfrak{r}$ herrühren, sind identisch.

Jede $\mathfrak{s}$ befindet sich in einem bestimmten Strahlennetze $[dd']$; 834
folglich gehört der Gewindebüschel durch $[dd']$ zum Gewindenetze $(\mathfrak{s})$, er gehört andererseits zum Netze (φ), und so gelangt dieses ganze Netz (φ) von Fundamental-Gewinden in unser quadratisches System 4. Stufe; und zwar gehört es ihm doppelt an.

Denn es sei Γ_0 ein Gewinde aus (φ); da wir, um zum Systeme zu gelangen, jedes beliebige Dupel d, d' nehmen können, so wählen wir eins, das aus den Leitgeraden des Grund-Strahlennetzes eines solchen Büschels von (φ) besteht, der durch Γ_0 geht; dann sind d und d' polar nach Γ_0; und wenn nun ein durch Γ_0 gehender, aber sonst beliebiger Büschel von Gewinden genommen wird, von dem also die Leitgeraden des Grundnetzes auch polar nach Γ_0 sind, so ergiebt sich als Schnitt-Regelschaar der verschiedenen Gewinde dieses Büschels mit $[dd']$ eine feste, diejenige, die sich auf die 4 Leitgeraden stützt (ausser bei Γ_0, welches $[dd']$ ganz in sich aufnimmt). Sie ist im allgemeinen keine $\mathfrak{s}$; d. h. von unserm Büschel gehört nur Γ_0, und infolge dessen doppelt, zum quadratischen Systeme; wenn aber jene Regelschaar eine $\mathfrak{s}$ ist, so gehört der ganze Büschel zum Systeme.

Dieses ausgezeichnete System S_4^2, welches alle Gewinde des funda-

mentalen Netzes zu doppelten hat, mag mit $\overline{\overline{S}}_4^2$ bezeichnet werden; es ist also *dreifach specialisirt.* Das doppelte Netz heisse $\overline{S}_2$.

Jeder Büschel, welcher ein beliebiges Gewinde unseres Systemes mit einem aus $\overline{S}_2$ verbindet, gehört ganz zum Systeme; verbinden wir es also mit allen Gewinden von $\overline{S}_2$, so ergiebt sich ein ganz in $\overline{\overline{S}}_4^2$ enthaltenes Gebüsche S_3, *und* $\overline{\overline{S}}_4^2$ *zerlegt sich in* ∞^1 *solche Gebüsche, welche alle durch das doppelte Netz gehen.*

Ein ähnlicher Beweis, wie in Nr. 801, lehrt, dass *die Dupel* hh_1 *entsprechender Geraden der involutorischen Correspondenz* [2] *in* φ *die Grunddupel dieser Gebüsche sind. Aber wir haben hier ein einziges System von Gebüschen,* nicht zwei getrennte, wie a. a. O. Da jede $\mathfrak{f}$ durch ein solches Dupel hh_1 geht — das Dupel der Leitgeraden des H, in dem sich die verbundene $\mathfrak{r}$ befindet —, so liegt jedes der Netze ($\mathfrak{f}$) von $\overline{\overline{S}}_4^2$ in einem der Gebüsche und hat daher mit dem Netze (φ), das allen Gebüschen gemeinsam ist, einen Büschel gemein, den Büschel durch das Netz $[dd']$, in dem $\mathfrak{f}$ enthalten ist.

Wir haben in $\overline{\overline{S}}_4^2$ ∞^4 *Netze,* denn jedes von den ∞^1 Strahlennetzen H enthält ∞^3 Regelschaaren $\mathfrak{r}$, oder jedes von den ∞^1 Gebüschen des $\overline{\overline{S}}_4^2$ enthält ∞^3 Netze.

Jedes der Gebüsche enthält ∞^4 Büschel, und *wir haben so* ∞^5 *Büschel in* $\overline{\overline{S}}_4^2$, *so dass diese Mannigfaltigkeit 5 in allen 4 Fällen, die wir bis jetzt zu beobachten Gelegenheit gehabt haben, auftritt.* Die Dupel der Leitgeraden der Grund-Strahlennetze sind die ∞^5 Dupel auf den ∞^4 Regelschaaren $\mathfrak{r}$, auf jeder ∞^2, jedes auf ∞^1, wie in Nr. 801.

Schneiden wir $\overline{\overline{S}}_4^2$ mit einem beliebigen Netze — das mit $\overline{S}_2$, dem Doppelnetze, nichts gemein hat —, so erhalten wir ein S_1^2 (ohne Doppelgewinde), und *unser System entsteht durch die Projection der einzelnen Gewinde dieses quadratischen Systems 1. Stufe aus* $\overline{S}_2$.

$\overline{\overline{S}}_4^2$ *gehört zu dem Continuum der* S_4^2, *die sich bei den Gebüschen von Regelschaaren* ϱ *ergeben, und ist dem Tangentencomplexe von* Φ *zugeordnet.* In jedem Netze H haben wir auch solche Büschelpaare, deren Doppellinie ein Doppelstrahl des Complexes ist; geht man von einem beliebigen Büschelpaar des H zu einem solchen über, so erkennt man, dass die getragenen Regelschaaren durch zwei unendlich nahe Doppelstrahlen gehen. Damit erhalten wir Regelschaaren, welche zugleich $\mathfrak{r}$ und ϱ sind, in jedem Netze H ∞^{1+1}.

Ihre Leitschaaren $\mathfrak{f}$ berühren mit allen ihren Geraden je längs einer Geraden d von $\varDelta$ die Fläche Φ und erfüllen also den Tangentencomplex dieser Fläche, der sich ja unter den consingulären Complexen befindet. Durch diese Netze $(\mathfrak{f}) \equiv (\lambda)$ entsteht das System $\overline{\overline{S}}_4^2$.

Unter den Tangentialgewinden eines Strahls des Complexes befindet sich auch das Gewinde, welches längs des Netzes H *berührt, zu dem der Strahl gehört.* Jeder Strahl von H ist Doppelstrahl der Schnittcongruenz mit Γ^2 und hat daher dieses Gewinde unter seinen Tangentialgewinden. *Die durch den Strahl gehenden und Δ in einer Geraden berührenden Regelschaaren des Γ^2 sind in diesem Tangentialgewinde enthalten,* während die eigentlichen ϱ die andern erfüllen.

Ich begnüge mich mit der Angabe, wie sich die Caporali'sche Abbildung gestaltet. Die Curve k_1^5 zerfällt in eine ebene Curve 3. Ordnung k_1^3 und zwei unendlich nahe Geraden k_1, k_1', welche sich auf k_1^3 stützen und in einer Ebene $\varkappa_1$ liegen, die im Stützpunkte K_1 die k_1^3 osculirt; in die Punkte von k_1^3 bilden sich die den Hauptbüschel (O, ω) in seinem Strahle von Δ treffenden Büschel ab, in k_1 die übrigen, die dann mit ihm in einem H liegen. Die Scheitel von Bündeln, welche verknüpften ϱ-Gebüschen correspondiren, liegen auf k_1^3 in gerader Linie mit dem Wendepunkte K_1. Die 3 Tangenten aus diesem an k_1^3 führen zu den Doppelgebüschen $\Sigma_{3,i}$ und Doppelgewinden Γ_i. 835

Weil wir nur eine Reihe von Strahlennetzen im Complexe haben, so *ist die Fläche F_1^2 in Montesano's Abbildung ein Kegel 2. Grades;* seiner Spitze entspricht die doppelte Regelschaar Δ, durch welche alle jene Netze gehen. Die Grundfläche K_1^2 ist wieder allgemein. An Stelle des Torsus τ_1^4 der gemeinsamen Berührungsebenen von F_1^2 und K_1^2 tritt der doppelt zu rechnende Tangentialkegel aus der Spitze von F_1^2 an K_1^2; die Axen der Strahlengebüsche von G, welche seinen Berührungsebenen entsprechen, erzeugen nur eine Regelschaar, die φ, statt einer Regelfläche 4. Grades. Jede von diesen Ebenen enthält 2 Kanten von F_1^2; jede Gerade von φ ist daher für 2 Strahlennetze des Complexes Leitgerade. Den 4 gemeinsamen Berührungsebenen der beiden Kegel entsprechen die 4 stationären Geraden; die weiteren Kegel 2. Grades, welche jene berühren, geben die consingulären Complexe, darunter die 3 Doppelgewinde, welche den 3 Paaren von Ebenenbüscheln in der Kegelschaar oder vielmehr ihren 3 Doppelebenen correspondiren, und den Tangentencomplex von Φ, welcher, wie wir leicht uns überzeugen können, dem Tangentialkegel von K_1^2 correspondirt. Jene 3 Ebenen sind in Bezug auf K_1^2 conjugirt; also sind die 3 Doppelgewinde in Involution (Nr. 791); und da die Ebenen durch die Kegelspitze gehen, so enthalten sie die Regelschaar Δ.

II.

Wenn der Kegelschnitt K eine involutorische Correspondenz [2] trägt, so sind die Verzweigungspunkte die Schnitte mit der Directions- 836 curve $\mathfrak{K}$; die zweiten Schnitte der Tangenten in ihnen an $\mathfrak{K}$ mit K sind die zugehörigen Doppelpunkte. Vereinigen sich zwei Verzweigungspunkte in einen, so berührt in ihm $\mathfrak{K}$ den K und die beiden Doppelpunkte fallen auch noch in denselben Punkt. Dies führt zu folgenden Specialfällen unseres Complexes.

Zwei von den 4 stationären Geraden, a''', a^{IV}, fallen zusammen in d_1, mit ihnen also auch $\mathfrak{a}'''$, $\mathfrak{a}^{IV}$. Die Strahlennetze $[a'''\mathfrak{a}''']$, $(a^{IV}\mathfrak{a}^{IV})$ vereinigen sich in ein singuläres Strahlennetz mit der Leitgeraden d_1, an das von jedem Punkte von d_1, in jeder Ebene durch d_1 nur ein Strahlenbüschel kommt, in den also die beiden Complex-Strahlenbüschel zusammenfallen und der zudem durch d_1 geht. D. h. d_1 ist ein stationärer Doppelstrahl.

Es sind also ∞^1 Doppelstrahlen vorhanden, welche die Regelschaar Δ bilden, und ein einzelner d_1, der sich in der verbundenen Regelschaar φ befindet und zudem stationär ist: jeder von seinen Punkten sendet, jede von seinen Ebenen enthält zwei vereinigte Complex-Strahlenbüschel, die durch d_1 gehen.

Von den 3 Involutionen ist nur $(a'a'', d_1d_1)$ allgemein geblieben, die beiden andern haben sich in die parabolische mit dem Doppelstrahle d_1 vereinigt. *Das Gebüsche $[d_1]$ hat zwei von den isolirten Fundamental-Gewinden in sich aufgenommen, und dem Complexe ist die Bezeichnung:*

$$[(111)21]$$

zu geben. Auch noch das letzte Fundamental-Gewinde geht in $[d_1]$ auf, wenn 3 stationäre Geraden sich vereinigen: wir haben den Complex:

$$[(111)3].$$

Die Complexcurven berühren im vorigen und osculiren in diesem Falle die Fläche Φ auf d_1; und analoges gilt in den folgenden Fällen.

837 *Wenn hingegen a''', a^{IV} in d_1, a', a'' in d_2 zusammenfallen*, so handelt es sich, wie wir aus I, Nr. 30 vermittelst eines ebenen Schnitts schliessen, um eine Projectivität P in der Regelschaar φ als Specialfall von [2]; jeder Geraden von φ sind die beiden Geraden zugeordnet welche ihr in P in beiderlei Sinne entsprechen, und d_1, d_2 sind sich selbst entsprechend.

Der Complex ist also das Erzeugniss der Strahlennetze, deren Leitgerade entsprechende Geraden einer in der Regelschaar φ befindlichen Projectivität sind.

Nur die Involution (d_1d_1, d_2d_2) führt zu einem isolirten Fundamental-Gewinde; aber die beiden Doppelstrahlen d_1, d_2 in der Regelschaar φ führen zu einem fundamentalen Büschel, und *wir haben also ein fundamentales Netz mit der Basis φ, einen fundamentalen Büschel mit der Basis $[d_1 d_2]$ und ein einzelnes Fundamental-Gewinde; so dass die Bezeichnung:*

$$[(111)(11)1]$$

sich ergiebt. In $[d_1 d_2]$ befindet sich Δ, woraus klar ist, dass der Büschel und das Netz in Involution sind.

Zu der Reihe von Strahlennetzen im Complexe, deren Leitgerade in der Projectivität P entsprechend sind, kommen noch *zwei andere Reihen von durchweg singulären Strahlennetzen: jeder Strahl d von Δ ist Leitgerade für 2.* In der That, es seien h und h_1 in P homolog, so wird die Punktreihe auf d zu dem Ebenenbüschel um d so projectiv, dass dem Punkte dh die Ebene dh_1 entspricht. Der Strahlenbüschel, den sie bilden, gehört zum erzeugenden Strahlennetze $[hh_1]$ und beschreibt, wenn h, h_1 sich ändern, ein singuläres Strahlennetz mit der Leitgeraden d, welches zum Complexe gehört; das andere mit derselben Leitgeraden entsteht durch die Büschel aus den Punkten dh_1 in den Ebenen dh.

Ein beliebiger Complexstrahl g schneidet auf den Geraden h, h_1 die Φ in X, X_1; er treffe die Ebenen dd_1, dd_2 in Y_1, Y_2, so ist der Wurf $XX_1\,YY_1$ projectiv zu dem Ebenenwurfe $d(h, h_1, d_1, d_2)$, also zu dem Geradenwurfe $hh_1 d_1 d_2$ in φ. Dessen Doppelverhältniss ist bekanntlich constant. *Folglich schneidet jeder Strahl des Complexes die Fläche Φ und die Ebenen, welche die beiden isolirten Doppelstrahlen d_1, d_2 mit irgend einem Strahle d aus der doppelten Regelschaar Δ verbinden, nach constantem Doppelverhältniss, das sich mit d nicht ändert,* und denselben Werth hat das duale Doppelverhältniss.

Unter den consingulären Projectivitäten P — für welche alle d_1, d_2 sich selbst entsprechend sind — haben wir auch eine ausgeartete mit den d_1, d_2 als singulären Elementen und die Identität: ihnen entsprechen als consinguläre Complexe das Paar der Gebüsche $[d_1]$, $[d_2]$ und der Tangentencomplex von Φ.

Die beiden von einer beliebigen Geraden getroffenen Strahlen von φ bestimmen eine Projectivität (in der d, d_1 sich selbst entsprechen). *Daher hat die Reihe der consingulären Complexe den Grad 1.**)

Vereinigen sich auch noch d_1 und d_2, so fällt auch das bisherige einzelne Fundamental-Gewinde mit dem einzigen Gebüsche des fundamentalen Büschels zusammen; der Complex ist, nach Analogie von $[(21)(11)1]$, *mit*

*) Weiler erwähnt als interessantes metrisches Beispiel den Complex, den ein Strahlennetz durchläuft, wenn es um die Axe eines Rotationshyperboloids gedreht wird, in dessen einer Regelschaar sich die Leitgeraden befinden.

$$[(111)(21)]$$

zu bezeichnen. Die Regelschaar φ liefert für das singuläre Strahlennetz $[d_1 d_1]$, das Grundnetz des fundamentalen Büschels, die erforderliche Projectivität.

Die Mannigfaltigkeiten dieser 4 Specialfälle sind: $14-1$, $14-2$, $14-2=9+3$, $14-3$.

838 *Ein noch grösserer Specialfall ist der* schon mehrmals erwähnte *Tangentencomplex einer Fläche 2. Grades Φ mit der Mannigfaltigkeit 9. Die Correspondenz* [2] *oder die Projectivität P ist Identität geworden;* was vorhin für d_1, d_2, gilt jetzt für alle Strahlen von φ, *auch diese Regelschaar φ wird mit Doppelstrahlen ganz ausgefüllt. Der Complex hat zwei fundamentale Netze* (φ) *und* (Δ)*; die Bezeichnung ist:*

$$[(111)(111)].$$

Ein solcher Complex hat keine consingulären Complexe gleicher Art; er kommt in eine Reihe von consingulären Complexen, wenn in einer der Regelschaaren seiner Grundfläche 4 Gerade als stationäre a', ... festgelegt sind.

Kommt man zu ihm als consingulärem Complexe von einem [(111)111] (oder einem der Specialfälle), so dass man zu den Regelschaaren dieses Complexes, die zugleich $\mathfrak{r}$ und ϱ sind und Φ längs einer Geraden von Δ tangiren (Nr. 834), die Leitschaaren herstellt, so sind das auch Regelschaaren, welche Φ längs einer Geraden, „linear" tangiren. Es ist aber unmittelbar klar, dass *wir im Tangentencomplexe drei Systeme von Regelschaaren haben* (*je* ∞^4)*: zwei Systeme linear tangirender*, je nachdem die Gerade, längs deren die Berührung stattfindet, der einen oder andern Regelschaar von Φ angehört, *und ein System „conisch", d. h. längs eines Kegelschnitts berührender.*

Ueber sie mögen noch einige Sätze (ohne Beweis) mitgetheilt werden.

Längs derselben Geraden von Φ berühren ∞^3 Regelschaaren $\mathfrak{r}$; jede zwei haben 2 Gerade gemeinsam und jede enthält auch 2 Gerade von Φ aus der andern Schaar. Durch 2 beliebige Tangenten von Φ geht keine linear berührende Regelschaar.

Längs eines Kegelschnitts k^2 (in der Ebene $\varkappa$) von Φ berühren ∞^1 Regelschaaren ϱ und machen die Tangentenbüschel von Φ in den verschiedenen Punkten von k^2 projectiv mit zur nämlichen ϱ gehörigen Strahlen als entsprechenden. Sind g, l in einem Punkt X von k^2 die beiden Geraden von Φ, t die Tangente von k^2, x die Gerade von ϱ, so hat das Doppelverhältniss $(gltx)$ für alle Punkte von k^2 denselben Werth und ist also der ϱ zugeordnet. Der verbundenen Regelschaar, die ja auch zum Tangentencomplexe gehört, kommt das reciproke Doppelverhältniss zu, da, wenn y ihr angehört, gl, xy, tt in Involution sind.

Zwei Tangenten x, x_1 von Φ befinden sich in zwei conisch berührenden Regelschaaren; die Ebenen $\varkappa$, $\varkappa'$ ihrer Berührungscurven sind in Bezug auf Φ conjugirt; denn sind P, P_1 die Berührungspunkte von x, x_1, so wird der Ebenenbüschel von PP_1 durch die Projectivität $glx \barwedge g_1 l_1 x_1$ involutorisch mit solchen Ebenen als gepaarten, in denen entsprechende Tangenten liegen. Und umgekehrt, wenn längs zweier Kegelschnitte, deren Ebenen conjugirt sind, zwei Regelschaaren berühren, die an dem einen Schnittpunkte eine gemeinsame Erzeugende haben, so haben sie auch am andern eine. Zwei solchen sich tragenden Regelschaaren kommen entgegengesetzt gleiche Doppelverhältnisse zu.

Alle conisch berührenden Regelschaaren, welchen das nämliche Doppelverhältniss zugehört, bilden ein Gebüsche Σ_3 und die mit dem entgegengesetzt gleichen Doppelverhältnisse das verknüpfte Gebüsche. Zu den Doppelverhältnissen 1, — 1 gehören die Kegelschnitte und Kegel.

Die verbundenen Regelschaaren der Regelschaaren zweier verknüpfter Gebüsche bilden wiederum zwei verknüpfte Gebüsche.

Die Ebenen der Berührungscurven der Regelschaaren einer Reihe (in einem Gebüsche Σ_3) bilden einen Büschel, und die der verknüpften Reihe (im verknüpften Gebüsche) denjenigen um die Polare der Axe des ersten in Bezug auf Φ.

Zwei Geraden x, x_1 des Tangentencomplexes kann man die beiden entgegengesetzt gleichen Doppelverhältnisse zuordnen, welche den durch sie gehenden conisch berührenden Regelschaaren zukommen; alle Dupel mit den nämlichen Doppelverhältnissen bilden ein System Σ_5.

Wenn 4 Tangenten x, x_1, x_2, x_3 der Φ in derselben Regelschaar sich befinden, so gehören zu xx_1, x_2x_3 die nämlichen Doppelverhältnisse.

Von den conisch berührenden Regelschaaren gehen je 8 durch 4 gegebene Punkte und je 6 aus jedem der beiden Systeme linear berührender. —

Ferner die Complexfläche (l) einer Geraden l besteht als Punktfläche aus Φ und ihren beiden Tangentialebenen durch l, als Ebenenfläche aus Φ und den Bündeln um die Schnitte $l\Phi$.

Polare von l in Bezug auf den Tangentencomplex ist die Polare in Bezug auf Φ, Polare einer Tangente von Φ jede andere Tangente in demselben Punkte.

Alle Punkte der Grund- und zugleich singulären Fläche Φ, alle

Berührungsebenen von Φ sind stationär, alle Strahlen des Complexes singulär. Alle Geraden der Φ sind stationäre Doppelstrahlen, Leitgerade singulärer Strahlennetze des Complexes.

Die einem Punkte P zugehörigen Congruenzen $(2, 3)'$, $(2, 3)''$ (Nr. 570) vereinigen sich in eine Congruenz, welche aus dem Strahlenfelde in der Polarebene von P nach Φ und der Congruenz 2. Grades der Tangenten von Φ besteht, die in den durch P gehenden Berührungsebenen liegen.

Die Polarebene von P in Bezug auf den Complex (Nr. 573) ist die Polarebene nach Φ.

In Montesano's Abbildung ergiebt sich der Tangentencomplex, wenn F_1^2 ein der Grundfläche K_1^2 umgeschriebener Kegel ist.

839 Nehmen wir nun an, dass *die Regelschaar* φ *in zwei Strahlenbüschel* (F_1, φ_1), (F_2, φ_2) *oder kürzer* $\mathfrak{F}_1$, $\mathfrak{F}_2$ *zerfalle*, und Δ also in (F_1, φ_2), (F_2, φ_1). *Die singuläre Fläche besteht, als Punktfläche, aus den Ebenen* φ_1, φ_2, *als Ebenenfläche, aus den Bündeln* F_1, F_2, *je doppelt gerechnet.*

Directionscurve der Correspondenz, welche auf der Schnittcurve von Φ mit einer Ebene $\mathfrak{x}$ durch die erzeugende involutorische Correspondenz [2] in φ entsteht, ist die Complexcurve. Im vorliegenden Falle zerfällt jene Curve in zwei Geraden $\mathfrak{f}_1$, $\mathfrak{f}_2$. Wir erhalten durch die verschiedenen Lagen der Complexcurve zu diesen Geraden verschiedene Correspondenzen zwischen deren Punktreihen, die sich dann in Correspondenzen zwischen den Strahlenbüscheln $\mathfrak{F}_1$, $\mathfrak{F}_2$ übertragen.

Zunächst habe die Complexcurve $\mathfrak{K}$ *beliebige Lage zu* $\mathfrak{f}_1$, $\mathfrak{f}_2$; *dann entsteht* zwischen $\mathfrak{f}_1$, $\mathfrak{f}_2$ und infolge dessen *zwischen* $\mathfrak{F}_1$, $\mathfrak{F}_2$ *eine Correspondenz* [2, 2], *in der der gemeinsame Strahl* f *sich mit allen 4 entsprechenden Strahlen vereinigt.* Jeder Strahl von $\mathfrak{F}_1$, $\mathfrak{F}_2$ ist Leitgerade für 2 erzeugende Strahlennetze, f für 2 singuläre (und zwar verschiedene), wodurch er Doppelstrahl wird; aber er gehört ja zu den beiden Continuen von Doppelstrahlen, welche die Büschel (F_1, φ_2), (F_2, φ_1) erfüllen.

Wir haben noch 4 stationäre Geraden, in jedem der beiden Büschel $\mathfrak{F}_1$, $\mathfrak{F}_2$ *zwei:* sie gehen nach den Schnitten von $\mathfrak{K}$ mit $\mathfrak{f}_1$, $\mathfrak{f}_2$; und demnach auch 4 Strahlennetze, je mit getrennten Leitgeraden, welche die Congruenz der singulären Strahlen bilden.

Der Büschel der Kegelschnitte durch die vier Punkte $\mathfrak{K}\,(\mathfrak{f}_1, \mathfrak{f}_2)$ giebt die consingulären Complexe. Von den 3 Geradenpaaren ist eins $\mathfrak{P}^0 \equiv \mathfrak{f}_1\mathfrak{f}_2$; die andern $\mathfrak{P}_1$, $\mathfrak{P}_2$ oder die Strahlenbüschel um ihre Doppelpunkte machen $\mathfrak{f}_1$, $\mathfrak{f}_2$ perspectiv, und $\mathfrak{F}_1$, $\mathfrak{F}_2$, dadurch projectiv mit f als sich selbst entsprechendem Strahle, erzeugen die beiden isolirten

Fundamental-Gewinde Γ_1, Γ_2, denen jene Büschel angehören. Der Büschel um den Doppelpunkt $F^0 \equiv \mathfrak{f}_1\mathfrak{f}_2$ von $\mathfrak{P}^0$ macht die $\mathfrak{F}_1$, $\mathfrak{F}_2$ so ausgeartet projectiv, dass f in beiden singuläres Element ist: Erzeugniss ist das Gebüsche $[f]$; dies gehört aber zum Netze (φ), dessen Basis aus $\mathfrak{F}_1$, $\mathfrak{F}_2$ besteht. *Die Eigenschaft, dass das fundamentale Netz eins der bisher isolirten Fundamental-Gewinde und zwar als Gebüsche in sich aufgenommen hat, drücken wir durch* (211) *aus und haben daher den Complex mit:*

$$[(211)\,11]$$

zu bezeichnen.

Es gehe nun die Complexcurve $\mathfrak{K}$ durch den Punkt F^0; dann hat jeder der Büschel $\mathfrak{F}_1$, $\mathfrak{F}_2$ nur noch einen stationären Strahl. Die beiden singulären Strahlennetze, für welche f Leitgerade ist, haben sich vereinigt, wie die Tangenten aus F^0 an $\mathfrak{K}$. *Dadurch ist f stationärer Doppelstrahl geworden.* Wir erinnern: bei einer stationären Geraden kommen aus jedem ihrer Punkte und liegen in jeder ihrer Ebenen zwei vereinigte Complex-Strahlenbüschel, und keiner derselben geht durch die Gerade; ein stationärer Doppelstrahl hat dieselbe Eigenschaft, aber alle diese Büschel gehen durch die Gerade; sie gehört zum Complexe, vorhin nicht.

Mit $\mathfrak{P}^0$ hat sich noch eins der Paare $\mathfrak{P}_1$, $\mathfrak{P}_2$ vereinigt; *also ist noch eins von den isolirten Fundamental-Gewinden im Gebüsche $[f]$ verloren gegangen; wir bezeichnen deshalb den Complex mit:*

$$[(311)\,1].$$

Die Complexcurve $\mathfrak{K}$ berühre $\mathfrak{f}_1$; $\mathfrak{F}_2$ hat zwei getrennte stationäre Geraden, in $\mathfrak{F}_1$ sind sie in den Strahl d_1 nach dem Berührungspunkte zusammengefallen. Jedem Strahl x_1 von $\mathfrak{F}_1$ entspricht der feste Strahl f und ein beweglicher in $\mathfrak{F}_2$. Das Strahlennetz $[x_1 f]$ ist *das Bündel-Feld $[F_1, \varphi_1]$, das so in den Complex kommt.* Also ist x_1 Leitgerade für dieses Netz und ein anderes; bei d_1 aber fallen sie zusammen, und *d_1 wird stationärer Doppelstrahl, aber so dass allen Punkten die Ebene φ_1, allen Ebenen der Punkt F_1 zugehört* (Nr. 819).

Das Bündel-Feld $[F_1, \varphi_1]$ vertritt zwei der 4 Strahlennetze der Congruenz der singulären Strahlen, die beiden andern haben getrennte Leitgeraden.*)

Die zwei Paare $\mathfrak{P}_1$, $\mathfrak{P}_2$ fallen zusammen in eins mit dem Doppelpunkte im Berührungspunkte $\mathfrak{f}_1 d_1$ von $\mathfrak{K}$ mit $\mathfrak{f}_1$; *die beiden Gewinde*

*) Weiler nannte sie (Math. Annalen Bd. 7) „speciell" (singulär), was Segre richtig stellte.

Γ_1, Γ_2 vereinigen sich in das Gebüsche $[d_1]$; dem Complexe kommt also die Bezeichnung:

$$[(211)2]$$

zu.

840 *Wenn $\mathfrak{K}$ beide Geraden $\mathfrak{f}_1$, $\mathfrak{f}_2$ berührt, so werden $\mathfrak{F}_1$, $\mathfrak{F}_2$ projectiv, so jedoch, dass f sich nicht selbst entspricht:* wir müssen also *einen tetraedralen Complex* erhalten. *Auch die stationären Geraden in $\mathfrak{F}_2$ haben sich in d_2 vereinigt, der von derselben Art ist wie d_1 mit zugehörigem Bündel-Felde $[F_2, \varphi_2]$.*

Haben die projectiven Büschel, welche den tetraedralen Complex erzeugen, keinen gemeinsamen Strahl, so sind die sich selbst entsprechenden Punkte der auf der Schnittlinie der Ebenen entstehenden projectiven Punktreihen die beiden weiteren Ecken des Tetraeders. Hier sind diese Punktreihen in ausgearteter Projectivität mit F_1, F_2 als singulären und daher auch sich selbst entsprechenden Punkten; *also repräsentiren F_1, F_2 je zwei Ecken und φ_1, φ_2 je zwei Ebenen des Tetraeders;* und da in der Projectivität zwischen $\mathfrak{f}_1$, $\mathfrak{f}_2$ die Berührungspunkte mit $\mathfrak{K}$ dem F^0, in der zwischen $\mathfrak{F}_1$, $\mathfrak{F}_2$ die d_1, d_2 dem f entsprechen, so schneiden die d_1, d_2 die singulären und sich selbst entsprechenden Punkte der ausgearteten Projectivität auf der Schnittlinie $f \equiv \varphi_1\varphi_2$ ein: *d_1, d_2 sind die Kanten, welche die vereinigten Ecken des Tetraeders verbinden, und in denen die vereinigten Ebenen sich schneiden, und f repräsentirt die 4 übrigen Kanten.* Es sei, im Anschlusse an die alte Bezeichnung, $A \equiv B \equiv F_1$, $C \equiv D \equiv F_2$, $\alpha \equiv \beta \equiv \varphi_2$, $\gamma \equiv \delta \equiv \varphi_1$.

Die Projectivität der Büschel (A, β), (B, α), die beide mit (F_1, φ_2) identisch sind, ist Identität und führt zu einer Reihe singulärer Strahlennetze; zur Festlegung der Projectivität dienen wieder entsprechende Strahlen von $\mathfrak{F}_1$, $\mathfrak{F}_2$ (Nr. 819).

Die Doppelstrahlen d_1, d_2 führen zu einem fundamentalen Büschel (wie in Nr. 837), *und unser Complex ist zu bezeichnen mit:*

$$[(211)(11)],$$

welche Bezeichnung sich an die der bisherigen tetraedralen Complexe $[(11)(11)(11)]$, $[(22)(11)]$ anschliesst.

Durch d_1, d_2, auf ihnen F_1, F_2 (oder durch sie φ_1, φ_2) und einen Strahl sind $\mathfrak{F}_1$, $\mathfrak{F}_2$ die Projectivität zwischen ihnen und der Complex festgelegt.

Endlich möge $\mathfrak{K}$ die $\mathfrak{f}_1$ in F^0 tangiren: nur in $\mathfrak{F}_2$ besteht noch eine stationäre Gerade. Alle 3 isolirten Fundamental-Gewinde sind in das zum fundamentalen Netze gehörige Gebüsche $[f]$ aufgegangen; f ist *stationärer Doppelstrahl mit den festen zugehörigen Elementen* F_1, φ_1. *Die Bezeichnung ist:*

$$[(411)].$$

Wir haben ∞^{5+3} Paare sich schneidender Büschel $\mathfrak{F}_1$, $\mathfrak{F}_2$ und in fester Ebene ∞^5 Kegelschnitte $\mathfrak{K}$; *also hat der Complex* [(211)11] *die Mannigfaltigkeit 13, und für die Specialfälle* [(311)1], [(211)2] *ist sie 13—1, für* [(211)(11)] *und* [(411)] *hingegen 13—2.* 841

Bei Montesano's Abbildung ergeben sich diese 5 Complexe folgendermassen, wenn in jeden der Büschel von Doppelstrahlen (F_1, φ_2), (F_2, φ_1) einer von den Grundstrahlen des Gewinde-Gebüsches G gelegt wird:

[(211)11]: die Spitze des Kegels F_1^2 liegt auf der Grundfläche K_1^2,

[(311)1]: die Tangentialebene von K_1^2 in der Spitze berührt überdies F_1^2,

[(211)2]: der Kegel F_1^2 und die Fläche K_1^2 haben eine Gerade gemeinsam,

[(211)(11)]: sie haben 2 Gerade gemeinsam,

[(411)]: bei der einen gemeinsamen Geraden berührt die Ebene, welche den Kegel längs ihr tangirt, die Grundfläche in der Spitze.

Bei [(211)(11)] kann man die Grundstrahlen von G auch in die beiden isolirten Doppelstrahlen d_1, d_2 legen: die allgemeinen Flächen F_1^2, K^2 durchschneiden sich in einem Vierseite, in dem die einen, wie die andern Gegenseiten sich vereinigt haben, oder berühren sich längs zweier Geraden.

Lassen wir jetzt die beiden Büschel $\mathfrak{F}_1$, $\mathfrak{F}_2$ *in einen* $\mathfrak{F}$ *oder* (F, φ) *zusammenfallen.* Das Gewindenetz S_2, welches die beiden erzeugenden projectiven Gewindebüschel S_1, S_1' (Nr. 829) umfasst, ist dann von der besondern Art, die wir in Nr. 670 betrachtet haben. Wir erhielten es aus irgend einem ihm angehörigen Gewinde Γ in folgender Weise: $\mathfrak{F}$ gehört zu Γ, und die singulären Strahlennetze, welche durch die verschiedenen Strahlen von $\mathfrak{F}$ aus Γ ausgeschieden werden, sind die Basen von Gewindebüscheln, die das Netz S_2 erzeugen. Alle Büschel von S_2 haben ein singuläres Grund-Strahlennetz, dessen Leitgerade immer zu $\mathfrak{F}$ gehört. 842

Machen wir zwei Büschel S_1, S_1' von S_2 projectiv, so ergiebt sich durch die Schnitte entsprechender Gewinde *eine Reihe singulärer Strahlennetze, welche den Complex 2. Grades erzeugen. Mit ihren Leitgeraden erfüllen sie den Büschel* $\mathfrak{F}$ *und zwar so, dass jeder Strahl von* $\mathfrak{F}$ *für zwei von diesen Netzen Leitgerade ist.* Verbinden wir nämlich das Strahlengebüsche aus S_2, welches einen bestimmten Strahl von $\mathfrak{F}$ zur Axe hat, mit den verschiedenen Gewinden von S_1 durch Büschel und schneiden diese mit S_1', so ergiebt sich in S_1' eine Projectivität, in der zwei Gewinde einander entsprechen, von denen das eine einem Gewinde von S_1 in der gegebenen Projectivität homolog ist, das andere der Schnitt des Büschels ist, der dieses Gewinde von S_1 mit jenem Gebüsche verbindet. Die beiden sich selbst entsprechenden Gewinde dieser Projectivität schneiden sich mit den homologen Gewinden von S_1 in den Strahlennetzen, deren Leitgerade der betrachtete Strahl von $\mathfrak{F}$ ist.

Durchläuft derselbe den $\mathfrak{F}$, so entsteht in S_1, wie in S_1' eine Involution; beide Involutionen entsprechen sich in der gegebenen Projectivität; den Doppelelementen der einen correspondiren die der andern, und *wir haben in $\mathfrak{F}$ zwei ausgezeichnete Strahlen d_1, d_2, bei denen die zugehörigen Strahlennetze sich vereinigt haben.*

Jeder Strahl von $\mathfrak{F}$ ist, als Leitgerade zweier singulärer Strahlennetze des Complexes, Doppelstrahl desselben; ist ja doch der Büschel $\mathfrak{F}$, doppelt, an Stelle der Regelschaar $\varDelta$ von Doppelstrahlen getreten, die im allgemeinen Falle [(111)111] Grund-Regelschaar des Bündels S_2 ist, oder, wenn wir blos auf [(211)11] zurückgehen, an Stelle der Büschel (F_1, φ_2) und (F_2, φ_1), die ebenso in $\mathfrak{F}$ zusammenfallen, wie (F_1, φ_1) und (F_2, φ_2) oder $\mathfrak{F}_1$, $\mathfrak{F}_2$. *In den d_1, d_2 haben sich die stationären Geraden von $\mathfrak{F}_1$ mit denen von $\mathfrak{F}_2$ vereinigt und sind durch diese Vereinigung aus nicht dem Complexe angehörigen stationären Geraden* (Nr. 830) *in stationäre Doppelstrahlen desselben übergegangen* (vergl. Nr. 836, 839).

Die Strahlennetze $\mathbf{S}_1$, $\mathbf{S}_2$ *des Complexes, welche d_1, bezw. d_2 zur Leitgeraden haben, bilden, doppelt gerechnet, die Congruenz* $\mathbf{S}$ *der singulären Strahlen.* Als Strahlennetze von S_2 befinden sie sich in einem Gewinde Γ_1 dieses Bündels.

$\varDelta$ und φ werden beide durch den doppelten Büschel $\mathfrak{F}$ repräsentirt; die Trägerfläche Φ besteht aus der doppelten Ebene φ und dem doppelten Bündel F, und da Φ selbst doppelt *die singuläre Fläche* darstellt, so *besteht diese aus der vierfachen Ebene φ und dem vierfachen Bündel F.*

In unserm Falle haben sich in einer Ebene $\mathfrak{f}_1$, $\mathfrak{f}_2$ in eine Gerade $\mathfrak{f}$ vereinigt; die beiden Tangenten an die Complexcurve $\mathfrak{K}$ aus einem Punkte von $\mathfrak{f}$ gehören zu den beiden singulären Strahlennetzen des Complexes, welche den durch ihn gehenden Strahl von $\mathfrak{F}$ zur Leitgeraden haben; die Schnitte $\mathfrak{K}\mathfrak{f}$ sind die Spuren von d_1, d_2, und die Tangenten in ihnen gehören jenen Strahlennetzen $\mathbf{S}_1$, $\mathbf{S}_2$ an.

Die $\mathfrak{K}$ der consingulären Complexe berühren den des gegebenen 843
in diesen Punkten. *Alle consingulären Complexe haben diese Strahlennetze* $\mathbf{S}_1$, $\mathbf{S}_2$ *gemeinsam und berühren sich längs derselben; sie bilden einen Büschel sich doppelt berührender Complexe; und die singulären Strahlen sind ihnen allen gemeinsam.*

Im $\mathfrak{K}$-Büschel befindet sich das Paar der gemeinsamen Tangenten; sein Doppelpunkt, der Berührungspol, ist der Nullpunkt *des einzigen isolirten Fundamental-Gewindes*, *offenbar des oben erwähnten Gewindes* Γ_1, *welches die beiden Strahlennetze* $\mathbf{S}_1$, $\mathbf{S}_2$ *verbindet;* denn die gemeinsamen Tangenten gehören ja zu diesen Netzen.

Die Complexcurven-Büschel in den verschiedenen Ebenen sind projectiv; und dadurch, dass in ihnen je das Paar der gemeinsamen Tangenten, die doppelte Berührungssehne und die Complexcurve des gegebenen Complexes homolog sind, ist diese Projectivität festgelegt.

Die Berührungssehne $\mathfrak{f}$, als Tangentencurve aufgefasst, ist das Paar der Berührungspunkte; daraus erhellt, dass *sich in der Reihe der consingulären Complexe das Paar der Gebüsche* $[d_1]$, $[d_2]$ *befindet. Dieses Paar von Gebüschen hat zwei von den drei isolirten Fundamental-Gewinden von* [(111)111] *in sich aufgenommen*, nämlich das, welches bei [(211)11] in das Gebüsche $[f]$ überging, und noch ein anderes. Es ist das ein ähnlicher Prozess, als wir ihn bei [(11)1111] kennen lernten und eben durch (11) bezeichneten.

Wir haben natürlich auch hier ein fundamentales Netz; erinnern wir uns, dass bei [(111)111] dies Netz durch φ geht, S_2 hingegen durch Δ; also sind sie in Involution. Folglich ist auch jetzt dies fundamentale Netz dasjenige, das zum Netze S_2 in Involution ist und also auch zu dem darin befindlichen Fundamental-Gewinde Γ_1; wir haben dies Netz in Nr. 670 auch besprochen — es ist der Inbegriff derjenigen Gewinde, welche auf irgend ein Gewinde von S_2, z. B. auf Γ_1, sich stützen und durch $\mathfrak{F}$ gehen — und erkannt, dass der Büschel der Gebüsche, welche die Strahlen von $\mathfrak{F}$ zu Axen haben, beiden gemeinsam ist. *Unsere beiden Gebüsche* $[d_1]$, $[d_2]$ *gehören daher zu diesem fundamentalen Netze. Dies veranlasst uns*, die beiden Zeichen (111) und (11) zusammenzuziehen in (221), genauer $(1+1, 1+1, 1)$, und *den Complex zu bezeichnen durch:*

[(221)1].

Wenn in den beiden Büscheln S_1, S_1' von S_2 die (einzigen) Gebüsche einander entsprechen, so *befindet sich unter den Strahlennetzen des Complexes das Bündel-Feld* $[F, \varphi]$, das die Basis des in S_2 enthaltenen Büschels aus lauter Gebüschen ist; und für jeden Strahl von $\mathfrak{F}$ ist dies Bündel-Feld das eine Strahlennetz, für das er Leitgerade ist; die Involutionen in S_1 und S_1' sind parabolisch; *die beiden stationären Doppelstrahlen* d_1, d_2 *vereinigen sich.* Die doppelte Berührung der $\mathfrak{K}$ in jeder Ebene geht in vierpunktige über; *Basis des Büschels der consingulären Complexe und Ort der gemeinsamen singulären Strahlen ist das Bündel-Feld* $[F, \varphi]$, *vierfach gerechnet.*

Auch das im vorigen Falle noch vorhandene isolirte Fundamental-Gewinde hat sich mit den beiden selbst zusammengefallenen Gebüschen $[d_1]$, $[d_2]$ *vereinigt.* Wir bezeichnen dies durch Hereinnahme der aussen stehenden 1 und Addition zu der einen Ziffer der Klammer und zwar einer von den beiden Ziffern, die von der vorhinigen (11) — die dem Büschel der Gebüsche zugehört — beeinflusst sind, so dass *sich die Bezeichnung:*

[(321)]

für den Complex ergiebt.

844 Montesano erhält die beiden vorangehenden Complexe, indem er einen Grund-Kegelschnitt K_1^2 annimmt und F_1^2 als Kegel voraussetzt, der seine Spitze auf K_1^2 hat und im zweiten Falle überdies die Tangente von K_1^2 in der Spitze als Kante enthält.

Die Reihe der consingulären Complexe ist im ersten allgemeineren Falle bestimmt, wenn gegeben sind der Büschel $\mathfrak{F}$, dann die beiden Strahlen d_1, d_2 und das isolirte Fundamental-Gewinde Γ_1, das durch $\mathfrak{F}$ gehen muss; $\mathfrak{F}$ hat die Mannigfaltigkeit 5, für jeden der beiden Strahlen ist sie dann 1 und für Γ_1 3; *folglich hat der Complex* [(221)1] *die Mannigfaltigkeit* $5 + 2 + 3 + 1 = 11$, *und für* [(321)] *ist sie 10.*

Jene ist um 2 kleiner als die von [(211)11], dem allgemeinen Falle, wo die Büschel $\mathfrak{F}_1$, $\mathfrak{F}_2$ verschieden sind; denn für zwei Strahlenbüschel mit gemeinsamem Strahle ist es eine zweifache Bedingung, dass sie identisch werden.

Ich will die Mannigfaltigkeit von [(221)1] noch auf eine zweite Weise ermitteln.

Diejenige unserer speciellen Gewindebündel S_2 ist 6; denn die Mannigfaltigkeit des Gewindes ist 5 und die der Strahlenbüschel eines Gewindes 3, andererseits kann unser Bündel S_2 aus jedem seiner ∞^2 Gewinde abgeleitet werden; so ergiebt sich $5 + 3 - 2 = 6$. Der Bündel S_2 hat ∞^2 Büschel, so dass auf ∞^4 Weisen zwei Büschel herausgenommen werden können, welche dann wieder auf ∞^3 Weisen projectiv zu beziehen sind. Andererseits aber kann jeder Complex dieser

Art auf ∞^2 Weisen durch projective Gewindebüschel erzeugt werden; seine Mannigfaltigkeit ist also $6 + 4 + 3 - 2 = 11$.

III.

Mit diesen beiden Arten greifen wir in einen allgemeinen Fall 845
über, dem sie sich unterordnen, den Fall nämlich, dass *der Complex einen Büschel von Doppelstrahlen besitzt.*

Wenn er 3 einem Büschel angehörige Doppelstrahlen besitzt, so sind alle Strahlen des Büschels doppelt für ihn. Denn zunächst ist klar, dass der Büschel dem Complexe ganz angehören muss. Also zerfällt der Schnitt eines beliebigen durch den Büschel gelegten Strahlennetzes in den Büschel und eine cubische Regelfläche; die 3 vorausgesetzten Doppelstrahlen müssen dann aber auch dieser Regelfläche angehören; da dieselbe nicht Kegel sein kann, — denn ein Strahlennetz enthält keinen — so ist dies nicht anders möglich, als dass nochmals Zerfallen stattfindet: in den Büschel und eine Regelschaar.

Jener zählt daher im Schnitte eines jeden durch ihn gehenden Strahlennetzes mit dem Complexe doppelt.

Bezeichnen wir diesen Büschel von Doppelstrahlen, wie schon im Vorhergehenden, mit (F, φ) oder $\mathfrak{F}$. Durch jeden Strahl geht ein ihn schneidender Büschel; gehört der Strahl zum Complexe Γ^2, so hat dieser Büschel mit Γ^2 einen doppelten und einen einfachen Strahl gemein, ist also ganz in Γ^2 enthalten.

Wenn ein Complex 2. Grades einen Büschel $\mathfrak{F}$ von Doppelstrahlen besitzt, so enthält er ∞^2 denselben schneidende Büschel; durch jeden von seinen Strahlen geht einer.

Es sei g ein Strahl des ferneren Schnitts 2. Grades eines durch $\mathfrak{F}$ gehenden Strahlennetzes mit Γ^2, so enthält dieses den durch g gehenden Büschel von Γ^2, und der Schnitt besteht also aus 2 Büscheln. *Jedes durch $\mathfrak{F}$ gelegte Strahlennetz schneidet den Complex noch in zwei Strahlenbüscheln, die im Netze zur andern Reihe gehören als $\mathfrak{F}$ und daher windschief gegen einander sind.*

Ebenso gehört, wenn g ein Strahl des Schnitts — einer Congruenz 2. Grades — von Γ^2 mit einem durch $\mathfrak{F}$ gehenden Gewinde ist, der durch ihn gehende Büschel von Γ^2 zum Gewinde, und diese Congruenz besteht aus ∞^1 Strahlenbüscheln, deren Scheitel in φ liegen und deren Ebenen durch F gehen. Eine Gerade in φ bestimmt ein durch $\mathfrak{F}$ gehendes Gebüsche; die beiden Büschel, welche das Strahlennetz ausschneidet, in dem dies Gebüsche und das Gewinde sich begegnen, lehren, dass jene Scheitel in φ eine Curve 2. Grades bilden; und ebenso umhüllen die Ebenen einen Kegel 2. Grades aus F. Beide sind perspectiv, und wir erkennen unsere Congruenz als eine von denen, die wir in II, Nr. 499 Fall 2) aufgezählt haben, für $n = 2$; jedoch mit der Specialität, dass die Ebene φ des Kegelschnitts durch die Spitze F des Kegels geht. Diese Specialität bewirkt eben, dass jeder Strahl des Büschels $\mathfrak{F}$, wie nothwendig, Doppelstrahl der Schnittcongruenz ist; er ergiebt sich bei 2 von den erzeugenden Büscheln.

Der Schnitt unseres Complexes mit einem durch den Büschel $\mathfrak{F}$ gehenden Gewinde ist eine Congruenz 2. Grades, welche sich bei einem Kegel 2. Grades und einem zu ihm perspectiven Kegelschnitte durch die Büschel aus den Punkten des letzteren in den entsprechenden Ebenen des ersteren ergiebt, jedoch noch die Specialität hat, dass die Ebene des Kegelschnitts durch den Scheitel des Kegels geht.

846 Führen wir aber auch hier, nach Montesano, *das Gebüsche G von Gewinden ein, welche durch 2 Strahlen von $\mathfrak{F}$ und damit durch den ganzen Büschel gehen* (Nr. 804). *Die Grund-Regelschaaren der Netze von G zerfallen alle in $\mathfrak{F}$ und einen zweiten Büschel;* jeder $\mathfrak{F}$ schneidende Büschel definirt ein Gewindenetz in G.

Die Grund-Strahlennetze der Büschel von G gehen durch $\mathfrak{F}$ und haben also ihre eine Leitgerade in φ, während die andere durch F geht; die Strahlengebüsche von G zerfallen also in zwei Systeme: den Bündel der Gebüsche, deren Axen durch F gehen, und das Feld der Gebüsche, deren Axen in φ liegen; beide Systeme sind Netze.

Wird also wiederum G correlativ auf den Punktraum Σ_1 bezogen, so erhalten wir *zwei Punkte K_1^F, K_1^φ, deren Ebenen den einen und den andern Strahlengebüschen von G correspondiren: in dies Punktepaar ist die Grundfläche K_1^2 ausgeartet.*

Man erkennt leicht, dass jeder von den beiden Ebenenbündeln K_1^F, K_1^φ zum Bündel F oder Felde φ von Strahlen, als den Axen der den Ebenen correspondirenden Gebüsche, correlativ ist.

Sehen wir von dem festen Bestandtheile $\mathfrak{F}$ der Grund-Regelschaaren ab, so *sind die Punkte von Σ_1 den Strahlenbüscheln entsprechend, welche $\mathfrak{F}$ schneiden.*

Die Punkte in Σ_1, welche den Γ^2 erfüllenden Strahlenbüscheln correspondiren, erzeugen eine Fläche 2. Grades F_1^2; denn auf eine Gerade fallen 2, weil das entsprechende Strahlennetz von G 2 von den Büscheln enthält.

Die beiden Geradenschaaren von F_1^2 führen dann wiederum *zu zwei Reihen von Strahlennetzen H und L, die in Γ^2 enthalten sind und alle durch $\mathfrak{F}$ gehen.*

Die Leitgeraden erzeugen zwei verschiedene Oerter, aus denen sich die singuläre Fläche zusammensetzt, die einen einen Kegel 2. Grades Φ^2 *aus* F, *die andern eine Curve 2. Grades* Φ_2 *in* φ.

Die beiden Theile entsprechen den beiden Kegeln 2. Grades — den Tangentialkegeln von F_1^2 aus K_1^F und K_1^φ —, in welche der Torsus $\tau_1^4 \equiv F_1^2 K_1^2$ in diesem Falle sich zerlegt: Φ^2 und Φ_2 entstehen durch die Axen der Gebüsche von G, welche den Berührungsebenen des einen und des andern von diesen Kegeln entsprechen. Eine Gerade l bestimmt einen $\mathfrak{F}$ schneidenden Büschel; die beiden Berührungsebenen, welche an den einen und den andern Tangentialkegel aus dem correspondirenden Punkte kommen, entsprechen den Gebüschen, deren Axen in die Büschel (F, l), (l, φ) fallen.

Die beiden gemeinsamen Tangentialebenen der Berührungskegel — durch die Gerade $K_1^F K_1^\varphi$ — führen zu *zwei Strahlen* $\mathfrak{s}'$, $\mathfrak{s}''$ *von* (F, φ), *welche sowohl Kanten von* Φ^2, *als Tangenten von* Φ_2 *sind.*

Jede der beiden Geradenschaaren von F_1^2 macht die Büschel der Berührungsebenen der beiden Tangentialkegel projectiv, und zwar so, dass die beiden eben erwähnten gemeinsamen Berührungsebenen sich selbst entsprechen.

Demnach erhalten wir zwei Projectivitäten P_h *und* P_l *zwischen den Kanten von* Φ^2 *und den Tangenten von* Φ_2, *in denen die Leitgeraden je desselben Strahlennetzes* H *oder* L *sich entsprechen.*

In beiden sind die Strahlen $\mathfrak{s}'$, $\mathfrak{s}''$ *sich selbst entsprechend, und jeder ist daher Leitgerade für zwei singuläre Strahlennetze des Complexes.*

Die volle singuläre Fläche Φ *besteht als Punktfläche aus* Φ^2 *und der doppelten Ebene* φ, *als Ebenenfläche aus* Φ_2 *und dem doppelten Bündel* F. *Von den 4 Strahlenbüscheln des Complexes durch einen Strahl desselben haben sich zwei in denjenigen vereinigt, welcher* $\mathfrak{F}$ *schneidet, die beiden andern kommen von Punkten des* Φ^2 *und liegen in Ebenen, welche* Φ_2 *tangiren.*

Nehmen wir wiederum eine Berührungsebene τ von Φ, etwa eine 847
von Φ_2, welche Φ^2 in dem Kegelschnitte C^2 und φ in der Tangente C von Φ_2 schneidet; die Punkte $\mathfrak{H}$ und $\mathfrak{L}$, die zu P_h und P_l gehören, sind die Schnitte, mit C^2, eines Strahls durch den Berührungspunkt T; die Strahlen durch $\mathfrak{H}$, bezw. $\mathfrak{L}$ schneiden auf C^2 und C, machen diese projectiv und damit auch Φ^2 und Φ_2; man ersieht, wie die Spuren von $\mathfrak{s}'$, $\mathfrak{s}''$, die Schnitte von C^2 und C, und also auch $\mathfrak{s}'$, $\mathfrak{s}''$ sich selbst entsprechend werden.

In einer Ebene haben wir eine Correspondenz [2, 1] zwischen einem Kegelschnitte und einer Geraden; da sie zwei sich selbst entsprechende Punkte hat, so ist ihr Erzeugniss eine Curve 2. Klasse, die Complexcurve.

Gehen wir jetzt von einer Projectivität P_h zwischen Φ^2 und Φ_2 aus, in der $\mathfrak{f}'$ und $\mathfrak{f}''$ sich selbst entsprechend sind; wie gelangen wir zu der P_l, die den nämlichen Complex erzeugt? Wenn ein Strahl g desselben die in P_h entsprechenden Geraden h auf Φ^2 und h_1 von Φ_2 trifft, so muss er auch entsprechende Geraden l und l_1 von P_l treffen, also in die Ebene hl fallen und durch den Punkt $h_1 l_1$ gehen, und demnach dieser in jene fallen. Diese Beziehung muss für jedes Paar homologer Strahlen hh_1 von P_h und jedes Paar homologer Strahlen von P_l statthaben. Halten wir h, h_1 fest, so bestimmt die Ebene hl auf h_1 einen Punkt, und l_1, die zweite Tangente aus ihm an Φ_2, bewegt sich projectiv zu hl und zu l; kommt l nach $\mathfrak{f}'$ oder $\mathfrak{f}''$, dann thut es auch l_1. Wir haben also eine P_l, bei der die Bedingung zunächst für das eine Paar hh_1 und jedes Paar ll_1 erfüllt wird. Wir leiten nun aus irgend einem Paar dieser P_l eine Projectivität $\overline{P}_h$ ab; sie stimmt mit der gegebenen P_h überein, weil sie die 3 Paare $\mathfrak{f}'\mathfrak{f}'$, $\mathfrak{f}''\mathfrak{f}''$, hh_1 mit ihr gemein hat, und zwar gleichgiltig von welchem Paare der P_l ausgegangen wurde. Daraus ist klar, dass *durchweg die Incidenz der Ebene hl mit dem Punkte $h_1 l_1$ erfüllt wird**) und also jeder Strahl, der ein Paar hh_1 trifft, auch einem Paare ll_1 begegnet, oder beide verbundenen Projectivitäten P_h, P_l den nämlichen Complex erzeugen.

Lassen wir nun h und l oder h_1 und l_1 zusammenfallen, so haben wir: die beiden Tangenten von Φ_2, welche in P_h und P_l derselben Kante von Φ^2 entsprechen, schneiden sich auf der Berührungsebene der Kante, die beiden Kanten von Φ^2, welche der nämlichen Tangente von Φ_2 homolog sind, liegen in einer durch ihren Berührungspunkt gehenden Ebene. So wird jeder Tangentialebene von Φ^2 ein in ihr befindlicher Punkt von φ, jedem Punkte von Φ_2 eine durch ihn gehende Ebene von F zugeordnet: die durch diese incidenten Elemente entstehenden Strahlenbüschel bilden mit $\mathfrak{F}$, den sie schneiden, Regelschaaren $[h \equiv l, h_1, l_1]$ oder $[h_1 \equiv l_1, h, l]$ von der Art in Nr. 790, die aus lauter singulären Strahlen bestehen.

Durch einen Punkt X von φ mögen die Tangenten $h_1 \equiv l_1'$, $h_1' \equiv l_1$ von Φ_2 gehen; dann liegt er als $h_1 l_1$ in der Ebene hl und als $h_1' l_1'$ in $h'l'$; die beiden von ihm ausgehenden Büschel in diesen Ebenen sind in Strahlennetzen des Complexes gelegen (der erstere z. B. in $[hh_1]$ und $[ll_1]$); gemeinsamer Strahl ist immer der aus $\mathfrak{F}$, und so zeigt sich, dass *alle Strahlen von $\mathfrak{F}$ Doppelstrahlen des Complexes sind.*

*) Sie ist äquivalent damit, dass $hhll_1$ einer Regelschaar, d. h. hier einem Strahlenbüschel-Paare angehören.

Fällt X auf $\mathfrak{f}'$, in der $h_1 \equiv l_1'$ mit $h \equiv l'$ zusammenfällt, so sind die beiden Ebenen $\mathfrak{f}'l$, $\mathfrak{f}'h'$, also nicht identisch; $\mathfrak{f}'$ und $\mathfrak{f}''$ sind nicht stationäre Doppelstrahlen. Duales gilt für die Ebenen von F.

Die beiden Ebenen fallen, wenn X auf Φ_2 liegt, in eine zusammen: die oben dem Punkte zugeordnete.

Jeder Punkt von Φ_2 ist ein stationärer Punkt und also Scheitel eines Büschels singulärer Strahlen: zugehörige singuläre Ebenen sind die Tangentialebenen des Φ_2 in dem Punkte. Jede Berührungsebene von Φ^2 ist stationär und Träger eines Büschels singulärer Strahlen, welche zu den verschiedenen Punkten der Berührungskante gehören.

Alle Complexcurven treffen Φ_2 zweimal und berühren Φ^2 zweimal; alle Complexkegel haben mit Φ^2 zwei Tangentialebenen gemein und berühren Φ_2 zweimal.

Umgekehrt, in einer Tangentialebene von Φ_2, welche durch die Tangente $h_1 \equiv l_1$ geht, haben die beiden Complex-Strahlenbüschel ihre Scheitel in den Spuren von h und l, der singuläre Strahl ist also die Spur der Ebene hl, der dem Berührungspunkte der Tangentialebene von Φ_2 zugeordneten Ebene; er muss also durch diesen Punkt gehen.

Wir haben so zwei getrennte Systeme von singulären Strahlen, die einen zu den Punkten von Φ_2, die andern zu den Tangentialebenen von Φ^2 gehörig. Beide Systeme sind, wie in Nr. 845, *Congruenzen 2. Grades von der Art der in Bd. II, Nr. 499 2) besprochenen, aber mit der Besonderheit, dass sie einen Büschel von doppelten Strahlen besitzen, beide den $\mathfrak{F}$.* In der That, wenn $h_1 \equiv l_1$ um Φ_2 sich bewegt, durchlaufen h und l den Kegel Φ^2 projectiv und die Ebene hl umhüllt einen Kegel 2. Grades Ψ_2 mit der Spitze F, welcher den Φ^2 in den sich selbst entsprechenden Geraden $\mathfrak{f}'$, $\mathfrak{f}''$ tangirt. Also haben wir einen Kegelschnitt Φ_2 und einen zu ihm perspectiven Kegel Ψ_2 — denn hl geht ja immer durch den Berührungspunkt von $h_1 \equiv l_1$ —, und ihr Erzeugniss ist die Congruenz der singulären Strahlen, die zu den Punkten von Φ_2 gehören. Auch hier findet die Specialität statt, dass die Spitze des Kegels in der Ebene des Kegelschnitts liegt, weshalb eben der Büschel $\mathfrak{F}$ für die Congruenz aus lauter Doppelstrahlen besteht.

Ebenso erzeugen die Punkte von φ, welche den Tangentialebenen von Φ^2 zugeordnet sind, eine Curve Ψ^2, welche Φ_2 auf $\mathfrak{f}'$, $\mathfrak{f}''$ tangirt und zu Φ^2 perspectiv ist; durch sie entsteht die Congruenz 2. Grades der singulären Strahlen, die zu den Berührungsebenen von Φ^2 gehören; sie hat auch alle Strahlen von $\mathfrak{F}$ zu doppelten.*)

---

*) Auch mit diesen Congruenzen hat man das Gebiet der Kummer'schen Aufzählung der Congruenzen 2. Ordnung überschritten, ohne sich dessen bewusst zu werden (vergl. Nr. 772).

Die Ebenen, welche den Punkten von Φ_2, die Punkte, welche den Berührungsebenen von Φ^2 zugeordnet sind, sind also ihre Nullelemente in den durch diese Congruenzen gehenden Gewinden.*) Für diese sind die Polare von F in Bezug auf Φ_2 und die von φ in Bezug auf Φ^2 polare Geraden.

Die Strahlennetze, welche der Complex enthält und die alle durch den Büschel $\mathfrak{F}$ gehen, führen *zur Erzeugung durch zwei projective Gewindebüschel in der besondern Lage, dass die Grund-Strahlennetze einen Strahlenbüschel gemein haben*, dessen sämmtliche Strahlen, wie in Nr. 829, doppelte Strahlen des erzeugten Complexes sein müssen.

848 *Die* ∞^1 *Paare verbundener Projectivitäten* P_h, P_l (mit den sich selbst entsprechenden Strahlen $\mathfrak{f}'$, $\mathfrak{f}''$) *führen zu den consingulären Complexen. Unter ihnen haben wir zwei sich selbst verbundene.* Nennen wir F', F'' die Berührungspunkte von $\mathfrak{f}'$, $\mathfrak{f}''$ mit Φ_2 und φ', φ'' die Berührungsebenen von Φ^2 in $\mathfrak{f}'$, $\mathfrak{f}''$, ferner f, f' die Geraden $\varphi'\varphi''$, $F'F''$, die obigen Polaren; jedes Gewinde des Büschels durch $[ff']$ transformirt Φ^2 in einen Kegelschnitt, der ebenfalls, wie Φ_2, die $\mathfrak{f}'$, $\mathfrak{f}''$ auf f' berührt. Die Nullpunkte irgend einer Tangentialebene $\mathfrak{x}$ von Φ^2 für diese Gewinde durchlaufen ihre Schnittlinie mit φ; demnach haben wir zwei Gewinde Γ_1, Γ_2, für welche sie auf Φ_2 fallen und die also Φ^2 in Φ_2 überführen. Die auf Φ^2, Φ_2 gelegenen polaren Geraden etwa von Γ_1 beschreiben eine unserer Projectivitäten, und da die Berührungsebene der einen durch den Berührungspunkt der andern, ihren Nullpunkt, geht, so heisst das: zu $h \equiv l$ gehört $h_1 \equiv l_1$, und diese P_h ist mit ihrer verbundenen P_l identisch. Alle Strahlennetze $[hh_1]$ gehören zu Γ_1.

Wir haben in den beiden Gewinden Γ_1, Γ_2 die Doppelgewinde der Reihe der consingulären Complexe, *die isolirten Fundamental-Gewinde gefunden.*

Die Schnitte von $\mathfrak{x}\varphi$ mit Φ_2 sind harmonisch zu denen mit f und f', also Γ_1, Γ_2 harmonisch zu den Gebüschen ihres Büschels oder in Involution.

Die Reihe der consingulären Complexe hat den Grad 2; denn eine Gerade bestimmt 2 Projectivitäten P_h zwischen Φ^2, Φ_2, in denen der einen von ihr getroffenen Kante von Φ^2 die eine und die andere getroffene Tangente von Φ_2 homolog sind.

---

*) Diese Gewinde sind nicht in Involution, wie Weiler behauptet, aber polar in der Correlation, von welcher der Complex der Kerncomplex ist; denn als solchen werden wir ihn erkennen.

Nun kommt es darauf an, *unsern Complex als den Kerncomplex einer Correlation zu erkennen.* Es sei F_1 unendlich nahe dem F auf f, so lassen wir, zur Bestimmung einer Correlation, den Punkten F', F'', F, F_1 die Ebenen φ', φ'', φ, $f'F_1$ homolog sein; dadurch wird $FF'F_1F''$ Durchschnitts-Vierseit der Kernflächen; zur Büschel-Schaar durch dieses Vierseit gehören nur Kegel 2. Grades, welche die φ', φ'' längs $\mathfrak{f}'$, $\mathfrak{f}''$ tangiren, und Kegelschnitte, die in F', F'' von $\mathfrak{f}'$, $\mathfrak{f}''$ tangirt werden, unter jenen Φ^2, unter diesen Φ_2.

Lassen wir also, zur endgiltigen Bestimmung der Correlation, einem Punkte P von Φ^2 die Ebene π entsprechen, die von ihm nach der Tangente von Φ_2 geht, welche der Kante FP in der dem Complexe zugehörigen P_h oder P_l homolog ist, so machen wir Φ^2 zur Punkt-, Φ_2 zur Ebenen-Kernfläche der Correlation. P_h und P_l werden zwischen Φ^2 und Φ_2 nun auch durch die Correlation inducirt: der Complex ist ihr Kerncomplex. Eine Umkehrung der Bedeutung der Kernflächen (Nr. 809) ist hier nicht möglich.

Diese Specialität der Correlation ist nur eine einfache Bedingung; denn die Ausartung der Fläche 2. Grades in einen Kegel ist es, und eine solche Ausartung der Punkt-Kernfläche bedingt die der andern in einen Kegelschnitt. *Demnach muss auch die Mannigfaltigkeit des vorliegenden Complexes nur um 1 geringer sein, als die des Kerncomplexes, also 14.* Dies lässt sich direct einsehen. Der Büschel $\mathfrak{F}$ hat die Mannigfaltigkeit 5, in ihm das Strahlenpaar $\mathfrak{f}'\mathfrak{f}''$ die Mannigfaltigkeit 2, für Φ^2 und Φ_2 ist sie dann je 3, und für P_h (oder P_l) noch 1, mithin $5 + 2 + 2.3 + 1 = 14$.

Von dem Vierseite $dd_1d'd_1'$ des allgemeinen Kerncomplexes haben sich die einen Gegenseiten mit den andern in $\mathfrak{f}'$, $\mathfrak{f}''$ vereinigt; *die beiden fundamentalen Büschel durch* $[dd']$ *und* $[d_1d_1']$ *beim allgemeinen Kerncomplexe sind in den durch* $[\mathfrak{f}'\mathfrak{f}'']$ *zusammengefallen, also in einen Büschel von lauter Gebüschen,* die als solche nun freilich nicht mehr eigentliche Fundamental-Gewinde sind. *Drücken wir diese Vereinigung von zwei* (11) *durch* (22) *aus, so haben wir unsern Complex mit:*

$$[(22)11]$$

zu bezeichnen.

Der Büschel der Axen dieser Gebüsche liegt im Schnitt-Strahlennetze $[ff']$ der beiden isolirten Fundamental-Gewinde; so dass die Involution dieses fundamentalen Büschels zu letzteren ersichtlich ist. —

Es mögen nunmehr die beiden Geraden $\mathfrak{f}'$, $\mathfrak{f}''$ *in* $\mathfrak{f}$ *zusammenrücken;* dann berührt φ den Kegel Φ^2 längs $\mathfrak{f}$, und F ist der Berührungspunkt von Φ_2 mit $\mathfrak{f}$; der eine Schnitt von $\xi\varphi$ mit Φ_2 wird F; *das eine der isolirten Fundamental-Gewinde vereinigt sich mit* $[\mathfrak{f}]$ *und tritt damit in den fundamentalen Büschel ein; folglich erhält der Complex die Bezeichnung:*

$$[(32)1].$$

849 *Wir nehmen an, dass Φ^2 oder Φ_2 in zwei Ebenen oder zwei Punkte zerfalle; dadurch gelangen wir zu zwei dualen Complexen.*

Wenn Φ^2 in die Ebenen φ', φ'') zerfällt,* so sind — ähnlich wie beim Hirst'schen Complexe, von dem ja diese Complexe besondere Fälle sind — die Projectivitäten P_h, P_l solche zwischen (F, φ'), bezw. (F, φ'') und Φ_2, in denen $\mathfrak{f}'$, bezw. $\mathfrak{f}''$ sich entspricht. So ergiebt sich folgende einfache Erzeugungsweise für den ersten der beiden Complexe:

Ein Strahlenbüschel und der Tangentenbüschel eines Kegelschnitts, welche einen gemeinsamen Strahl haben, sind so projectiv bezogen, dass dieser sich selbst entspricht. Die Strahlennetze, deren Leitgerade in dieser Projectivität homolog sind, erzeugen den Complex.

Leiten wir wiederum aus der einen Projectivität P_h zwischen (F, φ') und Φ_2 die andere ab. Der gemeinsame Strahl sei $\mathfrak{f}'$, die zweite Tangente aus F an Φ_2 aber $\mathfrak{f}''$, der ihr entsprechende Strahl f in (F, φ') bestimmt mit ihr die Ebene φ''. Auf einer Tangente x von Φ_2 entsteht eine zu (F, φ') projective Punktreihe; der Punkt $x\mathfrak{f}'$ fällt auf seinen entsprechenden Strahl $\mathfrak{f}'$; die Verbindungsebenen erzeugen also einen Ebenenbüschel, dessen Axe durch F geht. Die Ebenen enthalten die von den Punkten von x kommenden Strahlenbüschel der verschiedenen erzeugenden Strahlennetze; φ'' gehört, da sie $x\mathfrak{f}''$ mit f verbindet, zu ihnen und enthält die Axe; diese ist der x entsprechende Strahl von (F, φ'') in P_l.

In P_h entspricht dem $\mathfrak{f}''$ der Schnittstrahl $f \equiv \varphi'\varphi''$; *damit kommt das Bündel-Feld $[F, \varphi'']$ in die Reihe der Strahlennetze* H, *und ebenso befindet sich $[F, \varphi']$ in der der* **L**.

Der Bündel F, der zu beiden gehört, enthält, ausser dem Doppelstrahlen-Büschel (F, φ), auch den einzelnen Doppelstrahl $f \equiv \varphi'\varphi''$. Von den 3 Doppelstrahlen jedes der beiden Felder fallen 2 nach $\mathfrak{f}'$, bezw. $\mathfrak{f}''$, welche ja je zwei Seiten des Doppelstrahlen-Vierseits des Hirst'schen Complexes repräsentiren. Von den beiden singulären Strahlennetzen, für welche $\mathfrak{f}'$ oder $\mathfrak{f}''$ Leitgerade ist, ist das eine ein Bündel-Feld.

Der Doppelstrahl f ist ein solcher mit stationären Ebenen und zugehörigem festen Punkte F (Nr. 819).

---

*) In diese Ebenen gehen nämlich die bisher mit φ', φ'' bezeichneten Ebenen über.

Alle Strahlen des Bündels F sind singulär, diesem Punkte zugehörig und den verschiedenen Ebenen des Büschels f. Die den Punkten von φ', φ'' zugehörigen singulären Strahlen fallen in diese Ebenen. *Diese Felder und jener Bündel doppelt werden durch die Congruenz 2. Grades der zu den Punkten von Φ_2 gehörigen singulären Strahlen,* welche sich wie im allgemeineren Falle verhält — denn der Kegel Ψ_2 zerfällt nicht —*), *zur vollen Congruenz* $\mathfrak{S}$ *ergänzt. Die singuläre Fläche besteht aus* φ *doppelt,* φ', φ'' *einfach,* F *doppelt und der Ebenenfläche* Φ_2.

Wir sahen beim allgemeinen Falle, dass jede Tangentialebene des Φ^2 ihre Schnitte mit Φ_2 zu Nullpunkten in Bezug auf Γ_1, Γ_2 hat und demnach jeder Punkt von Φ_2 die beiden Tangentialebenen aus ihm an Φ^2 zu Nullebenen.

Diese fallen hier in die Ebene nach f zusammen. Das bedeutet, dass *die Fundamental-Gewinde* Γ_1, Γ_2 *sich in das Gebüsche vereinigen, dessen Axe der einzelne Doppelstrahl* f *ist.* Demnach kommt diesem Complexe und dem dualen *die Bezeichnung* [(22)2] zu; sie sollen wieder so unterschieden werden, dass *der eben betrachtete mit:*

$$[(22)2]''$$

und der duale mit:

$$[(22)2]'$$

bezeichnet wird.

Ein Strahl trifft 2 Tangenten von Φ^2 und einen Strahl von (F, φ') und legt 2 Projectivitäten P_h fest; also *gehen durch ihn zwei consinguläre Complexe;* es sei denn, dass er Φ_2 trifft, wo er dann für den einzigen durch ihn gehenden Complex singulär wird.

Wie beim Hirst'schen Complexe, muss *eine Correlation zwischen* φ', φ'' entstehen: jedem Punkte eines der beiden Felder entspricht im andern die Spur der Ebene des zweiten von ihm ausgehenden Complex-Strahlenbüschels.

Erzeugniss der beiden correlativen Felder ist nicht eine allgemeine Fläche 2. Grades, sondern der Kegelschnitt Φ_2, der ja von den Ebenen der genannten Strahlenbüschel tangirt wird. Die zweite Erzeugung durch correlative Bündel wird hier illusorisch.

Lassen wir wiederum $\mathfrak{f}'$ *und* $\mathfrak{f}''$ *sich in* $\mathfrak{f}$ *vereinigen,* so dass F auf 850
Φ^2 zu liegen kommt und durch seine Tangente $\mathfrak{f}$ die beiden Ebenen φ', φ'' gehen; dann fällt also auch f in $\mathfrak{f}$, und *damit ist das Gebüsche* $[f]$, in dem sich die beiden Fundamental-Gewinde vereinigt haben, *in*

---

*) Den Irrthum Weiler's (Math. Annalen Bd. 7), welcher behauptet, dass die Strahlen dieser Congruenz die Polare f' von F nach Φ_2 treffen, hat schon Hirst berichtigt.

den fundamentalen Büschel eingetreten; es ergeben sich für den betreffenden Complex und den dualen die Bezeichnungen:

$$[(42)]'' \quad \textit{und} \quad [(42)]'.$$

Vorhin war die Projectivität P_h der Bedingung unterworfen, dass $\mathfrak{f}'$ sich selbst, $\mathfrak{f}''$ und f einander entsprechen; und wir hatten ∞^1 Projectivitäten; jetzt dagegen, wo $\mathfrak{f}'$, $\mathfrak{f}''$, f sich vereinigen, giebt es ∞^2. Jede von ihnen führt zu einer P_l zwischen Φ_2 und einem Büschel aus F in einer bestimmten Ebene φ'' durch $\mathfrak{f}$; von den ∞^2 P_l gehören je ∞^1 zur nämlichen Ebene φ'', und ist mit der singulären Fläche diese gegeben, so sind nur diejenigen ∞^1 P_h zu nehmen, welche zu P_l führen mit dieser Ebene.

Die Büschel (F, φ'), (F, φ''), beide zu Φ_2 projectiv, sind diesmal perspectiv, da $\mathfrak{f}$ sich selbst entspricht; also erzeugen die Verbindungsebenen der h, l, die je derselben Tangente $h_1 \equiv l_1$ homolog sind, einen Ebenenbüschel, und *die Congruenz 2. Grades der singulären Strahlen, die zu den Punkten von Φ_2 gehören, erhält die Axe dieses Büschels zur singulären* (von allen ihren Strahlen getroffenen) *Linie.* Diese Congruenz ist also die in II, Nr. 484 besprochene für $n = 2$. Man kann leicht beweisen, dass diese Gerade, welche durch F geht, von φ durch φ', φ'' harmonisch getrennt ist.

851 *Nun zerfalle Φ^2 in φ', φ'' und zugleich Φ_2 in F', F''* oder genauer Φ^2 in die Strahlenbüschel (F, φ'), (F, φ'') und Φ_2 in (F', φ), (F'', φ). Die gemeinsamen Strahlen $\mathfrak{f}'$, $\mathfrak{f}''$ vertheilen sich: $\mathfrak{f}'$ ist (F, φ') und (F', φ), $\mathfrak{f}''$ ist (F, φ''), (F'', φ) gemeinsam, so dass F' in φ', F'' in φ'' liegt. Die Projectivität P_h zwischen (F, φ') und dem nicht zerfallenden Φ_2 ist so, dass, wenn zunächst zwischen (F, φ') und $\mathfrak{f}'$ eine Projectivität hergestellt wird mit $\mathfrak{f}'$ und ihrem Berührungspunkte F' als entsprechenden Elementen, dem Strahle von (F, φ') in P_h die vom homologen Punkte auf $\mathfrak{f}'$ kommende zweite Tangente von Φ_2 correspondirt. Das ist jetzt immer ein Strahl des Büschels (F'', φ). *Also wird P_h nun Projectivität zwischen (F, φ') und (F'', φ)*, in welcher dem $\mathfrak{f}' \equiv FF'$ der $f' \equiv F''F'$, dem $f \equiv \varphi'\varphi''$ der $\mathfrak{f}'' \equiv F''F$ correspondirt; ebenso wird P_l Projectivität zwischen (F, φ'') und (F', φ). Es erhellt, dass man es mit *einem tetraedralen Complexe* zu thun hat. Auf der Schnittlinie $\varphi'\varphi$ der Ebenen der Büschel von P_h entsteht wiederum eine ausgeartete Projectivität mit den singulären Punkten F, F'; ersterer ist Schnittpunkt aller Strahlen von (F, φ'), letzterer der Schnittpunkt mit $F''F'$, welcher $\mathfrak{f}' \equiv \varphi\varphi'$ entspricht.

Von den beiden weiteren Ecken des Tetraeders ausser den Büschelscheiteln F, F'' ist eine F', die andere aber hat sich mit F vereinigt. Dieser Punkt ist Schnittpunkt der entsprechenden Strahlen $F''F$ und $\varphi'\varphi''$, also erkennen wir, diese Strahlen durch unendlich nahe ersetzend, dass $f \equiv \varphi'\varphi''$ *Verbindungskante der beiden in F vereinigten Ecken ist;* was auch damit stimmt, dass φ', φ'' zwei Ebenen des Tetraeders sind, während die beiden übrigen sich in φ vereinigt haben mit $f' \equiv F'F''$ als Schnittkante.

Es liegt also derjenige tetraedrale Complex vor, mit dem wir es schon in Nr. 819 zu thun gehabt haben und dessen Bezeichnung [(22)(11)] ist. *Wie bei* [(22)2]'' *f Doppelstrahl mit lauter stationären Ebenen und festem zugehörigen Punkte F ist und bei* [(22)2]' *f' Doppelstrahl mit lauter stationären Punkten und fester zugehörigen Ebene φ, so gilt jetzt beides.*

Die Zweifachheit aller Strahlen des Büschels (F, φ), die sich in Nr. 819 zeigte, ist allgemeine Eigenschaft der Complexe unserer Klasse.

Die ∞^1 Projectivitäten P_h zwischen (F, φ') und (F'', φ) mit den festen entsprechenden Elementen $FF' \equiv \varphi\varphi$ und $f' \equiv F''F'$, $f \equiv \varphi'\varphi''$ und $F''F \equiv \varphi\varphi''$ führen zu den consingulären Complexen.

Dieser Specialfall ist schon in I, Nr. 277 erwähnt worden: der Complex wurde dort durch einen Bündel A und ein zu ihm collineares Feld α erzeugt (I, Nr. 258), wenn A und α incidiren. In A coincidiren zwei Ecken, in α zwei Ebenen des Tetraeders; und der Uebergang vom allgemeinen zum besondern Falle zeigt, dass Verbindungskante der beiden vereinigten Ecken der Strahl des Bündels ist, der in der Collineation dem Scheitel A als Punkte des Feldes α entspricht, und Schnittkante der vereinigten Ebenen der Strahl des Feldes, welcher der α als Ebene des Bündels homolog ist.

Sind die beiden Büschel (F, φ') und (F'', φ) so projectiv, dass die 852
Strahlen $\varphi\varphi'$ und $F''F$ einander entsprechen, so fällt auch noch F' nach F und φ'' in φ. *Daher sind in F 3 Ecken des Tetraeders vereinigt, in φ 3 Ebenen,* F'' ist die vierte Ecke, φ' die vierte Ebene. In $\varphi\varphi'$, FF'' sind alle Gegenkanten-Dupel des Tetraeders zusammengefallen, *alle 3 fundamentalen Büschel haben sich in den Büschel der Gebüsche, deren Axen den (F, φ) erfüllen, vereinigt; der Complex erhält deshalb die Bezeichnung:*

[(33)].

Die beiden andern projectiven Büschel (F, φ''), (F', φ) sind in (F, φ) zusammengefallen mit durchweg sich deckenden homologen Strahlen: jeder Strahl x dieses Büschels wird Leitgerade eines singulären Strahlennetzes; zu diesem gehört der eine Strahlenbüschel, den ein Punkt X von x an den Complex sendet, der andere — von ihm verschieden — entstammt dem erzeugenden Strahlennetze, dessen eine Leitgerade der Strahl $F''X$ von (F'', φ) ist. Stationär sind nur $f \equiv \varphi\varphi' \equiv \varphi'\varphi''$ und $f' \equiv FF'' \equiv F'F''$.

Die Complexkegel schneiden φ' in Curven, welche sich in F osculiren mit $\varphi\varphi'$ als gemeinsamer Tangente, die Complexcurven werden aus F'' durch Kegel projicirt, welche sich längs $F''F$ osculiren mit φ als gemeinsamer Berührungsebene.

Aber bemerkenswerth ist, dass *die erzeugende Projectivität P_h nur einer Bedingung unterworfen ist, und daher die Zahl der consingulären Complexe zweifach unendlich ist.**)

Zu dem Complexe [(221)1] (Nr. 843), der ebenso wie sein Specialfall [(321)] in den jetzigen Abschnitt übergreift, gelangt man, wenn man auch φ' mit φ sich vereinigen lässt und F'' mit F.**) Wir haben dann zwei identische Büschel (F, φ) mit sich durchweg deckenden homologen Strahlen: jeder die Leitgerade eines den Complex erzeugenden singulären Strahlennetzes. Aber zu einer präcisen Definition dieser Netze gelangt man nur, wenn man diesen Fall aus dem allgemeineren als Grenzfall ableitet und die eindeutig durch getrennte Leitgeraden bestimmten Strahlennetze jenes Falls continuirlich in eindeutig bestimmte singuläre überführt. Die frühere Herstellung ist die bessere.

853 *Lassen wir nun die Ebenen zweier projectiven Büschel zusammenfallen, aber nicht die Scheitel,* so zerfallen alle erzeugenden Strahlennetze in ein festes Feld und einen beweglichen Bündel, dessen Scheitel einen Kegelschnitt durchläuft: *es ergiebt sich der Complex der Treffgeraden eines Kegelschnitts.* Zu ihm sind wir aber in I, Nr. 277 schon durch die Annahme gelangt, dass *die 4 Ecken des Tetraeders eines tetraedralen Complexes in einer Ebene liegen* (ohne eine Vereinigung). Es ist unmittelbar klar, dass alle Strahlen, die nach ihnen Ebenenwürfe von gegebenem Doppelverhältnisse senden, Treffgeraden eines gewissen durch die 4 Punkte gehenden Kegelschnitts sind.

Wir haben ∞^2 erzeugende Projectivitäten; alle erzeugenden Collineationen (I, Nr. 264) sind in sie ausgeartet (Nr. 267).

Alle Ebenen sind singulär, von den Punkten nur die in der Ebene des

---

*) Weiler, Zeitschrift f. Math. u. Phys. Jg. 27 S. 287. — Auch für mehrere Erzeugungen dieses Abschnitts ist auf diese und die andere in Nr. 829 genannte Abhandlung Weiler's zu verweisen.

**) Auf den Fall, wo nicht beides geschieht, werden wir gleich zu sprechen kommen.

Kegelschnitts liegenden; diese sind dann alle stationär. Jeder Strahl in dieser Ebene ist Doppelstrahl mit lauter stationären Punkten und fester zugehöriger Ebene.

Wir erwähnten schon *die* ∞^2 *Strahlenbündel des Complexes*, das eine Strahlenfeld: mit lauter Doppelstrahlen.

Der Complex ergiebt sich auch, wenn man in den Tangentenbüschel eines Kegelschnitts — als Ausartung einer Regelschaar — eine involutorische Correspondenz [2] legt. Directionscurve ist der Ort der Schnittpunkte entsprechender Tangenten: sie ist der Kegelschnitt, den die Strahlen des Complexes treffen; und so gehört dieser Complex auch in den vorigen Abschnitt, aber auch deshalb, weil er sich ja dem Tangentencomplex einer allgemeinen Fläche 2. Grades subsumirt.

Weil *deren beide Geradenschaaren sich in den Tangentenbüschel des Kegelschnitts vereinigen*, so haben wir die beiden (111) des Tangentencomplexes, die von den durch die Regelschaaren gehenden fundamentalen Netzen herrühren, zu vereinigen zu (222); *es erwächst für diesen Complex und für den zu ihm dualen, den Inbegriff der Tangenten eines Kegels 2. Grades, die Bezeichnung* [(222)]. *Es sei daher*

$$[(222)]'$$

der Complex der Treffgeraden eines Kegelschnitts,

$$[(222)]''$$

*der der Tangenten eines Kegels 2. Grades.**)

Für den allgemeinsten Complex unseres Abschnitts, den [(22)11], 854
haben wir schon in Nr. 848 *die Mannigfaltigkeit 14 gefunden; daher ist sie für* [(32)1] *und die beiden* [(22)2] *gleich 14—1, für die beiden* [(42)] *und für* [(22)(11)] *gleich 14—2;* für letzteren wurde sie schon in Nr. 819 gleich 12 ermittelt.

[(33)] *hat die Mannigfaltigkeit 11,* da nach einander der Büschel (F, φ), die Ebene φ', der Punkt F'', die Projectivität P_h die Mannigfaltigkeit 5, 2, 2, 2 haben.

Für die beiden [(222)] *ist sie ersichtlich 8,* die niedrigste von allen.

Nun erübrigt noch, anzugeben, wie durch *Montesano's Abbildung* die Complexe dieses Abschnitts sich ergeben.

Wir wissen schon, dass die Grundfläche K_1^2 ein Punktepaar $K_1^F K_1^\varphi$

---

*) Bei zwei affinen Räumen bilden in jedem die Geraden, deren Punktreihen mit den entsprechenden gleich sind, einen Complex [222]': der Kegelschnitt liegt in der unendlich fernen Ebene (Math. Annalen Bd. 28 S. 267). — Vergl. auch I, Nr. 6.

ist (Nr. 846). Wenn die allgemeine Fläche F_1^2 beliebige Lage zu demselben hat, so ergiebt sich [(22)11]; [(32)1], wenn F_1^2 die Gerade $K_1^F K_1^\varphi \equiv k_1$ berührt, [(22)2]' oder [(22)2]'', wenn sie durch K_1^φ oder K_1^F geht, [(22)(11)], wenn durch beide, [(42)]' oder [(42)]'', wenn sie k_1 in jenem oder in diesem Punkte berührt, [(33)], wenn sie k_1 ganz enthält. Ist F_1^2 ein Kegel mit der Spitze auf k_1, so entsteht [(221)1], und [(321)], wenn der Kegel die k_1 enthält. Endlich für [(222)]' oder [(222)]'' muss die Spitze des Kegels F_1^2 in K_1^φ oder K_1^F liegen.

Zusammenstellung in Tabellen.

855 *Die Axen der Gebüsche eines fundamentalen Büschels oder Netzes sind*, wie sich im Vorangehenden gezeigt hat, *stets Doppelstrahlen des Complexes.*

Im Falle der Büschel oder das Netz allgemeine Gewinde enthält, ist es leicht, dies direct nachzuweisen. Γ^2 wird durch ein (allgemeines) Fundamental-Gewinde in sich selbst transformirt; folglich gehört die Regelschaar, welche durch die Polaren eines Strahls g von Γ^2 in Bezug auf die verschiedenen Gewinde eines fundamentalen Büschels gebildet wird (I, Nr. 105), ganz zu Γ^2; zu ihr gehören g und die Axen der beiden Gebüsche des Büschels; sie ändert sich daher nicht, wenn g in ihr verschoben wird. Danach zerlegt sich ein Complex Γ^2, der einen fundamentalen Büschel mit eigentlichen Gewinden hat, in ∞^2 Regelschaaren, welche durch die Leitgeraden des Grund-Strahlennetzes desselben gehen. Wenn g eine von ihnen trifft, so zerfällt die Regelschaar in zwei Büschel, von denen der eine die Leitgerade enthält. Von jedem Punkte derselben kommen also zwei sie enthaltende Strahlenbüschel zum Complexe, und jede Ebene durch sie enthält zwei: sie ist ein Doppelstrahl des Complexes.

Daraus folgt der analoge Satz für ein fundamentales Netz, wegen der in ihm enthaltenen Büschel.

Wollten wir ein fundamentales Gebüsche annehmen, so würde sich ein Strahlennetz von Doppelstrahlen ergeben: jeder Complexkegel, jede Complexcurve hätte einen Doppelstrahl und würde zerfallen. Jedes Gewinde durch das Netz hätte es zum vollen Schnitte; legte man es überdies noch durch einen Strahl von Γ^2, so würde es ganz zu Γ^2 gehören, der Complex also zerfallen.

Somit sind vier- oder mehrzifferige runde Klammern ausgeschlossen.

Stellen wir nun die gefundenen Complexe und ihre Bezeichnungen zusammen, dabei der Einfachheit halber die eckige Klammer weglassend — was Weiler durchweg thut — und diejenigen Complexe, welche in zwei duale Arten zerfallen, durch stärkeren Druck hervorhebend. Wir können nach der Zahl und Art der Klammern 7 Klassen unterscheiden:

A) 111111, 21111, 3111, 411, 51, 2211, 321, 33, **222**, **42**, **6**; elf Arten.

B) (11)1111, (11)211, (11)31, (11)22, (11)4, (21)111, (21)21, (21)3, (31)11, (31)2, (41)1, (51), (22)11, (32)1, (**22**)**2**, (**42**), (33); siebenzehn Arten.

C) (11)(11)11, (11)(11)2, (21)(11)1, (21)(21), (22)(11), (31)(11); sechs Arten.

D) (11)(11)(11); eine Art.

E) (111)111, (111)21, (111)3, (211)11, (211)2, (311)1, (411), (221)1, (321), (**222**); zehn Arten.

F) (111)(11)1, (111)(21), (211)(11); drei Arten.

G) (111)(111); eine Art.

Im Ganzen haben sich 49 Arten ergeben oder, wenn wir die 6 Paare dualer Arten getrennt rechnen, 55 Arten.

Man ersieht, dass in jeder der 7 Klassen alle möglichen Anordnungen erschöpft sind.

Wir wollen nunmehr diese Arten nach ihrer *Mannigfaltigkeit* anordnen, die von 19 bis 8 herabgeht.

19: 111111;
18: 21111;
17: 3111, 2211, (11)1111;
16: 411, 321, (11)211, (21)111, **222**;
15: 51, **42**, 33, (11)31, (11)(11)11, (11)22, (21)21, (31)11;
14: **6**, (21)(11)1, (11)(11)2, (11)4, (21)3, (41)1, (31)2, (111)111, (22)11;
13: (21)(21), (31)(11), (11)(11)(11), (51), (111)21, (211)11, (32)1, (**22**)**2**;
12: (22)(11), (111)3, (111)(11)1, (311)1, (211)2, (**42**);
11: (111)(21), (211)(11), (411), (221)1, (33);
10: (321);
9: (111)(111);
8: (**222**).*)

Ferner werde eine weitere *Tabelle* entworfen, *in der die Complexe* 856

*) In Bezug auf (221)1, (321), (33) weicht diese Tabelle von derjenigen Weiler's (Math. Annalen Bd. 7 S. 207) ab; die Mannigfaltigkeiten 11, 10, 11 sind von ihm als richtig anerkannt worden.

nach der Zahl und Lage der Doppelstrahlen angeordnet sind. Wenn mehrere hinter einander stehen, so haben die späteren besondere Eigenschaften, unter denen sich auch Vereinigungen von Doppelstrahlen befinden können und die hier nicht besonders hervorgehoben werden sollen.

a) Ohne Doppelstrahl: 111111.

b) 1 Doppelstrahl: 21111, 3111, 411, 51.

c) 2 sich schneidende Doppelstrahlen: 2211, 321, 33.

d) 2 windschiefe Doppelstrahlen: (11)1111, (21)111.

e) 3 Doppelstrahlen, die ein Dreiseit oder Dreikant bilden: **222**, **42**, **6**.

f) 3 Doppelstrahlen, von denen zwei windschiefe von dem dritten geschnitten werden: (11)211, (11)31, (21)21, (21)3, (31)11, (41)1.

g) 4 Doppelstrahlen: zwei windschiefe und zwei sich schneidende, welche mit dem einen von jenen ein Dreiseit, mit dem andern ein Dreikant bilden: (11)22, (11)4, (31)2, (51).

h) 4 Doppelstrahlen, die ein windschiefes Vierseit bilden: (11)(11)11, (21)(11)1, (21)(21).

i) 5 Doppelstrahlen, ein Vierseit und eine Diagonale: (11)(11)2, (31)(11).

k) 6 Doppelstrahlen, ein Tetraeder: (11)(11)(11).

l) Eine Regelschaar von Doppelstrahlen: (111)111, ein weiterer Doppelstrahl in der Leitschaar: (111)21, (111)3, zwei weitere in der Leitschaar: (111)(11)1, (111)(21).

m) Die Regelschaar zerfällt in zwei Strahlenbüschel: (211)11, (311)1, (411); ein weiterer Doppelstrahl in einem der Büschel, welche die Leitschaar bilden: (211)2, zwei weitere, in jedem derselben einer: (211)(11).

n) Die beiden Büschel fallen zusammen: (221)1, (321).

o) Ein einfacher Büschel von Doppelstrahlen: (22)11, (32)1; noch ein Doppelstrahl durch den Scheitel oder in der Ebene: (**22**)**2**, (**42**), zwei weitere, der eine durch den Scheitel, der andere in der Ebene: (22)(11), (33).

p) Zwei verbundene Regelschaaren von Doppelstrahlen: (111)(111).

q) Ein Feld oder Bündel von Doppelstrahlen: (**222**).*)

Endlich in Bezug auf *die singuläre Fläche* gruppiren sich die Complexe in folgender Weise:

---

*) **42**, (41)1 und (11)4 stehen an andern Stellen als in der analogen Tabelle von Weiler (a. a. O. S. 204).

α) Allgemeine Kummer'sche Fläche 4. Ordnung 4. Klasse: 111111.

β) Fläche 4. Ordnung 4. Klasse mit einer doppelten Geraden (Complexfläche in Bezug auf einen allgemeinen Complex 2. Grades, für eine beliebige Gerade, einen Complexstrahl, einen singulären Strahl 1. Ordnung, einen singulären Strahl 2. Ordnung): 21111, 3111, 411, 51.

γ) Fläche 4. Ordnung 4. Klasse mit zwei sich schneidenden Doppelgeraden, Complexfläche für eine Tangente der singulären Fläche (beide Doppelgeraden allgemein, die eine cuspidal, beide cuspidal): 2211, 321, 33.

δ) Regelfläche 4. Grades mit zwei doppelten Leitgeraden (ohne doppelte Erzeugende, mit einer doppelten, einer cuspidalen Erzeugenden): (11)1111, (11)211, (11)31.

ε) Regelfläche 4. Grades mit zwei vereinigten Leitgeraden (dieselben drei Fälle): (21)111, (21)21, (21)3.

ζ) Regelfläche 4. Grades mit einer dreifachen Geraden, welche einfache Leitgerade, doppelte Erzeugende ist (Art XII) (diese doppelte Erzeugende allgemein, cuspidal): (31)11, (41)1.

η) Fläche 3. Ordnung 4. Klasse von der Art 16, 18, 19 nach Cayley's Eintheilung (vergl. Nr. 558) und die Ebene durch die 3 unären Geraden oder dual: **222**, **42**, **6**.

ϑ) Cubische Regelfläche, eine Ebene durch die einfache Leitgerade, der Punkt, in dem sie die doppelte Leitgerade trifft (in beliebiger Lage, in Cuspidalelementen gelegen): (11)22, (11)4.

ι) Cayley'sche cubische Regelfläche, sonst wie in ϑ): (31)2, (51).

κ) Zwei in einem Vierseite sich schneidende Flächen 2. Grades (beliebiges Vierseit, die einen Gegenseiten vereinigt, die einen und die andern vereinigt): (11)(11)11, (21)(11)1, (21)(21).

λ) Die eine Fläche artet in ein Ebenen-Punkte-Paar aus (beliebiges Vierseit, die einen Gegenseiten vereinigt): (11)(11)2, (31)(11).

μ) Allgemeine Fläche 2. Grades doppelt*): (111)111, (111)21, (111)3, (111)(11)1, (111)(21), (111)(111).

ν) Kegelschnitt doppelt, vierfache Ebene desselben, oder dual: (**222**).

o) Kegel 2. Grades, Kegelschnitt mit incidirenden Doppelelementen, doppelter Scheitel des Kegels, doppelte Ebene des Kegelschnitts: (22)11, (32)1.

π) Kegelschnitt, zwei Ebenen, doppelte Ebene des Kegelschnitts, doppelter Bündel um den Schnittpunkt der drei Ebenen oder dual: (**22**)**2**, (**42**).

---

*) Die genauere Unterscheidung der Einzelfälle wird nun zu umständlich.

ϱ) 4 Ebenen, 4 Punkte (ev. vereinigt): (11)(11)(11), (22)(11), (211)(11), (33), (211)11, (211)2, (311)1, (411), (221)1, (321); tetraedral sind hiervon die vier ersten.

Besondere Fälle des harmonischen Complexes.

857 Eine erschöpfende Untersuchung, bei welcher der 49 oder 55 Arten harmonische Complexe möglich sind, wird im Folgenden nicht beabsichtigt. Ich verweise auf die alle Fälle erledigende gemeinsame Arbeit von Segre und Loria*) und Montesano's schon in Nr. 591 erwähnte Abhandlung und beschränke mich auf die Mittheilung einiger interessanter Fälle ohne eingehenden Beweis.

Unsere Arten theilen sich in 4 Klassen:

1) *Die singuläre Fläche muss eine besondere Eigenschaft haben: dann giebt es unter den zugehörigen Complexen eine endliche Anzahl von harmonischen.*

2) *Die singuläre Fläche in ihrer der Art entsprechenden allgemeinen Form gehört zu einer endlichen Zahl harmonischer Complexe.*

3) *Jeder zur singulären Fläche in der allgemeinen Form gehörige Complex ist ein harmonischer.*

4) *Es giebt keine harmonischen Complexe.*

Zur Klasse 1) *gehören der allgemeine Complex und die Arten* [21111], [(11)1111] *und nur diese.*

Wenn eine Kante des gemeinsamen Polartetraeders der Flächen f_1, f_2 diese harmonisch schneidet, und infolge dessen f_1, f_2 zu den Kegeln des Büschels, welche ihre Scheitel auf jener Kante haben, harmonisch sind (Nr. 747), *so wird diese Kante Doppelstrahl d des Complexes.* Die Zweifachheit wird hier und in den späteren Fällen dargethan, indem man in irgend einer Ebene durch d die Complexcurve als Punktepaar auf d nachweist (unter Benutzung der Sätze von Nr. 748, 749). Die Correspondenzen $[2]^d_P$, $[2]^d_E$ (Nr. 766) werden Doppel-Involutionen, $[2,2]^d$ wird Projectivität zweier Involutionen. Es folgt daraus, dass *die 8 nicht auf d fallenden Doppelpunkte der singulären Fläche Φ in den beiden in der Gegenkante von d sich schneidenden Ebenen des Tetraeders zu je vieren liegen, und die duale Eigenschaft.*

Von der Involution in einem Tangentenbüschel der Φ (Nr. 754) ist der eine Doppelstrahl die Tangente, welche d trifft. Nur der andere

---

*) Mathem. Annalen Bd. 23 S. 213.

führt zu einem harmonischen Complexe, so dass *es zu jeder in der obigen Weise specialisirten singulären Fläche nur einen harmonischen Complex giebt.*

Der Painvin'sche Complex (Nr. 764) *für ein Hyperboloid, bei welchem der eine Hauptschnitt eine gleichseitige Hyperbel ist, gehört hierher:* Doppelstrahl ist die zu diesem Hauptschnitte senkrechte Axe.

Wenn zwei Gegenkanten d, d' des gemeinsamen Polartetraeders von 858
f_1, f_2 harmonisch schneiden, so erhalten wir einen harmonischen Complex mit ihnen als Doppelstrahlen, also von der Art [(11)1111]. Schnitt von f_1 mit ihrer Polarfläche nach f_2 (Nr. 750) ist das Vierseit auf f_1, von dem d, d' die Diagonalen sind; *also ist die singuläre Fläche eine Regelfläche 4. Grades mit zwei doppelten Leitgeraden* von der Art, mit welcher wir uns in Nr. 591 beschäftigt haben, *das Erzeugniss zweier projectiven Involutionen;* und die beiden Schnitt-Vierseite mit f_1, f_2 sind die ausgezeichneten unter den der Fläche aufgeschriebenen, bei denen die beiden Gegenseiten-Dupel des einen zu der einen, die des andern zur andern von zwei verbundenen Involutionen I_h, I_l der Regelfläche gehören. Daraus folgt, dass auch die übrigen f_1, f_2, so wie auch die F_1, F_2 durch diese Vierseite gehen und das System $\mathfrak{F}$ der Flächen f und F in die Büschel-Schaaren durch diese Vierseite zerfällt. Diese Büschel-Schaaren werden auf zwei Weisen projectiv mit zusammengehörigen (denselben Complex erzeugenden) f_1, f_2 oder F_1, F_2 als entsprechenden. Die beiden derselben Fläche $f_1 \equiv F_1$ der einen Büschel-Schaar zugehörigen f_2 und F_2 in der andern sind in Bezug auf jene polar.

Es giebt auch hier nur einen harmonischen Complex zu einer singulären Fläche von dieser besondern Art; der nicht geeignete Doppelstrahl der Involution im Tangentenbüschel ist die Erzeugende.*)

Zur Klasse 2) gehören vor allem: die beiden dualen [222], dann 859
[(11)22], [(11)(11)11], [(11)(11)2], [(11)(11)(11)] und [(22)11].

Wenn f_1, f_2 sich in T berühren, so ergiebt sich ein Complex von der Art [2211]; ist f^0 die Fläche des Büschels $f_1 f_2$, welche, in Bezug auf f_1, f_2, zu dem Kegel k^0, der seine Spitze in T hat, harmonisch ist, so sind ihre Schnitte mit der gemeinsamen Tangentialebene π von T die beiden Doppelgeraden d_1, d_2. *Nehmen wir aber weiter an, dass f_1, f_2 zu den beiden übrigen Kegeln des Büschels harmonisch sind,* so gehört das ganze Feld π zum Complexe: *wir erhalten einen Complex* [222]'; dritte Doppelgerade d ist die Verbindungslinie der Spitzen dieser beiden Kegel.

*) Vergl. hierzu und zu Nr. 861 Montesano's Abhandlung.

Die 6 Doppeltangenten einer (Φ_4^3, π) in einem beliebigen Tangentenbüschel sind zu je zweien zusammengefallen: 1, 2; 3, 4; 5, 6. Folglich sind sie in 3 Involutionen gepaart:

$$1, 2;\ 3, 5;\ 4, 6 \qquad 3, 4;\ 1, 5;\ 2, 6 \qquad 5, 6;\ 1, 3;\ 2, 4.$$

Zu jeder (Φ_4^3, π) sind daher 3 harmonische Complexe möglich, wie das auch daraus hervorgeht, dass von den 3 Doppelgeraden zwei anders entstehen wie die dritte, und diese dritte jede von den dreien der gegebenen Fläche sein kann.

Wir wollen uns hier auch überzeugen, dass der in dieser Weise construirte harmonische Complex dieselbe Mannigfaltigkeit — 15 — hat, wie (Φ_4^3, π). Die Berührung zwischen zwei Flächen ist eine einfache Bedingung, also giebt es ∞^{16-1} Büschel sich in einem Punkte berührender Flächen 2. Grades, in jedem ∞^1 Paare von Flächen, die zu den beiden unären Kegeln harmonisch sind. Andererseits entsteht jeder harmonische Complex aus ∞^1 Paaren f_1, f_2; also ist die Mannigfaltigkeit im vorliegenden Falle $15 + 1 - 1$.

Den dualen Complex [222]″ *erhält man als harmonisch schneidenden, sobald von den beiden Flächen f_1, f_2 die eine f_1 ein Kegel ist, der überdies seine Spitze P auf der andern Fläche hat.* Doppelstrahlen sind die Schnittkanten d_1, d_2 von f_1 mit der gemeinsamen Berührungsebene τ des Flächenbüschels in P und die Polare d der Verbindungslinie der beiden andern Kegelspitzen.

Dualisiren wir vollständig und lassen F_1 die absolute Curve $\mathfrak{K}^2$ sein, F_2 aber ein Paraboloid, so ergiebt sich *der Complex der Strahlen, von denen rechtwinklige Tangentialebenen an das Paraboloid kommen*, als von der Art [222]′. Die Ebene π ist die unendlich ferne, Doppelstrahlen sind die Tangenten an $\mathfrak{K}^2$ aus dem unendlich fernen Berührungspunkte der Fläche und deren Berührungssehne. Die 4 Knotenpunkte von Φ_4^3 sind in den beiden Hauptebenen die Schnitte der Directrix der Hauptparabel mit der Focalparabel.

Der aus einem unendlich fernen Punkte kommende endliche Strahlenbüschel des Complexes liegt in der Directorebene des betreffenden parabolischen Berührungscylinders.

Ein [222]″ wird der in Nr. 765 besprochene Weiler'sche Complex, wenn O auf f_1 liegt.

860 *Einen harmonischen Complex von der Art* [(11)22] *erhält man auf zwei Weisen:*

Wir vereinigen die Bedingungen für [222]′ und [222]″, nehmen also an, dass f_1 *ein Kegel sei, der seine Spitze P auf f_2 hat, und dass*

f_1, f_2 *zu den beiden übrigen Kegeln des Büschels harmonisch sind.* Doppelstrahlen sind die Verbindungslinie d der Spitzen dieser Kegel, ihre Polare d' und die Schnittkanten d_1, d_2 des Kegels f_1 mit der Ebene $\pi \equiv Pd$.

Der Painvin'sche Complex für ein gleichseitiges (oder orthogonales) Paraboloid gehört hierher.

Doch mit einem Complexe dieser Art haben wir schon in I, Nr. 122, 146 zu thun gehabt: *dem Complexe der Axen der Gewinde eines Gebüsches* S_3 oder dem Complexe der Strahlen, welche in Bezug auf zwei Gerade g', g'' — die Grundgeraden von S_3 — gleiche Parameter haben. Das Feld π und der Bündel P sind a. a. O. schon gefunden; *der Bestandtheil* Φ^3 *der singulären Fläche ist das Cylindroid, der Ort der Axen der Gewinde des Büschels durch das Netz* $[g'g'']$ (I, Nr. 110). Der Complex wird durch die projectiven Büschel der Gewinde mit der gemeinsamen Axe g', bezw. g'' erzeugt, wobei solche mit gleichem Parameter entsprechend sind; die Leitgeraden der erzeugenden Strahlennetze müssen Φ^3 durchlaufen, und Leitgeraden dieser Fläche sind die beiden Treffgeraden der 4 Leitgeraden der Grund-Strahlennetze, also das gemeinsame Loth h auf g', g'' und die unendlich ferne Gerade $\mathfrak{h}$, welche beide schneidet: doppelte und einfache Leitgerade des Cylindroids. Auf der Regelfläche liegen auch g', g'', je die eine Leitgerade des einen und andern Grund-Strahlennetzes. Aber g', g'' kann man (Nr. 122, 123, 146) durch jedes Dupel g_1', g_1'' der Involution I' ersetzen, die auf dem zu $[g'g'']$ gehörigen Cylindroide liegt, ohne dass das Cylindroid und der Complex sich ändert; also durchlaufen diese g_1', g_1'' unsere Φ^3, und sie ist mit dem Cylindroide identisch. Diese Involution I' ist nun auf Φ^3 die den Complex erzeugende (Nr. 820). Aber wir haben unsern Complex noch als einen harmonischen zu erkennen: *er ist der Painvin'sche Complex zu dem gleichseitigen Paraboloide* (I, Nr. 120), *das zu* $[g'g'']$ (und zu den $[g_1'g_1'']$) *gehört*, dem Orte der Punkte gleicher Entfernung von g', g'' und der Enveloppe der Ebenen, welche die Strecken auf den Strahlen des Netzes $[g'g'']$ zwischen den Leitgeraden senkrecht halbiren.*) Es lässt sich aber leicht beweisen, dass irgend ein Strahl l von $[g'g'']$ Schnittlinie von zwei zu einander rechtwinkligen Ebenen ist, die in der eben beschriebenen Weise zu zwei andern Strahlen dieses Netzes gehören. Der Kegel, der durch Rotation von g' um l entsteht, schneide g'' in Y_1, Y_2; X_1, X_2 auf g' seien die Punkte, die durch die Rotation nach Y_1, Y_2

*) Die Grenzpunkte H_1, H_2 des Cylindroids (I, Nr. 111) sind die Brennpunkte der Hauptparabeln dieses Paraboloids.

gelangen; so sind $X_1 Y_1$, $X_2 Y_2$ diese beiden anderen Strahlen von $[g'g'']$.

Auf die zweite Weise entsteht ein Complex [(11)22], *wenn* f_1 *Kegel ist und mit* f_2 *eine Gerade gemein hat.* Sind dann A, B die beiden Berührungspunkte der Flächen des Büschels (A die Spitze von f_1), α, β die zugehörigen Berührungsebenen, so sind die gemeinsame Gerade, die in β befindliche Polare von α nach f_1, die zweite Kante von f_1 in α und die zweite Gerade, in β, derjenigen Fläche des Büschels, welche, in Bezug auf f_1, f_2, zum andern Kegel harmonisch ist, die Doppelstrahlen d_1, d_2, d', d; A und β sind P und π.

Die 6 Doppeltangenten der singulären Fläche sind hier ebenfalls zu je zweien zusammengefallen: 1, 2; 3, 4 in die Tangenten, welche d_1, d_2 treffen, 5, 6 in die Erzeugende von Φ^3, welche d, d' trifft. Dies führt wieder zu 3 Involutionen und zu *3 harmonischen Complexen*, denen je die zweiten Doppelstrahlen als singuläre Strahlen zugehören, *und zwar*, da bei der ersten Weise d_1, d_2 gleichartig, bei der zweiten ungleichartig entstehen, *zu einem von jener, zweien von dieser Art.*

861 *Zu einem Kerncomplexe* [(11)(11)11] *führen* f_1, f_2, *wenn sie sich in zwei Kegelschnitten* m', m'' *schneiden;* Φ^2 sei dem Paare $\mu'\mu''$ der Ebenen derselben in Bezug auf f_1, f_2 harmonisch zugeordnet. Alle ihre Berührungsebenen sind singulär (Nr. 750), also *ist* Φ^2 *der eine Theil der singulären Fläche. Die ihr zugehörigen singulären Strahlen müssen die Doppellinie* p *von* $\mu'\mu''$ *treffen,* erzeugen also eine Congruenz 2. Grades von der Art II, Nr. 487. In dem Vierseite $dd_1d'd_1'$ auf Φ^2, von dem p die eine Diagonale ist, haben wir die 4 Doppelstrahlen. Der andere Theil Φ_1^2 der singulären Fläche wird von den Kegelpaaren umhüllt, welche je zweien zu f_1, f_2 harmonischen Flächen des Büschels $f_1 f_2$ umgeschrieben sind; zugehöriger singulärer Strahl einer Tangentialebene ist die Kante, längs deren sie den betreffenden Kegel berührt; da diese Kegel ihre Spitze auf der zweiten Diagonale p_1 haben, die nach Φ^2 zu p polar ist, so *erhält auch die Congruenz singulärer Strahlen, die zu* Φ_1^2 *gehört, eine gerade singuläre Linie* p_1. *Durch diese Specialität zeichnet sich der harmonische Complex aus,* während sonst bei einem [(11)(11)11] diese beiden Congruenzen allgemeine durch das Doppelstrahlen-Vierseit gehende Flächen tangiren.

Zu einer gegebenen singulären Fläche (Φ^2, Φ_1^2) *mit Vierseits-Durchschnitt sind zwei harmonische Complexe möglich:* bei dem einen ist p der Φ^2, p_1 der Φ_1^2 zugeordnet, bei dem andern umgekehrt. In dem Tangentenbüschel werden die 6 Doppeltangenten durch die beiden Erzeugenden der berührten Fläche, jede zwei vertretend, und die beiden gemeinsamen Tangenten repräsentirt: $1 \equiv 2$; $3 \equiv 4$; $5, 6$. Also giebt es eine Involution $1, 3$; $5, 6$ und zwei Doppelstrahlen.

Zu jedem der beiden Complexe giebt es aber hier ∞^2 *Paare* f_1, f_2. Schneidet man nämlich, wenn wieder p der Φ^2 zugeordnet wird, diese Fläche mit zwei durch p gehenden Ebenen μ', μ'' in den Curven m', m'', so giebt es zwei Flächen 2. Grades f_1, f_2, welche den beiden Kegeln, die der Φ_1^2 umgeschrieben sind und durch m' gehen, längs dieser Curve eingeschrieben sind und durch m'' gehen; sie ergeben sich auch, wenn m' und m'' vertauscht werden. Man kann die beiden doppelt unendlichen Systeme auch so beschreiben. Alle Flächen des einen Systems sind aus dem dreifach unendlichen Systeme der Flächen 2. Grades, welche Φ^2, Φ_1^2 in zwei Gegenecken des Durchschnitts-Vierseits tangiren, diejenigen, welche ihre eine und dann auch die andere Regelschaar in dem einen der beiden harmonischen Complexe haben.

Das lehrt, dass *sich kein speciellerer Complex ergiebt, wenn man* f_1, f_2 *sich in einem Vierseite schneiden lässt. Dann aber ist der harmonische Complex der einen Art mit dem der andern identisch;* weil es sich um eine Büschel-Schaar handelt. Zwei zu f_1, f_2 harmonische Flächen haben nur dann noch weitere gemeinsame Tangentialebenen, wenn die eine ausartet; und man sieht so, warum die singulären Strahlen entweder die eine oder die andere Diagonale treffen.

Ein besonders interessanter Fall ist *der Complex der Strahlen, welche zwei Kugeln harmonisch schneiden;* p ist die unendlich ferne Gerade der Potenzebene μ', p_1 die Centrale, Φ^2 *die Kugel des Büschels, welche ihren Mittelpunkt in der Mitte zwischen denen* M_1, M_2 *von* f_1, f_2 *hat. Der zweite Theil* Φ_1^2 *der singulären Fläche* wird von den Ebenen umhüllt, welche f_1, f_2 in zwei zu einander orthogonalen Kreisen schneiden: er *ist die Rotationsfläche der harmonischen Curve der beiden Kreise, welche irgend eine Ebene durch die Centrale aus den Kugeln ausschneidet:* diese hat M_1, M_2 zu Brennpunkten.

Sie ist keineswegs immer ein Hyperboloid, wie Segre und Loria S. 227 behaupten; die genannte Curve kann Hyperbel, reelle und reell-imaginäre Ellipse sein. Bei zwei orthogonalen Kreisen ist sie das Paar der Mittelpunkte, und damit haben wir den Uebergang von Hyperbel zu Ellipse. Ist bei zwei sich schneidenden Kreisen der Winkel M_1SM_2, wo S der eine Schnitt ist, stumpf oder spitz, so ist die Curve Hyperbel oder Ellipse; ebenso ist sie Ellipse, wenn einer der Kreise den andern umschliesst; liegt bei sich ausschliessenden Kreisen der Mittelpunkt des einen Nullkreises ihres Büschels in der Mitte zwischen ihren Centren, so findet der Uebergang von Hyperbel zu reell-imaginärer Ellipse durch reell-imaginäres Punktepaar statt.

Ferner gehören hierher der Weiler'sche Complex für eine centrische Rotationsfläche 2. Grades, in deren Mittelpunkt O gelegt ist, für eine Kugel, bei welcher O beliebig liegt, vor allem aber *der Painvin'sche Complex für eine centrische Rotationsfläche* F_1. *Der Bestandtheil* Φ^2 *der singulären Fläche ist die zu* F_1 *confocale Rotationsfläche,* welche, in Bezug auf F_1 und $F_2 \equiv \mathfrak{K}^2$, dem Paare der Brennpunkte $M'M''$ der F_1 (auf der Drehaxe) harmonisch ist; d. h. *deren Meridiancurve so confocal zu der von* F_1 *ist, dass die demselben Brennpunkte zugehörige Directrix doppelt so weit von ihm entfernt ist als bei dieser.*

Die Drehaxe ist p; sie schneidet Φ^2 oder nicht, je nachdem diese elliptisch oder hyperbolisch ist: die Doppelstrahlen sind immer imaginär. $\mathfrak{K}^2$ liegt auf dem zweiten Bestandtheile $\Phi_1{}^2$, als die eine Berührungscurve des F_1 und F_2 umgeschriebenen Torsus; *daher ist* $\Phi_1{}^2$ *die Kugel, welche* Φ^2 *in den Scheiteln auf der Drehaxe tangirt:* mit dem Halbmesser $\frac{a^2+b^2}{\sqrt{a^2-b^2}}$, wo a der Polar- und b der Aequator-Halbmesser von F_1 ist.

862 *Zu harmonischen Complexen von der Art* [(11)(11)2] — Hirst'schen Complexen — *kann man auf zwei Weisen gelangen:*

I. f_1, f_2 *schneiden sich,* wie eben, *in zwei Kegelschnitten* m', m'' *und sind überdies zu den beiden Kegeln ihres Büschels harmonisch;* dadurch kommt die Diagonale p_1 als fünfter Doppelstrahl hinzu.

Der Erzeugung kann man, ohne den Complex zu specialisiren, die speciellere Form geben, dass f_1 *eine allgemeine Fläche,* f_2 *ein Kegel ist, denen ein Geradenpaar und ein Kegelschnitt gemeinsam sind.*

Die Hirst'schen Complexe, welche zu einer singulären Fläche (Φ^2; σ, σ'; S, S^*) gehören, entstehen durch die ∞^1 Correlationen zwischen σ, σ' (oder S, S^*), durch welche Φ^2 erzeugt wird. Unter ihnen ist eine $\mathfrak{C}$ so beschaffen, dass die projectiven Punktreihen conjugirter Punkte auf $\sigma\sigma'$ involutorisch sind. Dann giebt es ∞^2 Flächen f_1 von der Eigenschaft, dass die Correlation zwischen σ und σ' durch das Polarsystem von f_1 hervorgerufen wird, so dass die Polare eines Punktes von σ oder σ' stets in seiner Polarebene nach f_1 liegt. Es seien T, T' die Berührungspunkte von Φ^2 mit σ, σ' — in allen Correlationen die Pole von $\sigma\sigma'$ —, so berühren die gesuchten Flächen in S, S^* die Ebenen nach TT'; indem wir noch irgend zwei conjugirte Punkte jener Correlation $\mathfrak{C}$ für diese Flächen conjugirt sein lassen, erhalten wir ein doppelt unendliches System von Flächen. Die Correlation, welche das Polarsystem einer von ihnen zwischen σ, σ' inducirt, stimmt mit $\mathfrak{C}$ überein. Indem jeder Strahl des zu $\mathfrak{C}$ gehörigen Hirst'schen

Complexes zwei in Bezug auf die f_1 conjugirte Punkte verbindet, haben wir den harmonischen Complex erhalten, der zu f_1 und dem Ebenenpaare $\sigma\sigma'$ gehört*); womit *eine noch weitere Specialisirung* I′ *der Erzeugung erhalten ist.*

Die andere wesentlich verschiedene Erzeugung ist:

II. f_1, f_2 *sind zwei Kegel (mit den Spitzen* S, S^*), *welche eine Gerade* d_2 *gemeinsam haben.* Die 4 übrigen Doppelstrahlen sind die zweiten Schnittkanten d', d der beiden Berührungsebenen σ, σ' längs d_2 je mit dem nicht berührten Kegel und die Polaren d_1', d_1 dieser Ebenen je nach demselben Kegel. Φ^2 ist durch dies Vierseit und die cubische Raumcurve, in der sich f_1, f_2 schneiden, bestimmt.

Der Kegel f_1 berührt längs d_2, d die Ebenen d_1 (d_2, d), f_2 ebenso längs d_2, d' die Ebenen d_1' (d_2, d'); jeder Kegel des einen Büschels bestimmt den des andern.

Die Vertauschung von d, d' mit d_1, d_1' giebt einen zweiten Complex.

Zur singulären Fläche gehören zwei durch II *und ein durch* I *erzeugter Complex*, wie das auch wieder die 3 Involutionen zeigen, zu denen die 3 doppelten „Doppeltangenten“ in einem Tangentenbüschel von Φ^2 (die beiden Erzeugenden und die Treffgerade von $\sigma\sigma'$) führen.

Die Erzeugung I (dualisirt) lehrt, dass *der zu einem Rotationsparaboloide gehörige Painvin'sche Complex hierher gehört.* S, S^* sind der Brennpunkt auf der Axe und der unendlich ferne Berührungspunkt.

Φ^2 ist das confocale (und coaxiale) Rotationsparaboloid, dessen Scheitel doppelt so weit vom Brennpunkte entfernt ist als der des gegebenen.

Von den Doppelstrahlen ist nur die unendlich ferne Gerade der Parallelkreis-Ebenen reell.

Ferner gehört hierher der Complex der Strahlen, welche nach zwei gegebenen Punkten S, S^* *rechtwinklige Ebenen senden* (duale Erzeugung zu I′). Φ^2 *ist die Kugel über* SS^* *als Durchmesser.* Alle Complexkegel sind orthogonal, alle Complexcylinder Rotationscylinder.

Ein derartiger Complex ist derjenige der Geraden, welche von zwei gegebenen Punkten A_1, A_2 *ein gegebenes Entfernungs-Verhältniss* $m_1 : m_2$ *haben.* Sind nämlich S, S^* die Punkte, welche $A_1 A_2$ nach dem Verhältnisse $m_1 : m_2$ theilen, so gehen nach ihnen von den Strahlen unseres Complexes rechtwinklige Ebenen.

Der Fall $m_1 : m_2 = 1$ wurde in I, Nr. 276 betrachtet: es ergab sich ein tetraedraler Complex.

---

*) Vergl. die in Nr. 815 erwähnten Abhandlungen von Hirst.

863 *Ein harmonischer tetraedraler Complex* [(11)(11)(11)] *entsteht, wenn bei der Erzeugung* I' *des vorigen Falls die Ebenen des Paars* $\sigma\sigma'$ *in Bezug auf* f_1 *conjugirt sind.*

Die vom Polarsystem von f_1 inducirte Correlation zwischen σ, σ' artet in eine solche mit zwei singulären Punkten T, T' (deren Paar die Φ^2 darstellt) aus; da eine solche auf eine Projectivität zwischen den Büscheln (T, σ) und (T', σ') hinausläuft, auf deren entsprechenden Strahlen conjugirte Punkte der Correlation liegen, so sieht man, wie ein tetraedraler Complex entsteht. Das Tetraeder ist SS^*TT', wo S, S^* die Schnitte von f_1 mit $\sigma\sigma'$ sind; seine 4 Ebenen werden von allen Complexstrahlen harmonisch geschnitten, so dass *diese speciellere Erzeugung hinreicht.*

Jede f_1, welche in zwei Ecken des Tetraeders eines tetraedralen Complexes die nach der Gegenkante gehenden Ebenen berührt und die beiden andern zu conjugirten Ebenen hat, kann in Verbindung mit letzteren zur Erzeugung dienen. Ihre Regelschaaren sind $\mathfrak{r}$ (Nr. 818), und zwar gehören sie zu zwei Strahlennetzen aus demselben Systeme.

864 *Ein harmonischer Complex von der Art* [(22)11] *ergiebt sich, wenn* f_1, f_2 *zwei Kegelschnitte* m', m'' *gemein haben und zum Ebenenpaare* $\mu'\mu''$ *und einem Kegel des Büschels harmonisch sind. Dieser wird* (Nr. 861) *der Kegel* Φ^2, *der zur singulären Fläche gehört;* die Ebene φ geht von seiner Spitze nach der Doppellinie $\mu'\mu''$. Wenn f_0 der zweite Kegel und $\bar{f}_0$ ihm in Bezug auf f_1, f_2 harmonisch zugeordnet ist, so ist die Spur, in φ, des Tangentialkegels aus der Spitze von f_0 an $\bar{f}_0$ *der Kegelschnitt* Φ_2. Jede Gerade von φ hat die Eigenschaft, dass die beiden Tangentialebenen von ihr an eine Fläche des Büschels noch eine zweite Fläche desselben berühren; die dadurch im Flächenbüschel entstehende Involution wird mit derjenigen, welche f_1, f_2 zu Doppelelementen hat, identisch, wenn die Gerade jene Spurcurve berührt; d. h. dieselbe ist Enveloppe aller der Kegel, welche zwei zu f_1, f_2 harmonischen Flächen des Büschels umgeschrieben sind.

Die beiden Begegnungspunkte von m', m'' sind die Punkte F', F'', in denen Φ_2 von den in φ gelegenen Kanten von Φ^2 tangirt wird.

Die Φ^2 tangirenden, bezw. die Φ_2 schneidenden singulären Strahlen treffen $f' \equiv \mu'\mu''$, bezw. f (die Polare von φ nach Φ^2), welche hier an Stelle von Ψ_2, Ψ^2 des allgemeinen Falls getreten sind. In jedem Tangentenbüschel von Φ^2 giebt es nur eine f' treffende Gerade; also *gehört zur gegebenen singulären Fläche nur ein harmonischer Complex.* Alle Kegelschnitte, in denen die Ebenen durch f' den Kegel Φ^2 schneiden, sind Complexcurven, und ihre Tangenten sämmtlich singulär; und ebenso dual.

Jedes Ebenenpaar $\mu'\mu''$ *durch* f' *führt zu einem erzeugenden Paare* f_1, f_2.

Der Painvin'sche Complex, der zur Rotationsfläche einer gleichseitigen Hyperbel gehört, fällt unter diese Art: Φ_2 ist der Kreis in der Aequatorebene, der von den Brennpunkten beschrieben wird, Φ^2 aber ist die Punktkugel um den Mittelpunkt der Fläche.

Ebenso gehört *der Complex der Geraden, die in Bezug auf eine gegebene Gerade* l *ein gegebenes Moment* M *haben* (I, Nr. 66), hierher. In jeder Berührungsebene eines Rotationscylinders um l vom Radius r liegen 2 Büschel von parallelen Complexstrahlen mit der Neigung $\arcsin \frac{\mathsf{M}}{r}$ gegen l; singulärer Strahl ist die unendlich ferne Gerade. Ist $r = \mathsf{M}$, so vereinigen sie sich; *dieser Cylinder wird* Φ^2, die singulären Strahlen sind senkrecht zu seinen Kanten, treffen also die Polare des unendlich fernen Punktes von l in Bezug auf $\mathfrak{K}^2$, welche f' wird; dadurch ist der Complex als harmonisch charakterisirt. Bildet die Richtung nach einem unendlich fernen Punkte mit l den Winkel φ, so sind die Ebenen der von ihm kommenden Complex-Strahlenbüschel Tangentialebenen des Cylinders vom Radius $\frac{\mathsf{M}}{\sin\varphi}$; sie fallen zusammen in die Ebene nach l, wenn $\sin\varphi = \infty$ oder $\operatorname{tg}\varphi = \pm i$; folglich liegen die entsprechenden Punkte auf $\mathfrak{K}^2$. *Diese ist die Curve* Φ_2. Jede Complexcurve ist also ein Kreis, jeder Complexkegel ein Rotationskegel.

Wenn f_1, f_2 *sich längs eines Kegelschnitts* k (*in der Ebene* $\varkappa$) *be-* 865
rühren, so sei Φ^2 harmonisch zur Doppelebene $\varkappa$ in Bezug auf f_1, f_2. Jeder Strahl, welcher Φ^2 tangirt, schneidet f_1, f_2 harmonisch; also *ist der harmonische Complex ein Tangentencomplex, und zu jedem Tangentencomplexe giebt es* ∞^{3+1} *Paare von Flächen* $f_1 f_2$ *oder* $F_1 F_2$.

Der Painvin'sche Complex für eine Kugel, sowie der Weiler'sche Complex für eine Kugel und ihren Mittelpunkt als O sind Tangentencomplexe der concentrischen Kugeln vom Radius $r\sqrt{2}$, bezw. $\frac{r}{\sqrt{2}}$.*)

In Bezug auf die dritte und vierte Klasse wollen wir uns mit je 866
einem Beispiele begnügen.

Bei einem beliebigen Complexe von der Art [(22)11] umhüllen die von den Punkten von Φ_2 kommenden Büschel von singulären Strahlen mit ihren Ebenen einen Kegel Ψ_2, der durch eine auf Φ^2

*) Der Tangentencomplex gehört, weil ohne consinguläre Complexe, zu keiner der 4 Klassen.

gelegene Projectivität entsteht mit den sich selbst entsprechenden Strahlen $\mathfrak{f}'$, $\mathfrak{f}''$. Für einen der consingulären Complexe wird diese Projectivität Involution, der Kegel Ψ_2 ein Doppel-Ebenenbüschel um $f \equiv \varphi'\varphi''$; das ist der harmonische Complex. Zerfällt Φ^2 in φ', φ'', so jedoch, dass diese Ebenen noch durch getrennte Tangenten $\mathfrak{f}'$, $\mathfrak{f}''$ von Φ_2 gehen — Art [(22)2]$''$ —, so geht jene Projectivität über in eine zwischen (F, φ') und (F, φ''), in der nun, damit Ψ_2 wieder in $\mathfrak{f}'$, $\mathfrak{f}''$ berühre, diese Strahlen dem $\varphi'\varphi''$ entsprechen. Soll aber ein Ebenenbüschel um diesen entstehen, so muss die Projectivität so ausarten, dass er in beiden Büscheln der singuläre Strahl ist. Das hat dann aber zur Folge, dass auch die erzeugende Projectivität zwischen Φ_2 und (F, φ') ausartet und der Complex zerfällt. Somit ergiebt sich bei [(22)2] kein harmonischer Complex.

Wenn aber $\mathfrak{f}'$, $\mathfrak{f}''$ und φ', φ'' zusammenfallen — Art [(42)]$''$ —, so ist dieser Strahl sich selbst entsprechend: die Büschel (F, φ'), (F, φ'') sind (Nr. 850) bei jedem der zugehörigen Complexe perspectiv. Alle Complexe sind harmonisch. *So gehören die beiden* [(42)] *zur dritten Klasse,* [(22)2] *zur vierten.*

Im Falle [(22)11] haben wir im Tangentenbüschel eines Punktes von Φ_2 die Tangente desselben als Doppelstrahl der Involution, und die beiden Φ^2 berührenden Tangenten, welche ein Paar derselben bilden; der andere Doppelstrahl ist der singuläre Strahl des harmonischen Complexes. Zerfällt Φ^2 in φ', φ'', so fallen jene beiden Tangenten in die Treffgerade von $\varphi'\varphi''$ zusammen, die so zweiter Doppelstrahl der Involution wird; aber er gehört zu einem doppelten Gebüsche unter den consingulären Complexen; [(22)2]$''$ besitzt keinen harmonischen Complex. Bei [(42)]$''$ aber fallen alle 3 Strahlen zusammen; für die Involution haben wir zunächst nur einen Doppelstrahl, jeder andere Strahl des Tangentenbüschels kann zweiter sein, jeder zugehörige Complex ist harmonisch.

Zu einem solchen Complexe gelangt man, wenn f_1 eine beliebige Fläche ist, f_2 aber in zwei Ebenen φ', φ'' zerfällt, die sich in einer Tangente $\mathfrak{f}$ von f_1 schneiden. F ist der Berührungspunkt, φ aber — entgegen der Behauptung von Segre-Loria — die der Tangentialebene τ von f_1 in F in Bezug auf φ', φ'' harmonisch zugeordnete Ebene. Φ_2 ist der Schnitt der φ mit derjenigen Fläche des Büschels, die dem einzigen Kegel desselben in Bezug auf f_1 und $\varphi'\varphi''$ harmonisch zugeordnet ist.

867 Wir schliessen mit einigen Bemerkungen über *den Ort der Strahlen, welche zwei Kegelschnitte k_1, k_2 oder zwei Flächen 2. Grades f_1, f_2 nach gegebenem Doppelverhältnisse λ (oder dem reciproken) schneiden.*

Dieser Ort ist eine Curve 4. Klasse, bezw. ein Complex 4. Grades. Wir fanden den Complex [(111)(11)1] als Ort der Strahlen, welche die singuläre Fläche 2. Grades Φ und zwei Ebenen, die in einer ihr angehörigen Geraden d sich begegnen, nach constantem Doppelverhältnisse schneiden; offenbar hat sich das Gebüsche $[d]$ doppelt abgesondert.

Wenn k_1, k_2 sich doppelt berühren, so zerfällt die Curve 4. Klasse in zwei dem Büschel der k angehörige Kegelschnitte k', k'', welche zur (ebenfalls im Büschel befindlichen) harmonischen Curve und dem Paare der Berührungspunkte harmonisch sind. Es lässt sich leicht beweisen, dass k_1, k_2 von zwei Tangenten jedes dritten Kegelschnitts des Büschels nach gleichen Doppelverhältnissen geschnitten werden. Im Büschel entsteht durch die k', k'' eine Involution, wenn $\lambda, \frac{1}{\lambda}$ sich ändern.

Negatives Doppelverhältniss, ausser -1, ist nicht möglich.

Ebenso zerfällt, wenn f_1, f_2 sich längs eines Kegelschnitts k tangiren, der Complex 4. Grades in die Tangentencomplexe zweier Flächen der Büschel-Schaar, welche zur Grundfläche des harmonischen Complexes (Nr. 865) *und zum Kegelschnitte k harmonisch sind.**)

---

*) Weiler, Zeitschr. f. Mathem. u. Phys. Jg. 29 S. 192.

Anhang.

Dieser Anhang bringt einige Nachträge zu den beiden ersten Bänden, welche sich nicht in den Text des dritten Bandes verweben liessen.

I.

868 In I, Nr. 251 wurde die siebenfache Unendlichkeit *der cubischen Raumcurven* gewonnen, *denen ein gegebenes Gewinde Γ zugehört;* es ergab sich, dass durch 3 gegebene Punkte A, B, C ∞^1 von diesen Curven gehen: wenn α, β, γ deren Nullebenen sind, also die Schmiegungsebenen jener Punkte für alle diese Curven, so legt ein Strahl in einem dieser Schmiegungsstrahlen-Büschel, z. B. a in (A, α) als Tangente eine von den Curven fest. Es sei ω die Ebene ABC und O ihr Nullpunkt $\alpha\beta\gamma$. Zwei Strahlen a, a_1 von (A, α) als entsprechende Geraden bestimmen eine Homologie, von welcher die incidenten Elemente O, ω Centrum und Ebene sind (I, Nr. 242). In ihr sind die beiden durch a und a_1 festgelegten Curven unseres Systems entsprechend.

Demnach liegen die ∞^1 cubischen Raumcurven, denen das Gewinde Γ zugehört und welche durch A, B, C gehen, auf demselben Kegel. 3. Ordnung, der seine Spitze im Nullpunkte O der Ebene ABC hat. Ihre Schmiegungsebenen schneiden in diese Ebene die nämliche Curve 3. Klasse ein.

Die Doppelkante des Kegels, die gemeinsame Doppelsecante, aus O, aller dieser Curven, ist der harmonische Strahl der Ebene ω in Bezug auf das Dreiflach der drei Ebenen α, β, γ.*)

---

*) Schröter, Theorie der Oberflächen 2. Ordnung und Raumcurven 3. Ordnung S. 288. — *Eine Curve 3. Ordnung mit Doppelpunkt ist eindeutig durch ihre drei Wendepunkte und Wendetangenten bestimmt.* Wenn C_1^3, C_2^3 die Constituenten eines Curvenbüschels 3. Ordnung sind, so beschreiben die Schnittpunkte der ersten Polaren eines Punktes X, der eine Gerade l durchläuft, in Bezug auf sie eine Curve 4. Ordnung; diese durchschneidet sich mit der bei l' sich ergebenden in den zum Punkte ll' gehörigen 4 Schnitten und den 12 Doppelpunkten des Büschels. Wenn nun w_1, w_2, w_3 die drei Wendetangenten sind und t die Gerade, auf der die Wendepunkte liegen, so sei C_1^3 diese Gerade dreifach und C_2^3 das

Die Doppelsecanten, welche aus einem beliebigen Punkte von ω kommen, liegen in einer Ebene durch O.

Wenn A, B, C unendlich fern sind, so gehen die cubischen Raumcurven, welche dann auf einem zur Axe von Γ parallelen Cylinder 3. Ordnung liegen, durch Verschiebung aus einander hervor.

Sind blos 2 Punkte A, B gegeben, so erhalten wir ∞^3 zu Γ ge- 869
hörige cubischen Raumcurven durch sie und je ∞^1, welche dieselben 2 Strahlen a, b von (A, α), (B, β) zu Tangenten haben. Es seien R^3, R_1^3 zwei von ihnen; weil die Sehnen-Regelschaaren derselben, zu denen a, b gehören, diese gemein haben, so haben auch die Leitschaaren zwei Gerade gemeinsam. Wenn eine von diesen die Curven in X, X_1 trifft, so haben wir eine Collineation mit den Axen a, b, in welcher X, X_1 entsprechend sind; sie transformirt, da a, b zu Γ gehören, dies Gewinde in sich selbst (I, Nr. 240), also die zu Γ gehörige, a, b in A, B berührende und durch X gehende R^3 in die zu Γ gehörige, ebenfalls a, b in A, B berührende und durch X_1 gehende und dadurch eindeutig bestimmte R_1^3. So gehen die ∞^1 Raumcurven aus einer von ihnen durch die ∞^1 möglichen Collineationen mit den Axen a, b hervor, oder je zwei von ihnen aus einander durch eine dieser Collineationen. Die Geraden, die in den verschiedenen Collineationen einer Geraden x entsprechen, befinden sich alle in der Regelschaar (abx); gehört daher x zu der durch a, b gehenden Sehnen-Regelschaar von R^3, so wird diese sich selbst entsprechend in allen diesen Collineationen, also auch Sehnen-Regelschaar der andern Curven.

Die ∞^1 zu Γ gehörigen cubischen Raumcurven, welche in A, B die Strahlen a, b der Büschel (A, α), (B, β) zu Tangenten haben, liegen auf derselben durch a, b gehenden Fläche 2. Grades. Die Schmiegungs- oder Nullebenen α, β sind die Berührungsebenen dieser Fläche in A, B.

Wenn a', b' die beiden Strahlen von (A, α), (B, β) sind, welche b, bezw. a treffen und zwar in D, C, so ist $ABCD$ ein gemeinsames Schmiegungs-Tetraeder aller ∞^1 Raumcurven, und die Fläche 2. Grades geht durch das Vierseit $aa'bb'$. Dasselbe bestimmt in Γ

Tripel der w. Erste Polare eines beliebigen Punktes in Bezug auf C_1^3 ist t doppelt, die eines Punktes von t selbst ist unbestimmt. Die ersten Polaren in Bezug auf $w_1 w_2 w_3$ sind durch die 3 Doppelpunkte gehende Kegelschnitte. Infolge dessen zerfallen jene Curven 4. Ordnung in die Gerade t doppelt und die Polar-Kegelschnitte der Punkte tl, tl' in Bezug auf $w_1 w_2 w_3$. Der einzige Punkt, den diese noch gemein haben, ist der einzige Doppelpunkt einer (nicht zerfallenden) Curve des Büschels. Man erkennt ihn leicht als den Punkt, für welchen t zweite Polare in Bezug auf $w_1 w_2 w_3$ ist, oder als den harmonischen Pol von t in Bezug auf das Dreiseit $w_1 w_2 w_3$.

ein Strahlennetz, und jedem Gewinde durch dies Netz ist eine durch das Vierseit gehende Fläche 2. Grades zugeordnet, welche die zu dem Gewinde gehörigen und a, b in A, B berührenden cubischen Raumcurven enthält.

Die ∞^3 cubischen Raumcurven, welche zu Γ gehören und durch A, B gehen, führen also zu ∞^2 Flächen 2. Grades, welche α, β in A, B tangiren. Die dreifache Unendlichkeit der Flächen 2. Grades, welche diese Berührung eingehen, wird also nicht erschöpft.

Jede Fläche 2. Grades, welche durch eine zu Γ gehörige cubische Raumcurve geht, enthält deren ∞^1; denn die beiden zu Γ gehörigen Sehnen aus der auf der Fläche befindlichen Sehnen-Regelschaar der Curve sind Tangenten, weil diese allein unter den Sehnen der Curve zu Γ gehören. Somit haben wir eine a, b in A, B berührende cubische Raumcurve von Γ, mithin ∞^1 auf der durch sie und a, b bestimmten Fläche 2. Grades, d. i. auf der gegebenen. Die Zahl der Flächen 2. Grades durch die cubischen Raumcurven, die zu Γ gehören, ist daher ∞^{7+2-1}.

Jedem Gewinde Γ ist ein achtfach unendliches System von Flächen 2. Grades zugeordnet, von denen jede ∞^1 dem Γ zugehörige cubische Raumcurven trägt: sie haben alle dieselbe Regelschaar der Fläche zur Sehnen-Regelschaar und berühren die beiden zu Γ gehörigen Geraden derselben in den nämlichen Punkten (mit den Berührungsebenen dieser Punkte als zugehörigen Schmiegungsebenen).

Eine einfachere Beziehung dieser Flächen zum Gewinde habe ich nicht gefunden.*)

Durch einen Punkt A gehen ∞^5 cubische Raumcurven, welche zu einem gegebenen Gewinde Γ gehören; sie befinden sich auf den ∞^4 Kegeln 2. Grades, welche A zur Spitze haben und die Nullebene α dieses Punktes tangiren, je ∞^1 auf jedem dieser Kegel, die dann wiederum aus irgend einer von ihnen durch die verschiedenen Homologien hervorgehen, für welche A, α Centrum und Ebene sind. Daraus folgt, dass *die 5 Punkte,*

---

*) Es wurde vorhin von einer Collineation gesprochen, die ein Gewinde in sich selbst überführt, eine ihm zugehörige cubische Raumcurve aber in eine andere. Damit ist gesagt, dass die Behauptung in I, Nr. 257, dass jede Collineation, welche ein Gewinde in sich überführt, auch jede der ihm zugehörigen cubischen Raumcurven in sich überführt, nicht richtig ist. Das zeigt auch die Vergleichung der a. a. O. erhaltenen Sätze mit dem zweiten Theile meiner Abhandlung Math. Annalen Bd. 26 S. 465: eine Collineation hat eine Bedingung zu erfüllen, um ein Gewinde in sich zu transformiren, hingegen zwei, damit eine cubische Raumcurve in sich übergeht. Es soll heissen: Von den ∞^{10} Collineationen, welche ein Gewinde in sich transformiren, führen je ∞^3 jede der ∞^7 zugehörigen cubischen Raumcurven in sich über.

*welche zweien von diesen Curven gemeinsam sind, in der Spitze A des Kegels sich vereinigt haben.**)

Wenn eine cubische Raumcurve R^3 zu einem Gewinde Γ gehört, so 870
befindet sich ihre Tangentenfläche δ^4 in demselben; ihre Bildcurve bei der eindeutigen Abbildung von Γ in den Punktraum Σ_1, welche in I, Nr. 202 ff. besprochen wurde, *ist*, weil sie in ein u-Strahlennetz von Γ 4 Erzeugende sendet, *eine Raumcurve 4. Ordnung R_1^4, offenbar 2. Art* wegen der eindeutigen Beziehung auf δ^4 oder R^3, *aber nicht die allgemeine Raumcurve dieser Art, sondern ein interessanter Specialfall.* Den Schmiegungsstrahlen-Büscheln von R^3 entsprechen die Tangenten dieser Curve, weil jeder zwei unendlich nahe Erzeugende von δ^4 enthält; die Congruenz 3. Grades der Schmiegungsstrahlen von R^3 hat mit der einer Geraden von Σ_1 entsprechenden u-Regelschaar in Γ 6 Strahlen gemeinsam (I, Nr. 205); also ist R_1^4 vom Range 6. Der Hauptstrahl u der Abbildung scheidet aus Γ ein singuläres Strahlennetz (Γ, u) aus, dessen Strahlenbüscheln je nur ein Punkt entspricht; diese Punkte bilden in Σ_1 die Hauptcurve k_1^2 der Abbildung; jeder von jenen Büscheln enthält 3 Schmiegungsstrahlen von R^3, da durch seinen Scheitel 3 Schmiegungsebenen gehen; folglich gehen durch jeden Punkt von k_1^2 3 Tangenten der R_1^4. *Die Curve der Schnittpunkte der Tangenten dieser Raumcurve 4. Ordnung 2. Art ist also nicht, wie im allgemeinen Falle, eine Doppelcurve 6. Ordnung auf der Tangentenfläche 6. Ordnung, sondern ein dreifacher Kegelschnitt.*

Die 4 Punkte, in denen R_1^4 sich auf k_1^2 stützt, sind die Berührungspunkte der vierpunktig tangirenden Schmiegungsebenen und zugleich die 4 Punkte, in denen sie von eigenen Tangenten nochmals geschnitten wird.**)

Bei der zweieindeutigen Abbildung eines Gewindes Γ in den Punkt- 871
raum Σ_1, welche in I, Nr. 199 ff. behandelt wurde, ergab sich eine Fläche 2. Grades φ_1^2, deren Punkten zwei vereinigte Strahlen von Γ und deren Tangenten die Strahlenbüschel von Γ — jeder zwei — correspondiren.***) *Die Flächen 2. Grades in Σ_1, in welche die Strahlen-*

---

*) Die meisten dieser Sätze — zum Theil in anderer Form — habe ich vor etwa 3 Jahren aus einer Arbeit kennen gelernt, welche mir Herr Otto Gutsche in Breslau zur Kenntnissnahme mittheilte; ich gebe sie hier mit den Beweisen, die ich im Anschlusse an meine Darstellung gebildet habe, nachdem sich Herr Gutsche mit dieser Veröffentlichung einverstanden erklärt hat.

**) Mit diesem Specialfalle der Raumcurve 4. Ordnung 2. Art haben sich Em. Weyr und Adler beschäftigt (Wiener Sitzungsberichte Bd. 72 S. 686, Bd. 86 S. 919).

***) In Bezug auf diese Fläche vergl. auch Nr. 737.

netze von Γ sich abbilden, sind dieser φ_1^2 je längs eines Kegelschnitts umgeschrieben, die Kegelschnitte, welche die Bilder der Regelschaaren von Γ sind, berühren sie zweimal.

Lassen wir den Scheitel eines Strahlenbüschels von Γ eine Ebene ε durchwandern, so erzeugt die Bildgerade die Congruenz der Tangenten von φ_1^2, welche sich auf diejenige Tangente t_1^0 von φ_1^2 stützen, die das Bild des Büschels von Γ in ε ist: ein Specialfall der in II, Nr. 487 besprochenen Congruenz.

Die Scheitel und Ebenen associirter Strahlenbüschel von Γ, d. h. solcher, welche dieselbe Bildgerade in Σ_1 haben, *bewegen sich collinear: diese Collineation ist die windschiefe Involution, die zu dem Strahlennetze ΓA der sich selbst associirten Strahlen gehört,* dessen Leitgerade zu Axen hat. Die aus den Spuren dieser Leitgeraden in ε kommenden Strahlenbüschel von Γ sind sich selbst associirt; ihnen entsprechen die Geraden von φ_1^2, welche sich im Berührungspunkte von t_1^0 schneiden; dies sind *Doppelstrahlen der obigen Congruenz.*

II.

872 Einen interessanten Fall, in dem sich *die Sehnencongruenz einer cubischen Raumcurve* ergiebt (II, Nr. 304, 309), hat Krüger*) gefunden. Die Schwerpunkte sowohl wie die Höhenpunkte der Schnittdreiecke einer cubischen Raumcurve R^3 mit parallelen Ebenen sind in gerader Linie gelegen, und diese „Schwerlinien", „Höhenpunktslinien", für die verschiedenen Stellungen der Schnittebenen construirt, erzeugen die Sehnencongruenz einer von R^3 verschiedenen cubischen Raumcurve, bezw. die der R^3 selbst; wegen des Beweises, der zu viel Raum beanspruchen würde, verweise ich auf die Krüger'sche Abhandlung.

873 In I, Nr. 283 wurde schon *die Normalencongruenz einer Fläche 2. Grades F^2* als eine (6, 2) mit 4 singulären Ebenen 4. Grades erkannt, also von der zweiten Art. Diese 4 Ebenen sind die Hauptebenen von F^2 und die unendlich ferne Ebene $\mathfrak{E}$. Die singulären Curven 4. Klasse in jenen sind die Evoluten der Hauptcurven; die in $\mathfrak{E}$ entsteht durch die Geraden, welche die Punkte der Curve $F^2\mathfrak{E}$ mit den entsprechenden Punkten der zu ihr nach der absoluten Curve $\mathfrak{K}^2$ polaren Curve verbinden.

Die singulären Ebenen 2. Grades ergeben sich folgendermassen. Es seien $\mathfrak{T}_1$, $\mathfrak{T}_2$, $\mathfrak{T}_3$, $\mathfrak{T}_4$ die 4 Schnitte $F^2\mathfrak{K}^2$, $\mathfrak{t}_i$ die Tangenten in ihnen

*) Zeitschrift f. Mathematik u. Physik Jg. 40 S. 196.

an $\mathfrak{K}^2$, g_i, l_i die Geraden der einen und andern Schaar von F^2 durch $\mathfrak{T}_i$, endlich γ_i, λ_i die Ebenen $\mathfrak{t}_i g_i$, $\mathfrak{t}_i l_i$. Dies sind die gesuchten Ebenen; denn z. B. die Normalen der Punkte von g_i fallen alle in die Ebene γ_i und umhüllen in ihr eine Parabel. Die Schnittlinien $\gamma_i \lambda_i$ sind die $\mathfrak{t}_i$ und liegen in $\mathfrak{E}$. Die Diagonalpunkte $\mathfrak{A} \equiv (\mathfrak{T}_1\mathfrak{T}_2, \mathfrak{T}_3\mathfrak{T}_4)$, $\mathfrak{B} \equiv (\mathfrak{T}_1\mathfrak{T}_3, \mathfrak{T}_2\mathfrak{T}_4)$, $\mathfrak{C} \equiv (\mathfrak{T}_1\mathfrak{T}_4, \mathfrak{T}_2\mathfrak{T}_3)$ sind die Pole der Hauptebenen α, β, γ nach F^2; folglich liegt $g_1 l_2$, als Berührungspunkt einer durch $\mathfrak{T}_1\mathfrak{T}_2$ und $\mathfrak{A}$ gehenden Tangentialebene von F^2, in α, die Tangenten $\mathfrak{t}_1$, $\mathfrak{t}_2$ von $\mathfrak{K}^2$ treffen sich auf der $\mathfrak{A}$ gegenüber liegenden Diagonale $\mathfrak{B}\mathfrak{C}$, die auch in α liegt; daher fällt $\gamma_1\lambda_2$, welche $g_1 l_2$ mit $\mathfrak{t}_1\mathfrak{t}_2$ verbindet, in α und so liegen

in α: $\gamma_1\lambda_2$, $\gamma_2\lambda_1$, $\gamma_3\lambda_4$, $\gamma_4\lambda_3$; in β: $\gamma_1\lambda_3$, $\gamma_3\lambda_1$, $\gamma_2\lambda_4$, $\gamma_4\lambda_2$;
in γ: $\gamma_1\lambda_4$, $\gamma_4\lambda_1$, $\gamma_2\lambda_3$, $\gamma_3\lambda_2$; in $\mathfrak{E}$: $\gamma_1\lambda_1$, $\gamma_2\lambda_2$, $\gamma_3\lambda_3$, $\gamma_4\lambda_4$.

Die 3 Gruppen der singulären Ebenen bilden also die duale Figur zu derjenigen dreier desmischer Tetraeder: desmisch heissen bekanntlich drei Tetraeder, wenn zwei (und dann je zwei) von ihnen in 4 Weisen so perspectiv liegen, dass die 4 Perspectivitätscentren in den Ecken des dritten sich befinden.

Brennfläche der Normalencongruenz ist die Fläche der Krümmungs-Mittelpunkte.*)

Zu drei confocalen Congruenzen (2, 6) *zweiter Art, deren singuläre* 874
Punkte drei desmische Tetraeder selbst bilden, führt die cubische Fläche. Mit ihnen wollen wir uns etwas genauer beschäftigen; sie wurden von Cremona in seiner Preisschrift über die cubischen Flächen vom Jahre 1866**) behandelt, also ungefähr gleichzeitig mit Kummer's und Plücker's die Liniengeometrie begründenden Schriften.

Die 12 Doppelpunkte der 3.4 weiteren Geradenpaare, welche an den 3 Seiten eines Dreiseits der Fläche F^3 hängen, sind die Ecken von drei desmischen Tetraedern. Das ist am besten mit Hilfe der Bezeichnung der 27 Geraden der Fläche zu erkennen, die mit einer Doppelsechs:

$$\begin{matrix} a_1\, a_2\, a_3\, a_4\, a_5\, a_6 \\ b_1\, b_2\, b_3\, b_4\, b_5\, b_6 \end{matrix}$$

zusammenhängt; jede der 15 übrigen Geraden c_{ik} trifft zwei a und zwei b, nämlich a_i, a_k, b_i, b_k. Es sei $a_1 b_2 c_{12}$ das betrachtete Dreiseit; an a_1, b_2, c_{12} hängen bezw. die weiteren Paare:

---

*) Vergl. Wälsch, Wiener Sitzungsberichte Bd. 95 S. 549, Bd. 97 S. 583.

**) Journal für Mathematik Bd. 68 S. 1 Kap. IX; Cremona, Grundzüge einer allgemeinen Theorie der Oberflächen (deutsch von Curtze, Berlin 1870) Theil III Kap. V.

$$\frac{a_1}{b_3c_{13},\ b_4c_{14},\ b_5c_{15},\ b_6c_{16}},\qquad \frac{b_2}{a_3c_{23},\ a_4c_{24},\ a_5c_{25},\ a_6c_{26}},$$
$$\frac{c_{12}}{a_2b_1,\ c_{34}c_{56},\ c_{35}c_{46},\ c_{36}c_{45}}$$

mit den Doppelpunkten:

$$A_1,\ A_2,\ A_3,\ A_4;\quad B_1,\ B_2,\ B_3,\ B_4;\quad C_1,\ C_2,\ C_3,\ C_4.$$

Es laufen dann:

A_1B_1, A_2B_2, A_3B_3, A_4B_4 in C_1, A_1B_2, A_2B_1, A_3B_4, A_4B_3 in C_2,
A_1B_3, A_2B_4, A_3B_1, A_4B_2 in C_3, A_1B_4, A_2B_3, A_3B_2, A_4B_1 in C_4

zusammen; denn z. B. die Dreiseite $b_3c_{23}a_2$, $c_{13}a_3b_1$ haben A_1, B_1, C_1 auf der Schnittlinie ihrer Ebenen, $b_4c_{24}a_2$, $c_{14}a_4b_1$ ebenso A_2, B_2, C_1, $b_3a_4c_{34}$, $c_{13}c_{24}c_{56}$ die A_1, B_2, C_2, u. s. w.

Bezeichnen wir nun das Dreiseit einfacher mit abc und seine Ecken bc, ca, ab mit A, B, C.

Die erste Polarfläche C^2 von C schneidet F^3, ausser in a, b, noch in einer Raumcurve 4. Ordnung I. Art, der Berührungscurve c^4 des von C kommenden Berührungskegels der F^3. Sie geht ersichtlich durch die 8 Doppelpunkte A_i, B_i. Folglich kommen von jedem der 4 Punkte C_i 4 Doppelsecanten; dies bedeutet, dass *diese 4 Punkte C_i die Spitzen der 4 durch c^4 gehenden Kegel 2. Grades sind.* Die beiden Geraden von F^3 durch einen dieser Punkte treffen c^4 zweimal und sind Kanten des Kegels. *Jede Fläche des Büschels (c^4) schneidet daher die F^3 in einem Kegelschnitte, dessen Ebene durch c geht.*

Eine der drei Congruenzen, mit denen wir uns beschäftigen wollen, entsteht folgendermassen. Jeder Strahl y des Bündels C hat zwei weitere Schnitte Y, Y' mit der Fläche; ihre Tangentialebenen ξ, ξ' schneiden sich in einem die Congruenz erzeugenden Strahle x. Die beiden nach y gehenden Ebenen durch a, b seien α, β, die in ihnen befindlichen Kegelschnitte der Fläche $\mathfrak{K}_\alpha$, $\mathfrak{K}_\beta$, Y, Y' sind deren Begegnungspunkte, und weil die ξ, ξ' sie in diesen Punkten berühren, so sind die Spuren von x in α, β die Pole X_α, X_β von y nach diesen Kegelschnitten $\mathfrak{K}_\alpha$, $\mathfrak{K}_\beta$. *Also können wir unsere Congruenz auch definiren als Ort der Verbindungslinien der Pole, in Bezug auf zwei Kegelschnitte der Fläche in Ebenen durch a, b, des Schnittstrahls dieser Ebenen.* Daraus erhellt wiederum, dass x *auch Verbindungslinie der Spitzen der beiden Kegel 2. Grades ist, welche durch $\mathfrak{K}_\alpha$, $\mathfrak{K}_\beta$ gelegt werden können* und, wie bekannt, die F^3 je noch in einem dritten Kegelschnitte $\mathfrak{K}_\gamma$ schneiden, dessen Ebene γ durch c geht. x ist die Polare von $y \equiv \alpha\beta$ in Bezug auf alle Flächen 2. Grades des Büschels ($\mathfrak{K}_\alpha\mathfrak{K}_\beta$) oder, wie wir ihn kürzer bezeichnen wollen, des Büschels $[\alpha\beta]$.

Die Berührungscurve des Tangentialkegels an F^3 aus einem beliebigen Punkte P ist 6. Ordnung: p^6 und erhält aus jedem Punkte 6 Doppelsecanten. Sie schneidet jede von den 27 Geraden zweimal; also gehören zu den von C kommenden Doppelsecanten die Geraden a, b und zwar doppelt. Denn die Tangenten von p^6 in ihren Schnittpunkten mit a, b fallen beide in die Ebene Pa, Pb; folglich sind a, b Erzeugende der abwickelbaren Fläche der doppelten Berührungsebenen der Curve p^6; von jedem Punkte dieser Fläche kommen (II, Nr. 297) zwei in die Erzeugende vereinigte Doppelsecanten an die Curve. Daher sendet C nur noch 2 andere Doppelsecanten an sie, und diese beweisen, dass durch P zwei Schnittlinien x gehen. *Die Congruenz ist 2. Ordnung.*

Die oben erwähnten Pole X_α, X_β befinden sich auf der ersten 875
Polarfläche C^2 des Punktes C. Der zweite Punkt, in dem ein Strahl y durch C diese Polarfläche schneidet, ist dem C harmonisch zugeordnet in Bezug auf die beiden Schnitte $\mathfrak{K}_\alpha \mathfrak{K}_\beta$ oder Y, Y'; d. h. die beiden von α, β aus C^2 ausgeschnittenen Geraden a', b' sind die Polaren von C in Bezug auf $\mathfrak{K}_\alpha$, $\mathfrak{K}_\beta$, und demnach liegt der Pol X_α, X_β der Geraden $y \equiv \alpha\beta$ in Bezug auf $\mathfrak{K}_\alpha$, $\mathfrak{K}_\beta$ auf a', b'.

Durch X_α, X_β entsteht also auf C^2 eine eindeutige Verwandtschaft, und unsere Congruenz ist der Ort der Verbindungslinien entsprechender Punkte. In den Punkten von c^4 vereinigen sich zusammengehörige Pole X_α, X_β.

Die Pole von a in Bezug auf die verschiedenen $\mathfrak{K}_\alpha$ erfüllen die cubische Raumcurve a^3, in der die ersten Polarflächen der Punkte von a, ausser in a, einander durchschneiden. Dieser Curve begegnet die Ebene eines Büschels (C, η) von Strahlen y dreimal; daraus folgt, dass die Pole X_α dieser Strahlen eine Raumcurve 4. Ordnung*) erzeugen, welche a dreimal schneidet. Weil sie einer ebenen Schnittcurve $C^2 \mathfrak{x}_\alpha$ viermal begegnet, entsteht durch die Strahlen y, welche die Punkte dieser Curve zu Polen X_α haben, ein Kegel 4. Ordnung; für ihn ist a dreifache und b einfache Kante. Der Kegel 4. Ordnung, welcher ebenso zu einer von Polen X_β durchlaufenen Schnittcurve $C^2 \mathfrak{x}_\beta$ gehört, hat b zur drei- und a zur einfachen Kante; die 10 Kanten, die beiden Kegeln sonst noch gemeinsam sind, lehren, dass 10mal X_α auf jenem und der zugehörige X_β auf diesem Schnitte liegt; oder, *wenn der eine von den beiden Punkten X_α, X_β einen ebenen Schnitt von C^2 durchläuft, so beschreibt der andere eine Curve 10. Ordnung auf dieser Fläche.*

---

*) Vergl. A. Brambilla, Rendiconti dell' Accademia di Napoli Mai 1896.

Lassen wir η eine Ebene α werden, so sondert sich von der Curve der Pole X_β die Gerade a ab, da sie jeden ihrer Punkte zum Pole in Bezug auf das Geradenpaar ac hat; es bleibt eine Curve 3. Ordnung. X_α durchläuft die in der Ebene α gelegene Gerade a'. Einer Geraden a', erfüllt von Polen X_α, entspricht also eine Curve 3. Ordnung von Polen X_β, welche den a' (zu denen b gehört) zweimal begegnet.

Weil jede b' mit einer a' einen ebenen Schnitt bildet, so entspricht einer von X_α erfüllten Geraden b' eine Raumcurve 7. Ordnung von Punkten X_β.*)

Wenn α ein Geradenpaar enthält, so ist für ein y von (C, α) im allgemeinen Pol X_α der Doppelpunkt A_i, und ihm entsprechen also alle Punkte der cubischen Raumcurve. Für den Strahl y aber, der durch A_i geht, fällt, da er in diesem Punkte dann die Curve $\mathfrak{K}_\beta$ berührt, auch X_β nach A_i. Die Curve 3. Ordnung geht also durch A_i, und der Kegel 2. Grades, der sie aus A_i projicirt, gehört zur Congruenz; *so sind die Punkte A_i und B_i als singuläre Kegel 2. Grades der Congruenz erkannt.*

Ein ebener Schnitt $C^2 \xi_\alpha$ wird von der entsprechenden Curve 10. Ordnung erstens in den 4 sich selbst entsprechenden Punkten $c^4 \xi_\alpha$ getroffen; die 6 übrigen Punkte sind Pole X_β, die, ebenso wie die zugehörigen X_α, in ξ_α liegen; so dass wir so 6 in dieser Ebene gelegene Congruenzstrahlen $X_\alpha X_\beta$ haben; *die Congruenz ist 6. Klasse*, und die schon gefundenen 8 singulären Punkte 2. Grades A_i, B_i zeigen, dass *sie von der zweiten Art ist. Als die 4 übrigen singulären Punkte (4. Grades) ergeben sich die 4 Doppelpunkte C_i.* Für jeden von ihnen ist nämlich die Gegenseite des Dreiseits, zu dem er gehört, die c, und C also Doppelpunkt eines an derselben hängenden Geradenpaars; das hat zur Folge, dass C Spitze eines der Kegel 2. Grades ist, welche durch die zu C_i gehörige Berührungscurve gehen; aus C kommen also an diese Curve ∞^1 Doppelsecanten, und durch C_i gehen daher ∞^1 Strahlen der Congruenz.

Es ist leicht, *die beiden Regelschaar-Reihen in der Congruenz* zu ermitteln. In der abwickelbaren Fläche 4. Klasse, welche der F^3 längs eines $\mathfrak{K}_\alpha$ umgeschrieben ist und α zur doppelten Ebene hat, bringen

---

*) Projicirt man die X_α, X_β aus zwei Punkten O, O' von C^2 auf die Ebenen Σ, Σ', so ergiebt sich ein interessantes Beispiel der Cremona'schen Verwandtschaft 10. Grades, die in Cremona's Reihenfolge die zweite ist und in jeder Ebene einen siebenfachen, 5 dreifache und 5 einfache Hauptpunkte hat. In Σ ist der siebenfache die Spur der durch O gehenden Geraden b'; die Spur der Geraden a' durch O und die Projectionen der A_i sind die dreifachen. Einfache Hauptpunkte sind die Projectionen des X_α, der dem in O' liegenden X_β entspricht, und der vier X_α, welche zu den Strahlen CB_i gehören.

die Ebenen, welche in den Schnitten eines Strahls von (C, α) mit $\mathfrak{K}_\alpha$ tangiren, eine Involution hervor. Die Doppelebenen dieser Involution kommen von den Strahlen des Büschels (C, α) her, welche $\mathfrak{K}_\alpha$ tangiren; die beiden in α vereinigten Ebenen bilden, da durch ihre Berührungspunkte ein Strahl von (C, α) geht, auch ein Paar. Die Schnittlinie eines Paars dieser Involution bestimmt eine dem Torsus eingeschriebene Fläche 2. Grades. Die Regelschaar derselben, welcher sie angehört, ruft wiederum im Torsus eine Involution hervor, welche mit der unserigen dieses Paar und das der Doppelebene gemein hat und demnach mit ihr identisch ist.

Also wird die Regelschaar durch die Schnittlinien gepaarter Ebenen der Involution gebildet und gehört der Congruenz an.

Jede Ebene α, β liefert so eine in der Congruenz enthaltene Regelschaar; enthält sie ein Geradenpaar, so wird dieselbe ein Kegel mit der Spitze im Doppelpunkt, da ja die beiden Tangentialebenen immer durch die eine und die andere Gerade gehen.

Confocal sind die 3 zu den Punkten A, B, C gehörigen Congruenzen.

Unsere Congruenz wurde schon von Cremona *als Ort der Schnitt-* 876
linien entsprechender Berührungsebenen zweier collinearer Flächen 2. Grades erkannt (II, Nr. 463). Ich werde mich im Folgenden im allgemeinen seiner Darstellung anschliessen.

Wir halten die Ebene γ durch c fest. Für jede α durch a bekommen wir dann eine Polare a_γ des Strahls $\alpha\gamma$ in Bezug auf den Büschel $[\alpha\gamma]$, und ebenso für jede β durch b eine Polare b_γ von $\beta\gamma$ in Bezug auf $[\beta\gamma]$. Beide liegen in der Polarebene des Punktes $\alpha\beta\gamma$ in Bezug auf die Fläche $[\alpha\beta\gamma]$, welche durch $\mathfrak{K}_\alpha$, $\mathfrak{K}_\beta$, $\mathfrak{K}_\gamma$ geht, und schneiden sich im Pole von γ nach dieser Fläche. Folglich erzeugen die Polaren a_γ und b_γ zwei verbundene Regelschaaren; *die gemeinsame Trägerfläche H_γ wird so der Ebene γ zugeordnet. Sie wird durch die Polarebenen der Punkte $\alpha\beta\gamma$ je in Bezug auf die zugehörige Fläche $[\alpha\beta\gamma]$ umhüllt und durch die Pole von γ für diese Flächen erzeugt.*

Weil die $\alpha\gamma$, $\beta\gamma$ durch die Punkte B, A des Dreiseits abc gehen, so gehören die Regelschaaren der a_γ, b_γ zu denjenigen unserer drei Congruenzen, welche den Punkten B, A zugeordnet sind, und bilden je die einen Reihen in ihnen, wenn γ geändert wird.

In der zu C gehörigen Congruenz befinden sich die Regelschaaren der b_α auf den H_α und der a_β auf den H_β.

Auf a_γ, bezw. b_γ liegen die Spitzen der beiden Kegel aus dem Büschel $[\alpha\gamma]$, bezw. $[\beta\gamma]$ und kommen damit auf die Fläche H_γ.

Die Polaren a', b' von C in Bezug auf $\mathfrak{K}_\alpha$, $\mathfrak{K}_\beta$ liegen auf der ersten Polarfläche C^2 von C; sie schneiden sich auf $\alpha\beta$, und ihre Ebene, eine Tangentialebene von C^2, ist Polarebene von C nach dem Büschel $[\alpha\beta]$. *Die Polarebenen von C nach den verschiedenen Büscheln* $[\alpha\beta]$ *umhüllen also die erste Polarfläche C^2 von C.* In jedem dieser Büschel geht eine Fläche durch den festen Kegelschnitt $\mathfrak{K}_\gamma$ in γ. *Sonach ist C^2 auch Enveloppe der Polarebenen von C in Bezug auf die Flächen* $[\alpha\beta\gamma]$, sie ist unabhängig von γ und bleibt fest, wenn γ sich ändert; fällt diese Ebene in die Ebene $\varDelta$ des Dreiseits abc, so kommt $\alpha\beta\gamma$ nach C und diejenige H_γ, die der Lage von γ in $\varDelta$ entspricht, ist die Polarfläche C^2.

Kehren wir aber wiederum zu einer beliebigen festen Ebene γ zurück.

Die Polare von $\alpha\beta$ in Bezug auf den Büschel $[\alpha\beta]$, *ein Strahl der zu C gehörigen Congruenz, ist die Schnittlinie der Polarebene von C in Bezug auf diesen Büschel und der Polarebene des Punktes $\alpha\beta\gamma$ in Bezug auf die Fläche* $[\alpha\beta\gamma]$. *Jene Polarebene berührt C^2, diese H_γ, und sie bewegen sich collinear um diese Flächen, wenn $\alpha\beta$ den Bündel C durchläuft.* In der That, wenn die erstere Ebene einen Tangentialkegel von C^2 beschreibt, so durchläuft der stets auf $\alpha\beta$ gelegene Berührungspunkt einen Kegelschnitt auf C^2, der a, b trifft, weil diese auf C^2 liegen; seine Projection aus C auf γ ist je der Punkt $\alpha\beta\gamma$, welcher demnach einen durch B, A gehenden Kegelschnitt erzeugt; die Strahlen $\alpha\gamma$, $\beta\gamma$ bewegen sich daher projectiv um diese Punkte, folglich durchlaufen auch die Polaren a_γ, b_γ die beiden Regelschaaren von H_γ projectiv, und die Verbindungsebene, die Polarebene von $\alpha\beta\gamma$ nach $[\alpha\beta\gamma]$, umhüllt einen Kegel 2. Grades; womit die Collineation bewiesen und *unsere Congruenz von neuem als* (2, 6) *zweiter Art erkannt ist.*

Wir können die Congruenz aus jeder Ebene γ durch c und ihrer Fläche H_γ ableiten; wenn nun γ die Ebene eines der Geradenpaare ist, etwa mit dem Doppelpunkte C_1, so sind alle Flächen $[\alpha\beta\gamma]$ Kegel 2. Grades, die a_γ und b_γ gehen stets durch C_1; die beiden Regelschaaren vereinigen sich. H_γ wird ein Kegel mit der Spitze in C_1. Die Polarebenen der Punkte $\alpha\beta\gamma$ in Bezug auf die Flächen $[\alpha\beta\gamma]$ gehen alle durch C_1; aber wenn sich $\alpha\gamma$, $\beta\gamma$ projectiv um B, A bewegen, so durchlaufen a_γ, b_γ projectiv die Kantenschaar des Kegels; ihre Verbindungsebene umhüllt einen Kegel 2. Grades aus C_1. Jedem Tangentialkegel von C^2 entspricht ein Kegel aus C_1 projectiv, und kommt jener selbst aus C_1, so liefern beide concentrischen Kegel durch die Schnittlinien entsprechender Berührungsebenen *einen Kegel 4. Ordnung, den singulären Kegel aus C_1 für unsere Congruenz.*

Durch die Spitze P eines Kegels aus dem System der Flächen $[\alpha\beta\gamma]$ 877
gehen 2 vereinigte Strahlen einer jeden der 3 Congruenzen. Für die zu C gehörige bedeutet das, dass von C zwei in $\alpha\beta$ vereinigte Doppelsecanten an die Berührungscurve des Tangentialkegels von F^3 aus P kommen: die Tangenten dieser Curve in den Punkten Y, Y' von $\alpha\beta$, in denen sich die beiden Kegelschnitte $\mathfrak{K}_\alpha$, $\mathfrak{K}_\beta$ schneiden und deren Tangentialebenen $\mathfrak{x}$, $\mathfrak{x}'$ (an F^3) den Kegel berühren und also durch P gehen, fallen in eine Ebene. Die ersten Polarflächen von P nach F^3 und nach dem Tripel der 3 Ebenen $\alpha\beta\gamma$, in denen die 3 auf dem Kegel gelegenen Kegelschnitte sich befinden, haben dieselbe Schnittcurve mit dem Kegel; die Tangente an dieselbe in Y ist der vierte harmonische Strahl $\mathfrak{y}$ zu PY in Bezug auf die von $\mathfrak{x}$ aus α, β ausgeschnittenen Geraden, denn so ergiebt sie sich bei der Polarfläche in Bezug auf $(\alpha\beta\gamma)$; da sie auch F^3 tangirt, so ist sie Tangente der oben genannten Berührungscurve, und infolge dieser ihrer Construction liegt sie mit der Tangente $\mathfrak{y}'$ von Y' in derselben Ebene durch $\alpha\beta$.

Durch die Berührungscurve c^4 des Tangentialkegels aus C geht eine Fläche S_γ 2. Grades, welche den $\mathfrak{K}_\gamma$ in der festen Ebene γ enthält. In Bezug auf sie ist γ Polarebene von C. Dazu construiren wir für den Büschel (c^4) die Pampolare von C, d. h. die cubische Fläche der Kegelschnitte, in denen die Flächen von (c^4) von ihren zu C gehörigen Polarebenen geschnitten oder von ihren aus C kommenden Tangentialkegeln berührt werden*), oder die Fläche der Punktepaare auf den Strahlen durch C, welche in Bezug auf alle Flächen von (c^4) conjugirt sind. Diese Definition lehrt, dass die Pampolare den Kegel Cc^4 längs c^4 tangirt; dasselbe thut auch F^3. Zum Büschel (c^4) gehört auch C^2, welche von ihrer Polarebene in a, b geschnitten wird; also haben F^3 und die Pampolare ausser jener Berührungscurve noch a, b gemein, sie sind identisch: jeder Kegelschnitt von F^3 in einer Ebene durch c liegt in der Polarebene von C nach der Fläche des Büschels, die ihn enthält.

Betrachten wir nun wiederum einen Büschel $[\alpha\gamma]$, wo γ unsere feste Ebene ist. Seine Pampolare für C enthält, weil C in der Ebene α des einen Basis-Kegelschnitts liegt, diese Ebene ganz; es bleibt als eigentliche Pampolare eine Fläche 2. Grades, welche längs $\mathfrak{K}_\gamma$ den Kegel $C\mathfrak{K}_\gamma$ berührt. Jede Fläche des Büschels enthält noch einen $\mathfrak{K}_\beta$; die Berührungspunkte der Tangenten aus C an ihn liegen auf dieser Pampolare 2. Grades, also thut es die ganze c^4, die bei den verschie-

*) Vergl. meine Synthetischen Untersuchungen über die Flächen 3. Ordnung Nr. 9.

denen $\mathfrak{K}_\beta$ durch diese Berührungspunkte entsteht. Folglich ist die Pampolare mit S_γ identisch, da sie mit ihr c^4 und $\mathfrak{K}_\gamma$ gemeinsam hat.

S_γ ist also Pampolare von C in Bezug auf alle Büschel $[\alpha\gamma]$, $[\beta\gamma]$, die zur festen Ebene γ gehören. Folglich befinden sich auf ihr die Spitzen aller Kegel aus diesen Büscheln, denn durch diese gehen die betreffenden Polarebenen; und sie sind die Schnitte mit Polaren a_γ, b_γ, welche die eine oder andere Regelschaar von H_γ erfüllen; *also bilden sie die Schnittcurve von S_γ mit H_γ.*

Verändern wir γ, so erzeugen die S_γ einen Büschel, die H_γ hingegen bilden ein System von Flächen 2. Grades, von dem durch jeden Punkt 2 gehen; denn die einen und andern Regelschaaren dieser Flächen erzeugen ja die zu B, bezw. A gehörige von unsern drei confocalen Congruenzen.

Infolge dessen entsteht auf einer Geraden eine Correspondenz [4, 2], in der die Schnitte mit correspondirenden Flächen S_γ und H_γ entsprechend sind.

Von den 6 Coincidenzen sind zwei die Schnitte mit C^2, in der ja, wenn γ nach Δ fällt, sich S_γ und H_γ vereinigen. Die 4 übrigen beweisen, dass *die Kegelspitzen in dem Systeme der Flächen 2. Grades, welche durch 3 Kegelschnitte von F^3 in Ebenen durch a, b, c gehen, eine Fläche 4. Ordnung*) erzeugen: die gemeinsame Brennfläche der drei Congruenzen.*

878 *Eine Erzeugung der Congruenz* (2, 5) hat del Re**) angegeben. *Man beziehe einen Ebenenbündel O collinear auf das Strahlenfeld einer Tangentialebene τ_0 einer Fläche 2. Grades F^2 und schneide jede Ebene von O mit der (zweiten) Berührungsebene von F^2 aus dem entsprechenden Strahle von τ_0; durch diese Schnittlinien entsteht die Congruenz.*

Dem Berührungskegel aus einem Punkte P an F^2 entspricht in O ein Kegel 2. Grades; dessen durch P gehende Tangentialebenen liefern die beiden Strahlen der Congruenz aus diesem Punkte. In einer Ebene π entstehen durch entsprechende Ebenen von O und F^2 zwei Strahlenfelder von solcher Verwandtschaft, dass jedem Strahle des ersten ein Strahl im zweiten, jedem des zweiten 2 Strahlen im ersten correspondiren und wenn der eine Strahl einen Büschel beschreibt, der

*) Auch dieser Beweis der 4. Ordnung der Kegelspitzen-Fläche ist, mit Ausnahme des Schlusses, von Cremona gegeben worden. Ausserdem sind noch zu diesen drei confocalen Congruenzen zu erwähnen: Schur, Journal f. Mathematik Bd. 95 S. 207, W. Stahl, ebenda Bd. 101 S. 73, Humbert, Journal de Mathématiques Ser. IV Bd. 7 S. 391.

**) Rendiconti del Circolo matematico di Palermo Bd. I S. 279.

entsprechende, bezw. die entsprechenden einen Kegelschnitt umhüllen. Dies führt nach dem Correspondenz-Princip der Ebene (I, Nr. 32) zu 5 Coincidenzen, den Strahlen der Congruenz in π.

Der Scheitel O des Bündels ist der singuläre Punkt 4. Grades; ferner, 3 Punkte von τ_0 liegen in ihren entsprechenden Strahlen von O; sie sind die singulären Punkte 3. Grades. Dem Tangentenbüschel von F^2 in τ_0 entspricht in O ein Ebenenbüschel, welcher in τ_0 *einen zur Congruenz gehörigen Strahlenbüschel* einschneidet. Die Geraden g_0, l_0 von F^2 in τ_0 mögen den Ebenen γ_0, λ_0 von O entsprechen; die Ebenenbüschel um jene schneiden in diese *die beiden weiteren Strahlenbüschel der Congruenz ein.* Jedem Strahle x von (O, γ_0) entspricht ein Punkt von g_0 und die durch ihn gehende Gerade l der andern Schaar von F^2; x, l bewegen sich projectiv und treffen sich dreimal. So kommen wir zu *3 in γ_0 gelegenen Punkten, von denen ein Kegel 2. Grades an die Congruenz kommt, und ebenso enthält λ_0 3 singuläre Punkte 2. Grades.*

Eine Congruenz (7, 2) *bilden die Axen der Paraboloide, welche ein gegebenes Polartetraeder Π haben.**) Diese Paraboloide $\mathfrak{P}^2$ bilden eine Schaarschaar, deren Grundebenen die unendlich ferne Ebene $\mathfrak{E}$ und die 7 Ebenen sind, welche von $\mathfrak{E}$ harmonisch getrennt werden durch Ecke und Gegenebene oder durch zwei Gegenkanten von Π. 879

Die Axe eines der $\mathfrak{P}^2$ ist die Polare, nach ihm, der Geraden, welche, in Bezug auf die absolute Curve $\mathfrak{K}^2$, zu dem unendlich fernen Berührungspunkte der Fläche polar ist.

Wir begnügen uns mit dem Nachweise der Klasse und Ordnung und einigen Bemerkungen über die singulären Ebenen.

Es sei π eine beliebige Ebene; die $\mathfrak{P}^2$, welche $\mathfrak{E}$ in den Punkten von $\mathfrak{E}\pi$ tangiren, bilden eine Schaar, die Pole von π in Bezug auf sie eine in $\mathfrak{E}$ gelegene Punktreihe, die zur Reihe der Berührungspunkte auf $\mathfrak{E}\pi$ projectiv ist und daher auch zum Strahlenbüschel der Polaren derselben in Bezug auf $\mathfrak{K}^2$; folglich geht zweimal einer von diesen Strahlen durch den entsprechenden Pol von π, und seine Polare nach dem betreffenden $\mathfrak{P}^2$ fällt in π.

Die Polaren einer Geraden $\mathfrak{x}$ in $\mathfrak{E}$ in Bezug auf die $\mathfrak{P}^2$ bilden eine Congruenz 3. Ordnung; denn die Polarebenen eines Punktes P umhüllen eine Fläche 3. Klasse; also gehen 3 durch $\mathfrak{x}$ und demnach 3 Polaren von $\mathfrak{x}$ durch P. Es seien $\mathfrak{x}'$ die Polaren, in Bezug auf $\mathfrak{K}^2$, der Berührungspunkte $\mathfrak{X}$, mit $\mathfrak{E}$, der betreffenden $\mathfrak{P}^2$; so sind jeder $\mathfrak{x}$ 3 Gerade $\mathfrak{x}'$ zugeordnet, während jeder $\mathfrak{x}'$, wenn $\mathfrak{X}$ zu ihr nach $\mathfrak{K}^2$ polar

*) Meister-Rasche, Zeitschrift f. Mathematik und Physik Jg. 34 S. 84.

ist, die Polare $\mathfrak{x}$ von $P\mathfrak{X}$ in Bezug auf das in $\mathfrak{X}$ berührende $\mathfrak{P}^2$ entspricht. Beschreibt $\mathfrak{x}'$ einen Büschel, so durchläuft $\mathfrak{X}$ eine Punktreihe, $\mathfrak{P}^2$ eine Schaar, die Polarebene von P einen Torsus 3. Klasse und ihr Schnitt $\mathfrak{x}$ mit $\mathfrak{E}$ eine Curve 3. Klasse, welche also in der Verwandtschaft zwischen $\mathfrak{x}$ und $\mathfrak{x}'$ dem Strahlenbüschel von $\mathfrak{x}'$ entspricht. Das Correspondenz-Princip lehrt, dass es $1 + 3 + 3 = 7$ Coincidenzen giebt; und die entsprechenden Geraden $P\mathfrak{X}$ sind die durch P gehenden Axen.

Die Ebene $\mathfrak{E}$ ist die singuläre Ebene 6. Grades, und die Curve 6. Klasse ist der Ort der Tangenten der in den verschiedenen Punkten von $\mathfrak{K}^2$ tangirenden $\mathfrak{P}^2$, welche je der Tangente von $\mathfrak{K}^2$ polar sind, oder der Strahlen, welche den Tangenten von $\mathfrak{K}^2$ je gepaart sind in den Involutionen, die um die verschiedenen Punkte von $\mathfrak{K}^2$ durch die Strahlen nach den Gegenecken des Polvierseits $\Pi\mathfrak{E}$ bestimmt werden. Auf $\mathfrak{K}^2$ entsteht eine Correspondenz [5, 1] von Punkten $\mathfrak{X}$, $\mathfrak{X}'$, derartig, dass, wenn $\mathfrak{O}$ ein fester Punkt in $\mathfrak{E}$ ist, $\mathfrak{X}\mathfrak{O}$, $\mathfrak{X}\mathfrak{X}'$ in der Involution um $\mathfrak{X}$ gepaart oder harmonisch sind in Bezug auf das Geradenpaar, in dem $\mathfrak{E}$ von dem in $\mathfrak{X}$ berührenden $\mathfrak{P}^2$ geschnitten wird; 5 ergiebt sich daraus, dass die Hesse'sche Curve 3. Ordnung der Berührungspunkte der $\mathfrak{P}^2$, in Bezug auf welche $\mathfrak{X}'$ und $\mathfrak{O}$ conjugirt sind, $\mathfrak{K}^2$ ausser in $\mathfrak{X}'$ noch fünfmal schneidet. Die 6 Coincidenzen dieser Correspondenz liefern die durch $\mathfrak{O}$ gehenden Tangenten der Curve 6. Klasse.

Zu den 10 singulären Ebenen 3. Grades gehören die 4 Ebenen von Π, in denen je die Axen von ∞^1 zur Schaarschaar gehörigen Parabeln liegen.

Die 6 übrigen singulären Ebenen 3. Grades sind nicht so unmittelbar ersichtlich.

Analog sind bei *der Congruenz, ebenfalls* (7, 2), *welche durch die Axen der durch 4 gegebene Punkte gehenden Rotationsparaboloide gebildet wird**), die singuläre Ebene 6. Grades, die $\mathfrak{E}$ wie hier, und 6 von den 10 singulären Ebenen 3. Grades leicht zu finden, während die 4 übrigen weniger einfach zu ermitteln sind.

Am Schlusse von Nr. 854 wird man den Fall vermissen, dass F_1^2 ein Kegel in beliebiger Lage zum Punktepaar $K_1^F K_1^\varphi$ ist; es ergiebt sich da ein schon behandelter Fall, nämlich [(211)11] mit zwei sich schneidenden Büscheln von Doppelstrahlen und einer Reihe von Strahlennetzen durch dies Büschelpaar. Während früher (Nr. 841) das Ge-

*) J. B. Eck, Ueber die Vertheilung der Axen der Rotationsflächen 2. Grades, welche durch gegebene Punkte gehen, (Dissertation von Münster 1890) S. 29; vergl. auch II, Nr. 459.

büsche G durch einen Strahl des einen und einen des andern Doppelbüschels gelegt wurde, können wir es (Nr. 846) auch durch den einen Doppelbüschel legen; die Spitze des Kegels F_1^2 giebt dann den andern. Die Mannigfaltigkeit 5 des Grundbüschels von G und die Mannigfaltigkeit 8 des Kegels 2. Grades in Σ_1 giebt die Mannigfaltigkeit 13 dieser Art. An sie schliessen sich dann [(221)1] und [(321)] an.

In Nr. 836, 837 ist vergessen zu erwähnen, dass die vier dort behandelten Arten durch Montesano's Abbildung sich ergeben, wenn der Kegel F_1^2 die (allgemeine) Grundfläche K_1^2 so schneidet, dass die Schnittcurve einen Doppelpunkt, einen Rückkehrpunkt besitzt, in zwei Kegelschnitte mit getrennten, bezw. vereinigten Schnitten zerfällt. Uebrigens ergeben sich alle Arten mit einer doppelten Regelschaar ebenso gut bei einem Grund-Kegelschnitte (Nr. 824) als bei einer allgemeinen Grundfläche; denn man kann das Gebüsche G, statt durch 2 getrennte Geraden jener Regelschaar, auch durch 2 unendlich nahe legen. Bei [(111)(11)1] kann man diese Grundgeraden auch in die beiden isolirten Doppelstrahlen legen: F_1^2 und die Grundfläche K_1^2, beide allgemein, berühren sich dann längs eines Kegelschnitts; wird derselbe ein Geradenpaar, so erhält man [(211)(11)] (Nr. 841).

Verzeichniss von Benennungen.

Γ^2, C^2, ϱ^4 bedeutet: Complex 2. Grades, Congruenz 2. Grades, Regelfläche 4. Grades I. Art, S_2^2, S_3^2, S_4^2 quadratisches System 2., 3., 4. Stufe von Gewinden. Die Zahl giebt die Seite an.

Druckfehler und Berichtigungen.

S. 19 Z. 14 v. u. l. das Netz st. die Netze.
S. 48 Z. 3 v. u. l. 579 st. 580.
S. 53 sind die beiden ersten Zeilen zu streichen.
S. 111 Z. 16, 17 v. o. l. gehen, enthalten, berühren st. geht u. s. w.
S. 151, 152 sind ϱ_1 und ϱ_1' zu vertauschen.
S. 225 Z. 4 v. u. ist 680 zu tilgen.
S. 267 Z. 9, 10 v. o. l. in Σ_1 st. Σ_1.
S. 334 Z. 19 v. u. ist 751 zu tilgen.
S. 341 Z. 5 v. o. l. gerechnet st. geordnet.
S. 426 Z. 4 o. fehlt „ab" hinter k_1'.

Band I.

S. 74 Z. 9, 10 v. u. l. (abe) st. (abc).
S. 166 Z. 8 v. u. l. zweifach st. vierfach.
S. 194 Z. 2 v. u. l. $\Gamma_3 \Gamma_4$ st. $\Gamma_1 \Gamma_2$.
S. 221 Z. 13 v. o. l. einfach unendliche st. einfache.
S. 334 Z. 15 v. u. l. (A, β), (B, α) st. (A, α), (B, β).
S. 347 Z. 17 v. o. ist „der" vor $\mathfrak{R}_1$ zu tilgen.
S. 357 Z. 2 v. u. l. ∞^3 st. ∞^1.

Band II.

S. XII Z. 13 v. o. l. $(6, 2)_I$ st. $(6, 2)$.
S. 9 Z. 5 v. o. ist „singulären" zu streichen.
S. 62 Z. 14 v. o. l. Rückkehrkanten st. Rückkehrtangenten.
S. 74 Z. 26 v. o. l. 7 st. 6 (die siebente Gruppe ist G_8 auf S. 251).
S. 151 ist der Absatz: Die Verzweigungspunkte auf l' ... zu streichen.
S. 175 Z. 11 v. u. l. von den st. von der.
S. 193 Z. 6 v. u. l. reellen Brennpunkten st. reellem Brennpunkte.
Vergl. auch, was in Bd. III S. 314—315, S. 436 Anm. und S. 502 Anm. gesagt ist.

Neuester Verlag von B. G. Teubner in Leipzig.

1896.

Bianchi, Luigi, Vorlesungen über Differentialgeometrie. Autorisierte deutsche Übersetzung von Max Lukat, Oberlehrer in Hamburg. 2 Lieferungen. I. Lieferung. [336 S.] gr. 8. 1896. geh.

Cantor, Moritz, Vorlesungen über Geschichte der Mathematik. 3 Bände. III. (Schlufs-)Band. 3 Abt. II. Abt. Die Zeit von 1700 bis 1726. Mit 30 Fig. im Text. [472 S.] gr. 8. 1896. geh. n. *M.* 6.—

Cranz, Prof. Dr. **Carl,** Lehrer für Physik an der Kgl. Oberrealschule und Dozent an der Kgl. Technischen Hochschule in Stuttgart, Compendium der theoretischen äusseren Ballistik. Zum Gebrauch von Lehrern der Mechanik und Physik an Hochschulen; von Artillerieofficieren; Instructoren an Schiessschulen, Artillerieschulen und Kriegsacademien; Mitgliedern von Artillerie- und Gewehr-Prüfungscommissionen; Gewehrtechnikern. Mit 110 Figuren im Text. [XII u. 511 S.] gr. 8. 1896. geh. n. *M.* 20.—

Grassmann's, Hermann, gesammelte mathematische und physikalische Werke. Auf Veranlassung der mathematisch-physischen Klasse der Kgl. Sächsischen Gesellschaft der Wissenschaften und unter Mitwirkung der Herren: Jakob Lüroth, Eduard Study, Justus Grassmann, Hermann Grassmann der Jüngere, Georg Scheffers herausgegeben von Friedrich Engel. In 3 Bänden. I. Band. II. Theil: die Ausdehnungslehre von 1862. Mit 37 Figuren im Text. [VIII u. 511 S.] gr. 8. 1896. geh. n. *M.* 16.—

Koenigsberger, Dr. **Leo,** Professor der Mathematik an der Universität zu Heidelberg, Hermann von Helmholtz's Untersuchungen über die Grundlagen der Mathematik und Mechanik. Mit einem Bildnis Hermann von Helmholtz's von Franz von Lenbach vom 30. April 1894. [IV u. 58 S.] gr. 8. 1896. geh. n. *M.* 2.40.

Kohlrausch, Dr. **F.,** Präsident der physikalisch-technischen Reichsanstalt in Charlottenburg, Leitfaden der praktischen Physik mit einem Anhange das absolute Mafs-System. 8. vermehrte Aufl. [XVI u. 492 S. m. zahlr. Textfig.] gr. 8. 1896. Biegs. in Lwd. geb. n. *M.* 7.—

Lie, Sophus, Geometrie der Berührungstransformationen. Dargestellt von Sophus Lie und Georg Scheffers. In 2 Bänden. I. Band. Mit Figuren im Text. [XII u. 694 S.] gr. 8. 1896. geh. n. *M.* 24.—

v. Lilienthal, Dr. **R.,** a. o. Professor der Mathematik an der kgl. Akademie zu Münster i. W., Grundlagen einer Krümmungslehre der Curvenscharen. [VII u. 114 S.] gr. 8. 1896. geh. n. *M.* 5.—

Markoff, A. A., o. Professor an der Kaiserlichen Universität zu St. Petersburg, o. Mitglied der Kaiserlichen Akademie der Wissenschaften zu St. Petersburg, Differenzenrechnung. Autorisierte deutsche Übersetzung von Theophil Friesendorff und Erich Prümm. Mit einem Vorworte von R. Mehmke, o. Prof. an der k. technischen Hochschule zu Stuttgart. [VI u. 194 S.] gr. 8. 1896. geh. n. *M.* 7.—

Matthiessen, Dr. **Ludwig,** ord. Professor an der Universität zu Rostock, Grundzüge der antiken und modernen Algebra der litteralen Gleichungen. 2., wohlfeile Ausgabe. [XVI u. 1002 S.] gr. 8. 1896. geh. n. *M.* 8.—

Milinowski, A., Oberlehrer am Gymnasium zu Weissenburg i. E., elementar-synthetische Geometrie der Kegelschnitte. Mit einem Anhange über die gleichseitige Hyperbel. Mit 274 Figuren im Text. 2., wohlfeile Ausgabe. [XII u. 412 S., X u. 135 S.] gr. 8. 1896. geh. n. *M.* 4.—

Minkowski, Dr. **Hermann,** o. Professor der Mathematik an der Universität Königsberg O./Pr., Geometrie der Zahlen. In zwei Lieferungen. Erste Lieferung. [240 S.] gr. 8. 1896. geh. n. *M.* 8.—

Netto, Dr. **Eugen,** o. ö. Professor der Mathematik an der Universität zu Giessen, Vorlesungen über Algebra. In zwei Bänden. Erster Band. Mit eingedruckten Holzschnitten. [X u. 388 S.] gr. 8. 1896. geh. n. *M.* 12.—

Neumann, Dr. **C.,** Professor der Mathematik an der Universität zu Leipzig, allgemeine Untersuchungen über das Newton'sche Princip der Fernwirkungen m. besonderer Rücksicht auf die elektrischen Wirkungen. [XXI u. 292 S.] gr. 8. 1896. geh. n. *M.* 10.—

Plücker's, Julius, gesammelte wissenschaftliche Abhandlungen. Im Auftrag der Kgl. Gesellschaft der Wissenschaften zu Göttingen herausgeg. von A. Schoenflies u. Fr. Pockels. In 2 Bänden. gr. 8. geh. n. *M.* 50.—

Einzeln:

I. Band: Mathematische Abhandlungen. Hrsg. von A. Schoenflies. Mit einem Bildniss Plückers und 73 in den Text gedruckten Figuren. [XXXVI u. 620 S.] 1895. n. *M.* 20.—

II. Band: Physikalische Abhandlungen. Hrsg. von Fr. Pockels. Mit 78 Textfiguren und 9 Tafeln. [XVIII u. 834 S.] 1896. n. *M.* 30.—

Schlegel, Dr. **V.,** Professor an der Gewerbeschule in Hagen, die Grassmann'sche Ausdehnungslehre. Ein Beitrag zur Geschichte der Mathematik in den letzten fünfzig Jahren. [44 S.] gr. 8. 1896. geh. n. *M.* 2.—

Staude, Dr. **Otto,** ordentlicher Professor der Mathemetik an der Universität Rostock, die Focaleigenschaften der Flächen zweiter Ordnung. Ein neues Kapitel zu den Lehrbüchern der analytischen Geometrie des Raumes. Mit 49 Figuren im Text. [VIII u. 185 S.] gr. 8. 1896. geh. n. *M.* 7.—

Stahl, Dr. **Hermann,** Professor der Mathematik in Tübingen, Theorie der Abel'schen Functionen. Mit Figuren im Text. [X u. 354 S.] gr. 8. 1896. geh. n. *M.* 12.—

Stolz, Dr. **Otto,** ord. Professor an der Universität zu Innsbruck, Grundzüge der Differential- und Integralrechnung. In 2 Theilen. II. Theil: Complexe Veränderliche und Functionen. Mit 33 Figuren im Text. [IX u. 338 S.] gr. 8. 1896. geh. n. *M.* 8.—

Volkmann, P., ord. Professor an der Universität Königsberg i. Pr., Franz Neumann, * 11. September 1798, † 23. Mai 1895. Ein Beitrag zur Geschichte deutscher Wissenschaft. Dem Andenken an den Altmeister der mathematischen Physik gewidmete Blätter unter Benutzung einer Reihe von authentischen Quellen. Mit einem Bildniss Franz Neumann's. [VII u. 68 S.] gr. 8. 1896. geh. n. *M.* 2.40.

——— erkenntnistheoretische Grundzüge der Naturwissenschaften und ihre Beziehungen zum Geistesleben der Gegenwart. Allgemein wissenschaftliche Vorträge. [XII u. 181 S.] gr. 8. 1896. geh. n. *M.* 6.—

Weiler, Dr. **A.,** in Zürich, neue Behandlung der Parallelprojektionen und der Axonometrie. Mit 109 Figuren im Text. 2. wohlfeile Ausgabe. [VII u. 210 S.] gr. 8. 1896. geh. n. *M.* 2.80.

Wüllner, Adolph, Lehrbuch der Experimentalphysik. 4 Bände. Zweiter Band. Die Lehre von der Wärme. Fünfte, vielfach umgearbeitete und verbesserte Auflage. Mit 131 in den Text gedruckten Abbildungen und Figuren. [XI u. 936 S.] gr. 8. 1896. geh. n. *M.* 12.—

[Band III, Magnetismus und Elektrizität, ist unter der Presse, Band IV, Lehre vom Licht, in Vorbereitung.]

www.ingramcontent.com/pod-product-compliance
Lightning Source LLC
LaVergne TN
LVHW011252110826
845149LV00001B/115
9781418185213